JN441661

해상법원론

정영석 지음

TEXTBOOKS
텍스트북스

저자 소개

정영석 | 鄭暎錫

한국해양대학교 해사법학과 및 同대학원 졸업(법학박사)
국정교과서 편찬심의위원, 해기관리사 축제위원(한국해양수산연구원)
도선수습생 선발 국가시험위원(국토해양부)
5급 공무원 선발 및 승진 시험위원(행정자치부)
사법시험출제위원(법무부), 한국해상교통정책연구원 연구위원(역임)
한국컨테이너 부두공단 조사분석부장, 경영연구부장, 기획팀장(역임)
보험연수원 외래교수, 한국해운조합 공제강사
한국해사법학회 총무이사, 부산MBC 부산문화상 심사위원
University of British Columbia 교환교수
금융감독원 분쟁조정위원회 전문위원(현)
해양경찰청 방재자문위원(현), 한국해양대학교 법학부 교수(현)

주요 저서

『해사법규강의 제5개정판』(해인출판사, 2007)
『해양경찰시험대비 해사법규(Ⅰ), 개정판』(범함서적주식회사, 2008)
『유류오염손해민사책임법』(해인출판사, 2008)
『해양경찰시험대비 해사법규(Ⅱ), 개정판』(범한서적주식회사, 2008)
『국제해상운송법, 개정판』(법한서적주식회사, 2008)
『선하증권론, 제3판』(텍스트북스, 2008) 외 저서 40여권, 논문 160여편 발표

해상법원론

2009년 3월 3일 발행

저 자 | 정영석
발행인 | 이한성
발행처 | 텍스트북스
주 소 | 서울시 마포구 서교동 461-3
전 화 | 02-333-5725
팩 스 | 02-333-5724
웹사이트 | www.textbooks.co.kr

등록번호 | 제313-2004-00146호
ISBN | 978-89-93543-02-5 93360

정가 28,000원

머리말

오늘날의 세계 경제는 완전한 자유 경쟁 체제로 접어들었다. 이러한 국제질서는 법학의 분야에서도 변화를 가져와, 국제거래분야가 각광을 받게 되었다. 해상법은 국제거래법의 가장 기본법이라고 할 수 있다. 수출입 화물의 약 97%가 선박을 통하여 운송되는 우리 현실로는 해상법의 적용대상이 되지 않는 국제거래는 없다고도 할 수 있다. 그러므로 해상법의 연구를 통하여 해상법의 각론 분야를 하나하나 발전시켜나감으로써 우리나라 국제거래법의 학문적 실무적 깊이와 실력을 높여나갈 수 있다고 생각한다.

필자는 해상법 분야의 대학 강의를 맡기 시작한 것은 만 16년이 넘었지만 그 내용상 현장에서 수긍할 수 있는 실질적 의의의 해상법 분야는 국내외 법을 망라하여 연구하여야 하기 때문에 매우 어려운 분야로 느끼고 있다. 이 책은 지난 2003년에 발간한 해상법강의요론을 바탕으로 하여 2007년 개정된 상법에 따라 대폭 체제를 개편하고 내용을 보완한 해상법의 이론서임을 자부한다. 해상법은 그 내용상 해상기업조직법, 해상기업활동법, 해상기업위험관리법, 해상기업금융법의 분야로 구분할 수 있는데, 상법 제5편의 내용 외에 영국 해상보험법이나 선박집행 등의 실무상 바로 부딪히는 분야에 대한 소개도 함께 하고 있다.

특히 그 해석의 범위를 넓혀서 선박법 등의 관련 법규를 충분히 검토하여 종합적인 해석을 하려고 노력하였다. 최근 한반도 운하가 논란이 되면서, 내수항행선에 대하여 적용할 수 있는 기존의 법규가 미비하거나 소극적 해석을 해 왔음을 돌아보게 되었다. 한강 유람선, 수상택시 등의 수운의 도입이 적극적으로 검토되는 시점에서 해상법과 기존의 법규에 대한 적극적 해석도 필요하다고 본다. 이 책은 이러한 필자의 이론이 소개되고 있다.

우리나라 해상법의 학문적 연구는 물론 실무자들에게도 조금이나마 도움이 되었으면 하는 바람을 가지고 있으나, 한편으로는 졸저로 인하여 학문적 위태로움을 하나

더해주는 것은 아닌지 두려움이 앞선다. 책의 미흡한 점이나 잘못된 점은 선후배 여러 학자들과 독자 여러분의 도움을 받아 고쳐나갈 것을 약속한다.

경제위기로 어려운 여건 속에서 출판을 맡아주신 텍스트북스 강찬일 이사님, 원고 교정을 도와준 우보연 박사와 한국해양대학교 박사과정의 김성진군에게 고마운 마음을 전한다.

2008년 12월 지은이 씀

참고문헌

Ⅰ. 韓國文獻

1. 單行本

Hill, Christopher, Robertson, Bill & Hazelwood, Steven J., 尹玟鉉 譯, 피 앤드 아이 概論, 韓國海事問題研究所, 1994.

UNCTAD, 金萬石 譯, 함부르크規則과 國際複合運送協約의 發效가 世界 經濟 및 貿易에 미치는 影響, 海運産業研究院, 1993.

姜渭斗, 商法要論, 螢雪出版社, 1992.

郭潤直, 物權法, 再全訂版, 博英社, 1985.

郭潤直, 物權法, 全訂增補版, 博英社, 1982.

郭潤直, 民法總則, 再全訂版, 博英社, 1987.

郭潤直, 債權各論, 再全頂版, 博英社, 1984.

郭潤直, 債權各論, 全訂版, 博英社, 1983.

郭潤直, 債權總論, 博英社, 1998.

郭潤直, 債權總論, 再全頂版, 博英社, 1984.

郭潤直, 債權總論, 全訂版, 博英社, 1981.

金麗洙 외 8인 편저, 最新 콘사이스法學辭典, 法通社, 1966.

金仁顯, 海商法, 제2판, 法文社, 2007.

金仁顯, 海商法研究, 삼우사, 2002.

金政秀, 海上保險論, 改訂版, 博英社, 1992.

金正皓, 商法講義(上), 제4판, 2005.

金亨培, 債權總論, 博英社, 1992.

김동인, 선원법, 제2판, 법률문화사, 2007.

盧全九, 海上保險, 韓國貿易協會 綜合貿易研修院, 1992.

朴慶鉉, 船舶法規解說, 海事問題研究所, 1985.

朴大衛, 船荷證券, 法文社, 1981.

朴容燮, 國際複合運送(船荷)證券의 解說, 螢雪出版社, 1992.

朴容燮, 定期傭船契約法論, 曉星文化社, 1993.

박용섭, 해상법론, 전정판, 형설출판사, 1998.

朴容燮, 海商法論, 螢雪出版社, 1994.

裵炳泰, 註釋海商法, 韓國司法行政學會, 1983.

汎韓火災海上保險株式會社, 海上保險, 汎韓火災海上保險株式會社, 1982.
법원행정처, 법원실무제요 민사집행[III], 2003.
徐燉珏, 商法講義(上), 第三訂版, 法文社, 1993.
徐燉珏, 商法講義(下), 法文社, 1985.
徐燉珏, 商法講義(下), 法文社, 1988.
徐燉珏, 商法講義(하), 제3전정판, 法文社, 1986.
徐燉珏・鄭完溶, 商法講義(上), 제3전정, 博英社, 1999.
徐燉珏・鄭完溶, 商法講義(하), 제4전정, 博英社, 1996.
孫珠瓚, 商法(상), 제15보정판, 博英社, 2004.
孫珠瓚, 商法(下), 3訂, 博英社, 1983.
孫珠瓚, 商法(下), 제10정증보판, 博英社, 2002.
孫珠瓚, 商法(下), 제11정증보판, 博英社, 2005.
孫珠瓚, 商法(下), 第5訂增補版, 博英社, 1993.
孫珠瓚, 商法(下), 제6정증보판, 博英社.
孫珠瓚, 商法(下), 제9판, 博英社, 2001.
宋相現, 民事訴訟法, 신정2판, 博英社, 1999.
宋相現・金炫, 海商法原論, 博英社, 1993.
宋相現・金炫, 海商法原論, 博英社, 1993.
宋相現・金炫, 海商法原論, 제3판, 博英社, 2005.
申允富, 英美海上再保險, 서울, 三和出版社, 1980.
申鉉基, 民事執行法, 各論 上, 法律書院, 2003.
沈載斗, 海上保險法, 吉安社, 1995.
梁承圭, 保險法, 第2版, 三知院, 1993.
梁承圭・朴吉俊, 商法要論, 제3판, 三英社, 1993.
吳時學, 海上保險論, 大學書林, 1990.
玉璿鍾, 海運論, 法文社, 1982.
尹珉鉉, P & I 保險과 實務, 여울, 1988.
李均成, 國際海上運送法硏究, 三英社, 1984.
李均成, 新體係 海商法講論, 韓國海運技術院, 1988.
李基秀, 保險法·海商法論, 博英社, 2002.
李基秀・崔秉珪·金仁顯, 保險・海商法, 法文社, 2003.
李基秀・崔漢峻・金聖虎, 商法總則・商行爲法, 博英社, 2003.
李基泰, 海上保險, 法文社, 1990.
李範燦, 改訂 商法講義, 國民書館, 1988.
李範燦・崔埈璿, 商法槪論, 第2版, 三英社, 1993.

李範燦・崔埈璿, 商法概論, 제5판, 三英社, 1999.
李尙圭, 新行政法論(上), 法文社, 1995.
李相先, 新船舶保險約款(ITC,Hulls)解說, 서울, 韓國保險公社保險硏修院, 1983.
李英濬 譯, P & I 保險 解說, 財團法人 韓國海事問題硏究所, 1990.
李銀榮, 約款規制論, 博英社, 1984.
李銀榮, 債權各論, 改訂版, 博英社, 1992.
李銀榮, 債權總論, 博英社, 1992.
李銀榮, 債權總論, 博英社, 2001.
李鍾仁, 海運實務, 韓國海洋大學海事圖書出版部, 1991.
李哲松, 商法講義, 제9판, 博英社, 2008.
李哲松, 商法總則・商行爲, 제4전정판, 博英社, 2003.
李鴻旭, 保險契約法, 國家資格證專門株式會社, 1993.
林東喆, 海商法・國際運送法硏究, 眞成社, 1990.
林東喆・鄭暎錫, 海事法規講義, 改正 第3版, 海印出版社, 2003.
임동철・민성규, 해사법규요론, 신정판, 1992.
林泓根 譯, 輸出貿易契約의 法理, 三英社, 1978.
林泓根, 상법(總則・商行爲), 2001.
林泓根, 商行爲法, 1989.
鄭東潤, 商法(상), 개정증보판, 博英社, 2003.
鄭東潤, 商法總則·商行爲法 , 博英社, 1996.
鄭茂東, 商法講義(하), 전정판, 博英社, 1995.
정영석, 국제해상운송법, 범한서적주식회사, 2004.
鄭暎錫, 船荷證券論., 개정판, 텍스트북스, 2007.
정영석, 유류오염손해민사책임법, 해인출판사, 2008.
鄭暎錫, 海事法規講義, 제5판, 海印出版社, 2007.
정영석, 해사법의 이해, 범한서적, 2004.
鄭暎錫, 海商法講義要論, 海印出版社, 2003.
鄭暎錫, 海上保險論, 海印出版社, 2005.
鄭暎錫, 海上運送法講義, 國際海洋問題硏究所, 2002.
정영석, 해양경찰시험대비 해사법규(Ⅰ), 개정판, 범한서적주식회사, 2008.
정영석, 해양경찰시험대비 해사법규(Ⅱ), 개정판, 범한서적주식회사, 2008.
鄭燦亨, 商法講義(하), 博英社, 2005.
鄭燦亨, 商法講義(하), 제10판, 博英社, 2008.
정해덕, 국제해상소송·중재, 코리아쉬핑가제트, 2007.
鄭熙喆, 商法學(上), 博英社, 1989.

鄭熙喆, 商法學(下), 博英社, 1990.
鄭熙喆, 商法學原論(上), 全訂版, 博英社, 1984.
鄭熙喆, 商法學原論(下), 博英社, 1983.
鄭熙喆・鄭燦亨, 商法原論(下), 博英社, 1996.
蔡利植, 商法講義(上), 博英社, 1991.
蔡利植, 商法講義(하), 改訂版, 博英社, 2003.
蔡利植, 商法講義(下), 博英社, 1992.
崔基元, 商法學新論(上), 新訂版, 博英社, 1992.
崔基元, 商法學新論(상), 제15판, 博英社, 2004.
崔基元, 商法學新論(下), 博英社, 2005.
崔基元, 商法學新論(下), 新訂增補版, 博英社, 1992.
崔基元, 商法學新論(하), 제13판, 博英社.
崔基元, 商法學新論(下), 제14판, 博英社, 2005.
崔基元, 海商法, 博英社, 1993.
韓國商事法學會 編, 商法改正의 論点, 三英社, 1981.
韓國海事問題硏究所 編, 裵炳泰 監修, 傭船契約과 海上物件運送契約, 韓國海事問題硏究所,1986.
한국해사문제연구소 편, 선박행정의 변천사, 선박검사기술협회・한국선급, 2003.

2. 論文 기타

姜渭斗, "免責約款", 考試界, 통권373호, (1988. 3).
姜渭斗, "定期傭船者의 船荷證券所持人에 대한 責任", 商事判例硏究, 第5輯, 1992.
慶益秀, "運送物 固有의 瑕疵", 韓國海法會誌, 第14卷 第1號, 1992, 12.
高光夏, "歐洲同盟統一 CONTAINER B/L 아래서의 運送人의 損害賠償責任".
奇世勳 외, 法律用語辭典, 法典出版社, 1982.
權琦勳, "船長의 積荷處分", 考試硏究, 2002.11.
金鏡水, "國際複合運送人에 관한 硏究", 碩士學位論文, 檀國大學校 經營大學院, 1981年.
金箕斗 외, 最新콘사이스法學辭典, 法通社, 1966.
金東勳, "개정 해상법상 선주책임제한권의 상실사유", 한국해법회지, 제15권 제1호, 1993. 2.
金相容, "危險責任과 嚴格責任의 比較", 考試界, 통권358호, 1986. 12.
金仁顯, 개정 해상법 설명회 자료집, 한국선주협회, 2007.7.18.
金炫, "개정상법상의 선박우선특권에 관한 연구(상)", 司法行政, 제383호.
金炫, "판례평석, 난파물제거채권과 책임제한", 법률신문, 제2947호, 2001.1.15.
金炫, 법률신문, 제2895호, 2000.6.26,.
奇世勳 외, 法律用語辭典, 法典出版社, 1982.

김인유, "선박담보물권에 관한 연구", 海事法硏究, 제12권 제1호, 407쪽.
김인유, "공동불법행위로 인한 손해배상책임과 선박충돌로 인한 손해배상책임에 관한 비교 연구," 海事法硏究, 제15권 제1호, 한국해사법학회, 2003. 6.
김인현, "2007.7.3. 개정 상법 해상편에 대한 고찰", 개정 상법 설명회 자료집, 2007.7.18., 한국선주협회.
김창준, "복합운송주선업자의 법적 지위에 관한 연구", 법학박사학위논문, 경희대, 2004. 2.
김효신, "해상기업주체에 대한 책임제한조각사유로서 고의 또는 손해발생의 염려가 있음을 인식하면서 무모하게 행한 작위 또는 부작위의 의미," 기업법연구, 제10집, 2002, 한국기업법학회.
文龍浩, 船舶衝突, 裁判資料, 제52집, 海商·保險法에 관한 諸問題(上), 法院行政處, 1991.
朴命圭·鄭暎錫 "甲板積 木材運搬船의 貨物損傷에 대한 責任制度와 船體 復原性에 관한 硏究 ①-②", 海洋韓國, 通卷 第230號-第231號, 1992年 11月號-12月號.
朴成日, 海難救助法에 관한 硏究, 법학박사학위논문, 한국해양대학교 대학원, 1997.9.
朴贊雨, '船舶優先特權,' 海事法硏究, 제12권 제1호, 韓國海事法學會, 2000. 8.
裵炳泰, "1976년 海事債權에 대한 責任制限協約의 硏究," 韓國海洋大學 論文集, 제13집, 1978.
裵炳泰 · 林東喆, '海商法改正에 관한 硏究', 韓國海事問題硏究所, 1986.
法務部, 保險·海商關係 資料集, 外國法과 國際協約, 法務資料 第58輯, 1985.
법무부, 상법개정안대비표(보험 · 해상편), 1989.10.17.
法務部, 商法改正特別分科委員會 會議錄[海商編], 2006.2.
상법일부개정법률안심사보고서, 2007. 7.
석광현, "海上積荷保險契約에 있어 英國法 準據約款과 關聯한 法的인 問題點", 損害保險, 通卷 제302호, (1993. 12).
船協會報, 제15호, 1986. 6.
孫珠瓚, "商法上의 船舶所有者責任制限制度의 問題點," 商事法의 諸問題, 博英社, 1983.
孫珠瓚, "船舶所有者責任制限에서의 限度額의 表示單位에 관한 問題", 韓國海法會誌, 第4卷 第1號.
宋相現, "海商法二題", 변호사, 제8집, 서울제일변호사회, 1977.
沈載斗, "英國 海上物件運送法 ⑥", 海洋韓國, 通卷 第237號.
梁承圭, "英國法準據約款과 保險法의 適用", 損害保險, (1991. 12).
運送新聞社, 物流用語辭典, 增補版, 1992.
兪奇濬, "침몰선 등의 제거비용이 책임제한을 할 수 있는 채권인지(특히 일본 최고재판소 昭和 60.4.26. 宣告 昭和 57년 1210호 판결과 관련하여)", 부산법조, 제16호, 부산지방변호사회, 1998.
李均成, "改正 海商法과 海上企業關係者의 總體的 責任制限," 現代 商法의 課題와 展望(松

淵梁承圭教授華甲紀念), 三知院, 1994.
李均成, "保證渡와 船舶代理店의 責任", 韓國海法會誌.
李均成, "船主責任制限制度의 基本問題 , 商法과 國際條約의 比較", 仁荷大學校 人文科學硏究所論文集, 제3집, 1977.2.
李均成, "海商法의 改正과 海上運送人의 損害賠償責任", 韓國海法會誌, 第14卷 第1號, 1992.
李均成, "海商法中의 船荷證券條項에 관한 改正意見", 韓國海法會誌, 第8卷, 第1號, 1986.
李均成, 改正海商法의 問題點에 관한 硏究, 韓國海法會誌, 1993.12.
李均成, 積荷의 損害에 관한 海上運送人의 責任과 保險補償 (商事仲裁硏究叢書X), 大韓商事仲裁協會, 1977.
李基秀, "船荷證券에 의한 運送", 韓國海法會誌, 第10卷, 第1號, 1988.
李性哲, 船舶衝突에 있어서 過失責任에 관한 硏究, 한국해양대학교 대학원 法學博士學位論文, 2001.2.
李新雨, 海運實務用語事典, 1985.
李鍾德, "海上運送人의 免責事由에 관한 考察", 司法論集, 商法 2 (保險·海商), 法院行政處.
李宙興, "運送人의 契約責任과 不法行爲責任과의 關係", 碩士學位論文, 漢陽大學校 大學院, 1983年 6月.
李太鍾, "판례평석, 난파물제거로 인한 구상채권의 제한채권성", 저스티스, 제59호, 2001. 2.
李鴻旭·鄭暎錫, "英美普通法上 海上物件運送人의 責任과 船荷證券의 免責約款에 관한 沿革的 硏究", 曉星女子大學校 硏究論文集, 第46輯, 1993. 2.
林東喆, "國際物件運送人의 責任에 관한 硏究", 博士學位論文, 建國大學校 大學院.
林東喆, "함부르크規則의 發效에 즈음하여", 韓國海法會誌, 第14卷 第1號, 1992, 12
林忠熙, "自動車保險者의 免責事由", 商事法의 基本問題(海巖 李範燦敎授華甲紀念), 海巖 李範燦 敎授 華甲 紀念論文集刊行委員會, 三英社, 1993.
張熙穆, "海上運送人의 損害賠償責任", 司法論集, 商法 2 (保險·海商), 法院行政處.
全三鉉, "獨逸法上 銀行의 免責에 관한 硏究", 崇實大學校 法學論叢, 第7輯, 1994.
鄭明煥, "船舶所有者의 責任制限制度에 관하여," 成均館大學校 論文集, 第8輯, 1963.
鄭暎錫, "甲板積貨物의 損傷에 대한 責任制度에 관한 硏究", 韓國海事法學會 法學硏究, 第3號, 1991. 10., 韓國海事法學會.
鄭暎錫, "美國法에서 甲板積 貨物의 損傷에 대한 責任法理와 甲板積 許容條項의 效力에 관한 硏究", 韓國海事法學會 法學硏究, 第4號, 1992. 12., 韓國海事法學會.
鄭暎錫, "美國法에서 甲板積 貨物의 責任法理①-②", 海洋韓國, 通卷 第233號, 第235號, 1993年 2月號, 5月號.
鄭暎錫, "船舶所有者 責任制限制度에 관한 硏究 - 國際協約의 比較를 중심으로-", 韓國海洋大學 大學院 碩士學位論文, 1988. 8.

鄭暎錫, "船舶所有者의 責任制限에 있어서 準據法의 決定", 韓國海法會誌, 第15卷 第1號, 1993. 12., 韓國海法會.

鄭暎錫, "英美 普通法上 海上物件運送人의 責任과 免責事由의 法的 構造, (上)-(下)", 海洋韓國, 通卷 第241號-第242號, 1993年 10月號-11月號.

鄭暎錫, "責任制限阻却事由에 관한 硏究", 韓國海事法學會 法學硏究, 第1號, 1989. 2., 韓國海事法學會.

鄭暎錫, "海上物件運送契約 當事者의 基本的 義務에 관한 硏究", 海洋韓國, 通卷 第245號, 第246號, 第247號, 第248號, 第249號, 1994年 2月號, 3月號, 4月號, 5月, 6月號號.

鄭暎錫, "海上物件運送契約에 있어서 荷主의 基本的 義務에 관한 硏究", 船員船舶, 通卷 第14號, 1993年 가을호.

鄭暎錫, "海上物件運送人의 基本的 義務에 관한 硏究", 韓國海事法學會 法學硏究, 第5號, 1993.12., 韓國海事法學會.

鄭完溶, "1993년 船舶優先特權 · 抵當權協約의 成立과 우리 商法上의 船舶擔保制度", 韓國海法會誌 第15券 1號, 1993. 12.

丁海德, 船舶執行에 관한 硏究, 경희대학교 법과대학원 박사학위논문, 2000.

蔡利植, "保險契約上 免責事由에 관한 硏究", 企業環境의 變化와 商事法(椿江 孫珠瓚 敎授 古稀記念論文集), 椿江 孫珠瓚 敎授 古稀記念論文集 編纂委員會, 1993.

崔棟鉉 · 崔載先, '1993년 船舶優先特權 · 抵當權 協約 受容方案', 海運産業硏究員.

最新 海運 · 物流用語 大辭典, 코리아쉬핑가제트, 1996.

最新 海運·物流用語大辭典, 제9개정증보판, 코리아쉬핑가제트, 2002.

最新海運·物流用語大辭典. 제10개정증보판, 코리아쉬핑가제트, 2006.

崔埈璿, "海上 · 航空企業者의 責任制限制度의 新方向", 韓國海法會誌, 第8卷 第1號, 1986.

코리아 쉬퍼스 저널, 荷主用語辭典, 1988.

韓國海事問題硏究所, 海商法 改正에 관한 硏究, 재단법인 韓國海事問題硏究所, 1986.12.

韓昌熙, "海上積荷保險契約에 있어서 英國法 準據條項의 效力, 告知義務, 立證責任", 判例月報, 第258號, (1992. 3).

洪光植, '선박채권의 담보와 실행', 보험 · 해상법에 관한 제문제(상), 裁判資料 第52輯, 법원행정처, 1991.

Ⅱ. 日本文獻

1. 單行本

Leslie J. Buglass, 東京海上火災保險(株) 譯, 海上保險論, 東京, 成山堂, 1985.

R. H. Brown, 東京海上火災保險株式會社 船舶業務部·船舶海損部 譯, 新英文船舶保險約款

の解說, 東京, 成山堂, 1985.
R. H. Brown, 東京海上火災保險海損部 譯, 新英文海上貨物保險約款の解説, 東京, 成山堂, 1983.
加藤勝郎, 柿崎榮治, 新山雄三 編集, 商法學における爭點と省察(服部榮三先生古稀記念), 東京, 商事法務研究會, 1990.
加藤正治, 海法研究, 第二卷, 1916.
榎本喜三郎, 國際海事法における船舶登錄要件の史的研究, 第3卷, 海事産業研究所, 1985.
葛城照三, 海上保險講義要綱, 早稻田大學出版部, 1982.
谷川 久, 海事私法の構造と特異性, 東京, 有斐閣, 1958.
谷川 久・時岡 泰·相良朋紀, 船主責任制限法·油濁損害賠償保障法, 東京, 商事法務研究會, 1979.
谷川久・高田四郎・櫻井玲二, 改訂コンテナB/L, 國際コンテナ複合運送人の責任, 東京, 勁草書房, 1974.
龜井利明, マリン・リスクマネジメントと保險制度, 東京, 千倉書房, 1986.
今井 薰 外5人, 現代商法Ⅳ, 保險·海商法, 東京, 三省堂, 1989.
吉本英雄, 傭船契約解釋の基礎理論, 東京, 日本海運集會所, 1986.
落合誠一, 運送責任の基礎理論, 東京, 弘文堂, 1979.
大岐正瑠, 船荷證劵の硏究, 東京, 白桃書房, 1989.
大山俊彦, 花房一彦 編, 商法の課題とその展開(野津 務先生追悼論文集), 東京, 成文堂, 1991.
大森忠夫, 保險法, 補訂版, 東京, 有斐閣, 1987.
大隅健一郎, 商事法研究(上), 東京, 有斐閣, 1992.
稻葉威雄·寺田逸郎, 船舶の所有者等の責任の制限に關する法律の解說, 東京, 法曹會, 1989.
東京海上火災保險株式會社 編集, 損害保險實務講座 1-8, (東京, 有斐閣, 1983-1992).
藤崎道好, 海商法槪論, 東京, 成山堂, 1975.
藤代和雄, 貿易運送の實務, 東京, 東文館, 1985.
木村治郎, 海上保險實務の基本問題, 東京, 保險研究所, 1978.
飯田秀雄, 海陸複合輸送の研究, 東京, 成山堂, 1980.
白水修 外7人 譯, 海上貨物クレーム, 東京, 日本海運集會所, 1983.
保險每日新聞社, 船舶保險の查定實務, 東京, 保險每日新聞社, 1986.
保險每日新聞社, 貨物保險の查定實務, 東京, 保險每日新聞社, 1986.
四宮和夫, 請求權競合論, 東京, 一粒社, 1978.
山野嘉朗 · 山田泰彦 編著, 現代保險·海商法30講, 東京, 中央經濟社.
山田源次, シッピング實務總覽, 東京, 海文堂, 1979.
山戸嘉市, 碇泊期間と滯船料, 京都, 啓文社, 1985.

山戸嘉一, 國際海上物品運送法, 東京, 海文堂, 1958.
石本雅男, 無過失損害賠償責任原因論(第1卷), 京都, 法律文化社, 1983.
石田喜久夫, 自然債務論序說, 民法硏究 第二卷, 東京, 成文堂, 1981.
石井照久, 海商法, 1964.
石井照久・鴻 常夫, 海商法 · 保險法, 東京, 勁草書房, 1976.
船舶保險の査定實務, 改訂版, 東京, 保險每日新聞社, 1992.
小町谷操三, 保險法の諸問題, 東京, 有斐閣, 1974.
小町谷操三, 統一船荷證劵法論, 東京, 勁草書房, 1958.
小町谷操三, 海商法硏究, 第五卷, 東京, 有斐閣, 1984.
小町谷操三, 海商法要義, 中卷二, 東京, 岩波書店, 1938.
小川武 譯, 傭船と運航の實務, 東京, 岩崎學術出版社, 1967.
松島 惠, 貨物海上保險概說, 東京, 成文堂, 1991.
松本烝治, 私法論文集, 二卷.
松竹秀雄, 輸送責任と運賃, 東京, 成山堂, 1987.
勝呂 弘, 損害保險論選集, 東京, 千倉書房, 1985.
時岡泰·谷川 久・相郎朋紀, 船主責任制限法・油濁損害賠償保障法, 東京, 商事法務硏究會, 1979.
遠藤浩・林良平・水本浩 監修, 現代契約法大系, 第1卷- 第9卷, 東京, 有斐閣, (1983-1985).
原茂太一, 堪航能力擔保義務論, 東京, 千倉書房, 1983.
日本海運集會所 譯, 海上貨物クレーム, 貨物損害と運送人の責任, 東京, 日本海運集會所, 1983.
日本海運集會所 譯, レイタイム、實務と法理の徹底解說, 東京, 日本海運集會所, 1985.
日本海運集會所 編纂, 對譯定期傭船契約書式集, 東京, 近藤記念海事財團, 1987.
林田 桂, 海上保險論, 東京, 海文堂, 1987.
長谷川雄一, 基本商法講義(保險法), 東京, 成文堂, 1989.
長谷川雄一, 基本商法講義(商行爲法), 補正版, 東京, 成文堂, 1991.
長谷川雄一, 基本商法講義(海商法), 東京, 成文堂, 1988.
田邊康平, 保險契約の基本構造, 東京, 有斐閣, 1979.
田邊康平, 現代保險法, 東京, 文眞堂, 1987.
前田達明, 不法行爲歸責論, 東京, 創文社, 1978.
田中耕太郎, 海商法講義要領, 東京, 勁草書房, 1933.
田中誠二, 船荷證劵免責條款論, 東京, 有斐閣, 1939.
田中誠二, 新版海商法, 第14版, 東京, 千倉書房, 1975.
田中誠二, 海商法詳論, 東京, 勁草書房, 1970.
田中誠二, 海商法詳論, 東京, 勁草書房, 1976.

田中誠二, 海商法詳論, 增補第3版, 東京, 勁草書房, 1985.
田中誠二・吉田昻, コメンタール國際海上物品運送法, 東京, 勁草書房, 1964.
田中千束, 共同海損の硏究, 東京, 成山堂書店, 1980.
佐藤篤士・西村隆譽志・谷口貴都 共譯, GY・ディオズディ ローマ所有權法の理論, 東京, 學陽書房, 1983.
竹田 廉, 海商法, 1937.
重田晴生, アメリカ船主責任制限制度の硏究, 東京, 成文堂, 1991.
中村眞澄 外3人譯, 傭船契約の法理, 東京, 成山堂, 1986.
中村眞澄, 海上物品運送人責任論, 東京, 成文堂, 1974.
志水巖, 船舶と債權者, 英米日法の比較, 東京, 日本海運集會所, 1988.
倉澤康一郎, 保險契約法の現代的課題, 東京, 成文堂, 1978.
倉澤康一郎, 保險法通論, 東京, 三嶺書房, 1991.
淸河雅孝, 海上物品運送法の基礎理論, 東京, 中央經濟社, 1991.
村田治美, 航海商法・漁海商法の硏究, 東京, 成山堂, 1987.
村田治美, 海商法テキスト, 東京, 成山堂, 1984.
萩原正彦, 傭船契約論, 東京, 海文堂, 1980.
萩原正彦, 定期傭船, 東京, 海文堂, 1984.
平井宜雄, 損害賠償法の理論, 東京, 東京大學出版會, 1971.
戶田修三, 商法の理論と演習, 改訂增補版, 東京, 文久書林, 1970.
戶田修三, 海商法, 東京, 文眞堂, 1982.
鴻常夫 外, 海事判例百選(增補版), 別冊ジュリスト, 第42號, 東京, 有斐閣.
トン數法硏究會編, トン數法の解說, 東京, 海文堂, 1985.

2. 論文 기타

加藤 修, "國際複合運送の動向と保險問題", 損害保險硏究, 第53卷 第2號, (財團法人)損害保險事業總合硏究所, (1991. 8).
加藤 修, "貨物海上保險契約における準據法條項の問題", 損害保險硏究, 第51卷 第1號, (財團法人)損害保險事業總合硏究所, (1989. 6).
谷川 久, "船荷證券條約及び"海難救助條約の改正", 海法會誌, 復刊 第13號, 東京, 勁草書房, 1968.
谷川 久, "海上の損害と保險", 現代損害賠償法講座 8, 東京, 日本評論社, (1980).
谷川久, '船舶先取特權お生ずべき債權の範圍', 成蹊法學, 第12號, 1978.
廣瀨久和, "免責約款に關する基礎的考察", 私法, 第40號, 日本私法學會, (1978).
大塚 龍兒, "約款の解釋方法", 民法の爭點Ⅱ, ジュリスト增刊 法律學のシリーズ3-Ⅱ, 東京, 有斐閣, (1985).

山本豊, “免責條項の內容的規制のための基準について”, 私法, 第49號, 日本私法學會, (1987).
山田 晟, ドイツ法律用語辭典, 東京, 大學書林, 1989
石井照久, “船荷證劵の改正”, 海法會誌, 復刊 第11號, 東京, 勁草書房, 1965.
小町谷操三, “船舶所有者有限責任協約案の硏究”, 法學協會雜誌, 第49卷, 1969.
損害保險事業硏究所, 損害保險硏究, 第50卷 第1號 -第54卷 第1號, 東京, (財團法人)損害保險事業硏究所, 1988年 7月 - 1992年 5月.
柴田光藏, 法律ラティン語辭典, 東京, 日本評論社, 1985
阿部士郞,峰降南, '船舶先取特權をめぐる問題點', 金融擔保法講座Ⅳ, 筡摩書店, 1986.
櫻井玲二, “アモコ,カジス號に事件判例よる油濁損害の查定について(上), 海事産業硏究所報, No. 266, 1988.
日本私法學會, 私法, 第35號 - 第49號, 東京, 有斐閣, 1973 - 1987.

Ⅲ. 英美文獻

1. 單行本

Abraham, Das Seerecht, Berlin, Walter de Gruyter & Co., 1969.
Alexander, Eric V. C., The Principles of Marine Insurance, 7th ed., London, Stone & Cox Limited, 1986.
Astle, W. E., Hague Rules Law Digest, London, Fairplay Publications, 1981.
Astle, W. E., Limitation of Liability, London, Fairplay Publications, 1985.
Astle, W. E., Shipowner's Cargo Liabilities and Immunities. London, H. F. & G. Witherby, 1954.
Benedict on Admiralty, 7th ed.
Braekhus, Sjur & Rein, Alex, Handbook of P & I Insurance, 2nd ed., Gjensiding Arendal, Assuranceforeningen Gard, 1979.
Brown, R. H. and Novitt, J. J., Marine Insurance, Vol. 2. - Cargo Practice, 4th ed., London, Witherby, 1985.
Brown, R. H., Marine Insurance, Vol. 1. - The Principles, 5th ed., London, Witherby, 1986.
Brown, R. H., Marine Insurance, Vol. 3. - Hull Practices, 2nd ed., London, Witherby, 1993.
Clarke, M. A., Aspects of the Hague Rules, A Comparative Study in English and French Law, Hague, Martinus Nijhoff, 1976.
Clarke, M. A., International Carriage of Goods by Road, CMR, London, Stevens and

Sons, 1982.

Colinvaux, Raoul, Carver's Carriage by Sea. Vol. I. 13th ed. London, Stevens & Sons, 1982.

Colinvaux, Raoul, Carver's Carriage by Sea. Vol. II. 13th ed. London, Stevens & Sons, 1982.

Corley, N. Robert & Robert, William J., Dillavou and Howard's Principles of Business Law, 9th ed., Englewood Cliffs, Prentice-hall, 1971.

Debattista, Charles, Sale of Goods Carried by Sea, London, Butterworths, 1990.

Ellen, E. and Campbell, D., International Maritime Fraud, London, Sweet & Maxwell, 1983.

Epstein, Richard A., Gregory, Charles O. & Kalven Jr., Harry., Cases and Materials on Torts, 4th ed., Boston, Little, Brown and Company, 1984.

Ganado, Max and Kindred, H. M., Marine Cargo Delays, The Law of Delay in the Carriage of General Cargoes by Sea, London, Lloyd's of London Press, 1990.

Gilmore & Black Jr., The Law of Admiralty, New York, The Foundation Press, 1975.

Gilmore & Black, The Law of Admiralty, 2d ed., New York, The Foundation Press, 1975.

Goodacre, J. Kenneth, Collected Papers on Maritime Claims, London, Witherby & Co., 1980.

Griggs, Patrich and Williams, Richard., Limitation of Liability for Maritime Claims, London, Lloyd's of London Press, 1986.

Grime, Robert P., Shipping Law, London, Sweet & Maxwell, 1978.

Hazelwood, Steven J., P & I Clubs Law and Practice, London, Lloyd's of London Press, 1989.

Hill, Christopher, Maritime Law, 2nd ed., London, Lloyd's of London Press, 1985.

Hill, Christopher, Robertson, Bill. and Hazelwood, Steven J., An Introduction to P & I, London, Lloyd's of London Press, 1988.

Hoeber, Ralph C., Reitzel, J. David, Lyden, Donald P., Roberts, Nathan J. & Severance, Gordon B., Contemporary Business Law, Principles and Cases, 2nd ed., New York, McGraw-Hill Book Company, 1982.

Huebner, Solomon S., Marine Insurance, London, D. Appleton and Company, 1920.

I.J.M. Pardessus, Collection de Lois Maritime, 1828-1845, Vol. Ⅰ.

Ivamy, E. R. Hardy, Casebook on Carriage by Sea, 6th ed., London, Lloyd's of London Press, 1985.

Ivamy, E. R. Hardy, Casebook on Shipping Law, 4th ed., London, Lloyd's of London Press, 1987.

Ivamy, E. R. Hardy, Chalmers' Marine Insurance Act 1906, 9th ed., London, Butterworths, 1983.

Ivamy, E. R. Hardy, Marine Insurance, 4th ed., London, Butterworths, 1985.

Ivamy, E. R. Hardy, Payne and Ivamy's Carriage of Goods by Sea, 13th ed., London and Edinburgh, Butterworths, 1989.

J. Kenneth Goodacre, Marine Insurance Claims, 2nd ed., London, Witherby, 1981.

John Wheeler Griffin, The American Law of Collision, American Maritime Case, Inc., Baltimore, 1949.

Joseph R. Nolan and N. J. Connolly, Black's Law Dictionary, 5th ed., Minn., West, 1979.

Julian Cooke, etc., Voyage Charters, London, Lloyd's of London Press, 1993.

Kaj Pineus and hans Georg Röhreke, Limited Liability in Collision Cases, London, Lloyd's of London Press, 1984.

Kindred, H. M., McDorman, Ted L., Brooks, Mary R., Letalik, Norman G., Tetley, William and Gold, Edgar, The Future of Canadian Carriage of Goods by Water Law (A Study of the Hague Rules, the Hague/Visby Rules, and the Hamburg Rules on the Carriage of Goods by Sea.), Canada, Dalhousie Ocean Studies Programme, March 1982.

Kingsley, Jeremy, Handbook on P & I Insurance, 3rd ed., Italy, Assuranceforeningen Gard, 1988.

Knauth, A. W., The American Law of Ocean Bills of Lading, 4th ed., Bilmore, American Marine Cases Inc., 1953.

Lars Gorton, Rolf Ihre ans Arne Sandev rn, Shipbroking and Chartering Practice, 3rd ed., London, Lloyd's of London Press, 1990.

L ddeke, Christof F., Marine Claims, London, Lloyd's of London Press, 1993.

Maraist, Frank L., Admiralty in a Nutshell, St. Paul, West Publishing, 1983.

Mitchelhill, Alan, Bills of Lading, Law and Practice, London, Chapman and Hall, 1982.

Mocatta, Alan Abraham, Mustill, Michael J. & Boyd, Stewart C., Scrutton on Charterparties and Bills of Lading, 19th ed., London, Sweet & Maxwell, 1984.

Nicholas J.Healy and David J. Sharpe, Cases and Materials on Admiralty, Minn, West, 1977.

NJJ Gaskell·C. Debattista·R. J. Swatton, Chorley and Gile's Shipping Law, 8th ed.,

London, Pitman, 1987.

Patrick Griggs and Richard Williams, Limitation of Liability for Maritime Claims, London, Lloyd's of London Press, 1986.

Pr ßmann/Rabe, Seehandelsrecht, C.H. Beckshe Verlagsbuchhandlung, M nchen, 1983.

Robert H. Brown, Marine Insurance, Vol. 1, 4th ed., London, Witherby, 1978.

Robinson, Handbook of Admiralty Law in The United States, West Publishing Co., 1939.

Schmitthoff, Clive M. & Sarre, David A. G., Charlesworth's Mercantile Law, 14th ed., London, Stevens & Sons, 1984.

Schwampe, Dieter, Charterers' Liability Insurance, London, Lloyd's of London Press, 1988.

Shoenbaum, Thomas J. and Yiannopoulos, A. N., Admiralty and Maritime Law, Charlottesville, The Michie Company Law Publishers, 1984.

Sjur Braekhus and Alex. Rein, Handbook of P&I Insurance, 2nd ed., Gjensidig, Assuranceforeningen Gard, 1979.

Smith, J. C., Liability in Negligence, London, Sweet & Maxwell, 1984.

Sorkin, Saul, Goods in Transit, Vol. 1, New York, Mattew Bender, 1991.

Sorkin, Saul, Goods in Transit, Vol. 2, New York, Mattew Bender, 1991.

Sorkin, Saul, Goods in Transit, Vol. 3, New York, Mattew Bender, 1991.

Tetley, William, Marine Cargo Claims, 2nd ed., Toronto, Butterworths, 1978.

Tetley, William, Marine Cargo Claims, 3rd ed., Montreal, International Shipping Publications, 1988.

Tetley, William, Maritime Liens and Claims, London, Business Law Communications LTD., 1985.

Thomas, M. & Steel, D., The Merchant Shipping Acts, 7th ed., London, Stevens & Sons, 1976.

Tiberg, Hugo, The Law of Demurrage, 3rd ed., London, Stevens & Sons, 1983.

Tillotson, John, Contract Law in Perspective, London, Butterworths, 1981.

Todd, Paul, Cases and Materials on Bills of Lading, Oxford, BSP Professional Books,1987.

Todd, Paul, Modern Bills of Lading, London, Collins, 1986.

Twiss, Black Book of the Admiralty, Vol. Ⅰ.

Walden, Ian, EDI and the Law, London, BlenheimOnline, 1989.

Wilford, Michael, Coghlin, Terence, and Kimball, John D., Time Charters, 3rd ed., London, Lloyd's of London Press, 1989.

Wilson, John F., Carriage of Goods by Sea, London, Pitman, 1991.

Witherby & Co., Reference Book of Marine Insurance Clauses, 57th & Revised ed., London, Witherby & Co., 1985.

Yardley, D. C. M. & Geldart, William, Introduction to English Law, Oxford, Oxford University Press, 1984.

2. 論文 기타

Alex. Rein, "International Variations on Concepts of Limitation of Liability," Tulane Law Review, Vol.53, No.4, April 1979.

Bauer, R. Glenn, "Deck Cargo, Pitfalls to Avoid Under American Law in Clausing Your Bills of Lading," Journal of Maritime Law and Commerce, Vol. 22, No. 2, April, 1991.

Black, Henry Campbell, Black's Law Dictionary, 5th ed., St. Paul Minn., West, 1979.

Brice, "The Scope of the Limitation Action", The Limitation of Shipowners' Liability, The New Law, 1986.

Chandler Ⅲ, George F., "A Comparison of "COGSA", the Hague/Visby Rules, and the Hamburg Rules," Jouranl of Maritime Law and Commerce, Vol. 15, N0. 2, April, 1984.

Cleton, Robert, "The Special Features arising from the Hamburg Diplomatic Conference," The Hamburg Rules, A One-day Seminar Organized by Lloyd's of London Press Ltd., Sep. 28, 1978.

CMI, Yearbook 2005-2006.

Diamond, Anthony, "The Hague-Visby Rules," The Hague-Visby Rules and The Carriage of Goods by Sea Act, 1971, A One-day Seminar Organized by Lloyd's of London Press Ltd., Dec. 8, 1977.

Driscoll, William J., "The Convention on International Multimodal Transport, A Status Report," Jouranl of Maritime Law and Commerce, Vol. 9, N0. 4, July, 1978.

George L. Varian, "Rank and Priority of Maritime Liens", Tulane Law Review, Vol. 47, 1973.

Howard, Tim and Davenport, Brian, "English Maritime Law Update 1992," Jouranl of Maritime Law and Commerce, Vol. 24, N0. 3, July, 1993.

James J. Donovan, "The Origins and Development of Limitation of Shipowner's Liability", Tulane Law Review, Vol. 53 No. 4, April 1979.

Katz, S. R., "New Momentum towards Entry Into Force of The Hamburg Rules," European Transport Law, Vol. XXIV, No. 3 (1989).

Kirkham, D. Barry , "The Common Law Liability of a Public Carrier by Sea," [1976] 3 LMCLQ.

McGovern, Nail, "Practical and Economic Effects from the point of view of a Shipowner," CMI Colloquium on the Hamburg Rules, Vienna, 1978.

Michael Thomas, "British Concepts of Limitation of Liaility", Tulane Law Review, Vol. 53, No. 4, April 1979.

Mills, C. P. , "The Future of Deviation in the Law of the Carriage of Goods," Lloyd's Maritime and Commercial Law.

Peter Morgan, "Limitation of Liability," 海事法研究會誌, No. 79, 1987. 8.

Report on Bills of Lading, published by UNCTAD, Dec., 1970.

Samir Mankabady, "Comments on the Hamburg Rules," The Hamburg Rules on the Carriage of Goods by Sea, Sijthoff-Leyden/ Boston, 1978.

Schilling, Robert, "The Effect on International Trade of the Implementation of the Hamburg Rules from the point of view of the Shipper," CMI Colloqium on the Hamburg Rules, Vienna, Jan. 1979.

Shah, M. J. "The Revision of the Hague Rules on Bills of Lading within the UN System-Key Issues," Samir Mankabady, The Hamburg Rules on the Carriage of Goods by Sea, A.W. Sijthoff-Leyden/Boston, 1978.

Sweeney, J. C., "Review of the Hamburg Conference," The Speaker's Papers for the B/L Conventions Conference, New York, 29/30, 1978.

Tetley, William, "The Hamburg Rules- A Commentary," LMCLQ, 1979.

The Norweigian Shipping Academy, Selected Document Forms Used in Shipping, Revised ed., Oslo, 1982.

Tulane Law Review, "Admiralty Law Institute Symposium, Products Liability in Admiralty", Vol. 62, No. 2 & 3, February 1988.

Tulane Law Review, "Admiralty Law Institute Symposium, Terminal Operations and Multimodalism," Vol. 64, No. 2 & 3, December 1989.

Tulane Law Review , Vol. 53, No. 4, June 1979.

Tulane Law Review, Vol. 65, No.6, June 1991.

Werth, D. A., "The Hamburg Rules Revisited-A Look at U.S. Options," Journal of Maritime Law * Commerce, Vol. 22, No. 1 (Jan. 1991).

Wooder, B. James, "Deck Cargo, Old Vices and New Law," Journal of Maritime Law and Commerce, Vol. 22, No. 1, January, 1991.

인용약어

I. 영미 판례 인용에 사용된 약어

약어	원어	설명
A.M.C.	American Maritime Cases	미국 비공식 해사판례집
AC	Law Reports Appeal Cases Series(1891 on)	
aff'd as modified		原審判決 一部修正, 確認
aff'd in part, rev'd in part		原審判決 一部確認, 나머지 破棄自判
aff'd per curiam sub nom.		다른 事件名에 의해 全員一致原審判決確認
aff'd per curiam		全員一致原審判決確認
aff'd sub nom.		다른 事件名에 의해 原審判決確認
aff'd	affirmed	原審判決確認
All ER	All England Law Reports (1936 on, and reprint 1558-1935)	
App Cas	Law Reports Appeal Cases(1875-1890)	
appeal dismissed		抗訴破棄
CB	Common Bench Reports (1845-1856)	
CB(NS)	Common Bench New Series (1856-1865)	
cert. denied	dertiorari denied	上告(移送請求)却下
cert. dismissed		上告(移送請求)棄却
cert. granted		上告(移送請求)受理·承認
cf.	confer, compare	비교하라
Ch D	Law Reports Chancery Division(1875-1890)	
Ch	Law Reports Chancery Series(1891 on)	
Cl & F	Clark and Finelly (House of Lords, 1831-1846)	

Ⅲ. 判決·決定 略語

약어	설명
大判	大法院判決
大決	大法院決定
○○高判	○○高等法院判決
○○(民)地判	○○(民事)地方法院判決
朝高判	朝鮮高等法院判決
日最高判	日本最高裁判所判決
日大判	日本大審院判決
日○○高判	○○
日○○地判	○○
大判 1978.11.6, 78 다 216	宣告年月日, 事件番號

Ⅳ. 判決集 引用例

引用例	설명
集 15 ① 民 30	大法院判決集 제15권 제1호 民事編, 30쪽
高集 1965 民 200	高等法院判決集 1965년 民事編, 200쪽
카드 3000	판례카드 No. 3000
公報 300, 7000	法院公報 제300호, 7000쪽
公報 1996, 300	判例公報 1996년, 300쪽 (法院公報는 1996년부터 판례공보로 명칭이 변경되었으며, 1996년 이후의 앞의 숫자는 언제나 年度를 의미한다)
新聞 3508, 10	法律新聞 제3508호, 10쪽

인용 용어의 약어 및 번역

원어	약어	번역
International Chamber of Commerce	ICC	국제상업회의소
	인코텀즈	무역거래조건의 해석에 관한 국제규칙
Committee on the Development of Trade of the Economic Commission for Europe		유럽경제위원회의 무역개발위원회
International Standard Organization	ISO	국제표준화기구
International Chamber of Shipping	ICS	국제해운회의소
International Maritime Dangerous Goods Code		국제해사위험물규정
	IMO	국제해사기구
UNCTAD/ICC Rules for Multimodal Transport Documents, 1992		국제연합무역개발회의/국제상업회의소 복합운송증서규칙
	BIMCO	볼틱국제해운동맹

차 례

제1장

해상법총론

제 1 절 해상법의 의의

제1관 해상법과 해상기업의 개념

Ⅰ. 해상법의 개념

해사법(海事法 :marine laws)이라 하면 해사활동에 관한 법규범 전체를 일컫는 것으로 해법(maritime law)이라고도 한다. 여기서 해사활동이라 함은 바다를 활동의 장소로 하여 전개되는 생활관계를 말하는데, '선박에 의하여 전개되는 항행활동'에 직접적으로 관련된 생활관계를 좁은 의미의 해사법이라고 말한다. 그러므로 선박은 말할 것도 없고 그것을 운항하는 선원·선박이 출입하는 항만, 선박에 의하여 전개되는 해상운송, 해상교통, 해상안전, 어업 및 수산업 활동, 해양레저활동 등과 관련된 법은 모두 좁은 의미의 해사법의 영역에 속한다. 여기에 더하여 오늘날은 해양개발 및 해양환경보전과 관련된 각종 법규, 해운행정법규 등의 영역을 포함하는 넓은 의미의 해사활동에 관한 법규범을 모두 포함하여 넓은 의미의 해사법으로 분류할 수 있다.[1)]

다시 해사법을 공법과 사법으로 나누어서 해사사법과 해사공법으로 분류할 수 있는데, 연혁적으로 해사활동의 대부분이 상사(商事)에 관한 것이었기 때문에 해사법이라 하면 해상법을 일컫는 경우가 많다. 오늘날에도 독일, 프랑스 등에서는 주로 실질적인 해상법에 해당하는 것을 해사법(海事法 : maritime law)이라고 부르고 있다.[2)] 결국 해상법은 해사사법관계 중 상사에 관한 법률을 일컫는 것으로 상법의 한 분야로 보아야 한다.[3)] 종래 공법(公法)과 사법(私法)이 혼재되어 있던 해사법으로부터 해상법을 분리시켜 상법에 규정한 것은 1807년 프랑스 상법이 그 효시이다.[4)] 그 후 1861

1) 鄭暎錫, 海事法規講義, 제5개정판, 海印出版社, 2007, 3쪽.

2) 鄭暎錫, 海事法規講義, 제5개정판, 海印出版社, 2007, 4쪽 참조.

3) 해상법을 상법의 일부문이지만 상법과 구별되는 자주성을 가지고 있다고 하는 견해도 있다(鄭燦亨, 商法講義(하), 제10판, 博英社, 2008, 766쪽).

4) 1807년 나폴레옹 상법전이라고도 한다. 1807년 프랑스 상법전은 제2편에서 해상법에 관하여 규정하고 있는데 그 내용은 1681년 해사칙령 가운데 사법적 규정(제2편 및 제3편)을 거의 그대로 받아들인 것이다. 중세로부터

년 독일 舊상법이 이러한 입법례를 계수하였고,[5] 이어서 대륙법계 각국의 상법도 해상법을 그 일부로 규정하게 되었다.

그러므로 실질적 의미의 해상법(maritime law, admiralty)은 해상기업의 생활관계를 규율하는 법규의 전체를 말하는 것으로 상법의 한 분야를 이룬다고 정의할 수 있다. 물론 해상법은 사법이므로 주로 사법법규로 구성되어 있으나,[6] 사법법규의 시행을 위한 공법법규도 여기에 포함된다. 실질적 의미의 해상법은 주로 상법 제5편의 규정과 함께 관련 국제협약, 특별법령, 관습법 등의 형식으로도 존재한다. 결국 실질적 의미의 해상법이라 함은 다음과 같이 설명할 수 있다.

첫째, 해상법은 해상기업의 생활관계를 규율하는 법이다. 기업에 특유한 생활관계를 규율하는 법이 상법이므로, 해상법은 당연히 상법의 일부가 된다.[7]

둘째, 해상법은 해상기업에 특유한 생활관계를 규율하는 법이다.

셋째, 해상법은 해상기업의 생활관계를 규율하는 사법적 규정이다.

한편 형식적으로는 상법 제5편의 해상편을 해상법이라 말하는데, 이를 형식적 의의의 해상법이라고 할 수 있다. 원래 해상법은 해상기업에 관한 법이고, 해상기업의 활동은 해상운송이 그 중심이 되어 있으므로 상법 제5편 해상편은 해상운송에 관한 규정을 중심으로 구성되어 있다.

한편, 영미법상으로는 해상법을 admiralty 또는 maritime law라고 한다. 이들은 해상법이라는 의미에서는 동의어로 사용되고 있지만, 그 어원은 다르다. 바다를 뜻하는 라틴어인 mare와 maritima에 기원을 두고 있는 maritime은 「해양의」 또는 「해양에 관한」(of or pertaining to the sea)을 뜻한다. 또 admiralty는 중세부터 내려오는 영국의 특별법원의 관할권에서 기원하는 개념으로 maritime law가 admiralty보다 그 범위가 더 포괄적이라고 할 수 있다.[8]

1681년 해사칙령에 이르기까지 해사법에는 사법적 규정과 공법적 규정이 통합되어 있었으나, 1807년 프랑스 상법전에서는 해사법을 사법과 공법으로 분리하여 그 중 사법적 규정만 상법전의 내용으로 수용한 것이다. 이러한 나폴레옹 상법전의 공·사법을 분리한 법체계는 이후의 세계 각국에 영향을 미쳤다(鄭暎錫, 海事法規講義, 제5개정판, 海印出版社, 2007, 9쪽).

5) 독일은 프랑스보다 법전화가 늦게 이루어졌다. 1861년 독일 일반상법(Das Allgemeine Deutsche Handelsgesetzbuchs; 이른바 구상법) 제5편 및 1897년 독일상법(Handelsgesetzbuch vom 10 Mai 1897; 신상법) 제4편이 해상편인데, 프랑스의 1807년 상법전의 경우와 같이 해사사법 규정만으로 구성되어 있다. 1899년에 제정·공포된 현행 일본 상법은 특히 독일법제의 영향을 크게 받았으므로 그 내용이 독일 상법전과 유사하다(鄭暎錫, 海事法規講義, 제5개정판, 海印出版社, 2007, 9쪽).

6) 네덜란드 해법, 스칸디나비아 각국의 해법, 영국「상선법」 및 중국 해상법 등의 예에서 알 수 있듯이, 세계적으로는 해사 공·사법의 분화 현상과 동시에 해상법이 해사 공·사법을 포괄하는 일반해법으로 발전해 가는 경향을 보이기도 한다. 한편 독일 상법의 해상편은 해운과 어업의 양자를 일반영리항해법으로 정의하여 이를 적용대상으로 하고 있다.

7) 鄭燦亨, 商法講義(하), 제10판, 博英社, 2008, 763쪽 참조.

II. 해상기업의 개념

해상법의 규정을 전체적으로 분석하여 그로부터 일정한 통일성을 찾아내고 이를 이론화하면, 이것은 해상운송이라는 상행위를 중심으로 한 해상기업의 생활관계에 관한 법으로 이해할 수 있다. 이것을 실질적 의의의 해상법이라고 한다.

이때 해상기업이라 함은 선박을 수단으로 하여, 바다를 무대로 영리를 추구하는 경제적 단위를 말한다. 구체적으로는 해상운송을 영업으로 하는 기업으로 대표되지만, 이 외에 해난구조기업, 해상예선기업도 여기서 말하는 해상기업에 속한다. 그러나 우리 상법전(commercial code)은 상법의 적용범위를 긋는 기준으로 상행위주의에 입각하고 있기 때문에(상법 제4조·제46조·제47조), 상행위에 속하지 않는 원시산업은 상법의 적용대상으로부터 제외하고 있다.[9] 또 상법의 한 분야인 해상(admiralty)도 원칙적으로 상행위 그 밖의 영리를 목적으로 항해용으로 사용하는 선박을 적용대상으로 하기 때문에, 수산업활동은 상법의 적용에서 제외된다. 그러나 의제상인에 관한 상법 제5조의 규정에 의하여 점포 기타 유사한 설비에 의하여 상인적 방법으로 영업을 하는 수산업에는 상법이 적용된다고 본다.

또 상법 제741조와 「선박법」 제29조에 의해서, 국·공유선이 아닌 선박 중 상행위를 목적으로 하지 않는 선박에 대해서도 수상 또는 수중을 항행하는 항행용으로 사용되는 선박에 대하여는 해상법에 관한 규정을 준용하도록 하고 있다. 그러므로 해상편의 규정은 상법 제740조의 상행위선 이외에도 어선, 레저용 선박 등은 물론 내수항행선에도 널리 적용하도록 규정하고 있어서 실질적으로는 그 적용범위가 매우 넓게 확대되어 있다.[10]

---

8) 宋相現·金炫, 海商法原論, 제3판, 博英社, 2005, 4쪽.

9) 다만, 상법 제5조의 의제상인에 관한 규정에 의하여 ① 점포 기타 유사한 설비에 의하여 상인적 방법으로 영업을 하는 자와 ② 회사는 상행위를 하지 아니하더라도 상인으로 본다.

10) 비영리선에 대하여 상법 해상편의 규정을 준용하도록 규정한 상법 제741조는 항해용 선박으로 한정하여 그 문구상으로는 내수선박에 대하여는 적용이 되지 않는 것으로 보인다. 그러나 상법 제741조 제1항의 규정은 「선박법」 제29조 단서의 규정을 다시 한 번 확인한 규정에 불과하고, 「선박법」은 수상 또는 수중을 항행하는 선박에 적용되는 것으로 규정되어 있기 때문에 내수항행선에도 상법 제5편이 준용되는 것으로 보는 것이 타당하다. 내수로 운송이 발달하지 않은 우리나라에서 이러한 해석이 실효성이 있느냐 하는 문제는 있지만, 법의 해석에 있어서 이는 별개의 문제이고 한강에서 운항하는 수상택시나 한반도 운하 개발과 같은 문제가 제기되는 것을 고려하면 내수운항선박에 대하여 상법 제5편의 적용을 배제하는 무리한 해석을 할 필요는 없을 것으로 보인다.

제2관 해상법의 특이성

I. 해상기업의 특이성

오늘날의 해상기업은 대부분 상법 제3편에서 규정한 기업법의 적용을 받는 상사법인의 형태를 띠고 있기 때문에 제2편 상행위에 관한 규정에 편제하여도 무방할 것이다. 그러나 세계 각국의 상법은 대부분 다른 육상기업의 활동과는 달리 해상편을 별도로 두고 있다. 우리 상법 역시 제5편을 해상편으로 독립하여 규정하고 있다. 이것은 해상기업의 특이성이 다른 상법의 규정만으로는 대응할 수 없는 독특한 규정을 필요로 하기 때문이다.

해상기업의 특이성으로는 ① 대자본성, ② 광대성, ③ 해상위험의 존재가 지적되고 있다. 첫째, 대자본성이라 함은 해상기업에 있어서 기업활동에 불가결한 수단인 선박의 고가성을 말한다. 둘째, 광대성이라 함은 해상기업의 활동무대가 광대한 바다이고, 선박이 해상에서 고립해서 활동을 전개하는 것을 의미한다. 셋째, 해상위험의 존재는 오늘날의 과학기술로도 완전한 극복이 곤란하다는 것을 의미한다.[11]

II. 해상법의 특이성

1. 해상법의 특이성

해상법의 특이성이란 해상법이 민법이나 상법의 일반규정에 대하여 가지는 독립성을 인정하는 원인이 되는 특성을 말하는데, 곧 해상법의 규제대상인 해상기업의 특이성이 법적 규제라는 측면에서 반영된 것이라고 할 수 있다. 또한 해상기업은 바다를 무대로 선박이라는 항행 도구를 수단으로 하여 전개되는 기업이기 때문에 선박을 이용함에 따른 기술적 특이성, 국제간의 빈번한 교류 등으로 인한 특이성 등을 들 수 있다.

첫째, 해상법의 특이성을 해상기업의 특이성에 대응하여 찾아보면 다음과 같다. ① 해상기업의 대자본성에 대하여는 선박공유제도(상법 제756조 내지 제768조), 선박소유자 등의 책임제한제도(상법 제769조 내지 제776조), 선박우선특권과 선박저당권제도(상법 제777조 내지 제790조), 선박유치권제도(민법 제320조 내지 제328조), 선박질권제도(민법 제329조 내지 제344조)에 관한 규정을 두고 있다. ② 해상기업의 광대성에 대하여는 선장의 법정대리권(상법 제749조 내지 제753조), 운송물의 선적·

---

11) 鄭暎錫, 海商法講義要論, 海印出版社, 2003, 3-4쪽.

적부·보관·관리·양륙에 관한 기술적 배려(상법 제795조 이하), 여객의 안전을 도모하기 위한 특수한 규제(상법 제817조 이하)에 관한 규정을 두고 있다. ③ 해상위험의 존재에 대하여는 해상항행의 기술성이나 선박의 고립성이 반영된 공동해손(상법 제865조 내지 제875조), 선박충돌(상법 제876조 내지 제881조), 해난구조(상법 제882조 내지 제895조)에 관한 특수한 규정과 해상보험(상법 제693조 내지 상법 제718조)에 관한 규정 등을 들 수 있다.[12]

이들 특유의 규정 및 제도는 해상기업 또는 해상법의 특이성만으로 단순히 나뉘어져 있는 것은 아니고, 상호작용하는 것이다.

또 19세기 초의 프랑스 상법학자인 빠르드슈(Pardessus)는 해상법의 특수성을 ① 보편성과 국제성, ② 어느 특정 국가사회의 풍속·관습 등에 영향을 받지 않는 부동성, ③ 본질적으로 항해업자들의 관습에 의하여 성립되었다는 관습기원성으로 설명하였다.[13]

2. 해상법의 독자성과 자족성

해상법은 바다라는 독특한 환경을 무대로 영리활동을 전개하는 해상기업관계를 대상으로 독특한 법률관계를 구성하고 있기 때문에 형식적으로는 상법의 일부임에도 불구하고 대부분 해상편의 규정을 직접 적용하여 해결할 수 있는 부분이 많다. 이를 해상법의 독자성 또는 자족성이라고 한다.[14]

역사적으로 볼 때, 해상기업 활동은 서유럽에서 기원전부터 지중해를 무대로 대규모 해상무역거래를 한 것에서부터 출발하였고, 해상법도 해상기업에 종사하는 자들의 실제 수요에 의하여 독자적으로 형성되고 발전하여 왔다.[15] 그 후에도 기술진보와 경제발전에 따른 문제점을 해결하기 위하여 보편적 해사관습법의 형태로 발전하여 새로운 수요를 충족시켜왔고, 해상법이 각국의 국내법으로 도입된 후에도 이러한 추세는 계속되어 각국의 해상기업의 발달 정도와 문화적 배경에 따라 각각 다른 형태를 띠고 있다.[16]

3. 해상법의 국제성

오늘날은 해상법도 각국의 국내법 질서의 일부분을 이루고 있으므로 어느 정도 국

12) 鄭暎錫, 海商法講義要論, 海印出版社, 2003, 4쪽 참조.
13) I.J.M. Pardessus, Collection de Lois Maritime, 1828-1845, Vol. I, p.2; 谷川 久, 海事私法の構造と特異性, 東京, 有斐閣, 1958, 176쪽 이하에서 재인용.
14) 鄭燦亨, 商法講義(하), 博英社, 2005, 754쪽.
15) 蔡利植, 商法講義(하), 博英社, 2003, 624쪽.
16) 裵炳泰, 註釋海商法, 韓國司法行政學會, 1987, 51쪽.

내법간의 차이는 있지만, 해상법의 기본개념과 제도는 그 근원이 고대해법과 중세의 상인법(lex mercatoria)에 있으므로 전 세계적으로 유사하며, 대륙법・영미법・사회주의법・이슬람법 등 법체계가 어느 것이든 동일한 법률용어를 구사하는 경향이 있다. 또 오늘날은 국제협약을 통하여 법률의 내용을 세계적으로 통일하려는 경향이 강하다. 이는 적어도 해상법의 기본원칙에 관하여는 국가 간에 폭넓은 합의가 존재하지 않는다면 해상기업 활동이 어렵기 때문이라고 생각한다.[17]

4. 해상법의 보편성과 통일성

전 세계의 해상기업은 바다를 무대로 선박을 사용하여 활동하고 있다. 그러므로 해상기업의 활동을 규제하는 규범의 내용이 국가 간에 크게 차이가 있다면 매우 불편할 뿐 아니라 해상기업의 활동 자체가 위축될 수밖에 없을 것이다. 또 국제무역은 해상운송에 의존하는 비율이 매우 높으므로 세계 경제가 성장하면 할수록 국가 간의 무역량이 늘어나게 되어 무역의 편의를 위하여 해상법의 통일에 대한 요구가 높아져 왔다. 이러한 요구에 따라 해상법은 세계적인 보편성과 국제적 통일성을 추구하게 된다. 그러나 해상법은 고대 이래의 각국 특유의 해사관습법에서 유래한다는 특성과 영미법과 대륙법의 구조적인 차이로 인하여 통일에 어려움이 있다. 그래서 국제해사기구(International Maritime Organisation: IMO), 국제연합무역개발회의(United Nations Conference on Trade and Development : UNCTAD), 국제연합국제무역법위원회(United Nations Commission on International Trade Law : UNCITRAL), 국제해법회(Comité Maritime International : CMI) 등의 여러 국제기구와 비정부기구 등이 중심이 되어 해상법에 관한 각종 국제협약에 대한 입법 작업을 주도하고 있다.

해상법의 통일운동은 19세기 영국을 중심으로 일어났는데,[18] 1860년 영국의 사회과학진흥협회(The National Association for the Promotion of Social Science)에 의하여 소집된 글라스고우회의에서 「공동해손에 관한 통일규칙」을 제정한 것을 비롯하여,[19] 국제법협회(International Law Association) 등 위에서 언급한 각종 국제기구를 중심으로 한 꾸준한 노력으로 해상법에 관한 각종 국제협약이 성립되었다.[20]

17) 宋相現・金炫, 海商法原論, 제3판, 博英社, 2005, 5-6쪽.
18) 鄭燦亨, 商法講義(하), 제10판, 博英社, 2008, 767쪽
19) Lowndes & Rudolf, The Law of General Average and York-Antwerp Rules, 10th ed., Stevens & Sons, 1975, pp.232-236.
20) 자세한 내용은 [孫珠瓚, 商法(하), 제11정증보판, 博英社, 2005, 701-710쪽] 참조.

제 2 절 해상법의 지위

제1관 해상기업의 활동을 둘러싼 법률 환경

해상기업 내지 해상기업의 활동을 규제의 대상으로 하는 법은 해상법만은 아니다. 해상기업은 선박을 기업활동의 수단으로 하는 것이므로 항해활동에 특유한 법의 규제를 받는다. 예를 들면, 항행의 안전 등에 관해서는 선박운항에 특수한 기술적 요청과 행정적 감독・규제의 요청이 있는 것이다. 이러한 영역의 법으로는 「선박법」, 「국제선박등록법」, 「선박안전법」, 「해상교통안전법」, 「개항질서법」, 「도선법」, 「항만법」 등이 있고, 다시 여기에 해양사고의 원인 규명을 위한 「해양안전사고의 조사 및 심판에 관한 법률」이 있다. 선박의 안전한 운항과 관련하여 선장・해원의 자격・권리・의무에 관해서는 「선박직원법」, 「선원법」 등이 있다. 또 항해는 영해(territorial sea)를 넘어서 전개되는 것이기 때문에, 각종의 국제협약도 성립되어 있어서 경우에 따라서는 국제협약이 해당 국내법에 우선적으로 적용되기도 한다.[21] 공법・사법・국제법 등에 걸친 해사에 관한 생활관계 전체에 걸친 것을 예로부터 해사법(maritime law, droit maritimé)이라고 총칭하지만, 해상법은 그 중에서 선박을 수단으로 하는 해상기업의 활동에 관한 법이고, 그것이 기업활동에 관한 사법이라는 사실 때문에 해상기업에 관

21) 「선박안전법」은 관련 협약의 내용을 될수록 상세하게 관계 법령을 국내법으로 채택하여 규정하고 있다. 그리고 한국이 수락한 선박의 감항성과 인명의 안전에 관련하여 국제적으로 발효된 국제협약의 안전기준과 이 법의 규정내용이 다른 때에는 해당 국제협약의 효력을 우선한다고 규정함으로써 국제협약의 이행에 만전을 기하고 있다(선박안전법 제5조, 제12조). 이때 「선박안전법」에 우선하는 국제협약은 「1974년 해상에 있어서의 인명의 안전을 위한 국제협약」(International Convention for the Safety of Life at Sea)과 「1966년 만재흘수선에 관한 국제협약」(International Convention on Load Lines, 1966)을 들 수 있다(鄭暎錫, 海事法規講義, 제5개정판, 海印出版社, 2007, 139-140쪽 참조).

또 「해상교통안전법」은 선박의 충돌방지와 안전관리 등에 관하여 조약에 다른 규정이 있는 경우에는 그 규정에서 정하는 바에 따른다(해상교통안전법 제5조)라고 규정하고 있다. 선박의 해상활동, 그 중에서도 안전과 관련된 분야는 국제적인 통일성이 절대적으로 중요하므로 「해상교통안전법」의 적용영역에 대하여는 그 모법이라고 할 수 있는 「1972년 국제해상충돌예방규칙협약」과 안전관리에 관한 「해상에 있어서의 인명의 안전을 위한 국제협약」이 우선적 효력을 가지도록 규정하여 제한적으로 국제법 우위의 원칙을 확립하고 있다(鄭暎錫, 海事法規講義, 제5개정판, 海印出版社, 2007, 402쪽 참조).

계되는 법의 주체 사이의 사적 이해관계를 조정하는 법으로 자리매김하고 있다.[22)]

제 2 관　해상법의 지위

I. 해상법과 상법의 관계

해상법(이 곳에서는 형식적 의미의 해상법인 상법 제5편을 말한다)은 상법전의 일부를 이루고 있을 뿐만 아니라 바다라는 특수한 환경에서 활동하는 해상기업의 생활관계를 규율하는 법이기 때문에 상법에 대하여 특별법의 지위에 있다.[23)] 법률사실의 면에서 보면, 선장・해상운송에 관한 규정 등과 같은 것은 상법상의 상업사용인・운송업 등의 규정에 대하여 특별법의 지위에 있다. 또 해난구조・공동해손 등과 같은 것은 해상기업에 특유한 기술적 제도를 반영한 규정이다.

역사적으로 보면, 해상법은 일반상법(상법전에서 해상편을 제외한 제1편 내지 제4편의 내용) 제정 이전부터 해상운송의 발달에 따른 현실적 필요에 대처하기 위하여 자연발생적으로 생성된 관습법의 형태로 존재하여 왔기 때문에 일반상법에 대하여 종속적인 지위에 있는 것은 아니며, 그 자체로서 독자성과 자존성을 가진 상법의 특수한 부분이라고 보아야 한다.[24)]

II. 해상법과 민법

해상법도 민법과 마찬가지로 개인 간의 생활관계를 규율하는 법률인 만큼 민법에 대하여 특별법적 지위를 가진다고 보아야 한다. 그러므로 상법에 특별한 규정이 없는 경우에는 민법의 일반원칙이 보충적으로 적용될 수 있다. 해상법에는 해상기업의 특수성에 비추어 민법상의 법률사실과 다른 부분이 많이 있기 때문에 선박・선박소유자・선체용선・선박공유・선박우선특권・선박저당권・선박충돌 등과 같은 것에 대하여 것은 민법상의 동산・소유권・임대차・공유・담보물권 등의 규정에 대비하여 특별한 규정을 두고 있다.

---

22) 鄭暎錫, 海商法講義要論, 海印出版社, 2003, 5쪽.
23) 宋相現・金炫, 海商法原論, 제3판, 博英社, 2005, 2-3쪽 참조.
24) 宋相現・金炫, 海商法原論, 제3판, 博英社, 2005, 3쪽 참조.
이를 다른 관점에서는 해상기업이 연혁적으로 육상기업보다 먼저 발달하였기 때문에 해상기업을 규율하는 법규인 해상법이 민법・상법과는 달리 자주적인 법역을 갖게 되었다고 설명하기도 한다(鄭燦亨, 商法講義(하), 제10판, 博英社, 2008, 766쪽).

제3절 해상법의 법원과 상법전의 구성

제1관 해상법의 법원

Ⅰ. 법원의 적용순위

상법 제1조 상사적용법규에서는 '상사에 관하여 본 법에 규정이 없으면 상관습법에 의하고 상관습법이 없으면 민법이 규정에 의한다'라고 규정하고 있다. 따라서 해상법의 법원(法源 : source of admiralty)으로는 상법, 상관습법, 민법이 모두 그 법원이 됨은 물론이다.

실질적 의의의 해상법의 개념을 기준으로 해상법의 법원을 설명하면 제정법, 상관습법을 들 수 있고, 법원은 아니지만 각종 표준약관이 거래에서는 널리 사용되고 있다. 제정법은 상법 해상편을 중심으로 해상법에 관한 각종 특별법, 우리나라가 가입한 국제조약 등과 민법을 들 수 있다.

Ⅱ. 제정법

1. 商法典

상법전 제5편 해상편은 형식적 의의의 해상법으로서, 실질적 의의의 해상법의 가장 기본적인 법원이다. 이러한 상법 제5편 해상편은 1962년 1월 20일 제정 이후 1991년 12월 31일에 대폭 개정되었고(1993년 1월 1일 시행),[25] 또한 2007년 8월 3일에 다시 전면 개정되어 2008년 8월 4일부터 시행되고 있다.

2. 각종 특별법

해상법에 관한 특별법은 대부분 행정법령에 속하는 것인데, 우리나라에서는 해사법

25) 이하 '1991년 상법'이라 부른다.

규로 분류하고 있다.[26]「선박법」, 「국제선박법등록법」, 「선박등기법」, 「선박안전법」, 「선원법」, 「선박직원법」, 「해상교통안전법」, 「개항질서법」, 「도선법」, 「항만법」, 「항만운송사업법」, 「해양사고의 조사 및 심판에 관한 법률」, 「수난구호법」, 「해운법」, 「해양환경관리법」, 「상법의 일부규정의 시행에 관한 규정」(1984년 8월 16일 대통령령 제11485호로 제정되어 2007년 9월 28일 대통령령 20300호로 개정) 등이 있다.

3. 조약

헌법 제6조 제1항은 '헌법에 의하여 체결·공포된 조약과 일반적으로 승인된 국제법규는 국내법과 동일한 효력을 가진다' 라고 규정하고 있으므로, 해상기업의 활동에 관하여 적용되는 각종 조약[27]은 해상법의 법원이 된다.

그러나 우리나라가 가입한 해상법에 관한 국제조약은 많지 않고, 이 중 중요한 조약은 상법 제5편 해상편에 실질적으로 그 내용을 도입하여 국내법이 되었다.[28]

4. 민법

상법 제1조는 상법, 상관습법에 규정이 없는 경우에는 민법이 법원이 된다고 규정하고 있다. 따라서 해상기업의 활동에 관하여도 상법과 상관습법에 해당하는 규정이 없는 경우에는 민법의 규정이 보충적으로 적용된다.

Ⅲ. 상관습법

해상법에서는 상관습법이 특별히 발달하였는데(예컨대 보증도의 관습)[29], 이는 해상법의 법원으로 민법에 우선하여 적용된다(상법 제1조).

Ⅳ. 각종 표준약관

해상기업 활동의 대표적인 분야인 해상운송계약에서는 보통 표준운송약관에 의하여 그 거래가 이루어진다. 그 예로써 선하증권의 이면약관과 표준용선계약서식 등을 들 수 있는데, 이러한 약관이나 서식이 상법의 법원이 될 수 있는지가 문제된다. 이

26) 鄭暎錫, 海事法規講義, 제5개정판, 海印出版社, 2007, 참조.
27) 넓은 의미로는 문서에 의하여 국제법 주체 간에 국제법률관계를 설정하기 위한 명시적 합의를 총칭하여 조약(treaty)이라 한다. 보통 양자조약을 조약(treaty)이라 하고, 다자조약은 협약(convention)이라는 용어를 사용한다. 해상법 관련 조약은 대부분 다자조약인 국제협약에 해당한다.
28) 孫珠瓚, 商法(하), 제11정증보판, 博英社, 2005, 710쪽 참조.
29) 大判 1974.12.10, 74 다 376(公報 505, 8235) : 해상화물운송인은 상법 제129조, 제820조에 의하여 선하증권과 상환하여 화물을 인도하여야 할 것이나 그 선하증권 상에 수하인으로 표시되어 있고 이를 소지한 원고은행의 인도지시가 있는 경우에는 위 법조는 적용될 여지가 없다.

에 대하여 법원성을 인정하는 자치법성과 제도설 등의 학설이 있기는 하나 약관 그 자체는 법규범이 될 수 없고 개별 계약의 내용이 됨에 불과하므로 약관의 법원성은 부정하는 것이 타당하고,[30] 약관이 효력을 가지는 것은 당사자의 의사의 합치에 있다고 하겠다.[31]

제 2 관 해상법의 구성

Ⅰ. 내용에 의한 분류

상법전 제5편 해상편이라고 이름 붙여진 일련의 규정을 그 내용에 따라 구분하면, 크게 ① 해상기업의 조직에 관한 법, ② 해상기업의 활동에 관한 법, ③ 해상기업의 위험관리에 관한 법, ④ 선박담보에 관한 법으로 구성되어 있다.

첫째, 해상기업의 조직에 관한 법이라 함은, 해상기업의 물적 조직인 선박(상법 제740조 내지 제744조)에 관한 규정과 해상기업의 인적 조직에 관한 법으로 선박소유자의 책임제한(상법 제769조 내지 제776조), 선박공유(상법 제756조 내지 제768조), 선체용선(상법 제847조 내지 제851조) 등의 해상기업의 주체에 관한 규정과 기업보조자로서의 선장에 관한 규정(상법 제745조 내지 제755조)을 말한다.

둘째, 해상기업의 활동에 관한 법은 해상법의 규정 중 가장 중요한 내용으로서, 개품운송에 관한 규정(상법 제791조 내지 제816조), 해상여객운송에 관한 규정(상법 제817조 내지 제826조), 항해용선에 관한 규정(상법 제827조 내지 제841조), 정기용선에 관한 규정(상법 제842조 내지 제846조), 운송증서에 관한 규정(상법 제852조 내지 제864조)을 말한다.

셋째, 해상기업의 위험관리에 관한 법은 해상기업에 필연적으로 존재하는 해상위험을 소극적으로 또는 적극적으로 극복하기 위한 해상법 특유의 제도로서 공동해손(상법 제865조 내지 제875조), 선박충돌(상법 제876조 내지 제881조), 해난구조(상

---

30) 같은 의견, 鄭燦亨, 商法講義(상), 제11판, 博英社, 2008, 42-43쪽.

31) ① 大判 1985.11.26, 84 다카 2543(公報 768, 108) : 우리나라 대법원은 보험약관에 대하여 일관하여 법률행위설을 취하여, 보험약관이 당사자를 구속하는 근거에 대하여 '약관 그 자체가 법규범 또는 법규범적 성질을 갖는 것이기 때문이 아니라, 보험계약 당사자 사이에서 계약내용에 포함시키기로 합의하였기 때문이다'라고 판시하고 있다

② 大判 1986.10.14, 84 다카 122(公報 789, 3028) : 보통보험약관을 포함한 이른바 일반거래약관이 계약의 내용으로 되어 계약당사자에게 구속력을 갖게 되는 근거는 그 자체가 법규범 또는 법규범적 성질을 갖기 때문은 아니며 계약당사자가 이를 계약의 내용으로 하기로 하는 명시적 또는 묵시적 합의를 하였기 때문이라고 볼 것이다.

법 제882조 내지 895)를 말하는데, 좀 더 넓게 보면 해상보험법의 규정(상법 제4편의 제693조 내지 제718조)[32)]을 포함하여 말한다.

넷째, 선박담보에 관한 법은 선박우선특권, 선박저당권, 선박유치권, 선박질권 등에 관한 규정(상법 제777조 내지 제790조, 민법 제320조 내지 제328조, 민법 제329조 내지 제344조, 제356조 내지 제372조)을 말한다.

II. 상법전의 구성

해상법의 내용은 앞에서 기술한 바와 같이 해상기업의 조직에 관한 법, 해상기업의 활동에 관한 법, 해상기업의 위험관리에 관한 법, 선박담보에 관한 법으로 구분할 수 있다. 1962년 6월 20일 법률 제1000호로 제정된 이래 지금까지 일관되게 내용에 따른 분류에 충실하게 구성하여 제1장 선박, 제2장 선박소유자, 제3장 선장, 제4장 운송, 제5장 공동해손, 제6장 선박충돌, 제7장 해양사고구조, 제8장 선박채권의 순으로 규정을 두고 있었다. 그러나 2007년 8월 3일 법률 제8582호로 상법 해상편을 전면개정하면서 그 구성을 완전히 새롭게 하여, 제1장 해상기업, 제2장 운송과 용선, 제3장 해상위험의 순으로 규정하였다.

이를 자세히 살펴보면 다음과 같다.

첫째, 제1장 해상기업에서는 제1절 선박, 제2절 선장, 제3절 선박공유, 제4절 선박소유자 등의 책임제한, 제5절 선박담보로 구성하고 있다.

둘째, 제2장 운송과 용선에서는 제1절 개품운송, 제2절 해상여객운송, 제3절 항해용선, 제4절 정기용선, 제5절 선체용선, 제6절 운송증서로 구성하고 있다.

셋째, 제3장 해상위험은 제1절 공동해손, 제2절 선박충돌, 제3절 해난구조로 구성하고 있다.

상법의 편제를 이렇게 개정한 것은 다음과 같이 평가할 수 있다. 첫째, 제1장 제5절에 선박담보를 둔 것은 선박우선특권이나 선박저당권 등을 선박금융이라는 관점보다는 해상기업의 물적 조직인 선박을 담보로 한다는 점에 초점을 맞춘 것 같다. 이러한 관점에서 보면 새로운 편제가 합리적이라고 생각한다. 그러나 이러한 논리를 좀

---

32) 해상보험에 관한 법규정은 상법 제4편 보험편에 규정되어 있다. 그러나 해상기업 활동의 국제성으로 인하여 해상위험 역시 국제성을 띠고 있다. 따라서 500톤 미만의 소형선박의 일부를 제외한 해상법의 적용대상이 되는 선박 중 대부분은 해운실무상 전 세계 대부분의 국가에서 공통적으로 영국의 협회선박보험약관(Institute Hull Clause) 및 협회적하보험약관(Institute Cargo Clause)에 의하여 보험계약을 체결하고 있기 때문에, 이들 약관의 準據法約款에 의하여 영국의 법과 관습을 준거법으로 규정하고 있다. 그러므로 해상보험법에 대하여는 사실상 영국의 「1906년 해상보험법」(Marine Insurance Act 1906)이 실질적 의의의 법원이라고 보아야 한다.

더 분명하게 하려면 제1장의 제1절 선박, 제2절 선박담보로 구성하는 편이 좋았을 것으로 본다. 또 제2장 선박소유자의 규정 속에 선박임차인을 규정하던 것을 제2장 운송과 용선에서 제5절 선체용선으로 규정하여 구성을 달리하였다. 그러나 선체용선은 소위 해운실무계에서 말하는 나용선(bareboat charter)[33]을 의미하는 것으로 영국에서도 선박임대차계약(charter by demise, demise charter party)이라는 용어도 같이 사용하고 있어서 기존의 선박임대차와 전혀 다르지 않다. 해상법이 제1장을 해상기업의 조직에 관한 법으로 규정하고 있다면 해상기업의 주체성이 인정되는 선체용선자는 선박소유자와 동일한 위치에 있다고 볼 수 있으므로 제1장에서 규정하는 것이 합리적이라고 본다.

둘째, 현행 상법의 가장 큰 변화는 제2장을 운송과 용선으로 하여 해상기업의 활동에 관한 법을 전면 재구성하였다는 점이다. 종전의 상법은 제4장 운송에서 제1절 물건운송, 제2절 여객운송으로 나누고 있었으나 이를 전면 재구성하여 개품운송, 해상여객운송, 항해용선, 정기용선, 선체용선, 운송증서로 구분하고 있다. 주로 정기선운송에서 사용되는 개품운송계약과 주로 부정기선운송에서 사용되는 용선계약을 구분한 것은 합리적이라고 본다. 다만, 항해용선계약과 정기용선계약은 운송계약인 반면 선체용선계약은 선박임대차계약의 성질을 가지고 있다는 점에서 같은 장에 두는 것은 적절하지 않다고 보는 점은 앞에서 설명한 바와 같다.[34] 이는 영국법에서 용선계약을 항해용선계약(voyage charter party), 정기용선계약(time charter party), 선체용선계약(bareboat charter party)으로 분류하는 방식에 따른 것으로 보인다. 그러나 이는 영국의 용선계약법이 소위 성문법이 아닌 판례법인 커먼-로에 의하여 생성된 것으로 단지 용선(charter party)라는 용어를 기준으로 분류한 것에 불과한 것으로, 항해용선계약이나 정기용선계약을 선체용선과 법적 성질이 같다고 보지는 않는다. 대개 판례법을 설명하는 교재에 있어서도 항해용선계약과 정기용선계약을 개품운송계약과 함께 해상물건운송(carriage of goods by sea)로 설명하고 있고, 이 중 개품운송계약에는 부합계약이라는 성질로부터 나오는 강행법적 규정을 중심으로 설명하고, 항해용선계약과 정기용선계약에 대하여는 그 공통점을 먼저 설명하고 뒤에 항해용선계약과 정기용선계약의 차이점을 차례로 설명하고 있을 뿐이다. 선체용선계약은 부합계약이 아니기 때문에 계약자유의 원칙에 완전히 맡겨져 있고, 운송계

---

33) 해운실무에서는 이를 나용선계약(bareboat charter) 또는 선박임대차계약(charter by demise, demise charter party)이라고 하고 있으나 이하에서는 상법상의 법률용어인 船體傭船으로 통일하여 사용하기로 한다.

34) 이와 관련하여서는 법무부상법개정특별분과위원회에서도 논란이 있었다고 한다. 논의의 자세한 내용은 [法務部, 商法改正特別分科委員會 會議錄[海商編], 2006.2., 225-257쪽] 참조.

약이 아니라 커먼-로 상의 임대차계약과 그 법적 성질이 완전히 일치한다는 점에서 판례나 학설상 논란도 없다. 그러므로 해상운송법을 다루는 여러 교재에서도 그 개념 이외에는 별도의 설명을 두는 경우를 찾아보기 어렵다. 또 영어의 「charter party」를 「용선」 또는 「용선계약」이라고 번역하여 사용하지만, 원래 「charter party」라는 용어는 「분할된 문서」를 의미하는 「carta partita」라고 하는 중세 라틴어에서 유래한 것이다. 즉, 용선계약을 체결할 때 양 가죽에 계약내용을 작성하여 이를 둘로 쪼개어 서로 나누어 가졌다가 이를 다시 합하여 문서의 진위를 확인하는 방법으로 사용하던 것이다.[35] 그러므로 이는 굳이 용선이라는 용어에 집착하기 보다는 계약서라는 의미가 더 정확하다고 볼 수 있다. 또 영국법상으로도 선체용선(bareboat charter)이라는 용어만 사용하는 것이 아니고 선박임대차계약(charter by demise, demise charter party)라는 용어도 사용하기 때문에 운송계약과는 완전히 다르다고 보아야 한다. 그런데도 불구하고 용선계약 전체를 제2장의 해상기업의 활동에 관한 법의 규정에 같이 규정하게 되다 보니, 제2장의 제목도 운송과 용선이라고 하는 다소 애매한 표현을 쓰게 된 것 같다.

그리고 제6절의 운송증서도 제1절 개품운송과 제2절 해상여객운송의 다음에 두는 것이 더 논리적이라고 본다. 운송증서는 주로 개품운송계약이나 해상여객운송계약에서 개개의 운송물이나 여객의 선적·승선을 확인하여 발행하고 목적지에서 증서에 기재된 대로 운송물·여객을 인도하거나 하선하도록 하는 계약의 증거증권을 말하는 것이다. 이는 원칙적으로 부합계약의 성질을 가진 운송계약에 사용되는 것이고, 부합계약으로 보기 어려운 항해용선계약, 정기용선계약. 선체용선계약에서는 별도의 용선계약서가 존재하고 있고, 이때 사용되는 운송증서는 단순한 운송물 또는 여객의 수령 또는 승선 사실을 확인하는 것에 불과하거나, 재운송계약에 의하여 용선계약의 당사자가 아닌 제3자의 하주에게 발행하는 것으로 용선계약과는 본질적으로는 전혀 관계없는 것이기 때문이다. 단지, 재운송계약에 의한 운송증서의 발행은 매우 예외적인 사항으로 이를 제6절로 두어 개품운송계약, 해상여객운송계약, 용선계약 전체와 논리적 일관성이 있는 것처럼 오인하게 하는 것은 바람직하지 않다고 본다.

셋째, 제3장의 해상위험은 해상위험관리에 관한 법의 내용을 한데 묶어서 별도의 장으로 구성한 것은 매우 합리적이라고 본다.

---

35) 萩原正彦, 傭船契約論, 東京, 海文堂, 1980, 323-324쪽 참조.

[표 1-1] 상법의 개정 전후 체계비교

<table>
<tr><th colspan="2">1991년 상법</th><th colspan="2">현행 상법(2007년 8월 3일 개정)</th></tr>
<tr><th>구분</th><th>내용</th><th>구분</th><th>내용</th></tr>
<tr><td>제1장 선박</td><td></td><td rowspan="3">제1장 해상기업</td><td rowspan="3">제1절 선박
제2절 선장
제3절 선박공유
제4절 선박소유자등의 책임제한
제5절 선박담보</td></tr>
<tr><td>제2장 선박소유자</td><td></td></tr>
<tr><td>제3장 선장</td><td></td></tr>
<tr><td>제4장 운송</td><td>제1절 물건운송
제1관 통칙
제2관 선하증권
제2절 여객운송</td><td>제2장 운송과 용선</td><td>제1절 개품운송
제2절 해상여객운송
제3절 항해용선
제4절 정기용선
제5절 선체용선
제6절 운송증서</td></tr>
<tr><td>제5장 공동해손</td><td></td><td rowspan="4">제3장 해상위험</td><td rowspan="4">제1절 공동해손
제2절 선박충돌
제3절 해난구조</td></tr>
<tr><td>제6장 선박충돌</td><td></td></tr>
<tr><td>제7장 해양사고구조</td><td></td></tr>
<tr><td>제8장 선박채권</td><td></td></tr>
</table>

제 4 절
해상법의 발전과 국제적 통일화 경향

해사법[36]은 특수한 역사적 배경을 지니고 있다. 첫째, 인류의 오랜 해상활동으로부터 끊임없이 진화·발전하여 왔다는 점에서 볼 때 변화발전의 원동력은 관습이라는 점이다. 둘째는 고대로부터 오늘날에 이르기까지 세계 여러 나라가 사실상 같은 법원칙에 따르고 있다는 국제성이다.[37]

제1관 해상법의 역사적 발전

Ⅰ. 고 대

선사시대부터 해운활동은 있었으며 특히 페르시아만과 아라비아해(Arabian Sea)에서 발전하였다. 즉, 티그리스·유프라테스강(Tigris·Euphrates river) 유역의 슈메르인(Sumerian)·아카드인(Akkadian people)과 동남아라비아·인더스강(Indus river) 유역의 하라판문명(Harappan civilization) 사이에 교역이 있었다고 한다.[38] 그리하여 기원전 1800년경에 제정된 세계에서 가장 오래된 법전인 함무라비법전(code of Hammurabi)[39]에 이미 선박충돌, 용선, 감항능력 주의의무, 수상운송인의

36) 역사적으로는 고대로부터 해상법이 발전하면서 주로 해상법이 중심이 되고 있지만, 해사공법에 해당하는 내용이 구분되지 않고 발전해 왔기 때문에 구분이 되기 전 단계에서는 해사법이라는 용어로 설명하기로 한다.

37) Thomas J. Schoenbaum, A.N. Yiannopoulos, Admiralty and Maritime Law, The Michie Company, Virginia, 1984, p. 9.

38) Thomas J. Schoenbaum, A.N. Yiannopoulos, Admiralty and Maritime Law, The Michie Company, Virginia, 1984, p. 2.

39) 바빌론의 함무라비 왕이 제정한 법전으로 1901년 프랑스의 몰간이 지휘하는 페르시아 탐험대에 의해서 수사에서 발견된 탑형 비문이다. 높이 2.5미터, 둘레 1.8미터의 이 탑은 상부에 함무라비 왕이 태양신으로부터 법전 수수 광경이 부조되어 있다. 섬록암 기둥에 설형문자로 새겨져 있는데, 비문은 49열 3000행으로 되어 있었으나 앞부분의 5열은 엘람의 왕에 의해 지워졌다. 함무라비왕(1792~1750 B.C.)은 즉위 38년에 반포하여 법전 비를 주요 도시의 신전 입구에 건립하여 일반인이 널리 알도록 하였던 것 같다. 그 위에 "재판을 얻기 위한 자는 이 비 앞에 와서 그것을 읽고 들어라. 이 비는 그대들에는 법을 명백히 가르치고 그대들의 권리를 지킬 것이다. 함무라비는 나라의 주인으로 국민의 아버지이니라"고 선포되어 있다. 법문(法文)은 282항이나 되고 조직적으로 구성되어 있고, 또 민법·형법·상법·소송법 등에 미쳐 있으며, 표현은 극히 구체

책임, 구조료의 금액, 선장의 급여, 모험대차 등에 관한 해상법 규정이 포함되어 있었는데, 이는 옛날 슈메르인의 관습법을 성문화한 것으로 보인다.[40)]

또 빠르드쓔(Pardessus)의 연구에 따르면 기원전 8세기경 인도에서 제정된 마누법전(code of Manu)[41)]에 해사에 관한 법제도가 포함되어 있었다고 한다.[42)]

기원전 3,000년경 벌써 이집트 선박이 레바논으로부터 삼목(杉木; cedar) 그 밖의 생산물을 수입하기 위하여 동부 지중해의 여러 항구를 출입하였으며, 지중해 주변의 민족인 이집트인·미케네인·크레타인·페니키아인·아테네인·카르타고인 등이 지중해연안의 여러 도시와 섬들을 근거로 활발한 상업적·정치적 활동[43)]을 하였음에도 불구하고 당시의 해사법으로 오늘날까지 전해 내려온 것은 거의 없다. 다만 기원전 900년경 로오드섬(Rhodes)에서 공포된 이른바 로드해법전(Rhodian Sea-Code)이 있었다는 유력한 견해가 전해 내려오고 있다.[44)] 그러나 이러한 견해는 서기 553년경에 제정된 유스티아누스의 디게스트(Justinian's Digest)에 공동해손의 하나인 투하에 관한 기본원칙이 언급되어 있고 그것이 로오드해법에서 유래한다는데 근거를 두

적이고 판례적이다. 먼저 종교적인 주술에 대하여 규정하고, 모든 계층에 걸친 사회생활·일상생활에 대하여 규정하고 있으며 최후로 각 계급·직업의 임금을 규정하고 있다. 원시적 율법의 자취도 농후하여 물에 빠뜨려서 뜨는 혐의자는 무죄라는 조항도 있다. 특색으로는 첫째로「눈에는 눈을, 뼈에는 뼈를, 이에는 이를」이라는 개인적 책임추궁의 명시, 둘째는 신 앞에서의 서약의 중시, 셋째는 모든 재판에 있어서의 증서(證書)의 절대성을 들 수 있다. 리피트 이시타르 법전 발견으로 이 법전은 세계 최고의 법전은 아닌 것으로 판명되었으나, 그래도 짜임새와 후세에 대한 영향이 컸다는 점에서 설형문자의 법률 중 가장 중요시되고 있다(http://historia.tistory.com/862 :2007년 8월 18일 검색).

40) 田中誠二, 海商法詳論, 東京, 勁草書房, 1970, 6쪽.
그러나 이러한 견해에 대하여 당시 선박의 크기, 구조 등을 감안할 때 이들 규정은 해상항행에 관한 것이라기보다는 티그리스·유프라테스 두 강이나 하구 부근 약간의 해면수역에서의 항행에 관한 규정에 불과할 것이라는 설도 있다(谷川 久, 海事私法の構造と特異性, 有斐閣, 1958, 11-12쪽). 또한 함무라비법전의 연대에 관하여는 약간의 이견이 있다.

41) 인도 고대의 법전으로서 산스크릿트어로 씌어져 있다. B.C. 200년부터 AD 200년경까지 완성한 것으로 알려져 있다. 인간의 始祖 마누가 신의 계시에 의하여 만든 것이라고 전해오고 있다. 그 내용은 법률 이외에 종교, 도덕, 의식에 관한 법률을 포함하고 있으며 고대사회의 신분제도에 관한 규정도 찾아 볼 수 있다. 신분제도는 인도사회에 있어서 신앙, 직업 등에 공통하는 특별집단으로서 특정의 신분에 속하는 자는 다른 신분에 속하는 자의 직업에 종사하지 못한다. 인도에서는 오늘날에도 이같은 신분제도가 남아 있다(奇世勳 외, 法律用語辭典, 法典出版社, 1982, 32쪽).

42) 그러나 마누법전의 성격상 이것이 오늘날의 개념으로서의 법의 기능을 하였는지에 관하여는 의문이 제기되고 있다(谷川 久, 海事私法の構造と特異性, 有斐閣, 1958, 13-14쪽).

43) 문명을 누린 크레타(Crete)는 기원전 3000년경에서 1400년경까지 번성하였고, 기원전 1400년경에서 1200년경까지는 미케네인이 지배적이었는데, 그들은 Melos, Thera, Rhodes, Miletus, Cyprus 등에 식민지를 세웠다. 기원전 1200년경에 미케네인은 페니키아인에게 양보하게 되는데, 페니키아인은 Tyre와 Sidon을 중심지로 삼고 Cyprus를 식민지화한다.
기원전 800년경 그리스 도시국가가 고대세계에 군림하고 아테네는 특별법원에서 국제해사법을 관장하였다. 그리고 후기 헬레니즘시대에는 로오드섬과 알렉산드리아시가 해상활동의 이름난 중심지였다(Schoenbaum, Yiannopoulos, Admiralty and Maritime Law, The Michie Company, Virginia, 1984, pp. 2-3).

44) Gilmore and Black, The Law of Admiralty, New York, The Foundation Press, Inc., 1975, pp. 3-4.

고 있다.[45] 그러나 유력한 해사법 학자들은 로오드해법전의 존재나 또는 그것이 로마법에 수용되었다는 사실을 인정하지 않는다.[46]

로마에서의 해사법에 관한 규정은 앞에서 언급한 디게스트(Digest)와 유스티아누스법전(Justinian Code) 등에 산재하여 있는데 부분적으로는 그리스법에서 유래한 것으로 보이며, 항해 개시 전에 금전대여자가 해상위험을 예상하여 이루어지는 해상소비대차(foenus nauticum), 선박소유자는 화물의 멸실 또는 손상에 대하여 수령한 대로 책임지고 불가항력의 경우에만 면책될 수 있다는 선박소유자의 수령책임(receptum nautarum) 및 선박·화물의 공동의 위험을 면하기 위한 희생은 참가자에 의하여 공동으로 분담되어야 한다는 투하에 관한 로오드법(lex Rhodia de jactu) 등에 관한 내용이 그것이다.[47] 한편 서로마제국이 멸망한 (서기 476년) 후 동로마제국은 10세기 초에 유스티니아누스법전의 부활이라고 볼 수 있는 바실리카(Basilika) 법전을 편찬한 바 있다.

II. 중 세

로마제국에 의하여 이룩된 대자본적 해상기업 경영은 게르만인, 사라센인, 노르만인 등의 침입으로 모두 파괴되고 중세의 해운기업은 소자본적·모험적인 조합 형태로 출발하여 중세 중기까지 이러한 모습이 이어졌다.

이러한 상황 아래에서 해사법 분야에도 중세적인 특성이 나타났다. 그 특성은 지중해·대서양·북해 등 유럽 각지에 해항도시(sea port)가 등장했고, 이들 해항도시에서 해사법원의 판결, 해항도시의 자치입법권, 해상기업자의 동업조합 내에서 발달한 관습 등을 통하여 해사법이 크게 발전하였다는 사실이다.[48] 이른바 중세의 3대 해사법을 중심으로 이 시기의 해사법을 살펴보면 다음과 같다.[49]

45) Gilmore and Black, The Law of Admiralty. New York, The Foundation Press, Inc., 1975, pp. 3-4 ; Schoenbaum, Yiannopoulos, Admiralty and Maritime Law, The Michie Company, Virginia, 1984, pp.3-4.

46) Robinson, Handbook of Admiralty Law in The United States, West Publishing Co., 1939, p. 2 ; 로오드 해법전이 있었다는 설은 1561년에 처음 출간된 로오드법(Rhodian Law or Nautical Law of the Rhodians)에 관한 저작물을 비판 없이 수용한 때문인데, 이것과 로오드인을 결부시키는 것은 하나의 조작(fabrication)에 불과하다고 한다(Schoenbaum, Yiannopoulos, Admiralty and Maritime Law, The Michie Company, Virginia, 1984, p.4.). 그러나 Lobingier 등 일부 학자는 이와 같은 견해에 반대하고 그리스와 페니키아에서의 법칙과 관습의 산물인 로오드법이 로마법에 수용되었다고 한다((Schoenbaum, Yiannopoulos, Admiralty and Maritime Law, The Michie Company, Virginia, 1984, p.4). 한편 7~8세기경 그리스어로 된 가짜 로오드해법이 출현하였는데 이것이 중세의 해법에 많은 영향을 미쳤다고 한다.

47) Abraham, Das Seerecht, Berlin, Walter de Gruyter & Co., 1969, S.7ff.

48) 谷川 久, 海事私法の構造と特異性, 東京, 有斐閣, 35-40쪽.

49) 中世와 近世의 해사법의 발전 및 연혁 등에 관하여는 다음 문헌들을 참조하였다. 위에서 본 Robinson,

1. 콘솔라토 · 델 · 마아레(Consolato del mare)

그 성질 · 연대 등에 관하여 정설이 없으나 13 · 4세기경 스페인의 바르셀로나를 중심으로 한 해사관습을 모아 편찬한 것으로 주로 서지중해 연안에서 행하여졌던 것으로 보인다. 당시 바르셀로나 해사법원의 판결을 집성한 것이라는 견해도 있다. 전편 334개 장으로 구성되어 있으며 선박의 코멘다(commenda; 공유), 선장 및 선원의 권리 · 의무, 운송계약 등 당시 해사에 관한 사항이 망라되어 있다.

2. 오레롱해법(Rôles d' Oléron)

다른 설도 있지만 11세기 내지 12세기경 오레롱섬을 중심으로 한 프랑스 대서양 연안의 해사판례집이다. 원문은 24개조로 되어 있으나 나중에 추가되었다. 프랑스뿐만 아니라 전 유럽에 널리 사용되었고, 특히 영국에서는 오레롱해법이 중요시되어 16세기경까지 해사법의 중요한 법원을 이루었었다. 또한 벨기에 · 네덜란드 등에 계수되고 다시 비스비해법의 일부를 구성하기에 이르렀다.

3. 비스비해법(Wisbysche Seerecht)

오레롱해법과 한자동맹(Hanse League)의 해법을 합성한 해사법으로 14세기 내지 15세기경 북해(North Sea)와 볼트해(Baltic Sea) 방면에서 행하여졌다. 북해에 위치한 고트란드섬(Gotland)의 비스비(Wisby)항이 당시 한자해상(海商)의 중심지였기 때문에 이러한 명칭이 붙여졌다.

이들 세 해법을 중세의 3대 해법이라 하며 이들은 후세의 해사입법에 매우 큰 영향을 미쳤다.

위의 3대 해법 이외에도 11세기경 이탈리아의 해항도시 아말피를 중심으로 성립한 아말피 해법(tabule Amalfitana), 15세기경 한자 각 도시의 협약해법(Rezesse der Hanse), 16세기경 프랑스 루앙(Rouen)에서 편찬되었으며 해사법학상 학문적 가치가 매우 높고 앞에서 본 콘솔라토 · 델 · 마아레에 견줄 만하다는 기동 · 드 · 라 · 메르(guidon de la mer) 등이 유명하다. 그 밖에도 피사, 마르세이유, 함부르크, 뤼벡 등의 각 도시법이나 동업조합의 규약 또는 판례 등에서도 해법규정을 볼 수 있다.

한편, 영국의 경우는 앞에서 본 오레롱 해법 외에 옛날 영국의 해사법, 판례, 칙령 및 절차법, 왕 또는 해사법원의 명령 등을 모아 기록한 해법흑서(The Black Book of the Admiralty)를 고전적 법원으로 볼 수 있다. 그러나 편찬한 사람이나 연대는 명백

Schoenbaum and Yiannopoulos, Gilmore and Black, Abraham, 谷川 久, 田中誠二 등의 저서 및 Prßmann/Rabe, Seehandelsrecht, C.H. Beckshe Verlagsbuchhandlung, M nchen, 1983.

하지 않다.

중세의 해사법은 주로 당시 조합적 공유조직에 의한 해운기업에 관한 법률관계를 규제하기 위하여 성립한 것으로 일반적인 중세 상사법의 경우와 같이 상인법적 성격을 지니고 있었다고 한다. 따라서 당시의 해사법은 일반법과는 분리된 독립된 성격과 체계를 형성하고 공법과 사법을 합친 통일적인 법체계를 이루고 있었다고 하겠다.

Ⅲ. 근 세

1. 1681년 프랑스의 해사칙령(Ordonnance de la marine)

근세 해사법의 역사는 1681년의 프랑스 루이 14세의 해사칙령의 공포로 시작되었다. 중세 해사법이 국가와는 독립된 도시법, 상인단체의 법 또는 관습법을 집성한 것에 불과하였는데, 근세 중앙집권국가가 성립함에 따라 해사법도 국가법의 체계 중에 들어가게 되었다. 해사칙령은 이러한 배경 아래에서 창조된 통일적, 자족적인 해사법전이다.

당시 유명한 제상 꼴베르(Colbert)에 의하여 추진된 해사칙령은 종래에 있었던 해사에 관한 여러 법제를 통일화하여 왕 아래의 국가법으로 체계화하고 재판관할권까지도 집중화하고자 한 것으로 지중해계 및 북유럽계의 해사법을 일체화하여 구성되었다.

해사칙령은 모두 5개편 713개조로 이루어진 대법전으로 그 규범대상은 해사사법뿐만 아니라 해사공법과 재판관할의 문제 등을 포함하고 있다. 제1편 해사재판관 및 관할권, 제2편 선원 및 선박, 제3편 해사계약, 제4편 항만・해안・정박장소와 경찰, 제5편 해상어법 등으로 구성되어 있다. 해사칙령은 매우 높은 명성을 떨쳤으며 유럽 전체에 걸쳐 해사법의 입법과 해석에 커다란 영향을 미쳤다.

2. 19세기 말까지 성립한 주요 해사법

가. 1807년 프랑스상법전(나폴레옹상법전)

제2편에서 해상법에 관하여 규정하고 있는데 그 내용은 1681년 해사칙령 가운데 사법적 규정(제2편 및 제3편)을 거의 그대로 받아들인 것이다. 중세로부터 1681년 해사칙령에 이르기까지 해사법에는 사법적 규정과 공법적 규정이 통합되어 있었으나, 1807년 프랑스상법전에서는 해사법을 사법과 공법으로 분리하여 그 중 사법적 규정만 상법전의 내용으로 수용한 것이다. 이러한 나폴레옹 상법전의 공・사법을 분리한 법체계는 이후의 세계 각국에 영향을 미쳤다.

나. 독일상법전

독일은 프랑스보다 법전화가 늦게 이루어졌다. 1861년 독일 일반상법(Das Allgemeine Deutsche Handelsgesetzbuchs; 이른바 구상법) 제5편 및 1897년 독일 상법(Handelsgesetzbuch vom 10 Mai 1897; 신상법) 제4편이 해상편인데, 프랑스의 1807년 상법전의 경우와 같이 해사사법 규정만으로 구성되어 있다.

1899년에 제정·공포된 현행 일본 상법은 특히 독일법제의 영향을 크게 받았으므로 그 내용이 독일 상법전과 유사하다.

다. 영국

영국에서는 근세 이후 해운이 크게 발달하여 해사법의 중요성이 커졌으며 특수한 판례법주의의 법 구조 아래에서 법원의 판례를 통하여 특색있는 해사법을 형성하여 나아갔다. 그러나 점차 법전화(codification)의 필요성이 대두하여 「1854년 상선법」(Merchant Shipping Act)이 처음 제정되었고, 그 후 여러 차례의 개정을 거쳐서 현행의 1894년 「상선법」의 성립을 보게 되었다. 영국의 「상선법」은 공법적인 행정법규 뿐만 아니라 선박소유권·선박저당권·해원고용계약·선주책임 등에 관한 사법적 규정을 포함하고 있는 공·사법 양측에 걸친 방대한 법전[50]이다.

라. 미국

영국과 비슷한 시기에 미국에서는 선주의 책임제한에 관한 「1851년 유한책임법」(Limitation Liability Act)과 선박소유자의 면책사유의 제한을 위한 「1893년 하터법」(Hater Act)의 성립을 보게 된다.

제 2 관 해상법의 국제적 통일화 경향

Ⅰ. 20세기 이후 국제해운환경변화와 해사법의 국제적 통일

20세기에 들어와서 지난 100여 년간 여러 가지 여건의 변동으로 해사법도 크게 변화·발전하였다.

즉, 과학의 놀라운 발달로 인한 조선·선박운항·운송방식 등 여러 분야에서의 기술의 진보, 개품운송계약과 정기선운항의 비중증대, 해양오염방지와 유류오염손해배

50) Michael Thomas · David Steel, The Merchant Shipping Acts, 7th ed., London, Stevens & Sons, 1976 참조.

상문제의 대두, 새로운 해양법질서의 정립 움직임, 종전의 해상법에서 분리된 해상노동관계법(「선원법」)과 각국의 자국해운보호를 위한 각종 해사공법의 정비의 필요성, 국제무역기구(World Trade Organization ; WTO)에 의한 해운시장 개방 및 자국해운보호주의 정책의 제한 등으로 인하여 국제적 또는 국내적으로 활발한 입법활동이 전개되고 있다.

19세기 이후 국제무역의 발달로 교역이 증대하고 해사에 관한 국제적 법률관계가 빈번해짐에 따라 해사법의 국제적 통일이 필요하게 되었고, 20세기에 들어와서는 이 방면에 큰 진전을 보게 되어 많은 해사관계 국제협약이 성립하였다.

즉, 해사법에 관한 국제협약은 아래와 같은 국제기구가 중심이 되어 이를 성안하고 채택하게 되었다.

국제해법회(Comit Maritime International ; CMI)에서는 주로 해상법 관련 국제협약을 제정하고, 국제해사기구(International Maritime Organization ; IMO)는 해양환경, 해상안전, 해사기술 및 해상법 관련 국제협약을 제정하고, 국제노동기구(International Labour Organization ; ILO)는 해상노동 분야에 관한 국제협약을 제정하며, 국제연합(United Nations ; UN)과 국제법위원회(International Law Commission ; ILC)는 해양법 분야의 국제협약을 제정하고, 1970년대 이후 개발도상국의 발언권이 강한 국제연합무역개발회의(United Nations Conference on Trade and Development ; UNCTAD)가 해상법 분야의 국제협약을 계속해서 주관하여 제정해 오고 있다. 이와 같이 성립한 국제협약을 세계 여러 나라가 국내법으로 수용하여 시행하는 과정을 통하여 해사법의 국제적 통일이 촉진된다.

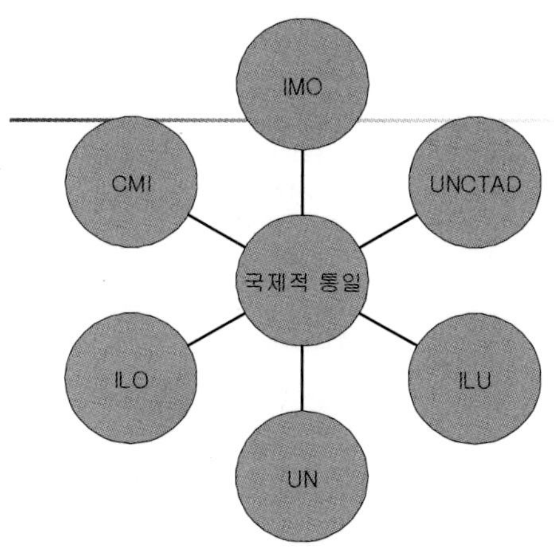

[그림 1-1] 해사법 통일과 국제기구의 역할

II. 자치규범과 표준계약서식의 발달

해사법의 국제적 통일에는 국제협약 이외에 법률은 아니지만, 이해관계자 사이에서 합의된 자치규범 또는 자치규칙을 제정하여 계약서로 사용하거나 계약의 내용에 삽입함으로써 사실상 국제적 통일 규범을 형성하여 기여하는 경우가 많다. 이러한 자치규범으로는 공동해손에 관한 요크-앤트워프규칙(York-Antwerp Rules), 1992년 유엔무역개발회의/국제상업회의소 복합운송증권규칙(UNCTAD/ICC Rules for Multi-modal Transport Documents, 1992)과 같은 국제적 통일규칙이나 용선계약에 관한 젠콘 표준계약서식(Gencon Form), 볼타임 표준계약서식(Baltime Form), 뉴욕프러듀스익스체인지 표준계약서식(NYPE Form),[51] 해상보험에 관한 협회적하보험약관(ICC) 또는 협회선박기간보험약관(ITC-Hulls) 등과 같은 표준계약서식도 크게 기여하고 있다.

---

51) 이러한 서식을 표준용선계약서식(standard charterparty)이라 하는데, 용선계약에 사용하기 위해 마련된 표준서식을 말한다. 영국 해운집회소(British Chamber of Shipping)나 볼틱해운동맹(Baltic International Maritime Conference)은 일찍부터 용선계약 당사자들에게 계약의 편의를 제공하기 위하여, 많은 표준용선계약서식을 공인하여 왔다. 이에 부가하여 영국 해운집회소에서 공인하지 않은 다른 용선계약서도 이용되는 예가 있다. 예컨대 미국 및 캐나다 동해안에서 반출(搬出)되는 곡물에 사용되는 '볼티모어 선석 곡물 용선계약서'(Baltimore Berth Grain Charter Party)를 비롯하여 '태평양 연안 곡물 용선계약서'(pacific Coast Grain Charter Party), '미국판 웰쉬 석탄 용선계약서'(Americanized Welch Coal Charter Party), '쿠바 사탕 용선계약서'(Cuba Sugar Charter Party), '모리셔스 사탕 용선계약서'(Mauritius Sugar Charter Party), '버마 쌀 용선계약서'(Burma Rice Charter Party) 및 '뉴욕 농산물 거래소 제정 정기용선계약서'(Time Charter Party approved by the New York Produce Exchange) 등이 있다. 이러한 표준용선계약서식이 채용된 결과 분쟁이 눈에 뜨일 정도로 감소되었다. 이밖에 사적(私的)인 용선계약서의 서식이 여러 가지 특수한 거래 때문에 사용되고 있는데, 표준외 (non-standard) 용선계약서를 사용하는 경우에는 처음부터 모호한 조항을 정확하게 해석하여 의견의 차이가 없도록 그 용어를 신중하게 검토해야 한다(鄭暎錫, 船荷證券論., 개정판, 텍스트북스, 2007, 3-4쪽 주 7) 참조).

표준용선계약서식의 종류

원 명칭	번역
East Coast Coal Charter	영국 동해안 석탄 용선계약서
Medcon River Plate Charter Party 1914	리버플레이트 용선계약서
Controcon Australian Grain Charter Party	오스트레일리아 곡물 용선계약서
Austwheat Uniform Time charter	오스트위트 표준 정기용선계약서
Baltime Uniform General Charter	볼타임 표준 일반 용선계약서

제5절
국제기구와 국제협약

제1관 국제해사기구

Ⅰ. 의의

해운업은 세계의 모든 대규모 산업 중 가장 국제적이고 가장 위험한 산업의 하나이다. 모든 해운국가가 준수하도록 하는 국제적인 기준과 규정을 개발・시행하는 것이 해상에서 안전을 증진시키는 가장 좋은 방법이라고 인식되어 왔으며 19세기 중반 이후 그와 같은 몇 개의 협약이 채택되었다. 일부 국가들은 해상안전을 좀 더 효과적으로 증진시킬 수 있는 영구적인 국제기구의 설립을 제안하였으나, 국제연합이 설립될 때까지 그 뜻을 실현하지 못했다. 1948년 제네바국제회의에서 공식적으로 국제해사기구[52]의 설립을 위한 협약이 채택되었다. 이 「IMO 협약」(IMO Convention)은 1958년에 효력이 발효되었으며, 그 이듬해인 1959년 1월에 창립총회가 개최되었다.

이로써 국제해사기구는 국제연합 산하 12번째의 전문기구로 탄생하게 되었으며, 국제해사기구가 해운의 기술적인 문제만 다루기로 함에 따라 국제연합무역개발회의(UNCTAD)에서는 1965년에 해운위원회를 설치하여 해운의 상업적 문제, 즉 보험개방, 등록, 운임율, 운임동맹의 관행 등에 관한 문제를 다루기로 하였다.

국제해사기구의 목적은 협약 제1조 (a)항에 규정되어 있는 바와 같이 "국제교역에 종사하는 해운업에 영향을 미치는 모든 형태의 기술적인 문제에 관하여 정부가 수행하는 규정이나 지침에 있어서 정부간 상호협력촉진을 위한 장치를 제공하는 것이며, 해상안전, 효율적인 항해 및 선박으로부터의 오염방지 및 통제와 관련한 최고수준의 실질적인 기준을 제정하고 촉진하는 것이다"라고 규정하고 있다.

약 300명의 직원을 가진 국제해사기구는 국제연합의 전문기구 중 가장 작은 기구

52) 초기 명칭은 정부간해사자문기구(International Maritime Consultative Organisation: IMCO)이었으나 1982년에 국제해사기구(International Maritime Organisation : IMO)로 바뀌었다.

의 하나이다. 그러나 "보다 안전한 해운과 보다 깨끗한 바다"를 목적으로 주목할 만한 성공을 거두고 있는데, 선박사고 발생률과 선박으로부터 바다로 흘러 들어가는 기름의 양이 현저히 감소되었다.

II. 회원국과 조직

1. 회원국

국제기구는 IMO협약의 발효를 위한 요건인 21개국을 회원국으로 하여 1959년 설립되었다. 2008년 11월 현재는 167개국 회원국과 3개국의 협력회원(associate members)으로 구성되어 있다.[53]

번호	가입 국명	가입년도
1	Albania	1993
2	Algeria	1963
3	Angola	1977
4	Antigua and Barbuda	1986
5	Argentina	1953
6	Australia	1952
7	Austria	1975
8	Azerbaijan	1995
9	Bahamas	1976
10	Bahrain	1976
11	Bangladesh	1976
12	Barbados	1970
13	Belgium	1951
14	Belize	1990
15	Benin	1980
16	Bolivia	1987
17	Bosnia and Herzegovina	1993
18	Brazil	1963
19	Brunei Darussalam	1984
20	Bulgaria	1960
21	Cambodia	1961
22	Cameroon	1961
23	Canada	1948
24	Cape Verde	1976
25	Chile	1972
26	China	1973
27	Colombia	1974
28	Congo	1975
29	Cook Islands	2008
30	Costa Rica	1981
31	Cote d'Ivoire	1960
32	Croatia	1992
33	Cuba	1966

번호	가입 국명	가입년도
34	Cyprus	1973
35	Czech Republic	1993
36	Democratic People's Republic of Korea	1986
37	Democratic Republic of the Congo	1973
38	Denmark	1959
39	Djibouti	1979
40	Dominica	1979
41	Dominican Republic	1953
42	Ecuador	1956
43	Egypt	1958
44	El Salvador	1981
45	Equatorial Guinea	1972
46	Eritrea	1993
47	Estonia	1992
48	Ethiopia	1975
49	Fiji	1983
50	Finland	1959
51	France	1952
52	Gabon	1976
53	Gambia	1979
54	Georgia	1993
55	Germany	1959
56	Ghana	1959
57	Greece	1958
58	Grenada	1998
49	Guatemala	1983
60	Guinea	1975
61	Guinea-Bissau	1977

53) http://www.imo.org/(2008년 11월 3일 검색).

번호	가입 국명	가입년도
62	Guyana	1980
63	Haiti	1953
64	Honduras	1954
65	Hungary	1970
66	Iceland	1960
67	India	1959
68	Indonesia	1961
69	Iran (Islamic Republic of)	1958
70	Iraq	1973
71	Ireland	1951
72	Israel	1952
118	Portugal	1976
73	Italy	1957
74	Jamaica	1976
75	Japan	1958
76	Jordan	1973
77	Kazakhstan	1994
78	Kenya	1973
79	Kiribati	2003
80	Kuwait	1960
81	Latvia	1993
82	Lebanon	1966
115	Peru	1968
116	Philippines	1964
83	Liberia	1959
84	Libyan Arab Jamahiriya	1970
85	Lithuania	1995
117	Poland	1960
113	Papua New Guinea	1976
114	Paraguay	1993
86	Luxembourg	1991
87	Madagascar	1961
88	Malawi	1989
112	Panama	1958
89	Malaysia	1971
90	Maldives	1967
91	Malta	
92	Marshall Islands	1998
93	Mauritania	1961
94	Mauritius	1978
95	Mexico	1954
96	Moldova	2001
97	Monaco	1989
98	Mongolia	1996
99	Montenegro	2006
100	Morocco	1962
101	Mozambique	1979
102	Myanmar	1951
103	Namibia	1994
104	Nepal	1979
105	Netherlands	1949
106	New Zealand	1960
107	Nicaragua	1982
108	Nigeria	1962
109	Norway	1958
110	Oman	1974
111	Pakistan	1958

번호	가입 국명	가입년도
119	Qatar	1977
120	Republic of Korea	1962
121	Romania	1965
122	Russian Federation	1958
123	Saint Kitts and Nevis	2001
124	Saint Lucia	1980
125	Saint Vincent and the Grenadines	1981
126	San Marino	2002
127	Samoa	1996
128	Sao Tome and Principe	1990
129	Saudi Arabia	1969
130	Senegal	1960
131	Serbia(Republic of)	2000
132	Seychelles	1978
133	Sierra Leone	1973
134	Singapore	1966
135	Slovakia	1993
136	Slovenia	1993
137	Solomon Islands	1988
138	Somalia	1978
139	South Africa	1995
140	Spain	1962
141	Sri Lanka	1972
142	Sudan	1974
143	Suriname	1976
144	Sweden	1959
145	Switzerland	1955
146	Syrian Arab Republic	1963
147	Thailand	1973
148	The former Yugoslav Republic of Macedonia	1993
149	Timor-Leste	2005
150	Togo	1983
151	Tonga	2000
152	Trinidad and Tobago	1965
153	Tunisia	1963
154	Turkey	1958
155	Turkmenistan	1993
156	Tuvalu	2004
157	Ukraine	1994
158	United Arab Emirates	1980
159	United Kingdom of Great Britain and Northern Ireland	1949
160	United Republic of Tanzania	1974
161	United States of America	1950
162	Uruguay	1968
163	Vanuatu	1986
164	Venezuela	1975
165	Viet Nam	1984
166	Yemen	1979
167	Zimbavwe	2005
Associate Members		
1	Hong Kong, China	1967
2	Macao, China	1990
3	The Faroe Islands, Denmark	2002

2. 기구 및 조직

가. 기구

기구의 구성은 총회, 이사회와 5개의 위원회로 구성되어 있다. 해사안전위원회, 해양환경보전위원회, 법률위원회, 기술협력위원회, 간소화위원회와 이들 위원회의 중요한 작업을 지원하는 몇 개의 소위원회가 있다(그림 1-2 참조).

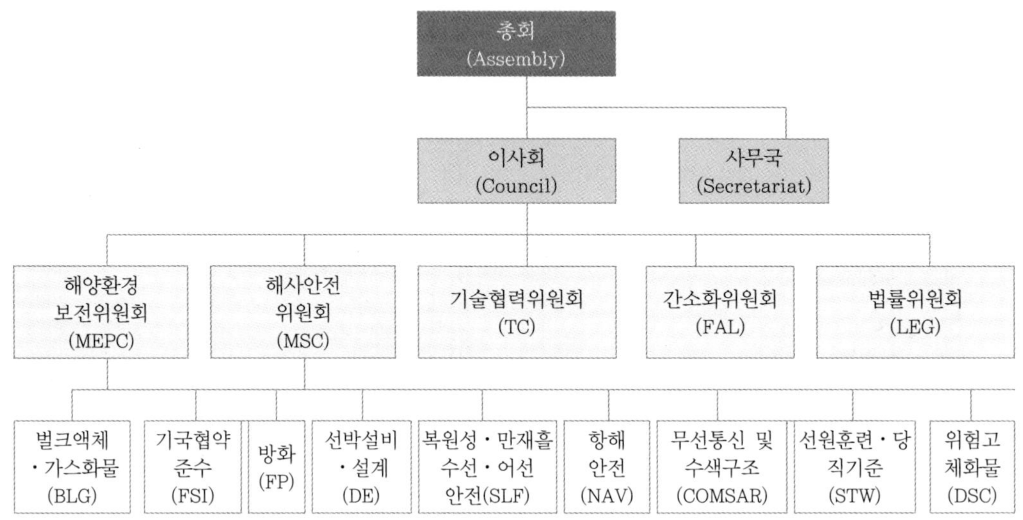

[그림 1-2] 국제해사기구의 기구

나. 총회(Assembly)

총회는 국제해사기구의 최고의결기구이다. 모든 회원국으로 구성되며 정기총회는 2년마다 한 번씩 개최되나, 필요하면 임시총회가 개최된다.

총회는 사업계획, 예산 표결과 기구의 재정계획 결정에 관한 책임이 있다. 또한 이사회 회원국을 선출한다.

다. 이사회(Council)

이사회 회원국은 정기총회 후에 차기 2년을 위한 이사회 회원국을 선출한다. 이사회는 국제해사기구의 집행기관이고 총회의 동의 하에 기구의 사업계획을 감독할 책임이 있다. 협약 제15조 (j)호에 의해서 총회에서 보유한 해사안전과 오염방지를 정부에 권고하는 기능을 제외하고 총회 기간 중 총회의 모든 기능을 수행한다.

이사회의 다른 기능은 ① 기구 각 조직의 조정활동, ② 사업계획 프로그램과 기구의 예산을 심의하고 이것을 총회에 제출, ③ 위원회와 다른 조직의 보고와 제안의 접수 및 필요한 해설과 권고를 총회와 회원국에 제출, ④ 총회의 승인에 따른 사무총장 임명, ⑤ 총회의 동의를 얻어 여타 기구와 연관된 협약 또는 협정의 체결을 들 수 있다. 또한 「IMO 협약」은 총회가 이사회의 선출에 대하여 다음의 기준을 준수하도록 규정하고 있다.

① (A그룹) 국제 해상운송업 분야에서 최대 이해 관련 10개국(China, Greece, Italy, Japan, Norway, Panama, Republic of Korea, Russian Federation, United Kingdom, United States)
② (B그룹) 국제해상교역에서 최대 이해 관련 10개국(Argentina, Bangladesh, Brazil Canada, France Germany, India, Netherlands, Spain, Sweden)
③ (C그룹) 상기 A그룹과 B그룹에 해당되지 않은 국가로서 해운 또는 항해에 특별한 이해관계를 가진 국가로서 각 주요 지역 대표성을 갖는 20개국(Algeria, Australia, Bahamas, Belgium, Chile, Cyprus, Denmark, Egypt, Indonesia, Kenya, Malaysia, Malta, Mexico, Philippines, Portugal, Saudi Arabia, Singapore, South Africa, Thailand, Turkey)[54)]

라. 해사안전위원회(Maritime Safety Commitee ; MSC)

해사안전위원회는 기술에 관한 최고의결기구로 모든 회원국으로 구성되어 있다. 해사안전위원회의 기능은 "기구의 범위 내에서 항로표지, 선박의 건조와 설비, 안전을 위한 승무정원, 충돌예방규칙, 위험화물의 취급, 해상안전에 관한 절차와 요건, 수로정보, 항해일지 및 항해기록, 해양사고조사, 해양사고구조와 해상안전에 직접적인 영향을 미치는 기타 문제에 관련된 사항"을 심의한다.

위원회는 또한 「IMO협약」에 의해 부여된 어떤 임무 또는 국제기구의 동의 하에 또는 국제해사기구에 의해 부여되고 채택된 사업계획에 필요한 임무를 수행하기 위한 조직을 구성한다. 또한 총회에서 채택된 안전에 관한 권고와 지침서의 심의와 제출에 대하여 책임이 있다.

확대 해사안전위원회는 해상인명안전협약과 같은 협약 개정사항을 채택하는 위원회인데, 모든 회원국뿐만 아니라 심지어 국제해사기구 비회원국이라도 「해상인명안전협약」과 같은 협약에 참여하는 모든 국가들을 포함한다.

---

54) http://www.imo.org/(2008년 11월 3일 검색).

마. 해양환경보호위원회(Marine Environment Protection Comittee ; MEPC)

회원국으로 구성되어 있는 해양환경보호위원회는 기구의 범위 내에서 선박으로부터 오염의 방지와 통제에 관련된 문제를 심의하는 권한을 가지고 있다. 특히, 위원회는 협약의 이행과 관련하여 협약, 규칙 및 기준의 채택과 개정에 관여한다. 해양환경보호위원회(MEPC)는 총회의 부속기관으로 설립되었으나 1985년에 합법적인 지위로 성장하였다.

바. 소위원회(Sub-Committees)

해사안전위원회(MSC)와 해양환경보호위원회(MEPC)는 모든 회원국에게 개방된 9개의 소위원회의 보조를 받는다. 이들은 다음의 주제를 다룬다.

① 벌크액체 및 가스화물소위원회(BLG)
② 위험물, 고체 및 컨테이너화물소위원회(DSG)
③ 방화소위원회(FP)
④ 무선통신 및 수색구조소위원회(COMSAR)
⑤ 항해안전소위원회(NAV)
⑥ 선박설비 및 설계소위원회(DE)
⑦ 복원성, 만재흘수선 및 어선안전소위원회(SLF)
⑧ 선원훈련 및 당직기준소위원회(STW)
⑨ 기국협약준수소위원회(FSI)

사. 법률위원회(Legal Committee)

법률위원회는 기구의 범위 내에서 법률에 관계된 문제를 다루는 권한을 가지고 있으며, 국제해사기구 회원국으로 구성되어 있다. Torrey Canyon호 사건의 결과로 야기된 법률문제를 다루기 위한 부속기관(subsidiary body)으로 1967년에 설립되었다. 법률위원회는 어떤 다른 국제기구의 동의 하에, 또는 국제기구에 의해 부여되고 국제기구에서 수락된 업무 범위 내에서 임무를 이행하기 위한 권한을 가지고 있다.

아. 기술협력위원회(Technical Co-operation Committee)

기술협력위원회는 기구의 범위 내에서 수행 또는 협력대리점으로서 기구활동을 수행하며, 기술적 협력분야에서 기술적 협력계획의 수행과 관계된 문제를 심의한다. 기술협력위원회는 국제해사기구 회원국으로 구성되어 있으며 1969년에 이사회의 부속기구(subsidiary body)로 설립되었고, 「IMO협약 개정의정서」가 1984년에 효력을 발생하여 상설화되어 상설위원회가 되었다.

자. 간소화위원회(Facilitation Committee)

간소화위원회는 이사회의 부속위원회이다. 1972년 5월에 설립되었고 국제해사기구 내에 불필요한 형식과 국제해운업에서 형식적인 것을 제거하는 작업을 한다. 간소화위원회의 참여는 국제해사기구의 모든 회원국에게 개방되어 있다. 1991년 「IMO 협약」 개정 규정이 효력을 발생하게 될 때 간소화위원회는 상설위원회가 되기로 되어 있었으나, 그 개정은 아직까지 효력을 발생하기 위한 충분한 수락을 얻지 못한 상태이다.

차. 사무국(Secretariat)

국제해사기구의 사무국은 런던에 본부가 있으며, 사무총장과 약 300명의 직원으로 구성되어 있다(그림 1-3 참조).

카. 지역조정(Regional Co-ordination)

국제해사기구는 아프리카에 3개의 지역조정관을 지정하여 두고 있다.

제 2 관 국제연합무역개발회의

Ⅰ. 의의

국제연합무역개발회의(United Nations Conference on Trade and Development; UNCTAD)는 1964년에 설립되어 1965년 1월 8일에 업무를 개시하였다. 국제연합 총회 직속의 무역·개발분야의 핵심기관으로서 영구적인 정부간국제기구이다.

국제연합무역개발회의의 주요목적은 국제연합 총회결의 제1995호(XIX)에 의해 개발도상국의 경제성장과 발전을 촉진시키는 것이다. 국제연합무역개발회의는 이를 위해 ① 정책분석, ② 정부간 협의, 합의도출 및 협상, ③ 감시, 시행 및 후속조치, ④ 기술협력 등의 기능을 수행한다.

2007년 8월 현재 정회원국은 193개국이며,[55] 옵저버는 다수의 정부간국제기구(IGOs) 및 민간기구(INGOs)가 포함된다. 재정면에서 경상비는 국제연합 규정예산에서 반영하며, 사업비는 기술협력사업수행 등 특별재원에서 지원한다.

---

55) http://www.unctad.org(2008년 11월 3일 검색).

우리나라는 국제연합무역개발회의에 1965년 1월 8일 정회원으로 가입하여[56], 국제연합무역개발회의의 각종 활동에 참여해 오고 있다. 우리나라의 주요활동으로는 1975년 5월 11일에 정기선동맹행동규범협약(Liner Code)에 가입하여 1983년 10월 6일 국내발효되었고, 국내조치로 「해운산업육성법」에 협약의 내용을 반영하였고, 양자해운협정에서 Liner Code 화물배분을 공식반영(파키스탄, 영국)하였다. 이와 함께 우리나라는 국제연합무역개발회의 활동에 적극 참여하고 있다. 즉, 국제연합무역개발회의의 각종 위원회의 회의에 참석하고, 항만운영효용증진(Improving Port Performance ; IPP), 항만운영정보시스템(Port Management Information System ; Port MIS), 항만교육훈련(TRAINMAR), 개발도상국간 협력 등 각종 프로그램에 참여하였다.

II. 조직 및 기구

1. 총회(Conference)

총회는 최고정책결정기관으로서 통상 4년마다 개최되는 각료급 회의이며, 주요 정책지침을 채택하고 사업계획을 확정한다.

2. 무역 · 개발이사회(Trade and Development Board; TDB)

국제연합무역개발회의의 집행기구로서 매년(봄, 가을) 2회 개최한다. 국제연합경제사회이사회(ECOSOC)를 경유해서 국제연합 총회에 업무를 보고하고, 국제연합무역개발회의의 모든 활동을 총괄한다. TDB 회원국은 138개국으로서 국제연합무역개발회의 회원국에게 개방되어 있다.

3. 상설위원회(Standing Committees)

상품 · 기아추방 · 개발도상국간 경제협력 · 서비스부문개발 등 4년 시한으로 상설위원회 4개를 설치하여 광범위한 정책을 취급한다.

4. 특별작업그룹(Ad Hoc Working Groups)

2년 시한의 3개 특별작업그룹이 기술적, 세부적 성격의 문제를 취급한다. 즉, 무역, 환경 및 개발에 관한 특별작업그룹, 개발에 있어서 기업의 역할에 관한 특별작업그룹. 새로운 국제무역질서의 무역기회에 관한 특별작업그룹 등이다.

---

56) 북한은 1973년 7월 23일 정회원으로 가입하였다.

5. 사무국(UNCTAD Secretariat)

국제연합사무국의 한 부서로서, 사무총장이 총괄하고 직원은 400여명이다.

Ⅲ. 해운관련활동

국제연합무역개발회의 탄생 전의 세계해운의 제도(regimes)와 규칙(rules)은 근본적으로 식민지와 제국 세력 간 구조에 기초를 두었고, 국제적 규제의 범위 밖에 존재하였다. 해운분야에서의 국제연합무역개발회의의 활동은 이러한 기존질서에 대한 개혁적이고 선도적인 도전이었다. 제1차 총회에서 선진국그룹이 해운문제에 대한 검토를 반대했음에도 "해운문제이해의 공통조치"(Common Measures of Understanding Questions)가 의제로 채택되었고, 1965년 해운위원회의 설치가 계기가 되어 해운관련 활동이 본격적으로 시작되었다.

즉, 제1차 총회에서 개발도상국들은 국제연합무역개발회의 내에서 해운문제에 관한 협의를 제도화하도록 압력을 가하게 되었다. 개발도상국들은 1945년 4월 무역·개발이사회(TDB) 제1차 회의시 해운문제를 전담할 기관의 직무기술서(terms of reference)를 작성하였다. 1965년 4월 29일에는 회의결의(11(I))를 채택키로 하였으며, 동 위원회의 제1차 회의가 1965년 11월 제네바에서 열렸다. 이후 해운위원회는 1992년 카르타게나 개혁선언에 의해 폐지되었고, 해운분야는 「서비스부문개방상설위원회」에서 담당하게 되었다.

1. 정보보급

해운관련 간행물로 「Review of Maritime Transport」(연간), 「UNCTAD Bulletin」(격월간). 「UNCTAD Review」(연간) 등 3종을 발간하고 있다.

2. 입법 활동

1968년 뉴델리에서 열린 제2차 총회에서 개발도상국들은 기존 국제해운법규가 개발도상국들의 이익이 반영되지 않은 시기에 창안되었으며, 특히 선하증권, 용선계약, 선박소유자 책임제한 및 해상보험 분야는 개발도상국 측에 불리하므로 이를 개선할 것을 주장하였다. 즉, 총회결의(14(II))에 의거한 해운위원회 결의(7(III))에 따라 국제해운입법작업단(Working Group on International Shipping Legislation)을 설치하였다. 작업단의 직무 중에는 특히 개발도상국의 경제개발 필요성에 따라 해운분야의 국제법규와 관행 중에서 개선이 필요한 분야의 경제적 및 상업적 측면의 적부에 대한 검토업무가 포함된다.

이후 국제연합무역개발회의에 의한 세계해운의 구조 및 질서개편 프로그램은 이 두 기관의 작업을 통하여 본격적으로 추진되었다. 초기의 추진방향은 운임율의 수준과 구조, 하주이익 보호, 하주와 동맹선사 간 협의기구의 육성 등이었으나, 근래에는 국가상선대의 발전 등의 문제와 국제해운입법, 복합운송, 벌크화물시장, 선박등록, 해운사기행위 및 개발도상국간 해운·항만협력문제 등이다.

국제연합무역개발회의는 특정사안에 관한 집중적인 연구와 토의를 위해 수시로 특별위원회(ad hoc committee)를 구성하여 처리하는 방식을 채택해 왔는데, 이러한 일련의 활동의 성과로 5개의 해운관련 국제협약을 채택하였으며, 그 중 2개의 협약이 발효되었다(표 1-2 참조).

3. 운영활동

최근 내륙행 화물의 컨테이너 운송비율에 관한 통계가 전무한 점에 착안하여 일관운송선하증권이나 복합운송서류 또는 해상화물운송장(sea waybills)을 이용하여 내륙행 화물이동을 관찰할 수 있는 항만 및 세관 통계시스템의 도입을 시도하였다. 이와 함께 항만운영 책임자를 대상으로 하는 교육과정의 교수요원양성을 위해 항만운영 교육프로그램으로 항만운영 효용증진(IPP)에 관한 세미나를 개최하였다.

1987년 9월에 "해운·항만, 복합운송 분야의 개발도상국간 협력(Intergovernmental Group of Senior Officials on Cooperation among Developing Countries in Shipping, Ports and Multimodal Transport)을 위한 회의를 개최하였다. 1993년 10월 30일부터 11월 6일까지 스페인 발렌시아에서 서비스분야개발상설위원회의 주관으로 복합운송 관련회의를 개최하였다.

4. 과제

국제연합무역개발회의는 남·북(North-South) 및 동·서(East-West) 대결구도에서 회원수가 많은 개발도상국이 주축이 되어(소위 G-77) 각종 규범과 협약을 채택하였다. 이러한 대결구조가 퇴락하고 새로운 국제경제질서가 도래함에 따라 국제연합무역개발회의도 국제사회의 새로운 현안인 환경문제 등에 눈을 돌리게 되었으며, 1992년에 관심분야를 조정하고 조직을 개편하는 등 변화에 적응하도록 노력하고 있다. 해운분야에서는 5개국의 국제협약을 채택하였는데, 「정기선동맹행동규범협약」(Liner Code)과 「국제연합국제물건운송협약」(Hamburg Rules) 등 2개 협약이 발효되었으나, 주요 해운국이 비준·가입하지 않아 국제협약으로서의 실효성을 확보하지 못하였다.

[표 1-2] 국제연합무역개발회의가 채택한 해사국제협약현황(2008년 11월 현재)

협 약 명	현 황		비 고
	채택일	발효일	
국제연합정기선동맹행동규범협약 (UN Convention on a Code of Conduct for Liner Conferences : Liner Code)	1974년 4월 6일	1983년 10월 6일	78개국 가입[57] 한국 : 1975. 5. 11 가입 1983. 10. 6 발효
국제연합해상물건운송협약 (UN Convention on the Carriage of Goods by Sea : Hamburg Rules)	1978년 3월 30일	1992년 11월 1일	31개국 가입[58] 한국 미가입
국제연합복합운송협약 (UN Convention on International Multimodal Transport of Goods)	1980년 5월 24일	미발효	11개국 비준[59] 발효요건 : 30개국 비준
국제연합선박등록조건협약 (UN Convention on Conditions for Registration of Ships)	1986년 2월 7일	미발효	14개국 비준[60] 발효요건 : 40개국 비준 세계 선박량의 25%
선박우선특권 및 저당권에 관한 협약(The Convention on Maritime Liens and Mort & ages)*	1993년 4월 9일	미발효	11개국 비준, 조건부 서명 발효요건 : 10개국 비준 6개월 후
선박압류에 관한 국제협약(International Convention on Arrest of Ships, 1990)	1999년 3월 12일	미발효	7개국 비준

주 : * IMO와 공동작업으로 채택함.

제 3 관 국제유류오염보상기금

Ⅰ. 의의

1. 설립배경

1967년 3월 영국해안에서 발생한 토리 캐년(Torrey Canyon)호 유류오염사고[61]에 자극을 받은 세계 각국은 유조선으로부터 발생한 유류오염손해에 대한 국제적인 책임 및 배상체제의 정립의 필요성을 인식하게 되었고, 국제해사기구(IMO)의 노력으로

57) CMI, Yearbook 2005-2006, pp. 513-514.

58) CMI, Yearbook 2005-2006, p. 515.

59) CMI, Yearbook 2005-2006, p. 515.

60) CMI, Yearbook 2005-2006, p. 519.

61) 1967년 3월 18일 아침, 원유 약 12만 톤을 선적한 유조선 토리-캐년 호(Torrey Canyon)가 대서양의 시실리 섬 인근의 암초에 좌초하여 선체에 커다란 구멍이 나면서 대량의 원유가 바다로 유출되는 사고가 발생하였다. 이 사고는 당시까지 발생하였던 해난사고 중 가장 큰 규모의 사고였으며, 동시에 가장 큰 규모의 해양기름 오염 사고였다: 자세한 내용은 [정영석, 유류오염손해민사책임법, 해인출판사, 2008, 10-25쪽] 참조.

「1969년 국제유류오염손해민사책임협약」(1969년 책임협약)이 제정되었다. 이 협약의 의의는 전통적인 과실책임원칙을 엄격책임원칙(strict liability)으로 변경하였고, 강제보험제도를 도입한 점 등이다.

그러나 이 협약의 책임한도만으로는 충분한 배상을 하기에는 부족하였기 때문에, 국제해사기구는 추가적인 배상을 위해 「1971년 국제유류오염손해보상기금협약」(1971년 기금협약)을 채택하였다. 「1969년 국제유류오염손해민사책임협약」은 1975년에, 「1971년 국제유류오염손해보상기금협약」은 1978년에 각각 발효되었으며, 동 협약을 관리하는 기구로서 국제유류오염보상기금(International Oil Pollution Compensation Fund; IOPC Fund)이 1978년 10월에 설립되었다.

한편, 「1969년 국제유류오염손해민사책임협약」과 「1971년 국제유류오염손해보상기금협약」의 1992년 의정서가 1996년 5월 30일 발효됨에 따라, 유류오염손해보상에 관한 국제기금이 사실상 2개가 존재하게 되었고, 2003년에는 추가기금의정서가 채택됨으로써 2004년 추가기금의정서가 발효되었다.

현재 IOPC기금은 1971년 기금, 1992년 기금 그리고 추가기금의 3가지가 있는데, 이들 3가지의 정부간 기구들은 1978년, 1996년 그리고 2005년에 각각 설립되었다. 1971년 기금 협약은 2002년 5월 24일로 그 효력을 정지함으로써 1971년 기금 회원국들에게 발생한 사건들만 다루게 되었고, 1992년 기금의 회원국은 증가하고 있으며, 추가기금은 1992년 기금 회원국들이 선택적으로 가입하도록 하고 있다.

2. 목적과 기능

국제유류오염보상기금은 유류오염사고에 대하여 추가적인 보상을 위하여 설립된 국제기구이다. 기구 유지에 소요되는 일반 경상비와 각 채권에 대한 보상기금은 가입회원국의 하주로부터 갹출된다. 국제유류오염보상기금의 구체적인 설립목적은 다음과 같다.

① 민사책임협약에 의하여 부여되는 보호가 불충분한 부분의 오염손해에 대하여 보상을 제공한다.
② 민사책임협약에 의하여 선박소유자에게 부과되는 추가적인 재정적 부담에 대하여 선박소유자를 구제한다. 다만, 그 구제는 해상의 안전과 기타의 협약을 준수하도록 확보하기 위한 조건에 따라야 한다.
③ 기타 민사책임협약에서 규정한 목적을 실현하는데 있다.

기금은 각 당사국에 있어서 그 국가의 법률에 의거하여 권리와 의무를 가질 능력이 있고, 또한 그 국가 법원의 법적 절차에 있어서 당사자능력이 있는 법인으로 인정된다. 또한 각 당사국은 기금의 관재인을 기금의 법적 대표자로 인정하여야 한다.

국제유류오염보상기금의 주요 기능은 유류오염사고가 발생하여 선박소유자의 책임한도가 초과되는 경우 등에 있어 피해자의 유류오염피해보상청구의 접수 및 보상과 하주의 국제기금 분담금의 청구, 수령, 관리 등이다.

3. 회원국

1978년 10월에 1971년 기금협약이 발효될 당시 회원국은 14개국이었다. 그 후 회원국이 계속 증가하여 2008년 11월 현재 1992년 민사책임협약 회원국 20개국(기금협약의 회원국이 아닌 협약체약국)과 1992년 기금협약의정서 양자의 회원국은 102개국이고, 추가기금의정서(Supplementary Fund Protocol)에의 1992년 기금회원국은 22개국이다.[62]

II. 조직과 기구

국제유류오염보상기금의 조직으로는 총회(Assembly), 집행위원회(Executive Committee), 사무국(Secretariat)이 있다.

1. 총회(Assembly)

국제유류오염보상기금 총회는 기금협약 당사국 전체로 구성되며, 매년 1회의 정기총회와 필요시에 임시총회를 개최하며, 자체 절차규칙 등을 정하고, 예산 및 연례분담금을 결정하는 기능을 수행한다.

2. 집행위원회(Executive Committee)

국제유류오염보상기금 집행위원회는 당사국 3분의 1의 범위 안에서 총회에서 선출된 회원국으로 구성된다. 그 구성국의 수는 7개국 이상, 15개국 미만이어야 한다. 집행위원회의 임기는 차기 정기총회가 종료될 때까지이며, 매년 1회 이상 회의를 개최한다. 집행위원회를 선출하는데 있어서는 각국의 유조선대 보유량, 분담류 수송량 및 오염위험지역을 고려한다. 집행위원회는 기금에 대한 청구의 정산승인, 사무국장에 대한 지시 또는 감독기능을 수행한다.

---

62) http://www.iopcfund.org/92members.htm(2008년 11월 3일 검색).

3. 사무국(Secretariat)

국제유류오염보상기금 사무국은 동 기구의 행정업무 특히, 유류오염보상청구와 관련된 업무를 주로 담당하며, 사무국장과 법률담당, 보상청구담당 등 모두 12명의 직원으로 구성되어 있다. 사무국장은 기금의 법적 대표이자 수석행정요원으로서 동 기구 자산의 관리, 분담금 징수 및 기타 필요한 업무를 수행한다.

Ⅲ. 재정

국제유류오염보상기금은 각 회원국이 납부한 분담금(갹출금)을 기초로 피해자에 대한 보상과 관련 업무를 수행한다. 각 회원국은 최초분담금과 연례분담금을 납부할 의무가 있다. 최초분담금은 기금협약에 가입할 당시 전년도에 수령한 분담유를 기준으로 납부한다. 이 같은 최초분담금은 1978년 10월 총회에서 확정되었는데, 분담유 매톤당 0.04718금프랑, 국제통화기금(IMF)의 화폐단위인 SDR로는 0.003145에 해당되는 금액이다. 가입 이후에는 연례분담금을 납부하게 되는데, 기금에서 지출하여야 되는 주요 채권보상기금(major claim fund)과 기금운영에 필요한 일반기금(general fund)으로 구성된다. 연례분담금은 총회에서 위의 지출내역을 고려하여 결정한다. 분담금 납부의무자는 분담유를 1년간 15만 톤 이상 수령한 하주이다. 분담금은 납부의무자가 국제유류오염보상기금에 직접 납부하며, 체약국 정부는 납부에 책임을 지지 않는다.

Ⅳ. 주요활동

국제유류오염보상기금의 보상금 지급은 신속하게 정산·처리되는 것이 원칙이다. 그러나 최근들어 국제유류오염보상기금의 유류오염손해 보상금 지급이 지체되는 경향을 보이고 있다. 주로 ① 청구된 금액이 국제유류오염보상기금의 보상한도를 초과하는 경우, ② 보상청구사건이 협약에 규정된 유류오염손해의 범위에 해당되지 않는 경우, ③ 그리고 청구금액이 지나치게 과장·확대된 경우가 있기 때문이다. 이같은 문제점을 해결하기 위하여 국제유류오염보상기금은 1994년에 「유류오염손해보상처리지침」을 개정·시행하였다.

한편, 국제유류오염보상기금은 동 기구의 1년간 활동과 주요 해양사고사건의 개요를 담은 「연례보고서」를 발간하고 있다.

제 4 관 국제해법회

Ⅰ. 의의

국제해법회(Comitė Maritime International; CMI)는 해상법, 해사관행과 관습 및 해사실무의 통일에 기여할 목적으로 1897년 벨기에 엔트워프에서 창설된 후 세계 해운의 법질서 정착에 크게 기여해 왔다. 국제해법회는 각국 해법회로 구성된 비정부간국제기구이며, 해상법분야 전문가가 동 기구의 활동에 적극 참여하고 있다.

1981년 5월 29일에 한국해법학회가 국제해법회에 가입하였으며, 총회참석 등 국제해법회의 제반활동에 적극 참여하고 있다.

국제해법회의 설립목적은 다음과 같다.

① 국제해법회는 비정부기구로서 그 목적을 모든 적절한 수단과 행동들을 통하여 해상법, 해사관습·관행 및 해사실무의 통일화에 기여하고자 하는데 둔다.

② 동 목적을 달성하기 위하여 국제해법회는 국가별 해법회 설립을 촉진하고, 또한 동일 목적을 갖고 활동하는 다른 국제협회 또는 국제기구와 상호협력한다.

Ⅱ. 조직 및 기구

국제해법회는 총회, 집행위원회 등으로 구성되어 있다.

1. 총회(Assembly)

총회는 전체회원으로 구성된다. 국제해법회 회원인 각국 해법회와 국제기구들은 총회에 1인의 정대표를 파견할 수 있으며, 2인의 부대표가 수행할 수 있다. 총회는 매년 3월 중 1회씩 개최되나 집행위원회의 결정, 회장, 6개 회원 해법회 또는 사무국장의 요구가 있을 때는 임시총회를 개최한다.

총회에서는 총회 임원, 집행위원회 위원 및 행정부장의 임면, 신규회원 및 옵저버의 가입 승인, 회원의 회비부담률 책정, 예산 및 결산서의 심의, 집행위원회 보고서에 대한 심의와 추후 국제해법회 활동 전반에 대한 핵심사항들이 결정된다. 의사결정방식으로는 출석 투표회원의 단순다수방식을 채택하는 것이 보통이다. 그러나 정관을 개정하는 경우는 총회원 과반수의 찬성이 있어야 가능하다.

2. 회장(President)

회장은 총회, 집행위원회 및 국제회의(International Conferences)의 의장이 되며, 집행위원회에 의해서 지명된 국제소위원회(International Subcommittee) 및 작업단(Working Group)의 당연직 위원이 된다. 회장은 사무국장(Secretaries General)의 보좌를 받아 총회결의를 이행하며, 집행위원회의 보좌를 받아 국제소위원회 및 작업단회의의 작업을 감독한다. 또한 회장은 대외적으로 국제해법회를 대표하고, 특히 국제기구들과의 유대관계를 유지한다. 일반적으로 회장의 임무는 국제해법회 작업의 연속성과 발전지향성을 보장하는 것이다.

3. 집행위원회(Executive Council)

집행위원회는 회장, 집행사무국장 [Secretary-General (Executive)], 행정사무국 [Secretary-General(Administrative)] 및 총회에서 임명된 6명이 3년 임기의 위원으로 구성된다. 집행위원회는 국제해법회 사무국, 각 회원 해법회와 유관정부간 및 국제기구와의 연락관계유지, 회원에게 해상법과 해사관행 통일분야에 있어서의 진전상황통보, 정부기관 및 국제기구에 대한 국제해법회의 의견개진, 국제해법회 목적사항에 관한 새로운 사업의 개시 및 동 사업을 위한 소위원회나 작업단회의의 설립·감독, 간행물의 편집과 총회 의결사항의 시행 등 다양한 임무를 맡게 된다. 집행위원회의 의결정족수는 5인이며, 모든 결의는 다수결로 이루어진다. 집행위원회는 필요한 경우에 작업단회의에 대표를 파견할 수 있으며, 작업단회의는 집행위원회에만 작업결과보고서를 제출할 의무가 있다.

4. 국제회의(International Conference)

국제해법회는 총회의 주도하에 총회가 정한 의제를 논의하기 위하여 적어도 4년에 한 번씩 국제회의를 개최한다. 국제회의는 국제해법회의 전회원과 집행위원회가 초청한 옵저버로 구성된다. 투표권을 보유한 각국의 회원 해법회는 총회회원과 임원회원을 제외한 7인의 대표를 파견할 수 있으며, 국제기구회원은 2인의 대표를 파견할 수 있다. 국제회의의 결의는 출석하여 투표하는 각국 해법회나 다국간 해법회의 단순다수결에 의한다.

Ⅲ. 주요활동

국제해법회는 비정부간기구이기는 하나 주요 해운국 해법회를 주축으로 조직된 세계적 기구로, 설립 이후 많은 해운국들의 다양한 견해를 통일화하는 데 크게 기여해 오고 있다. 그동안 국제해법회는 복잡다기하고 서로 상이한 해상법의 주요 내용들을 다듬고 정리하여 만든 몇 개의 협약초안을, 벨기에 정부가 소집한 외교관회의를 통해 「브뤼셀 국제해사법협약」(The Brussel's International Maritime Law Conventions)으로 알려진 해사관계 협약들로 성립시켜 왔다. 이러한 과정을 통해 성립된 브뤼셀협약은 모두 20개에 이른다. 이들 협약은 지금까지 세계해사법질서의 축으로 기능해 왔으며, 아울러 세계해운질서 확대 및 발전에 크게 기여해 왔다. 특히 국제해법회는 국제해사기구의 국제해운관련협약의 제정에 상당한 영향을 미치고 있다. 국제해사기구에서 채택되는 각종 협약 가운데, 해상운송과 선박소유자의 책임관계, 선박소유권이전, 선박채권 등과 관련된 협약 등은 대부분 국제해법회가 마련한 초안을 바탕으로 제정되기 때문이다.

제6절 국제협약의 국내수용과 효력

제1관 국제협약의 비준 및 국내수용 필요성

해사법 규정의 대부분은 국제협약에 기초하고 있다. 각종 해사기술 및 해양안전에 관한 규칙의 통일을 위한 행정법규는 물론이고, 민사책임에 관한 해상법의 각종 규정의 제정 및 개정 역시 그 핵심은 국제협약의 내용을 수용하거나 협약의 제・개정을 반영하는 것이다.

이와 같이 해사입법은 국제적 통일을 최상의 목표로 하고 있으나, 국내 법률체계 및 산업현실을 무시할 수 없다는 점에서 국제협약의 입법 및 국내수용에 어려움이 있음은 물론이다. 특히 국제협약과 국내법의 효력의 문제로 인하여 우리나라는 국제협약의 비준에 그동안 소극적인 자세를 취하면서, 그 내용을 국내법에 실질적으로 반영하는 방식을 취하는 경우가 많았다. 그러나 현재 우리나라의 해운력이나 국제해사기구 등의 국제기구에서의 역할 등을 고려하면 협약의 내용만 국내법으로 입법하거나 협약의 정신만 국내법의 일부로 받아들이는 방법 보다는 국익에 배치되지 않는다면 국제협약에 적극적으로 가입・비준하고 이 내용을 가급적 원문대로를 국내법으로 법전화함으로써 체약국으로서의 역할을 능동적으로 수행할 필요가 있다.

제2관 국제협약의 효력

Ⅰ. 국내법과의 효력문제

헌법에 의하여 체결된 협약은 국내법과 같은 효력을 가진다(헌법 제6조). 이에 따라 국제협약에 가입하면 그 협약은 원칙적으로 국내법과 동일한 효력을 가진다. 다만, 국가나 국민에게 중대한 재정적 부담을 지우는 협약 및 입법사항에 관한 협약은 국회의 동의가 있어야 한다(헌법 제60조).[63]

여기서 입법사항이라 함은 국민의 권리 및 의무에 관한 사항을 가리킨다고 해석되므로, 국제협약은 대부분 국민의 권리와 의무에 관한 협약에 해당하여 국회의 동의를 얻어야 한다. 국제협약과 헌법이 충돌할 경우 협약보다는 헌법이 우선적 효력을 가진다. 또 국제협약은 여타 법률과 마찬가지로 위헌심사의 대상이 된다.

또 협약과 현행 법률이 상이한 경우, 신법우선의 원칙과 특별법우선의 원칙에 의하여 우선순위가 정해진다. 협약이 헌법이나 타법률과 충돌하여 국내에서 그 효력을 상실하는 경우에도 협약의 체약국으로서 국제법상의 책임이 당연히 면제되는 것은 아니라는 점에 주의하여야 한다.

II. 국제협약의 개폐에 따른 문제

많은 국제협약이 수시로 그 내용이 변경되지만, 이들 협약의 개폐를 즉시 전 세계의 모든 국가가 비준하거나 국내법으로 입법조치를 하기는 매우 어려운 것이다.

특히 최근에는 국제해사기구 등이 제정한 협약 자체에 규정된 간이개정절차로 인하여 빈번하게 협약의 내용이 변경되고 있다. 이로 인하여 협약의 효력에 대한 헌법규정과의 충돌로 인한 분쟁까지 예상되고 있다.

제3관 국제협약의 비준 및 국내입법방식

I. 국제협약의 수용절차

국제협약이 국내법과 동일한 효력을 가지기 위해서는 일정한 절차에 따라 국내법으로 수용되어야 한다.

수용방법으로는 국제협약에 우선 가입하고 추후 그 내용을 국내법령으로 수용하는 방법과 국내법령으로 국제협약의 내용을 수용하고 추후 국제협약을 비준하는 두 가지 방법이 있을 수 있다.

해사관련 협약의 경우에는 국제협약에 우선 가입할 경우에는 국내법과의 상충문제

---

63) 헌법 제60조

① 국회는 상호원조 또는 안전보장에 관한 조약, 중요한 국제조직에 관한 조약, 우호통상항해조약, 주권의 제약에 관한 조약, 강화조약, 국가나 국민에게 중대한 재정적 부담을 지우는 조약 또는 입법사항에 관한 조약의 체결·비준에 대한 동의권을 가진다.

② 국회는 선전포고, 국군의 외국에의 파견 또는 외국군대의 대한민국 영역 안에서의 주둔에 대한 동의권을 가진다.

가 발생할 우려가 있어 보통은 국내법을 우선 정비하고 나중에 국제협약에 가입하고 있다(선수용 후가입).

그러나 이러한 방식은 법이론 상으로는 신법우선의 원칙과의 관계에서 헌법상 비준한 국제협약과 이를 먼저 수용한 국내법과의 효력 상의 충돌의 문제가 발생할 소지도 있다. 그러므로 국제협약에 먼저 가입·비준하고 추후 관련 국내 법령을 제정 또는 개정하는 것이 올바른 방법이라고 본다.

국제협약의 대부분은 국민의 권리, 의무와 밀접한 관련이 있으므로 수용을 위해서는 국회의 심의를 받아야 한다. 이러할 경우 국제협약은 국내 법률과 그 차이가 거의 없으므로 입법절차도 거의 동일하다(그림 1-3 참조).

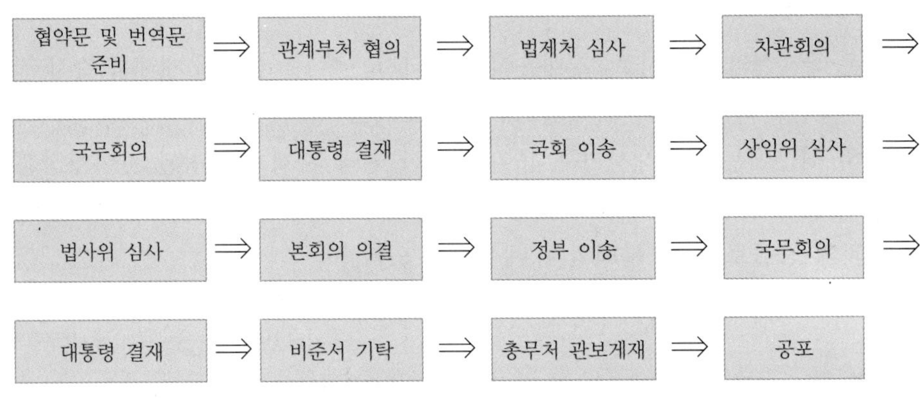

[그림 1-3] 국제협약의 수용절차

II. 국제협약의 비준 및 국내입법방식

1. 국내법과 국제협약이 별도로 존재하는 입법방식

국제협약을 비준하여 그 자체로서 국내법과 같은 효력을 가지되(헌법 제6조),64) 이와 동일한 내용을 다루는 국내법이 별도로 존재하는 방식을 말한다. 이러한 방식에서는 국제협약이 적용되는 범위 내에서 국내법이 적용되지 아니하고 국제협약이 우선하여 적용된다는 국내법의 규정을 두어 협약을 우선적용하고 있다(중국 해상법 제268조).

국내법을 개정하는 경우에도 신법우선의 원칙의 적용을 배제하기 위하여 국제협약

64) 헌법 제6조
① 헌법에 의하여 체결·공포된 조약과 일반적으로 승인된 국제법규는 국내법과 같은 효력을 가진다.
② 외국인은 국제법과 조약이 정하는 바에 의하여 그 지위가 보장된다.

에 우선적 효력을 인정하는 명문규정을 두는 경우가 있다(프랑스 상법).

2. 특별법에서 국제협약을 인용하는 입법방식

국제협약을 비준하여 국내법으로서의 효력은 발생하나, 동시에 국내법을 제정하여 협약의 적용범위 및 해석에 관한 일반적인 내용에 대하여만 본문의 규정을 두고 국제협약의 원문은 그대로 번역하여 이를 부칙이나 시행령 등으로 인용하는 방식을 말한다(영국의 1971년 해상물건운송법(the Carriage of Goods by Sea Act, 1971), 우리나라 유류오염손해배상보장법 중 1992년 국제유류오염손해민사책임협약은 번역법, 1992년 IOPC 기금협약은 인용법으로 분류할 수 있음).

국제협약을 직접 혹은 번역하여 편입하거나 인용하기 때문에 협약의 내용과 국내법 규정 사이에 모순이 생길 여지가 거의 없다는 점이 장점이다. 그러나 국제협약은 대부분 일정한 법체계가 존재하는 것을 전제로 발효되기 때문에 그 해석이 국가마다 다를 수 있다는 점이 문제된다. 그러므로 국내법에 가능한 한 국제협약의 정신을 반영하여 해석 적용하여야 한다는 명시적 규정을 두는 것이 보통이다. 또 국제협약의 시행을 위한 입법조치나 협약을 확대적용하는 조항도 삽입할 수 있다.

3. 특별법에서 국제협약을 실질적으로 수용하는 입법방식

국제협약 비준 후 협약을 국내법의 체계에 따라 실질적 내용을 재정리한 다음 특별법으로 제정하는 방식을 말한다(일본 국제해상물품운송법, 선박의 소유자 등의 책임의 제한에 관한 법, 우리나라 「해상교통안전법」 등).

국내법의 형식으로 입법이 체계화되어 있기 때문에 해석과 적용이 용이하다는 장점이 있으나, 입법작업이 대단히 어렵고 만약 국제협약과 그 내용이 다를 경우 국제협약과 국내법 사이에 모순이 생길 수도 있다.

국내법의 제정이 협약의 비준 후에 있게 되므로 신법우선원칙에 의해 국내법이 우선적 효력을 가지므로 만약 국내법 제정시 국제협약의 내용을 변경하였을 경우에는 국제협약상 체약국의 의무를 불이행하게 될 수도 있다. 국제협약과 국내법이 모순될 경우에는 국내법에 국제협약의 우선적 효력을 명문화하는 경우도 있다.

4. 국제협약 비준 후, 일반법에서 협약의 실질적 내용을 수용하는 입법방식

국제협약을 비준한 후 그 내용을 모두 재정리하여 일반법으로 수용하는 방식을 말한다(영국 「상선법」(the Merchant Shipping Act)에서 정한 선박소유자 책임제한 규정). 국제협약상 상당한 분량을 모두 수용하여 한정된 기본법에 포함시킨다는 것이 입법기술상 매우 어렵다는 점이 문제가 된다.

국제협약의 개폐에 따라 적시에 국내법을 개폐하기가 쉽지 않고, 이러한 경우 신법우선의 원칙이나 특별법우선의 원칙에 의하여 국내법의 효력이 상실될 수도 있다.

국제협약을 관장하는 정부조직과 해당 법률을 관장하는 정부기관의 상이로 인하여 국제협약 개폐시 즉시 국내 입법에 반영하기 어려운 점이 있다(예컨대 상법은 법무부에서 관장하고 있고 해사국제협약은 국토해양부에서 관장하고 있어서 국제협약의 개폐를 즉시 반영하기 어려운 점을 들 수 있다).

5. 국제협약을 비준하지 않고 일반법에서 국제협약의 실질적 내용을 수용하는 입법방식

국제협약은 비준하지 않고 그 실질적인 내용을 재정리하여 일반법에서 수용하는 방식을 들 수 있다(우리 상법에서 해상물건운송법의 규정은 헤이그-비스비 규칙을 비준하지 않고 내용은 실질적으로 수용하고 있다).

국제협약의 불가입으로 인한 비난을 감수해야 하고 협약의 체약국으로서의 지위를 포기하게 되는 문제점이 있다. 또한 국제협약상 상당한 분량의 법령 내용을 모두 수용하여 한정된 기본법에 포함시킨다는 것이 입법기술상 매우 어렵고, 경우에 따라서는 협약의 내용을 수용하였다고 국제적으로 인정되기 어려운 경우도 있다(우리 상법상 헤이그-비스비 규칙의 수용은 외국의 선주상호보험조합 등의 해운관련 기관이나 법원에서 동 협약의 내용을 받아들인 법으로 인정하지 않는 경향이 있다).

국제협약을 관장하는 정부조직과 해당 법률을 관장하는 정부기관의 상이로 인하여 협약의 개폐를 즉시 입법에 반영하기 어렵다는 점도 역시 문제로 인식된다.

Ⅳ. 우리나라가 채택할 수 있는 국제협약의 국내수용 입법방식

1. 현 황

현재 우리나라가 국제협약을 국내입법에 반영하고 있는 방식은 다음과 같이 분류할 수 있다.

첫째, 국제협약을 비준하지 않고 일반법에서 협약의 실질적 내용을 수용하는 방식으로 「1976년 해사채권책임제한협약」을 상법의 일부규정에 반영한 것을 들 수 있다.

둘째, 국제협약 비준 후 특별법에서 협약의 내용을 수용하거나 인용하는 방식으로 「국제유류오염손해민사책임협약」이나, 「국제유류오염손해보상기금협약」을 「유류오염손해배상보장법」으로 입법한 것이나, 「선원의 훈련·자격증명 및 당직근무의 기준에 관한 국제협약」을 「선박직원법」으로 입법한 것, 「해상충돌예방규칙」을 「해상교통안전법」으로 입법한 것 및 선박안전관련 각종 협약을 「선박안전법」에 입법한 것을 들 수 있다.

셋째, 국제협약을 비준하지 않고 특별법에서 국제협약의 내용만을 수용하는 방식으로는 「선박으로부터의 오염을 방지하기 위한 국제협약」을 「해양환경관리법」으로 입법한 것을 들 수 있다.

그러나 대부분의 국제협약은 비준하지도 않고 국내법으로도 수용하지 않고 있다.

2. 채택가능한 입법방식

첫째, 국제협약을 비준한 후에 특별법을 제정하고 위임입법을 활용하는 방식을 들 수 있다. 「선박직원법」, 「해상교통안전법」 등과 같이 국제협약 비준 후 특별법으로 해당 협약을 수용한 경우를 들 수 있다. 대부분 국제적인 통일법 체제를 목표로 한 기술적 사항으로서, 미가입 또는 실질적 미수용시 항만국통제검사 또는 제품생산 및 판매, 선박운항 등에 지장을 초래하고, 협약의 개폐에 신속히 대응할 필요가 있는 해사행정법규에 해당한다. 이때 시행령, 시행규칙 등을 이용한 위임입법을 널리 활용하여 개폐에 신속한 대처가 가능하다. 이러한 입법방식을 취할 경우에는 특별법 제정으로 행정관리부처와 법령관리부처가 일원화되므로 인하여 업무효율성이 제고될 수 있다.

둘째, 국제협약 비준 후 특별법을 제정하고 부칙을 이용하여 국제협약을 인용하는 방식을 들 수 있다. 이러한 방식은 국제운송에만 적용되는 민사책임과 관련된 각종 해상법 분야의 협약의 수용에 채택할 수 있다(「1971년 핵물질의 해상운송면에서의 민사책임에 관한 협약」, 「1974년 여객수하물해상운송에 관한 아테네협약」, 「1976년 여객수하물해상운송아테네협약의정서」, 「1990년 여객수하물해상운송아테네협약의정서」, 「2001년 연료유협약」 등). 국제적 통일법을 필요로 하고, 법정지선택 및 준거법선택에 대한 논란을 제거할 수 있는 효과가 있다. 적용범위 및 해석원칙 등 기본적인 사항만 본문에 규정하고 부칙으로 국제협약의 원문번역을 직접 인용하는 방식으로 영국 해상물건운송법이 이러한 입법방식을 취하고 있다.

셋째, 국제협약 비준 후 일반법에 수용하는 방식으로 연안운송과 국제운송의 구분없이 일반적으로 적용되는 해상법 관련 협약(「1976년 해사채권책임제한협약」, 「1996년 해사채권책임제한협약의정서」)에 이러한 입법방식을 적용할 수 있다.

제2장

해상기업의 물적 조직

해상기업의 활동은 바다를 무대로 하여 선박의 항행활동에 의하여 이루어진다. 이러한 의미에서 상법상 비 해상기업의 활동은 인적 조직을 중심으로 이루어지는 반면, 해상기업은 물적 조직인 선박의 존재를 전제로 하여 기업 활동이 이루어진다는 점이 가장 큰 특징이라고 할 수 있다. 이러한 현상은 해사공법의 영역에서도 마찬가지여서 「선박법」이 해사공법의 시발점이라고 볼 수 있다. 따라서 해상법에서도 선박에 관한 각종 규정을 해상기업의 물적 조직으로 설명하고, 강학상 해상법 중 가장 먼저 설명하게 된다. 이에 제2장에서는 해상기업의 물적 조직으로서 선박에 대하여 선박의 의의, 선박소유권의 이전과 압류・가압류의 제한, 선박의 공시제도에 대하여 설명하기로 한다.

제1절 선박

제1관 해상법의 적용대상 선박

Ⅰ. 선박의 의의

상법에서 기업조직에 관한 법이라고 하면, 일반적으로 상법 제3편의 회사법을 들 수 있다. 현대적 해상기업 역시 주식회사·합명회사·합자회사·유한회사와 같은 상법 회사편의 적용을 받는 회사조직인 경우가 대부분이다. 그러나 해상법이 상법 제1편 내지 제4편과 근본적으로 다른 점은 선박이라는 해상기업의 물적 설비를 이용한 기업 활동과 관련된 생활관계를 규율하는 법이라는 점이다. 이는 해상법만의 문제가 아니라, 대부분의 해사법은 적용대상이 되는 선박이 무엇인가 하는 것에서부터 출발한다고 해도 과언이 아니다. 즉, 해상기업의 모든 활동은 선박을 수단으로 하여 행하여지고, 해상기업에 관한 법률관계도 선박을 중심으로 이루어지기 때문에 해상법의 적용범위를 명확하게 하기 위해서는 해상법의 적용대상이 되는 선박의 개념과 적용범위를 분명하게 확정할 필요가 있다. 즉, 선박의 개념을 확정함으로써 해상법의 적용범위가 확정되고(상법 제740조, 제741조), 선박소유자·선박공유자·선체용선자 등 해상법상의 주요 개념도 선박의 개념으로부터 확정지어진다. 또 해산(maritime property)·선박담보·선박소유자 등의 책임제한·선박충돌·공동해손·해난구조 등과 같은 해상법상의 여러 가지 법률개념과 법률관계도 선박의 개념을 떠나서는 생각할 수 없다. 반면, 해상보험업 등은 해상기업과 관련된 영업이기는 하지만, 직접 선박에 의하여 영위되는 기업이 아니므로 고유한 의미에 있어서의 해상기업은 아니다.[1)]

1) 같은 의견, 鄭熙喆, 商法學(하), 博英社, 1990, 500쪽; 鄭燦亨, 商法講義(하), 제10판, 博英社, 2008, 773쪽 주 1).

II. 선박의 개념

상법은 '이 법에서 선박이라 함은 상행위 그 밖의 영리를 목적으로 항해에 사용하는 선박을 말한다'(상법 제740조)라고 규정하고 있다. 그러나 이것은 해상법이 적용되는 선박의 범위를 밝혔을 뿐 선박 자체의 개념을 설명한 것은 아니다. 그러므로 넓은 의미의 선박의 개념은 사회통념에 의하여 추론하는 수밖에 없다. 그러므로 상법의 적용을 받는 선박이라 함은 원칙적으로 사회통념상의 선박으로서, 상행위선이면서 동시에 항해선에 한정된다.

1. 사회통념상의 선박

첫째, 사회통념상의 선박이라 함은 물위에 뜨거나 또는 물속에 잠겨서 사람과 재화를 실어 나를 수 있는 구조물을 말한다. 이는 다시 말하면 수밀성과 부유능력(capability of floating)을 가진 구조물이라는 것으로 해석된다.[2] 또 해상구조물의 자항능력을 요건으로 하는가가 문제되는데, 오늘날은 자항능력이 없는 구조물을 선박이 아니라고 해석하지는 않으므로 자항능력의 유무는 따지지 않는다. 외국의 관련 법령이나 판례에서도 법의 적용에 있어서 선박의 개념에 자항능력을 요구하지 않는 것은 대체로 일치하는 것 같다. 예를 들어, 영국의 1894년 商船法 (Merchant Shipping Act, 1894)의 1920년 개정법(An Act to Amend the Merchant Shipping Act, 1894 to 1920) 제28장에서는 '선박에는 항만 이외에 조수(non tidal-waters)의 영향을 받지 아니하는 수상에서만 사용되는 것을 제외하고는 어떠한 추진방식에 의하든 간에 항행용으로 사용되는 모든 종류의 부선 또는 선주류를 포함한다'(notwithstanding anything in Section 742 of the Merchant Shipping Act 1894 (hereinafter referred to as "the Principal Act"), the Principal Act shall have effect as though in the provisions of Parts I and VII thereof (which relate respectively to the registry of ships and to the limitation of the liability of the owners of ships), as amended or extended by any subsequent enactment, the expression "ship" included every description of lighter, barge, or like vessel used in navigation in GB, however propelled; Provided that a lighter, barge, or like vessel used exclusively in non-tidal waters, other than harbours shall not, for the purpose of this Act, be deemed to be used in navigation)이라고 규정하고 있다.[3] 또 영국의 판례를 보면, Cory Lighterage Ltd.

2) 박용섭, 해상법론, 형설출판사, 1998, 60-61쪽.

v. Dalton 사건[4]에서 영국 상선법(Merchant Shipping Act)의 책임제한규정의 적용대상인 선박이란 노만으로 추진되는 것이 아닌, 항해에 사용되는 모든 형태의 선박이라고 정의하고 항해용 부선(lighter)은 책임제한 규정의 적용대상이 되는 선박이라고 판시하였다. 또 일본의 판례를 보면, 第2三洋丸 사건[5]에서도 대형 준설선을 싣고 태평양을 횡단한 第2三洋丸은 자항능력이 없는 피예선이지만 운송능력, 선체형상, 부양능력을 가진 일정한 크기의 해상구조물일 경우에는 이를 사회통념상 선박으로 인정한다고 판시하였다.

2. 상행위선 원칙

상법 제740조는 상행위선일 것을 요건으로 한다. 상법상의 선박은 상행위 또는 영리를 목적으로 사용할 것을 요한다. 상행위는 기본적 상행위, 보조적 상행위와 준상행위로 나눌 수 있다. 기본적 상행위는 상법 제46조에서 규정한 21종의 상행위를 말하는데, 해상법의 적용대상은 주로 동조 제13호의 운송의 인수이며, 이 밖에도 공작선이 행하는 가공에 관한 행위(상법 제46조 제3호), 예선과 구조선 등이 행하는 작업의 도급(상법 제46조 제5호) 등을 들 수 있다. 또 상법은 제46조의 규정에 의한 기본적 상행위는 아니지만 상인이 영업을 위하여 하는 행위를 상행위로 보아 이를 보조적 상행위라고 한다(상법 제47조 제1항). 이러한 행위는 비록 영리성을 가지는 것은 아니지만, 영업을 위한 수단이기 때문에 상법은 이를 보조적 상행위로 보고 있다. 그러므로 육상기업이 그 영업을 위한 수단으로 이용하는 유조선과 광석 운반선 등도 상법상의 선박으로 보아야 한다.

상법은 제741조 제1항 제1문에서 '항해용 선박에 대하여는 상행위 그 밖의 영리를 목적으로 하지 아니하더라도 이 편의 규정을 준용한다'라고 규정하여 상행위 그 밖의 영리를 목적으로 하지 아니하더라도 항해선에 대하여는 상법 제5편 해상편의 규정을 적용하도록 하고 있다. 즉, 상법 제5편은 제740조의 규정에 의하여 원칙적으로 상행위 그 밖의 영리를 목적으로 하는 선박에 적용하도록 되어 있지만, 이러한 영리활동을 하지 않는 선박이어도 항해선에는 준용하도록 하여 적용대상이 되는 선박을 확대하였다. 다만, 제3장 제2절의 선박충돌과 제3절의 해난구조에 대한 규정은 이미 검토한 바와 같이 내수항행선에도 적용된다.

이 규정은 「선박법」 제29조의 규정에 의하여 비영리선에 대하여 이미 해상법이 적

3) 朴慶鉉, 船舶法規解說, 海事問題硏究所, 1985, 22-23쪽.
4) Cory Lighterage Ltd. v. Dalton, 10 LILR. 66 (1922), p. 175.
5) 東京高法, 1972.8.23. 民事11部 判決.

용되어 오던 것을 반영한 것으로 보인다. 이 조문과 관련하여 영리성의 요건을 완화한 것이지만,[6] 학설로서 이미 인정되어 오던 것을 명문화한 것으로 큰 변화는 없다고 보는 주장이 있지만,[7] 과거 상법에서는 현행 상법 제741조 제1항과 같은 규정이 존재하지 않았으므로 상행위를 목적으로 하지 않는 선박에 상법의 규정에 근거하여 해상편을 적용한 것은 아니고, 「선박법」 제29조의 규정에 의하여 상법 제5편 해상편이 준용됨으로써 비영리선에 대하여도 적용하게 된 것이었다. 그러므로 상법 제741조 제1항의 규정은 상법 해상편의 적용범위를 비영리선에 대하여 확대한 것으로 의미가 있다고 본다.

또한 상법 제741조 제1항 단서조항은 '다만, 국유 또는 공유의 선박에 대하여는 「선박법」 제29조 단서의 규정에 불구하고 항해의 목적·성질 등을 고려하여 이 편의 규정을 준용하는 것이 적합하지 아니한 경우로서 대통령령이 정하는 경우에는 그러하지 아니하다'라고 규정하여 국유 또는 공유 선박 중 항해의 목적·성질 등이 상법 해상편의 규정을 준용하는 것이 적합하지 않은 선박에 대하여는 대통령령으로 정하도록 하고 있다. 상법 제741조 제1항의 신설 이전에도 「선박법」 제29조 단서를 적용함에 있어서 국유 또는 공유 선박이라 함은 선박의 소유권과 관계없이 공공의 목적으로 사용되는 선박(official vessel)만을 의미하는 것으로 해석하여 왔다.[8] 즉, 국유선이라도 민간에 임대되어 개인적 거래의 대상으로 이용되고 있는 경우에는 사선(私船)으로서 해상법의 준용을 받을 것이며, 사유선(私有船)이라도 임대차계약 등으로 국가가 공용으로 사용하는 경우에는 준용이 배제된다고 해석해 왔다.[9] 상법 제741조 제1항의 '항해의 목적·성질 등'은 이와 같은 의미로 해석할 수 있을 것이다. 그러나 상법의 개정 과정에서는 「선박법」 제29조가 국유 또는 공유의 선박이 완전히 상법 제5편의 준용대상에서 제외되는 것으로 판단하여 상법 제741조 제1항에 단서조항을 두게 되었다.[10]

3. 항해선원칙

상법 제740조는 항해선(sea-going vessel)일 것을 요건으로 한다. 즉, 상법상의

---

6) 法務部, 상법개정특별분과위원회회의록[해상편], 2006. 2., 3쪽.
7) 김인현, "2007.7.3. 개정 상법 해상편에 대한 고찰", 개정 상법 설명회 자료집, 2007.7.18., 한국선주협회, 94쪽 참조.
8) 鄭暎錫, 海事法規講義, 제5개정판, 海印出版社, 2007, 68쪽.
9) 鄭暎錫, 海商法講義要論, 海印出版社, 2003, 24쪽 참조; 국가 또는 공공단체가 소유한 선박을 임대차 또는 용선하여 낙도여객운송용 선박으로 이용하는 경우 등을 상업적 목적으로 사용하는 경우로 상법의 준용대상으로 볼 수 있다.
10) 法務部, 상법개정특별분과위원회회의록[해상편], 2006. 2., 4쪽.

선박은 항해용으로 사용되는 것이어야 한다. 항해라 함은 호천·항만 이외의 수면을 항행하는 것을 말한다. 이때 상법 제125조에 규정된 호천, 항만의 범위는 '「선박안전법 시행령」 제2조 제1항 제3호 가목에 따른 평수구역으로 한다'라고 규정하고 있다(상법의 일부규정의 시행에 관한 규정[11] 제3조). 선박의 항행구역은 「선박안전법 시행규칙」 제26조에서 ① 평수구역, ② 연해구역, ③ 근해구역, ④ 원양구역으로 나누고 있다. 또 원칙적으로 원양구역, 근해구역, 연해구역를 항행하는 것을 항해(sea-going)라 하는데, 상법상으로는 평수구역에서 연해구역 이상의 수역을 왕래하면서 항행하는 것은 모두 항해라고 해석된다. 원칙적으로 평수구역, 즉 내수만을 항행하는 선박(內水船)은 상행위를 목적으로 항행의 용도로 사용되어도 해상법이 적용되지 아니하므로 육상운송에 관한 법규정이 적용된다(상법 제125조). 그러나 「선박법」에서는 항해선에 한하여 적용한다는 제한이 없고, 제29조에서 「선박법」의 적용을 받는 선박에 상법 제5편을 준용한다고 규정하고 있으므로 내수항행선에 대하여도 상법 제5편 해상의 규정이 적용된다고 해석하는 것이 타당하다고 본다(자세한 내용은 이 절 [제2관] Ⅱ 참조).[12]

한편 항해선과 내수항행선 간의 선박충돌(상법 제876조 제1항)·해난구조(상법 제882조 제1항 제2문)의 경우에 있어서는 상법의 규정상 내수항행선에도 해상법을 적용한다.

이와 같이 좁은 의미로 해상법의 적용대상 선박을 해석하면 운항추진장치가 있는 준설선은 넓은 의미의 선박에는 속하지만 항행이 목적이 아니므로 해상법 상의 선박은 아니다. 또 내수항행과 항해 양쪽 모두에 사용되는 선박의 경우에는 평소의 항행구역에 따라 항해선인지 아니면 내수항행선인지를 결정하여야 할 것이다.

또 「선박등기법」에서 자항능력이 없는 선박을 적용대상으로 하지 않는 경우도 있었으나,[13] 1999년 법률 제5972호에 의한 「선박등기법」의 개정에 의하여 100톤 이상의 부선에도 적용하고 있기 때문에 「선박등기법」에서는 자항능력은 따지지 않는다고 보아야 한다.

---

11) 일부개정 2007.9.28 대통령령 제20300호.

12) 반대의견, 大判 1991.1.15, 90 다 5641 : 선박임차인에 관한 상법 제766조의 규정은 항해에 사용하는 선박, 즉 해수를 항해하는 항해선에 한하여 적용되고 호천이나 항만을 항행하는 내수선에는 적용되지 않는다.

13) 大決 1998.5.18, 97 마 1788 : 「선박법」 제8조 제1항, 제4항, 「선박등기법」 제2조, 「선박법 시행규칙」 제2조 제1항의 규정을 종합하면, 그 자체로서 항진능력이 없는 부선은 「선박법 시행규칙」 제2조 제1항 제3호, 제4호에 규정된 압항부선, 해저조망부선을 제외하고는 그 톤수 여하에 관계없이 등기할 선박에 해당하지 아니하고, 「선박법 시행규칙」 제2조 제1항의 규정을 선박의 종류에 관한 예시적 규정이라고 볼 수 없다;

Ⅲ. 상법 해상편이 적용되지 않는 선박

상법 제741조 제2항은 '이 편의 규정은 단정(短艇) 또는 주로 노 또는 상앗대로 운전하는 선박에 적용하지 아니한다'라고 규정하여 상법 제5편이 적용되지 않는 선박을 정하고 있다. 이때 단정은 돛을 달지 아니한 아주 작은 선박을 말하고, 노도만을 가지고 운전하는 선박이란 노로 저어서 운전하거나 상앗대로 밀어서 운전하는 선박을 말한다. 이 규정은 구상법 제741조의 규정을 그대로 옮긴 것으로 극히 소형이어서 해상법을 적용한다면 소유자에게 가혹한 결과가 되기 때문이다. 그러나 노도선(櫓櫂船)과 항해선 간의 선박충돌・해난구조의 경우에는 노도선에도 해상법을 적용하여야 할 것으로 본다.[14]

Ⅳ. 선박법의 적용대상 선박과 해상법의 준용

1. 선박법의 적용대상이 되는 선박

「선박법」은 선박의 국적에 관한 사항과 선박톤수의 측정 및 등록에 관한 사항을 규정함으로써 해사에 관한 제도의 적정한 운영과 해상질서의 유지를 확보하여 국가권익을 보호하고 국민경제의 향상에 기여함을 목적으로 한다(선박법 제1조).

선박은 수상 또는 수중을 항행함에 있어서는 수상고유의 위험이 따를 뿐만 아니라, 선박의 고립성으로 인하여 선박에 대한 국가의 감독이 제대로 미치지 않을 수 있기 때문에, 국가는 인명과 재산의 안전을 도모하고 선박행정의 질서를 유지하기 위하여 수상 또는 수중을 항행하는 선박에 대하여 각종의 공법적 법규를 둘 필요가 있다.[15] 또 각종 해사공법(海事公法)은 선박의 국적, 종류 및 톤수가 다름에 따라 그 적용을 달리하므로, 각종의 해사법은 선박의 개념과 적용대상 선박이 무엇이냐를 정하는 것에서 출발한다고 할 수 있다. 이런 점에서 「선박법」은 선박의 국적, 등록 및 개성을 정하는 기본법으로서 매우 중요하고, 「선박법」에서 정하는 선박의 개념과 종류가 각종 해사법의 적용 기준으로서 의미를 가진다고 볼 수 있다.

「선박법」의 적용대상이 되는 선박은 수상 또는 수중에서 항행용으로 사용하거나 사용될 수 있는 배 종류를 말하며, 기선, 범선, 부선으로 나눈다(선박법 제1조의2 제1항 제1호 내지 제3호).

첫째, 기선은 기관을 사용하여 추진하는 선박을 말하는데, 선체 밖에 기관을 붙인

14) 鄭暎錫, 海商法講義要論, 海印出版社, 2003, 23쪽.
15) 鄭暎錫, 海事法規講義, 제5개정판, 海印出版社, 2007, 63쪽 참조.

선박으로서 그 기관을 선체로부터 분리할 수 있는 선박 및 기관과 돛을 모두 사용하는 경우로서 주로 기관을 사용하는 선박을 포함한다.

둘째, 범선은 돛을 사용하여 추진하는 선박을 말하는데, 기관과 돛을 모두 사용하는 경우로서 주로 돛을 사용하는 것을 포함한다.

셋째, 부선은 자력항행능력이 없어 다른 선박에 의하여 끌리거나 밀려서 항행되는 선박을 말한다.

또 「선박법」 제1조의2 제2항에서는 ① 총톤수 20톤 미만의 기선 및 범선, ② 총톤수 100톤 미만의 부선을 소형선박이라고 구분하고 있다. 이는 소형선박소유권변동의 효력과 압류등록에 관한 「선박법」 제8조의2와 제8조의3의 규정의 신설과 「소형선박저당법」[16]의 신설에 따른 동 규정과 법률의 적용대상을 정한 것이다.[17]

「선박법」에서도 선박의 개념에 대하여 아무런 언급이 없기 때문에 사회통념상의 배를 가리키는 것으로 해석한다. 다만, 현행 「선박법」은 선박의 개념을 구체적으로 정의하고 있지는 않지만, 1999년 4월 15일 법률 제5972호에 의한 일부개정 이후 선박의 종류와 용도에 관한 규정을 신설하였다. 이는 2000년 1월 6일의 개정(해양수산부령 156호) 이전 시행규칙 제2조 제1항의 규정[18]을 「선박법」 제1조의2에 옮겨 재정리함으로써 「선박법」의 적용대상이 되는 선박의 종류와 그 용도를 법률로 명확히 함으로써 선박 개념의 해석기준을 보다 분명하게 하였다.[19]

선박의 개념에 대하여 종전에는 물체의 부양성을 이용하여 수상을 항행하는 데 사용되는 일정한 구조물을 사회통념상 선박이라고 해석해 왔으나, 1999년 4월 15일의 개정으로 수상을 항행하는 선박뿐만 아니라 수중에서 항행하는 잠수선 등도 「선박법」의 적용대상에 포함하여 기술발달에 따른 선박의 범위를 확대함으로써 해석상의 논

---

16) 「선박등기법」이 적용되지 아니하는 선박의 저당권에 관한 사항을 정하여 소형선박의 담보제공에 따른 자금융통을 쉽게 하고, 소형선박의 저당권자·저당권설정자 및 소유자의 권익을 균형있게 보호함을 목적으로 하여 2007년 8월 3일 법률 제8622호로 제정한 법률이다.

17) 「선박법」 제8조의2 (소형선박소유권 변동의 효력)
소형선박소유권의 득실변경은 등록을 하여야 그 효력이 생긴다.
제8조의3 (압류등록)
소형선박 등록관청은 「민사집행법」에 따라 법원으로부터 압류등록의 촉탁이 있거나 「국세징수법」 또는 「지방세법」에 따라 행정관청으로부터 압류등록의 촉탁이 있는 경우에는 당해 소형선박의 등록원부에 대통령령으로 정하는 바에 따라 압류등록을 하고 선박소유자에게 통지하여야 한다.

18) 일부개정 1998.9.26 해양수산부령 73호 「선박법 시행규칙」 제2조 (선박의 종류)
① 선박의 종류는 다음 각 호와 같이 구분한다.
1. 기선 : 기관을 사용하여 추진하는 선박
2. 범선 : 돛을 사용하여 추진하는 선박
3. 압항부선 : 기선과 결합되어 밀려서 항행되는 선박
4. 해저조망부선 : 잠수하여 해저를 조망할 수 있는 시설을 설치한 선박으로서 스스로 항행할 수 없는 것.

19) 鄭暎錫, 海事法規講義, 제5개정판, 海印出版社, 2007, 64쪽.

란을 피하고 있다. 또 2000년 1월 6일 시행규칙의 전면개정 이후 추진력이 없는 준설선, 해저자원굴착선, 기중기선, 등대선 등도 「선박법」의 적용대상으로 확대하였다.

또한 '항행용(航行用 : for navigating)으로 사용하는 선박'이라 함은 이 규정의 '수상 또는 수중'이라는 문구와 「선박안전법 시행규칙」 제26조 제1항의 항행구역의 정의에 비추어 항해선(航海船 : sea-going vessel)에 한정하지 아니하고 평수구역 이상의 수역을 항행하는 모든 선박에 적용된다고 해석하여야 할 것이다.[20] 그리고 선박 존부를 판단하는 시기를 기준으로 하면 제조 중의 선박(진수 시를 표준으로 하여 그 이전의 것을 말함) 및 침몰선(인양이 가능한 것을 제외함) 등은 「선박법」의 적용대상이 아니다.

화력, 수력, 기름, 전기, 가스, 원자력 등의 천연에너지를 기계적 에너지로 바꾸어 필요한 곳으로 보내는 기계장치를 기관(機關)이라 하고, 이러한 기관을 사용하여 추진하는 선박을 기관선 또는 기선이라고 한다.[21] 또 2007년 8월 3일 법률 제8621호 일부개정에서는 해양레저활동의 발달에 따른 안전관리 강화를 위하여 모터보트와 같이 기관을 선체 밖에 설치하는 수상레저기구를 기선에 포함시켜 등록·관리하도록 하고 있다.

종전에는 자항능력이 없는 수상구조물의 경우에는 선박의 개념에서 제외하였으나, 압항부선(pusher barge)[22]과 해저조망부선[23]을 선박으로 인정하는 단계를 거쳐서(1995년 개정 전 시행규칙 제2조 제1항 제3호),[24] 1995년 4월 15일 개정 이후 모든 부선을 「선박법」의 적용대상에 포함하도록 하여 점진적으로 「선박법」의 적용범위를 확대하고 있다.

---

20) 鄭暎錫, 海事法規講義, 제5개정판, 海印出版社, 2007, 64쪽.

21) 「해상교통안전법」 제2조 제3호 및 「국제해상충돌방지규칙」 제3조 (b)호에서는 천연의 에너지를 원동기에 의하여 기계적 에너지로 변환하여 발생시키는 힘을 동력이라 하고, 이 동력을 변환시켜 발생시키는 기계장치가 기관이며, 이 기관을 사용하여 추진하는 선박을 동력선이라고 한다고 규정하여 결국 이 법의 기선과 동력선은 같은 의미로 사용된다(한국해사문제연구소 편, 선박행정의 변천사, 선박검사기술협회·한국선급, 2003, 42쪽).

22) 동력이 있는 선박(pusher)이 동력이 없는 艀船(barge)을 뒤에서 밀거나 앞에서 끌어서 이동시키는 방법인데, 부선과 미는 선박이 일체가 된 것을 압항부선(pusher barge)라고 한다. 2척 이상의 부선을 연결하여 1척의 동력선이 미는 방식으로 적하 운송 중에 적·양하 작업을 부선에서 동시에 할 수 있어 매우 능률적이며 건조비용이나 운항비용을 절감할 수 있는 이점이 있다(最新海運·物流用語大辭典, 제10개정증보판, 코리아쉬핑가제트, 2006, 724쪽).

23) 잠수하여 해저를 조망할 수 있는 시설을 설치한 부선(선박법 시행규칙 제2조)을 말한다.

24) 「선박법 시행규칙」 일부개정 1985.12.09 (부령 제828호) 교통부

제2조 (선박의 종류)

① 선박의 종류는 다음 각호와 같이 구분한다.

1. 기선 : 기관을 사용하여 추진하는 선박
2. 범선 : 돛을 사용하여 추진하는 선박
3. 압항부선 : 기선과 결합되어 밀려서 항행되는 선박
4. 해저조망부선 : 잠수하여 해저를 조망할 수 있는 시설을 설치한 선박으로서 스스로 항행할 수 없는 것.

2. 상법 제5편 해상편의 준용

「선박법」 제29조는 '상법 제5편 해상에 관한 규정은 상행위를 목적으로 하지 아니하더라도 항행용으로 사용되는 선박에 관하여 이를 준용한다. 다만, 국유 또는 공유의 선박에 관하여는 그러하지 아니하다(선박법 제29조)'라고 규정하고 있다. 상법은 기본적으로 상행위 그 밖의 영리를 목적으로 하는 행위에 적용되기 때문에 상법 제5편 해상편의 적용을 받는 선박은 상행위선을 원칙으로 한다. 여기에 우리 상법 제740조에서는 상행위 또는 영리를 목적으로 항해(航海)에 사용하는 선박을 적용대상으로 하여 상행위선이라는 요건 이외에 항해선(sea-going vessel)이라는 요건을 더하고 있다. 그러나 이미 논한 바와 같이 상법은 제741조 제1항에서 상행위 그 밖의 영리를 목적으로 하지 아니하더라도 상법 제5편 해상편을 준용하도록 하고 있다. 그러므로 사실상 상법 해상편을 상행위선에 적용한다는 요건은 의미가 없어졌다고 할 수 있다. 또 「선박법」 제29조의 규정도 같은 취지로 해석된다. 그러므로 상법과 현행 「선박법」 체제하에서는 상선과 비상선으로 선박을 분류하는 것은 의미가 없어졌다.[25]

한편 상행위 그 밖의 영리를 목적으로 사용하더라도 내수항행선의 경우에는 상법 제5편의 규정이 적용되지 않는다는 것이 상법의 태도이다(상법 제740조, 제741조 제1항). 그러나 현행 「선박법」은 수상 또는 수중을 항행하는 선박에 적용한다고 규정하고 있고, 이를 항해선(sea-going vessel)에 한정하여 적용한다는 규정은 어느 곳에도 없을 뿐만 아니라, 내수항행선의 국적부여, 등기·등록, 톤수측정 등의 기존 「선박법」에 대응하는 내수항행선에 적용될 별도의 법규도 없다.[26] 또 「선박법」을 항해선에만 적용하고 내수항행선에 대하여 그 적용을 배척할 아무런 이유가 없다. 오히려 상법 제5편 해상편의 내용은 선박의 소유권, 선박공유, 선장, 선박소유자 등의 책임제한, 선박담보, 각종 운송계약, 운송인책임제한, 공동해손, 선박충돌, 해난구조 등에 대하여 규정하는 선박을 사용하는 특수한 생활관계에 적용되는 법률의 내용들이라는 점에서 근대적 민사법의 일반원칙에 비하여 해상기업의 주체에게 상대적으로 유리한 규정들로 구성되어 있다. 따라서 항해선에 비하여 상대적으로 영세한 내수항행선에 대하여 그 적용을 배제하는 것은 형평성에도 어긋난다고 생각한다. 그러므로 「선박법」 제29조의 규정에 의하여 국유 또는 공유 선박을 제외한 모든 항행용 선박

---

25) 鄭暎錫, 海事法規講義, 제5개정판, 海印出版社, 2007, 68쪽.

26) 일본에서는 해상물건운송에 관하여 외항상선과 내항선을 구분하여 상법의 해상편 이외에 國際海商物品運送法이 있어서, 선적항이나 양륙항이 국외에 있는 외항상선에 대하여는 국제해상물품운송법이 적용되고, 순수 국내에서 운항되는 내항선에는 상법의 규정이 적용된다. 또 독일에서는 내수항행법(Binnenschiffahrtsgesetz)이 별도로 있다(鄭熙喆, 商法學(하), 博英社, 1990, 502쪽 주 1)).

에 해상법의 규정이 적용된다고 보아야 하고 상법 제5편 해상편의 적용을 둘러싸고 내수항행선과 항해선을 구별할 실익은 전혀 없다고 본다(선박법 제29조).[27] 다만, 「선박안전법」의 적용대상 등 해사관련 개별법령의 적용에 있어서 구별의 필요성이 있는 경우가 있다(선박안전법 제2조 제1호 참조).[28]

현재까지는 우리나라에는 내수로 운송이 크게 발달하지 않아서 이러한 문제를 구체적으로 검토하지 않았기 때문에 '수상 또는 수중을 항행하는'이라는 용어를 항해용으로 한정하여 해석하는 경향이 있는 것 같다.[29] 그러나 향후 운하개발 등을 통한 내수로운송이 활성화될 경우에는 내수항행선에 대한 법률적용의 문제가 제기될 것으로 예상된다. 또한 개별 해사법규에서도 법의 목적에 따라 적용대상인 선박을 정의할 때 선박의 용도를 '항해용'과 '항행용'으로 구분하고 있음이 분명하다. 예를 들면, 「선박안전법」 제2조 제1호는 '선박이라 함은 수상(水上) 또는 수중(水中)에서 항해용으로 사용하거나 사용될 수 있는 것(선외기를 장착한 것을 포함한다)과 이동식 시추선·수상호텔 등 국토해양부령이 정하는 부유식 해상구조물을 말한다'라고 규정하고 있고, 「유류오염손해배상보장법」 제2조 제1호는 '선박이라 함은 산적유류를 화물로서 운송하기 위하여 건조되거나 개조된 모든 형의 항해선(부선을 포함한다)을 말한다.…'라고 규정하고 있다. 또 「해상교통안전법」 제3조 제1항 제1호에서도 '대한민국의 영해 또는 내수[해상항행선박이 항행을 계속할 수 없는 하천·호소 등은 제외한다. 이하 이 항에서 같다]에 있는 선박이나 해양시설…'이라고 규정하여 '해상항행선박이 항행을 계속할 수 없는 하천·호소 등은 제외한다'와 같이 항행구역을 제한할 경우에는 이를 분명히 명시하고 있다는 점을 보면 항행과 항해는 분명히 구분되는 개념이라고 생각한다.

물론 내수항행선에 대한 상법의 적용여부에 대한 유일한 대법원 판례[30]에서도 '선박임차인에 관한 상법 제766조의 규정은 항해에 사용하는 선박, 즉 해수를 항해하는 항해선에 한하여 적용되고 호천이나 항만을 항행하는 내수항행선에는 적용되지 않는다'라고 하고 있으나, 이 사건에서는 상법 제740조와 제766조의 적용만을 다룬 것으로 「선박법」 제29조의 규정은 전혀 고려하지 않은 판결이다.

이러한 해석에 기준하면 상법 제741조 제1항은 「선박법」 제29조를 역준용하면서

27) 반대의견, 宋相現·金炫, 海商法原論, 제3판, 博英社, 2005, 111-112쪽 참조; 鄭燦亨, 商法講義(하), 제10판, 博英社, 2008, 774쪽 참조; 鄭熙喆, 商法學(하), 博英社, 1990, 501쪽 참조; 徐燉珏·鄭完溶, 商法講義(하), 제4전정, 1996, 508쪽 참조.

28) 「선박안전법」 제2조 제1호에서는 선박을 '항해용'으로 사용하거나 사용될 수 있는 것으로 한정하고 있다.

29) 法務部, 상법개정특별분과위원회회의록[해상편], 2006. 2., 3쪽 참조.

30) 大判 1991.1.15. 90 다 5641.

이를 항해선으로 한정하여 입법한 것으로 「선박법」 제29조를 너무 좁게 해석하여 발생한 입법적 오류로 생각된다.[31] 또한 상법 해상편의 적용대상이 되는 선박을 정하는 규정인 상법과 「선박법」 제29조와의 관계는 일반법과 특별법의 관계로 보아야 할 것인데, 상법 제741조 제1항의 규정은 일반법에서 특별법의 규정을 준용하는 결과를 가져오게 되는 보기 드문 입법형태를 취하고 있다.

상법의 규정만을 보면, 내수항행선에 대하여는 상법 해상편이 적용되지 않고, 운송행위에 대하여도 상법 제125조의 규정에 의하여 육상운송으로 취급되어야 할 것이지만, 「선박법」 제29조에 의하여 내수항행선에 대하여도 상법 제5편이 적용되고, 상법 제125조는 적용할 여지가 없다. 또 상법 제5편이 규정하고 있는 내용을 볼 때 굳이 항해선과 내수항행선을 구분하여 내수항행선에 그 적용을 제외하여야 할 이유를 찾기는 어렵다고 본다. 상법 제876조 제1항과 제882조의 규정도 이러한 이유의 일단을 보여주는 규정이라고 본다. 결국 현행 「선박법」 제29조가 존속하는 한 상법 제741조 제1항의 규정은 아무런 의미가 없는 규정이라고 보아야 할 것이다.

V. 선박의 종류

선박은 각 법령상의 취급이 다름에 따라 여러 가지 종류로 분류할 수 있으나 여기서는 강학상 중요한 것만 살펴보기로 한다.

1. 등기선 · 등록선 · 비등록선

「선박법」과 「선박등기법」에 의한 분류로서, 등기선이란 등기와 등록을 할 수 있고 또 이를 해야 하는 선박이다. 「선박법」과 「선박등기법」은 총톤수 20톤 이상의 기선과 범선 및 총톤수 100톤 이상의 부선에 대하여 등기 · 등록을 하도록 규정하고 있다(선박법 제8조 제1항, 선박등기법 제2조, 상법 제745조).

반면 총톤수 20톤 미만의 선박에는 상법 제743조 및 제744조가 적용되지 아니한다(상법 제745조)라고 규정하고 있고, 「선박법」 제8조의2와 제8조의3에서는 소형선박소유권의 득실변경과 압류등록에 대하여 각각 별도로 규정하고 있다. 「선박법」 제1조의2 제2항의 규정에 의한 소형선박(① 총톤수 20톤 미만의 기선 및 범선, ② 총톤수 100톤 미만의 부선)으로서 「선박법」 제8조의2와 제8조의 3의 규정에 의하여 소유

31) 법무부 상법개정특별분과위원회에서는 '선박법 제29조에는 '항행용'으로 기재되어 있으나 이 용어는 내수항행용과 혼동될 우려가 있고 입법취지로 보아 동 조문이 상법 제740조에서 규정하고 있는 항해성에 대한 예외를 규정하려고 한 것은 아니라는 것이 명백하여 이를 '항해용'으로 변경하는 데에 의견이 일치하였다'라고 설명하고 있다(法務部,, 상법개정특별분과위원회회의록[해상편], 2006. 2., 3쪽).

권의 득실과 압류에 대하여 등록을 하여야 하는 선박을 등록선이라 한다.

한편 「선박법」 제1조의2 제2항에서는 ① 총톤수 20톤 미만의 기선 및 범선, ② 총톤수 100톤 미만의 부선을 소형선박이라고 규정하고, 「선박법」 제26조는 군함·경찰용 선박, 총톤수 5톤 미만의 범선 중 기관을 설치하지 아니한 범선, 총톤수 20톤 미만의 부선, 총톤수 20톤 이상의 부선 중 선박계류용·저장용 등으로 사용하기 위하여 수상에 고정하여 설치하는 부선, 노와 상앗대만으로 운전하는 선박, 「어선법」 제2조 제1항 각 호의 어선, 「건설기계관리법」 제3조에 따라 건설기계로 등록된 준설선, 「수상레저안전법」 제2조 제4호에 따른 동력수상레저기구 중 같은 법 제30조에 따라 수상레저기구로 등록된 모터보트·수상오토바이·고무보트 및 스쿠터 등은 제8조의2와 제8조의3의 규정의 적용을 받지 않는 것으로 규정하고 있다. 이러한 선박을 비등록선이라 한다.[32)]

2. 항해선과 내수항행선

항해선(sea-going vessel)이란 평수구역 이상의 해역을 항행할 수 있는 선박을 말한다. 상법 제740조에서는 상행위 기타 영리를 목적으로 항해에 사용하는 선박을 해상법상의 선박이라고 하는데, 이 때 항해에 사용하는 선박을 항해선이라고 한다. 여기서 해상이라 함은 호천이나 항만 이외의 수면을 말하는데, '호천이나 항만의 범위는 「선박안전법 시행령」 제2조 제1항 제3호 가목의 규정에 의한 평수구역으로 한다(상법 제125조,[33)] 상법의 일부규정의 시행에 관한 규정 제3조,[34)] 선박안전법 시행규칙 제15조 제1항 참조)'라고 규정되어 있다.

반면, 내수항행선은 내수, 즉 평수구역만을 항행하는 선박이다. 이때 내수의 범위는 「선박안전법」에서 규정한 평수구역을 말한다(선박안전법 시행규칙 제15조 제1항). 이때 내수항행선의 경우는 해상법의 규정이 원칙적으로 적용되지 않는다(상법 제740조). 그러나 현행 「선박법」은 수상 또는 수중을 항행하는 선박에 적용하고 이 법 제29조의 규정에 의하여 국유 또는 공유 선박을 제외한 모든 항행용 선박에 해상법의 규정이 적용되기 때문에 이러한 구별은 실익이 없다고 보아야 한다(선박법 제29조).

---

32) 「선박법」 제8조의2와 제8조의3과 소형선박의 저당에 관한 법률이 제정되기 전에는 등기선과 비등기선으로 구분하였으나, 이들 규정이 신설된 지금의 법률하에서는 적당하지 않은 분류라고 생각한다. 등기선, 등록선, 비등록선으로 구분한 것은 이들 법률의 취지에 따라 필자가 임의로 정한 것이다. 이하 이러한 구분에 의하여 설명하기로 한다.

33) 상법 제9장 운송업 제125조 (의의)
육상 또는 호천, 항만에서 물건 또는 여객의 운송을 영업으로 하는 자를 운송인이라 한다.

34) 상법의 일부규정의 시행에 관한 규정 제3조 (호천·항만의 범위)
법 제125조에 규정된 호천, 항만의 범위는 선박안전법 시행령 제2조 제2호의 규정에 의한 평수구역으로 한다.

이 규정의 취지로 보아 해상법의 적용을 받지 아니하는 국유 또는 공유 선박이라 함은 측량선·검역선·감시선·교육용 실습선 등과 같이 국유 또는 공유 선박 중 영리활동에 사용하지 아니하고 공익적 업무만을 수행하는 선박을 말한다고 해석하여야 한다. 그러므로 국가 또는 지방자치단체 및 공공기관 등이 소유하는 선박을 민간에 용선 또는 임대차의 방법으로 사용권을 양도하여 여객운송 등에 이용하여 영리활동에 활용하는 경우에는 해상법의 적용을 받는다고 해석하여야 한다. 현행 상법과 「선박법」의 규정으로는 항해선과 내수항행선의 구별 실익은 사실상 없다고 보아야 하고,[35] 다만, 「선박안전법」의 적용대상 등 개별법령의 적용에 있어서 구별의 필요성이 있다.

3. 한국선박과 외국선박

국제법상 선박은 반드시 어느 한 나라의 국적을 가져야 한다(해양법에 관한 국제연합협약 제91조 제1항).[36] 한국선박이라 함은 대한민국의 국적(國籍) 또는 선적(船籍)을 가진 선박이며, 그렇지 않은 선박을 외국선박이라 한다(선박법 제2조 참조). 이러한 분류의 실익은 주로 한국선박에 대한 법적 보호 및 감독의 필요에서 비롯된 것이다.[37]

4. 상선과 비상선

상행위 기타 영리를 목적으로 사용하는 선박을 商船이라 하고(상법 제740조), 상선이 아닌 선박을 비상선이라 한다. 상선에는 여객선, 화물선, 유조선 등이 있고 비상선에는 어선 및 영리활동을 하지 않는 국·공유선박을 들 수 있다. 그러나 상행위를 목적으로 하지 않더라도 국유 또는 공유의 선박이 아니면 항행(to navigate)에 사용하는 선박은 모두 상법의 준용을 받게 되므로(선박법 제29조), 이러한 분류의 실익은 적다. 여기서 국유 또는 공유의 선박이라 함은 선박의 소유권의 소재와는 관계없이 공공의 목적으로 사용되는 선박(official vessel)을 의미한다.

---

35) 반대의견, 한국해사문제연구소 편, 선박행정의 변천사, 선박검사기술협회·한국선급, 2003, 43쪽.

36) Document No. 10-6 Convention on the Law of the Sea, Third United Nations Conference on the Law of the Sea, Montego Bay, December 10, 1982.를 통상 「해양법에 관한 국제연합협약」이라 한다.
제91조(선박의 국적)
1. 모든 국가는 선박에 대한 자국 국적의 허용, 자국 영토 내 선박의 등록 및 자국기를 게양할 권리에 관한 조건을 정하여야 한다. 선박은 그 국기를 게양할 수 있는 국가의 국적을 갖는다. 국가와 선박간에는 진정한 관련이 존재하여야 한다.
2. 모든 국가는 국기게양권을 허용한 선박에 대하여 그 증명서를 발급하여야 한다.

37) 한국해사문제연구소 편, 선박행정의 변천사, 선박검사기술협회·한국선급, 2003, 43쪽.

5. 내항선과 외항선

국내 항간의 항로에만 운항하는 선박을 내항선(內航船)이라 하고, 국내 항과 외국 항간 또는 외국 항과 외국 항간의 항로에 운항하는 선박을 외항선(外航船)이라고 할 수 있다(해운법 제3조, 제25조 참조).[38] 한편 관세법에서는 이를 내항선과 외국무역선으로 구분하고 있다(관세법 제2조 제5호, 제7호 참조).[39]

제 2 관 선박의 성질

Ⅰ. 부동산 유사성

1. 본질은 동산

민법의 규정에 의하면, 토지 및 그 정착물을 부동산이라고 규정하고 그 이외의 모든 물건을 동산이라고 한다(民法 제99조 참조). 그러므로 해상을 항행, 이동하고 소유권 기타 권리의 객체가 되는 물건인 선박은 동산이다.[40] 선박은 법률상 분명히 동산이지만, 예로부터 부동산적인 취급과 의인적인 취급을 받아 왔다.[41]

2. 부동산적 취급

선박은 운송용구로서 거래의 객체가 되기 때문에, 소유자의 변경이 빈번하다. 또 선박은 고가임과 동시에 동일성의 인식이 다른 동산에 비하여 상대적으로 용이하다. 이러한 성질로부터 선박은 이동하면서 금융의 목적상 담보화 할 필요가 있으며, 법률 기술적

38) 해운법 제3조 (사업의 종류)
해상여객운송사업의 종류는 다음과 같다.
1. 내항여객운송사업 : 국내항간의 해상여객운송사업
2. 외항여객운송사업 : 국내항과 외국항간 또는 외국항간의 해상여객운송사업
제25조 (사업의 종류) 해상화물운송사업의 종류는 다음과 같다.
1. 내항화물운송사업 : 국내항간의 해상화물운송사업
2. 외항정기화물운송사업 : 국내항과 외국항간 또는 외국항간에서 정해진 항로에 선박을 취항시켜 일정한 일정표에 의하여 운항하는 해상화물운송사업
3. 외항부정기화물운송사업 : 제1호 및 제2호외의 해상화물운송사업

39) 관세법 제2조 (정의)
이 법에서 사용하는 용어의 정의는 다음과 같다.
5. 외국무역선이라 함은 무역을 위하여 우리나라와 외국 간을 운항하는 선박을 말한다.
7. 내항선이라 함은 국내에서만 운항하는 선박을 말한다.

40) 鄭燦亨, 商法講義(하), 제10판, 博英社, 2008, 776쪽.

41) 鄭暎錫, 海商法講義要論, 海印出版社, 2003, 25쪽.

으로도 명칭·국적·선적항·선급·톤수 등에 의하여 개별화됨으로써 등기부상 동일성의 인식이 용이하다는 특수성이 있기 때문에 대체로 부동산과 같이 취급된다. 즉, 총톤수 20톤 이상의 선박에는 상법상 선박등기제도(상법 제743조, 선박등기법 제2조), 선박저당권제도(상법 제787조, 제788조), 선체용선등기제도(상법 제849조)가 인정되고, 또한 절차법상 강제집행과 경매절차는 대체로 부동산과 거의 같이 이루어진다(민사집행법 제172조).[42] 따라서 등기선박에 관한 한 선박을 동산으로 보는 실익이 적다. 또 형법상 선박을 저택·건조물과 같이 취급하는 경우도 있다(형법 제319조).

II. 의인적 취급

선박은 그의 성질상 다른 선박으로부터 구별할 수 있는 개성을 필요로 한다. 이는 선박의 항행에 대한 국가의 감독·보호에 있어서 뿐만 아니라 사법상의 거래관계에 있어서도 선박의 동일성의 확인을 위하여 매우 중요한 의미가 있다.[43]

선박에 개성을 부여하는 것은 선박의 명칭, 선적항, 국적, 총톤수 등인데 이들이 서로 어울려 다른 선박과 구별하고 있다. 선박의 이러한 특징은 자연인의 성명·국적·주소에 대비되는 것으로 이를 두고 의인적인 취급을 받는다고 한다.

1. 선박의 명칭과 개성

선박은 고유의 명칭을 가진다. 즉, 한국선박은 반드시 명칭을 표시하여야 한다(선박법 제11조). 이 때 선박소유자는 선명을 자유로이 선택할 수 있다.

2. 선박의 국적[44]

선박의 국적은 국제법(평시의 각국 항구의 출입, 전시에 있어서의 해상 포획 또는 중립선의 취급) 및 행정법(톤세 등의 부담 등), 국제사법(준거법의 결정에 있어서 기국법의 발견 등)(국제사법 제60조 내지 제62조), 상법(공유선박의 국적상실과 지분의 매수 또는 경매청구에 관한 제760조 참조)의 적용상 중요한 의의를 가진다. 즉 공해상에 있는 선박은 그 소속하는 국가의 법령이 적용된다. 전시에 있어서는 선박의 국적이 해상포획과 중립선 취급의 결정 기준이 된다. 또 각국의 행정법은 자국선과 외국선 사이에 차별대우하도록 되어 있다. 한국국적의 선박은 한국선박으로서 특권을

---

42) 「민사집행법」 제172조 (선박에 대한 강제집행)
등기할 수 있는 선박에 대한 강제집행은 부동산의 강제경매에 관한 규정에 따른다. 다만, 사물의 성질에 따른 차이가 있거나 특별한 규정이 있는 경우에는 그러하지 아니하다.

43) 鄭暎錫, 海事法規講義, 제5개정판, 海印出版社, 2007, 92-93쪽 참조.

44) 자세한 내용은 [정영석, 해양경찰 시험대비 해사법규I, 개정판, 범한서적주식회사, 2008, 85-88쪽] 참조.

누리고 의무를 부담한다.

3. 선적항

선박은 사람의 본적・주소 또는 상인의 영업소와 같은 선적항을 갖는다. 선적항은 법률상 두 가지 의미가 있다. 그 하나는 「선박법」상의 등기 또는 등록항(port of registry)이고 다른 하나는 상법상 해상기업의 본거항(home port)이라는 뜻이다.

좁은 의미의 선적항은 선박소유자가 선박의 등기 및 등록을 하고, 선박국적증서를 받아야 할 곳이다(선박법 제7조 제1항 참조). 원칙으로서 한국선박의 선박소유자는 한국에 선적항을 정하여야 하는데, 선박소유자의 주소지를 가지고 선적항으로 함을 원칙으로 한다(선박법 제7조 제1항, 선박법 시행규칙 제2조 제1항, 제2항 참조). 또 선적항은 주로 선박을 행정법규상으로 통제하기 위한 것이지만, 민사소송법상의 관할의 기준이 된다(민사소송법 제13조).[45)]

반면 해상법의 적용기준이 되는 넓은 의미의 선적항은 해상기업의 영업활동의 본거항을 뜻하는데, 이는 당해 선박에 의한 기업경영의 중심지인 항으로서 마치 상인의 주소인 영업소와 같은 것이다(상법 제749조, 제753조).[46)]

Ⅳ. 합성물

선박은 선체, 갑판, 주기관 등의 각 부분으로부터 이루어진 합성물이고, 각각의 부분은 어느 것도 법률상 독립의 존재를 상실하고 있다. 이와는 달리 나침반, 해도, 닻, 단주, 구명정, 구명복, 신호기구 등은 선박에는 속하지만, 독립된 존재로서 권리의 객체가 되는데, 이런 물건을 속구라고 한다. 속구가 선박의 종물인가 아닌가에 대해서 학설상 다툼이 있었지만, 다수설은 이것을 긍정하고 있고, 상법상으로도 선박의 屬具目錄에 기재된 것은 종물로 추정된다(상법 제742조). 그러므로 속구는 민법상의 종물(민법 제100조)과 반드시 일치한다고 할 수는 없으나, 속구목록에 기재되면, 그것이 선박소유자의 소유물이 아니라는 반증이나 다른 특약이 없는 한 선박과 법률적 운명을 같이 한다.

45) 민사소송법 제13조 (선적이 있는 곳의 특별재판적)
선박 또는 항해에 관한 일로 선박소유자, 그 밖의 선박이용자에 대하여 소를 제기하는 경우에는 선적이 있는 곳의 법원에 제기할 수 있다.

46) 竹田 廉, 海商法, 1937, 77쪽.

제 2 절
선박소유권의 취득과 상실

제1관 선박소유권의 취득과 상실의 원인

선박은 법률상 원칙적으로 동산의 성질을 가지기 때문에, 선박소유권의 취득과 상실도 동산의 취득과 상실에 관한 사법상의 일반원칙에 의한다. 따라서 증여·교환·매매·대물변제·상속·합병·시효 등으로 취득하게 된다. 또 선박 특유의 취득상실 원인으로서, 전시 국제법상의 포획, 형법 및 「선박법」 상의 몰수[47](형법 제48조, 선박법 제32조 제3항) 등의 공법상의 원인과, 조선계약, 이의 있는 선박공유자의 선박공유지분의 매수청구(상법 제761조 제1항, 제762조 제1항), 선박의 국적상실로 인한 선박공유자의 지분 매수 또는 경매처분(상법 제760조), 선장의 경매(상법 제753조), 보험위부(상법 제710조), 선박의 침몰 및 해철(解撤) 등의 사법상의 원인이 있다.[48]

다만, 현행 「선박법」과 「선박등기법」은 일정한 요건을 갖춘 선박에 대하여는 등기 또는 등록제도를 설정하여 부동산적인 취급을 하기 때문에(선박법 제8조 제4항, 선박등기법 제2조 참조, 선박법 제8조의2 및 제8조의3, 선박법 제29조), 등기 또는 소유권 등기의 대상이 되는 선박에는 민법의 선의취득규정(민법 제246조)은 적용되지 않다고 해석된다.

또 선박소유권의 취득 원인으로서 중요한 것에 조선계약이 있다. 조선계약에는 주문자가 조선자재의 전부 또는 대부분을 공급하는 경우와, 조선자가 자재의 전부 또는 대부분을 공급하는 경우가 있다. 전자는 민법상의 도급계약에 속하고, 후자는 도급과 매매의 혼합계약의 성질을 가진다. 그리고 조선계약은 낙성·불요식계약이지만, 표준서식에 의해서 조선계약서를 작성하는 것이 통례이다.

---

47) 大判 1971.1.26, 70 다 2839 : 범죄행위에 공여된 선박에 대한 몰수 재판이 있다 하더라도 그 재판의 효력은 몰수의 원인이 된 사실에 관하여 유죄판결을 받은 자에 대해서만 발생할 뿐이고, 그 재판을 받지 아니한 몰수 선박소유자에까지 미칠 것이 아니므로 그 선박소유자의 권리 행사에는 아무런 영향을 줄 수 없다.

48) 鄭燦亨, 商法講義(하), 제10판, 博英社, 2008, 779쪽.

제2관 선박소유권양도의 요건

Ⅰ. 등기선

등기선은 당사자 간에 무방식의 물권적 합의(의사표시)만 있으면 양도할 수 있다(상법 제743조 본문)(意思主義). 통상 양도증서를 작성하지만, 이것은 거래관행에 불과한 것이고 법률상의 효력발생요건은 아니다. 따라서 양도에 따른 이전등기와 선박국적증서의 명의개서는 이전의 대항요건이다(상법 제743조 단서, 선박법 제8조 제2항). 형식주의를 취한 민법의 일반원칙(민법 제186조)을 등기선박에 적용한다면, 항해 중의 선박은 양도할 수 없는 불편이 생길 우려가 있으므로 이러한 불편을 덜어 주기 위하여 의사주의라는 중대한 예외를 인정한 것이다. 또 등기를 제3자에 대한 대항요건으로 한 것은 선박의 공시제도를 믿고 거래한 제3자를 보호하기 위한 것이다.[49)]

Ⅱ. 등록선

「선박법」 제8조의2에서는 소형선박소유권의 득실변경은 등록을 하여야 그 효력이 생긴다고 규정하고 있다. 이 규정에 의하여 「선박법」 제1조의2 제2항에서 규정한 ① 총톤수 20톤 미만의 기선 및 범선과 ② 총톤수 100톤 미만의 부선에 대하여는 「선박법」에 의한 등록이 소유권의 득실변경의 효력발생요건이다. 그러므로 이 경우에는 선박소유권 이전의 합의(물권적 합의) 외에 등록이라는 형식적 요건을 갖추어야 소유권 이전의 효력이 발생된다. 그러므로 민법상 부동산의 물권변동과 마찬가지로 형식주의를 취한 것으로 보아야 한다(민법 제186조 참조).

Ⅲ. 비등록선

한편 「선박법」 제26조의 규정에서 열거한 ① 군함·경찰용 선박, ② 총톤수 5톤 미만의 범선 중 기관을 설치하지 아니한 범선, ③ 총톤수 20톤 미만의 부선, ④ 총톤수 20톤 이상의 부선 중 선박계류용·저장용 등으로 사용하기 위하여 수상에 고정하여 설치하는 부선, ⑤ 노와 상앗대만으로 운전하는 선박, ⑥ 「어선법」 제2조 제1항 각 호의 어선, ⑦ 「건설기계관리법」 제3조에 따라 건설기계로 등록된 준설선, ⑧ 「수상레저안전법」 제2조 제4호에 따른 동력수상레저기구 중 같은 법 제30조에 따라 수상레저기구로 등록된 모터보트·수상오토바이·고무보트 및 스쿠터와 같은 비등록선

49) 鄭燦亨, 商法講義(하), 제10판, 博英社, 2008, 780쪽.

에는 상법 제743조와 「선박법」 제8조의2가 적용되지 않으므로(상법 제744조 제2항, 선박법 제26조), 소유권의 이전에는 민법상의 동산물권변동의 일반원칙에 따라 인도를 하여야 한다(민법 제188조 제1항).[50] 비등록선은 등기와 등록이 모두 필요하지 않으므로 일반 동산과 동일하게 취급된다. 따라서 현실적 인도(민법 제188조 제1항)는 물론 간이인도(민법 제188조 제2항), 점유개정(민법 제189조), 목적물반환청구권의 양도(민법 제190조)에 의한 것이 모두 양도 방법으로 인정된다.[51]

제3관 선박소유권 양도의 효과

선박의 속구목록에 기재한 물건은 선박의 종물로 추정한다(상법 제742조). 그러므로 선박소유권 양도행위의 효과로 다른 특별한 의사표시가 없는 한 선박소유권의 이전과 함께 그 속구의 소유권도 이전한다(민법 제100조 제2항). 다만, 속구목록에 기재된 물건이어도 그 소유자가 선박의 소유자와 다른 경우에는 종물로 볼 수 없으므로 종물의 소유권이 당연히 선박과 함께 이전하지는 않는다(민법 제100조 제1항).[52] 선박은 하나의 합성물로서 독자적으로 경제적 가치가 있는 여러 가지 물건이 그 구성부분을 이루고 있다. 또 레이더·구명정 등의 고가의 물건이면서 소유자가 다른 경우가 있을 수 있기 때문에 분쟁의 소지가 많아서 상법은 속구목록에 기재된 물건은 선박의 종물로 추정한다고 규정하고 있다. 그러나 이들 물건 중에는 선박소유자의 소유물이 아니면서 리스(lease)나 임차 등의 방법으로 타인 소유의 물건을 일시적으로 사용하는 경우도 있을 수 있으므로 선박소유자와 특정 종물의 소유자가 다를 경우에는 소유관계를 입증하면 그 종물의 소유권은 이전하지 않는다.

항해 중의 선박이나 그 지분을 양도했을 때는 당사자 간에 다른 약정이 없으면 그 항해로부터 생긴 손익은 양수인에게 귀속한다(상법 제763조). 항해에서 생긴 손익이란 그 항해를 마치는 동안의 총수입과 총지출의 차액을 말한다. 또 항해란 기업으로서의 1 항해라는 뜻이지 1 항해 중의 각 구간의 항해를 말하는 것은 아니다. 이러한 손익의 귀속관계는 당사자 간의 대내적 효과이므로 제3자에 대한 관계에서는 매도인이 권리의무의 주체가 된다.

50) 大判 1966.12.20. 66 다 1554: 총톤수 20톤 미만의 소형선박에 관한 권리의 이전은 당사자간의 합의만으로써는 그 효력을 발생할 수 없는 것이고, 일반 동산의 예에 따라 그 인도를 받지 아니하면 그 소유권을 취득할 수 없는 것이다.

51) 金仁顥, 海商法, 제2판, 法文社, 2007, 84쪽.

52) 반대의견, 金仁顥, 海商法, 제2판, 法文社, 2007, 85쪽.

양도인이 이미 제3자와 체결한 운송계약이 양수인에 대하여 구속력이 있는 것은 아니지만, 매매 당시 이미 선적을 완료하였거나 또는 선적작업이 진행 중인 경우에는 특약이 없는 한 양수인이 기존의 운송계약을 이행할 의무를 진다고 보아야 할 것이다.

또 상속 또는 포괄승계에 의한 경우를 제외하고 선박소유자가 변경된 경우에는 구소유자와의 선원근로계약은 종료되며 그때부터 신소유자와 선원 간에 종전의 선원근로계약과 같은 조건의 새로운 선원근로계약이 체결된 것으로 본다. 이 경우 신소유자 또는 선원은 72시간 이상의 예고기간을 두고 서면으로 통지함으로써 선원근로계약을 해지할 수 있다(선원법 제37조 제3항). 상속이나 회사의 합병과 같은 포괄승계의 경우를 선원근로계약의 종료사유에서 제외한 것은, 근로관계는 본래 특정한 선박소유자와의 관계라기보다는 기업 자체와 결합한 것으로 보아야 할 것이므로 기업이 실질적으로 동일성을 유지하는 한 근로관계는 새로운 선박소유자와의 사이에 존속하는 것으로 보는 것이 합리적이기 때문이다.

상속 또는 포괄승계 이외에 선박의 매각·증여 등에 의한 선박소유자의 변경의 경우(이른바 단순승계의 경우)에 민법 제657조 제1항[53]에 의하면 사용자는 근로자의 동의 없이 그 권리를 제3자에게 양도할 수 없으므로 선원의 동의가 없는 한 신소유자는 선원근로계약을 승계할 수 없다. 그러나 법은 선박항행의 원활과 선원의 고용안정을 도모하기 위하여 민법 제657조 제1항을 배제하고 새로운 소유자와 선원 사이에 종전과 같은 조건의 선원근로계약이 체결된 것으로 본다. 한편 이와 같은 선원근로계약 존속의 의제가 반드시 당사자에게 유리하다고만 볼 수는 없으므로 법은 이 경우 당사자의 의사를 존중하여 72시간 이상의 예고기간을 두고 각 당사자는 서면으로 통지함으로써 계약을 해지할 수 있도록 하였다.[54]

Ⅳ. 건조 중의 선박

건조 중의 선박은 선박저당권의 목적이 될 수는 있으나(상법 제790조), 저당권 설정 이외의 경우에는 동산에 관한 일반원칙에 따른다.

53) 민법 제657조 (권리의무의 전속성)
① 사용자는 노무자의 동의 없이 그 권리를 제삼자에게 양도하지 못한다.
② 노무자는 사용자의 동의 없이 제3자로 하여금 자기에 가름하여 노무를 제공하게 하지 못한다.
③ 당사자일방이 전2항의 규정에 위반한 때에는 상대방은 계약을 해지할 수 있다.

54) 鄭暎錫, 海事法規講義, 제5개정판, 海印出版社, 2007, 245-246쪽.

제 3 절
선박의 공시제도

제1관 총론

Ⅰ. 의의

물권(real rights)에는 배타성이 있기 때문에 어떤 물건에 관하여 어떤 사람이 하나의 물권을 취득하면 다른 사람은 그것과 양립할 수 없는 내용의 물권을 취득할 수 없게 된다. 그뿐 아니라 근대법에 있어서는 물권 가운데 가장 중요한 소유권과 저당권은 현실적 지배를 요소로 하지 않는 관념적인 권리로 되어 있으므로 소유권을 양수하거나 저당권을 설정받으려고 하는 자를 위하여서는 그 물건 위에 누가 어떠한 내용의 물권을 가지고 있는가를 안다는 것이 필요하다. 여기서 물권의 귀속과 그의 내용을 외부에서 인식할 수 있는 일정한 표상·표지에 의하여 공시하는 것이 필요하게 된다. 근대법은 이러한 요청에 응하여 일정한 표상을 정하고 있는데, 이것이 공시제도 내지 공시방법이다. 공시제도는 일반적으로 부동산 물권에 관하여는 등기, 동산물권에 대하여는 점유를 각각 공시방법으로 인정하고 있다(민법 제186조, 제188조).[55]

선박은 그 성질이 동산이므로 원칙적으로는 선박의 공시방법은 점유임이 분명하다. 그러나 「선박법」 제8조 제4항과 「선박등기법」 제2조의 규정에 의하여 한국선박 중 총톤수 20톤 이상의 기선과 범선 및 총톤수 100톤 이상의 부선(다만, 선박계류용·저장용 등으로 사용하기 위하여 수상에 고정하여 설치하는 부선은 제외)에 대하여는 등기를 공시방법으로 규정하고 있다. 여기서 주로 문제되는 것은 선박의 매매의 편의성과 금융거래의 안정성·효율성을 위하여 일정 규모 이상의 선박에 대하여 인정하는 선박등기제도이다. 그밖에도 「선박법」 제8조의 규정에 의하여 등기대상 선박은 등기 후 지방해양항만청장에게 등록을 하게 되어 있는데 이를 넓은 의미에서는 선박의 공시제도의 일부로 보기도 한다.

55) 이상 郭潤直, 物權法[民法講義Ⅱ], 再全訂版, 博英社, 1985, 49-50쪽.

한편 현행 「선박법」은 등기대상 선박이 되지 않는 소형선박에 대하여는 소유권의 득실변경등록과 압류등록을 하도록 하여 등록을 공시제도로 받아들이고 있다(선박법 제1조의2, 제8조의2, 제8조의3).

그리고 「선박법」 제26조에서 열거하는 소형선박 등은 일반 동산으로 취급하여 점유의 이전을 공시방법으로 인정한다.[56)]

II. 등기와 등록의 개념

1. 등기

등기(登記: registration)라 함은 일정한 법률관계를 널리 사회에 공시하기 위하여 일정한 공부(公簿, 등기부)에 기재하는 것을 말한다. 당사자의 신청에 의하여 등기공무원이 하는 것을 원칙으로 한다. 거래관계에 들어가는 제3자를 위하여 목적물의 권리내용을 명백히 하고 예측하지 못한 손해를 입히지 않도록 하기 위한 제도이며, 거래의 안전을 도모하기 위하여 중요한 역할을 한다.

우리나라에는 부동산등기, 선박등기, 공장재단등기 등과 같은 권리의 등기, 부부재산계약등기 등과 같은 재산귀속의 등기, 법인등기, 상업등기 등과 같은 권리주체의 등기가 있다.

등기의 효력은 일정한 사항을 제3자에게 주장하는 경우의 대항요건으로 하는 것과 일정한 사항의 효력발생요건으로 하는 것이 있는데, 현행 민법의 부동산등기는 후자의 예이고, 선박등기는 전자의 예에 속한다. 등기가 진실과 다른 경우에도 그것을 신뢰하고 거래한 제3자가 보호되는 것으로 하는 예(등기의 공신력)도 있는데 우리나라에서는 그것을 인정하지 않고 있다.

2. 등록

등록(登錄: registration)이라 함은 일정한 사실 또는 법률관계를 행정관청에 비치되어 있는 공부(公簿)에 기재하는 것을 말한다. 넓은 의미로는 등기를 포함하나 다음과 같은 점에서 등기와 다르다.

첫째, 등기는 등기소에 비치되어 있는 공부에 등록하여 행한다.

둘째, 등기는 권리의 효력발생요건 또는 대항요건인데 대하여 등록은 권리의 종류

56) 大判 1966.12.20, 66 다 1554 : 총20톤 미만의 소형선박에 관한 권리의 이전은 당사자 간의 합의만으로써는 그 효력을 발생할 수 없는 것이고 일반 동산의 예에 따라 그 인도를 받지 아니하면 그 소유권을 취득할 수 없는 것이다

에 따라서 그 효력이 다르다. 즉, 공업소유권의 등록, 자동차저당・항공기저당의 등록과 같이 권리의 효력발생요건인 것과 저작권의 상속・양도・입질 등의 등록과 같이 제3자에 대한 대항요건인 것, 의사・수의사・변리사 등의 등록과 같이 면허의 방법인 것, 자동차・선박・항공기의 등록과 같이 일정한 행위(선박운항)를 하기 위한 요건인 것 등 여러 가지 기능을 가진다.

Ⅲ. 선박공시제도에 관한 입법주의

선박은 선박국적취득과 각종 행정감독상의 필요에 의하여 행정기관에 등록하거나, 소유권, 저당권, 임차권 등 물권의 소재를 분명하게 하기 위하여 등기를 통하여 공시할 필요가 있다.

선박등록제도는 1660년 영국의 항해조례(Navigation Act)[57]에서 처음 도입되었는데, 이는 영국의 해운정책을 위한 공법적인 등록의무에 관한 것이다. 한편 선박에 대한 사법상의 권리관계를 공시하기 위한 선박등기제도는 1883년 포르투갈 상법, 1836년 네덜란드 상법에서 시작하여 1854년 영국의 상선법(Merchant Shipping Act)에서 완비되었다.[58]

오늘날 선박을 보유한 모든 해운국이 선박에 대한 공시제도를 두고 있으나 그 방식은 다음과 같이 개별 국가마다 다양하다.[59]

① 영국처럼 공법적인 목적을 주로 하는 등록제도에 등기를 일원화하는 방식
② 선박의 국적과 무관하게 순수한 사법적인 등기제도를 따르는 방식
③ 프랑스와 같이 등기와 등록의 이원주의를 인정하는 방식

과거 우리나라는 등기와 등록의 이원주의를 채용하고 있었다. 등기는 순수한 사법적 용도로 선박의 사권(私權)의 상태를 공시함을 목적으로 하여 법원(등기소)의 관할

---

57) 잉글랜드에서는 1368년 에드워드 3세(Edward Ⅲ)가 항해법(Navigation Act)을 반포한 이래 여러 차례 항해법이 시행되었다. 이 중 1651년 크롬웰(Oliver Cromwell)이 공포한 항해법이 가장 유명하다.
1660년 항해법(Navigation Act 1660)은 찰스 2세(Charles Ⅱ)의 王政復古 후 공포한 것으로, 크롬웰의 항해법에서 따온 것이기는 하지만, 크롬웰의 항해법이 주로 네덜란드 선박을 쫓아내고자 하는 군사적 목적을 띈 것이라면 1660년 항해법은 식민지 경영에 중점을 두어 자국 선복의 증대를 도모하고 造船을 장려하기 위한 것이었다. 따라서 잉글랜드의 국제무역에 종사할 수 있는 선박의 요건에 ① 잉글랜드에서 건조한 선박(English-built ship)을 추가하고, ② '선장과 해원의 대부분'으로 되어 있던 승무요건을 '선장과 해원의 4분의 3 이상'으로 그 요건을 변경하였다. 1651년 항해법과 1660년 항해법을 통하여 ① 소유권(property), ② 승무원(seamen) 및 ③ 건조(origin)라는 3 원칙이 확립되었다(榎本喜三郎, 國際海事法における船舶登錄要件の史的研究, 第3卷, 海事産業研究所, 1985, 13쪽).
58) 裵炳泰, 註釋海商法, 韓國司法行政學會, 1983, 61쪽.
59) 박경현, 船舶法規解說: 선박의 등록과 톤수제도편, 한국해사문제연구소, 1985, 55쪽.

에 둔다. 또 등록은 선박운항에 필요한 행정의 필요에서 해양항만관청(어선에 있어서는 지방자치단체)이 관장하도록 하고 있다.[60] 이와 같이 등기와 등록은 그 입법목적이 다르기 때문에 등기대상이 아닌 선박에 대하여는 저당권설정이나 압류·가압류 등 선박등록원부에 의한 소유권의 제한은 효력이 없다고 해석하여 왔다.[61]

이와 같이 등기와 점유라는 선박의 공시제도가 규정되어 있고, 특히 비등기선박에 대하여는 점유에 공신력을 인정하고 있는 현행 법제 하에서 개별 행정법규에 의하여 물권에 제한을 가하는 것은 소유권이나 담보물권과 같은 사유재산권을 부당하게 제한하게 되어 진정한 권리관계가 왜곡되는 현상이 발생하게 되는 부작용을 초래하게 되었다.

이러한 문제점과 함께 현실적으로는 우리나라에서 보유한 전체 선박의 60% 이상이 20톤 미만의 소형선박이라는 점에서 이들 선박에 대하여는 저당권 등을 활용한 금융제도를 이용할 수 없다는 점이 문제가 되어 왔었다. 이에 2007년 8월 3일 「선박법」을 일부개정하여 제8조의2에서는 소형선박소유권에 대하여 등록을 효력발생요건으로 하고, 제8조의3에서는 소형선박에 대한 압류등록을 하도록 규정을 신설하였다. 또 이와 함께 「소형선박저당법」을 제정하여 소형선박에 대한 저당권제도를 도입하였다. 이러한 입법조치로 인하여 총톤수 20톤 이상의 선박에 대하여는 등기와 등록의 이원주의가 채택되었고, 소형선박에 대하여는 소유권과 저당권에 대한 등록제도가 도입되었다. 한편 그 효력에 있어서도 총톤수 20톤 이상의 선박에 대한 등록은 선박운항상 행정수요에 따른 등록으로서의 효력에 한정되고, 등기에 대하여는 제3자에 대한 대항요건으로서의 효력을 가지도록 되어 있다. 반면, 소형선박의 소유권과 저당권에 대하여는 등록으로 공시제도가 일원화되었고, 소유권에 대한 등록은 효력발생요건으로 강화되었다.

또한 「선박법」 제26조에서 열거한 소형선박에 대하여는 등기와 등록의 어느 것도 인정하지 않기 때문에 동산으로 취급되어 점유이전만 허용된다.

소형선박에 대한 소유권과 저당권을 등록하여 공적 장부에 의하여 공시하도록 한

---

60) 해양수산부 감수, 선박행정의 변천사, 선박검사기술협회 등, 2003, 116쪽.

61) 大判 1987.11.24, 87 누 593 : 국세징수법 제45조의 규정은 선박등기법의 적용대상이 되어 등기할 수 있는 선박에 관한 압류절차를 정한 것으로 해석되고, 부선에 대하여는 관할해운관청에 해운항만청 훈령인 부선등록사무처리요령에 의하여 부선등록원부가 작성비치되어 있으나 이는 부선소유자의 의뢰를 받아 그 부선에 관한 소유권을 등록받아 놓은 것에 불과하고 부선등록원부에의 등록만으로는 권리의 설정, 보존, 이전, 변경, 처분의 제한 또는 소멸 등 어떠한 효력도 발생하는 것이 아니어서 부선등록원부에의 등록과 선박에 관한 등기를 동일하게 볼 수 없으므로 등기할 선박이 아닌 선박에 대하여는 국세징수법 제38조 규정에 의한 동산의 압류절차에 의하여 압류를 하여야 하고 국세징수법 제45조에 의하여 소관등기소에 압류촉탁을 하여 압류하거나 부선등록원부를 비치하고 있는 관할항만청에 압류촉탁을 하여 압류할 수는 없다.

것은 우리나라의 해양수산업의 현실과 수요에 비추어 바람직한 입법적 발전이라고 볼 수는 있으나 선박의 소유권과 저당권의 공시를 선박의 톤수에 따라 등기·등록 이원주의와 등록일원주의로 구분하고, 그 효력에 있어서도 대항요건주의와 성립요건주의로 나누어 입법한 것은 그 합리성을 찾아보기 힘든다.

입법정책적으로는 현행 「선박등기법」을 개정하여 소형선박에까지 적용범위를 확대하거나, 「선박등기법」을 폐지하고 「선박법」상의 등록제도로 일원화하는 것이 바람직하다고 본다. 또한 소유권등기 또는 등록의 효력에 있어서도 선박의 항행 중 물권변동 등의 경우를 고려하면 제3자에 대한 대항요건으로 일원화하는 것이 바람직하다고 생각한다. 입법주의로는 선박등기제도를 폐지하고 등록으로 일원화하는 것을 주장하는 일원주의가 통설이다.[62)]

Ⅳ. 선박법 상등기·등록절차

한국선박의 소유자는 대한민국에 선적항을 정하고 그 선적항 또는 선박의 소재지를 관할하는 지방해양항만청장에 선박톤수의 측정을 신청한 후, 관할등기소에 등기를 마친 다음 그 선적항을 관할하는 지방청장에게 당해 선박의 등록을 신청하여야 한다(선박법 제7조 제1항 내지 제4항, 제8조 제1항, 제2항, 제4항).

선박의 등기에 관하여는 따로 「선박등기법」으로 정한다(선박법 제8조 제4항).

제 2 관 선박등기

Ⅰ. 의의

선박등기라 함은 등기공무원이라고 불리는 국가기관이 법정절차에 따라 선박등기부라고 불리는 공적 장부에 선박에 관한 일정한 권리를 기재하는 것 또는 그러한 기재 자체를 말한다. 이러한 정의는 등기의 실체법상의 정의이고, 절차법상으로는 그 밖에 선박의 표시(선박의 명칭·톤수 등)에 관한 기재까지도 포함해서 등기라고 한다.[63)]

등기부에 표시가 있을 때에 비로소 공시적 기능을 발휘할 수 있기 때문에 등기신청

62) 朴慶鉉, 船舶法規解說:船舶의 登錄과 톤數制度編, 韓國海事問題硏究所, 1985, 55쪽; 박용섭, 해상법론, 전정판, 형설출판사, 1998, 88쪽; 임동철·민성규, 해사법규요론, 신정판, 1992, 52쪽.

63) 郭潤直, 物權法[民法講義Ⅱ], 再全訂版, 博英社, 1985, 97쪽 참조.

이 행하여지고 그것이 접수되어도 현실적으로 등기공무원에 의한 권리변동의 등기가 행하여지지 않으면 물권변동의 효력이 발생하지 않는다. 그러므로 등기는 실제로 등기부에 기록이 된 후에 등기가 되었다고 할 수 있다.

II. 선박등기법의 적용범위, 등기할 사항, 등기의 종류 및 순위

1. 적용범위

선박등기법은 총톤수 20톤 이상의 기선과 범선 및 총톤수 100톤 이상의 부선에 대하여 이를 적용한다. 다만 선박계류용・저장용 등으로 사용하기 위하여 수상에 고정하여 설치하는 부선에 대하여는 적용하지 아니한다(선박등기법 제2조).

2. 등기할 사항

선박의 등기는 ① 소유권, ② 저당권, ③ 임차권의 설정・보존・이전・변경・처분의 제한 또는 소멸에 대하여 이를 한다(선박등기법 제3조).

3. 등기의 종류

가. 가등기

가등기는 「선박등기법」 제3조 각호의 1에 해당하는 권리의 설정, 이전, 변경 또는 소멸의 청구권을 보전하려 할 때에 이를 한다. 그 청구권이 시기부 또는 정지조건부인 때나 기타 장래에 있어서 확정될 것인 때에도 또한 같다(선박등기법 제5조, 부동산등기법 제3조).

나. 예고등기

예고등기는 등기원인의 무효 또는 취소로 인한 등기의 말소 또는 회복의 소가 제기된 경우(패소한 원고가 재심의 소를 제기한 경우를 포함한다)에 한다. 그러나 그 무효 또는 취소로써 선의의 제3자에게 대항할 수 없는 경우에는 그러하지 아니하다(선박등기법 제5조, 부동산등기법 제4조).

가등기와 예고등기는 모두 강학상 예비등기의 일종으로 등기의 본래의 효력인 물권의 변동 또는 특정의 경우의 대항력에는 직접 관계가 없고, 다만 간접적으로 이에 대비하여 하는 등기를 말한다.[64]

---

64) 郭潤直, 物權法[民法講義II], 再全訂版, 博英社, 1985, 103쪽 참조.

4. 등기의 순위

가. 등기한 권리의 순위

동일한 부동산에 관하여 등기한 권리의 순위는 법률에 다른 규정이 없는 때에는 등기의 선후에 의한다(선박등기법 제5조, 부동산등기법 제5조 제1항). 등기의 선후는 등기용지 중 동구에서 한 등기에 대하여는 순위번호에 의하고 별구에서 한 등기에 대하여는 접수번호에 의한다(선박등기법 제5조, 부동산등기법 제5조 제2항).

나. 부기등기와 가등기의 순위

부기등기의 순위는 주등기의 순위에 의한다. 그러나 부기등기 상호 간의 순위는 그 선후에 의한다(선박등기법 제5조, 부동산등기법 제6조 제1항). 가등기를 한 경우에는 본등기의 순위는 가등기의 순위에 의한다(선박등기법 제5조, 부동산등기법 제6조 제2항).

Ⅲ. 관할과 등기관

1. 관할

선박의 등기에 관하여는 등기할 선박의 선적항을 관할하는 지방법원・동 지원 또는 등기소를 관할등기소로 한다(선박등기법 제4조). 등기할 선박의 선적항이 수개의 등기소의 관할구역에 걸쳐 있는 때에는 수개의 등기소중 지방법원, 동 지원 순으로 이를 관할하고, 그 밖의 경우에는 대법원장이 관할등기소를 지정한다(선박등기규칙[65] 제3조).

대법원장은 어느 등기소의 관할에 속하는 사무를 다른 등기소에 위임하게 할 수 있다(선박등기법 제5조, 부동산등기법 제8조).

어느 선박의 소재지가 갑 등기소의 관할로부터 을 등기소의 관할로 전속한 때에는 갑 등기소는 그 선박에 관한 등기용지와 부속서류 또는 그 등본을 을 등기소에 이송하여야 한다(선박등기법 제5조, 부동산등기법 제9조).

등기소에서 그 사무를 정지하지 아니할 수 없는 사고가 발생한 때에는 대법원장은 기간을 정하여 그 정지를 명할 수 있다(선박등기법 제5조, 부동산등기법 제10조).

65) 일부개정 2001.6.1 대법원규칙 1704호.

2. 등기사무의 처리

등기사무는 지방법원, 동 지원과 등기소에 근무하는 법원서기관·등기사무관·등기주사 또는 등기주사보 중에서 지방법원장(등기소의 사무를 지원장이 관장하는 경우에는 지원장을 말한다. 이하 같다)이 지정한 자(이하 등기관이라 한다)가 이를 처리한다(선박등기법 제5조, 부동산등기법 제12조).

3. 등기관의 제척

등기관은 자기 또는 4촌 이내의 친족이 등기신청인인 때에는 그 등기소에서 소유권등기를 한 성년자로서 4촌 이내의 친족이 아닌 자 2인 이상의 참여가 없으면 등기를 할 수 없다. 친족에 대하여는 친족관계가 끝난 후에도 또한 같다(선박등기법 제5조, 부동산등기법 제13조 제1항). 이 경우 등기관은 조서를 작성하여 참여인과 같이 서명날인하여야 한다(선박등기법 제5조, 부동산등기법 제13조 제2항).

Ⅳ. 등기에 관한 장부

1. 등기부의 물적편성주의

등기부는 선적항마다 별책으로 한다(선박등기규칙 제5조 제1항). 등기부는 1척의 선박에 대하여 1용지를 사용한다(선박등기규칙 제5조 제2항).

2. 등기부의 양식

등기부는 별지 제1호 양식에 의한 표지와 별지 제2호 양식에 의한 목록에 등기용지를 편철하여 조제하여야 한다(선박등기규칙 제7조 제1항). 등기부는 보관철식 장부로 조제하여야 한다(선박등기규칙 제7조 제2항). 등기부는 그 용지를 표제부와 갑, 을, 병의 3구로 나누고 표제부에 선박명칭란, 표시란, 표시번호란을 두고 각 구에는 사항란과 순위번호란을 둔다. 그러나 을구 및 병구는 이에 기재할 사항이 없는 때에는 이를 두지 아니할 수 있다(선박등기규칙 제8조 제1항).

선박명칭란에는 그 선박의 명칭을 기재한다(선박등기규칙 제8조 제2항). 표시란에는 제19조의 규정한 선박의 표시를 하며 또 그 변경에 관한 사항을 기재하고 표시번호란에는 표시란에 등기사항을 기재한 순서를 기재한다(선박등기규칙 제8조 제3항). 갑구 사항란에는 소유권에 관한 사항을 기재한다(선박등기규칙 제8조 제4항). 을구 사항란에는 저당권과 임차권에 관한 사항을 기재한다(선박등기규칙 제8조 제5항). 병구 사항란에는 선박관리인에 관한 사항을 기재한다(선박등기규칙 제8조 제6항).

순위번호란에는 사항란에 등기사항을 기재한 순서를 기재한다(선박등기규칙 제8조 제7항). 선박등기용지의 표제부, 갑구, 을구 및 병구는 별지 제3호 양식에 의하여 조제하여야 한다(선박등기규칙 제8조의2).

3. 등기용지의 편철순서

등기용지는 선적항마다 선박명칭의 가, 나, 다 순서에 따라 등기부에 편철한다. 그러나 건조 중인 선박의 등기용지는 조선지가 속한 선적항의 등기부말미에 접수번호 순으로 편철한다(선박등기규칙 제8조의3 제1항). 등기용지는 표제부, 갑구, 을구, 병구의 순서에 따라 등기부에 편철한다(선박등기규칙 제8조의3 제2항).

4. 목록의 기재

등기부의 목록에는 등기부에 등기용지를 편철할 때마다 그 등기용지에 등기할 선박의 명칭 및 편철연월일을 기재하고 등기관이 날인하여야 한다. 그러나 건조 중인 선박은 명칭란에 건조 중이라고 기재한다(선박등기규칙 제8조의4 제1항). 선박명칭의 변경등기를 할 때에는 등기부의 목록에 신 명칭을 기재하고 종전 명칭을 주말하며, 비고란에 그 연월일 및 사유를 기재하고 등기관이 날인하여야 한다(선박등기규칙 제8조의4 제2항).

등기용지를 등기부로부터 제거할 때에는 목록 중 해당 등기용지에 관한 기재를 주말한 뒤 제거연월일과 사유를 기재하고 등기관이 날인하여야 한다(선박등기규칙 제8조의4 제3항).

5. 폐쇄등기부의 양식과 조제

폐쇄등기는 별지 제4호 양식에 의한 표지와 별지 제2호 양식에 의한 목록에 폐쇄된 등기용지를 편철하여 조제하여야 한다(선박등기규칙 제9조 제1항). 「선박등기규칙」 제8조의4 제1항 및 제3항의 규정은 폐쇄등기부에 이를 준용한다(선박등기규칙 제9조 제2항).

6. 접수장 등

선박등기신청서접수장은 매년 별책으로 조제하여야 한다(선박등기규칙 제11조 제1항). 등기사무에 관한 문서는 별도의 규정이 있는 경우를 제외하고는 접수인을 찍어 접수한 후 기타 문서접수장에 등재한다(선박등기규칙 제11조 제2항).

7. 등기소에 비치할 장부

등기소에는 등기부, 신청서 편철부, 폐쇄등기부, 선박등기신청서접수장 이외에 다음의 장부를 비치하여야 한다(선박등기규칙 제12조 제1항).

① 공동담보목록 편철장
② 신탁원부 편철장
③ 신청서 기타 부속서류편철장
④ 결정원본 편철장
⑤ 이의신청서류 편철장
⑥ 과세자료송부부
⑦ 기타문서접수장
⑧ 선박등기필 통지부
⑨ 각종 통지부
⑩ 신청서 기타 부속서류송부부
⑪ 열람 및 제증명신청서류편철장
⑫ 등기부책 보존부

위의 ① 내지 ③, ⑦ 내지 ⑫의 장부는 1년마다, ④, ⑤의 장부는 5년마다 별책으로 한다(선박등기규칙 제12조 제2항).

8. 등기부등본 또는 열람신청

등기부등본의 교부, 등기부 또는 부속서류의 열람을 신청하는 경우에는 그 신청서에 다음의 사항을 기재하고 신청인이 서명하여야 한다. 그러나 부속서류의 열람을 신청하는 신청서에는 이해관계 있는 사유를 기재하거나 또는 그 사유를 기재한 서면을 첨부하여야 한다(선박등기규칙 제13조).

① 선박의 종류와 명칭
② 선적항
③ 신청통수(열람신청의 경우는 제외함)
④ 등기소의 표시
⑤ 연월일

9. 등기부초본의 신청

등기부초본의 교부를 신청하는 경우에는 그 신청서에 제13조에 게기한 사항 외에 초본의 교부를 신청하는 부분을 기재하고 신청인이 서명하여야 한다(선박등기규칙 제14조).

Ⅴ. 등기절차

1. 등기신청서

신청서에는 다음의 사항을 기재하고 신청인이 이에 기명날인 하여야 한다(선박등기규칙 제16조 제1항).

① 선박의 종류와 그 명칭
② 선적항
③ 선질
④ 총톤수
⑤ 등록세액과 지방세법 제132조(다만 제1항 제5호를 제외한다)와 제133조의 등기에 대하여는 과세표준의 가격
⑥ 「부동산등기법」 제41조제3호 내지 제8호에 게기한 사항

미등기선박의 소유권보존등기를 신청하는 경우에는 신청서의 제1항에 게기한 사항 이외 다음의 사항을 기재하여야 한다(선박등기규칙 제16조 제2항).

① 기관의 종류와 그 수. 그러나 기관이 없는 선박의 경우는 예외로 한다.
② 추진기의 종류와 그 수. 그러나 추진기가 없는 선박의 경우는 예외로 한다.
③ 범선의 범장
④ 진수연월일
⑤ 국적취득의 연월일. 그러나 국내에서 건조한 선박의 경우는 예외로 한다.

2. 소유권에 관한 등기절차

가. 소유권의 등기신청

미등기선박의 소유권보존등기는 서면에 의하여 자기가 소유자임을 증명하는 자가 이를 신청할 수 있다(선박등기규칙 제17조 제1항). 「부동산등기법」 제132조 제1항 단서 및 제2항 단서의 규정은 제1항의 경우에 이를 준용한다(선박등기규칙 제17조 제2

항). 미등기선박의 소유권보존등기를 신청하는 경우에는 신청서에 선박총톤수측정증명서 또는 어선총톤수측정증명서를 첨부하여야 한다(선박등기규칙 제18조 제1항). 미등기선박의 소유권보존등기를 하는 경우에는 표시란에 「선박등기규칙」 제16조 제1항 제1호 내지 제4호와 제2항에 게기한 사항을 기재하여야 한다(선박등기규칙 제19조). 소유권의 등기를 신청하는 경우에는 신청서에 등기권리자가 대한민국인임과 그의 주소를 증명하는 서면을 첨부하여야 한다(선박등기규칙 제20조). 「선박등기규칙」 제20조의 경우에 등기권리자가 상사회사 기타 법인인 때에는 신청서에 그 본점 또는 주사무소의 소재지 및 대표자(공동대표인 경우에는 그 전원)의 성명, 주소를 기재하여야 하며, 동 법인이 소유하는 선박이 「선박법」 제2조 제3호 또는 제4호의 요건을 갖추었음을 증명하는 서면을 첨부하여야 한다(선박등기규칙 제21조).

나. 공유자의 지분등기

소유권의 등기를 신청하는 경우에 선박이 수인의 공유에 속하는 때에는 신청서에 각 공유자와 지분을 기재하고 선박관리인을 선임하여 그 성명, 주소를 기재하여야 한다(선박등기규칙 제22조 제1항). 이 규정은 선박소유자가 그 소유권의 일부를 양도하는 경우에 이를 준용한다(선박등기규칙 제22조 제2항).

다. 선적항 등의 변경신청

「선박등기규칙」 제16조 제1항 제1호 내지 제4호 및 동조 제2항 제1호 내지 제3호에 게기한 사항에 변경이 생긴 때에는 소유권의 등기명의인은 지체 없이 그 등기를 신청하여야 한다(선박등기규칙 제24조 제1항). 제1항의 경우에는 신청서에 선박원부의 등본 또는 초본을 첨부하여야 한다(선박등기규칙 제24조 제3항).

라. 선적항 등의 변경등기

제24조 제1항의 변경등기를 하는 때는 등기용지 중 표시란에 변경 후의 사항을 기재하고 표시번호란에 번호를 기재하며 전의 표시와 그 번호를 주말(朱抹)하여야 한다(선박등기규칙 제25조).

마. 선적항의 관할이전등기

선박소유자가 갑 등기소의 관할지에서 을 등기소의 관할지로 이전하는 때의 선적항 변경의 등기신청은 갑 등기소에 이를 하여야 한다(선박등기규칙 제27조 제1항). 갑 등기소가 제1항의 등기를 할 때에는 그 등기용지와 부속서류 또는 그 등본을 을 등기소에 이송하여야 한다(선박등기규칙 제27조 제2항).

바. 선박관리인 경질의 등기

선박관리인 경질의 등기는 소유권의 등기명의인이 이를 신청하여야 한다(선박등기규칙 제28조 제1항). 「부동산등기법」 제65조의 규정은 제1항의 경우에 이를 준용한다(선박등기규칙 제28조 제2항). 선박관리인의 표시를 변경하는 등기는 선박관리인이 이를 신청하여야 한다(선박등기규칙 제29조 제1항). 「부동산등기법」 제48조와 제65조의 규정은 제1항의 경우에 이를 준용한다(선박등기규칙 제29조 제2항).

사. 공유의 소멸의 경우

소유권이전의 등기를 하는 경우에 그 이전의 결과로 인하여 공유가 소멸한 때는 선박관리인의 등기를 말소하여야 한다(선박등기규칙 제30조).

아. 미등기선박의 처분제한의 등기

미등기선박에 관하여 소유권의 처분제한의 등기촉탁에 의하여 등기를 하는 때에는 등기용지 중 표제부에 선박의 명칭 및 선박의 표시를 기재한 다음 갑구 사항란에 소유자의 성명, 주소와 처분제한의 등기를 명하는 재판에 의하여 소유권의 등기를 한다는 취지를 기재하여야 한다(선박등기규칙 제31조).

자. 말소등기의 신청

다음의 경우에는 소유권의 등기명의인은 신청서에 그 사유를 기재하고 등기의 말소를 신청하여야 한다(선박등기규칙 제32조 제1항).

① 선박의 멸실 또는 침몰되었을 때
② 선박의 해체되었을 때
③ 선박의 존부가 3월(어선의 경우에는 6월)이상 분명하지 아니할 때
④ 선박이 대한민국 국적을 상실한 때
⑤ 선박이 「선박법」 제26조의2 제1항에 규정된 선박이 되었을 때

위의 경우에 말소등록을 한 선박원부 등본을 제출하여야 한다(선박등기규칙 제32조 제2항).

차. 직권에 의한 말소등기

등기소가 관할관청으로부터 「선박법」 제22조 제2항의 규정[66]에 의한 동법 시행규

66) 「선박법」 제22조 (말소등록)
① 한국선박이 다음 각호의 어느 하나에 해당하게 된 때에는 선박소유자는 그 사실을 안 날부터 30일 이내에 선적항을 관할하는 지방해양항만청장에게 말소등록의 신청을 하여야 한다.

칙 제31조[67] 또는 「어선법」 제19조 제1항 제2호, 제3호, 제4호의 사유[68]로 인하여 동법 시행규칙 제32조[69]의 통지를 받은 경우에는 등기관은 직권으로 통지서의 기재내용에 따른 말소의 등기를 하여야 한다(선박등기규칙 제33조 제1항). 위의 등기를 하는 때에는 등기용지 중 표시란에 선박원부 또는 어선원부 등록말소로 인하여 말소한다는 취지를 기재하고 선박의 명칭, 선박의 표시 및 표시번호를 주말하고 그 등기용지를 폐쇄하여야 한다(선박등기규칙 제33조 제2항). 위의 등기를 한 때에는 등기소는 지체 없이 그 취지를 소유권의 등기명의인과 등기상 이해관계인에게 통지하여야 한다(선박등기규칙 제33조 제3항).

3. 저당권과 임차권에 관한 등기절차

가. 건조 중인 선박에 관한 저당권의 등기

건조 중인 선박에 관한 저당권의 등기는 조선지를 관할하는 등기소에 이를 신청하

1. 선박이 멸실·침몰 또는 해체된 때
2. 선박이 대한민국국적을 상실한 때
3. 선박이 제26조에 규정된 선박이 된 때
4. 선박의 존부가 90일간 분명하지 아니한 때

② 제1항의 경우에 선박소유자가 말소등록의 신청을 하지 아니할 때에는 선적항을 관할하는 지방해양항만청장은 30일 이내의 기간을 정하여 선박소유자에게 선박의 말소등록을 신청할 것을 최고하고, 그 기간 내에 말소등록의 신청을 하지 아니할 때에는 직권으로 당해 선박의 말소등록을 하여야 한다.

67) 「선박법 시행규칙」 제31조 (등록사항 등의 통보)

① 지방청장은 법 제18조 또는 법 제22조의 규정에 의한 변경등록(선적항 변경등록의 경우에 한한다) 또는 말소등록을 한 때에는 지체 없이 다음 각호의 사항을 당해 선박이 등기된 등기소에 통보하여야 한다.

1. 선박의 번호·종류·명칭·선적항 및 총톤수
2. 선박소유자의 성명·주민등록번호(법인인 경우에는 그 명칭과 대표자의 성명·주민등록번호) 및 주소
3. 선박등록 등의 일자 및 사유

② 지방청장은 법 제8조, 법 제18조 또는 법 제22조에 따라 선박의 등록, 변경등록 또는 말소등록을 한 경우에는 지체없이 제1항 각호의 사항을 대행기관에 통보하여야 한다.

68) 「어선법」 제19조 (등록의 말소와 선박국적증서등의 반납)

① 제13조 제1항의 규정에 의한 등록을 한 어선이 다음 각호의 어느 하나에 해당하는 때에는 당해 어선의 소유자는 30일 이내에 농림수산식품부령이 정하는 바에 의하여 등록의 말소를 신청하여야 한다.

1. 어선외의 목적으로 사용하게 된 경우
2. 대한민국의 국적을 상실한 경우
3. 멸실·침몰·해체 또는 노후·파손 등의 사유로 인하여 어선으로 사용할 수 없게 된 경우
4. 6월 이상 행방불명이 된 경우

69) 「어선법 시행규칙」 제32조 (등록 등의 통보)

시장·군수·구청장은 법 제13조·제17조 또는 제19조에 따라 어선의 등록 또는 변경등록을 하거나 어선의 등록을 말소한 때에는 다음 각호의 기관에 그 사실을 지체 없이 통보하여야 한다.

1. 해당 어선이 등기된 등기소(선박등기법의 적용을 받는 어선에 한한다)
2. 농림수산식품부장관. 다만, 「선박안전법」 제60조 제1항 또는 제2항의 규정에 의하여 선박의 검사업무를 대행하게 한 경우에는 선박안전기술공단(이하 "공단"이라 한다) 또는 선급법인
3. 해당 어선에 관련된 어업의 면허·허가기관

여야 한다(선박등기규칙 제36조). 선박등기규칙 제36조의 등기신청을 하는 경우에는 신청서에 다음의 사항을 기재하고 신청인이 이에 기명날인하여야 한다(선박등기규칙 제37조).

① 선박의 종류와 선질
② 용골(龍骨)의 길이, 선박에 용골의 비치가 없는 경우에는 선박의 길이
③ 계획의 폭과 깊이
④ 계획의 총톤수
⑤ 건조지
⑥ 조선자의 성명, 주소, 조선자가 법인인 때는 그 명칭과 사무소
⑦ 「부동산등기법」 제41조 제3호 내지 제8호에 게기한 사항
⑧ 등록세액

선박등기규칙 제36조의 신청의 경우에는 동 규칙 제37조 제1호 내지 제6호에 게기한 사항을 증명하는 조선자의 서면을 첨부하여야 한다(선박등기규칙 제38조). 건조 중인 선박에 관하여 처음으로 저당권의 등기를 하는 때는 등기용지 중 표시란에 동 규칙 제37조 제1호 내지 제6호에 게기한 사항을 기재하고 또 갑구 사항란에 등기의무자의 성명, 주소와 저당권의 등기신청으로 인하여 등기를 하는 취지를 기재하여야 한다(선박등기규칙 제39조).

나. 건조 중의 저당권의 등기있는 선박소유권의 등기

건조 중에 저당권의 등기 있는 선박에 관한 소유권보존등기는 저당권의 등기를 한 등기소에서 이를 하여야 한다(선박등기규칙 제40조 제1항). 이 등기는 저당권의 등기를 한 등기용지에 이를 하여야 한다(선박등기규칙 제40조 제2항). 이 등기를 한 때는 등기용지 중 표시란에 기재한 전표시와 선박등기규칙 제39조의 규정에 의하여 갑구 사항란에 한 등기를 주말(朱抹)하고 소유권보존등기로 인하여 말소한다는 취지를 기재하여야 한다(선박등기규칙 제40조 제3항).

다. 선적항이 다른 등기소의 관할에 속하는 경우

선박등기규칙 제40조 제1항의 등기를 하는 경우에 선적항이 다른 등기소의 관할에 속하는 때에는 지체 없이 그 등기용지와 부속서류 또는 그 등본을 관할등기소에 이송하여야 한다(선박등기규칙 제41조 제1항).

Ⅵ. 준용규정

1. 「부동산등기법」의 준용

「부동산등기법」 제3조 내지 제6조・제8조 내지 제10조・제12조・제13조・제17조 내지 제40조・제43조 내지 제55조・제57조 내지 제89조・제112조・제113조・제117조 내지 제129조・제134조・제140조 내지 제156조의2・제166조 내지 제173조・제175조 내지 제186조의 규정은 선박의 등기에 이를 준용한다(선박등기법 제5조).

2. 「부동산등기규칙」의 준용

이 규칙에 특별한 규정이 없는 경우에는 성질에 반하지 아니하는 한 「부동산등기규칙」을 준용한다. 다만 「부동산등기규칙」 제135조의2, 제135조의3, 제145조의2부터 제145조의16까지의 규정은 선박등기에 이를 준용하지 아니한다(선박등기규칙 제2조)

Ⅶ. 효력

1. 제3자에 대한 대항력

등기 및 등록할 수 있는 선박의 경우 그 소유권의 이전은 당사자 사이의 합의만으로 그 효력이 생기지만 이를 등기하고 선박국적증서에 기재하지 아니하면 제3자에게 대항하지 못한다(상법 제743조). 공시의 원칙에 실효성을 부여하는 방법은 두 가지인데, 등기를 물권변동의 성립요건으로 규정하는 경우와 등기를 대항요건으로 하는 것이다. 우리 상법 제743조는 민법의 성립요건주의와는 달리 대항요건주의를 취하고 있다. 민법의 일반원칙(민법 제186조)을 등기선박에 적용한다면, 항해 중의 선박을 양도할 수 없는 불편이 생길 우려가 있으므로 이러한 불편을 덜어주기 위하여서 의사주의라는 중대한 예외를 인정한 것이다.[70] 다만, 등기 또는 소유권등록을 하지 아니하는 선박의 소유권 이전은 동산소유권 양도의 일반원칙에 따라 선박의 인도를 필요로 한다(민법 제188조 제1항). 또한 건조 중인 선박은 저당권의 설정에 대하여만 예외적으로 등기가 인정되는 데에 지나지 아니하므로(상법 제787조 및 제790조), 그 소유권의 양도는 일반 동산의 경우와 같이 인도를 요건으로 한다.

70) 鄭暎錫, 海商法講義要論, 海印出版社, 2003, 35쪽.

2. 등기·등록선박의 선의취득의 배제

동산에 대하여는 점유에 공신력을 부여하여 선의취득을 인정하고 있다. 그러나 선박은 동산이지만 등기제도를 통하여 부동산과 유사하게 취급하고 있기 때문에 「선박법」과 「선박등기법」에 의하여 등기·등록의 대상이 되는 선박은 선의취득의 목적물이 되지 못한다.[71] 그러나 등기를 요하지 아니하는 총톤수 20톤 미만의 기선 및 범선과 총톤수 100톤 미만의 부선 중 법 제8조의2의 규정에 의한 선박소유권에 대한 등록의 대상이 아닌 선박에 대하여는 선의취득이 인정된다.

3. 선박에 대한 강제집행과 경매의 신청

선박에 대한 강제집행이란 채권자가 금전의 지급을 목적으로 하는 청구권의 만족을 얻기 위하여 채무자 소유의 선박에 대하여 행하는 강제집행을 말한다. 선박에 대한 담보권의 실행절차에 대하여도 「민사집행법」 제269조의 규정[72]에 의하여 선박 강제집행에 관한 「민사집행법」 제172조 내지 제186조가 준용된다. 이와 같이 등기선박은 부동산과 유사하게 취급되므로 「민사집행법」에서 원칙적으로 부동산집행, 그 중에서도 강제경매에 관한 규정을 준용하도록 하고 있다. 그러나 다른 한편으로는 선박은 부동산과는 달리 기동성을 가지고 있으므로 강제경매개시결정을 하거나 또는 그 전에라도 집행관에게 선박운항에 필요한 문서를 선장으로부터 받도록 하여 압류의 실효성을 확보하도록 하고(민사집행법 제174조, 제175조),[73] 선박운행허가제도 외에 보증의 제공에 의한 강제경매절차의 취소가 가능하도록 하며(민사집행법 제181

---

71) 곽윤직, 물권법, 박영사, 1984, 193쪽.

72) 「민사집행법」 제269조 (선박에 대한 경매)
선박을 목적으로 하는 담보권 실행을 위한 경매절차에는 제172조 내지 제186조, 제264조 내지 제268조의 규정을 준용한다.

73) 「민사집행법」 제174조 (선박국적증서 등의 제출)
① 법원은 경매개시결정을 한 때에는 집행관에게 선박국적증서 그 밖에 선박운행에 필요한 문서(이하 "선박국적증서등"이라 한다)를 선장으로부터 받아 법원에 제출하도록 명하여야 한다.
② 경매개시결정이 송달 또는 등기되기 전에 집행관이 선박국적증서등을 받은 경우에는 그 때에 압류의 효력이 생긴다.

제175조 (선박집행신청전의 선박국적증서등의 인도명령)
① 선박에 대한 집행의 신청 전에 선박국적증서등을 받지 아니하면 집행이 매우 곤란할 염려가 있을 경우에는 선적(선적)이 있는 곳을 관할하는 지방법원(선적이 없는 때에는 대법원규칙이 정하는 법원)은 신청에 따라 채무자에게 선박국적증서등을 집행관에게 인도하도록 명할 수 있다. 급박한 경우에는 선박이 있는 곳을 관할하는 지방법원도 이 명령을 할 수 있다.
② 집행관은 선박국적증서등을 인도받은 날부터 5일 이내에 채권자로부터 선박집행을 신청하였음을 증명하는 문서를 제출받지 못한 때에는 그 선박국적증서등을 돌려주어야 한다.
③ 제1항의 규정에 따른 재판에 대하여는 즉시항고를 할 수 있다.
④ 제1항의 규정에 따른 재판에는 제292조제2항 및 제3항의 규정을 준용한다.

調),[74] 선박의 이동에 따른 사건의 이송규정을 두는 등(민사집행법 제182조)[75] 여러 특례를 인정하고 있다.[76]

4. 임대차의 등기청구권

물건의 임대차는 그것의 사용, 수익을 목적으로 하는 채권계약이지만, 부동산의 임대차에 있어서는 임차인의 지위를 강화하여 줄 필요가 있으므로 부동산 임차권을 물권에 접근시키는 이른바 「임차권의 물권화」의 경향이 나타나 임대차의 등기제도를 인정하여 이를 등기한 경우에는 대항력을 인정하고 있다(민법 제621조).[77] 특히 상법은 선박임차인을 한층 더 보호하기 위하여 민법상의 부동산 임대차의 등기(민법 제621조)와는 달리 반대의 약정 유무에 불구하고 선박임차인에게 등기청구권을 인정하여 선박임차인은 언제든지 선박소유자에 대하여 임대차등기에 협력할 것을 청구할 수 있다(상법 제849조 제1항). 이 경우 당해 선박은 물론 등기선박이다.

5. 저당권의 목적 및 입질의 불허

등기선박은 선박의 동일성을 쉽게 식별할 수 있고, 등기라는 공시제도가 있기 때문에 저당권의 목적으로 하고 있다(상법 제787조). 그러므로 비등기선박은 저당권의 목적으로 하지 못하고 일반 동산과 같이 질권의 목적이 될 수 있을 뿐이지만, 반대로 등기선박은 질권의 목적으로 하지 못한다(상법 제789조).

---

74) 「민사집행법」 제181조 (보증의 제공에 의한 강제경매절차의 취소)
① 채무자가 제49조제2호 또는 제4호의 서류를 제출하고 압류채권자 및 배당을 요구한 채권자의 채권과 집행비용에 해당하는 보증을 매수신고 전에 제공한 때에는 법원은 신청에 따라 배당절차 외의 절차를 취소하여야 한다.
② 제1항에 규정한 서류를 제출함에 따른 집행정지가 효력을 잃은 때에는 법원은 제1항의 보증금을 배당하여야 한다.
③ 제1항의 신청을 기각한 재판에 대하여는 즉시항고를 할 수 있다.
④ 제1항의 규정에 따른 집행취소결정에는 제17조제2항의 규정을 적용하지 아니한다.
⑤ 제1항의 보증의 제공에 관하여 필요한 사항은 대법원규칙으로 정한다.

75) 「민사집행법」 제182조 (사건의 이송)
① 압류된 선박이 관할구역 밖으로 떠난 때에는 집행법원은 선박이 있는 곳을 관할하는 법원으로 사건을 이송할 수 있다.
② 제1항의 규정에 따른 결정에 대하여는 불복할 수 없다.

76) 법원행정처, 민사집행(Ⅲ), 2003, 1-2쪽.

77) 민법 제621조 (임대차의 등기)
① 부동산임차인은 당사자간에 반대 약정이 없으면 임대인에 대하여 그 임대차등기절차에 협력할 것을 청구할 수 있다.
② 부동산임대차를 등기한 때에는 그때부터 제3자에 대하여 효력이 생긴다.

제3관 등기 대상 선박의 등록

Ⅰ. 의의

선박등록이라 함은 국토해양부 또는 지방자치단체가 선박원부에 선박에 관한 표시사항과 소유자를 기재하는 것을 말하며, 선박의 동일성과 국적을 증명하는 제도이다. 선박등록은 선박의 표시사항과 소유자라는 법률사실을 증명하는 행정행위이므로 행정법상 준법률행위적 행정행위 중 공증행위에 속한다.[78] 선박등록의 목적은 선박의 국적을 명확히 하고 행정관청의 감독의 편의를 도모하는 것이다.

Ⅱ. 선박의 등록과 선박국적증서의 교부의무

한국선박의 소유자는 선적항을 관할하는 지방청장에게 국토해양부령으로 정하는 바에 따라 당해 선박의 등록을 신청하여야 한다. 이 경우 「선박등기법」 제2조에 해당하는 선박은 선박의 등기를 한 후에 선박의 등록을 신청하여야 한다(선박법 제8조 제1항).

지방해양항만청장은 법 제8조 제1항의 규정에 의한 등록신청을 받은 때에는 이를 선박원부에 등록하고 신청인에게 선박국적증서를 교부하여야 한다(선박법 제8조 제2항). 선박국적증서의 교부에 관하여 필요한 사항은 국토해양부령으로 정한다(선박법 제8조 제3항).

Ⅲ. 선박의 등록신청, 등록원부의 등·초본 교부신청

1. 선박의 등록신청

선박법 제8조 제1항에 따라 선박의 등록을 신청하고자 하는 자는 별지 제6호 서식의 선박등록신청서(전자문서로 된 신청서를 포함한다)에 다음의 서류를 첨부하여 그 선박의 선적항을 관할하는 지방청장에게 제출하여야 한다(선박법 시행규칙 제10조 제1항).

① 선박총톤수측정증명서 [공단 또는 선급법인(이하 "대행기관"이라 한다)으로부터 선박총톤수측정증명서를 교부받은 경우에 한한다]

78) 李尙圭, 新行政法論(上), 法文社, 1995, 376쪽.

② 선박등기부등본(「선박등기법」 제2조에 따른 선박등기 대상 선박으로 한정한다)

제1항에 따른 신청서 제출시 담당공무원은 「전자정부법」 제21조 제1항[79]에 따라 행정정보의 공동이용을 통하여 법인등기부등본(법인인 경우에 한한다)을 확인하여야 한다. 다만, 신청인이 확인에 동의하지 아니하는 경우에는 이를 첨부하도록 하여야 한다(시행규칙 제10조 제2항).

2. 등록사항

지방청장은 제10조의 규정에 의한 선박의 등록신청을 받은 때에는 별지 제7호서식의 선박원부에 다음 각 호의 사항을 등록하여야 한다(시행규칙 제11조 제1항).

① 선박번호
② 국제해사기구에서 부여한 선박식별번호(IMO 번호)[80]
③ 호출부호

---

79) 「전자정부구현을 위한 행정업무 등의 전자화촉진에 관한 법률」 제21조 (정보파일구축의 사전통보)
① 행정기관이 정보파일을 구축하여 보유하고자 하는 경우에는 다음 각호의 사항을 중앙행정기관의 장은 행정자치부장관에게, 그밖의 행정기관의 장은 관계중앙행정기관의 장을 경유하여 행정자치부장관에게 통보하여야 한다. 이미 통보한 사항을 변경하거나 정보파일을 폐지하고자 하는 경우에도 또한 같다.
1. 정보파일의 명칭
2. 정보파일의 보유목적
3. 보유기관 및 주관부서
4. 정보파일의 구성항목
5. 행정정보의 수집방법
6. 정보파일중 다른 행정기관에 제공할 수 없는 부분이 있는 경우에는 그 범위와 사유
7. 행정정보를 다른 기관에 통상적으로 제공할 경우 그 기관의 명칭
8. 정보파일의 행정정보 보호대책
9. 정보파일을 보유하는 법령상 또는 그밖의 근거
10. 정보파일의 보유기간이 정하여져 있는 경우에는 그 기간
11. 통보대상에서 그 내용의 일부를 제외한 정보파일이 있는 경우 그에 관한 사항
② 제1항의 규정은 다음 각호의 1에 해당하는 정보파일에 대하여는 이를 적용하지 아니한다.
1. 국가의 안전보장, 외교상의 비밀 그밖에 국가의 중대한 이익에 관한 사항이 기록된 정보파일
2. 범죄의 수사, 공소의 제기 및 유지, 형의 집행, 교정처분, 보안처분과 출입국관리에 관한 사항이 기록된 정보파일
3. 조세범처벌법에 의한 조세범칙조사 및 관세법에 의한 관세범칙조사에 관한 사항이 기록된 정보파일
4. 컴퓨터의 시험운영을 위하여 사용되는 정보파일
5. 1년 이내에 삭제되는 정보가 기록된 정보파일
6. 그밖에 그 내용의 전부 또는 일부를 통보할 경우 행정기관의 적정한 업무수행을 현저하게 저해할 우려가 있다고 판단되는 정보파일

80) IMO 번호는 'IMO'라는 문자와 7자리 숫자로 구성된다. IMO 번호의 사실 여부는 다음의 방법으로 확인한다(선박법사무취급요령 제25조의2 제3항).
① 로이드 선급(Lloyd's Register of Shipping; LR)에서 발급한 선명록 중 IMO 번호가 표시된 부분의 사본
② 선박소유자 또는 조선자 등이 IMO 사무국 또는 LR에서 IMO 번호를 부여받은 관련 문서 또는 그 사본
③ 한국선급의 선급증서 또는 선명록 중 IMO 번호가 표시된 부분의 사본.

④ 선박의 종류
⑤ 선박의 명칭
⑥ 선적항
⑦ 선질
⑧ 범선의 범장
⑨ 선박의 길이[최소형(最小型)깊이의 85퍼센트의 위치에서 계획만재흘수선에 평행한 흘수선(吃水線) 전장(全長)의 96퍼센트와 그 흘수선상의 선수재(船首材)전면으로부터 타두재(舵頭材) 중심선까지의 거리 중 큰 것을 말한다. 이하 같다]
⑩ 선박의 너비[선박의 길이의 중앙에서 금속제외판(金屬製外板)이 있는 선박의 경우에는 늑골외면(肋骨外面)간의 최대너비를 말하고, 금속제외판외의 외판이 있는 선박의 경우에는 선체외면(船體外面)간의 최대너비를 말한다. 이하 같다]
⑪ 선박의 깊이[선박의 길이의 중앙에서 금속제외판이 있는 선박의 경우에는 용골(龍骨)의 윗면으로부터, 금속제외판외의 기타 외판이 있는 선박의 경우에는 용골의 아랫면으로부터 선측에 있어서의 상갑판의 아랫면까지의 수직거리를 말한다. 이하 같다]
⑫ 총톤수
⑬ 폐위 장소의 합계용적
  가. 상갑판아래의 용적
  나. 상갑판위의 용적
    (1) 선수루(船首樓)의 용적
    (2) 선교루(船橋樓)의 용적
    (3) 선미루(船尾樓)의 용적
    (4) 갑판실의 용적
    (5) 기타 장소의 용적
⑭ 제외 장소의 합계용적
  가. 선수루의 용적
  나. 선교루의 용적
  다. 선미루의 용적
  라. 갑판실의 용적
  마. 기타 장소의 용적
⑮ 기관의 종류와 수
⑯ 추진기의 종류와 수

⑰ 조선지
⑱ 조선자
⑲ 진수일
⑳ 소유자의 성명 · 주민등록번호(법인인 경우에는 그 명칭 · 법인등록번호) 및 주소
㉑ 선박이 공유인 경우에는 각 공유자의 지분율

제1항의 선박원부는 전자적 처리가 불가능한 특별한 사유가 있는 경우를 제외하고는 전자적 방법으로 작성 · 관리하여야 한다(시행규칙 제11조 제2항)

3. 선박원부의 등본 · 초본의 교부신청 등

누구든지 지방청장에게 선박원부의 등본 또는 초본의 교부를 신청하거나 선박원부의 열람을 청구할 수 있다(시행규칙 제13조 제1항). 지방청장은 이 규정에 의한 신청을 받거나 청구가 있는 때에는 그 등본 또는 초본을 작성하여 신청인에게 교부하거나 선박원부를 열람하게 하여야 한다(시행규칙 제13조 제2항).

Ⅳ. 변경등록

1. 등록사항의 변경

선박원부에 등록한 사항에 변경이 있는 때에는 선박소유자는 그 사실을 안 날로부터 30일 이내에 변경등록의 신청을 하여야 한다(선박법 제18조).

2. 등록사항의 변경등록

법 제18조의 규정에 의하여 선박원부등록사항의 변경등록을 신청하고자 하는 자는 별지 제19호 서식의 선박원부변경등록신청서에 다음 각 호의 서류를 첨부하여 지방청장에게 제출하여야 한다(시행규칙 제21조 제1항).

① 선박국적증서
② 선박국적증서영역서(교부받은 경우에 한한다)
③ 변경내용을 증명하는 서류

지방청장은 제1항의 규정에 의한 변경등록의 신청을 받은 경우 해당선박의 선적항이 다른 지방청장의 관할구역에 속하는 때에는 그 선박의 선적항을 관할하는 지방청장에게 그 변경등록의 신청서류를 송부하여야 하며, 당해 신청내용 중 선적항을 다른 지방청장의 관할구역에 위치한 시 · 읍 · 면으로 변경하고자 하는 내용이 있는 때에는

당해 선박의 선박원부와 그 부속서류를 새로이 정하고자 하는 선적항을 관할하는 지방청장에게 송부하고 그 사실을 신청인에게 통지하여야 한다(시행규칙 제21조 제2항).

지방청장은 제1항의 규정에 의한 신청을 받은 때 또는 제2항의 규정에 의한 변경등록의 신청서류 및 선박원부 등을 송부받은 때에는 선박원부의 기재사항을 변경하고 선박국적증서 및 선박국적증서영역서를 다시 작성하여 이를 신청인에게 발급하여야 한다(시행규칙 제21조 제3항).

3. 지방청장의 관할구역이 변경된 경우

지방청장의 관할구역의 변경으로 선적항이 다른 지방청장의 관할에 속하게 된 경우 관할구역 변경전의 지방청장은 지체 없이 당해 선박에 관한 선박원부와 그 부속서류를 관할구역 변경후의 지방청장에게 송부하여야 한다(시행규칙 제22조 제1항).

제1항의 규정에 의하여 선박원부 등을 송부받은 지방청장은 지체 없이 관할지방청장의 변경사실을 선박의 소유자에게 통지하여야 한다(시행규칙 제22조 제2항).

4. 등록사항 등의 통보

지방청장은 법 제18조 또는 법 제22조에 따른 변경등록(선적항 변경등록의 경우에 한한다) 또는 말소등록을 한 때에는 지체 없이 다음 각 호의 사항을 해당 선박이 등기된 등기소에 통보하여야 한다(시행규칙 제31조 제1항).

① 선박의 번호·종류·명칭·선적항 및 총톤수
② 선박소유자의 성명·주민등록번호(법인인 경우에는 그 명칭과 법인등록번호) 및 주소
③ 선박등록 등의 일자 및 사유

지방청장은 법 제8조, 법 제18조 및 법 제22조에 따라 선박의 등록, 변경등록 또는 말소등록을 한 경우에는 지체 없이 제1항 각호의 사항을 대행기관에 통보하여야 한다(시행규칙 제31조 제2항).

V. 말소등록

1. 말소등록의 신청

한국선박이 다음의 어느 하나에 해당하게 된 때에는 선박소유자는 그 사실을 안 날로부터 30일 이내에 선적항을 관할하는 지방해양항만청장에게 말소등록의 신청을 하

여야 한다(선박법 제22조 제1항).

① 선박이 멸실·침몰 또는 해체된 때
② 선박이 대한민국 국적을 상실한 때
③ 선박이 제26조에 규정된 선박이 된 때
④ 선박의 존부가 90일간 분명하지 아니한 때

법 제22조 제1항의 경우에 선박소유자가 말소등록의 신청을 하지 아니할 때에는 선적항을 관할하는 지방해양항만청장은 30일 이내의 기간을 정하여 선박소유자에게 선박의 말소등록을 신청할 것을 催告하고, 그 기간 내에 말소등록의 신청을 하지 아니할 때에는 직권으로 당해 선박의 말소등록을 하여야 한다(선박법 제22조 제2항).

2. 말소등록의 절차

법 제22조 제1항에 따라 말소등록을 신청하고자 하는 자는 별지 제20호 서식에 의한 선박말소등록신청서를 해당 선박의 선적항을 관할하는 지방청장에게 제출하여야 한다(시행규칙 제23조 제1항).

지방청장은 법 제22조의 규정에 의하여 선박의 등록을 말소한 때에는 해당 선박의 선박원부에 "말소"의 표시를 한 후 이를 따로 보관하여야 한다(시행규칙 제23조 제2항).

지방청장은 등록을 말소한 선박에 대하여 이해관계인의 신청이 있는 때에는 선박등록말소확인서를 발급하여야 한다(시행규칙 제23조 제3항).

Ⅵ. 선박등록의 효과

한국선박을 소유할 수 있는 자가 선박을 취득하면 그 순간에 그 선박은 한국국적을 취득하게 되지만, 이를 등기 및 등록하고 선박국적증서를 교부받음으로써 비로소 한국국적을 가지고 있음을 공시할 수 있게 되고 아울러 국기게양권과 항행권을 누리게 된다(선박법 제10조).

제 4 관 소형선박의 공시제도에 관한 특칙

Ⅰ. 소형선박소유권 변동의 효력

소형선박소유권의 득실변경은 등록을 하여야 그 효력이 생긴다(선박법 제8조의2).

소형선박의 등록제도와 저당제도 유지를 위한 선박소유권의 득실변경의 공시력 규정과 압류등록의 절차규정을 신설하였다.

Ⅱ. 압류등록

소형선박 등록관청은 「민사집행법」에 따라 법원으로부터 압류등록의 촉탁이 있거나 「국세징수법」 또는 「지방세법」에 따라 행정관청으로부터 압류등록의 촉탁이 있는 경우에는 당해 소형선박의 등록원부에 대통령령으로 정하는 바에 따라 압류등록을 하고 선박소유자에게 통지하여야 한다(선박법 제8조의3).[81]

제 5 관 소형선박저당법에 의한 저당권등록제도

Ⅰ. 법의 목적

이 법은 「선박등기법」이 적용되지 아니하는 선박의 저당권에 관한 사항을 정하여 소형선박의 담보제공에 따른 자금융통을 쉽게 하고, 소형선박의 저당권자와 저당권 설정자의 권익을 균형 있게 보호함을 목적으로 한다(소형선박저당법 제1조).

총톤수 20톤 미만의 소형선박은 「선박등기법」의 적용대상에서 제외되어 저당권설정이 불가하였으나 소형선박의 등록제도를 활용한 저당제도를 도입하려는 것으로, 특히 동력수상레저기구 중 모터보트를 저당권의 대상에 포함시켜 해양레저활동의 활성화에 기여하게 하고, 저당권의 득실변경은 해당 선박의 등록부에 기재하여야 효력이 생기도록 하는 등 소형선박저당을 통한 선박금융을 활성화할 수 있도록 하는 것을

---

81) 大判 1987.11.24, 87 누 593 : 국세징수법 제45조의 규정은 「선박등기법」의 적용대상이 되어 등기할 수 있는 선박에 관한 압류절차를 정한 것으로 해석되고, 부선에 대하여는 관할해운관청에 해운항만청 훈령인 부선등록사무처리요령에 의하여 부선등록원부가 작성·비치되어 있으나 이는 부선소유자의 의뢰를 받아 그 부선에 관한 소유권을 등록받아 놓은 것에 불과하고 부선등록원부에의 등록만으로는 권리의 설정, 보존, 이전, 변경, 처분의 제한 또는 소멸 등 어떠한 효력도 발생하는 것이 아니어서 부선등록원부에의 등록과 선박에 관한 등기를 동일하게 볼 수 없으므로 등기할 선박이 아닌 선박에 대하여는 국세징수법 제38조 규정에 의한 동산의 압류절차에 의하여 압류를 하여야 하고 국세징수법 제45조에 의하여 소관등기소에 압류촉탁을 하여 압류하거나 부선등록원부를 비치하고 있는 관할항만청에 압류촉탁을 하여 압류할 수는 없다.

목적으로 한다.

특히 이 제도는 「선박등기법」이 적용되지 않는 소형선박에 대하여 등록제도를 활용한 저당제도임을 감안하여 저당권이 설정된 소형선박에 대한 등록을 말소하는 경우에는 그 뜻을 저당권자에게 미리 통지하고, 저당권자는 통지받은 날부터 2월 이내에 저당권행사를 개시하도록 하는 등 소형선박의 저당권자와 저당권설정자의 권익이 균형 있게 보호받을 수 있는 소형선박에 대한 담보제도를 마련하였다는 점에 의의가 있다.

II. 저당권의 목적물

이 법에 따라 저당권의 목적으로 할 수 있는 선박(이하 "소형선박"이라 한다)은 다음과 같다(소형선박저당법 제2조).

① 「선박법」 제1조의2 제2항의 소형선박 중 같은 법 제26조 각 호를 제외한 선박
② 「어선법」 제2조 제1호 각 목[82]의 어선 중 총톤수 20톤 미만의 어선
③ 「수상레저안전법」 제2조 제4호[83]의 동력수상레저기구 중 모터보트

III. 저당권의 내용과 효력

1. 저당권의 내용

소형선박의 저당권자(이하 "저당권자"라 한다)는 채무자 또는 제3자가 점유를 이전하지 아니하고 채무의 담보로 제공한 소형선박에 대하여 다른 채권자보다 자기채권의 우선변제를 받을 권리가 있다(소형선박저당법 제3조).

2. 저당권에 관한 등록의 효력 등

소형선박의 저당권에 관한 득실변경은 「선박법」 제8조 제2항에 의한 선박원부, 「어

82) 「어선법」 제2조(정의) 이 법에서 사용하는 용어의 뜻은 다음과 같다.
1. "어선"이란 다음 각 목의 어느 하나에 해당하는 선박을 말한다.
가. 어업, 어획물운반업 또는 수산물가공업(이하 "수산업"이라 한다)에 종사하는 선박
나. 수산업에 관한 시험·조사·지도·단속 또는 교습에 종사하는 선박
다. 제8조제1항에 따른 건조허가를 받아 건조 중이거나 건조한 선박
라. 제13조제1항에 따라 어선의 등록을 한 선박

83) 수상레저안전법 제2조 (정의)
이 법에서 사용하는 용어의 정의는 다음과 같다.
4. "동력수상레저기구"라 함은 추진기관이 부착되어 있거나 추진기관의 부착 또는 분리가 수시로 가능한 수상레저기구로서 대통령령이 정하는 것을 말한다.

선법」 제13조 제1항[84]에 따른 어선원부 또는 「수상레저안전법」 제31조[85]에 따른 등록원부에 등록 또는 기재(이하 "등록"이라 한다)하여야 그 효력이 생긴다(소형선박저당법 제4조 제1항). 제1항에 따른 소형선박의 저당권에 관한 등록은 설정등록・변경등록・이전등록 및 말소등록으로 구분한다(소형선박저당법 제4조 제2항). 소형선박의 저당권에 관한 등록의 절차 및 방법에 관하여 필요한 사항은 대통령령으로 정한다(소형선박저당법 제4조 제3항).

3. 등록의 말소에 관한 통지

소형선박의 등록관청이 저당권이 설정된 소형선박에 대하여 「선박법」 제23조, 「어선법」 제19조[86] 또는 「수상레저안전법」 제33조[87]에 따른 등록의 말소를 하려는 때

---

84) 「어선법」 제13조(어선의 등기와 등록)
① 어선의 소유자나 농림수산식품부령으로 정하는 선박의 소유자는 그 어선이나 선박이 주로 입항·출항하는 항구 및 포구(이하 "선적항"이라 한다)를 관할하는 시장·군수·구청장에게 농림수산식품부령으로 정하는 바에 따라 어선원부에 어선의 등록을 하여야 한다. 이 경우 「선박등기법」 제2조에 해당하는 어선은 선박등기를 한 후에 어선의 등록을 하여야 한다.
② 제1항에 따른 등록을 하지 아니한 어선은 어선으로 사용할 수 없다.
③ 시장·군수·구청장은 제1항에 따른 등록을 한 어선에 대하여 다음 각 호의 구분에 따른 증서 등을 발급하여야 한다.
1. 총톤수 20톤 이상인 어선 : 선박국적증서
2. 총톤수 20톤 미만인 어선(총톤수 5톤 미만의 무동력어선은 제외한다) : 선적증서
3. 총톤수 5톤 미만인 무동력어선 : 등록필증
④ 선적항의 지정과 제한 등에 필요한 사항은 농림수산식품부령으로 정한다.

85) 「수상레저안전법」 제31조 (등록원부 등)
시장・군수・구청장은 제30조제1항의 규정에 따라 등록신청을 받은 경우 수상레저기구 등록원부(이하 "등록원부"라 한다)에 등록하고 신청인에게 수상레저기구 등록증(이하 "등록증"이라 한다) 및 등록번호판을 교부하여야 한다.

86) 「어선법」 제19조 (등록의 말소와 선박국적증서등의 반납)
① 제13조 제1항의 규정에 의한 등록을 한 어선이 다음 각호의 1에 해당하는 때에는 당해 어선의 소유자는 30일 이내에 국토해양부령이 정하는 바에 의하여 등록의 말소를 신청하여야 한다.
1. 어선외의 목적으로 사용하게 된 때
2. 대한민국의 국적을 상실한 때
3. 멸실・침몰・해체 또는 노후・파손 등의 사유로 인하여 어선으로 사용할 수 없게 된 때
4. 6월 이상 행방불명이 된 때
② 시장・군수・구청장은 어선의 소유자가 다음 각호의 1에 해당하는 때에는 30일이내의 기간을 정하여 등록의 말소를 신청할 것을 최고하여야 하며 당해 어선의 소유자가 최고를 받고도 정당한 사유 없이 이를 이행하지 아니한 때에는 직권으로 당해 어선의 등록을 말소하여야 한다.
1. 사위 기타 부정한 방법으로 등록을 한 때
2. 어선의 소유자가 제1항의 규정에 의한 등록의 말소신청을 기간 내에 하지 아니한 때
3. 당해 어선으로 영위하는 수산업의 허가・신고・면허 등의 효력이 상실된 후 1년이 경과된 때. 다만, 대통령령이 정하는 경우에는 그러하지 아니하다.
③ 제2항의 규정에 의하여 등록이 말소된 어선의 소유자는 지체 없이 당해 어선에 붙어 있는 어선번호판을 제거하고, 14일 이내에 그 어선번호판 및 선박국적증서등을 선적항을 관할하는 시장・군수・구청장에게 반납하여야 한다. 다만, 어선번호판 및 선박국적증서등을 분실등의 사유로 반납할 수 없을 때에는 14일이내에 그 사유를 선적항을 관할하는 시장・군수・구청장에게 신고하여야 한다.

에는 그 뜻을 미리 저당권자에게 통지하여야 한다. 다만, 저당권자가 그 소형선박에 대한 등록의 말소에 동의한 경우에는 그러하지 아니하다(소형선박저당법 제5조).

4. 등록의 말소와 저당권의 행사

저당권자는 제5조에 따른 통지를 받은 때에는 그 소형선박에 대하여 즉시 그 권리를 행사할 수 있다(소형선박저당법 제6조 제1항). 저당권자가 제1항에 따라 저당권을 행사하려는 때에는 제5조에 따른 통지를 받은 날로부터 2개월 이내에 저당권의 행사절차를 개시하여야 한다(소형선박저당법 제6조 제2항). 소형선박의 등록관청은 제2항에 따른 저당권행사의 개시기한까지 저당권의 행사절차가 개시되지 아니한 때에는 그 소형선박에 대하여 말소의 등록을 할 수 있다. 다만, 저당권자가 그 기간 내에 저당권의 행사절차를 개시한 때에는 그 행사절차가 완료되는 때까지 말소의 등록을 하여서는 아니 된다(소형선박저당법 제6조 제3항).

소형선박의 등록관청은 저당권자가 저당권을 행사하여 경락인이 그 소형선박에 대한 소유권을 취득한 경우에는 소형선박에 대한 말소의 등록을 하여서는 아니 된다(소형선박저당법 제6조 제4항).

5. 양도명령에 의한 환가방법의 특례

소형선박을 목적물로 하는 저당권의 실행을 위한 경매절차에서 법원은 상당하다고 인정하는 때에는 저당권자의 신청에 따라 경매 또는 입찰에 의하지 아니하고 그 저당권자에게 압류된 소형선박의 매각을 허용하는 양도명령의 방법으로 환가할 수 있다(소형선박저당법 제7조 제1항). 제1항에 따른 양도명령의 절차에 관하여 필요한 사항은 대법원규칙으로 정한다(소형선박저당법 제7조 제2항).

6. 질권설정의 금지

소형선박은 질권의 목적물로 하지 못한다(소형선박저당법 제8조).

---

87) 「수상레저안전법」 제33조 (말소등록)

① 소유자는 등록된 수상레저기구가 다음 각호의 어느 하나에 해당하는 경우 국토해양부령이 정하는 바에 따라 등록증을 반납하고 시장·군수·구청장에게 말소등록을 신청하여야 한다.

1. 수상레저기구가 멸실되거나 수상사고 등으로 그 본래의 기능을 상실한 때
2. 수상레저기구가 존재하는지 여부가 3월간 분명하지 아니한 때

② 제1항의 규정에 따라 소유자가 말소등록의 신청을 하지 아니할 때에는 관할 시장·군수·구청장은 1월 이내의 기간을 정하여 소유자에게 당해 수상레저기구의 말소등록을 신청할 것을 최고하고 그 기간 이내에 말소등록의 신청을 하지 아니할 때에는 직권으로 당해 수상레저기구의 등록을 말소할 수 있다.

Ⅳ. 기타 절차

1. 저당권 말소등록서류 등의 교부

저당권자는 채무의 변제 또는 그 밖의 원인에 따라 저당채무가 소멸되어 소형선박에 대한 저당권의 말소등록 또는 이전등록의 사유가 발생한 때에는 그 등록권리자에게 당해 소형선박에 대한 저당권의 말소등록 또는 이전등록에 필요한 서류를 지체 없이 교부하여야 한다(소형선박저당법 제9조).

2. 수수료

저당권에 관한 등록을 하고자 하는 자는 대통령령이 정하는 바에 따라 수수료를 납부하여야 한다(소형선박저당법 제10조).

3. 준용

소형선박의 저당권에 관하여는 이 법에 규정한 것을 제외하고는 「민법」 중 저당권에 관한 규정을 준용한다(소형선박저당법 제11조).

4. 기존 질권설정계약에 관한 경과조치

제8조에 불구하고 이 법 시행 전에 소형선박에 대하여 설정된 질권은 그 질권설정계약의 존속기간에 한하여 효력이 있는 것으로 본다(부칙 제2항).

제3장

해상기업의 인적 조직과 책임

해상기업은 바다를 무대로 하여 선박에 의하여 활동하는 기업을 말한다. 특히 해상기업은 선박의 소유자는 물론 타선을 이용한 기업 활동을 하는 경우가 많고, 이러한 해상기업자에 대하여 선박의 운항과 관련된 책임을 일정한 한도로 제한하는 제도가 발달하였다는 점에서 일반적인 기업 활동에 비교하여 특이성이 있다. 또 선장을 비롯한 해상기업의 보조자 역시 일반 기업의 상업사용인과는 다른 특징을 가지고 있다. 이에 제3장에서는 해상기업의 주체, 해상기업보조자, 선박소유자 등의 책임제한에 대하여 설명하기로 한다.

제 1 절
해상기업의 주체

제1관 선박소유자 등

Ⅰ. 해상법상 책임의 주체

상행위 그 밖의 영리를 목적으로 항해에 사용하는 선박을 사용하여 이루어지는 해상기업의 생활관계를 규율하는 법을 실질적 의의의 해상법이라고 할 수 있다. 실질적으로는 해상법상 민사책임의 주체는 해상기업의 활동을 하는 주체를 말한다. 이때 해상기업의 주체는 선박소유자, 선박공유자, 선박임차인, 운송인, 운송주선인, 해난구조자, 예선사업자 등으로 매우 다양하다.[1] 이 중 선박을 이용한 해상기업의 상행위는 해상운송으로 대표된다고 할 수 있다. 그러므로 선박을 소유하고 이를 해상기업의 활동에 이용하는 자선의장자인 선박소유자가 해상법에서 민사책임의 주체가 된다는 것은 분명하다.[2] 그 밖에도 해상기업의 활동의 내용과 형식에 따라서 선체용선자, 운송인, 운송주선인, 해난구조자, 예선사업자 등이 해상기업이 주체로서 책임의 주체가 될 수 있다.

문제가 되는 것은 정기용선자인데 우리나라의 판례[3]와 다수설[4]은 선원부선박임대

---

1) 鄭暎錫, 海商法講義要論, 海印出版社, 2003, 2-3쪽 참조.

2) 물권법상 선박소유권을 소유하고 있는 자를 총칭하는 용어로 선박소유자를 사용하기도 하지만, 해상법에서는 해상기업의 주체를 의미하기 때문에 단순히 소유권만 가지고 기업 활동을 하지 않는 자는 선박소유자로 보지 않는다(鄭燦亨, 商法講義(하), 제10판, 博英社, 2008, 781쪽 주 1) 참조).

3) 大判 1999.2.5, 97 다 19090(公報 1999, 432) : 선박의 이용계약이 선박임대차계약인지, 항해용선계약인지 아니면 이와 유사한 성격을 가진 제3의 특수한 계약인지 여부 및 그 선박의 선장·선원에 대한 실질적인 지휘·감독권이 이용권자에게 부여되어 있는지 여부는 그 계약의 취지·내용, 특히 이용기간의 장단(長短), 사용료의 고하(高下), 점유관계의 유무 기타 임대차 조건 등을 구체적으로 검토하여 결정하여야 할 것이다.
이 사건의 경우, 기록과 앞서 1항에서 인정한 사실관계에 의하면, 해상구난업체를운영하는 망인이 좌초된 101 인경호를 구조하기 위하여 예인선인 이 사건 선박을 선장 및 선원이 딸린 채로 빌리면서, 그 이용기간은 101인경호를 구조 완료할 때까지로, 그 이용료는 인천 예인선선주협회가 정한 예인선 용선요금표에 의한 용선료를 주기로 하였는데, 그 요금표에 의하면, 이 사건 선박과 같은 500마력짜리 예인선의 경우 용선요금은 1일당 금 660,000원으로 하되, 구역 및 작업현장 사정에 따라 다소 조정하기로 정해져 있는 점, 해상구난업무의 성격상 선장은 용선자가 지정하는 장소로 이동하여야 하고, 구조업무를 행하기 위하여는 단순한 항해기술 외에 전문

차계약으로 보아 제3자에 대한 책임의 주체성을 인정하고 있다. 그러나 널리 해상운송계약의 준거법으로 적용되는 영국의 커먼 로(common law)나 해운실무상으로는 운송계약의 한 형태로 보기 때문에 책임의 주체성을 인정하지 않는다. 실제로 정기용선계약은 포괄적인 운송서비스 능력을 제공하고 구체적인 이행 시기에 개별적인 급부의 내용을 용선자가 특정해 주는 형태로 계약이 이행되는 것으로 본질에 있어서는 항해용선계약과 같은 운송계약의 한 형태이다. 즉, 용선자의 선원에 대한 지휘명령권은 용선서비스의 구체적 내용을 특정해 주는 것으로 보아야 하므로, 선장이나 선원은 선박소유자의 代理人 또는 使用人이지 용선자의 대리인이나 사용인이 될 수는 없다. 따라서 제3자에 대한 책임의 주체가 될 수 없다고 본다.[5)]

II. 선박소유자의 책임에 있어서의 피용자 또는 이행보조자의 범위

선박소유자 자신이 직접 선장으로서 선박의 운항을 지휘하는 동시선장(同時船長)의 경우를 제외하면, 선박소유자는 선장 그 밖의 선원 등의 대리인이나 피용자를 통하여 해상기업의 활동을 수행하게 된다. 그러므로 선박소유자의 책임의 원인이 되는 법률관계는 이들 대리인이나 이행보조자(이하에서는 '선장 그 밖의 선원'이라 한다)의 행위에 직접 기인하게 된다고 할 수 있다. 이때 선박소유자의 책임의 전제가 되는 선장 그 밖의 선원이라 함은 고용계약에 의해서 선내업무에 종사하는 선원에만 한정되는 것은 아니다. 즉, 피용자라 함은 사용자에게 지휘・명령관계로 복종하는 자이기 때문에 선박소유자의 책임에 있어서는 선장 그 밖의 선원 뿐만 아니라 도선사(pilot), 항만하역사업자, 항만근로자 등과 같이 일시적으로 선내근로에 종사하는 해상기업의 보조자도 여기에 포함된다고 보아야 한다.

기술을 필요로 하는 점, 망인과 선박소유자 사이에 적용하기로 한 예인선 용선요금표의 부대조항에 의하면, 작업 중 발생하는 사고에 관하여는 용선자가 책임지기로 한 점, 망인은 이 사건 선박의 정원이 총 4명임에도 자신의 직원 6명과 101 인경호 선원 6명 등 총 15명이나 승선시키고, 자신이 시의회 의원이니 책임지겠다며 출항신고도 하지 아니한 채 출항한 점 등을 고려하면, 이 사건 선박의 이용계약은 항해용선계약으로는 볼 수 없고, 선박임대차와 유사하게 선박사용권과 아울러 선장과 선원들에 대한 지휘・감독권을 가지는 노무공급계약적 요소가 수반된 특수한 계약관계로 봄이 상당하다

이러한 판결의 취지에 반대하여 이를 항해용선계약으로 보아야 한다는 취지의 평석으로는 金炫, 법률신문, 제2895호, 2000.6.26, 15쪽.

4) 徐燉珏・鄭完溶, 商法講義(하), 제4전정, 博英社, 1996, 563쪽; 孫珠瓚, 商法(하), 제11정증보판, 博英社, 2005, 777쪽; 崔基元, 商法學新論(하), 제13판, 博英社, 812쪽; 鄭茂東, 商法講義(하), 전정판, 博英社, 1995, 157쪽.

5) 鄭暎錫, 海商法講義要論, 海印出版社, 2003, 57쪽.

제2관 책임의 원인

Ⅰ. 해상법상의 해상기업자의 책임의 원인

민사책임이라 함은 급부를 실현하기 위하여 행사되는 강제, 즉 급부강제를 말한다.[6] 또한 이러한 책임을 발생시키는 채무[7]는 채무자가 채권자에 대하여 일정한 급부를 이행하여야 할 구속 내지 의무를 말한다. 해상법상 선박소유자를 비롯한 해상기업의 주체에 대하여 책임을 물을 수 있는 근거가 되는 책임의 원인은 크게 법률의 규정에 의하여 채권이 발생하는 경우와 법률행위에 의하여 채권이 발생하는 경우로 나눌 수 있다.

먼저, 법률의 규정에 의하여 채권이 발생하는 경우는 불법행위・부당이득・사무관리가 있다. 그리고 법률행위에 의하여 채권이 발생하는 경우는 계약과 단독행위가 있다.[8] 해상기업의 활동에서 해상기업의 주체가 책임을 지는 가장 흔한 경우는 계약의 불이행이나 불완전이행으로 인한 계약책임(contractual liability)이 발생하는 경우와 불법행위책임(tort liability)이 발생하는 경우이다. 이와 같이 해상기업의 활동과 관련하여 해상기업의 주체가 책임을 지게 되는 원인이 다양하기 때문에 해상법의 규정이나 계약의 내용을 해석함에 있어서 개념과 법적 성질을 정확하게 해석하는 것은 매우 중요하다고 할 수 있다.

Ⅱ. 민법상의 사용자 책임과 선박소유자의 책임과의 관계

민법은 '타인을 사용하여 어느 사무에 종사하게 한 자는 피용자(employee)가 그 사무집행에 관하여 제3자에게 가한 손해를 배상할 책임이 있다. 그러나 사용자(employer)가 피용자의 선임 및 그 사무감독에 상당한 주의를 한 때 또는 상당한 주의를 하여도 손해가 있을 경우에는 그러하지 아니하다(민법 제756조 제1항). 사용자에 가름하여 그 사무를 감독하는 자도 전항의 책임이 있다(민법 제756조 제2항). 전2항의 경우에 사용자 또는 감독자는 피용자에 대하여 구상권을 행사할 수 있다(민법 제756조 제3항)'라고 하여 사용자책임을 규정하고 있다.

---

6) 郭潤直, 債權總論, 再全頂版, 博英社, 1984, 100쪽.
7) 채무는 채권의 반대되는 개념이다. 그러므로 채권은 특정인이 다른 특정인에 대하여 특정의 행위(급부)를 청구할 수 있는 권리를 말한다. 우리나라 민사법체계는 채권을 중심으로 구성이 되어 있으나, 독일이나 스위스 등에서는 채무를 중심으로 구성하고 있다. 즉, 독일 민법전은 제2편을 「채무관계법」(Recht der Schuldverh ltnisse)이라고 하고 있고, 스위스는 「債務法」(Schuldverh ltnis)이라고 하고 있다.
8) 郭潤直, 債權各論, 再全頂版, 博英社, 1984, 3-10쪽 참조.

사용자책임(使用者責任)에 대한 대륙법과 영미법의 태도는 상당히 대조적이어서 영미법에서는 17세기 이래로 사용자의 무과실책임원칙(the doctrine of employer's liability 또는 vicarious liability)을 인정하나, 대륙법에서는 대체로 과실책임주의를 바탕으로 하는 제도가 성립되어 있다.[9] 원래 게르만법에서는 원인주의(原因主義)가 지배하였으나, 이는 근대의 개인주의적 배상이론에서 본다면 용납할 수 없는 것이어서 근대민법은 게르만법의 원칙을 과실책임주의라는 개인본위의 원칙으로 수정하여 규정하게 되었다. 그리하여 독일 민법(제831조)이나 스위스 채무법(제55조)에서 사용자는 그의 피용자의 선임·감독을 게을리 하였다는 자기의 과실에 관하여 책임을 지는 것으로 규정하였다. 우리 민법 제756조도 이러한 근대 민법의 규정을 본받은 것이다.

민법 제756조의 사용자책임은 가사노동적인 사용관계뿐만 아니라 널리 기업에 있어서의 사용관계에 관하여도 적용된다는 점에서 사회적으로 중요한 작용을 한다. 즉, 오늘날의 기업은 다수의 피용자를 유기적으로 조직하여 규모가 큰 활동을 하고, 거대한 수익을 올리고 있다. 한편, 그러한 기업 활동을 위하여 피할 수 없는 위험이 따르는 여러 가지의 기계나 시설을 보유하고 있다. 이러한 사정 밑에서는 기업의 개개의 피용자가 외부의 제3자에게 준 손해는 이를 기업으로 하여금 배상하도록 하는 것이 공평할 뿐만 아니라, 피해자 쪽에서 보더라도 자력(資力)이 없는 피용자를 상대로 하는 것보다는 기업을 상대로 하는 편이 충분한 구제를 얻을 수 있는 가능성이 훨씬 높아지게 된다. 기업의 책임일반에 대한 특별한 법률규정이 없는 우리나라에서는 민법 제756조의 사용자책임이 소위 기업책임으로서 중요한 기능을 하게 된다. 그러나 민법 제756조는 사용자에게 피용자의 선임감독상의 과실이 없으면 책임을 면한다는 면책사유를 인정하고(민법 제756조 제1항 단서), 피용자에 대한 사용자의 구상권(求償權)을 인정하고 있어서(민법 제756조 제3항 참조), 기업책임의 규정으로서는 불충분하다는 비난을 받고 있다. 입법론으로는 기업에 있어서의 사용관계에 대하여는 무과실책임[10]을 묻는 것이 타당하다고 하다고 본다.[11]

또 이행보조자의 고의·과실은 채무자의 고의·과실로 보게 되기 때문에(민법 제391조), 이행보조자의 채무불이행이 동시에 불법행위가 되는 경우에는 이른바 청구권경합설에 의하면 채무자의 계약책임과 민법 제756조의 사용자책임이 경합하게 된

9) 郭潤直, 再全訂版 債權各論, 博英社, 1984, 676쪽.

10) 우리나라에서는 「광업법」, 「원자력손해배상법」, 「환경보전법」, 「독점규제 및 공정거래에 관한 법률」 등에서 사용자에게 무과실책임을 규정하고 있고, 「자동차손해배상보장법」이 사용자에게 무과실책임에 가까운 책임을 인정하고 있다.

11) 같은 의견, 郭潤直, 債權各論, 再全頂版, 博英社, 1984, 677쪽 참조.

다. 그러나 법조경합설에 의하면 이때는 채무자의 계약책임만이 문제되며 민법 제756조는 적용이 없다고 해석한다.

한편 상법 제769조는 선박소유자의 유한책임(有限責任)을 규정한 조항이지만, 다른 한편 '선박소유자는 청구원인의 여하에 불구하고…다음 각 호의 채권에 대하여 제770조에 따른 금액의 한도로 그 책임을 제한할 수 있다…….'라고 규정하고 있다. 이 규정이 선박소유자의 무과실책임을 묻는다고 하는 명확한 문구가 있는 것은 아니지만, 대법원은 현행 상법 제769조와 같은 내용을 규정한 구 상법 제746조의 규정[12)]을 해석하면서, 이 조에 열거된 채무에 대하여는 선박소유자가 피용자의 선임감독상의 고의·과실의 유무를 묻지 않고 책임을 지는 사용자의 무과실책임을 규정한 것이라고 해석하고 있다.[13)] 즉, 상법 제769조는 민법 제756조의 사용자책임을 묻지 않고 선박소유자에게는 무과실책임을 묻고 있다는 점에서 민법의 사용자책임 조항을 배제하는 규정이다. 상법 제769조가 법정의 채권에 대하여 민법상의 사용자책임을 배제하고 선박소유자의 무과실책임을 묻고 있는 이론적 근거에 대하여 선장 등은 국가가 인정한 해기사면허를 가지고 있다는 점에서 그 선임에 있어서 선박소유자의 과실을 들 수 없다거나, 또한 해상으로부터 멀리 떨어진 선박에 관해서 감독을 하는 것이 곤란하기 때문에 감독상의 과실을 선박소유자에게 인정하는 것이 곤란하기 때문에 민법상의 사용자책임을 묻게 되면 손쉽게 면책사유를 입증하게 되어 책임을 면하게 될 가능성이 높기 때문에 선박소유자의 무과실책임을 인정해야 한다고 주장하는 견해가

12) 법률 제1212호 일부개정 상법(1962년12월12일 공포) 제746조 (선박소유자의 유한책임)
선박소유자는 항해에 사용한 선박과 그 속구, 운임, 그 선박에 관한 손해배상 또는 보수의 청구권 기타 항해부속물의 가액을 한도로 그 항해에 관하여 생긴 다음의 사항의 책임을 진다.
1. 선장, 해원, 도선사 기타의 선박사용인의 고의 또는 과실로 인하여 제삼자에게 가한 손해의 배상
2. 운송하기 위하여 선장에게 인도된 운송물 또는 그 선내에 있는 모든 물건에 대한 손해의 배상
3. 선하증권으로 인한 채무
4. 운송계약이행중의 항해과실로 인한 손해의 배상
5. 침몰선박의 파손물 제거의 의무와 이에 관련한 채무
6. 해난구조와 선박인양에 대한 보수
7. 공동해손에 대한 선박소유자의 분담채무
8. 선장이 선적항외에서 선박보존 또는 항해계속의 현실적 필요로 그 법정권한에 의하여 체결한 계약 또는 처분행위로 인하여 생긴 채무. 그러나 그 필요가 항해준비의 불충분으로 장비 또는 보급품의 부족이나 결함으로 인한 것인 때에는 그러하지 아니하다.

13) 大判 1979.9.29, 70 다 212 : 논지는 피고 ○○○이 공동 피고인 ○○기선주식회사의 대표이사라 하여도 그 회사의 직원이 사무집행중 제3자에게 끼친 손해에 대해서는 민법 756조 2항의 규정에 따라 사용자에 갈음한 감독자로서 그 회사의 책임과는 별개의 독립된 책임이 있다고 하는 것이나, 선장 기타 해원이 직무를 행함에 당하여 고의 또는 과실로 제3자에게 손해를 끼친 경우에 선박 소유자가 지는 책임은 민법 756조 1항에서 말하는 사용자로서의 책임이 아니고 상법 747조1호의 규정에 의한 선주의 책임이니 만치 민법 756조 1항의 규정은 그 적용이 배제된다 할 것이고 따라서 사용자로서의 책임이 있다는 것을 전제로 한 동조 2항의 대감독자의 책임에 관한 규정도 이에 적용될 수 없다 할 것이니 이와 같은 견지에서 소론 주장을 배척한 원심 판단은 정당하고 반대의 논지는 이유 없다.

있다.[14] 이외에도 상법 제769조에 열거된 일정한 채무에 대하여 선박소유자의 책임을 일정한 한도로 제한하고 있기 때문에 이러한 채무에 대하여 선박소유자의 무과실책임을 묻는 것이 형평에도 부합하고, 현대적 사용자책임법리에도 부합하기 때문이라 본다.

Ⅲ. 이행보조자의 고의·과실과 선박소유자의 책임

채무자가 채무의 이행을 위하여 사용하는 자를 널리 이행보조자라고 한다. 이에 대하여 민법 제391조는 '채무자의 법정대리인이 채무자를 위하여 이행하거나 채무자가 타인을 사용하여 이행하는 경우에는 법정대리인 또는 피용자의 고의나 과실은 채무자의 고의나 과실로 본다'라고 규정하고 있다.

이 이행보조자는 다시 좁은 의미의 이행보조자와 이행대행자로 나누어진다. 좁은 의미의 이행보조자는 채무자가 스스로 채무를 이행함에 있어서 마치 그의 손·발과 같이 사용하는 자를 말한다. 이행보조자가 이행을 보조하는 관계는 사실상의 관계로 충분하며, 고용과 같은 채권계약이 반드시 존재해야 하는 것은 아니다. 그러나 이행보조자이기 위하여는 그 자의 행위에 관하여 채무자가 간섭할 수 있는 가능성, 즉 그 보조자에 관하여 선임·지휘·감독 등을 할 수 있어야 한다. 주로 고용관계에 의한 선장 또는 해원 등이 여기에 해당한다. 또 이행대행자(履行代行者)는 단순히 채무자의 행위에 협력하는 데에 그치지 않고, 오히려 독립하여 채무의 전부 또는 일부를 채무자에 갈음하여 이행하는 자를 이행대행자 또는 이행대용자(履行代用者)라고 한다. 이때 이행대행자는 채권자와 계약관계에 서는 것이 아니고, 또한 본래의 채무자의 채무를 면하게 하지도 않으므로 채무인수와 다르다. 이행대행자는 채무자에 대하여 채무를 지는 것이며, 채권자에 대한 관계에 있어서는 이행보조자와 다르지 않다. 주로 위임계약에 의한 선장이나 도선사 등이 이에 해당한다.

근대적 자본주의경제사회에서는 채무의 이행에 관하여 타인을 사용한다는 것이 일반화되어 있는데, 이들 타인의 행위로 채무불이행이 생긴 경우에 관하여 채무자 자신의 행위가 아니므로 책임을 물을 수 없다고 한다면(이를 個人主義的 責任理論이라 한다), 채권자를 보호할 수 있는 방법이 없어지는 불합리가 생긴다. 이에 타인을 이용하여 이익을 얻는 채무자는 동시에 이로 인한 위험도 부담하여야 한다는 데에 넓은

14) 일본의 山野嘉朗·山田泰彦 교수는 그의 공저에서 이러한 학설을 소개하고 있으나, 본인들은 일본의 경우에도 육상기업의 사용자책임에 있어서 면책입증은 이것이 판례상 인정되었던 것이 거의 드물다고 하는 점에서 선박소유자의 책임에 관한 일본 상법 제690조의 규정이 무의미하다고 주장하고 있다(山野嘉朗·山田泰彦 編著, 現代保險·海商法30講, 東京, 中央經濟社, 189-190쪽 참조).

의미의 이행보조자의 고의·과실에 대하여 채무자가 책임을 지는 근거를 찾고 있다.[15)]

협의의 이행보조자의 고의·과실은 채무자 자신의 고의·과실로 간주되어 채무자의 귀책사유가 된다. 또 이행대행자의 경우에는 대행자의 사용이 허용되지 않는 경우(민법 제120조·제657조 제2항·제682조·제701조·제1103조 제2항 등 참조)에 대행자를 사용하면, 그것만으로 곧 채무자의 책임이 생긴다. 그리고 명문상 적극적으로 대행자의 사용이 허용되는 경우(민법 제122조 참조) 또는 특히 채권자의 승낙을 얻은 경우에는 원칙적으로 대행자의 선임·감독에 관하여 과실이 있는 때에만 책임을 진다(민법 제121조·제682조 제2항·제701조·제1103조 제2항 등 참조). 또 명문상 또는 채권자와의 특약으로 대행자의 사용이 금지되어 있지 않고, 또한 특히 허용되어 있지도 않아서 급부의 성질상 대행자를 사용하여도 상관없다고 해석되는 경우에는 그 대행자의 고의·과실은 마치 채무자 자신의 고의·과실로 간주된다.

Ⅳ. 계약책임과 불법행위책임의 경합

근대사법에서는 채무불이행과 불법행위는 각각 별개의 독립한 제도로 규정되어 있다. 그런데 동일한 당사자 사이에서 하나의 사실에 의하여 이들 두 가지의 책임요건이 동시에 모두 갖추어지는 경우에 문제가 된다. 즉, 불법행위의 당사자 사이에 어떤 계약관계가 있고 가해사실이 그 계약과 관련을 가지고 있는 경우에는 두 책임의 요건을 모두 충족하게 된다. 이러한 경우에 청구권을 모두 인정할 것인가, 아니면 그 중 하나만을 인정할 것인가가 논의의 대상인데, 이에 대하여 청구권경합설과 법조경합설로 나누어져 논의가 되고 있다.

첫째, 청구권경합설은 피해자인 채권자는 그의 선택에 따라서 가해자인 채무자에 대하여 계약책임을 묻거나 또는 불법행위책임을 물을 수 있다고 하는 견해이다. 그 이론적 근거로는 두 책임은 각각 요건과 효과가 다르게 정하여져 있어서 별개의 청구권이라고 생각할 수 있고, 그 경합을 부정할 만한 특별한 이유가 없다는 것을 든다. 또한 양자 사이의 자유로운 선택을 인정하는 것이 피해자인 채권자에게 유리하다는 것이 실제적인 근거가 된다.

둘째, 법조경합설은 불법행위책임과 계약책임은 마치 일반법과 특별법과 같은 관계에 있으므로, 우선 특수한 관계인 계약책임을 먼저 적용하여야 하며, 일반적인 불법행위책임은 이때 배제된다는 견해이다. 이 견해는 양자를 손해배상청구권이라는

15) 郭潤直, 債權總論, 再全頂版, 博英社, 1984, 130쪽 참조.

본질이 같은 것으로 파악하기 때문에 양자의 기계적 경합은 부당하다고 한다.

이들 두 가지 견해가 대립하고 있으나, 대법원의 판례[16]와 다수설은 청구권경합설을 따르고 있고, 대부분의 국가에서 청구권경합설을 인정한다.

특히 해상법에서는 운송인의 책임이 일정한 한도로 제한되는 등 해상기업의 주체를 보호하는 특수한 제도가 있기 때문에 이를 피하는 방법으로 불법행위책임을 묻거나 이행보조자의 불법행위책임을 묻는 경우가 많았기 때문에 중요하다고 할 수 있다.

해상기업의 주체에 관하여 해상법은 개인 기업 형태인 선박소유자를 중심으로 규정하고 있으나, 이 밖에 선박공유자와 선박임차인도 기업의 주체성이 인정된다.

선박소유자라 함은, 넓은 의미로는 문자 그대로 개인 또는 법인으로서 선박의 소유권을 가진 자이지만, 해상법에 있어서는 선체용선 등의 특별한 경우를 제외하고는 그 소유하는 선박을 이용하여 해상기업을 영위하는 자를 의미한다(좁은 의미의 선박소유자).[17] 따라서 선박소유자는 단지 그 소유하는 선박을 항해용으로 사용하는 것만이 아니라, 항해에 앞서 선박을 의장(艤裝 : 선원의 배승, 연료 및 선용품의 보급 등 항해에 필요한 일체의 준비)하고, 또한 선박의 감항능력 주의의무 등을 부담하여야 한다.

또 선장에게는 선적항 외에 있어서는 포괄적인 대리권을 부여하고 있고(상법 제749조 제1항), 선박소유자는 선장의 대리권에 대한 제한을 가지고 제3자에 대항할 수는 없다(상법 제751조). 이는 선박이 선적항 외에 있는 경우에는 선박소유자가 항상 선장의 행위에 대해서 충분한 지휘 감독을 행할 수가 없기 때문이다. 선박소유자에게 과한 이들 엄격한 책임을 경감하기 위해서 선박소유자 책임제한제도를 도입하여 금액에 의한 책임의 상한을 정하고 있다. 다만, 책임제한을 신청할 수 있는 것은 선박소유자만은 아니고, 선박공유자, 선체용선자, 용선자(재운송계약시의 계약운송인) 및 해난구조자도 역시 책임제한권을 행사할 수 있다.

---

16) 大判 1967.12.5, 67 다 2251 : 전세권자는 전세물인 가옥을 선량한 관리자의 주의로써 보관할 의무가 있고 계약이 해지되면 전세물을 반환하여야 하는 채무를 지는 것이므로 전세권자의 실화로 인하여 가옥을 소실케 하여 그 반환의무를 이행할 수 없게 된 때에는 한편으로는 과실로 인하여 전세물에 대한 소유권을 침해한 것으로서 불법행위가 되는 동시에 한편으로는 과실로 인하여 채무를 이행할 수 없게 됨으로써 채무불이행이 되는 것이다.

17) 鄭燦亨, 商法講義(하), 제10판, 博英社, 2008, 781쪽 참조.

제3관 선박공유자

Ⅰ. 의의

넓은 의미의 선박공유(船舶共有)라 함은 민법(민법 제262조 이하)이 정하는 바에 따라 선박소유권을 여러 사람이 지분으로 소유한 물권법적 의미에서의 공유를 말하지만, 해상법상의 선박공유는 여러 사람이 그 공유하는 선박을 상행위를 할 목적으로 항해에 제공하는 일종의 기업조직을 말한다.[18] 그러므로 선박공유자라 함은 넓은 의미로는 물권법상 선박의 소유권을 공동으로 소유하는 자를 말하지만, 해상법에서 말하는 의미(좁은 의미)는 공동의 해상기업 활동을 목적으로 공유하는 선박을 항해에 사용하는 자를 말한다. 전자는 민법의 공유에 관한 규정(민법 제262조 이하)을 따르면 되므로, 상법은 후자에 대하여만 특별한 규정을 두고 있다. 상법은 1척의 선박의 공유를 전제로 규정하고 있으므로 여러 사람이 2척 이상의 선박을 공유하여 해상기업을 경영하는 경우에는 상법규정의 적용에 있어서는 각 선박마다 별개의 공유관계가 생기게 된다.[19]

선박공유제도는 자본의 집중과 동시에 위험의 분산을 가능하게 하는 것이므로 중세 이후 근세에 이를 때까지 널리 이용되어 왔지만, 주식회사의 발달과 함께 점차 이용빈도가 줄어들어 현재는 거의 이용되지 않는다.[20]

Ⅱ. 선박공유의 법적 성질

선박공유는 조합관계를 수반하지만 민법의 조합제도와는 관계없이 별개의 제도로 발달한 것이다. 즉, 민법의 조합관계와는 달리 인적 요소가 경시되어 있으므로 조합이나 인적회사보다는 물적 회사제도에 가깝다고 할 수 있다.[21] 이와 같이 보는 이유는 다음과 같은 선박공유의 특징으로부터 알 수 있다. ① 업무집행에 있어서 의사결정의 방법이 조합을 구성한 사람의 수가 아니라 지분가격에 의한 다수결에 의한다는 점(상법 제756조 제1항), ② 지분의 양도가 자유롭다는 점(상법 제759조), ③ 결의에 이의가 있는 소수지분권자와 자기 의사에 반하여 해임된 동시선장에게 지분매수청구권을 인정하고 있다는 점(상법 제761조, 제762조), ④ 지분권자 이외의 자에 의한 업

18) 鄭燦亨, 商法講義(하), 제10판, 博英社, 2008, 781-782쪽 및 782쪽 주 1) 참조.
19) 鄭暎錫, 海商法講義要論, 海印出版社, 2003, 38쪽.
20) 박용섭, 해상법론, 형설출판사, 1998, 136쪽 참조.
21) 鄭燦亨, 商法講義(하), 제10판, 博英社, 2008, 782쪽.

무집행을 인정하고 있다는 점(상법 제764조), ⑤ 지분가격에 비례한 비용 및 손익분담(상법 제757조, 제758조), ⑥ 공유자의 탈퇴·제명의 불인정 등, 주식회사에 유사한 자본단체로서의 성질이 인정되고 있다.

이와 같이 선박공유제도는 업무집행 및 지분의 형태상 민법상의 공유조합적인 성질보다는 주식회사적인 특징이 있다. 이 점이 민법상의 조합이 두수주의(頭數主義)를 취하는 것과 본질적으로 다르다.[22] 그러나 선박공유가 법인격을 가지지 않는다는 점은 민법상의 공유조합과 공통점이다.[23]

선박공유제도에 민법상의 조합제도와는 다른 특성을 부여한 것은 해상기업의 위험성과 대자본성에 기인한다고 생각한다.

Ⅲ. 선박공유의 내부적 법률관계

선박공유는 일종의 조합관계이므로 그 내부관계에 관한 상법의 규정은 임의규정이다. 따라서 선박공유의 내부관계에 대하여는 정관이 가장 먼저 적용되고, 그 다음에 상법이 적용되며, 상법에 규정이 없으면 민법의 조합에 관한 규정이 적용된다.[24]

1. 업무집행

공유선박의 이용에 관한 사항은 공유자의 지분의 가격에 따라 그 과반수로 결정한다(상법 제756조 제1항). 이것은 선박의 이용, 즉 선박을 상행위 기타의 영리의 목적으로 항해에 사용하는 것에 한한다고 해석된다. 이 점이 조합원의 수에 의하여 업무집행을 결정하는 민법상의 조합(민법 제706조)과 현저한 차이가 있고, 물적 회사의 자본단체적 특징을 보여주는 것이다.

또한 선박공유에 관한 계약을 변경하는 사항(공유의 목적 변경·양도 등)은 공유자의 전원일치로 결정하여야 한다(상법 제756조 제2항). 그러므로 선박공유계약은 선박공유자 1인의 반대로도 변경할 수 없기 때문에 이러한 문제점을 해결하기 위하여 반대자의 지분매수청구권(상법 제761조), 해임선장의 지분매수청구권(상법 제762조), 지분의 자유양도(상법 제759조) 등 선박공유관계에서 벗어날 수 있는 길을 열어놓고 있다.

---

22) 宋相現·金炫, 海商法原論, 제3판, 博英社, 2005, 117쪽 참조.
23) 鄭暎錫, 海商法講義要論, 海印出版社, 2003, 39쪽.
24) 鄭燦亨, 商法講義(하), 제10판, 博英社, 2008, 782쪽.

2. 선박관리인과 동시선장

선박공유는 일종의 기업조직이므로 선박의 관리·경영에 관한 사무를 집행할 업무집행기관으로서 선박관리인(ship's husband)을 선임하여야 한다(상법 제764조). 선박관리인의 자격에 대하여는 특별한 내부적인 제한이 없으며, 선박공유자 중에서 선임할 경우에는 지분의 다수결, 그 외의 자에서 선임하는 경우에는 전체 공유자의 동의가 있어야 한다(상법 제764조 제1항). 선박관리인의 선임과 그 대리권의 소멸은 등기하여야 한다(상법 제764조 제2항). 선박관리인은 선박의 이용에 관한 대리인으로서, 국가의 감독권 행사를 용이하게 하고 거래의 편의를 위하여 인정된 것이다. 선박관리인의 해임에 관하여는 규정이 없으나, 역시 지분의 가격의 과반수에 의한다고 본다. 공유자 아닌 선박관리인의 경우에도 같다. 선박공유관계에서 선박관리인은 공유선박을 이용하여 해상기업의 활동을 직접 수행하는 실질적인 의미에서의 해상기업의 주체로서의 역할을 하게 되는 선박의장자이기 때문에 선박공유자의 이익을 대변할 수 있는 중요한 위치에 있을 뿐만 아니라 공유선박의 이용관계에서 제3자에게도 그의 대리권의 범위와 소멸은 매우 중요한 이해관계가 있다. 따라서 선박공유자가 아닌 자를 선박관리인으로 선임할 때는 공유자 전원의 동의를 필요로 하고, 그의 선임과 대리권의 소멸에 등기를 요하도록 규정하고 있는 것이다.

또 선박관리인은 상법 제766조에서 제한적으로 열거된 특정행위를 제외하면, 선박의 이용에 관한 재판상 또는 재판 외의 모든 행위를 할 권한이 있는 선박공유자의 임의대리인이다(상법 제765조 제1항). 또 선박관리인은 업무집행에 관한 장부를 비치하고 그 선박의 이용에 관한 사항을 기재하여야 하며(상법 제767조), 매 항해의 종료 후에 지체 없이 그 항해의 경과상황과 계산에 관한 서면을 작성하여 선박공유자에게 보고하고 그 승인을 받아야 한다(상법 제768조).

또한 선박공유자는 그들 중 1인을 선장으로 선임할 수 있는데, 이때 선박공유자 중 1인이면서 동시에 선장인 자를 동시선장이라고 한다. 동시선장은 선박의 공유지분을 가진 자이므로 선박의 관리와 운항지휘에 있어서 소유자로서 책임성과 효율성을 높일 수 있을 것이다. 비록 선박공유제도가 민법상의 공유제도와는 달리 자본단체적 성질을 가지고 있다고는 하나, 인적 결합이라는 본질이 없어지지는 않는다. 그러므로 동시선장이 본인의 의사에 반하여 해임될 경우에는 선박의 관리 또는 운항지휘가 소홀히 이루어질 가능성이 크다. 그러므로 동시선장이 그의 의사에 반하여 해임된 경우에는 다른 공유자에 대하여 상당한 가액으로 그 지분을 매수할 것을 청구할 수 있다(상법 제762조 제1항). 또 선박공유자가 지분매수청구를 하고자 하는 때에는 지체 없이 다른 공유자 또는 선박관리인에 대하여 그 통지를 발송하여야 한다(상법 제762조 제2항). 이때 원칙적으로는 다른 공유자 전원에게 통지를 발송하여야 하겠지만, '또는 선박관리인에 대하여 그 통지를 발송하여야 한다'라고 규정한 것은 선박관리인이 다른 선박공유자 전원에 대하여 이러한 사실을 통지하도록 요청하는 의사를 함께 통지하게 되면, 선박관리인이 그러한 통지를 발송할 수 있기 때문이다.

3. 비용부담·손익의 분배

선박공유자는 그 지분의 가격에 따라 선박의 이용에 관한 비용과 이용에 관하여 생긴 채무를 부담한다(상법 제757조). 또 손익의 분배는 매 항해의 종료 후에 있어서 선박공유자의 지분의 가격에 따라서 한다(상법 제758조). 이는 민법상 조합의 손익의 분배는 원칙적으로 당사자가 정한 분배비율에 의하고, 이러한 정함이 없는 경우에 각 조합원의 출자가액에 비례하여 하는 점(민법 제711조)과 구별되고 있다.

4. 지분양도

선박공유에 있어서 공유자는 공유자 사이에 조합관계가 있는 경우에도 그 자본단체성이라는 성질에 따라 민법상 조합원의 임의탈퇴(민법 제716조, 제719조)와는 달리 다른 공유자의 승낙 없이 그 지분을 타인에게 양도할 수 있다(상법 제759조 본문). 그러나 선박관리인인 공유자의 경우에는 실질적으로 해상기업을 경영하는 주체라는 점에서 그 지위가 매우 중요하므로 자유로이 지분을 양도할 수 없도록 규정하고 있어서(상법 제759조 단서), 다른 공유자 전원의 승낙이 있어야 그 지분을 양도할 수 있다고 본다.[25)]

선박공유자가 신항해를 개시 하거나 선박을 대수선할 것을 결의한 때에는 그 결의에 이의가 있는 공유자는 다른 공유자에 대하여 상당한 가액으로 자기의 지분을 매수할 것을 청구할 수 있다(상법 제761조 제1항). 지분매수의 청구를 하고자 하는 자 중 결의에 참가한 공유자는 그 결의가 있은 날부터 3일 이내에, 또 결의에 참가하지 아니한 공유자는 결의통지를 받은 날부터 3일 내에 다른 공유자 또는 선박관리인에 대하여 그 통지를 발송하여야 한다(상법 제761조 제2항). 새로운 항해의 개시나 다음 항해를 위한 수선은 새로운 경영공동체를 구성하는 새로운 출자에 해당하므로 이것에 동의하지 아니하는 공유자의 이익을 보호하기 위하여 공동체로부터 탈퇴를 인정한 것이다. 지분매수청구권은 상대방의 승낙의 여부를 불문하고 당연히 상당한 가액

25) 같은 견해, 鄭燦亨, 商法講義(하), 제10판, 博英社, 2008, 783쪽 주 1); 孫珠瓚, 商法(하), 제11정증보판, 博英社, 2005, 770-772쪽.

으로 그 지분을 매수할 의무를 부담시키는 것이므로, 그 성질은 형성권의 일종이다.[26]

또 선박공유자가 선장인 경우에 그 의사에 반하여 해임된 때에는 다른 공유자에 대하여 상당한 가액으로 그 지분을 매수할 것을 청구할 수 있다(상법 제762조 제1항). 이 경우에는 지체 없이 다른 공유자 또는 선박관리인에게 통지를 발송하여야 한다(상법 제762조 제2항).

그리고 선박공유자의 지분의 이전 또는 그 국적상실로 인하여 선박이 대한민국의 국적을 상실할 때에는 다른 공유자는 상당한 대가로 그 지분을 매수하거나 그 경매를 법원에 청구할 수 있다(상법 제760조). 이 때 경매의 대상은 국적을 상실하게 될 요건을 만든 지분에 한한다.

항해 중에 있는 선박이나 그 지분을 양도한 경우에 당사자 사이에 다른 약정이 없으면 양수인이 그 항해로부터 생긴 이익을 얻고 손실을 부담한다(상법 제763조). 선박의 소유권 전체 또는 지분을 양도한다는 것은 해상기업의 물적 조직을 양도하는 것이고, 동시에 「선원법」 제37조 제3항의 규정에 의하여 선원의 근로계약이 당연히 갱신되는 것이기 때문에 선박이라는 해상기업조직의 영업양도에 유사하다고 볼 수 있다. 또한 선박의 소유권 이전은 당사자 사이에서는 물권적 합의가 있으면 그 효력이 발생하므로(상법 제743조) 양도된 재산으로부터 취득된 이익과 손실은 양수인이 가지게 된다.

Ⅳ. 선박공유의 외부적 법률관계

1. 선박공유자의 책임

선박공유자는 그 지분의 가격에 따라 선박의 이용에 관한 비용과 이용에 관하여 생긴 채무를 부담한다(持分責任主義; 상법 제757조, 반면 민법 제712조는 均一分擔主義이다).[27] 즉 각각의 공유자는 그 지분의 가격에 따라 분할채무를 부담한다. 이것은 상행위로 인한 채무에 대한 다수 채무자의 연대책임에 관한 상법 규정(상법 57조)에 대한 특칙으로서 해상기업의 특수성을 고려하여 해상기업의 보호를 목적으로 공유자

26) 鄭暎錫, 海商法講義要論, 海印出版社, 2003, 40쪽.

27) 선박공유자의 지분책임주의는 민법상의 조합원의 균일분담주의(민법 제712조)와도 구별되며, 다수당사자의 상행위에 의한 채무로서 연대책임주의(상법 제57조 제1항)와도 구별되며, 주주와 같은 간접유한책임주의(상법 제331조)와도 구별되는 선박공유에 독특한 지분책임주의이다(鄭熙喆, 商法學(하), 博英社, 1990, 510쪽; 徐燉珏·鄭完溶, 商法講義(하), 제4전정, 博英社, 1996, 555-556쪽; 鄭燦亨, 商法講義(하), 제10판, 博英社, 2008, 784쪽).

의 책임을 제한한 것이다.[28)]

또 선박공유자도 선박소유자의 책임제한에 관한 규정(상법 제769조 이하)에 따라 有限責任을 주장할 수 있다.

2. 선박관리인의 대표권

선박관리인은 법정권한을 가지는 임의대리인이다. 따라서 선박 이용에 관한 재판상 또는 재판 외의 모든 행위를 할 권한이 있으며(상법 제765조 제1항), 그 대리권에 대한 제한은 선의의 제3자에 대항하지 못한다(상법 제765조 제2항). 다만 선박관리인이라도 ① 선박을 양도·임대 또는 담보에 제공하는 일, ② 신항해를 개시하는 일, ③ 선박을 보험에 붙이는 일, ④ 선박을 대수선하는 일, ⑤ 차재(借財)하는 일은 선박공유자의 서면에 의한 위임이 없으면 하지 못한다(상법 제766조).

선박관리인은 선박공유자를 위하여 선박의 이용에 관한 업무를 집행하는 대리인이므로 위임에 관한 민법의 규정이 적용된다.

V. 선박공유관계의 해산·청산

선박공유자는 선박의 침몰·멸실·양도 또는 이용의 폐지 등 독특한 사유로 해산하나, 상법에는 선박공유의 해산과 청산에 관한 규정이 없으므로, 민법의 조합에 관한 규정(민법 제719조 이하)에 따라 청산한다. 해산의 경우에는 청산을 하게 되는데, 청산인은 원칙적으로 선박관리인이 된다고 본다.[29)]

제 4 관 선체용선자

Ⅰ. 의의

1. 개념

선체용선계약(bareboat charter party)이라 함은 용선자의 관리·지배하에 선박을 운항할 목적으로 선박소유자가 용선자(charterer)에게 선박을 제공할 것을 약정하고 용선자가 이에 따른 용선료를 지급하기로 약정함으로써 그 효력이 생기는 계약

28) 崔基元, 商法學新論(下), 博英社, 2005, 812쪽.
29) 鄭熙喆, 商法學(하), 博英社, 1990, 511쪽.

이다(상법 제847조 제1항).

현행 상법상 선체용선계약은 용선자가 선박소유자로부터 순수하게 선박만을 임차하는 경우(상법 제847조 제1항)와 선박소유자로부터 선원과 함께 선박을 임차하는 경우(상법 제847조 제2항)가 있다. 후자에 대하여 상법은 '선박소유자가 선장 그 밖의 해원을 공급할 의무를 지는 경우에도 용선자의 관리·지배 하에서 해원이 선박을 운항하는 것을 목적으로 하면 이러한 계약도 선체용선계약으로 본다'라고 규정하고 있다. 이러한 선원부선체용선계약은 외형상으로는 정기용선계약(상법 제842조)과 유사하게 보이는 데, 전자는 용선자가 선박을 관리·지배하면서 선박의 수선의무를 부담하고 선박충돌 등이 있을 경우 제3자에 대한 책임을 지지만, 후자는 용선자가 선박을 관리·지배하지 못하고 선박수선의무 및 선박충돌 등이 있을 경우 제3자에 대한 책임도 선박소유자가 지는 점에서 다르다.[30)]

또 선체용선계약에는 용선계약이 종료된 후에 용선자가 선박을 매수 또는 인수할 권리를 갖는 경우(國籍取得條件附船體傭船契約)(상법 제848조 제2항 전단)와 단순 선체용선계약의 경우(상법 제847조 제1항)가 있다.

또 선체용선계약에는 금융의 담보를 목적으로 채권자를 선박소유자로 하여 선체용선계약을 체결하는 경우와 단순 선체용선계약의 경우(상법 제847조 제1항)가 있다. 예컨대, 한국의 특정 선박회사가 금융기관으로부터 자금을 차용하여 선박을 건조하고 그 금융기관이 채권자로서 선박에 대한 소유권을 유보하기 위하여 파나마 등의 편의치적(便宜置籍 : flag of convenience)이 가능한 국가에 자신의 선박회사를 설립하여 선박소유자가 된 후에 자금을 차용한 선박회사를 선체용선자로 하여 선박의 선체용선계약을 체결하는 경우를 들 수 있다.

2. 법적 성질

현행 상법은 선체용선계약을 상법 제5편 제2장 운송과 용선에서 규정하고 있으나, 이는 운송계약이 아니고 선박임대차계약(demise charter)에 속한다. 영미법상 용선계약(charter party)을 넓게 분류할 때 선체용선계약(bareboat charter party), 정기용선계약(time charter party), 항해용선계약(voyage charter party)으로 구분하는 것에 착안하여 상법 제2장에서 규정한 것으로 보인다. 그러나 영미법상으로 용선계약이라 함은 일반적으로 운송계약의 한 종류로 보고 있어서 항해용선계약과 정기용선계약에 한정하여 설명하는 것이 일반적이다. 또 선체용선계약은 선체용선계약

30) 鄭燦亨, 商法講義(下), 제10판, 博英社, 2008, 786쪽.

(bareboat charter party)이라는 용어뿐만 아니라 선박임대차계약(charter by demise)이라는 용어로도 사용되고 있다는 점에서 그 본질은 임대차계약으로 보아야 한다.[31] 현재 우리 상법 제5편의 구성상으로는 선체용선자를 해상기업의 주체의 하나로서 보아야 하기 때문에 제1장에서 규정하는 것이 합리적이라고 본다.

선체용선계약은 임대차계약의 일종이므로(민법 제618조), 당사자 간의 선체용선계약에서 정해져 있지 않은 사항에 대하여는 해사관습법(海事慣習法)을 따르고 해사관습법에도 없는 경우에는 민법의 임대차에 관한 규정(민법 제618조 내지 제654조)이 준용된다(상법 제848조).

Ⅱ. 선체용선의 등기

1. 선체용선등기청구권

선체용선자의 선체용선등기청구권(船體傭船登記請求權)은 당사자 간에 반대의 약정이 있는 경우에도 상법의 특칙에 의하여 당연히 인정된다(상법 제849조 제1항). 이 규정은 민법상 부동산임차인의 임대차등기청구권이 당사자 간에 반대의 약정이 없는 경우에 한하여 인정되는 것(민법 제621조 제1항)과는 다르다.

2. 선체용선등기의 효력

선체용선을 등기한 때에는 그 때부터 제3자에 대하여 효력이 생기므로(상법 제849조 제2항), 그 후 선박에 대하여 물권을 취득한 자에 대하여도 효력이 있다. 또한 선체용선의 등기가 있으면 선박의 양수인 또는 경락인에 대하여도 대항할 수 있다.[32]

Ⅲ. 선박소유자에 대한 법률관계

선체용선자와 선박소유자의 관계는 민법상 임대차계약관계에 속한다. 그러므로 선체용선자는 용선한 선박을 사용・수익할 수 있고, 선박소유자는 용선료를 청구할 수 있다(민법 제618조). 따라서 당사자 간의 구체적인 권리의무관계는 선체용선계약서에 따르고, 용선계약서나 해사관습법에 없는 사항에 대하여는 그 성질에 반하지 않는 한 민법상의 임대차에 관한 규정(민법 제618조 내지 제654조)에 의한다(상법 제848조).

Ⅳ. 제3자에 대한 법률관계

31) 鄭暎錫, 海商法講義要論, 海印出版社, 2003, 42쪽 참조.
32) 鄭燦亨, 商法講義(下), 제10판, 博英社, 2008, 787쪽.

1. 선체용선자와 제3자의 관계

선체용선자가 상행위 그 밖의 영리를 목적으로 선박을 항해에 사용하는 경우에는 그 이용에 관한 사항에는 제3자에 대하여 선박소유자와 동일한 권리의무가 있다(상법 제850조 제1항). 따라서 선체용선자는 그 선박을 항해에 사용하는 때에는 선체용선의 등기유무를 묻지 아니하고 제3자에게 가한 손해에 대하여 배상책임을 지게 되고, 선박소유자에게는 책임이 없다는 것을 의미한다.[33] 이 때 선체용선자는 채권자에 대하여 선박소유자와 같은 조건으로 책임제한을 주장할 수 있다(상법 제769조 내지 제771조, 제774조 제1항 제1호의 선박운항자). 또 선체용선계약 하에서 선하증권이 발행된 경우 운송인으로서 선하증권에 관한 일체의 권리의무를 가지는 것은 선체용선자이지 선박소유자가 아니다.[34]

그러나 선박의 양도·저당권의 설정 등에 관한 권리는 선박소유자에게 속한다.[35]

2. 선박소유자와 제3자의 관계

선박소유자와 제3자는 직접적인 법률관계가 없지만, 선박의 이용에 관하여 발생한 우선특권은 선박소유자에게도 효력이 있다(상법 제850조 제2항 본문). 이것은 선박소유자가 직접 선박을 항해에 이용하는 경우 그 선박이 선박채권자의 우선특권의 목

33) ① 大判 1975.3.31. 74 다 847(集 23 ① 民 152) : 선박임차인이 상행위 기타 영리를 목적으로 항해에 사용중 선장의 과실로 제3자에게 손해를 가하였다면 손해배상책임은 임차인에게 있고 임대인인 선박소유자에게는 없다.
② 大判 2004.10.27, 2004 다 7040 : [1] 재용선계약의 경우, 선주와 용선자 사이의 주된 용선계약과 용선자와 재용선자 사이의 재용선계약은 각각 독립된 운송계약으로서 선주와 재용선계약의 재용선자와는 아무런 직접적인 관계가 없다 할 것인바, 재용선계약 등에 의하여 복수의 해상운송 주체가 있는 경우 운송의 최종 수요자인 운송의뢰인에 대한 관계에서는, 용선계약에 의하여 그로부터 운송을 인수한 자가 누구인지에 따라 운송인이 확정되는 것이고, 선하증권의 발행자가 운송인으로 인정될 개연성이 높다 하겠지만, 그렇다고 하여 선하증권의 발행사실만으로 당연히 운송인의 지위가 인정되는 것은 아니다.
[2] 선박의 소유자가 선박임대차계약에 의하여 선박을 임대하여 주고, 선박임차인은 다른 자와 항해용선계약을 체결하여, 그 항해용선자가 재용선계약에 의하여 선복을 제3자인 재용선자에게 항해용선하여 준 경우에 선장과 선원에 대한 임면·지휘권을 가지고 선박을 점유·관리하는 자는 선박의 소유자가 아니라 선박임차인이라 할 것인바, "선박임차인이 상행위 기타 영리를 목적으로 선박을 항해에 사용하는 경우에는 그 이용에 관한 사항에는 제3자에 대하여 선박소유자와 동일한 권리의무가 있다."고 규정한 상법 제766조 제1항의 취지에 따라, 선박임차인은 재용선자인 제3자에 대하여 상법 제806조에 의한 책임, 즉 자신의 지휘·감독 아래에 있는 선장의 직무에 속한 범위 내에서 발생한 손해에 관하여 상법 제787조 및 제788조의 규정에 의한 책임을 진다 할 것이고, 이는 재용선자가 전부 혹은 일부 선복을 제3자에게 재재용선하여 줌으로써 순차로 재재재용선계약에 이른 경우에도 마찬가지라 할 것이다.
[3] 선박이 선박임차인으로부터 순차 재재재항해용선되었다고 하더라도, 선박임차인은 자신의 지휘·감독하에 있는 위 선박에 의하여 운송계약을 실제로 이행한 자이므로 화물이 자신의 관리하에 있는 동안 자기 또는 선박사용인의 고의·과실로 인하여 손해가 발생하였다면 불법행위로 인한 손해배상책임을 져야 한다.

34) 日大判 昭10.9.4, 民集 第14卷 1495頁.

35) 鄭暎錫, 海商法講義要論, 海印出版社, 2003, 43쪽.

적이 되는 것(상법 제777조)과 균형을 맞추어[36] 선의의 선박채권자를 보호하기 위한 특별규정으로서 선체용선의 효용을 증대하기 위한 것이다. 다만 우선특권자가 선박의 이용이 선체용선계약의 내용에 반함을 안 때에는 그러하지 아니하다(상법 제850조 제2항 단서).

제 5 관 운송주선인

Ⅰ. 의의

1. 개념

운송주선인(Spediteur)[37]은 자기의 명의로 물건운송의 주선을 영업으로 하는 자를 말한다(상법 제114조). 따라서 운송주선업은 운송 자체를 실행하는 영업이 아니라, 송하인의 위탁을 받아서 자기의 이름으로 운송인과 운송계약을 체결함으로써 운송에 대한 송하인과 운송인의 수급을 연결해 주는 영업을 말한다.[38]

첫째, 운송주선인은 「(타인의 계산으로) 자기의 명의로」 운송계약을 체결하는 자이다.

둘째, 물건운송의 주선을 하는 자이다. 이 때 물건이란 운송의 객체가 될 수 있는 모든 물건을 말하고, 운송이란 물건의 육상·해상 또는 항공 운송 및 이를 복합적으로 연결하여 하는 운송을 의미한다. 상법은 이와 같이 운송주선업을 물건운송의 주선에 한정하였으므로, 여객운송의 주선을 영업으로 하는 자는 운송주선인이 아니라 준위탁매매인이다.[39]

셋째, 물건운송의 주선을 영업으로 하는 자이다. 운송주선인은 물건운송의 주선의 인수를 영업으로 함으로써 상인이 된다(상법 제4조, 제46조 제12호). 운송주선인은 물건운송의 주선의 인수를 영업으로 함으로써 상인이 되지만, 다른

36) 鄭暎錫, 海商法講義要論, 海印出版社, 2003, 44쪽.
37) 1998년 독일 개정 상법 제453조는 운송주선인(Spediteur)의 개념을 '운송주선인은 운송주선계약에 따라 물건운송을 취급할 의무를 부담한다'라고 정의하여, '자기의 명의와 타인의 계산으로' 행위를 할 것으로 규정하지 않고 그 업무의 범위를 매우 포괄적으로 규정함으로써 운송주선인의 실무를 반영하고 있다.
38) 李哲松, 商法講義, 제9판, 博英社, 2008, 219쪽.
39) 같은 의견, 鄭熙喆, 商法學(上), 博英社, 1989, 204쪽; 鄭東潤, 商法總則·商行爲法 , 博英社, 1996, 591쪽; 李哲松, 商法講義, 제9판, 博英社, 2008, 220쪽; 관광회사나 여행사가 여객과 자기명의로 계약을 체결하지 않고 운송인 및 숙박업자와의 계약을 중개하는 데 불과한 경우에는 중개인에 속한다.

종류의 영업을 겸영하는 것을 금지하는 것은 아니다. 보통 운송주선인은 그 사업의 성질상 부수운송(철도・궤도 등의 대형 운송기관이 하는 운송에 선행 또는 후속하여 하는 물건운송), 이용운송(대형 운송기관으로부터 하도급 형식으로 물건운송을 인수하는 것), 원수운송(이삿짐 등 소규모 화물의 운송을 인수하고 이들 화물을 집하하여 선박회사에 운송을 위탁하는 경우) 및 이 기본행위에 부수하여 필요서류의 준비 등 비법률행위적 사무의 위탁을 받는 경우가 많이 있다.[40] 이러한 업무는 상법 제114조가 규정하는 운송주선인은 아니지만 운송주선업에 보통 부수하는 것이므로, 이것에 그 성질이 허용하는 한 운송주선업에 관한 규정을 준용하여야 할 것으로 본다.[41]

2. 복합운송주선인과의 구별

「화물유통촉진법」 제2조 제6호는 복합운송주선업에 대하여 정의 규정을 두고 있는데, 이에 의하면 '복합운송주선업이라 함은 타인의 수요에 응하여 자기의 명의와 계산으로 타인의 선박・항공기・철도차량 또는 자동차 등 2가지 이상의 운송수단을 이용하여 화물의 운송을 주선하는 사업을 말한다'라고 한다. 따라서 복합운송주선업자(freight forwarder)의 개념은 복합운송의 실무를 반영하여 그 범위를 확대・개편한 것으로, 복합운송인이 상법상의 운송주선인인지의 여부는 위탁자(송하인)와 체결된 계약내용에 따라 결정되어야 할 것이다. 즉 법문상의 주선이나 자기계산에 의하여 복합운송주선인의 지위가(운송주선인인지 여부)가 결정되는 것이 아니라, 위탁자(송하인)와 계약을 체결하면서 복합운송증권을 발행하는 등 처음부터 운송인이 될 의사로 계약을 체결한 경우에는 운송인의 지위를 갖게 되고, 복합운송증권을 발행하지 아니하고 운송주선인으로서 화물수령증(forwarder's cargo receipt: FCR)만을 발행한 경우에는 운송주선인의 지위를 갖는다고 보아야 할 것이다.[42] 일반적으로 운송주선

40) 大判 2007.4.26, 2005 다 5058 : 상법 제114조에서 정한 '주선'은 자기의 이름으로 타인의 계산 아래 법률행위를 하는 것을 말하므로, 운송주선인은 자기의 이름으로 주선행위를 하는 것이 원칙이지만, 실제로 주선행위를 하였다면 하주나 운송인의 대리인, 위탁자의 이름으로 운송계약을 체결하는 경우에도 운송주선인으로서의 지위를 상실하지 않는다.

41) 鄭熙喆, 商法學(上), 博英社, 1989, 204쪽.

42) 같은 의견, 김창준, "복합운송주선업자의 법적 지위에 관한 연구", 법학박사학위논문, 경희대, 2004. 2, 9~12쪽.

① 大判 2007.4.26, 2005 다 5058(공보 2007, 754): 해상운송주선인이 위탁자의 청구에 의하여 선하증권을 작성한 때에는 상법 제116조에서 정한 개입권을 행사하였다고 볼 것이나, 해상운송주선인이 타인을 대리하여 위 타인 명의로 작성한 선하증권은 특별한 사정이 없는 한 같은 조에서 정한 개입권 행사의 적법조건이 되는 '운송주선인이 작성한 증권'으로 볼 수 없다.

② 大判 2007.4.27, 2007 다 4943(공보 2007, 783) : 운송주선인이 상법 제116조에 따라 위탁자의 청구에 의하여 화물상환증을 작성하거나 같은 법 제119조 제2항에 따라 운송주선계약에서 운임의 액을 정한 경우

인이 운송인이 되는 경우는 상법 제116조 제1항 제1문의 규정에 의한 운송주선인의 개입권을 행사하여 다른 사람의 물건을 운송하는 것으로 해석할 수 있다.

II. 운송주선계약의 법구조와 해상기업의 주체성

운송주선에는 2개의 법률관계가 존재한다. ① 위탁자(송하인)는 운송주선인에게 수하인을 특정해서 운송계약을 체결할 것을 위탁하고(주선계약), ② 운송주선인은 그 위탁계약의 이행으로써 자기의 명의로 실제운송인(actual carrier/performing carrier)과 운송계약을 체결한다.

일반적으로는 ②의 운송계약이 개품운송계약의 형태로 이루어지지만, 경우에 따라서는 항해용선계약이나 정기용선계약으로 이루어질 수도 있다. 이때 ②의 운송계약이 개품운송계약으로 체결될 경우에는 운송주선인이 송하인이 되며, 원 송하인인 위탁자와 운송인 사이에는 직접적인 법률관계가 생겨나지 아니한다. 따라서 위탁자가 운송인에 대한 권리를 행사하기 위하여는 운송주선인으로부터 지명채권양도방식에 의하거나 화물상환증이나 선하증권의 양도에 의해 채권을 양도받아야 한다.[43] 이와 같이 운송주선인과 실제운송인 사이에 개품운송계약이 체결된 경우에는 운송주선인이 개입권을 행사하여 운송인의 지위를 얻었다고 하더라도 운송주선인이 직접 선박을 이용하는 것은 아니기 때문에 해상법상의 해상기업의 주체가 되는 것은 아니다. 따라서 선박소유자책임제한제도를 원용할 수는 없고(상법 제774조 참조), 운송(주선)계약의 내용에 따라 기업의 주체로서 책임을 지게 된다. 다만, 운송계약은 강행법규에 위반하지 않는 한 자유롭게 정할 수 있으나, 통상 운송계약서에 상법 제791조 내지 제816조의 규정에 의한 개품운송인의 개별적 책임제한제도 등의 적용을 규정하는 것이 일반적으로 행하여지고 있고, 이들 규정이 운송인의 최소한의 책임을 규정하고 있다는 점에서 인정된다고 하겠다.

반면 운송주선인이 실제운송인과 항해용선계약이나 정기용선계약을 체결한 경우에

에는 운송인으로서의 지위도 취득할 수 있지만, 운송주선인이 위 각 조항에 따라 운송인의 지위를 취득하지 않는 한, 운송인의 대리인으로서 운송계약을 체결하였더라도 운송의뢰인에 대한 관계에서는 여전히 운송주선인의 지위에 있다.

43) 大判 1987.10.13, 85 다카 1080: 운송주선인은 위탁자를 위하여 물건운송의 주선을 하는 것이기 때문에 운송인과의 사이에 물건운송계약을 체결했을 때에는 상법 제123조, 제104조에 의하여 그 구체적 내용에 관한 통지를 해야 하고 이 경우에는 위탁자와의 내부관계에 있어서는 운송주선인이 체결한 운송계약상의 권리의무는 주선인에 의한 양도 등 특별한 이전절차 없이도 위탁자에 귀속되는 것이지만 위탁자가 그 권리를 운송인에게 주장할 수 있기 위하여는 민법 제450조 내지 제452조에 따른 채권양도의 통지가 필요하고 다만 지시식이나 무기명식의 선하증권이 발행되어 있을 때에는 민법 제508조, 제523조에 의하여 운송주선인이 이를 위탁자에게 배서 또는 교부함으로써 그러한 절차를 이행하는 것이 된다.

는, 법률관계를 뒤집어서 보면, 선박소유자와의 관계에서는 송하인의 지위에 있는 운송주선인이 재운송계약을 통하여 운송인의 지위를 얻게 된다고 볼 수 있다. 그러므로 운송주선인은 간접적으로 선박을 이용한 해상기업의 주체가 되어 선박소유자 책임제한을 주장할 수 있게 된다(상법 제774조 제1항 제1호 참조).

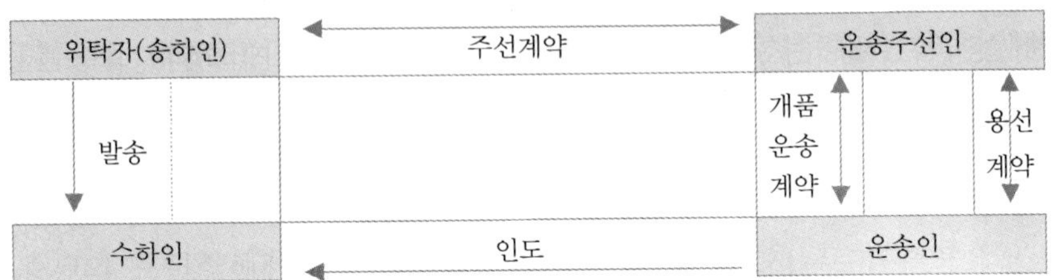

출처 : 李哲松, 商法講義, 제9판, 博英社, 2008, 221쪽 〈그림2〉 참조.

[그림 3-1] 운송주선의 법구조

운송주선인이 개입권을 행사하여 운송인의 지위를 얻는 경우는 통상은 원 운송인과 개품운송계약을 체결하는 경우인데, 다음과 같이 설명할 수 있다. 소규모 화물의 운송을 의뢰한 여러 명의 하주와 운송주선인이 운송계약을 체결하고 이들 하주에게 운송주선인이 운송인의 자격으로 혼재 선하증권(house bill of lading)을 발행하고, 다시 운송주선인은 하주의 자격으로 이들 화물을 모두 모아서 선박회사와 운송계약을 체결하고 통합 선하증권(groupage bill of lading or master bill of lading)을 발행한다. 이때 하주와 운송주선인, 운송주선인과 선박회사(실제운송인) 간에 별개의 운송계약이 각각 체결된다. 하주와 운송주선인간의 계약은 운송계약일 경우도 있고, 운송주선인의 개입권의 행사일 경우도 있다. 일종의 무선박운송인(non-vessel operating common carrier)의 개념으로 볼 수 있다. 이때 통합 선하증권의 송하인란에는 운송주선인 자신이 기재되고 수하인란에는 운송주선인의 대리점이 기재된다. 최종 수하인은 혼재 선하증권을 가지고 운송주선인의 대리점에 가서 통합선하증권과 상환하고, 상환한 통합선하증권을 선박회사에 제시하여 운송물을 수령하게 된다.

이러한 관계로 보면, 운송주선인이 개입권을 행사하게 되면 계약운송인의 지위에 서게 된다. 그러나 상법 해상편에서 말하는 선박을 운항하는 주체는 아니기 때문에 소위 선박소유자로서의 책임의 주체성을 인정하기는 어렵고 단지 선하증권의 발행주체로서의 책임 또는 운송계약의 주체로서의 책임의 주체가 될 수 있다.

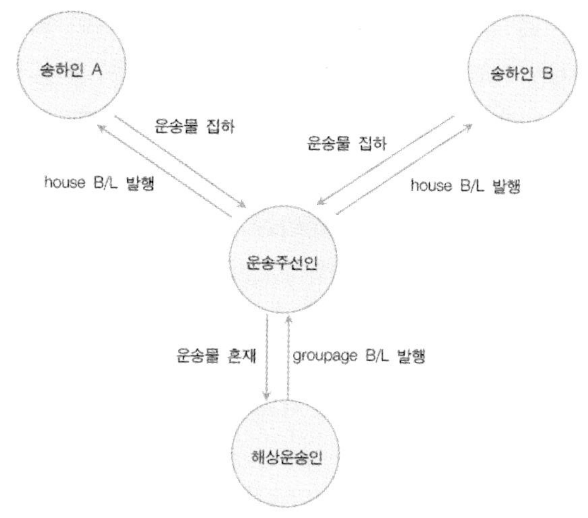

자료: 정영석, 선하증권론-법과 실무-, 개정판, 텍스트북스, 2007, 260쪽 [그림 7-6].

[그림 3-2] 통합산하증권과 혼재산하증권의 발행 관계

Ⅲ. 운송주선인의 의무

1. 일반적 주의의무

운송주선계약은 위임계약이므로 운송주선인은 선량한 관리자의 주의로써 운송주선계약을 이행하여야 한다(상법 제123조・제112조, 민법 제681조). 그런데 여기에서의 운송주선계약의 이행이라 함은 운송계약을 체결하는 것에 한하는 것이 아니라, 이에 부수하는 업무로서 상관습상 인정되거나 또는 위탁자로부터 지시받은 업무를 포함한다. 예컨대 상법 제115조의 운송물의 수령・인도・보관・운송인이나 다른 운송주선인의 선택・기타 운송에 관한 주의의 해태만을 의미하는 것이 아니라 그 밖의 선량한 관리자로서의 주의의무의 해태(예컨대 포장의 점검・서류작성 등에서 필요한 주의의무의 해태)를 포함한다. 손해의 유형에서도 운송물의 멸실・훼손・연착으로 인한 손해에 한하지 않고 그 밖의 손해를 포함한다.[44]

2. 손해배상액

운송주선인의 손해배상액에 대하여는 상법에 별도의 규정이 없으므로 민법의 일반

44) 같은 의견, 鄭熙喆, 商法學(上), 博英社, 1989, 205쪽
반대 의견 : 鄭東潤, 商法總則・商行爲法 , 博英社, 1996, 596쪽.

원칙에 의한다. 즉 운송주선인은 원칙적으로 채무불이행과 상당인과관계에 있는 모든 손해를 배상하여야 하고, 예외적으로 특별손해는 운송주선인이 그 사정을 알았거나 알 수 있었을 때에 한하여 배상할 책임을 진다(민법 제393조 제2항).[45)]

상법 제115조는 임의규정이므로 운송주선인의 고의를 제외하고(민법 제2조, 제103조, 제104조 참조), 당사자 간의 특약에 의하여 그 책임을 면제 또는 제한하는 것은 무방하다고 본다.[46)]

3. 불법행위책임과의 관계

상법 제115조는 운송주선인의 주선계약서상의 채무불이행으로 인한 손해배상책임을 규정한 것인데, 운송물이 멸실 또는 훼손된 경우에는 동시에 불법행위를 구성하는 경우가 있게 된다. 이 경우에 위탁자는 운송주선인에 대하여 채무불이행과 불법행위를 이유로 하는 두 개의 청구권을 동시에 가지게 된다.

4. 고가물에 대한 특칙

화폐・유가증권 기타의 고가물[47)]에 대하여는 수탁자가 운송의 주선을 위탁함에 있어 그 종류와 가액을 명시하지 않으면 운송주선인은 손해배상책임을 지지 않는다(상법 제124조, 제136조). 상법이 이와 같이 고가물에 대하여 특칙을 둔 이유는 위탁자는 고가물의 종류와 가액을 명시하지 않음으로써 고가물에 상당하는 보수의 지급을 면하고자 하는 경우가 많은데 이를 방지하고, 위탁자가 고가물을 명시하였더라면 운송주선인은 그 보관 기타의 처리에 있어서 그에 상당한 주의를 하여 손해의 발생을 미리 방지할 수 있기 때문이다.[48)]

5. 지정가액준수의무

운송주선인은 위탁받은 운송계약을 체결함에 있어서 지정가액준수의무를 진다(상법 제123조, 제106조). 지정가액은 송하인이 정한 운임을 말한다. 그러므로 송하인이 지정한 운임보다 고가로 운송계약을 체결한 때에는 그 차액을 운송주선인이 부담하는 때에 한하여 송하인에게 운송계약의 효력을 주장할 수 있다(상법 제123조, 제106조 제1항). 그리고 송하인의 지정가보다 저가로 운송계약을 체결한 때에는 그 차액은 다른 약정이 없으면 송하인의 이익으로 한다(상법 제123조, 제106조 제2항).

---

45) 같은 의견, 鄭熙喆, 商法學(上), 博英社, 1989, 206쪽; 鄭東潤, 商法總則・商行爲法, 博英社, 1996, 596쪽.
46) 같은 의견, 鄭熙喆, 商法學(上), 博英社, 1989, 206쪽; 鄭東潤, 商法總則・商行爲法, 博英社, 1996, 598쪽.
47) 大判 1963.4.18, 63 다 126 (集 11 ① 民 256) : 견직물은 오늘날 사회경제 및 거래 상태로 보아 고가물이라고 할 수 없다.
48) 같은 의견, 鄭熙喆, 商法學(上), 博英社, 1989, 207쪽.

6. 운송주선인의 책임의 시효

운송주선계약에 의하여 운송주선인이 부담하는 채무는 상행위에 의하여 생긴 채무이므로 이 채무의 불이행으로 인한 책임은 원칙적으로 5년의 시효에 걸리는 것이 원칙이겠지만(상법 제64조), 상법은 운송주선인의 책임에 관하여 단기소멸시효를 두어 수하인이 운송물을 수령한 날로부터 1년을 경과한 때에는 소멸시효가 완성한다라고 하였다(상법 제121조 제1항). 그 이유는 운송주선계약상의 채무불이행으로 인한 책임(특히 운송물의 멸실·훼손·연착으로 인한 책임)은 이에 관한 증거가 인멸되기 쉽고, 비록 증거가 보전된 경우에도 무수한 운송물을 다루는 운송주선인으로서는 오래 그 증거를 보전하기가 곤란하고, 또 운송물의 멸실·훼손·연착 등은 운송인 또는 다른 운송주선인의 귀책사유와 밀접한 관계가 있기 때문이다.[49]

1년의 시효는 원칙적으로 수하인이 운송물을 수령한 날의 익일부터 기산되는데(상법 제121조 제1항, 민법 제157조 본문), 운송물이 전부 멸실된 경우에는 예외적으로 그 운송물을 인도한 날의 익일부터 기산한다(상법 제121조 제2항, 민법 제157조 본문). 수하인이 운송물을 수령한 날이라 함은 위탁자를 보호하기 위하여 위탁자가 운송물의 수하인으로 지정한 자가 적법하게 운송물의 인도를 받은 날을 의미하며, 운송주선인이 운송물을 운송인에게 인도한 날 또는 운송주선인 또는 그의 이행보조자가 운송계약상 수하인으로 된 경우에 이러한 자가 운송물을 수령한 날을 의미하지 않는다.[50]

1년의 단기소멸시효기간이 적용되기 위하여는 ① 운송주선인의 책임발생원인이 운송물의 멸실·훼손 및 연착으로 인한 경우에 한하고, ② 또 운송주선인이나 그 사용인이 악의가 아니어야 한다(상법 제121조 제3항). 따라서 운송주선인의 책임이 운송물의 멸실·훼손 및 연착 이외의 원인으로 발생하거나, 운송주선인이나 그 사용인이 악의인 경우에는 운송주선인의 책임은 일반상사시효와 같이 5년의 소멸시효에 걸린다(상법 제64조). 이 때 운송주선인이나 그 사용인이 악의라 함은 적극적으로 운송물의 멸실·훼손·연착을 초래하거나 은폐한 경우 뿐만 아니라, 소극적으로 이를 알면서 수하인에게 알리지 않고 인도한 경우를 포함한다고 본다.[51] 또한 이러한 1년의 단

49) 같은 의견, 鄭熙喆, 商法學(上), 博英社, 1989, 207쪽; 鄭東潤, 商法總則·商行爲法 , 博英社, 1996, 596~597쪽.

50) 같은 의견, 鄭熙喆, 商法學(上), 博英社, 1989, 207쪽; 鄭東潤, 商法總則·商行爲法 , 博英社, 1996, 597쪽.

51) 大判 1987.6.23, 86 다카 2107(공보 806, 1216) : 운송인이나 그 사용인이 운송물에 훼손이나 일부 멸실이 있다는 것을 알면서 이를 수하인에게 인도한 경우는 악의에 해당한다).
반대 의견 : 孫珠瓚, 商法(상), 제15보정판, 博英社, 2004, 325쪽(채무자의 악의는 보다 강한 귀책사유를 요구하기 때문에 소극적으로 알리지 않은 경우는 포함되지 않는다고 한다).

기소멸시효기간은 당사자 간의 약정에 의하여 이를 배제하거나 연장 할 수 없다.[52]

7. 수하인에 대한 책임

운송물이 도착지에 도착한 후에는 운송주선계약상 수하인으로 된 자도 권리자이므로(상법 제124조, 제140조 제1항), 운송주선인은 이러한 수하인에 대하여도 운송주선계약상의 의무 및 이러한 의무위반에 따른 책임을 부담한다.

Ⅳ. 운송주선인의 권리

1. 보수청구권

운송주선인은 상인이므로 당사자 간에 보수에 관한 특약이 없더라도 위탁자에 대하여 상당한 보수를 청구할 수 있다(상법 제61조). 운송주선인은 이러한 보수청구권을 언제 행사할 수 있느냐가 문제된다. 즉 운송주선인은 주선계약(위임계약)의 이행을 완료하였을 때에 보수청구권을 행사할 수 있는데, 언제 주선계약의 이행이 완료되었다고 볼 것인지가 문제된다(민법 제686조 제2항). 이는 운송주선인이 운송인과 운송계약을 체결하고, 운송인에게 운송물을 인도하였을 때라고 보아야 할 것이다. 이에 대하여 우리 상법은 운송주선인의 보수청구권에 관하여 '운송주선인이 운송물을 운송인에게 인도한 때에는 즉시 보수를 청구할 수 있다'라고만 규정하여(상법 제119조 제1항), 특히 보수청구권의 행사시기에 대하여만 규정하고 있는데 이는 운송계약의 존재를 전제로 하고 있다. 따라서 운송물의 인도가 있더라도 운송계약이 성립하지 않은 이상 운송주선인은 보수를 청구할 수 없다. 운송계약의 성립을 전제로 하지 않는 운송물의 인도는 운송주선계약의 이행에 따른 인도라고 볼 수 없기 때문이다.[53] 운송주선인이 보수를 청구함에는 운송주선에 관한 계산보고를 하여야 할 것이며, 또 운송주선인이 도착지운송주선인의 사무까지 인수한 경우에는 그 사무를 끝마쳤을 때 비로소 보수를 청구할 수 있다.[54] 운송주선인에게 책임 없는 사유로 말미암아 운송주선인이 운송인에게 운송물을 인도할 수 없었을 때에는 인도 없이 보수를 청구할 수 있는 것은 물론이다(민법 제686조 제3항).

---

52) 같은 의견, 大判 1987.6.23, 86 다카 2107 :당사자 사이에 해상운송인의 책임에 관하여 제소기간을 약정하고 그 기간연장에 합의하였다 하더라도 위와 같은 제소기간의 약정과 그 기간연장에 관하여 상관습법이 확립되었다고 인정되지 아니한다면 그러한 약정과 합의에 의하여 위 소멸시효에 관한 상법이나 민법규정의 적용을 배제할 수는 없다.

53) 鄭熙喆, 商法學(上), 博英社, 1989, 210쪽; 鄭東潤, 商法總則·商行爲法 , 博英社, 1996, 599쪽.

54) 鄭熙喆, 商法學(上), 博英社, 1989, 210쪽.

다만, 운송주선인은 운송주선계약에서 운임의 액을 정하는 경우가 있다. 이 경우에는 특약이 없는 한 운송주선인은 따로 보수를 청구하지 못한다(상법 제119조 제2항). 왜냐하면 이 경우에는 당사자가 보수를 포함하여 운임액을 확정하고, 상호간 운임에 대한 특약을 하고 있다고 볼 수가 있기 때문이다. 특히 운송주선인이 다수의 위탁자로부터 동일한 운송노선에 관하여 운송을 위탁받고 자기명의와 자기계산으로 운송계약을 체결하는 경우에는 운임이 확정되지 않은 경우에도 앞에서 본 확정운임운송주선계약과 동일하게 보아야 할 것이다. 따라서 이 경우에는 운송주선인은 위탁자에 대하여 별도의 보수청구권을 갖지 못한다.[55]

그러나 이 때 운송주선인이 위탁자의 계산으로 (그러나 자기명의로) 운송계약을 체결하는 경우에는, 운송주선인이 받은 운임과 실제의 운임의 차액은 위탁자가 이득을 보는 것이므로 이러한 운송계약은 실제로 운송주선계약이 된다. 따라서 이 경우에는 운송주선인은 위탁자에 대하여 보수청구권을 갖는다.

2. 비용상환청구권

운송주선인이 주선계약을 이행함에 있어서 운송인에게 운임 기타 운송을 위한 비용을 지급한 때에는 위탁자에 대하여 이의 상환을 청구할 수 있다(상법 제123조·제112조, 민법 제688조). 운송주선인은 주선계약의 이행에 관해 별도의 보수청구권을 가지므로 이 비용에서 이익을 얻을 수는 없다.[56]

3. 유치권

운송주선인은 운송물에 관하여 수령할 보수·운임 기타 위탁자를 위한 체당금이나 선대금에 관하여서만 그 운송물을 유치할 수 있는 특별상사유치권을 갖는다(상법 제120조). 이와 같이 운송주선인은 이 유치권을 위에 적은 채권에 관하여서만 행사할 수 있다. 상인간의 유치권인 일반상사유치권에 비하여 운송주선인의 특별상사유치권의 피담보채권의 범위를 이와 같이 제한한 것은, 위탁자와 운송주선인간에는 원칙적으로 계속적 거래관계가 없고 또 수하인의 이익을 보호할 필요가 있기 때문이다.[57]

이와 같이 운송주선인의 특별상사유치권은 ① 피담보채권과 유치목적물과의 관련을 요하고, ② 유치목적물(운송물)의 소유권의 소재 여하·점유취득원인이 상행위인지 여부를 묻지 않으므로, 일반상사유치권(상법 제58조)과는 많은 차이가 있고 오히

55) 鄭熙喆, 商法學(上), 博英社, 1989, 212쪽; 崔基元, 商法學新論(상), 제15판, 博英社, 2004, 352쪽.
56) 李哲松, 商法講義, 제9판, 博英社, 2008, 223쪽.
57) 鄭熙喆, 商法學(上), 博英社, 1989, 211쪽.

려 민사유치권(민법 제 320조)과 유사하다. 그러나 유치목적물이 운송물로 한정된다는 점에서는 민사유치권과 구별된다.

운송주선인의 보수청구권은 운송물을 운송인에게 인도하였을 때 행사할 수 있으므로(상법 제119조 제1항) 이러한 보수청구권을 담보하기 위하여 운송주선인에게 유치권을 인정하는 것은 물건의 점유를 요건으로 하는 유치권과 모순되는 것 같지만, 운송주선인은 운송인을 통하여 운송물을 간접점유를 하고 있으므로 운송물의 처분권을 행사함으로써(상법 제139조) 유치권을 행사할 수 있다.

4. 개입권

가. 의의

운송주선인은 다른 약정이 없으면 직접 운송할 수 있는데(상법 제116조 제1항 제1문), 이를 운송주선인의 개입권이라 한다.

운송주선인이 개입권을 행사함에는 개입금지의 특약만 없으면 충분하고, 위탁매매인의 개입권과 같이 운임에 관하여 시세가 있음을 요하지 않는다. 이는 운임이나 운송방법이 대체로 일정하여 운임에 관하여 시세가 있음을 요하는 요건이 없어도 개입에 의한 폐단이 없기 때문이다.[58] 또한 운송주선인이 아직 운송계약을 체결하지 않았어야 한다는 요건도 필요 없다(이 점도 위탁매매인의 개입권행사의 요건과 구별된다). 따라서 운송주선인이 운송인과 운송계약을 체결한 후라도 위탁자에게 주선계약의 이행을 통지하기까지에는 그 운송계약을 해제하고 개입권을 행사하거나 또는 개입권을 행사하여 그 운송계약을 하도급 운송계약으로 할 수 있다.[59]

개입권의 성질은 형성권이므로, 운송주선인의 위탁자에 대한 명시 또는 묵시의 단독의 의사표시로 이를 행사한다.[60] 개입의 효력은 이러한 개입의 의사표시가 상대방에게 도달하였을 때 생긴다고 본다(민법 제111조 제1항). 왜냐하면 개입은 운송주선인이 스스로 운송인으로서 운송채무를 부담하는 효과를 생기게 할 뿐이며 반드시 스스로 운송을 할 필요가 없기 때문에, 그 의사표시가 없는 한 개입의 유무를 위탁자가 판별할 수 없어 거래의 안전을 해할 염려가 있기 때문이다. 그러나 운송주선인이 스스로 운송을 개시하고 위탁자가 그 사실을 안 때에는 묵시의 개입의 의사표시가 있다고 볼 수 있을 것이다.[61]

---

58) 鄭熙喆, 商法學(上), 博英社, 1989, 211쪽; 鄭東潤, 商法總則·商行爲法 , 博英社, 1996, 602쪽.
59) 鄭東潤, 商法總則·商行爲法 , 博英社, 1996, 602쪽(운송계약을 체결하였어도 운송인에게 운송물을 인도하기(운송주선의 실행행위를 하기) 전에는 스스로 개입할 수 있다고 한다).
60) 李哲松, 商法講義, 제9판, 博英社, 2008, 224쪽.
61) 鄭熙喆, 商法學(上), 博英社, 1989, 212쪽.

나. 개입권행사의 효과

개입을 한 경우에는 운송주선인은 운송인과 동일한 권리의무를 갖는다(상법 제116조 제1항 제2문). 즉 위탁자와 운송주선인 사이에는 새로이 운송계약상의 법률관계가 생겨 육상운송 또는 해상운송의 규정을 적용받게 된다.

그러나 개입은 운송주선계약을 이행하는 한 방법에 불과하므로 위임관계가 종료하는 것은 아니다. 따라서 운송주선인은 개입권을 행사하더라도 운송주선인으로서의 의무를 부담하는 동시에 운송주선인으로서의 권리도 가지고 있어 보수·비용 등을 청구할 수 있다. 다만 이 경우에는 운송주선인이 스스로 운송인이 되는 것이므로, 보수청구권의 행사시기는 운송물을 인도받았을 때가(상법 제119조 제1항) 아니라 현실로 운송을 개시하였을 때라고 보아야 할 것이다.[62]

위탁자가 개입의 통지를 받은 후에는 위탁자는 위탁을 취소할 수 없다. 왜냐하면 개입의 의사표시는 위탁자가 그 통지를 받은 때부터 당연히 그 효력이 생기기 때문이다.[63]

다. 개입의 의제

개입권의 행사는 명시 또는 묵시의 의사표시로 하는데, 상법은 일정한 경우에는 개입권을 행사한 것으로 의제하고 있다. 즉 운송주선인이 위탁자의 청구에 의하여 화물상환증을 작성한 때에는 직접 운송하는 것으로 의제하고 있다(상법 제116조 제2항). 상법이 이와 같이 개입을 의제하는 규정을 둔 취지는 운송주선인이 자기명의로 화물상환증을 발행하는 경우에는 개입을 한다는 묵시적인 의사표시가 있는 것으로 볼 수 있고, 또 그러한 운송증권의 유효성과 신용을 확보해 주기 위해서이다.[64] 상법은 화물상환증을 작성한 경우에 대하여만 규정하고 있으나, 선하증권을 작성한 경우에도 동일하게 해석하여야 할 것이다.

이 때 운송주선인이 발행하는 화물상환증은 자기명의로 발행한 경우에 한하며, 타인의 대리인으로 발행한 경우에는 개입이 의제되지 않는다.[65]

---

62) 같은 의견, 鄭熙喆, 商法學(上), 博英社, 1989, 213쪽; 鄭東潤, 商法總則·商行爲法 , 博英社, 1996, 604쪽; 林泓根, 商行爲法, 1989, 780쪽.

63) 鄭熙喆, 商法學(上), 博英社, 1989, 213쪽.

64) 李哲松, 商法總則·商行爲, 제4전정판, 博英社, 2003, 455쪽; 鄭熙喆, 商法學(上), 博英社, 1989, 212쪽(이는 개입의 의사표시가 가장 뚜렷한 경우로서 의제의 필요조차 없는 당연한 규정이라고 한다).

65) 大判 1987.10.13, 85 다카 1080(공보 813, 1691) : 해상운송주선인 갑이 선적선하증권을 자기의 명의로 발행한 것이 아니고 양륙항에서의 통관 및 육상운송의 편의를 위하여 화주의 부탁을 받고 양육항의 현지상인이면서 갑과 상호대리관계에 있는 을의 대리인자격으로 발행한 것이라면, 갑과 을간에 상호대리관계가 있다하여도 그것만으로는 이 선하증권이 상법 제116조의 개입권행사의 상법조건이 되는 "운송주선인이 작성한 증권"으로 볼 수는 없다.

라. 운송주선인의 채권의 소멸시효

운송주선인이 위탁자 또는 수하인에 대하여 가지는 채권은 1년간 행사하지 않으면 소멸시효가 완성한다(상법 제122조). 이러한 단기소멸시효가 적용되는 운송주선인의 위탁자에 대한 채권은 보수청구권과 비용상환청구권이며, 그 시효기간의 기산점은 그 채권을 행사할 수 있는 때이다.

V. 수하인의 지위

운송주선계약에서 운송물의 수령인으로 지정된 자인 수하인(운송계약상의 수하인과 반드시 동일인인 것이 아님)은 운송주선계약의 당사자는 아니지만, 운송물의 공간적 이동과 계약이행의 정도에 따라 마치 운송계약에 있어서의 운송인과 수하인과의 관계와 같이 직접 운송주선인과의 사이에 법률관계가 생긴다. 즉 ① 운송물이 도착지에 도착한 때에는 수하인은 운송주선계약에 의하여 생긴 위탁자의 권리와 동일한 권리를 취득하고(상법 제124조, 제140조 제1항), ② 운송물이 도착지에 도착한 후 수하인이 그 인도를 청구한 때에는 수하인의 권리가 위탁자의 권리에 우선하며(상법 제124조, 제140조 제2항), ③ 수하인이 운송물을 수령한 때에는 운송주선인에 대하여 보수 기타의 비용과 체당금을 지급할 의무를 부담한다(상법 제124조, 제141조)..

Ⅵ. 순차운송주선에 관한 특칙

1. 순차운송주선의 유형

동일 운송물의 운송에 수인의 운송주선인이 관계하는 형태에는 다음과 같이 여러 형태가 이는데, 이를 넓은 의미의 순차운송주선이라 한다.

가. 부분운송주선(Teilspedition)

수인의 운송주선인이 각 구간별로 독립하여 위탁자(송하인)로부터 운송주선을 인수하는 경우가 이에 해당한다.

이는 각 운송주선인과 위탁자간에 개별적인 운송주선계약이 성립하므로, 각 운송주선인 상호간에는 아무런 법률적인 문제가 생기지 않는다.

나. 하도급 운송주선(Unterspedition)

한 운송주선인이 전 구간의 운송주선을 위탁자(송하인)로부터 인수하고, 이의 전부 또는 일부를 자기의 명의와 자기의 계산으로 다른 운송주선인에게 다시 위탁하는 경우가 이에 해당한다.

이는 위탁자와의 관계에서 보면 최초의 운송주선인만이 주선계약의 당사자이고, 다른 운송주선인은 최초의 운송주선인의 이행보조자에 불과하므로 위탁자와는 직접적인 법률관계를 갖지 않는다. 따라서 이 경우에도 운송주선인 상호간 및 운송주선인과 위탁자와의 관계에서 새로운 법률문제가 발생하지 않는다.

다. 중계운송주선(Zwischenspedition)

중계운송(中繼運送)을 요하는 운송물에 관하여 제1의 운송주선인(발송지의 운송주선인)이 위탁자(송하인)로부터 최초의 구간의 운송주선을 인수하고, 자기의 구간 이외의 구간에 대하여는 자기의 명의와 위탁자의 계산으로 제2 이하의 운송주선인과 운송주선을 할 것을 인수하는 등, 운송주선인의 명의와 위탁자의 계산으로 하는 이러한 운송주선의 인수행위가 순차로 이어져 최후에는 도착지의 운송주선인이 운송주선을 인수하는 경우에, 제1의 운송주선인의 구간 이외의 운송주선이 이에 해당한다. 이 때 제1의 운송주선인이 중간운송주선인을 선임하는 것은 복위임(復委任)에 해당하므로, 제1의 운송주선인은 위탁자와의 사이에서 이에 관한 특약이 있든가 또는 부득이한 사정이 있는 경우에만 이를 선임할 수 있다고 본다(민법 제120조, 제121조 참조).[66]

이러한 형태의 운송주선을 협의의 순차운송주선이라고 하고(상법 제117조 제1항의 '수인이 순차로 운송주선을 하는 경우'는 이를 의미함), 중계지와 도착지의 운송주선인을 중간운송주선인이라고 한다.[67] 협의의 순차운송주선의 경우 제1의 운송주선인은 중간운송주선인의 선택에 과실이 있는 경우에만 책임을 지고 전 구간에 대하여 책임을 지는 것이 아닌 점에서 하도급 운송주선과 구별된다(민법 제121조 제1항 참조).[68]

이러한 협의의 순차운송주선의 경우에는 운송주선인 상호간에 새로운 법률문제가 발생하므로 상법은 제117조와 제118조에서 특별히 규정하고 있는 것이다.[69]

---

66) 徐燉珏·鄭完溶, 商法講義(상), 제3전정, 博英社, 1999, 214쪽.

67) 李哲松, 商法講義, 제9판, 博英社, 2008, 225쪽.
반대 의견 : 大判 1987.10.13, 85 다카 1080(公報 813, 1691): 운송주선인이라 불려지고 있어도 발송지운송주선인의 위탁을 받고 하는 도착지운송주선인이나 중간운송주선인의 행위 등은 특별한 사정이 없는 한 상법상의 운송주선행위가 아니다.

68) 鄭東潤, 商法總則·商行爲法, 博英社, 1996, 609쪽.

69) 鄭熙喆, 商法學(上), 博英社, 1989, 214쪽.
반대 의견 : 鄭東潤, 商法總則·商行爲法 , 博英社, 1996, 610쪽(우리 상법은 독일 상법 제411조·제408조와는 달리 중간운송주선인을 제한하고 있지 않은 점과 우리 상법 제147조의 순차운송의 해석에 있어서는 부분운송·하도급 운송 등이 모두 포함된다고 해석하는 것이 통설인 점에서, 상법 제117조·제147조는 모두 공통되게 부분운송주선과 하도급 운송주선이 포함되는 것으로 해석하여야 한다고 한다).

2. 법률관계

가. 전자의 권리를 행사할 의무

수인이 순차로 운송주선을 하는 경우에는 후자(중간운송주선인)는 전자(발송지운송주선인 또는 자기의 이전의 중간운송주선인)에 갈음하여 그 권리(보수·비용 등의 청구권, 유치권)를 행사할 의무를 부담한다(상법 제117조 제1항). 원래 발송지운송주선인(갑)과 제1의 중간운송주선인(을) 또는 제1의 중간운송주선인(갑)과 제2의 중간운송주선인(을)간에는 운송주선계약이 체결될 것이므로 을은 수임인으로서 갑을 위하여 선량한 관리자의 주의로써 위임사무를 처리할 의무를 부담하는데(민법 제681조), 을이 갑의 권리를 행사하여야 할 의무를 부담하는 것은 이러한 선관주의의무를 구체화한 것이라고 볼 수 있다. 따라서 여기에서 전자라고 하는 것은 자기의 직접적인 전자(운송주선계약의 상대방)만을 의미한다.[70)]

을의 권리행사는 갑의 대리인으로서의 하는 것이지만, 갑의 수권을 요하지 않고 운송주선계약에서 당연히 생기는 일종의 법정대리이다.[71)] 이것은 운송의 특수한 성질(지역적으로 이전하는 성질)에서 후자에게 전자를 위한 법정대리인의 지위를 인정한 것으로 볼 수 있다. 을의 이 의무는 법률상의 의무이므로 을이 이 의무를 게을리 하면 갑에 대하여 손해배상책임을 진다.[72)]

나. 전자의 권리의 취득

수인이 순차로 운송의 주선을 하는 경우에는 후자가 전자에 변제를 하였을 때에는 전자의 권리를 취득한다(상법 제117조 제2항), 이 경우의 전자는 반드시 자기의 직접 전자임을 요하지 않는다(통설).[73)] 왜냐하면 전자의 청구금액이 명백한 이상, 이것을 변제하는 것은 그 자의 이익이 되면 되었지 불이익이 될 까닭이 없기 때문이다.

이 때 후자는 변제에 의하여 전자의 권리를 법률상 당연히 승계취득하는데, 민법상 변제자대위(민법 제481조)에 대한 특칙으로 볼 수 있다.[74)] 따라서 전자의 채무자(예

---

70) 孫珠瓚, 商法(상), 제15보정판, 博英社, 2004, 330쪽; 林泓根, 商行爲法, 1989, 688쪽; 林泓根, 상법(總則·商行爲), 2001, 415쪽(후자는 전자의 위임을 필요로 하지 않고 전자에 갈음해서 그 권리를 행사하는 대리권을 당연히 가진다고 한다); 鄭東潤, 商法(상), 개정증보판, 博英社, 2003, 227쪽(자기와 전전자 사이에는 아무런 법률관계가 없기 때문이라고 한다).
반대 의견 : 李哲松, 商法總則·商行爲, 제4전정판, 博英社, 2003, 457쪽(중간운송주선인은 자기의 위탁자인 운송주선인 및 그 이전의 단계의 운송주선인이 갖는 보수 등의 권리를 행사할 의무를 갖는다고 한다).

71) 鄭熙喆, 商法學(上), 博英社, 1989, 215쪽;徐燉珏·鄭完溶, 商法講義(상), 제3전정, 博英社, 1999, 214쪽.
반대 의견 : 鄭東潤, 商法總則·商行爲法 , 博英社, 1996, 611쪽; 鄭東潤, 商法(상), 개정증보판, 博英社, 2003, 277쪽.

72) 鄭東潤, 商法(상), 개정증보판, 博英社, 2003, 277쪽.

73) 鄭熙喆, 商法學(上), 博英社, 1989, 215쪽; 鄭東潤, 商法總則·商行爲法 , 博英社, 1996, 611~612쪽.

컨대 전자의 위탁자 등)는 전자에 대항할 수 있었던 항변사유로써 그 권리를 승계취득한 후자에 대하여도 전부 대항할 수 있다.

다. 운송인의 권리의 취득

운송주선인이 운송인에게 변제를 한 때에는 운송인의 권리(운임 기타의 채권)를 취득한다(상법 제118조). 민법상 변제자대위(민법 제481조)에 대한 특칙으로 볼 수 있다.[75] 여기에서 운송주선인이라 함은 중간운송주선인(특히 도착지운송주선인)을 말하며, 운송인이라 함은 자기가 운송계약을 체결한 운송인을 말하는 것이 아니라 자기의 이전 구간의 운송인을 말한다(보통 중간운송주선인은 이전 구간의 운송인에게 운임·비용 등을 지급하고 운송물을 수령한다). 왜냐하면 운송주선인이 운송계약을 체결한 운송인에게 변제를 하는 것은 당연하고, 또 그가 그 변제로 인하여 운송인의 권리를 취득한다는 것은 자기에 대한 권리를 취득하는 것이 되어 무의미하기 때문이다.[76]

---

74) 金正皓, 商法講義(상), 제4판, 2005, 312쪽.
75) 金正皓, 商法講義(상), 제4판, 2005, 312쪽.
76) 鄭熙喆, 商法學(上), 博英社, 1989, 215쪽; 李哲松, 商法總則·商行爲, 제4전정판, 博英社, 2003, 457쪽; 李基秀·崔漢峻·金聖虎, 商法總則·商行爲法, 博英社, 2003, 425쪽.

제 2 절 해상기업보조자

제1관 총설

해상기업은 본점·지점·영업소의 상업사용인과 일반사용인(종속적 보조자), 선박대리인(agent), 선박중개인(shipping broker), 통관업자(customs clearance businessman), 창고업자(warehouseman) 등(독립적 보조자)을 포함한 많은 육상의 기업보조자(servants and agents on shore)를 이용하고 있다. 또 이와 동시에 항해 및 선내근로에 종사하는 해상기업보조자도 이용하여 기업 활동을 전개하고 있다. 해상기업보조자에도 육상기업보조자와 마찬가지로 도선사(pilot)와 예선업자(tug operator) 등과 같은 독립적 기업보조자와 해상기업에 고용된 선장·해원 등의 종속적 기업보조자가 있다. 육상기업보조자 및 도선사와 예선업자 등의 독립적 해상기업보조자에 대해서는 상법과 민법의 일반규정이 적용된다. 특히 후자에 대해서 「도선법」 및 「항만운송사업법」이 적용된다. 또 선장·해원을 포함한 선원에 대해서는 선내근로의 특수성에 근거하여, 관련된 선원의 보호와 행정적 감독 규제의 관점으로부터 「선원법」이 제정되어 있다. 그 중에도 상법은 특정 선박에 승선하여, 선박을 수단으로 하는 기업 활동의 지휘자로서의 선장에 관해서 특히 규정을 두고 있다.

제2관 선장

Ⅰ. 의의

1. 개념

넓은 뜻의 선장(master)이란 선박의 항해지휘자를 말하기 때문에, 선박소유자 또는 선박공유자로서 동시에 선장인 자(同時船長)도 포함한다. 그러나 상법상 선장이란 선박소유자의 피용자로서 특정 선박의 항해를 지휘하고, 그 대리인으로서 사법상·공법상의 직무권한을 가진 자를 말한다(좁은 의미의 선장).

선장은 기업의 거래조직상 선박소유자의 기업대리인으로서의 지위에 있을 뿐만 아니라, 항해조직상 생활공동체 내지 위험공동체인 선박의 운항지휘자로서의 지위에 있으므로(복합적 지위), 사법·공법상의 특수한 규제를 받게 된다.

선장은 기업의 거래조직상 선박소유자의 피용자로서 법률상의 대리권한을 가지는 점에서, 지배인·이사·선박관리인 등과 비슷하나, ① 특정 선박의 지휘자이고, ② 그 지위에 있어서 「선원법」 상의 선박권력이 부여되고 있으며,[77] ③ 그 대리권의 범위가 항해 단위로 정하여지는 등의 점에서 그들과 다르다.[78]

상법상의 선장은 다른 법률상의 선장의 권한과 반드시 일치하는 것은 아니다. 예컨대, 「선원법」 상의 선장은 선박소유자의 피용자로서 대리권을 가짐을 요건으로 하지 아니하므로 단순히 선박의 지휘자의 위치에 있는 자는 모두 선장으로 볼 수 있다(넓은 의미의 선장).

선장의 지위는 15세기 이후에 선박소유자로부터 분화되기는 하였으나, 선박소유자와 함께 해상기업의 공동경영자로서 강력한 권한을 행사할 수 있었고, 그 책임 또한 매우 엄격하였다. 한편 선박의 운항지휘자로서의 선장의 권한, 즉 선박권력은 해원에 대한 형벌권까지 포함하는 강대한 것이었다. 그러나 18세기에 와서 모든 형벌권은 국가에 귀속되게 됨에 따라 선장은 해원의 지휘·명령권과 징계권만 보유하게 되었다. 20세기에 와서는 이 징계권도 민주화되고, 교통·통신의 발달과 지점·대리점의 발달로 선장에게 그와 같은 강력한 권한과 책임을 부여할 필요가 없어진 결과, 권한과 책임이 축소되어 선장은 선박소유자의 단순한 상업사용인의 지위로 전락하였다.[79]

2. 지배인 등과의 구별

선장의 법정권한은 그 대리권이 포괄정형성(包括定型性)(상법 제749조 제1항) 또 제한불가성(制限不可性)(상법 제751조)이 있는 점에서 지배인·대표이사·이사·선박관리인의 그것과 같다.[80] 그러나 ① 특정선박의 항해지휘자로서 선박의 운항관리에 책임을 지고(선원법 제3조 제2호), ② 선박권력을 가지며, ③ 대리권의 범위가 항

77) 「선원법」상 선장의 직무와 권한에 대하여는 [정영석, 해양경찰시험대비 해사법규(Ⅰ), 개정판, 범한서적, 2008, 275-289쪽] 참조.
78) 鄭熙喆, 商法學(하), 博英社, 1990, 532쪽; 徐燉珏·鄭完溶, 商法講義(하), 제4전정, 博英社, 1996, 567쪽; 孫珠瓚, 商法(하), 제11정증보판, 博英社, 2005, 782쪽; 鄭燦亨, 商法講義(하), 제10판, 博英社, 2008, 793쪽.
79) 鄭暎錫, 海商法講義要論, 海印出版社, 2003, 46쪽.
80) 鄭燦亨, 商法講義(下), 제10판, 博英社, 2008, 793쪽.

해단위로 정하여지는 점에서 지배인·대표이사·이사·선박관리인의 그것과 다르다.[81]

II. 선장의 선임과 종임

1. 선장의 선임

상법상 선장은 특정 선박의 승무원으로서 그 선박을 지휘함과 동시에 법에 의해서 일정 범위의 선박소유자의 권한을 대리 행사할 수 있는 대리권을 가지는 자를 말한다. 따라서 선장을 선임할 수 있는 자는 해상기업의 주체인 선박소유자(상법 제745조)·선박공유자(상법 제756조 이하)·선박관리인(상법 제765조 제1항) 또는 선체용선자(상법 제850조 제1항)이다.

또 선장이 질병 등의 사유로 그 직무를 행할 수 없는 때에는 선장이 다른 선장을 선임하는 일이 있는데, 이를 대선장(代船長)이라고 한다(상법 제748조). 이 경우 선장은 대선장의 선임에 대해서만 책임을 지고, 그 감독에 대해서는 책임을 지지 않는다.

선장의 적격은 선내에 있는 인명 및 재산에 중대한 영향을 미치는 것으로, 그 자격은 법률에 의해서 일정한 해기사(海技士)의 면허를 받은 자에 한정되어 있다(선박직원법 제2조 제3호·제4조·제11조).[82]

선장의 선임행위의 법적 성질에 대해서는 고용계약과 위임계약의 혼합계약으로 해석하는 것이 다수설이다.[83] 그러나 상법상의 선장의 대리권은 법률의 규정에 의하여 대리권이 주어진 법정대리권으로서 고용계약에 부종된 효과로 볼 수 있으므로 선장의 선임행위는 고용계약으로 해석하여야 한다. 따라서 선박소유자가 선장에게 위임계약에 의하여 대리권을 수여하는 행위는 상법 제749조의 선장의 법정대리권과는 별개로 보아야 한다.

2. 선장의 종임

선장과 선박소유자와의 관계를 고용계약으로 해석하면, 민법상 고용계약의 일반적 종료원인(고용기간의 만료·사망·파산·금치산선고)에 의해서 선장의 지위는 종료하나, 해상법의 특이성으로 인하여, 선박의 멸실·침몰·수선불능·운항불능·포획

81) 鄭熙喆, 商法學(하), 博英社, 1990, 532쪽; 徐燉珏·鄭完溶, 商法講義(하), 제4전정, 博英社, 1996, 567쪽; 孫珠瓚, 商法(하), 제11정증보판, 博英社, 2005, 782쪽; 鄭燦亨, 商法講義(下), 제10판, 博英社, 2008, 793쪽.
82) 자세한 내용은 정영석, 해양경찰시험대비 해사법규(Ⅰ), 개정판, 범한서적, 2008, 423-482쪽 참조.
83) 鄭熙喆, 商法學(下), 博英社, 1990, 532쪽; 金仁顯, 海商法研究, 삼우사, 2002, 244쪽; 鄭燦亨, 商法講義(下), 제10판, 博英社, 2008, 794쪽.

• 1개월 이상의 존부불명의 경우에도 종임된다(민법 제658조 내지 제663조, 제689조 내지 제690조).

상법은 다시 대리권의 포괄성으로 인하여 선박소유자가 특별한 요건 없이 언제라도 선장을 해임할 수 있다고 규정하고 있다(상법 제745조). 다만, 정당한 사유 없이 해임한 경우에는 선장의 손해배상청구권이 인정된다(상법 제746조). 그러나 선장의 선임을 고용계약으로 보는 관점에서는 관계된 상법의 규정은 선장의 지위의 보호에 있어서 문제가 있다.[84]

선장이 선박공유자인 경우에(同時船長) 그 의사에 반하여 해임된 때에는 다른 공유자에 대하여 상당한 가액으로 그 지분을 매수할 것을 청구할 수 있으며(상법 제762조 제1항), 이 경우에는 선장은 지체 없이 다른 공유자 또는 선박관리인에 대하여 그 통지를 발송하여야 한다(상법 제762조 제2항).

선장이 항해 중에 해임 또는 임기가 만료된 경우에도 다른 선장이 그 업무를 처리할 수 있는 때 또는 그 선박이 선적항에 도착할 때까지 그 직무를 집행할 책임이 있다(상법 제747조).

Ⅲ. 선장의 대리권

1. 기업대리인으로서의 대리권

기업대리인으로서 선장은 선박소유자를 대신하여 일정한 권한을 행사할 수 있는 대리권을 가지지만, 상법상의 대리권은 별도의 법률행위에 의하여 대리권이 수여된 것이 아니라 법률의 규정에 의하여 주어진 권한이다. 따라서 대리권의 범위는 법에 의하여 한정되어 있고, 그 대리권에 가한 제한은 선의의 제3자에게 대항하지 못하는 것이 특징이다(상법 제751조).

선장의 대리권의 법정범위에 대한 입법주의는 ① 선박이 선박소유자 또는 그 대리인의 소재지에 있느냐 없느냐를 구별하여, 그 소재지에 있으면 특별한 수권행위를 요건으로 한다는 선박소유자소재지주의(프랑스법주의, 프랑스 상법 제232조), ② 행위의 종류에 따라 구별하여, 중요행위 이외의 선박의 이용에 관한 모든 행위에 대리권이 미친다고 하는 선장행위주의(영국법주의), ③ 선박의 선적항의 내외에 따라 구별하여, 선적항 내에서는 그 권한을 축소하는 반면, 선적항 외에서는 그 권한을 확대하고, 특정한 경우에는 선박소유자의 소재지를 불문한다고 하는 선적항주의(독일법주

84) 鄭暎錫, 海商法講義要論, 海印出版社, 2003, 47쪽.

의, 독일 상법 제526조·제527조) 등이 있다. 우리 상법은 선적항주의를 채택하고 있다.[85] 선박소유자소재지주의는 선박소유자가 변동할 때마다 선장의 권한도 변동하므로 거래의 안전을 기할 수 없고, 선장행위주의는 어떤 행위가 중요 행위인지 식별하기 어려운 경우가 많으므로 선적항주의가 가장 합리적이다.

선장의 대리권은 그 범위가 넓고 포괄적이기 때문에, 지배인의 대리권(支配權)과 유사하지만(상법 제11조), ① 특정 선박 및 ② 특정 항해에 대해서, ③ 항해에 필요한 사항에 한하여 인정되고, 더욱이 ④ 선박이 선적항내에 있는가 선적항 바깥에 있는가에 의해서 그 대리권의 범위에 현저한 차이가 있기 때문에 지배인의 대리권과는 다르다.

2. 선적항 외에 있어서의 대리권

가. 통상대리권

선적항 외에서는 선장은 항해를 위해 필요한 재판상 또는 재판 외의 모든 행위를 할 권한이 있다(상법 제749조 제1항). 즉, 선장은 선적항 외에서는 항해와 관련한 포괄적이고 정형적인 대리권을 갖는다(대리권의 포괄·정형성). 이 대리권은 특정 선박의 특정 항해, 즉 선적항을 출발하여 그 곳에 복귀할 때까지의 모든 항해에 필요한 행위에 한정된다.[86] 선박법상으로는 선박의 등기와 등록을 행한 선박의 주소지를 선적항이라고 말하는데, 상법은 상사적 관점에서 판단하여 선장의 대리권의 범위를 정하는 기준으로서의 선적항은 영업의 본거지를 말한다고 본다.[87] 그러나 특별한 경우가 아니면 선박법상의 선적항과 영업의 본거지가 일치한다고 본다.[88]

또 항해를 위해 필요한 행위라 함은 선박의 의장, 수선, 해원의 고용 및 고용계약의 해지, 필수품의 매입 등이고 당해 선박의 당해 항해를 기준으로 판단하여야 한다.

재판상의 행위라 함은 원고 또는 피고로서 하는 포괄적 의미의 소송행위를 말하고, 재판 외의 모든 행위라 함은 항해를 하는 데 필요한 모든 행위를 말한다.[89] 예를 들

85) 鄭燦亨, 商法講義(下), 제10판, 博英社, 2008, 798쪽.
86) 鄭熙喆, 商法學(하), 博英社, 1990, 537쪽; 孫珠瓚, 商法(하), 제11정증보판, 博英社, 2005, 789쪽 ; 鄭燦亨, 商法講義(下), 제10판, 博英社, 2008, 798쪽.
87) 大判 1991.12.24, 91 다 30880(集 39 ④ 民) 394): 상법 제773조(현행 상법 제749조) 소정의 '선적항'은 선박의 등기 또는 등록을 한 등록항의 뜻 외에 해상기업의 본거항의 뜻도 갖는 것이므로 선박소유자인 건조업자가 발주자에게 인도하기 위하여 계선관리중인 미등록 선박은 계선관리하고 있는 항구를 본거항으로 보아야 할 것이다.
88) 鄭暎錫, 海商法講義要論, 海印出版社, 2003, 48쪽.
89) 鄭熙喆, 商法學(하), 博英社, 1990, 537쪽; 孫珠瓚, 商法(하), 제11정증보판, 博英社, 2005, 789쪽 ; 鄭燦亨, 商法講義(下), 제10판, 博英社, 2008, 798-799쪽.

면, 도선사의 사용, 선박의 수선, 선박의 의장, 항해필수품의 조달, 운송계약체결권[90] 등을 말한다.

항해라 함은 선적항을 출항하여, 다시 선적항에 귀항할 때까지의 항해이다.

그러나 이러한 선장의 대리권은 상법의 규정에 의하여 예외적으로 다음과 같이 제한하거나 확장하는 경우가 있다.

나. 대리권의 제한

선장의 광범위한 법정대리권은 선박소유자에게 부담을 주는 행위(信用行爲)나 적하를 처분하는 행위(積荷處分行爲)에 대하여는 원칙적으로 제한을 받는다. 즉, 선장은 선박수선료, 해난구조료, 그 밖에 항해의 계속에 필요한 비용을 지급하여야 할 경우 이외에는 ① 선박 또는 속구를 담보에 제공하는 일, ② 차재(借財)하는 일, ③ 적하의 전부나 일부를 처분하는 일을 하지 못한다(상법 제750조 제1항). 이들 행위의 결과 발생하는 채무는 선박소유자에게 귀속하여 항해가 종료한 후에도 영원히 선박소유자를 구속하는 것이기 때문에 이러한 행위를 제한한다.

상법은 선장의 대리권을 제한함으로써 권한의 남용을 방지하여 선박소유자의 이익을 보호하고자 하는데 그 목적이 있다. 따라서 선장의 신용행위 또는 적하처분행위는 좀더 좁게 해석하여 ① 항해 계속의 필요성에 더하여, ② 관계된 행위 이외에 필요한 비용의 지급이 가능하지 않을 것이 요건이 된다고 본다.[91]

위와 같은 신용행위는 다른 방법으로는 도저히 항해의 계속에 필요한 비용을 조달할 수 없는 경우 등에 선박을 담보로 제공하고 차재하는 경우 등을 말한다. 항해의 계속을 위해서 필요한 비용은 구체적으로는 상법 제750조 제1항에서 예시한 외에, 도선료・예선료・식료・연료의 구입비, 선박압류를 면하기 위한 보증비용 등이다. 또 적하의 처분이란 예컨대 적하의 매각・입질과 같은 법률행위에 의한 처분행위이든 적하인 디젤유를 연료로, 곡물을 식료품으로 사용하는 것과 같은 사실상의 처분행위이든 불문한다. 다만, 상법 제752조의 적하의 이해관계인을 위한 적하처분의무와는 구별되어, 이것은 선박소유자의 대리인으로서 처분하는 것이므로, 선박소유자는 적하의 이해관계인에게 손해배상책임을 진다.[92] 그 손해배상액은 정형화되어 적하가 도달할 시기의 양륙항의 가격에 의하여 정하되(상법 제750조 제2항 본문), 그 가격

---

90) 大判 1975.12.23, 75 다 83(集) 23 ③ 民 141: 상법 제773조 제1항 소정 선적항 외에서의 선장의 항해에 필요한 재판상 또는 재판 외의 모든 행위를 할 권한 가운데에는 개품운송계약에 관한 권한도 포함되고 운송 도중의 사고발생으로 인한 화물의 피해변상책임에 관한 특약도 운송계약 내용의 일부라 할 것이다.

91) 鄭暎錫, 海商法講義要論, 海印出版社, 2003, 49쪽.

92) 鄭燦亨, 商法講義(下), 제10판, 博英社, 2008, 799쪽.

중에서 예컨대, 관세・양륙비용과 같이 수하인의 지급을 요하지 아니하는 비용은 공제하여야 한다(상법 제750조 제2항 단서). 이 때 선장이 적하를 처분하여 얻은 금액이 적하의 양륙항에서의 가액을 초과하면 그 차액은 하주에게 귀속하는 것으로 보아야 한다.[93]

다. 대리권의 확장

선적항 외에서 선박이 수선하기 불능하게 된 때에는 선장은 해무관청의 인가를 얻어 이를 경매할 수 있다(선박경매권 또는 긴급매각권)(상법 제753조). 선장의 대리권은 원칙적으로 안전하게 항해를 계속하도록 하기 위한 것인데, 선박소유자의 소유물인 선박의 경매를 선장이 할 수 있도록 하는 것은 그 본래의 대리권을 일탈한 것으로 볼 수 있다. 그러나 선박소유자와 연락을 취하는 것이 곤란한 곳에서 선박이 수선불능이 된 경우에 선박소유자의 이익을 가장 잘 확보하기 위해서는 관련된 대리권의 확장을 인정하는 것이 합리적이라고 보기 때문에 인정된 것이다. 이 때 선박의 수선불능은 개별적・구체적으로 판단되어야 할 사실문제인데, 법은 선장의 주관적 판단에 맡기지 않고 객관적 기준을 정하고 있다. 즉, '선박이 그 현재지(現在地)에서 수선을 받을 수 없으며, 또 그 수선을 할 수 있는 곳에 도달하기 불가능한 때'는 수선불능으로 보고(지리적 수선불능)(상법 제754조 제1항 제1호), 수선비가 선박의 가액(항해 중 훼손 된 경우에는 발항한 때의 가액, 기타의 경우에는 훼손 전의 가액(상법 제754조 제2항))의 4분의 3을 초과할 때(경제적 수선불능)도 수선불능으로 보고 있다(상법 제754조 제1항 제2호). 지리적 수선불능에는 사실상의 불능과 시간적 불능을 포함하며, 경제적 수선불능에는 수선에 관한 직접・간접의 비용과 회항비용(回航費用)을 포함한다. 선박의 수선불능은 동시에 운송계약의 종료 사유가 된다(상법 제810조 제1항 제2호). 또 항해 계속의 필요비용을 지급하기 위해서 적하의 전부 또는 일부를 매각 또는 입질, 혹은 항해용에 사용할 수 있다(상법 제750조 제1항 제3호). 적하의 소유자와 선장 사이에는 법적으로 어떠한 관계도 없지만. 이와 상관없이 선장이 타인의 물건을 처분할 수 있도록 한 것은 항해 계속의 필요성으로 인하여 법이 특별히 인정한 것이지만, 이는 선박소유자의 대리인의 자격으로 가지는 권한이다. 따라서 선박소유자는 그 결과, 적하의 소유자에 대해서 손해배상책임을 부담하게 된다. 손해배상액은 적하가 도달해야 할 때의 양륙항의 가격으로 제한된다. 양륙 비용 등 하주가 지급을 면한 가격은 손해배상액으로부터 공제되게 된다(상법 제750조 제2항).

93) 權琦勳, "船長의 積荷處分", 考試硏究, 2002.11, 92쪽.

3. 선적항 내에 있어서의 대리권

선장은 선박소유자의 선박에 대한 실효적 지배가 미치는 선적항 내에 있어서는 선박소유자로부터 특히 위임받은 경우 외에는 해원의 고용 및 해고를 할 권한만을 가진다(상법 제749조 제2항).[94]

4. 구조료채무자에 대한 선장의 대리권

선장은 해난구조가 있는 경우에는 구조료채무자에 갈음하여 그 지급에 관한 재판상·재판외의 모든 행위를 할 권한이 있다(상법 제894조 제1항). 따라서 선장은 그 구조료에 관한 소송에서 당사자가 될 수 있고, 그 확정판결은 구조료채무자에 대하여도 효력이 있다(상법 제894조 제2항). 여기서 구조료채무자라 함은 구조된 선박 및 적하의 소유자 등을 말하는데, 구조료채권자는 이들에게 개별적으로 권리를 행사할 필요 없이 구조료채무자를 위하여 법정대리권을 가진 선장에 대하여 청구하면 되는 것이다. 이와 같이 상법이 선장에게 구조료채무자의 법정대리인으로서의 지위를 인정한 것은 선장이 보통 해난구조의 실제 사정을 가장 잘 알고 있다는 점, 집단적 처리를 하는 것이 당사자들에게 편리하다는 점, 구조료채무자가 누구인지 알 수 없는 경우에도 채권자의 권리행사를 용이하게 해 줄 필요가 있다는 점 등을 그 이유로 들 수 있다.[95]

5. 선장의 공동해손처분권

선장은 선박과 적하의 공동 위험을 면하기 위하여 선박과 적하에 대한 처분을 하고, 이 처분 행위로 인하여 생긴 손해와 비용을 이해관계인에게 분담시킬 수 있다(상법 제865조·제866조). 공동해손처분권을 선장에게 부여한 것은 육지로부터 고립된 해상공동체인 선박의 운항책임자라는 지위로 인하여 임기응변의 신속한 조치를 취함으로써 해상위험을 극복하고 피해를 최소화하기 위한 것이다.

6. 선장의 임의대리권

선장은 선박소유자의 위임이 있으면 선하증권의 발행(상법 제852조 제3항)·적하의 인도·운임 기타 체당금의 수령·운송물의 유치(상법 제807조 제2항)·운송물의 공탁(상법 제803조) 등을 선적항의 내외를 불문하고 할 수 있다. 그 밖에도 선박소유

94) 大判 1968.5.28, 67 다 2422: 선박에 근무하는 해원의 고용은 선장 고유의 대리권에 속하는 것이므로 선원이 선장과 승선계약을 한 날자에 피고공사에 입사한 것으로 볼 것이지 그 후 총재에 의하여 정식으로 발령된 날에 입사한 것으로 볼 것이 아니다.

95) 鄭熙喆, 商法學(下), 博英社, 1990, 539쪽.

자로부터 별도의 위임이 있으면 그 범위 내에서 선장은 선박소유자를 대리하여 법률행위를 할 수 있다.

Ⅳ. 선장의 의무

1. 기업대리인으로서의 의무

선장은 항해에 관한 중요한 사항을 지체 없이 선박소유자에게 보고하여야 하고(報告義務)(상법 제755조 제1항), 매 항해를 종료한 때에는 그 항해에 관한 계산서를 지체 없이 선박소유자에게 제출하여 그 승인을 얻어야 한다(計算義務)(상법 제755조 제2항). 또 선박소유자가 청구하면 언제든지 항해에 관한 사항과 계산의 보고를 하여야 한다(상법 제755조 제3항).

2. 선장의 적하처분 의무

선장은 상법 제752조 제1항에 의하여 '항해 중에 적하를 처분하는 경우에는 이해관계인의 이익을 위하여 가장 적당한 방법으로 하여야 한다'라는 적하처분 의무를 부담하고 있다. 선장의 적하처분권은 적하이해관계인을 위한 선장의 법정대리권인 동시에 선장의 의무이기도 하다.[96]

이것은 항해상의 위험이나 적하의 위험(예컨대 해난으로 인한 누하(濡荷), 항해의 지연으로 인한 적하의 부패, 기타 전시 중 적하가 전시금제품이 된 경우 등) 등이 생겨서 임기응변의 조치를 요하는 경우에 그 적하의 매각 또는 양륙·보관 등의 처분을 할 수 있는 권한을 선장에게 인정한 것이다. 선장이 적하이해관계인을 위하여 행사하는 적하처분권(상법 제752조 제1항)은 선박소유자의 대리인으로서 하는 적하처분권(상법 제750조 제1항 제3호)과 비슷한데, 전자는 비상시에 적하에 관해서만 인정되는 것인 반면, 후자는 선박의 보존 또는 항해의 계속을 위하여 인정되는 것이라는 점에서 차이가 있다. 이 때 처분은 사실상의 처분이든 법률상의 처분이든 불문한다. 무엇이 '이익을 위하여 적당한 방법'인가는 사실문제이다.[97]

이 때 적하이해관계인은 적하소유자뿐만 아니라 용선자·송하인·수하인·선하증권 소지인 등을 말한다. 또 적하이해관계인의 이익을 위하여 가장 적당한 방법이라 함은 충돌하는 이익을 비교형량하여 상대적으로 가장 이익이 되는 방법을 얘기하는 것이며, 적하의 처분이란 매각과 같은 법률행위뿐만 아니라 투기(投棄)와 같은 사실

96) 權琦勳, "船長의 積荷處分", 考試硏究, 2002.11, 95쪽.
97) 鄭暎錫, 海商法講義要論, 海印出版社, 2003, 52쪽.

행위도 포함한다. 선장이 적하처분을 한 결과 적하의 가격 이상의 채무를 적하이해관계인에게 부담시키는 것은 부당하므로, 그 이해관계인은 적하의 가액을 한도로 하여 채권자에게 책임을 진다(상법 제752조 제2항 본문). 즉, 인적유한책임을 인정한 것이다. 그러나 선장의 그 처분이 적하이해관계인의 과실로 인하여 발생한 경우에는 적하이해관계인은 채권자에 대하여 책임제한을 주장하지 못한다(상법 제752조 제2항 단서). 따라서 적하의 가액과는 상관없이 완전배상책임을 진다.

선장의 적하처분은 해상위험에 대해서 보호하려는 소극적 의무가 있는 것이지(예컨대, 훼손의 우려가 있는 경우의 조치), 적극적으로 이해관계인의 이익을 도모하는 것은 아니다. 일반적으로 이것을 선장의 적하이해관계인을 위한 대리권으로 이해하고 있으나,[98] 이것은 그 실질이 대립하는 거래적 이익의 조정이라는 기업법 상의 요청에 의하는 것이 아니라는 것[99]을 생각할 때 선박 운항의 책임자로서의 선장의 의무라고 보는 것이 타당할 것이다.[100]

선장의 적하처분권에 대한 특수한 경우로 상법은 위험물처분권을 규정하고 있다. 즉, 선장은 인화성, 폭발성, 그 밖의 위험성이 있는 운송물을 운송인이 그 성질을 알고 선적한 경우에도 그 운송물이 선박이나 다른 운송물에 위해를 미칠 위험이 있는 때에는 언제든지 이를 양륙·파괴 또는 무해조치할 수 있다(상법 제801조 제1항). 선장의 이러한 처분에 의하여 그 운송물에 발생한 손해에 대하여는 공동해손 분담책임을 지는 경우가 아니면 배상책임은 없다(상법 제801조 제2항).[101]

적하이해관계인을 위한 선장의 적하처분권은 법률의 규정에 의하여 적하이해관계인에게 그 효과가 귀속된다(상법 제752조).

3. 여객의 휴대수하물 처분 의무

선장은 여객운송 중 여객이 사망하거나 행방불명된 때에는 법령에 특별한 규정이 있는 경우를 제외하고 배안에 있는 유류품(遺留品)에 대하여 보관 그 밖에 필요한 조치를 취하여야 하나(선원법 제18조), 사망자의 휴대수하물(携帶手荷物)은 그 상속인에게 가장 이익이 되는 방법으로 처분하여야 한다(상법 제824조).

사망한 여객의 휴대수하물처분의무도 선장이 선박운항책임자이기 때문에 발생한

98) 徐燉珏·鄭完溶, 제4전정판, 商法講義(下), 1996, 572쪽; 鄭熙喆·鄭燦亨, 商法原論(下), 博英社, 1996, 693쪽. 孫珠瓚 교수는 '선장의 이 적하처분권은 이해관계인의 법정대리인으로서의 권한인 동시에 의무이기도 하다'라고 한다(孫珠瓚, 商法(下), 제6정증보판, 博英社, 774쪽).

99) 石井照久, 海商法, 1964, 186쪽.

100) 같은 의견, 李範燦·崔埈璿, 商法概論, 제5판, 三英社, 1999, 705쪽.

101) 이 때 공동해손 분담책임을 진다는 것은 그 위험물로 인하여 발생한 것이 아니고, 다른 원인에 의하여 공동해손 분담책임을 지게 된 경우를 말한다(鄭燦亨, 商法講義(下), 제10판, 博英社, 2008, 801쪽).

특수한 의무로 볼 것이지, 여객의 대리인으로서 행사하는 법정대리권으로 볼 것은 아니다.[102)]

V. 선장의 기타 책임

1. 직무상의 주의의무와 손해배상책임

선장은 상법의 규정에 의하여 선박소유자로부터 법정대리권을 위임받은 관계에 있기 때문에 선량한 관리자로서의 주의로서 그 업무를 처리하여야 할 의무가 있고, 선장이 이 의무에 위반하여 선박소유자에게 손해를 가한 때에는 채무불이행으로 인한 손해배상책임을 져야 한다(민법 제390조).[103)] 선장이 선박소유자에 대하여 부담하는 책임은, 고용계약상의 채무불이행책임이다. 따라서 선장이 책임을 면하기 위해서 직무상의 주의의무를 다했다는 것을 증명하는 것은 통상의 계약책임과 다를 바 없다.[104)]

2. 해원감독책임

선장은 사용자인 선박소유자에 갈음하여 사무를 감독하는 자이므로 피감독자인 해원이 그 직무를 행함에 있어서 타인에게 손해를 가한 경우에는 감독을 게을리 하지 않았다는 것을 증명하지 않으면, 손해배상책임을 면할 수 없다(민법 제756조 제2항). 이것은 사용자책임에 관한 민법 제756조 제2항의 대리감독자의 책임과 같은 것이다. 이때 해원은 선장 자신이 고용한 경우이든(상법 제749조 제2항), 선박소유자가 고용한 경우이든 불문한다.

3. 계속직무집행의 책임

선장은 항해 중에 해임되거나 임기가 만료되더라도 다른 선장이 그 업무를 처리할 수 있는 때, 또는 그 선박이 선적항에 도착할 때까지는 그 직무를 계속 집행할 책임이 있다(상법 제747조).

4. 대선장의 선임책임

선장이 불가항력으로 인하여 그 직무를 집행하기가 불능한 때에 법령에 다른 규정

---

102) 李範燦・崔埈璿, 商法概論, 제5판, 三英社, 1999, 705쪽.
103) 大判 1973.9.29, 73 도 2037 : 선장은 선박이 항구를 출입할 때나 협소한 소로를 통과할 때 기타 선박에 위험성이 있을 때에는 갑판 상에서 직접 선박을 지휘하여 사고를 미연에 방지할 업무상의 주의의무가 있다.
104) 鄭暎錫, 海商法講義要論, 海印出版社, 2003, 53쪽.

이 있는 경우를 제외하고는 자기의 책임으로 타인을 선정하여 선장의 직무를 집행하게 할 수 있다(상법 제748조). 대선장은 민법상의 복대리인과 비슷하지만, 선장은 대선장의 선임에 대하여만 책임을 지는 점에서 복대리인과는 다르다(민법 제121조 제1항 참조).

5. 선장의 책임과 선박소유자의 책임

선장이 직무상의 주의의무를 위반하여 제3자에 손해를 입힌 경우에는, 선장의 책임뿐만 아니라 동시에 선박소유자의 책임의 원인도 된다(민법 제756조 제1항). 그 이유는 선장의 해원감독책임의 전제가 되는 해원의 불법행위가 동시에 선박소유자의 책임의 원인이 되는 경우에도 적용되기 때문이다. 그래서 선장과 선박소유자는 부진정연대책임의 관계에 서게 되지만, 그 경우 선박소유자가 제3자에게 손해배상한 후, 선장 등에게 구상할 것이 고려되어야 한다.[105] 그러나 이러한 구상을 인정하면 해상기업 활동에 따르는 위험을 선박소유자가 아닌 선장에게 전가(轉嫁)하게 되어 부당하다. 그러므로 선장의 책임이 마땅히 있어야 하지만, 선박소유자의 책임과 선장의 책임에 대하여 현실을 근거로 한 조정이 입법상으로 필요하다.[106]

제3관 해원

「선원법」상 선원은 선장과 해원으로 크게 구분된다(선원법 제3조 제1호). 이 때 해원은 선장이 아닌 선원을 말하는데 선박직원과 부원으로 구분된다(선원법 제3조 제3호). 선박직원은 선박직원법상의 해기사 자격을 갖추고 항해사, 기관장, 기관사, 통신장, 통신사, 운항장, 운항사 그 밖에 대통령령이 정하는 해원을 말한다(선원법 제3조 제4호).[107]

이러한 해원은 선박의 운항에 필요한 단순한 이행보조자에 불과하기 때문에 별도로 대리권을 위임하지 않는 한 선장과 같은 해상기업의 대리인으로서의 권한을 가지고 있지는 않다.

---

105) 日最判 昭60.2.12 裁判集民事144号 99頁(百選 79 事件) : 선박소유자의 선장에 대한 구상청구를 신의칙에 따라 제한했다.

106) 山野嘉朗・山田泰彦 編著, 現代保険・海商法30講, 東京, 中央經濟社, 188쪽.

107) 鄭燦亨, 商法講義(下), 제10판, 박영사, 2008, 802쪽에서는 '해원은 …이는 선박직원법상 선박직원이고…'라고 표현하고 있으나 해원에는 선박직원과 부원을 포함한 개념으로 선장을 제외한 배안에서 일을 하는 모든 선원을 일컫는 말이다(자세한 내용은 정영석, 해양경찰시험대비 해사법규(Ⅰ), 개정판, 범한서적, 2008, 270쪽 이하 참조).

제 4 관 기타 선박사용인

선박사용인은 선원을 포함하여 배안의 노무에 종사하기 위하여 고용된 자를 말하는데(넓은 의미의 선박사용인), 이 중 선원을 제외하고 임시로 고용되어 배안의 노무에 종사하는 자를 좁은 의미의 선박사용인이라 한다. 이러한 선박사용인은 선적・양륙・계선(繫船)・이선(離船) 등에 관한 작업에 종사하는 자 등이다. 이들 선박사용인은 선박소유자 또는 선장에 의하여 고용되며, 이들의 일정한 행위로 인하여 생긴 채무에 대하여 선박소유자가 책임을 지는 경우도 있다. 이때 선박사용인은 선박소유자와 동일하게 총체적 책임제한(global limitation)을 주장할 수 있다(상법 제774조 제1항 제3호). 또 선박사용인의 고의・과실로 인하여 운송인이 운송계약상 운송물에 관하여 손해배상책임을 지는 경우도 있는데(상법 제795조 제1항), 이 때에도 선박사용인에게 고의 또는 이에 준하는 사정이 없으면 선박사용인은 운송인이 주장할 수 있는 항변과 책임제한을 주장할 수 있다(상법 제798조 제2항).

제 5 관 도선사 등

도선사(pilot)라 함은 일정한 도선구에서 도선 업무를 할 수 있는 도선사의 면허를 받은 자를 말한다(도선법 제2조 제2호). 도선(導船)이라 함은 도선구에서 도선사가 선박에 탑승하여 당해 선박을 안전한 수로로 안내하는 것을 말한다(도선법 제2조 제1호).[108] 도선사는 선장에 의하여 고용된 선박사용인의 일종인데, 독립되어 영업하는 도선사업자이기도 하다. 도선사도 도선업무 중 발생한 손해배상책임에 대하여 총체적 책임제한을 주장할 수 있다(상법 제774조 제1항 제3호). 한편 일정한 법정 요건에 해당하는 경우에는 도선사의 승선이 의무화되어 있는 강제도선제도가 시행되고 있다. 이때 강제도선사의 경우에도 도선이 도선법에 의하여 강제되어 있을 뿐이지, 선박소유자와의 사이에 도선계약에 의하여 강제도선이 실행되기 때문에 선박사용인으로서의 지위는 동일하다.[109]

108) 「도선법」에 대한 자세한 내용은 [정영석, 해양경찰시험대비 해사법규(Ⅰ), 개정판, 범한서적, 2008., 649-673쪽] 참조.

109) 강제도선에 대한 자세한 내용은, [정영석, 해사법규강의, 제5개정판, 해인출판사, 2007, 498-501쪽] 참조.

제 3 절
선박소유자 등의 책임제한

제1관 의의

Ⅰ. 개념

선박소유자 등의 책임제한제도(shipowner's limitation)라 함은 선박소유자가 그의 기업 활동인 선박의 이용 또는 해상항행활동의 수행 과정에서 지게 된 채무 중 일정한 요건이 갖추어져 있는 것에 대하여 해산(海産 : maritime property) 또는 일정한 금액을 한도로 하여 총재산(總責任 : total liability)을 제한하는 해상법상의 특수한 법률제도를 의미한다.[110)]

선박소유자는 해상기업의 주체로서 이미 본 것처럼 기업으로서의 선박소유자책임을 부과시키고 있어서 육상기업에 있어서와 마찬가지로 선박소유자도 인적유한책임을 지는 것을 원칙으로 한다.[111)] 그러나 육상기업주의 책임과는 달리 선박소유자의 책임에 대해서는 예로부터 일정한 요건을 갖춘 채무에 대하여 해산 또는 일정한 금액에만 강제집행을 허용하는 책임의 제한이 인정되어 왔다.[112)]

선박소유자 등의 책임제한은 운송인 혹은 창고업자 등이 약관 등에 의해서 고객과 개별적으로 합의한 계약책임을 대상으로 한 개별적 책임제한(package limitation)과 비교하면, 계약책임 및 불법행위책임의 양자를 모두 대상으로 하는 총체적 책임제한(global limitation of liability)으로서 그 특이성이 두드러진다(상법 제769조 참조).

110) 鄭暎錫, "船舶所有者責任制限制度에 관한 硏究", 法學碩士學位論文, 韓國海洋大學校大學院, 1988. 7, 5쪽 ; 裵炳泰, 註釋海商法, 韓國司法行政學會, 1983, 73쪽.
111) 藤崎道好, 海商法概論, 東京, 成山堂, 1975, 33쪽.
112) 鄭暎錫, "船舶所有者責任制限制度에 관한 硏究", 法學碩士學位論文, 韓國海洋大學校大學院, 1988. 7, 5쪽.

II. 연혁

1. 기원

선박소유자 등의 책임제한은 중세의 해사관습에 기원을 두고 있다고 해석되고 있지만, 이러한 관습의 기원이 분명하게 밝혀져 있지는 않다. 홈즈(Oliver Wendell Holmes)는 그의 논문 '커먼 로'(The Common Law)에서 그 기원을 로마법상의 가해자위부주의(加害者委付制度 : Noxae Deditio)[113]에까지 거슬러 올라간다고 주장한다. 그러나 홈즈의 견해는 일반론으로 받아들여지지는 않았고, 로마 해사법전(Roman Maritime Code)에 선박소유자 등의 책임제한제도에 대한 규정이 포함되어 있었다고 믿을만한 이유도 찾기 어렵다.[114]

상법상의 유한책임은 일반적으로 12세기 이전에 창안된 코멘다 계약(Contrat de Commande)에까지 거슬러 올라간다.[115] 한편 선박소유자 등의 책임제한제도는 서로마제국의 몰락(454 A.D.)과 십자군전쟁(1096-1291 A.D.) 사이에 근대 상법의 요람인 이탈리아에서 처음으로 나타나서 스페인과 프랑스로 퍼져 나갔다.[116]

선박소유자 등의 책임제한제도에 대한 최초의 근거는 11세기경의 이탈리아 아말피자유무역공화국(Free and Trading Republic of Amalphia)의 상법전(the Amalphian Table)에 나타난다.[117]

16·17세기의 산업혁명은 유럽대륙에서 해양을 이용하는 거의 모든 국가에 선박소유자 등의 책임제한제도의 채택과 보급을 가져왔다. 이 제도는 서지중해로부터 영국을 제외한 대서양연안의 무역 국가들과 북해 및 볼틱(Baltic) 국가에까지 퍼져 나갔다. 이와 같은 시기에 있었던 근대 유럽국가의 발전과 상업에 관한 또는 정치적 법원칙에 대한 법전화 노력에 주목할 필요가 있다. 심지어는 절대왕정국가들조차도 국제해사법을 법전화하고 체계화하려는 시도를 하였는데, 그 최초의 성과는 꼴베르 장관(Colbert)의 지휘 하에 1681년 편찬된 프랑스 루이 14세의 해사칙령(海事勅令 :

113) 노예가 저지른 범죄나 손해에 대하여 노예의 주인이 그 노예를 피해자에게 위부 함으로써 책임을 면하게 하는 로마 시민법상의 제도(Joseph R. Nolan and N. J. Connolly, Black's Law Dictionary, 5th ed., Minn., West, 1979, p. 372·p. 960).

114) James J. Donovan, "The Origins and Development of Limitation of Shipowner's Liability", Tulane Law Review, Vol. 53 No. 4, April 1979, p. 1000.

115) 藤崎道好, 海商法槪論, 東京, 成山堂, 1975, 33쪽; 石井照久·鴻 常夫, 海商法·保險法, 東京, 勁草書房, 1976, 29쪽.

116) James J. Donovan, "The Origins and Development of Limitation of Shipowner's Liability", Tulane Law Review, Vol. 53 No. 4, April 1979, p. 1001.

117) James J. Donovan, "The Origins and Development of Limitation of Shipowner's Liability", Tulane Law Review, Vol. 53 No. 4, April 1979, p. 1001.

Ordonnance de la maritimé)[118]이다. 해사칙령은 프랑스의 해사 및 상사 관계자에게 기존의 해사 및 상사법전과 판례의 혜택을 보장하려는 시도였다. 선박소유자 등의 책임제한에 대하여는 해사칙령에서 위부주의를 채택하였다. 해사칙령은 각국에서 받아들여져 즉시 해운국가 공통의 법률이 되었다고 보고될 정도였다.[119] 1807년 프랑스 상법전에 해사칙령이 받아들여지고 이것이 곧 유럽 및 라틴 아메리카 각국의 해상법의 일부가 됨으로써 해사칙령은 영국을 제외한 거의 모든 해운국의 공통의 해사법이 된 것이다.[120] 또 영국이나 미국에서는 법률로서 채택되지 않았지만, 해사칙령 및 그에 대한 주석은 해사법원(Admiralty Court)에 의해서 일반 해사법의 증거로 받아들여졌다.[121]

한편 영국의 해운업자는 커먼 캐리어(common carrier)의 보험자책임(insurer's liability)과 사용자책임[122]에 대한 커먼 로 원칙(common law doctrines)에 의하여 부담을 받게 되었다. 경제적으로 영국 해운산업의 불리한 입장은 루이 14세의 해사칙령이 유럽대륙의 선박소유자에 대하여 해사법상의 보호를 법전화한 이후 15년 이상 지속되었다. 그러나 1733년의 Boucher v. Lawson 사건[123]을 계기로 영국 의회는 선박·속구 및 운임(pending freight)에 선박소유자의 책임을 제한하는 법률을 제정하였다.[124] 그런데 이 법률은 선박소유자의 책임한도를 사고 직전의 선가를 기준으로 계산하기 때문에 선박의 관리가 매우 소홀하게 되는 결점이 있었다. 이러한 결점을 해소하기 위하여 1784년의 법률 개정 및 1813년의 신법(An Act to Limit Responsibility of Ship Owners in Certain Cases, 53 Geo. 3, o. 159 (1813))의 제정 등, 몇 차례의 개폐를 거친 후,[125] 「1894년 상선법」(Merchant Shipping Act,

---

118) 루이 14세의 해사칙령은 17세기에 성립된 중앙집권적 근대국가의 독립적 해상법의 효시로 볼 수 있다.

119) James J. Donovan, "The Origins and Development of Limitation of Shipowner's Liability", Tulane Law Review, Vol. 53 No. 4, April 1979, p. 1004.

120) 예컨대, 독일 해상법 제425조, 네덜란드 해상법 제321조, 벨기에 상법 제216조, 이탈리아 해상법 제311조, 러시아 해상법 제649조, 스페인 해상법 제62조, 포르투갈 해상법 제1345조, 브라질 해상법 제494조, 아르헨티나 해상법 제1439조, 칠레 해상법 제879조 등에서 수용되었다.

121) James J. Donovan, "The Origins and Development of Limitation of Shipowner's Liability", Tulane Law Review, Vol. 53 No. 4, April 1979, pp. 1003-1005.

122) 영미법인 커먼 로에서는 17세기 이래로 사용자책임을 Vicarious Liability 또는 the Doctrine of Employer's Liability라고 하여 사용자의 무과실책임을 인정하였다(郭潤直, 債權各論, 再全頂版, 博英社, 1984, 676쪽 참조).

123) Boucher v. Lawson, (1734) Cas. temp. Hardw. 85.

124) 이 법률은 선장의 횡령으로 인하여 손해를 입게 된 운송물의 가액에 대하여 선박소유자가 책임을 져야한다는 Boucher v. Lawson 사건의 판결이 있었을 때, 런던항의 선박소유자 그 밖의 상인이 영국 하원에 청원한 것이 입법의 동기가 되었다(R. Colinvaux, Carver's Carriage by Sea, Vol. Ⅰ, 12th ed., London, Stevens & Sons, 1971, p. 176).

125) Raoul Colinvaux, Carver's Carriage by Sea, Vol. Ⅰ, 12th ed., London, Stevens & Sons, 1971, pp. 176-179.

1894) 제503조에 의하여 금액책임주의에 의한 선박소유자 등의 책임제한제도를 확립하였다. 「1894년 상선법」 제503조는 다시 「1957년 항해선소유자의 책임제한에 관한 국제협약」(International Convention relating to the Limitation of the Liability of Owners of Sea-going Ships, 1957)을 수용하여 1958년에 개정하였고, 이후 「1976년 해사채권책임제한협약」(Convention on Limitation of Liability for Maritime Claims, 1976)이 성립됨에 따라 다시 법을 개정하여 「1979년 상선법」(Merchant Shipping Act, 1979) 제17조 및 부칙 제4조로써 동 협약을 수용하여, 동 협약의 발효일인 1986년 12월 1일부터 「1979년 상선법」 제17조가 발효하여 1958년 상선법 제503조를 대신하게 되었다.[126)]

한편 미국에서는 1851년 메인州(State Maine)의 상원의원인 한니발 햄린(Senator Hannibal Hamlin)이 선박소유자 등의 책임제한제도가 포함된 법률안을 제출하고 여러 차례 이를 토의한 끝에 이 법률안이 통과되었다. 이 법률의 제안자는 영국 법을 그대로 받아들이려 하였으나, 통과된 법률은 영국의 제도와 대륙법계의 제도를 혼합한 것이었다.[127)] 그 후 몇 차례의 개정을 거친 후, 1935년에는 「1924년 항해선소유자의 책임제한에 관한 국제협약」(International Convention for the Unification of certain Rules relating to the Limitation of the Liability of Owners of Sea-going Vessels, 1924)과 매우 유사한 선가책임주의와 금액책임주의를 병용한 제도를 확립하여 오늘에 이르고 있다.[128)]

일본은 해운의 보호·육성을 위하여 위부주의를 굳게 지켜 오다가 1975년 12월 20일(昭和 50년)에 법률 제94호로 「1957년 항해선소유자의 책임제한에 관한 국제협약」을 비준하고 상법 제690조 이하에 규정되어 있는 위부주의를 폐지하고, 새로 상법의 특별법으로서 「선박소유자 등의 책임의 제한에 관한 법률」을 제정하였다. 그 후 「1976년 해사채권책임제한협약」을 비준하고 이 협약에 따라 1982년(昭和 57년) 5월에 「선박소유자 등의 책임의 제한에 관한 법률」을 개정하여 현재에 이르고 있다.[129)]

한편 우리나라는 국제협약을 국회의 비준·동의를 얻어 국내법으로 공포하는 방식을 사용하지 아니하고, 협약의 내용을 「상법전」에 수용하는 방법을 쓰고 있다. 1962

---

126) J. Kenneth Goodacre, Marine Insurance Claims, 2nd ed., London, Witherby, 1981, p. 864, pp. 874-881.

127) James J. Donovan, "The Origins and Development of Limitation of Shipowner's Liability", Tulane Law Review, Vol. 53 No. 4, April 1979, pp. 1010-1017.

128) 藤崎道好, 海商法概論, 東京, 成山堂, 1975, 34쪽; Kaj Pineus and hans Georg Röhreke, Limited Liability in Collision Cases, London, Lloyd's of London Press, 1984, p. 21.

129) 자세한 내용은 [谷川 久·時岡 泰·相良朋紀, 船主責任制限法·油濁損害賠償保障法, 東京, 商事法務研究會, 1979] 등 참조.

년 상법 제5편으로 제정된 우리나라 해상법은 의용상법의 위부주의(依用商法 제890조)를 버리고, 「1924년 항해선소유자의 책임제한에 관한 국제협약」에 따라 선가책임주의와 금액책임주의를 병용하는 입법주의를 채택하였다. 그 당시로서는 금액책임주의를 채택한 「1957년 항해선소유자의 책임제한에 관한 국제협약」을 수용하여 국내법으로 입법한 나라가 얼마 되지 않아(모로코 비준, 1958년 영국 채택) 우리나라가 앞질러 이를 국내법화 한다는 것이 입법기술상 어려울 뿐만 아니라 시기적으로도 너무 빠른 느낌이 있었기 때문이었다. 다만, 금액책임주의에 관한 규정에서 그 금액과 책임의 원인을 정함에 있어서 「1957년 항해선소유자의 책임제한에 관한 국제협약」의 내용을 참작하였다. 그러나 당시 상법의 선가책임주의 하에서는 선박의 가액을 평가하기가 쉽지 아니하였고, 금액책임주의를 병용한다고는 하나 이에 따른 책임한도액도 지나치게 소액이라는 등의 비판을 받아 왔다. 이에 1991년 상법은[130] 당시의 국제적 추세에 따라 「1957년 항해선소유자의 책임제한에 관한 국제협약」을 뛰어넘고 이미 1986년에 발효되어 있던 「1976년 해사채권책임제한협약」을 수용하여 선박소유자 등의 책임제한제도를 전면 개정하였다. 다만, 파손 선박 및 적하의 제거의무 등은 책임제한의 대상이 되는 채권에서 제외하는 등 약간의 수정을 가하였다. 한편 현행 상법(법률 제8582호 2007년 8월 3일 일부개정)에서는 「1996년 해사채권책임제한협약」의 내용을 반영하여 선박소유자 등의 책임한도액을 상향하였다(상법 제770조 제1항 제1호). 이는 인권존중의 사상에 비추어 인명의 사상이 발생하는 경우 책임제한제도를 인정하지 않으려고 하는 배상책임법의 일반적인 추세를 고려하여 여객운송인의 책임한도액을 인상한 것이다.[131]

2. 국제적 통일을 위한 노력

선박소유자 등의 책임제한제도는 중세 이후 대부분의 해운국에서 승인하고 있는 해상법상의 특수한 법률제도이지만, 실제 내용은 각국 마다 독자적인 입법을 하고 있었다. 한편 19세기말 이후 자본주의 경제의 발달과 함께 국가 간의 무역이 확대되고 해운기업의 활동이 활발하게 됨에 따라 해상기업의 활동과 관련된 섭외적 법률관계(涉外的 法律關係)가 빈번하게 되었다. 그래서 해사법 분야의 국제적 통일이 요구되었는데, 이 점을 해결하기 위하여 1898년 국제해법회(Comité Maritime International)[132]가 창설되었다. 국제해법회는 설립 초부터 선박소유자 등의 책임

130) 1991년 12월 31일 개정된 법률 제4470호를 말한다.

131) 法務部, 商法改正特別分科委員會會議錄 [海商編], 2006. 2., 7쪽 참조; 다만, 이 조항은 부칙 제4조에 의하여 3년간 적용이 유예되었기 때문에 2008년 8월 2일까지는 적용이 유예된다..

132) 국제해법회는 1898년 브뤼셀에서 창설되어 앤트워프에 본부를 두고, 해사사법에 관한 통일협약에 기여하고

제한제도의 통일에 관심을 기울여 왔는데, 여러 차례의 회의 끝에 1913년 통일협약 초안이 작성되었으나 제1차 세계대전으로 인하여 그 기간 중 아무 것도 이루어지지 않았다. 그 후 1921년 국제해법회 본 회의에서 초안이 검토되었고 1922년과 1924년의 외교회의에 제출되어 「1924년 항해선소유자의 책임제한에 관한 국제협약」(International Convention for the Unification of certain Rules relating to the Limitation of the Liability of Owners of Sea-going Vessels, 1924)이 채택되었다. 벨기에, 브라질, 덴마크, 도미니카공화국, 핀란드, 프랑스, 헝가리, 마다가스카르, 모나코, 노르웨이, 폴란드, 포르투갈, 스페인, 스웨덴, 터키의 15개국이 비준한[133] 이 협약은 1931년 6월 2일 발효하였다.[134]

그러나 「1924년 항해선소유자의 책임제한에 관한 국제협약」은 그 성립과정에서부터 대륙법계와 영미법계의 대립을 서로 약간씩 양보하여 만들어진 타협의 산물이기 때문에[135] 대륙법계 국가 측에서는 선박소유자의 책임을 가중하는 것이 되었고, 영국의 입장에서는 선박소유자의 책임을 경감하는 것이지만 종래의 법률제도를 현저히 변경하는 것이 되어 처음부터 불만의 요인을 내포하고 있었다. 더구나 사고주의와 항해주의를 절충하였기 때문에 협약 자체가 매우 난해하게 되었다. 그래서 1955년 국제해법회 마드리드 본 회의와 1957년 해사법외교회의에서 이러한 문제점이 토의되었다. 결국 1957년 브뤼셀에서 「1957년 항해선소유자의 책임제한에 관한 국제협약」(International Convention relating to the Limitation of the Liability of Owners of Sea-going Ships, 1957)이 채택되었는데, 서유럽을 중심으로 56개국이 비준한 이 협약은 1968년 5월 31일 발효되었다.[136]

요즈음 우리나라 상법을 비롯하여 해운선진국들이 대부분 수용한 협약은 「1976년 해사채권책임제한협약」(Convention on Limitation of Liability for Maritime Claims, 1976)이다. 1970년대에 이르러 각종 국제해사기관에서 「1957년 항해선소유자의 책임제한에 관한 국제협약」이 만족스러운 기능을 다하지 못하고 있음을 알게 되었다. 즉, ① 책임한도액이 너무 낮다는 점, ② 너무 많은 소송을 일으켜 왔다는 점, ③ 특정 사고에서 선박소유자는 책임제한권을 행사할 수 있는지의 여부에 대한 확실

있는 단체이다. 이것은 각 국의 국가해법회(National Association)와 종신의 개인회원으로 구성되어 있는 비정부간기구(Non-Government Organisation)로서, 국제해법회에서 채택된 협약안은 벨기에 정부에 회부되어 벨기에 정부가 해사법외교회의를 열어 거기에서 각 국 정부대표가 당해 협약안을 심의・서명하여 국제협약으로 성립시키는 것이 종래의 관행이었다.

133) 우리나라는 가입하지 않았다.

134) CMI Yearbook 2005-2006, p. 410; 船協會報, 제15호, 1986. 6, 70쪽.

135) 裵炳泰, "1976년 海事債權에 대한 責任制限協約의 研究," 韓國海洋大學 論文集, 제13집, 1978, 129쪽.

136) CMI Yearbook 2005-2006, pp. 437-442; 船協會報, 제15호, 1986. 6, 72쪽.

성을 갖지 못하고 있다는 점,[137] ④ 책임보험자에 대한 직접청구권에 대한 각국 법의 해석이 다르다는 점 등이 문제점으로 지적되었다. 이에 따라 국제해법회는 새로운 협약의 성립을 검토하게 되었는데, 먼저 「1957년 항해선소유자의 책임제한에 관한 국제협약」의 운영상 나타난 문제점에 관한 질문서를 각 회원에게 발송하고 초안작성을 위하여 노르웨이의 알렉스 레인(Alex Rein)을 의장으로 하는 소위원회를 구성하였다. 동 소위원회는 1973년과 1974년에 여러 차례의 회의를 거쳐서 1974년 함부르크 본회의에 초안을 보냈고, 국제해법회는 약간의 수정을 가한 후에 국제해법회의 의견으로 정부간해사자문기구(International Maritime Consultative Organisation)[138]에 동 초안을 제출하였다. 이 초안은 책임한도액을 빈칸으로 남겨두었는데, 다시 정부간해사자문기구에서 약간의 수정을 받은 초안은 해사법외교회의에 제출되어 1976년 영국의 런던에서 열린 '해사채권에 대한 책임제한에 관한 국제회의'에서 채택되어 55개국이 수용한[139] 「1976년 해사채권책임제한협약」은 1986년 12월 1일 발효되었다.[140] 또 「1979년 책임제한액의 표시단위에 관한 특별인출권에 관한 의정서」(Protocol [SDR] Modification, Brussel)을 수용하여 계산단위를 국제통화기금의 특별인출권(special drawing right)으로 일원화하였다.

한편 2007년 개정시 현행 상법이 수용한 「1996년 해사채권책임제한협약에 대한 개정의정서」(Protocol of 1996 to amend the Convention on Limitation of Liability for Maritime Claims, 1976)는 23개국이 채택하였고,[141] 2004년 5월 13일 발효하였다.[142]

제2관 이론적 근거

Ⅰ. 기존의 학설

제도의 인정근거를 역사적으로 보면, 중세에 있어서는 코멘다 계약 및 선박공유의 유한책임 또는 게르만법의 가해물책임부담원칙(Noxa Caput Sequitur)에서 기인한

137) Peter Morgan, "Limitation of Liability," 海事法硏究會誌, No. 79, 1987. 8, 23-24쪽.
138) 정부간 해사자문기구는 1982년 5월 22일부터 국제해사기구(International Maritime Organisation)로 이름을 바꾸었다.
139) 우리나라는 가입하지 않았다.
140) 船協會報, 제15호, 1986. 6, 63쪽.
141) 우리나라는 가입하지 않았다.
142) CMI Yearbook 2005-2006, pp. 494.

것으로 해석해 왔었다.[143] 그러나 오늘날에는 이러한 견해는 인정되지 않는다. 또 19세기말에는 선박법인설이 주장된 적이 있는데, 이는 선박 사고에 대하여 책임을 지는 것은 선박소유자가 아니라 선박 자체라고 하는 것이다. 그러나 이 설은 영미법상의 대물소송(對物訴訟 : action in rem)에 있어서의 선박법인격설을 차용한 것으로서, 대부분의 국가에서 선박의 법인격을 인정하고 있지 아니하다. 더욱이 선박을 명백히 물건으로 취급하여 법률행위의 주체로 보지 않고 있는 우리나라 법제도에서는 지지 받을 수 없는 이론이다.[144]

현재까지 주장되어 온 국내외의 유력한 학설은 다음과 같다.

첫째, 중세의 모험항해시대로부터 해상법 고유의 제도로서 문명 제국에서 인정되어 오고 있다는 역사적 이유를 드는 학설이 있다.[145]

둘째, 선장의 법정대리권의 범위가 매우 광범한데도 불구하고 선박소유자에게 인적무한책임을 지우는 것은 가혹하다는 학설이 있다.[146]

셋째, 선장 및 선박직원은 해기사면허제도에 의하여 국가가 그 자격을 공인하고 있을 뿐만 아니라 그들의 직무는 매우 전문적인 기술에 속한다. 특히 항해 중에는 선박소유자가 그들의 행위를 지휘·감독한다는 것은 사실상 곤란하다. 그럼에도 불구하고 선박소유자에게 무한책임을 지우는 것은 가혹하다는 학설이 있다.[147]

넷째, 에렌버그(Ehrenberg)가 유한책임의 근거를 기업 활동의 분산에 두는 견해에 기초해서, 이를 첨예화하여 상법상의 다른 유한책임과 마찬가지로 소유와 경영의 분리에서 그 근거를 찾는 학설이 있다.[148]

다섯째, 해상기업 고유의 대자본성과 해상고유의 위험을 고려하여 해상기업을 보호해야 한다는 학설이 있다.[149]

여섯째, 해상기업은 국가 정책적으로 특별히 보호할 필요가 있다는 학설이 있다.[150]

일곱째, 선박소유자는 선원의 불법행위(tort)에 대하여 민법상의 사용자책임(민법

---

143) 田中誠二, 新版海商法, 第14版, 東京, 千倉書房, 1975, 58쪽.
144) 裵炳泰, 註釋海商法, 韓國司法行政學會, 1983, 74쪽.
145) 藤崎道好, 海商法概論, 東京, 成山堂, 1975, 36쪽.
146) 石井照久·鴻 常夫, 海商法·保險法, 東京, 勁草書房, 1976, 33쪽.
147) 中村眞澄, 海上物品運送人責任論, 東京, 成文堂, 1974, 181-182쪽.
148) 田中耕太郎, 海商法講義要領, 東京, 勁草書房, 1933, 47쪽.
149) James J. Donovan, "The Origins and Development of Limitation of Shipowner's Liability", Tulane Law Review, Vol. 53 No. 4, April 1979, p. 1002.
150) 藤崎道好, 海商法概論, 東京, 成山堂, 1975, 36-37쪽 ; 裵炳泰, 註釋海商法, 韓國司法行政學會, 1983, 74-76쪽.

제756조)과는 달리 상법 제769조의 규정에 의하여 선원의 선임・감독상의 과실 유무에 관계없이, 즉 무과실책임을 지는 바, 이처럼 책임이 훨씬 무거워진 선박소유자의 사용자책임에 대하여는 책임의 한도를 제한하는 것이 형평의 원칙에 부합한다는 학설이 있다.[151][152]

여덟째, 선박소유자 등의 책임제한제도는 책임보험에의 부보(to insure)를 쉽게 하거나 적어도 책임한도액을 정해줌으로써 보험에 드는 것이 가능하게 한다는 학설이 있다.[153]

이상 열거한 각 학설을 검토하면, 첫째, 오늘날의 해운은 선박과 관련된 기술의 혁신적 발달・항해술의 발달 및 해운경영의 발달과 같은 해운의 기초를 이루는 제반 여건이 중세의 해운과는 비교할 수 없을 만큼 확연히 달라졌기 때문에 단지 역사적 이유를 들어서 선박소유자 등의 책임제한제도를 인정해야 한다는 것은 설득력이 없다. 따라서 첫 번째 학설은 타당하지 않다. 둘째, 오늘날에는 통신기관 및 금융기관의 발달과 지점・대리점제도의 보급 등으로 인하여 선장 및 해원의 지휘・감독이 매우 쉬워졌으나 선장의 권한도 사실상 축소되었다.[154] 뿐만 아니라 의사와 같은 전문기술직에 있어서도 선장과 마찬가지로 그 직무가 사실상・법률상 독립해서 행하여지고 있지만 그의 직무상 일어나는 채무에 대하여 책임제한을 인정하지 않는 경우가 많다.[155] 따라서 선장 등의 경우에만 사실상・법률상의 독립성을 근거로 하여 선박소유자에게 책임제한을 인정하는 것은 타당하지 않다고 생각된다. 그러므로 두 번째 학설과 세 번째 학설 역시 타당하지 않다. 셋째, 에렌버그의 기업활동분산설과 이를 첨예화한 田中耕太郎의 견해는 기업활동의 분산은 오늘날의 대기업에는 일반화된 것으로 해상기업에 특유한 것은 아니라는 점에서 일반적 지지를 받지 못하고 있다.[156] 넷째, 오늘날은 대기업의 출현으로 기업의 대자본성과 위험의 대규모성은 이미 해상기업에만 특유한 것으로 볼 수 없고, 책임보험제도를 활용함으로써 기업이 책임을 전가할 수도 있다. 또한 운송계약상 광범위한 면책약관(免責約款)이 사용되고 있다는 점에서 다섯 번째의 학설 역시 타당성을 잃고 있다.[157] 다섯째, 이러한 비판이 있는 반

151) 田中誠二, 海商法詳論, 增補版, 東京, 勁草書房, 1985, 78쪽.

152) 大判 1970.9.29, 70 다 212 事件, 第3部 判決: 선장 기타 해원이 직무를 행함에 당하여 고의 또는 과실로 제3자에게 손해를 끼친 경우에 선박소유자가 지는 책임은 상법 제746조의 규정에 의한 선주의 책임이니 본조의 규정은 그 적용이 배제된다.

153) 崔埈璿, "海上・航空企業의 責任制限制度論의 新方向," 韓國海法會誌, 제8권 제1호, 1986, 206쪽.

154) 田中誠二, 海商法詳論, 增補版, 東京, 勁草書房, 1985, 78쪽.

155) 中村眞澄, 海上物品運送人責任論, 東京, 成文堂, 1974, 59쪽 참조.

156) 田中誠二, 海商法詳論, 增補版, 東京, 勁草書房, 1985, 77쪽.

157) 崔埈璿, "海上・航空企業者의 責任制限制度의 新方向", 韓國海法會誌, 第8卷 第1號, 1986, 77쪽.

면, 해운업은 한 나라의 정치적・경제적・군사적 활동의 기초를 이루고 있고, 한 나라의 해운의 성쇄는 그 국운의 소장에 밀접한 관계가 있기 때문에 해운을 특히 보호・육성할 필요성은 아직 존재한다고 본다. 따라서 여섯 번째 학설은 그 타당성을 어느 정도 인정할 수 있다고 본다. 여섯째, 일곱번째 학설이 우리 대법원의 입장이다.[158] 1991년 개정 이후 선박소유자 등의 책임제한에 관한 상법 제769조[159]는 일정한 요건을 갖춘 채권에 대하여 책임의 한도를 정해 놓은 것이지만, '선박소유자는 청구원인의 여하를 불구하고…'라고 하는 본문의 규정을 볼 때 불법행위에 대하여 사용자의 선임・감독상의 책임을 묻는 민법 제756조의 사용자책임과는 달리 채무불이행책임과 불법행위책임을 묻지 않고 청구의 원인이 무엇이든 열거된 채권에 대하여는 책임을 제한하겠다는 취지로 해석되는 것이다. 특히 영국의 「1894년 상선법」(the Merchant Shipping Act, 1894)의 해석상 선장 등의 선임에 있어서 선박소유자의 고의(privity)[160]가 있었을 경우에는 책임제한을 주장할 수 없는 주관적 사유로 해석이 되고 있는 점을 볼 때 선박소유자등의 책임을 일정한 한도로 제한하는 것과 선박소유자의 선장 등 선원의 선임・감독상의 고의・과실을 묻지 않고 책임을 묻는 것과의 형평성을 인정하려는 해석은 타당하지 않다고 본다. 따라서 대법원의 태도는 정당하지 않다고 생각한다.[161][162] 일곱째, 독일에서는 1909년 자동차보유자의 책임제한법에

158) 大判 1970.9.29, 70 다 212 事件, 第3部 判決: 논지는 피고 ○○○이 공동 피고인 남선기선주식회사의 대표이사라 하여도 그 회사의 직원이 사무집행중 제3자에게 끼친 손해에 대해서는 민법 756조 2항의 규정에 따라 사용자에 가름한 감독자로서 그 회사의 책임과는 별개의 독립된 책임이 있다고 하는 것이나, 선장 기타 해원이 직무를 행함에 당하여 고의 또는 과실로 제3자에게 손해를 끼친 경우에 선박 소유자가 지는 책임은 민법 756조 1항에서 말하는 사용자로서의 책임이 아니고 상법 747조1호의 규정에 의한 선주의 책임이니 만치 민법 756조 1항의 규정은 그 적용이 배제된다 할 것이고 따라서 사용자로서의 책임이 있다는 것을 전제로 한 동조 2항의 대감독자의 책임에 관한 규정도 이에 적용될 수 없다 할 것이니 이와 같은 견지에서 소론 주장을 배척한 원심 판단은 정당하고 반대의 논지는 이유 없다.

159) 1991년 상법 제746조가 현행 상법 제769조에 해당하고, 그 규정의 형식과 내용도 사실상 동일하다.

160) 이 때 'Privity'를 고의라고 해석하지만, 그 내용은 예컨대 선장의 잘못된 음주 습성 등을 알면서 고용함으로써 사고의 원인이 되었다는 점에서 책임제한을 주장할 수 없다고 하거나, 선박소유자에게 개인적으로 비난받을 만한 무엇인가가 있다는 것을 말하고 있는 점을 보면 우리 민법의 개념으로는 선임 또는 감독상의 과실에 가깝다고 생각된다.

1914년의 레너드 사건에서 버클리(Buckley)판사는 "선박소유자의 실제의 과실 또는 고의는 선박소유자에게 개인적으로 비난받을만한 무엇인가가 있다는 것으로 그의 사용인이나 대리인의 고의나 과실과는 구별 된다"라고 하였다. 즉 선박소유자에게 귀책사유가 있는 경우에만 책임제한을 금지할 수 있다는 것이다(The Norman,(1960) 1 Lloyd's Rep.1(H.L); W.E. Astle, Limitation of Liability, London, Fairplay Publications, 1985, p. 8).

161) 小町谷操三, "船舶所有者有限責任協約案の硏究", 法學協會雜誌, 第49卷, 1969, 87-88쪽.

162) 필자는 종전의 저서인 海商法講義要論(海印出版社, 2003)에서는 책임제한의 인정근거로는 타당한 설명이 아니라는 점에서는 지금의 주장과 차이가 없었지만, 1991년 상법 제746조의 해석에 있어서도 선박소유자에게 선임・감독상의 책임을 물을 수 있는 경우(민법 제756조)에만 그 배상책임의 한도액을 정하는 것으로 해석하여야 한다고 하여 해석을 달리하였다. 그러나 선박소유자 등의 책임제한을 정한 현행 상법 제769조의 규정(1991년 상법 제746조)이 사용자책임에 해당한다는 견해는 동 조항의 정확한 해석이 아니라고 판단되어

서 손해배상액의 최고한도를 제한하게 되었다. 이는 자동차 보유자가 높은 보험료를 부담하지 않고도 책임보험에 들 수 있도록 하기 위한 것이었다.[163] 여덟 번째, 학설도 이와 같은 맥락에서 이해될 수 있으며 타당한 견해라고 생각한다.

선박소유자 등의 책임제한제도는 단순히 국내법으로 규정하는데 그치지 않고, 20세기에 들어와서는 국제적 통일입법의 형태로 나타나기 시작하였다. 이러한 현상을 고려하면, 다음과 같은 새로운 이론적 근거를 제시할 수 있을 것이다.

첫째, 해운은 인류의 국제적 교류를 왕성하게 하고 국민경제에 크게 기여한다는 점에서 공익성이 강하기 때문에 해운기업의 건전한 발전을 위한 정책적 배려가 필요하다.

둘째, 대부분의 국가가 선박소유자 책임제한제도를 법제도화하고 있는 경우에 이 제도를 채택하지 않은 나라의 해운은 국제경쟁에서 불리하다는 점[164]을 인정하지 않을 수 없다.

셋째, 국제적 성격이 강한 해운분야에서는 어떠한 형태로든 해운 관련 국제협약을 수용하지 않을 수 없으며, 이를 거부하면 국제사회에서의 고립과 경제적·문화적 낙후를 의미하게 된다.

넷째, 선박소유자 등의 책임제한제도는 절차법을 적절하게 활용함으로써 채권자에 대한 공평하고 신속·확실한 채권액 분배의 역할을 할 수도 있으며 분쟁 당사자 사이의 화해를 촉진시켜서 불필요한 다툼을 사전에 방지하는 효과를 가져 올 수 있다.

다섯째, 선박소유자의 책임한도액이 확정되어 있으므로 보험에 들기가 쉽기 때문에 선박소유자가 무자력(無資力) 상태가 되었을 때에도 손해배상을 가능하게 하여 채권자의 보호역할을 할 수 있을 뿐만 아니라 선박소유자로서도 안전하고 확실한 기업경영을 도모할 수 있을 것이다.

생각건대 현대적 사법(私法)의 추세가 기업자의 일방적 보호에서 벗어나 점차 채권자 또는 피해자의 보호로 그 이념이 옮겨가고 있다. 선박소유자 등의 책임제한제도가 위부주의·집행주의·선가책임주의·금액책임주의로 발전해 온 것도 일면 이러한 맥락에서 이해할 수 있다. 그러므로 해상법 분야에서도 기업자의 일방적 보호라는 구태의연한 지도원리는 수정이 되어야 한다. 그러나 이러한 지도원리의 수정은 선박소유자 등의 책임제한제도의 폐지라는 극단적인 조치가 아닌 제도의 합리적 개선, 즉 선

주장을 바꾸기로 하였다.

163) 金相容, "危險責任과 嚴格責任의 比較", 考試界, 통권358호, 1986. 12, 100-101쪽.

164) James J. Donovan, "The Origins and Development of Limitation of Shipowner's Liability", Tulane Law Review, Vol. 53 No. 4, April 1979, p. 1007.

박소유자의 보호와 채권자 보호 사이에서 합리적인 균형점을 찾는 것이 현대적 과제라고 할 수 있다. 따라서 선박소유자 등의 책임제한제도는 해상기업이 해양의 이용에 대한 책임을 질 수 있는 제도로서, 또 채권자의 일방적 희생을 강요하는 제도라는 평가를 받지 않을 정도의 고액의 책임한도를 설정하고 이를 채권자에게 공정·신속·확실하게 분배하는 기능을 보장함과 동시에 선박소유자를 결정적인 파탄(破綻)으로부터 보호해 줄 수 있는 제도로 발전해야 할 것이다.

II. 책임제한의 방식에 관한 입법주의

선박소유자 등의 책임제한제도는 역사적으로 보면 영국법계·미국법계·프랑스법계·독일법계의 대립이 매우 심하다. 이러한 대립은 여러 가지 측면에서 나타나고 있지만, 특히 입법주의로 살필 수 있는 것은 책임제한의 방식에 관한 문제와 책임제한의 대상 채권의 범위에 관한 문제의 두 가지로 나누어 볼 수 있다. 여기서는 책임제한의 방식에 관한 문제에 한정하여 보기로 한다.

1. 위부주의

위부주의(abandon sysytem)는 舊 프랑스주의라고도 하는데, 선박소유자는 인적 무한책임을 지지만, 채권자에 대해서 해산[165]의 委付(abandonment)를 함으로써 그의 책임을 면하게 된다. 즉 채무자가 선택권을 가지는 일종의 임의채권(任意債權)[166] 이다. 한 항해에 대하여 둘 이상의 책임을 지지 않기 때문에 이 점에 있어서는 항해주의(航海主義)를 취한다고 한다.

과거 프랑스 및 일본(구 일본 상법 제690조)을 포함한 거의 모든 해운국이 채택한 입법방식이었고 지금도 라틴 아메리카 여러 나라가 취하고 있다고 한다.[167][168] 프랑

165) 海産으로는 선박·속구·운임 및 선박소유자가 그 선박에 대하여 가지고 있는 손해배상 청구권 또는 보수청구권 등을 들 수 있다.

166) 채권의 목적은 하나의 급부에 특정되어 있으나, 채권자 또는 채무자가 다른 급부로써 본래의 급부에 갈음할 수 있는 권리(대용권·보충권)를 가지고 있는 채권을 임의채권이라 한다. 하나의 특정된 급부가 본래의 채권의 목적이고, 그것에 갈음하는 급부는 보충적 지위에 있으며, 수개의 급부가 선택적으로 채권의 목적이 되어 있는 것이 아닌 점에서 선택채권과 다르다. 그러므로 본래의 급부가 채무자에게 책임 없는 사유로 인하여 불능으로 된 때에는 채권은 소멸한다. 그리고 대용급부의 의사를 표시하여도 그것만으로써는 특정하지 않는다. 또한 대용권이 없는 채권자는 어디까지나 본래의 급부를 청구할 수 있음에 그치고, 대용권이 없는 채무자는 대용급부의 수령을 강요하거나, 또는 이에 기하여 상계의 주장을 하는 등의 권리는 없다; 郭潤直, 債權總論, 再全訂版, 博英社, 1984, 89쪽 참조..

167) 鄭燦亨, 商法講義(하), 제10판, 博英社, 2008, 804쪽.

168) 田中誠二, 海商法詳論, 增補版, 東京, 勁草書房, 1985, 64쪽 ; 아르헨티나·브라질·이집트·페루 등을 들 수 있다(Kaj Pineus and hans Georg Röhreke, Limited Liability in Collision Cases, London, Lloyd's of London Press, 1984, pp. 7-23).

스는 1885년 8월 12일의 상법 제126조에서 위부주의를 취하고 있었지만 「1967년 선박 그 밖의 해상구조물의 사용에 관한 법」 제61조로 이것을 개정하여 「1957년 항해선소유자의 책임제한에 관한 국제협약」을 채택하였다가, 「1976년 해사채권책임제한협약」에 가입하였다. 일본도 1975년에 선주책임제한법을 개정하여 「1957년 항해선소유자의 책임제한에 관한 국제협약」을 수용하였다가 지금은 「1976년 해사채권책임제한협약」에 가입하였다.

2. 집행주의

執行主義(Exekutionsysytem)는 독일주의라고도 하며, 선박소유자가 채무는 전부 부담하지만, 처음부터 책임이 해산에 제한되는 물적 유한책임제도이다. 그 결과 강제집행은 해산에 한해서만 할 수 있고 陸産에 대한 강제집행은 거부하고, 항해주의를 취한다고 보아야 한다. 과거의 1897년 독일 상법과 스칸디나비아 각국이 취한 방식이었으나,[169] 독일에서는 1987년부터 「1976년 해사채권책임제한협약」이 발효하였다.

3. 금액책임주의

영국주의라고도 하며 선박소유자의 책임은 인적유한책임이다. 매 사고를 단위로 하여 일정한 금액을 한도로 선박소유자가 인적유한책임을 지는 제도이다. 한 항해 중에 여러 차례 사고가 일어나면 책임한도가 현저하게 증대하게 되는 일도 있을 것이다. 사고를 기준으로 하므로 항해주의에 대하여 사고주의라고 한다.[170] 이 제도는 일찍이 영국에서 해상보험이 발달하게 되는 계기가 되었다.[171]

영국 이외에 1924년의 네덜란드 상법도 선박소유자의 책임을 기준톤당 50 굴덴(Gulden)으로 제한하는 방식을 취했고(제541조 제1항)[172] 그밖에 「1957년 항해선소유자의 책임제한에 관한 국제협약」과 「1976년 해사채권책임제한협약」이 이러한 방식을 취하고 있다.

4. 선가책임주의

미국주의라고도 하며 선박소유자의 책임은 원칙적으로 항해 말에 있어서의 해산의 가액을 한도로 하는 인적유한책임이지만 해산을 수탁자(trustee)에게 위부해서 책임

169) Alex. Rein, "International Variations on Concepts of Limitation of Liability," Tulane Law Review, Vol.53, No.4, April 1979, p. 126.

170) 鄭明煥, "船舶所有者의 責任制限制度에 관하여," 成均館大學校 論文集, 第8輯, 1963, 128쪽.

171) Alex. Rein, "International Variations on Concepts of Limitation of Liability," Tulane Law Review, Vol.53, No.4, April 1979, p. 1265.

172) 田中誠二, 海商法詳論, 增補版, 東京, 勁草書房, 1985, 83쪽.

을 면할 수도 있는 船價主義에 선택적 위부권을 인정하는 입법방식이다.173) 채무자가 선택권을 가지는 임의채권이고 항해주의를 취한다.

미국도 1935년 8월 29일의 「선박소유자책임제한법」(U.S.C.A. Title 46: Shipping, Limitation of Shipowners' Liability Act)으로서 1851년 「유한책임법」(Limited Liability Act of 1851)을 개정하여 선택적 위부권을 폐지하고, 또한 사람의 사상(死傷)에 대해서는 금액책임주의를 병용하는 것으로 하였다.174) 따라서 「1924년 항해선소유자의 책임제한에 관한 국제협약」과 같은 입장을 취하게 되었다.

5. 선택주의

1907년 국제해법회 베네치아 회의의 결의안에 의거해서 1908년의 벨기에 해상법과 1928년 개정 그리스법이 채용한 입법주의이다.175) 이는 위부주의·선가책임주의 및 금액책임주의를 선택하도록 하는 선택채권176)이다. 다만, 사고주의는 채용하지 않고 모두 항해주의에 따른다.

1968년 구소련 해상법전(Merchant Shipping Code of the U.S.S.R., 1968)도 船價責任主義를 병용하는 「1924년 항해선소유자의 책임제한에 관한 국제협약」의 방식 이외에, 선박소유자에게 위부의 선택권을 부여하고 있으므로 선택주의에 속한다.177)

6. 병용주의

「1924년 항해선소유자의 책임제한에 관한 국제협약」이 채용한 방식으로, 선가책임주의를 원칙으로 하고 이에 금액책임주의를 병용한 것이다. 선가의 평가에 관하여 항해주의와 사고주의를 절충한 것이다.178)

---

173) Alex. Rein, "International Variations on Concepts of Limitation of Liability," Tulane Law Review, Vol.53, No.4, April 1979, p. 1263.

174) 田中誠二, 海商法詳論, 增補版, 東京, 勁草書房, 1985, 65쪽 ; 1935년 「선박소유자책임제한법」(Limitation of Shipowners' Liability Act)은 Nicholas J.Healy and David J. Sharpe, Cases and Materials on Admiralty, Minn, West, 1977, pp. 812-816 참조.

175) 鄭明煥, "船舶所有者의 責任制限制度에 관하여," 成均館大學校 論文集, 第8輯, 1963, 128-129쪽 ; Alex. Rein, "International Variations on Concepts of Limitation of Liability," Tulane Law Review, Vol.53, No.4, April 1979, pp. 1267-1268.

176) 선택채권이라 함은 채권의 목적이 선택적으로 정하여져 있는 채권이다. 바꾸어 말하면 선택이 있을 때까지는 선택되어야 할 여러 개의 다른 급부가 선택적으로 채권의 목적이 되며, 선택으로 그 여러 개의 급부 가운데의 어느 하나가 목적으로 확정되는 채권이다. 주의할 것은 선택채권은 두 개 이상의 급부를 선택적으로 목적으로 하는 것이나, 그 두가지 의상의 급부는 선택할 가치가 있을 정도로 각각 다른 개성을 가지고 또한 독립한 가치를 가지는 것이어야 한다. 선택채권의 목적은 선택적으로 정하여져 있을 뿐이므로, 선택에 의하여 어느 하나의 급부로 특정될 때까지는 채권의 목적은 확정되지 않으며, 따라서 이행할 수 없고 또한 강제집행을 하지도 못한다. 선택채권에 있어서는 선택이라는 것이 특히 중대한 의의를 가진다(郭潤直, 債權總論, 再全訂版, 博英社, 1984, 82쪽 참조).

177) 石井照久·鴻 常夫, 海商法·保險法, 東京, 勁草書房, 1976, 31쪽.

1928년의 개정 벨기에 해상법·1935년 미국법·1939년의 이탈리아 선박소유자책임법 등이 대체로 이러한 방식을 따르고 있다.[179]

7. 평가

첫째, 위부주의는 ① 위부재산의 가액이 채권액을 넘어서는 경우에도 초과액의 반환을 받을 수 없으므로 선박소유자가 위부권의 행사 여부를 판단하기 어렵다는 점, ② 채권자의 동의 없이 새로운 항해를 시작한 때에는 위부권을 상실하기 때문에 사고발생 후, 장기간 선박을 계류(繫留)하는 일이 있어서 해운경제상 손실이 크다는 점,[180] ③ 위부권을 행사했는가의 여부에 대한 논쟁이 생기기 쉽다는 점[181] 등이 단점으로 나타난다.

둘째, 집행주의는 ① 선박이 주된 집행재산이므로 사고발생 후에는 선박의 관리가 소홀하여진다는 점,[182] ② 강제집행절차가 번잡하여 채권자에게도 불편하고, 실제로 독일에서도 잘 이용되지 못했다는 점[183] 등이 단점으로 지적되고 있다.

그밖에도 위부주의와 집행주의는 모두 ① 해산이 멸실되면 채권자는 자기 채권을 보호할 재산을 잃게 되므로 일단 사고가 일어난 후에는 해산에 대한 위험부담이 모두 채권자에게로 전가되는 결과가 된다는 점, ② 이들은 조합적인 기업형태 내지 한 항해가 하나의 모험적인 기업으로서, 선박을 중심으로 하는 해산이 해상기업 재산의 대부분을 차지하여 육상재산에 대한 강제집행이 곤란하였던 시대에 그 의의를 가진 것으로 오늘날과 같은 해운경영 형태나 화폐경제가 지배하는 경제구조에는 타당하지 않다는 점,[184] ③ 책임보험제도가 존재하지 않았던 시대의 제도로서 오늘날의 사회경제적 조건 하에서는 불합리하다는 점[185] 등을 볼 때, 오늘날의 책임제한방식으로는 그 의의를 잃어 버렸다고 생각된다.

셋째, 선가책임주의는 ① 인적유한책임이어서 채권의 확보가 확실하다는 점, ② 선박소유자는 선가를 공탁(供託)하고 자유로이 선박을 이용할 수 있다는 점 등을 장점으로 들 수 있다.[186] 반면 단점으로는 ① 선가의 결정에 있어서 다툼이 일어나기 쉽

178) 鄭明煥, "船舶所有者의 責任制限制度에 관하여," 成均館大學校 論文集, 第8輯, 1963, 129쪽.
179) 田中誠二, 海商法詳論, 增補版, 東京, 勁草書房, 1985, 84쪽.
180) 徐燉珏, 商法講義(하), 제3전정판, 法文社, 1986, 484쪽.
181) 田中誠二, 海商法詳論, 增補版, 東京, 勁草書房, 1985, 87쪽.
182) Alex. Rein, "International Variations on Concepts of Limitation of Liability," Tulane Law Review, Vol.53, No.4, April 1979, p.1236.
183) 徐燉珏, 商法講義(하), 제3전정판, 法文社, 1986, 484쪽 ; 孫珠瓚, 商法(下), 3訂, 博英社, 1983, 172쪽.
184) 裵炳泰, 註釋海商法, 韓國司法行政學會, 1983, 77-78쪽.
185) Alex. Rein, "International Variations on Concepts of Limitation of Liability," Tulane Law Review, Vol. 53, No. 4, April 1979, pp. 1262-1263.

고,[187] ② 가해 선박의 노후도(老朽度)에 따라서 책임한도에 심한 차이가 생길 수 있다는 것[188] 등을 지적할 수 있다.

넷째, 금액책임주의의 경우는 ① 책임한도가 명확하다는 점, ② 해산의 멸실이 책임액에 직접적인 관계가 없다는 점, ③ 절차가 간단하다는 점 등이 장점이다.[189] 단점으로는 ① 사고주의를 동반하므로 사고가 생길 때마다 책임기금을 형성하게 되어서 해운경영상 계산의 기초가 확실하지 않다는 점,[190] ② 항해 중 여러 차례 사고가 일어나면 선박소유자의 책임은 현저히 늘어나서 책임제한이 없는 것과 같은 결과가 될 염려가 있다는 점[191] 등이 지적된다.

다섯째, 선택주의와 병용주의는 지금까지 검토한 여러 방식을 절충한 것이므로 이들 제방식의 장·단점을 함께 가지고 있다. 이 중 선택주의는 위부할 수 있다는 점이 가장 큰 결점이고, 병용주의를 취한 「1924년 항해선소유자의 책임제한에 관한 국제협약」은 대륙법계와 영미법계의 대립을 각국의 주장을 부분적인 양보에 의해서 절충한 모자이크식 입법으로서[192] 성립 초기부터 각국의 비난을 받아왔다. 특히 사고주의와 항해주의를 병용하였으므로 변제청산방법이 난해하다는 점을 지적할 수 있다. 이들 두 입법주의, 즉 선택주의와 병용주의는 선박소유자의 보호에 너무나 치중하고 있어서 채권자 또는 피해자의 보호가 강조되는 오늘날의 제도로는 적합하지 않다고 할 것이다.

이상 여러 가지 책임제한의 방식을 살펴 본 결과, 각각 나름대로의 장·단점을 가지고 있으나, 그 중에서는 금액책임주의가 가장 합리적인 제도라고 생각된다.[193] 사고주의에 따르는 단점이 지적되기도 하지만, 이는 반대로 채권자 또는 피해자의 두터운 보호라는 관점에서 보면 장점으로 생각할 수도 있다. 특히 이 제도는 책임보험제도를 더욱 활성화할 수 있다고 생각한다.

186) 孫珠瓚, 商法(下), 3訂, 博英社, 1983, 172쪽.
187) 藤崎道好, 海商法概論, 東京, 成山堂, 1975, 35쪽 ; 田中誠二, 海商法詳論, 增補版, 東京, 勁草書房, 1985, 87쪽.
188) 石井照久·鴻 常夫, 海商法·保險法, 東京, 勁草書房, 1976, 31쪽 ; 孫珠瓚, "商法上의 船舶所有者責任制限制度의 問題點," 商事法의 諸問題, 博英社, 1983, 409쪽.
189) 徐燉珏, 商法講義(하), 제3전정판, 法文社, 1986, 484쪽.
190) 田中誠二, 海商法詳論, 增補版, 東京, 勁草書房, 1985, 87-88쪽.
191) 鄭明煥, "船舶所有者의 責任制限制度에 관하여," 成均館大學校 論文集, 第8輯, 1963, 142쪽.
192) Sjur Braekhus and Alex. Rein, Handbook of P&I Insurance, 2nd ed., Gjensidig, Assurance foreningen Gard, 1979, p. 132.
193) 같은 의견, 石井照久·鴻 常夫, 海商法·保險法, 東京, 勁草書房, 1976, 31쪽 ; 裵炳泰, 註釋海商法, 韓國司法行政學會, 1983, 78쪽.

제3관 상법의 내용

선박소유자 등의 책임제한제도에 대한 기본 법률은 상법 제769조 내지 제776조의 규정과 「선박소유자 등의 책임제한절차에 관한 법률」(법률 제8581호로 2007년 8월 3일 개정)이다. 즉, 상법은 선박소유자 등의 책임제한제도의 내용을 규정하는 실체법이고, 「선박소유자 등의 책임제한절차에 관한 법률」은 선박소유자 등의 책임제한절차를 규정하는 절차법이다. 국제협약이 규정하는 것은 실체법에 해당하는 것이고, 절차법은 각국이 자국의 법체계에 따라서 별도로 규정하는 것으로 되어 있다. 이하에서는 「1976년 해사채권책임제한협약」을 모델로 국내법화되었고, 「1996년 해사채권책임제한협약」의 일부내용을 수용한 현행 상법의 내용을 설명하기로 한다.

Ⅰ. 책임제한의 주체

1. 상법 규정

책임제한을 주장할 수 있는 자는 ① 선박소유자(상법 제769조), ② 용선자・선박관리인 및 선박운항자(상법 제774조 제1항 제1호), ③ 법인인 선박소유자 및 용선자・선박관리인 및 선박운항자(상법 제774조 제1항 제1호에 규정된 자)의 무한책임사원(상법 제774조 제1항 제2호), ④ 자기의 행위로 인하여 선박소유자 또는 용선자・선박관리인 및 선박운항자에 대하여 상법 제769조 각 호에 따른 채권이 성립하게 한 경우에 그 행위자인 선장, 해원, 도선사, 그 밖의 선박소유자 또는 용선자・선박관리인 및 운항자의 사용인 또는 대리인(상법 제774조 제1항 제3호), ⑤ 구조자(상법 제775조 제1항)이다.

이와 관련하여 「1976년 해사채권책임제한협약」의 체결 이전에는 선박소유자만 책임제한의 주체가 될 수 있었으므로, 정기용선이 된 경우에 정기용선자는 책임제한의 이익을 누릴 수 없어서 선하증권에 디마이스 약관(demise clause)[194]를 삽입하였다

194) 선하증권의 디마이스 약관(demise clause)이란 선하증권계약의 당사자는 선박소유자이며 용선자는 선박소유자의 대리인에 불과하다는 뜻을 담은 조항이다(최신해운・물류용어대사전, 제10개정 증보판, 코리아쉬핑가제트, 338쪽 참조). 정기용선자가 재운송계약을 체결하게 되면 제3의 하주와의 관계에서는 계약운송인으로서 선하증권의 발행 주체가 되어서 용선자가 재운송계약상의 책임주체가 되는 것인데, 이를 회피하기 위하여 삽입한 조항이다. 이는 정기용선계약이 운송계약이라는 점에서 상사과실로 인한 운송물 손해에 대하여 용선자가 제3의 하주에게 손해배상책임을 지게 되면, 용선자는 자신의 정기용선계약에 기하여 선박소유자를 대상으로 구상권을 행사할 수 있다는 점에 착안하여 재운송인의 책임을 선박소유자에게 곧바로 전가하려는 약관이다. 디마이스 약관은 선박소유자 등의 책임제한제도와는 무관한 약관이다. 디마이스 약관이 용선자를 선박소유자 등의 책임제한의 주체로 인정하려는 약관이라고 해석하는 견해는 용선자가 제3의 하주에게

고 설명하는 견해가 있으나,[195] 「1924년 항해선소유자의 책임제한에 관한 국제협약」 제10조에서도 선박운항자와 용선자를, 「1957년 항해선소유자의 책임제한에 관한 국제협약」 제6조 제2항에서도 용선자, 선박관리인과 선박운항자를 각각 책임제한의 주체로 인정하고 있었다.

현행 상법은 용선자・선박관리인・선박운항자・무한책임사원・선장・해원・도선사・그 밖의 사용인 또는 대리인・구조자 등이 모두 책임제한을 주장할 수 있다고 하여 운송인중심주의를 취하고 있다.[196]

2. 선박소유자 등

첫째, 선박소유자라 함은 선박의 소유권을 가지고 해상기업활동을 목적으로 하여 그것을 항해에 사용하는 사람을 말한다. 이는 선박의 소유권을 가지고 그 선박을 해상기업활동에 이용하는 자연인은 물론이고 법인도 포함한다. 또한 명시되어 있지는 않으나 상법 제756조 이하에서 규정한 선박공유자(partowner of the ship)도 포함하는 개념으로 보아야 한다.[197] 여기서 선박공유자라 함은 선박소유권을 여러 사람(자연인 또는 법인)이 지분으로 소유하고 공동의 해상기업활동을 목적으로 공유하는 선박을 항해에 사용하는 자를 말한다.[198] 또한 이 때 선박소유자가 상법의 규정(상법 제770조)에 의하여 손해배상책임을 지는 경우에는 민법의 규정(민법 제756조)은 적용되지 않는다.[199]

둘째, 용선자는 선체용선자(bareboat charterer)[200]는 물론 정기용선자와 항해용선자를 포함하는 개념이다.[201] 이는 타인이 소유한 선박을 이용하여 자기의 명의로 해상기업활동을 하는 소위 타선의장자를 말하는 것이다. 현행 상법은 1991년 상법이

선하증권의 발행인 또는 계약운송인의 자격으로 책임을 지는 것과 정기용선계약상의 책임관계를 오인한 것으로 보인다.

195) 金仁顯, 海商法, 제2판, 法文社, 53쪽 참조.

196) 宋相現・金炫, 海商法原論, 제3판, 博英社, 2005, 125쪽 참조.

197) 時岡泰・谷川 久・相郎朋紀, 船主責任制限法・油濁損害賠償保障法, 東京, 商事法務研究會, 1979, 28쪽.

198) 鄭暎錫, 海商法講義要論, 海印出版社, 2003, 38쪽 참조.

199) 大判 1970.9.29, 70 다 212(集 18 ③ 民 90) : 선장 기타 해원이 직무를 행함에 당하여 고의 또는 과실로 제3자에게 손해를 끼친 경우 선박 소유자가 지는 책임은 상법상의 책임이므로 민법 제756조 적용이 배제된다.

200) 구상법의 선박임차인(구상법 제766조 제1항)을 말하는 것으로 현행 상법은 제2장을 운송과 용선으로 재편성하면서 선체용선으로 명칭을 변경하였다(상법 제847조). 이는 영국의 판례법과 해운실무에서 용선계약을 나용선(또는 선박임대차), 정기용선, 항해용선으로 구분하는 개념을 받아들인 것인데, 국회의 입법심의과정에서 나용선이라는 용어가 일본식 표현이라는 지적에 따라 선체용선으로 수정하였다(상법일부개정법률안심사보고서, 2007. 7, 96쪽).

201) R. Colinvaux, Carver's Carriage by Sea, Vol. Ⅰ, 12th ed., London, Stevens & Sons, 1971, p. 279; Michael Thomas, "British Concepts of Limitation of Liaility", Tulane Law Review, Vol. 53, No. 4, April 1979, p. 1209.

제5편 제2장의 선박소유자편에서 선박임차인을 규정하고 제4장 운송편에서 정기용선자와 항해용선자에 대하여 규정한 것과는 편제를 달리하여 제2장을 운송과 용선으로 규정하고 용선계약의 종류를 영국법과 해운실무의 일반적 분류방법인 항해용선계약, 정기용선계약, 선체용선계약으로 구분하고 있다. 그러므로 현행 상법의 규정에 따라 선박임차인은 선체용선자에 해당한다. 상법 제774조 제1항 제1호에서 규정한 용선자는 선박의 사용・수익권을 선박소유자로부터 넘겨받아서 용선자가 완전하게 행사하는 선체용선자가 주로 여기에 해당한다. 즉 과거의 선박임차인이 이에 해당한다. 그러나 정기용선자와 항해용선자의 경우에도 용선한 선박을 재운송계약 등을 이용하여 자기의 해상기업활동에 사용하는 도중에 발생한 채무에 대하여는 역시 타선의장자로서 선박소유자와 동일한 범위와 방법으로 책임제한을 주장할 수 있다고 생각한다.[202] 이러한 경우 용선자는 직접적인 책임은 재운송계약의 내용이나 선하증권의 발행에 따라 계약운송인으로서 하주에 대한 책임을 지게 되지만, 결국은 재운송계약은 원용선계약의 이행에 의하여 실현할 수 있는 것이기 때문에 궁극적으로는 용선자가 재운송계약의 하주에 대하여 부담하는 책임은 선박소유자에게 구상권을 행사하게 된다. 따라서 선박소유자가 지는 책임의 한도를 넘어서서 용선자(재운송인)가 책임을 지는 것은 부당하기 때문에 선박소유자와 동일하게 책임을 제한하게 하는 것이다.

셋째, 선박관리인이라 함은 실질적으로 선박의 운항관리를 맡고 있는 자를 말하는 것으로 상당히 넓은 개념이다. 주로 선박공유자를 대신하여 선박을 이용하는 대리인의 자격으로 실질적으로 해상기업 활동의 외관상 주체가 되는 상법상의 선박관리인(좁은 의미의 선박관리인)이 이에 해당한다(상법 제765조). 또 선박소유자와 관리계약을 체결하고 선원의 공급, 선박의 유지・보수, 영업활동에 이르기까지 선박을 관리하여 주고 일정한 수수료를 받는 대리점을 소위 전문선박관리회사라고 하는데(이하 '선박관리회사'라 부른다), 이 때 선박관리회사가 자기의 명의로 선박운항을 하는 경우에는 이러한 선박관리회사도 여기에 속한다.[203] 또한 선박을 점유하고 실질적인 관리를 하고 있는 유치권자나 저당권자(a mortgagee in possession of the ship)도 선박소유자 등의 책임제한을 주장할 수 있는 주체로서의 선박관리인에 포함된다고 본다.[204] 예컨대, 선박수리비를 받지 못하여 선박의 점유권을 가지고 있는 유치권자나, 저당권을 실행하기 위하여 저당권자가 선박의 점유권을 취득하여 관리하고 있는

202) 같은 의견, 鄭燦亨, 商法講義(하), 제10판, 博英社, 2008, 806-807쪽.
203) 金仁顯, 海商法, 제2판, 法文社, 54쪽 참조.
204) R. Colinvaux, Carver's Carriage by Sea, Vol. Ⅰ, 12th ed., London, Stevens & Sons, 1971, p. 279.

상태에서 해당 선박이 좌초되어 기름오염손해를 발생시킨 경우 등에는 선박소유자 등의 책임제한을 주장할 수 있다고 본다. 그러므로 실질적 의미에서 선박의 관리권을 행사하고 관리로 인한 법적 책임이 있는 경우에는 여기서 말하는 선박관리인으로 보아야 한다.[205)]

넷째, 선박운항자(operator)는 주로 타인 소유의 선박을 이용하여 해상기업 활동을 하는 사람으로서 해상기업의 주체성이 인정되는 모든 사람을 일컫는데, 선박운항위탁계약을 체결한 운항수탁자 등도 여기에 속한다.[206)] 보통 선박운항위탁계약은 영업의 능력이 없는 선박소유자가 자신의 선박의 운항을 수탁자에게 맡기고, 수탁자는 자신의 이름으로 위탁자의 계산으로 선박을 운항하고 수탁자는 그 대가로 수수료를 받기로 하는 계약을 말한다. 이때 선박운항수탁자는 자신의 이름으로 선박운항을 하게 되므로 해상기업으로서 인적 설비를 보유하지 않으면 이러한 계약을 체결하기 어렵다.

다섯째, 법인인 선박소유자, 용선자・선박관리인 및 선박운항자의 무한책임사원이라 함은 선박소유자・용선자・선박관리인 및 선박운항자가 합명회사 또는 합자회사일 경우에 법인의 채권채무관계에 있어서 무한책임사원이 직접・연대・무한책임을 지게 되는 것을 말한다. 그러므로 이들 법인의 경우에는 법인이 직접 책임을 지는 외에 무한책임사원을 대상으로 책임을 물을 수도 있기 때문에 책임제한의 주체성도 인정하고 있다.

2. 이행보조자

자기의 행위로 인하여 선박소유자 또는 용선자・선박관리인 및 선박운항자에 대하여 상법 제769조 각 호에 따른 채권이 성립하게 한 경우에 그 행위자인 선장, 해원, 도선사, 그 밖의 선박소유자 또는 용선자・선박관리인 및 운항자의 사용인 또는 대리인은 이행보조자로서 이들의 행위에 대하여 사용자로서 선박소유자 등이 책임을 지고 책임제한을 받는 것은 당연하다. 그러나 이행보조자는 행위를 한 당사자로서 불법행위책임을 물을 수 있고, 채권자는 상법 제769조 이하의 책임제한을 피하기 위하여

205) 서울고판 1997.2.4, 96 다 13486 : 서울 고등법원은 서해페리호 사건에서 내항여객선의 운항을 지휘・감독한 한국해운조합이 선박관리인에 포함되지 않으며 따라서 책임제한을 할 수 없다고 판시하였다. 그 이유는 한국해운조합이 선박을 관리하는 것은 국가의 입장에서 안전관리를 하는 것이므로 해운기업이 영업으로서 선박관리를 하는 것과 다르기 때문이다. 해운기업의 선박관리는 해운영업, 선원의 공급과 감독, 선박운항 등을 하는 것이므로 한국해운조합의 기능과는 다르다. 그러나 이 사건에서 피해자에 대한 한국해운조합에 사용자책임을 지우면서 책임제한을 부인하는 것은 타당하지 않다고 본다. 사용자책임을 물을 수 있는 주체의 위치에 있지 않다고 생각되고, 책임제한의 주체도 될 수 없다고 본다(같은 의견, 宋相現・金炫, 海商法原論, 제3판, 博英社, 2005, 125쪽 참조).

206) 같은 의견, 金仁顯, 海商法, 제2판, 法文社, 2007, 54쪽.

이행보조자를 상대로 책임을 물을 수 있기 때문에 이 규정을 두어 이들에게 책임을 물을 경우에도 책임제한을 받을 수 있도록 하였다.[207] 이 규정에 의하여 보통의 경우에는 변제능력이 부족한 이행보조자를 상대로 한 배상청구는 실익이 없어졌다고 볼 수 있다.

선장이라 함은 특정 선박의 승무원으로서 그 선박을 지휘하고 일정한 범위의 선박소유자 대리권을 가진 자를 말한다. 또 선장이 불가항력으로 그 직무를 행할 수 없을 때에 그 선장이 다른 선장을 선임하는 경우가 있는데, 이때 선장이 선임한 선장을 대선장(代船長)이라 한다(상법 제748조). 이러한 대선장도 여기서 말하는 선장의 범위에 포함된다.

해원은 선박 안에서 근무하는 선장이 아닌 선원을 말한다(선원법 제3조 제3호). 「도선법」상으로는 도선구에서 도선사가 탑승하여 당해 선박을 안전하게 수로로 안내하는 것을 도선이라고 하고(도선법 제2조 제1호), 일정한 도선구에서 도선업무를 할 수 있는 도선사의 면허를 받은 자를 도선사라고 한다(도선법 제2조 제2호). 따라서 도선사가 도선 중에 고의·과실로 인한 손해에 대하여 책임제한을 할 수 있다는 것이다. 그 밖의 사용인 또는 대리인이라 함은 선박소유자 등과 고용관계 뿐만 아니라 도급계약 또는 위임계약 등에 의하여 선박소유자 등으로부터 대리권을 수여받고 행위 하는 포괄적 의미의 이행보조자를 모두 포함한다. 따라서 항만하역인부, 수선업자의 피용자 등도 계약의 내용에 따라서는 선박운항과 관련하여 본선의 업무를 직접적으로 대행하는 경우에는 책임제한의 주체가 될 수 있다. 「1957년 항해선소유자의 책임제한에 관한 국제협약」은 선박소유자 등과 고용관계가 있는 자에 한하여 책임제한을 주장할 수 있다고 해석하였으나, 「1976년 해사채권책임제한협약」은 '선박소유자 또는 구조자가 그의 이행보조자의 행위에 대하여 결과책임을 지는 모든 경우에, 이들 이행보조자도 책임제한을 주장할 수 있다'라고 규정하여 고용계약 이외의 법률관계에 의한 이행보조자에게도 책임제한의 주체성을 확대하였는데, 이를 구체적으로 받아들인 것이다.

3. 구조자 등

구조자 또는 그 피용자의 구조활동과 직접 관련하여 발생한 손해에 대하여는 구조자도 책임제한을 주장할 수 있다(상법 제775조 제1항, 제2항). 이 때 구조자는 구조활동에 직접 관련된 용역을 제공한 자를 말한다(상법 제775조 제4항). 또 구조활동이

207) 鄭燦亨, 商法講義(하), 제10판, 博英社, 2008, 807쪽 참조.

라 함은 해난구조시의 구조활동은 물론 침몰·난파·좌초·유기, 그 밖의 해난사고를 당한 선박 및 그 선박 안에 있거나 있었던 적하 기타 물건의 인양·제거·파괴 또는 무해조치 및 이와 관련된 손해를 방지 또는 경감하기 위한 모든 조치를 말한다(상법 제775조 제4항). 이러한 구조활동은 ① 구조선에 의하여 하는 경우, ② 피구조선에서 하는 경우 및 ③ 선박에 의하지 아니하는 구조 등이 있는데, 이때 ①의 경우는 선박소유자 등의 책임제한을 주장할 수 있으므로(상법 제769조, 제774조 제1항 제1호), 특히 ② 및 ③의 경우에 그 의미가 크다고 할 수 있다(상법 제775조 제2항 참조).[208] 특히 ③의 경우에는 선박과 무관한데도 불구하고 이러한 구조자까지 선박소유자 등의 책임제한의 주체에 포함시키는 것이 특이한 점이다. 이때 피용자라 함은 구조자의 업무를 실행하는 이행보조자로서 반드시 고용계약이 있어야 하는 것에 한정된 것은 아니고, 도급계약자도 포함하는 개념이다. 따라서 구조선에 의한 구조자뿐만 아니라 구조선 이외의 구조자의 사용자 등(이행보조자나 피용자 등)도 책임제한을 주장할 수 있다고 보아야 할 것이다(상법 제774조 제1항 제3호 유추적용).

구조자를 책임제한의 주체에 포함시킨 것은 도조마루호 사건[209]에서 영국 대법원이 내린 판결에 대하여 국제해난구조자단체가 반발하여 「1976년 해사채권책임제한협약」이 받아들인 것이다.[210] 도조마루사건에서는 '비록 구조작업을 돕고 있었다고는 하지만, 손해발생시에 구조자의 선박 밖에서 일하고 있던 잠수부(diver)의 과실에 기인하여 일어난 손해에 대해서 구조자는 그의 책임을 제한할 수 없다'라고 판시하였다. 여기에 더하여 대법원은 '그 잠수부의 행위는 구조선의 관리상 이루어진 행위가 아님은 물론 구조선 내에서의 행위도 아니다'라고 판시하였다. 이 판결로 인하여 유조선·위험물운송선 또는 연료유를 대량으로 적재하고 다니는 대형선의 구조에 있어서 구조자는 오염문제를 포함한 특수비용에 대한 보장을 요구하였는데, 이것이 반영되어 구조자를 책임제한의 주체로 인정한 것이다. 이 규정은 구조자가 안심하고 구조작업을 할 수 있고, 조난 당한 선박소유자의 결과적 책임에 대한 책임제한도 가능하게 되었다.[211]

4. 기타

첫째, 선박소유자 등 책임제한권자를 피보험자로 하는 책임보험의 보험자도 피보

208) 같은 의견, 鄭燦亨, 商法講義(하), 제10판, 博英社, 2008, 808쪽.
209) The Tojo Maru [1971], 1, Lloyd's Rep., p. 341.
210) Patrick Griggs and Richard Williams, Limitation of Liability for Maritime Claims, London, Lloyd's of London Press, 1986, p. 6.
211) 裵炳泰, "1976년 海事債權에 대한 責任制限條約의 硏究", 한국해양대학교 논문집, 제13집, 1978, 6쪽.

험자와 같이 책임제한을 주장할 수 있다.[212] 책임보험에서는 제3자(채권이 제한되는 자)는 보험자에 대한 직접청구권(直接請求權)이 있고(상법 제724조 제2항 본문), 이 때 보험자는 피보험자가 그 사고에 관하여 가지는 항변으로써 그 제3자에게 대항할 수 있으므로(상법 제724조 제2항 단서), 보험자는 피보험자의 책임제한 역시 주장할 수 있다. 이것은 피해자인 제3자가 책임보험자에게 직접청구권(direct action)을 행사하여 소송을 제기하였을 경우에 책임보험자를 피보험자보다 불리한 지위에 놓이지 않게 하려는 것이다.[213] 이와 같이 책임보험에 직접청구권을 규정한 것은 책임보험이 제3자를 위한 보험이기 때문에 피해자인 제3자가 직접 보험금청구권을 행사하는 것이 타당하다는 논리에 근거한 것이다.[214] 상법 제724조에 의하여 제3자에게 보험자에 대한 직접청구권을 인정하고 있으므로 당연히 책임보험자도 피보험자의 책임제한의 항변을 원용하여 책임제한을 주장할 수 있다고 본다. 따라서 상법 774조에서 책임보험자를 책임제한을 할 수 있는 자에 별도로 규정하지는 않았다. 이때 책임보험자라 함은 손해보험사는 물론, 선주상호보험조합, 한국해운조합보험, 수산업협동조합보험 등이 포함된다.

둘째, 운송주선인(運送周旋人)은 원칙적으로 책임제한을 주장할 수 없으나, 운송주선약관(運送周旋約款)에서 선박소유자 등과 동일한 책임을 지는 것으로 정하는 것이 대부분이다.[215]

II. 청구의 원인

상법 제769조 본문 전단은 '선박소유자 등은 다음에 열거하는 채권[216]에 대해서는 청구원인의 여하를 불문하고 상법 제770조에 따른 금액의 한도로 그 책임을 제한할 수 있다'라고 규정하고 있다.

여기서 '청구원인의 여하에 불구하고'(whatever the basis of liability may be)란 책임제한의 대상이 되는 채권은 채무불이행으로 인한 것이든 불법행위[217]로 인한 것

212) 鄭熙喆・鄭燦亨, 商法原論(下), 博英社, 1996, 701쪽; 崔基元, 商法學新論(下), 博英社, 2005, 716쪽.「1976년 해사채권책임제한협약」 제1조 제6항에서는 명문으로 보험자도 책임제한의 주체에 포함시키고 있으나, 우리 상법에는 명문의 규정이 없다.

213) Patrick Griggs and Richard Williams, Limitation of Liability for Maritime Claims, London, Lloyd's of London Press, 1986, p. 9.

214) 책임보험에서 제3자의 직접청구권을 인정하는 것은 프랑스 보험법 제124-3조를 참조한 것이다(법무부, 상법개정안대비표(보험・해상편), 1989.10.17., 45쪽).

215) 鄭暎錫, 海商法講義要論, 海印出版社, 2003, 75쪽.

216) 상법 제769조 이하에서는 채권이라는 용어를 사용하지만, 책임제한을 주장할 수 있는 주체의 입장에서는 채무라는 용어가 정확하다고 본다.

217) 大決 1995.6.5, 95 마 325 책임제한절차개시결정(법원공보, 제997호, 1995.8.1., 2492쪽) : 선박충돌 사고

이든 묻지 아니하고 책임이 제한된다는 의미로서 종래의 청구권경합론을 둘러 싼 논쟁의 여지를 없앴다.[218]

또 이 규정은 「1976년 해사채권책임제한협약」 제2조 제1항을 수용한 것으로 청구원인이 매우 포괄적인 것이어서 책임제한의 대상이 되는 채권은 반드시 직접적인 손해배상채무에 한정하지 않고,[219] 구상권(recourse) 또는 보상청구권(indemnity)으로 인한 채무에 대하여도 책임제한의 대상이 된다고 해석하여야 한다.[220] 예컨대, 용선자가 하주의 청구에 대하여 손해배상책임을 진 후 선박소유자를 대상으로 구상권을 행사할 경우, 책임보험자의 보험금 채무, 국가배상법에 의한 보상채무 등이 여기에 해당한다.

그리고 상법 제769조는 책임제한의 대상이 되는 채권에서는 선박소유자의 과실을 요구하지 않기 때문에 자신의 무과실책임에 대하여도 책임제한을 주장할 수 있다.[221]

Ⅲ. 책임제한의 대상이 되는 채권

상법 제769조 본문 전단은 "선박소유자는 …다음 각 호의 채권에 대하여 제770조에 따른 금액의 한도로 그 책임을 제한할 수 있다"라고 규정하여 책임제한의 대상이 되는 채권을 다음과 같이 열거하고 있다.

1. 선박에서 또는 선박의 운항에 직접 관련하여 발생한 인적·물적 손해에 관한 채권

상법 제769조 제1호는 '선박에서 또는 선박의 운항에 직접 관련하여 발생한 사람의 사망, 신체의 상해 또는 그 선박 외의 물건의 멸실 또는 훼손으로 인하여 생긴 손해

로 인한 손해배상채권은 상법 제746조 제1호가 규정하는 "선박의 운항에 직접 관련하여 발생한 그 선박 이외의 물건의 멸실 또는 훼손으로 인하여 생긴 손해에 관한 채권"에 해당하고, 그러한 채권은 불법행위를 원인으로 하는 것이라 하여도 "청구원인의 여하에 불구하고" 책임을 제한할 수 있는 것으로 규정하고 있는 같은 법 제746조 본문의 해석상 책임제한의 대상이 된다.

218) 1991년 상법 이전의 판례에 의하면 선박소유자책임제한은 채권자가 선박소유자에게 계약상의 책임을 묻는 경우에만 적용되었고, 不法行爲책임을 묻는 경우에는 적용되지 않았다(大判 1987.6.9, 87 다카 36; 大判 1989.11.24, 88 다카 16294; 大判 1990.5.8, 88 다카 7614; 大判 1990.8.28, 88 다카 30085). 이와 같은 견해는 상법의 선박소유자 등의 책임제한제도 자체를 유명무실하게 만드는 결과가 되었다. 이를 시정하고자 학설은 법조경합설과 그 발전이론을 전개하였으나, 1991년 상법 개정과정에서 「1976년 해사채권책임제한협약」을 수용하면서 이를 입법적으로 해결하였다. 현행 상법에서도 이러한 규정을 그대로 유지하고 있다.

219) Stonedale No. 1(Owners of the Dumb Barge) v. Manchester Ship Canal Co. [1954] 1 Lloyd's Rep. p. 291 참조.

220) 鄭暎錫, 船舶所有者責任制限制度에 관한 硏究-國際協約의 비교를 중심으로-, 法學碩士學位論文, 한국해양대학교 대학원, 1988. 7., 52쪽 참조.

221) Brice, "The Scope of the Limitation Action", The Limitation of Shipowners' Liability, The New Law, 1986, p. 22.

에 관한 채권'에 대하여 책임을 제한할 수 있다고 규정하고 있다.

선박에서 발생한 사람의 사망, 신체의 상해로 발생한 손해란 선원, 여객, 선원이나 여객을 전송하기 위하여 승선한 사람, 하역인부 등 승선 중에 사망하거나 신체의 상해로 입은 손해를 말한다.[222)]

또 '선박의 운항에 직접 관련하여'라 함은 선박충돌시 피충돌 선박의 선원, 여객, 선원이나 여객을 전송하기 위하여 승선한 사람, 하역인부 등 승선 중인 사람 등을 들 수 있다. 여기서 선박운항이라 함은 항해와 선박관리에 관한 사항으로 해기사항을 말한다. 예를 들어 선박이 드라이독(dry dock)에 있던 중 선박소유자의 육상직원에 의하여 손해가 야기되었더라도 그 육상직원의 행위가 선박의 운항과 직접 관련된 것이라면 선박소유자는 책임을 제한할 수 있다.[223)] 또 A선박이 침몰한 후 B선박이 A선박의 잔해와 충돌한 경우에, B선박의 소유자가 A선박의 소유자를 상대로 손해배상을 청구하였다면 A선박은 이미 운항이 종료된 상태이므로 책임제한을 주장할 수 없다.[224)] 운항 도중 수리 혹은 검사 중인 선박도 운항 중인 선박으로 본다.

선박에서 발생한 그 선박 외의 물건의 멸실 또는 훼손으로 인하여 생긴 손해라 함은 여객의 유임 또는 무임의 수하물, 본선의 운송물의 멸실 또는 훼손,[225)] 본선에 부착되지 않은 하역업자 소유의 하역설비 및 장비로서 본선 내에서 작업 중 본선 측의 고의·과실로 인하여 발생한 멸실 또는 훼손으로 인한 손해, 선박충돌로 인한 타 선박 또는 피충돌 선박에 적재된 물건의 멸실·훼손,[226)] 부두의 축조물·정박시설·수

222) 鄭暎錫, 海商法講義要論, 海印出版社, 2003, 76쪽 참조.

223) Patrick Griggs and Richard Williams, Limitation of Liability for Maritime Claims, London, Lloyd's of London Press, 1986, p. 15.

224) 宋相現·金炫, 海商法原論, 제3판, 博英社, 2005, 129쪽.

225) 운송물의 멸실·훼손 또는 연착으로 인한 손해에 관하여는 상법 제797조의 규정에 의한 운송인책임제한(개별적 책임제한)의 적용도 받게 된다. 따라서 선박소유자가 운송인인 경우에는 총체적 책임제한과 개별적 책임제한의 이중의 책임제한을 받게 된다.

226) ① 代決 1995.6.5, 95 마 325(公報 997, 2492) : 선박충돌 사고로 인한 손해배상채권은 상법 제746조 제1호가 규정하는 "선박의 운항에 직접 관련하여 발생한 그 선박 이외의 물건의 멸실 또는 훼손으로 인하여 생긴 손해에 관한 채권"에 해당하고, 그러한 채권은 불법행위를 원인으로 하는 것이라 하여도 "청구원인의 여하에 불구하고" 책임을 제한할 수 있는 것으로 규정하고 있는 같은 법 제746조 본문의 해석상 책임제한의 대상이 된다.

② 代決 1998.3.25, 97 마 2758(公報 1998, 1147) : 예인선의 선장 및 선원들이 예인선과 일체로서 영리 목적으로 사용되는 리스 임차 피예인선인 부선(barge)을 그 안전수칙에 위반하여 안개로 인한 시계제한 상태에서 운행하던 중 무선 연락 등으로 선행 선박의 항해 방향, 시속 등을 확인하지 않은 채 너무 근접하여 그 선박을 추월하다가 피예인선이 그 선박과 충돌한 경우, 예인선의 선박소유자는 그 피용인인 선장이나 선원들의 위와 같은 항해상의 잘못으로 인하여 발생한 사고로 인한 손해를 상대방 선박소유자에게 배상책임이 있으며, 그 손해배상채권은 상법 제746조 제1호가 정하는 '선박의 운항에 직접 관련하여 발생한 그 선박 이외의 물건의 멸실 또는 훼손으로 인하여 생긴 채권'으로서 선박소유자의 책임제한 대상 채권에 해당한다.

로시설 등에 대한 멸실·훼손,[227] 어장시설의 멸실·훼손 등을 들 수 있다.

또 선박 외에서의 손해란 그 선박 자체에 대한 손해를 제외한다는 의미인데, 이는 선체용선자, 선장 등의 선박소유자에 대한 손해배상채권을 책임제한의 대상에서 제외하기 위한 것이다.

2. 운송물·여객 또는 수하물의 운송의 지연으로 인하여 생긴 손해에 관한 채권

운송물, 여객 또는 수하물의 운송의 지연으로 인하여 생긴 손해에 관한 채권도 책임이 제한된다(상법 제769조 제2호). 지연손해라 함은 물리적인 손해는 아니지만 운송물·여객·수하물이 목적항에 연착함으로 인하여 발생한 이익의 감소 등 희망이익의 손해를 말한다.[228] 운송지연으로 인하여 생긴 손해에 관한 책임을 제한하지 않는다면 운송물 멸실의 경우보다 책임이 무거워질 우려가 있어 마련된 규정이다. 지연손해를 책임제한의 대상으로 하고 있다는 점에서는 의미가 있으나,[229] 실제로는 지연손해가 발생한 정도로는 상법 제770조의 규정에 의한 책임한도액을 넘어가는 경우는 일어나기 어렵기 때문에 실제로 이 규정 만에 의하여 운송인이 책임제한의 이익을 누리는 일은 거의 없을 것으로 생각된다.[230]

3. 선박운항에 직접 관련하여 발생한 계약상의 권리 외의 타인의 권리의 침해로 인하여 생긴 손해에 관한 채권

상법 제769조 제1호 및 제2호 외에 선박의 운항과 직접 관련하여 발생한 계약상의 권리 외의 타인의 권리의 침해로 인하여 생긴 손해에 관한 채권에 대하여도 책임이 제한된다(상법 제769조 제3호). 선박소유자 등의 불법행위로 인한 손해에 관한 채권

---

227) 같은 의견, 孫珠瓚, 商法(下), 제11정증보판, 博英社, 2005, 736쪽.
반면「1976년 해사채권책임제한협약」제6조 제3항은 부두의 축조물, 정박시설, 수로 또는 항로시설에 관한 채권이 물적 손해에 관한 채무에 우선한다는 국내법을 제정할 수 있다는 유보조항이 있다. 그러나 우리 상법은 이것을 규정하고 있지 않으므로 이 채권은 제한채권이 아니라고 보아야 한다. 왜냐 하면 우선한다는 것은 같은 제한채권 사이에서만 있을 수 있기 때문이다. 이와 같이 설명하면서 책임제한채무가 되지 못한다고 하는 견해도 있다(鄭熙喆, 商法學(下), 博英社, 1990, 523쪽). 그러나 현행 상법의 해석상 특별히 이러한 채무에 대하여 책임제한의 대상에서 제외하여야 할 근거가 없고, 오히려 국제사법상 선장과 선원의 행위에 대한 선박소유자의 책임의 범위는 선적국법에 의하도록 한 것이 보통이므로(국제사법 제44조 제5호 참조), 한국선박이 외국 항구에서 이러한 사고를 일으킨 경우에 무한책임을 지게 하는 것은 우리 나라 국적선에만 부당하게 불리한 입법이 될 것이다(같은 의견, 鄭燦亨, 商法講義(下), 제10판, 박영사, 2008, 809쪽 주 4) 참조).

228) 박용섭, 해상법론, 형설출판사, 1998, 225쪽.

229) 李均成, "船主責任制限制度의 基本問題 : 商法과 國際條約의 比較", 仁荷大學校 人文科學硏究所論文集, 제3집, 1977.2., 221쪽.

230) Patrick Griggs and Richard Williams, Limitation of Liability for Maritime Claims, London, Lloyd's of London Press, 1986, p. 15.

과 법률의 규정에 의한 채권으로서 선박의 운항과 직접 관련하여 발생한 경우에 한한다. 예컨대, 선박의 운항과 관련하여 선박충돌시 상대 선박의 휴항으로 인한 손해, 어업권 침해, 타 선박 내의 매점의 영업권 침해나 타 선박의 입출항 방해로 인한 손해배상채권 또는 「개항질서법」 등 법률의 규정에 의한 행위로 인한 채권(개항질서법 第25조, 第26조 등)[231]이 이에 해당된다. 예컨대 선하증권과 관련된 채권이나 불법행위에 기한 채권이라 하더라도 선박운항과 직접 관련이 없는 채권은 책임제한의 대상이 되지 않는다.[232]

4. 손해방지조치에 관한 채권 및 조치의 결과 생긴 손해에 관한 채권

상법 제769조 제1호부터 제3호에서 규정한 책임제한의 대상이 되는 채권의 원인이 된 손해를 방지 또는 경감하기 위한 조치에 관한 채권 또는 그 조치의 결과로 인하여 생긴 손해에 관한 채권도 책임제한의 대상이 된다(상법 제769조 제4호). 이는 제3자가 취한 손해방지 또는 손해의 최소화로 말미암아 발생한 채권도 선박소유자 등의 책임제한의 대상이 된다는 것을 의미한다. 선박운항과 직접 관련하여 발생한 손해에는 당연히 선박소유자가 책임을 제한한다. 그리고 이러한 손해가 생기면 이를 방지하거나 손해의 확대를 막고 그 범위를 줄이기 위한 조치가 취해지기 때문에 이로 말미암아 새로운 부수적 손해와 비용이 들게 된다. 이러한 조치는 선박소유자가 직접 수행하기 보다는 전문적 기술을 가진 제3자가 수행하는 것이 일반적이다. 그러므로 이들이 청구하는 손해나 비용에 대한 채권에 책임제한을 인정한다는 것이다. 그 성질로

---

231) 鄭暎錫, 海事法規講義, 제5개정판, 海印出版社, 2007, 473쪽 참조.
「개항질서법」 제25조 (해난사고 등의 경우의 조치)
① 개항의 항계안 또는 항계의 부근에서 해난사고·화재 등의 재난으로 인하여 다른 선박의 항행이나 항만의 안전을 해할 우려가 있는 조난선의 선장은 즉시 표지의 설치 등 다른 선박의 위험예방을 위하여 필요한 조치를 하여야 한다.
② 제1항의 규정에 의한 조난선의 선장이 제1항의 규정에 의한 조치를 할 수 없는 때에는 지방해양항만청장에게 이에 필요한 조치를 요청할 수 있다.
③ 지방해양항만청장이 제2항의 규정에 의한 조치를 한 때에는 그 선박의 소유자 또는 임차인은 당해조치에 쓰여진 비용을 지방해양항만청장에게 납부하여야 한다.
④ 제3항의 규정에 의한 비용의 산정방법 및 납부절차는 국토해양부령으로 정한다.

제26조 (장해물 등의 제거)
① 지방해양항만청장은 개항의 항계 안 또는 항계의 부근에서 선박의 항행을 방해하거나 항행에 위험을 미칠 우려가 있는 표류물·침몰물 등의 물건을 발견한 때에는 그 물건의 소유자 또는 점유자에 대하여 그 제거를 명할 수 있다.
② 지방해양항만청장은 제1항의 규정에 의한 명령을 이행하지 아니하거나 그 물건의 소유자 또는 점유자를 알 수 없는 경우에는 대통령령이 정하는 바에 의하여 그 물건을 제거할 수 있다. 이 경우 제거에 쓰여진 비용은 그 물건의 소유자 또는 점유자의 부담으로 하되, 당해 물건의 소유자 또는 점유자를 알 수 없는 경우에는 대통령령이 정하는 바에 의하여 당해 물건을 처분하여 그 비용에 충당한다.

232) 鄭暎錫, 海商法講義要論, 海印出版社, 2003, 77-78쪽.

보아 해상보험계약의 손해방지약관(sue and labour clause)에서 약정한 것과 같은 종류의 채권이라고 본다.[233] 그러나 이 경우에도 제3자의 손해방지 또는 최소화 조치가 선박소유자 등과의 계약에 의하여 이루어진 경우에는 선박소유자는 약정보수의 범위 내에서는 책임제한을 주장하지 못한다(상법 제769조 제3호 참조). 또 선박소유자 등이나 그의 사용인 등이 스스로 조치를 취한 때의 비용도 책임제한을 주장하지 못한다고 본다.[234]

5. 구조활동과 직접 관련하여 발생한 손해에 관한 채권

구조자 또는 그 피용자의 구조활동과 직접 관련하여 발생한 사람의 사망·신체의 상해, 재산의 멸실이나 훼손, 계약상의 권리 외의 타인의 권리의 침해로 인하여 생긴 손해에 관한 채권 및 그러한 손해를 방지 혹은 경감하기 위한 조치에 관한 채권 또는 그 조치의 결과로 인하여 생긴 손해에 관한 채권에 대하여는 상법 제769조부터 제774조까지의 규정에 따라 구조자도 책임을 제한할 수 있다(상법 제775조 제1항). 다만, 이 규정은 제769조 제2호 및 제770조 제1항 제1호는 적용에서 제외하고 있기 때문에, 운송물, 여객, 수하물의 운송의 지연으로 인한 손해에 대한 채권(상법 제769조 제2호)과 여객의 사망 또는 신체의 상해로 인한 손해에 관한 채권에 관한 책임한도액에 관한 규정은 적용하지 아니한다(상법 제770조 제1항 제1호).

여기서 구조활동이라 함은 해난구조시의 구조활동은 물론 침몰·난파·좌초·유기, 그 밖의 해난사고를 당한 선박 및 그 선박 안에 있거나 있었던 적하[235]와 그 밖의 물건의 인양·제거·파괴 또는 무해조치 및 이와 관련된 손해를 방지 또는 경감하기 위한 모든 조치를 말한다(상법 제775조 제4항 제2문). 따라서 이는 해난구조자의 구조료채권(상법 제882조)과는 구별되고, 이러한 구조료채권은 책임제한채권이 아니다.

이와 같이 해난구조에 따른 손해를 책임제한의 대상에 포함시킨 것은 「1976년 해사채권책임제한협약」의 내용을 받아들인 것으로 구조작업이 매우 전문적이고 위험부

233) 鄭暎錫, 船舶所有者責任制限制度에 관한 硏究-國際協約의 비교를 중심으로-, 法學碩士學位論文, 한국해양대학교 대학원, 1988. 7, 56쪽; Robert H. Brown, Marine Insurance, Vol. 1, 4th ed., London, Witherby, 1978, pp. 129-132쪽 참조.

234) 같은 의견, 孫珠瓚, 商法(下), 제10증보판, 博英社, 738쪽; 李基秀·崔秉珪·金仁顯, 保險·海商法, 法文社, 2003, 398쪽; 鄭燦亨, 商法講義(下), 제10판, 博英社, 2008, 810쪽.

235) 이 조에서 말하는 '적하'라는 용어는 제792조 제1항 등에서 사용하는 '운송물'과 같은 용어로 사용된 것으로 이해된다. 그러나 현행 상법에서는 같은 개념의 다른 용어가 이와 같이 혼용되는 경우가 있는 듯하다. 해운실무상으로는 운송물이라는 용어보다는 적하라는 용어를 많이 사용하는 경향이 있지만, 적어도 동일한 법률에서는 해석상의 혼란을 피하고 개념을 명확하게 하기 위해서는 통일된 법률용어가 사용되는 것이 원칙이라고 생각한다. 상법 제773조 제1호에서 '사용인'이라고 사용하는 용어와 제775조 제1항의 '피용자'도 역시 같은 개념으로 생각된다.

담이 큰 작업임에도 불구하고 '토조마루호 사건'[236]과 같은 판결이 나옴에 따라 구조자의 위험부담이 지나치게 높아져서 해난구조나 손해경감조치 등을 기피하는 경우가 늘어나게 되어 이를 피하고 해난구조를 장려하기 위해서는 구조활동을 보호해야한다는 사회적 요청이 커졌기 때문이다.[237]

6. 책임보험자의 책임제한채권

이 때 책임보험자가 주장할 수 있는 책임제한채권은 피보험자(책임제한채무자)의 그것과 같다(상법 제724조 제2항 단서). 따라서 위 I-4와 같다. 다만, 이 경우 책임보험자는 책임제한채권자로부터 청구를 받은 때에는 지체 없이 피보험자에게 이를 통지하여야 하고(상법 제724조 제3항), 이 때 피보험자는 책임보험자의 요구가 있으면 책임제한절차의 개시에 필요한 서류나 증거의 제출·증언 또는 증인의 출석에 협조하여야 한다(상법 제724조 제4항).

Ⅳ. 책임을 제한할 수 없는 채권

1. 사용인 등의 직무와 관련된 채권

선장, 해원 그 밖의 사용인으로서 그 직무가 선박의 업무에 관련된 자 또는 그 상속인, 피부양자 그 밖의 이해관계인의 선박소유자에 대한 채권에 대하여는 책임을 제한하지 못한다(상법 제773조 제1호). 이는 선원 그 밖의 선박사용인과 이들의 상속인 및 권리승계인의 임금채권, 재해보상채권 등에 대하여는 책임제한을 인정하지 않는 것으로 사회보장적 측면을 고려한 것이다.[238] 이때 채권은 고용계약과 같은 계약에 의한 것이든 불법행위에 의한 것이든 또는 법률의 규정에 의한 보상청구권이든 불문한다.[239] 「1976년 해사채권책임제한협약」 제3조 e호의 규정과 같은 취지의 규정이다.

---

236) The Tojo Maru [1971], 1, Lloyd's Rep. p. 341.

237) 裵炳泰, "1976년 海事債權에 대한 責任制限條約의 硏究", 한국해양대학교 논문집, 제13집, 1978, 131쪽; 鄭熙喆, 商法學(하), 博英社, 1990, 525쪽.

238) 鄭暎錫, 船舶所有者責任制限制度에 관한 硏究-國際協約의 비교를 중심으로-, 法學碩士學位論文, 한국해양대학교 대학원, 1988. 7., 69쪽 참조.

239) ① 大判 1971.3.30, 70 다 2294(集) 19 ① 民 267 :본조 소정의 책임은 선박소유자의 과실 유무에 무관한 것이고 피해자가 그 제3항 소정의 범주에 해당되는 경우에는 선박소유자는 무한책임을 지는 것이며 그 제3항에 의한 손해배상청구권과 선원법 소정 재해보상청구권은 경합관계에 있다.
② 대판 1987.6.23, 86 다카 2228(公報 1987, 1219) : 선원법상의 재해보상청구권과 민법상의 불법행위로 인한 손해배상청구권은 청구권경합의 관계에 있는 것이므로 법원이 불법행위를 원인으로 한 손해배상청구를 판단한 이상 선원법상의 손해배상청구권과의 관계에 관하여 판단하지 않았다 하더라도 판결에 영향을 미치지 않는다.

2. 해난구조로 인한 구조료 채권 또는 공동해손의 분담에 관한 채권

해난구조에 관하여는 상법 제5편 제3장 제3절(상법 제882조 이하)에, 그리고 공동해손의 분담에 관하여는 상법 제5편 제3장 제1절(상법 제865조 이하)에 각각 독자적으로 규정하여 선박소유자의 책임을 일정하게 제한하는 규정을 두고 있으므로 이들 채권에 대한 책임은 책임제한의 대상에서 제외하였다(상법 제773조 제2호). 「1976년 해사채권책임제한협약」 제3조 a호의 규정을 따른 것으로, 구조자 또는 공동해손분담 채권자가 선박소유자에게 직접 청구한 구조료 또는 공동해손분담금에 대하여 선박소유자는 책임제한을 할 수 없도록 한 것이다.[240] 이는 원칙적으로 선박소유자에게 상법에서 일정한 한도로 책임을 이미 제한하고 있는 채권에 대하여 이중의 책임제한을 인정하는 것은 형평에 어긋나는 것이라는 점이 근본적인 이유이다. 또 구조료 채권에 책임제한이 인정된다면 구조활동이 위축될 우려가 있고, 공동해손의 분담채권의 경우에는 선박소유자와 각 적하이해관계인이 동등한 취급을 받아야 할 것이므로 선박소유자만이 책임제한의 혜택을 받아서는 아니되기 때문이다.[241]

3. 유류오염손해에 관한 채권

1969년 11월 29일 성립한 「유류오염손해에 대한 민사책임에 관한 국제조약」(International Convention on Civil Liability for Oil Pollution Damage, 1969; 1979년 3월 18일 한국발효) 또는 동 조약의 개정조항이 적용되는 유류오염손해에 관한 채권은 책임이 제한되지 않는다(상법 제773조 제3호). 이 협약의 책임제한 규정은 상법의 특별법이기 때문이고, 그 내용이 「유류오염손해배상보장법」[242]으로 수용되어 있다. 이 법은 「유류오염손해에 대한 민사책임에 관한 국제조약」의 2002년 5월 개정의정서까지가 반영되어 있다.[243]

4. 침몰, 난파물 등의 제거 등에 관한 채권

침몰, 난파, 좌초, 유기, 그 밖의 해난사고를 당한 선박 및 그 선박 안에 있거나 있었던 적하 그 밖의 물건의 인양, 제거, 파괴 또는 무해조치에 관한 채권에 대한 책임은 제한되지 않는다(상법 제773조 제4호). 「1976년 해사채권책임제한협약」 제2조 제1항 d호와 e호에서는 이를 책임제한채권으로 규정하고 있으나, 동 협약 제18조 제1항

240) 宋相現・金炫, 海商法原論, 제3판, 博英社, 2005, 131-132쪽.
241) 같은 의견, 李基秀・崔秉珪・金仁顯, 保險・海商法, 法文社, 2003, 402쪽.
242) 1992년 12월 8일 법률 제4532호로 제정되었다; 이 법에 대한 자세한 내용은 [정영석, 유류오염손해민사책임법, 해인출판사, 2008] 참조.
243) 2003년 12월 11일 법률 7002호 일부개정에서 2002년 5월의 협약 개정내용이 받아들여졌다.

의 유보조항에 따라 책임제한을 하지 않는 채권으로 하였다. 본래 이러한 조치는 「해상교통안전법」(제9조, 제63조), 「개항질서법」(제26조, 동법 시행령 제15조), 「행정대집행법」 제3조, 제5조, 제6조 등[244)]에 의거하여 난파선 등의 제거명령을 국가기관이 내릴 수 있고, 이에 위반하면 형사처벌과 함께 국가가 행정대집행절차를 취하게 된다. 또 행정대집행비용은 국세체납처분의 예에 따라 선박소유자 등에게 구상하게 되어 있어서 이 같은 채권은 책임제한을 할 수 없도록 하였다.[245)] 이 때 국가의 구상채권은 법률에 기한 채권이지 손해배상채권이 아니므로 이에 대하여 책임을 제한할 수 없다. 침몰선 등을 인양·제거·파괴 또는 무해조치하는 것은 공익적 성격이 강하며, 해상안전에도 중요한 작업이기 때문에 이러한 비용의 채권에 대하여도 선박소유자에게 책임제한을 인정한다면 해난구조업자가 자신의 비용을 회수하지 못할 가능성을 염려하여 작업을 꺼리게 될 가능성이 있다. 그러므로 이러한 채권에 대하여 책임제한을 배제한 것은 타당한 입법이라고 본다.[246)]

대법원은 책임제한을 주장할 수 없는 선박소유자는 침몰 등 해난사고를 당한 선박소유자에 한정하여야 하고, 해난사고를 당한 선박소유자가 난파물 제거의무를 이행함으로써 입은 손해에 대하여 가해 선박소유자에게 구상하는 채권은 제한채권에 해당한다고 본다고 판시하였다.[247)] 이 판결에 대하여는 찬반의 의견이 나누어지나,[248)]

---

244) 鄭暎錫, 海事法規講義, 제5판, 海印出版社, 2007, 403-404쪽, 474-475쪽 참조.

1) 「해상교통안전법」 제9조 (해난사고가 일어난 경우의 조치)

① 선장이나 선박소유자는 해난사고가 일어나 선박이 위험하게 되거나 다른 선박의 항행 안전에 위험을 줄 우려가 있는 경우에는 위험을 방지하기 위하여 신속하게 필요한 조치를 취하고, 해난사고의 발생사실과 조치사실을 해양경찰서장이나 지방해양항만청장에게 보고하여야 한다.

2) 「개항질서법」 제26조 (장해물 등의 제거)

① 지방해양항만청장은 개항의 항계 안 또는 항계의 부근에서 선박의 항행을 방해하거나 항행에 위험을 미칠 우려가 있는 표류물·침몰물 등의 물건을 발견한 때에는 그 물건의 소유자 또는 점유자에 대하여 그 제거를 명할 수 있다.

② 지방해양항만청장은 제1항의 규정에 의한 명령을 이행하지 아니하거나 그 물건의 소유자 또는 점유자를 알 수 없는 경우에는 대통령령이 정하는 바에 의하여 그 물건을 제거할 수 있다. 이 경우 제거에 쓰여진 비용은 그 물건의 소유자 또는 점유자의 부담으로 하되, 당해물건의 소유자 또는 점유자를 알 수 없는 경우에는 대통령령이 정하는 바에 의하여 당해물건을 처분하여 그 비용에 충당한다.

245) 宋相現·金炫, 海商法原論, 제3판, 博英社, 2005, 132쪽 참조.

246) 같은 의견, 兪奇濬, "침몰선 등의 제거비용이 책임제한을 할 수 있는 채권인지(특히 일본 최고재판소 昭和 60.4.26. 宣告 昭和 57년 1210호 판결과 관련하여)", 부산법조, 제16호, 부산지방변호사회, 1998, 23쪽; 宋相現·金炫, 海商法原論, 제3판, 2005, 132-133쪽..

247) 大判, 2000.8.22. 99 다 9646 : 상법 제748조 제4호에서 "침몰, 난파, 좌초, 유기 기타의 해양 사고를 당한 선박 및 그 선박 안에 있거나 있었던 적하 기타의 물건의 인양, 제거, 파괴 또는 무해조치에 관한 채권"(난파물 제거채권)에 대하여 선박소유자가 그 책임을 제한하지 못하는 것으로 규정하고 있는바, 이 조항의 문언 내용 및 입법의 취지와 연혁에 비추어 볼 때, 이 규정의 의미는 선박소유자에게 해상에서의 안전, 위생, 환경보전 등의 공익적인 목적으로 관계 법령에 의하여 그 제거 등의 의무가 부과된 경우에 그러한 법령상의 의무를 부담하는 선박소유자에 한하여 난파물 제거채권에 대하여 책임제한을 주장할 수 없는 것으로 봄이 상당하다.

상법 제773조 제4호는 '침몰·난파·좌초·유기 그 밖의 해난사고를 당한 선박 및 그 선박 안에 있거나 있었던 적하와 그 밖의 물건의 인양·제거·파괴 또는 무해조치에 관한 채권'은 앞에서 언급한 바와 같이 행정대집행비용 등 공익적 비용을 회수하기 위한 성격의 채권에 책임제한을 배제한 것이기는 하지만, 대법원의 견해와 같이 단순히 채권의 성질에 따라 이를 달리 하여 책임제한채권과 책임제한이 배제되는 채권으로 구분하는 것은 아니라고 보아야 한다.[249] 만약 대법원의 견해에 따른다면, 피해 선박소유자의 경우에는 법률의 규정에 따라 난파물 제거의무를 이행한 경우에 그 비용 전액을 지출하고도 자신의 구상채권은 책임제한이 됨으로써 상대적으로 부당하게 비용을 부담하게 되어 불합리하다.

5. 원자력손해에 관한 채권

원자력손해에 관하여는 「1971년 핵물질의 해상운송분야에 관한 민사책임에 관한 협약」(Convention relating to Civil Liability in the field of Maritime Carriage of Nuclear Material, 1971)[250]이 성립되어 있고, 이 협약에 의하여 책임이 제한된다. 우리나라는 아직 이에 가입하지 아니하였으나, 가입에 대비하여 책임제한채권에서 제외하였다(상법 제748조 제5호). 「1976년 해사채권책임제한협약」 제3조 c호의 규정에서도 원자력손해에 관한 국제협약의 적용을 받는 채권을 책임을 제한할 수 없는 채권으로 규정하고 있다. 원자력손해는 피해액이 천문학적으로 커질 수 있으므로 별도의 국제협약에 가입하고자 하는 것으로 상법의 입법취지가 판단된다.[251]

법령상의 그 제거 등의 의무를 부담하는 선박소유자가 자신에게 부과된 의무나 책임을 이행함으로써 입은 손해에 관하여 그 손해발생에 원인을 제공한 가해선박 소유자에 대하여 그 손해배상을 구하는 채권은 상법 제748조 제4호에 규정된 "침몰, 난파, 좌초, 유기 기타의 해양 사고를 당한 선박 및 그 선박 안에 있거나 있었던 적하 기타의 물건의 인양, 제거, 파괴 또는 무해조치에 관한 채권"(난파물 제거채권)에 해당한다고 할 수 없으며, 오히려 이와 같은 구상채권은 구체적인 사정에 따라 선박소유자의 유한책임을 규정하고 있는 상법 제746조 제1호 혹은 제3호나 제4호에 해당한다.

상법 제748조 제3호의 적용을 받지 않는 산적(散積)유류를 화물로서 운송하는 선박 이외의 선박이 난파 등을 당하여 유출한 기름이 상법 제748조 제4호 소정의 '……선박 안에 있거나 있었던…기타의 물건'에 해당하는 것은 그 문언 자체의 해석에서뿐만 아니라, 상법 제748조 제4호 규정이 공익적인 목적을 달성하기 위하여 위와 같은 물건의 제거 등에 관한 채권에 대하여 선박소유자가 책임을 제한하지 못한다고 한 점에 비추어 보아도 명백하다.

248) 찬성의견, 李太鍾, "판례평석: 난파물제거로 인한 구상채권의 제한채권성", 저스티스, 제59호, 2001. 2., 242쪽 참조.

249) 같은 의견, 金炫, "판례평석: 난파물제거채권과 책임제한", 법률신문, 제2947호, 2001.1.15., 13쪽.

250) 국제해사기구에서 제정한 각종 국제협약에 대하여는, 정영석, 해사법의 이해, 범한서적, 2004, 31-35쪽" 참조.

251) 같은 의견, 宋相現·金炫, 海商法原論, 제3판, 博英社, 2005, 134쪽.

V. 책임제한배제사유

1. 의의

상법 제769조 단서는 '다만, 그 채권이 선박소유자 자신의 고의 또는 손해발생의 염려가 있음을 인식하면서 무모하게 한 작위 또는 부작위(act or omission…done… recklessly and with knowlege that damage would probably result)로 인하여 생긴 손해에 관한 것인 때에는 그러하지 아니하다'(상법 제746조 단서)라고 규정하고 있다. 이와 같이 선박소유자 등의 책임제한이 부정되는 주관적 사유를 책임제한조각사유(責任制限阻却事由) 또는 책임제한배제사유(責任制限排除事由)라고 한다. 선박소유자 등에게 책임제한을 인정하는 것은 이들이 신의칙(信義則)에 따라 성실하게 기업활동을 수행할 것을 전제로 하는 것이다.[252] 그러므로 책임제한의 대상으로 정하고 있는 채권의 경우에도 그 채무의 발생원인 여하에 따라서는 그 행위의 위법성이나 선박소유자 등에 대한 비난가능성이 큰 때에는 법의 형평의 원칙상 책임제한권을 배제시킬 필요가 있다.[253] 이러한 책임제한배제사유를 넓게 인정하면 채권자에게는 유리하겠지만, 제도 자체의 입법취지가 몰각되고 마는 결과가 생길 수 있으므로 당사자의 이해를 합리적으로 조정하는 선에서 그 구체적인 사유를 정하여야 할 것이다. 이에 상법은 「1976년 해사채권책임제한협약」 제4조를 수용하여 주관적 책임제한배제사유를 규정하고 있는데, 이 협약은 「1955년 국제항공운송에 관한 규칙의 통일을 위한 바르샤바-헤이그협약」(이하 '바르샤바 협약'이라 부른다) 제25조,[254] 「1968년 헤이그-비스비 규칙」 제4조 제5항 (e)호[255] 및 「1970년 함부르크 규칙」 제8조 제1항[256], 「1980년 국제연합국제물건복합운송협약」 제21조 제1항의 규정과 매우 유사

---

252) 같은 의견, 裵炳泰, "1976년 海事債權에 대한 責任制限條約의 硏究", 한국해양대학교 논문집, 제13집, 1978, 36쪽.

253) 鄭暎錫, 船舶所有者責任制限制度에 관한 硏究-國際協約의 비교를 중심으로-, 法學碩士學位論文, 한국해양대학교 대학원, 1988. 7., 61쪽.

254) "The limits of liability specifed in Article 22 shall not apply if it is proved that the damage resulted from an act or omission of the carrier, his servants or recklessly and with knowledge that damage would probably result;provided that, in the case of such act or omission of a servant or agent, it is also proved that he was acting within the scope of his employment."

255) "Neither the carrier nor the ship shall be entitled to the beneft of the limitation of liability provided for in this paragraph if it is proved that the damage resulted from an act or omission of the carrier done with intent to cause damage or recklessly and with knowledge that damage would probably result."

256) "The carrier is not entitled to the benefit of the limitation of liability provided for in Article 6 if the loss, damage or delay resulted from an act or omission of carrier done with intent to cause such loss damage or delay or recklessly and with knowledge that such loss damage or delay would probably result."

하다. 이는 영국법 개념에서 나온 것으로 대륙법계의 법률에서는 생소한 문구이지만, 국제해상법체계에서는 이미 보편적으로 사용되는 책임제한배제사유로 보아야 한다. 「1976년 해사채권책임제한협약」에서 엄격한 책임제한배제사유를 받아들인 것은 동 협약 제정당시 해상보험시장이 인수할 수 있는 최대한도까지 책임한도액을 인상하는 대신, 극히 예외적인 경우에만 한정하여 책임제한을 배제함으로써 해운업계와 해상보험업계의 이해관계를 균형있게 반영하였기 때문이다.[257)]

2. 선박소유자 등 본인의

여기서 상법 제769조 단서에서는 '선박소유자 본인의'라고 규정하고 있지만, 상법 제774조 제1항의 규정과 제775조의 규정에서는 선박소유자[258)] 외에도 용선자 · 선박관리인 · 선박운항자 · 법인인 선박소유자 · 이들의 무한책임사원 · 구조자가 모두 해당되는 것으로 규정하고 있는데,[259)] 이는 「1976년 해사채권책임제한협약」 제1조에서 규정한 책임 있는 사람(the person liable)을 말하는 것이다.[260)]

또 '본인의'라는 말은 이 협약 제1조의 'Personal'이라는 말을 번역한 것인데, 책임 있는 사람 본인의 행위에 대하여만 책임제한배제사유가 되는지를 판단하기 때문에, 상법의 규정에 의하여 책임제한을 주장할 수 있는 자들 중 어떤 사람에게 책임제한이 배제되는 사유가 발생하였다고 하더라도 그 밖의 다른 책임 있는 사람에게도 책임제한이 반드시 배제된다고는 볼 수 없다.[261)]

'본인의'라는 용어의 해석과 관련하여 그 본인이 법인인 경우에는 누구의 작위 또

---

257) 宋相現 · 金炫, 海商法原論, 제3판, 博英社, 2005, 140쪽.

258) 大決 1995.3.24, 94 마 2431(公報 991, 1734) : 상법 제746조 단서의 규정에 의하여 책임제한이 배제되기 위하여는 책임제한의 주체가 선박소유자인 경우에는 선박소유자 본인의, 상법 제750조 제1항 제1호 소정의 용선자 등인 경우에는 그 용선자 등 본인의, 같은 조항 제3호 소정의 피용자인 경우에는 피용자 본인의, 각 고의 또는 손해발생의 염려가 있음을 인식하면서 무모하게 한 작위 또는 부작위가 있어야 하는 것이며, 위 피용자에게 위와 같은 고의 또는 무모한 행위가 있었다고 하더라도 선박소유자 본인에게 그와 같은 고의 또는 무모한 행위가 없는 이상 선박소유자는 상법 제746조(현행 상법 제769조) 본문에 의하여 책임을 제한할 수 있다.

259) 大決 1995.6.5, 95 마 325(公報 997, 2492) : 상법 제746조 단서에 의하여 책임제한이 배제되기 위하여는, 책임제한의 주체가 선박소유자인 경우에는 선박소유자 본인의 고의 또는 손해발생의 염려가 있음을 인식하면서 무모하게 한 작위 또는 부작위가 있어야 하는 것이고 선장 등과 같은 선박소유자의 피용자에게 고의 또는 무모한 행위가 있었다는 이유만으로는 선박소유자가 상법 제746조 본문에 의하여 책임을 제한할 수 없다고는 할 수 없으며, 상법 제750조 제1항 제1호에 의하여 용선자가 책임제한의 주체인 경우에도 용선자 자신에게 고의 또는 무모한 행위가 없는 한 피용자에게 고의 또는 무모한 행위가 있다는 이유만으로 책임을 제한할 수 없다고 볼 것은 아니다.

260) 鄭暎錫, 船舶所有者責任制限制度에 관한 硏究-國際協約의 비교를 중심으로-, 法學碩士學位論文, 한국해양대학교 대학원, 1988. 7., 66쪽.

261) 鄭暎錫, 船舶所有者責任制限制度에 관한 硏究-國際協約의 비교를 중심으로-, 法學碩士學位論文, 한국해양대학교 대학원, 1988. 7., 66쪽.

는 부작위를 본인의 행위로 볼 것인가가 문제되는데, 영국법상으로는 '분신의 법리'(Alter Ego)가 적용된다. 이는 법인이 책임을 지는 단순한 사용인이나 대리인이 아니라, 그의 행위가 바로 법인 자신의 행위이기 때문에 법인이 책임을 져야 할 사람의 작위 또는 부작위에 대하여 책임을 져야한다는 이론이다.[262] 우리 상법상으로도 무한책임사원, 주식회사 등의 이사와 같은 기관의 행위는 본인의 작위·부작위로 보아야 한다. 해무감독의 행위도 본인의 작위·부작위로 보아야 한다는 견해도 있으나, 엄격한 책임제한 배제사유를 규정한 「1976년 해사채권책임제한협약」과 상법의 입법취지로 볼 때 선박소유자와의 사이에 고용계약에 의하여 피용자의 관계에 있는 단순히 육상조직의 이행보조자에 불과한 해무감독의 행위를 본인의 행위로 판단하기는 어려울 것으로 본다.[263] 그러므로 책임 있는 자가 고용하였거나 법률의 규정에 의하여 또는 위임행위에 의하여 대리권을 수여받은 사용인의 무모한 작위·부작위로 인한 손해에 관하여는 책임제한을 주장할 수 있다.[264]

3. 고의 또는 손해발생의 염려가 있음을 인식하면서 무모하게 한 작위 또는 부작위[265]

고의(故意)라 함은 책임제한의 대상이 되는 채권의 발생에 대한 고의를 말한다. 책임제한채권은 상법에서 정해진 손해에 기한 것이기 때문에, 이때의 고의는 손해발생에 대한 적극적인 고의로서 의도를 가지고 있었다는 것을 의미한다. 그러므로 불법행위나 채무불이행에서 권리침해에 대한 인용(認容)을 고의라고 하는 것과는 다르다. 선박소유자책임제한의 고의는 손해발생에 대한 의욕이라는 점에서 통상의 고의의 개념보다도 엄격하게 해석하여야 한다.[266]

또 민사책임을 물을 때 가해자의 고의 또는 과실을 귀책사유로 보는 우리 민사법의 개념으로는 '손해발생의 우려가 있음을 인식하면서 무모하게 한'이라는 문구는 매우 독특한 표현이다. 그러므로 이 문구를 '고의에 가까운 중과실(重過失)',[267] '중과실

262) W.E. Astle, Limitation of Liability, London, Fairplay Publications, 1985, pp. 7-14.

263) 반대 의견, 배병태, 주석해상법, 한국사법행정학회, 1983, 98쪽.

264) 鄭暎錫, 海商法講義要論, 海印出版社, 2003, 80쪽.

265) 해석과 관련하여 자세한 내용은, [鄭暎錫, 責任制限阻却事由에 관한 硏究, 法學硏究, 제1호, 韓國海事法學會, 1989. 2., 95-98쪽] 참조 ; [1976년 해사채권책임제한협약]을 받아들이기 전인1991년 이전의 상법에서는 선박소유자의 고의 또는 과실로 인한 채무를 선박소유자 책임제한에서 배제하였는데(제748조 제1호), 현행 상법은 선박소유자 등의 책임제한배제사유를 더욱 엄격하게 규정하였다.

266) 鄭暎錫, 海商法講義要論, 海印出版社, 2003, 81쪽.

267) 반대 해석, 大判 2004.7.22, 2001 다 58269(公報 2004, 1411) : 「국제항공운송에 있어서의 일부규칙의 통일에 관한 협약」(개정된 바르샤바협약) 제22조 제2항 a호 전문에서는 "탁송 수하물 및 화물의 운송에 있어서 운송인의 책임은 1kg당 250프랑의 금액을 한도로 하고, 다만 승객 또는 송하인이 운송인에게 탁송 수하물 및 화물을 인도할 당시 도착지에서의 이익을 특히 신고하고 또한 필요로 하는 추가요금을 지급한 경우에는 그러하지 아니하다."고 규정하고 있고, 제25조 전단에서는 "제22조의 책임제한규정은 운송인, 그의 사용

보다는 고의에 더 가까운 개념',[268] '인식 있는 과실', '손해의 발생을 인식하고 한 행위뿐만 아니라 중대한 과실로 손해가 발생하지 않을 것을 믿거나 혹은 중대한 과실로 손해발생가능성에 대한 인식이 미치지 못하고 행한 모든 행위',[269] '그 어느 것도 아닌 문구 그대로 해석해서 특히 기존의 요건에 의지해서 맞추어서 해석해서는 안 된다고 하는 해석' 등 각양각색의 견해로 해석론이 나누어져 있었다.

여기에서 말하는 인식이라 함은 손해발생의 가능성에 대하여 선박소유자 등이 현실로 인식하고 있었다는 것을 의미하기 때문에, 어떠한 선량한 관리자의 주의의무를 기준으로 해서 추상적으로 과실의 유무, 그 경중을 판단하는 중과실과도 이질적인 것이다. 또 손해발생의 가능성의 인식은 손해발생에 대한 단순한 개연성 인식에 멈추는 인식 있는 과실보다도 엄격하고 이것과도 다른 것이다. 이 요건은 이제 하나의 배제사유인 고의가 손해발생에 대한 의욕인 것에 대비하여 이해해야 한다. 손해발생의 가능성이 있는 것을 현실로 인식하면서, 그러나 손해발생의 의욕까지도 들 것 없이 무모한 행위를 한 것은, 소극적으로는 손해의 발생을 용인한 것으로도 볼 수 있기 때문에, 이 요건은 통상 말하는 미필적 고의에 상당한다고 해석해야 할 것이다. 즉, '무모하게 한 작위 또는 부작위'란 일정한 결과의 발생가능성을 인식하면서도 이에 개의치 아니하고 무모하게 한 작위 또는 부작위로서 미필적 고의(未畢的 故意)에 해당한다.[270]

그러나 민사상 책임의 원인을 가해자의 고의 또는 과실로만 구별하는 우리 민사법의 해석상으로는 미필적 고의도 '고의'의 범주에 속하기 때문에 굳이 구별하는 것은 「1976년 해사채권책임제한협약」의 규정에 충실하다는 점을 제외하면 큰 의미는 없다고 생각한다.

인 또는 대리인이 손해를 가할 의사로써 또는 손해가 생길 개연성이 있음을 인식하면서도 무모하게 한(done with intent to cause damage or recklessly and with knowledge that damage would probably result) 작위 또는 부작위로부터 손해가 발생하였다고 증명된 경우에는 적용되지 아니한다."고 규정하고 있는바, 위 제25조에 규정된 '손해가 생길 개연성이 있음을 인식하면서도 무모하게 한 작위 또는 부작위'라 함은 자신의 행동이 손해를 발생시킬 개연성이 있다는 것을 알면서도 그 결과를 무모하게 무시하면서 하는 의도적인 행위를 말하는 것으로서, 그에 대한 입증책임은 책임제한조항의 적용배제를 구하는 자에게 있고 그에 대한 증명은 정황증거로써도 가능하다 할 것이나, 손해발생의 개연성에 대한 인식이 없는 한 아무리 과실이 무겁더라도 무모한 행위로 평가될 수는 없다고 할 것이다.

268) 孫珠瓚, 商法(하), 제10정증보판, 博英社, 2002, 739쪽 ; 宋相現·金炫, 海商法原論, 博英社, 1999, 142쪽; 蔡利植, 商法講義(하), 개정판, 박영사, 2003, 669쪽.

269) 李基秀·崔秉珪·金仁顯, 保險·海商法, 法文社, 2003, 399쪽.

270) 李均成, "改正 海商法과 海上企業關係者의 總體的 責任制限," 現代 商法의 課題와 展望(松淵梁承圭教授華甲紀念), 三知院, 1994, 429-446쪽; 김효신, "해상기업주체에 대한 책임제한조각사유로서 고의 또는 손해발생의 염려가 있음을 인식하면서 무모하게 행한 작위 또는 부작위의 의미," 기업법연구, 제10집, 2002, 한국기업법학회, 121-137쪽.

4. 입증책임

「1957년 항해선소유자의 책임제한에 관한 국제협약」은 법정지법(lex fori)에 의하여 입증책임을 지도록 하는 명문규정을 두었으나(동 협약 제1조 제6항), 「1976년 해사채권책임제한협약」은 이에 대하여 아무런 규정이 없다. 다만, 동 협약 제4조는 '책임 있는 자가 고의 또는 손해발생의 염려가 있음을 알면서 무모하게 한 작위 또는 부작위로 인하여 손해가 생겼음을 입증한 경우에는 책임 있는 자의 책임제한권이 박탈된다'(A person liable shall not be entitled to limit his liability if it is proved that the loss resulted from his personal act or omission….)라고 규정함으로써 해석상 책임제한의 대상채권이 선박소유자 등의 책임 있는 사람의 귀책사유로 일어났음이 입증되지 않으면 그 채권에 대한 책임이 확정적으로 제한이 된다고 본다. 따라서 책임제한의 배제를 주장하는 사람이 입증책임을 진다고 해석함이 타당하다고 보겠다.[271] 이러한 해석론은 「1976년 해사채권책임제한협약」을 그대로 수용한 상법 제769조의 해석에서도 동일하다고 생각한다.[272] 이와 같이 책임제한배제사유를 엄격하게 규정하면서 동시에 입증책임도 손해배상청구권자에게 부담시키고 있으므로 책임제한이 부인되는 경우는 거의 없을 것으로 보인다. 이에 대하여는 「1957년 항해선소유자의 책임제한에 관한 국제협약」과 같이 선박소유자의 고의 또는 과실이 있으면 책임제한권을 상실하게 하고, 책임제한배제사유에 대한 입증책임도 선박소유자 등 책임제한을 주장할 수 있는 자에게 부담시키는 것이 현실적이라는 비판도 있다.[273]

Ⅵ. 책임제한이 미치는 범위

1. 사고주의원칙

상법 제770조 제2항은 '제1항 각 호에 따른 각 책임한도액은 선박마다 동일한 사고에서 생긴 각 책임한도액에 대응하는 선박소유자에 대한 모든 채권에 미친다'라고 규정하고 있다. 이론적으로 보면, 한 번의 항해에서도 두 번 이상의 사고가 발생할 수 있다. 이 경우에 선박이 도착할 때까지의 모든 사고를 하나로 묶어서 하나의 책임제한기금을 형성하여 책임한도로 할 수도 있고, 이와 달리 각각의 사고에 대하여 별도

271) 裵炳泰, "1976년 海事債權에 대한 責任制限條約의 硏究", 한국해양대학교 논문집, 제13집, 1978, 136-137쪽; 鄭燦亨, 商法講義(하), 제10판, 博英社, 2008, 813쪽.

272) 같은 의견, 宋相現·金炫, 海商法原論, 제3판, 博英社, 2005, 143쪽.

273) 金東勳, "개정 해상법상 선주책임제한권의 상실사유", 한국해법회지, 제15권 제1호, 1993. 2., 103쪽 참조.

의 책임제한기금을 형성할 수도 있다. 전자를 항해주의(航海主義)라고 하고 후자를 사고주의(事故主義)라고 한다. 두 입법주의를 비교하면 전자는 채무자에게 상대적으로 유리하다고 할 수 있고, 후자는 채권자에게 상대적으로 유리하다고 할 수 있다.[274] 상법은 「1976년 해사채권책임제한협약」의 사고주의를 받아들여 선박소유자 등은 사고를 단위로 모든 책임제한대상채권에 대한 책임을 책임한도액으로 제한할 수 있다는 점을 밝히고 있다.[275] 그러므로 위의 예에서 1 항해에서 3번의 사고가 있었다면, 3개의 책임제한기금이 형성되고 3번의 사고에 대하여 각각의 책임제한기금이 형성되어 채무의 변제에 충당하게 된다.

한편, 구조자의 책임제한에 대하여는 원칙적으로 구조선마다 별도로 책임제한기금이 형성된다. 이는 동일한 선박의 동일한 사고에 대하여 여러 척의 구조선이 구조활동을 하는 경우가 있을 수 있고, 이 경우에 구조자를 대상으로 한 책임제한에서는 개별 구조선별로 별개의 책임제한기금을 형성하는 것이 원칙이다. 또 선박단위로 구조활동을 하지 않는 경우에는 구조자 단위로 책임제한기금이 별도로 형성되는 것으로 한다(이상 상법 제775조 제3항). 이때 구조자는 구조활동을 하는 개개의 자연인을 말하는 것은 아니고, 구조활동의 주체가 되는 법인 또는 개인으로서 구조활동의 주체가 되는 자에게 고용된 피용인 또는 이행보조자를 개개의 책임제한 주체로 하는 것은 아니다. 결과적으로는 각 구조선이나 구조자 단위로 보면 1 사고를 단위로 책임제한이 되는 결과를 가져온다고 볼 수 있으므로 사고주의의 연장선상으로 이해할 수 있다.

2. 동일한 사고로 인한 반대채권액의 공제

선박소유자 등이 책임의 제한을 받는 채권자에 대하여 동일한 사고로 인하여 생긴 손해에 관한 채권을 가지는 경우에는 그 채권액을 공제(控除)한 잔액에 한하여 책임의 제한을 받는 채권으로 한다(상법 제771조). 선박소유자 등의 책임이 반대채권 만큼 축소하여 제한되므로 결과적으로 책임이 확대된다. 이로써 다른 채권자의 배당비율이 낮아지는 것이 방지되는 효과가 있다.[276]

274) 김인현 교수는 이를 航次主義와 事故主義라는 용어를 사용하고 있다(金仁顯, 海商法, 제2판, 法文社, 2007, 64쪽 참조).
275) 鄭暎錫, 海商法講義要論, 海印出版社, 2003, 75쪽 참조.
276) 鄭暎錫, 海商法講義要論, 海印出版社, 2003, 81-82쪽.

Ⅶ. 책임한도액

1. 계산원칙, 책임한도액의 산정단위 및 기준

책임한도액의 산정은 금액책임주의의 원칙에 의하여 사고단위로 정하여 진다(상법 제770조 제2항). 책임제한의 방식은 사고선박의 톤수의 증가에 따라 매 기준톤당 책임한도액을 일정한 비율로 줄여가는 단계적 계산방식, 즉 비례체감방식(sliding scale system)을 취하고 있다.[277] 비례체감방식을 채택한 이유는 대형선박에 대하여 지나치게 고액의 책임한도액이 부과되면 책임보험시장의 인수한도를 초과하게 되어 대형선을 보험에 들 수 없게 된다는 점도 고려한 것이다.[278]

또 두 척 이상의 선박이 사고에 관련된 경우에는 각각의 선박단위로 책임제한기금이 조성된다.[279]

책임한도액의 단위는 시세변동이 적은 국제통화기금(IMF)의 특별인출권(Special Drawing Rights, SDR)을 계산단위로 한다(상법 제770조 제1항 제1호). 이는 「1976년 해사채권책임제한협약」 제8조 제1항을 받아들인 것이다. 특별인출권의 가치는 미국·독일·영국·프랑스·일본의 화폐의 교환율에 기초하여 결정된다. 「1976년 해사채권책임제한협약」 제8조 제1항은 특별인출권을 체약국의 국내통화로 환산하는 기준시점을 ① 책임제한기금을 형성한 날, ② 책임제한권자가 채권자에게 채무를 변제한 날, 또는 ③ 책임제한권자가 채권자에게 보증을 제공한 날로 규정하고 있다. 상법은 이에 대하여 아무런 언급이 없으므로 입법이 필요하지만, 해석상으로는 동 협약과 같은 기준을 적용하여야 할 것이다.[280]

책임한도액의 산정에 사용되고 있는 선박의 톤수는 첫째, 국제항해에 종사하는 선박의 경우에는 「선박법」에서 규정한 국제총톤수로 하는데, 이는 「1969년 선박의 톤수의 측정에 관한 국제협약」 및 동 협약 부속서의 규정에 따라 그 크기를 나타내기

277) 鄭暎錫, 船舶所有者責任制限制度에 관한 硏究-國際協約의 비교를 중심으로-, 法學碩士學位論文, 한국해양대학교 대학원, 1988. 7., 82쪽 참조.

278) 宋相現·金炫, 海商法原論, 제3판, 博英社, 2005, 136쪽; 孫珠瓚, 商法(하), 제10정증보판, 博英社, 2002, 745쪽.

279) 大決 1998.3.25, 97 마 2758(公報 1998, 1147) : 상법 제747조 제1항 제3호는 선박소유자의 책임제한에 관한 여러 입법주의 중 이른바 금액주의를 채택하면서 '그 선박'의 톤수에 따라 정하여진 금액을 책임의 한도액으로 하도록 하고 있는바, 예인선이 피예인선을 예인하면서 예선열을 이루어 운항하던 중에 선박소유자의 책임을 제한할 수 있는 채권이 발생한 모든 경우에 항법 분야에서 통용되는 이른바 예선열 일체의 원칙을 적용하여 예인선과 피예인선이 일체로서 상법 제747조 제1항 제3호가 정하는 '그 선박'에 해당하는 것으로 의제할 근거는 없다.

280) 宋相現·金炫, 海商法原論, 제3판, 博英社, 2005, 139쪽.

위하여 사용되는 지표를 말한다(상법 제772조, 선박법 제3조 제1호). 그 밖의 선박에 대하여는 「선박법」에서 규정하는 총톤수로 하는데, 이때 총톤수라 함은 우리나라의 해사에 관한 법령의 적용에 있어서 선박의 크기를 나타내기 위하여 사용되는 지표를 말한다(상법 제772조, 선박법 제3조 제2호).[281)][282)]

또 상법은 ① 여객의 사망, 신체의 상해로 인한 손해, ② 여객 외의 사람의 사망, 신체의 상해로 인한 손해, ③ 기타 물적 손해로 나누어 규정하고 있다.

2. 여객의 사망 또는 신체의 상해로 인한 손해

여객의 사망 또는 신체의 상해로 인한 손해에 관한 채권에 대한 책임의 한도액은 그 선박의 선박검사증서에 기재된 여객의 정원에 17만 5천 계산단위를 곱하여 얻은 금액으로 한다(상법 제770조 제1항 제1호). 선박검사증서는 국토해양부장관이 정기검사에 합격한 선박에 대하여 항해구역·최대승선인원 및 만재흘수선의 위치를 각각 지정하여 국토해양부령이 정하는 선박검사증서를 발행하는데, 국제협약검사증서와 선박검사증서가 있다(선박안전법 제8조 제2항, 제16조 제1항 내지 제3항).[283)] 선적증서에 기재된 여객정원을 책임한도액산정의 기준으로 삼는 것은 책임보험 가입시 보상한도를 정하는 기준을 명확하게 할 필요가 있는데, 이 점에서는 공부상의 여객정원을 기준으로 하는 것이 분쟁의 소지가 없기 때문이라고 본다. 또 실제 운송시 여객정원을 초과하였거나 여객정원을 채우지 못하고 운항하였더라도 책임한도액은 선적증서에 기재된 여객정원을 한도로 한다.

상법의 여객운송인의 책임한도액이 비현실적이라는 지적이 지속적으로 제기되고 있었으므로, 「1976년 해사채권책임제한협약」의 1996년 개정의정서[284)]의 수준으로 책임한도액을 인상하였다.[285)] 이에 관하여 여객선의 선박소유자들은 위 책임에 따른 보험가입이 가능한지와 보험료 부담이 증가한다는 우려를 하였으나,[286)] 인권존중의

281) 선박의 톤수측정에 대한 자세한 내용은, [鄭暎錫, 海事法規講義, 제5개정판, 해인출판사, 2007, 82-91쪽] 참조.

282) 「1976년 해사채권책임제한협약」에서의 기준톤수도 「1969년 톤수측정에 관한 국제협약」의 부속서 1에 수록된 톤수측정규칙(the Tonnage Measurement Rules Contained in Annex 1 of the International Convention on Tonnage Measurement of Ships, 1969)에 따라서 계산된 총톤수(gross tonnage)를 가리킨다(동 협약 제6조 제5항) ; 기타 자세한 내용은, [トン數法硏究會編, トン數法の解說, 東京, 海文堂, 1985, 25-27쪽] 참조.

283) 鄭暎錫, 海事法規講義, 제5개정판, 海印出版社, 2007, 141-146쪽 참조.

284) 1996년 개정의정서에 의하여 개정된 「1976년 해사채권책임제한협약」을 이하에서는 「1996년 해사채권책임제한협약」이라 한다.

285) 2007년 기준으로 여객의 사상에 대한 책임한도액은 원화 약 7천만 원에서 약 2억 원으로 인상되었다(金仁顯, 개정 해상법 설명회 자료집, 한국선주협회, 2007.7.18., 93쪽 참조).

286) 상법 개정과정에서 여객선 선박소유자들은 보험료부담의 증가를 우려하였으나, 상법상의 책임이 반드시 강

사상에 비추어 증액을 하였다.[287] 일본의 경우에도 「1996년 해사채권책임제한협약」을 국내법으로 채택하고 있으므로 이를 참조하여 같은 기준으로 책임한도액을 증액한 것으로 보인다.

여객의 사망 또는 신체의 상해로 인한 손해를 제외한 책임제한채권에 대하여는 아직 우리나라와 경쟁관계에 있는 해운국이 책임한도액을 인상하지 않고 있기 때문에 해운의 국제경쟁력 차원에서 인상하지 않았다.[288]

3. 여객 외의 사람의 사망 또는 신체의 상해로 인한 손해

여객 외의 사람의 사망 또는 신체의 상해로 인한 손해에 관한 채권에 대한 책임의 한도액은 그 선박의 톤수에 따라서 ① 3백 톤 미만의 선박의 경우에는 16만 7천 계산단위에 상당하는 금액, ② 5백 톤 이하의 경우에는 33만 3천 계산단위에 상당하는 금액, ③ 5백 톤을 초과하는 선박의 경우에는 33만 3천 계산단위(②의 5백 톤에 해당하는) 금액에 5백 톤을 초과하여 3천 톤까지의 부분에 대하여는 매 톤당 5백 계산단위, 3천 톤을 초과하여 3만 톤까지의 부분에 대하여는 매 톤당 333 계산단위, 3만 톤을 초과하여 7만 톤까지의 부분에 대하여는 매 톤당 250 계산단위 및 7만 톤을 초과한 부분에 대하여는 매 톤당 167 계산단위를 각 곱하여 얻은 금액을 순차로 가산한 금액으로 한다(상법 제770조 제1항 제2호)(제1차적 책임한도액). 이와 같이 선박의 톤수가 증가할수록 기준이 되는 계산단위는 감소한다. 다만, 3백톤 미만의 선박과 5백톤 이하의 선박에 대하여는 체감방식을 사용하지 않았다.

여객 외의 사람의 사망 또는 신체의 상해로 인한 손해에 대한 책임한도액(상법 제770조 제1항 제2호)이 실제 발생한 인적 손해(사람의 사망 또는 신체의 상해로 인한 손해)로 인한 채권의 변제에 부족한 때에는 물적 손해(상법 제770조 제1항 제1호 및 제2호 외의 채권이 발생하는 손해)에 대한 한도액(상법 제770조 제1항 제3호)을 그 잔액채권의 변제에 충당한다(상법 제770조 제4항 제1문)(제2차적 책임한도액). 이는 상법 제770조 제1항 제2호의 손해(인적 손해)만 발생한 경우에

제보험과 연결된 것은 아니라는 이유를 들어 인상을 결정하였다. 그러나 선박소유자책임제한의 한도를 기준으로 선주상호보험(P & I) 또는 해운조합보험 등을 통하여 선박소유자배상책임보험을 들고 있는 것이 현실이므로 보험료부담증가와 이 규정이 직접적인 관계가 없다는 주장은 이해하기 어려운 주장이다. 그러나 개인적으로는 인명손해에 대하여는 배상책임한도를 항공운송인의 책임이나 육상운송인의 책임에 비추어 적정한 수준으로 정하거나 책임한도액을 폐지하는 것도 장기적으로는 검토할 필요가 있다고 생각한다.

287) 부칙에 의하여 3년간 적용이 유예되어 있으므로 2011년 1월 1일까지는 선박검사증서에 기재된 여객의 정원에 8만 7천 500 계산단위를 곱하여 얻음 금액을 그 책임한도액으로 한다(상법 부칙 제4조).

288) 法務部, 商法改正特別分科委員會會議錄 [海商編], 2006. 2., 7-8쪽 참조.

도 같다. 여객 외의 사람의 사망 또는 신체의 상해를 일으킨 사고(상법 제770조 제1항 제3호의 채권을 일으킨 사고)에서 물적 손해에 의한 채권도 동시에 발생한 경우에는 이 채권과 여객 외의 사람의 인적 손해의 잔액채권은 물적 손해에 따른 책임한도액(상법 제770조 제1항 제3호)에 대하여 각 채권액의 비율로 경합한다(상법 제770조 제4항 제2문).

4. 물적 손해

물적 손해(상법 제770조 제1항 제1호 및 제2호 외의 채권)에 대한 책임의 한도액은 그 선박의 톤수에 따라서, ① 3백 톤 미만의 선박의 경우에는 8만 3천 계산단위에 상당하는 금액, ② 5백 톤 이하의 선박의 경우에는 16만 7천 계산단위에 상당하는 금액, ③ 5백 톤을 초과하는 선박의 경우에는 16만 7천 계산단위(②의 5백 톤 이하의 선박)에 해당하는 금액에, 5백 톤을 초과하여 3만 톤까지의 부분에 대하여는 매 톤당 167 계산단위, 3만 톤을 초과하여 7만 톤까지의 부분에 대하여는 매 톤당 125 계산단위, 7만 톤을 초과한 부분에 대하여는 매 톤당 83 계산단위를 각 곱하여 얻은 금액을 순차로 가산한 금액으로 한다(상법 제770조 제1항 제3호).

5. 구조자의 책임한도

가. 구조선에 의한 구조의 경우

구조자 또는 그 피용자의 구조활동과 직접 관련하여 발생한 사람의 사망·신체의 상해, 재산의 멸실이나 훼손, 계약상 권리 외의 타인의 권리의 침해로 인하여 생긴 손해에 관한 채권 및 그러한 손해를 방지 혹은 경감하기 위한 조치에 관한 채권 또는 그 조치의 결과로 인하여 생긴 손해에 관한 채권에 대하여는 제769조부터 제774조까지의 규정(상법 제769조 제2호 및 제770조 제1항 제1호)에 따라 구조자도 책임을 제한할 수 있다. 다만, 운송물, 여객 또는 수하물의 운송의 지연으로 인하여 생긴 손해에 관한 채권(상법 제769조 제2호) 및 여객의 사망 또는 신체의 상해로 인한 손해에 관한 채권에 대한 책임한도액(상법 제770조 제1항 제1호)에 대하여는 상법 제775조 제1항의 적용을 제외한다(상법 제775조 제1항). 「1976년 해사채권책임제한협약」도 여객에 대한 손해배상의 책임제한은 원칙적으로 여객운송인에게만 인정된다고 함으로써(1976년 해사채권책임제한협약 제7조 제2항), 구조자의 책임제한은 여객 이외의 손해에 관한 규정만이 적용된다는 점을 명백히 하고 있다.[289)]

---

289) 鄭燦亨, 商法講義(하), 제10판, 博英社, 2008, 819쪽.

나. 구조선에 의하지 않은 구조의 경우

구조활동을 선박으로부터 행하지 아니한 구조자 또는 구조를 받는 선박에서만 행한 구조자는 제770에 따른 책임한도액에 관하여 1천500톤의 선박에 의한 구조자로 본다(상법 제775조 제2항).

구조자의 책임의 한도액은 구조선마다 또는 제775조 제2항의 경우에는 구조자마다 동일한 사고로 인하여 생긴 모든 채권에 미친다(상법 제775조 제3항).

이때 구조활동이란 해난구조시의 구조활동은 물론 침몰・난파・좌초・유기, 그 밖의 해난사고를 당한 선박 및 그 선박 안에 있거나 있었던 적하와 그 밖의 물건의 인양・제거・파괴 또는 무해조치 및 이와 관련된 손해를 방지 또는 경감하기 위한 모든 조치를 말한다(상법 제775조 제4항), 책임제한의 대상이 되는 구조활동은 상법 제882조 내지 제895조에서 규정한 해난구조 보다 넓은 의미의 구조활동을 말하는 것으로, 상법상의 해난구조 외에도 실질적으로 해난사고를 당한 선박 및 선박 내에 있던 적하 기타 물건의 구조나 침몰선 등의 제거 등 손해의 방지 및 경감을 위한 조치를 포함한 것이다.[290)]

[표 3-1] 선박소유자 등의 책임한도(단위 : 계산단위)

선박의 톤수	여객의 사망・신체의 상해에 대한 한도액	여객 외의 사람의 사망・신체의 상해에 대한 한도액	물적 손해에 대한 한도액
300톤 미만	17만 5천×선박검사증서에 기재된 여객의 정원	16만 7천	8만 3천
300~500톤		33만 3천	16만 7천
501톤 ~3,000톤		33만 3천+(초과톤수×500)	16만 7천+(초과톤수×167)
3,001 ~30,000톤		158만 3천(3천톤 한도액) +(초과톤수×333)	
30,001 ~70,000톤		1천 798만 2천(3만톤 한도액) +(초과톤수×250)	509만 3천 500(3만 톤 한도액) +(초과톤수×125)
70,000톤 초과		2천 798만 2천(7만 톤 한도액) +(초과톤수×167)	1천 9만 3천 5백(7만 톤 한도액) +(초과톤수×83)
구조선에 의하지 않은 구조의 경우 구조자	33만 3천+(1,000톤×500) =83만 3천		16만 7천+(1,000톤×167) =33만 4천

※ 계산단위는 국제통화기금의 1 특별인출권(S.D.R.)을 의미한다(상법 제770조 제1항).

290) 法務部, 商法改正特別分科委員會會議錄 [海商編], 2006. 2., 8-9쪽 참조.

6. 책임보험자의 경우

책임보험자가 책임제한을 주장할 경우에는 피보험자의 책임한도액과 같다(상법 제724조 제2항 단서).

제 4 관 선박소유자 등의 책임제한의 절차[291)]

Ⅰ. 의의

책임제한절차에 대하여는 상법상 1개의 실체법적 규정(상법 제776조)과 절차법인 「선박소유자 등의 책임제한절차에 관한 법률」(제정: 1991.12.31, 법률 제4471호, 개정: 2007.8.3, 법률 제8581호)[292)]이 있다. 상법은 '책임제한절차개시의 신청・책임제한의 기금의 형성・공고・참가・배당, 기타 필요한 사항은 따로 법률로 정한다'라고 규정하고 있으므로(상법 제776조 제2항), 구체적인 절차는 절차법에 다르게 된다. 이 법은 선박소유자 등의 총체적 책임제한의 항변을 허용하는 전제조건으로서 법정 책임제한기금을 먼저 관할법원에 공탁・형성하게 함으로써 재산적 손해를 입은 채권자와 책임제한주체인 채무자 간의 형평을 기하고, 특정 법원에서 이를 일괄배당하게 함으로써 채권자마다 서로 다른 법원에 소송을 제기함에 따른 비용과 시간의 낭비를 방지하여 소송경제를 도모하고자 하는 것이다.

책임제한사건에는 위의 절차법 외에도 민사소송법 및 민사집행법의 규정이 준용된다(선박소유자 등의 책임제한절차에 관한 법률 제4조). 책임제한절차는 크게 나누면 책임제한절차개시의 신청과 결정, 제한채권의 신고와 조사, 기금의 형성과 배당의 3단계로 진행된다.

---

291) 자세한 내용은 [정영석, 유류오염손해민사책임법, 해인출판사, 2008, 160쪽 이하] 참조.

292) 이 법이 제정되기 전에는 책임제한절차에 관한 규정이 없었기 때문에 청구인이 여러 명인 경우 책임제한이 인정된다고 하더라도 사실상 선박소유자가 책임제한제도를 이용할 수 없었다. 즉 책임제한의 주장을 개개의 소송에서 항변으로 제출할 수 있었을 뿐이므로 동시에 여러 개의 소송이 제기된 경우 선박소유자는 소송의 숫자를 責任制限基金에 곱한 만큼의 책임한도액이 증가되었다. 실무상 민법의 供託制度를 이용하는 수밖에 없었으나 민법의 공탁제도는 채권자가 수령을 거절하거나 수령을 할 수 없는 경우 및 채권자를 알 수 없는 경우에만 한정적으로 허용되며, 채권자별로 금액을 나누어서 공탁하지 않는 한 각자의 몫을 알 수 없기 때문에 절차적으로 청구인들이 책임제한기금을 찾아간다는 것은 거의 불가능하였다. 이러한 현상을 해결하기 위하여 「선박소유자 등의 책임제한절차에 관한 법률」을 제정하게 된 것이다. 이는 「1976년 해사채권책임제한협약」에서는 책임제한에 관한 실체법과 절차법을 모두 규정하고 있는 반면, 우리 법체계는 실체법과 절차법의 규정을 따로 두고 있기 때문이다.

II. 책임제한절차개시의 신청과 결정

1. 신청

책임제한을 주장하고자 하는 자는 채권자로부터 책임한도액을 초과하는 청구금액을 명시한 서면에 의한 청구를 받은 날로부터 1년 이내에 법원에 책임제한절차개시의 신청을 하여야 한다(상법 제776조 제1항). 즉, 책임제한절차법에 의하여 선박소유자가 책임제한을 주장하려면 管轄法院에 책임제한의 사유와 그 금액 등을 기재한 서면을 제출하여 책임제한절차개시신청을 하여야 한다. 관할법원은 제한채권이 발생한 선박의 선적소재지・신청인의 보통재판적소재지・사고발생지・사고 후에 사고 선박이 최초로 도달한 곳 또는 제한채권에 기하여 신청인의 재산에 대한 압류(또는 가압류)가 집행된 곳을 관할하는 지방법원이다(선박소유자 등의 책임제한절차에 관한 법률 제2조).

이러한 책임제한절차개시의 신청은 책임한도액을 초과한 책임제한채권자의 채권의 존부나 범위가 책임제한절차개시 신청사건에서 직접 재판의 대상이 되는 것이 아니다. 또 모든 책임제한채권자들의 채권은 「선박소유자 등의 책임제한절차에 관한 법률」이 정하는 바에 따라 장차 조사 및 확정의 절차를 거쳐야 비로소 배당을 받을 수 있게 되는 것으로서, 책임제한절차개시 신청시를 기준으로 할 때 신청인이 직접 받게 될 경제적 이익을 객관적으로 평가할 수 없으므로 그 신청사건이 소가(訴價)를 산출할 수 없는 재산권상의 신청에 해당한다.[293)]

2. 결정

책임제한절차는 개시결정을 한 때로부터 그 효력이 생긴다. 법원이 이 결정을 한 때에는 지체 없이 일정한 사항을 공고하여야 한다(선박소유자 등의 책임제한절차에

293) 大決 1998.4.9, 97 마 832(公報 1998, 1431) : 상법 제752조 및 「선박소유자 등의 책임제한절차에 관한 법률」에 의한 선박소유자 등의 책임제한절차개시 신청은 어디까지나 신청인의 책임한도액을 확정하여 책임제한절차의 개시를 구하는 신청에 불과하고, 비록 책임제한절차가 개시된 경우에는 제한채권자들이 「선박소유자 등의 책임제한절차에 관한 법률」의 규정에 의하여 공탁된 금전 및 이에 대한 이자의 합계액에서 같은 법이 정하는 바에 따라 배상을 받을 수 있을 뿐 기금 이외의 신청인 또는 수익채무자의 재산에 대하여 권리를 행사하지 못하는 효과가 있는 것이기는 하나, 책임한도액을 초과한 제한채권자들의 채권의 존부나 범위가 책임제한절차개시 신청사건에서 직접 재판의 대상으로 되는 것이 아니고, 또 모든 제한채권자들의 채권은 같은 법이 정하는 바에 따라 장차 조사 및 확정의 절차를 거쳐야 비로소 배당을 받을 수 있게 되는 것으로서, 절차의 특성상 책임제한절차개시 신청 시에는 제한채권자들의 총채권을 확정할 방법도 없으므로, 책임제한절차개시 신청사건에서는 신청 목적의 가액 산정의 기준시인 책임제한절차개시 신청시를 기준으로 할 때 책임제한절차개시 결정이 되는 경우에 신청인이 직접 받게 될 경제적 이익을 객관적으로 평가할 수 없고, 따라서 그 사건은 어느 심급에서건 재산권상의 신청으로서 그 신청 목적의 가액을 산출할 수 없는 경우에 해당한다.

관한 법률 제19조, 제21조). 법원이 개시결정을 함에 있어서는 동시에 관리인을 선임하고, 제한채권의 신고기간 및 조사기일을 정하여야 한다(선박소유자 등의 책임제한절차에 관한 법률 제20조).

선박소유자 또는 기타 책임제한채무자의 1인이 책임제한절차개시의 결정을 받은 때에는 책임제한을 주장할 수 있는 다른 자도 이를 원용할 수 있다(상법 제774조 제3항). 따라서 이때 제한채권자가 이러한 자의 재산에 대하여 강제집행을 하는 경우에는 이의의 소를 제기할 수 있다(선박소유자 등의 책임제한절차에 관한 법률 제27조 제2항, 제29조).

Ⅲ. 기금의 형성과 배당

법원은 그 신청이 타당하다고 판단되면 책임제한기금을 법원에 공탁하도록 명령한 후 관리인을 선임함과 동시에 신문 등에 이를 공고한다. 아울러 조사기일을 정하여 신고된 채권이 책임제한채권인지 여부와 그 내용을 조사하고 관리인·선박소유자·수익채무자 등의 이의가 없으면 제한채권을 확정하여 배당표를 작성하여 이를 공고한다. 이에 대하여 불복이 있는 자는 법원에 배당표에 대한 이의신청을 하여 판결로써 이를 확정하여야 하며, 관리인은 이의기간이 지나면 지체 없이 배당을 하여 책임제한절차를 종료한다.

책임제한절차법에서는 책임제한절차개시신청이 있는 경우 법원이 신청인이나 수익채무자의 신청에 의하여 책임제한절차개시결정이 있을 때까지 제한채권에 기하여 신청인 또는 수익채무자의 재산에 대하여 진행 중인 강제집행·가압류·가처분·경매절차의 정지를 명할 수 있을 뿐, 소송절차는 중단되지 않는다(선박소유자 등의 책임제한절차에 관한 법률 제16조 제1항).

책임제한절차법은 법원이 직권으로 책임제한사건에 관하여 필요한 조사를 할 수 있다고 규정하고 있으므로(선박소유자 등의 책임제한절차에 관한 법률 제5조), 직권탐지주의(職權探知主義)에 입각하고 있다.

제4장

해상기업활동

제1절
해상운송법 총론

제1관 해상운송계약의 의의

Ⅰ. 개념

해상운송(carriage by sea)이라 함은 해상에서 선박에 의하여 물건 또는 여객을 운송하는 행위를 말한다. 운송에는 운송지역 또는 운송수단에 따라 육상운송·해상운송 및 항공운송(공중운송)이 있다. 해상운송은 해상에서 선박에 의하여 이루어지는 운송이라는 점에서 육상운송이나 항공운송과 구별된다. 이때 해상이라 함은 湖川(內水)과 항만을 제외한 수면을 말한다. 그러므로 호천·항만에서 하는 내수운송은 선박에 의한 운송이라 하더라도 상법상으로는 육상운송에 속한다(상법 제125조 참조). 해상운송은 그 운송수단이 선박이며, 운송의 장소가 해상이라는 점에서 육상운송이나 항공운송과 비교하여 그 위험성·운송기간·운송방법·비용 등의 면에서 많은 차이점이 있기 때문에 상법에서는 이를 구별하여 규정하고 있다.[1)]

한편, 선박에 의한 해상운송은 선박의 운항 방법에 의해 定期船運送(liner transport)과 不定期船運送(tramper transport)으로 나눈다. 정기선이란 노선버스와 같이 일정의 항로를 일정의 스케줄에 따라 항행하는 것으로 1816년에 미국의 해운회사가 뉴욕과 런던 사이에 郵便船의 정기운항을 시작한 것이 그 발단이라고 한다. 정기선에 따라 운송되는 것은 불특정 다수의 하주의 소량, 또는 잡다한 화물로, 운송계약은 선하증권에 의한 부합계약의 형태로 체결되는 경우가 많다. 이에 대해 부정기선은 하주의 화물운송의 수요에 따라 필요한 시기 및 항로에 선박을 제공하는 것으로 철광석, 석유, 목재 등의 대량 화물의 운송에 이용된다. 이 같은 부정기선에 의한 운송계약은 용선계약에 의하여 체결되며 운송계약의 내용도 용선계약서에 따른다.[2)]

---

1) 육상운송은 상법 제2편 상행위편에서 규정하고, 해상운송은 상법 제5편 해상편에서 규정하고 있다.
2) 정영석, 해운실무, 해인출판사, 2004, 15-16쪽 참조.

상법은 운송계약의 종류로 개품운송계약과 항해용선계약, 정기용선계약, 선체용선계약, 해상여객운송계약으로 구분하여 규정하고 있다(상법 제791조, 제817조, 제827조, 제842조, 제847조). 이 중 선체용선계약은 선박임대차계약에 해당하므로 운송계약으로 볼 수 없음에도 불구하고 상법 제5편 제3장의 운송과 용선에 규정을 두고 있다. 따라서 이 책에서는 선체용선계약은 제1장 책임의 주체에서 다루기로 한다.[3)]

여기서 개품운송계약은 정기선에 의한 운송계약에 주로 이용되는 것이며, 용선계약은 부정기선에 의한 운송에 적합한 운송계약이다. 단, 정기선 시장에서 컨테이너 운송의 증대에 따른 복합운송화, 부정기선 시장에서 인더스트리얼 캐리어(자동차 산업 등 자사의 화물을 운송하기 위해 자신의 선박을 정기용선하여 운송하는 자)의 출현 등에서 보듯이 종래의 전통적 운송유형에서 벗어난 새로운 운송형태도 증가하고 있다. 또 해상여객운송계약도 개개의 여객을 대상으로 한 운송계약과 용선계약으로 구분할 수 있으나, 개개의 여객을 대상으로 하는 부합계약형태의 운송계약이 일반적으로 이루어지므로 상법에서는 이러한 형태의 운송을 규정하고 있다(상법 제817조 내지 제826조).

---

3) 현행 상법은 제2장 운송과 용선이라는 제목 하에 제1절 개품운송(복합운송 포함), 제2절 해상여객운송, 제3절 항해용선, 제4절 정기용선, 제5절 선체용선, 제6절 운송증서로 편제하고 있다. 현행 상법의 이러한 편제는 여러 가지로 의문을 가지게 한다.

첫째, 운송계약을 분류하는 기준은 주된 운송의 대상이 물건인가 아니면 사람인가에 따라 물건운송계약과 여객운송계약으로 구분이 된다. 또 운송계약의 형태에 따라 개품운송계약과 용선계약으로 구분된다. 운송계약을 이렇게 분류하는 각각 물건운송과 여객운송, 개품운송과 용선의 특징이 다르기 때문인데, 상법의 편제는 무엇을 기준으로 하고 있는지에 대한 명확한 기준을 찾기 어려워 보인다.

둘째, 개품운송은 부합계약의 성질이 강하기 때문에 운송인의 책임에 대하여 상대적 강행규정으로서의 특징을 지니는 반면, 용선계약은 계약자유에 맡겨져 있는 것이 특징이다. 따라서 해상운송법이 일찍 발달한 영국에서도 개품운송계약에 대하여는 해상물건운송법(The Carriage of Goods by Sea Act, 1971)이 제정되어 있는 반면, 용선계약에 대하여는 당사자의 계약자유에 맡겨져 있어서 별도의 단행법은 존재하지 않고 커먼-로(common law)가 적용된다. 특히 운송증서인 선하증권이나 해상화물운송장은 부합계약 형태의 계약인 개품운송계약에서 사용하는 계약의 증거증권이다. 선하증권의 경우에는 용선계약에서도 사용되지만, 이는 단순히 운송물의 수령을 확인하는 제한된 기능으로 사용되거나, 용선계약과는 관계없이 별개의 용선자가 운송인의 자격으로 개품운송계약을 체결한 경우에 발행된다. 이러한 관점에서 보면, 개품운송과 운송증서는 밀접한 관계를 가지고 있으므로 상법 제2장의 편제는 이해하기 어려운 점이 있다.

셋째, 상법 제2장은 표제를 운송과 용선으로 하고 있으나, 해상기업활동으로서의 해상운송을 규정한 것으로 볼 수 있다. 이러한 점에서 보면 선체용선계약(bareboat charter)은 선박임대차계약(charter by demise)과 완전히 같은 개념으로 보아야 하며, 이는 운송계약이 아니므로 인적 조직의 선박소유자 다음에서 규정하는 것이 타당하다고 생각한다.

II. 해상운송계약의 법적 성질

1. 도급계약성

해상운송계약은 운송이라는 일의 완성을 목적으로 하는 계약이므로 민법상 도급계약(민법 제664조)이다.[4] 그러므로 상법의 규정이 미비할 경우에는 민법의 도급에 관한 규정이 해상운송계약에 보충적으로 적용될 수 있다.

2. 기본적 상행위성

해상운송인은 육상운송인과 마찬가지로 운송의 인수를 영업으로 하는 기본적 상행위를 하므로(상법 제46조 제13호), 이를 자기명의로 하면 당연상인이 된다(상법 제4조). 해상운송인이 운송계약을 체결한 후에 이행하는 운송은 '물건 또는 여객을 공간적으로 이동시키는 것'으로서 사실행위이며 운송계약의 이행행위이다. 이러한 운송행위는 상행위도 아니고 이를 함으로써 운송인이 상인자격을 취득하는 것도 아니다. 즉, 운송인은 스스로 운송행위를 하지 않아도 타인으로 하여금 운송행위를 하게 하여도 운송의 인수를 하면 충분하다.[5]

3. 부합계약성

개품운송계약과 해상여객운송계약은 선하증권 또는 해상여객운송약관과 같은 약관에 의하여 체결되는 경우가 일반적이므로 부합계약성을 갖는다. 부합계약성으로 인하여 상법은 운송계약자를 보호하기 위하여 개품운송계약에 대하여 일정한 제한을 두고 있는데, 이러한 규정을 상대적 강행규정이라 한다.

그러나 항해용선계약이나 정기용선계약과 같은 용선계약은 대규모의 물건을 운송하는 화주와의 사이에서 비교적 대등한 경제적 지위에서 계약을 체결할 수 있기 때문에 계약자유에 맡겨져 있고 부합계약성을 지니고 있다고는 보지 않는다.

해상운송계약의 이러한 성질로 인하여 영국과 미국에서도 부합계약성을 갖는 개품운송계약에는 해상물건운송법(Carriage of Goods by Sea Act)이라는 강행규정을 가진 단행법를 제정한 반면, 용선계약에 대하여는 계약자유의 원칙이 철저히 지켜지고 커먼-로라는 판례법에 의하여 계약의 내용을 해석할 뿐이다. 물론 용선계약에 대하여도 표준계약서식이 있지만, 이는 용선계약이 이루어지는 각각의 시장을 중심으로

---

4) 大判 1983.4.26, 82 누 92(公報 706, 898) : 물건운송계약이란 당사자의 일방이 물품을 한 장소로부터 다른 장소로 이동할 것을 약속하고 상대방이 이에 대하여 일정한 보수를 지급할 것을 약속함으로써 성립하는 계약을 말하며, 일의 완성을 목적하는 것이므로 도급계약에 속한다.

5) 鄭燦亨, 商法講義(상), 제10판, 博英社, 2008, 312쪽 참조.

자율적으로 만들어진 계약서식으로서 부합계약의 성질을 지닌 것은 아니다.

4. 기타의 성질

해상운송계약은 낙성계약성, 불요식계약성, 유상·쌍무계약성을 갖는다.

Ⅲ. 해상운송계약의 주체

상법상 해상운송계약의 주체는 운송인(contractual carrier)이다. 그러므로 운송계약의 주체가 될 수 있는 운송인은 자선의장자인 선박소유자뿐만 아니라, 선체용선자, 항해용선자, 정기용선자, 운송주선인 등이 포함된다. 여기서 항해용선자와 정기용선자는 재운송계약을 통하여 운송을 인수할 수 있고(상법 제809조), 운송주선인은 개입권을 행사함으로써 운송을 인수할 수 있다(상법 제116조 제1항). 해운실무에서는 선박소유자를 자선의장자, 그 밖의 운송인을 타선의장자라고도 한다. 상법에서는 개품운송계약에서는 운송인이라는 용어를 사용하고 용선계약에서는 선박소유자라는 용어로 운송인을 표현한다.[6] 재운송계약에서는 용선자가 송하인 또는 재용선자와의 사이에서는 운송인이 된다.

Ⅳ. 해상운송계약의 법원

해상운송은 해상기업활동의 핵심이다. 그러므로 해상법의 핵심은 해상운송법이라고 할 수 있다. 우리 상법은 해상운송법의 국제적 통일경향을 고려하여 국제해상운송에 관한 국제협약을 대폭 수용하였다. 상법은 제정시부터 「1924년 선하증권에 관한 법의 특정 규칙의 통일에 관한 국제협약」(International Convention for the Unification of Certain Rules of Laws Relating to Bills of Lading, 25 August

6) 제정 상법은 운송계약의 주체를 선박소유자를 중심으로 규정하였으나, 1991년 개정 이후 상법은 계약의 당사자인 운송인 중심주의로 체제를 개편하였다. 이러한 체제는 현행 상법도 변화가 없다고 생각한다. 그러나 현행 상법 제2장에서 개품운송의 주체는 운송인으로 규정하고 있으나, 용선계약의 주체는 선박소유자로 규정하고 있다. 선체용선계약의 경우에는 물권으로서 선박을 소유하고 있는 선박소유자, 자선의장자인 선박소유자 또는 선체용선자가 계약의 주체가 될 수 있기 때문에 계약의 주체를 선박소유자로 규정하는 것이 타당하다고 본다. 그러나 항해용선계약과 정기용선계약은 운송계약의 일종으로서, 항해용선계약에서는 자선의장자인 선박소유자, 선체용선자, 정기용선자(재운송계약의 경우), 항해용선자(재운송계약의 경우)가 주체가 될 수 있고, 정기용선계약에서는 자선의장자인 선박소유자, 선체용선자, 정기용선자(재운송계약의 경우)가 계약의 주체가 될 수 있다. 따라서 항해용선계약과 정기용선계약에서는 선박을 물권으로서 소유하는 관계가 핵심이 아니고 운송의 주체가 되는 것이 핵심이기 때문에 계약의 주체는 운송인으로 표현하는 것이 타당하다고 본다. 현행 상법이 용선계약에 대하여 구별하지 않고 선박소유자를 주체로 표현한 것은 정기용선계약의 법적 성질에 대하여 운송계약설과 임대차계약설(혼합계약설)과의 사이에서 확실한 결론을 내리지 못한 상태에서 입법을 한 결과가 아닌 가 추측한다. 상법 제5편에서 선박소유자의 개념이 규정하는 개별 조항마다 다르게 해석되는 것은 큰 문제가 될 것이다.

1924: 이하 '1924년 헤이그 규칙'이라 부른다)[7]의 실질적인 내용을 수용하였다가, 1991년 개정에서는 1968년 헤이그-비스비 규칙(International Convention for the Unification of Certain Rules of Laws Relating to Bills of Lading, 25 August 1924 as Amended by the Protocol of 23 February 1968 and as Amended by the Protocol of December 1979; 이하 '1968년 헤이그-비스비 규칙'이라 부른다)[8]을 대부분 수용하고 일부 규정은 상당부분 1978년 국제연합해상물건운송협약(United Nations Convention on the Carriage of Goods by Sea, 1978; 이하 '1978년 함부르크 규칙'이라 부른다)[9]을 수용함으로써 운송인의 손해배상책임에 대하여는 국제협약에 따른 통일법체계에 접근하도록 하였다.

이 규정들은 개품운송계약에 해당하는 것들이고, 계약자유의 원칙에 맡겨져 있는 용선계약(항해용선계약과 정기용선계약)에 대하여는 이들 협약과 직접적인 관계는 없다고 보아야 한다. 다만, 용선계약서에서 이들 협약이나 상법의 규정을 적용하는 것으로 합의한 경우에는 적용될 수 있다.

[표 4-1] 해상물건운송에 관한 국제협약의 주요내용 비교

사항	1924년 헤이그 규칙	1968/1979년 헤이그-비스비 규칙	1978년 함부르크 규칙
공식명칭	International Convention for the Unification of Certain Rules of Laws Relating to Bills of Lading, 25 August 1924	International Convention for the Unification of Certain Rules of Laws Relating to Bills of Lading, 25 August 1924 as Amended by the Protocol of 23 February 1968 and as Amended by the Protocol of December 1979	United Nations Convention on the Carriage of Goods by Sea, 1978
가입 및 비준국 수	95개국	31개국	31개국
협약성립 연월일	1924년 8월 25일	1968년 2월 23일	1978년 3월 31일
협약발효 연월일	1931년 6월 2일	1977년 6월 23일 1984년 2월 15일	1992년 11월 1일

7) 2008년 11월 27일 현재 95개국이 가입한 이 협약은 1931년 6월 2일 발효하였다. 우리나라는 가입하지 않았다(CMI, Yearbook 2005-2006, pp. 411-413).

8) 2008년 11월 27일 현재 31개국이 가입한 이 협약은 1977년 6월 23일 발효하였다. 우리나라는 가입하지 않았다(CMI, Yearbook 2005-2006, pp. 417-418).

9) 2008년 11월 27일 현재 31개국이 가입한 이 협약은 1992년 11월 1일 발효하였다. 우리나라는 가입하지 않았다(CMI, Yearbook 2005-2006, pp. 515).

사항	1924년 헤이그 규칙	1968/1979년 헤이그-비스비 규칙	1978년 함부르크 규칙
적용범위	제10조 - 체약국이 발행하는 선하증권(수출) - 원칙적으로 수출에 적용	제10조 - 체약국이 발행하는 선하증권(수출) - 체약국으로부터의 운송(수입)	제2조 - 선하증권 발행 유무에 관계없이 모든 해상운송계약에 적용 - 단, 용선계약 일부에는 적용되지 않음
적용기간	제1조 - 적입시부터 하역시까지(tackle to tackle) - 실무상, 적입 전 및 하역 후에 대해서는 선하증권에 면책조항 삽입	제1조 - 적입시부터 하역시까지(tackle to tackle) - 실무상, 적입 전 및 하역 후에 대해서는 선하증권에 면책조항 삽입	제4조 - 수령에서 인도시까지
생동물	제1조 제c호 -적용 제외	제1조 제c호 적용 제외	제1조 제5항 - 적용
갑판적재 화물	제1조 제c호 적용 제외	제1조 제c호 적용 제외	제1조 제5항, 제9조 - 갑판적 운송을 할 수 있는 경우 (a) 송하인의 합의가 있는 경우 (b) 거래의 관습이 있는 경우 (c) 법률상 규정이 있는 경우
선하증권의 부실기재	제3조 제4항 - 선하증권의 기재에 관한 주의를 다했다는 것을 증명하면, 부실기재의 책임을 면함	제3조 제4항 - 선하증권의 기재에 관한 주의를 다했다는 것을 증명하면, 부실기재의 책임을 면함	제16조 3항(b) - 선의의 선하증권소지인에게 선하증권 부실기재에 관해 무과실이어도 대항할 수 있음
책임원칙	제8조 - 수정된 과실책임주의 - 선박의 감항성 확보 - 운송물에 대한 주의 의무	제3조 - 수정된 과실책임주의 - 선박의 감항성 확보 - 운송물에 대한 주의 의무	제6조 - 과실책임주의 - 예외적이 화재에 대해서는 청구자 측이 입증
면책사유	제4조 - 해기과실, 화재 등 총17개 항목	제4조 - 해기과실, 화재 등 총 17개 항목	제5조 제6항 - 인명구조와 재산 구조행위
책임한도액	제4조 제5항 - 운송물 1포장 또는 1단위당 100스터링 파운드	제4조 제5항 - 운송물 1포장 또는 1단위당 666.67 SDR, - 멸실·훼손 운송물 1Kg 당 2 SDR 중 높은 금액	제6조 제a호 - 운송물 1포장 또는 1단위당 835 SDR - 멸실·훼손 운송물 1Kg 당 2.5 SDR

사항	1924년 헤이그 규칙	1968/1979년 헤이그-비스비 규칙	1978년 함부르크 규칙
책임한도액 산정의 화폐 단위	제9조 - 금가치(gold value)	제4조 제5항 제d호 - 국제통화기금의 특별인출권(SDR)	제26조 - 국제통화기금의 특별인출권(SDR)
손해배상액 산정방법	규정 없음	제4조 제5항 제b호 - 상품 인도장소 시장가액	제26조 - 상품 인도장소 시장가액
연착책임	규정 없음	규정 없음	제5조 2항 - 인도기일 지정 또는 합리적 기간을 초과하는 인도지연 - 인도기일 후 60일 이내에 인도하지 않은 경우는 멸실한 것으로 간주
컨테이너 조항	규정 없음	제4조 제5항 - 컨테이너운송의 경우 책임한도액은 선하증권에 운송물의 포장 수 또는 단위가 기재되지 않을 때 컨테이너 수를 기준으로 산정	제6조 제2항 - 컨테이너운송의 경우 책임한도액은 선하증권에 운송물의 포장 수 또는 단위가 기재되지 않을 때 컨테이너 수를 기준으로 산정
운송인 및 그 사용자와 불법행위 책임	규정 없음	제4조의2 - 면책사유 및 책임제한을 운송인 및 그 사용인 대리인이 원용할 수 있음	제7조 - 면책사유 및 책임제한을 운송인 및 그 사용인 대리인이 원용할 수 있음
독립계약자 (Independent Contractor)	- 선하증권 및 터미널계약에 히말라야조항 삽입	제4조의2 제2항 - 부두운영자가 독립계약자이면 본항을 적용치 않음 - 히말라야조항 필요	규정 없음
책임제한상 실사유	규정 없음	제4조의2 제4항 - 운송인, 사용인 또는 대리인의 고의, 무모한 행위	제8조 - 운송인, 사용인 또는 대리인의 고의, 무모한 행위
멸실 동의 통지	제3조 제6항 - 인도시 - 보이지 않는 손상은 인도 후 3일 이내	제3조 제6항 - 인도시 - 보이지 않는 손상은 인도 후 3일 이내	제19조 - 통상인도일의 다음 영업일까지 - 보이지 않는 손상 등은 15일 이내
제소기간	제3조 제6항 - 인도 혹은 인도해야 할 날부터 1년 이내	제3조 제6항 - 인도 혹은 인도해야 할 날부터 1년 이내 - 당사자의 합의하에 연장가능 - 제3자에 대한 구상소송은 최저 3개월의 유예기간	제20조 - 인도 혹은 인도해야 할 날로부터 2년 이내 - 합의로 연장가능 - 구상소송 기간을 최저 90일의 유예기간 - 연착손해에 대해서는 60일 이내

출처: CMI Yearbook 2005-2006.[10)]

10) http://www.comitemaritime.org/year/2005_6/pdffiles/YBK05_06pdf(2007년 8월 20일 검색).

제2관 특수한 운송계약

상법에 별도의 규정을 두고 있는 개품운송계약, 재운송계약, 복합운송계약, 해상여객운송계약, 항해용선계약, 정기용선계약에 대하여는 제2절 이하에서 다루기로 하고, 이곳에서는 특수한 형태의 운송계약에 대하여 간략히 설명하기로 한다.

Ⅰ. 재운송계약

선박소유자와 항해용선계약 또는 정기용선계약을 체결한 용선자[11]가 다시 제3자와 운송계약을 체결하는 경우에 최초의 용선계약을 주운송계약(主運送契約 : original charter)이라 하고, 용선자와 제3자와의 계약을 재운송계약(再運送契約 : sub-charter)이라 한다(상법 제809조 참조). 재운송계약은 개품운송계약인 경우가 많으나 용선계약(재용선계약)일 수도 있다. 제3자와의 관계에서 운송인은 선박소유자가 아니라 용선자인데, 항해용선자 또는 정기용선자를 말하는 것이고,[12] 선체용선자는 포함하지 않는다.

재운송계약은 주운송계약과는 독립된 제2의 운송계약이며, 이것에 의하여 용선자는 선박소유자 등에게 지급할 용선료와 자기가 재운송계약에 의하여 취득할 운임과의 차액을 취득하게 된다.[13]

재운송계약은 법률상 주운송계약과는 독립된 제2의 운송계약이므로, 재운송계약에 의하여 선박소유자 등의 권리의무를 불이익하게 변경하는 것은 선박소유자 등에 대하여 아무런 구속력이 생기지 않는다.[14]

---

11) 과거에는 상법 제809조에서 말하는 용선자가 항해용선자만을 의미하는지 또는 정기용선자를 포함하는지를 두고 의견이 나누어져 있었다. 정기용선계약의 법적 성질을 운송계약설로 보는 경우에는 정기용선자가 포함된다고 보아왔다(정영석, 海商法講義要論, 해인출판사, 2003, 92-96쪽 참조; 蔡利植, 商法講義(하), 개정판, 博英社, 2003, 736쪽; 釜山地判, 1998.6.3, 96 가합 17786). 반면 정기용선계약의 법적 성질을 선박임대차계약설 또는 혼합계약설 등을 취하는 경우에는 항해용선자에 한정하는 것으로 해석해 왔다(金仁顯, 海商法, 法文社, 2003, 126쪽; 徐燉珏·鄭完溶, 商法講義(하), 제4전정, 博英社, 1996, 584쪽; 서울民事地判 1990.8.23, 89 가합 48654).

12) 大判 2004.10.27, 2004 다 7040(公報 2004, 1910) : 재용선계약의 경우, 선주와 용선자 사이의 주된 용선계약과 용선자와 재용선자 사이의 재용선계약은 각각 독립된 운송계약으로서 선주와 재용선계약의 재용선자와는 아무런 직접적인 관계가 없다할 것인바, 재용선계약 등에 의하여 복수의 해상운송 주체가 있는 경우 운송의 최종 수요자인 운송의뢰인에 대한 관계에서는, 용선계약에 의하여 그로부터 운송을 인수한 자가 누구인지에 따라 운송인이 확정되는 것이고, 선하증권의 발행자(선박임차인)가 운송인으로 인정될 개연성이 높다 하겠지만, 그렇다고 하여 선하증권의 발행사실 만으로 당연히 운송인의 지위가 인정되는 것은 아니다.

13) 鄭熙喆, 商法學(下), 博英社, 1990, 547쪽; 徐燉珏·鄭完溶, 商法講義(하), 제4전정, 博英社, 1996, 584쪽; 宋相現·金炫, 海商法原論, 제3판, 博英社, 2005, 213쪽.

14) 鄭熙喆, 商法學(下), 博英社, 1990, 547쪽; 孫珠瓚, 商法(하), 제10증보판, 博英社, 799쪽; 鄭燦亨, 商法講義(하), 제10판, 博英社, 2008, 829쪽.

실무상으로 재운송계약과 운송주선인(freight forwarder)에 의한 운송계약을 구별하기 어려운 경우가 많다. 재운송계약에서 용선자는 화물의 운송 자체를 인수하는 자이나 운송주선인은 단지 주선행위를 하는 자[15]인 점에서 양자는 구별된다.[16] 그러나 운송주선인은 금지의 특약이 없는 한, 개입권을 행사하여 직접 운송을 인수할 수 있다. 이러한 경우에는 운송인은 개입의 의사표시를 함으로서 운송주선인이 운송인으로서 운송채무를 인수할 수 있기 때문에 실무상으로는 재운송계약과 구별하기 어려운 경우가 많다. 이러한 경우에는 운송주선인이 개입권을 행사하여 운송인으로서 법률행위를 하는지 아니면 단순히 주선행위에 그치는 것인지 사실관계를 판단하여 주선계약과 재운송계약을 구별하여야 한다.[17]

선박소유자 등과 용선자와의 관계는 용선계약이 정하는 바에 따르며, 용선자는 반대의 특약이 없고 선박소유자 등의 이익에 반하지 않는 한 재운송계약을 체결할 때 선박소유자 등의 승낙을 필요로 하지 않는다.[18]

용선자와 그 상대방(재용선자 또는 송하인)과의 관계는 재운송계약에 의하여 정하여 진다. 용선자는 그 상대방에 대하여 운임청구권 등 운송계약상의 권리를 취득하고, 재운송계약상의 운송인으로서 그 상대방에 대한 운송계약상의 의무를 져야 한다. 이때 용선자가 그의 의무를 이행하지 않아 상대방에 대하여 손해배상책임을 부담하는 경우에는 운송인으로서 책임제한을 주장할 수 있을 뿐만 아니라(상법 제797조), 또한 선박에서 또는 선박의 운항과 직접 관련하여 상대방 또는 제3자에게 인적·물적 손해를 입힌 경우에는 이러한 손해를 배상하여야 한다. 이 경우에 용선자는 선박소유자 등의 책임제한의 경우와 동일하게 자기의 책임제한을 주장할 수 있다(상법 제774조 제1항 제1호).

선박소유자 등과 재용선자 또는 송하인과의 관계에 관하여는 선박소유자 등이 상법 제809조에 의하여 책임을 지는 것 외에는 선박소유자 등은 송하인에 대하여 직접

---

15) 운송주선인은 자기의 명의로 송하인인 제3자의 계산으로 운송인과 운송계약을 체결하는 자를 말한다(鄭燦亨, 商法講義(상), 제10판, 博英社, 2007, 293쪽).

16) 孫珠瓚, 商法(하), 제10증보판, 博英社, 799쪽.

17) 「화물유통촉진법」 제2조 제6호는 '복합운송주선업이라 함은 타인의 수요에 응하여 자기의 명의와 계산으로 타인의 선박·항공기·철도차량 또는 자동차 등의 2가지 이상의 운송수단을 이용하여 화물의 운송을 주선하는 사업을 말한다'라고 규정하고 있다. 이 법의 정의규정은 복합운송의 실무를 반영하여 그 범위를 확대·개편한 것이다. 이러한 복합운송주선인이 운송주선인인지 아니면 운송인인지의 판단은 단순히 법문만으로 '주선'이나 '자기의 계산으로'라는 용어에 의하여 결정되는 것이 아니라, 송하인과 계약을 체결하면서 복합운송증권을 발행하는 등 처음부터 운송인이 될 의사로 계약을 체결한 경우에는 운송인의 지위를 가지게 되고, 복합운송증권을 발행하지 않고 운송주선인으로서 화물수령증(forwarder's cargo receipt: FCR)만을 발급한 경우에는 운송주선인의 지위를 갖는다고 보아야 할 것이다(金昌俊, '複合運送周旋業者의 法的 地位에 관한 研究', 법학박사학위논문, 경희대학교, 2004.2, 9-12쪽).

18) 鄭燦亨, 商法講義(하), 제10판, 博英社, 2008, 829쪽.

적인 법률관계를 갖지 않는다. 따라서 선박소유자 등은 재운송계약의 송하인에 대하여 운임 또는 용선료의 청구를 할 수 없다.[19] 그러나 재운송계약의 송하인이 용선자에게 운임을 지급한 경우에도 선박소유자 등은 운송계약에 있어서의 용선료의 지급을 받을 때까지 운송물을 유치할 수 있다(상법 제807조 제2항).

그러나 운송계약의 이행이 선장의 직무범위 내의 것[20]인 경우에는 선박소유자[21]도 그 제3자에 대하여 감항능력 주의의무(상법 제794조)와 운송물에 관한 주의의무(상법 제795조)를 부담한다(상법 제809조). 선박소유자가 이러한 의무에 위반한 경우에는 재운송계약의 상대방에 대하여 실제운송인으로서 손해배상책임을 부담한다(상법 제794조, 제795조). 이때에 선박소유자는 주운송계약(용선계약)상의 항변사유뿐만 아니라 재운송계약상의 항변사유로도 제3자에게 대항할 수 있다고 본다.[22] 그러므로 이러한 선박소유자는 선박소유자 등의 책임제한을 주장할 수 있을 뿐만 아니라(상법 제770조), 운송인으로서 책임제한을 주장할 수 있다(상법 제797조). 또한 이때 용선자도 운송인으로서 책임제한을 주장할 수 있을 뿐만 아니라(상법 제797조), 선박소유자 등의 책임제한의 경우와 동일하게 자기의 책임제한을 주장할 수 있다(상법 제774조 제1항 제1호). 따라서 선박소유자 및 용선자가 선박소유자 등의 책임제한을 주장하는 경우에는 같은 사고에서 발생한 선박소유자 및 용선자의 책임제한의 총

19) 大判 1998.1.23, 97 다 31441(公報 1998, 592): 선박이 재용선될 경우 이 재용선계약은 독립된 계약으로서 선주와 재운송계약의 운송의뢰인과의 관계에서는 아무런 직접적인 관계가 없으므로 선주가 직접 재운송계약의 운송의뢰인이나 수하인에 대하여 주된 운송계약상의 운임 등을 청구할 수는 없다.

20) 운송계약의 이행이 '선장의 직무에 속하는 범위'라는 것은 상법 제794조 및 제795조와 관련하여 볼 때, 선장이 감항능력을 유지하기 위한 안전에 대한 검사의무・선용품신청의무, 운송물의 수령・선적・적부・운송・양륙・인도 등의 의무를 말한다.

21) 이때 선박소유자라 함은 선박에 대한 소유의 주체로서의 선박소유자의 개념이 아니라, 선박운항의 주체를 말한다고 보아야 할 것이다. 그러므로 선체용선자는 상법 제809조에서 말하는 선박소유자에 포함되지만 정기용선자는 포함되지 않는다고 본다(같은 의견, 鄭燦亨, 商法講義(하), 제10판, 博英社, 2008, 830쪽 각주 2).

大判 2004.10.27, 2004 다 7040(公報 2004, 1910) : 선박의 소유자가 선박임대차계약에 의하여 선박을 임대하여 주고, 선박임차인은 다른 자와 항해용선계약을 체결하여, 그 항해용선자가 재용선계약에 의하여 선복을 제3자인 재용선자에게 항해용선하여 준 경우에, 선장과 선원에 대한 임면・지휘권을 가지고 선박을 점유・관리하는 자는 선박의 소유자가 아니라 선박임차인이라 할 것인바, '선박임차인이 상행위 기타 영리를 목적으로 선박을 항해에 사용하는 경우에는 그 이용에 관한 사항에는 제3자에 대하여 선박소유자와 같은 권리의무가 있다'고 규정한 상법 제766조(현행 상법 제850조) 제1항의 취지에 따라, 선박임차인은 재용선자인 제3자에 대하여 상법 제806조(현행 상법 제809조)에 의한 책임, 즉 자신의 지휘・감독 아래에 있는 선장의 직무에 속한 범위 내에서 발생한 손해에 관하여 상법 제787조(현행 상법 제794조) 및 제788조(현행 상법 제795조)의 규정에 의한 책임을 진다 할 것이고, 이는 재용선자가 전부 혹은 일부 선복을 제3자에게 재용선하여 줌으로써 순차로 재재용선계약에 이른 경우라도 마찬가지라 할 것이다. 또한 선박이 임박임차인으로부터 순차 재재재항해용선되었다고 하더라도, 선박임차인은 자신의 지휘・감독 하에 있는 위 선박에 의하여 운송계약을 실제로 이행한 자이므로 화물이 자신의 관리 하에 있는 동안 자기 또는 선박사용인의 고의・과실로 인하여 손해가 발생하였다면 불법행위로 인한 손해배상책임을 져야 한다.

22) 같은 의견, 鄭燦亨, 商法講義(하), 제10판, 博英社, 2008, 830쪽; 蔡利植, 商法講義(하), 개정판, 博英社, 2003, 800-801쪽.

액은 선박마다 법정한도액(상법 제770조)을 초과하지 못한다(상법 제774조 제2항). 이러한 선박소유자의 책임은 법정책임으로 재운송인과 부진정연대책임을 진다.[23)]

II. 일관운송계약

일관운송계약(contract of through carriage)이란 해상운송인이 자기 담당 구간 뿐만 아니라 연결된 다른 운송인의 운송수단(선박・철도・자동차・항공기)에 의하여 목적지에 이르기까지의 전 운송구간의 운송을 인수하는 계약을 말한다.[24)] 이는 법전상의 개념은 아니나 복수 운송인의 연락 운송이라는 점에서 상법상의 순차운송(順次運送 : 상법 제138조)과 비슷하고, 복수의 운송수단에 의하여 운송한다는 점에서 환적약관부단순운송(換積約款附單純運送)과 비슷하지만, 일관운송계약은 하나의 계약에 의하여 처음부터 사람과 운송수단의 복수가 예정되어 있는 점에 그 특이성이 있다.

일관운송계약은 ① 운송구간마다 운송계약을 변경함으로써 생기는 적하의 손상과 시간의 낭비를 피할 수 있고, ② 중간 운송주선인의 운송주선의 수고와 비용을 절약할 수 있으며, ③ 전 운송과정에 소요되는 운임 기타의 비용을 미리 정확하게 알 수 있으므로, C.I.F 매매계약의 경우에 편리하고, ④ 또 송하인은 일관선하증권(through bill of lading)으로서 화환(貨換)을 이용하여 적하의 발송과 동시에 자금을 회수하는 한편, 수하인도 적하의 도착 전에 그 증권에 의하여 운송물을 처분할 수 있다는 장점이 있다.

일관운송계약에는 제1 운송인만이 송하인에 대하여 당사자로서 계약하는 단순일관운송계약(下都給運送)과 제1 운송인뿐 아니라 전 운송인이 공동으로 송하인에 대하여 당사자로서 계약하는 공동일관운송계약(同一運送)이 있다. 선하증권이 발행되지 않은 경우에는 그 효력이 대체로 육상의 경우와 다름이 없으나(상법 제812조, 제138조), 선하증권이 발행된 경우에는 대개 책임한도약관이나 분할책임약관이 삽입되어 있어서 실제로는 각 운송인은 그 담당 운송구간에서 생긴 손해에 대해서만 책임을 지게 된다.

III. 계속운송계약

계속운송계약(繼續運送契約: service contract)이란 해상운송인이 송하인에 대하

23) 鄭暎錫, 海商法講義要論, 海印出版社, 2003, 97쪽.
24) 通運送契約 또는 連絡運送契約이라고도 한다(宋相現・金炫, 海商法原論, 제3판, 博英社, 2005, 213-214쪽 참조).

여 일정한 장기간, 일정한 운임율로써 일정한 종류의 적하의 불특정 다수량을 수시 부분적으로 계속하여 운송할 것을 약속하고, 그 매회의 적하의 수량, 선적의 때와 곳, 양륙항의 결정 같은 것을 보통 송하인에게 유보하기로 하는 계약을 말한다. 이것은 주로 정기운송인이 저율의 운임으로 운송을 독점하고, 동시에 송하인으로서도 장기간 안정된 운송을 할 수 있다는 장점이 있다.[25)]

Ⅳ. 혼합선적계약

혼합선적계약(混合船積契約)이란 해상운송에서 서로 다른 용선자 또는 송하인이 자기의 적하를 동종·동질의 다른 운송물과 혼합하는 것을 승인하고 체결하는 물건운송계약을 말한다. 살화적 계약(撒貨積契約)이라고도 하며, 곡물 또는 석유를 운송할 경우에 많이 쓰인다. 선박소유자 등은 이로써 선복을 완전히 이용할 수 있고, 보관·관리를 단일화할 수 있다. 용선자나 송하인도 저렴한 운임으로 운송할 수 있다는 장점이 있다.

Ⅴ. 예선계약

예선계약(曳船契約 : tug service contract)이란 선박소유자가 보수(曳船料)를 받고 선박(曳船)에 의하여 타인의 선박(被曳船)을 일정한 지점까지 예항하기로 하는 계약이다. 피예선에 대한 예선의 지휘·감독권이 있는 경우는 운송계약의 일종이라 할 수 있으나, 예선이 단순히 피예선에 대하여 동력을 공급하거나 그 운항을 보조하는데 그치는 경우에는, 그것은 민법의 도급계약 또는 고용계약에 지나지 않는다.

25) 宋相現·金炫, 海商法原論, 제3판, 博英社, 2005, 214쪽.

제 2 절 개품운송계약

제1관 의의

Ⅰ. 개념

개품운송계약(個品運送契約 : contract of carriage in general ship)은 운송인이 개개의 물건을 해상에서 선박으로 운송할 것을 인수하고, 송하인이 이에 대하여 운임을 지급하기로 약정함으로서 그 효력이 생기는 계약이다(상법 제791조).

이때 운송물이 될 수 있는 물건은 운송할 수 있는 모든 유체동산을 말한다. 이는 재산적 가치의 유무 또는 거래의 대상이 될 수 있는지의 유무를 묻지 않고 운송의 대상이 되는 것은 모두 포함하는 개념이다. 이러한 물건에는 생동물(live animal)도 포함되고, 물건이 컨테이너 등의 운송용기에 들어 있거나 포장되어 있는 경우에는 그 운송용기나 포장도 포함되지만, 저하(底荷 : ballast)[26]는 운송물이 아니다.

개품운송계약은 물건운송계약이므로 운송인이 운송물을 수령하여 보관하여야 한다. 개품운송계약의 체결에 대하여는 원칙적으로 계약자유의 원칙이 지배하며, 그 방식에 있어서도 아무런 제한이 없다. 운송인은 송하인의 청구에 의하여 선하증권 또는 해상화물운송장을 교부하여야 하지만(상법 제852조, 제863조), 이는 계약의 성립요건은 아니다. 그러나 개품운송계약은 부합계약이므로 계약의 상대방을 보호할 필요가 있다는 점에서 개품운송계약에 적용되는 상법의 규정은 상대적 강행규정으로서 상법의 규정에 반하여 운송인의 책임을 경감하거나 면제하는 특약 또는 운송물에 관한 보험의 이익을 운송인에게 양도하는 약정 등은 모두 무효로 하고 있다(상법 제799조 제1항).

26) Ballast cargo라고도 하는데, 선박의 안정을 유지하기 위하여 배의 가장 밑바닥에 싣는 중량물을 말한다. 해운실무에서는 원어 그대로 밸러스트라고 부른다. 운송물이 너무 소량인 경우 선박의 저하가 없으면 프로펠러가 공전할 우려가 있고 선박의 복원성을 해치게 되어 원양항해가 곤란하게 되므로 저하가 필요하다. 저하로서 싼 운임의 광물 등을 적재하기도 하고 경우에 따라서는 물로 탱크를 채우기도 하고, 모래를 저하로 사용하기도 한다. 그러한 의미에서 ballast cargo를 bottom cargo라고도 한다(海運物流用語大辭典, 제10개정증보판, 코리아쉬핑가제트, 2006, 177쪽).

II. 특징

용선계약[27]에서는 선복(船腹 : space)의 이용이 계약의 목적이기 때문에 선박의 개성이 중시되지만, 개품운송계약에서는 운송물의 개성(종류, 수량, 중량 등)이 중시되기 때문에 선박의 개성은 문제가 되지 않는다.[28] 따라서 이 계약에서는 운송물이 선적되기로 예정되어 있던 선박을 바꾸어 다른 선박을 이용하여 운송하는 것을 약정한 대선약관(代船約款 : substitution clause) 및 일단 선적한 화물을 다른 선박으로 교체할 수 있는 재량권을 유보한 환적약관(換積約款 : transshipment clause)이 이용되는 경우도 많다.

용선계약이 선박소유자와 용선자와의 1대1의 계약인 것과는 달리 개품운송계약은 선박소유자와 불특정 다수의 송하인과의 사이에 체결된 1대 다수의 계약이다. 그러므로 개품운송계약에서는 번잡을 피하기 위해 선하증권의 뒷면(裏面)에 기재한 운송약관에 따라 획일적인 계약이 이루어지는 부합계약의 성질을 가지고 있다. 선하증권 뒷면약관에 의한 운송계약에는 선박소유자가 자기에게 유리한 면책특약을 설계할 가능성이 다분히 있기 때문에 상법 제799조 제1항은 선박소유자에게 유리한 면책특약을 제한하고 있다.

항해용선계약은 운송물이 선박을 부르는 부정기선 시장에서 사용되는 계약인 반면, 개품운송계약은 선박이 운송물을 부르는 정기선 시장에서 이용되고 있다. 정기선에 의해 운송된 화물은 거래 단위가 비교적 적으며 동시에 시장성이 높은 것이 많기 때문에 해상운송의 안정성과 신속성이 강하게 요구된다. 이 같은 요청에 따라 등장한 것이 컨테이너 운송이다. 컨테이너 운송은 알루미늄 경합금 등을 재질로 한 컨테이너 속에 종이상자 혹은 나무상자로 적부(stowage)한 물건을 쌓아 고정해 운송하는 것으로 이 방법을 채용함으로써 하역작업시간은 비약적으로 단축되었고 적재·환적 등의 작업시에 운송물의 손상이 줄어들었다. 컨테이너 운송으로 해상운송의 합리화에 기여하고 있는 것이 화물의 발송지에서 목적지까지의 운송(해상운송 및 육상운송)을 일관해 행하는 일관운송계약(contract of through transport)인 것이다.

---

27) 이하 운송계약을 설명하면서 용선계약이라 하면 항해용선계약과 정기용선계약에 한정하여 설명하기로 한다. 선체용선계약(bareboat charter party)은 소위 선박임대차계약(charter by demise)에 해당하므로 운송계약인 항해용선계약 및 정기용선계약과는 그 성질이 전혀 다르다.

28) 鄭暎錫, 海商法講義要論, 海印出版社, 2003, 97쪽.

제2관 계약의 성립

Ⅰ. 계약의 당사자

개품운송계약의 당사자는 운송인(運送引受人)과 송하인(運送委託者)이다. 이때 해상물건운송을 인수하는 자를 운송인(carrier)이라고 하고,[29] 운송인에게 운송을 부탁하는 계약의 상대방을 송하인(shipper)[30]이라고 한다.

개품운송계약에서 운송인이 될 수 있는 자는 자선의장자인 선박소유자 외에도 선체용선자와 개입권을 행사한 운송주선인이 있다. 또 재운송계약에서는 원용선계약의 용선자가 제3자와 운송계약을 체결함에 있어서는 운송인의 위치에 서게 되므로, 이러한 의미에서는 정기용선자와 항해용선자도 운송인이 될 수 있다(계약운송인). 정기용선자의 경우에는 일시적인 선복의 부족을 메우기 위하여, 정기선운송인이 타인이 운항하는 선박을 일시적으로 정기용선하여 이를 자기의 정기선 운항노선에 투입하는 경우가 자주 있다. 반면 항해용선계약의 경우에는 일회성으로 개품운송계약에 자기가 용선한 선박의 운송서비스를 이용하는 경우이기 때문에 흔한 경우는 아니다.

운송인의 상대방 당사자인 운송위탁자는 일반적으로 매도인이 되겠지만, 매매계약조건에 따라서는 매수인인 경우도 있다. 예를 들어 운임포함조건(C&F)으로 수출입매매계약이 체결된 경우에는 당연히 매도인이 운송계약의 당사자가 되겠지만, 본선인도조건(F.O.B.)으로 수출입매매계약이 체결된 경우에는 매수인이 운송계약의 당사자가 된다. 본선인도조건에서도 실제로는 운송계약을 매도인이 체결하는 경우가 있는데, 이것은 매도인이 매수인의 대리인의 자격으로 계약을 체결하는 것이다.[31] 또한 선하증권의 송하인란을 기재함에 있어서는 반드시 운송계약의 당사자만을 송하인으로 기재하여야 하는 것은 아니고, 넓은 의미의 하주를 송하인으로 기재할 수도 있으

29) 大判 1960.1.14, 4290 민상 824 : 운송계약체결자가 제3자에게 그 명의를 대여하여 그로 하여금 운송을 담당하게 한 경우에는 위 제3자의 행위로 인하여 발생한 손해에 대하여도 이를 배상할 의무가 있다.

30) ① 大判 1974.9.10, 74 다 45 : 물건을 실제로 수출하는 업체가 무역등록업자가 아닌 까닭에 무역등록업자에게 수수료를 지급하기로 하고 무역등록업자 이름으로 해상운송업자와 화물운송계약을 체결한 경우에 무역등록업자는 명의대여자에 불과하고 위 운송계약의 당사자는 위 물건을 실제로 수출하는 업자라 할 것이므로 해상운송업자의 선하증권 발행으로 인한 손해의 배상책임자는 실제로 물건을 수출하는 업자이다.
② 大判 1977.7.26, 76 다 2914 : 운임이 지급 결제되지 아니하였음을 알고 화물을 수령한 선하증권소지인은 선하증권상 운임이 지급 결제된 것으로 기재되었어도 운임지급의 의무가 있다.

31) 大判 1996.2.9, 94 다 27144(公報 1996, 866); 운임포함조건(C&F)으로 체결된 수출입매매계약에 있어서는, 매도인이 선복을 확보하여 운송인과 운송계약을 체결하고 그 운임을 부담할 의무가 있는 것이고 매수인에게는 선복을 확보할 의무가 없으므로, 운송계약의 당사자는 매도인이다.

므로 선하증권에 기재되는 것만으로 그 선하증권에 의한 운송계약의 상대방이라고 단정할 수는 없다.[32)]

또 운송계약의 기본 당사자는 아니지만 계약에 관계되는 자로 운송주선인·선적인·수하인 등이 있다. 운송주선인은 자기명의로 운송의 주선을 영업으로 하는 자를 말한다(상법 제114조). 그리고 선적인(船積人 : loader)은 운송인과 송하인간의 운송계약에 기하여 자기명의로 물건을 선적하는 자를 말한다. 선적인은 보통 송하인 또는 그의 대리인이지만, 때에 따라서는 물건의 매도인·운송주선인·위탁매매인 기타 단순한 수탁자인 경우도 있다. 수하인은 양륙항에서 운송물을 수령할 수 있는 자로 선하증권에 지정된 자 또는 운송물을 수령할 수 있는 자를 말한다.[33)] 그밖에도 해운실무에서는 운송인이 운송물의 도착을 알려야 할 통지처 또는 통지수령인(notify party)을 정하는 것이 보통이다. 이는 상업신용장을 발행한 은행이 미리 지급한 물건대금의 상환을 확보하기 위하여 자신을 수하인으로 정하고, 실제수입업자는 통지수령인으로 정하는 상관습에 따른 것이다. 이 통지수령인은 운송계약의 당사자는 아니나, 상법은 위와 같은 실무계의 요청에 부응하여 운송인이 선하증권에 기재된 통지수령인에게 운송물에 관한 통지를 한 때에는 송하인 및 선하증권소지인과 그 밖의 수하인에게 통지한 것으로 본다고 하였다(상법 제853조 제4항).[34)]

II. 계약의 체결

1. 계약체결의 자유

원칙적으로 특별법령에 의한 제한이 없는 한 개품운송계약은 자유롭게 체결할 수 있다. 범선시대에는 해상운송계약을 주로 선장이 체결하였으나(依用商法 제767조 참조), 오늘날에는 운송인의 본점·지점·대리점 또는 선박중개인(shipping broker) 등을 통하여 체결한다.[35)] 이때 대리점은 상법상의 대리상(상법 제87조)이고, 선박중개인은 주로 운송인을 위하여 운송계약의 중개업무를 하는 상사중개인이지만(상법 제93조), 그 외에 선박소유자 등의 대리인인 경우도 있고(중개대리상), 선장에 갈음

---

32) 大判 2000.3.10, 99 다 55052(公報 2000, 930) : 선하증권의 송하인란을 기재함에 있어서는 반드시 운송계약의 당사자만을 송하인으로 기재하여야 하는 것은 아니고, 넓은 의미의 하주(荷主)를 송하인으로 기재할 수도 있으므로 선하증권 상에 송하인으로 기재되어 있다는 것만으로 그 선하증권에 의한 운송계약의 상대방이라고 단정할 수는 없다.

33) 孫珠瓚, 商法(하), 제10정증보판, 博英社, 2002, 804-805쪽.

34) 鄭暎錫, 海商法講義要論, 海印出版社, 2003, 101쪽.

35) 鄭暎錫, 海商法講義要論, 海印出版社, 2003, 102쪽.

하여 법률행위의 대리권을 가지는 경우도 있고, 개품운송계약을 중개하는 적하중개인도 있다.

2. 낙성·불요식계약

해상운송계약은 청약과 승낙의 합치로써 성립하나, 그 내용·방식은 원칙적으로 자유로운 낙성·불요식계약(諾成·不要式契約)이다. 해운실무상 개품운송계약은 선하증권의 이면약관을 이용한 선하증권 계약(bill of lading contract)의 형태로 계약체결이 추정되는 부합계약(附合契約)의 성질을 가지고 있다. 즉, 당사자는 운송계약에서 약관을 특정하고, 그것을 계약내용으로 편입하는 취지의 합의를 한다. 그러나 선하증권의 발행은 계약의 성립요건이 아니며, 선하증권은 계약의 체결과 그 내용에 대한 추정적 증거력을 가지는 유가증권에 불과하다. 그러므로 해상화물운송장[36]도 선하증권과 마찬가지로 운송인이 운송물을 수령한 후에 송하인의 청구에 의하여 발행할 수 있는 운송증서로서(상법 제852조 제1항, 제863조 제1항) 이들 증서의 발행이 운송계약의 성립요건이 될 수는 없다.[37]

3. 부합계약성과 상법규정의 상대적 강행규정성

개품운송계약은 부합계약의 성질을 가지고 있으므로, 운송계약의 상대방인 송하인 등을 보호하기 위해서 상법은 운송인의 책임을 상대적 강행규정으로 입법하였다. 개품운송계약을 체결함에 있어 상법 제794조(감항능력 주의의무), 제795조(운송물에 관한 주의의무), 제796조(면책사유), 제797조(책임의 한도), 제798조(비계약적 청구에 대한 적용)의 규정에 위반하여 운송인의 의무 또는 책임을 경감 또는 면제하는 당사자 사이의 특약은 효력이 없다(상법 제799조 제1항 제1문). 즉, 상법 제787조 내지 제789조의3의 규정은 상대적 강행규정이다. 운송물에 관한 보험의 이익을 운송인에게 양도하는 약정 또는 이와 유사한 약정도 역시 효력이 없다(상법 제799조 제1항 제2문). 다만, 위험성이 아주 높은 산 동물의 운송 및 선하증권 기타 운송계약을 증명하는 문서의 표면에 갑판적(甲板積: on-dock)으로 운송할 취지를 기재하여 갑판적으로 행하는 운송에 대하여는 상법 제799조 제1항의 규정을 적용하지 아니 한다(상법 제799조 제2항).

---

36) 해상화물운송장은 선하증권과는 달리 양도성도 없고 상환증권성도 없으므로 유가증권이 아니고 면책증권에 불과하다(상법 제864조).

37) 鄭燦亨, 商法講義(하), 제10판, 博英社, 2008, 836.

제 3 관 송하인의 의무

Ⅰ. 운송물 제공의무

송하인은 당사자 사이의 합의 또는 선적항의 관습에 의한 때와 곳에서 운송인에게 운송물을 제공하여야 한다(상법 제792조 제1항). 송하인이 이러한 때와 곳에서 운송물을 운송인에게 제공하지 아니한 경우에는 계약을 해제한 것으로 본다. 이 경우 선장은 즉시 발항할 수 있고, 송하인은 운임의 전액을 지급하여야 한다(상법 제792조 제2항).

Ⅱ. 운송서류의 교부의무

송하인은 선적기간 내에 운송에 필요한 서류를 선장에게 교부하여야 한다(상법 제793조).

제 4 관 운송인의 수령 · 선적 · 적부에 관한 의무

Ⅰ. 선박제공의무

운송인은 운송계약에서 정한 선박을 선적지에서 송하인에게 제공하여야 한다. 운송계약에서 선박이 특정된 경우에는 운송인은 송하인의 동의가 있어야 선박을 변경할 수 있는 것으로 본다(독일 상법 제566조 제1항 참조).[38)]

실무상으로는 개품운송계약의 경우 '수령에서 인도까지' 약관에 따라 운송물은 예정된 선박의 발착시간표에 따라 운송인의 지점 · 대리점 등으로 인도되어 선박에 선적되는 것이 현실이다. 반대로 해당 정기선에 선적되지 않더라도 특약에 의해 다음 편으로 운송이 약정되는 것으로 해석되는 것이 일반적이다.[39)]

이와 관련하여 상법은 송하인의 운송물제공의무와 운송에 필요한 서류의 교부의무만을 규정하고 있다(상법 제792조, 제793조 참조).

---

38) 鄭燦亨, 商法講義(하), 제10판, 博英社, 2008, 837쪽.
39) 鄭暎錫, 海商法講義要論, 海印出版社, 2003, 106쪽.

II. 운송물 수령의무

운송인은 운송계약에 따라 인도된 운송물을 수령할 의무가 있다(상법 제795조 제1항). 운송물의 인도와 수령은 개품운송계약 또는 물건매매계약의 조건(CIF·FOB 등 인코텀즈의 매매계약조건)이나 선적항의 관습에 따라 적당한 시기에 적당한 방법으로 하여야 한다. 다만, 위법한 선적물(상법 제800조)이나 위험물(상법 제801조) 등에 대하여서는 수령을 거절하거나 포기할 수 있다.

III. 적부

운송인은 수령한 운송물을 선내에 적절하게 적부할 의무를 진다(상법 제795조 제1항).[40] 운송물의 수령은 통상 육상에서 행하여지며, 운송인은 저하(ballast) 등을 사용하여 운송물을 선내에 계획적으로 배치하는데 이것을 적부라 한다. 부적절한 적부는 운송물 손상의 원인이 될 뿐만 아니라 선박의 안전에도 해를 끼치고 감항능력에 중대한 영향을 주게 된다.[41] 오늘날 운송물의 적재(stowage)와 하역은 하역업자(stevedore)가 운송인과 도급계약(independent contract)을 체결하고 작업을 담당하는 경우가 일반적이다. 그러므로 이들의 과실은 운송인의 과실이 된다(상법 제788조 제1항). 불량한 적재(bad stowage)에는 세 가지 유형이 있는데, 첫째, 이것이 불량하게 적부된 운송물 자체에 영향을 미치는 경우이고, 둘째, 한 운송물의 불량적재가 다른 운송물에 영향을 미치는 경우이고, 셋째, 이것이 선박의 안정성을 위태롭게 하는 경우이다. 첫째의 경우는 순수한 불량적재에 해당하여 운송물관리의무위반에 해당하고, 둘째와 셋째의 경우는 운송물 관리의무 위반과 감항능력 주의의무위반의 경합에 해당한다.

운송인은 특약 또는 관습이 있는 경우를 제외하고 갑판적은 금지된다. 무고장선하증권(clean bill of lading)이 발행된 경우 운송물은 원칙적으로 선내(under deck)에 적부되어 운송되는 것을 의미하는 것으로, 개별 운송물별로 구체적 합의가 없이 갑판

---

40) 大判 2003.1.10, 2000 다 70064(公報 2003, 588) : 운송계약이 성립한 때 운송인은 일정한 장소에서 운송물을 수령하여 이를 목적지로 운송한 다음 약정한 시기에 운송물을 수하인에게 인도할 의무를 지는데, 운송인은 그 운송을 위한 화물의 적부(積付)에 있어 선장·선원 내지 하역업자로 하여금 화물이 서로 부딪치거나, 혼합되지 않도록 그리고 선박의 동요 등으로부터 손해를 입지 않도록 하는 적절한 조치와 함께 운송물을 적당하게 선창 내에 배치하여야 하고, 가사 적부가 독립된 하역업자나 송하인의 지시에 의하여 이루어졌다고 하더라도 운송인은 그러한 적부가 운송에 적합한지의 여부를 살펴보고, 운송을 위하여 인도 받은 화물의 성질을 알고 그 화물의 성격이 요구하는 바에 따라 적부를 하여야 하는 등의 방법으로 손해를 방지하기 위한 적절한 예방조치를 강구하여야 할 주의의무가 있다.

41) 鄭暎錫, 海商法講義要論, 海印出版社, 2003, 105쪽.

적으로 운송하는 것은 운송계약위반이 된다.[42] 따라서 갑판적된 운송물에 대해서는 공동해손(상법 제872조 제2항) 및 해상보험에 의해 불이익을 당하게 된다. 원래 컨테이너 전용선은 견고하고 수밀성을 가진 컨테이너에 운송물을 실어 이것을 갑판에 적부한다. 이 같은 컨테이너 전용선에 의한 갑판적은 종래의 갑판적 금지가 그대로 타당하지 않다고 볼 수도 있다. 영국법에서는 선하증권상의 갑판적허용약관의 효력을 인정하는 경우가 많다. 또 미국법에서는 공공정책의 법리(publi policy)와 연계되어 갑판적허용약관의 효력을 매우 엄격하게 해석하고 있어서 갑판적 운송은 법적인 항로이탈(legal deviation)로 보아 엄격한 책임을 묻고 있다. 그러나 컨테이너선과 원목운반선 등에서는 오래전부터 갑판적이 관행으로 이루어지고 있고 선박의 설비도 갑판적에 적합하게 갖추어져 있는 경우가 대부분이므로 거래의 현실을 무시할 수 없다. 그래서 우리 상법도 선하증권 기타 운송계약을 증명하는 문서의 앞면에 갑판적으로 운송할 취지를 기재하여 갑판적으로 행하는 운송에 대하여는 운송인의 책임을 감경할 수 있음을 규정하고 있다(상법 제799조 제2항).

Ⅳ. 선하증권교부의무

운송인은 송하인의 청구에 의하여 운송물의 수령 후 또는 선적 후 1통 또는 수통의 선하증권을 교부하여야 한다(상법 제852조 제1항, 제2항). 선하증권에는 운송물의 수령 후 발행하는 수령선하증권(상법 제852조 제1항)과 선적 후 발행하는 선적선하증권(상법 제852조 제2항 전단)이 있는데, 수령선하증권을 먼저 발행하고 여기에 선적의 뜻을 표시하여 선적선하증권으로 발행할 수도 있다(상법 제852조 제2항 후단).

선하증권을 작성·교부하는 자는 원칙적으로 운송인이다(상법 제852조 제1항, 제2항). 운송인은 예외적으로 선장 또는 기타의 대리인에게 선하증권의 교부 또는 선적의 표시를 위임할 수 있다(상법 제852조 제3항). 운송인은 증거를 보존하기 위하여 선하증권의 등본의 교부를 송하인에게 청구할 수 있다(상법 제856조).

제 5 관 운송인의 항해에 관한 의무

운송인의 항해에 관한 의무는 운송인의 가장 중요한 의무인데, 이에는 항해의 진전에 따라 감항능력 주의의무·발항의무·직항의무 및 운송물관리에 관한 의무 등이 있다.

42) 정영석, 국제해상운송법, 범한서적주식회사, 2004, 331-347쪽 참조.

Ⅰ. 감항능력 주의의무

1. 의의

운송인은 자기 또는 선원 기타의 선박사용인이 발항 당시 선박이 안전하게 항해를 감당할 수 있는 능력, 즉 감항능력(seaworthiness)에 관한 주의의무를 부담한다. 운송인의 이러한 의무를 감항능력 주의의무(堪航能力注意義務)라고 하며 이 의무에 위반한 경우에 생긴 운송물의 멸실・훼손・연착으로 인한 손해에 대하여 운송인은 손해배상책임을 지게 된다(상법 제794조). 운송인의 감항능력 주의의무는 당사자 사이의 특약으로 감경 또는 면제할 수 없고, 운송인에게 의무가 지워지므로 상대적 강행규정이라고 볼 수 있다(상법 제799조 제1항).[43]

감항능력 주의의무는 영국의 커먼-로에서 유래한 절대적 의무에서 처음 출발하였지만, 이를 완화하여 상대적 의무로 규정한 1924년 헤이그 규칙 및 1968년 헤이그-비스비 규칙(제3조 제1항, 제4조 제1항)의 내용을 우리 상법과 영국・미국・일본의 해상물건운송법(The Carriage of Goods by Sea Act, 1971[44]; The Carriage of Goods by Sea Act, 1936[45]; 1993년 國際海上物品運送法[46])이 모두 받아들이고 있다.

2. 법적 성질

상법은 운송인이 감항능력 주의의무에 위반하여 주의를 해태하여 생긴 운송물의 멸실・훼손・연착에 대해 손해배상책임을 부담시키고, 주의를 해태하지 않았을 경우를 증명할 수 있을 경우에는 그 면책을 인정하고 있다(상법 제794조 본문). 이 경우의 책임의 성질은 과실책임이다.[47]

3. 주의의무

가. 이행시기

주의의무를 이행하여야 할 시기는 '선박의 발항당시'이다(상법 제794조). 운송물의 선적개시 시기를 엄밀하게 발항 당시라고는 말할 수 없지만 운송물을 선적하기 위한

---

43) 蔡利植, 商法講義(하), 改訂版, 博英社, 2003, 693쪽.
44) 영국은 1924년 헤이그 규칙을 계수하여 [The Carriage of Goods by Sea Act, 1924]를 제정하였다가, 1968년 헤이그-비스비 규칙을 계수하여 1971년 이 법을 개정하였다.
45) 미국은 1924년 헤이그 규칙을 계수하여 책임한도액 등의 일부 규정만 자국의 실정에 맞게 수정하여 입법한 [The Carriage of Goods by Sea Act, 1936]을 현재까지 적용하고 있다.
46) 일본의 1993년 海上物品運送法에 대한 자세한 내용은, [戶田修三・中村眞澄, 註解 國際海上物品運送法, 東京, 青林書院, 1996] 참조.
47) 鄭燦亨, 商法講義(하), 제10판, 博英社, 2008, 839-840쪽.

제 설비는 그 선적 시점에서 구비해야 하며, 또 선적 시점에서 이미 운송물은 해상의 위험에 노출되어 있기 때문에 '발항 당시'란 운송물의 선적개시 때부터 발항 때까지라고 해석해야 한다. 또 이 발항은 해당 선박의 항해개시 때를 기준으로 하는 것이 아니라 해당 운송물을 기준으로 그 운송물이 선적항을 출발하는 때를 말한다. 따라서 감항능력을 구비해야 할 시기는 운송물마다 달라진다. 즉, 개개의 운송계약에 따라, 개개의 운송물에 따라 달리 판단하여야 한다. 감항능력 주의의무가 처음 나타난 영국의 커먼-로에서는 '항해단계의 원칙'(doctrine of stage: at the commencement of each stage of the voyage)이 적용되었기 때문에 발항당시라 함은 매 항해의 출발시를 기준으로 하는 아주 엄격한 기준을 적용하였다. 이 두 원칙의 차이는 여러 항구를 차례로 기항하는 정기선운송을 전제로 생각해 보면, 운송계약이 A항에서 체결되어 B항에서 선적이 예정되어 있고 C 항과 D 항을 차례로 경유하여 E항에서 운송계약에 종료되는 경우, 항해단계의 원칙이 적용되면 B항, C 항, D 항의 모든 항에서 출항할 때 감항능력 주의의무를 이행하여야 한다. 반면 상법 · 헤이그 규칙 · 헤이그-비스비 규칙을 적용할 경우에는 B 항에서만 감항능력 주의의무를 이행하면 된다고 해석된다.[48]

나. 주의의무의 정도

운송인은 선박이 감항능력을 갖추도록 상당한 주의(due diligence)를 기울이기만 하면 된다(상법 제794조). 운송인이 상당한 주의의무를 기울였다면 비록 선박이 발항 이전 및 발항 당시 감항능력을 갖추지 못하고 있었다고 하더라도 감항능력 주의의무는 다한 것으로서 그로 인한 책임을 지지 않는다(헤이그-비스비 규칙 제4조 제1항 전단). 감항능력은 예정된 항해에 있어서 통상 일어날 수 있는 해상위험을 견디어 낼 수 있을 정도의 상당한 적합성(reasonable fitness)을 의미하는 상대적인 의무로서,[49] 모든 위험을 견디어 낼 정도의 절대적 적합성(absolute fitness)을 의미하는 것은 아니다.

즉 감항능력이라는 말은 '선박이 위치한 곳과 그 선박이 수행할 항해의 성질에 따

48) 자세한 내용은 [정영석, 국제해상운송법, 개정판, 범한서적주식회사-개품운송계약을 중심으로-, 2008, 91-92쪽] 참조.

49) 大判 1998.2.10, 96 다 45054 : 선박은 약정된 항해에서 통상 예견되는 황천(荒天) 기타 기상이변에 대비한 준비가 되어 있어야 할 것인바, 해당 항로를 항해하는 선박이 통상 예견할 수 있는 정도의 돌풍이나 삼각파도에 의하여 선체 자체의 손상이나 인명피해 없이 화물창구 덮개의 일부만이 파손되었다면 발항 당시 선박이 불감항의 상태에 있었고, 선주 또는 그 선박사용인이 발항 전 상당한 주의로써 선체의 각 부분을 면밀히 점검 조사하여 감항능력의 유무를 확인하였더라면 화물창구 덮개의 노후 등 하자를 발견하여 안전성을 확보할 수 있었는데도 이를 다하지 아니함으로써 선박의 화물창구 덮개 일부가 파손되고 거기로 해수가 유입되어 운송물이 침수되는 사고가 발생하였다고 봄이 상당하다.

라 정하여 질 상대적이고 탄력적인 개념'[50]이므로 그 내용이 선박의 위치, 예정된 항해, 선급 또는 운송물의 성질에 따라서 달라지는 것이다.[51] 따라서 비록 선장이 소화불량으로 인하여 항로를 잘못 잡아 운송물이 멸실 되는 사고가 발생하였다고 하여도 이것을 곧 항해능력상의 감항능력 주의의무를 위반한 것으로는 보지 않는다고 한 예가 있다.[52] 이 적합한 상태, 즉 감항능력을 갖추었는가의 여부에 대한 판단은 '조심스럽고 신중한 선박소유자'(careful and prudent shipowner)의 입장에서 객관적으로 평가하여야 한다. 즉 보통의 조심스럽고 신중한 선박소유자가 모든 가능한 상황을 다 고려하였을 때 자신의 선박이 발항 당시에 갖추고 있어야 할 적합한 상태라고 판단할 정도의 적합성을 갖추면 된다는 것이다.[53]

다만, 이 상당한 주의의무는 타인에게 위임할 수 없는 아주 엄격한 것으로 풀이된다. 따라서 운송인은 상당한 주의를 다 하기 위하여 다른 사람을 사용할 수 있으나 그 다른 사람이 잘못을 저지른 경우에는 그 사람이 자신의 사용인이든 독립적인 계약자, 즉 하도급자이든 혹은 심지어 로이드 검사관(Lloyd's surveyor)이든 가리지 아니하고 그 잘못에 대하여 운송인 본인이 책임을 져야 한다. 즉, 그 분야의 전문가에게 일을 맡겼기 때문에 자신에게는 과실이 없다고 하는 항변은 받아들여지지 않는다.[54]

4. 내용

상법은 1968년 헤이그-비스비 규칙에 따라 감항능력 주의의무의 내용에 대하여

50) Burgess v. Wickham (1863) 8 L.T. 47.
51) Foley v. Tabor (1861) 2 F & F 663, 175 E.R. 1231.
52) Rio tinto v. Seed Shipping (1926) 134 L.T. 764.
53) 大判 1976.10.29, 76 다 1237: 발항하기 이전부터 유류검량관이 파손부위가 이미 낡아서 발항당시 선박소유자가 상당한 주의로서 세밀히 검량관의 노후여부를 조사하였더라면 이를 사전 발견하여 예방할 수 있었을 것인데 위와 같은 주의의무를 다하지 아니하고 선박이 운송물(옥수수)을 싣고 항해 중 강풍과 풍랑을 만나 전후좌우로 심하게 동요하므로 제3번 창밑의 탱크에 저장된 중유가 역상류하면서 위 검량관의 낡은 부위에 생긴 틈과 구멍으로 새어나와 부근에 쌓인 운송물을 오염시켜 훼손한 경우에 선박소유자는 상법 787조에 의한 손해배상책임을 면치 못한다.
54) ① The Munchaster Castle (1961) 1 Ll. R. 57: 유명한 수리업자에게 선적 라인 검사를 맡겼는데 이 과정에서 수리업자의 피용인인 수리공이 잘못하여 스톰밸브를 꽉 조이지 않았다. 이때문에 항해 중에 물이 들어와 운송물이 손상된 사건에서 영국 상원은 비록 운송인이 유명한 선박수리업자에게 선적 라인 검사를 맡긴 것 자체에는 아무런 과실이 없다고 하더라도 선박 수리업자의 피용인의 과실로 운송물의 보관 능력이 갖추어 지지 않은 것은 운송인으로서 감항능력에 관한 상당한 주의의무를 다 한 것이라고 할 수 없고 그로 인한 책임을 져야 한다고 판시하고 있다
② Angliss v. P & O Steam Navigation (1927) 2 K.B. 457 : 그러나 이와는 달리 선박을 건조하였을 경우에는 유명한 조선업자를 선정하고 필요한 사전주의를 다 한 경우 -예를 들어 일정 수준 이상의 선급협회의 선급검사를 받게 하고 유능한 조선기술자의 조언을 받고 유능한 검사원으로 하여금 조선작업을 감독하게 한 경우 - 조선업자와 그 피용인의 과실로 연료저장 탱크의 벽에 금이 가서 연료가 흘러나와 운송물이 훼손을 당한 경우에는 운송인이 감항능력에 관한 상당한 주의의무를 다 하였다고 보아 그에 대한 책임을 지지 않는다고 한 판례가 있다.

다음과 같이 규정하고 있다(상법 제794조).

즉, 첫째, 선박이 안전하게 항해를 할 수 있게 할 것(좁은 의미의 감항능력, 선박의 물리적·법적 감항능력)(상법 제794조 제1호), 둘째, 필요한 선원 승선, 선박의장과 필요품의 보급(항해능력)(상법 제794조 제2호), 셋째, 선창·냉장실 기타 운송물을 적재할 선박의 부분을 운송물의 수령·운송과 보존을 위하여 적합한 상태에 둘 것(堪荷能力)(상법 제794조 제3호)으로 규정하고 있다. 이와 같은 감항능력은 첫째, 선박의 특정 항해감당능력뿐만 아니라 운송물을 안전하게 운송할 수 있는 화물창고능력을 포함한다.[55] 또한 특정의 항해에 대한 통상의 해상위험을 전제로 하는 것으로 운송물의 종류, 항해의 시기, 항로 등에 따라 각각 상대적으로 달리 판단하여야 한다.[56]

가. 선박의 물리적·법적 감항능력

상법 제794조 제1호의 '선박이 안전하게 항해할 수 있게 할 것'은 선박이 물리적 안전성을 갖출 것을 의미하는 것이다.[57]

이때 감항능력이 있다는 것은, 항해의 가능한 모든 상황에 대하여 항해 개시시에 보통의 주의 깊고 신중한 선박소유자가 요구하는 정도의 적합성을 갖추어야 한다는 것을 의미한다.[58] 즉 선박 자체가 안전하게 항해를 감당할 수 있어야 한다는 것이다.[59] 따라서 선체, 테이클(tackle)과 선박기계가 잘 수리가 되어 있다면, 운송도구로서 선박이 충분히 감항능력을 갖추고 있다고 볼 수 있을 것이다. 또한 선박은 「선박안전법」[60]에 의한 항행구역의 지정을 받는 등의 해당 해역을 항행할 수 있는 법정 자격을 갖추어야 한다.[61]

운송물의 적재 여하에 따라서는 선박의 안전성을 해치는 경우가 있으므로 이 점에

---

55) 鄭燦亨, 商法講義(하), 제10판, 博英社, 2008, 840쪽.

56) 鄭暎錫, 海商法講義要論, 海印出版社, 2003, 107쪽.

57) 박용섭, 해상법론, 형설출판사, 1994, 463쪽.

58) McFadden v. Blue Star Line [1905] 1 K.B. 697, p. 706. ; NJJ Gaskell, C Debattista & Rjswatton, op. cit., p. 187.

59) 林東喆, 海商法·國際運送法硏究, 진성사, 1990, 74-75쪽.
大判 1985.5.28, 84 다카 966(公報 756, 901): 바다를 예정된 항로를 따라 항해하는 선박은 통상 예견할 수 있는 위험을 견딜 수 있을 만큼 견고한 선체를 유지하여야 하므로, 발항당시 감항능력이 결여된 선박을 해상운송에 제공한 선박소유자는 항해 중 그 선박이 통상 예견할 수 있는 파랑이나 해상 부유물의 충격을 견디지 못하고 파열되어 침몰하였다면 불법행위의 책임조건인 선박의 감항능력 유지의무를 해태함으로써 운송물을 멸실케 한 과실이 있다.

60) 선박안전법은 선박의 감항성 유지 및 안전운항에 필요한 사항을 규정함으로써 국민의 생명과 재산을 보호함을 목적으로 제정된 법률이다; 자세한 내용은 [鄭暎錫, 海事法規講義, 제5개정판, 海印出版社, 2007, 136 내지 172쪽] 참조.

61) 小町谷操三, 統一船荷證券法論, 東京, 勁草書房, 1953, 76-77쪽.

관하여도 감항능력이 있어야 한다. 그러므로 선박이 과적하여 계약된 항해를 안전하게 실행할 수 없을 때에는 그 선박은 감항능력이 없는 것으로 본다.[62)]

영국의 판례에서 선박의 감항능력 주의의무위반으로 인정된 것으로는 엔진의 결함,[63)] 유조선을 유황운송선으로 구조를 변경함으로써 선박의 안전성을 해친 경우[64)] 등이 있다.

나. 항해능력(navigability)

상법 제794조 제2호에서는 '필요한 선원의 승선, 선박 의장과 필요품의 보급'이라고 하여 항해능력을 갖출 것을 규정하고 있다.

먼저 선원의 배승에 관하여 보면, 단순히 「선원법」 또는 「선박직원법」에서 규정한 수의 선원과 법정자격을 가진 선원을 승선시킨 것만으로 감항능력 주의의무를 다했다고 볼 수는 없고, 그 선박과 그 항로에 있어서 충분한 경험을 가지고 운송물의 취급·관리 및 선박의 운용에 관한 훈련과 교육을 받은 선원을 승선시켜야 한다는 것을 의미한다.[65)] 「선원법」이나 「선박직원법」 상의 선원의 자격을 충족시킨 선원이란 해사행정법상의 유자격 선원을 말하는 것이다. 반면, 해상법상의 적절한 선원의 승선이나 필요한 선원의 승선이란 계약된 운송계약의 이행에 적합한 경험과 그 선박의 특성에 관한 교육·훈련을 받은 선원으로서 통상적인 항해의 상황에서 계약된 운송을 완성할 수 있다고 인정되는 선원의 승선을 말한다.[66)] 따라서 헤이그-비스비 규칙상의 '적절하게 선원을 승선'시킨다는 것과 상법상의 '필요한 선원의 승선'은 같은 의미라고 보아야 한다. 또 도선사를 사용하여야 할 항구에서 해당 항해에 충분한 경험이 없

62) 林東喆, 海商法·國際運送法硏究, 진성사, 1990, 75쪽.

63) Hong Kong Fir. Shipping v. Kawasaki Kisen Kaisha (1962) 2 Q.B. 26.

64) The Marine Sulphur Queen (1973) 1 Ll.R. 88.

65) 大判 1989.11.24, 88 다카 16294: 선박소유자에게는 자기 소유의 선박이 발항할 당시 안전하게 항해를 감당할 수 있도록 필요한 인적, 물적 준비를 하여 감항능력을 확보하여야 할 주의의무가 있는 것이고, 이러한 감항능력 주의의무의 내용에는 선박이 안전하게 항해를 하는데 필요한 자격을 갖춘 인원수의 선장과 선원을 승선시켜야 할 주의의무가 포함되어 있는 것이므로 선박의 출항당시 관할 항만 당국으로부터 취직공인을 받은 선장이 승선하지 아니하였고, 이러한 사실을 위 선박의 소유자가 알지 못하였으며, 보수교육을 받지 아니하여 어로장으로서의 취직공인마저 받지 못한 어로장이 위 선박의 항해를 지휘하다가 그 항해상의 과실로 사고를 일으켰다면, 비록 그 어로장이 선장과 동종의 해기면허를 보유하고 있었더라도 위 선박은 출항당시 인적 감항능력을 충분히 갖추지 못한 상태에 있었다고 할 것이고, 따라서 이러한 사실을 알지 못한 선박의 소유자에게도 특별한 사정이 없는 한 감항능력 주의의무를 다하지 아니한 과실이 있다고 할 것이다.

66) 박용섭, 해상법론, 형설출판사, 1994, 465쪽.
大判 1995.8.22, 94 다 61113(公報 1001, 3240): 원칙적으로 「선박직원법」에 따른 해기사면허가 없는 선원이 승선한 선박은 소위 인적 감항능력을 결여한 것으로 추정되나, 선원이 그 면허를 소지하였는지 여부만이 선박의 인적 감항능력의 유무를 결정하는 절대적인 기준이 되는 것은 아니고, 비록 그 면허가 없다고 하더라도 사실상 특정 항해를 안전하게 수행할 수 있는 우수한 능력을 갖춘 선원이 승선하였다면 이러한 경우까지 선박이 인적 감항능력을 결여하였다고 할 수는 없다.

는 선장이 도선사 없이 항해를 하는 것도 역시 감항능력이 없이 항해를 한 것이 된다.[67]

선박에 의장을 적절히 한다는 것은 안전 항해에 필요한 항해계기와 해도 및 항해 참고서 등을 갖추는 것을 말한다.[68] 운송인은 선박에 설치한 각종 항해설비와 항해 보조물을 양호한 상태로 유지할 의무가 있다. 특히 해도와 수로지는 가장 최신의 것을 비치하여야 하나, 비치한 수로지를 선장이 이용하지 아니한 경우에는 책임을 지지 아니 한다.[69] 또 여기서 말하는 최신의 것이란 사고 당시에 발행된 것만을 의미하는 것은 아니고 사실상 이용가능한 것이면 충분하다고 본다.[70] 항해계기의 고장 문제는 해도 또는 수로지 보다 더 엄격한 주의의무를 부담시키고 있는 것이 판례의 경향이다.[71]

선용품(船用品)을 적절하게 공급한다는 의미는 연료유, 윤활유, 청수, 선원의 식료, 로프 및 페인트 등의 선박 운항에 반드시 소요되는 물건을 적절히 갖추어야 한다는 것이다. 이 가운데 가장 자주 발생하는 문제는 연료유의 공급량이다. 특정 항해에 있어서 연료의 양은 그 항로의 지리적 특성과 기상·해상 조건에 따라 결정되지만 계산을 잘못하여 항로의 중간에서 연료 부족으로 예항(曳航)되거나 해상급유문제가 발생하기도 한다. 그러므로 운송인은 선적항(船積港)에서 출항 당시에 항해에 충분한 연료를 공급하여 항해의 중단이라는 사고가 발생하지 않게 해야 한다.[72] 물론 중간항에 기항하여 연료를 공급받을 수도 있지만 연료 공급을 위한 항로이탈(deviation)이 있으면 이는 곧 감항능력의 부족에 의한 책임 내지는 부당한 항로이탈로 인한 책임 문제가 생길 수 있음에 유의할 필요가 있다.[73]

이와 같이 능력 있는 선원을 충원하고 연료와 저하(ballast), 장비 기타 보급품을 충분히 갖추고 있으면 이는 선박의 항해능력에 관한 감항능력을 갖추었다고 볼 수 있다.[74]

---

67) Raoul Colinvaux, Carver's Carriage by Sea, vol. I, 13th ed., London : Stevens & Sons, 1982, p.114.
68) California and Hawaiian Steamship Co. v. Columbia Steam Ship (1973) AMC 676.
69) Irish Shipping Co. (1977) AMC 780, 548 F 2d 56.
70) Temple Bar (1942) AMC 1125.
71) The Chickasaw (1966) AMC 2219. (1969) AMC 1682.
72) The Votigern (1899) p.140 ; 박용섭, 해상법론, 형설출판사, 1994, 467-468쪽.
73) 박용섭, 해상법론, 위의 책, 468쪽.
大判 1998.2.10, 96 다 45054 : 선적항을 출항하여 항해하던 중 레이더 장비의 노후에 따른 성능유지를 위하여 필요한 일상적인 점검을 받고 선용품도 공급받기 위하여 다른 항구로 임시 기항하였다면 선주는 선적항을 출항할 당시 선박에 설치된 레이더 장비의 성능과 고장 여부를 점검하여 감항능력을 유지 확보하여야 하는데도 이를 게을리 하였다고 할 것이고, 이와 같이 발항 당시 레이더에 관한 감항능력 주의의무의 이행을 다하지 아니한 선박이 출항한지 하루도 지나지 않은 상태에서 레이더의 수리 점검 및 선용품 공급을 위하여 예정된 항로를 변경한 것은 정당한 이유로 인한 이로에 해당한다고 할 수 없다.

영국 판례에서 항해능력에 관한 감항능력 주의의무위반으로 인정된 것으로는 능력이 없는 선원을 승선시킨 경우,[75] 폭주(暴酒)하는 습관이 있는 선장과 기관장을 승선시킨 결과 선장과 기관장이 발항 당시에 만취하여 있었던 경우,[76] 갑판상에 운송물을 잘못 적하하여 선박이 안정성을 잃은 경우,[77] 다음 항구까지의 연료가 부족하여 운송물을 대신 연료로 사용한 경우[78] 등이 있다.

다. 감하능력(cargoworthiness)

운송인은 운송의 이행뿐만 아니라 창고업자와 같은 역할을 하기 때문에 선박이 갖고 있는 물리적 감항능력과 항해능력을 갖추는 것 외에도 감하능력을 갖추어야만 해상운송계약을 완성할 수 있다. 감하능력에 관하여 상법 제794조 제3호는 '선창, 냉장실기타 운송물을 적재할 선박의 부분을 운송물의 수령·운송과 보존을 위하여 적합한 상태에 둘 것'(make the holds, refrigerating and cool chambers, and all other parts of the ship in which goods are carried, fit and safe for their reception, carriage and preservation.)이라고 규정하여 운송인이 수령한 운송물을 목적항까지 안전하게 운송하기 위한 적하설비에 대하여 주의를 다하여야 한다고 규정하고 있다.

선박의 전문화에 따라 개품운송은 육상에서 컨테이너에 운송물을 싣고서 밀봉한 후에 컨테이너선에 선적하여 운송하며, 대량의 유류는 탱커에 의하여 운송하고 석탄과 철광석, 곡물 등은 벌크선에 선적하여 운송하기 때문에 각 운송물에 따라서 선적 및 보관방법이 다르다. 그러므로 감하능력을 유지하기 위해서는 운송인은 항로와 운송물의 종류에 따라서 적절하게 운송물을 관리할 능력이 있는 선원을 사용함으로서 상사적 의미에서의 감하능력을 갖추도록 하여야 한다. 그리고 선박의 하역설비에 대한 정비 불량 및 취급 불량 등의 기술적 부주의는 운송인의 사용인인 선장·해원의 인적 과실에 해당하고,[79] 이는 감하능력을 유지하기 위한 상당한 주의를 게을리 한 것으로

74) NJJ Gaskell, C Debattista & R J Swatton, op. cit., p.187.
75) Hong Kong Fir. Shipping v. Kawasaki Kisen Kaisha (1962) 2 Q.B. 26.
76) Moore v. Lunn (1923) 39 T.L.R. 526.
77) Kish v. Taylor (1912) A.C. 604.
78) The Vortigern (1899) P 140, Northumbrian Shipping v. British India Shipping (1915) 2 K.B. 774.
79) ① The Farrandoc (1967) AMC 411 (기관사의 조작 부주의).
② 大判 1976.10.29. 76 다 1237(公報 [549] 9463) : 발항하기 이전부터 유류검량관이 파손부위가 이미 낡아서 발항당시 선박소유자가 상당한 주의로서 세밀히 검량관의 노후여부를 조사하였더라면 이를 사전 발견하여 예방할 수 있었을 것인데 위와 같은 주의의무를 다하지 아니하고 선박이 운송물(옥수수)을 싣고 항해 중 강풍과 풍랑을 만나 전후 좌우로 심하게 동요하므로 제3번 창밑의 탱크에 저장된 중유가 역상류하면서 위 검량관의 낡은 부위에 생긴 틈과 구멍으로 새어나와 부근에 쌓인 운송물을 오염시켜 훼손한 경우에 선박소유자는 상법 787조에 의한 손해배상책임을 면치 못한다.

해석하는 경우가 많다.[80] 또 선창과 냉장실 등의 운송물의 보관과 관련된 물리적 설비 이외에 운송물의 적부·보관의 방법과 탱크 크리닝 및 밸러스팅(ballasting) 방법도 감하능력에 직접적으로 영향을 주는 것이다.[81] 그러나 사실의 판단에 있어서 감하능력의 부족과 적부 불량(bad stowage)을 구별하기는 쉽지가 않다. 예를 들어서 곡물을 실으면서 격벽(shifting board)을 장치하지 아니한 것은 감하능력 부족으로 보지만,[82] 선창에 다른 종류의 운송물을 선적함으로서 운송물에 변질을 가져와서 손해를 입힌 경우에는 적부 불량(bad stowage)으로 보아야 한다.[83] 즉 감하능력이란 운송물을 안전하게 수령, 운송과 보존을 할 수 있는 능력을 말한다.

감하능력의 위반으로 영국 판례에서 인정된 것으로는 냉동 양고기를 운송함에 있어서 선박의 냉장 시설이 고장난 경우,[84] 전염병이 돌고 있는 지역으로부터 항해하여 왔기 때문에 중간 기항지에서 반드시 선창에 유황 가스에 의한 훈증 소독을 하여야 하는 상황이었고 그 소독으로 인하여 선창에 선적 중이던 레몬이 훼손을 입은 경우,[85] 질병에 걸려 있던 가축을 운송한 후에 선박을 제대로 청소 기타 소독을 하지 않았기 때문에 그 다음에 선적한 가축이 그 질병에 전염된 경우,[86] 젖은 설탕이 운송물이었는데 그로부터 흘러나오는 물을 충분히 퍼낼 수 있는 배수 장치를 갖추지 못한 경우,[87] 선창의 환기시설이 제대로 갖추어져 있지 않아서 운송물인 밀가루가 상한 경우 등이 있다.[88]

5. 입증책임

상법은 운송인에게 자신에게 과실이 없음을 입증하도록 하고 있다(상법 제794조). 운송인이 감항능력 주의의무를 다하였음을 입증하기가 쉽지 않다고 볼 수 있지만, 우선 계약책임에 대한 일반원칙상 채무자가 자신의 무과실을 입증하는 것이 입증원칙

80) 박용섭, 해상법론, 형설출판사, 1994, 469쪽.

81) 大判 1998.2.10, 96 다 45054(公報 1998, 667) : 선박은 약정된 항해에서 통상 예견되는 황천(荒天) 기타 기상이변에 대비한 준비가 되어 있어야 할 것인바, 해당 항로를 항해하는 선박이 통상 예견할 수 있는 정도의 돌풍이나 삼각파도에 의하여 선체 자체의 손상이나 인명피해 없이 화물창구 덮개의 일부만이 파손되었다면 발항 당시 선박이 불감항의 상태에 있었고, 선주 또는 그 선박사용인이 발항 전 상당한 주의로써 선체의 각 부분을 면밀히 점검 조사하여 감항능력의 유무를 확인하였더라면 화물창구 덮개의 노후 등 하자를 발견하여 안전성을 확보할 수 있었는데도 이를 다하지 아니함으로써 선박의 화물창구 덮개 일부가 파손되고 거기로 해수가 유입되어 운송물이 침수되는 사고가 발생하였다고 봄이 상당하다.

82) The Standale (1938) 61 LILR 223.

83) The Thorsa (1916) p. 257.

84) Cargo per Maori King v. Hughes (1895) 2 K.B. 550.

85) Ciampa v. British India Shipping (1915) 2 K.B.

86) Tattersall v. National Steamship (1884) 12 Q.B. 297.

87) Stanton v. Richardson (1874) 9. L.R.C.P. 390.

88) The Erik Boye (1929) 34 Ll.R. 442.

이다. 또 해상운송의 비전문가인 송하인이나 수하인 등의 적하이해관계자가 운송인의 과실을 입증하기는 더욱 어려운 것이 현실이기 때문에 운송인에게 입증책임을 지우는 것이 합리적이라고 할 수 있다. 실제로는 입증자료 대부분을 운송인측이 보유하고 있기 때문에 일단 운송물 손해가 발생하면 감항능력 주의의무를 추정하고 과실이 없었음을 운송인이 입증하도록 하는 것이 합리적이다.[89]

6. 위반의 효과

상법의 해석으로는 감항능력 주의의무의 위반으로 인한 운송물의 멸실·훼손·연착이 발생하면 그로 인한 손해에 대하여 운송인은 손해를 배상할 책임이 있다(상법 제794조). 운송인의 감항능력 주의의무 위반으로 인한 손해배상책임을 경감하는 당사자 사이의 면책특약은 그 효력이 없다(상법 제799조 제1항).[90] 그러나 산동물의 운송 및 선하증권 기타 운송계약을 증명하는 문서의 표면에 갑판적으로 운송할 취지를 기재하여 갑판적으로 운송할 것을 특약한 경우에는 이 의무 또는 책임을 경감하거나 면제하는 당사자 사이의 특약은 유효하다(상법 제799조 제2항). 운송인의 감항능력 주의의무 위반과 면책사유가 경합하여 운송물에 손해가 발생한 경우에는 면책을 주장할 수 없다(상법 제 796조 제2항 단서). 또 운송인의 감항능력 주의의무 위반으로 인한 손해에 대하여는 해상보험자도 그 보상책임을 면한다(상법 제706조 제1호).[91]

II. 발항의무

운송물의 선적이 완료된 때에는 운송인은 즉시 선박을 발항해야 한다. 이 시간은 개품운송계약의 경우에는 사전 공표된 발착시간표에 의하게 된다. 운송인의 이러한 발항의무는 당사자 사이의 합의 또는 선적항에서의 관습에 의한다(상법 제792조 제1항 참조). 해상운송 실무에서는 일반적으로 항해의 빠른 성취의무(reasonable despatch)라고도 부르는데, 위반으로 인하여 운송물의 멸실·훼손·연착으로 인한 손해가 발생한 경우에는 손해배상청구권이 발생하고, 역시 운송인이 입증책임을 진다.[92]

---

89) William Tetley, Marine Cargo Claims, 3rd ed., Montreal : Blais, 1988, p. 376.
90) William Tetley, Marine Cargo Claims, 3rd ed., Montreal : Blais, 1988, p. 376.
91) 상법 제706조 (해상보험자의 면책사유) 보험자는 다음의 손해와 비용을 보상할 책임이 없다.
  1. 선박 또는 운임을 보험에 붙인 경우에는 발항당시 안전하게 항해를 하기에 필요한 준비를 하지 아니하거나 필요한 서류를 비치하지 아니함으로 인하여 생긴 손해
  2. 적하를 보험에 붙인 경우에는 용선자, 송하인 또는 수하인의 고의 또는 중대한 과실로 인하여 생긴 손해
  3. 도선료, 입항료, 등대료, 검역료, 기타 선박 또는 적하에 관한 항해중의 통상비용
92) 정영석, 국제해상운송법, 범한서적주식회사, 2004, 80-81쪽 참조.

Ⅲ. 직항의무

1. 의의

운송인은 운송계약의 이행에 있어서 자신의 선박이 항로이탈(deviation)[93]을 하지 아니하고 예정된 항로에 따라 도착항까지 직항하여야 할 묵시적 의무(implied undertakings)를 지는데 이를 직항의무(直航義務) 또는 '항로이탈을 하여서는 아니 될 의무'라고 한다.

항로이탈(deviation)이라 함은 운송계약상의 항로를 이탈하는 것을 말한다.[94] 선박이 해당 운송계약상의 항로를 이탈하면 해상운송계약체결 당시에 자신이 그 운송에 있어서 기대하였던 위험과는 전혀 다른 내용의 위험에 직면하게 된다. 따라서 이는 아주 중대한 운송계약의 위반이라고 할 수 있다.

또 이러한 내용은 해상운송계약에서 뿐만 아니라 해상운송에 필수적으로 수반되는 해상보험의 경우에도 마찬가지이다. 해상보험자는 선박이나 운송물에 대한 해상보험을 인수할 때에 예정된 항로가 어떤 것인가에 따라 보험의 인수 여부는 물론, 인수한다면 그 보험료를 얼마로 할 것인지의 여부를 결정하게 된다. 만약 해당 선박이 예정된 항로를 이탈하여 버리면 자기가 보험인수 당시에 평가하였던 위험과는 전혀 다른 위험을 부담하는 결과가 되는 셈이다. 그래서 영국 해상보험법에서는 항로이탈이 발생하면 그 시점부터 해상보험자의 보상책임을 면하게 하고 있다(MIA 제46조 제1항).

이에 대하여 우리 상법에서는 '① 해상에서의 인명이나 재산의 구조행위 또는 이로 인한 항로이탈 기타 정당한 이유로 인한 항로이탈이 있었다는 것(상법 제796조 제8호)과 ② 운송물에 관한 손해가 그 사실로 인하여 보통 생길 수 있는 것임을 증명한 때에 손해배상 책임을 면한다(상법 제796조 본문 전단)'라고 규정함으로서 항로이탈의 허용사유를 명시하여 정당하지 못한 항로이탈을 금지하고 있다.

2. 법적 성질

상법에서는 직항의무 위반에 대한 효과를 특별히 규정하지 않고 간접적으로 정당

93) 1991년 상법은 제789조 제2항 제8호에서 이로(離路)라는 용어를 사용하였으나 현행 상법은 항로이탈로 용어를 변경하여 그 의미를 분명히 하였다.

94) 영국법에서 항로이탈의 개념은 지리적인 측면에서의 항로 이탈만을 의미하지만, 미국법에서는 지리적인 항로 이탈 뿐만 아니라 항해상의 위험을 급증시키는 기타의 운송계약의 위반도 포함하는 넓은 개념으로 사용되고 있다. 예를 들면 송하인의 허락없이 운송물을 갑판적(on deck cargo)하는 경우 또는 과다하게 선적(over-carriage)하는 것을 들 수 있다.

한 항로이탈이 있었을 경우에는 면책이 되는 것으로 규정하고 있다(상법 제796조 제8호). 따라서 항로이탈이 있었을 경우에는 일반적인 상법상의 운송계약의 위반과 같이 다루어 운송인에게 손해배상책임을 물을 수 있고, 책임제한도 가능하다고 본다.[95)]

3. 직항의무위반의 요건

가. 계약상의 항로의 이탈

항로이탈(deviation)이란 계약상의 항로를 이탈하는 것이므로 먼저 계약상의 항로가 무엇인가가 확정되어야 한다. 해당 운송계약상 명시적으로 특정한 것이 있으면 그 것이 계약상의 항로이고, 만약 항로가 명시되어 있지 않다면 선적항과 양륙항 간에 통상적이고 또한 관습상의 취항항로(usual and customary route)를 계약상의 항로로 본다. 그리고 지리적 직항로(the direct geographical route)가 통상적이고 또한 관습상의 항로로 인정되는 것이다. 다만, 항해상 또는 상업상의 기타 어떤 이유로 직항로가 아닌 다른 항로를 취하고 있음이 입증되면 그 다른 항로가 통상적이고 또한 관습상의 항로가 될 것이다.[96)]

나. 고의

직항의무에 위반되는 항로이탈은 항로를 자발적으로 이탈하는 것을 말한다. 따라서 태풍에 밀려서 또는 잘못된 나침반(compass) 때문에 항로를 이탈하였다면, 이는 여기서 말하는 항로이탈이라고 할 수 없다.[97)]

다. 정당한 항로이탈이 아닐 것

항로이탈이 있기는 하지만, 항로이탈을 할 만한 정당한 사유가 있어서 한 경우에는 적법한 행위로서 계약 위반으로 볼 수 없다. 그러므로 이 경우에는 항로이탈로서의 법적 효과가 발생하지 않는다. 상법(제796조 제8호)에서는 '인명이나 재산구조행위 또는 이로 인한 항로이탈 기타 정당한 이유로 인한 항로이탈을 면책한다'고 하여 정당한 항로이탈의 범위를 간접적으로 규정하고 있다.

---

95) 鄭暎錫, 海商法講義要論, 海印出版社, 2003, 116쪽.

96) Reardon Smith Line v. Black Sea and Baltic General Insurance (1939) A.C. 562 : 흑해의 포티항(Poti)에서 미국의 스패로우 포인트항(Sparrow Point)으로 항해하는 선박이 값싼 연료유를 급유받기 위하여 직항로를 벗어나서 보스포러스(Bosphorous) 해협에 있는 콘스탄자 항(Constanza)에 이르렀다가 나오면서 좌초하였는데, 이 보스포러스 해협을 통과하는 선박의 25% 및 해당 선박과 같은 종류의 업종에 종사하는 선박의 전부가 이 콘스탄자 항에 기항하여 급유를 받고 가는 관행이 있다고 한다면, 직항로를 벗어나서 콘스탄자 항에 기항한 것은 항로이탈에 해당하지 아니한다.

97) Rio Tinto v. Seed Shipping (1926) 24 Ll. R. 316.

여기서 무엇이 '정당한 이유 있는 항로이탈'인가가 문제가 된다.[98] 이에 관하여 Stag Line v. Foscolo, Mango사건[99]에서, 항소심의 Greer 판사는 '합리적인 사고를 하는 하주가 어떤 반대도 하지 않을만한 항로이탈'을 정당한 항로이탈이라고 판시하였다. 또 대법원의 Atkin 판사는 '선박소유자 혹은 하주의 어느 한 쪽만의 이익을 위한 것이라고 하더라도, 혹은 양자의 어느 한 쪽의 이익을 위한 것이 아니더라도 정당한 이유 있는 항로이탈이 될 수 있으며, 어느 한 쪽만의 이익을 결정적으로 고려하지 않고 운송계약의 조건과 모든 관계 당사자의 이해관계를 고려하였을 때 그 항해를 책임지고 있는 합리적인 사람이라면 그러한 항로이탈을 하였을 것이라고 인정되면 정당한 이유 있는 항로이탈'이라고 판시하고 있다.

이러한 논의는 '정당한 이유 있는 항로이탈'의 개념을 부연 설명한 점은 있으나 여전히 추상적인 기준에 불과하다는 점을 알 수 있다. 어쨌든 '정당한 이유 있는 항로이탈'의 판단 여부는 개개 사건마다의 구체적인 사실관계로 판단하여야 할 사실판단의 문제이다.[100] 그리고 영국의 법원은 이 개념을 아주 엄격하게 해석하여, '상당한 이유 있는 항로이탈'을 잘 인정하지 않는 경향이다.[101]

98) 大判 1998.2.10, 96 다 45054 : 선적항을 출항하여 항해하던 중 레이더 장비의 노후에 따른 성능유지를 위하여 필요한 일상적인 점검을 받고 선용품도 공급받기 위하여 다른 항구로 임시 기항하였다면 선주는 선적항을 출항할 당시 선박에 설치된 레이더 장비의 성능과 고장 여부를 점검하여 감항능력을 유지 확보하여야 하는데도 이를 게을리 하였다고 할 것이고, 이와 같이 발항 당시 레이더에 관한 감항능력 주의의무의 이행을 다하지 아니한 선박이 출항한지 하루도 지나지 않은 상태에서 레이더의 수리 점검 및 선용품 공급을 위하여 예정된 항로를 변경한 것은 정당한 이유로 인한 이로에 해당한다고 할 수 없다.

99) (1932) A.C. 328.

100) 심재두, 영국 해상물건운송법⑤, 해양한국, 통권 제236호, 130쪽.

101) 상당한 이유 있는 항로이탈의 인정 여부에 관한 영국의 판례로는 다음과 같은 것이 있다.
1) 상당한 이유 있는 항로이탈로 인정된 판례 ;
① The Al Taha (1990) 2 Ll. R. 117. : 운송물의 양륙에 필요한 데릭 붐(derrick boom)을 싣기 위하여 항로를 이탈한 경우.
② The Daffodil B (1983) 1 Ll. R. 498. ; 항해 중 損傷된 디젤 발전기를 선원들이 수리하기는 불가능하여 그 수리를 위하여 항로를 이탈하면서 그 주위에 있는 두 개의 항구 중 비교적 덜 번잡한 항구를 선택한 경우.
2) 상당한 이유 있는 항로이탈로 인정되지 않은 경우 ;
① Stag Line v. Foscolo , Mango (1932) A.C. 328. ; 선박의 연료유 절감 장치를 시험하기 위하여 승선하였던 기술자들을 내려 주기 위하여 항로를 약간 이탈하였다가 좌초되어 운송물이 滅失된 경우. 이러한 항로이탈은 상당한 이유 있는 항로이탈라고 볼 수 없다고 하였다.
② Thiess Brothers v. Australian Steamships (1955) 1 Ll. R. 459. ; 용선된 선박이 그 항차에서의 揚陸港에 도착하기 전에 자신의 다음 항차에 소요될 연료유를 공급받기 위하여 4마일 정도의 항로를 이탈하여 중간의 다른 항에 기항하였다가 운송이 연착되는 바람에 운송물이 훼손된 경우에 이는 선박소유자만의 이익을 위한 것이었고 해당 항해 전체의 이익을 위한 것이 아니었기 때문에 상당한 이유 있는 항로이탈로 인정할 수 없다고 하였다.

4. 위반의 효과

상법 제796조 제8호는 정당한 항로이탈의 경우에 면책으로 규정함으로서 직항의 무위반에 대하여 운송인의 책임을 간접적으로 규정하고 있다. 상법상의 책임한도액과 면책사유를 주장할 수 있는 일반적인 계약의 위반사항으로 보는 것이다.

Ⅳ. 운송물 관리의무

1. 운송물 보관의무

운송인은 운송물의 수령부터 인도까지 선량한 관리자의 주의를 가지고 운송물을 보관해야 한다(상법 제795조 제1항).[102] 또한 운송인은 송하인 또는 선하증권소지인의 지시에 따라 운송의 중지, 운송물의 반환, 기타의 처분을 하여야 할 의무를 부담한다(상법 제815조, 제139조).

2. 위법·위험한 운송물에 대한 조치

선장은 법령 또는 계약에 위반하여 선적한 위법한 운송물 또는 위험한 운송물을 언제든지 양륙할 수 있다. 또 그 운송물이 선박 또는 다른 운송물에 위해를 미칠 염려가 있는 때에는 이를 포기할 수 있다(상법 제800조 제1항). 이때 선장이 그러한 물건을 운송하는 때에는 선적한 때와 곳에서의 동종 운송물의 최고운임을 청구할 수 있다(상법 제800조 제2항). 어느 경우에나 운송인 기타 이해관계인의 손해배상청구에는 영향이 없다(상법 제800조 제3항). 인화성·폭발성·기타의 위험성이 있는 운송물은 운송인이 그 성질을 알고 선적한 경우에도 그 운송물이 선박이나 다른 운송물에 위해를 미칠 위험이 있는 때에는 선장은 언제든지 이를 양륙·파괴 또는 무해조치를 할 수 있다(상법 제801조 제1항). 운송인은 이 처분에 의하여 그 운송물에 발생한 손해에 대하여는 공동해손분담책임을 제외하고는 그 배상책임을 지지 아니한다(상법 제801조 제2항).

제 6 관 양륙 및 인도에 관한 의무

운송인의 양륙에 관한 의무는 운송채무이행의 마지막 단계에서 부담하는 의무로

102) 大判 1978.3.28, 77 다 1401(民判集 243, 510).

써, 최초 단계에서 부담하는 선적에 관한 의무와 대응된다. 다만, 양륙에 있어서는 운송계약 당사자가 아닌 수하인 또는 선하증권소지인에 대하여 그의 의무를 이행하고 또 이 의무의 이행으로 운송계약이 종료된다는 점이 다르다.

Ⅰ. 입항 및 운송물도착통지의무

개품운송계약의 경우에 운송인은 운송물의 양륙·인도를 위하여 운송계약에 정해져 있거나, 수하인이 지정한, 또는 선하증권에 기재된 양륙항에 선박을 입항시켜야 하고 계약 또는 관습에 의하여 정하여진 양륙장소에 정박하여야 한다.

양륙항에 입항 후 양륙장소에 정박하게 되면 수하인에게 운송물의 도착을 통지하여야 한다(상법 제802조 참조). 그러나 실제로는 개품운송계약에서는 선하증권을 발행하는 경우가 많고, 양륙항에서 누가 선하증권소지인인지를 알 수 없으므로 이러한 통지에 갈음하여 광고를 한다.[103)]

Ⅱ. 양륙의무

운송물의 양륙은 ① 선창에서 운송물을 꺼내 이것을 선측까지 옮기는 작업과 ② 선측에서 안벽(부두) 혹은 작은 배에 양륙하는 작업이 된다. 개품운송계약의 경우 인도는 육지의 대리점, 창고업자등에 의해 행해지기 때문에 양륙은 인도의 전제가 된다.

운송인은 개품운송계약에서 이러한 양륙의무를 부담한다(상법 제802조 참조). 그러므로 운송인은 자기의 비용과 위험으로 운송물을 선창에서 인도장소까지 반출하여야 한다.

Ⅲ. 인도의무

1. 의의

운송인은 양륙항에서 정당한 수하인에게 운송물을 인도하여야 한다. 상법상 운송인의 의무는 운송물의 수령시부터 인도시까지이므로(상법 제795조 제1항 참조), 운송인이 인도의무를 이행함으로써 운송계약은 완전히 종료하게 된다. 인도는 보통 운송물의 양륙과 동시에 하는 것이나, 반드시 일치하는 것은 아니다. 운송인은 수하인이 운임, 부수비용, 체당금, 정박료, 운송물의 가액에 따른 공동해손 또는 해난구조

103) 孫珠瓚, 商法(하), 第10訂增補版, 博英社, 2002, 844쪽; 보통 선박 입출항일정을 광고함으로써 운송물 도착통지의 효과가 발생한다.

료로 인한 부담액 등의 지급과 상환하지 아니하면 운송물을 인도할 의무가 없고(상법 제807조 제2항), 이들 금액을 지급받기 위하여 법원의 허가를 얻어 운송물을 경매할 수도 있다(상법 제808조 제1항).

정기개품운송에서는 대량의 운송물을 단시간 내에 양륙하기 위하여 운송물은 먼저 양륙되고, 인도는 운송인의 육상의 사용인 또는 대리인(예컨대, 부두경영자, 창고업자, 운송주선인 등)에 의하여 행하여지는 경우가 많다. 운송물의 인도란 운송물에 대한 사실상의 지배상태인 점유가 운송인으로부터 벗어나는 것을 말하므로, 운송물이 수하인의 점유하에 들어가거나, 수하인이 수령을 게을리 한 때에는 공탁 또는 세관 기타 법령이 정하는 관청의 허가를 받은 곳에 인도할 수 있다(상법 제803조 제1항). 상법은 원칙적으로 운송물의 인도 실행을 선하증권과 상환하도록 하고 있지만 실제는 화물인도지시서가 선하증권을 대신한다.[104] 즉 운송인은 선박이 육지도착 전에 수하인, 선하증권소지인에게 선하증권을 회수하고 이를 조합해 운임(후급운임인 경우), 그 외 비용을 징수해 화물인도지시서(貨物引渡指示書)[105]를 교부한다. 수하인, 선하증권소지인은 이를 운송인 지정의 양륙대리업자, 혹은 본선 선장에게 제시해 하도(荷渡)를 맡기게 된다. 이때 화물인도지시서란 운송인이 본선 선장 혹은 양륙대리업자에 대해 이 화물인도지시서와 상환해 선적운송물을 인도해야 할 취지를 지시한 서류이다. 화물인도지시서에는 운송인이 선명, 품명, 개수, 수량, 하인(荷印), 선하증권번호 등을 기재한다. 발행에 있어 이들 기재사항은 선하증권 그 외 선적서류와 조합해 기재의 일치를 도모해야 한다. 화물인도지시서의 교부에 의해 운송물의 점유가 증권소지인에게 이전하는 가 아닌가(이른바 물권적 효력의 유무)에 대해 논쟁이 있지만, 통설은 이를 부정한다.

2. 운송인의 의무

운송인은 운송물을 정당한 수하인에게 인도하여야 하는데, 이때 정당한 수하인이 누구인가 하는 것은 선하증권이 발행되지 않은 경우와 선하증권이 발행된 경우에 따라 다르다.

---

104) 大判 2007.6.28, 2005 다 22404 : 원심이, 그 채용 증거들을 종합하여, 피고가 주식회사 모락스가 발행한 화물인도지시서만을 제출받고서 그 화물인도지시서가 이 사건 선하증권의 발행인이나 그로부터 적법하게 권한을 부여받은 자로부터 발행되었는지 여부를 확인하지 아니한 채 이 사건 화물을 반출한 이상 원고의 이 사건 화물에 대한 인도청구권을 침해하는 결과가 발생할 수 있음을 충분히 인식할 수 있었다고 보아야 할 것이고, 만약 그 결과의 발생을 인식하지 못하였다면 그와 같이 인식하지 못한 점에 대하여 주의를 결여한 과실이 있다고 볼 것이라고 판단한 것은 정당하고, 거기에 불법행위 내지 손해배상에 관한 법리오해 등의 위법이 없다.

105) 해운실무에서는 荷渡指示書라고도 한다.

가. 선하증권이 발행되지 않은 경우

(1) 운송물 인도의무

운송물을 수령할 자는 운송계약에서 수하인으로 지정된 자이다. 그러므로 운송인은 이러한 수하인에게 운송물을 인도할 의무를 진다.[106] 수하인은 운송계약의 원 당사자는 아니지만, 운송물이 도착지에 도착한 때에는 송하인과 같은 권리를 취득하고(상법 제815조, 제140조 제1항), 수하인이 그 운송물의 인도를 청구한 때에는 수하인의 권리가 송하인의 권리보다 우선하므로(상법 제815조, 제140조 제2항),[107] 운송인은 수하인의 청구에 따라 운송물을 인도하여야 한다. 원래 운송인의 의무는 운송계약의 상대방인 송하인에 대하여 부담하는 것인데, 운송의 특수성에 비추어 법이 특히 이를 인정한 것이다. 그러나 매우 드문 일이지만 만일 수하인이 없는 경우에는 운송계약의 상대방인 송하인에게 운송물을 인도할 수밖에 없다.[108]

(2) 수하인의 지위

수하인은 운송계약의 당사자가 아니면서 운송물인도청구권을 취득하는데, 운송의 장소적 진행에 따라 법률관계가 달라진다.[109]

(가) 수하인의 법적 지위의 변화

운송물이 도착지에 도착하기 전에는 수하인은 운송계약상 아무런 권리·의무를 갖지 못하고, 송하인만이 운송계약상의 모든 권리·의무를 갖는다(상법 제815조, 제139조 제1항). 운송물이 도착지에 도착한 후에는 수하인은 운송계약상의 송하인과 같은 권리(운송물인도청구권·손해배상청구권)를 취득하고, 자기 명의로 이를 행사할

---

106) 大判 1999.7.13, 99 다 8711(公報 1999, 1615) : 국제항공운송에서의 수하인은, 국제항공운송에 있어서의 일부 규칙의 통일에 관한 협약 제13조 제1항, 제2항에 의하여 운송인이나 운송주선인에 대하여 반대의 특약이 있는 경우를 제외하고 화물도착의 통지를 받고, 수하인용 항공운송장의 교부 및 화물의 인도를 청구할 권리를 가지므로, 운송인 등이 수하인의 지시 없이 제3자에게 수하인용 항공화물운송장을 교부하고, 화물을 인도한 경우, 이는 수하인의 화물인도청구권을 침해한 것으로서 수하인에 대하여 불법행위를 구성한다고 할 것이며, 통지처는 수하인을 대신하여 화물도착의 통지를 받을 권한이 있을 뿐 항공화물운송장의 교부나 화물의 인도를 받을 권한은 없으므로 위에서 말하는 제3자가 통지처라고 하더라도 마찬가지이다.

107) 大判 2003.10.24, 2001 다 72296(公報 2003, 2239) : 선하증권이 발행되지 아니한 해상운송에 있어 수하인은 운송물이 목적지에 도착하기 전에는 송하인의 권리가 우선되어 운송물에 대하여 아무런 권리가 없지만, 운송물이 목적지에 도착한 때에는 송하인과 같은 권리를 보유하고, 운송물이 목적지에 도착한 후 수하인이 그 인도를 청구한 때에는 수하인의 권리가 송하인에 우선하게 되는바, 그와 같이 이미 수하인이 도착한 화물에 대하여 운송인에게 인도 청구를 한 다음에는 비록 그 운송계약에 기한 선하증권이 뒤늦게 발행되었다고 하더라도 그 선하증권의 소지인이 운송인에 대하여 새로이 운송물에 대한 인도청구권 등의 권리를 갖게 된다고 할 수는 없다.

108) 鄭燦亨, 商法講義(상), 제12판, 博英社, 2008, 319쪽.

109) 선하증권이 발행된 경우에는 선하증권의 소지인이 운송물에 관하여도 운송계약상의 유일한 권리자가 되고 송하인 및 수하인의 지위가 증권소지인에게 집중·통일되어 있다는 점에서 차이가 있다.

수 있다(상법 제815조, 제140조 제1항). 따라서 이 경우에 수하인은 운송인으로부터 송하인에 대한 모든 항변사유로써 대항을 받으므로 수하인의 지위는 선하증권소지인보다 훨씬 약화되어 있다. 이 경우에도 송하인의 권리는 존속하므로 양자의 권리가 병존한다.

운송물이 도착지에 도착한 후 수하인이 그 인도를 청구하였을 때에는 수하인의 권리가 송하인의 권리에 우선한다(상법 제815조, 제140조 제2항). 수하인이 운송물을 수령하였을 때에는 운송계약에 따라 운임·부수비용·체당금·체선료, 운송물의 가액에 따른 공동해손 또는 해난구조로 인한 부담액을 지급하여야 한다(상법 제807조 제1항). 선장은 위의 금액의 지급과 상환하지 아니하면 운송물을 인도할 의무가 없다(상법 제807조 제2항).

(나) 수하인의 지위

운송물이 도착지에 도착한 후 수하인이 송하인의 권리를 취득하고 일정한 경우 의무를 부담하는 점에 대하여는 송하인대리설·사무관리설·권리이전설·제3자를 위한 계약설·인격융합설 등 여러 가지 학설이 있으나, 수하인의 지위는 운송의 특수성에 적용하기 위하여 법률에 의하여 인정된 지위로 볼 수밖에 없다(特別規定說).[110]

(다) 수하인의 권리·의무의 소멸

수하인이 유보 없이 운송물을 수령하고 운임 등을 지급한 경우에는 운송인이 선의인 한은 수하인의 운송인에 대한 운송물에 관한 권리(손해배상청구권)는 소멸한다.

운송인의 송하인·수하인에 대한 채권 및 채무는 그 청구원인의 여하에 불구하고 운송인이 수하인에게 운송물을 인도한 날 또는 인도할 날부터 1년 이내에 재판상 청구가 없으면 소멸한다. 다만, 이 기간은 당사자의 합의에 의하여 연장할 수 있다(상법 제814조 제1항). 운송인이 인수한 운송을 다시 제3자에게 위탁한 경우에 송하인 또는 수하인이 제1항의 기간 이내에 운송인과 배상 합의를 하거나 운송인에게 재판상 청구를 하였다면, 그 합의 또는 청구가 있은 날부터 3개월이 경과하기 이전에는 그 제3자에 대한 운송인의 채권·채무는 제1항에도 불구하고 소멸하지 아니한다. 운송인과 그 제3자 사이에 제1항 단서와 같은 취지의 약정이 있는 경우에도 또한 같다(상법 제814조 제2항). 제2항의 경우에 있어서 재판상 청구를 받은 운송인이 그로부터 3개월 이내에 그 제3자에 대하여 소송고지를 하면 3개월의 기간은 그 재판이 확정되거나 그 밖에 종료된 때부터 기산한다(상법 제814조 제3항).

110) 鄭燦亨, 商法講義(하), 제10판, 博英社, 2008, 320쪽.

나. 선하증권이 발행된 경우

(1) 운송물의 인도의무

선하증권이 발행된 경우에는 선하증권의 정당한 소지인이 정당한 수하인이다(상법 제861조, 제132조).[111] 따라서 운송인은 선하증권과 상환하여 선하증권소지인에게 운송물을 인도하여야 한다(상법 제861조, 제129조). 다만 실제로는 가인도(假引渡) 또는 보증도(保證渡)를 하거나, 화물인도지시서에 의하여 선하증권과 상환하지 않고 운송물을 인도하는 예외의 경우가 있다. 화물인도지시서(delivery order)란 선하증권이 발행되어 있는 운송물에 대하여 운송인 또는 선하증권소지인이 선하증권을 분할 또는 대용하기 위하여 발행하는 일종의 유가증권이다.

수통의 선하증권이 발행된 경우에는 2인 이상의 소지인이 경합할 수 있는데, 양륙항에서는 어느 한통의 증권소지인이 운송물의 인도청구를 하더라도 선장은 인도를 거부하지 못하며(상법 제857조 제1항), 또한 그 소지인이 운송물을 수령한 때에는 다른 선하증권은 그 효력을 잃는다(상법 제857조 제2항). 만약 2인 이상의 선하증권소지인이 운송물의 인도청구를 한 때에는, 선장은 지체 없이 운송물을 공탁하고, 각 청구자에게 통지를 하여야 한다(상법 제859조 제1항). 양륙항에서 1통의 소지인에게 운송물의 일부를 인도한 후(상법 제857조 제1항), 다른 소지인이 운송물의 인도를 청구한 경우에는 그 잔여 운송물에 대하여도 같다(상법 제859조 제2항).

운송물이 공탁된 경우의 선하증권소지인 간의 권리에 있어서는 수인의 소지인에게

---

111) 大判 2007.6.28, 2005 다 22404 : 해상운송화물이 통관을 위하여 보세창고에 입고된 경우에는 운송인과 보세창고업자 사이에 해상운송화물에 관하여 묵시적 임치계약이 성립한다고 볼 것이고, 따라서 보세창고업자는 운송인과의 임치계약에 따라 운송인 또는 그가 지정하는 자에게 화물을 인도할 의무가 있고, 한편 운송인은 선하증권상의 수하인이나 그가 지정하는 자에게 화물을 인도할 의무가 있으므로, 보세창고업자로서는 운송인의 이행보조자로서 해상운송의 정당한 수령인인 수하인 또는 수하인이 지정하는 자에게 화물을 인도할 의무를 부담하게 되는바, 보세창고업자가 화물을 인도함에 있어서 운송인의 지시 없이 수하인이 아닌 사람에게 인도함으로써 수하인의 화물인도청구권을 침해한 경우에는 그로 인한 손해를 배상할 책임이 있다(대법원 2004. 1. 27. 선고 2000다63639 판결 등 참조). 또한, 보세창고업자가 해상운송화물의 실수입자와의 임치계약에 의하여 화물을 보관하게 되는 경우, 운송인 또는 그 국내 선박대리점의 입장에서는 해상운송화물이 자신들의 지배를 떠나 수하인에게 인도된 것은 아니고 보세창고업자를 통하여 화물에 대한 지배를 계속하고 있다고 볼 수 있으므로, 보세창고업자는 해상운송화물에 대한 통관절차가 끝날 때까지 화물을 보관하고 적법한 수령인에게 화물을 인도하여야 하는 운송인 또는 그 국내 선박대리점의 의무이행을 보조하는 지위에 있다고 할 수 있다(대법원 2005. 1. 27. 선고 2004다12394 판결 참조).

위와 같은 법리와 기록에 비추어 살펴보면, 원심이 그 판결에서 채용하고 있는 증거들을 종합하여 그 판시와 같은 사실을 인정한 후, 비록 보세창고업자인 피고가 이 사건 화물의 실수입업자인 주식회사 준엔터프라이즈씨엔씨의 의뢰에 따라 보세창고에 이 사건 화물을 보관하게 되었다고 하더라도, 피고 회사가 통관상의 자료만을 확인한 채 이 사건 화물을 준엔터프라이즈씨엔씨에게 반출・인도해 줌으로써 그 회수를 사실상 불가능하게 한 행위는 이 사건 선하증권을 소지한 수하인인 원고 은행의 이 사건 화물에 대한 인도청구권을 위법하게 침해한 것이어서 불법행위를 구성한다고 본 것은 정당하고, 거기에 상고이유에서 주장하는 바와 같은 임치에 관한 법리오해 등의 위법이 없다.

공통되는 전 소지인으로부터 먼저 교부를 받은 증권의 소지인이 다른 소지인에 우선하여 그 권리를 행사한다(상법 제860조 제1항). 격지자(隔地者)에 대하여 발송한 선하증권은 그 발송한 때를 교부받은 때로 본다(상법 제860조 제2항). 한편, 양륙항 외에서는 선장은 선하증권의 각 통의 반환을 받지 아니하면 운송물을 인도하지 못한다(상법 제858조).

(2) 보증도 · 가도

운송물의 인도는 선하증권이 발행되어 있는 경우에는 이를 상환하지 않으면 운송물을 인도할 의무가 없다(상법 제861조, 제129조). 그러나 해운실무에서는 운송인이 수하인을 신뢰하여 그에게 선하증권과 상환하지 않고 운송물을 인도하거나(假渡 또는 空渡) 또는 매수인의 거래은행 또는 기타 제3자의 보증도를 받고 선하증권과 상환하지 않고 운송물을 인도(保證渡)하는 관행이 있다.[112)]

예를 들어, 운송물이 양륙항에 도착함에 상관없이 선하증권의 도난 · 유실 등 수하인이 선하증권을 소지하고 있지 않는 경우가 있기 때문에 운송인은 인도지연으로 인하여 본선을 출항할 수 없어 비용을 지출하게 되고, 수하인은 운송물의 수령이 불가능해 유리한 상기(商機)를 잃게 된다. 이때 운송인은 선하증권을 나중에 입수한 후 운송인에게 돌려주는 것을 조건으로 수하인의 편의를 도모하고 선하증권과 상환함이 없이 운송물을 수하인에게 인도하는 경우가 있다. 나중에 선하증권을 회수할 수 없으면 정당한 증권소지인에 대해 운송인의 손해배상책임이 생기게 된다. 여기서 증권의 회수불능에 대비해 수하인의 거래은행을 연대보증인으로 하는 보증장(保證狀 : letter of guarantee, L/G)을 운송인에게 제출하게 하는 경우가 많은데, 이를 보증도(保證渡)라 한다. 보증장에는 선하증권과 상환되지 않는 운송물의 인도에 의해 운송인이 입은 모든 손해를 배상한다는 취지가 기재되어 있다.

보증도에 대해서는 선하증권의 상환증권성(相換證券性)에 반하므로 무효로 해석된 적도 있지만,[113)] 현재는 판례상 상관습으로 유효하다고 해석되고 있다.[114)] 보증도의 유효성은 어디까지나 당사자 사이에서만 인정되는 것으로, 정당한 증권소지인에 의한 청구가 있는 경우에는 운송인은 운송물의 인도가 불가능하면 손해배상책임을 면할 수 없다.

---

112) 大判 1974.12.10, 74 다 376(公報 505, 8235) : 해상화물운송인은 상법 제129조, 제820조에 의하여 선하증권과 상환하여 화물을 인도하여야 할 것이나 그 선하증권 상에 수하인으로 표시되어 있고 이를 소지한 원고은행의 인도지시가 있는 경우에는 위 법조는 적용될 여지가 없다.
113) 오사카 地判 大正14年.3. 23 新聞 2414號 8頁.
114) 大判 昭和 5.6.14 新聞3139號 4頁: 百選 95事件.

보증도 또는 가도(假渡)에 의하여 수하인이 선하증권 없이 운송물을 수령하고 제3자가 수하인으로부터 그 운송물을 선의취득한 경우에는 운송인은 선하증권의 정당한 소지인에 대하여 상법상 채무불이행으로 인한 손해배상책임[115] 및 민법상 불법행위로 인한 손해배상책임[116]을 진다. 또 이러한 경우에는 운송물의 인도를 담당하는 보

---

115) ① 大判 1990.2.13, 88 다카 23735(公報 1990, 625) : 해상운송인이 선하증권의 정당한 소지인에게 선하증권과 상환으로 운송물을 인도하지 아니하고 임의로 운송계약상의 통지선에 인도하고 그가 이를 불법반출 멸실시킨 경우에는 선하증권 소지인의 선하증권에 의한 운송물인도청구권이 이행불능되게 된 것이므로 해상운송인은 운송계약상의 채무불이행으로 인한 손해를 배상할 책임이 있다.

② 大判 2007.6.28, 2007 다 16113(公報 2007, 1164): 운송인이 운송물을 선하증권과 상환하지 아니하고 타인에게 인도함으로써 선하증권 소지인이 입은 손해는 그 인도 당시의 운송물의 가액 및 이에 대한 지연손해금 상당의 금액이다.

신용장 개설은행이 선하증권의 소지인으로서 운송인에 대하여 갖게 된 선하증권에 관한 손해배상채권과 신용장 개설은행으로서 신용장 개설의뢰인에 대하여 갖는 신용장 거래상의 채권은 법률상 별개의 권리이므로, 신용장 개설의뢰인의 신용장 개설은행에 대한 신용장 거래상의 채무가 일부 변제 등으로 소멸한다고 하더라도 운송인을 상대로 한 선하증권에 기한 손해배상청구에서 이를 공제하여야 할 것은 아니며, 선하증권의 소지인으로서 운송인에 대하여 가지는 권리가 신용장 개설은행으로서 개설의뢰인에 대하여 가지는 권리를 담보하기 위한 것이라 하여 운송인의 선하증권 소지인에 대한 손해배상채무가 신용장 개설의뢰인의 개설은행에 대한 신용장 거래상의 채무액 범위 내로 제한된다고 할 수도 없다.

116) ① 大判 1991.4.26, 90 다카 8098(集 39 ② 民 118) : 원심판결 이유에 의하면, 원심은 외국선박회사인 소외 노라시아라인(NORASIA-LINE)과 오.씨.엘.(Overseas Container Ltd.)이 홍콩 현지 법인인 소외 반도상사 홍콩리미티드(이하 홍콩반도상사라 약칭한다)의 의뢰를 받고 이 사건 운송물을 수령하여 이 사건 선하증권을 발행하고, 원고가 그 적법한 소지인으로서 이를 양도 받아 소지하고 있는 사실과 위 노라시아라인의 국내대리점인 피고 천경해운과 위 오.씨.엘.의 국내대리점인 피고 협성해운이 소외 태현실업주식회사 등 실수요자들에게 소외 서울신탁은행 남대문지점 등의 연명으로 된 화물선취보증장(L/G:Letter of Guarantee)과 선하증권의 통지처로 되어 있는 홍콩반도상사의 모회사인 소외 반도상사주식회사의 실수요자 확인서를 받고 선하증권과 상환하지 아니한 채 이 사건 운송물을 인도(보증도)한 사실을 인정한 다음, 피고들에게 고의 또는 중과실에 의한 선하증권상의 화물에 대한 권리침해의 책임이 있다하여 선하증권 이면에 기재된 면책약관의 적용을 배제하고 이 사건 보증도로 인한 손해의 배상책임을 인정하였다.

② 大判 1991.8.27,91 다 8012(公報 1991, 2420) : 원심이 인정한 사실에 의하면 피고 회사는 이마호, 윙 맥스호, 이 타이호의 양하항에서의 선박대리점으로서 위 선박 운송물의 인도 및 선하증권 회수 등의 업무를 수행하였는데 그 운송물(옥수수)을 그 선하증권의 소지인이 아닌 경성산업사를 경영하는 소외 최용옥에게 인도하여 이를 멸실케 하였다는 것인 바, 원심의 이 부분 사실인정이 채증법칙에 위배된다고 할 수 없고, 거기에 소론과 같은 심리를 미진한 위법이 있다고 할 수도 없다. 그리고 사실이 원심이 인정한 바와 같다면 피고 회사는 선박대리점으로서 운송물의 인도와 선하증권의 회수업무 등을 맡은 것에 지나지 아니하여 원고 은행에 대하여 계약상의 채무가 존재함을 전제로 하는 채무불이행의 책임이 있다고 할 수는 없으나 위 최용옥에게 선하증권과 상환하지 아니하고 이 사건 운송물을 인도한 장본인이라고 할 수 있고, 피고 회사가 선하증권과 상환하지 아니하고 선하증권을 소지하고 있지도 않는 위 최용옥에게 운송물을 인도하면이 화물이 불법반출되어 선하증권의 소지인이 운송물을 인도받지 못하게 될 수 있음을 예견할 수 있었다고 볼 것이므로 피고 회사는 위 선하증권의 소지인인 원고은행에 대하여 불법행위로 인한 손해배상책임을 진다고 보아야 할 것이고, 따라서 이와 같은 취지의 원심판단은 정당하고, 거기에 불법행위의 법리를 오해한 위법이 있다고 할 수 없다.

③ 大判 1992.2.14, 91 다 13571(集 40 ① 民 91): 화물이 이미 수입되어 '보증도'의 방법으로 실수요자에게 인도되었으나 수입업자가 그 대금의 추심을 위하여 새로이 위 화물의 수입을 위한 실수요자의 신용장 개설을 통한 대금 결제를 허용한 경우 실수요자가 '보증도'의 방법으로 화물을 인도받아 처분하고도 그 대금을 결제하지 못할 뿐 아니라 부채 과다로 신용장 개설조차 하지 못하는 형편에 있었고, 수입업자도 이러한 사정을 알고 있었다면 위 화물을 새로이 수입하는 것으로 하여 개설된 신용장이 정상적으로 결제되지 못할 가능성이 있다는 것을 예견하였다고 봄이 상당하고, 이는 수입업자측의 채권추심방법으로서 용

세장치장 설영자(보세창고업자) 등도 선하증권의 정당한 소지인에 대하여 불법행위로 인한 손해배상책임을 진다.[117] 운송인이 이러한 영업용 보세창고에 운송물을 입

인될 수 있는 한계를 넘는 위법한 것으로서 선하증권 소지인이나 운송인 등에 대하여 불법행위를 구성하는 것이다.

④ 大判 1992.2.25, 91 다 30026(公報 918, 1136) : 보증도'의 상관습은 운송인 또는 운송취급인의 정당한 선하증권 소지인에 대한 책임을 면제함을 목적으로 하는 것이 아니고 오히려 '보증도'로 인하여 정당한 선하증권 소지인이 손해를 입게 되는 경우 운송인 또는 운송취급인이 그 손해를 배상하는 것을 전제로 하고 있는 것이므로, 운송인 또는 운송취급인이 '보증도'를 한다고 하여 선하증권과 상환함이 없이 운송물을 인도함으로써 선하증권 소지인의 운송물에 대한 권리를 침해하는 행위가 정당한 행위로 된다거나 운송취급인의 주의의무가 경감 또는 면제된다고 할 수 없고, '보증도'로 인하여 선하증권의 정당한 소지인의 운송물에 대한 권리를 침해하였을 때에는 고의 또는 중대한 과실에 의한 불법행위의 책임을 진다.

⑤ 大判 1999.4.23, 98 다 13211(公報 1999, 989) : 해상운송인 또는 선박대리점이 선하증권과 상환하지 아니하고 운송물을 선하증권 소지인 아닌 자에게 인도하는 것은 그로 인한 손해의 배상을 전제로 하는 것이어서, 그 결과 선하증권 소지인에게 운송물을 인도하지 못하게 되어 운송물에 대한 그의 권리를 침해하였을 때에는 고의 또는 중대한 과실에 의한 불법행위가 성립된다.

⑥ 大判 2001.4.10, 2000 다 46795(公報 2001, 1102): 선하증권을 발행한 운송인이 선하증권과 상환하지 아니하고 운송물을 선하증권 소지인 아닌 자에게 인도함으로써 선하증권 소지인에게 운송물을 인도하지 못하게 되어 운송물에 대한 그의 권리를 침해하였을 때에는 고의 또는 중대한 과실에 의한 불법행위가 성립한다고 할 것인데, 이 경우 운송물을 인수한 자가 운송물을 선의취득하는 등 사유로 선하증권 소지인이 운송물에 대한 소유권을 상실하여야만 운송인의 불법행위가 성립하는 것이 아니라 운송인이 선하증권 소지인이 아닌 자에게 운송물을 인도함으로써 선하증권 소지인의 운송물에 대한 권리의 행사가 어렵게 되기만 하였으면 곧바로 불법행위가 성립한다.

⑦ 大判 2004.10.15, 2004 다 2137(公報 2004, 1821) : 해상운송에 있어서 선하증권이 발행된 경우 운송인은 수하인, 즉 선하증권의 정당한 소지인에게 운송물을 인도함으로써 그 계약상의 의무이행을 다하는 것이 되고, 그와 같은 인도의무의 이행방법 및 시기에 대하여는 당사자 간의 약정으로 이를 정할 수 있음은 물론이며, 만약 수하인이 스스로의 비용으로 하역업자를 고용한 다음 운송물을 수령하여 양륙하는 방식(이른바 '선상도')에 따라 인도하기로 약정한 경우에는 수하인의 의뢰를 받은 하역업자가 운송물을 수령하는 때에 그 인도의무의 이행을 다하는 것이 되고, 이때 운송인이 선하증권 또는 그에 갈음하는 수하인의 화물선취보증서 등(이하 '선하증권 등'이라고 한다)과 상환으로 인도하지 아니하고 임의로 선하증권상의 통지처에 불과한 실수입업자의 의뢰를 받은 하역업자로 하여금 양하작업을 하도록 하여 운송물을 인도하였다면 이로써 선하증권의 정당한 소지인에 대한 불법행위는 이미 성립하는 것이고, 달리 특별한 사정이 없는 한 위 하역업자가 운송인의 이행보조자 내지 피용자가 된다거나 그 이후 하역업자가 실수입업자에게 운송물을 전달함에 있어서 선하증권 등을 교부받지 아니하였다 할 지라도 별도로 선하증권의 정당한 소지인에 대한 불법행위가 성립하는 것은 아니다.

운임 이외의 운송과 관련된 비용과 하역비용을 수하인이 부담하기로 한 해상운송계약에서 운송인이 선하증권과 상환 없이 하역과 보세운송을 담당한 실수입업자의 이행보조자에게 화물을 인도하였다면, 이로써 선하증권의 정당한 소지인에 대하여 불법행위가 성립하고, 위 이행보조자가 선하증권과 상환 없이 화물을 실수입업자의 자가보세장치장까지 보세운송한 행위는 선하증권의 정당한 소지인에 대한 관계에서 별도로 불법행위가 된다고 할 수 없다.

117) 大判 2000.11.14, 2000 다 30950(公報 2001, 31): 선하증권이 발행된 경우 해상운송화물의 하역작업이 반드시 선하증권 소지인에 의하여 수행되어야 하는 것이 아니고 선하증권의 제시가 있어야만 양하작업이 이루어지는 것도 아닌바, 운송인은 화물을 선하증권 소지인에게 선하증권과 상환하여 인도함으로써 그 의무의 이행을 다하는 것이므로 선하증권 소지인이 아닌 선하증권상의 통지처의 의뢰를 받은 하역회사가 양하작업을 완료하고 화물을 하역회사의 일반보세창고에 입고시킨 사실만으로는 화물이 운송인의 지배를 떠난 것이라고 볼 수 없고, 이러한 경우 화물의 인도시점은 운송인 등의 화물인도지시서에 의하여 화물이 하역회사의 보세장치장에서 출고된 때라고 할 것이다.

해상운송화물은 선하증권과 상환으로 그 소지인에게 인도되어야 하는 것이고 선하증권 없이 화물이 적법하게 반출될 수는 없는 것이므로, 선하증권을 제출하지 못하여 운송인으로부터 화물인도지시서를 발급받지

고시킨 경우에는 보세창고업자를 통하여 운송물에 대한 지배를 계속하고 있다고 할 것이므로 보세창고업자가 실수입자와 공모하여 보세창고에 입고된 화물을 무단반출함으로써 화물이 멸실되었다고 하더라도 운송인의 중과실에 의하여 선하증권소지인의 운송물에 대한 소유권이 침해되었다고 할 수 없다. 이러한 보세창고업자는 일반적으로 독립된 사업자로서 자신의 책임과 판단에 따라 화물을 보관하고 인도하는 업무를 수행하는 점에서 운송인의 피용자가 아니므로 보세창고업자의 불법행위에 대하여 운송인은 사용자배상책임을 지지 않는다.[118]

(3) 화물인도지시서에 의한 인도

운송물을 여러 사람에게 분할양도・보증도・가도 또는 매도인을 비밀로 하기 위하여 선하증권이 발행된 운송물에 대하여 다시 선하증권소지인 또는 운송인이 화물인도지시서(delivery order: D/O)[119]를 발행하는 경우가 있다. 이것은 운송계약상의 운송물의 인도를 지시하는 증권인데, 운송물의 매도인인 선하증권소지인이 운송인 또는 양륙항에 있어서의 하역업자에게 그의 운송물의 인도를 지시하여 발행하는 경

못한 통지처의 요구에 따라 운송물을 인도하면 이 화물이 무단반출되어 선하증권의 소지인이 운송물을 인도받지 못하게 될 수 있음을 예견할 수 있음에도 불구하고, 보세장치장 설영자가 화물인도지시서나 운송인의 동의를 받지 않고 화물을 인도함으로 말미암아 선하증권의 소지인이 입은 손해에 대하여 불법행위에 기한 손해배상책임을 진다고 할 것이다.

118) 大判 2005.1.27, 2004 다 12394(公報 2005, 305) : 해상화물운송에 있어서 선하증권이 발행된 경우 그 화물은 선하증권과 상환으로 선하증권의 소지인에게 인도되어야 하는 것이므로 운송인 또는 그 국내 선박대리점이 선하증권의 소지인이 아닌 자에게 화물을 인도함으로써 멸실케 한 경우에는 선하증권의 소지인에 대하여 불법행위에 기한 손해배상책임을 진다고 할 것이지만, 운송인의 국내 선박대리점이 실수입자의 요청에 의하여 그가 지정하는 영업용 보세창고에 화물을 입고시킨 경우에는 보세창고업자를 통하여 화물에 대한 지배를 계속하고 있다고 할 것이어서 운송인의 국내 선박대리점이 선하증권의 소지인이 아닌 자에게 화물을 인도한 것이라거나, 선하증권의 소지인에게 인도되어야 할 화물을 무단반출의 위험이 현저한 장소에 보관시킨 것이라고 할 수는 없으므로, 영업용 보세창고업자가 실수입자와 공모하여 보세창고에 입고된 화물을 무단반출함으로써 화물이 멸실되었다고 하더라도 선박대리점의 중대한 과실에 의하여 선하증권소지인의 운송물에 대한 소유권이 침해된 것이라고는 할 수 없다.

영업용 보세창고업자가 수입화물의 실수입자와의 임치계약에 의하여 수입화물을 보관하게 되는 경우, 운송인 또는 그 국내 선박대리점의 입장에서는 수입화물이 자신들의 지배를 떠나 수하인에게 인도된 것은 아니고 보세창고업자를 통하여 수입화물에 대한 지배를 계속하고 있다고 볼 수 있으므로, 보세창고업자는 수입화물에 대한 통관절차가 끝날 때까지 수입화물을 보관하고 적법한 수령인에게 수입화물을 인도하여야 하는 운송인 또는 그 국내 선박대리점의 의무이행을 보조하는 지위에 있다고 할 수 있으나, 영업용 보세창고업자는 일반적으로 독립된 사업자로서 자신의 책임과 판단에 따라 화물을 보관하고 인도하는 업무를 수행하고 운송인 또는 그 국내 선박대리점의 지휘・감독을 받아 수입화물의 보관 및 인도업무를 수행하는 것이라고는 할 수 없으므로 특별한 사정이 없는 한 운송인 및 그 국내선박대리점이 영업용 보세창고업자에 대하여 민법상 사용자의 지위에 있다고 볼 수는 없다.

119) 해상물건운송에서 보통 화물인도지시서라 함은 선박소유자 또는 그 대리인으로부터 본선의 선장 앞으로 발행된 서류로서 컨테이너운송의 경우에는 선박회사가 화물보관자인 CFS 또는 CY 업자에게 화물인도지시서 지참인에 한해 화물을 인도할 것을 지시하는 비유통서류를 말한다(最新海運・物流用語大辭典, 코리아쉬핑가제트, 제10 개정증보판, 2006, 336쪽 참조).

우와 운송인이 선장·부두운영자(terminal operator)·하역업자(stevedore) 또는 창고업자(warehousekeeper)에게 운송물의 인도를 지시하여 발행하는 경우가 있다. 화물인도지시서가 발행된 경우 운송물의 인도시점은 이러한 화물인도지시서에 의하여 운송물이 하역업자의 보세장치장에서 출고된 때이다.[120] 화물인도지시서에 의한 운

---

120) ① 大判 2000.11.14, 2000 다 30950(公報 2001, 31) : 선하증권이 발행된 경우 해상운송화물의 하역작업이 반드시 선하증권 소지인에 의하여 수행되어야 하는 것이 아니고 선하증권의 제시가 있어야만 양하작업이 이루어지는 것도 아닌 바, 운송인은 화물을 선하증권 소지인에게 선하증권과 상환하여 인도함으로써 그 의무의 이행을 다하는 것이므로 선하증권 소지인이 아닌 선하증권상의 통지처의 의뢰를 받은 하역회사가 양하작업을 완료하고 화물을 하역회사의 일반보세창고에 입고시킨 사실만으로는 화물이 운송인의 지배를 떠난 것이라고 볼 수 없고, 이러한 경우 화물의 인도시점은 운송인 등의 화물인도지시서에 의하여 화물이 하역회사의 보세장치장에서 출고된 때라고 할 것이다.

② 大判 2004.1.27, 2000 다 63639(公報 2004, 378) : 항공화물의 운송에 있어서 운송인이 공항에 도착한 수입항공화물을 통관을 위하여 보세창고업자에게 인도하는 것만으로 항공화물이 운송인이나 운송주선인의 지배를 떠나 수하인에게 인도된 것으로 볼 수는 없다.

항공화물이 통관을 위하여 보세창고에 입고된 경우에는 운송인과 보세창고업자 사이에 항공화물에 관하여 묵시적 임치계약이 성립한다고 볼 것이고, 따라서 보세창고업자는 운송인과의 임치계약에 따라 운송인 또는 그가 지정하는 자에게 화물을 인도할 의무가 있고, 한편 운송인은 항공화물운송장상의 수하인이나 그가 지정하는 자에게 화물을 인도할 의무가 있으므로, 보세창고업자로서는 운송인의 이행보조자로서 항공운송의 정당한 수령인인 수하인 또는 수하인이 지정하는 자에게 화물을 인도할 의무를 부담하게 되는바, 보세창고업자가 화물을 인도함에 있어서 운송인의 지시 없이 수하인이 아닌 사람에게 인도함으로써 수하인의 화물인도청구권을 침해한 경우에는 그로 인한 손해를 배상할 책임이 있다.

보세창고업자가 운송인의 이행보조자로서 수하인 또는 수하인이 지정하는 자에게 화물을 인도할 의무를 부담하는 이상, 관세행정법규에 의한 화물의 반출에 대한 절차 및 통제는 관세징수 또는 수입화물관리의 효율성 등 관세행정을 위한 것일 뿐이므로, 그에 따라 화물을 반출하였다는 사정은 운송인과 보세창고업자 사이에 성립된 임치계약에 의한 보세창고업자의 주의의무에는 영향이 없다.

국제항공운송 법률관계에 대한 특별법으로서 우리 정부도 가입한 1955. 헤이그에서 개정된 바르샤바협약에 따르면, 항공화물운송장상의 수하인은 화물이 도착지에 도착한 때에는 운송인으로부터 그 사실을 통지받을 수 있고, 운송인에 대하여 채무액을 지급하고 또한 항공운송장에 기재된 운송의 조건을 충족하였으면 항공운송장의 교부 및 화물의 인도를 청구할 권리를 가질 뿐이어서, 항공화물운송장상의 수하인에게 항공화물에 대한 임치계약상의 수치인인 보세창고업자가 운송인의 지시 없이 항공화물운송장상의 수하인이 아닌 자에게 화물을 인도할 것을 예상하여 이를 저지할 의무가 있다고 볼 수 없다.

③ 大判 2004.7.9, 2002 다 16729(公報 2004, 1313) : 영업용 보세창고업자는 공항에 도착한 항공화물이 수하인에게 인도되기 전까지 운송인을 위하여 화물을 보관하는 자로서 운송인 및 그 국내 대리점인 운송취급인에 대하여 통관이 끝날 때까지 화물을 보관하고, 적법한 화물의 수령인에게 화물을 인도하는 등 운송인의 의무이행을 보조하는 지위에 있으나, 우리의 항공화물인도절차에 비추어 통상의 경우 그와 같은 항공화물이 입고될 영업용 보세창고의 지정에 운송인 및 운송취급인은 관여하지 아니하고, 세관 혹은 실수입업자에 의하여 보세창고가 지정되어 각 영업용 보세창고는 독립적인 사업자로서의 지위에서 자신의 책임과 판단에 따라 화물을 보관하고 인도하는 업무를 수행하고 일반적으로는 운송인 및 운송취급인으로부터 지휘·감독을 받아 그와 같은 화물의 보관 및 인도 업무를 수행하는 것으로 볼 수 없으므로, 특별한 사정이 없는 한 우리의 항공화물인도절차상 운송인 및 그 국내대리점인 운송취급인은 영업용 보세창고업자에 대하여 민법상 사용자 지위에 있다고는 볼 수 없다.

우리의 국제항공화물 인도관행에 비추어 항공운송인 또는 항공운송주선인이 공항에 도착한 수입항공화물을 통관을 위하여 영업용 보세창고업자에게 인도하는 것만으로 항공화물이 항공운송인이나 항공운송주선인의 지배를 떠나 수하인에게 인도된 것으로 볼 수는 없다.

④ 大判 2004.7.22, 2001 다 67164(公報 2004, 1422) : 국제항공운송에 관한 법률관계에 대하여는 일반법인 민법이나 상법에 대한 특별법으로서 국제항공운송에있어서의일부규칙의통일에관한협약(개정된 바르샤바협약)이 우선 적용되는데, 위 협약은 제18조 제1항에 따라 손해의 원인이 된 사고가 항공운송중에 발

송물의 인도도 선하증권의 상환증권성(상법 제861조, 제129조)에 대한 예외라고 볼 수 있다. 그러나 운송인이 선하증권소지인이 발행한 화물인도지시서에 의하여 운송물을 인도한 경우에는 선하증권의 상환증권성에 반하는 인도라는 이유로 손해배상책임을 부담할 여지는 없다.[121] 또 수하인이 보세장치장 설영자에게 운송물 전체에 대한 화물인도지시서를 제시하여 그 운송물 중 일부만을 출고하고 나머지는 자신의 사정으로 후에 출고할 의사로 그대로 둔 경우, 그 시점에서 운송인은 운송물 전체의 인도의무를 다하였다고 해석한다.[122]

(4) 공탁의무

수하인이 운송물의 수령을 게을리 한 때에는 선장은 이를 공탁(供託)하거나 세관 그 밖에 법령이 정하는 관청의 허가를 받은 곳에 인도할 수 있다. 이 경우에는 지체 없이 수하인에게 그 통지를 발송하여야 한다(상법 제803조 제1항). 수하인의 수령거부 등의 경우에서 운송인을 보호하기 위한 규정인데, 수하인의 수령거부 등의 경우와는 달리 선장이 공탁 등의 의무를 부담하는 것은 아니므로, 이를 할 것인지 여부를 운송인이 임의로 결정하여야 한다.

수하인을 확실히 알 수 없거나 수하인이 운송물의 수령을 거부한 때에는 선장은 운송물을 공탁하거나 세관 그 밖의 관청의 허가를 받은 곳에 인도하고 지체 없이 용선자 또는 송하인 및 알고 있는 수하인에게 그 통지를 발송하여야 한다(상법 제803조

생한 경우에 적용되고, 제18조 제2항에 따르면 항공운송중이란 수하물 또는 화물이 비행장 또는 항공기상에서 운송인의 관리하에 있는 기간을 말한다고 규정하고 있는바, 항공화물이 공항을 벗어나 보세장치장에 반입됨으로써 항공운송은 종료된 것이므로, 보세창고업자들이 화물을 항공화물운송장 원본이나 운송주선업체가 발행하는 화물인도지시서를 받지 아니하고 인도함으로써 수하인이 입게 된 손해는 항공운송중에 발생한 손해라고 볼 수 없고, 결국 손해배상책임에 관하여는 위 협약이 적용되지 아니 한다.

121) 大判 1997.6.24, 95 다 40953 : 해상운송인으로서는 운송물을 선하증권의 소지인에게 선하증권과 상환하여 인도하여야 함이 원칙이라 할 것이나, 해상운송인이 선하증권소지인의 인도 지시 내지 승낙에 따라 운송물을 제3자에게 인도한 경우에는 그 제3자가 선하증권을 제시하지 않았다 하더라도 해상운송인이 그와 같은 인도 지시 내지 승낙을 한 선하증권소지인에 대하여 운송물인도의무 불이행이나 불법행위로 인한 손해배상책임을 진다고 할 수 없다.

122) ① 大判 2005.2.18, 2002 다 2256(公報 1999, 1615) : 수하인이 보세장치장 설영자에게 운송물 전체에 대한 화물인도지시서를 제시하여 그 운송물 중 일부만을 출고하고 나머지는 자신의 사정으로 후에 출고할 의사로 그대로 둔 경우, 그 시점에서 운송인은 운송물 전체의 인도의무를 다하였다고 본다.

② 大判 2006.4.28, 2005 다 30184(公報 2006, 921) : 혼재(混載)항공화물운송장(House Air Waybill)이 발행된 경우, 송하인 및 수하인에 대한 관계에서 운송계약에 따른 권리·의무를 부담하는 계약운송인(contracting carrier)이란, 송하인 또는 그 대리인으로부터 운송을 의뢰받아 실제운송인(actual carrier)에게 그 운송의 전부 또는 일부를 이행하도록 위임하고, 하우스 항공화물운송장을 작성·교부한 자이다. 국제항공운송에 관한 법률관계에 대하여는 1955년 헤이그에서 개정된 '국제항공운송에 있어서의 일부규칙의 통일에 관한 협약'이 일반법인 민법이나 상법에 우선하여 적용된다. 국내 운송취급인이 운송인으로부터 아무런 지시도 받지 않고 수하인에게는 화물도착의 통지도 하지 아니한 채 수입회사의 청구에 따라 수출회사에 화물을 반송한 경우, 수하인의 화물인도청구권의 침해로 인한 손해배상책임을 인정하였다.

제2항). 수하인이 불명하거나 수하인의 수령의사가 없는 것이 명백함에도 불구하고 운송인에게 운송물을 보관시키는 것은 운송인에게 불리하기 때문에 운송인을 보호하기 위하여 규정한 것이다. 이때 수하인을 확실히 알 수 없는 경우라 함은 현재 누가 선하증권의 소지인인지 알 수 없는 경우 또는 수통의 선하증권이 발행된 경우 2인 이상의 선하증권소지인이 운송물의 인도를 청구한 경우(상법 제859조 제1항) 등이다.

공탁하거나 세관 그 밖의 관청의 허가를 받은 곳에 인도한 때에는 선하증권소지인 그 밖의 수하인에게 운송물을 인도한 것으로 본다(상법 제803조 제3항).

수통의 선하증권이 발행된 경우 2인 이상의 선하증권소지인이 운송물의 인도를 청구한 때에는, 선장은 지체 없이 운송물을 공탁하고 각 청구자에게 통지를 발송하여야 할 의무를 부담한다(상법 제859조 제1항). 이때 운송인은 보통 어느 선하증권소지인이 정당한 소지인인지 알 수 없고, 또 이 경우에 정당한 권리자가 확정될 때까지 운송인에게 그 운송물을 계속하여 보관시키는 것은 운송인에게 불리하기 때문이다. 또 양륙항에서 1통의 선하증권소지인에게 운송물의 일부를 인도한 경우에는 인도하지 아니한 운송물에 대하여 다른 2인 이상의 선하증권소지인이 인도를 청구한 경우에도 같다(상법 제859조 제2항). 위와 같이 공탁한 운송물에 대하여는 수인의 선하증권소지인에게 공통되는 전자로부터 먼저 교부를 받은 증권소지인의 권리가 다른 소지인의 권리에 우선한다(상법 제860조 제1항).

3. 수하인의 의무

상법은 운송인의 운송물인도의무와 관련하여 수하인에게는 운송물 수령의무와 통지의무를 지우고 있다.

가. 운송물 수령의무

개품운송계약에서는 운송인이 운송물의 양륙의무와 수하인에 대한 도착통지의무를 지게 되어 있다. 이에 대하여 운송물의 도착통지를 받은 수하인은 당사자 사이의 합의 또는 양륙항의 관습에 의한 때와 곳에서 지체 없이 운송물을 수령하여야 할 의무를 진다(상법 제802조). 이는 선적의 경우에 송하인이 운송물을 제공할 의무를 부담하는 것(상법 제792조)에 대응되는 것이고, 또한 정기선에 의한 개품운송계약에 있어서는 운송인이 모든 화물을 양륙하는 관습이 확립되어 있다는 점을 반영한 규정이다.[123)]

나. 수하인의 통지의무

수하인이 운송물의 일부 멸실 또는 훼손을 발견한 때에는 수령 후 지체 없이 그 개

123) 鄭熙喆, 商法學(하), 博英社, 1990, 566쪽; 鄭燦亨, 商法講義(하), 제10판, 博英社, 2008, 851쪽.

요에 관하여 운송인에게 서면에 의한 통지를 발송하여야 한다(상법 제804조 제1항 본문). 그러나 그 멸실 또는 훼손이 즉시 발견할 수 없는 것인 때에는 수령한 날로부터 3일 내에 그 통지를 발송하여야 한다(상법 제804조 제1항 단서). 이때 수하인은 선하증권이 발행된 경우에는 그의 정당한 소지인을 의미하므로, 보증도 또는 가도에 의하여 운송물을 인도받은 자라도 그가 선하증권을 취득하지 못하면 그는 이 통지의무를 부담하지 않는다.

이 통지가 없는 경우에는 운송물의 멸실 또는 훼손 없이 수하인에게 인도된 것으로 추정된다(상법 제804조 제2항). 그러나 운송인 또는 그 사용인이 운송물이 멸실 또는 훼손되었음을 알고 있는 경우에는 수하인의 이러한 통지의무 및 멸실·훼손이 없다는 추정에 관한 위의 규정은 적용되지 않는다(상법 제804조 제3항). 그러므로 통지 자체는 적극적인 효력이 생기지 않고, 이러한 추정력을 생기지 않게 하는 효력이 있을 뿐이다. 즉, 불통지에는 입증책임을 부담하는 불이익이 따르게 된다.[124]
운송물의 멸실 또는 훼손이 발생하였거나 그 의심이 있는 경우에는, 운송인과 수하인은 서로 운송물의 검사를 위하여 필요한 편의를 제공하여야 한다(상법 제804조 제4항). 이상의 규정에 반하여 수하인에게 불리한 당사자 사이의 특약은 효력이 없다(상법 제804조 제5항).

다. 수하인의 운임 등 지급의무

수하인이 운송물을 수령하는 때에는 운송계약 또는 선하증권의 취지에 따라 운임·부수비용·체당금·운송물의 가액에 따른 공동해손 또는 해난구조로 인한 부담액을 지급하여야 한다(상법 제807조 제1항).

제 7 관 개품운송계약의 종료

Ⅰ. 의의

개품운송계약은 운송계약의 목적의 달성, 즉 운송인이 운송물을 수하인 또는 선하

124) 大判 1988.9.27, 87 다카 2131(公報 1988, 1331) : 1936년의 미국해상물건운송법 제1편 제3조 제6항의 규정은 수하인이 화물을 인도받을 때 또는 화물의 멸실, 손상이 외부에 나타나지 않을 경우에 화물을 인도받은 날로부터 3일 이내에 서면으로 화물의 멸실 또는 손상 등을 통지하지 아니하면 운송인은 선하증권에 기재된 내용대로 화물을 인도한 것으로 추정한다는 것이어서 그 멸실 또는 손상에 관한 입증책임을 전환시킨 것에 불과하고 수하인이 위 통지를 게을리 하였다 하여 곧 운송인에게 지워질 운송계약상의 책임이 면제된다고 풀이되지 아니 한다.

증권의 정당한 소지인에게 인도하는 것으로 종료한다. 이외에도 계약의 일반종료 원인인 민법의 규정을 보충하거나 또는 예외가 되는 상법의 규정에 의해 비정상적으로 종료하는 경우가 있다. 이것은 해상운송이 장시간을 필요로 하고 그 사이에 시장의 변동이 생기는 상업적 이유로 인하여 해상운송에 특유한 위험에 의해 운송의 이행이 불가능하게 되는 등의 사유로 운송계약을 종료시킬 필요성이 생기기 때문이다.

II. 송하인의 임의해제 또는 해지

1. 발항 전의 임의해제 또는 해지

개품운송계약에서의 송하인은 다른 송하인 전원과 공동으로 하는 경우에 한하여, 단일항해의 경우에는 운임의 반액을 지급하고 발항 전에 계약을 해제하거나, 왕복항해의 경우에는 운임의 3분의 2를 지급하고 회항 전에 계약을 해지할 수 있다(상법 제833조 제1항). 다른 송하인 전원과 공동으로 하는 경우가 아니면 송하인은 발항 전에 계약을 해제 또는 해지한 때에도 운임의 전액을 지급하여야 한다(상법 제833조 제2항). 이때에는 전부용선계약의 경우와 같이 운송인이 자유롭게 선박을 이용할 수 없는 점에서 운임의 전액을 지급하도록 한 것이다. 이와 같이 계약을 해제 또는 해지하는 경우에 지급하는 운임을 공적운임(空積運賃)[125]이라 하는데, 그 법적 성질은 법정해약금의 일종이다. 또 발항 전에 운임의 전액을 지급하는 경우라 할지라도 송하인이 운송물의 전부 또는 일부를 선적한 경우에는 다른 송하인의 동의를 얻지 않으면 계약을 해제 또는 해지하지 못한다(상법 제833조 제3항). 이때에는 선적한 운송물을 양륙함으로 인하여 초과정박을 요하거나 또는 환적으로 인하여 다른 운송물에 멸실·훼손·연착 등의 위험을 줄 우려가 있기 때문이다. 그러므로 이 경우에는 운임의 전액 및 선적비용과 양륙비용을 지급하는 동시에 다른 송하인의 동의를 얻어야 한다.

송하인이 다른 송하인 전원과 공동으로 운송계약을 해제 또는 해지하는 경우에는 전부용선계약의 경우와 같다. 즉, 단일항해의 경우에는 위의 운임 이외에도 부수비용이나 체당금도 지급하여야 한다(상법 제834조 제1항). 왕복항해의 경우에는 위의 운임 및 부수비용이나 체당금 이외에도 운송물의 가액에 따라 공동해손 또는 해난구조로 인하여 부담할 금액을 지급하여야 한다(상법 제834조 제2항). 또한 운송물의 전부 또는 일부를 선적한 때에는 그 선적비용과 양륙비용은 송하인이 부담한다(상법 제835조).

125) 해운실무에서는 不積運賃 또는 공선운임(空船運賃 : deadfreight)이라고도 한다.

2. 발항 후의 임의해지

발항 후에는 송하인은 운임의 전액·체당금·체선료와 공동해손 또는 해난구조의 부담액을 지급하고, 그 양륙하기 위하여 생긴 손해를 배상하거나 또는 이에 대한 상당한 담보를 제공하지 아니하면 계약을 해지하지 못한다(상법 제837조).

이때 양륙하기 위하여 생긴 손해란 양륙비용 외에 양륙을 위한 회항비용·체선료·기타 양륙과 상당인과관계에 있는 모든 손해를 의미한다. 발항 후에 송하인이 운송계약을 해지하는 경우에는 운송인 등에게 주는 불이익이 더 크기 때문에 상법은 발항 전의 해제나 해지보다 그 효과를 엄격하게 규정하고 있다.[126]

Ⅲ. 불가항력으로 인한 당사자의 임의해제 또는 임의해지

1. 발항 전의 임의해제

발항 전에 항해 또는 운송이 법령에 위반되거나(예를 들면, 항해금지, 해상봉쇄, 운송물이 수출입 금지된 경우 등) 기타 불가항력으로 인하여 운송계약의 목적을 달성할 수 없게 된 때에는 각 당사자는 계약을 해제할 수 있다(상법 제811조 제1항). 이 경우에 송하인은 공적운임(deadfreight)을 지급할 필요가 없으며, 당사자는 임의로 운송계약을 해제할 수 있다.

불가항력(상법 제810조 제1항 제4호) 또는 법정사유(상법 제811조 제1항)가 운송물의 일부에 대하여 생긴 경우에는 송하인은 운송인의 책임이 가중되지 아니하는 범위 안에서 다른 운송물을 선적할 수 있다(代荷船積權)(상법 제812조 제1항). 이때 송하인은 지체 없이 운송물의 양륙 또는 선적을 하여야 한다. 그 양륙 또는 선적을 게을리 한 때에는 운임의 전액을 지급하여야 한다(상법 제812조 제2항).

2. 발항 후의 임의해지

발항 후 항해 도중에 항해 또는 운송이 법령에 위반하거나 기타 불가항력으로 인하여 계약의 목적을 달할 수 없게 된 때에도, 각 당사자는 계약을 해지할 수 있다. 이때 송하인은 운송의 비율에 따라 운임을 지급하여야 한다(비율운임의 지급)(상법 제811조 제2항).

126) 鄭熙喆, 商法學(하), 博英社, 1990, 584쪽; 孫珠瓚, 商法(하), 제10정증보판, 博英社, 2002, 845쪽; 鄭燦亨, 商法講義(하), 제10판, 博英社, 2008, 880-881쪽.

Ⅳ. 법정원인으로 인한 운송계약의 당연종료

개품운송계약은 발항전이든 발항 후이든 불문하고 ① 선박이 침몰 또는 멸실한 때, ② 선박이 수선할 수 없게 된 때, ③ 선박이 포획된 때, ④ 운송물의 불가항력으로 인하여 멸실된 때에는 당연히 종료한다(상법 제810조 제1항). 이상은 모두 불가항력으로 인한 것이어야 한다.

① 내지 ③의 사유가 항해 도중에 생긴 때에는 송하인은 운송의 비율에 따라 현존하는 운송물의 가액의 한도에서 운임을 지급하여야 한다(상법 제810조 제2항), ④의 사유가 발생한 때에는 운임을 지급할 필요가 없다(상법 제815조, 제134조 제1항).[127)]

제 8 관 운송인의 손해배상책임

Ⅰ. 의의

개품운송인의 책임에 관한 우리 상법의 규정은 1991년 개정과 2007년 개정에서 1924년 헤이그 규칙, 1968년 헤이그-비스비 규칙과 1978년 함부르크 규칙의 내용을 수용하였다. 특히 운송인의 책임한도액을 1968년 헤이그-비스비 규칙의 내용을 충실하게 받아들여 포장당 666.67계산단위, 중량 1킬로그램 당 2계산단위를 기준으로 규정함으로써 국제적 기준에 충실하게 되었다.

상법은 개품운송인의 손해배상책임에 관하여 육상물건운송인의 책임규정을 준용하고 있으므로(상법 제815조, 제134조, 제136조 내지 제140조), 개품운송인의 책임은 육상물건운송인의 책임과 대체로 그 구조가 같다. 그러나 해상운송의 특수성에 비추어 약간의 특별규정을 두고 있어 운송인을 더 보호하는 방향으로 규정되어 있다.[128)] 즉, 양자 모두 과실책임주의를 원칙으로 책임을 부담시키고 입증책임을 운송인 측에 부담시킨다는 점은 동일하다. 그러나 상법은 개품운송인에 대하여는 운송인의 과실을 항해과실(航海過失)과 상사과실(商事過失)로 나누어 항해과실에 대하여는 운송인의 책임을 면제하고(상법 제795조 제1항), 감항능력 주의의무 위반(상법 제794조)과

---

127) 상법 제134조 (운송물 멸실과 운임)
① 운송물의 전부 또는 일부가 송하인의 책임없는 사유로 인하여 멸실한 때에는 운송인은 그 운임을 청구하지 못한다. 운송인이 이미 그 운임의 전부 또는 일부를 받은 때에는 이를 반환하여야 한다.
② 운송물의 전부 또는 일부가 그 성질이나 하자 또는 송하인의 과실로 인하여 멸실한 때에는 운송인은 운임의 전액을 청구할 수 있다.

128) 鄭燦亨, 商法講義(하), 제10판, 博英社, 2008, 854쪽.

상사과실(상법 제795조 제1항)이 있는 경우에만 운송인의 책임이 발생하도록 규정한 점, 손해배상책임이 일정한 한도로 제한되어 있는 점(상법 제797조의2와 제137조 비교) 등에서 육상물건운송인의 책임보다 훨씬 경감되어 있다는 점이 특징이다.

II. 책임주체

1. 운송인

개품운송과 관련하여 발생한 손해에 대한 책임의 주체는 운송인(carrier)이다(상법 제794조, 제795조, 제796조). 그러므로 개품운송계약의 당사자인 해상기업주체는 모두 책임주체가 된다. 우선 자선의장자인 선박소유자, 선체용선자를 들 수 있다.[129] 또 재운송계약의 형태로 개품운송계약이 체결된 경우에는 최초의 운송계약인 정기용선계약이나 항해용선계약의 당사자인 용선자가 재운송계약(개품운송계약)의 주체로서 운송인이 된다. 또 운송주선인이 개입권을 행사하여 제3자의 화물을 운송하기로 계약을 체결한 경우에는 운송계약의 당사자로서 운송인의 지위에 서게 된다고 본다. 다만, 재운송계약의 경우 용선자가 자기명의로 제3자와 운송계약을 체결한 경우에는 그 계약의 이행이 선장의 직무에 속한 범위 안에서 선박소유자[130]도 책임부담의 주체가 된다(상법 제809조).[131] 즉, 어떠한 경우이든 해당 개품운송계약의 당사자인 경우에만 운송인이 될 수 있다.

이때 책임주체가 되는 운송인은 운송인책임제한을 주장할 수 있다(상법 제797조 제1항).

129) 大判 2002.5.28, 2001 다 12621(公報 2002, 1510) : 선박의 운행 중 사고로 인한 손해배상에 대하여 그 선박의 이용자가 손해배상을 부담하기 위하여는 그 이용자가 사고 선박의 선장·선원에 대한 실질적인 지휘·감독권이 있어야 하고, 그와 같은 권한이 있는지 여부는 그 선박의 이용계약이 선박임대차계약인지, 정기용선계약인지 아니면 이와 유사한 성격을 가진 제3의 특수한 계약인지 여부 및 그 계약의 취지·내용에 선박의 선장·선원에 대한 실질적인 지휘·감독권이 이용권자에게 부여되어 있는지 여부 등을 구체적으로 검토하여 결정하여야 한다.

130) 이때 선박소유자는 소위 실제운송인(actual carrier)가 된다(이를 이행운송인(performing carrier)라고도 한다).

131) ① 이때는 책임의 주체는 될 수 있지만, 용선계약에 의한 실제운송인으로서의 책임을 지는 것이고 개품운송인의 지위에서 책임을 지는 것은 아니다.
② 大判 2001.7.10, 99 다 58327(公報 2001, 1819) : 정기용선자로부터 선복을 용선받은 재용선자가 송하인과 운송계약을 체결한 사안에서, 재용선자가 발행한 선하증권의 이면약관상 재용선자가 위 운송계약의 운송인이 됨을 명시하고 있으며, 재용선자는 정기용선자에게 일정한 선복용선료만 지급할 뿐이고 위 운송계약에 따른 운임은 모두 재용선자의 수입으로 되는 사정 등을 고려할 때, 위 정기용선자는 운송계약상 책임을 지는 운송인의 지위에 있지 않다고 본다.

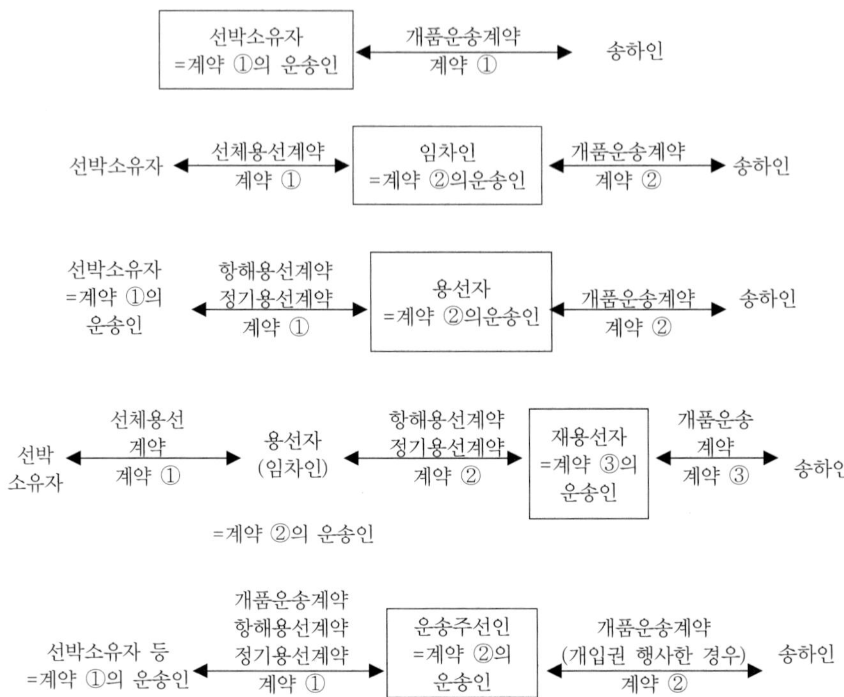

주 : 운송주선인이 운송개입권을 행사하는 경우는 보통 운송주선인이 송하인과 계약 ②(운송계약)를 먼저 체결한 후, 이를 하도급계약의 형태로 계약 ①을 체결하여 운송위탁하기 때문에 계약 ②를 체결한 운송주선인은 계약운송인(contractual carrier)의 위치에 서게 되고 계약 ①을 체결한 운송인은 실제운송인(actual carrier) 또는 이행운송인(performing carrier)의 위치에 서게 된다.

[그림 4-1] 개품운송계약에서 운송인이 되는 경우

2. 운송인의 사용인 등

상법은 개품운송인의 사용인 또는 대리인 등이 다른 법률상의 원인(민법 제750조 등)에 의하여 적하이해관계인에 대하여 손해배상책임을 부담하는 경우에,[132] 이러한 사용인 또는 대리인 등도 운송인이 주장할 수 있는 면책사유나 책임제한을 주장할 수 있음을 규정하고 있다. 즉, '운송물에 관한 손해배상청구가 운송인의 사용인 또는 대리인에 대하여 제기된 경우에 그 손해가 그 사용인 또는 대리인의 직무집행에 관하여 생긴 때에는 그 사용인 또는 대리인은 운송인이 주장할 수 있는 항변과 책임제한을 원용할 수 있다'라고 규정하고 있다(상법 제798조 제2항 본문). 이 규정은 1968년 헤

132) 大判 1992.9.8, 92 다 23292(公報 9312, 849) : 피예인선의 선장 및 기관책임자의 과실과 같은 선박의 설치관리상의 하자로 그 선박에 실려 있던 장비가 바다에 가라앉아 유실되는 등의 사고가 발생하였다고 보아 그 선장은 불법행위자로서, 선박소유자는 위 선장 등의 사용자 겸 소유자로서 각자 손해배상책임이 있다.

이그-비스비 규칙 제4조의2 제2항의 규정을 받아들인 것이다. 이러한 내용의 조항을 히말라야조항(Himalaya Clause)[133]이라고 하는데, 이는 영국의 Alder v. Dickson 사건[134]에서 유래하여 선하증권에 이와 같은 내용의 약관을 삽입해 오던 것을 국제협약에서 수용하여 입법한 것이다. 선박소유자 등의 책임제한에 관한 규정 중 상법 제774조 제1항 제3호도 같은 취지의 규정으로 볼 수 있다.[135] 또 '이 경우에 운송인과 그 사용인 또는 대리인의 운송물에 대한 책임제한금액의 총액은 제797조 제1항의 규정에 의한 한도를 초과하지 못한다'라고 규정하고 있다(상법 제798조 제3항). 이것은 청구권경합론을 인정하는 현재의 학설 및 판례의 입장에서는 운송인책임제한을 피하기 위하여 사용인 또는 대리인을 상대로 불법행위책임을 물을 경우에는 오히려 책임능력이 열악한 운송인의 사용인이나 대리인이 더 무거운 책임을 지게 되는 불합리가 발생하게 되고, 이러한 우회적 책임을 인정하게 됨으로서 운송인의 책임을 제한하는 제도의 실효성을 상실하게 되기 때문에 히말라야조항을 두게 된 것이다. 이때의 운송인의 사용인 또는 대리인이라 함은 고용계약 또는 위임계약 등에 따라 운송인의 지휘·감독을 받아 그 업무를 수행하는 자를 말한다. 그 업무성격은 비슷하나 운송인의 지휘·감독에 관계없이 스스로의 판단에 따라 자기 고유의 사업을 영위하는 독립적인 계약자는 포함되지 아니 한다.[136] 그러나 당사자 사이의 특약으로 이러한 독립적인 운송관련자도 운송인의 책임제한을 원용할 수 있다.[137]

133) 히말라야約款(himalaya clause)이라 함은 운송인 이외에 운송업무의 이행을 보조하는 기타의 모든 사람들도 운송계약 상 운송인이 누릴 수 있는 각종의 항변과 면책사유, 책임제한 등을 자신의 이익을 위하여 원용할 수 있다는 내용의 약관을 말한다. 이 책에서 히말라야조항이라고 한 것은 최초에는 선하증권 등에 약관으로 삽입되어 히말라야약관이라 불리던 내용을 1968년 헤이그-비스비 규칙에서 국제협약의 조항으로 받아들였고, 이를 상법에서 법률조항으로 받아들였기 때문에 이를 구분하여 히말라야조항이라고 표현하였다. 히말라야약관에 관한 자세한 내용은 [정영석, 국제해상운송법, 범한서적주식회사, 2004, 441-458쪽] 참조.

134) Alder v. Dickson(The Himalaya) (1955) 1 Q.B. 158 : 선박 여행을 하던 어떤 여객이 승선하던 중 통로가 불안정하여 흔들리는 바람에 추락하여 중상을 입었다. 그런데 그 여객의 해상운송계약에는 여객의 상해에 대하여 운송인이 책임을 지지 않는다는 내용의 면책약관이 삽입되어 있었다. 이에 그 여객은 운송인인 아닌 그 선박의 선장과 갑판장을 상대로 손해배상청구소송을 하였다. 이에 선장과 갑판장은 자신의 이익을 위하여 해상운송계약상의 면책약관을 원용하였으나 제1심과 제2심 모두 선장과 갑판장은 운송계약의 직접 당사자가 아니므로 면책약관을 원용할 수 없다고 판시하였다.

135) 같은 의견, 鄭燦亨, 商法講義(하), 제10판, 博英社, 2008, 855쪽 각주 3) 참조.

136) 大判 2004.2.13, 2001 다 75318(公報 2004, 460) : 상법 제789조의3 제2항(현행 상법 제798조 제2항) 소정의 '사용인 또는 대리인'이란 고용계약 또는 위임계약 등에 따라 운송인의 지휘감독을 받아 그 업무를 수행하는 자를 말하고 그러한 지휘감독 관계없이 스스로의 판단에 따라 자기 고유의 사업을 영위하는 독립적인 계약자는 포함되지 아니 한다. 독립적인 계약자는 상법 제789조의3 제2항 소정의 '사용인 또는 대리인'에 해당하지 아니하므로 같은 법 제811조에 기한 항변을 원용할 수 없다.

137) 大判 2007.4.27, 2007 다 4943(公報 2007, 783) : 6] 상법 제789조의3 제2항(현행 상법 제798조 제2항)에서 정한 운송인의 '사용인 또는 대리인'이란 고용계약 또는 위임계약 등에 따라 운송인의 지휘·감독을 받아 그 업무를 수행하는 자를 말하고 그러한 지휘·감독과 관계없이 스스로의 판단에 따라 자기 고유의 사업을 영위하는 독립적인 계약자는 포함되지 아니하므로, 그러한 독립적인 계약자는 같은 법 제811조에 기한 항변

또한 사용인 등이 운송인의 항변을 원용할 수 있는 경우는 사용인 등의 직무집행에 관하여 생긴 손해에 한한다. 그러나 '그 손해가 그 사용인이나 대리인의 고의 또는 운송물의 멸실·훼손 또는 연착이 생길 염려가 있음을 인식하면서 무모하게 한 작위 또는 부작위로 인하여 생긴 것인 때에는 운송인이 주장할 수 있는 항변과 책임제한을 원용할 수 없다'라고 규정하고 있다(상법 제798조 제2항 단서).

또 운송인의 책임제한 등의 규정이 운송인의 불법행위에도 적용된다는 규정 및 그 사용인 또는 대리인에 대하여도 적용된다는 규정은 운송물에 관한 손해배상청구가 운송인으로부터 다시 운송을 인수한 실제운송인 또는 그 사용인이나 대리인에 대하여 제기된 경우에도 적용된다(상법 제798조 제4항).[138]

3. 책임보험자

책임보험자는 보험계약법의 규정에 의하여 피해자(적하이해관계자)가 보험자에게 보험금을 직접 청구하는 경우에는 피보험자(운송인)의 항변을 원용할 수 있으므로(상법 제724조), 이러한 책임보험자도 운송인의 면책사유나 책임제한을 주장할 수 있다. 해상운송계약에서 책임보험은 선주상호보험조합(P&I club), 한국해운조합 등이 주로 인수한다.

을 원용할 수 없다.

선하증권 뒷면에 '운송물에 대한 손해배상 청구가 운송인 이외의 운송관련자(anyone participating in the performance of the Carriage other than the Carrier)에 대하여 제기된 경우, 그 운송관련자들은 운송인이 주장할 수 있는 책임제한 등의 항변을 원용할 수 있고, 이와 같이 보호받는 운송관련자들에 하수급인(Subcontractors), 하역인부, 터미널 운영업자(terminals), 검수업자, 운송과 관련된 육상·해상·항공 운송인 및 직간접적인 하청업자가 포함되며, 여기에 열거된 자들에 한정되지 아니 한다'는 취지의 이른바 '히말라야 약관'(Himalaya Clause)이 기재되어 있다면, 그 손해가 고의 또는 운송물의 멸실, 훼손 또는 연착이 생길 염려가 있음을 인식하면서 무모하게 한 작위 또는 부작위로 인하여 생긴 것인 때에 해당하지 않는 한, 독립적인 계약자인 터미널 운영업자도 위 약관조항에 따라 운송인이 주장할 수 있는 책임제한을 원용할 수 있다.

상법 제789조의3 제2항은 '운송인이 주장할 수 있는 책임제한'을 원용할 수 있는 자를 '운송인의 사용인 또는 대리인'으로 제한하고 있어 운송인의 사용인 또는 대리인 이외의 운송관련자에 대하여는 적용되지 아니 한다고 할 것이므로, 당사자 사이에서 운송인의 사용인 또는 대리인 이외의 운송관련자의 경우에도 운송인이 주장할 수 있는 책임제한을 원용할 수 있다고 약정하더라도 이를 가리켜 상법 제789조의3의 규정에 반하여 운송인의 의무 또는 책임을 경감하는 특약이라고는 할 수 없고, 따라서 상법 제790조 제1항에 따라 그 효력이 없다고는 할 수 없다.

이른바 '히말라야 약관'(Himalaya Clause)은 운송인의 항변이나 책임제한을 원용할 수 있는 운송관련자의 범위나 책임제한의 한도 등에 관하여 그 구체적인 내용을 달리 하는 경우가 있으나, 해상운송의 위험이나 특수성과 관련하여 선하증권의 뒷면에 일반적으로 기재되어 국제적으로 통용되고 있을 뿐만 아니라, 간접적으로는 운송의뢰인이 부담할 운임과도 관련이 있는 점에 비추어 볼 때, 약관의 규제에 관한 법률 제6조 제1항에서 정하는 '신의성실의 원칙에 반하여 공정을 잃은 조항'이라거나 같은 법 제6조 제2항의 각 호에 해당하는 조항이라고 할 수 없다.

138) 이 규정은 1978년 함부르크 규칙 제10조 제5항의 규정을 받아들인 것이다.

함부르크 규칙 제10조 제5항 : 운송인과 실제운송인 및 그 사용인과 대리인으로부터 손해배상을 받을 수 있는 총액은 이 협약에 규정된 책임한도액을 초과하지 못한다.

Ⅲ. 손해배상책임의 원인

개품운송인의 책임발생원인에 대하여는 상법 제794조에서 제796조까지 특별규정을 두고 있으므로 책임발생원인에 대하여는 상법 제135조가 준용될 여지가 없다.[139) 상법의 규정은 책임의 원인으로 감항능력 주의의무위반과 운송물에 관한 주의의무위반(소위 상사과실), 책임을 면하는 경우로 13가지 면책사유를 두고 있다. 감항능력 주의의무에 대하여는 이미 설명하였으므로 이하에서는 운송물에 관한 주의의무와 면책사유에 대하여 설명하기로 한다.

1. 책임원칙

상법은 운송인은 '…주의를 해태하지 아니하였음을 증명하지 아니하면 운송물의 멸실·훼손 또는 연착으로 인한 손해를 배상할 책임이 있다'(상법 제794조 본문, 제795조 제1항)라고 규정하여, 육상운송인의 경우와 같이 과실책임주의를 기본원칙으로 하고 있다.

2. 운송인 측의 과실

상법은 운송인의 책임의 원인이 되는 과실을 운송수단에 관한 주의의무 위반과 운송물 자체의 관리에 관한 주의의무로 구분하여 이를 감항능력 주의의무 위반(상법 제794조)과 운송물에 관한 주의의무 위반(상법 제795조 제1항)으로 구분하고 있다.

소위 '운송인의 고의·과실로 인하여 운송물의 멸실·훼손 또는 연착으로 인한 손해가 생긴 경우에는 운송인은 손해배상책임을 진다(상법 제795조 제1항)'라고 하는 규정이 상사과실 또는 운송물에 관한 주의의무 위반이다.

감항능력 주의의무 위반과 상사과실에 있어서 과실의 판단기준이 되는 자, 즉 과실의 주체는 '운송인…또는 선원 기타의 선박사용인'이다. 즉, 운송인 자신뿐만 아니라 운송채무를 이행하기 위하여 사용한 모든 사용인의 과실에 대하여 운송인이 책임을 진다.[140) 이때 사용인은 운송인과 고용관계에 있든 없든, 또는 계속적 사용인이든 일

---

139) 大判 1972.6.13, 70 다 213(集 20 ② 民 98): 해상물건운송인의 손해배상책임에 관하여는 본법 제787조 내지 790조에 그 특별규정이 있고 본조에 의하여 일반운송인의 손해배상책임에 관한 규정인 본법 제135조가 준용되지 아니 한다.

140) ① 大判 1997.9.9, 96 다 20093(公報 1997, 3037) : 운송인과 중간운송업자 사이에 지휘·감독관계가 존재하는 것으로 볼 수 없고, 운송인이 중간운송업자를 통하여 보세창고업자를 간접적으로 지휘·감독하였다고 할 수 없는 경우, 운송인의 의뢰로 운송물을 보관하던 중 멸실시킨 보세창고업자가 운송물의 인도 업무에 관하여 운송인의 이행보조자라고는 할 수 있으나 운송인의 지시·감독을 받은 피용자적인 지위에 있다고는 볼 수 없다.

② 大判 2004.7.22, 2001 다 67164(公報 2004, 1422) : 영업용 보세창고업자는 공항에 도착한 항공화물이 수하인에게 인도되기 전까지 운송인을 위하여 화물을 보관하는 자로서 운송인 및 그 국내대리점인 운송

시적 사용인이든 묻지 않는다.[141)]

주의의무를 이행해야 할 기간은 '운송물의 수령·선적·적부[142)]·운송·보관[143)]·양륙과 인도'의 전 과정이다(상법 제795조 제1항). 상법 제795조 제1항의 상사과실은 민법상 채무불이행으로 인한 손해배상책임의 예외규정이 아니라 예시규정이라고 본다. 그러므로 운송인은 상법 제795조 제1항에서 예시하지 않은 채무불이행이 있거나 또는 동조에서 예시하지 않은 손해가 발생한 경우에도 손해배상책임을 진다.[144)] 운송인 등의 주의의무의 정도는 '상당한 주의'를 의미하며, 멸실은 물리적 멸실 뿐만 아니라 보증도 또는 가도(假渡)로 인하여 선의취득자가 있어 회수할 수 없는 경우 등과 같은 상대적 멸실도 포함한다.[145)] 또 운송물의 멸실 등과 손해 사이에는 상당인과관계가 있어야 한다.[146)147)]

운송인은 자기 또는 사용인이 선박의 감항능력이나 운송물에 관하여 '상당한 주의'를 다하였음을 입증하여야 한다(상법 제794조, 제795조 제1항). 따라서 운송인 측은 과실추정이 되어 자신의 무과실을 입증하여야 한다. 운송인이 그의 사용인의 선임·감독에 대한 무과실의 입증만으로는 책임을 면할 수 없다. 과실에 대한 입증자료가

취급인에 대하여 통관이 끝날 때까지 화물을 보관하고, 적법한 화물의 수령인에게 화물을 인도하는 등 운송인의 의무이행을 보조하는 지위에 있으나, 원심이 인정한 바와 같은 우리의 항공화물인도절차에 비추어 보면 통상의 경우 그와 같은 항공화물이 입고될 영업용 보세창고의 지정에 운송인 및 운송취급인은 관여하지 아니하고, 세관 혹은 실수입업자에 의하여 보세창고가 지정되며 각 영업용 보세창고는 독립적인 사업자로서의 지위에서 자신의 책임과 판단에 따라 화물을 보관하고 인도하는 업무를 수행할 뿐 일반적으로는 운송인 및 운송취급인으로부터 지휘·감독을 받아 그와 같은 화물의 보관 및 인도 업무를 수행하는 것으로 볼 수 없으므로, 특별한 사정이 없는 한 우리의 항공화물인도절차상 운송인 및 그 국내대리점인 운송취급인은 영업용 보세창고업자에 대하여 민법상 사용자의 지위에 있다고는 볼 수 없다.

141) 같은 의견, 鄭燦亨, 商法講義(하), 제10판, 博英社, 2008, 858쪽.

142) 大判 1983.3.22, 82 다카 1533(公報 704, 735) : 해상운송에 있어서 운송물의 선박 적부 시에 고박. 고정 장치를 시행하였으나 이를 튼튼히 하지 아니하였기 때문에 항해 중 그 고박. 고정 장치가 풀어져서 운송물이 동요되어 파손되었다면 특단의 사정이 없는 한 불법행위의 책임조건인 선박사용인의 과실을 인정할 수 있고 불법행위로 인한 손해 배상청구에 대하여 운송인이 불가항력에 의한 사고라는 이유로 그 불법행위 책임을 면하려면 그 풍랑이 선적 당시 예견 불가능한 정도의 천재지변에 속하고 사전에 이로 인한 손해발생의 예방조치가 불가능하였음이 인정되어야 한다.

143) 大判 1978.3.28, 77 다 1401(民判集 243, 510) : 그 자체 습기와 열이 있는 찹쌀을 열대지방에서 온대지방으로 운반하는 경우 운송인으로서는 운송도중이거나 정박 중이거나를 불문하고 부패 변질되지 아니하도록 환기장치를 세심히 사용하거나 상당한 주의를 하여야 한다.

144) 같은 의견, 鄭燦亨, 商法講義(하), 제10판, 博英社, 2008, 858쪽.

145) 孫珠瓚, 商法(하), 제10정증보판, 博英社, 2002, 824쪽.

146) 大判 1999.12.10, 98 다 9038(公報 2000, 154) : 운송인이 운송계약에 따라 화물을 운송하던 도중에 화물이 멸실되었다면 특단의 사정이 없는 한 수하인에게는 당연히 그에 따른 손해가 발생하였다고 할 것이어서 화물의 멸실과 손해의 발생 사이에는 상당인과관계가 있다고 할 것이고, 화물의 멸실이 제3자의 강도 등 행위에 의하여 야기되었다고 하더라도 그로써 운송행위와 손해 발생 사이의 인과관계가 단절된다고 볼 수는 없다.

147) 우리 상법이 수용한 1968년 헤이그-비스비 규칙상의 운송물의 관리에 관한 주의의무의 정도에 대한 해석은, [정영석, 국제해상운송법, 범한서적주식회사, 2004, 47-51쪽] 참조.

대부분 운송인 측에 있으므로 적하이해관계인이 운송인 측의 과실을 입증하기는 거의 어려울 뿐만 아니라 민법상 과실책임주의원칙으로 보아도 운송인 측이 입증책임을 지는 것이 원칙이기 때문이다.

Ⅳ. 운송인의 법정면책사유

상법은 1968년 헤이그-비스비 규칙 제4조 제2항[148]을 받아들여 상법 제795조 제2항에서 항해과실과 화재, 상법 제796조에서 11가지의 운송인 면책사유를 규정하고 있다.

1. 항해과실

운송인은 선장 · 해원 · 도선사 기타의 선박사용인의 항해 또는 선박의 관리에 관한 행위로 인하여 생긴 운송물에 관한 손해를 배상할 책임을 면한다(상법 제795조 제2항). 이는 항해과실에 대한 법정면책을 규정한 것으로 상사과실에 대한 강행법적 책임의 확립과 함께 운송인의 책임체계로서 헤이그-비스비 규칙이 채용한 기본원칙을 상법이 수용한 것이다.[149]

항해과실에 대한 면책 이유는[150] ① 항해에 관한 사고는 운송인이 직접적으로 관

148) 헤이그-비스비 규칙 제4조 제2항 : 운송인 또는 선박은 다음의 사유에서 생긴 멸실 · 훼손에 대하여는 책임을 지지 아니 한다(운송인의 면책사유).
(a) 항해 또는 선박의 관리에 관한 선장, 해원, 도선사 또는 운송인의 사용인의 작위, 부작위 또는 과실
(b) 화재(운송인의 실제의 과실 또는 고의로 인한 것을 제외)
(c) 해상 기타 항행할 수 있는 수면에서의 재해, 위험 또는 사고
(d) 천재지변
(e) 전쟁 행위
(f) 공적 행위
(g) 군주, 관헌 또는 인민에 의한 억류 · 강제 또는 법률 절차에 의한 압류
(h) 검역 상의 제한
(i) 송하인 또는 운송물의 소유자, 그의 대리인 또는 그 대표자의 작위 또는 부작위
(j) 동맹파업, 선박 폐쇄, 노무 정지 또는 노무 방해. 단, 원인의 여하를 묻지 않고 또한 부분적인가 또는 전체적인가를 묻지 아니 한다.
(k) 폭동과 내란
(l) 해상에서의 인명 또는 재산의 구조, 또는 구조의 기도
(m) 물건의 숨은 흠, 특수한 성질 또는 고유한 흠으로부터 생기는 용적이나 중량의 감소 또는 기타의 멸실 · 훼손
(n) 포장의 불충분
(o) 기호의 불충분 또는 불완전
(p) 상당한 주의로써도 발견할 수 없는 숨은 흠
(q) 운송인의 실제의 과실 또는 고의가 없이, 또는 운송인의 대리인 또는 사용인의 과실이나 게으름이 없이 일어나는 기타의 원인. 단, 면책을 주장하는 자가 운송인의 실제의 과실이나 고의 또는 운송인의 대리인 또는 사용인의 과실 또는 게으름이 멸실 · 훼손에 기여하지 아니하였음을 증명하여야 한다.

149) 李鍾德, '海上運送人의 免責事由에 관한 考察', 司法論集, 商法 2(保險 · 海商), 法院行政處, 132쪽.

여하지 않는 기술적인 사항이 보통이고 선장 기타 해상노동자의 경미한 과실로도 큰 손해가 생길 수 있으며, ② 운송인을 면책하여도 책임 있는 선장 또는 해기사 등을 「해양안전사고의 조사 및 심판에 관한 법률」과 「형법」 규정에 의하여 징계하거나 형벌을 과할 수 있으므로 손해발생을 조장할 염려가 없고, ③ 하주는 손해를 해상보험으로 전보 받는 것이 보통이므로 실제상 큰 불편이 없기 때문이라고 설명한다.[151] 그러나 항해과실을 면책사유로 하지 않는다면 하주가 적하보험에 부보(付保: to insure)하여 보험사고가 발생한 후에 보험자로부터 보상을 받게 된다고 하더라도 보험자는 청구권대위(請求權代位)에 의하여 다시 운송인에게 구상권(求償權)을 행사할 수 있게 된다(상법 제682조). 따라서 운송인의 부담은 줄어들지 않고 오히려 하주가 적하보험에 들었다 하더라도 운송인은 다시 책임보험에 들게 됨으로써 운송인의 책임보험료가 운임에 반영되어 하주는 보험료를 이중으로 부담하게 된다. 이때 항해과실을 면책사유로 할 경우에는 하주의 보험료 부담을 줄여 주면서도 적하보험에 의하여 하주의 위험부담은 제거할 수 있다는 점이 면책의 실익이 될 것이다.[152]

또 상법 제795조 제2항의 항해과실 면책규정은 상법 제799조 제1항의 규정의 취지상 상대적 강행규정으로 해석되므로 당사자 사이에 항해과실 면책을 배제한다는 특약을 한 경우에는 이러한 특약은 유효하다.[153] 따라서 운송인은 항해과실에 대하여 면책을 주장할 수 없고 손해배상책임을 진다.[154]

2. 선박에서의 화재

운송인은 선장, 해원, 도선사 기타의 선박사용인의 과실로 인한 선박에서의 화재로

---

150) 李鍾德, '海上運送人의 免責事由에 관한 考察', 司法論集, 商法 2 (保險・海商), 法院行政處, 132쪽 ; 戶田修三, 商法の理論と演習, 改訂增補版, 東京, 文久書林, 1970, 183쪽.

151) 李均成, 國際海上運送法硏究, 重版, 三英社, 1984, 32쪽.

152) 정영석, 국제해상운송법, 범한서적주식회사, 2004, 161쪽.

153) 大判 1975.12.23, 75 다 83(判例月報 (66) 24) : 상법 773조 1항 소정 선적항외에서의 선장의 항해에 필요한 재판상 또는 재판외의 모든 행위를 할 권한 가운데에는 개품운송계약에 관한 권한도 포함되고 운송도중의 사고발생으로 인한 화물의 피해변상책임에 관한 특약도 운송계약내용의 일부라 할 것이다.

상법 789조 2항 1호 소정의 사고에 의한 손해라도 운송계약 당사자 간의 운송도중의 사고 발생으로 인한 화물의 피해변상책임에 관한 특약에 의하여 상법 788조 2항 소정 선박소유자의 면책규정의 적용이 배제되고 약 2개월의 경험밖에 없는 항해사는 안전항해 능력이 부족하므로 그의 항해상 과실로 인한 사고에 대하여 선박소유자는 상법 787조 소정의 손해배상책임을 면할 수 없다.

154) ① 大判 1971.4.30, 71 다 70(民判集 162, 506) : 운송인의 면책사유에 해당하는 항해과실로 인한 손해라 하더라도 특약에 의하여 운송인의 면책을 배제한 경우에는 운송인은 그로 인한 손해배상책임이 있다.

② 大判 1974.8.30, 74 다 353(公報 529, 8864) : 선박소유자인 해상운송인의 "본건 운송물건이 운송도중 멸실된 경우 그 배상금액은 원선적지 및 그 당시의 상품가격과 실제 이에 지불된 제비용의 합계액으로 한다"는 선하증권의 약관은 화물 손실에 대한 배상금액을 원 선적지 및 그 당시의 상품가격과 실제 지급된 제비용의 합계액으로 한다고 정한 것일 뿐 상법 787조, 788조, 789조들의 규정에 반하여 손해배상책임을 경감하는 당사자 간의 특약이라고는 볼 수 없으니 동법 790조에 해당하는 약관이 아니다.

인하여 생긴 운송물에 관한 손해를 배상할 책임을 면한다(상법 제795조 제2항). 선박에서의 화재란 운송물의 운송에 사용된 선박 안에 발화원인이 있는 화재 또는 직접 그 선박 안에서 발생한 화재에 한정되는 것이 아니고, 육상이나 인접한 다른 선박 등 외부에서 발화하여 당해 선박으로 옮겨 붙은 화재도 포함한다.[155] 이에 관하여는 헤이그-비스비 규칙의 해석에 있어서도 선박 내부에서 불이 난 경우에 한정하는 것인지 또는 외부의 화재가 선내에 영향을 미친 경우까지 포함하는 것인지에 대하여 논란이 되고 있다.[156] 영미 판례의 입장에서는 선상의 화재로 인하여 발생한 손해에 대하여만 면책을 허용하는 것으로 해석되고 있다. 따라서 육상, 부두 또는 다른 선박에서 발생한 화재로 양륙한 운송물에 옮겨 붙은 화재로 인하여 손해가 발생한 경우에는 면책을 허용하지 않는 것으로 해석되었다.[157] 다만 육상의 불이 본선에 옮겨와서 운송물에 손해를 입힌 경우에는 운송인이 화재면책을 원용할 수 있다고 하였다.[158]

운송인은 자신이 아닌 선장・해원・도선사 기타의 선박사용인의 과실로 인한 화재의 경우에 면책되는 것이고, 운송인 자신의 고의 또는 과실로 인한 화재의 경우에는 면책되지 않는다(상법 제795조 제2항 단서).[159]

이러한 점에서 선박에서의 화재에 관한 입증책임은 운송인이 부담하며, 운송인은 자기의 무과실을 입증하여야 면책된다고 본다.[160]

---

155) 정영석, 국제해상운송법, 범한서적주식회사, 2004, 220쪽.
大判 2002.12.10, 2002 다 39364(公報 2003, 340) : 상법 제788조 제2항 본문 및 단서에서의 '화재'란, 운송물의 운송에 사용된 선박 안에 발화원인이 있는 화재 또는 직접 그 선박 안에서 발생한 화재에만 한정되는 것이 아니고, 육상이나 인접한 다른 선박 등 외부에서 발화하여 당해 선박으로 옮겨 붙은 화재도 포함한다고 해석된다.

156) 小町谷操三, 統一船荷證劵法論, 東京, 勁草書房, 1958, 192쪽.

157) Constaqle v. National Steamship Co. (N.Y. 1894) 14 S. Ct. 1062.

158) The Munaires (D.C. La. 1935) 12 F. Supp. 913 ; 박용섭, 해상법론, 형설출판사, 1994, 688쪽.

159) ① 大判 1973.8.31, 73 다 977(民判集 189, 438) : 원심은 본건 선박에서의 화재는 난방용 난로를 고정시키지 않고 피워놓은 견습선원이나 위 난로를 잘못하여 넘어뜨린 승객에게만 과실이 인정되고 선박소유자인 피고 회사 자신의 과실로는 볼 수 없다고 판시하였으나, 피고는 법령에 의하여 소방시설을 하게 되어 있고 또 선박에 곤로를 설치할 경우에는 이동하지 아니하도록 고정할 것을 소방시설로서 요구하고 있음에도 불구하고 본건 선박에 따로 고정시켜 놓은 난로 등이 있음에도 이를 이용하지 아니하고 선박소유자인 피고의 과실이 아니라고 판시한 원심판단은 상법 제788조 제2항 단서에 규정된 선박소유자의 과실에 관한 법리를 오해하였다 할 것이다.
② 大判 2002.12.10, 2002 다 39364(公報 2003, 340) : 상법 제788조 제2항 단서에 따라 화재로 인한 손해배상책임의 면제에서 제외되는 사유인 고의 또는 과실의 주체인 '운송인'이란, 상법이 위 제2항 본문에서는 운송인 외에 '선장, 해원, 도선사 기타의 선박사용인'을 명시하여 규정하고, 같은 조 제1항 및 제787조에서도 각 '자기 또는 선원 기타의 선박사용인'을 명시하여 규정하고 있는 점과 화재로 인한 손해에 관한 면책제도의 존재이유에 비추어 볼 때, 그 문언대로 운송인 자신 또는 이에 준하는 정도의 직책을 가진 자 만을 의미할 뿐이고, 선원 기타 선박사용인 등의 고의 또는 과실은 여기서의 면책제외사유에 해당하지 아니 한다고 해석하여야 할 것이며, 위 조항이 상법 제789조의2 제1항 단서처럼 '운송인 자신의 고의'라는 문언으로 규정되어 있지 않다고 하여 달리 해석할 것이 아니다.

160) 같은 의견, 鄭燦亨, 商法講義(하), 제10판, 博英社, 2008, 861-862.

3. 해상고유의 위험 등

'해상 그 밖에 항행할 수 있는 수면에서의 위험 또는 사고'(perils, dangers and accident of the sea or other navigable waters)를 면책사유로 규정하고 있는데(상법 제796조 제1호), 이는 헤이그-비스비 규칙 제4조 제2항 (c)호의 규정을 그대로 받아들인 것이다. 이러한 사유를 해상고유의 위험이라고 한다. 여기서 해상고유의 위험이라 함은 운송인 또는 그 사용인이 예방 또는 방지할 수 없었던 해상에 특유한 자연력에 의한 위험을 말하고, 폭풍·좌초 또는 다른 선박의 과실로 인한 충돌 등이 이에 해당한다.[161] 즉, 항해구역에서 그 당시에(in the area of the voyage, at that time of the year) 예견할 수 없고 합리적으로 보호할 수 없는 어떤 재난적인 힘 또는 사건(catastrophic force or event)을 말한다.[162]

또 해상 고유의 위험은 운송인은 물론 송하인의 의도 또는 행위와는 아무런 관계없이 손해가 발생한다는 점, 즉 손해의 발생이 계약 당사자의 귀책사유에 의한 것이 아니라는 점과 예기치 못한 위험이라는 점에서 불가항력(act of god)(상법 제796조 제2호), 전쟁, 폭동 또는 내란(act of war, riots and civil commotions)(상법 제796조 제3호), 해적행위 그 밖에 이에 준한 행위(상법 제796조 제4호)[163], 재판상의 압류, 검역 상의 제한 기타 공권(公權)에 의한 제한(arrest of restraint of princes, rulers or people or seizure under legal process, and quarantine restriction)(상법 제

실제 소송에서 입증책임이 나누어지는 과정을 분석하면 다음과 같다(鄭暎錫, 국제해상운송법, 범한서적주식회사, 2004, 171-172쪽; William Tetley, Marine Cargo Claims, 3rd ed. Montreal, International Shipping Publications, 1988, p. 421).

① 하주는 손해를 증명하여야 한다.
② 운송인은 손해의 원인이 화재임을 증명하여야 한다.
③ 선박이 감항능력을 갖추고 선원이 소방 훈련을 받았으며 선박이 소방 장비를 갖추었음을 증명하여야 한다.
④ 하주는 화재를 일으킨 운송인 자신의 고의·과실을 증명하여야 한다.
⑤ 운송인은 그의 고의·과실이 없었음을 증명하여야 한다.
⑥ 하주는 운송인의 운송물에 대한 주의의무 위반을 증명하여야 한다.

161) 鄭燦亨, 商法講義(하), 제10판, 博英社, 2008, 862-863.

162) William Tetley, Marine Cargo Claims, 3rd ed. Montreal, International Shipping Publications, 1988, p. 432.

163) 大判 1999.12.10, 98 다 9038(公報 2000, 154) : 해상운송에 있어서 해상강도로 인한 운송물의 멸실이 운송인의 손해배상책임을 면하게 하는 면책사유의 하나로서 인정되는 것과는 달리 육상에서의 강도로 인한 운송물의 멸실은 반드시 그 자체로서 불가항력으로 인한 면책사유가 된다고 할 수 없으므로, 다시 운송인이나 그 피용자에게 아무런 귀책사유도 없었는지 여부를 판단하여야 할 것이고, 그 경우 운송인이나 피용자의 무과실이 경험칙 상 추단된다고 할 수도 없는데, 관련 증거들을 기록과 대조하여 검토하여 보면, 원심이 이 사건에서 운송인인 피고에게 귀책사유가 전혀 없었다고 인정할 증거가 없다고 판단한 것은 정당하고, 거기에 채증법칙 위반이나 입증책임에 관한 법리를 오해한 위법이 있다고 할 수 없으므로 이 부분 논지도 이유가 없다.

796조 제5호), 동맹파업 기타의 쟁의행위 또는 선박폐쇄(strikes or lock-outs or stoppage or restraint of labor)(상법 제796조 제7호) 등과 같은 성격을 가지고 있다. 따라서 이들 위험을 계약 당사자에게 귀책사유가 없는 면책사유라고 할 수 있다. 이는 헤이그-비스비 규칙 제4조 제2항 (d)·(e)·(f)·(g)·(h)·(j)·(k)호의 규정의 내용을 정리하여 입법한 것이다.

불가항력(상법 제796조 제2호)이라 함은 천재지변으로서 자연력에 의한 항거할 수 없는 위험을 말하는데, 해상고유의 위험으로 볼 수 없는 낙뢰·결빙 등을 들 수 있다. 전쟁, 폭동 또는 내란(상법 제796조 제3호)은 제3자의 행위에 의하여 발생한 인위적인 위험을 말하는 데, 전시중의 군함에 의한 충돌, 폭도에 의한 적하의 강제투척, 내란시의 선박 등의 강제침탈 등을 들 수 있다. 또 해적행위 그 밖에 이에 준한 행위(상법 제796조 제4호)는 공적행위(公敵行爲 : act of public enemies)에 해당하는 것으로 해상강도 등의 행위를 의미하는 것으로 일반인 또는 선원에 의한 절도는 이에 해당하지 않는다.[164] 재판상의 압류, 검역상의 제한 기타 公權에 의한 제한(상법 제796조 제5호)에서 압류는 운송인에게 귀책사유가 없이 발생한 압류를 의미한다. 또 검역상의 제한은 전염병을 예방하기 위한 제한 등을 말하고, 기타 공권에 의한 제한이란 운송인이나 운송물에 대하여 항구의 출입·선적·양륙 등을 금지 또는 제한하는 것을 말한다.[165] 동맹파업 기타의 쟁의행위 또는 선박폐쇄(상법 제796조 제7호)는 노사관계의 당사자가 그 주장을 관철할 목적으로 하는 행위 및 이에 대항하여 하는 행위로서 업무의 정당한 운영을 저해하는 모든 행위를 말한다. 다만, 파업이 면책사유에 해당하기 위해서는 운송인 측에 귀책사유가 없어야 한다.

그런데 항해과실과 화재를 제795조 제2항에서 규정하면서 기타의 면책사유를 제796조에서 별도로 규정한 것은 입증책임의 내용에 차이가 있기 때문이다.[166] 즉 운송인이 항해과실이나 화재로 면책을 받으려면 운송물 손해와 항해과실 또는 화재와의 사이에 상당인과관계가 있음을 증명하여야 한다. 반면 상법 제796조의 면책사유에 대하여는 운송인은 손해와 면책사유의 상당인과관계를 증명할 필요까지는 없고 단지 면책사유가 존재하였고 그러한 사유로 보통 발생할 수 있는 손해라는 것을 증명하면 충분하다. 또 운송인의 무과실을 증명할 필요도 없다.[167]

그러나 이러한 위험은 해상에서 통상적으로 일어나는 위험이고 운송인 또는 그의

164) 鄭熙喆, 商法學(하), 博英社, 1990, 575쪽; 徐燉珏·鄭完溶, 商法講義(하), 제4전정, 1996, 615쪽.
165) 鄭燦亨, 商法講義(하), 제10판, 博英社, 2008, 863쪽.
166) 박용섭, 해상법론, 형설출판사, 1994, 693쪽.
167) 朝高, 1920. 1. 30. 民集 7巻, 26쪽 ; 田中誠二·吉田昻, *コメンタール*國際海上物品運送法, (東京 , 草書房, 1984, 99-100쪽 참조.

이행보조자가 예상하거나 방지할 수 있었음에도 불구하고 주의를 게을리 하였다는 것을 하주가 증명한 경우에는 운송인은 책임을 면할 수 없다(상법 제796조 단서). 따라서 해상의 항행구역과 항해시기에 따라 상대적으로 판단할 필요가 있다.[168] 즉 실질적으로는 손해와 면책사유의 인과관계에 대한 입증책임을 하주에게 전가하고 있다.

4. 하주의 귀책사유 등

가. 하주의 귀책사유

상법 제796조 제6호는 송하인 또는 운송물의 소유자나 그 사용인의 행위를 면책사유로 규정하고 있다. 이는 헤이그-비스비 규칙 제4조 제2항 (i)호에 해당하는 것으로 송하인이 운송물에 대하여 지켜야 할 주의의무와 관련한 작위 또는 부작위의 이행에 있어서 상당한 주의를 다할 것을 규정한 원칙 규정이다.[169]

여기서 말하는 행위는 작위 또는 부작위를 포함하는 개념으로서 송하인 또는 운송물의 소유자 또는 그의 사용인이 안전 항해에 필요한 행위를 고의·과실로 게을리 하거나 불완전하게 하는 것을 말한다. 그 중요한 것으로는 운송물의 포장의 불충분 또는 기호의 표시의 불완전 등도 들 수 있다(상법 제796조 제9호). 포장의 불충분 또는 기호의 표시의 불완전 역시 헤이그-비스비 규칙 제4조 제2항 (n)호와 (o)호를 받아들인 것으로 하주의 귀책사유의 한 형태이지만 구체적으로 규정하고 있다는 점에 그 의의가 있다. 이러한 종류의 면책사유는 사법의 일반원칙상 당연히 운송인이 면책되는 것을 예시적으로 규정한 것이다.

그리고 운송인은 위와 같은 면책사유가 존재하였고 그러한 사유로 보통 발생할 수 있는 손해라는 것을 증명하면 면책의 요건으로서 충분하고 운송인의 무과실을 증명할 필요는 없다.[170] 제796조 제9호를 상법 제796조 제6호와 구별한 것은 포장의 불충분이나 기호의 표시의 불완전에 대하여 누구의 행위인가를 증명할 필요 없이 운송인이 면책된다는 점에서 그 의미를 찾고자 하는 견해[171]가 있으나 이는 잘못이다. 이 규정에 의하더라도 포장이나 기호의 표시를 운송인이 직접 한 경우에는 운송인의 책임을 면할 수 없고 어디까지나 운송인의 과실이 기여하지 않고 단지 송하인 등의 과실에 기인한 손해에 대하여만 면책을 주장할 수 있으므로 적어도 포장이나 기호의 표

168) 李鍾德, '海上運送人의 免責事由에 관한 考察', 司法論集, 商法 2(保險·海商), 法院行政處, 135쪽.
169) 박용섭, 해상법론, 형설출판사, 1994, 708쪽.
170) 朝高, 1920. 1. 30. 民集 7卷, 26쪽 ; 田中誠二·吉田 昻, 앞의 책, 99-100쪽 참조.
171) 李鍾德, '海上運送人의 免責事由에 관한 考察', 司法論集, 商法 2(保險·海商), 法院行政處, 139쪽.

시를 송하인 등이 하였다는 것은 증명하여야 한다.[172]

나. 운송물 고유의 하자와 숨은 결함

상법 제796조 제10호는 운송물의 특수한 성질 또는 숨은 하자를 면책사유로 규정하고 있는데 이는 헤이그-비스비 규칙 제4조 제2항 (m)호를 받아들인 것이다.

이 규정은 운송물의 특수한 성질이나 숨은 하자로 인하여 일어난 손해도 운송인의 귀책사유가 아니므로 이를 면책사유로 하여 하주가 위험을 부담하도록 한 헤이그-비스비 규칙 제4조 제2항 (m)호와 그 내용이 일치한다. 다만 운송인은 손해와 면책사유가 존재하였고 또 그러한 사유로 보통 발생할 수 있는 손해라는 것을 증명하면 충분하다는 점에서 입증책임의 내용에 차이가 있음을 주의하여야 한다. 여기서 특수한 성질로 인한 손해란 운송물의 고유한 특성으로 인한 손해로서 예컨대 과일의 부패·액체의 누손·벌레로 인한 손해·발효 등으로 인하여 발생하는 손해를 말한다. 또 숨은 하자라 함은 운송인이 상당한 주의를 하여도 발견할 수 없는 하자를 말한다.[173] 다만 운송인의 불량적부로 인한 손해나 감항능력 주의의무 위반으로 인한 선창의 관리부실로 인한 손해는 면책이 되지 않는다.

5. 선박의 숨은 하자

상법 제796조 제11호는 헤이그-비스비 규칙 제4조 제2항 (p)호를 받아들여 선박의 숨은 하자를 면책사유로 규정하고 있다.

여기서 '선박의 숨은 하자'라 함은 운송인이 감항능력주의의무를 다하여도 발견할 수 없는 선체, 기관 및 설비의 숨은 하자이다.[174] 선박이란 복잡한 합성물인 해상구조물이기 때문에 건조과정에서부터 사용 중의 어느 시점에 발생할지 모르는 선체, 기관, 설비의 모든 부분에 대한 결함을 운송인이 모두 완벽하게 관리한다는 것은 너무 무거운 책임을 묻는 것이 되기 때문에 면책을 허용하는 것으로 해석한다. 선박의 숨은 하자는 운송인이 상당한 주의의무를 다한다 하더라도 발견할 수 없는 것이기 때문에 운송인의 무과실로서 면책될 것이다. 그러나 명문 규정이 없는 경우에는 운송물 손해가 선박의 하자와 인과관계가 있음을 증명하여야 하지만, 상법 제796조 제11호에 명문 규정을 둠으로서 선박의 숨은 하자가 있고 그러한 하자로서 보통 발생할 수

172) 정영석, 국제해상운송법, 범한서적주식회사, 2004, 196-197쪽 참조.

173) 大判 2006.5.12, 2005 다 21593(公報 2006, 1027) : 운송물인 페놀의 변색이 그 자체의 특수한 성질이나 제조과정에서 생성된 부산물의 존재 등 숨은 하자로 인하여 생긴 것이고, 그와 같은 변색은 그 특수한 성질이나 숨은 하자로 인하여 보통 생길 수 있는 것이라고 봄이 상당하므로, 상법 제789조 제2항의 규정에 의하여 해상운송인의 책임이 면책된다.

174) 박용섭, 해상법론, 형설출판사, 1994, 728쪽 참조.

있는 운송물 손해라는 것만 증명하면 입증책임을 다한 것이 되어 면책이 허용된다는 점에 그 의미가 있다.[175)]

6. 해난구조 행위 또는 정당한 이유 있는 항로이탈

상법 제796조 제8호는 해상에서의 인명이나 재산의 구조행위 또는 이로 인한 항로이탈 기타 정당한 이유로 인한 항로이탈에 대하여 면책을 규정하고 있다. 이는 헤이그-비스비 규칙 제4조 제2항 (1)호와 제4조 제4항의 규정을 통합하여 단일 규정으로 묶은 것이다.[176)] 특히 국제법, 행정법규 또는 「형법」 등에 의하여 선장은 조난사실을 안 경우에 인명이나 재산을 구조하여야 할 법적인 의무가 있으므로[177)] 해난구조행위는 정당행위가 된다. 따라서 해난구조 행위로 인하여 운송물에 손해가 생긴 경우에는 운송인에게 면책을 허용한다.[178)] 그 내용은 헤이그-비스비 규칙과 동일하다. 상법 제796조 제8호에서 규정한 사유는 모두 정당한 이유 있는 항로이탈로 본다.[179)]

다만 상법은 헤이그-비스비 규칙과는 달리 해난구조 행위가 있었다는 사실과 이로 인하여 보통 일어날 수 있는 손해임을 증명하기만 하면 면책이 되기 때문에 손해와 면책사유 사이의 인과관계에 대하여 운송인이 증명할 필요는 없다.

V. 운송인의 책임제한제도

1. 정액배상주의원칙

개품운송인의 손해배상액에 대하여 상법은 원칙적으로 육상운송인의 손해배상책임과 같은 정액배상주의원칙(定額賠償主義原則)을 규정하고 있다(상법 제815조, 제137조).[180)] 즉, 운송물의 전부멸실 또는 연착의 경우에 손해배상액은 '인도할 날'의 도착

---

175) 李均成, '海商法의 改正과 海上運送人의 損害賠償責任', 韓國海法會誌, 第14卷 第1號 (1992), 28쪽 주 1).
176) 李均成, '海商法의 改正과 海上運送人의 損害賠償責任', 韓國海法會誌, 第14卷 第1號 (1992), 718쪽.
177) 李均成, '海商法의 改正과 海上運送人의 損害賠償責任', 韓國海法會誌, 第14卷 第1號 (1992), 718쪽.
178) 李鍾德, '海上運送人의 免責事由에 관한 考察', 司法論集, 商法 2(保險·海商), 法院行政處, 138쪽.
179) 大判 1998.2.10, 96 다 45054(公報 1998, 667) : 선적항을 출항하여 항해하던 중 레이더 장비의 노후에 따른 성능유지를 위하여 필요한 일상적인 점검을 받고 선용품도 공급받기 위하여 다른 항구로 임시 기항하였다면 선주는 선적항을 출항할 당시 선박에 설치된 레이더 장비의 성능과 고장 여부를 점검하여 감항능력을 유지 확보하여야 하는데도 이를 게을리 하였다고 할 것이고, 이와 같이 발항 당시 레이더에 관한 감항능력 주의의무의 이행을 다하지 아니한 선박이 출항한지 하루도 지나지 않은 상태에서 레이더의 수리 점검 및 선용품 공급을 위하여 예정된 항로를 변경한 것은 정당한 이유로 인한 이로에 해당한다고 할 수 없다.
180) 상법 제137조 (손해배상의 액)
① 운송물이 전부멸실 또는 연착된 경우의 손해배상액은 인도한 날의 도착지의 가격에 의한다.
② 운송물이 일부멸실 또는 훼손된 경우의 손해배상액은 인도한 날의 도착지의 가격에 의한다.

지의 가격에 의하고(상법 제815조, 제137조 제1항), 운송물의 일부멸실 또는 훼손의 경우의 손해배상액은 '인도한 날'의 도착지의 가격에 의한다(상법 제815조, 제137조 제2항). 즉, 운송인의 손해배상액에 관한 이러한 정액배상주의의 특칙은 ① 도착지가격에 의한 배상을 하고, ② 손해가 운송인의 고의·중과실로 인한 때에는 모든 손해를 배상하여야 하며(상법 제815조, 제137조 제3항), ③ 운송물의 멸실 또는 훼손으로 인하여 지급을 요하지 아니하는 운임 기타 비용은 배상액에서 공제한다(상법 제815조, 제137조 제4항).

운송인의 손해배상액에 관한 정액배상주의의 특칙은 운송인을 보호하기 위한 정책적인 이유에서 둔 규정으로 채무자의 손해배상책임에 관한 민법의 일반원칙(민법 제393조)[181]에 대한 예외규정이 된다. 그러므로 이러한 특칙은 운송인이 경과실 및 그의 선원 기타 선박사용인의 주의 해태로 인하여 손해가 발생한 경우에만 적용되고, 운송인의 고의나 중과실로 인하여 손해가 발생한 경우에는 적용되지 않는다는 점을 분명히 하고 있다(상법 제815조, 제137조 제3항).

2. 운송인책임제한제도의 의의

상법은 1968년 헤이그-비스비 규칙을 충실하게 받아 들여 운송인의 손해배상책임을 일정한 범위로 제한하고 있다.[182] 이를 보통 선박소유자 등의 책임제한제도

---

③ 운송물의 멸실, 훼손 또는 연착이 운송인의 고의나 중대한 과실로 인한 때에는 운송인은 모든 손해를 배상하여야 한다.

④ 운송물의 멸실 또는 훼손으로 인하여 지급을 요하지 아니하는 운임 기타 비용은 전3항의 배상액에서 공제하여야 한다.

181) 민법 제393조 (손해배상의 범위)

① 채무불이행으로 인한 손해배상은 통상의 손해를 그 한도로 한다.

② 특별한 사정으로 인한 손해는 채무자가 그 사정을 알았거나 알 수 있었을 때에 한하여 배상의 책임이 있다.

182) ① 1968년 헤이그-비스비 규칙 제4조 제5항 :

(a) 물건의 성질 및 가액이 선적 전에 송하인에 의하여 신고되었고 또한 선하증권에 기재되어 있는 것이 아닌 한, 운송인 또는 선박은 어떠한 경우에도, 멸실·훼손된 운송물의 1 포장당 또는 1 단위당 666.67 계산 단위 또는 총중량 1 킬로 그램당 2 계산 단위 가운데 높은 액수를 초과하여 물건의 멸실·훼손에 대하여 책임을 지지 아니 한다.

(b) 배상하여야 할 총액은 물건이 계약에 따라서 선박에서 양하되거나 혹은 양하되었어야 하는 장소 및 그 때에 있어서의 물건의 가액을 참조하여 산정하여야 한다.
물건의 가액은 물건의 거래 가격에 의해서 혹은 거래 가격이 없는 경우에는 그 때의 시장 가격에 따라서 결정되어야 한다. 만일 물건의 거래 가격이나 그 때의 시장 가격이 없는 경우에는 동종 또한 동질의 물건의 통상 가액을 참조하여 결정하여야 한다.

(c) 컨테이너, 팰릿 또는 이와 유사한 운송 용구가 여러 개의 물건을 통합하기 위하여 사용된 경우에는 선하증권 상 그러한 운송 용구에 포장된 짐으로서 수량 표시되어 있는 포장 또는 단위의 수가 이러한 포장 또는 단위에 관련되어 있는 한도에서, 이 항의 적용 상 포장 또는 단위의 수량으로 본다. 위에서 언급한 경우를 제외하면 그러한 운송 용구는 포장 또는 단위로 본다.

(d) 이 조에 규정된 계산 단위는 국제 통화 기금에서 정한 특별인출권을 말한다. 이 항의 (a)호에서 규정한

(shipowner's limitation)와 구분하여 운송인책임제한제도(carrier's limitation) 또는 개별적 책임제한제도(package limitation)[183]라고 한다.

즉, 운송인은 운송물에 관한 손해가 운송인 자신의 고의 또는 손해발생의 염려가 있음을 인식하면서 무모하게 한 작위 또는 부작위로 인하여 생긴 것인 경우를 제외하고, 운송인이 감항능력 주의의무나 운송물 관리의무에 위반하여 손해배상책임을 질 경우에 당해 운송물의 매 포장 당 또는 선적단위 당 666.67계산단위의 금액과 중량 1 킬로그램 당 2계산단위의 금액 중 큰 금액을 한도로 이를 제한할 수 있다(상법 제797조 제1항).

3. 책임한도액과 그 기준

가. 책임한도액

운송인은 감항능력 주의의무나 운송물 관리의무에 위반하여 손해배상책임을 질 경우에 원칙적으로 당해 운송물의 매 포장당 또는 선적단위당 666.67 계산단위의 금액과 중량 1 킬로그램당 2 계산단위의 금액 중 큰 금액을 한도로 이를 제한할 수 있다(상법 제797조 제1항).

총액은 소송이 계류된 법정지의 법에서 결정한 날짜에 있어서 국내 통화의 가치를 근거로 하여 국내 통화로 환산하여야 한다.

(e) 손해를 발생시킬 의도로써 행하였거나, 무모하게 또한 그러한 손해가 일어날 수 있음을 알고 행한 운송인의 작위 또는 부작위에 의해서 일어난 손해임을 증명한 경우에, 운송인 또는 선박은 이 항에서 정하고 있는 책임 제한의 이익을 주장하지 못한다.

(f) 이 항의 (a)호에서 정한 신고가 선하증권 중에 기재되어 있을 때는 일단 추정적 증거가 되지만, 운송인에 의해서 구속력을 가지거나 또는 확정적인 것은 아니다.

(g) 운송인, 선장 또는 운송인의 대리인과 송하인과의 합의에 의해서 이 항 (a)호에서 정한 금액 이외의 최고 한도액을 정할 수 있다. 다만, 그와 같이 정하는 최고 한도액은 이 호에 규정되어 있는 상응한 최고 한도액보다 적어서는 안 된다.

(h) 물건의 성질 또는 가액이 송하인에 의해서 고의로 선하증권 중에 잘못 기재된 경우에는, 운송인 또는 선박은 어떠한 경우에도 물건의 또는 물건에 관한 멸실·훼손에 대하여 책임을 지지 아니 한다.

② 함부르크 규칙 제6조 제1항 :

(a) 제5조의 규정에 의한 물건의 멸실·훼손으로 인하여 생긴 손해에 대한 운송인의 책임은 1짐짝당 또는 1선적 단위에 대하여 835 계산 단위에 상당하는 금액 또는 멸실·훼손된 물건의 총중량 1킬로그램에 대한 2.5 계산 단위에 상당하는 금액 중 높은 금액으로 제한된다.

(b) 제5조의 규정에 의한 인도 지연에 대한 운송인의 책임은 지연된 물건에 관하여 지급되는 운임의 2.5배에 상당하는 금액으로 제한된다. 그러나 이는 해상 물건운송 계약에 의하여 지급되는 총운임을 초과하지 못한다.

(c) 어떠한 경우에도 이 항의 (a) 및 (b)에 의한 운송인의 책임의 총액은 물건의 전손에 대한 책임이 생긴 경우 그 전손에 대하여 이 항의 (a)에 의하여 확정되는 한도액을 초과하지 못한다.

183) 이러한 용어에 대하여 선박소유자 등의 책임제한제도는 총체적 책임제한제도(total limitation system)라고도 한다.

[표 4-2] 국제운송협약 등의 운송인의 책임한도 비교

(단위 SDR)

협약	K/G당	포장 또는 적재단위당
항공(Warsaw 협약)	17	
철도(CIM)	16+2/3	
도로(CMR)	8+1/3	
1980년 국제복합운송협약	2.75	920
1978년 함부르크 규칙	2.50	835
1968년 헤이그-비스비 규칙	2.00	666.67
국제상업회의소규칙(ICC)	2.00	

나. 포장 및 선적단위

이때 운송물의 포장 또는 선적단위는 ① 컨테이너 그 밖에 이와 유사한 운송용기가 운송물을 통합하기 위하여 사용되는 경우에 그러한 운송용기에 내장된 운송물의 포장 또는 선적단위의 수를 선하증권 그 밖에 운송계약을 증명하는 문서에 기재한 때에는 그 각 포장 또는 선적단위를 하나의 포장 또는 선적단위로 본다. ② 이 경우를 제외하고는 이러한 운송용기 내의 운송물 전부를 하나의 포장 또는 선적단위로 본다(이상 상법 제797조 제2항 제1호). ③ 또 운송인이 아닌 자가 공급한 운송용기 자체가 멸실 또는 훼손된 경우에는 그 용기를 별개의 포장 또는 선적단위로 본다(상법 제797조 제2항 제2호).

그러나 상법의 규정을 적용하여 실제로 책임제한의 단위인 포장 또는 선적단위를 정의하기는 쉽지 않다. 대법원에서는 이 문제에 대하여 '포장'이란 운송물의 보호 내지는 취급을 용이하게 하기 위하여 고안된 것으로서 반드시 운송물을 완전히 감싸고 있어야 하는 것은 아니며 구체적으로 무엇이 포장에 해당하는지 여부는 운송업계의 관습 내지는 사회 통념에 비추어 판단하여야 할 것이라고 한다. 또 선하증권의 해석상 무엇이 책임제한의 계산단위가 되는 포장인지의 여부를 판단함에 있어서는 선하증권에 표시된 당사자의 의사를 최우선적인 기준으로 삼아야 할 것이고, 그러한 관점에서 선하증권에 대포장과 그 속의 소포장이 모두 기재된 경우에는 달리 특별한 사정이 없는 한 최소포장단위에 해당하는 소포장을 책임제한의 계산단위가 되는 포장으로 보아야 할 것이며, 비록 '포장의 수'란에 최소포장단위가 기재되어 있지 아니하는 경우라 할지라도 거기에 기재된 숫자를 결정적인 것으로 본다는 명시적인 의사표시가 없는 한 선하증권의 다른 난의 기재까지 모두 살펴 그 중 최소포장단위에 해당하는 것을 당사자가 합의한 책임제한의 계산단위라고 봄이 상당하다고 판시하고 있다.[184][185]

184) 大判 2004.7.22, 2002 다 44267(公報, 2004, 1428) :

1. 원심은 그 채용 증거들을 종합하여, 운송인인 피고는 소외 삼보컴퓨터 주식회사(이하 '삼보'라고 한다)와 사이에 개인용 컴퓨터(품명 : Micro PC Station) 400B기종 1,872대, 433ID기종 624대 도합 2,496대(이하 '이 사건 화물'이라고 한다)에 관하여, 송하인인 삼보가 컨테이너에 이 사건 화물을 직접 적입·적재·계량하는 조건(Shipper Load Stowage &Count)하에, 부산항에서 일본 요코하마항까지 운송하기로 하는 계약을 체결한 후, 선하증권을 작성함에 있어 삼보가 제시한 선적의뢰서에 따라 '컨테이너 또는 포장의 수(Number of Containers or Package)'란에 '40 × 4(104 plts)', '포장의 종류 및 화물의 내역(Kind of Package : Description of Goods)'란에 'Shipper Load Stowage &Count, Said to be : 104plts (2,496units) of micro pc station 400B 1,872units, 433ID 624units'라고 기재하였고, 한편 삼보는 모니터, 키보드를 포함하여 컴퓨터 한 세트마다 1개의 종이상자(1 unit/carton)로 포장한 다음, 운송의 편의 등을 위하여 1개의 팰리트(pallet) 위에 24개의 위 종이상자를 올려 놓은 후(한 층에 네 상자씩 여섯층을 쌓았다.) 사방에 모서리 보호용 섬유판을 대고 투명한 비닐(shrink wrap)로 감싼 다음 1개의 컨테이너당 26개의 팰리트씩 4개의 컨테이너에 나누어 적재한 사실, 그런데 운송 도중 1개의 컨테이너 안에 든 화물 전체(26 팰리트 = 624 상자)가 침수되어 이 사건 화물의 적하보험자인 원고가 선하증권의 소지인에게 그로 인한 손해를 배상한 사실을 인정한 다음, 상법 제789조의2에 의한 피고의 손해배상 책임제한의 기준이 되는 포장이 무엇인지 결정함에 있어 가장 중요한 객관적 증거자료는 선하증권 상에 나타난 포장의 기재(그 중에서도 특히 '포장의 수')라고 전제하고, 이어 위와 같은 선하증권의 작성경위 및 기재 내용에 비추어 보면, 이 사건 화물의 포장단위는 위 선하증권의 포장의 종류 및 화물의 내역(Kind of package : Description of goods)란에 'Shipper Load Stowage & Count, Said to be'라는 유보문구와 함께 기재된 유니트라기 보다는 위 선하증권의 컨테이너 또는 포장의 수(Number of Containers or package)란에 기재된 팰리트라고 보고 피고의 손해배상책임이 손상된 팰리트의 숫자에 상응한 13,000 계산단위(= 26팰리트 × 500 계산단위)로 제한된다고 판단하였다.
2. 상법은 제789조의2에서, 제787조 내지 제789조에 의한 운송인의 손해배상책임을 당해 운송물의 매포장당 또는 선적단위당 500 계산단위로 제한하되, 그 포장 또는 선적단위의 수와 관련하여서는 컨테이너 기타 이와 유사한 운송용기가 운송물을 통합하기 위하여 사용되는 경우에 그러한 운송용기에 내장된 운송물의 포장 또는 선적단위의 수를 선하증권 기타 운송계약을 증명하는 문서에 기재한 때에는 그 각 포장 또는 선적단위를 하나의 포장 또는 선적단위로 보고, 이러한 경우를 제외하고는 이러한 운송용기 내의 운송물 전부를 하나의 포장 또는 선적단위로 본다고 규정하고 있는바(상법 제789조의2 제1항, 제2항 제1호), 여기서 '포장'이란 운송물의 보호 내지는 취급을 용이하게 하기 위하여 고안된 것으로서 반드시 운송물을 완전히 감싸고 있어야 하는 것도 아니며 구체적으로 무엇이 포장에 해당하는지 여부는 운송업계의 관습 내지는 사회 통념에 비추어 판단하여야 할 것이고, 선하증권의 해석상 무엇이 책임제한의 계산단위가 되는 포장인지의 여부를 판단함에 있어서는 선하증권에 표시된 당사자의 의사를 최우선적인 기준으로 삼아야 할 것이며, 그러한 관점에서 선하증권에 대포장과 그 속의 소포장이 모두 기재된 경우에는 달리 특별한 사정이 없는 한 최소포장단위에 해당하는 소포장을 책임제한의 계산단위가 되는 포장으로 보아야 할 것인바, 비록 '포장의 수'란에 최소포장단위가 기재되어 있지 아니하는 경우라 할지라도 거기에 기재된 숫자를 결정적인 것으로 본다는 명시적인 의사표시가 없는 한 선하증권의 다른 난(欄)의 기재까지 모두 살펴 그 중 최소포장단위에 해당하는 것을 당사자가 합의한 책임제한의 계산단위라고 봄이 상당하다. 그리고 포장의 수와 관련하여 선하증권에 'Said to Contain' 또는 'Said to Be'(…이 들어 있다고 함 또는 …라고 함)와 같은 유보문구가 기재되어 있다는 사정은 포장당 책임제한조항의 해석에 있어서 아무런 영향이 없다.

   기록에 비추어 살펴보면, 이 사건 선하증권의 '포장의 종류 및 화물의 내역(Kind of package : Description of goods)'란에 기재된 '유니트'는 운송물의 개체 수를 세는 단위에 불과할 뿐 그 자체가 포장에 해당하는 것은 아니지만, 다른 한편 '포장의 수'란의 옆에 기재된 봉인번호(Seal No.)란에 'P/NO. 1-104, C/NO. 1-2,496'이라고 기재되어 있고 여기서 'P'는 팰리트(pallet)를, 'C'는 종이상자(carton)를 의미하는 것이 분명하므로, 결국 이 사건에서 유니트의 숫자가 기재된 것은 당사자의 의사해석상 포장(carton)의 숫자로 볼 수 있고, 그 숫자 대신에 팰리트의 숫자가 '컨테이너 또는 포장의 수'란에 컨테이너의 수와 함께 병기(괄호 안에)되어 있다 할 지라도 거기에 기재된 숫자를 다른 난의 기재보다 우선하여 결정적인 것으로 본다는 명시적인 의사표시가 있었다는 특별한 사정이 인정되지 아니하는 이 사건에 있어서는 종이상자의 숫자가 최소포장단위로의 숫자로서 책임제한의 계산단위가 됨에는 영향이 없고, 또한

다. 계산단위

여기서 계산단위라 함은 국제통화기금(IMF)의 1 특별인출권(special drawing right)에 상당하는 금액을 말한다(상법 제770조 제1항 참조). 이를 국내통화로 환산하는 기준시점은 사실심(事實審) 변론종결일이다.186)

4. 책임제한이 적용되지 않는 경우

운송인의 책임제한이 적용되어 손해배상액이 위와 같이 제한되는 것은 운송인에게 과실이 있는 경우에 한하는 동시에, 운송물의 손해발생의 유형이 운송물의 멸실・훼손・연착인 경우에 한한다. 그러므로 그 이외의 경우에는 상법에 의하여 운송인의 책임제한이 적용되지 않고, 민법의 일반원칙(민법 제393조)에 의하여 손해배상액이 적용된다. 또 송하인이 운송인에게 운송물의 내용을 고지하고 선하증권 또는 운송계약을 증명하는 문서에 이를 기재한 경우에도 운송인의 책임제한은 적용되지 않는다(상법 제797조 제3항 본문).

가. 책임제한의 배제사유

운송인은 운송물에 관한 손해가 운송인 자신의 고의 또는 손해발생의 염려가 있음을 인식하면서 무모하게 한 작위 또는 부작위로 인하여 생긴 것인 때에는 책임의 제한을 주장할 수 없고, 모든 손해를 배상하여야 한다(상법 제797 제1항 단서). '손해가 생길 염려가 있음을 인식하면서 무모하게 한 작위 또는 부작위'란 선박소유자책임제한에 관하여 설명한 것과 같이 일정한 결과(손해)의 발생가능성을 인식하면서도 이를 개의치 아니하고 무모하게 한 작위 또는 부작위로서 운송인 자신이 고의로 손해를 일

종이상자의 숫자와 관련하여 Said to Be'와 같은 유보문구가 들어 있다는 사정 역시 결론을 달리할 사정이 되지 못한다.

그렇다면 이 사건에 있어서 포장 당 책임제한액은 손상된 유니트의 숫자를 기준으로 계산하여야 함에도, 이와 달리 손상된 팰리트의 숫자를 계산단위로 보고 그에 따라 피고의 책임을 제한한 원심의 판단에는 해상운송인의 포장당 책임제한에 관한 법리를 오해한 나머지 판결에 영향을 미친 위법이 있다. 이 점을 지적하는 상고이유의 주장은 이유 있다.

3. 그러므로 원심판결을 파기하고, 사건을 원심법원으로 환송하기로 하여 주문과 같이 판결한다.

185) 포장의 정의에 대하여는 [정영석, "運送人責任制限의 기준으로서의 包裝의 概念-대법원 2002다44267 사건을 중심으로-," 대법원 비교법실무연구회 발표, 2004년 5월 11일, 대법원 회의실, 판례실무연구(Ⅶ), 博英社, 2004년 12월] 참조.

186) 大判 2001.4.27, 99 다 71528(公報 2001, 1232) : 상법 제789조의2에 규정된 국제통화기금의 1 특별인출권(SDR)에 상당하는 금액인 계산단위를 국내통화로 환산하는 시점에 관하여 상법상 명문의 규정이 없는바, 운송인의 손해배상책임을 제한하는 입법 취지와 1978년의 함부르크 규칙을 비롯한 관련 국제조약 및 독일, 일본 등 여러 나라에서 실제 배상일이나 판결일 등을 국내통화로 환산하는 기준일로 삼고 있는 점, 선박소유자 등의 책임제한절차에 관한 법률 제11조 제2항에서 供託지정일에 가장 가까운 날에 공표된 환율에 의하도록 규정하고 있는 점 등에 비추어 볼 때, 상법 규정에 의한 계산단위를 소송상 국내통화로 환산하는 시점은 실제 손해배상일에 가까운 사실심 변론종결일을 기준으로 하여야 할 것이다.

으켰을 경우를 말한다.[187)]

또 운송인 자신에게 고의가 있는 경우에 한하므로, 운송인 이외의 선원 기타의 선박사용인의 고의로 인하여 발생한 손해에 대하여는 책임제한이 인정된다.[188)] 이는 선장 등 선박사용인의 전문적인 지식과 경험에 의존하여 운영되는 해상기업활동의 특성상 사용인 또는 기업보조자의 고의·과실로 인한 운송물 손해에 대하여 운송인의 책임을 면제하거나 제한하고자 하는 것이 해상법의 중요한 특징 중의 하나이다. 이러한 관점에서 보면 운송인 자신의 고의에 대하여 운송인 책임을 면제하거나 경감하는 것은 그 이유를 찾을 수 없기 때문에 운송인 자신의 고의를 책임제한의 배제사유로 규정하고 있다. 또 운송인이 법인인 경우에는 이러한 고의 등의 유무를 결정하는 기준이 되는 자는 법인의 대표기관 뿐만 아니라 적어도 법인의 내부적 업무분장에 따라 당해 법인의 관리업무의 전부 또는 특정부분에 관하여 대표기관에 갈음하여 사실상 법인의 의사결정 등 모든 권한을 행사하는 자(관리직 담당직원 등)를 포함한다.[189)]

운송인에게 이러한 고의 등이 있음은 손해배상청구권자가 입증하여야 한다.[190)] 상법이 정하는 특별한 요건에 해당하지 않는 한 운송인의 책임을 일정한 한도로 제한하는 상법 제797조 제1항의 규정은 운송인책임제도의 기본원칙에 속하는 것으로 책임

---

187) 이 책 제3장 제3절 [제3관] V. 책임제한배제사유 참조.

188) ① 大判 1996.12.6, 96 다 31611(公報 1997, 197) : 상법 제789조의2 제1항 단서에 의하여 운송인의 책임제한이 배제되기 위하여는, 운송인 본인의 고의 또는 손해발생의 염려가 있음을 인식하면서 무모하게 한 작위 또는 부작위가 있어야 하는 것이고, 운송인의 피용자인 선원 기타 선박사용인에게 고의 또는 무모한 행위가 있었다 하더라도 운송인 본인에게 그와 같은 고의나 무모한 행위가 없는 이상 운송인은 상법 제789조의2 제1항 본문에 의하여 책임을 제한할 수 있다.

② 大判 2001.4.27, 99 다 71528(公報 2001, 1232) : 상법 제789조의2 제1항 단서에 의하여 운송인의 책임제한이 배제되기 위하여는 운송인 본인의 고의 또는 손해발생의 염려가 있음을 인식하면서 무모하게 한 작위 또는 부작위(이하 '고의 또는 무모한 행위'라고 한다)가 있어야 하는 것이고, 운송인의 피용자인 선원 기타 선박사용인에게 고의 또는 무모한 행위가 있다 하더라도 운송인 본인에게 그와 같은 고의나 무모한 행위가 없는 이상, 운송인은 상법 제789조의2 제1항 본문에 의하여 책임을 제한할 수 있으며, 이는 운송인의 운송이 해상운송의 성질을 가지는 한, 해상에서의 피용자뿐만 아니라 보세창고업자와 같은 육상에서의 피용자에게 고의 또는 무모한 행위가 있었다 하더라도 마찬가지로 보아야 할 것이다.

189) 大判 2006.10.26, 2004 다 27082(公報 2006, 1964) : 해상운송인의 책임제한의 배제에 관한 상법 제789조의2 제1항의 문언 및 입법 연혁에 비추어, 단서에서 말하는 '운송인 자신'은 운송인 본인을 말하고 운송인의 피용자나 대리인 등의 이행보조자를 포함하지 않지만, 법인 운송인의 경우에 그 대표기관의 고의 또는 무모한 행위만을 법인의 고의 또는 무모한 행위로 한정한다면 법인의 규모가 클수록 운송에 관한 실질적 권한이 하부의 기관으로 이양된다는 점을 감안할 때 위 단서조항의 배제사유가 사실상 사문화되고 당해 법인이 책임제한의 이익을 부당하게 향유할 염려가 있다. 따라서 법인의 대표기관뿐만 아니라 적어도 법인의 내부적 업무분장에 따라 당해 법인의 관리 업무의 전부 또는 특정 부분에 관하여 대표기관에 갈음하여 사실상 회사의 의사결정 등 모든 권한을 행사하는 사람은 그가 이사회의 구성원 또는 임원이 아니더라도 그의 행위를 운송인인 회사 자신의 행위로 봄이 상당하다.

190) 鄭燦亨, 商法講義(하), 제10판, 2008, 868쪽.

제한의 적용을 부정하는 손해배상청구권자가 입증책임을 지는 것이 합리적이기 때문이다.

나. 멸실·훼손·연착 이외의 손해의 경우

운송인의 운송계약에 관한 채무불이행으로 인하여 운송물의 멸실·훼손 또는 연착 이외의 원인으로 인하여 발생한 손해에 대하여는 민법의 일반원칙(민법 제393조)에 의하여 운송인의 손해배상의 범위가 정하여 진다.

다. 운송물의 내용을 고지한 경우

운송인의 책임제한은 송하인이 운송인에게 운송물을 인도할 때에 그 종류와 가액을 고지하고 선하증권 그 밖에 운송계약을 증명하는 문서에 이를 기재한 경우에는, 당해 문서에 기재된 가액에 따라 배상하여야 하므로 책임제한이 인정되지 않는다(상법 제797조 제3항 본문). 그러나 송하인이 운송물의 종류 또는 가액을 고의로 현저하게 부실의 고지를 한 때에는 운송인은 자기 또는 그 사용인이 악의인 경우를 제외하고 운송물의 손해에 대하여 책임을 면한다(상법 제797조 제3항 단서).

5. 선박소유자 등의 책임제한과의 관계

상법 제769조 내지 제774조 및 제776조는 선박소유자 등의 책임제한에 대하여 규정하고 있는데, 이들 규정과 운송인의 책임제한에 관한 규정의 상호관계가 문제가 된다. 이에 대하여 상법 제797조 제4항은 운송인의 개별적 책임제한에 관한 상법 제797조 제1항 내지 제3항의 규정은 선박소유자 등의 책임제한에 관한 규정(상법 제769조 내지 제774조 및 제776조)의 적용에 영향을 미치지 아니 한다(상법 제797조 제4항)라고 규정하고 있다.

상법 제797조의 책임한도액은 운송물 하나하나에 대한 개별적 책임제한이므로, 운송인은 그 한도에서 부담할 채무액을 포함하여 그가 부담할 채무의 전체에 관하여 다시 선박소유자 등의 책임제한규정에 의하여 총체적으로 책임제한을 주장할 수 있다(總體的 責任制限).

VI. 불법행위책임과의 관계

1. 운송인의 불법행위책임과의 경합

운송인의 채무불이행책임과 불법행위책임과의 관계에 대하여 육상운송인의 책임에 대하여는 청구권경합설(통설·판례)과 법조경합설(소수설)이 대립하고 있다. 상법도

1991년 개정 전에는 운송인의 고의·과실로 운송계약을 불이행하였고, 동시에 그 운송인의 행위가 민법상의 불법행위의 요건도 함께 충족하는 경우에 운송인은 채무불이행책임만 지면 충분한 것인지, 아니면 불법행위책임도 경합하여 져야 하는 것인지가 크게 다투어졌다. 만약 양 책임의 경합을 인정하여 운송인의 불법행위책임도 묻는다면 계약책임에서 인정되는 책임제한, 면책사유, 단기시효 등에 의한 책임의 면제 또는 경감을 인정한 상법(해상편)의 규정은 무의미해진다. 청구권경합설(請求權競合說)은 양 책임의 요건과 효과가 다르다는 것과 피해자를 두터이 보호한다는 점에서 양 책임의 경합을 인정한다. 이에 대하여 법조경합설(法條競合說)은 위에서 말한 상법의 특별규정을 무의미하게 만든다는 것을 이유로 양 책임의 경합을 부정한다. 다만 그 이론구성에 있어 新實體法說, 請求權二重構造說, 請求權規範競合說, 請求權規範統合說 등으로 학설이 발전해 왔다.[191]

판례는 일관성 있게 청구권경합설을 취하여 왔으나,[192] 1983년 이후[193] '선하증권

191) 金疇洙, 債權總論, 1984, 181쪽 이하 참조.

192) ① 大判 1962.6.21, 62 다 102; 본건에 있어 상법 제577조에 의한 손해배상 청구권과 불법행위를 원인으로 하는 손해배상 청구권은 소위 청구권이 경합하는 경우로 위의 두 청구권은 동시에 성립할 수 있는 것이고 서로 표리관계에 있어 하나가 성립하면 다른 것은 성립할 수 없는 것은 아니므로 본건 청구의 병합은 선택적(택일적)인 것이 명백하므로 원심이 택일적인가 예비적인가를 밝히지 아니하였다 하여 위법하다 할 수 없다. 그리고 택일적 청구의 병합인 이상 그중 하나의 청구원인에 의하여 원고의 청구를 인용하였다면 나머지 청구에 대하여는 심판을 할 필요가 없는 것이고 더욱이 불법행위를 원인으로 하는 손해배상 청구권을 행사하는 것이 상법 제577조에 의한 손해배상 청구권을 행사하는 것 보다 피고 측의 항변을 배척함에 있어 원고에게 유리한 본건에 있어서는 원고로서는 원심이 위 불법행위를 원인으로 하는 손해배상청구권에 관하여서 만 심판하였다 하여 불평할 수는 없는 것이다.

② 大判 1977.12.13, 75 다 107; 원판결 이유를 보면 원심은 하송인이 동시에 그 화물의 소유자인 경우 그 화물이 운송인의 고의나 과실로 인하여 멸실훼손된 때에는 그 운송계약상의 채무불이행책임과 소유자에 대한 불법행위책임이 동시에 성립 병존하는 것이며 그때 권리자는 그 어느쪽의 청구권도 이를 행사할 수 있는 것이라고 전제한 다음, 상법소정의 1년의 단기 소멸시효나 고가물 불고지에 따른 면책 또는 선박소유자의 유한책임 한도에 관한 각 규정들은 운송계약 불이행으로 인한 손해배상청구권에만 적용되고, 선박소유자인 피고의 일반불법행위로 인한 손해배상을 구하는 이건에 있어서는 적용이 없는 것이며, 피고가 내세운 이건운송약관은 원 피고간의 운송계약상의 채무불이행으로 인한 청구에만 적용될 것이라고 보아야 할 것이므로 피고의 불법행위로 인한 손해배상을 구하는 이 사건에 있어서는 그 주장의 약관을 들어 책임을 면할 수는 없다고 하였는바, 이는 모두 정당하고 거기에 상사시효나 고가물에 대한 책임의 법리 오해 또는 위 운송약관에 관한 법리적용을 오해한 위법이 없고, 논지 인용의 당원 63다609사건 판결은 이건에 적절한 것이 되지 못하므로 논지 이유 없다.

③ 大判 1980.11.11, 80 다 1812; 해상운송인이 고의나 과실로 인하여 운송화물을 멸실, 훼손시킨 때에는 그 원인이 운송인의 상사과실이나 항해과실의 여부에 관계없이 운송계약상의 채무불이행 책임과 화물소유자에 대한 불법행위 책임이 경합하고 그때 권리자는 그 중의 어느 쪽의 손해배상청구권도 행사 할 수 있으며 권리자가 일단 불법행위를 원인으로 한 손해배상을 구하는 경우에 있어서 운송계약상의 면책약관이나 상법상의 면책 조항은 당사자 간에 명시적이거나 묵시적으로 불법행위를 원인으로 하는 손해배상의 경우에까지 적용하기로 한다는 약정이 없는 이상 거기까지 확대하여 적용이 될 수 없다고 함이 당원의 판례취지인 바(당원 1962.6.21 선고 62다102, 1977.12.13 선고 75다107 판결 참조) 원심이 이러한 견지에서 이건 화물훼손 사고는 피고 소유 선박의 설치 보존상의 하자로 인해 발생한 것으로서 이를 원인으로 한 손해배상 책임을 묻는 이 건에 있어서 피고는 운송계약이나 상법상의 면책조항에도 불구하고 그 손해배상 책임

기재 면책약관은 운송계약상의 債務不履行責任 뿐 아니라 그 운송물의 소유권 침해로 인한 불법행위책임에 적용키로 한 당사자의 숨은 합의도 포함되어 있다고 보는 것이 타당하다'고 판시하여,[194] 종래의 청구권경합설을 유지하면서도 결과적으로는 법조경합설과 같은 취지의 결론을 내림으로써 구체적 사건에서 합리적인 처리를 하였다.

상법은 1991년 개정에서부터 이러한 왜곡된 해석을 바로잡기 위하여, 해상운송에 대하여 상법에서는 운송인의 면책사유나 책임제한에 관한 규정을 운송인의 불법행위책임에도 적용한다는 명문규정을 두어 법조경합설에 따른 입법을 하였다.[195] 즉, '이

이 있다고 판시하였음은 정당하고 거기에 상법상의 해상운송인의 책임에 관한 법리오해나 상사과실 및 항해과실에 대한 심리미진의 위법이 없으며 논지가 지적하는 당원 63다609 판결은 다음의 상고이유 2점에서 판단한 바와 같이 이건에 있어서 반드시 적절한 것이 되지 못하므로 논지는 모두 이유가 없다.

④ 大判 1985.5.28, 84 다카 966 : 원심판결 이유에 의하면, 원심은 본건 운송물에 대한 선하증권의 소지인인 소외 동아종합상사(주)에게 보험금을 지급함으로서 그 권리를 대위한 원고가 본건 선박소유자인 피고에 대하여 운송계약상 채무불이행으로 인한 손해배상책임과 불법행위로 인한 손해배상책임을 선택적으로 청구하고, 원심은 그중 불법행위로 인한 손해배상책임을 인정한 다음, 피고의 위 책임은 상법 제812조, 제121조 제1항, 제2항에 의한 1년의 단기소멸시효가 완성되어 소멸하였다는 항변에 대하여 상법 제121조 제3항에는 같은조 제1항, 제2항의 단기소멸시효에 관한 규정은 운송인이나 그 사용인이 악의인 경우에는 적용되지 아니 한다고 규정되어 있고, 운송인인 피고가 본건 선박의 침몰과 그로 인한 운송물의 멸실사실을 알고 있었으므로, 악의의 운송인에 해당되어, 위 단기소멸시효는 적용되지 아니하고 일반상사 채권에 관한 5년의 소멸시효가 적용되는바, 본건 청구가 본건 운송물을 인도할 날로부터 5년을 경과하지 아니하였으니 피고의 시효항변은 이유 없다 하여 배척하였다. 그러나 상법 제812조에 의하여 준용되는 같은 법 제121조 제1항, 제2항의 단기소멸시효의 규정은 운송인의 운송계약상의 채무불이행으로 인한 손해배상청구에만 적용되고 일반 불법행위로 인한 손해배상청구에는 적용되지 아니하는 것이고, 또한 상법 제64조의 일반상사시효 역시 상행위로 인한 채권에만 적용되고 상행위 아닌 불법행위로 인한 손해배상채권에는 적용되지 아니하는 것이라 할 것인바(당원 1983.3.22. 선고 82다카1533, 1977.12.13. 선고 75다107판결 참조)원심이 그 판시와 같이 피고에 대하여 불법행위로 인한 손해배상책임을 인정하고 있은 이상, 그 소멸시효는 민법 제766조의 불법행위채권에 관한 소멸시효(3년)규정이 적용되어야 할 것이고 운송인의 운송계약상의 채무불이행책임에 관한 상법 제121조 제1, 2항의 단기소멸시효의 규정이나 같은 법 제64조의 상사채권에 관한 소멸시효 규정은 적용되지 아니 한다 할 것이다.

193) 大判 1983.3.22, 82 다카 1533: 해상운송인이 운송 도중 운송인이나 그 사용인 등의 고의 또는 과실로 인하여 운송물을 감실 훼손시킨 경우, 선하증권소지인은 운송인에 대하여 운송계약상의 채무불이행으로 인한 손해배상청구권과 아울러 소유권 침해의 불법행위로 인한 손해배상 청구권을 취득하며 그 중 어느 쪽의 손해배상 청구권이라도 선택적으로 행사할 수 있다.

194) ① 大判 1990.4.26, 90 다카 8098 : 선하증권 이면에 선하증권의 소지인 등은 운송인의 대리인 등에게 운송과 관련하여 손해배상청구를 하지 아니하기로 하고, 운송인은 선하증권 상의 화물의 인도일 또는 인도되었어야 할 날로부터 1년 내에 소송이 제기되지 않으면 운송인은 화물의 멸실이나 손해에 대한 모든 책임으로부터 면책된다는 등의 면책약관이 있는 경우, 이러한 약관은 특단의 사정이 없는 한 운송계약상의 채무불이행책임뿐만 아니라 그 운송물의 소유권 침해로 인한 불법행위책임에 대하여도 적용된다고 할 것이지만, 고의 또는 중대한 과실로 인한 불법행위의 책임을 추궁하는 경우에는 적용되지 아니 한다.

② 大判 1991.8.27, 91 다 8012 : 선하증권에 기재된 면책약관은 특별한 사정이 없는 한 운송계약상의 채무불이행책임 뿐만 아니라 그 운송물의 소유권 침해로 인한 불법행위책임에도 적용된다고 보아야 할 것이지만 고의 또는 중대한 과실로 인한 불법행위책임을 추궁하는 경우에는 적용되지 아니 한다.

195) 같은 의견, 大判 1983.3.22, 82 다카 1533 : 해상운송인이 운송 도중 운송인이나 그 사용인 등의 고의 또는 과실로 인하여 운송물을 감실 훼손시킨 경우, 선하증권소지인은 운송인에 대하여 운송계약상의 채무불이행으로 인한 손해배상청구권과 아울러 소유권 침해의 불법행위로 인한 손해배상 청구권을 취득하며 그 중 어느 쪽의 손해배상 청구권이라도 선택적으로 행사할 수 있다.

절의 운송인의 책임에 관한 규정은 운송인의 불법행위로 인한 손해배상의 책임에도 적용한다'(상법 제798조 제1항)라고 규정하고 있다. 이는 헤이그-비스비 규칙 제4조의2 제1항과 함부르크 규칙 제7조 제1항을 수용한 것이다. 입법적으로 법조경합의 입장을 취하지 않는다면, 손해배상청구권자가 불법행위를 원인으로 손해배상청구를 하게 되면 사실상 운송인 면책제도나 책임제한제도는 유명무실한 제도가 되어 버릴 가능성이 높다. 비록 불법행위책임을 물을 경우에는 손해배상청구권자가 입증책임을 지게 되어 매우 불리한 입장에 처해 진다고 볼 수 있지만, 운송물 손해에 대한 입증자료가 대부분 본선 측에 있다는 점에서 채무불이행을 원인으로 손해배상청구를 할 경우에도 운송인 측에서 손해배상청구권자에 비하여 비교적 손쉽게 입증자료에 접근할 수 있다는 점을 생각하면, 운송인이 면책을 주장할 경우에 이를 부정하는 사실관계를 손해배상청구권자가 입증할 수 있다면, 굳이 불법행위를 원인으로 하는 손해배상청구를 기피할 이유는 없다고 할 것이다.

이때 운송인의 책임에 관한 규정에는 입증책임의 분배에 관한 상법 제795조 제1항은 포함되지 아니하는 것으로 해석하여야 하므로 운송인 등에게 불법행위책임을 묻기 위해서는 손해배상청구인이 운송인의 귀책사유를 입증하여야 한다.[196)197)]

2. 사용인의 불법행위책임과의 경합

나아가 상법은 헤이그-비스비 규칙 제4조의2 제2항 및 제3항, 함부르크 규칙 제7

196) ① 헤이그-비스비 규칙 제4조의2와 같은 취지의 규정으로 동 협약의 규정에 의하면 운송인의 항변사유 및 책임한도에 대하여만 적용되는 것이다.
② 헤이그-비스비 규칙 제4조의2 :
1. 이 협약에 규정되어 있는 항변사유 및 책임의 한도는 이 소송이 계약에 기한 것이든지 또는 불법행위에 기한 것인가를 묻지 않고 운송 계약에 포함된 물건의 멸실·훼손에 관한 운송인에 대한 일체의 소송에 적용한다.
2. 그러한 소송이 운송인의 사용인 또는 대리인(그러한 사용인 또는 대리인은 도급 계약자가 아닐 것)에 대하여 제기된 경우에는 그러한 사용인 또는 대리인은 운송인이 이 협약에 기하여 원용하려는 및 책임 한도를 주장할 권리를 가진다.
3. 운송인 및 그러한 사용인 및 대리인으로부터 지급 받을 금액의 총액은, 어떠한 경우에도 이 협약에서 정하고 있는 한도를 넘을 수 없다.
4. 단, 손해를 발생시킬 의도로써 행하거나, 또는 무모하게 또한 그러한 손해가 일어날 수 있음을 알고서 행한 사용인 또는 대리인의 작위 또는 부작위에 의해서 일어난 손해가 증명된 경우에는, 운송인의 사용인 또는 대리인은 이 조의 규정을 이용할 권리를 가지지 못한다.

197) 大判 2001.7.10, 99 다 58327(公報 2001, 1819) : 상법 제789조의3(현행 상법 제798조) 제4항은 운송물에 관한 손해배상청구가 운송인 이외의 실제운송인 또는 그 사용인이나 대리인에 대하여 제기된 경우에도 제1항 내지 제3항의 규정을 적용한다고 규정하고 있고, 같은 조 제1항은 이 장의 운송인의 책임에 관한 규정은 운송인의 불법행위로 인한 손해배상의 책임에도 이를 적용한다고 규정하고 있는데, 같은 조 제1항에서 말하는 "운송인의 책임에 관한 규정"에 입증책임의 분배에 관한 상법 제788조 제1항은 포함되지 아니하므로, 운송인에게 불법행위로 인한 손해배상책임을 묻기 위해서는 청구인이 운송인에게 귀책사유가 있음을 입증하여야 한다.

조 제2항 및 제3항의 내용도 수용하였다. 즉, 운송물에 관한 손해배상청구가 운송인의 사용인 또는 대리인에 대하여 제기된 경우에 그 손해가 그 사용인 또는 대리인의 직무집행에 관하여 생긴 것인 때에는 그 사용인 또는 대리인도 운송인이 주장할 수 있는 항변과 책임제한을 원용할 수 있다(상법 제798조 제2항 본문). 그러나 그 손해가 그 사용인 또는 대리인의 고의 또는 운송물의 멸실·훼손 또는 연착이 생길 염려가 있음을 인식하면서 무모하게 한 작위 또는 부작위로 인하여 생긴 것인 때에는 그러하지 아니하다(상법 제798조 제2항 단서). 운송인과 그 사용인 또는 대리인의 운송물에 대한 책임제한금액의 총액은 상법상 운송인의 책임한도액(상법 제797조 제1항)을 초과하지 못한다(상법 제798조 제3항).

3. 실제운송인 또는 그 사용인에 대한 불법행위책임과의 경합

상법 제797조 제1항 내지 제3항의 규정은 운송물에 관한 손해배상청구가 운송인 이외의 실제운송인(actual carrier) 또는 그 사용인이나 대리인에 대하여 제기된 경우에도 이를 적용한다(상법 제798조 제4항).

4. 청구권경합과 제척기간의 관계

마지막으로 운송인의 책임의 제척기간(除斥期間)과 관련하여서도 '운송인의 …채권 및 채무는 청구원인의 여하에 불구하고' 1년 내에 재판상 청구가 없으면 소멸하되, 이 기간은 당사자의 합의에 의하여 연장할 수 있다고 정하여(상법 제814조 제1항), 민법의 불법행위로 인한 손해배상청구권의 소멸시효(3년 또는 10년; 민법 제766조)를 적용시킬 여지가 없어졌다.

Ⅶ. 운송인의 책임경감금지와 예외

1. 책임경감금지의 원칙

육상운송계약에 관한 상법의 규정은 임의법규로서 운송인이 면책약관 등에 의하여 자기의 의무나 책임을 가볍게 하거나 면제하는 특약을 하는 경우에 이러한 면책특약은 신의칙에 반하지 않고, 「약관규제법」에 저촉되지 않는 한 유효하다고 본다.[198] 그러나 해상편의 개품운송계약에 대하여는 운송인의 책임(상법 제794조 내지 제796조) 및 운송인의 책임제한(상법 제797조, 제798조)에 관한 상법의 규정에 반하여 운송인의 의무 또는 책임을 경감하거나 면제하는 당사자 사이의 특약은 그 효력이 없다(상

198) 鄭燦亨, 商法講義(상), 제8판, 博英社, 2005, 323쪽.

법 제799조 제1항 제1문)고 규정하고 있다. 다만, 이 규정에 대하여 우리 대법원은 선하증권상의 배상액산정기준에 관한 약관이나 운송인의 책임결과의 일부를 감경하는 배상액제한약관은 원칙적으로 상법 제799조에 저촉하지 않는다는 입장을 취하고 있다.[199)]

상법 제799조의 책임경감금지조항은 운송인의 책임 및 책임제한에 관한 상법의 규정을 상대적 강행규정으로 보고 있기 때문에 운송인의 책임을 확장하거나 또는 가중하는 당사자 사이의 특약은 유효하다고 본다.[200)]

2. 보험금청구권의 양도금지

운송물에 관한 보험의 이익을 운송인에게 양도하는 약정 또는 이와 유사한 약정도 무효이다(상법 제799조 제1항 2문). 즉, 운송물에 대하여 보험에 가입한 송하인이 운송인으로부터 손해배상을 받고, 그의 보험금청구권을 운송인에게 양도하거나 또는 송하인이 보험자로부터 보험금을 지급받고 보험자와의 사이에 보험자가 운송인에 대한 대위권(상법 제682조)을 행사하지 않기로 특약을 하면, 운송인은 결과적으로 손해배상책임을 부담하지 않는 것과 같으므로 이를 금지시킨 것이다.[201)] 이는 운송인과 적하이해관계인 사이에 조화와 균형이 필요한데, 운송인의 책임을 일정한 한도로 제한 또는 면제하는 한편, 법에 정해진 이상으로 부당하게 감면하는 것을 방지하는 것을 목적으로 한 조항이다.[202)]

---

199) ① 大判 1975.12.30, 75 다 1349(民判集 216, 966) : 배상금액을 원선적지에서의 선적당시의 상품가격과 실제 지급된 제비용의 합계액으로 한정한다고 정한 것은 본법 제787조(현행 상법 제794조) 내지 제789조(현행 상법 제796조)에 반하여 선박소유자의 책임을 경감하는 특약이라고 볼 수 없다.
② 大判 1987.10.13, 83 다카 1046(公報 1987, 1690) : 상법 제790조는 책임제외약관과 책임변경약관 등에 적용되고 배상액한정약관에는 그것이 신의성실의 원칙에 반하고 공서양속에 반하는 정도의 소액이 아닌 한 적용되지 않는다.
③ 大判 1995.4.25, 94 다 47919(公報 993, 1944) : 배상액제한약관에서 정한 책임한도액이 배상책임을 면제하는 것과 다름없는 정도의 소액인가의 여부는 그 책임한도액이 해상운송의 거래계에서 관행으로 정하여지고 있는 책임한도액 및 운송인이 받은 운임 등과 비교하여 볼 때 실질적으로 운송인의 배상책임을 면제하는 정도의 명목상의 금액에 불과한 것인가의 여부에 따라 결정하여야 하는 바, 복합운송증권통일규칙(FIATA)에 따라 운송자의 책임을 멸실된 운송물의 총중량에 매 kg당 2 SDR(특별인출권)을 곱한 금액을 한도로 규정한 배상액제한약관은 구 상법(1991.12.31. 법률 제4470호로 개정되기 전의 것) 제790조에 위반된다고 볼 수 없다.

200) ① 大判 1971.4.30, 71 다 70 : 해상물건운송인이 항해과실에 대하여 책임을 진다는 당사자 간의 특약은 유효하다.
② 大判 1973.8.21, 72 다 1520: 당사자 간의 특약이 있으면 그 사고의 원인이 상사과실이든 항해과실이든 묻지 아니하고 해상물건운송인은 그 책임을 지게 되고, 그러한 특약은 강행법규에 위반되는 것은 아니다.

201) 孫珠瓚, 商法(하), 제10정증보판, 博英社, 2002, 837쪽.

202) 鄭暎錫, 海商法講義要論, 海印出版社, 2003, 144쪽.

3. 산 동물의 운송

산 동물의 운송에서는 운송인의 책임을 상법상의 규정보다 경감 또는 면제하는 당사자 사이의 특약은 유효하다(상법 제799조 제2항 전단). 산 동물의 운송에는 여러 가지 항해상 위험이 크므로 운송인의 책임을 감면하는 특약을 금지하면 운송인이 이의 운송을 기피하거나 또는 높은 운임을 요구하게 될 것이기 때문이다.[203] 이 조항은 함부르크 규칙 제1조 제c호 및 제5조 제5항을 받아들인 규정이다.

4. 갑판적 운송

선하증권 기타 운송계약을 증명하는 문서의 표면에 갑판적으로 운송할 취지를 기재하여 갑판적으로 운송하는 화물의 경우에는 운송인의 책임을 상법상의 규정보다 경감 또는 면제하는 당사자 사이의 특약은 유효하다(상법 제799조 제2항 후단). 갑판적 운송(on-deck carriage)은 산 동물의 운송과 마찬가지로 위험이 크고, 컨테이너 운송 등이 발달하면서 실제 갑판적이 널리 이용되고 있다는 실무상의 고려에 의하여 운송인의 책임감면특약을 유효로 한 것이다.

이와 관련하여 운송계약서 앞면에 운송인이 임의로 갑판적 운송을 선택할 수 있도록 하는 조항(liberty clause)을 두는 경우가 많은데, 영국에서는 Svenska Traktor. Maritme Agencies(Southhamton) Ltd. 사건[204] 이후 운송인이 운송물관리에 대하여 상당한 주의를 다하였다면 갑판적 운송 자체가 운송계약의 본질적 위반(fundamental breach of contract)이 되지는 않는다고 판시하고 있다. 미국의 경우에도 1969년의 Hong Kong Producer사건[205] 이후 영국의 법리를 받아들이고 있으나, 영국의 법원에 비하여 갑판적 허용조항이 공공질서의 법리(public policy)에 위반되지 않도록 하는 더 엄격한 기준으로 판단하고 있다.[206]

Ⅷ. 고가물에 대한 특칙

1. 불고지 또는 부실고지에 대한 일반원칙

상법 제136조는 육상운송인의 손해배상책임에 관한 일반원칙의 예외로서 고가물에 대하여 특칙을 두고 있는데, 해상편에서 이를 준용한다. 즉, 송하인이 화폐·유가증

203) 孫珠瓚, 商法(하), 제10정증보판, 博英社, 2002, 838쪽.
204) [1953]2 Lloyd's Rep. 124(Q.B)
205) 422 F.2d 7, 1969 AMC 1741, [1969]2 Lloyd's Rep. 536(2d Cir. 1969).
206) 자세한 내용은 [정영석, 국제해상운송법, 범한서적주식회사, 2004, 331-347쪽] 참조.

권 기타의 고가물에 대하여 운송을 위탁할 때에는 그 종류와 가액을 명시한 경우에 한하여 운송인은 손해배상책임을 진다(상법 제815조, 제136조). 이 규정은 송하인이 고가물에 대하여 그 종류와 가액을 명시하지 않은 경우에는 그 고가물이 멸실・훼손되더라도 운송인은 아무런 책임을 지지 않는다는 것을 의미하는 것이다. 이는 운송인을 보호함과 동시에 송하인에 대하여는 고가물에 대한 사전의 명시를 유도하여 손해를 미연에 방지하고자 하는 것이다.[207]

2. 명시하지 않은 운송물에 대한 주의의무

송하인이 고가물에 대하여 그 종류와 가액을 명시하지 않은 경우에는 그 고가물이 멸실・훼손되더라도 운송인은 아무런 책임을 지지 않는다. 이때 운송인은 명시하지 않은 고가물에 대하여 보통물로서의 주의의무를 부담하는가가 문제된다. 이에 대하여 다음과 같은 두 가지로 학설이 나뉘어진다.

첫째, 운송인은 보통물로서의 주의의무를 부담한다고 보고, 운송인이 보통물로서의 주의를 다하지 못한 경우에는 운송인은 보통물로서의 손해배상책임을 진다고 하는 견해가 있다.[208]

둘째, 고가물을 보통물로서 가액을 환산한다는 것은 사실상 어려운 일이다. 또한 송하인이 고가물을 명시한 경우에 한하여 운송인에게 그 책임을 부담시켜 송하인에게 고가물의 명시를 촉구하고자 하는 것이 상법 제136조의 입법취지라는 점에서 볼 때, 종류와 가액을 명시하여 신고하지 않은 고가물에 대하여는 운송인은 보통물로서의 주의의무도 없다고 보는 견해가 있다.[209]

생각건대, 고가물은 범죄의 대상이 되기 쉽고, 운송물의 취급에 있어서도 특별한 주의가 요구되는 경우가 많다. 따라서 고가물에 대한 특칙은 운송인에게 고가물의 가액과 성질을 고지함으로써 보관 및 운송의 방법이나 장소의 선정 등에 있어서 운송인이 특별한 취급을 할 것이 요구되기도 하고, 이러한 이유로 운송의 인수여부의 판단이나 운임의 책정에 있어서 보통물과 같은 기준을 적용할 수는 없을 것이기 때문에 송하인으로 하여금 고가물의 종류와 가액을 반드시 명시하도록 강제하는 것에 입법의 취지가 있다고 본다. 그러므로 불고지 또는 부실고지에 대하여 운송인을 면책하는 본조의 취지는 엄격하게 적용하여야 한다고 본다. 그러므로 고가물임을 모르고 운송하는 운송인의 경우에는 당연히 모든 운송물에 대하여 보통물로서의 주의의무를 이

207) 鄭燦亨, 商法講義(상), 제11판, 博英社, 2008, 324쪽.
208) 李哲松, 商法總則・商行爲, 제4전정판, 博英社, 2003, 412쪽.
209) 鄭熙喆, 商法學(하), 博英社, 1990, 226쪽; 蔡利植, 商法講義(상), 博英社, 1996, 298쪽.

행하는 것이 원칙이지만, 이러한 주의의무의 이행여부와 관계없이 고가물에 대하여는 운송인이 면책되는 본조의 적용에 있어서는 결과적으로 손해배상청구를 할 수 없기 때문에 주의의무의 이행문제를 굳이 다툴 이유가 없다고 본다.

다만, 운송인이 고가물임을 모르고 운송을 인수하였지만 고의로 그 고가물을 멸실·훼손시킨 경우까지 운송인을 면책시키는 것은 심히 형평에 반하기 때문에 운송인에게 손해배상책임을 물을 수 있다고 본다. 이때 손해배상액은 육상운송과는 달리 대량화물의 저가운송을 특징으로 하는 해상운송의 특성상 보통물로서 취급하는 것이 타당하다고 본다. 이렇게 해석하는 것이 상법 제797조 제3항 단서규정의 취지와도 일치한다.

3. 운송인이 우연히 고가물임을 알게 된 경우

또한 송하인이 고가물을 신고하지 않았으나 운송인이 우연히 고가물임을 알게 된 경우에 어느 정도의 주의의무와 책임을 지게 되는가가 문제된다. 우리나라의 학설은 다음과 같이 크게 세 가지로 나뉘어진다.

첫째, 운송인은 보통물로서의 주의의무가 있고, 이를 게을리 한 경우에는 고가물로서의 책임을 진다는 견해가 있다(다수설).[210]

둘째, 운송인은 고가물로서의 주의의무가 있고, 이를 게을리 한 경우에는 고가물로서의 책임을 진다는 견해이다(소수설).[211]

셋째, 대량의 물건을 다루는 운송인에게 우연히 알게 된 주관적 사정을 고려하는 것은 부당하고 또 고가물의 명시를 촉진하고자 하는 의미에서 운송인은 면책된다고 보는 견해이다(소수설).[212]

명시하지 않은 고가물에 대하여 운송인에게 책임을 묻는 것은 고가물을 명시하도록 한 상법 제136조 규정의 취지에 역행한다고 볼 수 있다.

4. 불법행위책임을 물을 경우

우리나라 대법원 판례는 상법 제136조와 관련되는 고가물불고지로 인한 면책규정은 운송계약상의 채무불이행으로 인한 청구에만 적용되고 불법행위로 인한 손해배상청구에는 그 적용이 없으므로, 운송인의 이행보조자의 고의 또는 과실로 송하인에게

210) 鄭熙喆, 商法學(하), 博英社, 1990, 227쪽; 鄭東潤, 商法總則·商行爲法, 博英社, 1996, 525쪽; 李基秀·崔漢峻·金聖虎, 商法總則·商行爲法, 博英社, 2003, 451쪽.

211) 李哲松, 商法總則·商行爲, 제4전정판, 博英社, 2003, 412-413쪽; 孫珠瓚, 商法(하), 제10정증보판, 博英社, 2002, 344쪽; 강, 390쪽.

212) 蔡利植, 商法講義(상), 博英社, 1996, 299쪽.

손해를 가한 경우에는 송하인은 운송인에게 민법 제756조에 의한 사용자배상책임을 물을 수 있다고 판시하고 있다.[213] 이러한 대법원판례의 견해에 따르면 상법 제136조의 입법취지는 거의 무시된다고 본다. 또 상법 제798조의 취지를 볼 때 개품운송계약에서는 육상운송계약과는 달리 고의가 없는 한 운송인은 송하인에게 불법행위에 기한 손해배상책임도 지지 않는다고 본다.[214]

IX. 선박소유자 등의 책임제한과의 관계

상법 제769조 내지 제774조까지 및 제776조는 선박소유자 등의 책임제한에 대하여 규정하고 있는데(총체적 책임제한), 이들 규정과 운송인의 책임제한에 관한 규정은 상호 어떠한 관계에 있는가 하는 것이 문제된다. 이에 대하여 상법은 명문으로 '운송인의 운송물에 관한 손해배상책임의 제한을 규정한 상법 제797조는 상법 제769조부터 제774조 및 제776조의 적용에 영향을 미치지 아니 한다'라고 규정하고 있다(상법 제797조 제4항). 따라서 상법 제797조의 책임한도액은 운송물 하나하나에 대한 개별적 책임제한이므로(package limitation), 운송인은 그 한도에서 부담할 채무액을 포함하여 그가 부담할 채무의 전체에 관하여 다시 선박소유자 등의 책임제한 규정의 적용을 받는다. 그러므로 운송인은 2중으로 책임제한을 받게 된다. 이러한 이중적 책임제한에 대한 비판이 있기는 하지만,[215] 운송인책임제한제도는 저가대량운송과 운송인의 위험부담의 축소가 서로 대가관계(consideration)를 이루고 있다는 점에서 그 이유를 찾을 수 있는 반면, 선박소유자 등의 책임제한제도는 대형사고의 경우 선박소유자의 총책임을 일정한 한도로 제한함으로써 해상기업의 결정적 도산을 방지하고, 최악의 경우에 부담하여야 할 선박소유자 등의 책임한도가 미리 정해짐으로써 책임보험에 부보하기가 쉽게 되어 피해자에 대하여도 최소한의 배상이 보장된다는 정책적인 이유로 인정하는 제도이기 때문에[216] 그 취지가 서로 다르다고 볼 수 있다.

---

213) 大判 1991.8.23, 91 다 15409(公報 906, 2048) : 상법 제136조와 관련되는 고가물불고지로 인한 면책규정은 일반적으로 운송인의 운송계약상의 채무불이행으로 인한 청구에만 적용되고 불법행위로 인한 손해배상청구에는 그 적용이 없으므로 운송인의 운송이행업무를 보조하는 자가 운송과 관련하여 고의 또는 과실로 송하인에게 손해를 가한 경우 동인은 운송계약의 당사자가 아니어서 운송계약상의 채무불이행으로 인한 책임은 부담하지 아니하나 불법행위로 인한 손해배상책임을 부담하므로 위 면책규정은 적용될 여지가 없다.

214) 鄭熙喆, 商法學(하), 博英社, 1990, 227쪽; 鄭燦亨, 상법강의(상), 제11판, 博英社, 2008, 326쪽.

215) 孫珠瓚, 商法(하), 제10정증보판, 博英社, 2002, 725-726쪽; 洪承仁, '海上企業主體의 責任制限에 관한 硏究', 법학박사학위논문, 한국외국어대학교, 1991, 14쪽.

216) 鄭暎錫, 海商法講義要論, 海印出版社, 2003, 68-69쪽 참조.

X. 순차해상운송인의 연대책임

1. 순차운송과 순차운송인

하나의 운송에 복수의 운송인이 시간적·장소적으로 연속하여 참여하게 되는 경우가 많은데, 같은 운송물에 관하여 수인의 운송인이 순차로 운송하는 것을 순차운송(順次運送)이라 하고, 이때 운송에 참여하는 운송인을 순차운송인(順次運送人)이라 한다. 철도·궤도·자동차·선박·항공기 등 각종 교통수단의 발달과 통신수단의 발전은 운송지역을 확대시키고 장거리 운송의 양을 증가시키며, 지역 또는 운송수단에 따른 전문성을 요구한다. 이러한 상황에서는 한 운송인이 스스로 전 구간의 운송에 종사하는 것이 불가능하거나 비경제적이다. 이러한 상황에서 하나의 운송에 복수의 운송인이 시간적·장소적으로 연속하여 참여하게 되는 일이 많아지는데, 복수의 운송수단이 서로 연결되는 순차운송(복합운송)과 같은 운송수단이 서로 연결되는 순차운송(단순순차운송), 국내에서만 이루어지는 순차운송과 2개 이상의 국가 사이에서 이루어지는 순차운송 등 다양한 형태로 순차운송이 이루어진다.

2. 순차운송의 유형

가. 운송의 형태에 따른 분류

수인의 운송인이 동일운송물의 운송에 참여하는 형태는 여러 가지가 있는데, 이를 「넓은 의미의 순차운송」(一貫運送 또는 通運送이라고도 한다; through transport)이라 한다. 순차운송에는 다시 동종의 운송수단에 의한 단순순차운송(단순일관운송, 단순통운송)과 2종 이상의 운송수단에 의한 복합운송(multimodal transport, combined transport)이 있다.

나. 계약의 형태에 따른 분류

(1) 부분운송

수인의 운송인이 각자 독립하여 각 특정구간의 운송을 인수하는 것을 부분운송이라 한다. 이 경우에는 각 운송구간마다 1개의 운송계약이 성립하고 각 운송계약 상호간에는 아무런 관계가 없다.

(2) 하수운송

이는 원수운송인(元受運送人 : 제1의 운송인)이 전 구간의 운송을 인수하고, 그 전부 또는 일부를 하수운송인(下受運送人 : 제2의 운송인)에게 운송시키는 것이다. 이

때 하수운송인과의 운송계약은 원수운송인의 명의와 그의 계산으로 체결되므로 송하인 또는 수하인은 하수운송인에 대하여 직접 책임을 추궁할 수 없다. 즉 하수운송인은 원수운송인의 이행보조자에 불과하며, 송하인과는 직접적인 법률관계를 가지지 않는다.

(3) 동일운송

수인의 운송인이 공동으로 전 구간의 운송을 인수하는 계약을 송하인과 체결하고, 내부관계로서 각 운송인의 담당구간을 정하는 것을 동일운송(同一運送)이라 한다.[217] 동일운송의 경우에는 1개의 운송계약이 성립하나, 수인의 운송인 전원에게 상행위가 되는 한 개의 행위로서 채무를 부담하는 것이므로 각 운송인은 전 운송구간에 대하여 송하인에게 상법상 당연히 연대채무를 부담한다(상법 제57조 제1항). 이러한 동일운송계약은 운송주선인의 경우에는 없다.

(4) 공동운송

송하인과 제1의 운송인간에 전 구간에 관한 운송계약이 체결되지만 제1의 운송인은 자기의 운송구간만의 운송을 실행하고 나머지 구간에 대하여는 제2의 운송인 등과 자기의 명의와 송하인의 계산으로 운송계약을 체결함으로써 제2의 운송인이 제1의 운송인의 운송구간을 제외한 나머지 구간의 운송을 인수하는 등 수인의 운송인이 법률상 하나의 운송관계에 순차적으로 참가하는 것을 말한다. 이와 같은 공동운송(共同運送)을 「좁은 의미의 순차운송」이라고 한다. 공동운송은 제1의 운송인이 송하인의 계산으로 제2의 운송인과 운송계약을 체결한다는 점에서, 자기의 계산으로 운송계약을 체결하는 하수운송과 구별된다. 공동운송은 운송인 상호간에 직접 운송물을 주고받는 점에서는 동일운송과 유사하지만, 동일운송의 경우에는 송하인은 수인의 운송인과 전구간에 대한 하나의 운송계약을 체결하고 부분운송장(部分運送狀)을 교부하지만, 공동운송의 경우에는 송하인은 제1의 운송인과 전 구간에 대한 하나의 운송계약을 체결하고 일관운송장(一貫運送狀)을 교부하는 점이 다르다.[218]

3. 해상순차운송인의 책임

수인이 순차로 해상에서 운송할 경우에는 각 운송인은 운송물의 멸실·훼손 또는 연착으로 인한 손해를 연대하여 배상할 책임을 진다(상법 제815조, 제138조 제1항). 운송인 중의 1인이 손해를 배상한 때에는 그 손해의 원인이 된 행위를 한 운송인에게

217) 이러한 형태의 운송을 [林泓根, 商行爲法, 1989, 857쪽]에서는 공동운송으로 표현하고 있다.
218) 鄭燦亨, 商法講義(상), 제11판, 博英社, 2008, 348쪽.

구상권을 갖지만(상법 제138조 제2항), 그 원인이 된 행위를 한 운송인을 알 수 없는 때에는 각 운송인이 운임의 비율로 손해를 분담한다. 그러나 그 손해가 자기의 운송구간에서 발생하지 않았음을 증명한 운송인은 손해분담책임이 없다(상법 제138조 제3항). 이때 순차운송인이라 함은 수인의 운송인이 서로 운송상의 연락관계를 가지고 있을 경우 송하인이 최초의 운송인에게 운송을 위탁함으로써 다른 운송인을 동시에 이용할 수 있는 협의의 순차운송(공동운송)을 의미한다. 부분운송의 경우에는 각 운송구간마다 독립된 운송계약이 성립하므로 각 운송인이 송하인에 대하여 연대책임을 부담할 근거가 없으며, 하수운송인의 경우에는 원수운송인만이 송하인에 대하여 계약당사자로서 모든 책임을 부담하며, 동일운송의 경우는 각 운송인이 상법 제57조 제1항에 의하여 당연히 연대책임을 부담하기 때문에 해상순차운송인은 공동운송의 경우에 해당한다고 해석하여야 한다.[219)]

XI. 단기제소기간

1. 법적 성질

상법은 제814조에서 운송인의 채권·채무의 소멸이라는 명칭하에 운송인 책임에 대한 제소기간을 규정하고 있다. 이 규정은 '소멸시효로 인하여' 또는 '시효로 인하여'라는 문구를 사용하고 있지 않다는 점, 재판상 청구를 요건으로 한다는 점, 육상물건운송인의 책임의 소멸과는 달리 특별소멸사유(상법 제146조)가 없다는 점에서 소멸시효로 볼 수는 없고 제척기간으로 보아야 한다.[220)] 따라서 제척기간의 준수 여부에 대하여는 법원이 직권으로 조사하여야 한다.[221)]

2. 운송인의 채권 및 채무

상법은 운송인의 송하인·수하인에 대한 채권 및 채무, 즉 운송인과 적하이해관계인 쌍방의 채권을 모두 단기제척기간의 대상으로 규정하고 있다는 점이 특징이다. 이

219) 鄭燦亨, 商法講義(상), 제11판, 博英社, 2008, 349쪽.

220) 같은 의견, 鄭燦亨, 商法講義(下), 제10판, 博英社, 2008, 873쪽; 宋相現·金炫, 海商法原論, 제3판, 博英社, 2005, 346; 拙著, 海商法講義要論, 海印出版社, 2003, 151쪽 참조.

221) 大判 2007.6.28, 2007 다 16113(公報 2007, 1164) : 운송인의 용선자·송하인 또는 수하인에 대한 채권·채무는 그 청구원인의 여하에 불구하고 운송인이 수하인에게 운송물을 인도한 날 또는 인도할 날부터 1년 이내에 재판상 청구가 없으면 소멸하는 것이고(상법 제811조, 현행 상법 제814조), 위 기간은 제소기간으로서 법원은 그 기간의 준수여부에 관하여 직권으로 증거조사를 할 수 있으나, 법원에 현출된 모든 소송자료를 통하여 살펴봤을 때 그 기간이 도과하였다고 의심할 만한 사정이 발견되지 않는 경우까지 법원이 직권으로 추가적인 증거조사를 하여 기간 준수의 여부를 확인하여야 할 의무는 없다.

때 수하인은 선하증권이 발행된 경우 그 선하증권의 정당한 소지인을 포함하고, 운송인 또는 그의 사용인의 선의·악의는 제척기간에 영향을 미치지 아니 한다.222) 이때 사용인 또는 대리인이라 함은 운송인 등과 고용계약 또는 위임계약 등에 따라 그의 지휘감독을 받아 그 업무를 수행하는 자를 말하므로 이러한 지휘감독에 관계없이 스스로의 판단에 따라 자기 고유의 사업을 영위하는 독립계약자는 상법 제814조 제1항에 기한 항변을 원용할 수 없다.223)

제척기간의 기산점은 상법에 명문 규정이 있는 바와 같이 '운송물을 인도한 날 또는 인도할 날'이다. 이때 운송물을 인도할 날이라 함은 통상 운송계약이 그 내용에 좇아 이행되었으면 인도가 행하여져야 했던 날을 의미한다.224)

또 '청구원인의 여하에 불구하고'라 함은 청구의 원인이 채무불이행은 물론 불법행위인 경우에도 1년의 제척기간이 적용된다는 의미이다. 문언 자체는 매우 포괄적이어서 그 밖의 다른 청구원인에도 적용할 수 있는 것처럼 보이지만, 특히 상법 제814조 제2항과 제3항의 규정 및 제840조 제1항의 규정에 비추어 제한적으로 해석하는 것이 합리적이다. 1991년 상법 제811조의 적용에 대하여 대법원은 '운송인이 제3자와의 사

222) ① 大判 1997.4.11, 96 다 42246(公報 1997, 1424) : 선하증권의 정당한 소지인은 상법 제811조(현행 상법 제814조)에서 말하는 '수하인'에 해당하며, 같은 법 같은 조는 '그 청구원인의 여하에 불구하고' 운송인의 수하인 등에 대한 채권 및 채무에 대하여 적용하도록 되어 있으므로 운송인의 악의로 인한 불법행위채무에 대하여도 적용된다.

② 大判 1997.9.30, 96 다 54850(公報 1997, 3261) : 상법 제811조는 "운송인의 용선자, 송하인 또는 수하인에 대한 채권 및 채무는 그 청구원인의 여하에 불구하고 운송인이 수하인에게 운송물을 인도한 날 또는 인도할 날부터 1년 내에 재판상 청구가 없으면 소멸한다."고 규정하고 있는바, 해상운송계약에 따른 선하증권이 발행된 경우에는 그 선하증권의 정당한 소지인이 위 규정에서 말하는 수하인이므로, 선하증권소지인의 해상운송인에 대한 채권의 경우에도 상법 제811조가 적용된다. 상법 제811조는 운송인의 악의나 고의 여부 등 그 청구원인의 여하를 가리지 아니하고 적용된다.

③ 大判 1999.10.26, 99 다 41329(公報 1999, 2423) : 해상운송계약에 따른 선하증권이 발행된 경우에는 그 선하증권의 정당한 소지인이 상법 제811조의 '수하인'이고, 상법 제811조는 운송인의 해상운송계약상의 이행청구 및 채무 불이행에 따른 손해배상청구의 경우뿐만 아니라 운송인의 불법행위에 따른 손해배상청구 등 청구원인의 여하에 관계없이 적용되므로, 상법 제811조는 선하증권의 소지인이 운송인에 대하여 운송물에 대한 양도담보권을 침해한 불법행위에 따른 손해배상책임을 묻는 경우에도 적용된다.

223) 같은 의견, 鄭燦亨, 商法講義(下), 제10판, 博英社, 2008, 874쪽.
大判 2004.2.13, 2001 다 75318(公報 2004, 460) : 독립적인 계약자는 상법 제789조의3 제2항 소정의 '사용인 또는 대리인'에 해당하지 아니하므로 같은 법 제811조에 기한 항변을 원용할 수 없다.

224) ① 大判 1997.11.28, 97 다 28490(公報 1998, 68); 상법 제811조는 "운송인의 용선자, 송하인 또는 수하인에 대한 채권 및 채무는 그 청구원인의 여하에 불구하고 운송인이 수하인에게 운송물을 인도한 날 또는 인도할 날부터 1년 내에 재판상 청구가 없으면 소멸한다."고 규정하고 있는바, 여기서 운송물을 인도할 날이라고 함은 통상 운송계약이 그 내용에 좇아 이행되었으면 인도가 행하여져야 했던 날을 말한다고 할 것이다.

② 大判 2007.4.26, 2005 다 5058(公報 2007, 754) : 상법 제811조(현행 상법 제814조)에서 정한 '운송물을 인도한 날'은 통상 운송계약이 그 내용에 좇아 이행되었으면 인도가 행하여져야 했던 날을 말하는 데, 운송물이 멸실되거나 운송인이 운송물의 인도를 거절하는 등의 사유로 운송물이 인도되지 않은 경우에는 '운송물은 인도할 날'을 기준으로 위 규정의 제소기간이 도과되었는지 여부를 판단하여야 한다.

이에 체결한 운송계약에 기하여 제3자에게 손해배상을 청구하는 경우에는 1년의 제척기간이 적용되지만, 운송인이 부진정연대채무자인 제3자에게 구상청구를 하는 경우에는 1년의 제척기간이 적용되지 아니한다는 취지로 판시하였는데, 이 판결도 같은 취지라고 생각한다.[225)]

재판상의 청구가 좁은 의미의 소송(suit)만을 의미하는지, 넓은 의미의 재판상의 청구를 의미하는지는 분명하지 않지만, 헤이그 규칙과 헤이그-비스비 규칙 제3조 제6항의 취지[226)]로 볼 때 중재를 포함하는 넓은 의미로 해석해야 할 것이다.[227)] 따라서 소송, 중재, 지급명령의 신청, 중재인 선정의 통지, 민사조정의 신청, 파산선고의 신청, 민사집행법에 의한 배당요구, 소송의 고지, 선박소유자책임제한절차의 참가 등을 포함한다.

3. 구상소송에서의 제소기간

운송인이 하주 측으로부터 인수한 운송을 제3자의 운송인에게 재위탁하는 경우 또는 용선자가 제3자와 재용선계약 또는 개품운송계약을 체결한 경우에 운송인과 하주 또는 용선자와 제3자 사이의 채권·채무에 운송인과 하주(용선자와 제3자) 사이에 적용되는 제척기간과 같은 제척기간이 적용되면 운송인이 불측의 손해를 입을 염려가 많다. 이러한 경우 운송은 제3자에 의하여 실행되기 때문에 운송인은 자기와 운송계약을 체결한 하주가 손해배상을 청구해 오기 전에는 운송물의 멸실·훼손 또는 인도지연이 있었는지를 알 수 없는 경우가 많은데, 하주가 제척기간이 만료될 무렵 운

225) 최종현, '개정 해상법 하에서의 해상운송인의 지위-해상운송인의 손해배상책임제도를 중심으로-', 2007학년도 한국해법학회 가을철 학술발표회 발표논문, 한국해법학회, 7쪽.
大判 2001.10.30, 2000 다 62490 ; 원고의 위와 같은 청구원인 사실의 주장 속에는, 원고가 이 사건 제2 선하증권을 발행받은 송하인의 자격에서 운송인의 대리인인 피고에게 그 운송물의 멸실을 이유로 불법행위에 의한 손해배상책임을 구하는 취지뿐만 아니라, 원고가 이 사건 제1 선하증권의 발행인으로서 위 선하증권의 소지인인 운송물에 대한 권리자에게 운송물의 멸실로 인한 손해액을 먼저 배상하여 주고, 위 운송물의 멸실에 실질적으로 책임이 있는 운송인의 대리인인 피고를 상대로 위 배상금액을 구상하는 취지도 포함되어 있다고 보는 것이 상당하다고 할 것이다.
그리고 해상물건운송계약에 있어 계약운송인과 실제운송인과의 관계와 같이 복수의 주체가 운송물의 멸실·훼손으로 인하여 선하증권소지인에 대하여 연대하여 손해배상책임을 부담하는 경우, 어느 일방이 선하증권소지인에 대하여 먼저 손해액을 배상한 후 다른 일방에 대하여 그 배상금액을 구상하는 경우에는, 운송인의 채권·채무의 소멸을 규정하고 있는 상법 제811조 소정의 단기 제척기간에 관한 규정은 적용되지 않는다고 할 것이다.
그럼에도 불구하고, 원심이 원고의 이 사건 소를 해상물건운송계약상의 송하인인 원고가 운송인의 국내대리점인 피고에 대하여 불법행위로 인한 손해배상을 구하는 취지로만 파악하여 상법 제811조 소정의 1년의 제소기간이 경과하여 부적법하다고 본 것은, 필요한 심리를 다하지 아니하여 원고의 청구원인 사실을 잘못 이해하였거나 상법 제811조의 적용 범위에 관한 법리를 오해하여 판결에 영향을 미친 위법이 있다 할 것이고, 이를 지적하는 상고이유의 주장은 이유 있다.
226) The Maerak (1965) p. 223.
227) 戸田修三·中村眞證, 註解國際海上物品運送法, 東京, 青林書院, 平成8年, 303쪽 참조.

송인에게 손해배상청구를 해 오는 경우에 운송인으로서는 제3자에 대하여 구상소송을 제기할 시간적 여유가 없기 때문이다.[228] 현행 상법은 이 문제에 대하여 운송인이 운송을 제3자에게 재위탁한 경우 운송인의 제3자에 대한 채권은 운송인이 하주 측과 배상합의를 한 날 또는 하주 측이 운송인을 상대로 재판상 청구를 한 날로부터 3개월이 지나기 전에는 소멸하지 아니하는 것으로 규정하고 있다. 또 운송인이 제3자에게 재판상 청구를 받은 날로부터 3개월 이내에 소송고지를 한 경우에는 재판이 확정 또는 종료된 날로부터 3개월이 지나기 전에는 소멸하지 아니한다고 규정하고 있다(상법 제814조 제2항, 제3항).[229]

상법 제814조 제2항은 '제1항의 규정에 불구하고 일정기간이 지나기 전에는 소멸하지 아니한다'라고 규정하고 있는데, 이때 일정기간은 일반적으로 제1항의 1년의 제척기간을 의미한다고 해석한다. 다만, 항해용선자가 하주와 개품운송계약을 체결한 경우에도 적용될 수 있을 것인가 하는 문제가 있는데, 상법 제840조 제1항에서는 항해용선자가 선박소유자에게 가지는 채권에는 2년의 제척기간이 적용된다고 규정하고 있다. 따라서 이러한 경우에 '일정기간'이라 함은 상법 제840조 제1항에서 규정한 2년의 제척기간이 될 것이다.[230]

제 9 관 개품운송인의 권리

Ⅰ. 운임청구권

1. 운임

운송인은 자기가 인수한 운송을 완성한 때에는 그 보수인 운임을 청구할 수 있다. 이때 운임(freight)이란 운송이라는 일의 완성에 대한 대가로서 받는 보수(consideration)

228) 이러한 이유로 헤이그-비스비 규칙과 함부르크 규칙은 운송인이 제3자에 대하여 가지는 채권의 제척기간은 법정지법에 의하여 결정되는 기간 동안 연장되는 것을 원칙으로 하되 그 연장기간이 운송인이 하주 측에 손해배상금을 지급한 날 혹은 하주측이 운송인에게 재판을 청구한 날부터 헤이그-비스비 규칙은 최소한 3개월, 함부르크 규칙은 90일 이상이 되도록 규정하고 있다(헤이그-비스비 규칙 제3조 제6항의2, 함부르크 규칙 제20조 제5항).

229) 일본 국제해상물품운송법이 소송고지의 경우에 관한 규정을 하지 아니한 점을 제외하면, 동법 제14조 제3항은 우리 상법 제814조 제2항의 규정과 유사하다.

230) 다른 의견, 최종현 교수는 상법 제814조 제2항의 적용을 하지 않는다고 해석한다(최종현, '개정 해상법 하에서의 해상운송인의 지위-해상운송인의 손해배상책임제도를 중심으로-', 2007학년도 한국해법학회 가을철 학술발표회 발표논문, 한국해법학회, 9쪽).

를 말한다.[231] 이러한 운임에는 비율운임(상법 제810조 제2항, 제811조 제2항)을 포함한다.

2. 운임지급의무자

운임지급의무자는 운송계약의 상대방인 송하인이지만, 운송물 수령 후에는 수하인도 운임지급의무를 부담하는 부진정연대채무자의 관계가 성립한다는 점에서는 육상운송의 경우와 같다(상법 제807조 제1항).[232]

3. 운임청구권의 발생요건

가. 원칙

운송계약은 도급계약이므로 운임청구권은 원칙적으로 운송물이 목적지에 도착하여야 발생한다. 즉, 도급계약의 성질상 다른 특별한 약정이 없는 한 운송인은 운송물을 목적지까지 운송하여 지정된 수하인에게 인도하여 주어야만 운임을 청구할 수 있다. 이러한 운송물의 인도와 운임의 지급은 동시이행관계(concurrent condition)로서 운송인은 목적지에서 언제든지 운송물을 인도할 수 있는 상태가 되어야만 운임을 청구할 수 있다.[233] 이로 인하여 운송물의 전부 또는 일부가 송하인의 책임 없는 사유로 인하여 멸실한 때에는 운송인은 그 운임을 청구하지 못한다. 또 운송인이 이미 그 운임의 전부 또는 일부를 받은 때에는 이를 반환하여야 한다(상법 제815조, 제134조 제1항).

그러나 해운실무에서는 영국법준거약관을 많이 사용하고 있고, 선불운임조건으로 운송계약이 체결되는 경우가 많다. 이때 선불운임조건에서는 약정된 지급시기가 도래하면 운임청구권은 확정적으로 발생하고 그 이후 운송물이 멸실되어 목적지에 도달하지 못하였다고 하더라도 소멸하지 않는다. 또 지급시기가 도래한 선불운임이 일

---

231) 沈載斗, 海上運送法, 吉安社, 1997, 507쪽.

232) ① 大判 1977.12.26, 76 다 2914(集 25 ② 民 186) : 운임이 지급 결제되지 아니하였음을 알고 화물을 수령한 선하증권소지인은 선하증권 상 운임이 지급 결제된 것으로 기재되었어도 운임지급의 의무가 있다.
② 大判 1996.2.9, 94 다 27144(公報 1996, 866) : 구 상법(1991. 12. 31. 법률 제4470호로 개정되기 전의 것) 제799조는 "개개의 물건의 운송을 계약의 목적으로 한 때에는 수하인은 선장의 지시에 따라 지체없이 운송물을 양육하여야 한다."고 규정하고 있으나, 한편 상법 제800조 제1항에는 "수하인은 운송물을 수령하는 때에는 운송계약 또는 선하증권의 취지에 따라 운임, 부수비용, 체당금, 정박료, 운송물의 가액에 따른 共同海損 또는 海難救助로 인한 부담액을 지급하여야 한다."고 규정하고 있으므로, 수하인 또는 선하증권의 소지인은 운송물을 수령하지 않는 한 운임 등을 지급하여야 할 의무가 없다고 보아야 할 것이고, 따라서 수하인이 운송인으로부터 화물의 도착을 통지받고 이를 수령하지 아니한 것만으로 바로 운송물을 수령한 수하인으로 취급할 수는 없으며, 상법 제800조 제1항 소정의 운임 등을 지급할 의무도 없다.

233) 沈載斗, 海上運送法, 吉安社, 1997, 508쪽.

단 지급되고 나면 그 이후 운송물이 멸실되거나 또는 운송계약의 이행이 불가능하여진다고 하더라도 그 운임은 반환되지 않는다. 반면 미국법이나 유럽 각국의 법에서는 선불운임이 일단 지급되었다고 하더라도 그 이후 운송물이 멸실되거나 또는 운송계약의 이행이 불가능하여지면 그 운임은 반환된다. 다만, 이러한 조건은 운송계약에서 특약으로 처리되는 경우가 많아서, '선박 및/또는 운송물의 멸실 여부를 불문하고 운임은 반환되지 않음'(freight nonretanable ship and/or cargo lost or not lost)이라는 내용의 특약이 삽입되는 경우가 많다.[234]

나. 예외

(1) 송하인 등의 과실

운송물의 전부 또는 일부가 그 성질이나 하자 또는 송하인의 과실로 인하여 멸실한 때에는 운송인은 운임의 전액을 청구할 수 있다(全額運賃)(상법 제815조, 제134조 제2항). 송하인에게 과실이 있는 경우, 운송인은 그 밖의 손해가 있으면 그 손해의 배상도 청구할 수 있다.[235]

(2) 적하의 처분

선장이 항해의 계속에 필요한 비용을 지급하기 위하여 운송물을 처분한 경우(상법 제750조 제1항), 또는 운송물에 대하여 공동해손처분을 한 경우(상법 제865조)에는 운송인은 운임의 전액을 청구할 수 있다(全額運賃)(상법 제813조). 이들 경우에는 송하인이 선박소유자나 공동해손 분담채무자에 대하여 배상을 청구할 수 있으며, 이 배상책임 중에는 운임도 가산되어 있기 때문이다.[236]

(3) 운송 불능

항해 중에 선박의 침몰·멸실·수선불능·포획의 사유가 발생하여 운송계약이 종료되거나(상법 제810조 제1항 제1호 내지 제3호), 항해 또는 운송이 법령을 위반하게 되거나, 기타 불가항력으로 인하여 계약의 목적을 달성할 수 없게 되어 계약을 해제한 때 또는 항해 도중에 이러한 사유가 생겨 계약을 해지한 때에는(상법 제811조 제1항, 제2항), 운송인은 운송의 비율에 따라 운송물의 가액의 한도에서 운임을 청구할 수 있다(比率運賃)(상법 제810조 제2항). 이 비율은 단지 운송거리의 비율에 한하지 않고 항해의 난이·비용·시간·노력 등을 참작하여 정한다.[237]

234) 沈載斗, 海上運送法, 吉安社, 1997, 512쪽 본문 및 각주 16) 참조.
235) 鄭暎錫, 海商法講義要論, 海印出版社, 2003, 148쪽.
236) 鄭暎錫, 海商法講義要論, 海印出版社, 2003, 148쪽.
237) 鄭暎錫, 海商法講義要論, 海印出版社, 2003, 149쪽.

(4) 운송물의 일부에 관한 불가항력

운송물의 일부가 선적 전에 불가항력으로 인하여 멸실하거나, 운송물의 일부에 대하여 항해 또는 운송이 법령을 위반하게 되거나 기타 불가항력으로 인하여 계약의 목적을 달할 수 없게 된 때에는 송하인은 운송인의 책임이 가중되지 아니하는 범위 안에서 다른 운송물을 선적할 수도 있다(代荷船積權: 상법 제812조 제1항). 이때 송하인은 지체 없이 운송물의 양륙 또는 선적을 하여야 하며, 그 양륙 또는 선적을 게을리 한 때에는 운임의 전액을 지급하여야 한다(상법 제812조 제2항).

(5) 운송물 제공의무위반

당사자 사이의 합의 또는 선적항의 관습에 의한 때와 곳에서 송하인이 운송물을 제공하지 아니한 경우에는 계약을 해제한 것으로 본다. 이 경우 선장은 즉시 발항할 수 있고 송하인은 운임의 전액을 지급하여야 한다(全額運賃)(상법 제792조 제2항).

4. 운임액의 계산

운임액은 원칙적으로 당사자 사이의 계약 또는 관습에 의하지만, 상법은 해상운송의 기술적 성격을 고려하여 운임계산에 관한 보충규정을 두고 있다(상법 제805조, 제806조). 즉, ① 운송물의 중량 또는 용적으로 운임을 정한 때에는 운임액은 운송물을 인도하는 때의 중량 또는 용적에 의하여 운임액을 정한다(상법 제805조). ② 기간으로 운임을 정한 때에는 원칙적으로 운송물의 선적을 개시한 날로부터 양륙을 종료한 날까지의 기간에 의하여 운임액을 정한다(상법 제806조 제1항). 따라서 이 경우에는 기간계산에 있어서의 민법상의 원칙(민법 제156조, 제157조, 제159조 내지 제161조)은 적용되지 않는다.

그러나 ① 불가항력으로 인하여 선박이 선적항이나 항해 도중에서 정박한 기간 또는 ② 항해 도중에서 선박을 수선한 기간은 위의 기간에 산입하지 아니 한다(상법 제806조 제2항). 이 경우는 실제로 운송을 실행한 기간이 아니므로 송하인의 이익을 위하여 제외한 것이다.[238)]

II. 부수비용 등의 청구권

수하인이 운송물을 수령하는 때에는 운송계약 또는 선하증권의 취지에 따라 부수비용(예컨대 창고보관료, 운송물공탁비용, 검사비용, 관세 등)・체당금, 운송물의 가액에 따른 공동해손 또는 해난구조로 인한 부담액을 송하인에게 청구할 수 있는데,

238) 鄭燦亨, 商法講義(하), 제10판, 博英社, 2008, 877쪽.

수하인이 운송물을 수령한 때에는 수하인에게도 이를 청구할 수 있다(상법 제807조 제1항).

Ⅲ. 유치권

선장은 수하인이 운송물을 수령하는 때에 운임·부수비용·체당금·운송물의 가액에 따른 공동해손 또는 해난구조로 인한 부담액을 지급하지 아니하면 운송물을 인도하지 아니하고 이를 유치할 권리를 갖는다(海上留置權)(상법 제807조 제2항). 이 유치권은 피담보채권과 유치목적물(운송물)과의 견련관계를 요하며, 또한 유치목적물이 운송물로 제한되고 그 운송물은 채무자 소유인지 여부를 불문한다. 이러한 점에서 민사유치권(민법 제320조)과 성질이 같고 상사유치권(상법 제58조)과는 구별된다. 이러한 해상유치권(shipowner's general and active lien)은 오직 상대방의 운송물 반환청구에 대한 항변이지 운송인이 물권자로서 운송물을 대세권(對世的)으로 지배하고 또 이를 경매하여 채권의 변제를 받을 수 있는 민법이나 상법상의 유치권과 구별된다.[239)]

Ⅳ. 경매권

운송인은 수하인이 운송물을 수령하는 때에는 운송계약 또는 선하증권의 취지에 따라 부수비용(예컨대 창고보관료, 운송물공탁비용, 검사비용, 관세 등)·체당금, 운송물의 가액에 따른 공동해손 또는 해난구조로 인한 부담액을 지급받기 위하여, 법원의 허가를 얻어 운송물을 경매하여 우선 변제를 받을 권리가 있다(상법 제808조 제1항, 제807조 제1항). 또 선장이 수하인에게 운송물을 인도한 후에도 운송인은 그 운송물에 대하여 위의 경매권을 행사할 수 있다. 다만, 인도한 날로부터 30일을 경과하거나 또는 제3자가 그 운송물의 점유를 취득한 때에는 그러하지 아니하다(상법 제808조 제2항). 운송인의 경매권은 법원의 허가를 그 권리의 행사요건으로 하고 있으며 또한 운송물의 인도전후를 불문하는 점에서, 민법상 유치권자의 경매권(민법 제322조 제1항: 유치권자는 채권의 변제를 받기 위하여 유치물을 경매할 수 있다)[240)] 과 다르다. 해상운송인에게 운송물을 인도한 후에도 경매권을 인정한 것은 해상위험

---

239) 鄭熙喆, 商法學(하), 博英社, 1990, 570쪽.

240) 민법 제322조 (경매, 간이변제충당)
① 유치권자는 채권의 변제를 받기 위하여 유치물을 경매할 수 있다.
② 정당한 이유 있는 때에는 유치권자는 감정인의 평가에 의하여 유치물로 직접변제에 충당할 것을 법원에 청구할 수 있다. 이 경우에는 유치권자는 미리 채무자에게 통지하여야 한다.

의 방지 또는 운송물의 수량검사 등을 위하여 운송물을 수하인에게 부득이 먼저 인도할 필요가 있는 경우에 운송인을 보호하기 위한 것이다. 물론 운송인이 이 경매권을 행사하여도 운임 기타 채권의 충당에 부족한 때에는 그 부족액을 송하인에게 청구할 수 있다.[241]

Ⅴ. 공탁권

수하인이 운송물의 수령을 게을리 한 때에는 선장은 이를 공탁(供託)하거나 세관 그 밖에 법령이 정한 관청의 허가를 받은 곳에 인도할 수 있다. 이 경우 지체 없이 수하인에게 그 통지를 발송하여야 한다(상법 제803조 제1항). 이 경우는 수하인의 수령거부 등의 경우와는 달리 운송인이 공탁 등의 의무를 부담하는 것은 아니므로 이를 할 것인지의 여부를 운송인이 임의로 결정하여야 한다. 운송인을 보호하기 위하여 해운실무를 반영한 규정이다.[242]

수하인을 확실히 알 수 없거나 수하인이 운송물의 수령을 거부한 때에는 선장은 이를 공탁하거나 세관 그 밖의 관청의 허가를 받은 곳에 인도하고 지체 없이 송하인 및 알고 있는 수하인에게 그 통지를 발송하여야 한다(상법 제803조 제2항). 수하인이 불명하거나 수하인의 수령의사가 없는 것이 명백한 데도 불구하고 운송인에게 운송물을 보관시키는 것은 운송인에게 불리하기 때문에 해운실무를 반영하여 규정한 것이다.[243]

위의 규정에 따라 운송물을 공탁하거나 세관 기타 관청의 허가를 받은 곳에 인도한 때에는 선하증권소지인 그 밖의 수하인에게 운송물을 인도한 것으로 본다(상법 제803조 제3항).

Ⅵ. 기타 권리

운송인은 운송과 관련하여 송하인에 대하여 ① 운송물제공청구권(상법 제792조 제1항 참조), ② 송하인이 당사자 간의 합의 또는 선적항의 관습에 의한 때와 곳에서 운송인에게 운송물을 제공하지 않은 때의 발항권(發航權)(상법 제792조 제2항), ③ 송하인에 대한 선적기간 내에 운송에 필요한 서류의 교부청구권(상법 제793조), ④ 위법선적물 또는 위험물에 대한 조치권(상법 제800조, 제801조), ⑤ 송하인이 운송물

241) 鄭暎錫, 海商法講義要論, 海印出版社, 2003, 151쪽.
242) 鄭燦亨, 商法講義(하), 제10판, 博英社, 2008, 897-898쪽.
243) 孫珠瓚, 商法(하), 제10정증보판, 博英社, 2002, 820쪽; 蔡利植, 商法講義(하), 개정판, 博英社, 2003, 686쪽.

의 전부 또는 일부를 선적하고 운송계약을 해제 또는 해지한 경우 선적비용과 양륙비용의 청구권(상법 제835조), ⑥ 송하인에 대한 선하증권 등본의 교부청구권(상법 제856조) 등의 부수적 권리를 갖는다.

Ⅶ. 채권의 제척기간

운송인의 송하인 또는 수하인에 대한 채권은 그 청구원인의 여하에 불구하고 운송인이 송하인에게 운송물을 청구한 날 또는 인도할 날로부터 1년 내에 재판상 청구가 없으면 소멸하는데, 이 기간은 당사자 간의 합의에 의하여 연장할 수 있다(상법 제814조 제1항).

운송인이 인수한 운송을 다시 제3자에게 위탁한 경우에 송하인 또는 수하인이 위의 제척기간 이내에 운송인과 배상합의를 하거나 운송인에게 재판상 청구를 하였다면, 그 합의 또는 청구가 있은 날로부터 3월이 경과하기 이전에는 그 제3자에 대한 운송인의 채권은 위의 기간에도 불구하고 소멸하지 아니한다(상법 제814조 제2항).[244)]

이때 운송인이 송하인 등으로부터 재판상 청구를 받은 경우에는 그로부터 3개월 이내에 그 제3자에 대하여 소송고지를 하면 3개월의 기간은 그 재판이 확정되거나 그 밖에 종료된 때부터 기산한다(상법 제814조 제3항).

---

244) ① 대법원은 재운송계약이 있는 경우 원수운송인이 선하증권소지인에게 배상한 금액에 대하여 재운송인에게 구상권을 행사하는 경우에 상법 제811조(현행 상법 제814조에 해당)가 적용되지 않는다고 판시하여(大判 2001.10.30, 2000 다 62490(公報 2001, 2557)) 이 문제를 해결하였으나, 현행 상법은 입법으로 해결하였다.
② 大判 2001.10.30, 2000 다 62490(公報 2001, 2557) : 해상물건운송계약에 있어 계약운송인과 실제운송인과의 관계와 같이 복수의 주체가 운송물의 멸실·훼손으로 인하여 선하증권소지인에 대하여 연대하여 손해배상책임을 부담하는 경우, 어느 일방이 선하증권소지인에 대하여 먼저 손해액을 배상한 후 다른 일방에 대하여 그 배상금액을 구상하는 경우에는, 운송인의 채권·채무의 소멸을 규정하고 있는 상법 제811조 소정의 단기제척기간에 관한 규정은 적용되지 않는다고 할 것이다.

제 3 절
복합운송계약

제1관 의의

복합운송(複合運送 : multimodal transport)은 이른바 일관운송(通運送 또는 連絡運送이라고도 함 ; through transport, Durchfrachtvertrag)과 관련하여 이해하는 것이 타당하다. 일관운송이라 함은 하나의 운송계약에 여러 명의 운송인이 관여하는 경우로서, 처음부터 운송인 및 운송수단의 복수가 예정되어 있다.[245] 그런데 이러한 일관운송은 사용되는 운송방식(mode of transport)에 따라서 선박에 의한 해상운송, 열차에 의한 철도운송, 트럭에 의한 도로운송, 비행기에 의한 공중운송 등으로 구분되는데, 각 운송구간에서의 운송이 같은 운송방식에 의하여 이루어지는 경우를 단순일관운송(unimodal through transport)이라 하고, 다른 종류의 운송방식이 서로 연결되어 이루어지는 경우를 복합운송이라고 한다.[246] 그리고 이러한 복합운송이 두 나라 이상에 걸쳐서 즉 국제적으로 이루어질 때에 이를 국제복합운송이라고 한다(국제연합국제물건복합운송협약 제1조 제1호).

그런데 복합운송을 넓은 의미에서 일관운송의 일종으로 보는 이러한 견해와는 달리 복합운송과 일반적으로 알려진 일관운송을 전연 별개로 보는 견해[247]도 있다. 이에 의하면 일관운송은 다른 종류의 운송방식을 전제로 하지 않으며, 또 운송의 실행도 각 구간별로 국지적으로 이루어지기 때문에 운송책임도 복합운송의 경우와 달라 보통 한 운송인에게 집중하는 일이 없다는 것이다. 이러한 견해는 일관운송의 인식방법에 대한 차이에서 오는 것으로 생각된다.[248]

---

245) 徐燉珏, 第三全訂 商法講義(下卷), 서울, 法文社, 1985, 538쪽.

246) 谷川 久·高田四郎·櫻井玲二, 改訂コンテナB/L. 東京, 勁草書房, 1974, 5쪽. "複合運送"의 英文表現은 複合運送協約에서 multimodal transport로 되어 있으나, 일반적으로는 combined transport 또는 intermodal transport라는 用語가 보다 널리 사용되었다.

247) H.G. R hreke, "Combined Transport and The Hague Rules," European Transport Law, 10(1975), p. 621.

248) 정영석, 국제해상운송법, 범한서적주식회사, 2004, 246쪽.

복합운송은 이와 같이 서로 다른 운송방식의 결합이므로 운송을 위한 용기(receptacle)가 무엇인가 하는 것은 전연 문제가 아니다. 그러나 잡다한 물건을 용기 안에 통합할 수 있으면 복합운송을 더욱 추진할 수 있고, 그러한 용기의 대표적인 것이 컨테이너이므로 실무적으로는 복합운송은 컨테이너운송(container transport)을 의미하는 것으로 사용되기도 한다.[249] 또 컨테이너는 상품의 생산자의 문 앞에서 소비자의 문 앞까지의 복합일관운송에 이용되는 것이 보통이므로 흔히 컨테이너복합운송이라는 표현을 쓰기도 한다. 오늘날 복합운송은 컨테이너의 활용과 불가분의 관계에 있기 때문이다.

그러나 이론상으로는 서로 다른 운송방식의 결합으로 이루어지는 일관운송은 모두 복합운송이므로, 가령 문명발달 이전의 고대에 흔히 있었을 것으로 추측되는 소, 말(馬) 또는 낙타와 범선 등을 차례로 이용하여 이루어진 장거리운송도 하나의 복합운송의 형태라 할 수 있을 것이다.[250]

그러므로 넓은 의미의 복합운송계약(contract of multimodal transport; contract of combined transport)이란 일관운송계약(through transport: '通運送'이라고도 한다) 중 선박과 트럭에 의한 일관운송 또는 항공기와 트럭에 의한 일관운송, 트럭·선박·항공기에 의한 일관운송, 철도·선박·트럭에 의한 일관운송과 같이 2개 이상의 운송수단(mode of transport)이 어떠한 형태로든 서로 연계되어 수행하는 일관운송을 내용으로 하는 운송계약을 말한다. 단순일관운송계약과 다른 점은 서로 상이한 운송수단에 의한 운송이라는 점에 있다.[251]

좁은 의미의 복합운송계약은 선박과 트럭에 의한 운송, 선박과 철도에 의한 운송, 선박과 항공기에 의한 운송 등과 같이 반드시 해상운송이 포함된 복합운송을 의미한다. 복합운송계약을 이렇게 좁은 의미에 한정하여 정의하는 경우는 매우 예외적이지만, 우리 상법 제816조에서 '해상 외의 운송구간이 포함된 경우'라고 정의하고 있으므로 우리 상법 제816조에서 의미하는 복합운송계약에 한정할 경우에 이러한 정의가 가능하다.

종래에는 해상운송과 육상운송을 효율적으로 연결하는 방법이 거의 없었고, 또 해상운송법과 육상운송법은 운송인의 책임원칙이 다른 독자적인 법 규정을 가지고 있기 때문에 법률관계를 획일적으로 처리할 수 없었으므로, 이러한 운송형태를 이용할

---

249) H.G. R hreke, "Combined Transport and The Hague Rules," European Transport Law, 10(1975), p. 620.

250) 정영석, 국제해상운송법, 범한서적주식회사, 2004, 246쪽.

251) 鄭燦亨, 商法講義(하), 제10판, 博英社, 2008, 832쪽.

실익이 적었다. 그러나 컨테이너가 운송에서 널리 이용되는 것과 함께 복합운송의 경제적 효용이 매우 증대됨에 따라 복합운송계약이 매우 중요하게 여겨지게 되었다.

제2관 복합운송인의 책임

현행 상법은 해상편 제2장 운송과 용선 제1절 개품운송계약의 제일 마지막 조문인 제816조에서 복합운송인의 책임에 대하여 1개의 조문을 두고 있다.

첫째, 손해가 발생한 구간을 알 수 있는 경우의 운송인의 책임에 대하여 상법은 다음과 같이 규정하고 있다.

'운송인이 인수한 운송에 해상 외의 구간이 포함된 경우, 운송인은 손해가 발생한 운송구간에 적용될 법에 따라 책임을 진다'(상법 제816조 제1항).

둘째, 손해가 어느 구간에서 발생하였는지 불분명한 경우 등의 운송인의 책임에 대하여는 다음과 같이 규정하고 있다.

'어느 운송구간에서 손해가 발생하였는지 불분명한 경우 또는 손해의 발생이 성질상 특정한 지역으로 한정되지 아니하는 경우에는 운송인은 운송거리가 가장 긴 구간에 적용되는 법에 따라 책임을 진다. 다만, 운송거리가 같거나 가장 긴 구간을 정할 수 없는 경우에는 운임이 가장 비싼 구간에 적용되는 법에 따라 책임을 진다'(상법 제816조 제2항). 그러므로 복합운송인은 사고가 해상에서 발생하였으면 해상운송법에 의한 책임을 부담하고, 육상이나 항공구간에서 발생하였으면 육상운송법이나 항공운송법에 의한 책임을 부담한다. 그런데 손해가 발생한 구간이 밝혀지지 않은 경우(concealed damage)에는 운송거리가 가장 긴 구간에 적용되는 법, 운송거리가 같거나 가장 긴 구간을 정할 수 없을 경우에는 운임이 가장 비싼 구간에 적용되는 법에 따라 책임을 지는 것으로 규정하고 있는데, 이는 매우 특이한 원칙이다.

일반적으로 복합운송인의 책임제도를 구간별책임제도(network liability system)와 단일책임제도(uniform liability system: 統一責任制度라고도 한다)로 구분하고 있다.[252] 구간별책임제도는 손해가 발생한 구간이 알려진 경우(known damage)에는 그 구간에 적용되는 기존의 운송법을 적용하고, 손해가 발생한 구간이 알려지지 않은 경우(concealed damage) 또는 알고 있는 경우라 하더라도 그 구간에 적용할 국제협약이나 강행법규가 없는 경우에는 따로 정한 일정한 방식의 책임원칙을 적용하는 것

252) 자세한 내용은 '정영석, 국제해상운송법, 범한서적주식회사, 2004, 253-256쪽 참조.'

을 말한다. 한편, 단일책임제도는 운송인은 운송물의 멸실·훼손 등 손해가 발생한 운송구간이나 운송방식의 여하에 관계 없이 항상 같은 책임원칙이 적용되는 것을 말한다. 이밖에도 타이업책임제도(tie up system)[253]는 운송물의 멸실 또는 훼손이 생긴 구간이나 운송방식이 입증된 경우에는 복합운송인의 책임을 정하기 위하여 그 구간이나 운송방식에 적용되는 기존의 모든 책임원칙을 그대로 예외 없이 적용한다는 원칙이다. 구간별책임제도와 다른 점은 계약약관도 원용할 수 있다는 점이다.

그런데 당사자 간에 상법 제816조와 다른 약정을 한 경우에 그 약정의 효력이 있는지 여부가 문제되는데, 상법 제816조가 개품운송계약의 절에 속한 점을 볼 때 이는 개품운송계약과 마찬가지로 부합계약의 일종으로 보았기 때문이라고 생각한다. 그러므로 상법 제816조의 규정보다 운송인의 책임을 경감 또는 면제하는 특약은 그 효력이 없다고 보아야 한다(상법 제799조 제1항 유추적용).[254]

우리 상법의 규정은 일응 구간별책임제도로 볼 수 있는 책임원칙을 규정하고 있으나, 제816조 제2항의 책임원칙은 기존의 국제협약이나 표준계약서식 등에서도 볼 수 없는 아주 특이한 원칙이다. 손해발생구간도 불분명하지만, 책임의 내용 역시 매우 유동적이라고 본다. 또 운임이 가장 비싼 구간에 적용되는 법을 하나의 기준으로 제시한 것은 책임의 내용 역시 가장 무거운 것으로 가져 가려는 의도로 보이지만, 반드시 그렇게 단정할 수는 없을 것이다. 육상운송에서는 책임한도가 없는 반면, 해상운송구간이나 항공운송구간에서는 책임한도가 설정되어 있기 때문이다. 또 운임이 가장 비싸다는 의미를 운임의 총액으로 보아야 할지 아니면 단위당 운임을 의미하는 것으로 보아야 할지, 또 단위당이라고 하더라도 운송거리를 기준으로 하는 것인지, 운송물의 중량이나 부피를 기준으로 하는 것인지가 해석상 불명확하다.

또 복합운송의 경우에 해륙복합운송의 경우가 가장 일반적이지만, 육공복합운송이나 철도와 도로운송이 연계된 복합운송도 많이 이루어지고 있으므로 해상구간을 반드시 포함하는 복합운송에 한정할 것은 아니라고 생각한다. 그러므로 상법에서 해상편에 복합운송규정을 둔 것은 합리적인 입법인지에 대하여 의문이 있고, 상행위편에서 규정하는 것이 합리적이지 않았을까 하는 생각이 든다.

253) 谷川久·高田四郎·櫻井玲二, 改訂コンテナB/L: 國際コンテナ複合運送人の責任, 東京: 勁草書房, 1974, 121-122쪽.

254) 鄭燦亨, 商法講義(하), 제10판, 博英社, 2008, 833쪽.

제 4 절
해상여객운송계약

제1관 의의

Ⅰ. 의의

해상여객운송계약(海上旅客運送契約)이라 함은 '운송인이 특정한 여객을 출발지에서 도착지까지 해상에서 선박으로 운송할 것을 인수하고, 이에 대하여 상대방이 운임을 지급할 것을 약정함으로써 그 효력이 생기는 계약'이다.[255)]

해상여객운송계약은 운송의 객체가 사람이라는 점에서, 운송물을 보관하는 물건운송계약과 다를 뿐, 계약의 법적 성질이 도급계약, 낙성・불요식계약에 속하는 등 양자의 법적 성질은 대부분 동일하다. 그러므로 상법 제817조 내지 제825조에서 약간의 특별규정을 두고 있을 뿐이고, 그 밖의 사항에 대하여는 육상여객운송의 규정과 개품운송계약에 관한 규정을 준용하는 경우가 많다(상법 제826조).[256)] 이는 용선계약에 의한 여객운송계약은 매우 예외적인 경우이고 상법의 규정은 소위 개품운송계약과 마찬가지로 부합계약에 속하는 개개의 여객을 대상으로 한 여객운송계약에 관한 규정이기 때문이다. 법의 적용에 있어서는 여객운송목적의 항해용선계약은 물건운송을 목적으로 한 항해용선계약과 계약의 구조나 법적 성질이 동일하므로 물건운송에 관한 항해용선계약의 상법의 규정을 준용한다(상법 제827조 제2항). 이때 용선자와 여객 사이에서는 먼저 재운송인 여객운송계약의 정하는 바에 따른 다음 상법의 규정이 적용된다.[257)]

255) 宋相現・金炫, 海商法原論, 제3판, 博英社, 2005, 349쪽 참조.
256) 宋相現・金炫, 海商法原論, 제3판, 博英社, 2005, 349쪽 참조.
257) 宋相現・金炫, 海商法原論, 제3판, 博英社, 2005, 350쪽 참조.

II. 해상여객운송계약에 대한 국제협약

국제해상여객운송에 관하여는 1961년 브뤼셀 해사법외교회의에서 「해상여객운송에 관한 규칙의 통일을 위한 국제협약」(International Convention for the Unification of Certain Rules relating to the Carriage of Passengers by Sea)이 성립되었다.[258] 또 1967년에는 「여객의 수화물의 해상운송에 관한 규칙의 통일을 위한 국제협약」(International Convention for the Unification of Certain Rules relating to Carriage of Passenger's Luggage by Sea, done at Brussels)이 성립되었다.[259]

그러나 해상여객운송에 관하여 이와 같이 두 개의 협약이 병존하는데서 오는 상위와 불편을 제거하여 하나의 통합협약을 만들 필요가 생겼다. 이에 1974년 12월 정부간 해사자문기구(Intergoverntal Maritime Consultative Organisation : IMCO)의 주관 아래 아테네에서 열린 해사법외교회의에서 위의 양 협약을 수정・통합하는 새로운 협약인 「해상여객 및 그 수하물의 운송에 관한 아테네 협약」(Athen's Convention relating to the Carriage of Passengers and their Luggage by Sea, Dec. 13, 1974)이 성립되었다.[260] 이 협약은 다시 1976년,[261] 1990년,[262] 2002년[263]에 각각 개정의정서가 채택되었다.

258) 1961년 4월 29일 채택되어, 1965년 6월 4일 발효된 이 협약은 2008년 12월 1일 현재 12개국이 가입하였다(CMI, Yearbook 2005-2006, pp. 443-444).
이 협약은 과실책임주의에 의하여 운송인의 손해배상책임을 최고 250,000금프랑으로 제한하였다. 이 협약의 내용에 관하여는 [孫珠瓚, '海上旅客運送人의 損害賠償責任', 檀國大學校 法學論叢, Vol. 7 No. 1, 1966, 52쪽] 이하 참조.

259) 1967년 5월 27일 채택되어 미발효 상태인 이 협약은 알제리아와 쿠바의 2개국이 가입하였다(CMI, Yearbook 2005-2006, pp. 443-444).
이 협약은 과실책임주의에 의하여 항해과실은 면책사유로 하였고, 수하물의 손해에 대하여 여객 1인당 10,000금프랑으로 책임을 제한하였고, 고가물에 대하여는 특별규정을 두었다.

260) 1974년 12월 13일 채택되어 1987년 4월 28일 발효된 이 협약은 2008년 12월 1일 현재 32개국이 가입하였다. 우리나라는 가입하지 않았다(CMI, Yearbook 2005-2006, pp. 481-482).
이 협약에 따르면 국제해상여객운송인은 여객의 사상에 대하여 여객 1인당 70만 포앙 까레 프랑을 한도로 책임을 지고, 여객의 휴대수하물의 멸실・훼손에 대하여도 여객 1인당 12,500 포앙 까레 프랑을 한도로 책임을 진다(동 협약 제7조・제8조). 그러나 이 협약에서 사용된 계산단위인 포앙까레 프랑은 1976년의 런던 추가의정서에 의하여 국제통화기금의 특별인출권(SDR)으로 전환되었다.

261) 1976년 개정의정서는 1976년 11월 19일 채택되어 1989년 4월 30일 발효되었고, 2008년 12월 1일 현재 25개국이 가입하였다. 우리나라는 가입하지 않았다(CMI, Yearbook 2005-2006, pp. 484-485).

262) 1990년 개정의정서는 1990년 3월 29일 채택되었고, 미발효 상태이다. 2008년 12월 1일 현재 6개국이 가입하였다. 우리나라는 가입하지 않았다(CMI, Yearbook 2005-2006, p. 486).

263) 2002년 개정의정서는 2002년 11월 1일 채택되었고, 아직 미발효 상태이다. 2008년 12월 1일 현재 4개국이 가입하였다. 우리나라는 가입하지 않았다(CMI, Yearbook 2005-2006, p. 486).
개정협약의 소개는 [김인현, "해상여객 및 수하물운송에 관한 2002년 개정아테네협약", 상사법연구, 제22권 제1호, 한국상사법학회, 525-548쪽] 참조.

제 2 관 해상여객운송계약의 성립

Ⅰ. 계약당사자

해상여객운송계약의 당사자는 운송인과 운송계약의 객체이기도 하며 동시에 운임을 지급하는 여객 자신이다. 여객운송을 목적으로 하는 항해용선계약이 체결된 경우에는 용선자가 해상여객운송계약의 당사자가 된다(상법 제827조 제2항). 또 이론상으로는 여객운송을 목적으로 정기용선계약을 체결할 수도 있을 것이다. 그러나 이와 같이 여객의 운송을 위하여 정기용선계약이나 항해용선계약을 체결한 경우에는 용선자가 제3의 여객을 대상으로 해상여객운송계약을 체결하는 재운송계약의 형태로 용선자가 운송인의 지위를 취득할 수도 있다. 선체용선계약의 용선자가 해상여객운송계약의 당사자가 될 수 있음은 몰론이다.[264] 또 예외적으로 부모가 자녀의 운송을 위탁하는 경우와 같이 운송계약 당사자와 여객이 다른 경우도 있다(제3자를 위한 해상여객운송계약).

Ⅱ. 계약의 체결

해상여객운송계약은 해상물건운송계약과 마찬가지로 도급계약이고, 낙성·불요식계약이다. 6세 미만의 소아에 대한 무임승선 등 예외적으로 무상계약인 경우도 있지만 원칙적으로는 유상계약(有償契約)이다. 원칙적으로 운송계약서의 작성 또는 선표(乘船票; 乘船券: passage ticket)의 발행은 계약의 성립 요건이 아니지만, 실무상으로 해상여객운송인은 계약의 효력을 확보하고 법률관계를 간단하게 처리하기 위하여 운임을 선급시키고, 이에 대하여 선표(船票)를 기명식으로 발행하는 것이 보통이다.[265] 해상여객운송계약은 선표의 발행 시에 성립한다고 보는데, 승선 후에 선표를 구입하는 경우에는 승선 시에 성립한다고 본다.[266]

해상여객운송계약의 체결방법은 개품운송계약과 마찬가지로 보통거래약관에 의하여 정형적으로 체결되고 또한 부합계약성을 갖는다. 그러므로 상법은 개품운송인의 면책약관 또는 책임경감약관의 제한에 관한 규정을 여객운송인에게도 준용하고 있다

264) 鄭暎錫, 海商法講義要論, 海印出版社, 2003, 169쪽.
265) 鄭熙喆, 商法學(하), 博英社, 1990, 594쪽; 徐燉珏·鄭完溶, 商法講義(하), 제4전정, 1996, 638쪽; 孫珠瓚, 商法(하), 제10정증보판, 2002, 863쪽; 鄭燦亨, 商法講義(하), 제10판, 博英社, 2008, 883쪽.
266) 鄭燦亨, 商法講義(상), 제11판, 博英社, 2008, 351쪽 참조; 鄭熙喆, 商法學(상), 博英社, 1989, 243쪽; 鄭東潤, 商法總則·商行爲法, 改訂版, 博英社, 1996, 571쪽.

(상법 제826조 제2항, 제799조 제1항). 이 조항의 해석에 있어서도 여객은 상인이 아니므로 면책약관이나 책임경감약관을 제한하여 여객을 보호할 필요성이 개품운송계약 보다 더 크다고 생각되므로 상법의 규정에 반하여 여객운송인의 의무 또는 책임을 경감하거나 면제하는 약관은 무효가 된다.[267]

통상적인 해상여객운송계약의 체결절차는 먼저 운송인이 선박의 출입항의 시간과 운임표를 광고하여 불특정 다수의 여객에게 청약을 유인하고, 이러한 광고나 게시에 따라 여객이 청약하여 운송인이 승낙하면 여객운송계약이 성립한다.[268]

Ⅲ. 선표의 법적 성질

선표는 운임의 지급을 증명하고 운송청구권을 나타내는 증권이다. 선표의 유가증권성에 대하여는 선표의 형태에 따라 각각 다르게 설명된다.[269]

첫째, 선표제도는 집단적인 운송관계를 처리하기 위한 기술로서 인정된 것이지 유통을 목적으로 하는 것이 아니라는 점에서 선표의 유가증권성을 전면적으로 부정하는 견해도 있으나,[270] 법률관계를 획일적이고 신속하게 수행하여야 할 현대의 운송거래에서 필수불가결한 제도라는 점에서 볼 때 선표의 유가증권성을 굳이 부인할 필요는 없다고 본다(통설).

둘째, 승선 중에 청구가 있으면 언제든지 선표를 제시하여야 하고 또 회수를 할 때 이를 인도하여야 하므로 권리의 행사에 선표가 필요하므로 기명선표와 무기명선표를 구분하지 않고 모든 선표는 유가증권이라는 견해가 있으나,[271] 기명식선표나 승선후에 발행되는 선표는 유통이 되지 않으므로 권리의 행사에 선표를 필요로 하는 것이 아니고 운임의 지급을 증명하는 단순한 증거증권에 불과하다고 보아야 한다.[272]

셋째, 승선 전에 발행되는 선표에 대하여도 무기명식 또는 지시식 선표만 권리의 행사에 선표의 제시와 상환이 요건이라고 볼 수 있고 기명식선표는 유통성이 없으므로(상법 제818조) 운임지급과 승선계약에 대한 증거증권에 불과하다고 보아야 한다.[273]

---

267) 鄭熙喆, 商法學(하), 博英社, 1990, 594쪽.
268) 宋相現·金炫, 海商法原論, 제3판, 博英社, 2005, 352쪽.
269) 자세한 내용은 鄭燦亨, 어음·手票法講義, 제3개정판, 弘文社, 1999, 12-14쪽 참조.
270) 이 견해는 유가증권을 유통증권(negotiable instrument)과 동일시 하는 견해로서 유가증권이 유통증권과는 다른 면이 있다는 견해에서는 이를 인정하지 않는다(鈴木竹雄, 商行爲法·海商法·保險法, 弘文堂, 1954, 53쪽).
271) 鄭燦亨, 商法講義(상), 제11판, 博英社, 2008, 351쪽.
272) 宋相現·金炫, 海商法原論, 제3판, 博英社, 2005, 349쪽 참조; 西原寬一, 商行爲法, 有斐閣, 1973, 333쪽.
273) 李哲松, 商法總則·商行爲, 博英社, 1989, 438쪽.

넷째, 무기명식 또는 지시식으로 선표가 발행된 경우에도 선표가 개찰된 후에는 운송인은 특정인에 대해서만 운송채무를 부담하므로 그 선표는 유가증권성을 상실하고 단순한 증거증권[274]으로 변한다고 보아야 한다.[275]

제3관 해상여객운송계약의 효력

Ⅰ. 해상여객운송인의 권리

1. 운임청구권

해상여객운송인은 여객의 운송에 대한 보수(consideration)로서 운임을 청구할 수 있다(상법 제817조). 해상여객운송인은 상인이므로(상법 제4조, 제46조 제13호), 당사자 간에 보수에 관한 특약이 없더라도 여객에 대하여 상당한 운임을 청구할 수 있다(상법 제61조). 운임의 지급 시기는 운송계약이 도급계약이므로 운송을 종료한 후에 지급하는 것이 원칙이지만(민법 제665조), 약관 또는 상관습에 의하여 승선 전에 선급하는 것이 일반화되어 있다. 또 운임은 당사자 간의 약정에 의하여 정하여지는 것이 원칙이지만, 일반적으로 운임표에 의하여 정형화되어 있다.

또 여객의 탁송수하물의 전부 또는 일부가 멸실된 경우에 운송인이 운임청구권을 갖는가에 대하여는 운송물의 멸실이 누구의 과실에 의한 것이냐에 달려 있는데, 이에 대하여는 상법 제134조에 특칙을 두고 있다(상법 제826조 제2항, 제134조).

첫째, 탁송수하물의 전부 또는 일부가 '송하인의 책임 없는 사유'로 인하여 멸실하였을 때에는 운송인은 그 운임을 청구하지 못한다. 만일 운송인이 이미 운임의 전부 또는 일부를 받았으면 이를 반환하여야 한다(상법 제826조, 제134조 제1항). 그러나 운송물이 훼손 또는 연착한 데 지나지 않는 경우에는 운송이 완료된 것이므로, 운송인은 손해배상책임을 부담하는 것은 물론이고 운임청구권을 갖는다.

탁송수하물의 전부 또는 일부가 '송하인의 책임 없는 사유'로 인하여 멸실된 경우는, 다시 '운송인의 책임 없는 사유'로 인한 경우와 '운송인의 책임 있는 사유'로 인한 경우로 나누어진다.

① '운송인의 책임 없는 사유'로 인한 경우는 불가항력에 의한 경우로, 민법의 일반

274) 孫珠瓚, 商法(상), 전정증보판, 博英社, 1985, 261쪽; 崔基元, 商法學新論(상), 전정증보판, 博英社, 1986, 285쪽.

275) 鄭暎錫, 海商法講義要論, 海印出版社, 2003, 169쪽.

원칙인 채무자위험부담주의(민법 제537조)에 의하여도 운송인은 운임청구권을 갖지 못한다. 따라서 이 경우 상법 제134조 제1항은 다만 주의규정에 불과하다고 볼 수 있다. 그런데 상법 제134조 제1항은 임의규정이므로 운송인은 특약에 의하여 운임청구권을 가질 수 있다.[276]

② '운송인의 책임 있는 사유'로 인하여 탁송수하물이 멸실된 경우에는 당연히 운송인이 운임청구권을 갖지 못한다. 오히려 운송인은 송하인에 대하여 탁송수하물의 멸실로 인한 손해배상책임을 부담한다.

둘째, 탁송수하물의 전부 또는 일부가 '그 성질이나 하자 또는 송하인의 과실'로 인하여 멸실한 때에는 운송인은 운임의 전액을 청구할 수 있다(상법 제826조, 제134조 제2항). 운송물의 성질이나 하자가 추가되어 있는 점이 채권자의 귀책사유로 인한 이행불능에 관한 민법 제538조 제1항의 규정에 대한 보충적 의미를 갖는다.[277]

2. 발항권

선장은 여객이 승선시기까지 승선하지 아니한 때에는 즉시 발항할 수 있고, 항해도중의 정박항에서도 동일하다(상법 제821조 제1항). 이 경우에 여객은 운임의 전액을 지급하여야 한다(상법 제821조 제2항). 상법 제2장 제2절의 해상여객운송계약에 관한 규정은 소위 개품운송계약에 대비되는 여객운송계약을 규율하는 법 규정이다. 즉, 계약의 내용에 따라 정기적 또는 부정기적으로 운항일정이 정해진 특정 선박에 개개의 여객을 운송할 것을 목적으로 체결되는 계약을 규율하는 법 규정이므로 정해진 항해일정을 준수할 의무를 운송인과 여객이 모두 부담하게 된다.

3. 담보권

해상여객운송인의 여객에 대한 운임청구권에 대한 담보권에 대하여는 특별한 규정이 없다. 따라서 상법과 민법의 일반원칙에 의한다. 다만, 여객의 수하물이 있으면 이에 대한 특별상사유치권을 갖는다고 본다(상법 제807조 제2항 유추적용).[278] 이에 반하여 민사유치권(민법 제320조)만 인정된다는 견해도 있으나,[279] 이렇게 되면 해상여객운송인은 탁송수하물에 관한 운임에 대해서만 유치권을 행사할 수 있을 뿐이

276) 大判 1972.2.22, 72 다 2500.
277) 鄭熙喆, 商法學(상), 博英社, 1989, 238쪽; 鄭東潤, 商法總則·商行爲法, 博英社, 1996, 537쪽.
278) 鄭燦亨, 商法講義(상), 제11판, 博英社, 2008, 357-358쪽; 孫珠瓚, 商法(상), 제15보정판, 博英社, 2004, 373쪽; 鄭東潤, 商法總則·商行爲法, 博英社, 1996, 579쪽; 崔基原, 商法學新論(상), 제15판, 博英社, 418쪽; 蔡利植, 商法講義(상), 改訂版, 1996, 334쪽; 李基秀·崔漢峻·金聖虎, 商法總則·商行爲法, 博英社, 2003, 508쪽.
279) 林泓根, 商行爲法, 博英社, 1989, 895쪽.

다. 그런데, 보통 탁송수하물에 관한 운임은 없으므로 결국 여객운송인의 유치권을 인정하지 않는 것과 같게 된다. 그러나 해상여객운송인의 운임채권 등을 확보해 주기 위해서는 여객운송인의 특별상사유치권을 인정해 주는 것이 합리적이라고 본다.

4. 채권의 소멸

해상여객운송인의 여객에 대한 운임청구권과 이에 관한 담보권의 행사기간에 대하여 특별한 규정은 없다. 따라서 일반상사채권과 같이 상사소멸시효가 적용되어 5년간 권리를 행사하지 않으면 소멸시효가 완성한다고 본다(상법 제64조).

또 해상여객운송인의 수하물에 관하여 발생한 채권은 해상물건운송인의 채권과 같이 그 수하물을 인도한 날 또는 인도할 날로부터 원칙적으로 1년의 제척기간의 경과로 소멸한다(상법 제826조 제2항·제3항, 제814조).

II. 해상여객운송인의 의무

해상여객운송계약은 운송의 객체가 운송인이 점유할 수 없는 여객이라는 점 외에는 운송계약이라는 공통성 때문에 개품운송계약이나 육상여객운송계약과 같은 점이 많으므로, 양자에 관한 규정을 해상여객운송인에게도 준용하고 있다(상법 제826조). 즉, 해상여객운송인의 의무에 관하여 개품운송인과 같은 의무를 지운 것으로는 감항능력주의의무(상법 제826조 제1항, 제794조)를 들 수 있다.

그러나 해상여객운송계약은 그 객체가 사람이고 또한 선박에 의한 장기간의 운송이라는 특색에서 다음과 같은 몇 가지 특별규정을 두고 있다. 즉, 여객에 대한 항해중의 식사 및 거처제공의무(상법 제819조 제1항), 선박수선 중의 거처·식사제공의무(상법 제819조 제2항), 휴대수하물 무임운송의무(상법 제820조), 사망한 여객의 휴대수하물처분의무(상법 제824조) 등이 규정되어 있고, 명문의 규정의 유무와 관계없이 해상여객운송계약의 성질상 여객을 탑승시키거나 목적지 등에서 상륙하도록 할 의무가 당연히 발생한다고 본다.

또 탁송수하물에 대하여는 운송인이 감항능력 주의의무(상법 제826조 제2항, 제794조), 운송물에 관한 주의의무(상법 제826조 제2항, 제795조)를 부담하여야 한다.

III. 해상여객운송인의 책임

상법은 해상여객운송인의 손해배상책임에 대하여 여객 자신의 손해·탁송수하물의 손해 및 휴대수하물의 손해에 대한 손해배상책임을 각각 구별하여 규정하고 있다. 또

수하물의 손해에 대한 손해배상책임에 대하여는 육상물건운송인과 해상편의 개품운송인의 책임에 관한 규정을 준용하는 것으로 규정하고 있다(상법 제826조 제1항 내지 제3항).

1. 여객에 대한 책임

가. 책임발생원인

해상여객운송인의 여객 자신의 손해에 대한 손해배상책임은 육상여객운송인의 책임에 대한 규정을 준용하고 있다(상법 제826조 제1항, 제148조). 즉, '운송인은 자기 또는 사용인이 운송에 관한 주의를 해태하지 아니하였음을 증명하지 아니하면 여객이 운송으로 인하여 받은 손해를 배상할 책임을 면하지 못한다'라고 규정하여 해상여객운송인의 손해배상책임에 대하여 과실책임주의를 취하고 있다.[280] 또 법원은 손해배상의 액을 정함에 있어 피해자와 그 가족의 정상을 참작하여야 한다(상법 제826조 제1항, 제148조).[281]

이때 '여객이 운송으로 인하여 받은 손해'라 함은 보통 여객의 사상(死傷)으로 인한 손해를 의미하는데, 이외에 '여객의 피복 등에 발생한 손해' 또는 '연착으로 인한 손해' 등을 포함한다.[282] 한편, '여객에 대한 운송인의 손해배상의 액을 정함에 있어서 법원은 피해자와 그 가족의 정상을 참작하여야 한다(상법 제826조 제1항, 제148조 제2항)'라고 규정하고 있는데, 이때 여객의 손해는 그 성질상 '여객의 사상'으로 인한 손해'만을 의미한다고 보아야 하므로, 여객의 사상 이외의 여객의 손해에는 상법 제148조 제2항이 적용되지 아니 한다. 따라서 여객의 의류 등에 발생한 손해나 여객의 연착으로 인한 손해 등에는 민법의 일반원칙(민법 제390조 이하, 제750조 이하)에 의하여 운송인의 손해배상액이 결정되어야 할 것이다.[283]

'여객의 사상으로 인한 손해'는 재산적 손해뿐만 아니라 정신적 손해(慰藉料)도 포함한다.[284] 여객의 재산적 손해는 여객의 사상으로 인한 치료비·장례비와 같은 적극

---

280) 鄭燦亨, 商法講義(상), 제11판, 博英社, 2008, 352쪽 참조.

281) 大判 1987.10.28, 87 다카 1191(公報 814, 1788): 상법 제830조(현행 상법 제826조)에 의하여 준용되는 동법 제148조의 규정은 여객이 해상운송도중 그 운송으로 인하여 손해를 입었고 또 그 손해가 운송인이나 그 사용인의 운송에 관한 주의의무의 범위에 속하는 사항으로 인하였을 경우에 한하여 운송인은 자기 또는 사용인이 운송에 관한 주의를 게을리 하지 아니하였음을 증명하지 아니하는 한 이를 배상할 책임을 면할 수 없다는 것이지 여객이 피해를 입기만 하면 그 원인을 묻지 않고 그 책임을 지우는 취지는 아니라 할 것이므로 여객이 입은 손해라도 그것이 운송인 또는 그 사용인의 운송에 관한 주의의무의 범위에 속하지 아니하는 한 운송인은 그로 인한 손해를 배상할 책임이 없다.

282) 徐燉玨·鄭完溶, 商法講義(상), 제4전정, 博英社, 1999, 240쪽; 鄭東潤, 商法總則·商行爲法, 博英社, 1996, 576쪽; 李基秀·崔漢峻·金聖虎, 商法總則·商行爲法, 博英社, 2003, 500쪽.

283) 鄭燦亨, 商法講義(상), 제11판, 2008, 352쪽.

적인 손해뿐만 아니라, 장래의 일실이익(逸失利益)과 같은 소극적인 손해를 포함한다. 여객의 일실이익에 대하여 우리나라 대법원 판례에는, '여객의 사망으로 인한 일실이익을 산정함에 있어서는 사망 당시의 수익을 기준으로 함이 원칙이고 사망 당시 직업이 없었다면 일반노동임금을 기준으로 할 수밖에 없으나, 사망 이전에 장차 일정한 직업에 종사하여 그에 상응한 수익을 얻게 될 것으로 확실하게 예측할 만한 객관적 사정이 있을 때에는 장차 얻게 될 수익도 일실이익에 포함된다'라고 판시하고 있다.[285] 정신적 손해는 재산적 손해의 배상만으로는 회복될 수 없는 정신적 고통을 입었다는 특별한 사정이 있는 경우에만 제한적으로 인정된다고 본다. 이때, 여객이 상해를 입은 경우에는 여객에게 있고, 그 후 여객이 다른 원인으로 사망한 경우에는 여객의 상속인에게 승계된다. 다만, 여객이 즉사한 경우에는 위자료청구권이 여객의 상속인에게 있는가가 문제되는데, 사고와 사망사이에는 시간적 간격을 인정하여 위자료청구권이 상속된다고 해석함이 타당하다.[286] 여객인 사자(死者)는 권리의무의 주

---

284) ① 大判 1996.12.10, 96 다 36289 :일반적으로 위임계약에 있어서 수임인의 채무불이행으로 인하여 위임의 목적을 달성할 수 없게 되어 손해가 발생한 경우, 그로 인하여 위임인이 받은 정신적인 고통은 그 재산적 손해에 대한 배상이 이루어짐으로써 회복된다고 보아야 하고, 위임인이 재산적 손해에 대한 배상만으로는 회복될 수 없는 정신적 고통을 입었다는 특별한 사정이 있고, 수임인이 그와 같은 사정을 알았거나 알 수 있었을 경우에 한하여 정신적 고통에 대한 위자료를 인정할 수 있다.

② 大判 1994.12.13, 93 다 59779 : 일반적으로 임대차계약에 있어서 임대인의 채무불이행으로 인하여 임차인이 임차의 목적을 달할 수 없게 되어 손해가 발생한 경우, 이로 인하여 임차인이 받은 정신적 고통은 그 재산적 손해에 대한 배상이 이루어짐으로써 회복된다고 보아야 할 것이므로, 임차인이 재산적 손해의 배상만으로는 회복될 수 없는 정신적 고통을 입었다는 특별한 사정이 있고, 임대인이 이와 같은 사정을 알았거나 알 수 있었을 경우에 한하여 정신적 고통에 대한 위자료를 인정할 수 있다.

285) ① 大判 1982.7.13, 82 다카 278(公報 688, 750): 여객운송인이 운송으로 인하여 사망한 여객이 입은 일실수익의 손해에 대한 배상을 함에 있어 그 액수의 산정은 사망 당시의 수익을 기준으로 함이 원칙이고 사망 당시 일정한 직업이 없었다면 보통사람이면 누구나 종사하여 얻을 수 있는 일반노동임금을 기준으로 할 수 밖에 없으나, 사망 이전에 장차 일정한 직업에 종사하여 그에 상응한 수익을 얻게 될 것이 확실하게 예측할 수 있는 객관적 사정이 있을 때에는 장차 얻게 될 수익을 기준으로 그 손해액을 산정할 수 있다고 할 것인 바….

② 大判 1983.6.28, 83 다 191 : 불법행위로 인한 일실수익의 산정은 노동력상실 당시의 수익을 기준으로 하여야 할 것이나 장차 그 수익이 증가될 것이 상당한 정도로 확실하게 예측할 수 있는 객관적인 자료가 있는 경우에는 장차 증가될 수익도 일실수익을 산정함에 마땅히 고려되어야 할 것이나, 이는 특별손해로서 가해자가 이를 알았거나 알 수 있었을 때에 한하여 배상책임이 있다(동일한 취지의 판결, 大判 1988.6.28, 87 다카 1858)

286) 大判 1969.4.15, 69 다 268 : 피고 소송수행자의 상고이유에 대하여, 정신적 고통에 대한 피해자의 위자료 청구권도 재산상의 손해배상 청구권과 구별하여 취급할 근거없는 바이므로 그 위자료 청구권이 일신 전속권이라 할 수 없고 피해자의 사망으로 인하여 상속된다 할 것이며 피해자의 재산상속인이 민법 제752조 소정의 유족인 경우라 하여도 그 유족이 민법 제752조 소정 고유의 위자료 청구권과 피해자로 부터 상속받은 위자료 청구권을 함께 행사할 수 있다고 하여 그것이 부당하다 할 수 없고 피해자의 위자료 청구권은 감각적인 고통에 대한 것 뿐만 아니라 피해자가 불법 행위로 인하여 상실한 정신적 이익을 비재산 손해의 내용으로 할 수 있는 것이어서 피해자가 즉사한 경우라 하여도 피해자가 치명상을 받은 때와 사망과의 사이에는 이론상 시간적 간격이 인정 될 수 있는 것이므로 피해자의 위자료 청구권은 당연히 상속의 대상이 된다고 해석함이 상당하고 원판결의 이와 같은 판단에 위법이 있을 수 없으며 원판결이 확정한 사실에 의하면 피해

체가 될 수 없으므로 위자료청구권을 취득할 수 없고, 그 상속인은 운송계약의 당사자가 아니므로 운송인의 채무불이행에 기한 위자료청구권을 행사할 수 없다고 하는 판례가 있으나,[287] 이는 이미 설명한 바와 같이 채무불이행을 원인으로 하는 청구에서도 위자료청구권을 제한적으로 인정하고 있는 판례와 위자료청구권의 상속에 관한 시간적 간격설에 기한 판례로 인하여 변경되었다고 본다. 여객이 사망한 경우에는 상해의 경우보다 더 피해자 측을 보호할 필요가 있다는 점 등에서 볼 때, 여객은 위자료청구권을 취득하고 이 권리는 상속인에게 승계된다고 보는 것이 타당하다고 본다.[288] 다만, 실제 위자료를 산정함에 있어서는 상속된 여객 본인의 위자료 청구권과 유가족의 위자료청구권이 별개로 존재하면서 그 액수에 있어서 종합적으로 고려하기 때문에 큰 의미는 없을 것으로 보인다.

여객의 사상으로 인한 손해배상액을 정함에는 법원은 피해자와 그 가족의 정상을 참작하여야 한다(상법 제826조 제1항, 제148조 제2항). 이는 여객이 입은 특별손해에 대하여 당사자의 예견 유무를 묻지 않고 법원은 당연히 이를 참작하여야 한다는 것으로 민법 제393조 제2항의 예외가 된다. 다만, 해상여객운송인은 감항능력주의의무도 부담하기 때문에 이에 위반하여 여객이 입은 손해에 대하여도 이를 배상할 책임을 부담하고(상법 제826조 제1항, 제794조), 개품운송인의 책임에 관한 상법의 규정(상법 제794조 내지 제798조)에 반하여 운송인의 책임을 경감 또는 면제하는 당사자 간의 특약은 무효인 점(상법 제826조 제1항, 제799조 제1항)은 육상여객운송인의 경우와 다르다.

자는 휴가차 사고 장소에 와서 노숙 취침중 본건 피해를 보았다는 것이고 전투훈련 기타 직무집행 중에서 발생하였거나 국군의 목적상 사용하는 진지, 영내, 함정, 선박, 항공기, 기타 운반기구 안에서 발생한 전사, 순직 또는 공상으로 인한 것이 아니므로 국가배상법 제2조 단서 규정이 적용될 여지 없는 것이어서 원판결에 위 규정을 적용하지 아니한 위법이 있을 여지 없다.

287) 大判 1982.7.13, 82 다카 278(公報 688, 750): 그러나, 승객이 객차의 승강구에서 추락 사망한 경우 승객 아닌 그 망인의 처, 자녀들은 그로 인하여 정신적 고통을 받았다 하더라도 상법 제148조 제1항에 의하여 여객운송자에게 손해배상책임이 있음을 이유로 그들의 위자료를 청구할 수는 없다 할 것인바(당원 1974.11.12. 선고 74다997 판결 참조), 기록에 의하면 원고는 제1심 제7차 변론기일에 진술한 1981.6.15자 청구취지 및 청구원인 정정전청서(기록 제160정)에 의하여 이 사건 청구원인으로 종전에 주장하던 공무원의 직무상 불법행위를 원인으로 한 국가배상청구를 상법상의 여객열차의 손해배상청구로 변경하였음이 명백함에도, 원심이 이를 간과하여 원고가 철회한 국가배상책임이 있음을 인정하고 원고들의 위 위자료청구를 인용한 것은 원고가 주장하지 아니한 사실관계를 근거로 한 청구의 인용으로서 변론주의에 위배하였거나 여객운송인의 손해배상책임에 있어 위자료의 법리를 오해한 위법이 있다는 비난을 면할 수 없고, 이는 판결에 영향을 미쳤다 할 것이므로 이를 탓하는 논지는 이유 있다.

288) 같은 의견, 徐燉珏·鄭完溶, 商法講義(상), 제4전정, 博英社, 1999, 241쪽; 鄭燦亨, 商法講義(상), 제11판, 博英社, 2008, 353쪽.

나. 해상여객운송인의 책임제한

상법은 해상여객운송인의 개별적 책임제한에 대하여는 규정하지 않고, 운송인이 선박소유자 등인 경우에 총체적 책임제한에 대하여만 규정하고 있다. 즉, 여객의 사망 또는 신체의 상해로 인한 선박소유자 등의 손해배상책임의 한도액은 그 선박의 선박검사증서에 기재된 여객의 정원에 175,000 계산단위를 곱하여 얻은 금액으로 한다(상법 제770조 제1항 제1호).

2. 수하물에 대한 책임

가. 탁송수하물에 대한 책임

탁송수하물의 손해에 대한 해상여객운송인의 손해배상책임은 개품운송인의 손해배상책임과 동일하다(상법 제826조 제2항, 제794조 내지 제810조, 제804조, 제807조, 제809조, 제811조, 제814조). 또한 해상여객운송인의 탁송수하물의 손해에 대한 손해배상책임에 대하여도 육상물건운송인의 경우와 같이 고가물에 대한 책임에 관한 규정(상법 제136조)이 준용된다(상법 제826조 제2항, 상법 제136조). 즉, 탁송수하물이 '화폐·유가증권 기타의 고가물인 경우에는 송하인이 운송을 위탁할 때에 그 종류와 가액을 명시한 경우에 한하여 운송인이 손해를 배상할 책임이 있다'고 규정하고 있다(상법 제136조). 이 규정은 직접적으로는 운송인을 보호하고, 간접적으로는 송하인에 대하여 고가물에 대한 사전의 명시를 유도하여 손해를 미연에 방지하고자 하는 것이다. 상법 제136조의 특칙에 의하여 해상여객이 고가물에 대하여 그 종류와 가액을 명시하지 않고 탁송한 경우에는 그 고가물이 멸실·훼손되더라도 운송인은 아무런 책임을 지지 않는다고 본다. 이때에 운송인은 명시하지 않은 고가물에 대하여 '보통물로서의 주의의무를 지는가'에 대하여 보통물로서의 주의의무도 없다고 보아야 한다.[289] 실제로 고가물임을 모른체 운송을 하더라도 운송인은 당연히 보통물로서의 주의의무를 다하여야 하는 것이 당연하지만 그 결과에 대하여 아무런 책임을 지지 않기 때문에 보통물로서의 주의의무를 부담한다는 것은 법률적으로 아무런 의미가 없다. 또 고가물을 신고하지 않았으나 우연히 해상여객운송인이 고가물임을 안 경우에도 운송인은 아무런 책임을 지지 않는 것이 규정의 취지상 타당하다고 본다. 결국 해상여객이 고가물임을 신고하지 않은 경우에는 그 고가물이 멸실·훼손된 경우에도

289) 鄭熙喆, 商法學(상), 博英社, 1989, 226쪽, 鄭東潤, 商法總則·商行爲法, 博英社, 1996, 525쪽; 蔡利植, 商法講義(상), 博英社, 1996, 298쪽, 鄭燦亨, 商法講義(상), 제11판, 2008, 323-324쪽 이상 모두 육상여객운송인의 책임에 관한 견해임.

운송인은 손해배상책임을 부담하지 않는데, 이때 운송인은 고의가 없는 한 송하인에 대하여 불법행위로 인한 손해배상책임도 지지 않는다고 본다.[290] 우리나라의 대법원 판례는 '상법 제136조와 관련되는 고가물불고지로 인한 면책규정은 운송계약상의 채무불이행으로 인한 청구에만 적용되고 불법행위로 인한 손해배상청구에는 그 적용이 없으므로 운송인의 이행보조자의 고의 또는 과실로 송하인에게 손해를 가한 경우에는 송하인은 운송인에게 민법 제756조에 의한 사용자배상책임을 물을 수 있다'고 판시하고 있다.[291] 그러나 이러한 대법원판례에 의하면 상법 제136조의 고가물에 대한 특칙은 거의 무시되기 때문에 문제가 있다고 본다.[292]

나. 휴대수하물에 대한 책임

휴대수하물의 손해에 대한 해상여객운송인의 손해배상책임은 육상여객운송인의 손해배상책임과 같다(상법 제826조 제3항, 제150조). 즉, 여객의 휴대수하물에 대한 해상여객운송인의 책임은 여객 측에서 운송인 또는 그의 사용인의 과실을 입증한 경우에 한하여 발생한다(상법 제826조 제3항, 제150조). 이때 해상여객운송인의 손해배상책임에 대하여는 ① 개품운송인의 책임과 동일하게 개별적 책임제한에 관한 규정(상법 제797조 제1항), ② 선박소유자 등의 책임제한에 관한 규정에 의한 책임의 이중제한에 관한 규정(상법 제797조 제4항), ③ 운송인의 책임제한에 관한 규정이 불법행위책임에도 적용된다는 규정(상법 제798조), ④ 운송인의 책임경감금지규정(상법 제799조 제1항), ⑤ 재운송계약과 선박소유자의 책임에 관한 규정(상법 제809조), ⑥ 운송인의 이러한 책임은 원칙적으로 1년의 단기제척기간에 의하여 소멸한다는 규정(상법 제814조)이 준용된다(상법 제826조 제3항).

3. 손해배상책임의 소멸

운송인의 여객 자신에 관한 손해배상책임에 대하여는 특별소멸사유는 물론 단기소멸시효에 대한 특칙이 없으므로 일반상사시효와 같이 5년의 소멸시효로 소멸한다(상법 제64조). 이는 개품운송계약과는 달리 운송인보다는 여객을 보호하기 위한 것이다.[293] 다만, 수하물에 대한 책임은 탁송수하물인지 휴대수하물인지 여부를 가리지

290) 鄭熙喆, 商法學(상), 博英社, 1989, 227쪽; 鄭燦亨, 商法講義(상), 제11판, 博英社, 2008, 326쪽.
291) ① 육상운송인에 대한 판례: 大判 1991.8.23, 91 다 15409(公報 906, 2048); 大判 1977.12.13, 75 다 107(集 25 ③ 민 299).
② 해상운송인에 대한 판례: 大判 1983.3.22, 82 다카 1533; 大判 1989.4.11, 89 다카 11428.
292) 鄭燦亨, 商法講義(상), 제11판, 博英社, 2008, 326쪽.
293) 이러한 입법취지는 육상운송계약에서도 같다고 본다(鄭燦亨, 商法講義(상), 제11판, 博英社, 2008, 357쪽 참조).

않고 개품운송계약의 경우와 마찬가지로 1년 내에 재판상의 청구가 없으면 소멸하는 단기제척기간이 적용된다(상법 제826조 제3항, 제814조).

제 4 관 해상여객운송계약의 종료

해상여객운송계약은 운송의 완성이라는 운송계약의 목적의 달성에 의하여 정상적으로 종료하는 것이 일반적이다. 그러나 운송의 진행 중에 비정상적으로 종료하는 경우도 있는데, 계약의 일반종료원인에 의하여 종료하는 외에 상법은 다음과 같은 특유한 종료원인에 대하여 규정하고 있다.

Ⅰ. 여객의 임의해제 또는 해지

여객은 발항 전에는 운임의 반액을, 발항 후에는 운임의 전액을 지급하고 계약을 해제할 수 있다(상법 제822조). 이는 여객의 임의해제에 관한 규정이므로 당사자의 특약으로 이와 다른 약정을 하는 것도 가능하다. 이 규정은 해상여객측의 일방적인 계약해제이므로 여객에 대하여 운송인에게 발생하는 손해의 일정한 부담을 지우는 것이다. 발항 전 해제의 경우에는 다른 사람과 추가로 해상여객운송계약을 체결할 가능성이 있으나 발항 후에는 추가계약이 불가능하기 때문에 운송인이 받는 손해는 선박의 발항 전이냐 후이냐에 따라 전혀 달라지게 된다. 따라서 여객의 발항전의 해제와 발항 후의 해제의 경우에 운임의 지급을 차별적으로 규정하고 있다.[294]

Ⅱ. 불가항력으로 인한 임의해제

여객이 발항 전에 사망・질병이나 기타의 불가항력으로 인하여 항해할 수 없게 된 경우에는 여객은 계약을 해제할 수 있는데, 이 경우에 운송인은 발항 전에는 운임의 10분의 3을 청구할 수 있고, 발항 후에는 운송인의 선택으로 운임의 10분의 3 또는 운송의 비율에 따른 비례운임을 청구할 수 있다(상법 제823조). 여객의 사망・질병 외에도 여객 가족의 사망・질병, 여객의 여권취소 등과 같이 여객의 의사와 관계없이 예측하지 못한 사유로 인하여 승선이 불가능할 경우에는 불가항력으로 볼 수 있을 것이다. 이와 같이 불가항력으로 인하여 여객이 승선하지 못하는 경우에도 운송인의 입장에서는 항해를 하기 위해서는 많은 준비와 비용이 소요되는 점을 고려하여 운송인

294) 宋相現・金炫, 海商法原論, 제3판, 博英社, 2005, 355쪽.

의 이익을 보호할 필요가 있기 때문에 일정한 운임의 지급을 규정한 것이다.[295)]

해상여객이 불가항력의 사유의 발생을 운송인에게 통지하지 아니하면 상법 제821조의 승선지체에 해당하게 될 것이지만 사후에 그 사유가 입증된 경우에도 동 규정의 적용은 없다고 본다.[296)]

Ⅲ. 법정원인에 의한 당연종료

선박이 침몰 또는 멸실한 때, 선박이 수선할 수 없게 된 때 및 선박이 포획된 때(상법 제810조 제1항 제1호 내지 제3호)에는 발항 전후를 불문하고 운송계약은 당연히 종료된다. 이때 그 사유가 항해 도중에 생긴 때에는 여객은 운송의 비율에 따른 비례운임을 지급하여야 한다(상법 제810조 유추적용).

이와 같은 운송인이 제어할 수 없는 예외적인 상황이 발생한 경우에는 운송인으로서는 더 이상 운송실행이 불가능하므로 운송실행의무에서 벗어나게 한 것이다. 그러나 이때에도 여객으로 하여금 비율운임을 지급하게 한 것은 법리상으로만 보면 도급계약의 성질상 불합리한 규정으로서 운송인의 이익에 치우친 면이 있다.

295) 宋相現·金炫, 海商法原論, 제3판, 博英社, 2005, 356쪽.
296) 裵炳泰, 註釋海商法, 韓國司法行政學會, 1983, 309쪽

제 5 절 항해용선계약

제1관 의의

Ⅰ. 개념

항해용선계약(voyage charterparty)이라 함은 특정한 항해를 할 목적으로 선박소유자가 용선자에게 선원이 승무하고 항해 장비를 갖춘 선박의 전부 또는 일부를 물건의 운송에 제공하기로 약정하고, 용선자가 이에 대하여 운임을 지급하기로 약정함으로써 그 효력이 생기는 계약을 말한다(상법 제827조 제1항).

일반적으로 넓은 의미의 용선계약은 항해용선계약, 정기용선계약과 선체용선계약을 포함한 개념으로 영미법상의 차터 파티(charter party)의 개념과 일치한다. 반면 좁은 의미의 용선계약은 운송계약에 한정된 항해용선계약과 정기용선계약을 일컫는 개념이다. 물론 영미법상에서도 선체용선계약을 차터 파티의 분류에서만 포함을 하고 있지, 그 법적 성질과 계약의 내용이 나머지 두 용선계약과는 전혀 다르기 때문에 별개로 다룬다.[297)]

좁은 의미의 용선계약은 선박소유자가 선장 이하의 선원 및 필요한 속구 등을 갖춘 선박을 제공하여 운송 서비스를 제공하고 용선자가 이에 대해 용선료를 지급하는 계약이다. 그러나 용선계약 내지 차터 파티(charter party)라고 총칭되는 계약 중에도 항해용선계약과 정기용선계약은 다음과 같은 점에서 그 내용이 서로 다르다.

첫째, 항해용선계약(voyage charter party)은 특정의 한 항해(혹은 경우에 따라서는 복수의 항해)를 단위로 선복(船腹 : space)의 전부 또는 일부를 제공하는 계약이며, 정기용선계약(time charter party)은 6개월, 1년 혹은 수년이라는 일정 기간 동

297) 우리 상법은 제5편 제2장에서 '운송과 용선'이라는 제목 하에 넓은 의미의 용선계약을 규정하고 있다. 그러나 상법 해상편의 편제가 전체적으로는 제1장 해상기업에서 해상기업의 주체로서 선박소유자와 선박관리인을 규정한 것으로 비추어 제2장은 운송계약에 한정하고 선체용선계약은 제1장의 해상기업의 주체로 편제하는 것이 타당하다고 본다.

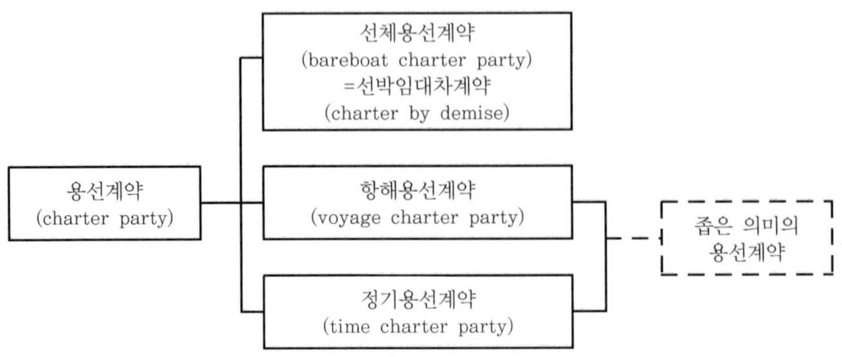

출처: 鄭暎錫, 傭船契約法講義, 海印出版社, 2005, 13쪽.

[그림 4-2] 용선계약의 분류

안 선원을 배승한 선박의 운송서비스 능력을 제공하는 계약이다. 이 같은 용선계약의 내용은 계약 당사자 간에 맺어진 용선계약서(charter party)의 내용에 따라 정해지지만, 통상은 화물의 종류에 따른 전형적인 표준계약서식이 이용된다.

둘째, 항해용선계약은 용선자가 특정의 1 항해(복수의 연속항해를 일괄해 계약하는 연속항해용선계약도 있다)에 대해 선박의 전부 또는 일부를 이용하는 운송계약이다. 이 경우 선박소유자는 단순히 선박의 의장을 하는 것만이 아니고 선박의 운항관리, 항비·연료비·수선비·예선료 등의 비용을 부담하는 외, 운송 행위에 관련된 위험을 모두 인수하게 된다. 항해용선계약에서 용선료(운임)는 운송된 화물의 수량 혹은 선복량에 따라 정해진다. 이 같은 항해용선계약은 순수한 운송계약의 성질을 가지기 때문에 정기용선계약과 같이 용선자의 제3자에 대한 불법행위책임 등이 문제가 되는 것은 아니지만, 이 계약 하에서도 항해용선자가 제3자와의 사이에서 재운송계약을 체결한 경우는 화물의 운송에 관해 항해용선자가 재운송인으로서 책임을 진다. 전형적인 항해용선계약의 서식으로는 일반화물용의 GENCON, 곡물용의 NORGRAIN, 탱커용의 INTERTANKVOY 등이 있다.[298)]

II. 항해용선계약의 종류

1. 전부용선계약과 일부용선계약

항해용선계약에는 운송에 제공하는 선복(space)이 선박의 전부이면 전부용선계약이고, 선복의 일부만 제공하는 경우이면 일부용선계약이다. 상법은 이를 달리 취급하

298) 정영석, 해운실무, 해인출판사, 2004, 78쪽.

여 규정하고 있는 경우가 있으나(상법 제832조, 제833조), 대체로 전부용선계약을 중심으로 규정하고 있다(상법 제828조 내지 제831조).

한편, 정기선운항자(정기선사)가 선복의 일부를 용선하여 제3자와 자신이 운송인의 자격으로 재운송계약을 체결하여 물건을 운송하는 경우에 최초의 용선계약을 슬롯용선(slot charter) 또는 스페이스용선(space charter)이라고 한다. 이러한 형태의 용선계약도 항해용선 중 전형적인 일부용선계약에 속한다. 슬롯용선자는 선복을 빌려서 운송인이 된다는 점에서 정기용선자와 비슷한 지위에 있고, 대부분 정기선사로서 해상기업이라는 점에서 슬롯용선을 항해용선과 구별하거나,[299] 정기용선도 아니고 항해용선도 아닌 혼합형의 운송형태(hybrid type of contract)로 보는 견해[300]가 있다. 그러나 슬롯용선자가 제3의 하주와의 운송계약에 의하여 자기가 용선한 선복을 제3의 운송에 이용하는 것은 재운송계약의 한 형태로서 용선자가 최종의 하주의 지위에 머무는 경우와 함께 항해용선계약체결 이후 자기가 확보한 용선서비스에 대한 다양한 이용형태의 하나에 불과한 것으로 본질은 항해용선계약 중 일부용선계약에 속한다고 본다. 또한 정기선운송서비스에서는 몇 개의 해운동맹을 맺은 선박회사간에 선복을 공유하여 일정한 선복을 상호간에 사용하는 경우가 있는데, 이러한 경우에도 실무적으로 개별 선박에 대하여는 각각 선복의 일부를 항해용선한 일부용선계약의 한 형태일 뿐이다. 항해용선한 선복에 대하여 용선자가 재운송계약을 통하여 운송서비스의 주체가 되는 것은 원래의 항해용선계약과는 별개의 계약행위로서 구분하여야 할 것으로 본다.

2. 항해용선계약과 기간용선계약

특정한 항해를 단위로 용선계약이 체결되는 경우를 항해용선계약이라고 한다(상법 제827조 제1항). 이에 반하여 용선계약의 존속을 일정기간으로 정하는 것을 넓은 의미의 기간용선계약이라고 하는데, 기간용선계약은 거의 정기용선계약화되었고(상법 제824조), 순기간용선계약은 거의 존재하지 않는다. 다만 상법은 선박소유자가 일정한 기간동안 용선자에게 선박을 제공할 의무를 지지만, 항해를 단위로 운임을 계산하여 지급하기로 약정한 경우에는 항해용선계약의 규정을 준용하도록 하고 있다(상법 제827조 제3항). 결국 법적 성질상 항해용선계약의 일종으로 보고 있고, 다만 존속을 기간단위로 한정된다는 점에서 기간용선을 구분할 수 있다. 그러나 법적으로는 이 양자의 구별의 실익은 없다고 볼 수 있다.[301]

---

299) 김인현, 海商法, 제2판, 法文社, 2008, 46쪽.
300) John Richardson, Combined Documents, LLP, 2000, p. 145.

3. 물건용선계약과 여객용선계약

항해용선계약에는 선박소유자가 운송에 제공하는 선복을 용선자가 물건의 운송에 이용하는 경우에는 물건용선계약이고(상법 제827조 제1항), 여객의 운송에 이용하는 경우에는 여객용선계약이다(상법 제827조 제2항). 상법 제2장 제3절은 물건용선계약으로서 항해용선계약을 규정하고 있는데, 이러한 규정은 그 성질에 반하지 않는 한 여객운송을 목적으로 하는 항해용선계약에도 준용되므로(상법 제827조 제2항), 양자는 법 규정의 적용에 거의 차이가 없다.

제 2 관 항해용선계약의 성립

Ⅰ. 계약의 당사자

1. 계약의 당사자

항해용선계약의 당사자는 선박소유자와 용선자이다. 선박소유자는 특정한 항해를 할 목적으로 용선자에게 선원이 승무하고 항해 장비를 갖춘 선박의 전부 또는 일부를 물건의 운송에 제공하기로 약정한 자를 말한다(상법 제827조 제1항). 여기서 말하는 선박소유자는 반드시 선박의 소유권을 가진 자에 한정되는 것은 아니고, 선체용선자와 같이 다른 사람이 소유하는 선박의 사용 및 수익권을 취득하여 이를 항해용선에 제공하는 타선의장자도 포함하는 개념이다. 또 항해용선계약의 법적 성질이 운송계약이기 때문에 정기용선자나 항해용선자도 계약운송인의 자격에서 제3자와 항해용선계약을 체결할 수 있기 때문에 상법 제827조 제1항에서 말하는 선박소유자는 실제로는 운송인이라는 용어를 사용하는 것이 정확한 표현이라고 생각한다.

그리고 용선자는 선박소유자가 항해용선 서비스를 제공하는 대가로 운임을 지급하기로 약정한 자로서, 해운실무상으로는 송하인에 해당한다. 다만, 용선자가 재운송계약 또는 재용선계약에 의하여 제3자와의 사이에서 운송인의 지위에 서게 되는 것은 재운송계약이나 재용선계약이라는 별개의 운송계약에 의하여 새롭게 형성된 관계로서 최초의 항해용선계약의 관계와는 별개의 법률관계로 다루어져야 한다.

301) 鄭燦亨, 商法講義(하), 제10판, 博英社, 2008, 889쪽.

2. 계약관계자

항해용선계약에서 계약의 당사자는 아니지만, 계약에 관계되는 자에는 운송주선인 · 선적인 등이 있다. 운송주선인은 자기 명의로 항해용선의 주선을 영업으로 하는 자(상법 제114조)를 말한다. 또 선적인(船積人 :loader)은 선박소유자와 용선자 사이의 용선계약에 기하여 자기 명의로 물건을 선적하는 자를 말한다. 선적인은 보통 용선자의 대리인이지만, 경우에 따라서는 상품의 매도인 · 운송주선인 ·.위탁매매인 기타 단순한 수탁자 등인 경우도 있다.

II. 계약의 체결

1. 계약체결의 자유

항해용선계약은 특별법령에 의한 제한이 없는 한 원칙적으로 자유롭게 체결할 수 있다. 항해용선계약은 선박소유자가 스스로 체결하는 경우도 있으나, 선박소유자의 대리점 또는 선박중개인(shipping broker)이 체결하는 경우도 있다. 이때 대리점은 상법상의 대리상(상법 제87조)의 지위에서 계약을 체결하게 된다. 선박중개인은 주로 선박소유자를 위하여 용선계약의 중개업무를 하는 상사중개인(상법 제93조)이지만, 그 이외에 선박소유자의 대리인인 경우도 있고(중개대리상) 또한 선장을 갈음하여 법률행위의 대리권을 갖는 경우도 있다. 용선계약을 중개하는 선박중개인을 용선중개인(chartering broker)[302]이라 한다.

2. 계약체결방식의 자유와 표준계약서식

상법상 항해용선계약은 불요식 · 낙성계약이다. 따라서 당사자 간의 청약과 승낙의 합치로써 계약은 성립하고, 특별한 서면이나 방식을 요하는 것이 아니다. 그런데 실무상으로는 표준용선계약서식 등의 증서서식으로 하게 되는 경우가 대부분이다. 그러나 이러한 용선계약서가 계약의 성립요건이 되는 것은 아니고 단지 해운실무의 편의상 또는 해당 거래의 관행 등에 의하여 이루어지는 사실관계일 뿐이다.

항해용선계약에 있어서 각 당사자는 상대방의 청구에 의하여 용선계약서를 교부하여야 한다(상법 제828조). 따라서 상대방의 청구가 없으면 각 당사자는 이를 교부하

302) 용선중개인은 화물을 구하는 선박소유자와 선복을 구하는 용선자 사이에서 그 수급의 중개인으로 활동하는 중개인을 말한다. 이들 중에는 선주 측에서 일하는 선주중개인(owner's broker)과 용선자 측에서 일하는 용선자중개인(charterer's broler)이 있다(해운 · 물류용어대사전, 제10개정증보판, 코리아쉬핑가제트, 2006, 246쪽).

지 않아도 된다.

3. 계약체결 내용의 자유

해상운송계약은 크게 개품운송계약과 용선계약으로 나뉘어 지는데, 개품운송계약은 1명의 운송인과 수많은 하주 사이에서 이루어지는 부합계약의 형태를 전제로 한 계약이고 용선계약은 1명의 운송인과 1명 또는 소수의 하주를 상대로 한 대등한 당사자 사이의 계약을 전제로 한 계약이다. 따라서 부합계약의 형태를 띤 개품운송계약에서는 강행법규로 운송인 책임의 최소한도를 정하고 있으나 대등한 당사자 사이의 계약인 용선계약에서는 계약의 내용을 자유롭게 정할 수 있고 계약의 내용에 대하여 특별히 제약하지 않는 것이 원칙이다. 따라서 각국의 해상물건운송법(영국의 Carriage of Goods by Sea Act, 1971; 미국의 Carriage of Goods by Sea Act, 1936)이나 해상물건운송에 관한 국제협약들이 모두 개품운송계약에 적용되는 것이 원칙이다. 따라서 상법 제839조 제1항의 규정은 개품운송계약에서 운송인의 책임경감을 규정한 것과는 달리 감항능력주의의무에 한하여 책임경감을 규정한 제한적인 의미로 해석해야 한다.

제 3 관 항해용선계약의 효력

Ⅰ. 선박소유자의 권리

1. 운임청구권

가. 의의

선박소유자는 항해용선계약에 의하여 선박을 물건의 운송에 제공하기로 약정하고, 이에 대하여 운임(freight)을 청구할 권리가 있다(상법 제827조 제1항). 운임에는 해제운임(상법 제832조, 제833조), 비율운임(상법 제841조 제1항, 제810조 제2항, 제811조 제2항) 등을 포함한다.

나. 운임지급의무자

항해용선계약에서 운임을 지급해야 할 의무자는 용선자인데, 운송물 수령 후에는 수하인도 의무자(不眞正連帶債務者)가 된다(상법 제807조 제1항).[303]

다. 운임청구권의 발생요건

(1) 원칙

항해용선계약은 도급계약이므로 선박소유자의 운임청구권은 원칙적으로 운송물이 목적지에 도착하여야 발생한다. 그러므로 운송물이 목적지에 도착하지 않은 때에는 선박소유자의 운임청구권은 발생하지 않는 것이 원칙이다. 이로 인하여 운송물의 전부 또는 일부가 용선자의 책임 없는 사유로 인하여 멸실한 때에는 선박소유자는 그 운임을 청구하지 못하고, 선박소유자가 이미 그 운임의 전부 또는 일부를 받은 때에는 이를 반환하여야 한다(상법 제841조 제1항, 제134조 제1항). 그러나 해운실무상 운임을 선급하는 것이 일반적인데, 이와 같이 운임을 선급하기로 하는 특약은 유효하다고 본다. 선급운임의 경우 약정된 지급시기가 도래하면 운임청구권은 확정적으로 발생하고 그 이후 운송물이 멸실되어 목적지에 도달하지 못하였다고 하더라도 소멸하지 않는다. 또 지급시기가 도래한 선급운임이 일단 지급이 되고 나면 그 이후 '운송물이 멸실되거나 또는 용선계약의 이행이 불가능하여 진다고 하더라도 그 운임은 반환되지 않는다(freight nonreturnable ship and/or cargo lost or not lost)'라고 하는 특약을 두는 경우가 대부분이고 그러한 특약은 유효하다고 본다.[304)]

(2) 예외

선박소유자는 예외적으로 다음과 같은 경우에는 운송물이 목적지에 도착하지 않은 경우에도 운임청구권을 행사할 수 있다. 즉, ① 운송물의 전부 또는 일부가 그 성질이나 하자 또는 용선자의 과실로 인하여 멸실한 때에는 선박소유자는 운임의 전액을 청구할 수 있다(전액운임)(상법 제841조 제1항, 제134조 제2항). ② 선장이 항해계속비용 등을 지급하기 위하여 또는 선박과 적하의 공동위험을 면하기 위하여 운송물을 처분한 경우에는 선박소유자는 운임의 전액을 청구할 수 있다(전액운임)(상법 제841

---

303) ① 大判 1977.12.26, 76 다 2914(集 25 ② 民 186) : 운임미결제 사실을 알면서 하물을 수령한 선하증권소지인 등은 운임지급의무가 있다.
② 大判 1996.2.9, 94 다 27144(公報 1996, 866) : 구 상법(1991. 12. 31. 법률 제4470호로 개정되기 전의 것) 제799조는 "개개의 물건의 운송을 계약의 목적으로 한 때에는 수하인은 선장의 지시에 따라 지체 없이 운송물을 양육하여야 한다."고 규정하고 있으나, 한편 상법 제800조 제1항에는 "수하인은 운송물을 수령하는 때에는 운송계약 또는 선하증권의 취지에 따라 운임, 부수비용, 체당금, 정박료, 운송물의 가액에 따른 共同海損 또는 海難救助로 인한 부담액을 지급하여야 한다."고 규정하고 있으므로, 수하인 또는 선하증권의 소지인은 운송물을 수령하지 않는 한 운임 등을 지급하여야 할 의무가 없다고 보아야 할 것이고, 따라서 수하인이 운송인으로부터 화물의 도착을 통지받고 이를 수령하지 아니한 것만으로 바로 운송물을 수령한 수하인으로 취급할 수는 없으며, 상법 제800조 제1항 소정의 운임 등을 지급할 의무도 없다.

304) 영국법의 입장에서는 특약이 없어도 반환하지 않는 것이 원칙이다(沈載斗, 海上運送法, 吉安社, 1997, 512쪽 주 16) 참조).

조 제1항, 제813조). ③ 항해 중에 선박의 침몰 또는 멸실・수선불능・포획 등의 사유가 발생하여 운송을 계속하지 못한 경우에는 선박소유자는 용선자에 대하여 운송물의 가액을 한도로 하여 운송의 비율에 따른 운임을 청구할 수 있다(비율운임)(상법 제841조 제1항, 제810조 제2항).

또 선박소유자는 예외적으로 항해용선계약이 해제 또는 해지된 경우에도 전부운임 또는 비율운임을 청구할 수 있다(상법 제832조, 제833조 제2항, 제837조, 제841조 제1항, 제811조 제2항).

라. 운임액

상법은 해상운송의 기술적 성격을 고려하여 다음과 같은 운임액에 대한 보충규정을 두고 있다(상법 제841조 제1항, 제805조, 제806조, 제841조 제2항).

첫째, 운송물의 중량 또는 용적으로 운임을 정한 때에는 운송물을 인도하는 때의 중량 또는 용적에 의하여 운임액을 정한다(상법 제841조 제1항, 제805조).

둘째, 기간으로 운임을 정한 때에는 원칙적으로 운송물의 선적을 개시한 날로부터 그 양륙을 종료한 날까지의 기간에 의하여 운임액을 정한다(상법 제841조 제1항, 제806조 제1항). 따라서 이 경우에는 기간계산에 있어서의 민법상의 원칙(민법 제156조, 제157조, 제159조 내지 제161조)은 적용되지 않는다. 그러나 이 경우의 기간에는 ① 불가항력으로 인하여 선박이 선적항이나 항해 중에 정박한 기간(상법 제841조 제1항, 제806조 제2항 전단), ② 항해 중에 선박을 수선한 기간(상법 제841조 제1항, 제806조 제2항 후단) 및 ③ 초과정박기간 중 운송물을 선적 또는 양륙한 일수를 제외한다(상법 제841조 제2항 전단). ① 및 ②의 경우는 실제로 운송을 실행한 기간이 아니고, ③의 경우는 체선료에 포함되기 때문에(상법 제841조 제2항 후단), 용선자의 이익을 위하여 제외한 것이다.

2. 초과정박료청구권

항해용선계약의 경우 약정한 선적기간 또는 양륙기간을 경과한 후 선적 또는 양륙을 한 때에는 이 초과정박기간에 대하여 선박소유자는 상당한 보수를 청구할 수 있다(상법 제829조 제3항, 제838조 제3항). 수하인이 운송물을 수령한 때에는 수하인도 이러한 보수를 지급하여야 할 의무를 부담한다(상법 제841조 제1항, 제807조 제1항).

본선이 항구에 정박하고 있는 기간은 선박소유자가 그 비용을 부담한다. 선박소유자는 운임수입이 주된 수익이므로 약정된 정박기간 내에 본선선적 또는 양륙이 완료되지 않으면 손해를 입게 된다. 따라서 용선자는 정해진 정박기간이 만료한 후에 선적 또는 양륙을 위하여 지연된 시간에 대하여 그 비용을 지급하여야 한다. 이때 약정된 정박기간을 넘어 선적 및 양륙에 사용된 시간에 대하여 용선자가 선박소유자에게 지급하기로 약정한 금액을 체선료(demurrage)라고 하는데, 넓은 의미의 운임으로 보아야 한다.[305] 한편 체선료를 지급할 초과정박기간이 제한된 용선계약의 경우에는 이 기간을 초과한 정박기간에 대하여는 초과정박손해배상금(detention damages)을 지급하여야 하는데, 이때 초과정박손해배상금은 운임의 개념이 아니고 손해배상금의 성질로 보아야 한다.[306] 처음부터 체선료기간을 정하지 않았을 경우에는 정해진 정박기간을 초과한 기간에 대하여 지급하는 초과정박료는 체선료, 즉 보수의 일종으로 보아야 한다.[307]

상법 제829조 제3항과 제838조 제3항의 규정은 체선료와 초과정박손해배상금을 포함하는 개념으로 보아야 한다.

3. 부수비용청구권 등

선박소유자는 용선계약의 취지에 따라 부수비용(예컨대, 창고보관료, 운송물공탁비용, 검사비용, 관세 등)・체당금・운송물의 가액에 따른 공동해손 또는 해난구조로 인한 부담액을 용선자에게 청구할 수 있는데, 수하인이 운송물을 수령한 때에는 수하인에게도 이를 청구할 수 있다(상법 제841조 제1항, 제807조 제1항).

4. 유치권

선장은 수하인이 운송물을 수령하는 때에 운임・부수비용・체당금・체선료・운송물의 가액에 따른 공동해손 또는 해난구조로 인한 부담액을 지급하지 않으면, 운송물을 인도하지 않고 이를 유치할 수 있는 권리(海上留置權, 特別商事留置權)를 갖는다

---

305) Leary v. Talbot, 160 F. 914 (2d Cir. 1908); Hellenic Lines, Ltd. v. India Supply Mission, 319 F. Supp. 821, 1971 A.M.C. 962 (S.D.N.Y. 1970), aff'd, 452 F.2d 810, 1972 A.M.C. 1035 (2d Cir. 1971); Continental Grain Co. v. Armour Fertilizer Works, 22 F. Supp. 49, 1938 A.M.C. 414 (S.D.N.Y. 1938); New York & Cuba Mail S.S. Co. v. Lamborn, 8 F. 2d 382 (S.D.N.Y. 1925).

306) G. Gilmore & C. Black, The Law of Admiralty, 2nd ed., 1975, pp. 211-212; 鄭暎錫, 傭船契約法講義, 海印出版社, 2005, 266쪽.

307) ① 大判 1994.6.14, 93 다 58547(公報 972, 74) : 선박소유자가 약정 양륙기간을 초과한 기간에 대하여 용선자에게 청구할 수 있는 소위 정박료 또는 체선료는 체선기간 중 선박소유자가 입는 선원료, 식비, 체선비용, 선박이용을 방해받음으로 인하여 상실한 이익 등의 손실을 전보하기 위한 법정의 특별보수이므로 선박소유자의 과실을 참작하여 약정 정박료 또는 체선료를 감액하거나 과실상계를 할 수 없다.
② 大判 2005.7.28, 2003 다 12083(公報 2005, 1406) : 양륙기간을 약정한 용선계약에 있어서 용선자가 약정한 기간 내에 양륙작업을 완료하지 못하고 기간을 초과하여 양륙한 경우에 운송인이 그 초과한 기간에 대하여 용선자에게 청구할 수 있는 소위 정박료 또는 체선료는 체선기간 중 운송인이 입는 선원료, 식비, 체선비용, 선박이용을 방해받음으로 인하여 상실한 이익 등의 손실을 전보하기 위한 법정의 특별보수라고 할 것이므로, 체선료의 약정이 용선자의 채무불이행으로 인한 손해배상의 예정이라는 전제하에서 운송인의 과실을 참작하여 체선료를 감액하거나 과실상계를 할 수 없다.

(상법 제841조 제1항, 제807조 제2항). 이 유치권은 피담보채권과 운송물(유치목적물)과의 견련관계(牽聯關係)를 요하며, 유치목적물이 운송물로 제한되고, 그 운송물이 채무자소유인지 여부를 불문하는 점에서 민사유치권(민법 제320조)와 같고 일반상사유치권과 구별된다.

또한, 해상유치권은 오직 상대방의 운송물반환청구에 대한 항변이지 운송인이 물권자로서 운송물을 직접 대세적으로 지배하고 또 이를 경매하여 채권의 변제를 받을 수 있는 민법이나 상법상의 유치권과는 구별된다. 따라서 해상유치권은 독립한 담보권이라기보다는 대인적 급여거절권(항변권)이라고 보아야 한다.[308)]

5. 경매권

선박소유자는 운임・부수비용・체당금・체선료・운송물의 가액에 따른 공동해손 또는 해난구조로 인한 부담액을 지급받기 위하여 법원의 허가를 얻어 운송물을 경매하여 우선변제를 받을 수 있다(상법 제841조 제1항, 제808조 제1항). 또한 선장은 수하인에게 운송물을 인도한 후에도 그 운송물에 대하여 위의 경매권을 행사할 수 있는데, 다만 인도한 날로부터 30일을 경과하거나 또는 제3자가 그 운송물의 점유를 취득한 때에는 그러하지 아니하다(상법 제841조 제1항, 제808조 제2항). 이와 같이 선박소유자의 경매권은 법원의 허가를 그 권리의 행사요건으로 하고 있다는 점과 운송물의 인도전후를 불문한다는 점에서 민법이나 상법상의 유치권자의 경매권(민법 제322조 제1항)과 구별된다. 이와 같이 선박소유자에게는 운송물을 인도한 후에도 경매권을 인정한 것은 해상위험의 방지 또는 운송물의 수량검사 등을 위하여 운송물을 수하인에게 부득이 먼저 인도할 필요가 있는 경우에 선박소유자를 보호하기 위한 것이다.[309)]

6. 부수적 권리

선박소유자는 용선자에게 다음과 같은 부수적 권리를 갖는다. 즉, 선박소유자는 용선자에 대한 용선계약서의 교부청구권(상법 제828조), 용선자에 대한 선적청구권(상법 제829조 제1항 참조), 선적기간 내에 선적이 완료되지 않은 때의 발항권(상법 제831조 제2항), 용선자에 대한 선적기간 내에 운송에 필요한 서류의 교부청구권(상법 제841조 제1항, 제793조), 위법선적물 또는 위험물에 대한 조치권(상법 제841조 제1항, 제800조, 제801조), 용선자가 운송물의 전부 또는 일부를 선적하고 용선계약을

308) 같은 의견, 鄭熙喆, '海上船舶所有者의 留置權', 司法行政, 1971, 3월호, 4월호.
309) 鄭燦亨, 商法講義(하), 제10판, 博英社, 2008, 902쪽.

해제 또는 해지한 경우 선적과 양륙비용의 청구권(상법 제835조), 용선자에 대한 선하증권등본의 교부청구권(상법 제856조) 등을 갖는다.

7. 채권의 제척기간

용선자 또는 수하인에 대한 선박소유자의 채권은 그 청구원인의 여하에 불구하고 선박소유자가 운송물을 인도한 날 또는 인도할 날로부터 2년 내에 재판상 청구가 없으면 소멸한다. 다만, 이 기간은 당사자 간의 합의에 의하여 연장할 수 있다(상법 제840조 제1항). 이 제척기간은 당사자 간의 합의에 의하여 단축할 수 있는데, 이 경우에는 용선계약에 이러한 약정을 명시적으로 기재하여야 한다(상법 제840조 제2항).

II. 선박소유자의 의무

1. 선적에 관한 의무

가. 선박의 제공과 회항의무

선박소유자는 용선계약에서 정한 선박을 선적지에서 용선자에게 제공하여야 한다. 용선계약에 지정된 항구에 확정기일이 기재되어 있는 경우에는 그 기일까지 선박을 지정된 항구에 회항(回航 : preliminary voyage)시켜야 하는데, 이것은 용선자의 선적의무에 대한 정지조건(停止條件 : condition precedent)이기 때문이다.[310] 항해용선계약에서 선박이 특정된 경우에는 선박소유자는 용선자의 동의가 있어야 선박을 변경할 수 있다. 선박의 특정은 항해용선계약에서 특히 문제되는데, 실무상으로는 용선계약에 대선약관(代船約款 : substituting vessel clause)[311] 또는 환적약관(換積約款 : transshipment clause)을 규정하고 있으므로 문제되지는 않는다.

나. 선적준비완료통지의무

일정한 배선일정에 따라 운송인이 미리 정해놓은 항구를 기항하는 개품운송계약과는 달리 항해용선계약의 경우에는 용선자 측에서 운송물의 선적작업을 이행하는 것이 원칙이므로 선박소유자는 운송물을 선적함에 필요한 준비가 완료된 때에는 지체

---

310) 鄭暎錫, 傭船契約法講義, 海印出版社, 2005, 120쪽.

311) 운송계약을 체결한 운송인은 항해를 이행할 의무를 가지며, 예정된 선박으로 계약을 준수할 수 없는 특수한 사정이 발생할 경우 이와 대체할 수 있는 적격의 선박을 준비하여 계약을 이행하여야 한다. 이 때 투입되는 다른 선박을 대체선박이라 하고, 대체사유가 발생하면 선박소유자가 선박을 대체할 수 있는 재량권을 규정한 약관을 대선약관이라 한다(코리아쉬핑가제트, 海運·物流用語大辭典, 제10개정증보판, 2006, 828쪽 참조).

없이 용선자에게 그 통지를 발송하여야 한다(상법 제829조 제1항). 이때 선적준비완료라 함은 '용선된 선박이 용선계약서상의 선적을 위해 지정된 장소에 도착하여, 선적준비가 완료된 상태를 말한다. 여기서 선적준비가 완료되었다고 하는 것은 ① 본선의 용선된 모든 공간이 완전하게 용선자가 사용할 수 있어야 하고, ② 본선이 감하능력을 구비하고 있어야 하며, ③ 본선이 선적항에서 관련 법규에 적합하여서 운송물을 선적하고 운송하는데 아무런 지장이 없어야 하는 상태를 말한다.[312)]

통지의 상대방은 원칙적으로 용선자이지만, 예외적으로 제3자를 선적인으로 지정한 경우에는 그 제3자에게 통지하여야 한다. 그러나 선장이 그 제3자를 알 수 없거나 그 제3자가 운송물을 선적하지 아니한 때에는 선장은 지체 없이 용선자에게 그 통지를 발송하여야 하고, 이를 통지 받은 용선자는 선적기간 이내에 한하여 운송물을 직접 선적할 수 있다(상법 제830조). 이때 용선자가 이 기간 내에 운송물을 선적하지 아니한 때에는 용선계약을 해제 또는 해지한 것으로 본다(상법 제836조). 선적준비완료의 통지는 서면 또는 구두의 어떠한 방식도 상관없다.[313)] 또한 선적준비완료의 통지는 선적기간의 기산점이 된다(상법 제829조 제2항).

다. 정박의무

선박소유자는 용선자가 운송물의 전부를 선적하는데 필요한 기간만큼 선박을 정박시킬 의무가 있다. 이때 선적하는데 필요한 기간을 선적기간이라고 한다. 선적기간에 대하여 해운실무의 관행을 받아들여 다음과 같이 입법하였다.[314)] 이는 보통 당사자 간의 약정으로 정하여 지고 약정이 없으면 선적항의 관습에 의한다. 선적기간이 당사자 간의 약정에 의하여 정하여지는 경우 그 기간은 선적준비완료의 통지가 오전에 있은 때에는 그날의 오후 1시부터 기산하고, 오후에 있은 때에는 다음 날 오전 6시부터 기산한다(상법 제829조 제2항 제1문). 이 기간에는 불가항력으로 인하여 선적할 수 없는 날과 그 항의 관습상 선적작업을 하지 아니하는 날을 산입하지 아니 한다(상법 제829조 제2항 제2문).

만일 용선자가 선적기간 내에 선적을 완료하지 않은 경우에는 기간경과 후 선장은 즉시 발항할 수 있고(상법 제831조 제2항), 선적의 완료를 위하여 선적기간 경과 후에도 정박할 수 있는데, 이 경우에는 초과정박기간에 대하여 상당한 보수를 청구할 수 있다(상법 제829조 제3항).[315)] 이것을 체선료(滯船料 : demurrage) 또는 초과정

312) 鄭暎錫, 傭船契約法講義, 海印出版社, 2005, 124쪽 참조.
313) 鄭暎錫, 海商法講義要論, 海印出版社, 2003, 104쪽.
314) 鄭燦亨, 商法講義(하), 제10판, 博英社, 2008, 892쪽.
315) 大判 1994.6.14, 93 다 58547(公報 972, 73) : 선박소유자가 약정 양륙기간을 초과한 기간에 대하여 용선자

박손해배상금(detention damage)이라 한다. 초과정박을 위해 운송인은 선원의 급료, 식비 등을 어쩔 수 없이 지출하게 되지만, 이것은 용선료에 포함되지 않기 때문에 체선료가 이것을 포함하게 된다. 이 체선료청구권의 법적 성질에 대해서는 논쟁이 있지만, 당사자 간의 형평을 도모하기 위한 법정특별보수로 해석하는 것이 통설이다. 체선료의 계산은 통상 계약에 따라 선박의 톤수와 정박 일수에 따라 행해진다.[316)]

용선자는 선적기간 경과 전에 선적을 완료했을 때에는 절약된 정박 기간에 따라 운송인이 용선자에게 금전의 지급을 행한다. 이것을 조출료(早出料 :despatch money)라 한다.

용선자가 선적기간 내에 운송물의 선적을 완료한 경우에는 선적기간 내에 운송에 필요한 서류를 선장에게 교부하여야 한다(상법 제841조 제1항, 제793조).

라. 운송물 수령의무

선박소유자는 용선계약에 따라 인도된 운송물을 수령할 의무가 있다(상법 제841조 제1항, 제795조 제1항). 운송물의 인도와 수령은 용선계약에 따라 또는 매매계약의 조건(CIF・FOB)이나 선적항의 관습에 따라 정해진 시기와 정해진 방법으로 하여야 한다. 다만, 위법선적물(상법 제841조 제1항, 제800조)이나 위험물(상법 제841조 제1항, 제801조) 등에 대해서는 수령을 거절하거나 포기할 수 있다.

마. 적부의무

선박소유자는 수령한 운송물을 적부할 의무를 진다(상법 제841조 제1항, 제795조 제1항).[317)] 적부(stowage)란 운송물을 선박에 실어서 선창(hold) 안에 적당하게 배치하는 것을 말한다. 개품운송계약에서는 운송물의 선적・적부와 양륙은 하역업자(stevedore)와 운송인이 도급계약을 체결하여 작업을 담당한다. 그러므로 이들의 과

에게 청구할 수 있는 소위 정박료 또는 체선료는 체선기간 중 선박소유자가 입는 선원료, 식비, 체선비용, 선박이용을 방해받음으로 인하여 상실한 이익 등의 손실을 전보하기 위한 법정의 특별보수이므로 선박소유자의 과실을 참작하여 약정 정박료 또는 체선료를 감액하거나 과실상계를 할 수 없다.

316) 鄭暎錫, 海商法講義要論, 海印出版社, 2003, 104-105쪽.

317) 大判 2003.1.10, 2000 다 70064(公報 2003, 588) : 운송계약이 성립한 때 운송인은 일정한 장소에서 운송물을 수령하여 이를 목적지로 운송한 다음 약정한 시기에 운송물을 수하인에게 인도할 의무를 지는데, 운송인은 그 운송을 위한 화물의 적부(積付)에 있어 선장・선원 내지 하역업자로 하여금 화물이 서로 부딪치거나, 혼합되지 않도록 그리고 선박의 동요 등으로부터 손해를 입지 않도록 하는 적절한 조치와 함께 운송물을 적당하게 선창 내에 배치하여야 하고, 가사 적부가 독립된 하역업자나 송하인의 지시에 의하여 이루어졌다고 하더라도 운송인은 그러한 적부가 운송에 적합한지의 여부를 살펴보고, 운송을 위하여 인도 받은 화물의 성질을 알고 그 화물의 성격이 요구하는 바에 따라 적부를 하여야 하는 등의 방법으로 손해를 방지하기 위한 적절한 예방조치를 강구하여야 할 주의의무가 있다.

실은 운송인의 과실이 된다. 그러나 용선계약에서는 보통 용선자가 선적 및 양륙항을 지정하고, 하역업자와 선적 또는 양륙계약을 하기 때문에 하역업자의 과실에 대하여 선박소유자는 책임을 지지 않는 것이 원칙이다. 다만, 하역작업(선적 또는 양륙작업)을 선박소유자가 책임지는 것으로 계약을 한 경우에만 선박소유자가 하역업자의 과실에 대하여 책임을 지게 된다.[318)]

선박소유자는 특약 또는 다른 관습이 없는 한 갑판적을 하지 못한다고 보아야 한다(상법 제872조 제2항 참조). 다만, 용선계약을 증명하는 문서의 표면에 갑판적으로 운송할 취지를 기재하여 갑판적으로 행하는 운송에 대하여는 선박소유자의 책임을 감경할 수 있다(상법 제839조 제2항, 제799조 제2항). 이는 갑판적이 가능하도록 설계된 컨테이너 전용선의 출현으로 갑판적이 증가하고 있고, 갑판적재 시설이 구비된 컨테이너 전용선은 처음부터 갑판적을 예정하여 건조된 것이므로 특약으로 갑판적을 허용하고 운송인의 책임을 경감할 수 있도록 한 것이다.[319)]

2. 항해에 관한 의무

가. 감항능력 주의의무

감항능력 주의의무에 관하여는 개품운송계약에서의 감항능력 주의의무에 관한 상법 제794조를 준용하기 때문에 그 내용이 동일하다(상법 제841조 제1항, 제794조).

나. 발항의무

선박소유자는 운송물의 선적이 완료된 경우에는 지체 없이 발항하여야 한다.[320)] 항해용선계약에서 발항시기는 원칙적으로 계약으로 정한다. 원칙적으로 선박소유자는 선적기간 내에 운송물의 전부가 선적된 경우에만 발항하여야 한다.

다만, 다음의 경우에는 선적기간 내에 운송물의 전부가 선적되지 않은 경우에도 예외적으로 발항할 수 있다.

첫째, 용선자는 선적기간 내에 운송물의 전부를 선적하지 아니한 경우에도 선장에게 발항을 청구할 수 있다(상법 제831조 제1항). 이것은 거래의 제반 사정을 고려하여 용선자에게 발항청구권을 인정한 것인데, 이때에 용선자는 운임전액과 운송물의

---

318) 鄭熙喆, 商法學(하), 博英社, 1990, 561쪽에서는 운송인이 하역업자와 도급계약을 체결하고 이에 따라 하역업자의 과실에 대하여 책임을 지는 것을 일반적인 것으로 설명하고 있는데, 이는 개품운송계약에 한정된 것이고 용선계약은 계약의 내용에 따라 달라질뿐 아니라 선적 또는 양륙을 위한 항구의 지정을 용선자가 하는 것이기 때문에 하역에 대한 책임도 용선자가 지는 것이 원칙이라고 보아야 한다. 소위 F.O. 조건이나 F.I.O. 조건은 주로 용선계약에서 사용되는 계약조건이다.

319) 鄭燦亨, 商法講義(하), 제10판, 博英社, 2008, 893쪽.

320) 鄭暎錫, 海商法講義要論, 海印出版社, 2003, 114쪽.

전부를 선적하지 않음으로 인하여 생긴 비용(예컨대, 추가 정박료, 선박의 흘수를 조정하기 위하여 밸러스트 화물 등을 채우기 위하여 소요된 비용 등)을 지급하여야 하고 또한 선박소유자의 청구가 있으면 상당한 담보를 제공하여야 한다(상법 제831조 제3항). 이는 운송물의 양륙항에서의 시황의 변동이나 항해의 안전에 관련된 사태의 발생 등에 신속하게 대응하기 위한 것이다.[321)]

둘째, 선박소유자는 선적기간 경과 후에는 용선자가 운송물의 전부를 선적하지 아니한 경우에도 즉시 발항할 수 있다(상법 제831조 제2항). 이때에도 용선자는 발항청구의 경우와 같이 운임전부 및 비용을 지급하여야 한다. 또한 선박소유자의 청구가 있으면 상당한 담보를 제공하여야 한다(상법 제831조 제3항).

다. 직항의무

항해용선계약에서도 개품운송계약에서 규정한 직항의무에 관한 규정을 준용하고 있으므로(상법 제841조 제1항, 제796조 제2항 제8호), 개품운송계약의 경우와 마찬가지로 선박소유자는 발항하면 원칙적으로 예정항로에 따라 도착항까지 직항하여야 할 의무가 있다.[322)]

라. 운송물에 관한 주의의무

운송물에 관한 주의의무도 개품운송계약의 해당 규정이 준용되므로(상법 제841조 제1항, 제795조 제1항), 위법운송물을 양륙 또는 포기할 수 있으며(상법 제841조 제1항, 제800조), 위험운송물을 양륙·파괴 또는 무해조치를 할 수 있다(상법 제841조 제1항, 제801조).

3. 양륙에 관한 의무

선박소유자의 양륙에 관한 의무는 항해용선계약에서 운송채무이행의 최종단계에서 부담하는 의무인데, 최초단계에서 부담하는 선적에 관한 의무와 대칭된다. 다만, 양륙에 있어서는 용선계약의 당사자가 아닌 수하인에 대하여 그의 의무를 이행하고 또 이 의무의 이행으로 용선계약이 종료된다는 점에 특징이 있다.

가. 입항의무

선박소유자는 운송물의 양륙·인도를 위하여 용선계약상 정하여진 양륙항 또는 용선자가 지정하는 양륙항에 입항하여, 특약 또는 관습에 의하여 정하여지는 양륙장소에 정박하여야 할 의무를 진다.[323)]

---

321) 鄭暎錫, 海商法講義要論, 海印出版社, 2003, 114쪽.
322) 자세한 내용은 정영석, 국제해상운송법, 범한서적주식회사, 81쪽 이하 참조.

나. 양륙준비완료통지의무

양륙항에 입항 후 선장은 운송물의 양륙에 필요한 준비가 완료된 때에는 지체 없이 수하인에게 그 통지를 발송하여야 한다(상법 제838조 제1항).[324] 이는 약정된 양륙기간의 기산점이 된다(상법 제838조 제2항).

다. 정박의무

선박소유자는 용선자가 운송물의 전부를 양륙하는데 필요한 기간만큼 선박을 정박시킬 의무가 있다. 이때 양륙하는데 필요한 기간을 '양륙기간'이라고 하는데, 이러한 양륙기간은 보통 당사자 간의 약정에서 정하여 지고, 약정이 없으면 양륙항의 관습에 의한다. 양륙기간이 당사자 간의 약정에 의하여 정하여지는 경우 그 기간은 양륙준비완료의 통지가 오전에 있은 때에는 그날의 오후 1시부터 기산하고, 오후에 있은 때에는 다음날 오전 6시부터 기산한다(상법 제838조 제2항, 제829조 제2항 제1문). 그런데 이 기간에는 불가항력으로 인하여 양륙할 수 없는 날과 양륙항의 관습상 양륙작업을 하지 아니하는 날을 산입하지 아니한다(상법 제838조 제2항, 제829조 제2항 제2문).

만일 용선자가 위의 양륙기간을 경과한 후 운송물을 양륙한 때에는 선박소유자는 초과정박기간에 상당하는 체선료를 청구할 수 있다(상법 제838조 제3항).[325]

라. 양륙의무

항해용선계약에서는 보통 용선자 측에서 운송물을 양륙하는데, 당사자 간의 특약에 의하여 선박소유자가 양륙의무를 부담하는 경우도 있다(상법 제841조 제1항, 제795조 제1항 참조).

운송물의 양륙은 ① 선창에서 운송물을 꺼내 이것을 선측까지 옮기는 작업과 ② 선

---

323) 鄭燦亨, 商法講義(하), 제10판, 博英社, 2008, 894-895쪽.

324) 大判 1966.4.26, 66 다 28(集 14 ① 民 208) : 피고는 원고 소유 선박이 원고와의 약정에 의하여 부두에 입항하여 즉시 선장으로부터 원고에게 운송물의 양륙을 하도록 통지하였음에도 불구하고 원고가 화물양륙작업을 하지 않고 지연하던 중 본건 사고가 발생하였으니 이를 원고의 본건 손해배상청구금액을 정하는 데 있어서 참작하여야 한다고 주장하였으므로 원심으로서는 피고의 위 주장이 원고가 운송물의 양륙을 하지 않고 지체함으로서 피고가 원고에 대하여 청구할 수 있는 상당한 보수청구권을 원고의 피고에 대한 본건 손해배상청구권과 상계한다는 취지의 주장인지의 여부의 점에 대하여 석명하고 이에 대한 심리판단이 있어야 한다.

325) 大判 2005.7.28, 2003 다 12083(公報 2005, 1406) : 양륙기간을 약정한 용선계약에 있어서 용선자가 약정한 기간 내에 양륙작업을 완료하지 못하고 기간을 초과하여 양륙한 경우에 운송인이 그 초과한 기간에 대하여 용선자에게 청구할 수 있는 소위 정박료 또는 체선료는 체선기간 중 운송인이 입는 선원료·식비·체선비용·선박이용을 방해받음으로 인하여 상실한 이익 등의 손실을 전보하기 위한 법정의 특별보수라고 할 것이므로, 체선료의 약정이 용선자의 채무불이행으로 인한 손해배상의 예정이라는 전제하에서 운송인의 과실을 참작하여 체선료를 감액하거나 과실상계를 할 수 없다.

측에서 연안 혹은 작은 배에 양륙하는 작업이 있다.

마. 인도의무

선박소유자는 양륙항에서 운송물을 정당한 수하인에게 인도할 의무를 부담한다(상법 제841조 제1항, 제795조 제1항 참조). 선박소유자가 인도의무를 이행함으로써 항해용선계약은 완전히 종료하게 된다. 그러므로 선박소유자의 인도의무는 항해용선계약의 최종의 의무가 된다. 이때 선박소유자 자신이 직접 인도하는 경우는 드물고, 대리점 · 운송주선인 · 창고업자 · 부두운영자(terminal operator) 등이 선박소유자의 대리인으로서 인도하는 경우가 많다. 이때 정당한 수하인이란 용선계약에서 지정한 수하인을 말한다. 그러므로 선박소유자는 이러한 수하인에게 운송물을 인도할 의무를 부담한다.[326] 수하인은 용선계약의 직접 당사자는 아니지만, 운송물이 목적지에 도착한 때에는 용선자와 동일한 권리를 취득하고(상법 제841조 제1항, 제140조 제1항), 수하인이 그 운송물의 인도를 청구한 때에는 수하인의 권리가 용선자의 권리보다 우선한다(상법 제841조 제1항, 제140조 제2항).[327]

수하인이 운송물의 일부 멸실 또는 훼손을 발견한 때에는 수령 후 지체 없이 그 개요에 관하여 선박소유자에게 서면에 의한 통지를 발송하여야 한다(상법 제841조 제1항, 제804조 제1항 본문). 그러나 그 멸실 또는 훼손이 즉시 발견할 수 없는 것인 때에는 수령한 날로부터 3일 내에 그 통지를 발송하여야 한다(상법 제841조 제1항, 제

326) ① 大判 1999.7.13, 99 다 8711(公報 1999, 1615) :국제항공운송에서의 수하인은, 국제항공운송에있어서의 일부규칙의통일에관한협약 제13조 제1항, 제2항에 의하여 운송인이나 운송주선인에 대하여 반대의 특약이 있는 경우를 제외하고 화물도착의 통지를 받고, 수하인용 항공운송장의 교부 및 화물의 인도를 청구할 권리를 가지므로, 운송인 등이 수하인의 지시 없이 제3자에게 수하인용 항공화물운송장을 교부하고, 화물을 인도한 경우, 이는 수하인의 화물인도청구권을 침해한 것으로서 수하인에 대하여 불법행위를 구성한다고 할 것이며, 통지처는 수하인을 대신하여 화물도착의 통지를 받을 권한이 있을 뿐 항공화물운송장의 교부나 화물의 인도를 받을 권한은 없으므로 위에서 말하는 제3자가 통지처라고 하더라도 마찬가지이다

② 大判 2006.4.28, 2005 다 30184(公報 2006, 921) : 국제항공운송에 관한 법률관계에 대하여는 1955년 헤이그에서 개정된 '국제항공운송에 있어서의 일부규칙의 통일에 관한 협약'이 일반법인 민법이나 상법에 우선하여 적용된다.

따라서 동 협약 제13조에 의하여 국내 운송취급인이 운송인으로부터 아무런 지시도 받지 않고 수하인에게는 화물도착의 통지도 하지 아니한 채 수입회사의 청구에 따라 수출회사에 화물을 반송한 경우, 수하인의 화물인도청구권의 침해로 인한 손해배상책임을 인정한다.

327) 大判 2003.10.24, 2001 다 72296(公報 2003, 2239) : 선하증권이 발행되지 아니한 해상운송에 있어 수하인은 운송물이 목적지에 도착하기 전에는 송하인의 권리가 우선되어 운송물에 대하여 아무런 권리가 없지만, 운송물이 목적지에 도착한 때에는 송하인과 동일한 권리를 보유하고, 운송물이 목적지에 도착한 후 수하인이 그 인도를 청구한 때에는 수하인의 권리가 송하인에 우선하게 되는바, 그와 같이 이미 수하인이 도착한 화물에 대하여 운송인에게 인도 청구를 한 다음에는 비록 그 운송계약에 기한 선하증권이 뒤늦게 발행되었다고 하더라도 그 선하증권의 소지인이 운송인에 대하여 새로이 운송물에 대한 인도청구권 등의 권리를 갖게 된다고 할 수는 없다.

804조 제1항 단서). 이 통지가 없는 경우에는 운송물의 멸실 또는 훼손 없이 수하인에게 인도된 것으로 추정된다(상법 제841조 제1항, 제804조 제2항). 그러나 선박소유자 또는 그 사용인이 운송물이 멸실·훼손되었음을 알고 있는 경우에는, 수하인의 이러한 통지의무 및 멸실·훼손이 없다는 추정에 관한 위의 규정은 적용되지 않는다(상법 제841조 제1항, 제804조 제3항). 따라서 통지 자체는 적극적인 효력이 생기지 않고, 이러한 추정력을 생기지 않게 하는 효력이 있을 뿐이다. 즉, 통지를 하지 않으면 입증책임을 부담하는 불이익이 따르게 된다.

운송물의 멸실 또는 훼손이 발생하였거나 그 의심이 있는 경우에는 선박소유자와 수하인은 서로 운송물의 검사를 위하여 필요한 편의를 제공하여야 한다(상호편의제공의무)(상법 제841조 제1항, 제804조 제4항).

수하인이 운송물을 수령하는 때에는 용선계약에 따라 운임·부수비용·체당금·체선료, 운송물의 가액에 따른 공동해손 또는 해난구조로 인한 부담액을 지급하여야 한다(상법 제841조 제1항, 제807조 제1항).

항해용선계약에서 선박소유자는 운송물을 수령한 후에 용선자의 청구가 있는 경우 선하증권을 발행하여야 하는데(상법 제855조 제1항), 이와 같이 선하증권을 발행한 선박소유자는 이 선하증권을 선의로 취득한 제3자에 대하여 운송인으로서의 권리와 의무가 있다(상법 제855조 제3항 제1문). 또한 이는 용선자의 청구에 따라 선박소유자가 제3자에게 선하증권을 발행한 경우에도 같다(상법 제855조 제3항 제2문). 따라서 이와 같이 항해용선계약에서 선박소유자가 선하증권을 발행한 경우에는 선박소유자는 이러한 선하증권의 정당한 소지인에게 운송물을 인도할 의무를 부담한다. 이러한 의무는 개품운송계약에서 설명한 것과 그 내용이 동일하다.

바. 공탁의무

(1) 수하인의 수령거부 등

선장은 수하인을 확실히 알 수 없거나 수하인이 운송물의 수령을 거부한 때에는, 이를 공탁하거나 세관 그 밖의 관청의 허가를 받은 곳에 인도하고 지체 없이 용선자 및 알고 있는 수하인에게 그 통지를 발송하여야 할 의무를 부담한다(상법 제841조 제1항, 제803조 제2항). 이는 수하인이 불명하거나 수하인의 수령의사가 없는 것이 명백함에도 불구하고 선박소유자에게 운송물을 보관하도록 하는 것은 선박소유자에게 매우 불리하고 형평에도 어긋나기 때문이다. 이와 같이 선박소유자가 운송물을 공탁하거나 세관 기타 관청의 허가를 받은 곳에 인도한 때에는 수하인에게 운송물을 인도한 것으로 의제하고 있다(상법 제841조 제1항, 제803조 제3항).

(2) 수하인의 수령지체

수하인이 운송물의 수령을 게을리 한 때에는 선장은 이를 공탁하거나 세관 그 밖에 법령이 정한 관청의 허가를 받은 곳에 인도할 수 있다. 이 경우에는 지체 없이 수하인에게 그 통지를 발송하여야 한다(상법 제841조 제1항, 제803조 제1항). 이는 수하인의 수령거부 등의 경우와는 달리 선장이 공탁 등의 의무를 부담하는 것은 아니므로, 이를 할 것인지 여부를 선박소유자가 임의로 결정하여야 한다. 만일 선박소유자가 공탁 등을 하지 않고 운송물을 계속 보관할 경우에는 수하인에 대하여 초과양륙기간에 대한 체선료를 청구할 수 있다(상법 제838조 제3항). 그러나 선박소유자가 운송물을 공탁 등을 한 경우에는 수하인의 수령거부 등의 경우와 같이 수하인에게 운송물을 인도한 것으로 의제하고 있다(상법 제841조 제1항, 제803조 제3항).

(3) 수통의 선하증권이 발행된 경우

항해용선계약의 경우에도 선박소유자는 선하증권을 발행할 수 있다(상법 제855조). 이때 선박소유자가가 수통의 선하증권을 발행한 경우 2인 이상의 선하증권소지인이 운송물의 인도를 청구한 때에는 선장은 지체 없이 운송물을 공탁하고 각 청구자에게 통지를 발송하여야 할 의무를 부담한다(상법 제859조 제1항).

Ⅲ. 선박소유자의 책임

1. 책임의 내용

항해용선계약도 해상운송계약의 일종이므로 선박소유자의 책임은 개품운송계약의 경우에 거의 동일하다(상법 제841조 제1항, 제136조, 제137조, 제794조 내지 제797조, 제798조 제1항 내지 제3항).

다만, 개품운송계약은 부합계약의 성질을 지니고 있다는 점에서 운송계약의 상대방을 보호할 필요가 있다는 점이 강조되지만, 용선계약은 대등한 당사자 사이의 계약으로 볼 수 있기 때문에 상대적으로 계약자유의 원칙이 넓게 인정된다고 볼 수 있다. 원칙적으로 계약자유의 원칙이 인정되므로 항해용선계약에서는 선박소유자의 책임을 경감하는 특약이 일반적으로 허용된다고 본다. 다만, 감항능력 주의의무(상법 제794조)에 반하여 상법에서 규정하고 있는 항해용선에서의 선박소유자의 의무 또는 책임을 경감 또는 면제하는 당사자 사이의 특약은 효력이 없다(상법 제839조 제1항 제1문). 이는 연혁적으로 볼 때 항해용선계약과 개품운송계약을 포함한 해상물건운송계약이 일찍이 발달한 영국의 커먼 로에서 운송인의 묵시적 의무(implied undertakings)로

인정되어 오던 것에서 유래한다. 또 운송물에 관한 보험의 이익을 선박소유자에게 양도하는 약정 또는 이와 유사한 약정을 한 경우에도 이러한 약정은 효력이 없다(상법 제839조 제1항 제2문). 이러한 규정들은 현대적인 의미에서는 공익의 목적상 규정된 강행법규라고 볼 수 있다.

그러나 개품운송계약의 경우와는 달리 항해용선계약에서는 운송물에 관한 주의의무(상법 제795조)·운송인의 면책사유(상법 제796조)·운송인의 책임한도(상법 제797조) 및 비계약적 청구에 대한 적용(상법 제798조)에 대한 상법의 규정에 반하여 선박소유자의 의무 또는 책임을 경감 또는 면제하는 당사자 사이의 특약은 효력이 있다(상법 제839조 제1항과 상법 제799조 제1항의 비교). 그러나 항해용선계약에서도 선박소유자가 선하증권을 발행한 경우에는 이 선하증권을 선의로 취득한 제3자에 대하여 선박소유자는 운송인으로서 권리와 의무가 있으므로(상법 제855조 제3항), 이 때에는 개품운송계약의 경우와 동일하게 상법 제794조 내지 제798조의 규정에 반하여 선박소유자의 의무 또는 책임을 경감 또는 면제하는 특약을 하지 못한다(상법 제855조 제5항).

다만, 산동물의 운송 및 용선계약을 증명하는 문서의 표면에 갑판적으로 운송할 취지를 기재하여 갑판적(on deck)으로 하는 운송에 대하여는, 상법 제794조(감항능력주의의무)에 반하여 상법이 규정하고 있는 항해용선계약에서의 선박소유자의 의무 또는 책임을 경감 또는 면제하는 당사자 사이의 특약은 효력이 있다(상법 제839조 제2항, 제799조 제2항). 이 점은 개품운송계약의 경우와 동일하다.

계약의 성질상 항해용선계약에서는 개품운송계약에 관한 규정 중 제798조 제4항(실제운송인 또는 그 사용인이나 대리인에 대하여 손해배상청구가 제기된 경우에도 책임제한이 인정됨), 제804조 제5항(수하인에게 불리한 당사자 사이의 특약은 효력이 없음), 제138조(순차운송인의 책임)은 준용되지 않는다(상법 제841조 제1항 참조).

2. 제척기간

또한 선박소유자의 책임의 소멸에 대하여 항해용선계약에서는 별도로 규정하고 있는데, 선박소유자의 용선자 또는 수하인에 대한 채무는 그 청구원인의 여하에 불구하고 선박소유자가 운송물을 인도한 날 또는 인도할 날부터 2년 내에 재판상 청구가 없으면 소멸한다(상법 제840조 제1항 제1문).[328]

제척기간은 당사자 간의 합의로 연장할 수도 있고(상법 제840조 제1항 제2문), 단

328) 개품운송계약의 경우는 제척기간이 1년인데(상법 제814조 제1항 본문), 항해용선계약의 경우에는 제척기간이 2년이라는 점에서 차이가 있다.

축할 수도 있다. 단축하는 경우에는 당사자 간의 합의를 용선계약에 명시적으로 기재하여야 그 효력이 있다(상법 제840조 제2항). 개품운송계약과는 달리 항해용선계약에서는 제척기간을 2년으로 연장하면서 당사자 간의 합의로 용선계약서에 명시적으로 기재함으로써 기간을 단축할 수 있도록 하고 있다.

제 4 관 항해용선계약의 종료

항해용선계약은 운송의 완료라는 계약목적의 달성에 의하여 정상적으로 종료되는 것이 일반적이나, 계약의 해제 기타의 원인에 의하여 운송의 진행 중에 비정상적으로 종료하는 경우도 있다. 운송의 진행 중에 종료하는 원인에는 계약의 일반종료원인(해제 등) 외에 항해용선계약의 특수성에 비추어 상세한 규정을 두고 있다.

Ⅰ. 용선자의 임의해제 또는 해지

1. 발항 전의 임의해제 또는 해지

가. 전부용선계약의 경우

단일항해의 경우 발항 전에는 전부용선자는 운임의 반액을 지급하고 계약을 해제할 수 있다(상법 제832조 제1항). 그러나 용선자가 선적기간 내에 운송물을 선적하지 아니한 때에는 운송계약을 해제 또는 해지한 것으로 본다(상법 제836조). 이러한 운임의 반액은 공적운임 또는 부적운임(dead freight)이라고 하는데, 이는 용선계약상의 운임이나 위약금이 아닌 일종의 법정해약금이다.[329] 따라서 이것의 지급은 계약해제나 해지의 성립요건은 아니고 용선자가 선박소유자가 입은 손해의 입증을 요하지 않고 당연히 지급하여야 하는 채무이다.

왕복항해의 경우에는 운임의 3분의 2를 지급하고 계약을 해지할 수 있다. 즉, 왕복항해용선계약인 경우에는 전부용선자가 그 회항(preliminary voyage) 전에 계약을 해지하는 때에는 운임의 3분의 2를 지급하여야 하고(상법 제832조 제2항), 선박이 다른 항에서 선적항에 항행하여야 할 경우에 전부용선자가 선적항에서 발항하기 전에 계약을 해지한 때에도 운임의 3분의 2를 지급하여야 한다(상법 제832조 제3항).

329) 鄭熙喆, 商法學(하), 博英社, 1990, 584쪽; 徐燉珏·鄭完溶, 商法講義(하), 제4전정, 博英社, 1996, 628-629쪽.

전부용선자가 발항 전에 운임의 반액을 지급하고 계약을 해제한 때에도 부수비용이나 체당금을 지급할 책임을 부담하며(상법 제834조 제1항), 왕복항해에서 운임의 3분의 2를 지급하고 계약을 해지한 경우에는 위의 부수비용이나 체당금 이외에도 운송물의 가액에 따라 공동해손 또는 해난구조로 인하여 부담할 금액을 지급하여야 한다(상법 제834조 제2항). 또한 이때 전부용선자는 선적비용과 양륙비용을 부담한다(상법 제835조).

나. 일부용선계약의 경우

일부용선계약에서 일부용선자 또는 송하인(선박소유자가 선하증권을 발행한 경우 이 선하증권을 선의로 취득한 제3자를 의미한다, 상법 제855조 제4항)은 다른 용선자와 송하인 '전원과 공동으로 하는 경우'에 한하여 전부용선자의 경우와 같이 단일항해의 경우에는 운임의 3분의 2를 지급하고 발항 전에 계약을 해제하거나, 왕복항해의 경우에는 운임의 3분의 2를 지급하고 회항 전에 계약을 해지할 수 있다(상법 제833조 제1항). 이때에도 용선자가 선적기간 내에 선적하지 아니한 때에는 운송계약을 해제 또는 해지한 것으로 본다(상법 제836조).

다른 용선자와 송하인 '전원과 공동으로 하는 경우가 아니면,' 발항 전에 계약을 해제 또는 해지한 때라도 운임의 전액을 지급하여야 한다(상법 제833조 제2항). 이때에는 전부용선계약의 경우와 같이 선박소유자가 자유롭게 선박을 이용할 수 없는 점에서 운임의 전액을 지급하도록 한 것이다. 그러나 발항 전에 운임의 전액을 지급하는 경우라 하더라도 일부용선자 또는 송하인이 운송물의 전부 또는 일부를 선적한 경우에는 다른 용선자와 송하인의 동의를 얻지 않으면 계약을 해제 또는 해지하지 못한다(상법 제833조 제3항). 이때에는 선적한 운송물을 양륙함으로 인하여 초과정박을 요하거나 또는 환적으로 인하여 다른 운송물에 위험(멸실・훼손・연착 등)을 줄 우려가 있기 때문이다. 따라서 이 경우에는 운임의 전액 및 선적비용과 양륙비용을 지급하는 동시에 다른 용선자와 송하인의 동의를 얻어야 한다.

일부용선자나 송하인이 다른 용선자나 송하인 전원과 공동으로 운송계약을 해제 또는 해지하는 경우에는 전부용선계약의 경우와 같다. 즉, 단일항해의 경우에는 위의 운임 이외에도 부수비용이나 체당금도 지급하여야 하고(상법 제834조 제1항), 왕복항해의 경우에는 위의 운임 및 부수비용이나 체당금 이외에도 운송물의 가액에 따라 '공동해손 또는 해난구조로 인하여 부담할 금액'을 지급하여야 한다(상법 제834조 제2항). 또한 운송물의 전부 또는 일부를 선적한 때에는 그 선적비용과 양륙비용은 용선자나 송하인이 부담한다(상법 제835조).

2. 발항 후의 임의해지

용선자 또는 송하인은 발항 후에도 용선계약을 해지할 수 있다. 이때 해지의 요건은 발항 전의 해지의 경우와 같으나, 이를 위한 법정위약금으로는 언제나 운임의 전액 등을 지급하여야 한다(상법 제837조). 이때에도 전부용선계약의 경우와 일부용선계약의 경우가 있다.

발항 후에 용선자나 송하인이 용선계약을 해지하는 경우에는 선박소유자 등에게 주는 불이익이 더 크기 때문에 상법은 발항 전의 해제나 해지보다 그 효과를 엄격하게 규정하고 있다.[330] 즉, 발항 후에는 용선자나 송하인은 운임의 전액 이외에 체당금·체선료와 공동해손 또는 해난구조의 부담액을 지급하고, 그 양륙하기 위하여 생긴 손해를 배상하거나 이에 대한 상당한 담보를 제공하여야 한다(상법 제837조). 이때 양륙하기 위하여 생긴 손해란 양륙비용 외에 양륙을 위한 회항비용·정박비용·기타 양륙과 상당인과관계에 있는 모든 손해를 의미한다.[331]

II. 불가항력으로 인한 임의해제 또는 해지

1. 발항 전의 임의해제

발항 전에 항해 또는 운송이 법령에 위반하게 되거나 기타 불가항력으로 인하여 운송계약의 목적을 달할 수 없게 된 때에는 각 당사자는 운송계약을 해제할 수 있다(상법 제841조 제1항, 제811조 제1항). 이 경우에 용선자는 공적운임을 지급할 필요가 없다. 그러나 다음에서 보는 바와 같이 발항 후에 그렇게 된 때에는 용선자는 비례운임을 지급하여야 한다(상법 제841조 제1항, 제811조 제2항). 이때 법령에 위반되는 경우는 항해금지, 해상봉쇄, 운송물의 금수조치 등을 들 수 있고, 불가항력이라 함은 천재지변이나 전쟁 등을 들 수 있다.

불가항력 등의 사유가 운송물의 일부에 대하여 생긴 때에는 용선자는 선박소유자의 책임을 가중하지 않는 범위 내에서 다른 운송물을 선적(代荷船積)할 수 있다(상법 제841조 제1항, 제812조 제1항). 이때 용선자는 지체 없이 운송물을 양륙 또는 선적하여야 하고, 이를 게을리 한 때에는 운임의 전액을 지급하여야 한다(상법 제841조 제1항, 제812조 제2항).

---

330) 鄭熙喆, 商法學(하), 博英社, 1990, 584쪽; 孫珠瓚, 商法(하), 제11정증보판, 博英社, 2005, 845쪽.
331) 鄭燦亨, 商法講義(하), 제10판, 博英社, 2008, 905쪽.

2. 발항 후의 임의해지

발항 후 운송 중에 항해 또는 운송이 법령에 위반하거나 기타 불가항력으로 인하여 운송계약의 목적을 달할 수 없게 된 때에도, 각 당사자는 운송계약을 해지할 수 있다(상법 제841조 제1항, 제811조 제2항 전단). 이때 용선자는 운송의 비율에 따른 운임을 지급하여야 한다(상법 제841조 제1항, 제811조 제2항 후단).

Ⅲ. 법정원인에 의한 당연종료

항해용선계약은 발항 전이든 발항 후이든 불문하고 다음의 사유로 인하여 당연히 종료한다(상법 제841조 제1항, 제810조 제1항).

① 선박이 침몰 또는 멸실한 때.
② 선박이 수선할 수 없게 된 때.
③ 선박이 포획된 때.
④ 운송물이 불가항력으로 인하여 멸실된 때.

위의 ① 내지 ③의 사유가 항해 도중에 생긴 때에는 용선자는 운송의 비율에 따라 현존하는 운송물의 가액의 한도에서 운임을 지급하여야 한다(상법 제841조 제1항, 제810조 제2항). ④의 경우에는 용선자는 운임을 전혀 지급하지 않아도 무방하다(상법 제841조 제1항, 제134조 제1항).

제 6 절
정기용선계약

제1관 의의

Ⅰ. 개념

정기용선계약(定期傭船契約 : time charter party)이란 선박소유자가 용선자에게 선원이 승무하고 항해장비를 갖춘 선박을 일정한 기간 동안 항해에 사용하게 할 것을 약정하고, 용선자가 이에 대하여 기간으로 정한 용선료(hire)를 지급할 것을 약정함으로써 그 효력이 생기는 계약이다(상법 제842조).

정기용선계약도 차터 파티(charter party)라고 불리는 용선계약의 일종으로 해상법상의 운송계약이다. 계약의 일방 당사자를 상법은 선박소유자라고 규정하고 있으나, 자선의장자인 선박소유자, 타선의장자인 선체용선자는 물론이고 정기용선자도 재용선계약을 통하여 재정기용선계약을 체결할 수 있기 때문에 선박소유자라는 용어보다는 운송인이라는 용어가 더 적확하지 않을까 하는 점은 항해용선계약에서 설명한 것과 같다.

이와 같이 정기용선계약이 운송계약이라고 보는 관점에서는 (정기)용선자는 제3자와 운송계약을 체결해 재운송인으로 화물에 관한 책임을 지는 일은 있어도 해상기업주체로 선박소유자와 같은 책임을 지는 일은 없다. 그러나 현실에서는 정기용선자가 그 용선하고 있는 선박의 연돌(煙突)에 자기 사장(社章)을 표시하거나 선박의 운항에 관해 일상적으로 구체적인 지휘・명령을 발하고 있거나 하는 것에서 그 실체가 해상기업자라고 판단하는 견해도 있다.[332]

정기용선계약은 타선 이용의 해운형태로 국제적으로 보급되고 있는 것이지만, 그 배경에는 정기용선계약이 ① 조선 가격의 급등에 의해 해운회사가 자사선을 새로이 건조할 위험(risk)를 부담하지 않고 선박을 조달 가능하게 하는 방법이라는 점, ② 선

332) 鄭燦亨, 商法講義(하), 제10판, 博英社, 2008, 787쪽.

박소유자가 관세 때문에 선박을 편의치적선으로 하고 있는 경우 선적국에 설립한 회사를 소유자로 하여, 이 선박을 정기용선하여 이용하는 것이 편리하다는 점이 있다.

II. 선체용선계약 및 항해용선계약과의 구별

정기용선계약은 다음과 같은 점에서 선체용선계약과 다르다.

첫째, 선체용선계약에서는 용선자가 선박을 점유하는 반면, 정기용선계약에서는 선박소유자가 선박을 점유(control)한다.

둘째, 선체용선계약에서는 용선자가 선장과 해원의 선임·감독권을 가지는 반면, 정기용선계약에서는 선박소유자가 선장과 해원의 선임·감독권을 가진다.

셋째, 선체용선계약에서는 용선자가 해상기업을 영위하는 주체가 되는 반면, 정기용선계약에서는 선박소유자가 해상기업을 영위하는 주체가 된다. 다만, 정기용선자가 용선한 선박의 연돌에 자기 회사의 표시를 한 후 자기의 정기선운송서비스나 항해용선계약서비스에 제공하는 경우에는 소위 재운송계약이라는 새로운 계약을 통하여 정기용선자가 해상기업을 영위하는 방법이 있기는 하지만, 정기용선계약 그 자체가 용선자에게 해상기업의 주체성을 인정하는 것은 아니라고 보아야 한다.

한편 정기용선계약은 다음과 같은 점에서 항해용선계약과 구별된다.

첫째, 항해용선계약은 계약에서 정해진 특정한 항해를 목적으로 하는 운송계약인 반면, 정기용선계약은 계약에서 정해진 일정한 기간동안 선박소유자의 운송서비스를 제공받기로 하는 포괄적인 운송계약으로서 구체적인 운송서비스 내용은 그때그때 용선자가 특정해 줄 필요가 있다는 점에서 다르다. 이와 같이 운송서비스를 특정하는 행위를 용선자가 지휘·명령권을 가지는 것으로 보아 선박에 대한 점유권의 행사로 보는 견해도 있으나, 선박소유자와 용선자의 이해가 충돌될 경우에는 궁극적으로 선박소유자가 임명한 선장과 해원이 용선자의 지시에 따를 수 없다는 점에서 볼 때 그 내용에 있어서 선박의 점유권 즉, 지휘·명령권을 가진다고 보기는 어렵다.

둘째, 정기용선계약과 항해용선계약은 운송계약이라는 점에서는 동일한 법적 성질을 가지고 있다.

셋째, 항해용선계약에서는 계약의 이행과 관련된 각종비용 및 직접선비, 간접선비를 모두 선박소유자가 부담하지만, 정기용선계약에서는 직접선비를 용선자가 부담한다는 점에서 다르다. 이는 정기용선계약에서는 일정기간 운송서비스를 제공하기로 약속하고 구체적인 항해의 내용에 대하여는 그때그때 용선자의 특정에 의하여 정해지기 때문에 계약체결 당시에 직접선비를 미리 산정할 수 없다. 따라서 이를 용선자가 부담하기로 한 것으로 정기용선계약의 법적 성질과는 무관하다고 보아야 한다.

넷째, 항해용선계약에서는 운임의 성질이 개품운송계약에서의 운임과 완전히 동일한 성질을 가지기 때문에 영문으로 freight로 표현되는 반면, 정기용선계약에서는 기간단위로 운임을 부과하기 때문에 영문으로 hire라는 용어를 사용한다.

Ⅲ. 법적 성질

1. 혼합계약설

일본과 우리나라의 판례와 다수설은 예로부터 정기용선계약을 선박임대차와 노무공급의 혼합계약으로 이해해 왔다.[333] 그리고 이 계약이 선박임대차인 부분에 대해서는 상법 제850조의 적용을 인정하고 정기용선자가 선박소유자와 같은 책임을 진다고 하고 있다. 이는 1901년 독일제국법원이 정기용선계약을 선박의 임대차와 선원의 노무공급계약의 혼합계약이라고 판결한 것을 받아들인 것이다. 이 학설은 선박소유자는 정기용선자에게 선박의 사용을 위임하고 선장과 해원의 노무는 선박소유자가 공급하는 전혀 다른 두 가지의 채무가 혼합된 계약으로 이해한다. 혼합계약설에서는 선박은 정기용선자의 점유하에 있고, 정기용선자는 해상기업의 주체로서 선박임차인과 마찬가지로 제3자에 대하여 권리의무의 주체가 된다고 본다.

그러나 이 학설은 다음과 같은 이유로 타당하지 않다고 본다.

첫째, 선박의 임대차계약과 선원의 노무공급계약이 어떻게 혼합되어 작용하는지가 분명하지 않다.

둘째, 일본 민법과 같이 유기적 기업조직의 임대차를 인정하는 법률하에서는 임대차계약의 성격으로도 이해할 여지가 있으나, 우리 민법과 같이 물건에 대한 임대차계약만 인정하는 법률하에서는 무리한 해석이다.

셋째, 정기용선계약에서는 선박소유자가 고용한 선장 및 해원에 의하여 선박소유자가 점유를 하고 있음에도 불구하고 용선자에게 점유권을 인정하는 무리한 이론 구성을 하고 있다. 운항중인 선박에 대한 점유는 당연히 선장 및 해원에 의하여 이루어짐에도 불구하고 선원에 대한 임면권과 지휘명령권을 가지지 못한 용선자에게 점유권을 인정한다는 것은 이론적으로나 실제로도 불가능하다.

---

333) ① 大判 1994.1.28, 93 다 18167(判例總攬 2,927) : 선박의 소유자 아닌 정기용선자라 하여도 다른 특별한 사정이 없는 한 대외적인 책임관계에 있어서는 선박임차인에 관한 상법 제766조가 유추적용되어 선박소유자와 동일한 책임을 진다.
② 大判 昭和3.6.28 民輯 7卷 8號 519쪽.

넷째, 혼합계약설은 정기용선자에게 해상기업주체성을 인정하는 설명은 되지만 하나의 계약을 두 개의 계약으로 이루어지는 것으로 설명하여야 할 필연성은 없다(선박임대인이 노무공급계약을 동시에 체결해도 정기용선계약은 되지 않는다).

다섯째, 오늘날 국제해운시장에서 널리 쓰이고 있는 정기용선계약의 표준서식인 1946년 뉴욕프로듀스익스체인지 표준계약서식 제26조[334] 및 일본 해운집회소 제정 정기용선계약서 제31조[335]에서도 정기용선계약이 임대차계약이 아니라고 명시하고 있다.[336]

또한 이와 유사한 학설로는 특수계약설이 있는데, 선박의 점유이전은 없으나 용선자는 용선기간동안 자유롭게 사용・수익할 권리를 가지는 점에서 임대차계약과 매우 유사하고, 여기에 선장과 선원의 노무공급을 받게 되는 특수한 계약이라는 학설이다. 따라서 반대의 특약이 없는 한 임대차에 관한 규정을 이에 유추적용하는 것으로 한다.

이 학설은 본질이 혼합계약설과 다르지 않고, 특수성이 무엇이라는 설명이 없다는 비판이 있다.

2. 해기・상사구별설

해기・상사구별설(海技・商事區別說)은 선박이용의 내용을 해기사항과 상사사항으로 구분하여 해기사항은 선박소유자의 부담으로 남기고 상사사항에 관하여는 이를 용선자가 관리하는 것으로 보는 견해이다. 그러므로 용선자는 상사사항에 관하여만 제3자에 대하여 선박소유자와 동일한 책임을 지고 해기사항에 관하여는 선박소유자가 책임을 진다고 한다. 프랑스의 1966년 용선계약 및 해상운송에 관한 법(1966년 6월 18일 법률: Le Droit Maritime Fran ais(D.M.F.), 1966)이 취하고 있는 태도이다.

이 학설에 대하여는 다음과 같이 비판할 수 있다.

---

334) 뉴욕프로듀스익스체인지 표준계약서식 제26조 계약의 성질
26. Nothing herein stated is to be construed as a demise of the vessel to the Time Charterers. The owners to remain responsible for the navigation of the vessel, insurance, crew, and all other matters, same as when trading for their own account.(이 용선계약서에 규정된 어떠한 조항도 용선자에게 용선선박을 임대하는 것으로 해석하여서는 안 된다. 선박소유자는 용선선박의 항해, 보험, 선원 및 기타의 모든 사항에 대하여 선박소유자 자신의 계산으로 항해할 때와 동일하게 책임을 져야 한다.)

335) 社團法人 日本海運集會所書式制定委員會(昭和49年)7月改訂 定期傭船契約書
Clause 31 [Nature of Contract] The Charter, irrespective of its wording, is not a lease.(제31조 [계약의 본질] 본 계약은 조문 및 용어가 무엇이든 임대차계약은 아니다.)

336) 박용섭, 정기용선계약법론, 효성출판사, 332쪽.

첫째, 해기사항과 상사사항의 구별이 용이하지 아니하다.

둘째, 항해과실과 상사과실을 구별하는 기준을 적용하여 이를 구분하여 선박운항과 관련된 제반 업무를 해기사항이라고 보고 운송물 관리에 관한 사항을 상사사항이라고 본다고 하더라도, 소위 ① 선적항과 양륙항에서의 선적・양륙 작업에 대하여 용선자가 책임을 지는 것은 용선계약에 있어서 안전항 지정의무와 FIO조건에 의하여 적・양륙작업을 하주인 용선자가 부담하는 조건으로 용선계약이 이행되기 때문에 발생하는 자연스러운 현상이지 정기용선계약에만 특유하거나 그 본질에서 발생하는 것은 아니다는 점과, ② 특히 기업형 정기용선계약의 경우에 운송물의 멸실・훼손에 대한 책임을 용선자가 지게 되는 것은 모든 경우에 그러한 결과가 발생하는 것도 아닐 뿐만 아니라, 선하증권의 발행에 따른 책임을 지는 것이거나, 소위 재용선계약에 의한 최종 하주와의 사이에서는 용선자가 계약운송인의 지위에 서게 되기 때문에 발생하는 재운송계약이라는 별도의 계약에 의하여 발생하는 책임이지 정기용선계약의 본질로부터 발생하는 것은 아니라는 점에 비추어 볼 때 정기용선계약의 본질을 설명하기에는 타당하지 않다고 본다.

3. 운송계약설

해운업계에서는 정기용선계약을 운송계약의 일종이라고 보는 생각이 지배적이다. 운송계약설은 ① 상법이 용선계약을 운송계약으로 보고 있고, 정기용선계약도 항해용선계약과 함께 상법 제5편 제2장에서 규정하고 있는 점, ② 정기용선계약에서는 선장 및 그 외 선원의 선임・감독권이 선박소유자에게 유보되어 있다는 점, ③ 선박의 점유가 용선자에게 이전하지 않기 때문에 용선자가 선박상의 지배권을 행사할 수 없다는 점과 ④ 운송물은 선박소유자 등의 점유・관리 하에 장소적으로 이동되는 점[337)]을 논거로 하고 있다.

이 학설에 대하여는 선박의 공간을 이용하도록 하여 주는 것이라는 점에서 운송계약에서 볼 수 있는 도급성이 약하고, 기업형 정기용선계약의 경우에는 용선자가 임차인처럼 선박을 장기간 자유롭게 이용하므로 오히려 선체용선에 더 가깝다는 비판이 가해진다.

그러나 첫째, 정기용선계약은 선박소유자의 선원에 대한 임면권과 지휘명령권에 의하여 선박이 선박소유자의 물권적 지배하에 있는 것이 분명하므로 선박이 용선자의 점유하에 있음을 전제로 하는 혼합계약설에는 근본적인 문제가 있다는 점과, 둘

337) 鄭燦亨, 商法講義(하), 제10판, 朴英社, 2008, 789쪽.

째, 상법 및 전형적인 용선계약서[338]의 명문 규정과 그 해석론으로 타당하다는 점, 셋째, 정기용선계약은 항해용선계약의 변형된 형태로써, 선박소유자와 용선자의 경제적 이해관계의 일치에 의하여 선박소유자는 운송서비스 능력을 용선자에게 제공하고, 용선자는 구체적으로 필요할 때 계약 내용에 따라 서비스(급부)의 내용을 특정해 줌으로써 구체적으로 운송서비스의 내용이 확정되는 특수한 형태의 용선계약으로 보아야 한다는 점. 즉, 장기간에 걸친 운송계약이므로 당시의 사정에 따라 구체적 서비스 내용을 용선자가 지정하도록 유보하고 있는 것이지, 용선자의 지휘・명령권이 결코 선박의 점유권은 아니므로 임대차계약으로 해석하여서는 안 된다는 점, 넷째, 법적 성질을 운송계약으로 이해하면서도 민법의 임대차계약에 관한 규정을 유추적용하여야 한다고 주장하는 견해도 있으나,[339] 해석법학에서 법적 성질을 가리는 것은 계약의 내용이 불명확하거나 미흡할 때 또는 해당 법률 규정이 미비되어 있을 경우에 이를 보충적으로 해석하는 기준을 정하는 것으로 법적 성질을 운송계약으로 이해하면서 임대차계약의 규정을 유추적용하여야 한다고 해석하는 것은 논리의 모순이라는 점에서 운송계약으로 보는 것이 타당하다.

다행히 우리 대법원은 2003년 8월 22일 판결을 통하여 그 법적 성질을 운송계약설로 전환함으로써 해운실무와 영미의 오랜 판례에서 확립된 이론과 일치되는 바람직한 입장을 취하게 되었다.[340]

한편, 비용부담에 관하여 살펴보면, 정기용선계약에서 선박소유자는 선박의 점유

---

338) ASBATIME 정기용선표준계약서식 제25조는 '본 계약서의 어떠한 기재도 정기용선자와의 선체용선으로는 해석되지 않는다'고 명기하고 있다.

339) 李基秀・崔秉珪・金仁顯, 保險・海商法[商法講義Ⅳ], 博英社, 2003, 356쪽.

340) 大判 2003.8.22, 2001 다 65977: '타인의 선박을 빌려 쓰는 용선계약에는 기본적으로 선체용선계약, 정기용선계약 및 항해용선계약이 있는데, 이 중 정기용선계약은 선박소유자 또는 임차인(이하 통칭하여 '선박소유자'라 한다)이 용선자에게 선원이 승무하고 항해장비를 갖춘 선박을 일정한 기간 동안 항해에 사용하게 할 것을 약정하고 용선자가 이에 대하여 기간으로 정한 용선료를 지급할 것을 약정하는 계약으로서 용선자가 선박소유자에 의하여 선임된 선장 및 선원의 행위를 통하여 선박소유자가 제공하는 서비스를 받는 것을 요소로 하는 것이고, 선박 자체의 이용이 계약의 목적이 되어 선박소유자로부터 인도받은 선박에 자기의 선장 및 선원을 탑승시켜 마치 그 선박을 자기 소유의 선박과 마찬가지로 이용할 수 있는 지배관리권을 가진 채 운항하는 선박임대차계약과는 본질적으로 차이가 있으며, 정기용선계약에 있어서 선박의 점유, 선장 및 선원에 대한 임면권, 그리고 선박에 대한 전반적인 지배관리권은 모두 선박소유자에게 있고, 특히 화물의 선적, 보관 및 양하 등에 관련된 상사적인 사항과 달리 선박의 항행 및 관리에 관련된 해기적인 사항에 관한 한 선장 및 선원에 대한 객관적인 지휘감독권은 달리 특별한 사정이 없는 한 오로지 선박소유자에게 있다고 할 것이다.'

이 판례에서도 '…상사사항과는 달리 …해기적인 사항에 관한 한…'이라고 판시하고 있으나 이는 상사사항과 해기사항을 구분하는 학설에 따르고 있다고 보기 보다는 이 사안에서 문제가 된 부분이 소위 해기적인 사항에 속하므로 이론의 여지가 없는 부분에 대하여 명확한 판결을 내린 것이고 상사적인 사항에 대하여는 판단을 유보한 것으로 보인다. 그러나 이 판결은 기존의 혼합계약설의 입장에 다르던 하급법원의 판례를 분명히 뒤집은 것으로 해사법의 오랜 전통과 해운실무계의 현실을 수용한 합리적인 판결이라고 본다.

를 하고, 선박을 유지·관리하며, 승무원을 고용하여 임금을 지급하고, 선박의 운항에 필요한 비용을 지급할 의무 또는 책임을 부담한다. 용선자는 정기용선을 한 선박에 대해서 어떤 재산권을 취득하는 것이 아니다.[341] 또한 연료비, 수선료, 예인료, 안벽사용료 등 용선자가 배선하는 장소에서 발생하는 항비는 용선자가 지급하며, 또한 용선자가 선택한 특정 운송물에 필요한 특수한 의장품에 관련된 비용을 지급하여야 한다. 실무상으로는 지정된 항해, 왕복항해, 연속항해 또는 선박이 특정기간 내에 개시하거나 수행 가능한 항해[342]에 대해서는 항해용선계약보다는 정기용선계약을 이용하는 경우가 더 많다. 이와 같이 비용부담에 있어서 정기용선자가 일정 부분을 부담하기 때문에 이에 근거하여 임대차계약의 성질을 인정하려는 경향도 있다. 그러나 정기용선의 발달과정을 보면, 항해용선계약으로부터 출발하여 6개월 내지 1년이라는 일정기간에 걸쳐서 항해용선을 계속적으로 이행할 필요가 있을 때, 선박의 점유권을 용선자가 가지는 선체용선계약을 이용할 경우에는 용선자가 선박의 유지·관리 및 운항상의 책임을 져야 하기 때문에, 이를 피하고 실질적으로는 운송행위를 선박소유자가 계속 수행하면서 운송서비스만 안정적으로 용선자가 공급받을 수 있는 방법으로 발달한 것이 정기용선계약이다. 이때 선박의 점유와 관련된 모든 경비를 용선료에 포함하여 받으면 관계가 매우 단순하게 해결이 되겠지만, 장기간에 걸친 용선이라는 점에서 1 항해 또는 왕복항해의 항해용선계약과는 달리 정확한 항차수를 미리 산정하기는 불가능하다. 따라서 미리 확정할 수 있는 비용은 사전에 용선료에 포함하여 선박소유자가 수령하고 가변적인 비용은 용선자가 직접 지출하는 형태로 변형이 된 계약이다. 그러나 선박의 점유권은 여전히 선박소유자가 차지하고 있으므로 법적 성질은 항해용선계약과 다를 바 없다고 하겠다.

또한 용선자의 상사적 지휘·명령권을 근거로 상사적 사항에 대하여는 용선자가 점유권을 가지는 것으로 구분하여 임대차계약과 같이 취급하려는 경향이 일부 있으나, 이는 정기용선계약이 일정기간 동안 특정 선박의 운송서비스를 제공하기로 하는 서비스 능력의 제공을 목적으로 하는 계약이므로, 구체적인 운송서비스의 내용은 그때그때 운송서비스가 이루어질 때 용선자가 특정해 줄 수밖에 없을 것이다. 이는 마

341) Bergan v. International Freighting Corp., 254 F.2d 231, 1958 A.M.C. 1303 (2d Cir. 1958); Atlantic Banana Co. v. M/V Calanca, 342 F. Supp. 447, 453-54, 1972 A.M.C. 880, 888(S.D.N.Y. 1972), aff'd, 489 F.2d 752, 1974 A.M.C. 1894 (2d Cir. 1974); Mondella v. S.S. Elie V, 223 F. Supp. 390, 392 (S.D.N.Y. 1963).

342) See Concord Petroleum Corp. v. Mobil Shipping & Transp. Co., 1974 A.M.C. 103 (Arb. 1973); Walsh v. Tweedie Trading Co. (The Herm), 170 F. 60 (2d Cir.), cert. denied, 214 U.S. 525 (1909) (round trip); Lake Steam Shipping Co. v. Bacon, 129 F. 819 (S.D.N.Y. 1904) (voyage and return); Gow v. William W. Brauer S.S. Co., 113 F. 672(S.D.N.Y. 1902) (two round trips).

치 종류채권[343]이나 선택채권[344]에서 급부의 이행을 그때그때 특정해 주는 행위와 마찬가지라고 본다. 또 용선자의 지휘명령권 행사시 그 내용이 선박소유자와 용선자의 이해관계에 충돌이 있을 경우에는 선박소유자가 고용한 선장 이하 선원이 용선자의 지시를 따르기는 어렵다고 하겠다. 그러므로 정기용선계약의 법적 성질은 영미 법정의 일관된 판례의 입장에서 나타난 바와 같이 운송계약으로 보는 것이 타당하다고 본다.

[표 4-3] 용선계약의 내용 비교[345]

내용 \ 유형	항해용선계약	정기용선계약	선체용선계약
법적 성질	운송계약 (도급계약)	운송계약 (도급계약)	운송수단 임대차
운항주체	선박소유자	선박소유자	임 차 인
선박의 점유권자	선박소유자	선박소유자	임 차 인
선장·해원의 선임감독권자	선박소유자	선박소유자	임 차 인
항해지휘권자	선박소유자	선박소유자	임 차 인
상사지휘권자	용 선 자	용 선 자	임 차 인
선박소유자 부담경비	간접선비 직접선비 운 항 비	간접선비 직접선비	간접선비 선박보험료
용선자부담경비	없 음	운 항 비	직접선비 운 항 비 선박보험료

※ 정기용선계약에서 운항비를 용선자가 부담하는 것은 항비 등 항해에 직접 소요되는 경비는 용선료 산정당시 미리 산정이 불가능하고, 용선자가 상사적 지휘권을 발동하여 운송서비스 내용을 구체적으로 정할 때 산정이 가능하므로 용선자가 부담하도록 하고 있음

Ⅳ. 표준계약서식의 사용

정기용선계약의 내용은 계약 당사자 간에 체결된 용선계약서에 따라 결정되지만, 항해용선의 경우와 같이 이 계약에서도 전형적인 서식이 몇 개 있다. 처음 정기용선

343) 일정 종류에 속하는 물건의 일정수량의 급부를 목적으로 하는 채권을 말한다. 석탄 10톤, 콜라 10상자 등의 인도를 목적으로 하는 채권을 예로 들 수 있다. 목적물이 처음부터 개별적으로 특정되어 있지 않으므로 불특정물의 인도를 목적으로 하는 채권이라 하겠다. 종류채권은 급부의 목적물이 확정되어 있지 않으므로, 늦어도 그 이행시까지에는 그 목적물이 구체적으로 확정될 필요가 있다. 목적물이 특정물에 한정하는 것을 종류채권의 특정이라고 한다.

344) 채권의 목적이 수개의 급부 중에서 선택에 의하여 정하여지는 것을 말한다. 선택채권의 목적인 수개의 급부가 1개의 급부로 확정되는 것을 선택채권의 특정이라고 한다.

345) 박용섭, 정기용선계약법, 전면개정 제4판, 효성출판사, 1999, 94-95쪽 참조.

계약은 발틱 해의 목재나 광석을 운송하기 위한 계약으로 발전해 온 것인데 여기에서 파생한 볼타임 표준계약서식(The Baltic and White Sea Conference Uniform Time Charter, 약칭 BALTIME), 영미법계의 국가에서도 가장 잘 이용되는 뉴욕프로듀스익스체인지 표준계약서식(Time Charter Government Form approved by New York Produce Exchange, 약칭 NEWYORKPRODUCE) 및 일본 해운집회소의 표준계약서식 등이 대표적인 것이라 할 수 있다.

정기용선계약서에 기재된 내용으로는 ① 선박소유자는 정해진 용선기간에 대해 선박을 용선자에게 제공할 것, ② 용선자는 이에 대해 용선료를 지급할 것(통상 1개월 또는 15일 단위의 선급), ③ 선박소유자는 해당 선박이 감항능력을 가지는 것을 보장하는 동시에 용선계약의 기간 중 이 상태를 유지할 것, ④ 선박소유자는 선박에 필요한 비품을 넣을 장소를 제외한 일체의 선창, 객실 등을 용선자의 운송에 종사시킬 것, ⑤ 선박소유자는 선원의 급료 및 선원에 관한 그 외의 각종 비용, 선박보험료, 수선비, 본선에 관련된 세금 등의 비용을 부담할 것 ⑥ 용선자는 연료, 적하에 관한 각종 비용, 운송물 적·양하에 관한 일체의 비용, 항세, 선창료, 예선료, 수선료 등의 비용을 부담할 것, ⑦ 선박소유자는 선장 또는 그 외의 선원을 이용해 신속하게 항해를 시키고 용선자의 업무를 지원할 것 등이 있다.

제2관 내부관계

선박소유자와 정기용선자의 내부관계에 관한 법률관계는 원칙적으로 계약자유의 원칙이 적용되므로 당사자 간의 계약의 내용에 의하며, 계약의 내용에 없으면 상법의 규정에 의하고, 상법의 규정도 없으면 상관습에 따르고 상관습도 없으면 민법의 도급계약에 관한 규정에 의한다.[346]

Ⅰ. 정기용선자의 권리

1. 운송서비스의 특정권(선장에 대한 지휘권)

정기용선자는 약정한 범위 안의 선박의 사용을 위하여 선장을 지휘할 권리가 있다(상법 제843조 제1항). 선장, 해원 기타의 선박사용인이 정기용선자의 정당한 지시에

346) 宋相現·金炫, 海商法原論, 제3판, 博英社, 2005, 365쪽 참조; 이 책에서는 상관습을 해사관습이라고 표현하고 있다.

위반하여 정기용선자에게 손해가 생긴 경우에는 선박소유자가 이를 배상할 책임이 있다(상법 제843조 제2항). 정기용선계약은 일정기간 동안 특정 선박의 운송서비스를 제공하기로 하는 서비스 능력의 제공을 목적으로 하는 계약이므로, 구체적인 운송서비스의 내용은 그때그때 용선자가 특정해 줄 수밖에 없을 것이다. 이는 마치 종류채권이나 선택채권에서 급부의 이행을 그때그때 특정해 주는 행위와 마찬가지라고 본다. 따라서 정기용선자가 선장을 지휘할 권리라는 것은 정기용선계약의 구체적 이행을 위하여 운송서비스의 내용을 특정하는 행위라고 할 수 있다. 정기용선계약이 정하는 범위 안에서 선적항과 양륙항을 지정하거나, 특정 운송물의 운송을 지정하는 등의 행위가 용선자의 지휘명령권의 행사라고 볼 수 있다. 용선자의 지휘명령권은 결국 일정기간 운송서비스를 제공하도록 포괄적인 계약을 체결한 정기용선계약의 내용을 구체적으로 특정할 수 있는 권리로서, 해기사항과 상사사항을 구별하는 학설을 취하는 견해에서는 정기용선계약의 이행이라는 상사적 사항에 속한다고 할 수 있다.[347] 그러나 용선자의 지휘명령권 행사시 그 내용이 선박소유자와 용선자의 이해관계에 충돌이 있을 경우에는 선박소유자가 고용한 선장 이하 선원이 용선자의 지시를 따르기는 어렵다고 하겠다. 따라서 용선자가 선박의 점유권을 가지고 있다고 볼 수는 없다. 또 용선자의 지시가 부당할 경우에는 이를 거부할 수 있는데, 부당한 지시라고 함은 용선계약의 이행이라고 볼 수 없는 행위를 요구하는 것을 말한다. 이때 용선자의 지시의 부당성에 관한 입증책임은 선박소유자에게 있다.[348]

2. 채권의 제척기간

정기용선계약에 관하여 발생한 정기용선자의 선박소유자에 대한 채권은 선박이 선박소유자에게 반환된 날로부터 2년 이내에 재판상 청구를 하지 않으면 소멸한다(상법 제846조 제1항 제1문). 다만, 이 기간은 당사자의 합의에 의하여 연장할 수 있다(상법 제846조 제1항 제2문, 제814조 단서). 또 이 기간은 선박소유자와 정기용선자의 약정에 의하여 정기용선계약서에 명시적으로 기재하면 단축할 수도 있다(상법 제846조 제2항, 제840조 제2항).

347) 2000년 12월 7일 영국 상원에서 판결한 힐 하모니 사건에서는 선장의 항로선정권을 상사사항이라고 판시하였다(김인현, '정기용선계약하에서 선장의 항로선정권', 해사법연구, 제13권 제1호, 2001. 6, 한국해사법학회, 31-43쪽 참조).

348) 鄭燦亨, 商法講義(하), 제10판, 博英社, 2008, 789-790쪽.

II. 정기용선자의 의무

1. 용선료지급의무

정기용선자는 일정한 기간 동안 선박을 사용한 대가로 선박소유자에게 약정한 용선료를 지급할 의무를 부담한다(상법 제842조 후단). 용선료는 정기용선계약의 성질상 기간으로 정한다. 이때 '선박을 사용한다'라는 말은 선박소유자가 계약에서 특정한 선박을 운송서비스에 제공하는 것을 의미하는 것인데, 운송서비스는 약정된 일정기간 동안 용선자가 지휘·명령권을 행사하여 정기용선계약의 내용에 따라 그때그때 구체적으로 특정하는 것을 의미한다.

2. 선박반환의무

상법에 명문 규정은 없으나 정기용선계약의 성질상 정기용선자는 용선기간이 만료하면 용선기간이 개시한 때에 선박을 인수한 상태로 선박을 선박소유자에게 반환하여야 할 의무를 부담한다. 선박의 반선에 대하여 표준계약서식에는 반선에 관한 규정을 구체적으로 두고 있다.[349]

III. 선박소유자의 권리

1. 계약해제·해지권

정기용선자가 용선료를 약정기일에 지급하지 아니한 때에는 선박소유자는 계약을 해제 또는 해지할 수 있다(상법 제845조 제1항).

정기용선자가 제3자와 운송계약을 체결하여 운송물을 선적한 후 선박의 항해 중에 선박소유자가 상법 제845조 제1항에 따라 계약을 해제 또는 해지한 때에는 선박소유자는 적하이해관계인에 대하여 정기용선자와 동일한 운송의무가 있다(상법 제845조 제2항). 적하이해관계인을 보호하기 위하여 선박소유자에게 이러한 의무를 부담시키고 있다.

선박소유자가 정기용선계약을 해제 또는 해지하고 운송의 계속을 적하이해관계인에게 서면으로 통지한 때에는 선박소유자의 정기용선자에 대한 용선료·체당금 그 밖에 이와 유사한 정기용선계약상의 채권을 담보하기 위하여 정기용선자가 적하이해

349) 1974년 볼타임표준계약서식(The Baltic and White Sea Conference Uniform Time Charter) 제7조(鄭暎錫, 傭船契約法講義, 海印出版社, 2005, 405-406쪽) 및 1993년 뉴욕프로듀스익스체인지표준계약서식(New York Produce Exchange Form) 제10조(鄭暎錫, 傭船契約法講義, 海印出版社, 2005, 455-456쪽) 참조.

관계인에 대하여 갖는 용선료 또는 운임의 채권을 목적으로 질권을 설정한 것으로 본다(상법 제845조 제3항). 이는 선박소유자 등에게 운송의무를 부담시키는 대신 정기용선자에 대한 선박소유자의 채권을 확보해 주기 위한 것이다.

선박소유자가 정기용선계약을 해제 또는 해지하고 계속운송을 하는 경우에도, 선박소유자나 적하이해관계인은 위의 권리와는 별도로 정기용선자에 대하여 손해배상 청구를 할 수 있다(상법 제845조 제4항).

2. 운송물의 유치권 · 경매권

정기용선자가 선박소유자에게 용선료, 체당금 그 밖에 이와 유사한 정기용선계약에 의한 채무를 이행하지 아니하는 경우에, 선박소유자는 그 금액의 지급과 상환하지 아니하면 운송물을 인도할 의무가 없다(상법 제844조 제1항 본문, 제807조 제2항). 즉, 운송물에 대한 유치권이 발생한다. 그러나 선박소유자는 정기용선자가 발행한 선하증권을 선의로 취득한 제3자에게 대항하지 못한다(상법 제844조 제1항 단서).

또 선박소유자는 위 금액의 지급을 받기 위하여 법원의 허가를 얻어 운송물을 경매하여 우선변제를 받을 권리가 있다(상법 제844조 제1항 본문, 제808조 제1항). 이때 선박소유자는 선장이 수하인에게 그 운송물을 인도한 후에도, 운송물이 인도된 후 30일을 경과하였거나 제3자가 그 운송물의 점유를 취득한 경우를 제외하고는 법원의 허가를 얻어 그 운송물을 경매하여 우선변제를 받을 권리가 있다(상법 제844조 제1항 본문, 제808조 제2항). 그러나 선박소유자는 정기용선자가 발행한 선하증권을 선의로 취득한 제3자가 있는 경우에는 이러한 경매권을 행사할 수 없다(상법제844조 제1항 단서).

이와 같은 선박소유자의 운송물에 대한 유치권과 경매권은 정기용선자가 운송물에 관하여 약정한 용선료 또는 운임의 범위를 넘어서는 행사하지 못한다(상법 제844조 제2항).

3. 채권의 제척기간

정기용선계약에 관하여 선박소유자가 정기용선자에 대하여 갖는 채권은 당사자의 별도의 연장의 특약이 없는 한 선박이 선박소유자에게 반환된 날로부터 2년 이내에 재판상 청구를 하지 아니하면 소멸한다(상법 제846조 제1항). 선박소유자와 정기용선자는 약정에 의하여 이 기간을 단축할 수 있는데, 이는 정기용선계약서에 명시적으로 기재되어야 한다(상법 제846조 제2항, 제840조 제2항). 이 기간은 제척기간이다.

제 3 관 외부관계

선박소유자나 정기용선자의 제3자와의 관계는 적하이해관계인과의 관계에 대한 상법의 규정을 제외하면 정기용선계약의 법적 성질에 따라 달라진다. 즉, 계약의 당사자가 아닌 제3자와의 관계에서는 선박충돌로 인한 손해배상책임, 유류오염에 대한 손해배상책임, 선박소유자 책임제한에 관한 규정의 적용 등과 같이 불법행위책임이 문제된다. 따라서 선박의 점유권을 누가 가지고, 선박의 운항에 대한 책임을 누가 지는 것으로 보는가에 따라 달라지게 된다.

정기용선계약의 본질을 선박임대차계약으로 파악하면 책임의 주체는 정기용선자가 될 것이고(통설),[350] 운송계약으로 파악하면 책임의 주체는 선박소유자가 될 것이다.[351] 이하에서는 정기용선계약의 법적 성질을 운송계약으로 파악하고 이에 따라 설명하기로 한다.

Ⅰ. 선박소유자와 제3자의 관계

정기용선계약에서는 선박소유자가 선장·해원의 선임·감독권을 가지고 실질적으로 본선의 운항을 책임지고 있으므로 법적 성질을 운송계약으로 보아야 한다. 따라서 용선된 선박의 충돌, 유류오염손해 등으로 인하여 제3자에 대한 불법행위에 대하여 선박소유자가 책임의 주체가 된다.

또 정기용선자가 제3자와 정기용선계약·항해용선계약·개품운송계약과 같은 재운송계약을 체결한 경우에는, 선박소유자는 정기용선자와 체결한 정기용선계약을 이행할 뿐이지만, 제3자와의 관계에서는 실제운송인으로서 정기용선자와 제3자간에 체결된 운송계약을 이행하게 된다. 이때 제3자는 선박소유자에 대하여 불법행위책임을

350) 서돈각·정완용, 商法講義(하), 제4전정, 博英社, 1996, 565쪽; 손주찬, 상법(하), 제10정증보판, 博英社, 2002, 780쪽; 鄭熙喆, 商法學(하), 博英社, 1999, 516쪽; 양승규·박길준, 상법요론, 제3판, 1993, 588쪽; 이기수·최병규·김인현, 保險·海商法, 博英社, 2003, 358쪽; 채이식, 상법강의(하), 개정판, 博英社, 2003, 646쪽.

351) 大判 2003.8.22, 2001 다 65977(公報 2003, 1912) : 정기용선계약에 있어서 선박의 점유, 선장 및 선원에 대한 임면권, 그리고 선박에 대한 전반적인 지배관리권은 모두 선주에게 있고, 특히 화물의 선적, 보관 및 양하 등에 관련된 상사적인 사항과 달리 선박의 항행 및 관리에 관련된 해기적인 사항에 관한 한 선장 및 선원들에 대한 객관적인 지휘·감독권은 달리 특별한 사정이 없는 한 오로지 선주에게 있다고 할 것이므로, 정기용선된 선박의 선장이 항행 상의 과실로 충돌사고를 일으켜 제3자에게 손해를 가한 경우 용선자가 아니라 선주가 선장의 사용자로서 상법 제845조 또는 제846조에 의한 배상책임을 부담하는 것이고, 따라서 상법 제766조 제1항이 유추적용될 여지는 없으며, 다만 정기용선자에게 민법상의 일반 불법행위책임 내지는 사용자책임을 부담시킬 만한 귀책사유가 인정되는 때에는 정기용선자도 그에 따른 배상책임을 별도로 부담할 수 있다.

묻는 것이 원칙이지만, 상법 제809조의 규정에 의하여 선박소유자는 실제운송인으로서 '그 계약의 이행이 선장의 직무의 속한 범위 안'에서는 감항능력주의의무(상법 제794조)와 운송물에 관한 주의의무(상법 제795조)의 규정에 의한 책임을 부담하게 하고 있다. 이러한 책임을 소위 실제운송인(actual carrier)의 책임이라고 할 수 있다.

그리고 재운송계약이 체결된 경우 등에 선박소유자는 적하이해관계인에 대하여 정기용선자와 동일한 운송의무를 부담하는 경우가 있고(상법 제845조 제2항), 정기용선자가 적하이해관계인에 대하여 가지는 운임 등의 채권에 대하여 선박소유자의 정기용선자에 대한 채권을 위하여 질권이 설정된 것으로 의제하는 경우(상법 제845조 제3항)에는 선박소유자와 제3자가 법률의 규정에 의하여 일정한 법률관계를 가지게 된다.

II. 정기용선자와 제3자의 관계

정기용선자와 제3자의 관계에 대하여는 상법이 별도의 규정을 두고 있지 않다. 정기용선계약의 법적 성질이 무엇이든 정기용선자는 해상기업의 주체로서 활동하고 정기용선계약에는 선체용선계약의 성질도 일부 있으므로, 선체용선자와 제3자에 대한 법률관계를 규정한 상법 제850조를 유추적용할 수 있다고 보는 견해[352]가 있다. 그러나 선박충돌, 유류오염손해, 선박소유자등의 책임제한 규정의 적용 등에 있어서 선박의 점유권을 가지고 있지 않은 정기용선자가 제3자에 대하여 법적 책임을 지는 것은 아무런 논리적 타당성을 가지지 않는다. 따라서 선박소유자가 이들 제3자에 대한 불법행위책임을 지게 될뿐이다.

다만, 정기용선자가 해상기업의 주체로서 활동을 하는 경우가 문제되는데, 이들의 법률관계를 보면 정기용선자가 제3자와 재운송계약을 체결하여 이 재운송계약에 따라 정기용선계약과는 별도의 법률관계가 형성된 것이므로 이들 두 계약의 관계는 완전히 별개로 보아야 할 것이다. 그러므로 이 경우에는 정기용선계약에 의하여 정기용선자가 제3자인 용선자 또는 송하인에 대하여 책임을 지는 것이 아니라, 재운송계약에 의거한 계약책임을 지게 되는 것이다.

다만, 상법 제774조 제1항 제1호에서 선박소유자 책임제한의 주체로 용선자를 규정한 것은 정기용선계약자 뿐만 아니라 항해용선계약자를 모두 포함한 것으로 재운송계약은 용선계약과는 별개의 운송계약이지만 이행운송인(performing carrier)[353]

352) 鄭燦亨, 商法講義(하), 제10판, 博英社, 2008, 791쪽, 李基秀・崔秉珪・金仁顯, 保險・海商法[商法講義IV], 博英社, 2003, 356쪽; 앞의 저자들은 공통적으로 정기용선계약의 법적 성질은 운송계약설을 취하면서 선체용선계약에 관한 상법의 규정을 유추적용하여야 한다는 모순된 주장을 하고 있다.

은 선박소유자이므로 재운송계약에 있어서 계약운송인인 용선자의 책임을 선박소유자보다 무겁게 하지 않으려는 배려로 보아야 한다. 또 일반적으로 이러한 운송형태에서는 계약운송인이 무선박운송인(NVOCC)인 경우가 많으므로 선박소유자보다 배상능력이 열악한 경우도 많다는 점과 책임보험 가입을 쉽게 하려는 목적 등이 내포되어 있는 입법으로 보아야 한다. 따라서 상법 제774조 제1항 제1호가 정기용선계약자에게 상법 제850조 제1항을 유추·적용하도록 할 이유가 되지는 못한다고 본다.

그러나 실제의 해운실무에서는 보다 복잡한 양상을 보인다. 즉, 정기용선계약하에서 재운송계약이 체결되어 선하증권이 발행된 경우 용선계약의 내용 및 선하증권의 서명자의 여하에 따라 운송인으로서 책임을 지는 자가 달라지는 경우가 있다. 쟈스민호 사건[354]에서는 용선자의 대리인이 '선장을 위해'(for the master)라는 표시를 한 서명은 선박소유자를 대리해 발행한 것으로 해당 선하증권상의 운송인은 선박소유자라고 판단되었다. 그러나 이는 선하증권이 제3자에게 유통된 경우 용선계약의 당사자가 아닌 제3자에 대하여 선하증권의 문언증권성에 의하여 선하증권의 발행인으로서 선박소유자에게 책임이 지워진 것이지 정기용선계약의 효력은 아니라고 보아야 할 것이다.

353) 이 책의 설명에서 이행운송인(performing carrier)는 실제운송인(actual carrier)와 같은 의미로 사용된다.
354) 東京地判 平成3.3.19 判示1379號 137頁 : 百選 78事件.

제 7 절 해상운송증서

2007년 상법 해상편을 개정하면서 해상화물운송장에 대한 규정(상법 제863조 내지 제864조)을 신설하여 선하증권과 해상화물운송장의 2종류의 해상운송증서를 상법 제5편에서 규정하고 있다. 또 전자선하증권에 대한 규정을 신설하여 전자선하증권의 사용에 대비하고 있다(상법 제862조).

제1관 선하증권

Ⅰ. 선하증권의 의의

1. 선하증권의 개념

선하증권(Bill of Lading)이라 함은 운송인이 운송물을 수령(receive) 또는 선적(ship)하였음을 확인하고 이를 운송하여 양륙항에서 증권의 정당한 소지인에게 그 운송물을 인도할 것을 약속하는 것을 내용으로 하는 유가증권(有價證券)이다.[355] 즉, 선하증권이라 함은 해상운송인에 대한 운송물의 인도청구권(引渡請求權)을 나타내는 유가증권이라고 정의할 수 있다. 운송인이 그 증권에 기재된 운송물을 수령한 사실을 확인하고, 또한 그 운송물을 지정된 목적지까지 운송하고 그 곳에서 해당 운송물을 선하증권의 소지인(통상은 수하인)에게 인도해야 한다는 것을 약속하는 유가증권이다.

가장 단순한 형태의 매매계약에서는 상품과 그 매매대금을 매도인과 매수인이 동시에 교환하지만, 국제간의 거래에서는 매매의 양 당사자는 서로 원격지에 떨어져 있고, 그 사이에 무역운송의 기간과 구간이라는 간격이 존재하지 않을 수 없다. 송하인과 운송인 간에 체결된 운송계약에는 원격지의 매수인·수하인은 참가할 수 없고, 심

355) 정영석, 선하증권론-법과 실무, 제3판, 텍스트북스, 2008, 35쪽.

지어 상품을 검사할 기회도 가지지 못한다. 이러한 시간적・공간적 장애를 극복하고 매수인이 무역계약상에 약정된 상품을 확실하게 입수할 것을 계획하고 무역업자와 이해관계인 등이 여러 해에 걸친 경험과 지혜를 결집한 결과, 제도적으로 확립된 것이 선하증권 제도이다.

또 현재의 선하증권의 기본적인 골격은 영국의 1855년 선하증권법(Bill of Lading Act, 1855)에서 확립된 것이다. 최근 영국 법원에서 1855년 선하증권법의 적용에서 많은 문제점이 지적됨에 따라 이를 폐지하고, 1992년 해상물건운송법(Carriage of Goods by Sea Act, 1992)으로 대체하였다.

유가증권이라는 것은 재산권(물권・채권 및 유체재산권)을 나타내는 증권이고, 그 권리의 이용(권리의 발생・권리의 이전・행사의 전부 또는 일부)이 증권을 가지고 이루어 질 것을 요건으로 하는 것으로 정의할 수 있다. 또 이는 영미법계에서는 유통증권(流通證券 : negotiable document)이라고 부르는 것처럼, 권리를 증권화해서 이것을 일정한 방식하에서 유통시켜서 그 실현을 도모하는 것이다.

유가증권이라고 부르는 것으로는 ① 주식・사채(社債)와 같은 대량의 자금조달의 수단으로 이용되는 것, ② 어음・수표와 같은 대금결제, 송금, 신용수수에 이용되는 것이 있다. 선하증권은 육상운송의 화물상환증이나 창고증권과 같은 종류의 유가증권에 속하고, 어느 것이든 재화에 관한 시간적・공간적 장애를 극복해서 대금의 빠른 회수를 목적으로 하는 법적 기술로서 이용되는 것이다. 이 중 어음・수표는 권리의 발생・이전・행사의 모든 것에 관하여 증권이 필요한 완전 유가증권이고, 그 특성은 엄격한 법 규제에 따른다는 점이다. 이와는 달리 선하증권은 운송계약에 의해서 이미 발생해 있는 운송물 인도청구권을 나타내는 것이고, 그의 이전・행사에 증권을 필요로 한다. 불완전 유가증권이고, 법정기재사항을 모두 기재하지 않더라도 선하증권의 실체를 인정할 수 있는 정도이면 유효한 증권으로 취급되고 있다.

해상운송에서 사용하는 선하증권은 육상운송에서 사용하는 화물상환증(貨物相換證)에 해당하는 것이나 연혁적으로 선하증권이 먼저 발달하였고 실무에서도 선하증권의 이용도가 훨씬 높다. 이는 장기간에 걸친 대량운송이라는 해상운송의 기술적 성격과 해상운송을 이용하는 상품거래가 매매대금의 결제 등에 있어서 선하증권을 이용하는 체계로 이루어져 있기 때문이다.[356] 다만 상법의 구성이 화물상환증을 선하증권 보다 먼저 규정하고 있으므로 입법 기술상 선하증권에 관하여는 몇 가지의 특별규정(상법 제852조 내지 제860조)만을 두고, 그 밖에는 모두 화물상환증에 관한 규

356) 鄭熙喆, 商法學(하), 博英社, 1999, 586쪽; 鄭燦亨, 商法講義(하), 제10판, 博英社, 2008, 907쪽.

정을 준용하도록 하고 있다(상법 제861조, 제129조, 제130조, 제132조, 제133조).

한편 해상운송에 컨테이너가 도입되면서 선박의 운항속도와 하역속도가 빨라지고, 매매대금의 결제에 있어서 문제가 없는 모자회사간 또는 본지점간의 거래나 현금거래방식이 발달하게 되었으나, 선하증권을 이용한 거래의 선적서류의 흐름은 전통적인 방식에서 벗어나지 못함에 따라 발생하는 문제점을 해결하기 위하여 해상화물운송장의 사용이 증대하고 선하증권의 전자적 발행에 대한 요구가 높아 졌다. 따라서 2007년 상법 개정에서는 이를 반영하여 해상화물운송장과 전자선하증권에 관한 규정을 신설하였다(상법 제862조 내지 제864조).

2. 선하증권의 법적 성질

선하증권은 법률상 요인증권성, 요식증권성, 문언증권성, 제시증권성, 상환증권성, 인도증권성, 처분증권성, 지시증권성, 채권증권성, 유통증권성, 면책증권성 등의 각종의 성질을 가지고 있다. 그러나 전통적인 이론을 그대로 받아들이면 거래의 안정이라는 면에서 문제가 있다는 점이 알려지면서 현재는 이러한 문제가 있는 법적 성질에 대하여는 그 내용을 완화하여 해석하고 있다.

가. 요인증권성

이는 권리의 발생이라는 관점에서 선하증권의 성질을 설명하는 것이다. 증권이 나타내는 권리의 발생이 증권발행의 기초가 되는 법률관계가 유효하다고 하는 것을 전제 요건으로 하는 증권을 요인증권이라 한다. 어음・수표 이외의 거의 모든 유가증권이 요인증권으로 풀이되어 왔다.

선하증권은 해상운송계약에 의거하여 운송인이 송하인으로부터 운송물을 수령(receive)하고 나서 선하증권의 교부 청구가 있을 때 발행하므로 요인증권이다(상법 제852조, 헤이그 규칙 및 헤이그-비스비 규칙 제3조 본문, 함부르크 규칙 제15조 제1항). 그러므로 선하증권이 사전에 발행된 후에 운송물을 선측에 인도하지 못하여 선적(shipped)이 되지 아니하였다면 운송계약은 해제되어 계약이 유효하게 성립하지 못하게 된다(상법 제836조).[357] 따라서 선하증권에 명시된 권리, 즉 운송물의 인도

357) ① 大判 1982.9.14, 80 다 1325(集 30 ③ 民 1) : 선하증권에 의한 운송물의 인도청구권은 운송인이 송하인으로부터 실제로 받은 운송물 즉 특정물에 대한 것이고 따라서 운송물을 수령 또는 선적하지 않았음에도 불구하고 선하증권이 발행된 경우에는 그 선하증권은 원인과 요건을 구비하지 못하여 목적물의 흠결이 있는 것으로서 이는 누구에 대하여도 무효라고 봄이 상당하다.

② 大判 2005.3.24, 2003 다 5535(公報 2005, 633) : 선하증권은 운송물의 인도청구권을 표창하는 유가증권인바, 이는 운송계약에 기하여 작성되는 유인증권으로 상법은 운송인이 송하인으로부터 실제로 운송물을 수령 또는 선적하고 있는 것을 유효한 선하증권 성립의 전제조건으로 삼고 있으므로 운송물을 수령 또는 선적하지 아니하였는데도 발행된 선하증권은 원인과 요건을 구비하지 못하여 목적물의 흠결이 있는

청구권도 당연히 무효이다. 선하증권의 이러한 성질을 고전적 의미에서의 요인증권성이라 하는데, 이처럼 무효가 된 선하증권을 소지한 사람은 목적지에서 선하증권을 제시하여도 운송물을 인도받을 수 없다. 이 경우에 수하인은 운송인에 대하여 불법행위를 이유로 하여 손해배상청구소송을 제기할 수 있으나 신속하고 안전한 해상거래는 이루어 질 수 없다고 보아야 한다.

이러한 문제점을 해결하기 위하여 위의 고전적인 요인증권설 대신에 선하증권의 요인증권성은 증권 발행의 원인인 법률관계, 즉 운송계약이 증권에 명기되어 있으면 충분하다고 해석한다. 즉, 원인관계와 실질적 관련이 불필요하다는 설이 우세하다. 그래서 선하증권의 앞면 약관의 첫머리에 수령(receive) 또는 선적(shipped)으로 인쇄하여 두고 운송인은 현실적으로 운송물을 수령하여 선적하지 아니하였다고 하여도 그 선하증권은 유효한 것으로 해석한다. 이와 같은 견해를 법률관계설이라 한다.

나. 요식증권성

선하증권은 증권에 기재하여야 할 사항이 법정되어 있는 유가증권이다(상법 제853조). 선하증권은 유통되는 것을 전제로 하여 작성・발행되는 증권이므로 이것을 양수하는 제3자가 증권상의 기재만으로 그 운송물을 특정하고, 운송계약의 주 내용을 살펴서 알 수 있을 정도로 일정한 사항이 증권 자체에 기재되어 있지 않으면 안 된다. 선하증권의 법정기재사항은 어음・수표와 같이 엄격한 것은 아니므로 이 중 어느 것이 빠져 있어도 선하증권의 효력에는 영향을 주지 아니한다. 헤이그 규칙과 헤이그-비스비 규칙에서도 그 기재사항은 운송물의 표시, 수량, 무게 및 외관상 양호한 상태만을 구체적으로 명시하고 있을 뿐이므로(헤이그 규칙과 헤이그-비스비 규칙 제3조 제3항 ⓐ, ⓑ, ⓒ), 요식증권(要式證券)이지만 어음・수표 등의 완전유가증권에 비하여 그 기재사항이 매우 완화되어 있음이 특징이다.

선하증권의 기재사항에 관하여 함부르크 규칙은 매우 상세하게 열거하고 있고(제15조 제1항), 그 다음이 우리 상법의 규정이고(제853조 제1항), 헤이그 규칙과 헤이그-비스비 규칙(제3조 제3항)은 매우 간단하게 규정하고 있다.

다. 문언증권성

선하증권은 증권에 의해서 행사하려고 하는 권리의 내용이 증권에 기재된 문언 만에 의해서 결정되는 유가증권이다. 당사자는 증권에 의하지 아니한 입증방법으로써 증권문언의 의미・내용을 변경하거나 보충할 수 없다(상법 제854조, 헤이그 규칙 및

것으로서 무효라고 봄이 상당하고, 이러한 경우 선하증권의 소지인은 운송물을 수령하지 않고 선하증권을 발행한 운송인에 대하여 불법행위로 인한 손해배상을 청구할 수 있다.

헤이그-비스비 규칙 제3조 제4항, 함부르크 규칙 제16조 제3항).

상법 제854조는 '선하증권이 발행된 경우 운송인과 송하인 사이에 선하증권에 기재된 대로 개품운송계약이 체결되고 운송물을 수령(receive) 또는 선적(shipped)한 것으로 추정한다(상법 제854조 제1항). 제1항의 선하증권을 선의로 취득한 소지인에 대하여 운송인은 선하증권에 기재된 대로 운송물을 수령 혹은 선적한 것으로 보고 선하증권에 기재된 바에 따라 운송인으로서 책임을 진다(상법 제854조 제2항)'라고 규정하여 헤이그 규칙 및 헤이그-비스비 규칙 제3조 제4항의 수령(receive)의 추정과 선의의 취득자에 대한 반증의 금지를 채택하였다.

그런데 우리 상법 제131조에서는 육상의 화물상환증에 대해서는 선하증권의 추정적 수령(receive) 대신에 엄격한 문언증권성을 인정하고 있으므로 선하증권과는 다른 점에 유의하여야 한다. 즉 상법 제131조의 규정은 사실과 다른 기재가 있어도 운송인과 소지인 간에는 반증을 허용하지 않는 엄격한 문언증권성을 가지는 것으로 풀이해야 할 것이다.

라. 제시증권성

증권에 나타난 권리를 행사함에는 채무자(발행인)에게 증권을 제시할 것을 요건으로 하는 유가증권이 제시증권이다. 수하인은 무언가 다른 방법에 의해서 자기가 운송물의 정당한 취득권자임을 입증해도 선하증권을 제시(surrender)하지 않으면 운송물을 수령(receive)할 수 없다. 즉, 선하증권에 나타난 권리를 행사함에 있어서는 발행인인 채무자에게 선하증권을 제시하여야 하므로 선하증권은 제시증권이라고 보아야 한다.

다만, 해운실무에서는 운송물이 먼저 도착하고 선하증권이 도착하지 아니한 때에, 수하인은 은행(보통 자기의 거래은행)에서 발행된 운송물의 화물선취보증장(貨物先取保證狀 : letter of guarantee)[358]을 사용하여 보증도인 무선하증권 인도를 상관행으로 이용하고 있다. 이 보증도는 판례에 의하여 적법성을 인정받고 있으나, 나중에 선하증권의 정당한 소지인이 그 운송물의 인도를 청구할 경우에 운송인은 손해배상책임을 져야 할 경우가 생길 수도 있다. 그리고 나서 2차적으로 보증은행과 수하인에게 구상권을 행사하거나, 만약 현금공탁이 있으면 그 현금에서 손해배상액을 회수할 수 있다.

---

358) 운송물이 도착했지만 선하증권이 아직 도착하지 않았을 경우, 수하인이 나중에 선하증권을 제출하겠다고 서약하고 은행의 보증을 얻어 운송물의 인도를 요구하는 보증장을 말한다(코리아쉬핑가제트, 最新 海運・物流用語大辭典, 제9개정증보판, 2002, 361쪽).

마. 상환증권성

증권과 상환하지 않으면 채무의 변제를 할 필요가 없는 증권을 상환증권이라고 한다. 상법 제129조에서는 화물상환증을 작성한 경우에는 이와 상환하지 아니하면 운송물의 인도를 청구할 수 없다고 규정하여 화물상환증과 선하증권의 상환증권성을 인정하고 있다(상법 제861조, 제129조).

선하증권이 발행된 경우에는 운송물의 인도청구에 선하증권의 제시가 효력발생의 요건인 것이다. 이를 인정한 이유는 운송인이 선하증권과 상환하지 않고 운송물을 수하인에게 인도할 경우에 후일 선하증권의 정당한 소지인이 다시 운송물의 인도청구를 주장할 수 있는 위험을 방지하기 위한 것이다.

특히 선하증권의 유통성을 보호하기 위해서는 운송인이 운송물을 인도할 때에 반드시 선하증권을 회수하여야 한다. 이미 지적한 바와 같이 선하증권의 정당한 소지인은 운송인에 대하여 운송물의 인도청구권을 주장할 수 있고, 만일 인도가 불가능한 때에는 운송인은 손해배상의 책임을 져야 한다.[359]

선하증권의 상환증권성은 일반 유가증권의 상환증권성과 같이 운송인의 이중 변제의 위험을 막기 위한 것으로써, 그 본질을 채무이행과 관련한 동시이행의 항변권(同時履行抗辯權)[360]과 같은 일종의 항변권이라고 보아야 한다(민법 제536조).

바. 인도증권성

선하증권은 증권의 정당한 소지인에게 증권을 인도하면, 그 인도는 증권에 기재한 물건 그 자체를 인도한 것과 같은 효력을 가지게 되는 유가증권이다. 선하증권의 이러한 성질을 인도증권성이라 한다(상법 제861조, 제133조). 즉, 상법은 제861조와 제133조의 규정에 의하여 창고증권, 화물상환증과 함께 선하증권을 인도증권으로 본다. 해상운송 중에 있는 운송물은 하주의 직접 점유를 떠나서 해상운송인의 이행보조자인 선장의 간접점유(間接占有) 하에 있기 때문에, 운송물을 해상매매를 통하여 소유권을 이전하더라도 운송물의 점유를 이전하는 것은 쉬운 일이 아니다.

그리고 항해 중에 운송물에 질권(質權)을 설정하려고 하여도 질권설정의 요건인 운

---

359) 大判 1992.2.25, 91 다 30026 : '보증도'의 상관습은 운송인 또는 운송취급인의 정당한 선하증권소지인에 대한 책임을 면제함을 목적으로 하는 것이 아니고 오히려 '보증도'로 인하여 정당한 선하증권소지인이 손해를 입게 되는 경우 운송인 또는 운송취급인이 그 손해를 배상하는 것을 전제로 하고 있는 것이므로, 운송인 또는 운송취급인이 '보증도'를 한다고 하여 선하증권과 상환함이 없이 운송물을 인도함으로써 선하증권소지인의 운송물에 대한 권리를 침해하는 행위가 정당한 행위로 된다거나 운송취급인의 주의의무가 경감 또는 면제된다고 할 수 없고, '보증도'로 인하여 선하증권의 정당한 소지인의 운송물에 대한 권리를 침해하였을 때에는 고의 또는 중대한 과실에 의한 불법행위의 책임을 진다.

360) 쌍무계약의 당사자의 일방이 상대방이 채무의 이행을 제공하기까지 자기의 채무이행을 거절할 수 있는 권리를 말한다(핵심 법률용어사전, 청림출판, 2005, 197쪽).

송물의 인도가 이루어 질 수 없다(민법 제330조). 이러한 점유 이전의 법률문제를 해결하기 위해서는 선하증권 또는 화물상환증을 이용하여 처분하는 법률적 처리 기술, 즉 선하증권을 인도함으로써 운송물 자체의 점유의 이전을 인정한 것과 동일한 효력을 인정할 필요가 있다(물권적 효력).

운송 중인 물건에 대한 질권설정 등은 요물계약(要物契約)[361]이지만, 민법에서 말하는 동산의 매매계약에서와 같이 목적물의 인도를 요건으로 하는 계약의 체결은 운송중인 물건의 선하증권을 통한 매매계약에서는 현실적으로 불가능하다. 따라서 이러한 경우에 선하증권을 인도하면 운송물 자체를 인도한 것으로 본다면 운송물의 해상매매와 질권설정이 가능하게 될 것이다.

영국법에서도 선하증권을 권원증권으로 인정하며(1855년 선하증권법 제1조, 제2조), 선하증권을 소지하는 것은 법률상 운송물을 점유하는 것과 동일한 효과를 인정하고 있다. 그러므로 운송인이 운송물을 운송하고 있을 때에는 송하인 또는 매도인이 현물을 직접 인도하지 않고, 단지 선하증권만을 양도하여도 운송물을 인도한 것이 된다. 그러나 영국법에서는 선하증권에 배서양도금지(non-negotiable instrument)를 명시한 경우에는 매도인이 송하인으로서, 그리고 매수인이 수하인으로서 양자 사이에 이와 같은 배서(endorsement) 금지된 선하증권을 사용하는 경우가 많다. 이러한 경우에는 선하증권의 권리성을 중요하게 보지 아니한 것이다. 이러한 선하증권을 일종의 비유통 기명식 선하증권(non-negotiable straight bill of lading)이라고 한다.

사. 처분증권성

증권상에 표시된 물건에 관한 처분(讓渡・質權設定)을 함에는 그 증권을 가지고 하지 않으면 안 되는 유가증권을 처분증권이라고 한다(상법 제861조, 제132조). 이것은 선하증권의 인도증권성으로부터 자동적으로 도출되는 성질이다. 인도증권성은 증권의 인도를 물건 자체의 인도로 의제하는 것이지만, 그것만으로는 충분하다고 볼 수가 없다. 만약 증권을 빼놓고 물건 자체를 인도한 경우를 생각하면 선하증권에 의해서 매매・질권설정에 응한 상대방은 불측의 손해를 입고, 손해배상청구소송을 제기하지 않으면 안 되는 일이 생기고 만다. 따라서 선하증권이 발행된 이상, 거기에 표시되어 있는 물건의 법적 처분은 선하증권에 의해서 행하여 져야 하고 물건 자체에 의해서 행하여져서는 안 된다는 것이 처분증권성을 인정하는 취지이다.

361) 당사자의 합의 외에 물건의 인도 그 밖의 급부를 이행하여야만 성립하는 계약을 말하며, 천성계약 또는 실천계약이라고도 한다(핵심 법률용어사전, 청림출판, 2005, 612쪽).

아. 지시증권성

선하증권은 증권에 지정된 사람 또는 그 지정된 사람이 다시 증권상에 지정한 사람을 선하증권에 나타난 권리의 정당한 주체가 되도록 하는 유가증권이다. 지정의 방식은 배서(endorsement)에 의한다. 즉 지정자인 배서인(endorser)이 피지정자인 피배서인(endorsee)을 지정하고 서명함으로서 선하증권에 유통증권으로서의 효력을 부여하는 것이다.

원칙적으로 지시증권성은 증권의 지시문구에 의하여 그 효력을 발휘하는 것이나 이러한 문언에 관계없이 법률의 규정에 의하여 당연하게 지시증권으로서 법적 효력이 발생할 수도 있다(상법 제861조, 제130조). 또한 헤이그 규칙 및 헤이그-비스비 규칙에서도 선하증권이 선의로(in good faith) 제3자에게 유통된 경우에 반대의 증명을 허용하지 아니하므로 이를 간접적으로 인정하고 있다(헤이그 규칙 및 헤이그-비스비 규칙 제3조 제4항 후단, 상법 제854조 제2항). 상법은 '선하증권이 기명식인 경우에도 배서에 의하여 양도할 수 있다. 그러나 선하증권에 배서를 금지하는 뜻을 기재한 때에는 그러하지 아니하다'라고 규정하여 선하증권의 당연한 지시증권성과 배서양도의 원칙을 명시하고 있다(상법 제861조, 제130조).

자. 채권증권성

유가증권으로서 선하증권이 나타내는 것은 운송물의 인도청구권이다(상법 제861조, 제129조). 이 청구권은 재산권의 하나인 채권의 내용 또는 작용으로서 생기는 것이므로 선하증권은 채권증권(債權證券)이다. 즉 기재된 목적지에 있는 선하증권의 발행인에 대해서 증권에 기재되어 있는 운송물을 인도하라고 하는 행위를 요구하는 것이다. 어음·수표와 같은 금전증권도 유가증권이지만 이들 완전유가증권과는 달리 선하증권은 불완전 유가증권이기 때문에 선하증권의 물권적 효력을 잘못 해석하여 선하증권이 운송물의 소유권을 나타내는 물권증권인 것처럼 오인하여서는 아니된다.

일반적인 형태로는 선하증권은 송하인으로부터 할인은행에 양도되지만, 은행은 별도로 교환할 수 있는 화환약정서(貨換約定書)에 의해서 운송물 상에 질권을 설정하는 것만으로서 그 소유권은 매수인이 어음금을 신용장 개설은행에 지급하고 교환하여 선하증권을 취득한 때에 직접적으로 매수인에게 이전한다. 할인은행에 신탁 양도되는 경우도 있지만, 그것도 화환약정에 의한 효과이고 선하증권의 교부에 의한 것은 아니다.

차. 유통증권성

선하증권의 상환성과 인도성에서 본 것처럼 선적 운송 중인 운송물은 선하증권의 소지를 이전시켜서 운송물의 양도와 같은 효과를 얻을 수 있다(물권적 효력). 따라서 선하증권은 어음·수표와 같이 유통성을 가진 증권으로 해석하고 있다.

대륙법계에서 선하증권의 기본적인 성질을 유가증권으로 해석하는 반면, 영미법계에서는 유통증권[362] 또는 상업증권(商業證券 : commercial papers, effort of commerce)[363]으로 해석하고 있다. 대륙법계에서는 재산적 가치가 있는 증권을 유가증권이라고 칭하고 있으나 영미법계에서는 유통증권과 권원증권을 포함시킨 개념이다. 따라서 영미법계에서는 유통증권이 아니라 유통성 권원증권이라고 본다. 미국에서는 지시식 선하증권(order bill of lading), 무기명식 선하증권(beared bill of lading)은 유통성 권원증권이나, 기명식 선하증권(straight bill of lading)은 비유통 권원증권으로서 동산(chattel)으로 취급한다.

카. 면책증권성

채무자가 증권의 정당한 소지인에게 변제하면 실제로는 소지인이 진실한 권리자가 아닌 경우에도 악의 또는 중대한 과실이 없는 한은 채무를 면하는 효력을 가진 증권을 면책증권이라 한다.

선하증권의 정당한 소지인이 선하증권을 제시해서 운송물의 인도를 청구하면 운송인은 증권과 교환하여 증권으로 표시된 운송물을 인도하지 않으면 안되고, 그 청구자가 진정한 권리자인가 아닌가를 조사할 의무도 권리도 없다.

실무상 유의해야 할 것은 채무자인 운송인이 진실한 권리자가 아닌 선하증권소지인에게 운송물을 인도했어도 면책되는 것은 그 인도에 관해서 운송인에게 악의 또는 중대한 과실이 없는 경우에 한한다는 점이다. 선하증권의 분실의 연락을 송하인 등으로부터 받은 경우에는 그 선하증권의 인도청구를 받은 때, 운송물을 인도하면 악의로 추정되고 면책의 이익을 상실하는 경우도 있을 것이다. 최근의 경우처럼 해상사기(maritime fraud)가 세계적인 문제로 된 상황하에서는 악의 또는 중과실이 없는 한이라고 하는 한정의 또 다른 의미는 일층 중요성을 가진다고 생각한다.

---

362) 영미법 상의 개념으로 일반적으로 증권상 나타난 권리를 배서 또는 교부에 의하여 전전유통할 수 있는 성격, 유통성을 지닌 유가증권을 말한다(코리아쉬핑가제트, 最新 海運·物流用語大辭典, 제9개정증보판, 2002, 404쪽).

363) 회사가 단기자금 조달을 위해 발행하는 증권을 말한다. 채권이 장기융통수단인데 반하여 C/P 는 단기유통수단이다(운송신문사, 물류용어사전, 제12증보판, 2004, 303쪽).

3. 선하증권의 기능

운송물을 수령하거나 선적한 후 운송인 또는 그의 대리인이 발행한 선하증권은 운송인, 송하인, 수하인 및 선하증권소지인의 관계에서 크게 다음과 같은 세 가지의 법적 기능을 가지게 된다.

첫째, 선하증권은 운송계약서는 아니지만, 운송인과 송하인 사이에 운송계약이 체결되었음을 추정하게 하는 증거증권(evidence of contract for carriage of goods by sea)의 기능을 가지고 있다.

둘째, 운송인이 운송을 위하여 송하인으로부터 운송물을 수령하였음을 증명하는 증거증권(evidence of receipt for shipment)의 기능을 가지고 있다.

셋째, 선하증권의 정당한 소지인이 선하증권에 기재된 운송물의 인도를 청구할 수 있는 권원증권(document of title to the goods)으로서의 기능을 가지고 있다.

선하증권은 위의 세 가지 법적 기능 외에 국제무역결제제도에서 물건매매대금 결제수단의 기능, 물건대금 담보수단의 기능, 서류에 의한 무역거래기능, 운송물 전매기능과 같은 경제적 효용을 가지고 있다.

II. 선하증권의 종류

운송증서는 운송수단 및 운송방법의 다양한 발전과 함께 다양한 형태로 발전하여 '선하증권'(Bill of Lading)이라는 이름을 가지고 계속 확대 발전하여 왔다. 선하증권의 종류에 대하여는 배서에 의한 양도가 가능하도록 할 것인지의 여부, 유통이 가능하다고 하더라도 어떠한 형식으로 유통이 가능하도록 할 것인지, 수령 선하증권으로 발행할 것인지 또는 선적 선하증권으로 발행할 것인지 등 여러 가지로 분류할 수 있다. 여기서는 선하증권의 발행시기, 유통성, 수하인의 표시방법, 운송물의 하자상태표시 유무, 형식, 운송책임구간, 그 밖에 특수한 선하증권 등을 기준으로 그 종류를 구분하여 설명하고자 한다.

1. 발행시기를 기준으로 한 분류

가. 수령 선하증권

수령 선하증권(received bill of lading ; received for shipment bill of lading)이라 함은 본선 선적을 위해 운송인의 관리구역 내(custody)에서 운송물을 수령한 후, 그러한 수령이 있었다는 뜻을 기재한 선하증권을 수령 선하증권(수취 선하증권이라고도 한다)이라고 한다(상법 제852조 제1항).

선하증권은 원래 운송물을 선박에 선적하였음을 증명하는 서류이었으므로 처음에는 선적 선하증권만 사용되었다. 그러나 컨테이너 운송이 발달하면서, 해운시장에서 정기선운송의 비중이 절대적으로 높아짐에 따라 불특정 다수의 하주의 개품 운송물을 다량으로 취급하게 되었다. 이러한 운송형태에서는 운송인이 운송물을 미리 모아두었다가 선적항에 선박이 입항할 때에 이들 운송물을 한꺼번에 선적하는 것이 실무상 편리하고 선적에 효율성을 기할 수 있다. 이러한 운송형태에서 송하인이 운송물을 운송인에게 인도하고 선적할 때까지 화물수령증(D/R; W/R) 만으로는 자기의 권리를 확실하게 보장받을 수 없기 때문에 수령 선하증권을 요구할 수 있게 하였다. 이처럼 본선 선적 전이라도 운송인이 운송물을 실제로 수령한 후에는 수령 선하증권을 발행하는 것이 관습화되었다. 또 운송물이 실제로 선적되기 이전에 선하증권을 발행받음으로써 송하인으로서는 화환어음에 의한 수출대금을 선적 전에 미리 받을 수 있는 등의 편의를 얻을 수도 있다.

수령 선하증권은 1919년부터 세계적으로 널리 사용되기 시작하였고, 판례에 나타난 것은 1921년 Diamond Alkali Export Corp. v. F L Bourgeois 사건[364]이 최초이다. 또 국제협약상으로는 1924년 헤이그 규칙 제3조 제4항의 'Such a bill of lading shall be prima facie evidence of the receipt by the carrier of the goods.'를 사실상 수령 선하증권을 인정하는 것으로 추정하는 최초의 규정으로 보고 있고, 함부르크 규칙 제5조 제2항의 'any previously issued document' 등의 문구를 수령 선하증권의 인정 규정으로 해석한다.[365]

컨테이너 운송물의 경우에는 컨테이너 부두에 반입된 후(FCL 화물) 또는 컨테이너에 적입된 후(LCL 화물)에 발행된 부두수령증(dock receipt: D/R) 또는 혼재 선하증권(house bill of lading)과 교환하여 선적 전에 선하증권이 발행되기 때문에 일반적으로 수령 선하증권이 발행된다. 또 미국에서 발행하는 선하증권은 모두 'Received for shipment …'라는 문언으로 시작되는 수령 선하증권이므로 송하인이 요구하면 선적 전에도 발행되며, 선적 후에는 'on board date'를 고무인(stamp)하여 거기에 다시 서명하는 방식으로 선하증권을 발행한다.[366]

---

364) (1921) 3 KB 443.

365) 林錫珉, 船荷證券論, 두남, 2000, 110쪽 주 2) 참조.

366) 미국의 경우에는 부두창고에서 운송물을 인도·인수하는 관습이 있다. 이는 각 운송인이 전용선석(berth)과 그 배후에 전용부두(dock)를 가지고 있기 때문에 부두에서 운송물을 수령하는 시점에서부터 운송이 시작된다고 보기 때문이다. 따라서 미국의 운송인은 부두수령증을 먼저 발행하고 이와 상환하여 선하증권이 발행되기 때문에 본선수령증(M/R; mate's receipt)은 내부서류가 된다(林錫珉, 船荷證券論, 두남, 2000, 112쪽).

나. 선적 선하증권

선적 선하증권(shipped bill of lading ; on-board bill of lading)은 운송물이 운송계약이 이행될 선박에 선적된 후에 발행되는 선하증권으로서, 증권면에 선적표시 문언('shipped' 또는 'on-board the vessel')으로 특정의 선박에 운송물이 실제로 선적되었다는 사실이 기재된 선하증권이다(상법 제852조 제2항 전단).[367] 그러므로 수령 선하증권도 그 증권면에 운송인 또는 그 대리인이 선적하였다는 뜻(on-board notation)과 선박의 명칭 및 일자를 별도로 기입하고 서명하면 선적 선하증권으로 그 성질이 변경된다고 보아야 한다(상법 제852조 제2항 후단).[368] 컨테이너선으로 운송할 경우 주로 이러한 형식으로 선하증권을 발행한다.

2. 유통성을 기준으로 한 분류

가. 유통 선하증권

지시식 선하증권은 문자 그대로 소지인이 자유로이 그의 권리를 양도할 수 있도록 법률이 보장한 유통 선하증권(negotiable bill of lading)을 말한다.

선하증권은 전매·유통의 가능을 기준으로 유통 선하증권과 비유통 증권으로 분류할 수 있다. 해상운송은 육상운송이나 항공운송에 비하여 대량운송이며 운송기간이 길어 운송 도중에 해상매매가 가능하도록 일찍부터 선하증권의 유통성을 인정하여 왔다. 선하증권이 유통가능(negotiable)하다는 것은 '양도가능'(transferable), '거래가능'(trad-able), '배서가능'(endorserable), '판매가능'(marketable) 등의 용어로도 표현된다.

그러므로 유통 선하증권은 지시식 선하증권, 지참식 선하증권, 선택지참식 선하증권, 무기명식 선하증권, 선택무기명식 선하증권 등을 말하는데, 선하증권에 '유통가능'(negotiable)이라는 표시를 하거나 수하인란에 지시문구(to order 또는 to

---

367) UCP 500, 제23조, 제26조 참조.

368) 大判 2002.11.26, 2001 다 83715·83722(公報 2003, 201) : 제5차 개정 신용장통일규칙 제23조 a항 ii호는 신용장이 항구간 선적에 적용되는 선하증권을 요구하는 경우 선하증권에 미리 인쇄된 문언에 의하여 화물의 선적사실을 표시할 수 있으나{선적선하증권(Shipped Bill of Lading)의 경우}, 화물이 선하증권의 발행 전에 선적되지 아니한 수취선하증권(Received Bill of Lading)의 경우에는 그 선하증권에 화물이 지정된 선박에 본선적재 또는 선적되었다는 사실과 그 본선적재일이 명시되어야 한다는 취지를 규정하고 있는바(본선적재표기, On Board Notation), 이는 수취선하증권의 경우 화물이 지정된 선박에 정상적으로 선적되었는지 여부를 그 기재만으로 확인할 수 없으므로, 선하증권 상으로 그와 같은 사실을 명확히 하여 화물의 선적에 따른 당사자들의 법률관계를 명확히 하고자 하려는 데 그 목적이 있으므로, 신용장통일규칙이 요구하는 본선적재표기가 정당하게 되었는지 여부는 신용장 관련 다른 서류의 기재를 참고하지 아니하고, 해당 선하증권의 문언만을 기준으로 하여 엄격하게 판단되어야 한다.

bearer) 등의 표시가 있어야 한다. 또 영국 등의 일부 국가에서는 선하증권에 'or his or their assign'의 문언이 기재된 것을 유통 선하증권이라 한다.

나. 비유통 선하증권

비유통 선하증권(non-negotiable bill of lading)이란 선하증권에 유통을 금지하는 내용을 기재함으로서 증권의 소지인이 증권 자체의 양도로서 그의 권리를 타인에게 양도하지 못하도록 한 선하증권을 말한다. 비유통 선하증권이라 함은 보통은 비유통 기명식 선하증권을 일컫는 것으로 보고 있다.

3. 수하인의 표시 방법에 의한 분류

가. 기명식 선하증권

기명식 선하증권(straight bill of lading)은 선하증권의 수하인란(consignee)에 특정인(회사명 또는 개인의 성명)이 기재된 선하증권이며, 이것은 우리나라와 일본을 제외한 대부분 국가에서는 당연히 비유통 선하증권(non-negotiable)으로 취급하고 있다.[369)]

선하증권의 수하인란에 Korea Trading Co. Ltd./ Seoul, Korea와 같은 방식으로 기재되고, 비유통(non-negotiable)이라는 표시를 고무인(stamping)하는 것이 일반적인 발행 형식이다. 이 경우 선하증권을 소지하고 있다고 하여도 증권에 기재된 기명수하인이 아니면 운송물의 인도를 청구할 수 없다.[370)]

선하증권이 기명식으로 발행되는 유형은 ① 매수인 기명식(consigned to the buyer), ② 송하인 기명식(consigned to the shipper), ③ 수입지의 통관업자 기명식(consigned to a foreign custom house broker), ④ 수입지의 송하인 대리인 기명식(consigned to the shippers agent), ⑤ 취결은행 기명식(consigned to the negotiating bank), ⑥ 추심은행(consigned to the collecting bank) 기명식 등이 있다.

나. 기명식 선하증권

지시식 선하증권(order bill of lading)이란 선하증권의 수하인 란에 수하인의 상호 및 주소를 기재하지 않고, 지시문구(to order, to order of shipper, to order of ○○○ bank)를 기재하여 유통을 목적으로 발행한 선하증권을 말한다.

지시식 선하증권의 정당한 수하인은 수하인란(consignee)에, ① Order of Shipper

---

369) 嚴潤大, 船荷證券論, 신대종, 2002, 83쪽.
370) 林錫珉, 船荷證券論, 두남, 2000, 116쪽.

로 기재된 경우라면 송하인이 증권 뒷면에 배서(Endorsement)한 증권의 소지인이며, ② Order of Korea trading, Co. Ltd.로 기재되어 있다면 Korea Trading Co. Ltd.가 배서한 증권의 소지인이다. 그리고 ③ Order of Woori Bank라고 기재된 경우는 Woori Bank가 배서한 증권의 소지인이 그 운송물에 대한 소유권을 가진다.

다. 무기명식 선하증권

수하인란을 비워 둔 공란형식으로 발행할 경우에는 무기명식 선하증권이라고 하고, 수하인란에 지참인(bearer 또는 to bearer)이라고 기재한 경우는 지참식 선하증권(bearer bill of lading)이라고 한다. 이 경우에는 누구나 선하증권을 소지하고 있으면 정당한 수하인이 될 수 있다. 또 선택지참식(to ○○○ Trading Co. Ltd., or bearer)으로 발행되는 경우도 있는데, 이때는 ○○○ Trading Co. Ltd.가 직접 수하인이 되어도 무방하다. 다만, ○○○ Trading Co. Ltd.는 배서해야 유통시킬 수 있지만, 지참인은 배서 없이 교부만으로 유통시킬 수 있다. 결국 효과면에서는 이들 모든 종류가 지참인을 정당한 수하인으로 인정하여 선하증권소지인에게 운송물을 인도하기 때문에 무기명식 선하증권으로 분류할 수 있을 것이다.

4. 운송물의 하자상태 표시 유무에 의한 분류

가. 무사고 선하증권

무사고 선하증권(clean bill of lading)은 운송물이 본선에 양호하게 선적되어 선하증권의 사고 표시 문언란(remarks)에 운송물이나 포장의 상태에 관한 하자 또는 포장불량 등의 유보사항이나 또는 선하증권소지인에게 불리한 부가단서(附加但書) 또는 유보조항(留保條項)의 기재가 없는 선하증권을 말한다(UCP 500 제32조 참조).

운송인은 운송물을 선적할 때에 송하인이 서면으로 신고한 운송물의 수량, 포장, 하인(荷印; shipping marks) 및 외관 상태를 상당한 주의를 기울여 검사해야 한다. 이를 위해 운송인 및 송하인 쌍방에서 검수인(checker; tally man)[371]을 선임하여 적부 전에 본선 위 또는 선측의 안벽 또는 잔교 위[372]에서, 운송물의 개수, 하인(荷印) 및 외관 상태에 대해 입회검사를 한다. 그 결과 이상이 있을 경우에는 이 사실을

371) 검수인은 tally man 또는 checker라고도 하는데, 선적 또는 양륙 운송물을 검수하는 사람을 말한다. 운송물을 선적하거나 내릴 때 개수를 확인하고 정확한지 여부를 증명하는 역할을 담당하는 사람이다. 미국의 검수인은 적하기록(record of cargo)을 대조, 검사하는 자로서 부두운영업자에게 고용되어 있다. 우리나라의 경우에는 보통 검수업무까지 겸하는 선박대리점에 고용되어 있다.

372) 부선 위에서는 검수를 하지 않는 것이 원칙임.

검수표(tally sheet)[373]에 기재하고 쌍방이 확인한다. 본선 측 검수인은 이를 일람표(一覽表; exception list)로 작성하여 일등항해사에게 제출한다. 일등항해사는 선적 후 일람표의 문언을 그대로 본선수령증(M/R)에 기재하고 이를 선하증권에 옮겨 적는다. 이때 선하증권에 사고 문언이 기재되지 않은 선하증권을 무사고 선하증권이라 하고, 사고 문언이 기재된 선하증권을 사고 선하증권이라고 한다.

나. 사고 선하증권

사고 선하증권(foul bill of lading ; false bill of lading ; dirty bill of lading)이란 선적된 운송물 자체, 포장, 수량, 하인, 외관상태 등에 이상이 있어서 이러한 사실이 본선수령증의 비고란(remarks)에 기재되고 그 내용이 선하증권에 그대로 기재되어 발행되는 것으로 무사고 선하증권에 대응되는 개념이다.

운송물을 본선에 선적할 때 수량부족, 파손, 포장불량 등의 이상이 발견되면 검수인을 통하여 운송물을 검사한 일등항해사는 이러한 사실을 본선수령증의 비고란에 기재하여 사고 본선수령증(foul M/R)을 송하인에게 발행하고, 송하인이 운송인에게 사고 본선수령증을 제출하면 운송인은 선하증권에 본선수령증의 사고유무의 기재를 그대로 옮겨 적어 사고 선하증권을 발행한다.

5. 형식에 의한 분류

가. 약식 선하증권

약식 선하증권(short form bill of lading)이란 정식 선하증권(standard long form bill of lading)의 필수사항은 모두 갖추고 있지만(주로 앞면 기재사항), 정식 선하증권에 기재되는 운송조건, 면책약관 등 운송계약 내용에 관한 뒷면약관의 인쇄를 생략하면서 그 내용은 운송인의 정식 선하증권의 약관이나 별지의 약관을 참조하라는 등의 짧은 문구가 선하증권 뒷면에 인쇄되어 있는 선하증권을 말한다.

약식 선하증권은 뒷면약관이 모두 기재된 정식 선하증권의 규격이 너무 길거나 커서 선하증권의 작성 및 발행에 지장이 있어 미국계 선박회사들이 이를 간소화하기 위하여 사용하기 시작한데서 비롯되었다. 그 후 주로 용선계약부 선하증권을 발행할 때 많이 이용한다.

---

373) 검수표 또는 검수서는 tally sheet로 표현되는 데, 운송물을 선적하거나 양륙할 때 운송물의 수량 및 운송물의 외형상의 이상 유무를 검사하는 것을 검수(tally)라고 말하며, 검수인을 tallyman, 검사결과의 기록을 tallysheet라 말한다. 본선수령증, 艀送狀(boat note) 그 밖에 운송물의 受渡에 관한 서류는 검수표에 의거하여 발행된다. 그러므로 이 검수표를 조사하면 운송물의 손상, 부족 등이 운송의 어느 단계에서 발생되었는가가 판명된다.

인쇄술이 발달한 오늘날에는 정식 선하증권도 약식 선하증권과 같은 크기의 용지(국제표준규격인 ISO A4 용지)를 사용하고 있으므로 과거처럼 길거나 크지 않고 선하증권 앞면에 기재되는 내용도 양자가 완전히 동일하다. 다만 그 뒷면에 약관의 전체 내용을 인쇄해 놓지 않았을 뿐이고 약식 선하증권의 뒷면에는 '운송조건이나 운송인의 책임제한, 면책사항, 권리·의무 등 자세한 약관내용은 운송인의 정식 선하증권(standard long form bill of lading)에 의한다'라고만 인쇄해 놓기 때문에 오히려 운송인은 이를 별도로 인쇄하여 송하인 등 고객이 언제든지 가지고 갈 수 있도록 항시 비치해 놓아야 한다. 그러므로 정식 선하증권을 발행하는 것이 약식 선하증권을 발행하는 것에 비하여 과거와 같은 불편을 초래하는 면을 찾을 수 없을 뿐만 아니라, 약식 선하증권을 발행할 경우 송하인도 약관을 별도로 확보해야 하므로 오히려 업무의 번거로움이 따르게 되어 불편하다. 따라서 운송인과 하주 등 관련자가 모두 운송약관 내용의 전부를 선하증권을 취득할 때 바로 알 수 있도록 하는 한편 운송과 관련된 분쟁이 발생할 경우에도 당초의 운송계약 내용이 당해 선하증권에 의해 즉시 증명될 수 있도록 정식 선하증권을 사용하는 것이 바람직하다고 하겠다.[374)]

나. 적색 선하증권

적색 선하증권(red bill of lading)이란 선하증권과 보험증권을 결합시킨 것을 말한다. 즉, 증권에 기재된 운송물이 항해 중에 사고가 발생하면 운송인이 그 손해를 배상해 주도록 약정한 선하증권이다.

적색 선하증권은 일반 선하증권의 기재사항 외에 운송물의 보험금액, 보험요율 그 밖에 보험에 관한 사항이 부기되어 있고 적색 글씨로 인쇄되어 있다.

6. 운송책임구간에 의한 분류

가. 일관운송 선하증권

넓은 의미에서 일관운송 선하증권(through bill of lading)이라 함은 운송물이 목적지까지 운송되는 동안 여러 명의 운송인이 개입하여 같은 종류 또는 2종 이상의 운송수단을 교대로 사용(선박, 항공기, 기차 또는 트럭 등의 배합)하여 단계별 운송이 이루어질 경우, 환적할 때마다 운송계약을 별도로 체결하는 번거로움을 피하고 비용을 절약하기 위하여 최초의 운송인이 전 운송구간에 대하여 이를 통합하여 발행하는 선하증권을 말한다.

물건운송은 운송수단(mode of transportation)을 기준으로 구분할 때 해상운

374) 같은 의견, 嚴潤大, 船荷證券論, 신대종, 2002, 88쪽; 林錫珉, 船荷證券論, 두남, 2000, 135쪽.

송, 철도운송, 도로운송, 항공운송으로 구분할 수 있다. 이때 일관운송(through transport)이라 함은 하나의 운송에 여러 명의 운송인이 참여하여 동종의 운송수단 또는 복수의 운송수단을 연결하여 운송이 완성되는 것을 말한다. 여기서 전 구간의 운송이 동일한 운송수단에 의해서 이루어지는 일관운송을 단순일관운송(unimodal through transportation)이라 하고, 여러 운송수단에 의해서 이루어지는 일관운송을 복합운송(複合運送 : multimodal or combined transportation)이라 한다.

이와 같이 복합운송을 일관운송의 개념에 포함하는 견해와는 달리 일관운송을 완전히 별개의 개념으로 파악하여 단순일관운송만을 일관운송으로 보는 견해도 있다.[375] 이러한 좁은 개념으로 파악하는 경우에는 일관운송은 반드시 다른 종류의 운송수단을 전제로 하지 않으며, 또 운송의 실행도 각 구간별로 국지적(局地的)으로 이루어지므로 운송인의 책임도 복합운송의 경우처럼 한 운송인에게 집중되는 일이 없다. 그러나 운송물의 환적(換積)이나 운송의 연결 등 운송형식 자체에 관점을 둔다면 복합일관운송도 여기서 말하는 일관운송의 일부로 보는 것도 잘못된 개념은 아니라고 본다.

그러므로 좁은 의미의 일관운송 선하증권은 위에서 말한 단순일관운송에서 발행하는 선하증권으로 정의할 수 있다. 이곳에서는 복합운송증권를 별도로 다루고 있으므로 좁은 의미의 일관운송 선하증권에 대하여만 설명하였다.

나. 복합운송증권

복합운송증권(combined/multimodal/intermodal transport document)이란 운송물의 수령지에서 인도지까지의 운송을 단일 운송인의 책임, 단일운임, 최소한 두 가지 이상의 다른 종류의 운송수단(선박, 철도, 자동차, 항공기 등)을 결합하여 일관운송(through transport)할 것을 약속한 복합운송계약에 의하여 발행하는 운송증서로서 선하증권과 마찬가지로 권원증권, 유가증권 및 증거증권으로서의 기능을 가지고 있다.

복합운송이라 하면 ① 해・륙 운송수단(선박+트럭, 선박+기차)의 결합, ② 해・공 운송수단(선박+항공기)의 결합, ③ 육・공 운송수단(트럭+항공기, 기차+항공기)④ 해・륙・공 운송수단(트럭+선박+항공기)의 결합으로 이루어지는 운송이다.

복합운송증권의 명칭은 통상 'Combined Transport Bill of Lading', 'Multimodal Transport Bill of Lading', 'Intermodal Transport Bill of Lading' 또는 'Multimodal

375) H.G. Rōhreke, 'Combined Transport and the Hague rules', European Transport Law, 10(1975), p. 621 ; 林東喆, 海商法・國際運送法硏究, 眞成社, 1990, 149쪽.

Transport Document',[376] 또는 'Combined Transport Document' 등으로 다양하게 불리는데, 그 의미는 동일하다.

실무에서 무선박운송인으로서 운송계약을 체결하는 운송주선인(freight forwarder)이 사용하는 복합운송증권이나 선박회사가 사용하는 복합운송선하증권도 대부분 복합운송계약을 실질적으로 충족하는 양식을 구비하고 있다. 특히 국제복합운송주선인협회(FIATA)는 1992년의 국제연합무역개발회의/국제상업회의소복합운송증권규칙의 발효와 더불어 같은 해석규칙에 기초한 국제복합운송주선인협회복합운송선하증권(FBL)의 표준약관을 제정하였고, 국제상업회의소 내의 로고의 사용을 허용하였다.[377] 국제복합운송주선인협회 정회원으로 가입된 회사는 동 협회로부터 사용허가를 받아 이를 사용하고 있다.

다. 구간 선하증권

부산에서 인천, 울산에서 포항 등과 같이 운송물의 선적항과 목적항이 모두 같은 국가 안에서 운송이 이루어지는 국내 해상운송시 발행되는 선하증권을 구간 선하증권(local bill of lading) 또는 국내 선하증권(domestic bill of lading)이라고 한다. 일반 무역거래에서는 사용되지 않으나 필리핀과 같은 많은 섬으로 구성된 나라에서는 국내 선하증권에 의해 다른 섬의 항구까지 운송되고 그 곳에서 다시 다른 모선에 환적되는 구간 선하증권이 유용한 것으로 인정받고 있다.[378]

라. 해상 선하증권

2개 이상의 국가사이에서 항구와 항구사이(port to port)에 운송물을 선박에 의한 해상운송만으로 운송할 때 발행하는 선하증권을 해상 선하증권(ocean bill of lading ; marine bill of lading)이라 한다.[379]

그러므로 송하인의 창고에서 선적항까지 및 양륙항으로부터 수하인의 창고 등 내륙의 최종 목적지까지의 운송은 하주의 위험과 비용 부담으로 이루어진다. 운송인은 단지 해상구간의 운송에 관한 책임만 지게 된다.

376) Multimodal Transport Document는 국제연합국제물건복합운송협약(1980), UNCTAD/ICC복합운송증권규칙(1992) 및 신용장통일규칙(UCP 500)이 사용한 용어이다.

377) 金萬石, 複合運送에 관한 規則 및 協約의 條文別 解說, 海運産業硏究院, 1994. 머릿말.

378) 林錫珉, 船荷證券論, 두남, 2000, 131쪽.

379) Sea-Land Documentation Manual, Ocean Bill of Lading : A Bill of Lading covering the Movement of Cargo by Vessel only between two Ocean Ports.

7. 혼재여부에 의한 분류

가. 통합 선하증권

통합 선하증권(groupage bill of lading) 또는 취합 선하증권(omnibus bill of lading)이라 함은, 운송할 운송물이 컨테이너 1대 분량이 되지 않는 LCL 화물[380)]의 경우에, 운송주선인이 같은 목적지로 가는 운송물을 하나의 운송 단위로 구성하여 선적해 보낼 때 선박회사(실제운송인)가 운송주선인에게 교부하는 선하증권을 말한다. 통합 선하증권으로 운송물을 통합하면 운임이 저렴해지고, 서류가 간단해지는 이점이 있다고 한다.[381)] 그러나 실제로는 이해당사자의 입장과 상황에 따라 더 복잡해지는 경우도 있기 때문에 통합 선하증권 자체가 이러한 이점을 가져온다고 보기는 어렵다고 생각한다.[382)]

나. 혼재 선하증권

운송할 운송물이 컨테이너 1대 분량이 되지 않는 LCL 화물의 경우에, 운송주선인이 같은 목적지로 가는 운송물을 하나의 운송단위로 구성하여 선적해 보낼 때 해상운송인로부터 운송주선인은 통합 선하증권(groupage bill of lading)을 교부받는다. 여러 송하인의 운송물을 하나의 컨테이너에 취합하는 행위를 혼재(consolidation)라고 하며, 운송주선인이 여러 명의 송하인으로부터 운송물을 집하하고 각각의 송하인에 대하여 운송주선인 자신의 명의로 발행하는 화물수령증을 혼재 선하증권(house bill of lading)이라고 한다. 즉, LCL 화물을 운송할 경우에, 각각의 송하인으로부터 운송물을 수령한 운송주선인(freight forwarder)은 일종의 화물수령증명서 또는 선적증명서(certificate of shipping)로 혼재 선하증권을 발행하고, 다시 운송주선인은 본선에 운송물을 선적한 후 통합 선하증권을 발행받는다.

---

380) LCL Cargo(less than container load cargo)라 함은 컨테이너 1개를 채우기에 부족한 소량운송물을 말하며, FCL 화물에 대비되는 용어이다. CFS 또는 Inland Depot에 集積되고 목적지에서는 마찬가지로 CFS 또는 Depot에서 컨테이너로부터 양륙되어 분리·양도된다. 이 경우 LCL Service Charge 또는 CFS Receiving Charge 등의 명목으로 과징금을 받는 해운동맹이 많다. Sea Land 사에서는 육상운송용어를 사용하여 이들 소량운송물을 LTL Cargo(Less than Trailer Load Cargo)라 부르고 있다(코리아쉬핑가제트, 最新 海運·物流用語大辭典, 2002, 359 쪽).

381) 이종인, 국제해상운송론, 효성출판사, 2001, 118 쪽.

382) 예를 들어 서류의 간소화라는 관점에서 보면, 무선박운송인이 그들 각각의 송하인에게 무선박운송인이 발행한 선하증권을 교부하여야 한다. 이때 실제운송인인 해상운송인도 그가 발행하는 선하증권의 송하인 란과 수하인 란에 각각 무선박운송인의 이름을 기재하고, 운송물명세를 포함한 기타 사항이 통합적으로 기재되기는 하지만, 각각의 실제 송하인 및 실제 수하인별로 운송물명세를 별도의 첨부서류(rider)로 원 선하증권에 첨부하여야 하므로 서류의 간소화 또는 효율성 측면에서는 큰 도움이 된다고 보기 어렵다고 하는 비판도 있다(嚴潤大, 船荷證券論, 신대종, 2002, 98쪽 참조).

8. 용선계약하에서 발행하는 선하증권

용선계약하에서 발행하는 선하증권(charter party bill of lading)이라 함은 하주가 대량의 운송물을 운송하기 위하여 1 항해 또는 일정기간 선박의 운송 서비스를 이용하는 경우에 하주와 운송인이 용선계약을 체결하고, 그 계약에 의해 운송되는 운송물의 수령 또는 선적에 대해서 발행되는 선하증권을 말한다. 용선계약부 선하증권이라고도 하는데, 이러한 선하증권에는 용선계약관계를 나타내는 문언을 표시하여 선하증권과 용선계약의 내용이 서로 충돌하지 않도록 하고 있다.

용선계약(charter party)은 일종의 운송계약이고 선하증권 발행행위는 운송계약에 기하여 운송물의 수령이나 선적을 증명하고 운송계약의 내용에 대한 증거로서의 추정적 증거를 가지는 증권을 발행하는 행위로서 계약의 종류와 내용이 서로 다르다고 보아야 한다. 통상 선하증권이 발행되는 것은 개품운송계약에서 그 증거로 발행되는 것이다. 그러나 선하증권은 용선계약 하에서도 운송물의 수령 또는 선적시 발행될 수 있기 때문에 경우에 따라서는 성격이 다른 계약의 충돌로 인하여 법률관계가 복잡해질 수 있다.

해운실무에서는 개품운송계약 만에 의하여 발행되는 경우 이상으로 용선계약 하에서 선하증권이 발행되는 경우도 많다. 예를 들면, ① 선박소유자가 항해용선계약을 체결하였는데, 이때 용선자가 선적한 운송물에 대하여 선박소유자가 선하증권을 발행하는 경우, ② 선박소유자가 정기용선계약을 체결한 후, 용선자가 그 선박을 자신의 정기항로 영업에 투입하고 운송을 의뢰한 제3자인 송하인에게 선하증권을 발행하는 경우, ③ 선박소유자가 항해용선계약을 체결하였는데, 항해용선자가 자신의 운송물을 싣고 남은 공간을 이용하여 다른 사람의 소량의 운송물을 운송하기로 하는 운송계약을 체결하고 그 제3자의 운송물을 선적하여 제3자인 송하인에게 선하증권을 발행하는 경우가 있다.

이 중 ②와 ③의 경우에는 특별한 이유가 있어서 선하증권이 발행되는 것이 아니라 용선계약의 당사자는 아니지만 제3자인 송하인의 운송물을 선적하기 때문에 운송인과 제3자인 송하인 사이에 선하증권이 발행되는 것이다. 그러므로 선하증권의 발행에 따른 효력을 별개로 다루면 된다. 그러나 ①의 경우처럼 용선자에게 선하증권이 발행되는 경우는 용선자와 운송인 사이에 이미 운송계약인 용선계약이 체결되어 있음에도 불구하고 따로 선하증권이 발행되므로 용선계약서와 선하증권의 기능과 효력이 서로 충돌할 수 있다. 그럼에도 불구하고 선하증권이 발행되는 것은 용선계약이 체결되어 있다 하더라도 용선자인 송하인으로서는 운송물의 수령・선적을 입증하고

목적지에서 운송물 인도청구를 할 수 있는 화물수령증 또는 권원증권을 필요로 하기 때문이다.

예를 들어, 수출상이 운송물을 운송하기 위하여 항해용선계약을 체결하고 용선계약서를 소지하고 있다고 하더라도 다음과 같은 두 가지 이유 때문에 별도로 선하증권의 발행을 필요로 하게 된다. 첫째, 수출상은 운송물을 선적하고 나면 운송물의 선적에 대한 증거[383]를 확보하여 둘 필요가 있는데, 용선계약서는 이에 대한 증거로서의 기능을 가지고 있지 못하다. 둘째, 수출상은 양륙항의 수하인에게 운송물을 처분할 수 있도록 할 필요가 있으며 이를 위해서는 운송물 인도청구권을 나타내는 권원증권이 발행될 필요가 있는데, 용선계약서는 권원증권이 아니기 때문에 선하증권이 필요하게 된다.

이와 같이 용선계약 하에서 선하증권이 발행되는 경우에는 법적으로 첫째, 선하증권소지인이 누구인가에 따라 선하증권의 법적 지위와 효력이 달라지는가와 둘째, 선하증권과 용선계약서의 내용 중 어느 것이 우선적으로 적용되는가가 문제 된다.[384]

9. 특수한 선하증권

가. 히치먼트 선하증권

히치먼트 선하증권(hitchment bill of lading)이란 운송물이 다른 지역에 위치한 2개 이상의 선적항에서 선적되었지만 하나의 선하증권으로 이를 커버하여 발행된 선하증권을 말한다. 예를 들면, 수출업자가 수입업자로부터 1000톤의 原綿(raw cotton) 신용장을 받은 경우, 수출업자가 운송물 확보 등의 이유 때문에 갑 운송인의 A vessel, voyage no. 123 이 하와이항에 기항했을 때 300톤을 선적하고, 동일 항해선박(A vessel voyage no. 123)의 다음 기항지인 L.A.항에서 나머지 700톤을 선적한 뒤 갑 운송인으로부터 두 선적항에서 선적된 총 1000톤에 대한 하나의 선하증권을 발행받는 경우를 말한다.

해운동맹 등의 운임요율표(tariff)에 규정된 히치먼트 선하증권의 발행 요건은 다음과 같다. ① 동일 선박(single vessel)에 선적될 것, ② 목적지가 동일할 것, ③ 송하인 및 수하인이 각각 동일인일 것, ④ 선적 일자는 운송물 전량이 선적된 날짜일 것, ⑤ 운송물의 명세(운송물의 종류, 컨테이너 번호, 중량, 용적 등)는 선적항별로 구분하여 명시할 것, ⑥ 운임은 각 선적항에 적용되는 요율을 적용할 것, ⑦ 운임요

383) 운송물의 수량, 외관 상태, 선적사실 자체에 대한 증거 등을 들 수 있다.
384) John F. Wilson, Carriage of Goods by Sea, 4th ed., London, Longman, 2001, p. 230.

율표(tariff)가 있는 경우 히치먼트 선하증권 비용(hitchment bill of lading charge)을 선하증권에 명시하고 청구할 것 등이다.[385]

나. 지체 선하증권

즉 선하증권은 운송물 선적 후 신용장에 명시된 일정한 기간 내에 은행에 선하증권을 제시하고 화환어음의 할인을 받아야 하는데, 신용장에 명시된 어음할인기간이 이미 경과한 선하증권을 지체 선하증권(stale bill of lading)이라 한다. 이는 선하증권의 종류를 설명하는 개념이 아니라 신용장통일규칙의 해석과 관련된 개념이다.

지체 선하증권이 되는 원인은 크게 다음과 같은 두 가지의 경우를 생각할 수 있다. 첫째, 매도인이 매수인을 결정하지 않은 상태(즉 신용장이 개설되지 않은 상태)에서 일단 선적부터 한 다음 나중에 매수인을 물색하는 경우로서, 선하증권이 발행된 날로부터 21일이 경과한 시점에 신용장을 받은 경우를 들 수 있다.

둘째, 매수인이 결정되었어도 그가 고의적으로 선적 후 21일이 경과되도록 신용장을 개설하지 않은 경우가 있다. 이는 매수인의 특별한 사정에 의해서 매도인의 양해하에, 또는 상당 기간 신용이 쌓여진 당사자들 간에 있어서 목적지에 운송물이 도착할 시점 또는 도착 이후에 매수인이 신용장을 개설해 주는 조건으로 선적하는 경우이다. 이렇게 되면 수출업자는 상품을 선적한 후 운송인으로부터 선하증권을 발행받고도 신용장이 없어 은행에 매입을 하지 못하고 있다가 21일이 경과한 이후에야 신용장을 받고 은행에 선하증권을 제시하게 되므로 자동으로 지체 선하증권이 되어 버린다.

다. 제3자 선하증권

선하증권에 송하인(shipper)으로 표시되는 자는 신용장의 수익자(beneficiary)가 되는 것이 원칙이나, 수출입 당사자가 아닌 제3자를 송하인으로 기재하여 선하증권을 발행하는 경우가 있는데, 이러한 선하증권을 제3자 선하증권(third party bill of lading; neutral party bill of lading)이라고 한다. 주로 중계무역 등에서 사용한다.

라. 환적 선하증권

환적 선하증권(transshipment bill of lading)이라 함은 운송물을 목적지까지 운송하는 도중 중계항에서 다른 선박에 환적하여 최종 목적지까지 운송할 때 발행되는 선하증권을 말한다.

이 선하증권의 앞면에는 with transshipment at Singapore 또는 on-carrier …

---

385) FEFE and Allied Conferences NT90, Rule no. 1.4.4 ; 한진해운 컨테이너 Tariff 030 Rule no. 2-U8; 嚴潤大, 船荷證券論, 신대종, 2002, 99쪽.

등의 문언이 기재된다. 보통은 with transshipment at …의 공란에 접속항을 기재하고, on-carrier…의 공란은 그대로 두어 접속이 빨리 이루어지도록 한다.

한편, 선적항에서 최종 양륙항까지 환적하지 않고 직항할 경우 이러한 해상운송에서 발행되는 선하증권을 직항 선하증권(direct bill of lading)이라고 부르기도 한다.

또 컨테이너 운송시 피더 운송(feeder service)[386]은 여기서 말하는 환적의 개념이 아니므로 환적 선하증권을 발행할 필요가 없다.[387]

마. 부서 선하증권

도착된 운송물에 운임 또는 그 밖의 채무가 미해결 상태에 있을 경우에는 수하인이 채무를 해결하지 않으면 선장은 운송물에 대하여 유치권을 행사하기 때문에 운송물을 수령할 수 없다(상법 제807조 제1항, 제2항). 이때 운송인은 채무의 해결을 확보하기 위하여 선하증권에 please deliver upon endorsement라고 발행하고 배서가 있으면 운송물을 인도하는데 이와 같이 서명을 조건부로 발행하는 선하증권을 부서(副署) 선하증권(countersign bill of lading)이라 한다.

바. 목적지 선하증권

선하증권은 운송물의 선적지에서 발행하는 것이 원칙이나 송하인의 요구에 따라 운송물의 최종 목적지 또는 송하인이 원하는 장소에서 발행하여 운송물의 수령에 편의를 제공하기 위하여 발행하는 선하증권을 목적지 선하증권(destination bill of lading)이라 한다(UCC §7-305).

사. 포트 선하증권

포트 선하증권(port bill of lading)은 운송물이 운송인에게 인도되었고, 선박도 입항하였지만 본선에 아직 선적되지 않은 경우에 발행되는 일종의 수령 선하증권이다.

신용장 통일규칙(UCP 500)에서는 선적 선하증권의 요건을 지키기 위하여 컨테이너 운송물의 양륙지와 최종 목적지가 다른 경우를 제외하고는 본선, 선적항, 양륙항이 확정되어야 한다고 규정하고 있다. 그러므로 예정된(intended) 또는 이와 유사한 용어가 사용된 서류는 수리가 거절된다(UCP 500, 제25조). 따라서 선적 전에 발행되는 포트 선하증권은 신용장에 별도의 명시규정이 없는 한 사용이 금지되고 있다.[388]

---

386) 정기선 운항은 운항 채산성을 고려하여 정해진 몇몇 항구에만 기항하게 된다. 이들은 주로 물동량이 일정 수준에 달해 있고 항만시설이 양호한 항구들이다. 반면 항만시설이 미비하여 대형선박이 입항할 수 없거나 혹은 물동량이 소량인 항구는 취항 선박이 직접 기항하는 대신 철도나 자동차 또는 소형 피더선 등을 이용하여 보조적인 운송을 하게 된다. 이 경우 주로 피더선(feeder)을 이용하게 되므로 이러한 운송을 피더서비스(feeder service)라 한다(코리아쉬핑가제트, 最新 海運·物流用語大辭典, 제7증보개정판, 1996, 213쪽).

387) 林錫珉, 船荷證券論, 두남, 2000, 135쪽.

아. 커스터디 선하증권

커스터디 선하증권(custody bill of lading)은 운송물은 운송인에게 인도되었지만, 본선이 아직 입항하지 않은 경우에 발행되는 수령 선하증권의 일종이다. 미국에서 원면 운송에 이용되었으나 지금은 거의 사용되지 않는다.

포트 선하증권과 마찬가지로 신용장에 별도의 명시규정이 없는 한 사용이 금지되고 있다.

Ⅲ. 선하증권의 발행

1. 의의

선하증권은 운송인이 운송을 위하여 운송물의 수령 또는 선적 사실, 증권에 기재된 대로의 운송계약 체결을 증명하고(상법 제854조 제1항), 운송인은 정당한 소지인에게 증권에 기재된 운송물을 인도할 의무를 부담하는 유가증권이므로 증권의 발행 및 교부에 있어서 정확성의 보장에 상당한 주의가 요구된다.

한편 선하증권을 교부받는 송하인도 운송인과의 관계에서는 증권에 기재된 내용과 조건 등에 구속되며, 매매대금을 지급받기 위해서 운송서류를 은행에 매입시 증권의 기재내용이 신용장에서 요구한 조건을 충족시키지 못할 경우에는 은행이 이를 수리하지 않으므로 정확한 요건을 갖춘 선하증권의 발행이 중요하다.

그리고 발행되었던 선하증권의 기재내용을 변경한다는 것은 궁극적으로 운송계약의 내용을 바꾸는 것이므로 운송계약상 당사자의 권리의무가 변동되는 결과를 초래하게 된다. 따라서 변경절차 또한 매우 복잡하므로 처음부터 선하증권이 정확하게 발행되어야 한다.

2. 선하증권 발행의 당사자

가. 증권발행의 청구권자

상법 제852조 제1항은 '운송인은 운송물을 수령한 후 송하인 또는 용선자(상법 제855조 제1항)[389]의 청구에 의하여 1통 또는 수통의 선하증권을 교부하여야 한다' 라

388) 林錫珉, 船荷證券論, 두남, 2000, 137쪽.

389) 상법 제855조의 용선자를 항해용선자로 한정하여 설명하는 견해도 있으나(鄭燦亨, 商法講義(하), 제10판, 博英社, 2008, 911쪽), 항해용선계약뿐만 아니라 정기용선계약도 운송계약의 일종이므로 정기용선자도 포함하는 것으로 보아야 한다. 다만, 정기용선자가 타인의 물건을 운송하기로 재용선하거나 또는 정기용선자가 정기선의 운항자로서 자기의 정기선 운항 서비스에 정기용선한 선박을 투입하는 경우에 제3자의 용선자나 송하인에게 선하증권을 발행하는 경우에는 원칙적으로는 제3의 용선자나 송하인은 자기와 운송계약을 체결

고 규정하여, 선하증권의 발행을 청구할 수 있는 자를 송하인으로 한정하고 있다. 이는 선하증권을 필요로 하는 자가 운송인이 아니라 하주이기 때문이다. 운송인은 선하증권에 의하여 구속을 받기 때문에 가능하다면 선하증권과 같은 문서는 발행하지 않으려 하기 때문에 송하인의 청구가 없으면 선하증권을 발행하지 않을 것이다.

선하증권의 발행 청구권을 가진 송하인을 ① 운송인에게 운송물을 인도한 자, ② 운송인에게 운송을 위탁한 자, ③ 선하증권에 명시된 자 중 누구로 볼 것인가 문제되는데, 실무적으로는 ① 본선수령증(M/R)을 제시하고 선하증권의 발행을 청구한 자와 ② 본선수령증을 제시할 때 선하증권의 수령자로 지정된 자 등을 송하인으로 본다. 본선수령증의 제시자에게 선하증권을 발행하는 것이 운송인으로서는 안전하다고 할 수 있기 때문이다.

나. 발행권자

선하증권이 유효한 것이 되기 위해서는 진정한 권한이 있는 자에 의해서 발행되어야 한다. 이는 선하증권에 서명을 할 권한이 누구에게 있느냐 하는 문제로 귀착된다. 이에 대하여 상법 제852조 제3항은 운송인, 선장 또는 운송인의 대리인을 선하증권의 발행인으로 하는 운송인 선하증권의 입장을 채용하고 있다(상법 제852조 제1항, 제855조 제1항).[390]

운송인이라 함은 해상물건운송사업을 영위하기 위해 국토해양부장관에게 등록을 필하고(해운법 제24조), 당해 물건운송의 인수를 한 자로서(상법 제46조, 제125조 참조), 수하인 및 그 외 적법한 운송물 소유자에 대하여 계약상의 운송급부의무 및 책임을 부담하는 주체를 말한다. 반드시 선박소유자이어야 할 필요는 없고 자기 명의로 송하인과 물건운송계약을 체결한 자이면 된다(함부르크 규칙 제1조 제1항 참조).

또 선장이라 함은 선박소유자의 피용자로서 특정 선박의 항해를 지휘하고 그 대리인으로서 사법상·공법상의 직무권한을 가진 자를 말한다.[391]

그리고 '그 밖의 대리인'이란 운송인의 포괄적 대리권을 가진 상업사용인을 말하는

한 정기용선자가 운송인의 위치(계약운송인)에 있으므로 그에게 선하증권의 발행을 청구할 것이고, 이때 선박소유자가 직접 제3의 용선자나 송하인에게 선하증권을 발행하는 것은 최초의 정기용선자의 청구에 의하여 그의 대리인의 위치에서 선하증권을 발행하는 것이다(상법 제855조 제3항).

390) 大判 1997.6.27, 95 다 7215(공보 1997, 2292) :상법 제813조의 규정에 의하여 운송인이 송하인 등에게 선하증권을 발행, 교부함에 있어 소론과 같이 운송인 본인만이 이를 발행할 수 있는 것이라고는 볼 수 없고, 그 대리인을 통해서도 발행할 수 있는 것이므로, 원심이 이 사건 선하증권에 직접 서명하여 이를 원고에게 교부한 행위자인 피고를 이 사건 운송계약상의 운송인으로 인정하지 아니하고 소외 회사를 운송인으로 인정하였다고 하더라도, 거기에 소론과 같이 위 법조의 규정 취지에 어긋나는 해석을 한 위법이 있다고 할 수 없다.

391) 정영석, 해상법강의요론, 해인출판사, 2003, 52-53쪽 참조.

데 이들이 통상적으로 운송인을 대리하여 선하증권을 발행한다.[392] 선박소유자가 운송인인 경우라도 선장이 실제로 선하증권을 발행하는 일은 거의 없으며 선박소유자의 대리점이 이를 발행하는 것이 보통이다. 또 다른 사람 소유의 선박을 이용하여 해상운송사업을 영위하는 해상기업자인 선박임차인 등도 운송인으로서 선하증권을 발행하지만, 이 경우에도 이들의 대리인이 실제로 증권을 발행하고 있다.

헤이그 규칙 및 헤이그-비스비 규칙도 선하증권의 발행권자를 우리 상법과 같이 규정하고 있다(헤이그 규칙 및 헤이그-비스비 규칙 제3조 제3항). 한편 함부르크 규칙은 계약운송인 또는 실제운송인을 선하증권 발행권자로 하고 있고, 다만 선장이 선하증권에 서명한 경우에는 운송인을 대리해서 서명한 것으로 간주하고 있다(함부르크 규칙 제14조 제2항).

또 형식적으로도 선하증권을 권한 있는 자가 서명·발행했다는 것이 증명될 수 있기 위해서는 선하증권에 운송인의 명칭을 표시해야 함은 물론이지만, 그것만으로는 충분하지 않고 그 발행자가 어떤 자격(운송인, 선장 또는 그 대리인의 자격 등)으로 서명했는지를 선하증권에 표시하여야 한다.[393]

3. 발행시기와 통수

가. 발행시기

선하증권은 운송인 등이 작성하여 기명날인하여 송하인에게 교부한 때에 선하증권을 발행하였다고 한다. 선하증권은 이를 교부하기 전에 미리 작성할 수 있지만, 그 교부가 유효성을 가지기 위해서는 법률적으로나 실무적으로 문제가 될 수 있기 때문에 발행시기, 즉 적법한 교부시기를 언제로 할 것인가는 중요한 문제가 된다.

(1) 운송물의 수령·선적과 관련한 발행시기

선하증권을 송하인에게 교부할 수 있는 시점은 수령 선하증권의 경우와 선적 선하증권의 경우에 각각 다르다.

첫째, 선적 선하증권은 운송물이 '선적된 후'에 발행되어야 한다(상법 제852조 제2항 참조). 여기서 '선적된 후'라 함은 선적을 위하여 운송인이 수령한 운송물, 즉 선하증권[394]에 기재되는 운송물 모두가 증권에 기재된 선박(named vessel)에 선적된

392) 大判 1997.6.27, 95 다 7215 : 운송인이 송하인에게 선하증권을 발행·교부함에 있어 운송인 본인만이 이를 발행할 수 있는 것이라 볼 수 없고, 그 대리인을 통해서도 발행할 수 있다.

393) 국제상업회의소는 1992년 신용장통일규칙에서 운송서류의 서명을 누가, 어떤 자격에서 하였는지를 명시토록 하는 규정을 신설하였다(UCP, 제23조; Marine bill of lading, 24조; Sea Waybill, 26조; Multimodal Transport Document, 제27조; Air Transport Document) 각조, 제a항 I호 참조).

후를 의미한다. 예를 들어, 6개의 컨테이너가 선하증권의 포장의 수(Number of Package) 란에 기재된다면 6개 모두의 선적이 완료되기 전에 선적 선하증권을 발행하여서는 아니 된다.[395)]

둘째, 운송인이 운송을 위하여 운송물의 모두를 지정된 장소에서 수령하였을 때에는 그 수령일자를 기재한 수령 선하증권을 발행할 수 있다. 상법 제852조 제1항에서 '운송인이 운송물을 수령한 후 송하인의 청구에 의하여 …선하증권을 교부하여야 한다'라고 한 것은 수령 선하증권을 가리키는 것이다. 이는 운송인이 선적을 위하여 운송물을 수령한 후 실제로 선박에 선적되기 이전의 시점이라도 송하인의 청구에 따라 수령 선하증권을 발행하여야 한다는 뜻이다. 여기서 운송인이 '수령하였다'라고 함은 선하증권에 기재된 운송물 전량이 운송인이 지정한 장소(CY나 CFS)에서 수령되었다는 의미이다.

컨테이너선에 의한 운송에서는 선박이 입항할 때 수많은 컨테이너를 적·양하하여야 되므로 예정 선박(intended vessel)이 입항하기 전에 선적하여야 할 컨테이너를 미리 터미널에 대기시켰다가 해당 선박이 입항하면 한꺼번에 선적하게 된다. 이때 한 기항지에서 수백 개의 컨테이너를 선적하는 경우는 선적의 개시로부터 완료시까지 소요되는 시간이 일자변경선을 넘어서는 경우도 허다하다. 이런 경우에 어떤 컨테이너는 선적작업의 개시 후 바로 선적이 되었을 수도 있을 것이나, 선적이 진행되는 도중에 송하인이 선하증권의 교부를 청구하는 경우에는 당해 컨테이너가 실제로 선적되었는지를 일일이 확인하기는 현실적으로 불가능하다. 이때에도 전량 선적의 원칙을 따르자면 사실상으로는 선적이 완료된 컨테이너에 대한 선하증권이라 할지라도 당해 기항지에서 선적될 컨테이너 모두가 선적이 완료될 때까지는 송하인은 일자가 변경되더라도 기다려야 하는 모순이 있다. 그래서 운임요율표(Tariff) 규정에 의하여 컨테이너 운송물이 터미널에 반입되고 선박이 입항하여 선적작업이 개시되었다면 그 일자에 선적 선하증권을 발행하는 것을 허용하는 경우도 있다.[396)]

용선계약에 의한 부정기선운송의 경우는 선하증권과는 별도로 작성되는 용선계약

---

394) 선하증권의 Description of Goods란, Number of Package란, 특히 무게단위의 거래의 경우는 중량(Weight) 란에 운송물 명세가 기재된다.

395) TWRA(Transpacific Westbound Rate Agreement) Rules Tariff no. 017, Rule No.2B15: In accordance with law, no onboard Bill of Lading may be issued until the cargo is actually onboard the vessel ; 한진해운 컨테이너 Rules Tariff no.200, Rule no. 2S3 2항; Bill of lading endorsed "onboard" shall not be dated earlier than (1) on board carriers vessel or feeder vessel or….

396) ANERA(Asia North America Eastbound Rate Agreement)Rules Tariff no.30m, FMC No. 30, Rule No. 2 08(b) : The onboard date notation in the Bill of Lading must not be earlier than the date the vessel commenced the actual loading operation.

서에 의하여 운송계약의 내용이 결정되며 선하증권에도 용선계약이 별도로 존재한다는 뜻이 명시된다. 이러한 부정기선운송의 경우는 보통 항구 간(port to port) 선하증권이며 운송인이 선상에서 운송물을 수령한 후 발행하므로 선적 선하증권이 된다.

(2) LCL 화물 및 FCL 화물에 대한 선하증권의 발행 시기

컨테이너선에 의한 정기선운송의 경우는 운송계약서가 별도로 존재하지 않고 운송인이 미리 작성해 놓은 선하증권약관에 의한 부합계약 형태로 운송계약이 체결된다. 그러므로 운송인의 운송 인수구간도 항구 간, 문전에서 문전까지(door to door)등으로 다양하고, 컨테이너 체로 선적하므로 부정기선 또는 재래정기선에 의한 운송과는 실무상 증권발행시기 등에 차이가 있다.

첫째, LCL 화물의 선하증권의 경우에는 송하인이 운송인에게 운송을 예약(Booking)할 때, 송하인은 운송인이 지정한 CFS로 컨테이너화하지 않은 운송물을 운송한다. 이때 CFS 운영자는 운송물을 수령하여 그 수량・상태 등을 점검한 후[397] 송하인에게 부두수령증(Dock Receipt)을 발행한다. LCL 화물을 수령한 CFS 운영자는 동일 목적지로 운송되는 운송물들을 모아 컨테이너에 적입한 후 선적될 터미널로 운송하면 해당 선박의 입항시 컨테이너는 선적된다. 이러한 절차에 따라 운송되는 LCL 화물의 경우에 송하인은 지정된 CFS에 운송물이 반입된 시점에 운송인에게 수령 선하증권을 요청할 수 있거나 또는 선적된 후에는 선적 선하증권을 청구하여 발행받을 수 있다.

둘째, FCL 화물[398]의 경우에는 송하인이 운송인의 CY(또는 container depot)로부터 운송인의 빈 컨테이너를 가져다가 송하인의 위험과 비용부담으로 자신이 컨테이너에 운송물을 적입하여 운송인이 지정한 CY로 컨테이너를 운송한다.[399] 이때 CY 운영자는 동 컨테이너를 수령하고 외관 상태를 점검한 후 수령증을 송하인 또는 트럭업자에게 발행한다. 이 경우 송하인은 운송물을 지정 CY에 반입한 시점에 운송인에게 수령 선하증권을 청구할 수 있고, 본선에 선적된 후에는 선적 선하증권을 청구하

397) CFS 운영자는 운송물의 확인을 위하여 공인검정인(Sworn Measurer)으로 하여금, 검수(Tally), 용적재기(measuring), 중량달기(weighing)등은 물론 운송물 및 포장의 이상유무도 점검하여 기록으로 남긴다.

398) 컨테이너 1개를 채우기에 충분한 양의 운송물을 말한다. 흔히 CY Cargo라 부르기도 하는데 Door to Door 서비스가 가능하다는 점에서 컨테이너 운송의 기본이 된다.

399) CY to CY 조건인 경우의 운송인의 책임은 CY에서 운송물을 수령한 이후부터 개시되므로, 송하인이 당연히 트럭업자를 선택하여 운송인의 CY나 container depot에서 빈 컨테이너를 수배하여 운송물을 적입한 후 FULL 컨테이너를 선박회사의 터미널까지 그의 위험과 비용부담으로 운송하여야 한다. 그런데 우리나라의 선박회사는 대부분 지정운송업자가 있어서 별도로 송하인의 요청이 없으면 선박회사가 트럭업자에게 빈 컨테이너를 하주의 공장에 가져가도록 주문하고(container spotting order), Full 컨테이너를 CY까지 운송해 오도록 주선해 주는 것이 일반적인 운송관례로 되어 있다.

여 발행받을 수 있다.

(3) 운임조건과의 관계

운송계약상 운임지급조건이 후급조건(freight collect)인 경우에는 위의 (1) 운송물의 수령・선적과 관련한 발행 시기'에서 설명한 조건을 충족한 시점에, 그리고 그것이 선급조건(freight prepaid)인 경우에는 위의 조건이 충족되어도 운송인은 별도의 특별약정(credit agreement between carrier and shipper)이 없는 한,[400] 약정된 운임전액을 수령한 후 선하증권을 교부해야 한다.

나. 발행 통수

운송인은 송하인의 청구에 의하여 1통 또는 수통의 선하증권을 교부하여야 하며(상법 제852조 제1항, 제855조 제1항), 수통의 선하증권을 발행한 때는 그 수를 선하증권에 기재하여야 한다(상법 제853조 제1항 제10호, 제855조 제1항, 함부르크 규칙 제15조 제1항 (h)호).

선하증권의 발행 통수라 함은 운송인이 선하증권 원본(original bill of lading)을 몇 통 작성・기명날인하여 송하인에게 교부하였는가를 의미한다. 또 운송인이 서명한 선하증권 원본은 통상 3매를 발행해 오고 있으며, 특별한 경우에 그 이상을 요구하는 하주도 있다. 그러나 어느 경우이건 선하증권에 그 발행 통수를 틀림없이 기재해야 한다. 만약 선하증권에는 선하증권 원본을 3통 발행했다고 기재하고 1통을 추가로 교부한다면 동일 운송물에 대해 선하증권소지인이 2인 이상이 될 소지가 있으며 이로 인해 증권에 기재된 운송물에 대해 그 소유권 다툼 등 복잡한 문제가 야기될 수 있다.

신용장거래에 있어서 은행수리요건 중 운송서류와 관련된 조항을 보면 통상 'full set of …' 이라고 하여 발행된 선하증권 전통을 첨부하도록 하고 제3자에게 유통되는 것을 봉쇄하여 은행이 운송물에 대한 담보권을 확실하게 보전하도록 하고 있다.

4. 요식증권성과 법정기재사항

선하증권의 앞면에 기재되는 사항은 개별 법마다 요구하는 사항이 약간씩 다르고, 각 선박회사마다 항목의 위치 및 배열이 약간씩 차이는 있지만 그 내용은 거의 같다. 이와 같이 법에 의하여 정해진 기재사항을 법정기재사항이라 한다. 선하증권은 어음

400) 대부분의 미주 또는 유럽을 취항하는 운송인들은 그들의 운임요율표에 신용(credit)에 관한 규정을 두고, 선급운임의 경우에도 송하인과 신용약정(credit Agreement)을 맺어 일정기간 동안(보통 14일 또는 21일)의 신용을 부여하고 운임의 수령 전에 선하증권을 교부하기도 한다.

·수표와 같은 완전 유가증권은 아니기 때문에 선하증권이라고 인식할 수 있는 정도의 요식성만 갖추고 있으면 선하증권으로 유통이 되는데 문제가 없다. 그러므로 법정기재사항을 반드시 완벽하게 갖추어야 되는 것은 아니고, 기재사항의 일부가 미비하여도 선하증권의 본질을 훼손하는 것이 아닌 한 유효하다고 본다.[401] 또 어음과는 달리 선하증권에는 임의기재사항을 기재하는 것도 유효하므로, 선하증권에 기재된 운임에 관한 특약은 그 증권의 소지인에게도 효력이 미친다.[402] 그리고 운송인은 선하증권에 면책약관을 기재할 수 있는데, 그 면책약관의 내용이 법에 의하여 금지된 경우에는 무효가 된다(상법 제799조).

우리 상법상 선하증권에는 ① 선박의 명칭·국적과 톤수, ② 송하인이 서면으로 통지한 운송물의 종류·중량 또는 용적, 포장의 종별·개수와 기호, ③ 운송물의 외관상태, ④ 송하인의 성명·상호, ⑤ 수하인 또는 통지수령인의 성명·상호, ⑥ 선적항, ⑦ 양륙항, ⑧ 운임, ⑨ 발행지와 그 발행년월일, ⑩ 수통의 선하증권을 작성한 때에는 그 수, ⑪ 운송인의 성명·상호, ⑫ 운송인의 주된 영업소 소재지를 기재하고, 운송인이 기명날인 또는 서명하여야 한다(상법 제853조 제1항, 제855조 제1항).

위 ②의 기재 중 운송물의 중량, 용적, 개수 또는 기호가 운송인이 실제로 수령한 운송물을 정확하게 표시하고 있지 아니하다고 의심할 만한 상당한 이유가 있는 때 또는 이를 확인할 적당한 방법이 없는 때에는 그 기재를 생략할 수 있다(상법 제853조 제2항). 또 송하인은 자신이 서면으로 통지한 위 ②의 기재사항이 정확함을 운송인에게 담보한 것으로 보므로(상법 제853조 제3항, 제855조 제1항), 그 통지 내용의 부실로 운송인에게 손해가 생긴 때에는 이를 배상하여야 한다(상법 제854조 제2항 참조). 그리고 운송인이 선하증권에 기재된 통지수령인에게 운송물에 관한 통지를 한 때에

401) 鄭暎錫, *海商法講義要論*, 海印出版社, 2003, 181-182쪽 참조.

402) 大判 1972.2.22, 71 다 2500(集 20 ① 民 109) : 원판결이 원고가 피고회사 소유인 '이스즈' 추럭 16대를 '요꼬하마'항으로 부터 부산항으로 운송하던 도중 태풍을 만나 추럭이 침몰된 사실을 확정하고, 원고가 청구하는 운임에 관하여 상법 제134조 812조의 규정에 불구하고 당사자가 이와 다른 특약을 하는 것은 무방할 것이라고 한 다음 증거에 의하여 위 추럭선적에 관하여 피고가 교부받은 선하증권상의 특약사실을 인정하고, 이에 의하여 피고는 위와 같은 불가항력으로 인한 운송물의 멸실의 경우에도 운송인인 원고에게 그 운임을 지급할 의무가 있다하여 그 운임의 지급을 위하여 발행한 이 사건 약속어음금에 대한 원고의 본소 청구를 인용한 판단조처를 기록에 대조하여 검토하면 정당하고, 아무런 법리오해 없다 할 것이므로 논지는 이유 없고 또 앞에서 본바와 같이 원판결 이유에 의하면 원심은 원고가 운송인이 된 이 사건 추럭 운송물의 선적에 관하여 발행된 선하증권을 피고가 교부받아 소지인이 된 사실과 그 선하증권상에 기재된 운임에 관한 특약사실을 인정한 다음 상법 제131조 820조의 규정에 의하여 그 선하증권 상의 운임에 관한 특약의 기재는 그 소지인인 피고에 대하여도 효력이 미친다고 할 것이라 하여 원고의 청구를 이유 있다고 인용하였는바 기록에 의하여 검토할지라도 원판시 인정사실대로 수긍할 수 있고 또 선하증권에 관한 법률적용에도 법리를 오해한 불법이 있다고 볼 수 없으므로 논지는 이유 없다.

는 송하인 및 선하증권소지인 기타 수하인에게 통지한 것으로 본다(상법 제853조 제4항, 제855조 제1항). 따라서 선하증권소지인은 운송인에 대하여 자기에게 직접 통지의무를 이행하지 아니하였다는 항변을 주장하지 못한다.[403)]

5. 운송인의 기명날인 또는 서명

선하증권의 발행에서 마지막 단계가 서명이다. 서명 또는 기명날인에 대하여 우리 상법 제853조 제1항 본문에서는 '운송인이 기명날인 또는 서명하여야 한다'라고 규정하고 있다(상법 제853조 제1항, 제855조 제1항).

기명날인 또는 서명은 원래 운송인이 해야 하지만, 실제로는 선박회사의 대표가 직접하지는 않고 선하증권의 발행업무를 담당하는 영업소의 책임자나 그의 대리인, 직접 그 업무를 담당하는 책임자에게 대리서명권을 부여한다. 일반적으로 운송인은 선하증권을 발행하는 지점장, 지점장대리, 선하증권 발행책임자인 수출운송물(outbound cargo) 영업부장까지를 범위로 하여 선하증권의 대리서명권을 부여한다. 운송인은 대리서명권을 가진 자의 성명 및 서명견본을 하주 및 취결은행 등의 관계자에게 회람·비치한다. 이때 취결은행은 이들 견본을 보관하고 화환어음 인수시 첨부된 선하증권에 대하여 기명날인 또는 서명을 확인하여야 한다.

대리점에 대해서도 대리점의 장 또는 그가 추천한 자에게 대리서명권을 부여한다. 선하증권을 발행하고 기명날인 또는 서명할 영업소나 대리점이 없는 항구에서는 선장이 서명한다. 일본 상법 제769조의 '선장 또는 그를 대신한 자의 서명을 요한다' 라는 규정, 일본 국제해상물품운송법 제7조의 '운송인, 선장 또는 운송인의 대리인이 서명하고 기명날인하지 않으면 안 된다'라는 규정, 1855년 영국 선하증권법 전문(前文)의 '… 선하증권에 서명한 선장 또는 기타 서명자는 …'의 규정 및 우리 상법 제852조 제3항의 '운송인은 선장 또는 그 밖의 대리인에게 선하증권의 교부를 위임할 수 있다'라는 규정은 선하증권에 선장이 서명하는 것이 일반적이었던 옛날의 해운관습을 반영한 것이다.

선하증권에 대한 기명날인은 선하증권에 효력을 발생하도록 하기 위한 것으로 운송인은 선하증권의 발행에 대하여 법적인 책임을 지게 된다. 선장은 선박소유자의 포괄적인 법정대리권을 가진 자이므로 그 권한의 일부로서 선하증권에 대한 기명날인의 권한이 있다고 보아 이들 법에 기명날인권자에 선장을 추가한 것이다. 이는 실무적으로는 긴급서명에 대비하여 운송실행을 원활하게 하기 위한 것이다.

403) 鄭熙喆, 商法學(하), 博英社, 1999, 588-589쪽.

우리 상법 제853조 제1항은 '운송인이 기명날인 또는 서명하여야 한다' 라고 규정하고 있어서 서명이나 기명날인 어느 것이나 인정하고 있다. 반면 일본 상법 제769조는 '선장 또는 그를 대신한 자의 서명을 요한다' 라고 규정하고 있고, 일본 국제해상물품운송법 제7조에서는 '운송인, 선장 또는 운송인의 대리인이 서명하고 기명날인하지 않으면 안 된다'라고 규정하고 있다.

6. 선하증권의 작성 절차

선하증권의 작성에는 상법 기타 선하증권과 관련된 각종 법률상 요구되는 법정기재사항은 물론 당사자들이 운송계약으로 약정한 사항 등 임의기재사항을 기재하여야 한다. 또 선하증권의 기재사항은 신용장 등의 조건을 충족시키지 않으면 매매대금의 결제를 받을 수 없기 때문에 특히 주의하여야 한다.

절차상 운송인은 최초의 예약내용, 송하인이 운송인에게 제공한 서류, 운송물의 외관상태, 선적여부 등 운송물의 실제 상황을 기초로 선하증권을 작성한다.

가. 운송인의 예약

송하인이 운송인과 예약(Booking)을 하는 형태는 서면, 전자적 방식 또는 전화로 일정에 맞는 선박과 선복(ship's space)[404]의 수배가 가능한 지를 확인하고 예약을 하게 되는데, 실무상 전화를 통한 예약(Booking)이 대부분이다. 이때 송하인은 예약에 필요한 주요 사항(mandatory items)을 운송인에게 먼저 제공하고 정확한 선하증권의 작성을 위해 자세한 명세는 사후에 서면으로 제출한다.

예약할 때 송하인이 운송인에게 제공하는 정보는 다음과 같은 사항이 포함된다. 첫째, FCL 화물인지 LCL 화물인지를 구분한 다음, ① 선명(vessel, voyage, direction), ② 송하인(shipper), ③ 품목명(commodity(長尺物,[405] 중량물,[406] 위험물 등 특수운송물인 경우는 그 내역 포함)), ④ 수량(volume(FCL 화물의 경우는 컨테이너의 크기와 개수, LCL 화물의 경우는 부피 및 무게)), ⑤ 수령장소(place of receipt), ⑥ 선적항(port of loading), ⑦ 양륙항(port of discharge), ⑧ 인도장소(place of delivery), ⑨ 수령 및 인도조건(receiving & delivery term) 등이다.

404) 운송물을 적재할 수 있는 선박의 지정공간을 말한다(운송신문사, 물류 용어사전, 제12증보판, 2004, 749쪽).

405) 대부분의 운임요율표(tariff) 규정은 운송물 한 개(piece or package)의 길이가 3.1m를 초과하는 것을 장척(long length 또는 extra length) 운송물이라 규정하고 있다. 이런 경우는 통상의 품목별운임율(commodity rate)에 부가하여 장척요금(long length charge)을 부과한다(한진해운 컨테이너 Tariff, FMC No. 200, Rule 6 참조).

406) 운송물 한 개(piece or package)의 무게가 18,001 kg을 초과하는 것을 통상적으로 중량(heavy lift) 운송물이라 규정한다. 물론 이런 경우도 해당 품목별 운임율(commodity rate)에 부가하여 중량물요금(heavy lift charge)을 부과한다(한진해운 컨테이너 Tariff, FMC No. 032, Rule 4 참조).

이 중 '수령 및 인도조건'(receiving & delivery term)의 표시 목적은 운송을 인수한 운송인과 의뢰한 하주의 책임한계를 명확히 하고자 하는 것이다. 즉 운송인이 운송물을 수령하고 인도하는 장소가 어디인가를 표시하는 것인데 이들을 보면 Door/Door, Door/CY, Door/CFS, CY/Door, CY/CY, CY/CFS, CFS/Door, CFS/CY, CFS/CFS, 그리고 Tackle/Door, Tackle/CY, Tackle/CFS, Tackle/Tackle 등 여러 가지 형태의 약정이 있을 수 있다. 예를 들어 'CY/Door'는 출발지의 CY에서 운송물을 수령하고 목적지의 하주의 공장까지 운송인의 책임으로 운송하여 거기서 인도한다는 것이며, 'CY/CY'는 출발지 CY에서 운송물을 수령하고 운송하여 목적지의 CY에서 인도한다는 의미이다. 이때 동 약정구간 밖의 구간 즉 하주의 관리하에 있는 동안 발생한 운송물의 손상 또는 멸실 등에 대해서는 하주의 책임에 속한다.

그리고 예약된 물건이 위험물인 경우는 실무상 특별취급을 하고 있다. 위험물의 해상운송에 관하여는 국제해사기구(IMO)에서 국제해사위험물규정(International Maritime Dangerous Goods Code)을 제정하였는데, 각국에서 이를 수용하여 엄격히 적용하고 있다. 국가별로는 위험물의 등급[407]에 따라 선적・양륙을 금지하기도 한다. 위험물은 관련 국가의 위험물 운송법규에 부합되도록 적정한 라벨(label)[408] 및 포장을 해야 하고 선하증권에도 규정상 필요한 모든 내용을 기재해야 하며 적하목록도 일반목록과 별도로 제출하는 등 특별취급을 하게 된다.

나. 송하인의 운송서류 제출과 선하증권 작성

예약된 운송물의 선적과 선하증권이 정확히 작성될 수 있도록 송하인은 운송인에게 선적요구서(Shipping Request: S/R) 등의 서류[409]를 서면통지(제출)하여야 한다. 송하인의 서면통지는 기재내용이 정확하다는 것을 담보하는 것으로 간주되므로(상법 제853조 제3항, 헤이그 규칙 및 헤이그-비스비 규칙 제3조 5항, 함부르크 규칙 제17조

407) 국제해사기구가 정한 위험물 분류를 보면 다음과 같다 ;
Class 1 : Explosive, Class 2 : Gas, compressed, liquified or organic peroxide, Class 3: Inflamable liquid, Class 4 : Inflamable solids, Class 5 : Oxidizing substances and disolved under pressure, Class 6 : Poison and infactious substance, Class 7 : Radio active substance, Class 8 : Corrosives, Class 9 : Miscellaneous dangerous substance.

408) 제품에 관한 설명 등을 인쇄하여 용기 또는 물건에 붙이는 작은 표를 말한다(코리아쉬핑가제트, 最新 海運・物流用語大辭典, 제9증보개정판, 2002, 354쪽 참조).

409) 우리나라에서는 송하인이 선적요구서(Shipping Request)를 작성하여 운송인에게 제출하면 운송인은 그에 의거 선하증권을 작성한다. 대만에서는 송하인이 선적지시서(Shipping Order)라는 양식을 사용하고 있지만 이에 포함된 내용은 우리나라의 선적요구서(S/R)와 거의 같다. 미국에서는 별도의 선적요구서 양식을 사용하지 않고 세관양식(FORM 7525)인 'Shippers Export Declaration'을 운송인에게 제출하면 운송인은 동 내용을 그대로 선하증권 자료로 활용할 뿐만 아니라, 선적운송물에 대한 세관수출신고 서류로 제출한다(嚴潤大, 船荷證券論, 신대종, 2002, 123쪽 주 7)).

제1항), 송하인은 서면통지서를 정확하게 기재하여 운송인에게 제출하여야 한다.

또 운송인은 송하인이 제출한 서면통지의 내용과 전화예약의 내용을 면밀히 확인하고 선하증권을 작성하여야 한다. 만약 예약내용과 송하인이 제출한 서류가 서로 불일치하는 경우는 운송인은 송하인과 확인하여 사실과 부합되는 내용을 선하증권에 기재·작성하여야 한다.

다. 선하증권의 작성 및 교부 장소

일반적으로 송하인은 선적지에 소재한 운송인의 영업소에서 예약(booking)을 하고 선하증권을 교부받게 되지만, 운송인의 영업소가 여러 곳에 있는 경우는 반드시 그렇게 할 의무는 없다. 송하인은 운송인의 어느 사무소든지 선택하여 서류를 제출하고, 선하증권의 작성 및 교부를 요구할 수 있다. 이와 같이 선하증권의 작성 및 교부는 운송인의 영업소가 있는 곳이면 어디에서나 할 수 있으므로 선적지, 수령지 또는 운송계약이 이루어진 곳과 일치하지 않는 경우도 많다.

상법은 선하증권에 그 발행지를 기재하도록 법정하고 있는데(상법 제853조 제1항 제9호), 이는 작성지를 의미하기 보다는 운송인이 송하인에게 선하증권을 교부한 곳으로 보아야 할 것이다.

7. 선하증권의 교부

가. 피교부자

운송인으로부터 선하증권을 교부 받을 수 있는 자는 운송계약체결의 당사자인 송하인, 즉 선하증권에 송하인으로 기재된 자 또는 그 대리인이다. 그러므로 운송인이 유가증권인 선하증권을 교부할 때는 그 수령인이 송하인 본인인지 아니면 그 대리인인지를 확인하여야 하며, 반드시 피교부 자격이 있는 자에게 교부하여야 한다.

나. 교부 방법

첫째, 가장 일반적인 방법이 송하인에게 직접 교부하는 것이다. 즉, 선하증권에 송하인으로 기재된 자 또는 그 대리인이 직접 운송인의 사무실로 선하증권을 수령하러 온 경우에는 운송인은 그가 진정한 수령자인가를 확인한 뒤, 그의 성명과 전화번호를 기재한 인수확인증 등을 받고 교부하여야 한다.

우리나라에서는 대부분 송하인의 직원이 선하증권을 수령해 가거나 근래에는 송달업체를 이용하기도 한다. 그러나 송달업체를 이용할 때는 미국의 경우처럼 송하인이 지정한 서류송달업체를 선박회사에게 미리 통지하고 그들만이 선하증권을 배달하도록 하여야 할 것이다. 미국의 수출업자는 송달업체의 이용 외에 운송주선인을 지정하

여 송하인의 운송관련서류를 처리하도록 하고 있어서, 그 운송주선인이 송하인을 대신하여 예약, 선적서류의 작성 및 제출, 선박회사로부터 선하증권을 교부받아 송하인에게 전달하는 업무까지 수행하고 있다.

둘째, 송하인이 선하증권을 우편으로 송부할 것을 요구하는 경우에는 운송인은 그 근거기록을 남기고 우송하여야 한다. 이때 송하인의 주소로 직접 우송되므로 타인에게 교부될 위험은 적으나 분실의 가능성이 있으므로 수령을 확인할 수 있는 우편수단을 이용하는 것이 안전하다.

Ⅳ. 선하증권의 양도

1. 양도 방법

기명식 선하증권[410] 또는 지시식 선하증권은 배서에 의하여 양도된다(상법 제861조, 제130조, 제65조, 민법 제508조). 그러나 기명식 선하증권으로서 증권에 배서를 금지한다는 뜻의 기재가 있는 경우에는 그러하지 아니하다(상법 제861조, 제130조 단서).[411] 무기명식 또는 소지인 출급식 선하증권은 단순한 교부 만에 의하여 양도된다(상법 제65조, 민법 제523조).

410) 大判 2003.1.10, 2000 다 70064(공보 2003, 588) : 선하증권상에 특정인이 수하인으로 기재된 기명식 선하증권의 경우 그 증권상에 양도불능의 뜻 또는 배서를 금지한다는 취지의 기재가 없는 한 법률상 당연한 지시증권으로서 배서에 의하여 양도가 가능하다고 할 것이고, 그 증권의 소지인이 배서에 의하지 아니하고 권리를 취득한 경우에는 배서의 연속에 의하여 그 자격을 증명할 수 없으므로 다른 증거방법에 의하여 실질적 권리를 취득하였음을 입증하여 그 증권상의 권리를 행사할 수 있다고 할 것이며, 이러한 경우 운송물의 멸실이나 훼손 등으로 인하여 발생한 채무불이행으로 인한 손해배상청구권은 물론 불법행위로 인한 손해배상청구권도 선하증권에 화체되어 선하증권이 양도됨에 따라 선하증권소지인에게 이전된다.

411) 大判 2001.3.27, 99 다 17890(公報 2001, 989) : 선하증권은 기명식으로 발행된 경우에도 법률상 당연한 지시증권으로서 배서에 의하여 이를 양도할 수 있지만, 배서를 금지하는 뜻이 기재된 경우에는 배서에 의해서는 양도할 수 없고(상법 제820조, 제130조), 그러한 경우에는 일반 지명채권양도의 방법에 의하여서만 이를 양도할 수 있다 할 것이다.

이 사건 선하증권(갑 제2호증)은 그 수하인란 상단에 “NON NEGOTIABLE UNLESS CONSIGNED TO ORDER”라고 인쇄되어 있는바 이 문구는 ‘지시식이 아니면 양도할 수 없다’는 배서금지문구라 할 것이고, 한편 수하인란에 “CHARAKA APPARELS (PVT) LTD. 19/1 GALLE FACE PRACE, COLOMBO 3. SRI LANKA TEL NO : 591238”라는 수하인의 명칭과 주소가 기재되어 있으므로, 이 사건 선하증권은 배서금지문구가 기재된 기명식 선하증권에 해당한다 할 것이다.

그렇다면 이 사건 선하증권 상에 수하인으로 기재된 샤라카·어패럴스사가 이 사건 화물인도청구권을 원고 은행에 양도하였음을 운송인인 피고 회사에게 통지하였다는 점에 대한 아무런 주장·입증이 없는 이 사건에서 원고가 비록 신용장 개설은행으로서 앞서 본 경위로 이 사건 선하증권을 취득하였다고 하더라도 그 정당한 소지인이라 볼 수 없다고 할 것이다. 원심이 내세운 대법원 1998. 9. 4. 선고 96다6240 판결은 이 사건과는 사안을 달리하는 것으로서 이를 원용하기에 적절하지 아니하다.

그렇다면 원고가 이 사건 선하증권의 정당한 소지인임을 전제로 피고의 손해배상책임을 인정한 원심에는 배서금지된 기명식 선하증권의 양도에 관한 법리를 오해하여 판결에 영향을 미친 잘못이 있다 할 것이고, 이 점을 지적하는 상고이유에 관한 주장은 이유 있다.

2. 배서의 효력

선하증권의 배서의 효력에는 권리이전적 효력(상법 제65조, 민법 제508조, 제523조)과 자격수여적 효력(상법 제65조, 민법 제513조, 제524조)이 있으나, 담보적 효력은 없다.

V. 선하증권의 효력

1. 의의

운송물의 인도청구권을 나타내는 유가증권인 선하증권은 운송계약의 당사자가 아닌 제3자에게 유통이 가능하도록 하는 것을 본래의 목적으로 하고 있기 때문에, 선하증권을 통한 거래에 법적 신뢰성을 보전하여 거래의 안정성을 확보하기 위해서는 강행법으로 선하증권의 효력에 대하여 규제할 필요가 있다. 화환어음에 의한 국제무역거래에 있어서 중요한 기능을 가지고 있는 선하증권은 운송계약의 당사자가 아닌 선하증권의 매수인, 은행, 보험자 등 선하증권의 선의의 소지인을 보호하고 거래의 안정성을 확보하지 못하면 선하증권의 유통성은 그 기능을 다할 수 없기 때문이다.

선하증권의 효력은 운송물의 처분에 관한 효력인 물권적 효력과 증권기재상의 권리의 행사에 관한 효력인 채권적 효력이 주된 논의의 대상으로 전자는 선하증권을 배서·교부하는 당사자 간의 효력에 관한 것이고, 후자는 운송인과 선하증권소지인간의 운송물의 인도와 운송에 관한 채무의 이행에 관한 효력이다.[412][413] 즉, 선하증권

412) 嚴潤大, 船荷證劵論, 신대종, 2002, 309쪽 참조.

413) 선하증권의 효력에 관한 자세한 설명이 있는 판결로는 다음과 같은 것들이 있다.

① 大判 1998.9.4, 96 다 6240(공보 1998, 2373) : 선하증권은 해상운송인이 운송물을 수령한 것을 증명하고 양륙항에서 정당한 소지인에게 운송물을 인도할 채무를 부담하는 유가증권으로서, 운송인과 그 증권소지인 간에는 증권 기재에 따라 운송계약상의 채권관계가 성립하는 채권적 효력이 발생하고, 운송물을 처분하는 당사자 간에는 운송물에 관한 처분은 증권으로서 하여야 하며 운송물을 받을 수 있는 자에게 증권을 교부한 때에는 운송물 위에 행사하는 권리의 취득에 관하여 운송물을 인도한 것과 동일한 물권적 효력이 발생하므로 운송물의 권리를 양수한 수하인 또는 그 이후의 자는 선하증권을 교부받음으로써 그 채권적 효력으로 운송계약상의 권리를 취득함과 동시에 그 물권적 효력으로 양도 목적물의 점유를 인도받은 것이 되어 그 운송물의 소유권을 취득한다.

② 大判 2003.1.10, 2000 다 70064(공보 2003, 588) : 선하증권은 해상운송인이 운송물을 수령한 것을 증명하고 양륙항에서 정당한 소지인에게 운송물을 인도할 채무를 부담하는 유가증권으로서, 운송인과 그 증권소지인 사이에는 증권 기재에 따라 운송계약상의 채권관계가 성립하는 채권적 효력이 발생하고, 운송물을 처분하는 당사자 사이에는 운송물에 관한 처분은 증권으로서 하여야 하며 운송물을 받을 수 있는 자에게 증권을 교부한 때에는 운송물 위에 행사하는 권리의 취득에 관하여 운송물을 인도한 것과 동일한 물권적 효력이 발생하므로 운송물의 권리를 양수한 수하인 또는 그 이후의 자는 선하증권을 교부받음으로써 그 채권적 효력으로 운송계약상의 권리를 취득함과 동시에 그 물권적 효력으로 양도 목적물의 점유를 인도받은 것이 되어 그 운송물의 소유권을 취득한다.

이 유통하는 경우에는 다음과 같은 세 가지의 법률관계가 발생한다. 즉 ① 해상운송인과 송하인과의 관계, ② 송하인과 선하증권소지인과의 관계, ③ 선하증권소지인과 해상운송인과의 관계 등이다.

①의 관계는 운송계약의 당사자 간의 법률관계이다. 이런 양자의 관계는 운송계약의 내용에 의해서 결정되는 것이기에, 선하증권은 계약내용의 증거에 지나지 않는다.

②의 관계는 선하증권을 주고받는 당사자의 관계이다. 이 당사자 사이의 선하증권의 교부(交付)는 선하증권에 기재된 운송물의 인도와 동일한 효력을 가지고, 운송 중의 운송물을 선하증권에 의해서 처분하는 것을 가능하게 한다. 이와 같이 선하증권의 인도가 증권에 기재된 운송물 자체의 인도와 동일한 효력을 가지는 것을 선하증권의 물권적 효력(物權的 效力)이라고 한다.

③의 관계는 ②의 관계에서 기인해 운송 중의 운송물에 대한 권리를 취득한 선하증권소지인과 선하증권의 발행에 의해서 운송물의 인도 의무를 부담한 해상운송인과의 관계이다. ③의 관계에서는, 운송계약의 당사자가 아닌 선하증권소지인이 운송인에 대해서 어떠한 내용의 권리를 주장할 수 있는지가 문제가 된다. 증권소지인과 운송인 사이의 운송물의 인도청구권(引渡請求權)에 관해서는 선하증권에 기재된 문언에 의해서 결정되기 때문에, 증권소지인은 운송인과 송하인 사이에서 체결된 운송계약의 내용을 검토하지 않더라도, 선하증권에 기재된 내용만을 검토하면 자기가 취득할 수 있는 운송물 인도청구권의 내용을 판단할 수 있다. 이와 같은 증권소지인과 운송인과의 채권적 관계를 정하는 효력을 선하증권의 채권적 효력(債權的 效力)이라 한다.

2. 물권적 효력

가. 의의

선하증권에 의하여 운송물을 수령할 수 있는 자(선하증권의 적법한 소지인)에게 선하증권을 교부한 때에는 그 교부는 운송물 위에 행사하는 권리(소유권 · 질권)의 취득에 관하여 운송물을 인도한 것과 동일한 효력을 갖는다(상법 제861조, 제133조 ; 인도증권성).[414] 이와 같은 물권적 효력으로 인하여, 선하증권이 발행된 경우에는 운송물에 관한 처분 즉, 운송물의 양도 · 입질 등은 선하증권으로 하여야 한다(처분증권성).[415] 선하증권에 물권적 효력이 인정되므로 송하인은 운송인의 직접점유 하에 있

414) 大判 1998.9.4, 96 다 6240 및 大判 1997.7.25, 97 다 19656 : 운송물의 처분은 선하증권으로 해야 하며, 선하증권을 양도한 때에는 운송물을 인도한 것과 동일한 물권적 효력이 발생하므로, 운송물의 권리를 양수한 수하인 또는 그 이후의 자는 선하증권을 양수함으로써 그 채권적 효력으로 운송계약상의 권리를 취득하고 동시에 그 물권적 효력으로 운송물의 점유를 인도받은 것이 되어 운송물의 소유권을 취득한다.

415) 梁承圭, 判例教材, 保險法 · 海商法, 法文社, 1982, 655쪽; 李榮郁, 海商法, 同和文化社, 1973, 305쪽.

는 운송물을 매매나 담보의 설정에 용이하게 활용할 수 있는 것이다.

나. 학설

선하증권의 교부가 운송물의 인도와 동일한 효력이 인정되는 이론적 근거를 설명하기 위하여 종래에는 절대설과 상대설로 학설이 대립되어 왔고, 상대설은 다시 엄정상대설과 대표설로 나뉘어져 있다. 그러나 대표설이 타당하다고 보는데 이러한 견해는 목적물 인도청구권의 양도를 동산의 인도로 의제하는 민법 제190조에서 그 법적 근거를 찾을 수 있다.

(1) 절대설

절대설(the absolute theory)은 선하증권의 인도는 운송인의 운송물에 대한 점유와는 관계없이 증권의 이전만으로 운송물의 점유를 이전시키는 효력이 있다는 견해이다. 이것은 민법의 점유이전방법[416], 즉 민법상 점유권의 양도는 점유물의 인도로서 그 효력이 있다는 점유 이전의 규정(민법 제190조)에 대한 예외로서 상법이 인정한 독특한 점유이전의 원인이라고 설명한다. 이 설에 의하면 선하증권의 취득을 운송물의 절대적 점유취득의 원인으로 보기 때문에 증권의 취득자에게 운송물의 점유취득을 인정한다.[417]

이 설을 주장하는 견해에 따르면 선의로 증권을 취득하려는 자가 운송인의 운송물 점유 여부를 일일이 점검하는 것은 사실상 어려울 뿐만 아니라, 만약 그렇게 된다면 운송인이 운송물을 수령 또는 선적한 후에 발행한 선하증권의 본래의 유통성 및 기능을 상실하기 때문에 운송인의 운송물 점유와 무관하게 선하증권의 인도가 곧 운송물의 간접점유의 양도로 봄이 타당하다고 한다.[418]

절대설은 증권소지인의 지위를 강화하고 증권의 유통성을 보호하기 위하여 주장되지만, 공권(空券)이 발행된 경우나 운송물이 멸실되거나 제3자에 의하여 선의취득(善意取得)된 경우에는 결국 증권 양수인의 물권적 구제는 불가능하게 된다. 따라서 이 경우에는 선하증권이 교부되더라도 물권적 효력은 생기지 않는다는 본질적인 문제점이 있다.

(2) 엄정상대설

엄정상대설(strong relative theory)에 의하면, 운송물의 직접점유는 운송인이 보

416) 민법 제190조(목적물반환청구권의 양도): 제3자가 점유하고 있는 동산에 관한 물권을 양도하는 경우에는 양도인이 그 제3자에 대한 반환청구권을 양수인에게 양도함으로써 동산을 인도한 것으로 본다.
417) 嚴潤大, 船荷證券論, 신대종, 2002,, 314쪽.
418) 嚴潤大, 船荷證券論, 신대종, 2002, 315쪽; 裵炳泰, 註釋海商法, 韓國司法行政學會, 1980, 282쪽.

유하고 있으므로 운송물의 간접점유만이 증권의 인도에 의하여 이전한다고 하고, 상법 제133조의 규정은 목적물반환청구권의 양도에 의한 간접점유(間接占有)의 이전을 규정한 민법 제190조와 다른 특별규정이 아니라 그것의 한 예시에 불과하다고 본다. 그러므로 간접점유를 이전하는데는 증권의 인도 이후에 따로 지시에 의한 점유이전 절차(구 민법 제184조: 현행 민법 제190조와 제450조의 결합)를 밟아야 한다고 한다.

엄정상대설에 의하면 증권에 의한 간이양도(簡易讓渡)를 부정하게 되어 상법 제133조를 사문화(死文化)시키게 되므로 오늘날에는 이 학설을 취하는 사람은 없다.

(3) 대표설

대표설(representation theory)은 상대설의 일종으로서 선하증권은 운송물을 대표하는 것이므로 증권의 인도는 곧 운송물의 간접점유를 이전하는 것이라고 한다. 이 설에 의하면 운송물의 도난 등으로 운송인이 일시적으로 운송물의 점유를 상실한 경우에는 운송인이 운송물을 현실적으로 점유하고 있지 않기 때문에 증권을 인도하여도 물권적 효력이 생기지 않는다고 볼 수 있는 문제점이 있다고 한다. 그러나 이러한 경우에도 운송인에게는 점유회복청구권이 인정되는 한 증권의 소지가 운송물의 간접점유를 대표하는 물권적 효력은 인정할 수 있다고 한다. 현재 우리나라의 통설이다.[419)]

엄정상대설은 상법 제133조를 사문화시킬 뿐 아니라 선하증권의 유통성을 크게 저해하므로 타당하지 못하다. 한편 절대설에 의하면 선하증권의 유통성이 크게 조장되는 듯하지만, 空선하증권이 발행되거나 운송물이 멸실된 경우 또는 제3자에 의하여 선의취득된 경우에는 물권적 효력이 부정되므로 유통성 보호에 한계가 있다는 점에서 대표설과 큰 차이가 없다. 생각건대 운송물반환청구권을 나타내는 것이 선하증권이므로 증권 없이는 그 처분도 반환청구도 할 수 없다면 선하증권의 인도를 곧 운송물의 인도로 의제할 수 있을 것이다. 그리고 이러한 의제를 인정한다면 운송물을 대표한다고 보아도 될 것으로 생각한다.

다. 운송물의 처분과 물권적 효력의 한계

선하증권소지인이 증권에 의하여 운송물을 처분하더라도 운송물의 매매 당사자 간에 특약 또는 관습이 없는 한 매도인의 급부의무가 완전히 면제되는 것은 아니다. 왜냐하면 선하증권의 물권적 효력은 선하증권을 취득함으로써 운송물 위에 행사하는 권리를 취득하고 또 이것을 제3자에게 대항할 수 있다는 것 뿐이지 아직 현실적으로

419) 嚴潤大, 船荷證券論, 신대종, 2002, 315쪽.

운송물이 인도된 것이 아니므로 종국적으로 증권소지인이 운송물의 인도를 받게 될지는 불확실한 것이기 때문이다.

운송물 위에 행사하는 권리는 증권 수수자 간의 계약내용에 따라서 결정될 것이므로 소유권 이외에 질권・유치권 등일 수도 있다.

선하증권이 발행된 경우에는 운송물의 물권적 처분(상법 제132조)과 운송인에 대한 처분권 행사(상법 제139조)는 선하증권에 의해서만 할 수 있다. 그러나 운송물이 실제로 처분되어 양수인이 동산의 선의취득 요건을 구비하였다면 선하증권의 물권적 효력이 그 운송물 자체의 선의취득에는 영향을 미치지 못한다. 왜냐하면 증권의 유통질서보다는 실제 물건 자체의 유통질서가 우선적으로 보호되어야 하기 때문이다.

3. 채권적 효력

가. 의의

해상운송계약이 체결되면 계약 당사자인 운송인과 송하인 사이에는 운송계약의 내용에 따라 운송채무의 이행을 청구할 수 있다. 즉 송하인은 목적지까지의 운송의 청구, 운송의 중지(stoppage in transit) 또는 반송 기타 운송물을 처분할 것을 청구할 수 있다(상법 제815조, 제139조 제1항). 선하증권이 발행된 경우에는 운송채권의 내용이 선하증권에 문언으로 기재되고 송하인으로부터 선하증권을 취득한 자는 선하증권 문언상의 운송채권에 대한 송하인의 권리를 양도받게 된다.[420] 그러므로 선하증권의 소지인은 선하증권을 소지한 후에는 운송계약의 이행청구권이나 손해배상청구권을 가지게 되는데 이를 채권적 효력이라고 한다.[421]

선하증권은 유통을 목적으로 발행되기 때문에 운송계약의 당사자가 아닌 수하인 또는 제3자에게 양도된다. 이때 수하인 또는 제3자는 선하증권에 기재되지 아니한 운송계약의 내용은 알지 못하기 때문에 선하증권의 채권적 효력을 인정하는 것이다. 즉 선하증권의 유통성을 강화하기 위하여 채권적 효력을 인정하는 것이다.

그러므로 운송인은 선하증권에 다른 약정이 없는 한, 운송계약을 근거로 운송물에 대한 선하증권소지인의 권리를 축소・변경시킬 수 없다.[422] 만약 운송인과 선하증권 소지인 사이에 선하증권에 명시된 대로 권리의무가 형성되지 않으면 선하증권의 법적・경제적 지위가 상실되어 무역결제가 현금결제방식으로 퇴보하게 될 수밖에 없을

420) 嚴潤大, 船荷證券論, 신대종, 2002, 316쪽.

421) 林錫珉, 船荷證券論, 두남, 2000, 57쪽 참조.

422) 大判 1972.2.22, 71 다 2500 : 선하증권에 기재된 운임에 관한 특약사항은 선하증권 소지인에게도 효력을 미친다고 판시하여 선하증권의 문언적 효력을 인정함과 동시에 선하증권 소지인과 운송인 사이의 운송관계는 선하증권의 기재에 따른다는 점을 분명히 했다.

것이다.

또한 송하인은 운송계약의 당사자이므로 선하증권의 요인성에 의하여 송하인과 운송인 사이에서는 채권적 효력이 발생하지 않는다.[423)]

나. 학설

(1) 의의

선하증권은 그 법적 성질상 요인증권성과 문언증권성이라는 서로 충돌하는 성질을 동시에 가지고 있기 때문에 선하증권의 성질과 채권적 효력을 둘러싸고 이론이 대립하고 있다. 즉 선하증권은 운송계약에 의하여 운송물을 선적하고 송하인의 청구에 따라 발행하는 운송증서이기 때문에(상법 제852조 제1항, 헤이그 규칙 및 헤이그-비스비 규칙 제3조 제7항, 함부르크 규칙 제14조), 선적을 법률상의 원인관계로 한다는 요인성이론과 거래의 안전을 위하여 요인성 보다는 문언성을 중시해야 한다는 이론이 대립하고 있다. 실무상으로는 실제로 운송물을 선적하지 않은 상태에서 발행한 공선하증권(空船荷證券)의 효력이나 실제 선적한 운송물과 선하증권에 기재된 운송물이 그 종류, 수량, 중량 등의 내용에 있어서 다를 경우의 효력과 관련하여 문제가 된다.

(2) 요인성을 중시하는 이론

이 학설에 의하면 선하증권의 문언성도 운송인이 운송계약을 이행할 수 있을 때에 비로소 인정가능하다고 본다. 그러므로 공선하증권은 무효가 되고, 수령한 운송물과 선하증권에 기재된 운송물이 다른 경우 운송인은 선적항에서 실제로 수령하여 선적한 운송물을 인도하면 된다고 해석하게 된다. 따라서 선하증권의 문언성은 운송물의 동일성이 문제되지 않는 사항에 대해서만 효력을 가진다는 주장이다.

그러므로 이 학설에는 다음과 같은 문제점이 있다.

첫째, 선하증권의 성질을 기재내용에 따라 요인증권성과 문언증권성으로 나누어야 하기 때문에 선하증권의 진정한 법적 성질을 파악하기가 어렵다.

둘째, 선하증권의 기재사항이 실질적으로 보호를 받지 못하기 때문에 거래의 안전을 해하게 된다.

셋째, 선하증권의 기재 잘못에 대하여 송하인이 아닌 선하증권소지인은 계약 당사자가 아니기 때문에 불법행위책임을 물을 수밖에 없으므로 증권의 소지인이 운송인의 고의·과실에 대한 입증책임을 지게 되어 선하증권의 소지인에게 매우 불리하다.

넷째, 송하인이 운송인과 공모하여 운송물을 선적하지 않고 공선하증권을 발행하

423) 林錫珉, 船荷證券論, 두남, 2000, 62쪽 참조.

여 수입상(수하인)에게 사기행위를 하는 해상사기(maritime fraud) 시에도 운송인은 운송물의 인도를 거절할 수 있게 된다.[424)]

다섯째, 결국 요인성을 중시하는 학설은 운송인에게 지나치게 유리하여 형평의 원칙에 어긋난다.

영미 커먼 로에서는 선적시 외관 상태가 나쁜데도 불구하고 운송인이 송하인의 보상장(letter of indemnity)을 받고 무사고 선하증권을 발행하는 것은 허위표시이고 공공정책(public policy)에 반하기 때문에 보상장은 위법이고 무효라고 본다.[425)]

(3) 문언성을 중시하는 이론

이 학설에 의하면, 선하증권이 발행되면 선하증권상의 권리는 운송계약으로부터 독립하여 존재하므로 운송인은 선하증권에 기재된 문언에 따라 책임을 져야 한다. 즉 선하증권은 유통증권으로서 외관을 존중할 필요가 있기 때문에 운송인은 선하증권의 기재내용이 실제와 다르다고 하더라도 선하증권의 기재 내용을 그대로 이행해야 한다는 이론이다. 이는 영미법상의 금반언의 법리(estoppel)[426)]에서 출발한 것이다.

그러므로 운송인이 선적을 하지 않고 공선하증권을 발행한 경우에는 선하증권소지인에게 현실적으로 운송물을 인도할 수 없기 때문에 운송인은 운송채무불이행에 의한 손해배상책임을 져야 한다.

선하증권의 문언성에 대하여는 우리 상법(제854조 제1항), 헤이그 규칙 및 헤이그-비스비 규칙(제3조 제3항), 함부르크 규칙(제6조 제3항)에서는 추정적 증거력을 인정하고 있다. 이와는 달리 영국의 1855년 선하증권법에서는 결정적 증거력을 인정하고 있다(1855년 선하증권법 제3조).

선하증권의 문언성에 대하여 영국 판례상 운송물의 수량, 기호 및 외관 상태에 대하여는 금반언의 원칙을 준수해야 한다고 보고 있지만, 품질(quality)에 대한 문언은 운송인을 기속하지 않는다.[427)]

(4) 우리 상법의 해석

선하증권은 해상물건운송계약의 내용을 증명하고 운송인이 운송물 수령사실을 증명하는 증거증권이며 동시에 운송물 인도청구권을 나타내는 채권증권(債權證券)이

424) 우리나라 대법원은 요인성을 근거로 운송물을 수령 또는 선적하지 않은 채 발행된 선하증권은 그 원인과 요건을 구비하지 못하여 누구에 대하여도 무효라고 판시하였다(大判 1981.7.7, 80 다 1643).

425) Brown Jenkinson v. Percy Dalton, (1957).

426) 영미법 상의 원칙으로서, 기록에 의한 금반언, 날인증권에 의한 금반언, 행위에 의한 금반언, 표시에 의한 금반언 등의 법리가 있다(핵심법률용어사전, 청림출판, 2005, 83쪽)

427) Cox v. Bruce, 1886.

다. 그러므로 선하증권의 소지인은 그 증권과 상환으로 운송물의 인도를 청구할 수 있다(상법 제861조, 제129조). 또 선하증권은 법률상 당연한 지시증권이기 때문에 배서금지의 문언이 없는 한 배서양도할 수 있다(상법 제861조, 제130조). 선하증권이 제3자에게 양도된 때 소지인과 운송인 사이의 법률관계는 선하증권에 기재된 바에 의한다(문언증권성).

구 상법에서는 화물상환증의 문언증권성에 관한 제131조를 선하증권에 준용하였기 때문에(구 상법 제820조), 선하증권의 요인증권성과 문언증권성의 모순에 대하여 불법행위설과 채무불이행설 및 절충설이 대립하였었다. 그런데 현행 상법에서는 선하증권의 경우에 화물상환증의 문언증권성에 관한 준용규정을 삭제하는(상법 제861조, 제131조 참조) 한편, '선하증권이 발행된 경우에는 운송인이 그 증권에 기재된 대로 운송물을 수령 또는 선적한 것으로 추정한다. 그러나 반증이 있더라도 운송인은 선하증권을 선의로 취득한 제3자에 대항하지 못한다'(상법 제854조 제1항)라고 규정함으로써 이 문제를 입법적으로 해결하였다. 즉 선하증권이 발행된 경우에는 운송인이 그 증권에 기재된 대로 운송물을 수령·선적한 것으로 추정되기 때문에, 실제 운송물이 선하증권의 기재와 서로 다른 경우 또는 공권(空券)이 발행된 경우는 운송인이 반증하지 못하면 채무불이행에 대한 책임을 져야 한다. 이는 헤이그-비스비 규칙 제3조 제4항을 받아들여 선하증권의 모든 기재사항에 대하여 추정적 증거력(prima facie)을 인정한 것이다. 구 상법이 선하증권의 기재에 대하여 결정적 증거력(conclusive evidence)을 인정하던 것을 추정적 증거력(*prima facie* evidence)을 인정하는 것으로 법 규정을 변경하였다는 점에 그 의미가 있다.[428)]

또한 운송인은 반증이 있다고 하더라도 증권의 선의취득자에게는 대항할 수 없다(상법 제854조 제2항). 이는 선의의 증권소지인을 보호하기 위한 영미법상의 법리인 금반언의 법리(禁反言의 法理: estoppel)를 채용한 것이다.[429)] 그러나 반대로 소지인이 원래의 운송계약과 운송물을 증명하여 권리를 행사하는 것은 상관없다. 현행 상법의 해석으로는 사실상 채권적 효력을 둘러싼 위와 같은 학설의 대립은 무의미하게 되었다고 생각한다.

실무에서는 대량의 운송물을 취급하는 운송인이 선하증권에 기재된 대로 책임을 지기가 곤란하기 때문에 「내용불명」(contents unknown)·「송하인의 선적 및 계량」(shippers load and count)·「계량않음」(freight purpose only) 등과 같은 부지약관(不知約款 : unknown clause)[430)]이 많이 사용된다.

---

428) 林錫珉, 船荷證券論, 두남, 2000, 57-58쪽 주 17) 참조.
429) 林錫珉, 船荷證券論, 두남, 2000, 58쪽 참조.

[표 4-4] 선하증권 기재의 효력에 대한 각국 법의 비교

국가	관련 법률	효력	비고
한국	상법 제854조	추정적 증거력 선의의 증권소지인에 대항하지 못함	
일본	상법 제776조, 572조	문언증권성	내항운송에 적용
	국제해상물품운송법 제9조	추정적 증거력 선의의 증권소지인에 대항하지 못함	국제운송에 적용
중국	1992년 해상법 제77조	추정적 증거력 선의의 소지인에 대한 운송인의 반증 불허	1993년 7월 1일 발효
영국	1971년 해상물건운송법	추정적 증거력 선의의 증권소지인에 대항하지 못함	헤이그-비스비 규칙 수용
	1992년 해상물건운송법 제4조	증권의 적법한 소지인에 대한 결정적 증거력 인정	1855년 선하증권법의 대체 입법
미국	1893년 하터법 제4조	운송물의 양: 추정적 증거력 인정 운송물의 상태 : 선의의 제3자에게 부실기재를 이유로 항변 불가	
	연방선하증권법((Federal bill of lading Act)	운송물의 양에 대하여도 선의의 제3자에게 항변불허	
	COGSA 1936	추정적 증거력	헤이그 규칙
독일	1937년 상법 제656조	추정적 증거력(단, 내용 부지약관이 있는 경우는 제외)	구상법에서는 문언성 인정
프랑스	1936년 해상물건운송법	단순한 증거력 계약 당사자 및 제3자 구별 없이 선의의 제3자에 대한 반증불허	
	1966년 해상운송계약법 제36조	선하증권 기재에 일정한 문언적 효력 인정	

4. 용선계약 하에서 발행한 선하증권의 효력

가. 의의

원칙적으로 선하증권이 발행되는 운송계약에서는 선하증권의 부합계약성에 의하여 각국의 국내법 또는 국제협약(헤이그 규칙, 헤이그-비스비 규칙, 함부르크 규칙)에 의하여 강행법규에 의한 일정한 규제를 받는 반면, 용선계약은 부합계약적인 성질을 가지지 않기 때문에 계약자유의 원칙이 적용되고 있어서 법률관계에 있어서 차이가

430) 부지약관(unknown clause)이라 함은 선하증권의 약관 중 운송인은 운송물의 내용을 알지 못하므로 운송물에 상이한 점이 있는 경우라도 운송인은 그에 대한 책임이 없다라고 규정한 조항을 말한다. 컨테이너 운송의 경우에는 송하인이 운송물을 컨테이너에 적입하고 봉인한 것을 운송인에게 제공하므로 운송인은 그 내용물에 대하여 알 수 없다. 그러므로 운송인은 나중에 선하증권소지인에 대한 책임을 배제하기 위하여 선하증권에 그러한 사실, 예컨대 shippers load, count and seal, said to contain, shippers weight 등의 부지문언을 기재하고 있다(코리아쉬핑가제트, 海運·物流用語大辭典, 제10개정증보판, 2006, 894쪽).

있다. 그런데 용선계약의 이행 과정에서 선하증권을 발행한 경우에는 용선계약과 선하증권의 효력 간에 충돌이 발생할 수 있다. 이때 선하증권소지인에 대하여 용선계약과 선하증권 중 어느 것이 운송계약으로 인정될 것인가가 첫 번째 문제가 되는데, 이는 ① 용선자에게 발행된 선하증권을 용선자가 소지하고 있는 경우, ② 용선자가 아닌 제3의 송하인에게 선하증권이 발행되었다가 양도되어 용선자가 선하증권을 소지하고 있는 경우, ③ 용선자가 아닌 제3의 송하인에게 선하증권이 발행되어 제3자의 송하인이 소지하고 있는 경우, ④ 용선자에게 선하증권이 발행되었다가 양도되어 용선자 아닌 제3자가 선하증권을 소지하고 있는 경우로 나누어 볼 수 있다.

그리고 선하증권에는 용선계약의 내용을 삽입(incorporation)한다는 약관이 있는데, 선하증권이 운송계약으로 효력을 갖는 경우, 용선계약 삽입약관의 효력도 문제가 된다.

나. 선하증권소지인이 용선자인 경우

첫째, 용선자에게 선하증권이 발행되어 용선자가 소지하고 있는 경우에 선하증권은 운송물의 수량, 외관 상태, 선적에 대한 증거인 화물수령증 및 운송물 인도청구권을 나타내는 권원증권에 불과하고, 용선계약만이 운송계약이다.

예를 들어, 운송 도중 선장의 과실로 운송물이 멸실되었는데, 용선계약서에는 선장의 과실이 면책사유가 아니었으나 선하증권에는 선장의 과실이 면책사유로 규정되어 있었던 경우에 운송인(선박소유자)과 선하증권소지인인 용선자 사이에서는 용선계약이 운송계약이므로 운송인은 용선자에 대한 손해배상책임을 면할 수 없다고 판시한 사례가 있다.[431)]

둘째, 용선자가 아닌 제3자인 송하인에게 선하증권이 발행되었다가 양도되어 다시 용선자가 선하증권을 소지하고 있는 경우에도 용선계약이 운송계약으로 인정된다. 영국에서는 선하증권이 운송계약으로 인정된다고 판시한 적도 있었으나,[432)] 판례가 변경되어 용선계약에는 중재조항이 있으나 선하증권에는 중재조항이 없었던 사안에서 운송물의 수량 부족을 이유로 한 손해배상청구는 중재에 의하여 해결되어야 한다고 판시하였다.[433)]

다. 선하증권소지인이 용선자가 아닌 경우

첫째, 용선자가 아닌 제3자인 송하인에게 선하증권이 발행되어 소지하고 있는 경

431) Rodocanachi v. Milburm(1886) 18Q.B.D.67.
432) Calcutta Steanship v. Andrew Weir(1910) 1 K.B.759.
433) President of India v. Metcalfe Shipping(The Dunelmia)(1970)1 Q.B.289.

우에는 선하증권을 운송계약의 내용으로 인정한다. 용선자가 아닌 제3자인 송하인은 용선계약의 당사자가 아니므로 운송인과의 사이에는 선하증권 만이 운송계약의 증거가 된다.

둘째, 용선자에게 선하증권이 발행되었다가 양도되어 용선자가 아닌 제3자가 선하증권을 소지하고 있는 경우에도 역시 선하증권이 운송계약의 증거로 인정된다.[434] 이와 같이 운송인(선박소유자)이 용선자에게 선하증권을 발행한 경우에 운송인과 용선자 사이에서는 용선계약이 운송계약이므로 선하증권은 화물수령증 및 권원증권으로서의 기능을 할 뿐이다.

1855년 영국 선하증권법 제1조는 선하증권의 양도시 선하증권에 포함되어 있는 계약상의 권리의무가 선하증권의 양수인에게 이전되는 것으로 규정하고 있지만 이것도 '선하증권에 포함되어 있는 계약(the contract contained in the bill of lading)' 상의 권리의무가 이전되는 것이기 때문에 용선자에게 발행된 선하증권과 같이 선하증권을 운송계약과 별개로 보는 경우에는 선하증권의 양수인에게 이전될 만한 계약 자체가 없는 것으로 볼 수 있다. 이러한 이론적 어려움으로 인하여 영국 대법원의 Atkin 판사는 이러한 경우 선하증권의 양수인은 용선계약상의 권리・의무를 양수하는 것도 아니며 선하증권상의 용선자의 권리・의무를 양수하는 것도 아니고, 선하증권의 기재 내용에 따른 새로운 계약(new contract)이 생겨나는 것이라고 설명하였다.[435] 즉, 선하증권의 문언증권성이라는 성질에서 그 근거를 찾고 있다.

라. 선하증권에 용선계약의 내용을 삽입한 경우

선하증권에는 용선계약의 내용을 선하증권에 삽입한다는 삽입약관(incorporation clause)을 자주 사용한다. 예를 들어, "운임과 기타 조건은 용선계약대로 함(freight and all other conditions as per charterparty)"과 같은 표현이다. 이는 흔히 선박소유자들이 선하증권소지인에 대하여 용선계약내용 이상의 책임을 부담하지 않기 위하여 삽입하는 문구이다. 이때 선하증권이 운송계약으로 인정되는 용선자 이외의 제3자가 선하증권소지인인 경우에 삽입약관의 효력이 문제 된다.

영국 법원은 다음과 같은 세 가지의 요건이 충족되는 경우에 용선계약의 내용이 삽입약관의 기재대로 선하증권의 내용이 되어 그 효력이 인정된다고 하고 있다.

---

434) Leduc v. Ward(1888) 20 Q.B.D.475, Hain Steamship v. Tate & Lyle(1936)41 C.C.350.

435) "The consignee has not assigned to him the obligation of the charterer under the bill of lading, for ex hypothesi there are none. A new contract appears to spring up between the ship and the consignee on the terms of the bill of lading."(Hain steamship v. Tate & Lyle(1936) 41 C.C.350 at p.356).

첫째, 삽입약관은 용선계약서가 아니라 선하증권에 기재되어 있어야만 한다. 대개 용선계약을 보면 선박소유자는 용선자가 요구하는 대로 선하증권을 발행하여야 할 의무를 부담한다고 규정하면서,[436] 그와 함께 그 발행되어야 할 선하증권의 양식을 규정하여 놓거나 그 선하증권에 포함되어야 할 용선계약의 일정한 조항들에 관하여 규정하고 있다. 그러나 이러한 용선계약서의 삽입문구만으로는 선하증권소지인에 대하여 아무런 효력이 없고 오로지 선하증권에 기재되어 있는 용선계약내용 삽입문구만이 선하증권소지인에 대하여 효력이 인정된다.[437]

둘째, 삽입약관은 삽입하려고 하는 용선계약의 내용을 구체적으로 표현하는 것이어야 한다(description issue). 삽입문구가 삽입될 용선계약의 내용을 제대로 적절하게 표현한 것인지의 여부와 관련하여서는, "용선계약의 어떤 내용이든지 간에(all terms whatsoever of the charterparty)"라는 포괄적인 내용의 문구는 용선계약의 모든 내용을 다 포함한 것이 아니고 운송물의 선적, 운송, 양륙 및 운임의 지급과 관련된 내용(terms of the charterparty which are relevant to the shipment, carriage and discharge of the cargo and the payment of freight) 만을 포함한 것일 뿐이고,[438] "모든 조건 및 면책사유는 용선계약서대로 함(all conditions and exceptions as per charterparty)"이라는 문구에서의 "조건 및 면책사유(conditions and exceptions)"는 운송물의 운송, 양륙 및 인도에 관한 것을 의미하고 중재조항과 같은 부수적인 내용(collateral terms)까지 의미하는 것은 아니기 때문에 위 문구는 용선계약의 중재조항을 포함한 것이 아니라고[439] 판시한 사례가 있다.

또, 원래의 용선계약(head charterparty)과 재용선계약(sub-charterparty) 중 삽입문구에서 말하는 용선계약이 어느 것을 의미하는 것인지 명확하지 않을 때는 선하증권을 발행한 선박소유자가 체결한 원래의 용선계약을 의미하는 것으로 보아야 함이 원칙이지만,[440] 이러한 경우에 원래의 용선계약이 정기용선계약이고 재용선계약이 항해용선계약이라면 정기용선계약보다는 항해용선계약의 내용이 선하증권에 삽입되기 적절한 것이기 때문에 위 삽입문구에서의 용선계약이 위와는 반대로 재용선계약을 의미하는 것으로 보아야 한다고[441] 판시한 사례도 있다.

셋째, 삽입약관에 의하여 삽입되는 용선계약의 내용은 선하증권의 내용과 모순되

436) Gencon 표준항해용선계약서 제9조, Baltime 표준정기용선계약서 제9조, NYPE 표준정기용선계약서 제8조.
437) The Varenna(1983) 2 Ll.R. 592.
438) The Garbis(1982)2 Ll.R.283.
439) The Varenna(1983)2 Ll.R.592.
440) The Sevonia Team(1983) 2 Ll.R.640, The San Nicholas(1976)1 LI.R.8.
441) The S.L.S. Everest(1981)2 Ll.R. 389.

지 않고 조화되어야 한다(consistency issue). 만약 그 내용이 모순될 경우에는 선하증권의 내용이 우선하게 된다. 이와 관련하여 "이 용선계약 하에서 발생하는 모든 분쟁은 중재에 의하여 해결하기로 한다(All disputes arising under this charterparty shall be referred to arbitration)"라고 하는 용선계약의 중재조항은 선하증권에서 발생하는 분쟁에 적용될 수 없다고 판시한 사례가 있다.[442]

또 '용선자는 체선료를 지급하여야 한다'(Charterer shall pay demurrage)라는 용선계약의 조항이 선하증권에 삽입된 사안에서 영국 대법원은 이 조항이 용선자의 책임을 규정한 것으로 선하증권소지인에 대하여는 적용할 수 없다고 판시하였다.[443] 이 조항의 삽입 목적은 선하증권소지인에게도 용선자와 동일한 책임을 지우도록 하는 것이므로 이 조항상의 '용선자(charterer)'라는 표현을 '선하증권소지인(bill of lading holder)'으로 수정하여(verbal manipulation) 이 조항이 선하증권소지인에게도 적용될 수 있도록 허용하여야 한다는 반대론도 있었지만[444] 채택되지 아니하였다. 결국 선하증권에 삽입되는 용선계약의 내용은 그 삽입의 목적에 비추어 선하증권의 내용과 조화되도록 수정하여 적용하는 것을 허용하지 않는 것이고, 단지 계약의 당사자가 누구인가에 따라 진정한 계약이 무엇인지 또한 계약의 진정한 주체가 누구인지에 따라 그 효력이 달라진다고 보아야 한다.

라. 선하증권에서의 운송인

용선계약이 체결된 상태에서 선하증권이 발행되는 경우에 제기되는 또 하나의 문제는 선박소유자와 용선자 중 누가 선하증권에서 말하는 운송인인가 하는 문제이다.[445] 선하증권이 용선자에게 발행되는 경우에는 선박소유자가 운송인임이 분명한데, 문제는 선하증권이 용선자가 아닌 제3자에게 발행되는 경우에 발생한다. 예를 들어 선하증권소지인이 운송물의 멸실·훼손에 대하여 손해배상청구를 함에 있어서 그 상대방인 운송인을 잘못 선택하게 되면 준거법에서 정하고 있는 제소기간(헤이그규칙 또는 헤이그-비스비 규칙상의 제소기간인 1년의 기간)을 도과시켜서 손해배상청구가 불가능하게 될 가능성이 높다. 그러나 이 문제는 개개의 사안별로 계약관계 또는 사실관계를 검토하여 당사자의 의사가 어떤 것이었는지에 따라 판단할 수밖에 없는 사실판단의 문제이다. 또 이에 관하여서는 용선계약의 종류에 따라 그 법적 성질

442) Hamilton v. Mackie(1889)5 T.L.R. 677.

443) The Miranar(1984)2 Ll.R.129.

444) 이보다 앞서 The Annefield(1971) 1 Ll.R. 1 사건에서는 이러한 내용의 수정(verbal manipulation)을 허용하여 용선계약의 중재조항이 선하증권 하에서 발생하는 분쟁에 적용될 수 있도록 하여야 한다는 의견이 설시된 적이 있었다.

445) 이것을 운송인의 정체성 문제(identity of carrier)라고 한다.

과 적용 법리가 다르기 때문에 이를 구분하여 판단하여야 한다.[446)]

첫째, 선박소유자와 용선자 사이의 관계가 선체용선계약(船體傭船契約 또는 船舶賃貸借 ; bareboat or demise charterparty)으로 인정되는 경우에는, 당해 선박을 점유, 관리, 운항하고 선장을 지휘・감독하는 사람은 선체용선자이지 선박소유자가 아니므로, 선하증권상의 운송인은 선체용선자가 된다.[447)]

둘째, 정기용선계약(time charterparty) 또는 항해용선계약(voyage charterparty)으로 운송계약이 체결된 경우에는 당해 선박을 점유・관리・운항하며 선장을 지휘・감독하는 사람은 선박소유자이고, 선장은 그의 대리인이다. 그러므로 선장이 선하증권을 발행하는 경우에는 선하증권에서 말하는 운송인은 선박소유자로 추정됨이 원칙이다.[448)] 또 용선자나 용선자의 대리인이 '선장을 대리하여'(for the master)라는 문구 하에 선하증권에 서명하고 이를 발행한 경우에도 선장은 선박소유자의 대리인이므로 역시 선하증권상의 운송인은 선박소유자로 인정된다고 한 사례들이 있다.[449)]

반면, 다음과 같은 경우에는 선박소유자를 운송인으로 인정하기가 부적당하다고 판단하여 용선자가 선하증권상의 운송인으로 인정된다.

① 선하증권의 모두(冒頭)에 용선자의 이름이 기재되고 또한 그 안에 운송계약이 송하인과 용선자 사이에 체결된 것이라고 명시된 경우.[450)]

② 용선자가 유명한 정기선운송업자로서 자신의 선대(船隊 ; fleet)를 보충하기 위

446) Samuel v. West Hartlepool Steam Navigation 사건에서 Walton 판사는 다음과 같이 말하고 있다 : "이 점에 관하여 많은 판결들이 인용되었고, 어느 정도는 서로 모순되어 보인다. 그러나 이 문제는 개개 사안에 있어서의 서류와 정황에 따라 결정되는 사실관계의 문제이기 때문에, 외견 상 모순되어 보이는 것은 주로 개개 사안에 있어서의 서류와 정황들이 서로 다르기 때문에 생겨난 것으로 보인다. 그러나 어느 정도 정형적인 사안들이 있다. 예를 들면, 선체용선(船體傭船 또는 船舶賃貸借 ; demise of the vessel)에 해당하는 용선계약의 경우에는 선하증권에서 송하인과의 계약은 용선자와 송하인 사이에 이루어진 것이지 선박소유자와 송하인 사이에 이루어진 것이 아님이 명백하다. 또 용선계약의 용선자가 오로지 만재운송물(full cargo)을 선적하기로 하고 운임지급을 보증하는 것 이외에 다른 의무를 부담하지 않는 사안도 있다. 이러한 경우에는 용선자가 만재운송물을 선적하고 선하증권 상의 운임을 초과하는 용선운임을 합의된 방식으로 지급하거나 지급을 보증함으로써 그 책임이 종료한다는 내용이 흔히 규정되어 있다. 이러한 경우 선하증권 하의 운송계약은 통상적으로 선박소유자와 송하인 사이에 이루어진 것이다. 그러나 이러한 종류의 사안에 있어서조차, 나의 의견으로는, 어떤 철칙을 세워둔다는 것은 별로 안전하지 못하다고 생각된다. 이러한 종류에 속한 사안들에 있어서조차도 그 정황과 서류의 내용은 개개 사안에 따라 얼마든지 다를 수 있다. 그리고 내가 설명한 이 두 가지 타입이나 종류의 중간에는 무수히 다양한 중간적인 사안들이 존재한다(Samuel v. West Hartlepool Steam Navigation(1906) 11 Com. Cas.115 at 125, 126).

447) Baumwoll Manufactur v. Furness(1893) A.C .8; Samuel v. Hartlepool Steam navigation(1906) 11 Com. Cas. 115.

448) Sandeman v. Scurr(1866) L.R. 2 Q.b. 86; Manchester Trust v. Furness, Withy(1895) 2 Q.B. 282 and 539.

449) Tillmanns v. Steanmship Knutsford(1908) A.C. 406; Wilston Steamship v. Andrew Weir (1925) 31 Com. Cas. 111.

450) Samuel v. West Hartlepool Steam Navigation(1906)11 Com.cas. 115.

하여 정기용선한 선박으로 운송한 운송물에 관하여 용선자의 이름이 기재된 선하증권을 선장이 서명·발행한 경우.[451]

③ 선하증권에 운송인을 확인하는 조항인 'identity of carrier clause'가 있는데, 여기에 용선자를 운송인이라고 명시하고 있는 경우.[452]

④ 용선자가 정기선운송업자로서 자신의 선대를 보충하기 위하여 정기용선한 선박으로 운송한 운송물에 관하여 자신의 이름으로 선하증권을 서명·발행한 경우.[453]

⑤ 선하증권에 '사용약관'(demise clause)이 있어서 용선자가 운송인이 될 수 없음에도 불구하고 선하증권소지인이 그 사실을 잘 모르고 용선자를 운송인이라고 오해하여 용선자에게 배상청구를 하자, 용선자의 대리인이 마치 용선자가 운송인인 것처럼 그 배상청구에 대하여 계속 협상을 진행시킴으로써 선하증권소지인으로 하여금 위 오해를 진정한 것으로 믿게 만들고 또 한편 진정한 운송인인 선박소유자에 대한 배상청구의 제소기간을 도과하게 만들어 선박소유자에 대한 배상청구권을 잃게 만들었다면, 용선자로서는 더 이상 자신이 운송인이 아니라고 주장할 수 없다는 내용의 금반언의 법리(doctrine of estoppel)가 적용되었던 경우.[454]

위의 경우 중 ① 내지 ④의 경우에는 선하증권의 발행주체가 용선자이고, 소위 선하증권으로 증명되는 운송계약의 주체가 용선자이기 때문에 당연히 용선자가 책임주체가 된다. 이는 용선계약과는 별개의 문제로서 선하증권의 법률관계에 의한 당연한 효력이다.

그리고 ⑤의 경우는 영미법상의 금반언의 법리가 적용된 것인데, 민법상 표현대리의 법리가 적용되어도 동일한 법리 구성이 가능할 것으로 보인다.

셋째, 선하증권에 사용약관(demise clause) 또는 운송인확인약관(identity of carrier clause)이 규정되어 있는 경우 영국 법원은 그 조항의 기재내용대로 선박소유자를 운송인으로 인정하고 있다. 여기서 사용약관(demise clause)[455]이란 선하증

451) Paterson, Zochonis v. Elder, Dempater(1922) 12 Ll.R. 69.

452) The Venezuela(1980)1 Ll.R.393.

453) The Okehampton (1913) P.173.

454) The Henrik Sif (1982) 1 Ll.R.456.

455) "demise clause"의 예문

"이 선박이 이 선하증권을 발행한 회사에 의하여 소유되거나 선체용선되지 아니한 경우(이와 반대되는 것으로 보이는 어떤 사항이 있다 하더라도), 이 선하증권은 이 회사가 선박소유자 또는 선체용선자(선박임차인)의 대리인으로 체결한 것으로서 본인인 선박소유자 또는 선체용선자(선박임차인)와의 사이의 계약으로서의 효력을 가지며, 이 회사는 오로지 대리인으로서 행위를 한 것이고 이와 관련하여 어떠한 책임도 부담하지 아니한다(If the ship is not owned or chartered by demise to the company or line by whom this Bill of Lading is issued(as may be the case notwithstanding anything which to the contrary) the Bill of Lading shall take effect as a contract with the Owner or demise charterparty as the case may be as principal made through the agency of the said company or line who act as agent only and

권을 발행한 회사가 그 선박의 소유자이거나 선체용선자가 아닌 경우에는 선하증권은 그 회사가 선박소유자 또는 선체용선자의 대리인으로 발행한 것으로서 선박소유자 또는 선체용선자 사이의 계약으로서 회사는 이와 관련하여 아무런 책임도 부담하지 않는다는 내용의 조항이다. 또 운송인확인약관(identity of carrier clause)[456]이란 그 선하증권은 선하증권소지인과 선박소유자 사이의 계약이고 선하증권에 근거한 계약위반으로 인한 손해는 전적으로 선박소유자만이 부담한다는 내용의 조항이다.

이 사용약관(demise clause) 또는 운송인확인약관(identity of carrier clause)의 효력에 대하여서는 그 유효성을 부정하는 입장과 인정하는 입장이 대립되어 있다. 그 유효성을 부정하는 입장은 주로 위의 약관은 헤이그 규칙 또는 헤이그-비스비 규칙 제3조 제8항을 위반하였기 때문에 무효라는 것이다. 즉, 용선자가 손해배상책임을 부담하여야 할 사안에서 단지 선박소유자를 운송인으로 본다는 조항 때문에 용선자가 그 손해배상책임을 면할 수 있다고 한다면 이는 헤이그 규칙 또는 헤이그-비스비 규칙 제3조 제8항 위반이므로 무효라고 한다.[457] 미국[458]과 캐나다 법원[459]이 이러한 입장이다. 이에 반하여 그 유효성을 인정하는 입장은 이들 약관은 누가 운송인인가를 결정하고자 하는 것일 뿐이지 책임을 면하고자 하는 취지의 것이 아니기 때문에 헤이그 규칙 또는 헤이그-비스비 규칙 제3조 제8항 위반이라고 할 수 없다고 해석하는데,[460] 영국 법원의 확고한 입장이다.[461]

shall be under no personal liability whatsoever in respect thereof.)"

456) "identity of carrier clause"의 예문
"이 선하증권에 의하여 증명되는 계약은 상인과 여기에 기재된 선박의 소유자 사이의 계약이고, 따라서, 운송계약으로부터 발생한 의무의 위반이나 불이행으로 인한 손해나 멸실에 대하여서는 오로지 그 선박소유자만이 책임을 부담하기로 합의되었다.(The contract evidenced by this bill of lading is between the Merchant and the Owner of the vessel named herein and it is, therefore, agreed that the said shipowner alone shall be liable for any damage or loss due to any breach or non-performance of any obligation arising out of the contract of carriage.)"

457) William Tetley, Marine Cargo Claims, 3rd edition, BLAIS, 1988, p. 249, 250, 251.

458) Epstein v. United States 86 F. Supp. 740(S.D.N.Y.1949), Blanchard Lumber v. Steamship Anthony II 259 F. Supp.857(S.D.N.Y.1966), Joseph L. Wilmotte v. Cobelfret Lines 289 F. Supp. 601(M.D.Fla. 1968).

459) The Mica(1973) 2 Ll.R.478, Carling Okeefe v. C N Marine (1987) A.M.C.954.

460) R. M. Goode, Commercial Law, Penguin Books, 1982, p. 606, 607 ; John F. Wilson, Carriage of Goods by Sea, Pitman, 1991, p.221.

461) The Berkshire(1974) 1 Ll.R. 185; The Vikfrost(1980) 1 Ll.R. 560; The Henrik Sif(1982) 1 Ll.R. 456, The Jalamohan(1988) 1 Ll.R. 443.

제 2 관 전자선하증권

Ⅰ. 의의

1. 개념

선하증권에 의한 운송의 주된 목적은 선하증권소지인이 동 증권을 이용하여 운송중에 있는 물건이라도 이를 양도하는 등 자유로이 처분할 수 있고, 또한 선하증권의 최종소지인은 선하증권을 운송인에게 제시하고 운송물과 상환함으로써 증권에 기재된 운송물을 인도받는 것이다. 그러나 이 경우에 문제가 되는 점은 고속선의 문제, 즉 운송물이 목적지에 도착하여 수하인이 당해 운송물을 인도받고자 하여도 선하증권이 도착하지 않아서 운송인에게 선하증권을 제시할 수 없는 문제가 발생할 수 있다는 점이다. 이러한 문제를 해결하고자 하는 방법으로 제시된 것이 해상화물운송장의 활용과 전자적 방법에 의한 선하증권의 활용이다.[462]

한편 IT 기술의 발달에 힘입어 전자금융거래가 전통적인 창구거래를 급격하게 대체하면서 유가증권의 전자화에 대하여도 활발한 연구와 실용화를 위한 논의가 이루어지고 있다. 유가증권의 전자화는 기존의 서면에 의한 증권을 전자문서로 대체하는 방식인 전자서면방식과 문서 없이 일정한 등록기관에 등록함으로써 무권화(無券化)를 지향하는 방식인 전자등록방식으로 나누어 볼 수 있다. 전자문서로 대체하는 방식에는 전자어음・수표를 들 수 있고, 문서 없이 등록에 의하여 유가증권상의 권리의 발생・이전・행사 등을 하는 경우로는 전자투자증권을 들 수 있다.

선하증권(bill of lading)의 전자화에 관한 논의는 선적서류(shipping document)의 전자화 노력에 있어 가장 두드러지는 분야라고 할 수 있다. 그러나 지금까지 논의되고 있는 전자선하증권은 새로운 유형의 선하증권의 출현이라기보다는 종이선하증권(paper bill of lading)을 발행하는 대신, 그 내용을 컴퓨터에 보존하고, 운송관련 이해관계자들이 어떤 특정 키(key)를 정하고, 그것으로 선하증권상의 권리를 이전하는 등의 처분을 하거나, 운송물 인도청구권의 행사시 종이선하증권의 제시를 대신하여 전자문서교환방식(electronic data interchange) 등 종이 없는(paperless) 전자적 방식으로 해결하려고 하는 것에 논의의 초점이 맞추어져 있다.

현행 상법은 실무계의 요청에 의하여 제862조에 전자선하증권에 관한 최소한의 규정을 두게 되었으나 여전히 많은 과제를 남겨 놓고 있다.

---

462) 嚴潤大, 신체계 선하증권론, 신대종, 2000, 435쪽 참조.

2. 전자선하증권의 다양한 시도

전자선하증권의 기능을 실현하려는 시도는 지금까지 수없이 이루어져 왔으나, 그 중 대표적인 것은 ① 스웨덴의 Kurt Grönfors 교수의 Cargo Key Receipt system, ② 노르웨이의 Reinskou의 통지·확인시스템(Concept of a Notification-ConfirMation System), ③ 국제유조선선주협회(Intertanco)의 Seadoc System이 있고, ④ 미국의 무역절차간소화위원회도 UN/EDIFECT의 기본구조를 활용하여 종이선하증권의 문제점을 해결하려고 시도하였으며, ⑤ 1990년에는 국제해법회가 전자선하증권에 관한 국제해법회 규칙(CMI Rules for Electronic Bills of lading)을 제정한 바 있다. ⑥ 1996년에는 국제연합국제무역법위원회(United Nations Commission on International Trade Law : UNCITRAL)가 전자선하증권에만 국한되는 것은 아니지만, data메시지의 증거기능과 전자적 서명에 대해 효력을 인정하는 전자상거래에 관한 국제연합국제무역법위원회 모델법(UNCITRAL Model Law on Electronic Commerce)을 제정하여 전자선하증권이 안고 있는 문제점을 해결하려고 노력하고 있다. 특히 최근에는 ⑦ 볼레로 인터내셔널사(BOLERO International Ltd : 1998년에 SWIFT[463]와 TT Club[464]이 합작하여 설립한 회사)가 선하증권을 포함한 무역서류에 대해 인터넷을 통한 문서교환을 구현하기 위해 소위 볼레로 프로젝트(BOLERO Project)를 추진 중에 있다.

그러나 이와 같은 시도들은 아직까지 관련 당사자들(매도인, 매수인, 은행, 운송인, 보험자, 세관 등)의 종이선하증권에 대한 습관과 전자거래에 따른 위험요소의 내재에 대한 염려, 컴퓨터 환경의 상이, 그리고 전자선하증권의 문서성 및 전자언어의 증거력, 책임주체성 등과 같은 법적인 문제에 대해 관련 국가의 법률 및 제도의 미비 등 복합적인 이유로 인하여 송하인의 운송계약 및 선적서류제공, 운송인의 선하증권 작성 및 발행, 증권의 유통-배서양도/권리의 이전, 선하증권의 상환과 운송물 인도 등 현행의 종이선하증권의 전 과정을 완벽히 커버하지 못하고 있어서 아직까지는 전자적 방식의 실제 적용이 보편화되기에는 어려움이 많다.

---

463) SWIFT(Society for Worldwide Interbank Financial Telecommunication)는 국제은행간 서류의 교환절차 및 양식의 비표준화 문제로 야기되는 문제점을 제거하기 위해 1973년 설립된 은행 간의 비영리조합이다. 동 기구는 국제은행업무의 자동화, 계정조회의 용이화, 국제통신의 효율화, 표준전자 메시지의 개발 등의 업무를 수행한다. 1999년 말 현재 175개국 6000여개 이상의 금융기관에 서비스를 제공하고 있으며, 처리건수는 년간 8억 건, 지금 결재규모는 하루평균 2조 5000억 달러에 달한다고 한다(이원정·서인태, "전자식 선하증권에 관한 고찰", 해양한국, 1999년 12월호, 100쪽).

464) T.T. Club은 국제복합운송과 관련된 위험을 보상하기 위해 1970년 설립된 상호보험조합으로 80여 개국의 컨테이너선사, 복합운송업자, 터미널운영회사, 항만 등이 회원으로 참여하고 있다. 전 세계컨테이너선단의 2/3, 1,725개의 항만시설, 5,890개의 운송업자에 대한 보험 업무를 취급하고 있다.

Ⅱ. 전자선하증권의 발행

운송인은 운송물을 수령 또는 선적한 후 종이선하증권을 발행하는 대신 송하인 또는 용선자의 동의를 얻어 법무부장관이 지정하는 등록기관에 등록하는 방식으로 전자선하증권을 발행할 수 있다(상법 제862조 제1항 제1문). 전자선하증권의 등록기관의 지정요건, 발행 및 배서의 전자적인 방식, 운송물의 구체적인 수령절차 그 밖에 필요한 사항은 대통령령으로 정한다(상법 제862조 제5항).

전자선하증권에는 종이선하증권의 기재사항(상법 제853조 제1항)인 정보가 포함되어야 하고, 운송인이 전자서명을 하여 송신하고 송하인 또는 용선자가 이를 수신하여야 그 효력이 생긴다(상법 제862조 제2항).

또 전자선하증권은 상법상 종이선하증권과 동일한 법적 효력을 갖는다(상법 제862조).

Ⅲ. 전자선하증권의 양도

전자선하증권의 권리자는 배서의 뜻을 기재한 전자문서를 작성한 다음 전자선하증권을 첨부하여 지정된 등록기관을 통하여 상대방에게 송신하는 방식으로 그 권리를 양도할 수 있다(상법 제862조 제3항). 이러한 방식에 따라서 배서의 뜻을 기재한 전자문서를 상대방이 수신하면 이는 종이선하증권을 배서하여 교부한 것과 동일한 효력이 있고, 또 이러한 방식에 의한 전자문서를 수신한 자는 종이선하증권을 배서에 의하여 교부받은 소지인과 동일한 권리를 취득한다(상법 제862조 제4항).

Ⅳ. 전자선하증권의 과제

선하증권을 포함하여, 전자문서교환방식(EDI)에 의한 무역운송서류가 실제로 활용되기 위해서는 다음과 같은 사안들이 먼저 해결되어야 할 것이다.

첫째, 운송인·송하인·권리의 양수인·최종수하인 및 신용장의 개설·인수·지급 등 관련 은행이 동시에 전자문서교환방식 기능을 수행할 수 있는 능력 및 조건을 구비하고 있어야 한다.

둘째, 선하증권의 전자식 교부·배서·양도·상환 등 일체의 절차는 서류 없이 그 정보가 여러 당사자 간에 국제적인 교환이 이루어지므로, 이들 자료를 보관하고 전세계 가입자에게 중계기능을 수행할 수 있는 능력을 보유한 신뢰성 있는 어떤 국제적 중립기구의 설립이 필요하다.[465)]

셋째, 관련 당사자들(운송인 · 송하인 · 은행 · 피배서인 · 운송물 인도 청구인 등등)이 동 방식을 채용하여 실제에 적용하기 위해서는, 사전에 이와 관련된 모든 단계에 대해 아주 구체적인 업무수행범위의 한계와 더불어 당사자의 권리 · 의무를 명확히 할 수 있는 약정(Agreement)이 수반되어야 한다.

넷째, 전자자료에 대한 법적 증거력문제, 전자서명의 유효성 문제, 전자정보의 보안문제, 그리고 전자선하증권과 관련된 통신당사자의 책임문제 등에 관해 해당 국가들의 법규의 보완은 물론, 국제무역관련협약 내지 규칙들도 이를 수용할 수 있도록 그 정비가 필요하다.

다섯째, 무엇보다 중요한 것은 선하증권의 유통과 관련된 법적 책임주체가 명확해야 하고 책임부담 능력이 수반되어야 한다는 점이다. 예를 들어 현재의 종이선하증권을 사용할 때에는 운송인이 선하증권을 발행하고, 운송물을 운송하기 때문에 운송물의 멸실 · 훼손에 대한 배상책임은 물론, 선하증권의 유통과 관련된 법적 책임문제에 대하여도 당연히 운송인이 그 주체가 된다는 점에는 이의가 없다. 그러나 예컨대, 볼레로 시스템의 경우에는 운송의 주체는 운송인이지만, 선하증권의 발행과 유통의 주체는 전자적 장치인 서버의 관리주체인 볼레로가 된다. 그런데 선하증권의 유통과 관련된 법적 배상책임에 대하여도 현행법은 물론 규정집의 어느 것도 책임주체를 명확히 하지 않아 증권의 유통과 직접 관련이 없는 운송인이 여전히 책임주체가 될 수밖에 없다. 이러한 시스템 하에서는 어느 운송인도 자기가 관리하지 않은 문제에 대하여 법적 책임을 지면서 전자선하증권을 사용하려고 하지는 않을 것이다. 따라서 선하증권의 유통을 책임지는 기관이 이와 관련된 법적 책임주체가 되도록 하는 입법상의 체계가 먼저 구축되어야 할 것으로 생각한다.

여섯째, 특히 전자선하증권의 사용 필요성을 제기함에 있어서 가장 핵심이 되는 것은 고속선의 문제를 들 수 있다. 그러나 이 문제는 해상화물운송장의 사용으로 해결이 가능하다고 생각이 되고, 오히려 현재의 무역 결제시스템 하에서는 은행 간의 거래를 통한 취결에 소요되는 상당한 시간을 고려할 때 굳이 선하증권 등의 운송증권만을 전자식으로 유통하여 고속화한다는 점에 대하여는 현실성이 희박하다고 생각한다. 또한 무역 결제시스템 조차 변경이 된다면, 기존 우리가 알고 있는 선하증권에 의한 운송시스템 자체가 소멸하고 새로운 무역 결제시스템과 운송시스템으로 변경이

465) 신뢰성 있는 VAN(Value Added Network)회사는 세계 여러 나라에 존재하고 있으나 이들은 모두는 관련 당사자들 간에만 폐쇄적(closed) 전자문서교환방식 네트워크를 통해 운용하는데 비해, 1998년 SWIFT와 TT CLUB이 성립한 볼레로사는 Internet을 이용한 개방적(open) 네트워크로 운용하며, 동사가 중앙통제기관역할을 하는 것으로 되어 있으므로 본 항의 선결조건이 충족될 것으로 보여진다.

먼저 발생할 가능성이 더 높다고 생각한다.

일곱째, 법적 성질로 볼 때는 전자선하증권을 전자문서증권시스템으로 가져가는 것이 유용할지 아니면 전자등록시스템으로 가져가는 것이 유용할 것인지에 대하여 심각한 연구를 하지 않으면 안 된다. 만약 전자문서증권시스템으로 가져간다면 특별한 연구의 필요 없이 대금결제에 문제가 없는 근거리 단기운송에 대하여는 해상화물운송장을 선하증권에 대체하여 발행하고 이를 이메일 등의 전송방식을 사용하여 간단히 전자문서화 할 수 있을 것이다.

그러나 볼레로 선하증권의 시스템은 전자등록증권시스템을 취한 것으로 판단되는데, 이런 시스템에서는 문제가 매우 복잡하게 된다. 즉, 첫째, 우리나라의 증권전산원과 같은 하나의 등록기관이 필요한데, 전 세계를 대상으로 매우 다양한 성질을 가진 운송인과 하주간의 매우 복잡한 유통을 하나로 연결할 수 있는 등록기관의 설립이 과연 가능한가 하는 문제가 발생한다. 둘째, 설사 이러한 기관이 설립된다고 하더라도 다양한 경우에 있어서 발생할 수 있는 손해배상책임을 모두 감당할만한 경제적 능력을 갖출 수 있는가 하는 점도 의문이다.

필자는 IT기술의 발달로 모든 경제활동분야에서 전자화가 매우 급속히 보급되고는 있지만, 적어도 현행의 무역 결제시스템 하에서 선하증권의 전자화는 그리 쉽게 이루어지기 어려울 수도 있다는 생각을 하고 있다. 기술적으로는 보완이 가능하겠지만, 적어도 선하증권의 유통성과 관련하여서는 법적 책임주체가 수긍할 수 있는 책임체계의 구축이 가능하여야 하고 이를 당사자가 모두 수용할 수 있어야 한다는 점을 먼저 생각하지 않을 수 없다.

제 3 관 해상화물운송장

Ⅰ. 개념

해상운송증권의 가장 보편적 증권인 선하증권과 비교하였을 경우 해상화물운송장의 가장 본질적인 차이는 비유통 운송증권라는 점이다. 「해상화물운송장에 관한 국제해법회통일규칙」은 적용 범위를 규정한 제1조에서 "이 규칙은 유통선하증권 혹은 유사한 권원증권이 아닌 운송계약에 적용된다"(These Rules shall apply to contracts of carriage not covered by a negotiable bill of lading or similar document of title)라고 규정함으로서 해상화물운송장이 비유통운송증권임을 분명히 하고 있다.

이러한 입법 태도는 영국의 1992년 해상물건운송법 제1조 (2)항과 (3)항의 규정과 같은 취지의 규정이다. 「해상화물운송장에 관한 국제해법회통일규칙」을 제정하기 위한 국제회의에서도 영국 대표는 "해상화물운송장(sea waybill)은 권원증권이 아니다"는 문언을 명시하자고 하였으나 미국 대표는 그것은 법규정의 결론이지 조문화할 필요는 없다고 하여 현재의 「해상화물운송장에 관한 국제해법회통일규칙」이 제정되었다.[466]

그러나 상법은 영국의 해상물건운송법 제1조 (3)항이나 「해상화물운송장에 관한 국제해법회통일규칙」과는 달리 해상화물운송장에 관한 개념을 정의하는 규정을 두고 있지 않다. 이는 우리 상법이 유가증권 법정주의를 채택하고 있지는 않기 때문에 해상화물운송장이 비유가증권이라고 적극적으로 규정하지 않더라도 비유가증권성을 인정하는데 문제가 없는 것으로 보아 이러한 개념정의 규정을 생략한 것으로 보인다고 하는 주장이 있다.[467] 또 해상화물운송장이 운송계약의 증거라는 점, 해상화물운송장이 발행되는 경우에 운송인은 기명수하인에게 운송물을 인도하여야 할 의무가 있다는 점, 해상화물운송장은 비유통증서라는 점에는 모든 학자들이 견해를 같이하고 있으므로 상법과 같이 해상화물운송장에 관한 적극적인 개념을 정의하는 규정이 없더라도 이를 둘러싼 불필요한 분쟁이 발생할 것으로 보이지는 않는다고 하는 견해가 있다.[468] 한편 「해상화물운송장에 관한 국제해법회통일규칙」의 입장을 참조하여 상법은 선하증권과 해상화물운송장의 법적 성질 및 효력이 서로 다르므로 이를 구분하기 위하여 해상화물운송장의 정의규정을 두어 해상화물운송장이 비유통운송서류임을 직접적으로 명시하자는 의견도 있었으나 상법은 해상화물운송장에 대한 정의 규정을 두지 않고 있다.[469]

해상물건운송계약에서 선하증권은 그동안 거의 유일한 운송증권으로서의 역할을 해왔고, 선하증권을 중심으로 법률관계가 형성되어왔다는 점에서 오히려 선하증권이 권원증권이라는 점에는 다른 의견이 있을 수 없다는 점에서 별도로 개념을 정의하지 않더라도 큰 문제는 발생하지 않는다. 반면, 해상화물운송장(sea waybill)은 법적으로는 해상운송계약에 있어서 선하증권을 대체하는 새로운 개념의 운송증권으로서 받

466) 배병태, "Sea Waybill에 관한 CMI 통일규칙과 1990년대의 해상운송법 통일에 관한 문제논점", 한국해법학회지 제12권 제1호, 1991, 13쪽 참조.

467) 정완용, 해상화물운송장의 입법방안에 관한 고찰, 한국해법학회지, 제26권 제2호, 2004. 11, 78-79쪽.

468) 서영화, "개정 상법상 해상화물운송장에 대한 법적 검토," 국제운송물류법의 법적 과제, 국제거래법학회/한국해법학회/동아대학교 법학연구소 공동학술대회, 2007. 9. 29, 46-47쪽.

469) 엄윤대, SEA WAYBILL의 활용을 위한 입법방향, 한국해법학회지 제23권 제2호, 2001, 180-181쪽 참조; 정영석, 선하증권론, 개정판, 텍스트북스, 2007, 315쪽.

아들여지고 있다. 또한 해상화물운송장(sea waybill) 이외에도 비유통 해상화물운송장(non negotiable sea waybill), 정기선 운송장(liner waybill), 해상화물운송장(ocean waybill), 운송물부두수령증(cargo quay receipt), 데이터화물수령증(data freight receipt), 화물운송장(freight waybill) 등으로 다양하게 불리고 있고, 그 번역도 해상운송장, 해상화물운송장, 해상운송증권 등으로 다양한 용어로 사용되고 있기 때문에 용어의 문제가 아니라 법률 요건이나 효과에 있어서 소위 비유통운송증권으로서 운송계약과 운송물 수령의 증거증권의 기능을 갖추고 있는 증권을 말한다는 본질이 중요한 것이다. 그리고 우리 상법이 유가증권법정주의를 채택하고 있지 않다고 주장하는 견해에 대하여는 상법의 어느 규정을 근거로 그러한 주장이 성립되는 지에 대하여 근거를 찾기 어렵다. 그러므로 영국의 1992년 해상물건운송법 제1조 (3)항과 같이 정의 규정 또는 법률 요건을 규정하거나, 적어도 미국의 연방선하증권법 제80103조 (b)와 같이 비유통성증권에 대한 규정을 두는 방식으로 실질적인 개념이나 법률요건을 규정함으로써 해상화물운송장의 용어보다는 개념과 요건과 같은 해상화물운송장의 본질을 명확히 하는 것이 중요하다고 하겠다.

II. 발행

1. 해상화물운송장의 발행의 당사자

상법 제863조 제1항 전단은 "운송인은 송하인의 청구가 있으면 … 선하증권을 발행하는 대신 해상화물운송장을 발행할 수 있다"라고 규정하고 있다. 이 규정은 다음과 같은 의미로 해석된다.

첫째, 운송인은 원칙적으로 선하증권을 발행할 의무가 있다.

둘째, 운송인은 송하인 등의 청구가 있는 경우에만 해상화물운송장을 발행할 수 있고, 운송인이 송하인 등의 의사를 무시하고 일방적으로 해상화물운송장을 발행할 권한은 존재하지 않는다.

선하증권을 발행할 것인가 해상화물운송장을 발행할 것인가의 선택권은 송하인 측에 있다. 해상화물운송장의 필요 이유에서 알 수 있듯이 해상화물운송장이 운송인의 이익을 위하여 만들어진 것이 아니라 송하인 및/또는 수하인 등의 하주의 필요에 부합하기 위하여 이용되는 것임을 감안한다면 타당한 결론이라 할 것이다.[470] 다만,

470) 같은 의견, 서영화, "개정 상법상 해상화물운송장에 대한 법적 검토," 국제운송물류법의 법적 과제, 국제거래법학회/한국해법학회/동아대학교 법학연구소 공동학술대회, 2007. 9. 29, 47쪽.

신용장을 사용하는 경우에는 신용장조건으로 해상화물운송장의 제출을 요구할 필요가 있기 때문에 해상화물운송장을 사용함에는 매매당사자 사이의 합의가 필요하다.

셋째, 명문의 규정은 없지만, 선하증권의 발행으로부터 해상화물운송장의 발행으로의 변경은 본선 출항 전에는 인정된다고 보아야 한다.[471)]

2. 전자식 해상화물운송장의 발행

상법 제863조 제1항 제2문은 당사자 사이의 합의에 따라 해상화물운송장을 전자식으로도 발행할 수 있도록 규정함으로서 전자식 발행의 법적 근거를 마련하였다.

최근 전자선하증권의 도입에 관한 연구가 진행되고 있지만, 최대의 문제점은 선하증권의 선의의 소지인이 운송물의 인도청구권을 선박 회사에 주장할 수 있는가 하는 물권적 효력을 어느 정도 전자화할 수 있는가 하는 점이다. 이 문제에 대한 대책으로는 중앙등록기관(central registry; C/R)에 원 소지인(송하인)을 등록하고, 새로운 소지인(수하인)에게 비밀번호를 발급하는 것도 생각되고 있지만, 또 다른 방법은 선하증권을 유통성이 없는 해상화물운송장으로 대체하여 전자화하는 방법이다.[472)] 이 방법이 가장 실현가능성이 높고 현실적이라고 생각된다. 이러한 관점에서는 해상화물운송장의 전자식 발행은 방법상 특별한 제한의 필요 없이 매우 손쉽고, 추가되는 비용이 거의 없이 이용될 수 있는 가장 효율적인 방법이라고 생각한다.[473)]

3. 약식 해상화물운송장

선하증권과 마찬가지로 해상화물운송장도 약식(short form)으로 발행되는 경우가 있는데, 이는 무역절차의 간이화·표준화를 위한 것으로 추정된다. 약식 해상화물운송장에서는 앞면에 기재되어 있는 선적지, 목적지, 수량, 운송물의 상태 등에 대한 기재사항은 선하증권과 비슷하게 기재되어 있지만, 증권의 뒷면에 기재되어 있는 운송계약의 조항은 생략되어 있다. 하주가 요구할 경우에는 운송인 또는 그 대리점으로부터 뒷면의 기재 내용을 확인할 수 있게 되어있다.[474)]

이러한 약식 해상화물운송장은 1971년 5월에 ACL사가 처음으로 사용한 것으로 알

---

471) 정영석, 선하증권론, 개정판, 텍스트북스, 2007, 300-301쪽 참조.

472) Atlantic Container Line(ACL)은 대서양에 있어서 컨테이너 운송의 80-90%는 권원증권이 아닌 단순한 수령증으로서의 기능을 가진 운송서류로써 이용자의 요구를 만족시킬 수 있다고 하는 조사결과를 기초로, 스웨덴의 은행(Svenska Handelsbanken)과 공동으로 Cargo Key Receipt(CKR) 시스템을 개발했다.

473) 정영석, 선하증권론, 개정판, 텍스트북스, 2007, 296쪽 참조.

474) Alasdair Finnie, Short Form Shipping Documents, Journal of Maritime Law & Commerce, Vol. 7, 1976, p. 697.

려져 있다.[475] 또 1975년에는 Swedish Brostrom Group이 뒷면이 완전히 백지로 된 Blank Back Documents 형태의 해상화물운송장과 선하증권을 발행하였다. 그러나 이탈리아와 프랑스와 같이 법률로서 Blank Back Form이 인정되지 않는 나라도 있다.[476]

약식을 이용하면 운송증권에 기재되어 있는 무역거래 정보가 축소됨으로써, 해상화물운송장의 발행절차의 간소화와 신속화가 이루어진다.[477] 그러므로 해상화물운송장은 물론 운송서류의 전자문서화의 준비단계로서 필요한 것이다. 2006년 신용장통일규칙(UCP 600) 제21조 a항 (v)에서는 "운송의 모든 조건을 포함하고 있거나, 또는 운송의 모든 조건을 포함하는 다른 자료를 참조하고 있는 것(약식/뒷면백지식 비유통 해상화물운송장), 운송의 제조건의 내용은 심사되지 아니한다"라고 규정하고 있다.

약식 선하증권이 발행된 경우에는 준거법 등의 중요한 약관에 관해서 송하인은 선박회사로부터 그 내용을 알게 될 기회가 있지만 수하인은 이를 알 수가 없어서 불안하게 될 수 있는데,[478] 이러한 불안은 해상화물운송장의 경우에도 마찬가지라고 보아야 한다.

4. 발행부수

실무에서는 해상화물운송장은 원칙적으로 원본 1통만 발행하고 있다. 이것은 스웨덴무역절차간소화위원회(SWEPRO)가 처음부터 1통만 발행하여 왔기 때문이다. 1통만 발행할 경우 서류의 인쇄, 작성 및 처리에 소요되는 시간과 비용을 절약할 수 있다는 점이 장점이다.[479] 또 복사본은 수통이 은행 및 통관절차를 위해서 사용되어 왔고, 많은 경우에는 8통을 넘어서는 경우도 있다. 그러나 상법과 「해상화물운송장에 관한 국제해법회통일규칙」(CMI Uniform Rules for Sea Waybill; 이하 "해상화물운송장통일규칙"이라 부른다)에는 해상화물운송장 원본의 발행부수에 대한 규정이 없다. 해상화물운송장이 비유통운송증권이기 때문에 복수발행으로 인한 문제점은 발생할 여지가 없기 때문이다.

475) Alasdair Finnie, Short Form Shipping Documents, Journal of Maritime Law & Commerce, Vol. 7, 1976, p. 697.
476) Modern Liner Contracts–A Special Report, Published by Lloyds of London Press Ltd., 1984, p. 83.
477) John Wilson, Carriage of Goods by Sea, 2nd ed., Pitman Publishing, 1993, p. 162.
478) John Wilson, Carriage of Goods by Sea, 2nd ed., Pitman Publishing, 1993, p. 162.
479) Trade Documentation Information, Simplified Transport Documentation, Trade /WP. 4/INF.31, Dated Nov.8, 1974.

Ⅲ. 표시와 기재사항

1. 해상화물운송장의 표시

상법 제863조 제2항은 "해상화물운송장에는 해상화물운송장임을 표시하는 외에…" 라고 규정하여 해상화물운송장임을 표시하는 문구를 기재할 것을 요구하고 있다.

이 규정은 운송물에 대한 이해관계인이 당해 운송증권이 선하증권과 구별되는 해상화물운송장임을 명확히 인식할 수 있도록 하기 위한 것으로 보인다.[480)]

이와 관련하여 현재 실무에서 발행되고 있는 해상화물운송장은 단순히 sea waybill 이라고만 기재하지 않고 Not Negotiable sea waybill이라고 문서의 명칭을 기재하고 있는 것이 보통이다. 이는 배서양도를 금지한다는 의미로서 영국의 1992년 해상물건운송법 제1조 (2)항의 배서양도 또는 점유이전으로 인한 양도가 불가능한 서류에는 선하증권의 규정이 적용되지 않는다고 하는 규정 및 미국의 연방선하증권법 제80103조 (b)항 (2)의 규정과 같은 취지로 보아야 한다. 즉, 해상화물운송장이 비유통운송증권라는 점을 분명히 한 것으로 보아야 할 것이다.

이 문제와 관련해서는 첫째, 해상화물운송장임을 표시하여야 한다는 상법의 규정을 해석할 때 무엇을 해상화물운송장이라는 표현으로 보아야 하느냐의 문제가 있다. 즉, 운송증권의 내용이 비유통기명식운송증권인가 아닌가가 본질이지, 그 명칭이 본질은 아니라고 생각된다. 우선 상법이 말하는 해상화물운송장은 sea waybill을 번역한 것으로 추정되지만, 이와 동일한 기능을 가진 증권은 기명식 선하증권(straight bill of lading)을 비롯하여, 비유통 해상화물운송장(non negotiable sea waybill), 정기선 운송장(liner waybill), 해상화물운송장(ocean waybill), 운송물부두수령증(cargo quay receipt), 데이터화물수령증(data freight receipt), 화물운송장(freight waybill) 등으로 다양하게 불리고 있고, 그 번역도 해상운송장, 해상화물운송장, 해상운송증권 등으로 매우 다양하게 사용되고 있다. 더구나 이러한 운송증권은 국제운송에 사용될 경우에 증권의 기재가 대개 영문으로 표기가 된다는 점을 고려하면 과연 무엇이 상법상의 해상화물운송장과 동일시되는 가와 관련하여 혼란이 불가피하다.

둘째, 운송증권의 특정표기가 상법상의 해상화물운송장으로 인정된다고 하더라도 증권의 내용이 배서양도를 허용한다든가, 점유이전을 허용하는 경우 등에도 해상화

---

480) 같은 의견, 서영화, "개정 상법상 해상화물운송장에 대한 법적 검토," 국제운송물류법의 법적 과제, 국제거래법학회/한국해법학회/동아대학교 법학연구소 공동학술대회, 2007. 9. 29, 47-48쪽.

물운송장으로 인정이 되어야 하는가하는 문제가 발생한다.

이러한 문제와 관련하여 해상화물운송장에 대하여 실무에서 비유통 해상화물운송장(nonnegotiable sea waybill, not negotiable sea waybill) 등으로 표기하는 것은 선하증권에 기재되는 Not Negotiable이라는 문구와 연상되어 마치 그 증권의 원래 성격상 배서양도가 가능하나 발행인이 특히 당해 건에 한하여 배서양도를 금지시키는 의미로서 보이기도 하나, sea waybill은 그 법적 성격상 배서양도가 불가한 것이므로 단순히 sea waybill의 Not Negotiable한 성격을 표명한 것일 뿐이라고 보아야 할 것이라고 해석하거나,[481] 해상화물운송장에 대한 적극적인 개념정의 규정이 없이도 해상화물운송장이 비유통증서라는 점에는 모든 학자들이 견해를 같이 하므로 이를 둘러싼 불필요한 분쟁이 발생할 여지는 없다고 하는 주장도 있다.[482] 그러나 법률의 해석은 기본적으로 입법자의 의도와는 무관하게 표현된 법률의 문언에 의하여 객관적으로 이루어지는 것으로 어느 시기의 누가 해석을 하더라도 동일한 개념으로 이해가 될 수 있어야 할 것이다. 이러한 점에서 입법 당시에 학자들이 견해를 같이 하기 때문에 개념정립이 필요없다는 것은 매우 무책임한 입법태도이며 안이한 해석이라고 생각한다. 성문법주의를 취하는 우리나라의 법률은 개념의 정확한 정립에서부터 시작된다는 점에서 상법이 해상화물운송장에 대한 개념정립도 없고, 증권에 해상화물운송장을 표기하라는 것은 무엇을 해상화물운송장으로 보아야 할 것인지에 대한 혼란을 유발하는 규정이다.

2. 해상화물운송장의 기재사항

상법 제863조 제2항은 후단에서 "제853조 제1항 각호 사항을 기재하고 운송인이 기명날인 또는 서명하여야 한다"라고 규정하여 선하증권의 기재사항을 그대로 기재할 것을 규정하고 있다. 해상화물운송장은 권원증권성을 제외하면 운송계약의 증거, 화물수령 혹은 선적의 증명, 수하인 혹은 선하증권 소지인에 대한 운송물 인도 약속이라는 측면에서는 동질성을 가지고 있으므로 선하증권의 기재사항과 동일한 기재사항을 요구하는 것은 자연스러운 일일 것이다.

해상화물운송장의 기재사항을 구체적으로 열거하면 다음과 같다(상법 제863조 제2항, 상법 제853조 제1항 제1호 내지 제12호).

481) 서영화, "개정 상법상 해상화물운송장에 대한 법적 검토," 국제운송물류법의 법적 과제, 국제거래법학회/한국해법학회/동아대학교 법학연구소 공동학술대회, 2007. 9. 29, 48쪽.

482) 서영화, "개정 상법상 해상화물운송장에 대한 법적 검토," 국제운송물류법의 법적 과제, 국제거래법학회/한국해법학회/동아대학교 법학연구소 공동학술대회, 2007. 9. 29, 46-47쪽 참조.

1. 선박의 명칭·국적 및 톤수
2. 송하인이 서면으로 통지한 운송물의 종류, 중량 또는 용적, 포장의 종별, 개수와 기호
3. 운송물의 외관 상태
4. 송하인의 성명·상호
5. 수하인 또는 통지수령인의 성명·상호
6. 선적항
7. 양륙항
8. 운임
9. 발행지와 그 발행연월일
10. 수통의 선하증권을 발행한 때에는 그 수
11. 운송인의 성명 또는 상호
12. 운송인의 주된 영업소 소재지

상법 제853조의 선하증권의 기재사항과 관련하여 이전 상법에 규정된 선하증권 기재사항 외에 운송인의 성명·상호(제11호), 운송인의 주된 영업소 소재지(제12호)를 추가하여 기재하도록 하고 있는 바, 이는 송하인을 비롯한 화물이해관계인이 누가 운송인으로 운송계약을 체결하는 것인지를 명확하게 인식하게 하고, 운송인에 대한 책임추궁을 함에 있어 운송인의 특정 및 파악을 용이하게 하고자 하는 것으로 판단된다. 해상운송거래에 있어 복잡한 용선 또는 선박관리계약 등을 고려한다면 운송인의 특정 등을 둘러싸고 발생할 수 있는 불필요한 분쟁을 예방할 수 있다는 측면에서 바람직한 규정이라고 생각된다.[483)]

Ⅳ. 운송물의 인도절차

1. 운송인의 운송물 인도의무

선하증권이 발행된 경우에 운송인은 정당한 선하증권 소지인에게 선하증권과 상환하여 운송물을 인도할 의무가 있지만, 해상화물운송장은 비유통운송증권으로서 증거증권에 불과할 뿐이므로 운송인은 해상화물운송장에 수하인으로 지정된 자에게 운송물을 인도할 의무를 부담한다. 즉, 수하인은 자신의 신분을 증명함으로써 운송물을

483) 같은 의견, 서영화, "개정 상법상 해상화물운송장에 대한 법적 검토," 국제운송물류법의 법적 과제, 국제거래법학회/한국해법학회/동아대학교 법학연구소 공동학술대회, 2007. 9. 29, 47쪽 참조.

인도받을 수 있으며, 반드시 해상화물운송장 원본을 운송인에게 제시할 필요는 없다. 반면, 선하증권이 발행된 경우라면 운송인은 선하증권 소지인이 배서의 연속 등에 의하여 그 권리를 증명하면 선하증권 원본을 상환함과 동시에 운송물을 인도함으로서 무권리자에 대한 운송물의 인도 위험으로부터 벗어날 수 있으나 해상화물운송장의 경우 운송인은 수하인의 신원 혹은 동일성을 확인하여야 할 의무를 가진다는 점에서 신원확인에 대한 실질적 심사의무를 부담하게 된다.[484)]

이에 상법은 "운송인이 운송물을 인도함에 있어서 수령인이 해상화물운송장에 기재된 수하인 또는 그 대리인이라고 믿을만한 정당한 사유가 있는 때에는 수령인이 권리자가 아니라고 하더라도 운송인은 그 책임을 면한다"라고 규정하여(상법 제864조), 운송인이 운송물 수령인의 신원확인에 적절한 주의의무를 행사하는 것을 전제로 운송인을 잘못된 운송물 인도에 대한 책임으로부터 면책시키고 있다. 또한 「해상화물운송장에 관한 국제해법회통일규칙」 제7조에서는 ① 운송인은 적절한 방법으로 신원을 증명하면 운송물을 인도하여야 한다. ② 운송인은 수하인임을 주장하는 당사자가 진정한 수하인인지를 확인하기 위하여 상당한 주의를 기울였음을 입증한 경우에는 잘못된 인도에 대하여 일체 책임을 지지 않는다"고 규정하고 있다. 해상화물운송장의 효력에서는 기명수하인의 신원확인에 대한 책임을 운송인에게 묻고 있다는 점에서 면책증권으로서의 성질을 가진다고 보기 어렵지만, 상법과 해상화물운송장에 관한 국제해법회통일규칙은 운송인의 책임을 매우 가볍게 하여 그 이용을 활성화 하려고 한다.

2. 운송물 인도절차

해상화물운송장을 발행한 경우 수하인에 대한 운송물의 인도방법은 지역에 따라 다르다.

첫째, 아시아 지역에서는 운송물의 인도는 도착지의 통지처마다 수하인의 서명을 등록해 두고, 운송인은 운송물의 신속한 인도를 위해 본선입항 전에 운송물도착통지처에 도착을 통지한다. 수하인이 운송물도착통지(arrival notice; A/N)에 서명하여 운송인 또는 그의 대리점에 제출하면, 운송인은 우선 수하인에게 서명등록을 요구하고 그것을 조회해서 문제가 없으면 office copy에 서명을 받고 화물인도지시서(delivery order)를 발행한다.

둘째, 미국에서는 화물인도지시서(delivery order)의 발행을 생략하고 도착통지서

484) 서영화, "개정 상법상 해상화물운송장에 대한 법적 검토," 국제운송물류법의 법적 과제, 국제거래법학회/한국해법학회/동아대학교 법학연구소 공동학술대회, 2007. 9. 29, 49쪽.

(A/N)에서 수하인의 서명을 확인한 후, 컨테이너 야드 등으로 연락하여 운송물을 인도하는 경우도 있다. 또 절차 간소화를 위해 수하인이 트럭업자의 운전자코드(drivers code)를 컨테이너 야드에 등록해 두고, 운송인으로부터 컨테이너 야드에 전화와 팩시밀리에 의한 운송물 인도의 허가가 있으면 트럭업자에 대한 운송물 인도지시가 별도로 없어도 컨테이너 야드에서 운전자의 신분카드(ID card)와 운전면허증으로 운전자코드(drivers code)를 조회·확인한 후 운송물의 인도를 행하는 운송인도 있다. 또 운송인에 따라서는 해상화물운송장합의서(waybill agreement)의 제출을 요구하는 경우도 있다.

V. 송하인의 운송계약변경권

해상화물운송장이 발행될 때 가장 보편적으로 예상되는 상황은 운송인이 운송을 완료한 후 운송물을 해상화물운송장에 기재된 수하인에게 인도하는 것이다. 그러나 통상적인 상황은 아니겠지만, 해상화물운송장이 발행된 후 수하인이 매매 대금의 지급의무를 이행하지 않던 중 지급불능사태가 발생함으로서 수하인에게 운송물을 인도하지 않아야 할 필요성이 발생하거나 혹은 수하인이 이런저런 이유로 운송물의 인수를 거절할 의사를 명확히 함으로서 운송을 완료하여 수하인에게 운송물을 인도할 필요성이 없어지는 경우가 있을 수 있다. 또한 운송 도중에 수하인이 운송물에 대한 권리를 처분하여 수하인이 아닌 제3자에게 운송물을 인도할 필요가 발생하는 경우도 있을 수 있다.[485)]

상법 제139조 및 제140조(제815조에 의하여 준용)의 규정[486)]에 의하여 송하인의 운송물에 대한 권리는 당해 운송물이 도착지에 도착한 후, 수하인이 그 인도를 청구할 때까지 존속한다. 즉, 해상화물운송장이 발행된 경우는 송하인이 운송인에 대한 통지비용을 부담함으로써 자유로이 수하인을 변경할 수 있다. 은행이 어음을 매입한

---

485) 서영화, "개정 상법상 해상화물운송장에 대한 법적 검토," 국제운송물류법의 법적 과제, 국제거래법학회/한국해법학회/동아대학교 법학연구소 공동학술대회, 2007. 9. 29, 49-50쪽.

486) 상법 제139조 (운송물의 처분 청구권)

① 송하인 또는 화물상환증이 발행된 때에는 그 소지인이 운송인에 대하여 운송의 중지, 운송물의 반환 기타의 처분을 청구할 수 있다. 이 경우에 운송인은 이미 운송한 비율에 따른 운임, 체당금과 처분으로 인한 비용의 지급을 청구할 수 있다.

② 삭제

제140조 (수하인의 지위)

① 운송물이 도착지에 도착한 때에는 수하인은 송하인과 동일한 권리를 취득한다.

② 운송물이 도착지에 도착한 후 수하인이 그 인도를 청구한 때에는 수하인의 권리가 송하인의 권리에 우선한다.

후에도 당해 운송물의 인도를 청구할 때까지 송하인에 의해서 자유로이 수하인이 변경될 수 있다. 이것이 해상화물운송장에 의한 담보권 성립의 약점이다.[487] 운송인의 권리를 일방적으로 변경하지 않는 한도에서 운송계약의 내용을 변경하는 송하인의 권리를 일반적으로 운송물 처분권이라 칭하고 이로 인하여 수하인이나 환어음매입은행의 지위가 불안정하게 된다.

실무에서는 신용장발행은행이 신용장에 의한 수입대금의 지급보증의 담보로서 해상화물운송장을 수령할 수 있도록, 송하인의 요구에 의해서 처분권포기약관(no disposal clause), 즉 송하인이 운송물 처분권을 포기한다는 취지의 "No Right of Control"을 해상화물운송장에 기재하여 이러한 문제를 해결하고 있다. 법률적으로는 이러한 경우 누가 언제까지 운송물에 대한 통제권을 가질 것인가가 문제되는데, 국가에 따라 운송물 처분권의 개념, 성립요건이 불명확한 경우도 있다. 그래서 「해상화물운송장에 관한 국제해법회통일규칙」은 한정적이지만 송하인의 운송물 처분권에 제한을 가하고 있다. 즉 동 규칙 제6조는 송하인의 운송물 처분권을 당해 운송물이 목적지에 도착한 후 수하인이 인도를 청구할 때까지의 수하인의 명칭 변경에 한정하고 있다. 이 권리를 송하인으로부터 수하인에게 이전하는 경우는 그 뜻을 증권에 기재할 것을 요구, 송하인의 상기 처분은 운송인의 운송물 수령 이전이 아니면 안 된다고 규정하고 있다.

상법에서 이에 상응하는 직접적인 규정이 없어서 문제가 되고 있지만, 상법 제815조에 의하여 준용되는 제139조 및 제140조의 규정의 처분에 수하인의 변경이 포함된다고 해석하여야 한다고 생각한다.[488]

또한 상법 제140조에 의하면 운송물이 도착지에 도착하게 되면 송하인과 수하인의 권리는 동일하며, 수하인이 운송물의 인도를 청구한 때부터 송하인의 권리에 우선하므로 송하인의 위 운송물에 대한 통제권은 수하인이 운송물의 인도 청구를 하는 시점까지 존속한다고 해석된다. 결국 「해상화물운송장에 관한 국제해법회통일규칙」 제6조 (a)항과 같은 규정이 없더라도 우리 상법상 같은 해석이 가능하므로 이와 같은 규정을 별도로 상법에 두지 않은 것이 아닌가 생각된다.

「해상화물운송장에 관한 국제해법회통일규칙」 제6조 (b)항은 "송하인이 운송인의 운송물 수령 이전 시점에 송하인의 운송물통제권을 수하인에게 이전할 수 있는 권한을 부여할 수 있으며, 이때 송하인의 운송물통제권은 존속하지 않는 것"으로 규정하

487) 江頭憲治郎, 海上運送狀と電子式船荷證券, 海法會誌 復刊, 第32號, 1988, 3쪽.

488) 같은 의견, 엄윤대, SEA WAYBILL의 활용을 위한 입법방향, 한국해법학회지 제23권 제2호, 2001, 187쪽 참조.

고 있으나 상법은 이에 관하여 아무런 규정도 두고 있지 않다. 동 규칙이 이러한 규정을 둔 이유는 해상화물운송장 하에서도 운송물의 운송 도중 송하인의 운송물통제권을 박탈함으로서 수하인이 운송물을 제3자에게 안전하게 전매할 수 있게 하는 기능을 가지게 하여 해상화물운송장을 발행하면서도 필요하다면 선하증권과 같은 유통성을 확보하게 하기 위함이다.[489]

이와 관련하여 어음매입은행이 신용장조건과 일치한 거래가 행하여지고 있는가, 어떤가를 확인하기 위하여서만 해상화물운송장의 제출을 요구하는 것이면, 팩스로도 가능하다. 그러나 담보권을 확보할 필요가 있는 경우는 그러한 운송물 처분권포기조항의 기재가 있는 해상화물운송장 원본의 제출이 필요할 것이다. 이 경우에는 원본의 발행부수(통상 1부)의 기재와 그 전통의 제출이 필요할 것이다. 이것은 바르샤바협약 제12조 제3항에 있는 수하인의 변경과 운송물의 처분을 요구하는 경우에는 항공화물운송장 전통의 제출을 필요로 한다는 취지의 규정과 같이 해석될 수 있다. 따라서 신용장부화환어음에 의한 대금결제에 해상화물운송장을 이용한 경우는 「해상화물운송장에 관한 국제해법회통일규칙」을 준거법으로 한다는 조항과 동 규칙에 기한 운송물 처분권이전권의 행사에 의해서 운송물 처분권 포기문언을 기재하고, 다시 수하인을 신용장발행은행으로 하여야 한다. 매도인이 어음의 매입을 희망하는 경우이면, 원본이 2통 이상 발행되어 있는 때는 그 발행매수를 기재, 그 전통을 어음매입은행에 제출할 것으로 된다. 그러나 수하인을 신용장발행은행으로 하고 있는 경우이면 은행의 방면지시서(release order, R/O)가 필요하기 때문에 운송물 도착에 우선하여 은행 영업시간 내에 방면지시서의 발행을 받아 둘 필요가 있다. 이 경우에도 해상화물운송장의 원본의 발행부수의 기재와 그 전통의 제출이 필요한 것으로 된다.

상법은 선하증권의 유통이 운송물의 운송보다 늦어 운송물의 인도가 지연되는 것을 방지하기 위함을 해상화물운송장 도입의 주된 이유로 제시하고 있으므로,[490] 운송 도중 발생할 수 있는 운송물의 제3자에의 전매 가능성에 별로 관심을 두지 않은 결과 「해상화물운송장에 관한 국제해법회통일규칙」의 위 조항을 받아들이지 않은 듯하다. 이론적으로는 이러한 규정을 둠으로써 해상화물운송장의 이용을 활성화할 수 있을 것처럼 보일 수 있으나, 실제로는 유통가능성이 없는 경우, 현금결제 또는 모자회사간의 거래 등 대금결제에 있어서 문제가 없는 경우에 한하여 이용되기 때문에 실무적으로는 큰 영향이 없을 것으로 생각된다.

489) 배병태, "Sea Waybill에 관한 CMI 통일규칙과 1990년대의 해상운송법 통일에 관한 문제논점", 한국해법학회지 제12권 제1호, 1991, 17-18쪽 참조.

490) 2006년 11월 법제사법위원회 전문위원 임중호 작성의 상법 일부 개정 법률안 검토보고 4-5쪽 참조.

Ⅵ. 해상화물운송장의 효력

1. 추정적 효력

상법 제864조는 "해상화물운송장이 발행된 경우 운송인이 그 운송장에 기재된 대로 운송물을 수령 또는 선적한 것으로 추정한다"라고 규정하여 해상화물운송장의 기재에 대하여 추정적 효력을 부여하고 있다. 해상화물운송장의 기재에 대하여는 일단 사실인 것으로 추정력(*prima facie* evidence)이 인정되고 있으므로 이를 부정하려는 당사자에게 입증책임을 지우는 것이다. 해상화물운송장은 선하증권과 달리 그 증권에 권리가 일체(identified)되었다거나 그 증권의 처분에 따라 권리가 전전유통되는 것이 아니고, 운송계약내용이 기재된 증거증권이라는 점을 감안한다면 문언증권성을 인정하기는 어렵지만, 일단은 발행자인 운송인의 해상화물운송장의 기재에 대한 책임을 추정하고 있다.

한편, 「해상화물운송장에 관한 국제해법회통일규칙」의 입장과는 증거력의 인정정도에 있어서 다소 차이가 있다고 생각된다. 이 규칙은 운송인과 송하인 사이에서는 화물의 양과 상태에 관한 운송계약의 기재는 추정적 증거력을 가지는 것으로 규정하여 상법의 입장과 동일하다. 그러나, 운송인과 수하인 사이에는 운송인의 유보표시가 없는 한 그러한 기재는 확정적(conclusive)이며, 수하인이 선의로 행동하였다면 반대의 증거를 내세우는 것을 허용하지 않고 있다는 점(해상화물운송장에 관한 국제해법회통일규칙 제5조 (b))[491]에서 운송계약의 직접적인 당사자가 아닌 운송인과 수하인 사이에는 운송인에게 해상화물운송장의 기재가 사실과 다르다는 점에 대한 반증의 기회를 사실상 허용하지 않음으로서 선의의 제3자에 대하여는 해상화물운송장의 기재에 대하여 확정적 증거력을 부여하고 있다는 점에서 우리 상법과 다르다.

해상화물운송장은 운송 도중 운송물에 대한 권리를 이전하거나 유통시킬 필요가 없는 경우에 사용될 것을 전제로 하므로 상법의 입장이 타당성이 있는 것으로 보이는 점도 있으나 무역의 한 당사자로서 수하인 등은 해상화물운송장의 기재를 신뢰하고 이를 토대로 행동하는 경우(예컨대 무역대금의 결제 혹은 화물의 담보취득 등)가 많다는 점을 감안한다면, 운송인에게 해상화물운송장의 기재가 사실과 다르다는 점에

491) 해상화물운송장에 관한 국제해법회통일규칙 제5조 (b) 운송인과 수하인 사이에는, 수하인이 항상 선의로 행동할 경우에는, 기재된 내용의 운송물을 수령하였다는 결정적 증거가 되며, 이에 대한 반증은 허용되지 아니한다(as between the carrier and the consignee be conclusive evidence of receipt of the goods as so stated, and proof to the contrary shall not be permitted, provided always that the consignee has acted in good faith).

대하여 반증을 허용하는 것은 해상화물운송장의 신뢰성을 떨어뜨릴 수 있다. 해상화물운송장을 발행하는 운송인은 만일 해상화물운송장의 기재사항 중 운송물의 중량, 용적, 개수 또는 기호가 운송인이 실제로 수령한 운송물을 정확하게 표시하고 있지 아니하다고 의심할만한 상당한 이유가 있는 때 또는 이를 확인할 적당한 방법이 없는 때에는 그 기재를 생략하는 것이 허용되고 있으므로(상법 제863조 제3항, 제853조의 제2항), 운송인을 보호할 방법은 이미 마련되어있다고 하겠다. 그러므로 해상화물운송장의 기재에 대하여 반증을 허용하는 상법 제864조의 규정은 잘못되었다고 생각한다.

2. 면책적 효력

운송인이 운송물을 해상화물운송장에 기재된 수하인 또는 그 대리인에게 인도한 때에는 그가 정당한 권리자가 아니라고 하더라도 운송인에게 그를 정당한 권리자라고 믿을만한 정당한 사유가 있는 때에는 운송인은 그 책임을 면한다(상법 제864조 제2항).

해상화물운송장의 면책적 효력에 의하여 해상화물운송장에 인도장소를 기재하지 아니한 때에는 운송인은 그의 현주소에서 운송물을 인도하여야 한다(민법 제526조, 제517조), 또 운송인은 해상화물운송장의 소지인이 해상화물운송장을 제시하여 인도를 청구한 때부터 지체책임을 지며(민법 제526조, 제517조), 운송인은 해상화물운송장의 소지인에 대하여 운송물을 인도한 때에는 해상화물운송장에 수령을 증명하는 기재를 할 것을 청구할 수 있고 운송물의 일부를 인도한 경우에는 운송인의 청구가 있으면 해상화물운송장의 소지인은 해상화물운송장에 그 뜻을 기재하여야 한다(민법 제526조, 제520조).[492]

3. 신용장 거래에서의 해상화물운송장

신용장 거래에서 화환어음에 첨부되는 운송서류는 원칙적으로 선하증권이었으며, 이를 반영하여 종전의 신용장통일규칙(Uniform Customs and Practice for Documentary Credits)은 해상운송서류에 관하여 선하증권만을 대상으로 하였으나,

---

492) 민법 제526조(면책증서) 제516조, 제517조 및 제520조의 규정은 채무자가 증서소지인에게 변제하여 그 책임을 면할 목적으로 발행한 증서에 준용한다.
제517조 (증서의 제시와 이행지체) 증서에 변제기한이 있는 경우에도 그 기한이 도래한 후에 소지인이 증서를 제시하여 이행을 청구한 때로부터 채무자는 지체책임이 있다.
제520조 (영수의 기입청구권)
① 채무자는 변제하는 때에 소지인에 대하여 증서에 영수를 증명하는 기재를 할 것을 청구할 수 있다.
② 일부변제의 경우에 채무자의 청구가 있으면 채권자는 증서에 그 뜻을 기재하여야 한다.

최근 해상화물운송장의 사용이 점차 확대되고 있는 점을 감안하여 신용장통일규칙 5차 개정(UCP 500) 이후에는 해상화물운송장에 관한 독립된 규정을 신설하여 수리가능한 해상화물신용장에 관한 요건을 규정하고 있다.[493)]

해상화물운송장이 주로 운송시간이 짧아 운송서류의 미도착으로 인한 운송물 인도지연을 방지하기 위하여 생겨난 것이라는 점을 고려한다면 수하인이 운송서류의 취득까지 상당한 시간이 소요되는 신용장 결제방식과는 부합하지 않는 것이며, 오히려 매수인의 직접 송금, 추심방식(D/A, D/P), Open Account방식 등 단순송금방식과 결부되어 사용이 용이한 것이기 때문이다. 그러나 신용장에 의한 대금결제방법을 택하더라도 해상화물운송장을 사용할 수가 있으며, 이러한 경우에 대비하여 UCP 600은 제21조에서 수리가능한 해상화물운송장의 요건을 규정하고 있는 것이다.

신용장발행은행의 입장에서 보았을 때 해상화물운송장은 운송물의 소유권을 나타내는 권원증권이 아니기 때문에 두 가지의 점에서 일반 선하증권과는 다른 측면에서 접근하여야 할 필요성이 있다.

첫째, 선하증권이 발행된 경우에는 신용장 개설 의뢰인(수입업자, 수하인)이 신용장대금을 은행에 지급하지 않으면 은행으로서는 운송물의 소유권을 나타내는 선하증권을 운송인에게 제시하여 운송물을 인도받아 이를 처분함으로서 신용장대금을 일부 혹은 전부 회수할 수 있는 최후의 수단이 마련되어 있다. 그러나 해상화물운송장은 단지 운송계약의 증거에 불과하고 은행이 수하인으로 기재되지 않는 한 은행이 대상 운송물에 대한 권리를 행사할 수 있는 여지가 없기 때문에 신용장발행은행은 신용장을 발행함에 있어 향후 개설 의뢰인이 신용장대금의 지급을 하지 않는 경우에 대비하여 대상 운송물 이외의 다른 담보수단을 확보하여야 할 필요성이 있다.[494)]

둘째, 신용장개설은행이 신용장을 개설함에 있어 선하증권의 경우와 같이 대상 운송물을 신용장대금확보를 위한 담보로 활용하고자 한다면 해상화물운송장에 당해 은행을 수하인으로 기재하도록 하여 운송인으로부터 운송물을 인도받을 권리를 확보하여야 할 것이다. 그러나 이 경우에도 상법 혹은 「해상화물운송장에 관한 국제해법회통일규칙」에 의하면 송하인은 수하인으로 기재된 신용장개설은행이 운송물의 인도를 청구하기 전까지 수하인의 변경을 포함한 운송물 처분권을 여전히 보유하고 있으므로 수하인으로 기재된 신용장개설은행의 권리는 확정적인 것이라고 볼 수 없다. 신용장개설은행 입장에서 운송물에 대한 권리를 명확히 하려면 「해상화물운송장에 관한 국제해법회통일규칙」에 따라 송하인이 운송인에게 운송물을 인도하기 이전에 운

---

493) 자세한 내용은 UCP 500 제24조, UCP 600 제21조 참조..
494) 유중원, 해상화물운송장에 관한 고찰, 대한변호사협회지 인권과 정의 1993년 11월호, 48쪽 참조.

송물통제권(Right of Control)을 수하인에게 양도하도록 하고 이를 명시한 해상화물 운송장을 수리조건으로 신용장에 규정하여야 할 것이다.[495)]

V. 해상화물운송장의 한계

해상화물운송장은 선하증권의 위기를 극복할 수 있는 많은 장점을 가지고 있다. 또 상법은 2007년 8월 개정으로 해상화물운송장에 대한 규정을 신설하여 법정운송증권으로 도입하였지만, 해상화물운송장이 국제운송에서 주로 이용된다는 점에서 국제적으로 널리 인정되는 통일법규의 미비 또는 통일된 법리의 미비로 인하여 기존의 문제점이 여전히 존재한다고 보아야 한다.

특히 다음과 같은 문제들은 해상화물운송장의 이용 자체에서 발생하는 한계점이라고 볼 수 있다. 이러한 문제점은 ① 해상화물운송장에 적용될 국제적 통일 법규가 존재하지 않는다는 점, ② 화물 전매의 문제, ③ 신용장 및 환어음에 의한 은행거래에서 해상화물운송장의 담보력 부재의 문제, ④ 송하인의 화물처분권문제, ⑤ 운송인특정과 보험자대위권행사의 문제 등으로 나타난다.

이 밖에도 ① 기업의 사규로 신용장 거래가 원칙으로 되어 있거나, ② 후급운임(freight collect)의 증거로 선하증권을 복사하는 경우, ③ 미국 등의 과세가격의 산정기준으로 해상운임을 확인하기 위해 선하증권의 제출을 요구하는 관행, ④ 남미 일부국가와 필리핀 등의 수입 통관절차상 SGS(Societe Gegerale de Surveillance)라고 하는 검정회사의 검사증명서를 요구할 경우 선하증권 원본의 제출이 요구되는 경우, ⑤ 해운동맹에서 해상화물운송장의 사용을 금지하는 경우, ⑥ 브라질·아르헨티나 등의 수입화물의 세관통제시 법률에 의해서 선하증권 원본의 제출이 요구되는 경우 등의 사유가 해상화물운송장의 활성화에 장애요인이 되고 있다.

495) 서영화, "개정 상법상 해상화물운송장에 대한 법적 검토," 국제운송물류법의 법적 과제, 국제거래법학회/한국해법학회/동아대학교 법학연구소 공동학술대회, 2007. 9. 29, 51-52쪽.

제5장

해상기업의 위험관리

해상기업의 활동은 선박을 이용한 해상항행이라는 방법으로 이루어진다. 따라서 해상법에서는 선박의 해상항행에 육상기업의 활동에서는 찾아 볼 수 없는 특수한 위험, 즉 각종의 해상위험이 반드시 발생하게 된다. 이와 같이 해상항행에 불가피하게 발생하는 각종의 해상위험에 대하여 이를 어떻게 극복하고 각 이해관계인의 경제적 손실을 어떻게 적정하게 조정할 것인가 하는 것이 문제가 되는데, 이에 대하여 상법은 공동해손·선박충돌·해난구조·해상보험에 대하여 별도의 규정을 두고 있다. 이 중 공동해손과 해난구조는 적극적으로 해상위험을 극복하는 제도이고, 선박충돌과 해상보험은 소극적으로 해상위험을 극복하는 제도이다. 상법의 편제상 해상보험은 보험계약의 일부로서 제4편 보험법에서 설명하고 있으나, 실무상으로 한국해운조합이나 수산업협동조합과 같이 특별법에 의하여 운영하는 해상보험계약의 경우에만 우리 상법 제4편의 해상보험규정을 준거법으로 사용하고 있고, 총톤수 500톤 이상 선박에 대하여는 대부분 영국의 법과 관습을 준거법으로 사용하고 있는 실정이다. 그러므로 제5장에서는 영국의 1906년 해상보험법의 내용을 중심으로 해상보험법을 간략히 소개하기로 한다.

제 1 절 공동해손

제1관 공동해손의 의의

Ⅰ. 개념

해손(海損 : average) 또는 해상손해라 함은 선박의 해상항행에 수반되거나 적하에 생기는 모든 손해를 의미한다. 이는 통상손해('小損害'라고 하기도 한다)와 비통상손해(좁은 의미의 손해)로 구분된다[1]. 통상손해란 통상의 항행에서 규칙적으로 발생되는 손해, 예컨대, 선체의 자연적인 소모, 연료비, 입항세 등이 여기에 속한다. 통상손해는 경제적으로는 선박소유자(운송인)가 운임 중에 산입해야 할 성질의 것이기 때문에 손해로서의 법적인 문제는 생기지 아니한다. 비통상손해는 통상적으로 예견되지 않는 항해상의 사고에서 생기는 손해인데, 단독해손과 공동해손으로 구분된다. 단독해손(particular average)은 선박 또는 적하의 어느 한 쪽에만 생긴 손해이고, 당해 손해의 관여자만이 단독으로 그 손해를 부담한다. 이에 대해서 공동해손(general average)은 선박 및 적하에 공통의 해상위험에 의해서 발생하는 손해를 말한다. 상법은 '선박과 적하의 공동위험을 면하기 위한 선장의 선박 또는 적하에 대한 처분으로 인하여 생긴 손해 또는 비용'을 공동해손이라고 규정하고 있고(상법 제865조), 선박, 운임 및 적하가 공동으로 부담해야 하는 것으로 정하고 있다(상법 제866조).

공동해손에 관해서 상법은 비교적 상세한 규정을 두고 있으나, 이들 규정은 임의규정이기 때문에 당사자가 상법의 규정과 다른 약정을 하는 것은 자유이다. 실제로는 요크-앤트워프 규칙(1974년, 1990년, 1994년 각각 개정)이 국내외의 용선계약서, 선하증권, 보험증권 등에서 보통계약약관으로서 거의 예외 없이 채용되고 있고, 상법의 규정은 보충적으로 적용되는데 그치고 있다.

1) 裵炳泰, 註釋海商法, 韓國司法行政學會, 1983, 316쪽 참조.

II. 연혁과 요크-앤트워프 규칙

공동해손은 해손의 일종으로 손해와 비용을 모든 이해관계인에게 분담시키는 제도를 공동해손제도라 한다. 이 공동해손제도는 서기 3세기경 그리스의 로드해법에서 처음 인정된 것으로 알려져 있다.[2] 로드해법에 의하면 선박과 적하의 공동위험을 면하기 위하여 선장이 돛을 절단 하든가 적하를 바다에 투하(投荷)하고 이로 인해 위험을 면한 선박과 적하의 소유자가 그 손해를 분담하는 제도였다고 한다. 이것은 투하법(jettison law)이라고 알려졌는데, 로마법에 계수되어 해손을 부당이득반환법리에 의하여 해결하였으며, 중세에 들어서는 선박과 적하의 소유자가 위험공동체를 구성하는 조합으로 보았다. 그 후 게르만법은 위험공동체이론으로, 프랑스법은 부당이득이론으로, 영국에서는 공정·공공질서 및 편의에 기초를 둔 것이라는 이론으로,[3] 미국에서는 공동대리설[4]로 설명함으로써 공동해손의 요건·효력에 관하여 서로 다른 발전을 하여 왔다. 이와 같이 각국의 법률이 달라 해상기업의 실무에 있어서 불편이 많았으므로, 공동해손법의 통일 운동이 전개되었다. 그리하여 1860년의 그라스고우회의 이후 1864년 요크회의(요크 규칙)와, 1887년의 앤트워프회의(앤트워프 규칙)을 거쳐 1890년의 리버풀국제통일회의에서 요크-앤트워프 규칙이 성립하였다. 이것은 해운업자에게 널리 이용되었으나 그 후 1903년 보완되고, 다시 1924년 스톡홀름회의 및 1949년 암스텔담 국제해법회에서 각각 개정되었다. 이 1950년 요크-앤트워프 규칙(York-Antwerp Rules, 1950)은 국제해법회(Comité Maritime International : CMI)의 주관 하에 1974년, 1990년, 1994년에 각각 개정되어 오늘에 이르고 있다. 이 규칙은 국제협약도 아니고 세계적인 관습법이라고 인정할 수 있는 것도 아니지만, 세계 각국의 해운업자 및 보험업자에 의하여 국제적인 보통거래약관으로 이용되고 있으므로, 실제로는 실정법으로서의 해상법에 갈음하는 중요한 작용을 하고 있다.[5] 공동해손에 관한 우리 상법의 규정은 요크-앤트워프 규칙의 내용을 받아들인 것이다.

2) 鄭暎錫, 海上保險論, 海印出版社, 2005, 364쪽.
3) Pirie v. Middle Dock Co. (1881) 44 LT 426.
4) The Beatrice (1924); 鄭暎錫, 海上保險論, 海印出版社, 2005, 365.
5) 鄭燦亨, 商法講義(하), 제10판, 博英社, 2008, 924쪽.

제2관 인정 근거와 법적 성질

Ⅰ. 인정 근거

공동해손을 선박 및 적하의 각 이해관계인에게 분담시키는 제도가 공동해손제도인데, 현재 세계의 해운국에서 광범위하게 채용되고 있다. 공동해손제도는 '선박을 가볍게 하기 위하여 적하를 투기한 경우, 전체를 위한 희생은 전체에 의해서 분담되지 않으면 안 된다'라고 하는 고대 해상법의 하나인 로드해상법에 그 기원을 두고 있다는 것은 앞에서 설명한 바와 같다.

공동해손제도가 인정되는 근거에 대해서는 여러 견해가 주장되고 있지만, 통설은 '위험공동단체(Gefahrgemeinshaft)'라는 관념에 의해서 설명한다. 즉, 선박과 적하는 해상에서 고립적인 위험공동단체를 구성하는 것이고, 이것이 해상위험에 적용되는 경우에는 선박 또는 적하 어느 경우라도 부분적 희생을 통하여 전체의 이익을 꾀하는 수밖에 없는 것이다. 여기서, 전체의 이익을 위해 이 단체의 관리자인 선장에게 적당한 조치(공동해손행위, 예컨대 적하를 버리는 행위, 좌초 등)를 강구시켜, 이에 의해서 발생한 손해는 이 단체를 구성하는 이해관계인 사이에서 공평하게 분담하는 것이다(危險共同團體說).

Ⅱ. 법적 성질

공동해손의 본질에 대하여 설명하는 종래는 학설은 사무관리설, 부당이득설(프랑스법), 공동대리설(미국법) 등의 민법상의 법률개념에 의해서 이를 설명하고 있다. 우리나라의 현재의 통설에 의하면, 공동해손은 상법상의 특수한 제도이기 때문에 기존의 민법이나 일반 상법의 제도에 맞추어서 설명하는 것은 무리가 있고, 결국 공동해손의 법적 성질로서는 '해상법상의 특수한 법률요건'으로 해석할 수밖에 없다고 한다.[6]

통설의 입장은 공동해손의 본질 또는 성질에 관해 특별한 견해를 제시하는 것이 아니므로 학설로서 큰 의미가 없다는 비판[7]이 있는 것에서 보듯이 법적 성질에 대한

6) 鄭熙喆, 商法學(하), 博英社, 1990, 609쪽; 徐燉珏・鄭完溶, 商法講義(하), 제4전정, 博英社, 1996, 649쪽(공동해손은 해상법의 특수한 법률요건으로서 하나의 사건인 성질을 가지는 것이라고 한다); 孫珠瓚, 商法(하), 제11정증보판, 博英社, 2005, 878쪽(공동해손을 부당이득으로 보면, 이에 관하여 특별규정을 둘 필요가 없으므로 이것은 해상법상의 특수한 법률관계라고 한다); 梁承圭・朴吉俊, 商法要論, 제3판, 619쪽; 崔基元, 商法學新論(하), 제13판, 博英社, 908쪽 외.

7) 蔡利植, 商法講義(하), 개정판, 博英社, 2003, 747쪽.

설명으로서는 의미가 없다. 법학에서 법적 성질을 규명하기 위해서 다투는 것은 당사자 간의 합의가 불명확하거나 해당되는 사실관계에 적용할 법규가 미비할 경우에 적용할 보충적 법률규정을 적용하기 위한 기준을 제기하는 것에 실질적 의미가 있다는 점에서 보면 통설의 견해는 공동해손의 본질을 밝힌 것은 아니라는 비판이 타당하다. 그러나 공동해손제도는 고대로부터의 해상관습으로부터 유래하여 독특하게 발달하여 온 것으로 이와 유사한 다른 법률제도를 찾아 볼 수 없다는 점에서 그 법적 성질을 달리 규명하기는 어려울 것으로 보인다. 따라서 해상법의 규정에 따라 엄격하게 적용하여 요건에 해당하면 공동해손으로서의 법적 효력이 발생되는 것으로 볼 수밖에 없을 것이고 통설의 입장에 의하여 설명할 수밖에 없을 것으로 보인다.

다만, 이러한 해석은 상법상 공동해손에 대한 법적 성질을 설명하는 것이고, 선하증권의 뒷면약관이나 해상보험계약에서 약관의 내용으로 요크-앤트워프 규칙을 적용하는 경우에는 당사자의 합의에 의하여 공동해손을 적용하는 것이므로 특수한 계약으로 보아야 한다. 또 공동해손제도는 공동위험단체의 내부관계를 보호하고 조정하는 것이므로, 이에 관한 규정은 임의규정이다.[8]

제 3 관 공동해손의 성립요건

상법은 '선박과 적하의 공동위험을 면하기 위한 선장의 선박 또는 적하에 대한 처분으로 인하여 생긴 손해 또는 비용'을 공동해손이라 한다(상법 제865조). 한편, 1994년 요크-앤트워프 규칙은 '공동의 해상항해에 관계되는 재산을 위험으로부터 지키려는 목적을 가지고서, 공동의 안전을 위해, 고의적으로 그리고 합리적으로, 비상의 희생 또는 비상의 비용이 지출된 경우에 한해서, 공동해손이 성립한다'(요크-앤트워프 규칙 제A조)고 하고 있다. 또한 이러한 '공동해손 행위의 직접적인 결과인 멸실·손해 또는 비용에 한해서, 공동해손으로 인정한다'(요크-앤트워프 규칙 제C조)고 규정하고 있다.

이하에서는 상법 및 요크-앤트워프 규칙에서의 공동해손의 성립요건으로서 ① 공동위험, ② 공동해손행위(처분), ③ 손해·비용, ④ 선박 또는 적하의 보존의 4가지를 순차적으로 검토하기로 한다.

8) 鄭燦亨, 商法講義(하), 제10판, 博英社, 2008, 924쪽; 徐燉珏·鄭完溶, 商法講義(하), 제4전정, 博英社, 1996, 650쪽.

Ⅰ. 공동위험의 요건

공동해손은 선박과 적하의 공동의 안전(common safety)을 위협하는 공동위험을 면하기 위하여(extrication from peril) 한 것이어야 한다.

1. 위험의 공동성

선박과 적하에 공통된 위험을 면하기 위한 것이어야 한다.[9] 그러므로 선박과 적하가 아닌 인명에 대한 위험이나 선박만의 위험 또는 적하만의 위험은 공동해손에 해당되지 아니한다. 이것은 곧 위험의 발생원인의 동일성을 의미한다. 그러나 위험의 강도나 성질의 동일성을 의미하는 것은 아니다. 또 동일한 폭풍우로 인한 것이면, 선박에는 훼손·적하에는 멸실의 위험과 같이 개별적 이익이 침해되는 경우에도 공동해손은 성립할 수 있다.[10]

2. 위험발생원인의 불문

위험의 발생원인이 동일하면 되므로, 어떠한 원인에 기인했는가는 불문한다. 따라서 천재지변으로 인한 것이든 인간의 행위로 인한 것이든, 또 제3자의 과실로 인한 것이든 불문한다. 다만 그 공동위험이 선박 또는 적하의 하자나 기타 과실 있는 행위로 인하여 생긴 경우에는 공동해손의 분담자는 그 책임 있는 자(過失者)에 대하여 구상권(求償權)을 행사할 수 있다(상법 제870조, 요크-앤트워프 규칙 제D조). 영국은 판례를 통하여 '로드법에서 인정한 공동해손분담청구권은 선박을 위협하는 위험의 원인에 따라서 결정되는 것이 아니라, 현실위험의 존재를 근거로 하여 성립한다'라고 판시하여 원인불문주의를 확립하였다.[11]

3. 위험의 현실성

위험이 현실적으로 존재하여야 하므로, 장래의 위험에 대비하여 한 처분은 포함되지 않는다. 위험이 현실적으로 존재한다는 것은 위험이 절박한(imminent) 것을 의미하며, 급박한 것을 의미하는 것은 아니다. 즉, 항해의 성질에 따라서는 현재는 절박한 위험이 아니라도 시간이 흘러서 절박한 위험으로 변할 수 있다면 그 위험은 현실적 위험으로 인정한다. 예를 들어, 선박이 맑은 날씨에 좌초된 경우라도 그날 밤 또는 이튿날에 날씨가 급변하여 좌초선박이 전복·침몰할 수 있을 경우에는 현실적 위

---

9) 鄭暎錫, 海上保險論, 海印出版社, 2005, 370쪽.
10) 鄭暎錫, 海上保險論, 海印出版社, 2005, 371쪽.
11) Strang v. Scott 9 (1889) 14 AC 601.

험으로 본다.[12] 그러나 확실한 근거가 없이 장래에 위험이 있을 것을 예상하여 처분하는 것은 공동해손이 성립하지 않는다.

4. 위험의 객관성

위험이 객관적으로 존재하여야 한다. 객관적으로는 위험이 없어도 선장이 주관적으로 위험의 존재를 인식하고 합리적 판단에 의하여 처분한 경우에는 공동해손이 성립한다고 보아야 한다는 학설도 있으나,[13] 공동해손의 성립을 선장의 주관적 판단에만 맡길 경우에는 적하이해관계인의 손해와 희생을 전제로 민사책임에 관한 법리의 예외를 인정하는 공동해손제도의 성격상 적하이해관계인에게 지나치게 불리하게 해석될 수 있을 뿐만 아니라, 상법은 공동해손에 관하여 처분과 손해 간에 인과관계의 존재를 요하므로(상법 제865조), 위험은 객관적인 것이어야 한다. 그러나 처분과 보존 간의 인과관계는 요하지 않는다(상법 제866조).

5. 목적의 소극성

공동해손은 공동위험을 면하기 위한 것이지, 적극적으로 공동이익을 도모하기 위한 것은 아니다.[14]

II. 처분요건

선박 또는 적하에 대한 선장의 고의·비상(故意·非常)의 처분이어야 한다.

1. 선장의 행위

선장에 의한 처분이어야 한다. 이때 선장은 선박소유자에 의하여 선임된 선장(상법 제745조)뿐만 아니라, 상법 제748조에 의한 대선장(代船長) 및 선장의 의뢰를 받고 선장의 직무를 수행하는 선장의 수임인(受任人)을 포함한다.[15] 따라서 선장 이외의 자가 한 처분에 의한 손해는 공동해손이 되지 않는다. 그러나 사실상 본선의 항해 중에 이루어지는 처분행위이므로 선장의 지시 또는 위임에 의한 선원의 직무수행상의 처분으로 볼 수 있으므로 반대의 증명이 없는 한 선장의 행위로 추정해야 할 것이다.

12) 鄭暎錫, 海上保險論, 海印出版社, 2005, 371쪽.
13) 徐燉珏·鄭完溶, 商法講義(하), 제4전정, 博英社, 1996, 650쪽.
14) 徐燉珏·鄭完溶, 商法講義(하), 제4전정, 博英社, 1996, 650쪽; 鄭熙喆, 商法學(하), 博英社, 1990, 610쪽.
15) 鄭暎錫, 海上保險論, 海印出版社, 2005, 372쪽.

2. 선장의 고의

선장이 고의로 한 처분이어야 한다. 이때 고의로 한 처분이란 그 의사에 기하여 선박 또는 적하에 대하여 한 처분(돛의 절단, 투하 등)을 말한다. 따라서 불가항력에 의한 것(예컨대, 폭풍에 의한 돛대의 절단) 또는 우연히 한 처분 등은 공동해손 행위가 될 수 없다. 일본 상법 제799조는 선박이 불가항력으로 발항항 또는 항해의 도중에 정박을 하기 위하여 드는 비용에 관하여는 공동해손에 관한 규정을 준용하는 것으로 규정하고 있다(準共同海損). 그러나 요크-앤트워프 규칙 제10조가 극히 좁은 범위에서 공동해손을 인정하고 있는 취지를 받아들여서 우리 상법은 이를 전혀 인정하지 않는다.[16)]

3. 비상처분

선장의 비상처분으로 인한 손해 또는 비용이 있어야 하므로, 운송계약상의 정상적 항해비용은 공동해손이 될 수 없다. 처분의 목적물은 선박 또는 적하이나, 이것은 손해가 선박 또는 적하에 관하여 발생하는 것을 의미하지는 않는다. 처분행위는 작위이든 부작위(停船・發航延期)이든, 사실행위(投荷・入渠)이든, 법률행위(적하의 매각・구조계약)이든 불문한다.

4. 정당한 처분

처분의 정당성이 인정되어야 한다. 선장은 이해관계인의 이익에 가장 적합한 방법으로 처분하여야 할 것이므로 정당성이 결여된 처분에 대해서는 선장이 책임을 져야 할 것이다(요크-앤트워프 규칙 제A조).

5. 공동해손으로 인정된 처분의 사례

선장의 처분행위의 구체적 내용에 관해서는 상법상 특별한 규정이 없다. 그러나 공동해손의 정산을 간단・신속하게 하기 위해서는 전형적인 것을 들어 규정할 필요가 있는데, 요크-앤트워프 규칙에 따라 주요한 것을 살펴 보면 다음과 같다.[17)]

첫째, 손해가 생기는 처분으로는 다음과 같은 것을 들 수 있다.

선박 또는 적하에 손해가 생기는 처분행위로는 투하, 환적, 양륙, 해난사고에 조우하여 소요되는 선박수선비에 충당하기 위하여 적하를 매각하는 것, 불을 끄는 행위,

---

16) 불가항력으로 인한 처분을 공동해손으로 법률을 가진 국가는 일본・독일・프랑스 등이 있고, 이를 인정하지 않는 국가에는 영국・미국 등이 있다.

17) 鄭暎錫, 海商法講義要論, 海印出版社, 2003, 178-179쪽.

적하의 사용(식량·연료의 결핍, 응급수선의 필요에 따라서 적하·속구·저장품 등을 본래의 목적과 달리 사용하는 것), 임의 좌초, 돛이나 닻의 절단, 기관의 무리한 사용 등을 들 수 있다.

둘째, 비용이 생기는 처분으로는 다음과 같은 것을 들 수 있다.

선박 또는 적하를 위난으로부터 구출하기 위하여 비용을 지출하게 하는 처분행위로는 선박의 부양, 피난(피난지로 가는 항행비·입항비·정박 중의 비용(정박 중의 선원 급료·식량·거주비 등), 적하의 양륙비와 창고보관료·재선적비 등 피난행위와 상당인과관계가 있는 것), 대체행위(공동의 위험을 극복하기 위한 대체비용(예선료·환적비·계속운송비용·가수선비 등)을 지급하게 되는 행위), 비용조달행위(위에서 설명한 비용을 조달하는데 소요된 비용도 공동해손 행위이므로 그 조달행위도 처분행위에 포함)를 들 수 있다.

Ⅲ. 손해 · 비용의 요건

선장의 처분으로 인하여 손해 또는 비용이 발생하여야 한다.

1. 손해 또는 비용

손해 또는 비용이 발생하여야 한다. 이때 손해라 함은 선박 또는 적하의 어느 일방 또는 그 양자에 처분으로 인하여 생긴 '실제 손해'를 말한다. 선장의 비상의 처분행위로 인하여 발생된 손해 또는 비용 일체를 말하며, 손해 또는 비용 자체가 비상적인 것을 의미하지는 않는다. 손해는 '선박 또는 적하'의 어느 일방 또는 그 양자에 생긴 것만을 말하는 것은 아니고, 처분행위로 인하여 사람 또는 제3자의 물건에 발생한 손해도 포함된다.[18] 그러나 갑판적 된 적하의 투하는 갑판적의 관습이 있는 경우 등 적법한 갑판적인 경우가 아니면 공동해손이 성립되지 않는다.[19] 비용이라 함은 피난항에의 입항비용·도선료·예선료 또는 구조료 등을 말한다. 이때 구조료는 선장이 선박소유자 등을 위하여 구조계약을 체결하여 선박소유자 등이 지급한 구조료를 말하는 것이고, 상법상의 임의구조에 의한 구조료 등을 말하는 것은 아니다.

손해 또는 비용의 범위를 정하는 데는 공동안전주의, 공동이익주의 및 희생주의의 세 가지 입법주의가 있다.[20]

첫째, 공동안전주의는 공동의 안전을 위하여 생긴 손해 또는 비용만을 공동해손으

18) 鄭暎錫, 海商法講義要論, 海印出版社, 2003, 179쪽.
19) 鄭熙喆, 商法學(하), 博英社, 1990, 611쪽.
20) 鄭暎錫, 海商法講義要論, 海印出版社, 2003, 179-180쪽.

로 한다는 입법주의이다. 즉, 선박 또는 적하를 위험에서 구출하기 위하여 생긴 손해와 비용만을 공동해손으로 인정한다. 이에 의하면 피난항 입항비는 공동해손이 되나 정박료·출항비는 공동해손에 포함되지 않는다. 영국법주의라고도 한다.

둘째, 공동이익주의는 공동의 안전을 도모하기 위하여 생긴 손해와 비용에 한정하지 않고 항해의 속행에 필요한 공동의 손해 또는 비용을 공동해손으로 하는 입법주의를 말한다. 이에 의하면 피난항 출입비, 정박료 뿐만 아니라 항해계속을 위한 수선비까지도 공동해손으로 인정한다.

셋째, 희생주의는 공동안전이나 공동이익과는 관계없이 선장의 처분과 상당인과관계가 있는 손해와 비용을 공동해손으로 인정한다. 이에 의하면 피난항 출입비·정박료는 공동해손이 되나, 수선비는 배제된다. 독일법주의라고도 한다.

현행 상법은 중간적인 희생주의를 취하고 있다고 본다(상법 제865조). 따라서 선장이 선박 및 적하의 안전을 위하여 한 처분에 의하여 생긴 손해 또는 비용은 그 처분과의 사이에 상당인과관계가 있어야 공동해손이 되는 것이다.

2. 상당인과관계의 존재

손해 또는 비용은 처분으로 인하여 발생한 것이어야 하므로, 양자 간에는 상당인과관계가 있어야 한다(상법 제865조).[21] 따라서 난파물의 처분, 침수되어 무가치하게 된 적하의 투기, 풍랑으로 인한 적하의 유실 등과 같이 선장의 처분의 결과가 아니고 위험 자체에 의해서 생긴 손해는 공동해손이 되지 않는다.

Ⅳ. 보존요건

선장의 처분 후에 적어도 선박 또는 적하의 일부가 존재하여야 한다(상법 제866조). 따라서 선장의 처분으로 인하여 선박 또는 적하의 전부가 멸실되어 잔존물이 전혀 없는 경우에는 공동해손분담의 문제는 있을 수 없게 된다.

1. 잔존주의

처분과 보존 사이에 인과관계를 요하는지의 여부에 관하여 효과주의와 잔존주의의 입법주의가 있다. 효과주의(또는 인과주의)는 처분과 보존 사이에 인과관계의 존재를 요하는 입법주의로서 프랑스법주의라고도 한다. 또 잔존주의는 처분과 보존 사이에 인과관계의 존재를 요하지 않고 처분의 주효유무에 불구하고 처분 후에 선박 또는 적

21) 鄭暎錫, 海上保險論, 海印出版社, 2005, 373쪽.

하가 잔존하면 무방하다고 하는 입법주의로서 독일법주의 또는 영국법주의라고도 한다. 우리 상법은 잔존주의에 따고 있다(상법 제866조, 요크-앤트워프 규칙 제A조·제C조 참조). 반면 과거 依用商法 제789조는 '이로 인하여 보존하게 된 선박 또는 적하'라고 규정하여 인과주의에 입각한 입법이었다.[22)]

2. 잔존종류불문주의

잔존물의 범위에 관하여는 선박잔존주의, 병존주의 및 종류불문주의의 세 가지 입법주의가 있다.

첫째, 선박잔존주의는 적어도 선박의 잔존을 필요로 하는 입법주의로서 프랑스법주의라고도 한다.

둘째, 병존주의는 선박과 적하의 쌍방의 전부 또는 일부가 잔존되어야 하는 입법주의로서 독일법주의라고도 한다.

셋째, 잔존종류불문주의는 선박 또는 적하의 어느 일방의 전부 또는 일부가 잔존하면 된다는 입법주의로서 영미법주의라고도 한다(요크-앤트워프 규칙도 이 주의임).

현행 상법은 잔존물의 종류를 불문하는 입장을 취하고 있다(상법 제866조). 따라서 선박이나 적하 중 어느 한쪽만이라도 잔존하면 공동해손분담을 할 수 있다.[23)]

제3관 공동해손의 효과

공동해손의 효과는 공동해손 채권 및 공동해손 채무를 확정하고 이를 정산하는 것이므로 이하에서는 차례로 설명하기로 한다.

Ⅰ. 공동해손 채권

1. 공동해손 채권자

공동해손의 채권자는 선장의 공동해손처분으로 인하여 손해를 입었거나 비용을 지출한 운송인(선박소유자·선체용선자·재운송인 등) 또는 적하이해관계인(송하인·수하인·항해용선자 또는 정기용선자 등)이다. 이러한 공동해손의 채권자는 공동위

22) 인과주의를 취하게 되면 반드시 행위의 그 결과가 나와야 하기 때문에 선장이 공동해손행위를 하기가 어렵다는 비판이 있다(鄭暎錫, 海商法講義要論, 海印出版社, 2003, 180쪽 참조).
23) 鄭暎錫, 海商法講義要論, 海印出版社, 2003, 180쪽.

험단체를 전제로 하는 것이므로, 예컨대 공동해손의 비용을 제3자가 지출한 경우에 그 제3자는 채권자가 아니다.[24] 공동해손의 채권자는 공동위험단체에서 이익을 본 다른 이해관계인에게 배상청구권을 갖는데, 이러한 청구권을 공동해손 분담청구권이라 한다. 또 그 입은 손해와 지출한 비용을 공동해손 분담채권이라고 한다. 이러한 공동해손 분담청구권에는 선박우선특권이 인정되고 있다(상법 제777조 제1항 제3호 후단).

2. 공동해손 분담채권의 범위

선장의 처분행위로 인하여 입은 손해와 지출한 비용은 전부 공동해손 분담채권을 이루어 분담의무자로부터 배상받을 수 있는 것이 원칙이다(상법 제865조). 다만, 상법은 공동해손 분담채권액의 범위를 명확하게 하기 위하여 예외적으로 다음의 경우에는 공동해손 분담채권으로부터 제외하고 있다(상법 제872조). 이는 손해액의 범위를 명확히 하고, 일종의 제재조치를 강구하려는 정책적인 이유에서 특칙을 둔 것이다.[25]

첫째, ① 속구목록에 기재하지 아니한 속구, ② 선하증권 기타 적하의 가격을 정할 수 있는 서류 없이 선적한 하물, ③ 종류와 가액을 명시하지 아니한 화폐나 유가증권 기타의 고가물은 채권액의 범위에서 제외된다(상법 제872조 제1항 후단). 이를 제외하는 이유는 이러한 물건이 손실된 경우에는 그 손해액의 범위를 확정하기가 아주 곤란하며, 특히 고가물인 경우에는 신고되었으면 선장이 이를 처분하지 않았을 것이 기대되기 때문이다.[26]

둘째, 갑판에 적재된 하물은 관습상 허용되는 경우와 그 항해가 연안항행에 해당되는 경우를 제외하고는 그에 대한 손실은 채권액의 범위에서 제외된다(상법 제872조 제2항). 이를 제외한 이유에 대하여는 해상위험이 있는 경우 갑판적하물을 먼저 투기하는 것이 일반적이라고 설명하는 견해가 있으나,[27] 이러한 이유보다는 갑판적으로 하겠다는 특별한 합의가 있는 경우가 아니면 하물을 갑판적으로 운송하는 것은 계약위반으로 보기 때문에 공동해손 분담채권으로 보기 어렵기 때문이다.[28] 그러나 이러한 재산이 보존된 경우에는 공동해손 분담기금에는 포함된다고 본다.[29]

---

24) 鄭燦亨, 商法講義(하), 제10판, 博英社, 2008, 928쪽.
25) 鄭暎錫, 海商法講義要論, 海印出版社, 2003, 181쪽.
26) 徐燉珏・鄭完溶, 商法講義(하), 제4전정, 博英社, 1996, 653쪽.
27) 徐燉珏・鄭完溶, 商法講義(하), 제4전정, 博英社, 1996, 653쪽; 孫珠瓚, 商法(하), 제10정증보판, 博英社, 2002, 884쪽.
28) 갑판적운송에 대한 운송인의 책임에 대하여는 [정영석, 국제해상운송법, 범한서적주식회사, 2004, 331-347쪽] 참조.
29) 鄭暎錫, 海商法講義要論, 海印出版社, 2003, 181쪽.

3. 채권액의 산정

공동해손 처분으로 지출된 비용은 그 금액이 명백하므로 상법은 선박과 적하에 대한 손해의 산정에 대해서만 규정하고 있다. 공동해손의 손해액은 처분의 때와 곳에서의 가액에 의해서 산정하여야 할 것이지만, 이는 사실상 불가능에 가까우므로 편의상 특칙을 두어 그 산정기준을 명시하고 있다.[30] 즉, 선박의 가액은 도달의 때와 곳의 가액으로, 적하의 가액은 양륙의 때와 곳의 가액으로 산정한다(상법 제869조 본문). 즉, 항해종료시의 선박과 적하의 가액을 기준으로 한다. 이때, 적하의 가액에 관해서는 그 손실로 인하여 지급을 면하게 된 모든 비용을 공제(控除)하여야 한다(상법 제869조 단서). 그러나 공동해손에서 하주는 운임의 전액을 지급하여야 하기 때문에(상법 제813조 제2호), 이 경우에 운임은 공제하지 않는다.[31] 선하증권 기타 적하의 가격을 정할 수 있는 서류에 적하의 실제 가액보다 저액을 기재한 경우에는 그 기재액을 공동해손의 채권액으로 한다(상법 제873조 제1항 후단). 또한 적하의 가격에 영향을 미칠 사항에 관하여 허위의 기재를 하였다가 그 하물이 손실된 때에도 그 기재액을 손해액으로 한다(상법 제873조, 요크-앤트워프 규칙 제19조). 이는 금반언의 원칙에 의하여 부당이득을 방지하고자 하는 것이다.[32]

공동해손인 손해 또는 이것에 기한 분담청구권에 대하여는 공동해손의 정산이 종료될 때까지 법정 이자를 가산하여야 한다.[33]

4. 공동해손 채권의 소멸

공동해손으로 인하여 생긴 채권 및 공동해손에 책임 있는 자에 대한 구상권은 그 계산이 종료된 날로부터 1년 내에 재판상 청구가 없으면 소멸한다(상법 제875조). 이 기간은 제척기간이고 당사자의 합의에 의하여 연장할 수 있다(상법 제885조 단서, 제814조 제1항 단서).

5. 분담청구권의 확보

가. 선박우선특권

공동해손 분담청구권자는 선박・그 속구, 그 채권이 생긴 항해의 운임, 그 선박과 운임에 부수한 채권에 대하여 우선특권이 있다(상법 제777조 제1항 제3호).

---

30) 鄭暎錫, 海商法講義要論, 海印出版社, 2003, 181쪽.
31) 鄭暎錫, 海商法講義要論, 海印出版社, 2003, 181쪽; 鄭燦亨, 商法講義(하), 제10판, 博英社, 2008, 929쪽.
32) 鄭燦亨, 商法講義(하), 제10판, 博英社, 2008, 929쪽.
33) 梁承圭・朴吉俊, 商法要論, 제3판, 三英社, 1993, 623쪽.

나. 유치권

공동해손 분담청구권자는 적하이해관계인의 운송물에 대해서도 선장을 통하여 유치권을 행사할 수 있다(상법 제807조). 그러나 실제로는 선장은 적하이해관계인으로부터 보증금이나 적하보험자의 보증장을 받거나 또는 공동해손맹약서(共同海損盟約書 : general average bond)[34]에 기명날인을 시키고 운송물을 인도하는 것이 보통이다.[35]

II. 공동해손의 분담

1. 공동해손 분담의무자

공동해손 분담의무자(공동해손 채무자)는 공동위험단체의 구성원이다. 즉, 선장의 처분으로 인하여 그 위험을 면한 선박소유자와 적하이해관계인이다.

2. 공동해손 분담액의 범위

상법은 공동해손을 분담하는 재산(공동해손 분담청구권의 대상이 되는 잔존물의 범위)으로 그 위험을 면하여 잔존하게 된 선박 또는 적하의 가액과 운임의 반액으로 규정하고 있다(상법 제866조). 운임을 반액으로 한 것은 정산의 편의를 위한 것이다.[36] 여기서 선박・적하・운임 등은 예시적인 것이다.

상법은 공동의 위험방지라는 공익 또는 사회정책적인 이유로 다음과 같은 경우에는 예외적으로 채무액의 범위에서 제외하고 있다.

첫째, 선박에 비치한 무기・선원의 급료・선원과 여객의 식량과 의류는 그것이 보존된 경우에도 공익상 또는 정책상의 이유로 인해 공동해손 분담액으로부터 제외되어서 그 가액을 공동해손의 분담에 산입하지 않는다(상법 제871조 전단). 이를 제외한 이유는 이러한 물건이 공동위험방지 또는 생활필수품에 관한 것이기 때문이다.[37] 그러나 이러한 물건이 손실된 경우에는 그 가액을 공동해손 채권액에 산입한다(상법

34) 하주가 그 선박이나 적하에 공동해손이 발생하였을 경우에 그 해손정산을 신속하고 정확하게 하기 위하여 이해관계인에게 서명해서 제출하게 하는 문서인데, 여기에는 정산지의 지정, 정산인의 선정, 정산방법, 이해관계인의 의무, 현보유화물의 평가, 해손부담의 보증금 등의 사항이 기재된다. 공동해손맹약서는 하주가 선박소유자에 대하여 공동해손 분담액을 지급하고 공탁금의 예탁 또는 보험자의 공동해손 분담보증장의 제공을 확약하는 계약서이기도 하다(最新 海運・物流用語大辭典, 제9개정증보판, 코리아쉬핑가제트, 2002, 293쪽).

35) 鄭暎錫, 海商法講義要論, 海印出版社, 2003, 182쪽.

36) 徐燉珏・鄭完溶, 商法講義(하), 제4전정, 博英社, 1996, 655쪽; 孫珠瓚, 商法(하), 제10정증보판, 博英社, 2002, 885쪽.

37) 孫珠瓚, 商法(하), 제10정증보판, 博英社, 2002, 885쪽.

제871조 후단).

둘째, 우편물과 그 취급에 필요한 물건은 공익상 특히 이를 보호하기 위하여 해손을 분담하지 않게 되어 있다(우편법 제7조 제3항).[38]

3. 공동해손 분담액의 산정

공동해손을 어느 시기를 표준으로 하여 산정할 것인가에 대한 입법례로는 즉시주의와 항해종료주의가 있다. 이 중 즉시주의는 선장의 처분 즉시 그 가액을 확정하는 입법주의를 말하고, 항해종료주의는 항해종료시에 그 가액을 확정하는 것을 말한다. 현행 상법은 항해종료주의에 따라 규정하고 있다(상법 제867조). 즉, 선박의 가액은 도달의 때와 곳의 가액으로 하고, 적하의 가액은 양륙의 때와 곳의 가액으로 산정한다(상법 제867조 본문). 다만 적하의 가액에 관해서는 그 가액 중에서 멸실로 인하여 지급을 면하게 된 운임 기타의 비용을 공제하여야 한다(상법 제867조 단서). 운임은 편의상 그 반액으로 한다(상법 제866조).

선하증권 기타 적하의 가격을 정할 수 있는 서류에 적하의 실제 가액보다 고액을 기재한 경우에 그 하물이 보존된 때에는 그 기재액을 공동해손의 분담액으로 하고(상법 제873조 제1항 전단), 또한 적하의 가격에 영향을 미칠 사항에 관하여 허위기재를 하였다가 그 하물이 보존된 때에도 그 기재액을 적하의 가액으로 하고, 그에 따라서 공동해손을 분담한다(상법 제873조 제2항).

4. 공동해손 분담의무자의 책임제한

공동해손을 분담할 책임이 있는 자(공동해손 분담자 또는 공동해손 채무자)는 선박이 도달하거나 적하를 인도한 때에 현존하는 가액의 한도에서 그 책임을 진다(상법 제868조). 즉 공동해손 분담자는 잔존물의 가액의 범위 내에서 유한책임을 지는데, 이를 처분으로 인한 이익의 한도에서 지는 인적 유한책임이라고 한다. 이는 공동해손 제도가 공동위험단체의 관념을 전제로 하고 있는 점에서 보면 쉽게 이해할 수 있다.

5. 공동해손 분담액의 정산

가. 분담비율

공동해손 분담채권과 분담재산의 범위 및 가액이 확정되면, 그 비율에 따라서 각

38) 「우편법」 제7조 (전용물건등의 압류금지, 부과면제)
① 우편전용의 물건과 현재우편의 용에 공하는 물건은 압류할 수 없다.
② 우편전용의 물건(우편에 관한 서류를 포함한다)은 제세공과금의 부과대상이 되지 아니한다.
③ 우편물과 그 취급에 필요한 물건은 해손을 부담하지 아니한다.

이해관계인의 분담액이 산출된다. 상법 제866조는 '공동해손은 그 위험을 면한 선박 또는 적하의 가액과 운임의 반액과 공동해손의 액과의 비율에 따라 각 이해관계인이 이를 분담한다'라고 규정하고 있다. 이 규정에 의하면 공동해손인 손해액을 분담액에 속하는 재산의 가액과 손해액의 합산액으로 나눈 액을 분모의 각 항에 곱해서 나온 액이 그 각 항의 이해관계인이 분담하는 액이 된다.

공동해손 분담액의 산출을 수식으로 표시하면 다음과 같다.

잔존선박의 선가를 S, 잔존 적하의 가액을 C, 운임액을 F, 공동해손액(손해액)을 GA, 공동해손 분담률을 K라고 하면, 각 이해관계인의 분담액은 다음과 같은 공식에 의하여 산출된다.

공동해손 분담률 : $K = \dfrac{GA}{S + C + \dfrac{F}{2} + GA}$

선박소유자(갑) : $S \times K = S \times \dfrac{GA}{S + C + \dfrac{F}{2} + GA}$

적하권리자(을) : $C \times K = C \times \dfrac{GA}{S + C + \dfrac{F}{2} + GA}$

운임권리자(병) : $\dfrac{F}{2} \times K = \dfrac{F}{2} \times \dfrac{GA}{S + C + \dfrac{F}{2} + GA}$

공동해손인 손해의 관계인(희생자 정) : $GA \times \dfrac{GA}{S + C + \dfrac{F}{2} + GA}$

S = 100억원, C = 70억원, F = 20억원, GA = 20억원이라면, 각 이해관계인의 분담액이 갑은 10억원, 을은 7억원, 병은 1억원, 정은 2억원이 된다.

나. 정산의무자

공동해손의 정산(adjustment)이라 함은 공동해손 분담액과 공동해손 채권액을 확정하여 각 이해관계인에게 분담시키는 일련의 절차를 말한다. 공동해손의 정산자에 대하여는 상법에 명문의 규정이 없으므로 다른 특약 또는 관습이 없으면 선장이 이를 담당한다고 본다(통설).[39] 정산의무자는 별다른 특약이나 관습이 없는 한 선장이며,

선장은 항해가 종료한 후 공동해손 정산서를 작성하여야 한다. 실제로는 정산 사무가 전문적·기술적인 것이므로 전문적인 공동해손 사정사(general average adjuster)에게 맡기는 것이 보통이다. 그러나 이러한 정산이 법적 구속력이 있는 것은 아니므로, 당사자가 이를 수용하지 아니하고 다툴 수도 있다.[40)]

다. 정산지

공동해손의 정산지는 특약이 없는 한 항행의 종료지, 즉 선박과 적하가 종국적으로 분리되는 최후의 적하양륙항이다(통설)(상법 제867조, 제869조 참조). 그러나 항해가 중단된 경우에는 그 곳이 정산지가 된다고 본다.[41)]

라. 정산시기

상법 제807조가 공동해손 분담액의 지급과 상환하지 아니하면 운송물의 인도를 할 의무가 없다고 규정한 것을 보면, 늦어도 최후의 양륙항에 이르기까지는 정산을 완료하여야 할 것이다. 그러나 실제로는 공동해손의 정산에 많은 시간이 소요되므로 선장은 공동해손 분담액의 지급과 상환하지 않고 대개 보증금을 공탁시키거나 또는 적하의 보험자의 보증장을 제출케 하고 운송물을 미리 인도한 다음 정산은 후일에 한다(상법 제807조 제2항 참조).[42)]

마. 수회의 공동해손의 정산

동일 항해 중 여러 차례의 공동해손 행위가 있을 때에는 후의 공동해손부터 정산하여야 한다. 상법상 명문의 규정은 없으나, 항해종료지에서의 잔존재산으로 해손을 분담하여야 하므로 후의 공동해손을 먼저 정산하지 않으면 잔존재산의 가액을 정할 수 없기 때문이다.[43)]

바. 정산 후 손해의 회복과 분담금반환의무

선박소유자·용선자·송하인 기타의 이해관계인이 공동해손의 액을 분담한 후 선박·속구 또는 적하의 전부나 일부가 소유자(공동해손 채권자)에게 복귀된 때에는 그 소유자는 상금(償金)으로 받은 금액에서 구조료와 일부 손실로 인한 손해액을 공제하고 그 잔액을 반환하여야 한다(상법 제874조). 여기서 상금은 자기의 분담액을 공제

39) 같은 의견, 鄭熙喆, 商法學(하), 博英社, 1990, 614쪽; 孫珠瓚, 商法(하), 제10정증보판, 博英社, 2002, 886쪽. 반대의견, .徐燉珏·鄭完溶, 商法講義(하), 제4전정, 博英社, 1996, 655-656쪽(공동해손의 정산의무자는 선장이 아니라 해상운송인이라고 해석한다).

40) 鄭熙喆, 商法學(하), 博英社, 1990, 614쪽.

41) 徐燉珏·鄭完溶, 商法講義(하), 제4전정, 博英社, 1996, 656쪽.

42) 鄭暎錫, 海商法講義要論, 海印出版社, 2003, 185쪽.

43) 鄭暎錫, 海商法講義要論, 海印出版社, 2003, 185쪽.

하고 실제로 배상 받은 금액이 아니라 자기가 입은 모든 손해액을 말한다.[44] 반환된 금액은 분담률(상법 제866조 참조)에 따라 각 이해관계인(손해물의 소유자도 포함)에게 분배되어야 한다.[45] 선박과 적하의 공동위험이 선박 또는 적하의 하자 기타 과실 있는 행위로 인하여 생긴 때에는 공동해손 분담자는 책임 있는 자에 대하여 구상할 수 있다(상법 제870조). 이 구상권도 1년 내에 재판상의 청구가 없으면 소멸하고, 이 기간도 당사자의 합의에 의하여 연장할 수 있다(상법 제875조, 제814조 제1항).

44) 鄭暎錫, 海商法講義要論, 海印出版社, 2003, 185쪽; 徐燉珏·鄭完溶, 商法講義(하), 제4전정, 博英社, 1996, 657쪽..

45) 鄭暎錫, 海商法講義要論, 海印出版社, 2003, 185쪽; 徐燉珏·鄭完溶, 商法講義(하), 제4전정, 博英社, 1996, 657쪽..

제 2 절
선박충돌

제1관 선박충돌의 의의

Ⅰ. 선박충돌의 개념

선박충돌(ship's collision)이란 항해선 상호간 또는 항해선과 내수항행선 간에 수면에서 충돌하여 선박 또는 선박 내에 있는 물건이나 사람에 관하여 손해가 발생한 경우를 해상법상 선박충돌이라 한다(상법 제876조 제1항). 이때 '선박충돌은 2척 이상의 선박이 그 운용상 작위 또는 부작위로 선박상호간에 다른 선박 또는 선박 내에 있는 사람 또는 물건에 손해를 생기게 하는 것을 말하며, 직접적인 접촉의 유무를 묻지 아니한다'라고 규정하여 선박간의 물리적 접촉뿐만 아니라 간접충돌도 상법상 선박충돌로 규정하고 있다(상법 제876조 제2항).

선박항행의 기술적인 성격으로 인하여 선박의 충돌원인이 매우 다양하고 복잡하여 쌍방의 과실유무・경중의 판단이 매우 어렵고 또한 빈번한 선박충돌로 인한 인적・물적 손해가 매우 큰 점 등에서 상법은 특별규정을 두고 있다.

선박충돌은 그 성질상 민법상 불법행위의 일종인데,[46] 이중 쌍방과실로 인한 충돌은 공동불법행위가 된다. 상법은 선박충돌에 관하여 불가항력으로 인한 경우(상법 제877조), 일방의 과실로 인한 경우(상법 제878조), 쌍방의 과실로 인한 경우(상법 제879조), 도선사의 과실로 인한 경우(상법 제880조)에 관하여 각각 규정하고 있다.

Ⅱ. 선박의 충돌에 관한 국제협약

선박충돌은 선박의 국제항행으로 인하여 영해의 내외는 물론이고 선박국적의 내

46) 선박충돌로 인한 손해배상책임과 민법상 공동불법행위로 인한 손해배상책임을 비교한 연구로는 [김인유, "공동불법행위로 인한 손해배상책임과 선박충돌로 인한 손해배상책임에 관한 비교연구," 해사법연구, 제15권 제1호, 2003, 53-80쪽] 참조.

외를 불문하고 빈번히 발생하는 섭외적 현상이므로 이에 관한 법적 규제를 국제적으로 통일할 필요가 있다.[47] 이러한 필요에 의하여 19세기 말부터 각종 국제회의에서 국제적 통일법규를 만들기 위한 노력이 시도되었다. 이러한 노력의 결과 1910년에는 「선박충돌에 관한 법률의 특정 규정의 통일을 위한 국제협약」(International Convention for the Unification of Certain Rules of Law with respect to Collisions between Vessels, signed at Brussels, Sep. 23, 1910)[48]이 성립하였다. 또 1952년에는 「충돌문제에 있어서 민사재판관할권에 관한 특정 규정에 관한 국제협약」(International Convention on Certain Rules concerning Civil Jurisdiction in Matters of Collision, signed at Brussels, May 10, 1952)[49]이 성립하였다. 우리 상법은 국제협약의 규정을 포괄적으로 받아들여 입법한 것으로 볼 수 있다.

제 2 관 선박충돌의 성립요건

상법상 선박충돌의 요건이 성립하기 위해서는 상법 제876조의 규정에 의하여 2척 이상의 선박간의 충돌이라는 물리적 현상이 발생하고 충돌로 인한 손해가 발생하여야 한다.

Ⅰ. 충돌요건

1. 독립된 선박 간의 충돌

선박충돌이라 함은 2척 이상의 독립된 선박간의 충돌을 말한다. 상법 제876조 제1항은 '항해선 상호 간 또는 항해선과 내수항행선 간의 충돌'이라고 하여 적어도 충돌의 일방은 항해선이어야 한다고 규정하고 있다. 여기서 항해선(sea-going vessel)이라 함은 평수구역 이상의 해역을 항행할 수 있는 선박을 말한다. 상법 제740조에서는 상행위 그 밖의 영리를 목적으로 항해에 사용하는 선박을 해상법상의 선박이라고 하는데, 이 때 항해에 사용하는 선박을 항해선이라고 한다. 여기서 해상이라 함은 호천이나 항만 이외의 수면을 말하는데, '호천이나 항만의 범위는 선박안전법 시행령

47) 鄭燦亨, 商法講義(하), 제10판, 博英社, 2008, 933쪽.

48) 1910년 9월 23일 채택되어 1913년 3월 1일 발효된 이 협약은 2008년 12월 10일 현재 92개국이 가입하였다. 우리나라는 가입하지 않았다(CMI, Yearbook 2005-2006, pp. 404-406).

49) 1952년 5월 10일 채택되어 1955년 9월 14일 발효된 이협약은 2008년 12월 10일 현재 76개국이 가입하였다. 우리나라는 가입하지 않았다(CMI, Yearbook 2005-2006, pp. 423-424).

제2조 제2호의 규정[50]에 의한 평수구역으로 한다(상법 제125조,[51] 상법의 일부규정의 시행에 관한 규정 제3조,[52] 선박안전법 시행규칙 제15조 제1항[53] 참조)'라고 규정되어 있다. 반면, 내수선은 내수, 즉 평수구역만을 항행하는 선박이다. 이때 내수의 범위는 「선박안전법」에서 규정한 평수구역을 말한다(선박안전법 시행규칙 제15조 제1항). 그러나 현행 선박법은 수상 또는 수중을 항행하는 선박에 적용하므로 선박법 제29조의 규정에 의하여 국유 또는 공유 선박을 제외한 모든 항행용 선박에 해상법

---

50) 선박안전법 시행령 제2조 (적용제외 선박)

① 「선박안전법」(이하 "법"이라 한다) 제3조제1항제3호에서 "대통령령이 정하는 선박"이란 다음 각 호의 선박을 말한다.

1. 법 제8조제2항에 따른 선박검사증서(이하 "선박검사증서"라 한다)를 발급받은 자가 일정 기간 동안 운항하지 아니할 목적으로 그 증서를 국토해양부장관에게 반납한 후 해당 선박을 계류(이하 "계선"이라 한다)한 경우 그 선박
2. 「수상레저안전법」 제37조에 따른 안전검사를 받은 수상레저기구
3. 2007년11월 4 일 전에 건조된 선박 중 다음 각 목의 어느 하나에 해당하는 선박
   가. 추진기관 또는 범장(帆檣)이 설치되지 아니한 선박으로서 평수(平水)구역[호소·하천 및 항내의 수역(「항만법」에 따른 항만구역이 지정된 항만의 경우 항만구역과 「어촌·어항법」에 따른 어항구역이 지정된 어항의 경우 어항구역을 말한다)과 국토해양부령으로 정하는 수역을 말한다. 이하 같다]안에서만 운항하는 선박. 다만, 여객운송에 사용되는 선박 등 국토해양부령으로 정하는 선박은 제외한다.
   나. 추진기관 또는 범장이 설치되지 아니한 선박으로서 연해구역(영해기점으로부터 20해리 이내의 수역과 국토해양부령으로 정하는 수역을 말한다. 이하 같다)을 운항하는 선박 중 여객이나 화물의 운송에 사용되지 아니하는 선박
   다. 「내수면어업법」 제6조·제9조 및 제11조에 따른 면허어업·허가어업 또는 신고어업에 사용되는 선박으로서 2007년 11월 4일 이전에 최초로 법 제8조에 따른 정기검사(이하 "정기검사"라 한다)를 받은 선박

② 제1항제1호에 따른 선박의 소유자 또는 관리인(이하 이 조에서 "선박소유자등"이라 한다)은 국토해양부령으로 정하는 바에 따라 해당 선박의 계선기간 및 계선사유 등을 기재한 서류를 국토해양부장관에게 제출하여야 한다.

③ 제1항제3호가목 본문 또는 나목에 해당하는 선박으로서 이 법의 적용을 받으려는 선박의 선박소유자등은 해당 선박에 대하여 법 제7조제4항에 따른 별도건조검사를 받아야 한다.

51) 상법 제1편 제9장 운송업 제125조 (의의)

육상 또는 호천, 항만에서 물건 또는 여객의 운송을 영업으로 하는 자를 운송인이라 한다.

52) 상법의 일부규정의 시행에 관한 규정 제3조 (호천・항만의 범위)

법 제125조에 규정된 호천, 항만의 범위는 선박안전법 시행령 제2조제1항제3호 가목에 따른 평수구역으로 한다.

53) 선박안전법 시행규칙 제15조(항해구역의 종류)

① 법 제8조제3항에 따른 항해구역의 종류는 다음 각 호와 같다.

1. 평수구역(平水區域)
2. 연해구역
3. 근해구역
4. 원양구역

② 영 제2조제1항제3호가목 본문에서 "국토해양부령으로 정하는 수역"이란 별표 4의 수역을 말한다.

③ 영 제2조제1항제3호나목에서 "국토해양부령으로 정하는 수역"이란 별표 5의 수역을 말한다.

④ 근해구역은 동쪽은 동경 175도, 서쪽은 동경 94도, 남쪽은 남위 11도 및 북쪽은 북위 63도의 선으로 둘러싸인 수역을 말한다.

⑤ 원양구역은 모든 수역을 말한다.

의 규정이 적용된다고 보아야 한다(법 제29조).[54] 현행 상법과 선박법의 규정으로 보면 항해선과 내수선의 구별은 사실상 실익이 없다고 보아야 하므로,[55] 「선박법」 제29조의 규정에 의하여 항해선이건 내수항행선이건 국·공유선이 아닌 비영리선박에는 모두 상법의 규정이 적용된다고 보아야 한다.[56] 따라서 내수항행선간의 충돌에도 상법 제876조 내지 제881조의 규정이 적용된다고 본다.[57] 그 이유는 다음과 같다.

첫째, 선박보험뿐만 아니라 사회상식상 일반적으로 선박으로 생각되는 것은 선박보험의 대상이 된다고 해석하고 있다.[58] 이는 항행기술적 이유로 선박의 충돌에 대하여 민법상의 불법행위책임에 대한 특별규정을 두고 있는 상법의 입법취지[59]와 선박보험계약의 해석상 내수항행선에 대하여도 선박충돌의 규정을 적용하는 것이 동일하다고 볼 수 있다.

둘째, 선박보험에 든 내수항행선의 경우에 항해선과 법적 책임이 달라질 경우에는 특별한 이유 없이 민사책임이 달라지게 되어 형평에 어긋난다고 볼 수 있다. 또한 국공유선 상호간의 충돌에는 상법의 규정이 적용될 수 없지만, 국공유선과 사유선박 간의 충돌에는 상법의 규정을 적용하는 것이 합리적이라고 본다. 또 예선과 피예선과의 충돌의 경우에도 상법상의 선박충돌이라고 보아야 할 것이다.[60] 이는 예선과 피예선을 일체로 보는 예선일체의 원칙은 소위 항법에 관련된 과거의 원칙이었을 뿐이고, 선박소유자 등의 책임제한에 관한 대법원 판례에서[61] 예인선과 피예인선을 각각 하

54) 정영석, 해양경찰시험대비 해사법규(Ⅰ), 개정판, 범한서적, 2008, 82-84쪽 참조.
55) 반대의견, 한국해사문제연구소 편, 선박행정의 변천사, 선박검사기술협회·한국선급, 2003, 43쪽.
56) 정영석, 海事法規講義, 제5판, 해인출판사, 2007, 64쪽 참조.
57) 반대의견(통설), 鄭燦亨, 商法講義(하), 제10판, 博英社, 2008, 934쪽; 金仁顯, 海商法, 제2판, 法文社, 2008, 262쪽; 徐燉珏·鄭完溶, 商法講義(하), 제4전정, 博英社, 1996, 656쪽,
58) 船舶保険の査定實務, 改訂版,東京, 保險每日新聞社, 1992, 186쪽.
59) 大判 1972.6.13, 70 다 213 : 상법 제846조는 구상법 제797조와는 달리 통일조약 제4조에 따라 명문으로서 제3자의 사상으로 생한 손해에 한하여 연대책임을 인정하고 재산상의 손해에 대하여는 각선주의 과실정도에 의한 분할책임을 규정하고 있으므로 상법 제843조에 의하여 선박충돌로 인하여 생긴 손해의 배상에 관하여는 위 상법규정(제846조)만이 적용되고 민법상의 공동불법행위 관한 규정은 그 적용이 배제된다고 할 것이니 원심이 이 사건 손해의 배상에 관하여 피고 (1) (2)에게 그 과실정도에 따라 분할지급을 명한 것은 정당하다.
60) 반대 의견, 프랑스의 1969년 1월 3일 법(Loi N° 8 du 2 janvier 1969)에 의하면 예선과 피예선 사이의 충돌에는 일반적으로 해상법이 적용되지 않는다(동법 제26조 및 제28조 참조); 李性哲, 船舶衝突에 있어서 過失責任에 관한 硏究, 한국해양대학교 대학원 法學博士學位論文, 2001.2, 13-14쪽.
61) ② 大決 1998.3.25, 97 마 2758 :
[1] 예인선의 선장 및 선원들이 예인선과 일체로서 영리 목적으로 사용되는 리스 임차 피예인선인 부선(barge)을 그 안전수칙에 위반하여 안개로 인한 시계제한 상태에서 운행하던 중 무선 연락 등으로 선행 선박의 항해 방향, 시속 등을 확인하지 않은 채 너무 근접하여 그 선박을 추월하다가 피예인선이 그 선박과 충돌한 경우, 예인선의 선박소유자는 그 피용인인 선장이나 선원들의 위와 같은 항해상의 잘못으로 인하여 발생한 사고로 인한 손해를 상대방 선박소유자에게 배상책임이 있으며, 그 손해배상채권은 상법 제746조 제1호가 정하는 '선박의 운항에 직접 관련하여 발생한 그 선박 이외의 물건의 멸실 또는 훼손으로

나의 독립된 단위로 인정하는 것으로 보아 예인선과 피예인선을 선박충돌에서 제외할 이유가 없다고 본다. 또 단정 또는 노도선 상호간의 충돌은 상법상의 선박충돌로 보지 않는다(상법 제741조 제2항).

2. 직접충돌 또는 간접충돌

선박의 충돌이라 함은 선박 상호간의 접촉을 의미한다. 반드시 항행 중에 일어난 사고에 한하지 않고 일방 또는 쌍방이 정박에 일어난 충돌도 포함한다.[62] 충돌은 우선 선박간의 직접적인 접촉을 들 수 있는데, 선박상호간의 직접적인 접촉은 물론이고, 선박이 정박 중인 다른 선박의 닻줄과 접촉하는 경우와 같이 선박의 부속 설비와 접촉하는 것도 선박의 충돌로 본다. 다만, 부두와 같은 항만시설・빙산・부표와의 접촉,[63] 또는 다른 선박과의 충돌을 피하려다 좌초한 것은 선박충돌이 아니다.[64]

한편 통항선박에 의하여 생긴 조파로 인하여 다른 선박이 제3의 선박과 충돌하거나, 다른 선박이 전복되거나 좌초된 경우와 같은 간접충돌을 선박충돌에 포함할 것인지가 해석상 문제되는데,[65] 현행 상법은 제876조 제2항에서 '직접적인 접촉의 유무를 묻지 아니한다'라고 규정하여 명문의 규정으로 간접충돌을 포함하게 되었다. 이

인하여 생긴 채권'으로서 선박소유자의 책임제한 대상 채권에 해당한다.

[2] 상법 제747조 제1항 제3호는 선박소유자의 책임제한에 관한 여러 입법주의 중 이른바 금액주의를 채택하면서 '그 선박'의 톤수에 따라 정하여진 금액을 책임의 한도액으로 하도록 하고 있는바, 예인선이 피예인선을 예인하면서 예선열을 이루어 운항하던 중에 선박소유자의 책임을 제한할 수 있는 채권이 발생한 모든 경우에 항법 분야에서 통용되는 이른바 예선열 일체의 원칙을 적용하여 예인선과 피예인선이 일체로서 상법 제747조 제1항 제3호가 정하는 '그 선박'에 해당하는 것으로 의제할 근거는 없다.

[3] 위 [1]의 경우, 예인선 소유자는 피예인선의 임차인으로서 영리를 목적으로 피예인선을 항해에 사용하였으므로 상법 제766조 제1항에 따라 그 이용에 관한 사항에는 제3자에 대하여 선박소유자와 동일한 권리의무가 있고, 예인선과 피예인선은 예인선 소유자의 해상기업조직에 편입되어 함께 그 기업활동을 수행하던 중에 사고를 일으켰으며, 예인선 소유자의 손해배상채무를 발생시킨 원인이 된 선장의 과실은 예인선의 항해에 국한된 것이 아니라 예인선이 예인하는 대로 항해할 수밖에 없는 피예인선의 항해에도 관련된 것이며, 충돌로 인한 상대 선박의 훼손은 예인선과 피예인선 두 선박 모두의 운항에 직접 관련하여 생긴 것이라고 할 수 있고, 피예인선이 선박검사증서에 명기된 운항 제한에 위반하여 출항한 것 자체가 그 운항에 책임 있는 예인선 소유자의 피용자의 과실이라고 할 수 있으므로, 예인선 소유자의 책임한도액은 예인선과 피예인선 두 선박에 대하여 각각 상법 제747조 제1항 제3호에 따라 산정한 금액을 합한 금액이 된다는 이유로, 양 선박의 총톤수를 합한 총톤수를 기준으로 상법 제747조 제1항 제3호에 따라 그 한도액을 산정한 원심판결을 파기한 사례.

62) 李性哲, 船舶衝突에 있어서 過失責任에 관한 硏究, 한국해양대학교 대학원 法學博士學位論文, 2001.2, 14쪽. 1910년 선박충돌에 관한 법률의 특정 규정의 통일을 위한 국제협약 제2조 제2문 : 이 규정은 충돌시에 선박의 쌍방 또는 일방이 정박 중(기타 고착 중)이라는 사실에도 불구하고 이를 적용한다.

63) 徐燉珏, 商法講義(下), 法文社, 1985, 602쪽.

64) 鄭暎錫, 海商法講義要論, 海印出版社, 2003, 186쪽; 李性哲, 船舶衝突에 있어서 過失責任에 관한 硏究, 한국해양대학교 대학원 法學博士學位論文, 2001.2, 14쪽.

65) 간접충돌에 대하여 선박충돌로 해석하는 견해(朴容燮, 海商法論, 螢雪出版社, 1998, 821쪽; 宋相現・金炫, 海商法原論, 博英社, 1993, 612쪽, 裵炳泰, 註釋海商法, 韓國司法行政學會, 1977, 351쪽)와 이를 부정하는 견해(李基秀, 保險法・海商法論, 博英社, 2002, 514쪽; 崔基元, 海商法, 博英社, 1993, 232쪽)로 나누어진다.

규정은 「1910년 선박충돌에 관한 법률의 특정 규정의 통일을 위한 국제협약」(International Convention for the Unification of Certain Rules of Law with respect to Collisions between Vessels, signed at Brussels, Sep. 23, 1910) 제13조의 규정[66]을 받아들인 것이다. 그러나 이 규정에 의하면 선박의 항행상 다른 선박의 통항으로 인한 조파로 인한 선박 또는 선박내의 인명 또는 물건의 손해,[67] 충돌을 피하기 위한 동작으로 인하여 선박 내의 인적·물적 손해에 대하여 충돌책임을 물을 수 있을 것으로 보인다. 그러나 정도의 차이는 있지만 다른 선박의 통항으로 인한 조파는 통상 발생하는 것이므로, 해당 해역에서 통항이 허용되는 선박이라면 통상적인 항해로 인한 조파를 원인으로 한 간접충돌에 대하여도 법적 책임을 묻기는 어려울 것으로 보인다. 또 간접충돌을 넓게 인정하는 경우에는 항해과실로 인한 면책을 회피하기 위하여 근처를 운항한 모든 선박을 상대로 간접충돌책임을 물을 수도 있으므로 남소(濫訴)의 우려가 높다. 따라서 매우 엄격한 요건 하에 제한적으로 간접충돌을 인정해야 할 것이다.

3. 운용상의 작위 또는 부작위

충돌은 2척 이상의 선박이 그 운용상 작위 또는 부작위로 선박 상호 간에 다른 선박 또는 선박 내에 있는 사람 또는 물건에 손해를 생기게 하는 것을 말한다(상법 제876조 제2항). 적극적으로 선박의 위치를 이동함으로써 다른 선박과 직·간접적인 접촉을 하는 경우를 작위에 의한 충돌이라고 한다. 또 다른 선박과의 접촉을 피하기 위하여 피항동작을 취해야 함에도 불구하고 아무런 동작을 취하지 않아서 접촉한 경우를 부작위에 의한 충돌로 볼 수 있다.

4. 수면에서의 충돌

상법 제876조 제1항 후단은 '어떠한 수면에서 충돌한 때라도'라고 규정하여 수면에서의 접촉인 한 해상이든 평수구역 내이든, 수상이든 수중이든, 선박이 진행 중이든 정박 중이든, 접촉 장소에 제한이 없다.[68]

66) 1910년 선박충돌에 관한 법률의 특정 규정의 통일을 위한 국제협약 제13조 : 선박이 그 운용상의 작위나 부작위 또는 법령의 위반으로 인하여 다른 선박 또는 일방의 선박 내에 있는 물건 또는 사람에게 입힌 손해의 배상에 관하여 실제로 충돌이 발생하지 아니한 경우에도 이 협약을 적용한다.

67) 미국에서도 선박 사이의 상호작용은 유체의 동압력에 의하여 수심이 얕은 수역 또는 제한수로에서 두 선박이 서로 접근하여 접촉하지 않고도 造波와 추진기류의 영향으로 손해를 입은 경우에 선박충돌에 준하는 것으로 해석하고 있다(John Wheeler Griffin, The American Law of Collision, American Maritime Case, Inc., Baltimore, 1949, pp. 586-591).

68) 孫珠瓚, 商法(하), 제10정증보판, 博英社, 2002, 890쪽; 鄭熙喆, 商法學(하), 博英社, 1990, 616쪽; 鄭燦亨, 商法講義(하), 제10판, 博英社, 2008, 935쪽.

II. 손해요건

상법 제876조에서 말하는 선박충돌은 선박 상호간의 충돌로 인하여 선박 또는 선박 내에 있는 물건이나 사람에 관하여 생긴 손해가 발생한 경우에 한하여 적용된다(상법 제876조 제1항). 이와 같이 선박충돌의 결과로 손해가 발생하여야 하는데, 이 때의 손해는 인적 손해와 물적 손해를 포함한다. 만약 충돌이 있어도 손해가 없으면 당사자 간에 사법상(私法上) 문제될 여지가 없기 때문이다.[69]

선박충돌로 인한 직접적인 손해뿐 아니라 변호사비용과 같은 간접 손해 및 적하소유자・여객 등에게 지출할 간접비용[70]도 포함한다. 또 선박이 전손된 경우에 그 선박의 시장가격・운임과 같은 것은 직접적인 손해로 해석이 되고, 일부 손상을 입은 경우에는 수선비용과 수선기간 동안 선박을 운항하지 못함으로써 상실한 예상수익도 손해로 볼 수 있다.[71] 그러나 파손된 항만 시설에 대한 복구비용, 유류오염손해로 인한 비용 등은 선박 또는 선박 내에 있는 물건이나 사람에 관한 손해가 아니므로 상법상의 선박충돌로 인한 손해배상책임에서는 제외되고 민법의 일반원칙에 따른다.[72]

또 충돌과 손해 간에는 상당인과관계가 있어야 한다.[73]

제3관 선박충돌의 효과

I. 불가항력 또는 원인불명으로 인한 선박충돌

선박의 충돌이 불가항력(inevitable accident)으로 인하여 발생하거나, 그 원인이 명백하지 아니한 때에는 피해자는 충돌로 인한 손해의 배상을 청구하지 못한다(상법 제877조). '천재지변은 소유자의 부담으로 한다'(res perit domini)는 일반원칙상 당연한 결과이다. 또 이 규정은 「1910년 선박충돌에 관한 법률의 특정 규정의 통일을

69) 徐燉珏・鄭完溶, 商法講義(하), 제4전정, 博英社, 1996, 890쪽.

70) 大判 1972.6.13, 70 다 213: 충돌사고로 인한 손해배상책임을 회피하기 위하여 소송제기를 변호사에게 위임하고 보수금을 지급하기로 약정한 경우, 이 보수금채무도 충돌사고와 상당인과관계가 있는 손해라고 할 것이므로 이 보수금도 충돌사고 쌍방의 과실 정도에 따라 분담지급하여야 한다.

71) 大判 1972.6.13, 70 다 213(集 20 ② 民: 98) : 원고는 정부소유의 이 사건 비료를 운송하는 訴外 대한통운주식회사와 연안운송계약을 맺고 동회사로부터 그 운임으로 돈 52,020원을 지급받기로 약정한 사실을 넉넉히 인정할 수 있고, 원고의 동 수익상실은 이 사건 선박충돌사고와 상당인과관계가 있는 소극적 손해라고 할 것인즉, 피고들은 원고에게 이를 배상할 책임이 있다.

72) 鄭暎錫, 海商法講義要論, 海印出版社, 2003, 186쪽.

73) 大判 1972.6.13, 70 다 213(集 20 ② 民: 98)(위 사건 설명 참조).

위한 국제협약」 제2조의 규정을 받아들여 국내법화한 것이다.[74] 따라서 피해선박의 소유자는 이러한 충돌로 인한 손해를 상대방에게 배상청구하지 못하고, 피해자는 자신의 부담으로 하여야 한다. 충돌원인이 불가항력으로 인한 것인지 또는 과실로 인한 것인지가 명백하지 않은 경우에는 불가항력에 의한 경우와 동일하게 볼 수밖에 없다고 본다(1910년 선박충돌에 관한 법률의 특정 규정의 통일을 위한 국제협약 제3조).

II. 일방과실로 인한 선박충돌

1. 선박소유자에 대한 관계

선박의 충돌이 일방의 선원의 과실로 인하여 발생한 때에는 과실 있는 선박의 소유자가 상대방 선박의 소유자에게 그가 입은 손해를 배상하여야 한다(상법 제878조).[75] 여기서 선원이란 선박소유자 및 그 모든 피용자를 포함하는 넓은 개념이다. 도선사의 과실도 이에 포함한다(상법 제880조). 선박소유자는 선원 기타 피용자의 선임·감독에 상당한 주의를 하였다고 하더라도(민법 제750조 제1항 참조), 손해배상책임을 면할 수 없다. 다만 상법 제769조 이하의 선박소유자 등의 책임제한에 관한 규정은 선박충돌의 경우에도 적용된다. 따라서 선원 등이 손해배상을 하는 경우에도(민법 제750조) 선주책임제한을 주장할 수 있다(상법 제774조 제1항 제3호). 또한 과실 있는 선원 등에게는 구상권을 행사할 수 있다(민법 제756조 제3항).

가해선박의 과실 및 손해의 발생은 피해선박 측에서 입증하여야 한다.[76] 가해선박이 「국제해상충돌예방규칙」, 「해상교통안전법」, 「개항질서법」 등에 위반하여 타 선박과 충돌한 경우에는 과실이 사실상 추정된다.[77]

2. 제3자에 대한 관계

선박충돌이 일방 선박의 과실로 인한 경우에는 첫째, 과실이 없는 선박상의 적하·

---

74) 徐燉珏·鄭完溶, 商法講義(하), 제4전정, 博英社, 1996, 660쪽; 孫珠瓚, 商法(하), 제10정증보판, 博英社, 2002, 891쪽; 鄭熙喆, 商法學(하), 博英社, 1990, 617쪽; 鄭燦亨, 商法講義(하), 제10판, 博英社, 2008, 936쪽.

75) 大判 1983.4.26, 82 추 2: 선장이 선박 왕래가 비교적 빈번한 수역에서 어망세척 작업을 하는 경우에는 주위에 운항중인 선박의 유무를 관찰하여야 함은 물론 세척 중에 1마일 상거지점에서 운항하여 오는 선박을 발견하였다면 그 선박의 동태를 주시하고 충돌을 미연에 방지할 수 있는 충분한 여유 있는 시기에 의문신호의 조치를 취하고, 그런데도 상대선이 계속 지그재그 항해상태로 접근하여 오면 스스로 충돌의 위험을 방지하기 위한 증속 또는 기관정지 중 적절한 조치를 여유 있는 시기에 취할 업무상 의무가 있다 할 것인데도, 상대선이 불과 약 500미터 거리에 접근되었을 때 비로소 의문신호를 행하고 거리 약 100미터 접근시에 뒤늦게 기관정지 또는 기관전속전진 등의 조치를 취하였다면 선박충돌에 관하여 선장에게 직무상 과실이 있다.

76) 鄭燦亨, 商法講義(하), 제10판, 博英社, 936쪽.

77) 鄭暎錫, 海商法講義要論, 海印出版社, 2003, 188쪽.

여객에 손해가 생긴 때에는 과실선박의 선박소유자 등이 불법행위상의 손해배상책임을 부담하고(민법 제750조), 둘째, 과실선박의 적하・여객에 손해가 생긴 때에는 과실선박의 선박소유자 등이 운송계약상의 채무불이행에 의한 손해배상책임(상법 제794조, 제795조 제1항, 제826조)을 부담한다. 다만, 자기 선박에 선적된 적하의 손해가 항해과실 등의 면책사유에 의하여 발생한 경우에는 과실선박의 소유자 등은 운송인면책사유에 의하여 면책되기 때문에 실질적으로는 선박소유자 등이 책임을 지는 경우는 거의 없다고 보아야 한다.

Ⅲ. 쌍방과실에 의한 선박충돌

1. 선박소유자간의 관계

가. 교차책임설과 단일책임설

선박충돌이 쌍방선박의 선원의 과실로 인하여 발생한 경우[78]에는 그 과실의 경중에 따라 각 선박의 소유자가 손해배상책임을 분담하고, 그 경중을 판정할 수 없는 때에는 각 선박의 소유자가 균분하여 손해배상책임을 진다(상법 제879조 제1항).[79][80]

이때 과실 있는 각 선박소유자가 부담하는 책임의 성질이 무엇이냐에 대하여 두 가지의 견해가 대립하고 있다. 즉, ① 과실의 경중에 따라 혹은 균분하여 손해를 부담하는 경우에 있어서의 손해배상책임은 각 선박소유자가 그가 분담할 손해에 비례하여 상호 불법행위를 원인으로 하여 각자 그 책임을 지는데 이는 상호 상계할 수 있다고 보는 견해(교차책임설)와 ② 이 경우 충돌이라는 불법행위를 하나로 보고 따라서 그것에서 생기는 손해도 하나로 보아 그 어느 일방의 선박소유자만이 하나의 손해배상책임을 진다고 보는 견해(단일책임설)가 있다.

단일책임설(single liability theory)은 첫째, 민법상의 불법행위에 관한 교차책임적 성격이 상법의 충돌에 관한 규정에 의하여 단일책임적 성격으로 바뀌었다는 점,

---

78) 大判 1983.9.13, 81 추 2: 엔젤호는 약 20노트, 엔젤 2호는 약 25노트의 속력으로 항해하였으나 농무로 시정이 10미터 정도로 극히 제한된 상태에서는 상대선을 발견하고 기관전속후진과 급전타로서는 두선박의 성능으로 보아 충돌은 불가피한 것이므로 무중 안전속력을 지키지 아니하고 무중 좌전타금지조항을 지키지 아니한 선박과 무중 안전속력을 지키지 아니한 선박이 충돌하였다 해도 이는 선장 쌍방의 운항에 관한 직무상 과실로 인한 것이라고 할 것이다.

79) 미국 해상법에서는 쌍방과실로 인한 충돌에서는 언제나 손해를 균분하여 계산상의 어려움을 피하였으나, 1975년 United States v. Reliable Transfer Co. Inc. 사건 이후 미구 연방대법원은 기존의 원칙을 폐기하고 비례배분의 원칙을 확립하였다.

80) 大判 1972.6.13, 70 다 213 :선박충돌로 인하여 생긴 손해의 배상에 관하여는 상법 제846조의 규정만이 적용되고 민법상의 공동불법행위에 관한 규정은 그 적용이 배제된다.

둘째, 두 선박이 관련되어 있다고 하더라도 충돌이라는 법률요건은 하나이므로 그로 인하여 생기는 손해도 하나로서 포괄적으로 파악하여야 한다는 점, 셋째, 교차책임을 인정할 경우 선박충돌도 불법행위의 한 유형이므로 민법 제496조에 의하여 채권의 상계가 금지된다는 점, 넷째, 어느 일방이 파산한 경우 상대방은 상계할 수 없다는 점, 다섯째, 일방의 선박소유자가 책임제한을 주장하는 경우 상대방에게 불리하게 되는 등 불공평한 결과가 생긴다는 점 등을 근거로 들고 있다.

반면 교차책임설(cross liability theory)은 첫째, 상법의 제879조의 규정은 손해의 부담비율을 정하는 원칙을 말한 것이지 손해액의 계산방법을 규정한 것은 아니라는 점, 둘째, 충돌사실은 하나라고 하더라도 과실 있는 쌍방이 각각 불법행위의 요건을 갖추고 있는 이상 그로부터 생기는 손해배상채권도 각각 성립한다고 보는 것이 합리적이라는 점, 셋째, 민법의 불법행위로 인한 채권의 상계금지규정의 취지는 원래 자력구제 및 보복적 불법행위를 금지하자는 취지이므로 선박충돌과 같이 한 개의 동시적 현상으로 인하여 쌍방에게 동질적 손해배상채무가 발생하는 관계에까지 적용되는 것은 아니라는 점. 다시 말하면 민법 제496조의 불법행위채권에 대한 상계금지규정은 고의의 불법행위로 인한 경우에만 상계금지를 규정한 것이므로[81] 과실로 인한 불법행위인 선박충돌로 인한 손해배상책임에 대하여는 적용여지가 없다는 점, 넷째, 일방이 파산하더라도 충돌이 파산선고 전에 생긴 경우에는 상대방의 채권이 파산채권이 아니기 때문에 「채무자 회생 및 파산에 관한 법률」에 의한 상계금지규정이 적용될 수 없다는 점, 다섯째, 일방의 선박소유자가 책임제한을 주장하는 경우에도 공평의 요청에 따라 쌍방의 손해배상액을 차감한 후가 아니면 책임제한을 주장할 수 없도록 해석함으로써 불공평한 결과를 막을 수 있다는 점 등을 근거로 들고 있다.[82]

그 밖에도 단일책임설을 취할 경우에는 각자의 과실비율에 따라 서로 분담할 손해액이 같은 경우에는 쌍방과실로 인한 선박충돌이라는 법률요건이 존재하는데도 처음부터 아무런 손해배상청구권이 발생하지 않게 되는 불합리한 결과를 초래하게 된다는 점과 쌍방의 배상능력에 차이가 있는 경우에는 오히려 상계를 인정함으로써 상계의 담보적 기능을 확보하는 것이 더 공평한 결과를 가져온다고 볼 수 있다는 점을 볼 때, 선박충돌도 육상의 교통사고와 같이 충돌이라는 하나의 사실이지만 공동불법행위이론에 따라 과실 있는 쌍방에게 각각의 불법행위가 성립하므로 교차책임설이 타당하다고 본다. 또한 해상보험실무에서도 교차책임약관이 사용되고 있다(통설).[83]

---

81) 大判 1974.8.30, 74 다 958 : 과실로 인한 손해배상청구권에 관해서는 민법의 상계금지규정이 적용되지 않는다; 같은 취지 李銀榮, 債權總論, 博英社, 2001, 759쪽; 郭潤直, 債權總論, 博英社, 1998, 532쪽.

82) 文龍浩, 船舶衝突, 裁判資料, 제52집, 海商·保險法에 관한 諸問題(上), 法院行政處, 1991, 576-578쪽.

예를 들어 A 소유의 선박과 B 소유의 선박이 A : B의 과실비율이 3 : 2의 비율인 쌍방과실충돌로 인하여 각각 50억 원의 피해를 입은 경우에 단일책임설과 교차책임설을 적용하여 각각의 손해배상청구권을 계산해 보면 다음과 같다.

첫째, 단일책임설을 적용할 경우, 전체의 손해가 100억 원으로서 이의 5분의 3인 60억 원은 A가 부담할 부분이고, 이의 5분의 2인 40억 원은 B가 부담할 부분으로 A는 자기의 선박에 대한 손해인 50억 원에서 10억 원을 더 부담하고 B는 자기의 선박에 대한 손해보다 10억 원을 덜 부담하게 된다. 따라서 이 차액인 10억 원은 A가 B에게 배상하여야 한다.

둘째, 교차책임설을 적용할 경우에는 A는 50억 원의 5분의 3을 자기의 선박의 손해에서 공제한 20억 원의 청구권을 B에 대하여 가지게 되고, B는 50억원의 5분의 2를 자기의 선박의 손해에서 공제한 30억 원의 청구권을 B에 대하여 가지기 때문에 이를 대등액으로 상계하면 B가 A에 대하여 10억 원의 손해배상청구권을 가진다.

나. 선박소유자 책임제한과의 관계

상법은 선박소유자 책임제한과 관련하여 상대방에 대하여 동일한 사고로 인하여 채권을 가지는 경우, 그 채권액을 공제한 잔액이 책임제한의 대상이 되는 채권이 되는 것으로 규정하고 있다(상법 제771조 참조). 이 규정을 근거로 하여 상법상의 선박충돌로 인한 손해배상책임에 대하여 단일책임설을 취한 것으로 해석하는 견해가 있다. 그러나 쌍방과실로 인한 선박충돌은 각각의 선박소유자의 입장에서는 별개의 불법행위가 성립되는 것으로 하나의 불법행위로 본다는 것은 불법행위법의 기본 원리에 어긋나는 것이다. 특히 상법 제771조가 규정한 것은 선박충돌의 법적 성질과는 별개의 문제로서 과실책임의 주체인 쌍방 선박소유자는 가해자의 법적 지위를 동시에 가지고 있기 때문에 그들 상호간에 가지는 채권액을 최소화하여 선의의 제3의 피해자들로 하여금 최대한의 채권액을 확보해 줄 필요가 있다. 이러한 취지에서 보면 과실책임이 있는 선박소유자 상호간에는 교차책임설에 따라 각각의 손해배상채권액을 산정한 후 이를 상계한 잔여 채권에 한하여 책임제한기금에 포함함으로써 제3의 피해자를 두텁게 보호할 필요가 있다고 본다. 그러므로 상법 제771조는 쌍방과실로 인한 선박충돌에 대하여 단일책임설을 취한 규정으로는 볼 수 없고, 과실 있는 선박소유자 상호간의 배상채권을 최소화하여 책임제한의 적용대상이 되는 무과실의 채권자를 두텁게 보호하기 위한 규정으로 보아야 한다.

---

83) 徐燉玨・鄭完溶, 商法講義(하), 제4전정, 博英社, 1996, 661쪽; 孫珠瓚, 商法(하), 제10정증보판, 博英社, 2002, 892쪽; 鄭熙喆, 商法學(하), 博英社, 1990, 618쪽; 鄭燦亨, 商法講義(하), 제10판, 博英社, 2008, 937쪽.

2. 제3자에 대한 관계

가. 인적 손해

쌍방 선박의 과실로 인하여 충돌이 발생한 경우에는, 여객 등 제3자의 사상으로 인한 손해에 대하여서만은 쌍방 선박의 소유자가 연대하여(共同不法行爲;민법 제760조) 배상책임을 진다(상법 제879조 제2항). 연대하여 책임을 진다고 하는 것은 피해자를 두텁게 보호하고자 하는 것이다. 그러나 이때 연대하여 책임을 진다는 것이 민법상의 연대책임인가 부진정연대책임인가에 대하여 견해의 대립이 있는데, 연대책임으로 볼 경우에는 채권의 전부 만족을 가져오는 사유가 아닌 민법 제418조 제2항, 제419조 내지 제422조의 사유가 채무자의 1인에 대하여만 발생하여도 모든 채권자에 대하여 항변권이 발생하기 때문에 실질적으로는 피해자 구제에 불리하게 작용하게 된다. 따라서 이러한 규정이 적용되지 않는 부진정연대채무로 해석하는 것이 타당하다고 본다.[84)]

이 때 각 선박소유자는 원래는 자기 소유 선박의 여객에 대하여는 채무불이행책임을 지고 상대방 선박의 여객에 대하여는 불법행위책임을 지는 것이나, 민법상 자기 소유선박의 여객이나 상대방 선박의 여객에 대하여 언제나 공동불법행위자로서 책임을 지는 경우(민법 제760조)와 결과적으로 동일한 책임을 지게 된다.

그러나 과실선박 쌍방의 내부관계에서는 과실의 경중에 따르고, 이를 따를 수 없을 때에는 균분하여 부담한다(상법 제879조 제1항).

나. 물적 손해

쌍방과실충돌로 인한 제3자의 재산상의 손해에 대하여는 상법에 명문의 규정이 없다. 따라서 이에 대하여 상법 제879조 제1항의 적용을 긍정하는 견해[85)]와 부정하는 견해[86)]로 나뉘는데, 긍정설이 타당하다고 본다. 이렇게 보면, 각 선박소유자는 적하의 소유자 등 제3자의 재산상의 손해에 대하여는 그 과실의 경중에 따라 배상책임을 분담하되, 과실의 경중을 판단할 수 없을 때에는 균분하여 부담한다(상법 제879조 제1항)(分割責任主義). 이것은 민법의 일반원칙인 공동불법행위자의 연대책임주의(민법 제760조)의 예외이다.[87)]

---

84) 같은 의견, 김인유, "공동불법행위로 인한 손해배상책임과 선박충돌로 인한 손해배상책임에 관한 비교연구," 海事法硏究, 제15권 제1호, 한국해사법학회, 2003. 6, 75쪽.

85) 우리나라의 통설·판례: 徐燉珏·鄭完溶, 商法講義(하), 제4전정, 博英社, 1996, 661쪽; 孫珠瓚, 商法(하), 제10정증보판, 博英社, 2002, 894쪽; 鄭熙喆, 商法學(하), 博英社, 1990, 619쪽; 鄭燦亨, 商法講義(하), 제10판, 博英社, 2008, 938쪽; 鄭暎錫, 海商法講義要論, 海印出版社, 2003, 190쪽.

86) 일본의 通說·判例: 田中誠二, 海商法詳論, 増補第3版, 勁草書房, 1985, 521쪽.

예를 들어 A 선박과 B 선박이 쌍방과실로 충돌한 경우 A 선박에 적재된 적하의 소유자 C와 A 선박소유자 사이에 면책약관이 체결되어 있다. 이 경우 위의 긍정설에 의하면 A 선박소유자와 B 선박소유자는 각각 자기의 부담부분에 대하여만 책임을 지므로 A 선박소유자는 하주 C에 대하여 면책약관의 내용을 주장할 수 있고, B 선박소유자는 면책약관을 주장할 수 없다. 부정설에 의하면 민법상의 공동불법행위자의 연대책임의 법리(민법 제760조)가 적용되므로 B 선박소유자는 면책약관을 원용할 수 없다고 하면 그가 전액을 지급하고 다시 A 선박소유자에게 그의 과실에 따른 부담부분을 구상하게 되면 A 선박소유자는 그의 적하소유자와 체결한 면책약관은 아무런 의미가 없게 된다. 그러므로 부정설을 취하더라도 민법 제419조의 취지를 원용하여 B 선박소유자가 A 선박소유자와 체결한 면책약관을 원용할 수 있다고 해석해야 한다고 주장하는 견해가 있다.[88] 그러나 충돌의 상대선박의 소유자는 운송계약의 당사자가 아니므로 반대의 특약이 없는 한 운송계약상 면책사유를 주장할 수 없고, 연대채무에서도 면제는 그 채무자의 부담부분에 한하여 절대적 소멸의 효력이 있다는 점(민법 제419조)[89] 등에 비추어 상대선박의 소유자가 자기와 운송계약의 당사자가 아닌 적하소유자에 대하여 면책약관을 주장할 수는 없다고 본다.[90]

현행 상법의 규정으로는 선박소유자가 직접 선박을 운항하는 등의 특별한 경우가 아니면 쌍방과실로 인한 선박충돌의 경우에는 상법 제795조 제2항의 항해과실에 해당하여 면책된다. 이와 같이 쌍방과실충돌의 경우에 인적 손해에 대하여는 민법상의 공동불법행위책임로서 연대책임을 지게 되어 있으나, 물적 손해에 대하여는 분할책임을 인정함으로써 하나의 충돌사고를 두고 법리를 2분화하여 시켜 법적 안정성을 해칠 우려가 있고 물적 피해자의 보호를 위해서도 인적·물적 손해에 대하여 구별 없이 민법의 일반원칙인 공동불법행위로 인한 연대책임으로 이론구성을 하거나 입법화

---

87) ① 大判 1972.6.23, 70 다 213 : 상법 제846조는 구상법 제797조와는 달리 통일조약 제4조에 따라 명문으로서 제3자의 사상으로 생한 손해에 한하여 연대책임을 인정하고 재산상의 손해에 대하여는 각선주의 과실정도에 의한 분할책임을 규정하고 있으므로 상법 제843조에 의하여 선박충돌로 인하여 생긴 손해의 배상에 관하여는 위 상법규정(제846조)만이 적용되고 민법상의 공동불법행위 관한 규정은 그 적용이 배제된다고 할 것이니 원심이 이 사건 손해의 배상에 관하여 피고 (1) (2)에게 그 과실정도에 따라 분할지급을 명한 것은 정당하다

② 大判 1975.6.24, 75 다 356 : 상법 제846조의 규정은 구상법 제797조의 내부적 관계를 규정한 것과는 달라 선박충돌로 인하여 제3자의 재산에 대한 손해가 가하여 졌을 경우에는 공동불법행위의 법리에 따른 손해배상의 연대책임이 인정될 여지는 없다고 할 것이다.

88) 徐燉珏·鄭完溶, 商法講義(하), 제4전정, 博英社, 1996, 662쪽; 孫珠瓚, 商法(하), 제10정증보판, 博英社, 2002, 894쪽; 鄭熙喆, 商法學(하), 博英社, 1990, 619쪽; 鄭燦亨, 商法講義(하), 제10판, 博英社, 2008, 938쪽.

89) 민법 제419조 (면제의 절대적 효력) 어느 연대채무자에 대한 채무면제는 그 채무자의 부담부분에 한하여 다른 연대채무자의 이익을 위하여 효력이 있다.

90) 鄭暎錫, 海商法講義要論, 海印出版社, 2003, 191쪽; 蔡利植, 商法講義(하), 改訂版, 博英社, 2003, 761쪽.

하는 것이 타당하다고 하는 견해가 있다.[91] 그러나 상법상 충돌은 항해과실에 해당하고, 인적 손해에 대하여는 항해과실면책이 허용되지 않으나 물적 손해에 대하여는 항해과실이 법정면책사유에 해당한다. 물적 손해에 대하여 분할책임주의를 버리고 공동불법행위책임으로 법리를 단일화하면 적하의 소유자가 면책사유를 회피하기 위하여 자기와 운송계약이 없는 상대 선박소유자를 상대로 손해배상청구를 하게 됨으로써 상법상의 면책사유를 피해갈 수 있게 되어 상법 제795조 제2항의 규정을 무력화하게 된다. 그러므로 인적 손해와 물적 손해에 대한 법리를 2분화하는 것은 현행 상법의 구조상 합리적이라고 본다.

Ⅳ. 예선열과 제3선과의 충돌

예선계약(towage contract)은 예선 소유자가 피예선 소유자에 대해 예선행위의 급부를 약속하고, 피예선 소유자가 이에 대해 보수를 지급하는 계약이다. 이 계약은 예선단의 운항지휘권이 예선업자에게 있는 경우에는 운송계약, 피예선에 있는 경우에 노무의 공급을 목적으로 하는 때에는 고용계약, 일의 완성을 목적으로 하는 경우는 도급계약으로 본다.

이와 같은 예선열과 제3선이 충돌한 경우에, 이전에는 예선열일체의 원칙[92]에 의해서 피예선에 책임을 모두 귀속시키는 방안이 취해졌었다. 그러나 현재에는, 예선계약을 상기와 같은 계약유형으로 나누어, 운송계약으로서의 성질이 인정되는 경우에는 예선이 대외적 책임을 부담한다고 해석한다. 또 도급계약으로서의 성질을 가지는 예선계약에 대해서는 다툼이 있는 경우도 있지만, 원칙적으로는 예선이 책임을 부담하고 피예선의 운항지휘에 과실이 있는 경우에는 피예선이 책임을 지는 것으로 본다. 고용계약에 의하여 예선운항이 이루어질 경우에는 피예선이 책임을 진다.

계약의 유형	책임의 주체	
	예선	피예선
운송계약	○	
고용계약		○
도급계약	○	

---

91) 김인유, "공동불법행위로 인한 손해배상책임과 선박충돌로 인한 손해배상책임에 관한 비교연구," 海事法硏究, 제15권 제1호, 한국해사법학회, 2003. 6, 77-78쪽.

92) 일본에서는 평성 4년 4월 28일의 최고재판소의 판결이 항해선이 내수선과 바지선을 예항하는 예선열이 국·공유선에 충돌한 사고에 대해, 예선열일체의 원칙에 의해 내수선을 포함하는 예선단에 해상법을 적용하는 것으로 하고 있다.

Ⅴ. 선박우선특권

선박의 충돌로 인한 손해, 항해시설·항만시설 및 항로에 대한 손해와 선원이나 여객의 생명·신체에 대한 손해의 배상채권에 관하여는 채권자는 그 충돌선박에 대한 선박우선특권을 갖는다(상법 제777조 제1항 제4호).

Ⅵ. 선박충돌 채권의 소멸

선박충돌로 인하여 생긴 손해배상청구권은 그 충돌이 있은 날로부터 2년 내에 재판상의 청구가 없으면 소멸한다. 다만, 이 기간은 당사자의 합의에 의하여 연장할 수 있다(상법 제881조). 이 기간은 제척기간으로서 민법상 불법행위로 인한 손해배상청구권의 시효기간(민법 제766조) 보다 훨씬 짧다.

제 3 절
해난구조

제1관 해난구조의 의의

Ⅰ. 해난구조의 개념

넓은 의미에서 해난구조(salvage)[93]란 해난을 당한 선박 또는 적하를 구조[94]하는 모든 경우를 말하는 것으로 당사자 간의 구조계약이 없이 구조행위를 하는 경우(상법 제882조)와 구조계약에 의하여 구조행위를 하는 경우(상법 제887조 제1항)를 모두 포함한 개념이다. 이 중 당사자 간에 구조계약이나 다른 법적 의무 없이, 자발적으로 구조하는 경우를 좁은 의미의 해난구조 또는 임의구조(voluntary salvage)라고 한다. 즉, 상법상 해난구조라 함은 항해선 또는 그 적하 그 밖의 물건이 어떠한 수면에서 위난에 조우한 경우에 의무 없이 이를 구조하는 것을 말한다(상법 제882조). 이러한 해난구조의 대표적인 예는 조난을 당한 선박의 구조요청을 받고 지나가던 선박이 구조계약을 체결함이 없이 구조하는 경우이다.[95] 그러나 당사자가 미리 구조계약을 체결하고 그 계약에 따라 구조가 이루어진 경우에도 그 성질에 반하지 아니하는 한 구조계약에서 정하지 아니한 사항은 상법의 해난구조에 관한 규정이 적용된다(상법 제887조 제1항).

상법에서 말하는 해난구조제도는 제3자가 해상위험의 극복을 위해 기여한 것에 대한 보수에 관한 내용으로 귀결된다. 이념적으로 볼 때, 해난을 당한 인명 혹은 재산

93) 종래에는 해난구조라고 하였으나, 1999년 2월 5일 법률 제5809호로 개정된 해난심판법 중 개정법률(해난심판법을 「해양사고의 조사 및 심판에 관한 법률」로 개정하였다) 附則 제6조 제7항에 의하여 상법 중 해난구조를 해양사고구조로 개정하였다. 그 후 2007년 상법 개정시 다시 해난구조로 용어를 변경하였다.

94) 대륙법은 구원(assistance)과 구조(salvage)를 구별하고, 전자를 선박 또는 적하를 선원이 점유하는 경우의 구조며, 후자는 완전히 선원의 점유를 떠난 것을 구하는 것이라고 한다. 그러나 國際協約과 우리 상법은 이를 구별하지 않는다.

95) Margate Shipping Co. v. M/V Ja Oregeron, 1998 AMC 2383 : 우주왕복선의 연료탱크를 끌고 가던 예인선이 폭풍으로 조난 당하여 조난신호를 받은 유조선의 선장이 이를 구조하고 구조료로 미국 역사상 최대인 미화 약 4백만 달러를 수령하였다.

에 대한 구조는 도덕적 사명 혹은 인도주의적 정신에 바탕을 두고서 행해져야 하는 것이다. 그렇지만, 역사적으로는 고대부터 중세에 걸쳐서 난파 후의 약탈(掠奪)은 해적행위와 더불어 빈번하게 이루어졌다. 평화로운 해상항행의 시대가 도래 한 것은 근세에 접어들면서 부터의 일이었고, 프랑스의 루이 14세가 공포한 「1681년 해사칙령」에서 약탈금지를 규정한 것이 현대적 해난구조법의 효시였다고 할 수 있다.

19세기 이후 약탈금지라고 하는 소극적 입장에서 해난구조의 장려라고 하는 적극적 입장으로 각국의 법제가 발전했는데, 이는 구조자에게 보수를 주는 것에 의해서 구조를 장려하여 해상교통의 안전을 도모한다는 정책적 배려에 의한 것이다. 따라서 해난구조의 기본개념은 해상교통의 안전이라고 하는 공익적 사상과 인도주의라는 도덕적 정신에서 이를 구할 수 있다.[96]

여기서 해난이라 함은 「해양사고의 조사 및 심판에 관한 법률」에서 정의하고 있는 해양사고에서 유추해 볼 수 있다. 이 법에 의하면 해양사고는 해양 및 내수면에서 발생한 ① 선박의 구조·설비 또는 운용과 관련하여 사람이 사망 또는 실종되거나 부상을 입은 사고, ② 선박의 운용과 관련하여 선박 또는 육상·해상시설에 손상이 생긴 사고, ③ 선박이 멸실·유기되거나 행방불명된 사고, ④ 선박의 충돌·좌초·전복·침몰이 있거나 조종이 불가능하게 된 사고, ⑤ 선박의 운용과 관련하여 해양오염피해가 발생한 사고를 말한다(해양사고의 조사 및 심판에 관한 법률 제2조 제1호). 이 중 상법상의 해난사고는 항해선 또는 그 적하 그 밖의 물건이 어떠한 수면에서 위난에 조우한 경우라고 규정되어 있기 때문에(상법 제882조 참조), 「해양사고의 조사 및 심판에 관한 법률」 제2조 제1호의 가목 내지 라목에 해당하는 사고로서 선박, 적하 그 밖의 물건이 위난에 조우한 경우에 한정된다고 본다.[97] 오히려 「수난구호법」[98] 제2조 제2호의 조난사고의 개념과 유사하다. 즉 「수난구호법」은 '조난사고라 함은 해상 또는 하천에서 선박·항공기 및 수상레저기구 등의 침몰·좌초·전복·충돌·화재·기관고장·추락 등으로 인하여 사람의 생명·신체 및 선박·항공기·수상레저기구 등의 안전이 위험에 처한 상태를 말한다'라고 규정하고 있다(수난구호법 제2조 제2호). 한편 「수난구호법」에서는 '구조'라 함은 조난을 당한 사람을 구출하여 응급조치

96) 鄭暎錫, 海商法講義要論, 海印出版社, 2003, 193쪽.

97) 鄭燦亨, 商法講義(하), 제10판, 博英社, 2008, 940쪽에서는 「해양사고의 조사 및 심판에 관한 법률」 제2조 제1호와 완전히 동일하게 개념을 파악하고 있으나, 동법 제2조 제1호 바목과 같은 해양오염피해가 발생한 사고는 상법상의 해난으로 볼 수 없는 바와 같이, 동법은 해양사고를 위난에 처난 해양 및 수면에서의 사고를 포괄한 매우 넓은 개념이다(鄭暎錫, 海事法規講義, 제5판, 海印出版社, 2007, 741쪽 참조).

98) 1961년 법률 제761호로 제정된 이 법은 조난된 사람과 선박 등의 수색·구조·구난 및 보호에 필요한 사항을 규정하고 있다; 이 법에 대한 자세한 내용은 [정영석, 해양경찰시험대비 해사법규(Ⅱ), 범한서적주식회사, 2008, 제17장(873-909쪽)] 참조.

또는 그 밖의 필요한 것을 제공하고 안전한 장소로 인도하기 위한 활동을 말한다(수난구호법 제2조 제8호)라고 규정하고 있고, '구난'이라 함은 조난을 당한 선박 또는 그 밖의 다른 재산(선박에 실린 화물을 포함한다)에 관한 원조를 위하여 행하여진 행위 또는 활동을 말한다(수난구호법 제2조 제9호)라고 규정하고 있다. 상법상의 해난구조는 「수난구호법」의 구조와 구난을 합한 개념과 유사하다.

그리고 대륙법에서는 구조(salvage)와 구원(assistance)을 구별하여 구원은 선박 또는 적하를 선원이 점유하는 경우에 이를 구출하기 위하여 선원이 협력하는 것이라고 하고, 구조는 선원의 점유를 떠난 선박 또는 적하를 구출하는 것이라고 한다.[99] 영미법과 영미법을 바탕으로 입법된 「1910년 해난구원과 구조에 관한 법의 특정 규정의 통일을 위한 국제협약」에서는 이를 구분하지 않고 있고, 상법도 역시 이 양자를 구별하지 않고 있다.

II. 해난구조의 법적 성질

협의의 해난구조에 대하여는 사무관리설, 준계약설, 부당이득설, 법적행위설, 해상법상의 특수한 법률요건으로 보는 설, 해상법상의 특수한 제도로 보는 설 등 여러 가지 학설이 있다.

첫째, 사무관리는 단순히 타인의 사무를 개시함으로써 성립하는데 반하여(민법 제734조), 해난구조는 구조의 결과가 있어야 성립하므로(상법 제882조), 해난구조는 사무관리가 아니라고 하는 견해가 있다. 그러나 해난구조는 ① 구조자가 타인의 항해선 또는 적하 그 밖의 물건을 구조하는 것은 타인의 사무를 행하는 것에 해당하고, ② 이러한 구조행위는 작위이므로 타인을 위하여 하는 의사가 있다고 볼 수 있고, ③ 법률상의 의무가 없이 하는 구조행위일 뿐 아니라, ④ 구조된 재산의 소유자 등에게 불리하거나 그의 의사에 반하는 행위가 아니기 때문에 이를 사무관리로 볼 수 있다.[100]

둘째, 구조자의 구조활동으로 인하여 이익을 얻은 피구조자의 부당이득이 성립한다고 볼 수 있으나, 해난구조에 있어서 피구조자가 구조자에게 지급하는 구조료를 반환되는 부당이득이라고 볼 수는 없다. 또한 피구조자를 법률상 원인 없이 타인의 손실로 인하여 이득을 얻는 자라고 말하기 어렵다. 또 부당이득에 대한 반환의무는 이

99) 徐燉珏·鄭完溶, 商法講義(하), 제4전정, 博英社, 1996, 665쪽; 孫珠瓚, 商法(하), 제10정증보판, 博英社, 2002, 897쪽; 鄭熙喆, 商法學(하), 博英社, 1990, 620쪽; 鄭燦亨, 商法講義(하), 제10판, 博英社, 2008, 940쪽.

100) 郭潤直, 債權各論, 再全訂版, 博英社, 1984, 539쪽 참조.

익을 반환하는 것에 그치고(민법 제741조), 보수를 지급할 의무는 없으나, 해난구조의 경우에는 보수를 지급할 의무가 있다(상법 제882조)는 점에서 부당이득설은 타당하지 않다고 본다.

셋째, 영미법계에서는 피구조자가 구조자에게 부담하는 전보의무(塡補義務)를 준계약적 의무(quasi-contractual obligation)로 보고 있는데, 이는 사무관리를 준계약으로 보는 프랑스 민법의 태도와 같다. 그러나 당사자의 의사의 합치가 없다는 점에서 본질적으로 계약적인 요소는 없다는 점에서 준계약으로 설명하기는 어렵다고 본다.[101] 넷째, 통설은 해상법상의 특수한 법률요건이라고 설명하지만, 사무관리도 채권을 발생시키는 일종의 법률요건이라는 점에서 동일하고, 법적 성질을 규명하는 이유는 법률의 규정이 미비할 경우 등에 그 성질을 명확하게 하여 본질적으로 가장 가까운 성질을 가진 법률관계를 보충적으로 적용할 수 있다는 점이기 때문에 해상법상 특수한 법률요건이라고 하는 설명은 법적 성질을 규명하는 아무런 이유를 찾을 수 없기 때문에 부적합하다고 생각한다.

한편 구조계약에 의한 해난구조(상법 제887조 제1항)는 구조행위라는 일의 완성에 대하여 구조료를 지급하는 도급계약으로 보아야 한다.[102]

Ⅲ. 해난구조에 관한 국제협약

해난이 발생한 경우에 대해 19세기 이후 약탈금지의 소극적인 입장에서 해난구조를 장려하는 적극적인 입장으로 사상이 발전하게 되었다. 또 해난구조는 국적이 다른 선박 상호간에 발생되어져 복잡한 섭외관계를 초래한 경우가 적지 않았다. 「1910년 해난에서의 구원·구조에 대한 규정의 통일에 관한 국제협약」(International Convention for the Unification of Certain Rules of Law relating Assistance and Salvage at Sea, signed at Brussels, Sep. 23, 1910)[103]이 성립할 때까지의 각국의 법제는 저마다 다른 내용을 규정하고 있었고, 그 내용도 불충분한 것이었다. 그러므로 일찍부터 해난구조에 관한 국제적인 법의 통일이 기대되어졌는데, 1910년에 「해난에서의 구원구조에 대한 규정의 통일에 관한 국제협약」이 성립되었다. 1967년에는 군함에 대한 해난구조 또는 군함이 행한 해난구조에 대하여도 「1910년 해난에서의 구원·구조에 대한 규정의 통일에 관한 협약」을 적용할 것을 내용으로 하는

101) 郭潤直, 債權各論, 再全訂版, 博英社, 1984, 538쪽 참조.
102) 孫珠瓚, 商法(하), 제10정증보판, 博英社, 2002, 897쪽; 鄭燦亨, 商法講義(하), 제10판, 博英社, 2008, 941쪽.
103) 1910년 9월 23일 채택되어 1913년 3월 1일 발효된 이 협약은 2008년 12월 10일 현재 91개국이 가입하였다. 우리나라는 이 협약에 가입하지 않았다(CMI, Yearbook 2005-2006, pp. 406-409).

개정의정서(Protocol to amend International Convention for the Unification of Certain Rules of Law relating Assistance and Salvage at Sea, signed at Brussels, Sep. 23, 1910)[104]가 채택되었다. 또 1989년에는 국제해사기구(International Maritime Organization)에 의하여 「해난구조에 관한 국제협약」(International Convention on Salvage, London, 1989)[105]이라는 새로운 협약이 채택되었다.

우리 상법은 「1910년 해난에서의 구원·구조에 대한 규정의 통일에 관한 협약」에 따라 입법하고 있으나, 완전히 일치하는 것은 아니다. 상법은 해난구조를 공동해손과 마찬가지로 해상기업활동에 수반하는 사고의 하나로 보아 해산(maritime property)의 구조에 중점을 두어 규정하고 있고, 인명구조 기타는 「선원법」·「수난구호법」 등과 같은 특별법에서 규정하고 있다.

제 2 관 해난구조의 성립 요건

협의의 해난구조라 함은 항해선 상호간 또는 항해선과 내수항행선간에 선박 또는 그 적하 그 밖의 물건이 어떠한 수면에서 위난에 조우한 경우에 의무 없이 이것을 구조하는 것을 말한다(상법 제882조). 이를 나누어서 설명하면 다음과 같다.

Ⅰ. 해난요건

선박 또는 그 적하 그 밖의 물건이 해난을 당하였어야 하는데, 이를 해난요건이라 한다. 해난(danger)이라 함은 '항해에 관한 위난으로서 선박이 자력만으로는 극복할 수 없는 위험, 즉 선박 또는 적하의 전부 또는 일부를 멸실 또는 훼손할 염려가 있는 경우'를 의미한다.[106] 공동해손의 경우와는 달리 해난은 반드시 급박함을 요하지 않고, 구조시에 예견할 수 있는 것이면 무방하다.[107]

해난의 발생 원인에는 제한이 없다. 그러므로 폭풍우와 같은 자연적 원인이든 선원

---

104) 1967년 5월 27일 채택되어 1977년 8월 15일 발효한 이 협약은 2008년 12월 10일 현재 10개국이 가입하였다. 우리나라는 가입하지 않았다CMI, Yearbook 2005-2006, pp. 409-410).

105) 1989년 4월 28일 채택되어 1996년 7월 14일 발효된 이 협약은 2008년 12월 10일 현재 54개국이 가입하였다. 우리나라는 가입하지 않았다CMI, Yearbook 2005-2006, pp. 495-496).

106) 徐燉珏·鄭完溶, 商法講義(하), 제4전정, 博英社, 1996, 665쪽; 孫珠瓚, 商法(하), 제10정증보판, 博英社, 2002, 899쪽; 鄭熙喆, 商法學(하), 博英社, 1990, 621쪽; 鄭燦亨, 商法講義(하), 제10판, 博英社, 2008, 942쪽.

107) 鄭暎錫, 海商法講義要論, 海印出版社, 2003, 194쪽; 孫珠瓚, 商法(하), 제10정증보판, 博英社, 2002, 665-666쪽; 鄭熙喆, 商法學(하), 博英社, 1990, 621쪽; 鄭燦亨, 商法講義(하), 제10판, 博英社, 2008, 942쪽.

의 반란과 같은 인위적인 원인이든 상관없다.108) 또 적극적 원인이든 소극적 원인이든 무방하다.109) 또 해난의 발생 원인이 선박 및 적하에 공통하여 있을 필요가 없다는 점에서도 공동해손의 성립요건과는 다르다.110)

상법은 '어떠한 수면에서'라고 규정하고 있으므로 해난의 발생 장소에는 제한이 없다는 것을 의미한다(상법 제882조 참조). 따라서 해상뿐만 아니라, 호천·항만에서의 조난과 같은 내수에서의 수난도 해난에 속한다.111)

II. 목적물 요건

해난구조의 목적물은 선박·적하 그 밖의 물건이다. 선박은 항해선·내수항행선을 불문한다.112) 다만, 노도선 상호간의 구조(상법 제741조 제2항 참조) 또는 국·공유선 상호간의 구조(상법 제741조 제1항 단서, 선박법 제29조 참조)는 상법상의 해난구조가 아니다. 또 구조선과 피구조선이 동일 소유자의 선박이더라도 무방하다.113)

적하는 반드시 운송계약의 목적물만을 의미하지 않고, 선박장비·식량·의류 등의 구조도 포함한다.114) 이때 그 밖의 물건이라 함은 속구·여객의 수하물 등을 말한다.115)

이와 같이 구조의 목적물이 해산(maritime property)에 한하므로 선박 또는 그 적하 그 밖의 물건이 구조되지 않은 한, 인명만의 구조는 해난구조가 아니다. 이것은 인명구조는 인간애의 발로에 맡기는 것이 온당하고, 또 해난구조의 보수는 구조된 해

108) 鄭暎錫, 海商法講義要論, 海印出版社, 2003, 194쪽.

109) 徐燉珏·鄭完溶, 商法講義(하), 제4전정, 博英社, 1996, 666쪽; 孫珠瓚, 商法(하), 제10정증보판, 博英社, 2002, 899쪽; 鄭熙喆, 商法學(하), 博英社, 1990, 621쪽; 鄭燦亨, 商法講義(하), 제10판, 博英社, 2008, 942쪽.

110) 孫珠瓚, 商法(하), 제10정증보판, 博英社, 2002, 899쪽; 鄭燦亨, 商法講義(하), 제10판, 博英社, 2008, 942쪽.

111) 鄭暎錫, 海商法講義要論, 海印出版社, 2003, 194쪽; 徐燉珏·鄭完溶, 商法講義(하), 제4전정, 博英社, 1996, 666쪽; 孫珠瓚, 商法(하), 제10정증보판, 博英社, 2002, 899쪽; 鄭熙喆, 商法學(하), 博英社, 1990, 621쪽; 鄭燦亨, 商法講義(하), 제10판, 博英社, 2008, 942쪽.

112) 鄭暎錫, 海商法講義要論, 海印出版社, 2003, 194쪽; 반면 '선박은 원칙적으로 항해선인데(상법 제882조 본문), 구조선이 항해선이면 피구조선이 내수항행선이어도 무방하고 또한 구조선이 내수항행선이면 피구조선은 항해선이어야 한다(상법 제882조 단서)'라고 해석하여 반드시 일방 선박은 항해선이어야 한다고 해석하는 견해도 있다(鄭燦亨, 商法講義(하), 제10판, 博英社, 2008, 942쪽). 이러한 해석은 상법의 규정 자체로만 해석할 경우에는 당연하다고 보지만, 선박법 제29조의 규정을 함께 고려한다면 굳이 구조선이나 피구조선 중 반드시 일방 선박은 항해선이어야 한다는 해석은 타당하지 않다고 본다.

113) 鄭暎錫, 海商法講義要論, 海印出版社, 2003, 194쪽; 鄭燦亨, 商法講義(하), 제10판, 博英社, 2008, 942쪽.

114) 鄭暎錫, 海商法講義要論, 海印出版社, 2003, 194쪽; 鄭燦亨, 商法講義(하), 제10판, 博英社, 2008, 942쪽; 孫珠瓚, 商法(하), 제10정증보판, 博英社, 2002, 900쪽.

115) 朝高判 1927.8.19; 鄭暎錫, 海商法講義要論, 海印出版社, 2003, 194쪽; 鄭燦亨, 商法講義(하), 제10판, 博英社, 2008, 942쪽; 孫珠瓚, 商法(하), 제10정증보판, 博英社, 2002, 900쪽.

산으로부터 변제되어야 한다는 낡은 이론의 잔재이다.[116] 그러나 재산구조와 함께 인명구조가 있은 경우에는 인명구조에 대한 보수를 청구할 수 있다(상법 제888조 제2항).[117]

Ⅲ. 구조요건

해난구조가 성립하기 위하여는 구조자가 의무 없이 구조활동을 하여야 한다(상법 제882조). 이 때 의무 없이(voluntary)라 함은 사법(私法)상의 의무 없이 구조활동을 한 것을 의미한다.[118] 따라서 조난선의 선원이 자기 선박 또는 그 적하를 구조하는 행위·도선사의 그 인도 선박의 구조·예선의 피예선구조 등은 원칙적으로 해난구조가 아니다(상법 제890조).[119] 다만 예선계약이나 도선계약의 이행이라고 볼 수 없는 특별한 노력을 제공한 경우에는 해난구조로 볼 수 있다(상법 제890조 반대해석). 이에 반하여 사법상의 의무가 없는 「선원법」 등 공법상의 구호의무를 부담하는 자(예컨대 선장 또는 해원)의 구조는 해난구조로 볼 수 있다.[120][121] 그러나 해상감시선의 구조는 그 선박 및 선원의 특수한 사명에 비추어 상법상의 해난구조가 될 수 없다.[122] 「수난구호법」의 규정에 의한 구조의무자[123]가 하는 해난구조도 같은 맥락에서 상법상의 해난구조가 될 수 없다.

116) 鄭暎錫, 海商法講義要論, 海印出版社, 2003, 194쪽.

117) 鄭燦亨, 商法講義(하), 제10판, 博英社, 2008, 942쪽; 과거 필자는 "수인이 공동으로 선박이나 적하의 구조와 동시에 인명을 구조한 경우에는 인명구조에 대한 구조료를 청구할 수 있다."라고 해석하여 상법 제853조 제1항과 같은 취지로 해석하였으나, 제853조 제2항의 해석에 있어서 굳이 수인이 공동으로 구조활동을 한 경우로 제한을 가할 필요는 없을 것으로 생각하여 견해를 바꾸었다(鄭暎錫, 海商法講義要論, 海印出版社, 2003, 194쪽 참조).

118) 朝高判 1927.8.19; 鄭暎錫, 海商法講義要論, 海印出版社, 2003, 194쪽; 鄭燦亨, 商法講義(하), 제10판, 博英社, 2008, 943쪽; 孫珠瓚, 商法(하), 제10정증보판, 博英社, 2002, 901쪽; 徐燉珏·鄭完溶, 商法講義(하), 제4전정, 博英社, 1996, 667쪽.

119) 鄭暎錫, 海商法講義要論, 海印出版社, 2003, 194-195쪽; 鄭燦亨, 商法講義(하), 제10판, 博英社, 2008, 943쪽; 徐燉珏·鄭完溶, 商法講義(하), 제4전정, 博英社, 1996, 667쪽 ; 鄭熙喆, 商法學(하), 博英社, 1990, 621-622쪽.

120) 鄭暎錫, 海商法講義要論, 海印出版社, 2003, 195쪽; 鄭燦亨, 商法講義(하), 제10판, 博英社, 2008, 943쪽; 徐燉珏·鄭完溶, 商法講義(하), 제4전정, 博英社, 1996, 667쪽 ; 鄭熙喆, 商法學(하), 博英社, 1990, 622쪽; 孫珠瓚, 商法(하), 제10정증보판, 博英社, 2002, 901쪽.

121) 「선원법」에서는 선장의 의무 중 선박위험시의 조치(선원법 제11조, 제137조 제1호·제2호), 선박충돌시의 조치(선원법 제12조), 조난선박의 구조(법 제13조)의 규정에서 선장(또는 해원)의 해난구조의무를 규정하고 있다(정영석, 해양경찰시험대비 해사법규 Ⅰ, 범한서적주식회사, 2008, 277-279쪽 참조).

122) 鄭暎錫, 海商法講義要論, 海印出版社, 2003, 195쪽; 鄭燦亨, 商法講義(하), 제10판, 博英社, 2008, 943쪽; 鄭熙喆, 商法學(하), 博英社, 1990, 622쪽.

123) 「수난구호법」상 수난구호의무자는 해상에서는 그 해역을 관할하는 해양경찰서장이고 하천에서는 관할 소방서장이다(수난구호법 제6조 제1항)(정영석, 해양경찰시험대비 해사법규 Ⅱ, 범한서적주식회사, 2008, 877쪽 참조).

해난구조로서 보수청구권이 발생하려면 구조가 성공적이어서 구조의 결과가 발생하여야 한다(상법 제882조). 이것은 구조를 가장하는 폐단을 방지하기 위하여 노력주의가 아닌 결과주의를 받아들인 것이다.[124] 그러나 일단 구조의 결과가 있으면 또 다시 발생한 해난으로 인하여 손해가 발생하여도 보수청구권에는 영향이 없다.[125] 반면, 구조자가 구조과정에서 오히려 피구조자에게 손해를 발생시킨 경우 구조자는 이를 배상하여야 한다. 선박소유자는 이 책임에 대하여도 책임제한을 받을 수 있다(상법 제775조).

이에 반하여 환경손해방지작업에 대한 특별보상에 대하여는 노력주의에 따른 입법을 하고 있다(상법 제885조 제1항). 이는 환경손해방지작업을 장려하기 위한 것이다.[126]

불성공-무보수(no cure, no pay)의 원칙을 고수하면 구조의 결과가 불확실할 경우 구조를 기피하거나 주저하게 할 우려가 있으므로 입법론적으로는 재검토의 여지도 있다고 본다.[127]

제 3 관 해난구조의 효과

Ⅰ. 보수청구권

1. 보수청구권의 발생

해난구조의 요건을 갖추면 구조자에게는 상당한 보수청구권이 발생한다(상법 제882조).[128] 해난구조의 법적 성질을 해상법상의 특수한 법률요건으로 보는 견해에서는 민법상 사무관리의 경우에는 관리자에게 보수청구권을 인정하지 않는 반면, 상법은 보수청구권을 인정하므로 양자가 다르다고 보는 듯하다(민법 제734조, 상법 제886조).[129] 상법은 영리활동을 하는 상인을 대상으로 적용하는 법으로서 보수청구권

124) 鄭暎錫, 海商法講義要論, 海印出版社, 2003, 195쪽; 鄭燦亨, 商法講義(하), 제10판, 博英社, 2008, 943쪽.

125) 朝高判 1927.8.19 ; 鄭燦亨, 商法講義(하), 제10판, 博英社, 2008, 943쪽; 徐燉珏·鄭完溶, 商法講義(하), 제4전정, 博英社, 1996, 667쪽.

126) 鄭燦亨, 商法講義(하), 제10판, 博英社, 2008, 943쪽.

127) 鄭暎錫, 海商法講義要論, 海印出版社, 2003, 195쪽.

128) 2007년 개정으로 상법은 제882조에 해당하는 것을 보수로 표현하고(상법 제882조, 제884조), 환경손해방지작업에 대한 특별보상(상법 제885조)을 포함하는 넓은 개념은 구조료로 표현하고 있다(상법 제886조 참조).

129) 鄭燦亨, 商法講義(하), 제10판, 博英社, 2008, 943쪽, 각주 1) 참조.

을 인정하는 것은 당연한 결과이다. 민법상 사무관리에서도 비용청구라는 채권의 발생을 전제로 하고 있으며, 상법 제883조의 규정에 의하면 법원에서 구조료를 정할 때 참작하여야 할 제반 사항들이 민법상의 비용의 범위에서 크게 벗어나는 것은 아니라고 본다.[130]

인명구조의 경우에는 원칙적으로 피구조자에 대한 보수청구권을 인정하지 않고 있으나,[131] 재산구조와 경합하는 경우에는 보수청구권을 갖는다(상법 제888조 제2항).

또 보수청구권의 발생시기는 구조가 성공한 경우에만 해난구조가 성립하게 되므로 구조작업이 종료된 시점으로 보아야 한다. 해난구조의 결과발생을 조건으로 하여 구조작업을 시작한 때에 보수청구권이 발생한다고 보는 견해도 있으나,[132] 구조의 결과가 나와야 보수의 청구가 가능하다는 점에서 구조 개시시에 보수의 청구는 현실적으로 불가능하므로 구조결과의 발생을 정지조건으로 보수청구권을 인정할 이유가 없고, 상법 제882조의 규정의 취지로 보아도 구조가 종료된 시점을 보수청구권의 발생시점으로 보는 것이 타당하다고 본다.

2. 보수청구권자

보수청구권자는 원칙적으로 해난구조에 종사한 모든 자이다(상법 제882조). 즉, 선박소유자・선장・해원 등 구조자이고, 그 상대방은 구조된 목적물의 이해관계인으로서, 예컨대 구조된 선박 또는 적하의 소유자・질권자・저당권자・선박우선특권자 및 이들과 계약상 이해관계를 가진 자 등이다.[133] 또한 동일 소유자에 속한 선박 상호간에 있어서도 구조에 종사한 자에 대하여 보수청구권을 인정하고 있다(상법 제891조). 이때 선박소유자는 스스로 구조에 종사하지는 않았지만 구조에 유기적 조직으로서 자기 선박과 선원을 출연한 자이므로 선박의 손해액과 구조비용에 대한 청구권을 인정하고 있다(상법 제889조 제1항 참조).

다만, 다음에 열거하는 자는 구조료를 청구하지 못한다(상법 제892조). 즉, ① 구조 받은 선박에 종사하는 자, ② 고의 또는 과실로 인하여 해난을 야기한 자, ③ 정당한 거부에도 불구하고 구조를 강행한 자, ④ 구조된 물건을 은닉하거나 정당한 사유

---

130) 상법상 해난구조를 특별법상 보수를 인정하는 사무관리로 보는 견해도 있다(郭潤直, 債權各論, 再全頂版, 博英社, 1984, 539쪽).

131) 朝高判 1927.8.19 : 여객을 구조한 경우에 피구조선의 선주에게 보수청구권을 갖지 못하고, 다만 구조선 선주에 대하여 보수청구권만을 갖는다.
「1910년 해난에서의 救援救助에 대한 규정의 통일에 관한 통일협약」 제9조 제1항도 같은 취지로 규정하고 있다.

132) 鄭燦亨, 商法講義(하), 제10판, 博英社, 2008, 944쪽; 鄭熙喆, 商法學(하), 博英社, 1990, 623쪽.

133) 鄭暎錫, 海商法講義要論, 海印出版社, 2003, 195쪽.

없이 처분한 자 등이다.

3. 보수액

좁은 의미의 해난구조의 경우에는 그 성질상 보수액에 대하여 당사자 간에 미리 약정하는 경우는 있을 수 없다. 이때는 해난구조가 종료한 후 구조액에 대하여 당사자 간에 합의를 하여야 하고, 이렇게 합의된 금액을 보수액으로 한다(상법 제883조 전단). 그러나 보수액에 관하여 당사자 간에 합의가 성립하지 아니한 때에는 당사자의 청구에 의하여 구조된 선박 및 재산의 가액·위난의 정도·구조자의 노력과 비용·구조자나 그 장비가 조우했던 위험의 정도·구조의 효과·환경손해방지를 위한 노력·그 밖의 제반사정을 참작하여 그 액을 정한다(상법 제883조).

구조계약이 있은 경우에는 보수액에 대하여 당사자 간에 미리 약정을 할 것이므로 그 약정에 의한다. 그러나 그 약정이 해난 당시에 성립하여 그 액이 현저하게 부당한 때에는 법원은 위와 같은 제반 사정을 참작하여 그 액을 증감할 수 있다(상법 제887조 제2항). 이것은 해난이라는 급박한 사정 하에서 부당하게 성립한 계약의 내용을 시정하기 위한 것이다.[134] 이때 해난 당시에 해난구조계약을 체결하였으면 그 계약에 따르게 되고, 만약 구조계약은 별도로 체결하지 않고 구조료에 대한 약정만 한 경우에는 상법상 좁은 의미의 해난구조에 해당한다. 법원이 약정 구조료에 대하여 그 액을 증감하는 경우는 주로 후자의 경우에 해당할 것으로 보인다.

보수액은 다른 약정이 없으면 구조된 목적물의 가액을 초과하지 못하고(상법 제884조 제1항), 선순위의 우선특권이 있는 때에는 그 우선특권자의 채권액을 공제한 잔액을 초과하지 못한다(상법 제884조 제2항). 이것은 피구조물의 소유자의 일반적인 의사와 합치하는 점 및 보수청구권은 구조의 결과가 발생한 경우에 한하여 생긴다는 점에 따른 것이다. 그러므로 구조자가 아무리 많은 비용과 수고를 한 경우에도 구조의 결과가 없으면 보수청구권은 발생하지 않는다. 이러한 원칙을 영국법상으로는 불성공-무보수 원칙(No cure, no pay)이라고 한다.[135]

134) 鄭熙喆, 商法學(하), 博英社, 1990, 623쪽; 孫珠瓚, 商法(하), 제10정증보판, 博英社, 2002, 906쪽; 鄭燦亨, 商法講義(하), 제10판, 博英社, 2008, 945쪽.

135) NJJ Gaskell·C. Debattista·R. J. Swatton, Chorley and Gile's Shipping Law, 8th ed., London, Pitman, 1987, p. 440.

II. 환경손해방지작업에 대한 특별보상

1. 특별보상청구권의 발생

현행 상법은 「1989년 해난구조에 관한 국제협약」 제14조의 특별보상제도를 수용하여 환경손해방지작업에 대한 특별보상에 대하여 규정하였다. 즉, 선박 또는 그 적하로 인하여 환경손해가 발생할 우려가 있는 경우에 손해의 경감 또는 방지의 효과를 수반하는 구조작업에 종사한 구조자는 구조의 성공 여부 및 구조료액의 한도와 상관없이 구조에 소요된 비용을 특별비용으로 청구할 수 있다(상법 제885조 제1항).

선박 또는 적하 등의 구조작업을 수행하는 경우 환경손해의 방지·경감을 위하여 노력한 구조자에게 합리적으로 지출된 비용을 지급하고, 나아가 그러한 노력의 성공에 대하여 일종의 상여금을 보수로 증액하여 지급함으로써 구조자의 환경보호노력을 적극적으로 권장하는 장치를 받아들인 것이다.[136] 1989년 「해난구조에 관한 국제협약」의 가장 큰 특징의 하나로서 불성공-무보수원칙의 예외로 인정된 노력주의에 의한 입법이다. 또한 이러한 구조자는 구조료액이 한도(상법 제884조)와 상관 없이 구조에 소요된 비용을 특별보상으로 청구할 수 있다.

2. 특별보상액

특별보상액에 해당하는 '구조에 소요된 비용'이라 함은 구조작업에 실제로 지출한 합리적인 비용 및 사용된 장비와 인원에 대한 정당한 보수를 말한다(상법 제885조 제2항). 이는 구조작업 전반에 관한 비용을 말하며, 환경손해의 방지·경감에 관계있는 작업에 특별히 한정되는 것은 아니다.[137] 그리고 특별보상은 일종의 안전망(safety net)으로 인정된 것이기 때문에 선박 또는 적하 등 재물의 구조에 따른 통상적인 보수가 다소 존재하는 경우에는 그 보수금액이 특별보상금액에 미달하는 경우에 한하여 그 부분 만큼만이 특별보상으로 지급된다.[138] 그러므로 특별보상청구권을 둔 것은 불성공-무보수의 원칙을 수정·보완한 것이지 이른바 책임구조의 논리를 수용한 것은 아니다.[139]

구조자는 구조작업으로 인하여 실제로 발생한 환경손해가 감경 또는 방지된 때에

---

136) 朴成日, 海難救助法에 관한 硏究, 법학박사학위논문, 한국해양대학교 대학원, 1997.9, 102쪽.
137) 朴成日, 海難救助法에 관한 硏究, 법학박사학위논문, 한국해양대학교 대학원, 1997.9, 104-105쪽.
138) 「1989년 해난구조에 관한 국제협약」 제14조 제4항.
139) 櫻井玲二, "アモコ,カジス號に事件判例よる油濁損害の查定について(上), 海事産業研究所報, No. 266, 1988, 4, 56쪽.

는 보상의 증액을 청구할 수 있다. 이 때 법원은 구조된 선박 및 재산의 가액·위난의 정도·구조자의 노력과 비용·구조자나 그 장비가 조우했던 위험의 정도·구조의 효과·환경손해방지를 위한 노력 그 밖의 제반 사정을 참작하여 증액 여부 및 그 금액을 정한다. 이 경우 증액된 금액은 위의 구조에 소요된 금액인 특별보상액의 배액을 초과할 수 없다(상법 제885조 제3항).

반면, 구조자의 고의 또는 과실로 인하여 손해의 감경 또는 방지에 지장을 가져온 경우 법원은 위의 구조에 소요된 금액인 특별보상액 및 이에 대한 증액을 감액하거나 부인할 수 있다(상법 제885조 제4항).

3. 보수청구권과 특별보상청구권이 경합하는 경우

하나의 구조작업을 시행한 구조자가 보수청구권을 갖고 또한 특별보상청구권도 갖는 경우에는 그 중 큰 금액을 구조료로 청구할 수 있다(상법 제885조 제5항).

Ⅲ. 구조료의 분배

1. 구조료의 개념

이 때 구조료라 함은 상법 제882조 내지 제884조에서 규정한 해난구조에 대한 보수와 상법 제885조에서 규정한 환경손해방지작업에 대한 특별보상을 포함하는 개념이다.[140]

2. 공동구조의 경우

가. 각 선박간의 구조료의 분배

수척의 독립된 선박에 의하여 공동으로 구조를 한 경우에는 당사자 간의 공동의 합의가 없어도 공동구조가 된다. 상법 제888조 제1항은 '수인이 공동으로 구조에 종사한 경우'라고 규정하고 있으나, 이때 수인(數人)은 수척(數隻)으로 해석하는 것이 타당하다고 본다. 상법 제889조와의 관계상 한 선박 내의 수인은 이에 해당되지 않고 또한 해상에서 한 선박과 그 선박 외의 수인의 자연인이나 선박을 배제한 수인의 자연인은 거의 예상할 수 없다.[141] 또 상법 제889조의 규정은 대외적으로는 선박단위로 구조료를 배분하는 것을 전제로 하고 있기 때문이다.

이때 각 선박공동체간의 구조료 분배의 비율에 관하여 ① 당사자 간에 미리 한 약

140) 鄭燦亨, 商法講義(하), 제10판, 博英社, 2008, 946쪽.
141) 鄭燦亨, 商法講義(하), 제10판, 博英社, 2008, 946쪽 주 2) 참조.

정이 있는 경우에는 그에 의하고, ② 당사자 간에 이러한 약정이 없는 경우에는 먼저 당사자 간의 합의에 의하며, 다음으로 당사자 간에 합의가 성립하지 않으면 법원이 당사자의 청구에 의하여 구조된 선박 및 재산의 가액・위난의 정도・구조자의 노력과 비용・구조자나 그 장비가 조우했던 위험의 정도・구조의 효과・환경손해방지를 위한 노력 그 밖의 제반 사정을 참작하여 이를 정한다(상법 제888조 제1항, 제883조). 이렇게 하여 정하여진 각 선박공동체가 가질 구조료는 다시 그 선박공동체 내에서의 분배비율에 따라 분배된다(상법 제889조).

나. 인명구조자의 구조료청구권

공동구조의 경우 선박 또는 적하와 동일한 해난사고에서 재산구조와 경합하여 인명구조에 종사한 자는 선박 또는 적하의 구조의 결과를 전제로 하여 재산구조자의 구조료와 독립된 구조료의 분배를 받을 수 있다(상법 제888조 제2항). 이 구조료청구권은 인명이 구조된 결과 재산의 구조가 보다 잘 수행되었다고 할 수 있다는 점에서 재산의 피구조자에 대하여 직접 인정된다.[142] 따라서 인명구조자가 분배받을 구조료는 피구조자가 부담하는 것이 아니라, 구조된 물건의 소유자가 부담한다고 본다.[143] 또한 이 때 2 조(組) 이상의 구조자가 공동으로 구조하되 한편은 인명만 구조하고 다른 한편은 해산만 구조한 경우에도 인명구조자에게 소정의 구조료가 지급되어야 할 것으로 본다.[144]

3. 선박 내부에서의 구조료의 분배

구조선박 내부에서의 구조료의 분배는 먼저 선박소유자에게 손해액과 구조에 요한 비용을 지급하고, 잔액을 절반하여 선장과 해원에게 지급하여야 한다(상법 제889조 제1항).

이 때 해원에게 지급할 구조료의 분배는 선장이 각 선원의 노력, 그 효과와 사정을 참작하여 그 항해의 종료 전에 분배안을 작성하여 선원에게 고시하여야 한다(상법 제889조 제2항).

한 선박에 의하여 다른 선박의 해난이 구조되는 경우에는 선박을 구조용구로 하여 선장을 중심으로 하는 선원의 공동행위에 의하여 통일적인 활동을 하게 되므로 해난구조는 하나의 선박공동체에 의하여 수행된다고 할 수 있다. 그러므로 이 선박공동체

142) 鄭熙喆, 商法學(하), 博英社, 1990, 624쪽; 鄭燦亨, 商法講義(하), 제10판, 博英社, 2008, 947쪽.
143) 같은 의견, 孫珠瓚, 商法(하), 제10정증보판, 博英社, 2002, 907쪽; 鄭熙喆, 商法學(하), 博英社, 1990, 625쪽; 鄭燦亨, 商法講義(하), 제10판, 博英社, 2008, 947쪽.
반대 의견, 徐燉珏・鄭完溶, 商法講義(하), 제4전정, 博英社, 1996, 670쪽.
144) 鄭熙喆, 商法學(하), 博英社, 1990, 624쪽; 鄭燦亨, 商法講義(하), 제10판, 博英社, 2008, 947쪽.

를 구성하는 선박소유자·선장·해원 등이 구조료를 공동으로 취득하게 되고 이를 내부적으로 분배하게 된다.

Ⅳ. 구조료의 지급

1. 구조료 채무자

구조료 채무자는 구조된 선박의 소유자 그 밖에 구조된 재산의 권리자이다(상법 제886조 전단). 선박소유자는 특약이 없는 한 운송물에 관하여 구조료를 지급할 필요가 없다.[145] 재산구조와 함께 인명구조가 있는 경우 인명구조자도 구조료청구권을 갖는데(상법 제888조 제2항), 이 때 구조료 채무자는 앞에서 본 바와 같이 인명의 피구조자가 아니라 구조된 물건의 소유자이다.[146] 피구조자인 선박소유자는 구조료의 청구에 대하여 선박소유자 등의 책임제한을 주장할 수 없다(상법 제773조 제4호).[147]

2. 구조료의 지급비율

구조료 채무자는 그 구조된 선박 또는 재산의 가액에 비례하여 구조에 대한 보수를 지급하고 특별보상을 하는 등 구조료를 지급할 의무를 부담한다(상법 제886조 후단).

3. 구조료의 지급에 관한 피구조선 선장의 권한

해난구조가 있은 경우에 피구조선의 선장은 구조료채무자에 갈음하여 그 지급에 관한 재판상·재판외의 모든 행위를 할 권한이 있다(상법 제894조 제1항). 구조료에 관한 소에 있어서 선장은 스스로 원고 또는 피고가 될 수 있다. 이 경우 그 소에 관하여 선고된 확정판결은 구조료채무자에 대하여도 그 효력이 있다(상법 제894조 제2항). 이와 같이 선장에게 구조료 지급채무에 대하여 법률상 특별권한을 인정하는 것은 해난구조가 육지에서 고립된 먼 바다에서 일어나고 또 선장이 구조작업 당시 실제의 사정에 가장 밝으므로 채무자로서는 선장에게 이러한 것을 맡기는 것이 편리하기 때문이다. 또 채권자로서도 채무자가 다수인 경우에 권리행사를 단일화 할 수 있어 편리하기 때문에 인정되었다.[148]

---

145) 鄭熙喆, 商法學(하), 博英社, 1990, 625쪽; 鄭燦亨, 商法講義(하), 제10판, 博英社, 2008, 947쪽.

146) 같은 의견, 孫珠瓚, 商法(하), 제10정증보판, 博英社, 2002, 907쪽; 鄭熙喆, 商法學(하), 博英社, 1990, 625쪽; 鄭燦亨, 商法講義(하), 제10판, 博英社, 2008, 947쪽.

147) 鄭暎錫, 海商法講義要論, 海印出版社, 2003, 198쪽.

148) 鄭暎錫, 海商法講義要論, 海印出版社, 2003, 198쪽; 鄭熙喆, 商法學(하), 博英社, 1990, 625쪽; 鄭燦亨, 商法講義(하), 제10판, 博英社, 2008, 948쪽; 徐燉玨·鄭完溶, 商法講義(하), 제4전정, 博英社, 1996, 671쪽; 孫珠瓚, 商法(하), 제10정증보판, 博英社, 2002, 908쪽.

이와 같은 선장의 권한은 구조료채권자의 선장에게도 인정되는가하는 것이 문제된다. 이에 대하여 상법은 명문규정을 두고 있지 않으나, 상법 제749조의 규정에 의한 선장의 대리권의 범위에 한하여 대리권을 가진다고 보아야 한다. 이에 대하여 피구조선의 선장의 권한에 관한 상법 제894조의 규정을 유추적용하여 구조선의 선장에게도 이러한 권한이 인정된다고 하는 견해도 있으나,[149] 동 규정은 '선장은 …구조료를 지급할 채무자에 갈음하여'라고 하여 채무자의 대리인으로서 선장에 한정하고 있음이 분명하다.

Ⅴ. 구조료청구권의 담보

1. 우선특권

상법은 해난구조자의 구조료청구권을 담보하기 위하여 다음과 같이 선박우선특권과 적하에 대한 우선특권을 인정하고 있다.

첫째, 선박에 대한 해난구조로 인한 구조료채권을 담보하기 위해서 피구조선·그 속구 등에 대하여 선박우선특권을 갖는다(상법 제777조 제1항 제3호 전단). 이 우선특권은 그 선박소유권의 이전으로 인하여 영향을 받지 않는다(추급효, 상법 제785조).

둘째, 적하의 구조에 종사한 자는 그 구조료청구권을 담보하기 위하여 구조된 적하에 대하여 우선특권을 갖는데, 채무자가 그 적하를 제3 취득자에게 인도한 후에는 구조료청구권자는 그 적하에 대하여 우선특권을 행사하지 못한다(상법 제893조 제1항 단서). 그러나 그 이외의 사항에 관하여는 적하에 대한 우선특권에도 선박채권자의 우선특권에 관한 규정이 준용된다(상법 893조 제2항).

2. 유치권

해난구조자는 그가 구조물을 점유하고 있는 동안에는 구조료청구권을 담보하기 위하여 구조물에 대하여 민사유치권을 행사할 수 있다(민법 제320조).

Ⅵ. 구조료청구권의 소멸

구조료청구권은 구조가 완료된 날로부터 2년 이내에 재판상 청구가 없으면 소멸한

149) 徐燉珏·鄭完溶, 商法講義(하), 제4전정, 博英社, 1996, 671쪽; 鄭燦亨, 商法講義(하), 제10판, 博英社, 2008, 948쪽.

다.(상법 제895조 제1문). 이 기간의 성질은 단기제척기간이고 선박충돌로 인한 채권과 동일하게 2년으로 규정하고 있다. 다만, 이 기간은 당사자의 합의에 의하여 연장할 수 있디(상법 제895조 제2문, 제814조 제1항 단서).

제 4 절 해상보험

제1관 의의

Ⅰ. 개념과 종류

1. 개념

영국 해상보험법[150] 제1조에서는 '해상보험은 보험자가 피보험자에 대하여 그 계약에 의하여 합의한 방법과 범위 내에서 해상손해, 즉 해상사업에 수반되는 손해를 보상할 것을 약속하는 계약이다'라고 규정하고 있다. 따라서 해상보험(Marine Insurance)은 보험자가 피보험자에게 해상사업으로 생긴 손해를 보상하는 보험을 의미한다.

2. 종류

해상보험을 그 운영형태를 기준으로 분류하면, 소위 상업보험인 해상보험(민간 손해보험회사에 의하여 운영되는 선박보험, 적하보험 등), 선주상호보험, 한국해운조합과 수산업협동조합 등의 보험으로 분류할 수 있다. 특히 선주상호보험과 한국해운조합·수산업협동조합 등의 보험은 사실상 보험자와 보험계약자(피보험자)가 동일한 상호보험이기 때문에 상법상의 보험으로 볼 수는 없지만, 그 운영방식이 대수의 법칙 등에 입각한 보험의 방식을 그대로 따르고 있고, 실제로 1906년 영국 해상보험법에 의하여 상호보험에도 원칙적으로 동법의 적용을 받게 하고 있기 때문에(MIA 제85조 제3항), 해운실무상으로는 해상보험의 영역으로 분류하는 것이 올바른 분류법이라고 생각한다.

또 보험의 목적을 기준으로 해상보험을 분류하면 적하보험과 선박보험으로 나눌 수 있다. 적하보험은 해상[151]으로 운송되는 물건을 보험의 목적으로 하는 것이고 선

150) Marine Insurance Act(1906)이며, 실무적으로는 MIA이라고도 한다. MIA의 해상보험 정의를 소개하는 이유는 적하보험의 보상이나 선박보험에 관하여 다툼이 생기면 영국의 법률과 관습을 준거법으로 하고 있기 때문이다

박보험은 선박을 보험의 목적으로 하는 것이다. 이들 보험은 물건보험에 속한다. 반면 선박소유자상호보험은 선박소유자의 제3자에 대한 손해배상책임 또는 재해보상책임 등을 부담하는 책임보험의 일종이다.

II. 해상보험의 기원

해상보험은 그리스·로마시대로부터 13세기 초까지 지중해 지방에서 선박이나 운송물을 담보로 돈을 빌린 선박소유자가 항해(해상사업)를 무사히 마치면 원금에 높은 이자를 붙여 갚고, 만약 항해 도중 해난이나 해적의 위험으로 손해가 발생하면 그 손해의 정도에 따라 채무의 일부 또는 전부를 면제받는 모험대차계약에서 기원하였다는 것이 통설이다.

오늘날과 유사한 해상보험은 11세기 르네상스 초기에 이탈리아의 상업도시에서 상인이 보험자가 되어 해상보험을 인수한 것을 그 시초로 보고 있으며, 이후 지중해연안의 스페인, 프랑스, 포르투갈 등으로 전파되었다고 한다.

그러나 오늘날 전 세계 해상보험시장의 대부분을 지배하고 있는 영국의 해상보험은 런던에 이주한 한자상인과 롬바르드상인에 의하여 도입되었으나, 이들이 16세기 후반 엘리자베드 여왕 1세에 의하여 추방된 후 부터 영국인이 독자적으로 해상보험을 장악하고 발전시켰다. 즉, 1568년 왕립거래소(Royal Exchange)가 설립되어 그곳의 복도에서 해상보험을 운영하였다고 한다.

한편 1652년 커피가 도입되면서 런던에 다방이 개업되었는데, 당시 런던에서는 템즈강이 해운과 무역의 중심지였기 때문에 이곳에 많은 다방이 성업하게 되었다. 그 중 템즈강변의 타워가에 있던 에드워드 로이드가 경영하던 다방에 특히 해운무역관계자가 많이 모여 선박이나 화물 매매가 성행하였는데, 당시 다방 주인이던 에드워드 로이드가 해운 및 무역업자들의 위험을 분산시켜주는 제도로 해상보험을 인수하기 시작하였다. 이것이 오늘날 세계보험시장의 중심지라 할 수 있는 로이즈[152)]의 효시가 되고 있다.

그러나 거대한 위험을 인수하는데 로이즈의 개인보험사업자보다는 회사조직의 보험자의 필요성이 제기되어 1720년 London Assurance와 Royal Exchange Assurance를 설립하였다. 그 후 영국의 해상보험은 이와 같은 법인보험사업자와 로이즈 시장의

151) 육상에서 운송되는 화물을 보험의 목적으로 하는 보험은 운송보험이다.
152) 로이즈는 개인보험사업자가 모여 사업을 곳으로 1774년 J. J Angerstein에 의해 커피 하우스(coffee house) 시대를 청산하고 로얄 엑스체인지(Royal Exchange) 건물로 이전하여 보험거래소로서의 로이즈시대를 개막하였다.

개인보험사업자의 상호협력 속에서 오늘날까지 발전해 오고 있다.

우리나라에서는 1922년 일본인에 의하여 설립된 조선화재해상보험주식회사가 보험회사의 효시이고, 그 후 여러 개의 보험회사가 설립되었으나 이들 보험회사는 해상보험을 취급하지 않았으므로 1954년 2월부터 대한해상보험공동사무소가 수출입화물에 대한 보험을 인수하기 시작한 때가 우리자본에 의한 해상보험사업의 효시라 할 수 있다. 그 후 1955년과 1957년에 해상보험을 전업으로 하는 보험회사가 설립되었고 또한 화재보험만 인수하던 기존의 모든 손해보험회사도 해상보험을 인수하기 시작하여 오늘에 이르고 있다.

Ⅲ. 해상보험의 특성

해상보험은 손해보험의 일종이지만, 손해보험의 다른 종류와 비교하여 보면 특히 국제성이 강할 뿐만 아니라 다음과 같은 특성을 가지고 있다.

① 상대적 기업보험성 : 해상보험은 보험자의 상대방인 보험계약자 역시 대자본성을 가진 선박소유자이거나 하주이기 때문에 타 보험과는 달리 보험자가 경제적 측면에서 절대적으로 유리한 입장에서 계약을 체결한다고는 볼 수 없다. 따라서 보험계약의 부합계약성에 기인한 상대적 강행법규성을 타 보험과 같이 전적으로 인정하기는 어렵다.

② 보험종사자의 전문성 : 해상보험은 선박을 수단으로 한 전문기술성에 바탕을 둔 해상위험을 보상의 대상으로 하고 있고, 또한 국제성에 의하여 영국의 법이 적용되고 영국의 협회선박보험약관이나 협회적하보험약관과 같은 국제적 통일약관에 의하여 계약이 체결되기 때문에 보험종사자의 전문성이 매우 중요시 된다. 따라서 로이즈 보험으로 대표되는 해상보험시장에서는 해상보험중개인(marine insurance broker)에 의하여 보험계약이 체결된다.

③ 광범위한 위험 부담 : 해상보험은 물건보험인 선박보험과 적하보험은 물론 선주상호보험과 같은 배상책임보험, 선원재해보상보험 등 다양한 위험을 보상하는 매우 광범위한 위험을 부담한다.

④ 기평가보험[153)] : 손해보험이 원칙적으로 미평가보험으로 운영되는 것과는 달

153) 해상보험은 기평가보험인 것이 원칙이므로 보험계약을 체결할 때 보험가액을 협정하고 이를 보험증권에 명기한다. 그러나 우리나라의 적하보험양식은 영국의 것과 달리 보험가액란이 없어 이를 협의하지 않고 있으나, 선박보험양식은 보험가액란이 있어 이를 협정하고 있다. 협정보험가액은 사기가 없는 한 보험자와 피보험자사이에 보험가액으로서 결정적인 것이다.

리, 해상보험은 보험기간이 상대적으로 짧으면서, 국제성으로 인하여 보험가액에 대한 분쟁이 발생하기 쉽기 때문에 보험증권에 협정보험가액을 명시하는 기평가보험의 형태로 보험계약을 체결하는 것이 일반적이다.

⑤ 국제성 : 국제무역업자를 보호하는 제도로는 국제운송, 국제금융, 해상보험제도 등을 들 수 있다. 특히 이 중 해상보험은 영국법 준거법약관에 의하여 전 세계 대부분의 해상보험시장에서 1906년 영국해상보험법을 준거법으로 채택하고 있는데, 이는 동법이 200여 년간 2,000여개의 영국 로이드보험증권상 축적된 판례를 바탕으로 한 법이라는 점에서 법적 안정성이 매우 뛰어나기 때문이다. 또 해상보험시장은 국제무역을 그 바탕으로 하기 때문에 국제적 경쟁이 매우 심하여 매매계약조건(CIF, F.O.B.)에 따라 계약체결지가 다르게 된다. 또 높은 해상재보험 의존도 등으로 인하여 자연 국제성을 띄게 된다.

Ⅳ. 로이즈 보험의 특성

런던의 로이즈(Lloyd's)는 다음과 같은 특징을 가지고 있다.

① 런던 로이즈는 보험회사가 아니며, 보험서비스를 제공하는 하나의 조합(association)이다. 로이즈 자체는 보험을 인수하지 않으며, 개별적인 회원들이 보험을 인수한다. 이 점에서 로이즈는 회원들에게 거래장소(시장)와 기타 서비스를 제공하는 보험 거래소이다.

② 런던 로이즈는 많은 신디케이트(syndicates)와 신디케이트의 회원들인 개인보험업자들(individual underwriter)에 의해 주로 운영된다. 최근에는 법인도 신디케이트에 참여할 수 있다.

③ 개인보험업자들은 자기가 인수하는 보험에 대하여 무한책임을 갖는다. 각 개인보험업자들은 그들이 합의한 인수비율에 해당하는 손해액(보험금)에 대하여만 책임을 지고, 다른 회원들에게 할당된 손해액(보험금)에 대하여는 책임을 지지 않는다.

④ 로이즈의 개인보험업자들은 엄격한 재정상의 요건(상당한 언더라이팅 보증금의 예치)을 충족하여야 한다.

⑤ 런던 로이즈에서 보험거래는 로이즈 보험중개인(Lloyd s broker)을 통해서만 이루어진다.

제 2 관 영국 해상보험법

Ⅰ. 1906년 영국 해상보험법과 영국법준거약관

1. 1906년 영국 해상보험법

영국은 判例法 국가이므로, 성문법규가 없고 법원에서 내려진 판결례나 관습이 곧 법이다. 영국의 판례법을 커먼로(common law)라 한다. 그런데 해상보험에 관하여는 예외적으로 성문법규를 가지고 있는데, 이것이 1906년 해상보험법(Marine Insurance Act 1906)이다. 이는 영국에서 근대적 해상보험이 시작된 17세기말 이후부터 19세기말 사이에 형성되었던 약 2,000여 개의 해상보험사건 판결례와 상관습법을 정리하여 성문법으로 만든 것이다.

이 법은 94개 조문의 본문과 제1부칙(first schedule)으로 로이즈 에스 지 보험증권(Lloyd's S.G Policy) 표준양식과 17개 조문의 보험증권해석규칙(rules for construction of policy), 폐지되는 법률을 열거한 제2부칙(Second Schedule)으로 구성되어 있다.

그러나 이러한 성문법이 있다고 하여도, 법규의 흠결에 대하여는 여전히 커먼로와 상관습법이 적용되고(MIA 제91조 제2항), 영국 해상보험법의 해석상 이견이 있을 때에는 법원의 판결례에 의존할 수밖에 없으므로 판례법 국가인 영국에서는 커먼로와 상관습법의 중요성은 여전하다고 하겠다.[154]

2. 영국법준거약관

영국 해상보험법(Marine Insurance Act 1906)은 해상보험에 있어서 준거법약관에 의하여 영국 국내는 물론 전 세계적인 준거법으로 이용되고 있다. 즉, 영국 런던 보험자협회에서 사용하는 해상보험증권[155] 및 협회표준약관[156]에 영국법을 준거법으로 한다는 내용의 영국법준거약관(英國法準據約款)이 삽입되어 있다. 그리고 이 보

154) 沈載斗, 海上保險法, 吉安社, 1995, 6-7쪽 참조.

155) 과거에는 로이즈 에스 지 보험증권(Lloyd's S.G. Policy)이 사용되다가, 1982년 1월 1일 부터 개정된 협회적하보험증권이, 1983년 10월 1일부터는 개정된 협회선박보험증권이 사용되고 있다. 로이즈 에스지 보험증권은 보험계약의 내용을 증권 안에 모두 담고 있었으나, 개정된 신 협회적하보험증권과 신협회선박보험증권에서는 증권과 약관이 완전히 분리되어 증권에서는 오로지 보험계약이 체결되었다는 사실만 기재하고 보험계약의 내용은 약관에 기재하고 있다.

156) 협회적하보험약관(Institute Cargo Clauses A, B, C), 협회선박기간보험약관(Institute Time Clauses-Hulls), 협회선박항해보험약관(Institute Voyage Clauses-Hulls), 협회전쟁약관(Institute War Clauses) 등 각종의 협회약관(Institute Clauses)을 말한다.

험증권 및 협회표준약관은 영국의 보험자가 인수하는 모든 해상보험에 이용되어 왔다. 그런데 그동안 영국이 전 세계 해상보험시장의 중심 역할을 해 왔고, 특히 재보험을 통하여 영국의 로이즈가 해상보험시장의 대부분을 지배하고 있기 때문에 이들 약관은 전 세계에서 거의 통일약관의 형태로 사용이 되고 있다. 결국 영국법준거약관은 거의 모든 해상보험계약에 삽입되는 결과를 가져왔고, 영국 해상보험법은 200여년에 걸쳐서 축적된 2000여개의 해상보험관련 판례를 집대성하여 정리한 결과일 뿐 아니라, 동법 제정 이후에도 풍부하고도 잘 정비된 해상보험의 판례가 축적되어 거의 모든 해상보험 관련사건의 분쟁해결지침이 되어 줄 수 있기 때문에 별다른 저항 없이 영국법준거약관이 전 세계 해상보험업계에서 인정되어 왔다. 우리나라 대법원도 영국법준거약관에 대하여는 유효한 것으로 보고 있다.[157)]

II. 해상보험계약의 의의

1. 개념

해상보험계약은 보험자가 계약에 의하여 합의한 방법과 범위 내에서 해상사업에 수반되는 손해에 대하여 피보험자에게 손해보상을 약속하는 계약을 말한다(MIA 제1조). 그러므로 해상보험은 보험계약자 또는 피보험자가 해상사업으로 인하여 입은 손해를 보상하는 계약이고(MIA 제3조 제2항), 선박의 운항에 수반된 육상의 위험도 함께 보상하는 해륙혼합위험을 담보하는 보험이다(MIA 제2조 제1항).[158)]

---

157) ① 大判 1977.1.11, 71 다 2116: 살피건대 원심(및 제1심)이 판단하고 있는 바와 같이 본건 보험증권 하에서 야기되는 일체의 책임문제는 영국의 법률 및 관습에 의거하여야 한다는 영국법 준거약관이 원, 피고 사이에 유효한 것이고 따라서 본건 해상사고로 인한 손해에 대한 보상책임의 유무 및 지급방법에 관하여는 영국의 법률 및 관습에 의하여 결정한다고 하더라도 ….

② 大判 1991.5.14, 90 다카 25314 : 보험증권 아래에서 야기되는 일체의 책임문제는 외국의 법률 및 관습에 의하여야 한다는 외국법 준거약관은 동 약관에 의하여 외국법이 적용되는 결과 우리 상법 보험편의 통칙의 규정보다 보험계약자에게 불리하게 된다고 하여 상법 제663조에 따라 곧 무효로 되는 것이 아니고 동 약관이 보험자의 면책을 기도하여 본래 적용되어야 할 공서법의 적용을 면하는 것을 목적으로 하거나 합리적인 범위를 초과하여 보험계약자에게 불리하게 된다고 판단되는 것에 한하여 무효로 된다고 할 것인데, 해상보험증권 아래에서 야기되는 일체의 책임문제는 영국의 법률 및 관습에 의하여야 한다는 영국법 준거약관은 오랜 기간 동안에 걸쳐 해상보험업계의 중심이 되어 온 영국의 법률과 관습에 따라 당사자 간의 거래관계를 명확하게 하려는 것으로서 우리나라의 공익규정 또는 공서양속에 반하는 것이라거나 보험계약자의 이익을 부당하게 침해하는 것이라고 볼 수 없으므로 유효하다.

③ 大判 2005.11.25, 2002 다 59528,59535 : 영국 협회선박기간보험약관은 그 첫머리에 이 보험은 영국의 법률과 관습에 따른다고 규정하고 있는바, 이러한 영국법 준거약관은 오랜 기간에 걸쳐 해상보험업계의 중심이 되어 온 영국의 법률과 관습에 따라 당사자 사이의 거래관계를 명확하게 하려는 것으로서, 그것이 우리나라의 공익규정 또는 공서양속에 반하는 것이라거나 보험계약자의 이익을 부당하게 침해하는 것이라고 볼 수 없어 유효하다.

158) 해상보험에서 육상위험을 보상하는 대표적인 사례가 바로 '倉庫間約款'(warehouse to warehouse clause)이

2. 계약의 성립시기

해상보험계약에서는 보험증권의 발행여부와 관계없이 피보험자의 청약을 보험자가 승낙한 때 보험계약이 성립한 것으로 간주한다(MIA 제21조). 이 때 보험슬립(slip), 보험인수증(covering note), 계약서 메모(memorandum of the contract) 등을 참조하여야 하는데, 대개 보험슬립이 작성된 시기에 보험계약이 성립된 것으로 간주한다. 이점에서 우리 상법이 보험자의 책임이 개시되는 시기를 최초의 보험료를 지급한 때로 한 것과 다르다(상법 제656조).

Ⅲ. 해상위험

1. 의의

해상위험(Maritime Perils)이란 항해에 기인하거나 또한 부수하는 위험, 즉 해상고유의 위험(Perils of the seas),[159] 화재, 전쟁위험, 해적, 표도, 강도, 포획, 나포, 왕 및 인민의 억지 또는 억류, 투하, 선원의 악행, 그리고 이와 같은 종류의 위험 또는 보험증권에 기재되는 기타의 모든 위험을 말한다(MIA 제3조).

위에서 보듯이, 해상보험에서의 위험은 항해의 위험에 한정하는 것이 아니라 그 항해에 부수하는 위험 즉 육상위험이나 내수위험도 그 대상으로 한다(MIA 제2조 제1항). 따라서 오늘날 해상보험에서 보상의 대상이 되는 위험은 해륙혼합위험이다. 그런데 항해의 결과 또는 그에 부수하는 위험 즉 해륙혼합위험이 많이 있는데 이들 위험은 당연히 보험자가 부담하는 위험이 되는 것이 아니고 약관에서 정한 보험계약조건에 따라 부담위험이 되기도 하고 면책위험이나 비열거위험이 되기도 한다.

2. 위험부담의 방식

가. 제한적 열거주의

약관에 위험을 구체적으로 열거하고 그 열거된 위험만을 보험자가 부담하는 위험으로 하는 방식을 제한적 열거주의 또는 제한책임주의라고 한다. 적하보험의 FPA,

---

다. 이 약관은 적하보험의 경우에 송하인의 창고로부터 해상항해를 거쳐 수하인의 창고까지의 사이에서 일어나는 위험을 보상하는 것이다. 이 약관이 널리 사용되던 시절에는 국제매매계약에서 '통상의 로이즈보험조건'(usual Lloyd's condition)이라고 하면 이 약관을 포함한 것으로 해석하였다(Ide v. Chalmers (1900) 5 C.C. 212). 신협회적하보험약관(ICC (A), (B), (C)) 제8조에서는 '運送約款'(transit clause)으로 명칭이 바뀌었다.

159) 해상고유의 위험이란 바다의 우연한 사고나 재난을 의미한다. 그러나 그것은 통상적인 풍파의 작용은 포함하지 않는다.

WA 3%, WAIOP, I.C.C. B또는 C조건과 선박보험은 제한적 열거주의를 채택하고 있다. 그러나 이 경우에도 특별약관에 의하여 열거위험 이외의 위험을 부담하기도 한다.

나. 예시적 열거주의

약관에 보험자가 부담하는 위험을 열거하지 않고 면책위험을 제외한 일체의 해상위험을 부담으로 하는 방식을 예시적 열거주의 또는 일반책임주의라고 한다. 적하보험의 A/R 또는 I.C.C. A조건은 예시적 열거주의, 포괄적 책임주의 또는 일반책임주의라고 한다. 그러나 이러한 예시적 열거주의에 의하더라도 일정한 위험을 면책위험으로 규정하고 있는 면책약관이 있다.

3. 위험의 종류

가. 부담위험

부담위험은 제한적 열거주의에서 열거하고 있는 위험 또는 예시적 열거주의에서 면책위험이 아닌 위험과 같이 보험자가 보험조건에 따라 담보하여 주는 위험을 말한다. 즉 그 위험에 의하여 발생한 손해의 보상을 약속한 위험을 말한다.

나. 비부담위험

비부담위험은 면책위험과 비열거위험으로 분류된다.

(1) 면책위험

면책위험은 보험자가 부담하여 주지 않는 위험으로서 법률에 규정하고 있는 법정면책위험과 약관에 규정하고 있는 약정면책위험으로 분류하고 또 법정면책위험은 절대적 면책위험과 상대적 면책위험[160]으로 분류한다.

영국 해상보험법에 규정하고 있는 면책위험은 ① 피보험자의 고의의 불법행위(악행) ② 지연에 의한 손해 ③ 통상의 자연소모, 통상의 누손 및 파손, 고유의 하자나 성질, 쥐나 벌레 등에 근인한 손해, 해상위험에 근인하여 발생하지 않은 기관의 손상인데, 이 중 피보험자의 악행은 절대적 면책위험이다.

(2) 비열거위험

부담위험도 면책위험도 아닌 위험을 중성위험이라고 하는데, 중성위험은 제한적 열거주의에서만 존재하는 위험이므로[161] 이를 비열거위험이라고 할 수 있다. 위험의

160) 절대적 면책위험은 특약으로도 그 위험을 인수할 수 없으나, 상대적 면책위험은 특약으로 그 위험을 인수할 수 있다.

종류를 비열거위험으로도 분류하는 이유는 손해가 하나의 위험만으로 발생하였다면 그 실익이 없으나, 예컨대 열거위험과 비열거위험 또는 비열거위험과 면책위험이 함께 결합하여 손해가 발생하는 경우에는 전자는 보험보상이 되나 후자는 되지 않기 때문이다.

Ⅳ. 근인주의

1. 의의

보험자는 부담위험으로 인하여 생긴 손해에 대하여서 보상책임을 지며, 면책위험으로 인하여 생긴 손해에 대하여는 보상할 책임이 없다. 이처럼 위험과 손해 사이의 관계를 인과관계라고 한다.

영국 해상보험법 제55조 제1항이 채택하고 있는 인과관계설은 근인설인데, 이 설은 다수의 원인적 조건 중에서 그 손해에 가장 가까운 조건, 즉 근인(Proximately caused by)만을 손해의 원인으로 인정하고 이에 따라 보험자의 책임 유무를 결정하고 원인은 고려하지 않는다는 인과관계론이다. 여기서 근인이라 함은 시간적으로 가장 가까운 원인조건을 말하는 것이 아니라 그 효력(영향력)에 있어서 결과에 가장 접근하는 것을 말한다.

그런데 영국 해상보험법 제55조 제1항에서는 근인설의 원칙에 대한 예외도 두고 있는데, 그 첫째가 법에 달리 규정하고 있는 경우이고 다른 하나는 보험증권에 달리 규정하고 있는 경우이다.

2. 입증책임

가. 제한적 열거주의

제한적 열거주의의 보험증권에서 보상을 받기 위해서는 열거된 위험으로 손해가 발생하였음을 구체적으로 피보험자가 입증하여야 한다.

나. 예시적 열거주의

예시적 열거주의의 보험증권에서는 모든 위험이 일단 보험자의 부담에 속하는 것으로 추정되기 때문에 피보험자는 손해가 발생한 사실만 입증하면 된다. 즉 피보험자는 손해의 원인을 구체적으로 증명하지 않아도 보험자에게 보상청구권을 누린다는

161) 예시적 열거주의에서는 보험자가 일체의 해상위험을 부담하고 별도의 면책조항을 규정하여 보험자의 부담위험을 제한하고 있으므로 부담위험과 면책위험만 존재한다.

것이다. 이때 그 손상이나 멸실이 면책위험에 의하여 야기되어졌다는 것을 보험자가 반증하지 못하면 보험보상이 된다.

V. 해상보험의 손해

1. 의의

해상보험에 있어 손해라 함은 보험의 목적인 선박이나 적하 등이 해상위험(보험사고)으로 인하여 피보험자가 입은 재산상의 불이익을 말한다. 이에 해당하는 손해는 물적 손해, 비용손해 및 책임손해로 나눌 수 있다.

2. 물적 손해

보험의 목적 그 자체가 멸실・훼손되는 경우를 물적 손해라고 하며, 이는 전손과 분손으로 구분한다.

가. 전손

피보험이익의 전부가 멸실한 경우를 전손이라고 하며, 이는 현실전손과 추정전손으로 구분한다.

(1) 현실전손(Actual Total Loss)

현실전손은 ① 보험의 목적이 파괴되어 멸실한 경우(실체적 멸실), ② 물건 본래의 성질을 상실한 경우, ③ 회복할 가망이 없는 상실이 있는 경우 또는 ④ 화물의 행방이 상당기간 불명인 경우 등이 있다(MIA 제57조 및 제58조).

(2) 추정전손(Constructive Total Loss)

추정전손은 보험의 목적이 현실전손될 것이 불가피한 것으로 인정될 경우 성립한다. 그 예로서는 ① 선박이나 화물의 점유가 박탈당하여 피보험자가 그것을 회복할 가망이 없게 될 경우 또는 회복비용이 회복한 후의 가액을 초과하게 될 경우, ② 화물의 수리비와 목적지까지의 운반비가 도착한 후의 화물가액을 초과하게 될 경우 또는 ③ 선박의 수리비가 수리 후의 선박가액을 초과하게 될 경우 등이 있다.

추정전손은 보험의 목적을 보험자에게 정당하게 위부함으로써 성립된다. 만약 위부를 하지 않을 경우에는 분손으로 처리 된다. 위부제도란 추정전손의 사유가 발생하였을 때 피보험자는 보험의 목적에 관한 일체의 권리를 보험자에게 이전하고 보험금액을 보험금으로 청구할 수 있게 하는 제도이다.

나. 분손(Patial Loss)

피보험이익의 일부 멸실・훼손을 분손이라 하며 이는 단독해손과 공동해손으로 분류한다.

(1) 단독해손(Paticular Average)

단독해손이란 분손으로서 보험의 목적이 일부 멸실・훼손된 경우 그 손해를 피보험자가 다른 이해관계자에게 분담을 요구할 수 없는, 즉 공동해손이 아닌 경우를 말한다.

(2) 공동해손(General Average)

공동해손이란 공동해손 행위로 인하여 또는 공동해손 행위의 직접적인 결과로 발생하는 손해를 말한다. 공동해손 행위란 공동항해사업의 수행과정에서 위험에 놓인 재산을 보존할 목적으로 자발적으로 또한 합리적으로 이례적인 희생을 행하거나 또는 비용을 지출하는 경우를 말한다. 공동해손 손해는 물적 손해인 희생과 경비손해인 비용을 포함한다. 공동해손 손해가 발생한 경우 그 손해를 부담한 자는 다른 이해관계자에게 일정비율의 분담을 청구할 권리가 있는데 이를 공동해손 분담금이라 한다. 공동해손 손해가 발생하면 당연히 보험자로부터 보상을 받을 수 있는 것이 아니고 그 손해가 피보험위험을 피하기 위하여 또는 피하기 위함과 관련하여 발생한 손해가 아니면 보험자는 공동해손 손해와 분담금에 대한 보상책임이 발생하지 않는다.

공동해손 희생을 입은 재산의 소유자는 다른 이해관계자로부터 배상(분담)을 기다릴 필요 없이 보험자에게 직접 보상을 청구할 수 있다.[162] 그러나 비용을 지출한 경우에는 그 비용손해 중 자기 부담으로 귀속될 부분에 한해서 보험자로부터 보상받을 수 있다. 그런데 공동해상사업단체에 속하는 재산 즉 선박, 운임 또는 화물이 동일인의 소유일 경우 공동해손 손해나 분담금에 관한 보험자의 책임은 이들 이익이 각각 다른 사람에 의하여 소유되고 있는 경우와 동일하게 처리한다.

공동해손의 정산 기준은 통상 선하증권 이면에 규정하고 있는데 현재 요크-앤트워프 규칙(York Antwerp Rules)이 가장 보편적으로 사용되고 있다.

공동해손이 발생한 경우 운송인이 하주에게 요구하는 서류는 ① 공동해손맹약서(Green Average Bond),[163] ② 화물가액신고서(Valuation Form),[164] ③ 공동해손

162) 이를 보상한 보험자는 대위권의 행사로서 다른 이해관계자에게 분담금을 회수한다.

163) 하주가 장차 자기에게 청구될 공동해손 분담금을 정히 지급할 것과, 그 분담금의 산출기초가 될 자기 화물의 명세 및 가액을 정당히 신고할 것을 약속하는 서류이다.

164) 공동해손에 관련된 화물의 가액을 하주가 운송인에게 상업송장을 첨부하여 신고하는 서식인데, 오늘날 이 서식을 생략하고 상업송장만을 요청하기도 한다.

보증장(General Average Guarantee) 또는 공동해손 공탁금(General Average Deposit)이다.[165]

3. 비용손해

상당수의 비용손해 중 보험보상의 대상이 되는 손해는 순수보수, 계약보수, 특별비용, 손해방지비용 및 손해조사비용(부대비용)이다.

가. 순수구조료(Salvage Change)

해난에 놓인 재산의 발생가능성이 있는 손해를 방지하기 위하여 임의로 즉, 계약에 기하지 아니하고[166] 구조한 자에게 해상법에 의하여 피구조자가 지급하는 보수를 순수구조료 또는 임의구조료라고 한다. 피보험위험으로 인하여 발생하는 손해를 방지하기 위하여 지출한 구조료는 피보험위험으로 인한 손해로서 회수할 수 있는데 순수구조료는 그 지출된 사정에 따라 구조료 또는 공동해손비용으로 취급한다.

나. 계약구조료(Salvage)

해난에 놓인 재산의 발생가능성 있는 손해를 방지하기 위하여 계약에 의하여 구조한 자에게 계약에 따라 피구조자가 지급하는 보수를 계약구조료라 한다. 계약구조료는 그 발생된 상황에 따라 계약구조료, 손해방지비용 또는 공동해손비용으로 취급한다.

다. 특별비용(Particular Change)

보험의 목적의 안전 또는 보존을 위하여 피보험자에 의하여 또는 피보험자를 위하여 소요된 비용으로서 공동해손비용과 순수구조료 이외의 비용이다. 특별비용이 보험보상을 받기 위해서는 피보험위험을 원인으로 하여 비용이 발생되어야 하고, 그 발생이 이례적이어야 한다. 따라서 통상의 경비 또는 그 경비의 증가분이어서는 안되며 또 손상된 보험의 목적만을 위해서 지출되어야 한다.

라. 손해방지비용(Sue and Labour Change)

손해방지비용은 피보험위험이 발생하였을 경우에 이로 인한 보험의 목적의 손해방지 또는 경감을 위하여 피보험자 또는 그의 사용인 및 대리인에 의하여 정당히

---

165) 공동해손 보증장은 하주가 부담하여야 할 공동해손 분담금을 보증하는 서식이다. 보험에 가입한 경우에는 보험회사에서 보증하여 주고, 보증인을 찾지 못하면 현금을 공탁한다. 이 보증이나 공탁이 있어야만 화물을 찾을 수 있는 화물인도지시서를 운송인이 하주에게 준다. 그런데 보험자가 보증장을 발급하기 전에 하주에게 역보증장(Counter Average Guarantee)을 일반적으로 요구한다.

166) 사법상의 의무 없이 구조한 경우이다.

(Properly) 그리고 합리적으로(Reasonably)지출한 비용이다. 따라서 순수 구조료(Salvage change)는 손해방지비용이 될 수 없다. 또한 손해방지비용은 당해 보험의 목적의 이익만을 위하여 소요된 비용이어야 하므로 공동의 이익을 위해 소요된 비용은 공동해손비용이 되며 손해방지비용으로 취급되지 않는다.

마. 손해조사비용(Survey Fee)

손해가 발생하였을 경우 손해액 사정인(Surveyor)에 의해서 손해의 원인 및 정도를 조사하게 되는데 이때 소요되는 비용을 손해조사비용이라고 한다. 손해조사비용은 당해 손해가 보험자에 의해 보상될 경우에 한하여 보험보상[167]한다.

4. 책임손해

책임손해란 보험의 목적을 사용, 관리, 운항하던 중 사고로 타인에게 배상하여야 할 손해를 말한다.

해상보험의 손해

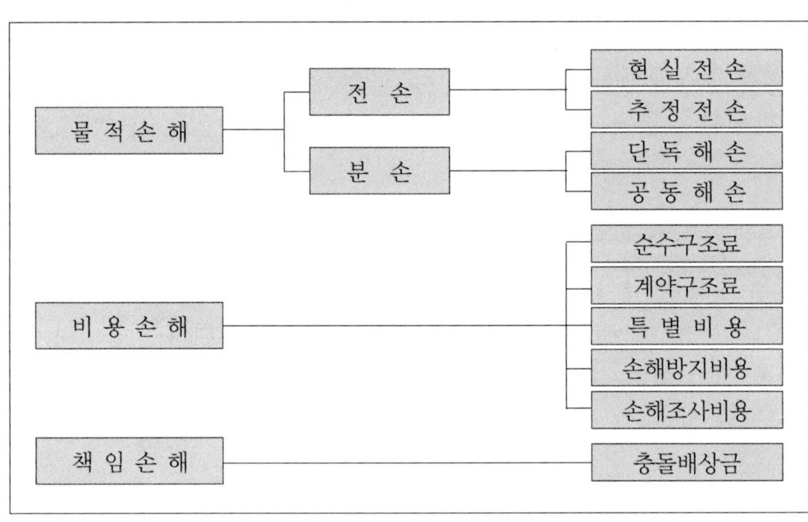

5. 보상의 대상이 되는 손해

가. 적하보험

적하보험은 책임손해를 제외한 위의 모든 손해 즉 현실전손, 추정전손, 단독해손,

167) 그러나 보험자가 검정인을 선임한 경우에는 실무적으로 보험보상 여부와 상관없이 보험자가 검정비용을 보상해 주고 있다.

공동해손[168], 순수구조료, 계약구조료, 특별비용, 손해방지비용 및 손해조사비용이 보상의 대상이다. 그런데 보험자는 보험금액을 한도로 보상하지만 손해방지비용을 제외한 물적 손해와 비용손해의 합계가 보험금액을 초과하더라도 손해방지비용에 한하여서는 보험금액 한도 내에서 추가로 보상한다.

나. 선박보험

선박보험의 대표적인 상품인 선체 및 기관보험에서는 적하보험과 같이 물적 손해와 비용손해를 보상하고 이에 추가하여 충돌배상책임도 제한적이지만 보상[169]한다. 또 선박보험에서도 보험자의 보상책임은 보험금액을 한도로 하지만 손해방지비용 이나 충돌배상금에 대해서는 예외적으로 각각 보험금액 한도 내에서 추가 보상한다.

Ⅵ. 보장조건(Warranty)

1. 의의

해상보험계약은 보장조건[170]을 조건부로 하는 경우가 많은데, 보장조건이란 피보험자가 특정한 사항을 이행하거나 또는 이행하지 않을 것 또는 특정한 조건이 충족될 것 또는 특정한 사실상태의 존재나 부존재를 확약하는 것을 말한다(MIA 제33조).

2. 종류

가. 명시적 보장조건(Express warranty)

보험증권에 보험계약자가 지켜야 할 구체적 내용이 약관에 명기되어 있는 보장조건을 말한다.

나. 묵시적 보장조건(Implied warranty)

법률의 규정 또는 커먼로상 당연히 인정되는 보장조건으로 증권이나 약관에 명기

168) 공동해손 물적 손해(희생), 비용 및 분담금을 모두 포함한다.

169) 많은 책임손해 중에서 선체보험에서는 충돌배상손해 중에 일부를 보상의 대상 손해로 하고 있다.

170) 영미법상 warranty라고 하면 계약 조항의 해석에 있어서 계약 내용 중 중요한 조건의 하나로서 계약의 당사자가 warranty 조건에 속하는 계약의 내용을 반드시 지킬 것을 보장한다는 것으로, 이러한 조항의 위반이 있을 경우에는 계약의 일방 당사자는 위반한 당사자에 대하여 손해배상청구권을 가진다. 이 조건의 용어의 사용에 대하여 일반적으로 우리나라나 일본의 학계에서는 擔保라는 용어를 사용하는 것이 일반적이다. 물론 사전상의 의미로는 가장 그 뜻에 접근해 있다고 생각되나 우리 민법상의 擔保라는 용어와의 혼동을 면할 수 없다. 또 해상보험법상 warranty는 소위 '약속적 워런티'(promissory warranty)로서 계약의 당사자가 워런티조건으로 약속한 사항을 지키겠다는 약속을 보장하는 것이기 때문에 필자는 保障條件이라는 용어를 사용하고 있다(鄭暎錫, 海上運送法講義, 國際海洋問題硏究所, 2002, 68쪽 각주 109) 참조). 다만, 이 논문에서는 용어상의 혼란을 피하기 위하여 '워런티'로 표현하기로 한다.

되어있지 않아도 피보험자가 충족하여야 한다. 적법보장조건과 감항능력보장조건이 있다.

3. 위반의 효과

보장조건은 위험에 대하여 중요한 것이든 아니든 정확히 충족되어야 한다. 만약 충족되지 않으면 보험증권에 다른 규정이 있는 경우가 아니면, 보장조건을 위반한 때로부터 보험자는 책임을 면하게 된다. 다만, 보장조건위반 이전에 발생된 손해에 대해서는 책임을 면하지 못한다.

그러나 사정의 변경으로 보장조건이 계약에 적용될 수 없는 경우, 보장조건의 충족이 그 후의 법률의 변경으로 위법이 되는 경우 및 보험자가 보장조건위반의 권리를 포기하는 경우에는 보장조건위반이 허용된다.

Ⅶ. 보험약관의 해석원칙

1. 계약당사자 의사 존중의 원칙

계약당사자의 진의가 무엇인지를 가려내어 그 의도에 따르는 것이 가장 기본적인 해석의 원칙이며, 기타의 해석원칙은 이 원칙을 달성하기 위한 파생의 원칙이라고 할 수 있다.

2. 증권상 문언위주 해석의 원칙

보험증권의 각 문언은 특별한 별도의 의미를 부여하고 있는 경우를 제외하고 학문적, 이론적으로 해석하려고 할 것이 아니라, 평이하고(Plain method), 통상적으로(Ordinary method) 그리고 통속적으로(Popular method)해석하여야 한다.[171]

3. 수기문언 우선의 원칙

각 약관의 내용이 서로 다를 경우 어느 약관이 우선할 것인지에 관한 원칙이 없으면 분쟁을 면할 수 없다. 이런 경우 수기문언을 가장 우선적으로 적용한다는 이론을 수기문언우선의 원칙이라 한다. 따라서 구약관의 경우 에스 지 보험증권의 본문약관⇒이태리서체약관⇒난외약관⇒협회약관⇒기타특별약관⇒스탬프약관⇒타자약관⇒수기약관 순이며, 신약관의 경우 본문약관⇒난외약관⇒협회약관⇒특별약관⇒스탬프약관⇒타자약관⇒수기약관의 순서가 될 것이다.

171) 이를 실무적으로 pop의 원칙이라고도 한다.

4. 작성자 불이익의 원칙

문언의 뜻이 애매해서 여러 가지 해석이 가능할 때에는 작성자, 즉 보험자에게 불리하도록 해석하여야 한다.

제 3 관 선박보험과 적하보험

Ⅰ. 적하보험(CARGO INSURANCE)

1. 의의

적하보험은 해상이나 항공 또는 이에 부수하는 육상 등에서 운송되는 물건이 멸실·훼손됨으로써 피보험자가 입은 경제적 손실을 합의된 방법과 범위에 따라 보상하는 보험이다.

적하보험의 주된 목적물은 수출입 화물이고 이 화물을 보험에 가입함으로써 담보위험으로 발생하는 손해를 보상받을 수 있어 무역거래를 원활하게 하는데 기여한다. 이러한 이유로 해상보험은 해상운송 및 국제금융과 더불어 무역을 뒷받침하는 3가지 기둥 중에 하나라 할 수 있다.

그런데 운송물이 운송인의 책임에 있는 동안 사고가 발생하면 그들에게 손해배상을 청구를 하면 되는데도 불구하고 적하보험을 가입하는 이유는 선하증권 등에는 면책조항이 많고 또 설사 이에 해당하지 않는다 하더라도 책임제한 규정이 있어 하주는 완전한 배상을 받지 못하는 경우가 대부분이기 때문이다.

적하보험의 가입자는 무역거래 조건에 따라 결정되는데, F.O.B.나 CFR 조건에서는 항해선의 선박난간을 통과하기 전까지의 구간에는 수출업자[172]가, 그 후 구간은 수입업자가 보험의 가입여부를 결정하고, CIF조건에서는 수출업자가 보험에 가입할 의무를 지고 있다.

적하보험은 국제성이 강한 보험이므로 보험요율도 다른 나라보다 우월한 지위에 있어야 한다. 우리나라의 경우 적하보험의 해상위험요율은 완전 자율화가 되어 각 보험자가 스스로 산정하는데, 기본보험요율은 일반적으로 화물의 종류, 운송구간 및 기본보험조건에 의한다. 그러나 전쟁과 동맹파업 등의 요율은 해상위험의 요율과는 달리 런던의 전쟁보험요율위원회(War Risks Rating Committee)에 의해서 산정되고

172) 우리나라의 경우는 운송보험에서 특약으로 인수하고 있다.

있으며 각국의 보험업자는 이에 따르고 있다. 적하보험의 보험금액은 CIF가격의 110%로 하는 것이 보통이고, 보험조건은 CIF조건으로 수출하는 경우는 관계 신용장 또는 매매계약서에서 규정하고 있는 보험조건으로 가입하면 되고, F.O.B.나 CFR조건으로 수입하는 화물은 자기의 경험에 따라 보험조건을 결정할 수밖에 없다.

2. 약관의 구성

영국의 로이즈를 비롯하여 세계의 해상보험시장에서 사용되고 있는 보험증권의 모체는 영국 해상보험법 제1 부칙에 규정된 Lloyd's S. G Policy[173]양식이다. 우리나라에서 사용하고 있는 영문적하보험증권양식은 런던보험업자협회가 제정한 Companies' Combined Policy를 모방한 것이며, 이 증권은 Lloyd's S. G. Policy를 선박용과 적하용으로 분리한 것이다.

그런데 이 S. G Policy상의 담보위험과 약관의 내용이 해상무역발달 등의 시대 흐름에 따라 미비한 점이 있어 로이즈 시장과 보험회사 시장을 대표하는 기술 및 약관위원회(Technical & Clauses Committee)에 의해 1912년 적하보험특별약관인 Institute Cargo Cluse (FRA)와 (WA) 및 (A/R) 등 구약관과 1983년에 제정된 ICC(A), (B), (C) 등의 신약관을 사용 중에 있다.

구약관은 S. G Policy와 ICC약관이 합하여 하나의 약관을 구성하는데 S.G Policy는 본문약관, 이태리서체약관 및 난외약관으로 구성되어 있고 ICC약관은 14개 조항[174]으로 구성되어 있다. 그러나 S.G Policy가 220여 년전부터 사용되어 오던 것이라 그 약관들의 내용 및 표현이 대단히 어려워 적하보험에 관한 한 일반 무역업자들이 쉽게 이해할 수 있도록 수정해야 되지 않겠느냐 하는 국제여론이 비등해지자 1978년 11월에 UNCTAD가 '해상보험에 관한 보고서'를 작성하게 되었고 이에 따라 런던보험자협회와 로이즈보험협회의 합동작업반이 중심이 되어 S.G Policy Form을 폐기하고 신보험증권양식[175]과 새로운 약관 즉, Institute Cargo Cluses(A), (B) 및 (C)를 제정하고 이를 1982년 1월1일부터 사용할 수 있도록 하였다.[176] 이를 실무적으로

173) 1779년 1월 로이즈회원총회에서 과거에 사용되어 오던 양식들을 통일하여 해상보험증권으로 사용할 것을 확인하였다.

174) 제1조 운송약관(창고간약관포함), 제2조 수송종료 약관, 제3조 부선약관, 제4조 항해변경약관, 제5조 담보위험약관, 제6조 추정전손약관, 제7조 공동해손약관, 제8조 감항성승인약관, 제9조 수탁자약관, 제10조 보험이익불공여약관, 제11조 쌍방과실충돌약관, 제12조 포획나포불담보약관, 제13조 동맹파업폭동소요불담보약관 및 제14조 신속조치약관으로 구성되어 있다.

175) 이를 MAR FORM이라고 한다.

176) 구약관은 1983년 3월31일까지만 사용하기로 하였으나, 우리나라의 경우는 아직도 구약관을 신약관보다 훨씬 많이 사용되고 있다.

신약관이라고 한다.

신약관은 증권 앞면에 본문약관[177]과 중요약관[178]이 규정되어 있고 뒷면에는 19개 조항[179]의 ICC 약관이 규정되어 있다.

3. 보험기간

보험자가 보상책임을 부담하는 구간을 보험기간이라고 한다. 적하보험의 보험기간은 화물이 보험증권에 기재된 지역의 창고 또는 보관 장소에서 운송개시를 위해 떠날 때 개시하고, 그 종기는 첫째, 화물이 보험증권에 기재된 목적지의 수하인 또는 기타의 최종창고 또는 보관장소에 인도된 때, 둘째, 보험증권에 명시된 목적지 여부를 불문하고 통상의 운송과정이 아닌 보관을 하거나 할당 또는 분배를 위한 장소에 인도된 때, 셋째, 본선으로부터 하역을 종료한 후 60일이 경과된 때 중 어느 하나가 먼저 도래한 때이다.

그러나 우리나라의 경우에는 수입화물에 한하여 하역 후 60일 대신 30일로 변경[180]하고 있으므로 위 첫째 및 둘째 사유가 도래하지 않았다 하더라도 수입화물은 본선으로부터 양륙을 종료한 때로부터 30일이 경과하면 보험기간은 종료한다.[181]

한편 피보험자가 좌우할 수 없는 사정에 의하여, 해상운송계약이 그 계약서에 기재된 목적지 이외의 항구 또는 지역에서 종료되거나 또는 기타의 사정으로 위 수송약관에 규정된 화물의 인도 이전에 수송이 종료되었을 경우에는 지체 없이 그 취지를 보험자에게 통보하고 또한 청구를 받으면 추가 보험료를 지급할 것을 조건으로 하여 첫째, 화물이 상기의 항구 또는 지역에서 매각된 후 인도되거나 또는 별도의 합의가 없

177) 본문약관은 준거법약관, 타 보험약관, 약인약관 및 선언약관으로 구성되어 있는데, 이중 준거법약관과 타 보험약관은 영국 약관에는 없는 약관이다. 준거법약관은 보상에 관하여서는 영국의 법률과 관습을 기타 사항에 관해서는 우리나라의 법률과 관습을 준거법으로 하고자 제정한 약관이라고 한다. 또 타 보험약관은 다른 보험과 보상이 중복되면 적하보험에서 보상을 받지말고 다른 보험에서 보상을 받도록 규정하고 있는데 이는 해상보험을 제외한 다른 보험에서 타보험약관을 두고 있으므로 적하보험에서도 이를 규정함으로써 다른 보험과 중복보험처럼 보상하여 주기 위한 규정이다.

178) 중요약관은 수탁자약관, 손해사정을 위한 지침약관 및 보험금청구시 구비서류에 관한 약관으로 구성되어 있다.

179) 제1조 위험약관, 제2조 공동해손약관, 제3조 쌍방과실충돌약관, 제4조 일반면책약관, 제5조 불감항 및 부적합면책약관, 제6조 전쟁면책약관, 제7조 동맹파업면책약관, 제8조 운송약관, 제9조 운송계약종료약관, 제10조 항해변경약관, 제11조 피보험이익약관, 제12조 계속운송비용약관, 제13조 추정전손약관, 제14조 증액약관, 제15조 보험이익불공여약관, 제16조 피보험자의무약관, 제17조 포기약관, 제18조 신속조치약관, 제19조 법률 및 관습약관으로 구성되어 있다.

180) 즉 수출 화물은 60일 수입화물은 30일이 경과하면 적하보험의 종기 사유에 해당한다는 것이다.

181) 목적물이 본선으로부터 양륙한 후 60일 혹은 30일이 경과하더라도 보험이 종료되어서는 안 될 경우 사전에 보험자와 상의하여 그 기한을 연장할 수 있는데 이대 사용하는 약관은 Inland Storage Extension(I. S. E)이다. 이 약관은 적하보험의 시간적 종기를 연장할 뿐이고, 담보위험은 변동이 없다.

는 한 그러한 항구 또는 지역에서 외항선으로부터의 양륙 작업 완료 후 60일이 경과되거나, 그 중 어느 한쪽이 먼저 생길 때 또는 화물이 60일 기간 내에 보험증권에 기재된 목적지 또는 기타의 목적지로 계속 운반될 경우에는 위 수송약관에 따라 보험이 종료될 때까지 보험이 존속한다.

둘째, 피보험손해가 보험계약을 체결하기 이전에 발생하였을지라도 피보험자가 그 손해의 발생 사실을 알고 있고 보험자는 몰랐을 경우를 제외하고는 피보험자는 이 보험의 보험기간 중에 생긴 피보험손해에 대하여 보상받을 권리가 있다. 이 경우는 보험계약기간보다 보험기간이 먼저 개시하는 경우가 된다.[182)]

4. 보험조건별 보상범위

가. 구약관

① 단독해손불담보(FPA)조건 : 단독해손불담보조건이므로 S.G Policy상의 담보위험[183)] 즉 해상고유의 위험, 화재, 투하, 강도 등으로 야기된 손해 중 현실전손, 추정전손, 공동해손 및 비용손해(순수구조료, 계약구조료, 손해방지비용, 특별비용 및 손해조사비용)는 보상하지만 단독해손은 원칙적으로 보상하지 않는다. 그러나 본 약관에서 특별히 규정하고 있는 특정사고에 의하여 발생된 단독해손을 예외적으로 보상하는데 그 첫째가 침몰, 좌초, 화재, 충돌 및 폭발로 발생된 단독해손, 둘째 선적, 환적, 양륙 중의 추락으로 인한 포장당 전손, 셋째 피난항에서 하역으로 인한 단독해손이다. 선박이 항해 중 침몰, 좌초, 대화재를 당할 경우 당시 선적되어 있었던 화물은 분손담보조건에서만 보상되는 위험으로 손해가 발생된 경우라 하더라도 본 조건에서 보상하여 준다. 즉, 선박이 항해 중 침몰, 좌초, 대화재를 당한 경우에는 해상고유의 위험에 포함되는 악천후 또는 강도나 투하로 인한 단독해손도 보상이 가능하다는 의미이다.

---

182) 구약관의 S. G Policy 본문 중 lost or not lost(소급약관)과 신약관의 ICC약관 중 피보험이익 약관이 이러한 취지를 규정하고 있다.

183) S. G Policy 본문에 열거하고 있는 위험은 ① Perils of the seas(해상고유의 위험) ② Fire/Burning(화재) ③ Jettison(투하) ④ Barrantry(선원의 악행) ⑤ Pirates(해적) ⑥ Rovers(표도) ⑦ Thieves(강도) ⑧ Men-of-war(군함) ⑨ Enemies(외적) ⑩ Surprisals and Capture (습격과 포획) ⑪ Taking at sea and seizure(해상탈취 및 나포) ⑫ Arrests, restrainst and detainment of kings, princes and people(관헌의 강류, 억지, 억류) ⑬ Letters of Mart and Countermart(포획면허장 및 보복포획면허장) 및 기타 일체의 위험이다.

여기서 기타 일체의 위험이란 여하한 위험을 의미하는 것이 아니고 위에서 열거하고 있는 위험과 유사한 위험 즉 동종제한의 원칙에 따른 위험을 의미한다. 그런데 이 위험들 중 해상고유의 위험, 화재, 투하 및 강도 등을 제외하고는 이태리서체약관 등에서 보상하는 위험에서 제외하고 있다.

② 분손담보(WA)조건 : 분손담보조건이므로 S. G Policy상의 담보위험 즉 해상고유의 위험, 화재, 투하, 강도 등으로 발생한 손해를 보상하여 준다. 즉, 단독해손불담보 조건에서 보상하여 주는 손해에 추가하여 악천후, 투하 또는 강도로 인한 단독해손을 보상하여 주는 조건이다.

실무적으로는 WA 3%(With Average 3%)와 WAIOP(With Average Irrespective of percentage)의 두 조건으로 보험을 인수하는데 WA 3% 조건은 악천후 등으로 야기된 손해가 3% 이상이어야 전액 보상하여 주는 조건이고 WAIOP는 그러한 손해가 발생되었을 때 공제 없이 보상하여 주는 조건이다.

③ 전위험담보(A/R)조건 : 전위험담보조건이므로 면책위험 및 보험요율서상에서 제외되는 위험 이외의 일체의 손해를 보상하여 주는 조건이며 약관에 규정하고 있는 면책위험은 ㉮피보험자의 고의 또는 악의적 비행, ㉯화물고유의 성질이나 하자로 기인된 손해[184] ㉰항해의 지연에 근인한 손해 또는 비용이다.[185] 그리고 보험요율서상 제외되는 위험이란 화물의 종류에 따라 다르나, 그 예로서 유리제품의 파손위험[186]과 같은 것이 있다.

구약관의 보험약관별보상범위

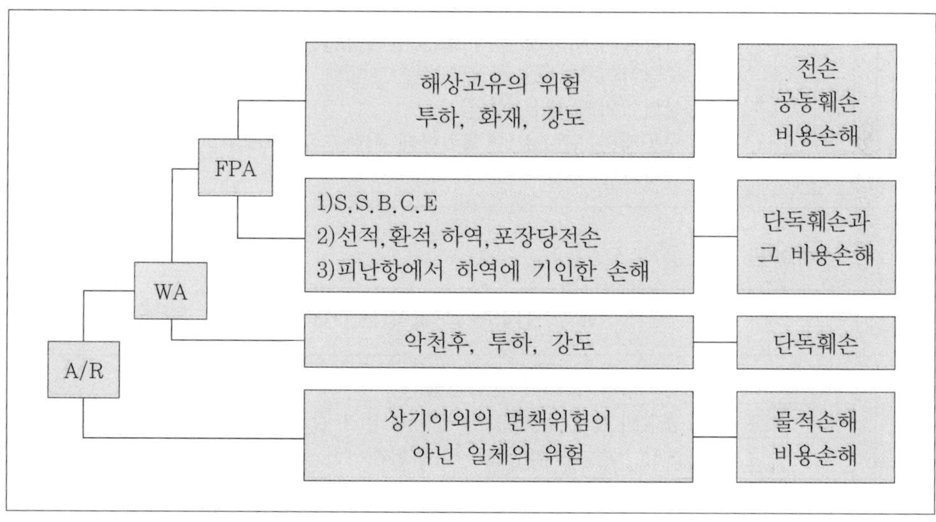

184) 포장불량으로 인한 손해는 면책위험으로 직접 규정하고 있지 않지만 영국 판례에서 물건 그 자체의 성질이나 하자에 해당하는 손해라고 판시한 바 있어 보험보상이 되지 않는다.

185) 지연에 의한 손해는 지연이 우연한 사고(담보위험)에 의하여 발생한 경우라도 보상되지 않는다.

186) 이를 보상받고자 한다면 파손의 부가보험조건을 가입해야 한다.

나. 신약관

신약관 ICC(A), ICC(B), ICC(C)의 3가지 약관으로 나누어지는데, 이 중 ICC(A) 약관은 포괄적 책임주의에 입각한 것이고, 나머지는 제한적 열거주의에 입각한 것이다. 구체적 담보위험과 면책위험은 다음과 같다.

① 담보위험

신약관의 담보위험

A	B	C	다음 위험에 정당하게 기인된 보험의 목적의 멸실 또는 손상
○	○	○	① 화재 또는 폭발
○	○	○	② 선박 또는 부선의 좌초,좌주,침몰 또는 전복
○	○	○	③ 육상운송 용구의 전복 또는 탈선
○	○	○	④ 선박, 부선, 운송용구의 타물과의 충돌 또는 접촉
○	○	○	⑤ 조난항에서의 적하의 양하
○	○	×	⑥ 지진, 분화 또는 낙뢰

A	B	C	다음 위험으로 인한 보험의 목적의 멸실 또는 손상
○	○	○	⑦ 공동해손희생
○	○	○	⑧ 투하
○	○	×	⑨ 파도에 의한 갑판상의 유실
○	○	×	⑩ 선박,부선,선창,운송용구,콘테이너,리프트밴 또는 보관소 해수,호수 또는 하천수의 유입
○	○	×	⑪ 선박또는 부선에 선적 또는 양하작업중 해수변으로 낙하하여 멸실되거나 추락하여 발생된 포장당 전손
○	×	×	⑫ 상기이외의 멸실, 손상
○	○	○	⑬ 공동해손, 구조료(면책위험에 의한 것은 제외)
○	○	○	⑭ 쌍방과실 충돌

② 면책위험

신약관의 면책위험

A	B	C	① 피보험자의 고의의 위법행위
×	×	×	② 통상의 누손, 중량, 용적의 통상의 감소, 자연소모
×	×	×	③ 포장 또는 준비의 불완전(위험개시전, 피보험자에 의한 콘테이너의 적입)
×	×	×	④ 보험목적의 고유의 하자
×	×	×	⑤ 지연
×	×	×	⑥ 선주 관리자, 용선자 운항자의 파산, 재정상의 채무 불이행
○	×	×	⑦ 여하한 자의 불법행위에 의한 고의적 손상 파괴
×	×	×	⑧ 원자핵 분열/원자핵 융합 또는 동종의 반응 또는 방사력 또는 방사성 물질을 이용한 병기의 사용에 의한 멸실 손상비용
×	×	×	⑨ 선박, 부선의 불감항성, 선박, 부선, 운송용구, 콘테이너 등의 부적합

5. 기본보험조건과 부가보험조건

가. 기본보험조건

적하보험의 대상인 운송물의 주된 운송수단이 선박인 경우 FPA, WA 3%, WAIOP, A/R, A, B 또는 C조건 중에 어느 하나를 보험조건으로 반드시 선택하여야 한다. 따라서 이들을 기본보험조건[187]이라 한다.

나. 부가보험조건

A/R나 A조건은 보상의 범위가 넓어 좋으나 보험료가 상대적으로 비싸 부담이 되는 수도 있을 것이다. 따라서 보험료가 상대적으로 저렴한 제한적 조건으로 가입한 경우에는 아래에 열거한 부가조건을 선택하여 보험에 가입할 수 있다.

부가조건으로 특정 위험을 보험에 들었다면 해당 위험으로 발생한 손해는 증권상 열거된 면책위험에 기인하지 않는 한 보험 보상을 받을 수 있고, 부가위험으로서는 ① 도난, 발하, 불착위험(Theft Pilferage and Non-delivery; T.P.N.D.),[188] ② 우담수손(Rain &/or Freshwater Damage; R.F.W.D.), ③ 해수침손(Seawater Damage), ④ 갈쿠리에 의한 손해(Hook & Hole ; H.H), ⑤ 타화물과의 접촉위험(Contact with Oil & Other Cargo ; C.O.O.C), ⑥ 곡손위험(Bending &/or Denting), ⑦ 누손, 중량부족 위험(Leakage &/or Shortage),[189] ⑧ 한습손, 열손위험(Sweat &/or Heating), ⑨ 혼합위험(Contamination), ⑩ 서식, 충식위험(Rate &/or Vermin), ⑪ 곰팡이손 위험 (Mildew and Mould), ⑫ 녹손위험(Rust) 등이 있다.

6. 전쟁동맹파업약관

기본보험조건들은 해상위험을 보상의 대상으로 하고 전쟁이나 동맹파업 등의 위험은 제외하고 있다. 따라서 전쟁이나 동맹파업 등의 위험을 담보받기 위해서는 별도로 Institute War Clause와 Institute Strikes Riots and Civil Commotions Clauses를 보험증권에 첨부하여야 한다. 이들 약관도 구약관용과 신약관용이 별도로 제정되어 있다.

---

187) 일부 특수화물에 관해서는 각각의 화물의 성질, 운송실태 등에 맞추어 제정한 기본보험약관을 이와 별도로 사용하고 있다.

188) FPA 조건에서 이 부가약관이 첨부되어 있다면 좀도둑에 의한 단독해손도 이 조건에서 보험보상이 된다.

189) 화물의 종류에 따라 예컨대 Shortage in excess of ( )%로 보험을 인수하는데 이 경우는 그 부족손이 ( )%를 초과하여야 보상이 된다. 즉 반드시 공제하고 그 초과 부족손분만 보상의 대상이 된다.

7. 특수화물에 관한 기본약관

런던보험협회약관 중 정형적이고 기본적인 약관 이외에 그들의 화물만을 위하여 제정한 약관이 있는데 이들 약관은 이미 기술한 ICC와 별도로 보험에 가입할 수 있도록 제정한 기본약관이다.

이에 해당하는 약관으로서, 항공화물 즉 운송물190)의 주된 운송수단이 항공기인 경우의 기본보험조건용으로 제정한 약관이 Institute Air Cargo Clause(All Risks)와 Institute Cargo Clause(Air)인데, 이 약관은 I.C.C(A/R)와 거의 같지만 항공기에서 하역 후의 보험기간은 30일로 축소되어 있다. 또 이 화물의 전쟁위험을 위한 약관으로써 Institute War Clause(Air Cargo)가 있다.

기타 원당을 위한 Raw Sugar Clause, 고무류를 위한 Rubber Clause, 원목을 위한 Timber Trade Federation Clause, 냉동식품을 위한 Institute Frozen Food Clause 및 산적 석유를 위한 Crude Oil Clause 등이 있다.

8. 기타 특별약관

특수한 피보험이익에 관한 특별약관으로 피보험자의 의사와 상관없이 첨부하는 약관이 있는데, 이 중 Special Replacement Clause(기계류수선 특별약관)는 기계를 보험의 목적으로 하는 계약에 적용된다. 기계의 일부에 손상이 발생한 경우 그 부분의 대체 비용 또는 수리비, 만약에 운임 및 재조립 비용을 요하면 이들 비용을 가산한 금액을 보상한다. 손상 부품의 신규 구입을 위해 관세를 지급한 때는 화물의 관세금액이 보험가입액에 포함되는 경우에 한해 보상한다. 또 On-deck Clause(갑판적약관)은 W.A.나 B조건 혹은 W.A. 및 B조건보다 넓은 조건으로 인수되는 계약에 적용되는데, 적하보험은 통상 피보험화물이 선창내에 적재되는 것을 전제로 하고 있기 때문에 운송계약에 기초하여 선박소유자 혹은 용선자의 자유재량권 행사에 의한 것인지 아닌지를 불문하고 화물이 갑판에 적재된 경우에는 보험의 조건은 이 약관에 의해 보험개시 시점부터 F.P.A+J.W.O.B(투하 및 갑판유실손 포함)조건 혹은 C+W.O.B(갑판유실손 포함)조건으로 변경된다. 그러나 밀폐된 콘테이너(일반 dry container 및 reefer container 등) 화물에는 이를 적용하지 않는다.

9. 손해가 발생한 경우

손해가 발생한 경우 보험약관은 아래와 같은 의무사항을 두고 있다.

190) 우편물(Sending by post)은 제외된다.

가. 손해방지의무

보험사고가 발생한 경우 피보험자, 그 사용인 및 그 대리인은 손해를 방지하거나 또는 경감시키기 위하여 합리적인 조치를 강구하여야 하며, 이를 수행하는 과정에서 적절하고 합리적으로 발생한 비용은 손해방지비용으로 보상한다.

나. 사고통지의무

피보험자는 보험자나 그의 대리인에게 신속히 사고 사실을 통지하여야 한다. 이 통지를 태만히 한 경우는 화물의 종류에 따라 담보사항이 있어 보험보상을 받지 못하는 경우도 발생할 수 있다.

다. 손해배상청구

피보험자는 구약관의 수탁자약관과 신약관의 중요약관의 규정에 따라 손해배상청구의 보존과 행사를 하여야 하는 중요약관에서는 ①운송인, 항만당국 혹은 기타 수탁자에게 여하한 유실물에 대해 즉시 보상청구를 할 것, ② 해난보고서가 발급된 경우를 제외하고 어느 경우에도 화물이 불명한 상태에 있으면 무사고 수령증을 교부하지 말 것, ③ 컨테이너에 의하여 화물이 인도된 경우에는 피보험자 또는 대리인의 책임있는 직원이 즉시 컨테이너 및 해당 봉인을 검사할 것 및 컨테이너 자체가 손상되었거나 봉인의 파손이나 멸실 또는 선적 서류에 기재된 바와 상이하게 봉인되어 컨테이너가 인도된 경우 이에 준하여 화물수령증에 기재하고 하자가 있거나 규격이 틀린 모든 봉인 이후 확인을 위하여 보관할 것, ④멸실 및 손상이 명백할 경우에는 운송인이나 기타 수탁자의 대리인에게 검정을 즉시 의뢰하고 동 검정시 밝혀진 실질적인 멸실 및 손상에 대하여 운송인 기타 수탁자에게 보상청구를 할 것, ⑤ 화물을 인도한 때 멸실・훼손이 명백히 나타나지 않았다면 인도 후 3일 이내에 운송인이나 기타 수탁자에게 서면으로 통지할 것을 규정하고 있다.

10. 보험금사정

적하보험에서 보상되는 손해의 형태는 물적 손해와 비용손해인데, 비용손해는 금액화되어 있는 손해이므로 보험금을 산정하는데 어려움이 없고 또 물적 손해 중 전손의 경우는 보험금액을 보험금으로 지급하여야 하므로 역시 문제될 것이 없다. 그러나 물적 손해로서 분손은 수리의 경우라면 합리적인 수리비를 보상하면 되고, 수리를 하지 않은 경우는 손해율을 산정하여 이를 보험금액에 곱하여야 보험금이 산정된다. 그런데 보험금액은 보험증권에 기재되어 있으므로 손해율만 산정할 수 있으면 될 것이다.

가. 양적 손해

화물의 전부 또는 일부가 도난, 불착, 부족, 파손된 경우와 같이 피보험자에게 화물이 인도되지 않았거나 인도되었다 하더라도 본래의 목적에 사용할 수 없어 폐기되어야 하는 경우가 양적 손해에 해당된다. 이 양적손해의 손해율은 멸실수량을 전체수량으로 나눈 것이 된다. 즉, 양적 손해의 손해율 = 멸실수량 / 전체부보수량이다.

나. 질적 손해

화물의 전부 또는 일부가 손상되어 도착된 경우 그 손상으로 인하여 가치가 하락된 경우를 질적 손해라 하며 질적 손해의 손해율은 정상품 가격에서 손상품 가격을 공제한 잔액을 정상품 가격으로 나누면 된다. 즉, 질적 손해의 손해율 = (정상가격 - 손상가격) / 정상가격이다. 여기서 정상가액이란 도매가액을 말한다.

상기 손해율은 영국 해상보험법 제71조에 규정된 보험금 사정방식(Average Loss Settlement)이고 화물이 중간항에서 매각되어 정상가격이나 손상가격을 산정하기 어려운 경우 실무적으로 구조물차감방식(Salvage Loss Settlement)으로 보험금을 사정하기도 한다. 즉 구조물차감방식에서의 보험금 = 보험금액 - 구조물 순매각금이다.

11. 보험금 청구시 구비 서류

보험금을 청구할 때 필요한 서류는 ① 보험금 청구서(Claim Letter) ② 보험증권(Insurance Policy) ③ 선하증권(Bill of Lading) ④ 상업송장(Commercial Invoice) ⑤ 화물협정서(Cargo Boat Note, Tally Sheet) ⑥ 손해감정서(Survey Report) ⑦ 선박회사 또는 기타 수탁자에 대한 구상장(Claim Letter addressed to Carrier or other Bailee) 및 이에 대한 답장(Reply Letter to the above) ⑧ 제비용을 증빙하는 서류 ⑨ 해난보고서(Marine Protest) ⑩ 화물매각계산서 (Acount Sales) 및 ⑪ 위부서(Letter of Abandonment) ⑫ 대위권양도서(Receipt and Letter of Subrogation)등인데 이 중 ③선하증권과 ④상업소장은 필수서류 중의 하나이다.

적하보험의 보상절차

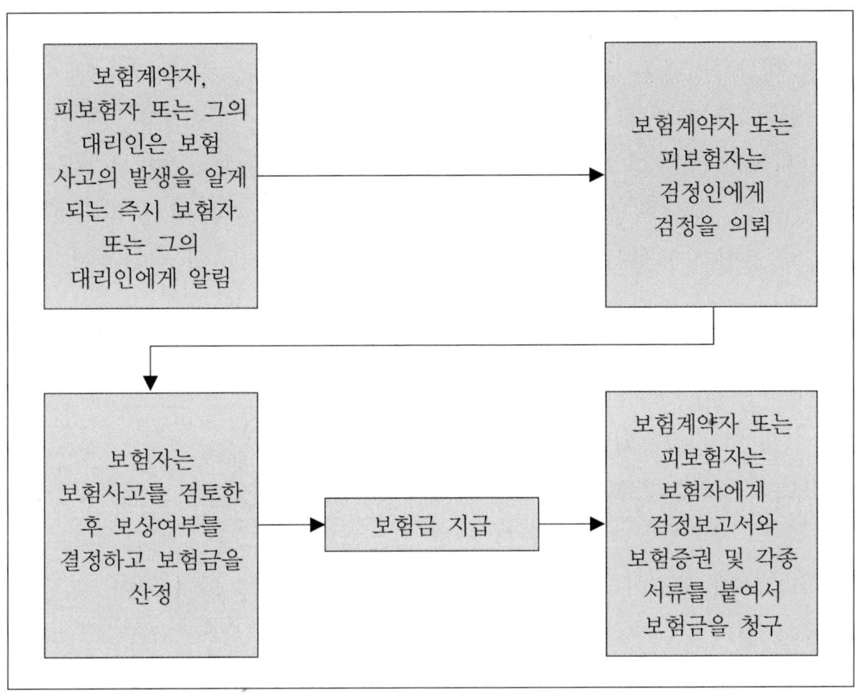

II. 선박보험(HULL INSURANCE)

1. 의의

가. 개념

선박보험은 선박으로 해상사업을 영위하는 자가 우연한 사고로 경제적 손해를 입은 경우 그 합의된 방법과 범위에 따라 보상하는 보험이다. 여기서 선박이란 사회통념상 선박으로 인정되는 모든 것[191]을 말한다.

나. 기능

무역 규모의 증대로 해상 교통량이 증가하고 이로 인하여 선박의 충돌, 좌초, 침몰, 기관고장 등의 사고도 많이 발생한다.[192]해상 사고로 선박소유자가 입는 물적 손해, 비용손해, 배상책임손해 및 불가동손실금은 일반적으로 거대하다. 따라서 이를

191) 원양어선을 제외한 500톤 미만의 무선급 선박과 방위산업과 관련하여 건조 중인 선박은 손해보험협회에서 Pool형태로 보험을 인수하고 있다.

192) 국토해양부의 통계분석에 의하면 97년부터 99년까지의 사고 건수는 급증세를 보였으나, 그 이후 다소 둔화되어 2001년(610건)은 2000년(634건)에 비해 3.8%(24건)이 감소하였다.

보험에 가입하여 보상받음으로써 안심하고 해상사업을 할 수 있는 기능을 선박보험이 부여한다.

또한 해상사업자는 선박을 담보로 하여 자금을 대출 받기도 하는데 이때 그가 가입한 보험증권에 예컨대 전손사고가 발생하면 보험금을 담보권자에게 지급한다고 명기함으로써 대출을 보다 원활하게 받도록 하는 부수적인 기능 및 선박이 구조를 받거나 또는 충돌한 경우에 구조업자나 충돌상대방은 선박소유자에게 지급보증을 요청하는데 이 때 보험자가 보증함으로써 선박이 압류를 면할 수 있는 부수적인 기능 또한 갖고 있다.

다. 종류

(1) 선체 및 기관보험(Hull & Machinery Insurance)

대표적이고 기본적인 선박 보험으로서 선체와 기관 등을 보험목적물로 하고 있다. 보험기간은 일반적으로 12개월로 하고 있는데 이 기간동안 여러 차례 보험사고가 발생하더라도 매 사고마다 보험금액 한도 내에서 보상을 하여 주며, 복원에 따른 추가보험료는 없다.

(2) 계선보험(Port Risk Insurance)

선체 및 기관 등을 보험의 목적으로 하는 보험이라는 점에서는 선체보험과 동일하다. 그러나 선체보험은 선박이 항해하는 것을 기본으로 하여 보험에 가입하지만, 계선보험은 선박이 항구나 안전한 해역에서 휴항하는 경우나 준설선과 같이 안전한 특정 해역에서 작업하는 경우를 전제로 가입한다. 이는 선체보험보다 상대적으로 계선보험료가 저렴하기 때문이다. 계선보험에서는 4/4충돌배상금과 P&I 위험을 보상하는 것으로 약관에 규정하고 있다.

(3) 증액 및 초과책임보험(Insured value and excess liabilities Insurance)

전손의 경우 선체보험에 추가하여 보험금을 보상받기 위하여, 또 선체보험이 기평가보험임에도 불구하고 비용손해는 Insured Contributory Value(보험분담가액)보다 Vessel's Contributory Value(선박분담가액)가 많은 경우 비례보상을 받게 되는데, 이렇게 비례보상을 받게 됨으로써 입는 손실을 보전받기 위한 보험이다. 충돌배상금도 선체보험에서는 보험금액의 3/4을 최고 보상액으로 하고 있으므로 배상액이 최고배상한도액을 초과하는 경우 보상받기 위한 보험이다.

(4) 운임보험(Freight insurance)

해상사고로 항해를 중단하거나 포기하지 않았다면 취득하였을 운임의 손실을 보상해 주는 보험이다. 이 보험은 운송계약서에 운임확정취득약관이 없는 경우에 가입한다.

(5) 선박불가동손실보험(Loss of earning Insurance)

선체보험에서 열거하고 있는 위험으로 선박이 불가동 상태가 됨으로써 운항자가 입게 되는 예상이익의 손실을 보상하여 주는 보험이다.

(6) 전쟁보험(War Risk Insurance)

해상위험을 담보위험으로 하는 보험조건에서는 전쟁위험을 보상하지 않는다. 따라서 전쟁위험으로 인한 선체손해를 보상받기 위한 보험이다.

(7) 선박건조보험(Builders' Risk Insurance)

선박의 건조부터 진수, 시운전 및 인도에 이르기까지의 육상위험과 해상위험을 담보함으로써 건조자의 경제적 손실을 보상해 주는 보험이다.

2. 선체보험 (HULL & MACHINERY INSURANCE)

가. 의의

선박보험 중에 가장 많이 가입하고 있는 보험은 선체보험이다. 선박은 합성물인데 선체보험에서의 보험의 목적은 선체, 선박자재, 의장구 및 직원과 부원의 용품과 식료품을 포함하며, 특수 사업에 종사하는 선박의 경우에는 그 사업에 필요한 통상의 의장을 포함하고, 또 기선의 경우에는 기계, 기관과 피보험자의 소유에 속하는 것이라면 석탄과 기관용 소모품도 포함한다.[193] 선체보험도 ITC 조건, FPL 조건 또는 예컨대, TLO, SALVAGE, SC/SL 조건과 같이 보상하여 주는 손해형태의 보험조건들이 있다. 그런데 이들 보험조건은 ITC - Hulls(1 / 10/83)[194]를 기본보험약관으로 사용하고 있고, 이 약관은 적하보험과 달리 보상은 물론 기타 이 보험에 관한 모든 분쟁의 준거법을 영국의 법률과 관습으로 하고 있다.

선체보험의 요율은 500톤 미만의 선박에 대해서는 보험개발원에서 작성한 표준율에 일정 범위의 할인할증율(±15%)을 적용하는 자유요율(범위요율)제도를 시행하고 있고, 총톤수 500톤 이상의 선박 및 협정요율 비대상 선박에 대하여는 국내 및 해외 재보험자로부터 구득한 요율을 사용하고 있다.

선박보험 요율을 산출하는 기본 요소는 ① 선박소유자/선박관리자, ② 톤수/선령/

193) MIA 보험증권해석에 관한 규칙 제15조.
194) 1983년 10월 1일 개정한 협회 선체기간약관이다.

선재/선박의 용도(선종), ③ 보험조건, ④ 운항구역, ⑤ 선급의 유무, ⑥ 보험계약기간, ⑦ 보험가액/보험금액, ⑧ 사고경력 및 ⑨ 선단의 보험가입규모 등이다.

나. 증권의 구성

1884년 런던보험자협회의 설립과 함께 보험회사들이 개별적으로 사용하던 각종 보험약관의 통일을 위해 노력한 결과 1888년 최초의 ITC-Hulls가 등장하였다. 이 약관은 S.G. Form.의 본문약관을 수정하고 보완하기 위한 목적이었다.

이 ITC-Hulls는 수차례 개정하였으며, 1983년 10월 1일 약관에서는 S.G. Policy를 폐지하고 적하보험에 도입된 새로운 양식(MAR Form)의 해상보험증권과 새로운 ITC가 도입되었다. 1983년 ITC는 1995년 11월 1일자로 일부 개정되었다. 그러나 우리나라에서는 1983년 ITC를 사용하고 있다.

선박보험의 증권은 증권 본문과 난외약관 및 ITC 약관으로 구성되어 있는데 ITC는 모두 약관으로서 준거법약관에 이어 26개 조항[195]으로 구성되어 있다.

다. 보험기간

선박보험은 12개월을 보험계약기간으로 하는 기간보험이 대부분이나, 예컨대 매매계약에 따라 선박을 인도하기 위한 항해구간 즉, 어느 지점에서 다른 지점까지 항해를 보험계약기간으로 하는 항해보험도 있다.

선박보험이 기간보험이라고 하더라도 선체기간보험약관 제4조는 최우선약관으로서 수기, 타자 또는 인쇄되어 있는 어떠한 조항보다 우선적으로 적용하는데, 이 약관에 의하면 보험자가 그 예외 적용을 서면으로 동의하지 않은 ①피보험선박이 입급된 선급협회의 변경 또는 피보험선박의 선급 변경, 정지, 중단, 탈급 또는 만기된 경우[196]와 ②자의여부에 관계없이 선박소유자 또는 선적의 변경, 새로운 관리로의 이전, 나용선계약 조건의 용선 또는 피보험선박의 소유권 또는 사용상의 징발의 경우[197]는 보험이 자동적으로 종료한다고 규정하고 있다.

---

195) 1조 항해, 2조 계속, 3조 담보위반, 제4조 종료, 제5조 양도, 제6조 담보위험, 제7조 오염위험, 제8조 3/4 충돌배상책임, 제9조 자매선, 제10조 사고통보 및 입찰, 제11조 공동해손 및 구조, 제12조 공제액, 제13조 피보험자의무(손해방지), 제14조는 신·구교환차익불공제, 제15조 선저처리, 제16조 급여 및 유지비, 제17조 대리점 수수료, 제18조 미수리손상, 제19조 추정전손, 제20조 운임포기, 제21조 선비담보, 제22조 휴항 및 해지, 제23조 전쟁면책, 제24조 동맹파업면책, 제25조 악의행위면책, 제26조 원자핵 위험면제로 구성되어 있다.

196) 피보험선박이 항해 중인 경우는 다음 기항지에 도착할 때까지 이 자동 종료는 연기되고 또 피보험선박의 선급 변경, 정지, 중단 또는 탈급이 담보되는 멸실 또는 손상으로 기인된 경우에는 선급협회의 사전 승인 없이 다음 기항지로부터 출항할 때부터 자동 종료된다.

197) 보험계약자의 요청이 있으면 피보험선박이 화물을 적재하여 이미 선적항에서 출항한 경우에는 최종 양륙항에, 공선으로 항해중인 경우에는 목적항에 도착할 때까지 그 선박이 당초에 예정된 항해를 계속하는 동안은

그러나 도선사의 승선 여부와 관계없이 항행하거나, 시운전항해를 하거나, 조난 중의 선박을 구조하거나 예항하여도 보험기간은 계속하지만, 예항되는 것이 관습화되거나 또는 구조의 필요상 최초의 안전한 항구 또는 장소까지 예항되는 경우를 제외하고는 선박은 예인되지 말아야 하며, 또 소유자 또는 관리자 및 용선자가 사전에 결정한 계약에 의거 타선의 예인 혹은 구조작업을 받지 않아야 한다. 이는 적하 및 양륙작업에 관계되는 관습상의 예인을 배제하는 것은 아니다.[198]

선박이 항해 중이거나 조난 중이거나 또는 피난항에서 기항 중 보험기간이 만기가 되었을 경우 보험자의 사전 동의를 받아 목적항에 도착할 때까지 보험기간을 연장할 수 있다.[199]

라. 담보위험

선체보험은 열거위험주의를 채택하고 있는데 ITC-Hulls(1/10/83)에서 담보하여 주는 위험은 다음과 같은 13가지이다.

① 항해가능한 수면에서의 위험
② 화재, 폭발
③ 선박 외부로부터 침입한 자에 의한 폭력을 수반한 도난
④ 투하
⑤ 해적
⑥ 핵장치나 원자로의 고장이나 사고
⑦ 항공기 또는 이와 유사한 물체 또는 그로부터 추락하는 물체, 육상운송요구. 독크 또는 항만시설이나 장비와의 접촉
⑧ 지진, 환산의 분화 또는 낙뢰
⑨ 적하 또는 연료의 선적, 양륙 또는 이동중의 사고
⑩ 기관의 파열, 차축의 파손 또는 기관이나 선체의 잠재적하자 [200]
⑪ 선장, 고급선원, 보통선원 또는 도선사의 과실
⑫ 수리자 또는 용선자의 과실
⑬ 선장, 고급선원 또는 보통선원의 악행

자동종료는 연기된다. 그러나 보험계약자의 서면상의 사전 동의 없는 소유권 또는 사용상의 징발의 경우는, 피보험선박이 항해 중이거나 항내에 정박 중이거나를 불문하고 징발후 15일이 경과하면 자동 종료된다.

198) ITC-Hulls(1/10/83) 제1조 제1항 및 제2항

199) 이런 경우 월할보험료를 납부하여야 한다.

200) 그 자체 손해를 보상하는 것이 아니라 그로 인한 즉 그 결과에 의한 손해를 보상한다.

마. 보험조건별 보상손해

① I.T.C. 조건 : 13항목의 담보위험으로 인한 물적 손해, 비용손해 및 책임손해[201]를 보상하여 주는 보험조건이다.

② FPL 조건 : 13항목의 위험으로 기인된 단독해손 이외의 물적 손해와 비용손해 및 책임손해를 보상하여 주며, 단독해손의 경우 S.S.F.C.E.(침몰, 좌초, 화재, 충돌(접촉포함)[202] 및 폭발)의 위험으로 기인된 경우에 한하여 보상되는 조건이다.

③ TLO, SALVAGE, SC/SL조건 : 13항목의 위험으로 기인된 손해 중 전손, 계약구조료, 임의구조료 및 손해방지비용을 보상하여 주는 보험조건이다.

④ 기타 보험조건 : TLO, SALVAGE, SC/SL, G.A 조건과 같이 보상하여 주는 손해 형태를 보험조건으로 하고 있으므로, 13항목의 위험으로 기인된 보험조건에 열거되어 있는 손해를 보상하여 준다.

[표 5-1] 보험조건별 보상범위

구 분	ITC-Hulls	FPL Unless etc.	TLO SC/SL
보상손해	전손 분손(수리비) 구조비용 손해방지비용 공동해손분담금 3/4충돌손해배	전손 해상고유의위험으로 인한 분손(수리비) 구조비용 손해방지비용 공동해손분담금 3/4충돌손해배상책임	전손 구조비용 손해방지비용

바. 3/4 Collision Liability(3/4 충돌손해배상책임)

책임손해 중에 보험자의 보상대상이 되는 손해는 충돌배상책임이다. 그런데 선박이 충돌함으로써 발생하는 일체의 책임을 보상하여 주는 것이 아니며 그 보상은 제한적이다. 즉 보험자는 피보험선박이 타 선박[203]과 충돌[204]하여 그 결과 피보험자가 다음의 손해에 대하여 법적배상책임[205]을 지고 그 손해배상금조로 일정금액을 타인

201) 모든 책임손해를 보상하여 주는 것이 아니고 충돌배상책임손해 중에서도 약관에 열거하고 3가지 손해에 한한다.

202) 물 이외의 여하한 외부물체와의 접촉이다.

203) 영국해상보험 판례에서 덤브바지(dumb barge)나 대형해상기중선은 타 선박으로 인정하였으나 비행정(flying boat)은 타 선박이 아니라고 판시하였다.

204) 이 약관에서 충돌은 피보험선박과 다른 선박과의 물리적인 현실충돌(actual collision) 즉 현실접촉(actual contact)을 의미한다.

205) 보험자가 선박충돌배상금을 보상하기 위해서는 선박소유자가 불법행위(충돌)로 법률적 배상책임이 발생하여야 하고 또 그 결과로 생긴 손해가 충돌약관에서 규정한 손해의 범위에 포함될 것으로 요건으로 한다. 즉

에게 지급한 경우에는, 그 금액의 3/4을 피보험자에게 보상한다.

보상의 대상이 되는 손해는 ① 타 선박 또는 타 선박에 있는 재산의 멸실·훼손 ② 타 선박 또는 그 재산의 지연이나 사용이익의 상실 및 ③ 타 선박 또는 그 재산의 공동해손, 구조 또는 계약에 의한 구조이다.

보험자의 보상은 보험금액을 한도로 하지만 충돌배상책임은 물적 손해나 비용손해의 보상과 관련없이 보험금액의 3/4[206]를 보상한다. 이 경우 1/4는 피보험자 자신이 부담하거나 선주상호보험에 가입하여 보상받을 수도 있다.

이 충돌배상금의 보상은 이 보험계약의 다른 조항에 의한 보상에 추가되어지고 또한 보험자의 서면상의 사전승인을 받고 피보험자가 배상책임에 관해 다투거나 배상책임제한을 위한 법적조치를 취하는 경우 피보험자가 지출하여야 할 소송비용의 3/4 역시 보상한다.

3. 보험금 청구 절차

가. 보험사고의 발생 통지

보험사고가 발생하면 피보험자는 즉시 보험자에게 그 내용을 가능한 한 상세히 알려야 한다. 이는 보험자로 하여금 사고 원인, 손해의 정도 등을 신속·정확하게 조사할 수 있도록 하기 위한 것으로서 만일 피보험자가 이 통지의무를 위반하게 되면, 보험금 지급시 확정된 보험금의 15퍼센트에 상당하는 금액을 공제 당하게 된다.

나. 손해방지의무

피보험자는 발생한 손해의 확산을 방지하거나 경감시키기 위하여 합리적인 조치를 취하여야 한다. 이러한 손해방지의무를 게을리한 자는 보험자로부터 보상을 받을 수 없다. 한편 손해 방지를 위하여 피보험자가 합리적으로 지출한 비용은 보험자가 보험금액을 한도로 추가 보상한다. 다만 이러한 비용이 경우에 따라 공동해손 비용으로 처리되는 경우도 있다.

다. 수리 여부의 결정

손상의 정도가 심하여 현실적으로 수리가 불가능한 경우에는 당연히 전손으로 처리되나, 수리를 하는 것이 보험자에게 유리한 경우에는 수리를 할 수 있다. 선박의

상대선주에게 법률상의 불법행위(tort) 또는 위법행위(tortious act)의 결과에 대한 손해배상금조(by way of damages)로 지급한 금액에 한 한다. 따라서 피보험자가 다른 선박과의 계약에 의하여 발생한 손해 또는 불법행위가 아닌 법률에 의하여 손해배상이 이루어진 경우 보험자의 보상책임을 인정하지 않는다.

206) 선체보험을 가입할 때 3/4 대신 4/4로 가입할 수 있다.

수리는 피보험자의 자유의사이므로 즉시 실행될 수도 있고 운항 일정에 맞추어 편리한 시기까지 연기할 수도 있다. 피보험자의 편의에 의한 임시수리비용은 특별한 경우가 아니면, 보험자가 보상하지 않는다.

만약 수리를 실시하지 않았을 경우에는 피보험자는 이로 인한 감가에 대하여 보상받을 수 있다.

라. 보험금의 청구에 필요한 서류

보험금 청구시에 갖추어야 할 서류는 사고의 유형에 따라 다르겠지만, 일반적으로 다음과 같이 나눌 수 있다.

① 해난 사실의 객관적 입증을 위한 서류 : 해난 보고서, 항해일지 등
② 손해액 입증을 위한 서류 : 수리비, 구조비, 기타 비용의 견적서 및 지출에 대한 객관적 입증 서류
③ 관련 법규 및 계약 내용의 충족을 확인하기 위한 서류 : 선급유지 증명서류, 해기사 면허증 등
④ 기타 서류 : 공동해손 정산서, 보험증권의 원본(전손의 경우)

해난사고처리절차

-보험청구시 구비서류-

□ 보상청구서 및 수선청구서
□ 수선비, 구조비, 기타비용의 견적서 및 증빙서류
□ 선박국적증서 사본 1부
□ 선급유지증명서 사본 1부
□ 항해사, 기관사 면장 사본 1부
□ 해난보고서 및 경위서 약도 1부
□ 손해검정보고서 1부
□ 선급협회 검사보고서 1부
□ 기상도
□ 공동해손 정산서
□ 기타 각종 증명서

마. 손해액의 산정

손해를 사정할 때에는 다음의 사항을 반드시 고려하여야 한다.

① 사고 발생의 우연성 및 그 발생이 피보험 위험에 근인한 것인지의 여부

② 사고 발생시 피보험자에게 피보험 이익이 존재하는지의 여부
③ 담보(warranty)의 충족 여부
④ 고지의무, 통지의무의 충족 여부
⑤ 공동해손 분담금, 구조료, 손해방지비용의 경우에 선박의 실제 가액과 보험 금액과의 비교에 의한 비례 보상의 여부
⑥ 충돌 손해배상금의 경우에 교차책임주의의 적용 여부
⑦ 공동해손 정산시 공제된 '신구 공제(new for old)'를 다시 산정할 것인지의 여부
⑧ 각종의 공제액의 적용 및 그 방법에 대한 검토

바. 보험금 지급 후의 보험자의 조치

보험금을 지급한 후에는 보험자는 대위권을 행사하고, 재보험을 들어 있을 경우에는 재보험자로부터 보험금을 청구한다.

[그림 5-1] 선박보험의 보상 절차

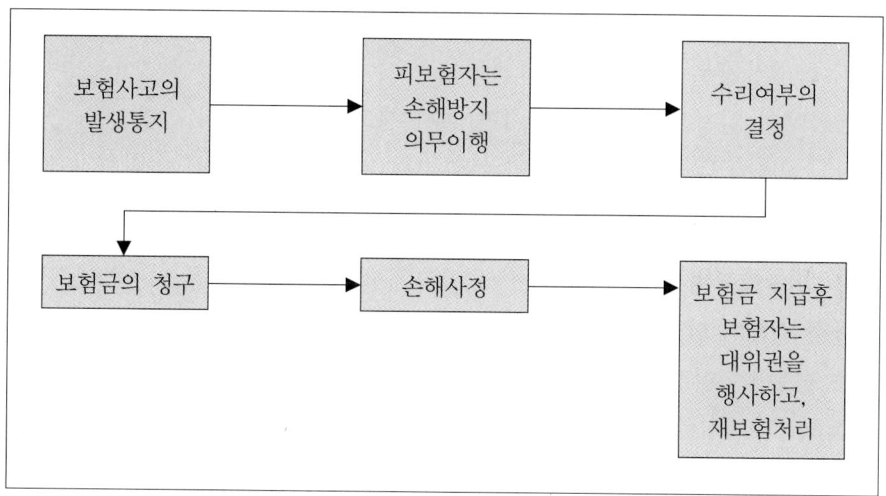

4. 보험금 사정

가. 의의

선박이 멸실 혹은 손상되었을 때 보험자를 대리하는 검정인을 선임할 수 있도록 보험자에게 사고통보를 하여야 한다. 그리고 보험자는 선박의 수리를 위한 항구를 결정할 권리[207]가 있고 또 수선자 혹은 조선소에 관한 거부권이 있다. 또한 보험자는 선

207) 보험자의 요구에 부응함으로써 생기는 항해의 추가 실비는 보상한다.

박의 수선에 관해 수개의 입찰을 붙일 수 있고 또 다른 입찰을 붙일 것을 요청할 수 있다. 이 조건의 이행을 태만히 하였을 경우에는 확정된 보상청구액에서 15%의 공제를 한다.

선박보험에서는 매 사고 또는 매 사건으로 발생한 물적 손해, 비용손해 및 충돌배상금의 합계액에서 증권상의 공제액을 차감한 금액을 보험금으로 지급한다. 그러나 전손의 경우와 동일 사고에서 발생한 손해방지비용 및 좌초후의 선저검사비용의 경우는 증권상의 공제액을 적용하지 않는다.

나. 물적 손해의 보험금 사정

보험의 목적이 전부 멸실한 전손은 보험금액을 보험금으로 지급한다. 그러나 목적물의 일부가 손상된 경우는 합리적인 수리비가 보험금을 산정하는 기초 금액이 된다.

그런데 합리적인 수리비에서 합리적이란 어떤 절대적인 기준이 있는 것이 아니라 사실의 문제로서 상황에 따라 판단할 문제이다. 따라서 무보험의 신중한 선박소유자였더라도 그렇게 수리하였을 것이라고 통상의 합리적인 사람의 관점에서 판단되어지면 그로 인한 수리비는 합리성을 갖는 것으로 보아야 할 것이다.

또 합리적인 수리비를 산정할 때 신구교환차익의 공제를 하지 않으며, 보험가액과 보험금액이 일치하는 전부보험이면 설사 사고나 수리 당시 선박의 시가에 변동이 있더라도 이를 고려하지 않고 보험금액 범위 내에서 합리적인 수리비가 보험금을 산정하는 기초금액이 된다.[208)]

다. 비용손해의 보험금 사정

물적 손해와 달리 구조료, 공동해손 및 손해방지비용은 보험가액과 보험금액이 일치하는 전부보험이라고 하더라도 Vessel's Contributory Value Insured Contributory Value를 대비하여 보험금을 사정한다. 따라서 비례보상을 받을 수도 있다.

즉, 구조료와 공동해손의 경우는 선박의 분담가액 전액에 대하여 보험을 가입한 경우에는 분담금 전액을 손해보상의 한도로 한다. 그러나 선박의 분담가액 일부만을 보험에 가입하였다면 일부보험의 비율에 따라 보험자의 보상금은 감액된다. 이때 선박의 분담가액을 산정할 때 단독해손손해를 공제한 금액(Insured Contributory Value)과 분담가액의 비율에 의한 금액을 보상한다.

손해방지비용의 보상은 선박가액에 대한 보험금액의 비율을 또는 선박의 정체가액

---

208) 선체보험약관에도 예컨대, 선저처리비용, 선원의 임금과 부양비, 미수리 손해 또는 대리수수료 등에 관해서 보험금 사정에 관한 규정이 있지만 그러나 모든 사항을 약관에 규정하고 있지 않으므로 합리성의 통일을 기하기 위하여 비록 제한적이지만 런던사정인은 실무규칙을 제정하여 이를 활용하고 있다.

이 선박 가액을 초과했을 경우에는 비용지출을 필요케 한 사고 발생시에 선박의 정체 가액에 대한 보험금액의 비율을 초과할 수 없다. 보험자가 전손금의 청구를 승인했을 경우, 이 보험계약하에서 부보된 재산이 구조되었을 때에는 상단의 규정은 손해방지 비용이 구조된 재산의 가액을 초과하지 않는 한 적용되지 않으며, 또한 초과했을 경우에는 구조된 재산의 가액을 초과하는 비용액에 대해서만 적용한다.

제3관 선주상호보험

Ⅰ. 의의

선박의 운항에 관련하여 선박소유자에게 생기는 손해, 비용, 손해배상책임 등은 그 종류가 매우 다양하여, 선박보험과 적하보험만으로는 보상받지 못하는 경우가 많다.

예를 들어 선박 이외의 물건과의 충돌, 선원의 사망이나 부상에 대한 배상책임 또는 선하증권의 면책사유에 해당하지 않는 화물사고에 대한 배상책임 등은 선박보험이나 적하보험으로는 해결할 수 없다. 이러한 손해와 비용을 선박소유자가 단독으로 부담한다면 매우 무거운 경제적 부담을 지게 되어, 안정된 해운기업의 경영을 할 수 없을 것이다. 이러한 부담을 보험제도와 같은 사회적·경제적 제도로 분산시킬 필요가 있는데, 이와 같은 경제적 위험에 처해 있는 선박소유자들을 회원으로 하는 일종의 공제조합 내지는 상호보험적인 성질을 가진 제도가 선주상호보험(船主相互保險 : shipowner's protection and indemnity insurance)이다.

선박보험이나 적하보험은 자기의 재산에 대한 물리적인 손해를 보상하기 위한 것이지만, 선주상호보험은 선박소유자의 제3자에 대한 손해배상책임을 대신하기 위한 제도라는 점에서 본질적으로 다르다.

Ⅱ. 기능

선박소유자가 선박 운항상 제3자의 신체나 재산에 손해를 준 경우에 부담하게 되는 배상책임에 대하여는 보호 부문(protection)에 의하여, 그리고 화물에 대한 운송인의 운송계약 위반에 대한 배상책임에 대하여는 보상 부문(indemnity)에 의하여 보험 보상을 해주는 것을 선주상호보험의 주된 기능으로 한다.

이 밖에도 선주상호보험은 다음과 같은 보조적 기능을 가지고 있다.

① 회원사의 해사채권(maritime claims)의 처리를 도와준다.
② 필요할 경우에는 회원사를 위하여 공탁금 또는 금융보증을 제공한다.
③ 회원사에 대하여 선박 운항에 관하여 자문한다.

Ⅲ. 보상하는 위험

1. 인명사고

가. 선원 재해보상 또는 인명손해

선원이 직무를 수행하다가 다쳤거나 사망하였을 경우에 선박소유자가 부담하여야 할 비용인 입원비·치료비, 장례비, 상병선원의 하선 치료를 위한 이로(항로 이탈,deviation) 비용, 선원 교체를 위한 송환 또는 대체 비용, 조난 중 잃어버린 선원의 휴대품의 손해를 보상한다. 그리고 선원의 인명사고와 관련된 보상은 선원의 고용계약서 또는 기국의 「선원법」의 규정에 따라 결정된다.

나. 여객의 인명사고

여객이 승선한 때부터 하선할 때까지의 기간 동안에 발생한 사고로 인하여 생긴, 입원비·치료비, 송환비, 장례비, 장해보상, 수화물의 손해배상, 여객의 질병과 관련한 이로 비용을 보상한다. 그리고 여객의 인명사고와 관련된 보상은 승선표에 규정된 여객운송 계약 또는 기국의 해상여객운송 계약법의 규정에 따라 결정된다.

다. 그 밖의 인명사고

도선사, 하역인부, 방문자 등으로서 선박 위에서 직무수행과 관련하여 발생한 인명의 상해 및 사망에 관한 선박소유자의 배상책임을 보상한다.

2. 항만 안에서 생긴 손해

항만 안에서 일어난 다음의 손해를 보상한다.

① 항만시설 또는 해양 구조물과의 충돌 또는 접안시설이나 항로표지 등에 입힌 손해
② 예선을 사용하는 때에 예선의 과실로 인하여 부두시설, 본선 또는 예선이 입은 손해로서 본선 선박소유자가 지는 손해배상책임
③ 항만 관계법에 의하여 난파선의 선박소유자가 져야 하는 난파선의 제거 비용

3. 운송 과정에서 일어난 손해

선박소유자가 화물을 수령・선적・적부・보관・운송・양륙 및 인도하는 운송의 모든 과정에서 일어나는 화물의 손해에 대하여 선박소유자가 손해배상책임을 지게 되는 손해에 대하여 보상한다.

이때는 선박소유자의 과실로서 일어난 화물의 멸실・훼손을 보상한다. 따라서 선박소유자의 감항능력 주의의무의 위반으로 일어난 손해에 대하여도 보상한다.

4. 벌과금, 과태료 등의 손해

① 인도하는 화물의 수량, 중량, 용적 등이 크게 부족하거나 또는 너무 초과하여 생긴 벌과금, 과태료

② 「검역법」, 「출입국관리법」, 「관세법」 등과 같은 입항국의 법령 위반으로 인하여 지급하는 벌금 또는 과태료

5. 충돌로 일어난 손해

다른 선박과 충돌한 경우에 그 다른 선박에 대한 충돌 손해배상이 선박보험의 3/4 충돌약관으로 말미암아 선박보험에서 보상되지 아니하는 1/4의 손해와 관련한 비용 및 다른 선박과 그 선박의 화물이 침몰된 경우의 제거 비용

6. 공동해손, 구조료 및 특별비용

① 출항할 때에 선박소유자가 감항능력을 유지하지 못하였기 때문에, 하주가 공동해손 분담금의 지급을 거절한 부분

② 공동해손 분담금의 산정기준이 되는 도착 선가가 보험가액을 초과한 경우에 징수하지 못한 분담금

③ 크린 선하증권을 발행하고, 그 화물을 갑판 위에 실어서 운송하는 경우에 일어난 화물의 손해

④ 선박소유자가 부당하게 화물을 다른 선박에 옮겨 싣거나 離路한 경우

⑤ 인명구조를 위하여 합리적으로 지출한 구조선의 비용

7. 해양유류오염손해

해상을 항행하는 모든 선박은 연료유 또는 화물유를 싣고 다니므로 유류를 바다에 흘려 손해를 일으킬 위험이 매우 높다. 이러한 유류에 의한 해양오염손해에 대하여도 선주상호보험은 보상한다.

제5관 조합보험

Ⅰ. 의의

우리나라에는 독자적인 선주상호보험조합(P & I Club)의 설립이 늦어졌을 뿐만 아니라, 그간 내항해운회사의 규모가 영세하였기 때문에 「해운법」 제41조 및 「한국해운조합법」 제6조 제1항 제4호의 규정을 근거로 하여 한국해운조합이 주체가 되어 보험사업을 실시하고 있다. 한국해운조합이 운영하는 보험사업은 여객보험사업, 선원보험사업 및 선박보험사업이 있다.

보험사업은 회원인 해운회사가 직접 여객과 선원에게 배상책임을 짐으로써 입게 되는 손해와 비용 및 선박의 손해에 대해서만 보상한다.

Ⅱ. 여객보험사업

1. 의의

여객보험사업이란 운항 중인 선박에 승선한 여객이 사망하거나 신체에 장해를 입은 경우, 선박소유자가 부담하여야 할 법률상의 배상책임을 돕기 위한 사업을 말한다.

2. 보험의 가입과 운영

한국해운조합의 조합원으로서 국토해양부로부터 여객선 또는 도선의 면허를 받아 여객의 운송업을 경영하는 개인, 법인 또는 공공기관을 말한다.

보험가입 기간은 매년 1월 1일에 시작하여 같은 해의 12월 31일에 종료하는 만 1년으로 한다. 보험의 효력은 보험료를 납부한 다음 날의 0시부터 발생하며, 그 분담금의 만기일의 24시에 종료한다.

3. 보험금의 청구와 지급

회원사는 여객이 사망하거나 신체의 장해를 입은 재해가 발생한 경우에는 즉시 조합에 알려야 한다. 그리고 조합은 청구서를 접수하면, 심사를 거쳐서 보험약관에 따라 보험금을 지급하여야 한다.

4. 보상범위 및 조합의 면책

가. 보상범위

보험약관 제4조에 의하면 다음과 같은 사유에 대하여 조합이 보상한다.

① 가입자가 피해자에게 지급한 법률상의 손해배상금
② 가입자가 지출한 비용 : 제3자로부터 손해배상을 받기 위한 권리의 보전 또는 권리의 행사에 지출된 비용, 가입자가 조합의 동의를 얻어 지급한 변호사 비용, 소송비용, 가입 증서상의 보상한도액 내의 공탁보증보험료, 조합이 가입자를 대신하여 해결할 때에 사용한 비용

나. 조합의 면책 사항

조합은 가입자인 회원사가 아래의 배상책임을 부담하여 생긴 손해를 보상하지 아니한다.

① 선주, 선장 또는 승무원의 고의 또는 중대한 과실로 생긴 손해배상
② 전쟁, 폭동, 노동 쟁의, 선박의 나포 또는 억류 등으로 생긴 손해
③ 지진, 홍수, 해일 등 천재지변으로 생긴 손해배상
④ 원자핵 물질, 그 오염 물질, 방사성 등에 의하여 생긴 손해배상
⑤ 승선 여객 이외의 제3자가 입은 신체장해
⑥ 재물 손해에 대한 배상책임
⑦ 가입자와 타인 간에 손해배상에 관한 약정에 따라서 가중된 손해배상. 다만, 법령에 의한 배상책임은 보상한다.
⑧ 모든 공해 물질의 배출 또는 유출로 생긴 손해배상
⑨ 가입자의 근로자가 업무 중에 입은 신체장해
⑩ 가입자의 시설 안 또는 밖에서 가입자가 점유하지 아니한 음식물 또는 재물로 생긴 손해배상
⑪ 의사 또는 간호사 등의 전문 직업인의 직업상 과실로 생긴 손해배상
⑫ 티끌, 먼지 또는 소음으로 생긴 손해배상
⑬ 벌과금 또는 징벌적 손해에 대한 손해배상
⑭ 선박 또는 종선이 현저하게 정원을 초과하여 생긴 손해, 그리고 여객을 선박 또는 종선 이외의 운송용구로 운송하여 생긴 손해배상
⑮ 손해방지비용

다. 회원의 통지의무

가입 회원사는 보험가입 후에 다음 사유가 생긴 때에는 즉시 조합에 알려야 한다.

① 보험가입 신청서의 기재사항 변경
② 여객보험에서 담보하는 위험을 다른 보험자와 보험계약을 맺을 경우
③ 선박을 양도, 대여 또는 반환받았을 때
④ 선박의 정원 변경
⑤ 선박의 항로 변경
⑥ 위에 명시한 사항 이외의 새로운 위험이 뚜렷이 증가한 때

Ⅲ. 선원보험사업

1. 의의

선원보험사업이란 선원재해보상보험사업을 줄인 말로써, 「선원법」 제85조 내지 제98조까지의 규정에 의하여 선원의 재해에 대하여, 선박소유자의 보상책임을 돕기 위하여 조합이 실시하는 상호보험제도이다.

선원보험사업은 선원의 퇴직금 적립 보험사업도 함께 시행하고 있다.

2. 보험가입과 운영

한국해운조합의 조합원으로서 선박운항자는 회원사로서 보험에 가입할 수 있다. 또 조합원이 아니라도 특수 선박의 운영자 또는 관리자로서 조합이 특히 필요하다고 인정할 때에는 가입할 수 있다.

이 사업의 가입대상이 될 수 있는 선원은 조합원의 선박에 승선하여 선원법의 적용을 받는 선원으로 한다.

보험가입 기간은 1년으로 하고, 보험의 효력은 보험료를 납부한 다음 날 0시부터 만기일 24시까지로 한다. 그리고 조합은 가입자가 조합원의 자격을 잃었거나 또는 분담금을 3개월분 이상 미납하였을 때에는 보험가입을 해제시킬 수 있다. 이 경우 조합은 가입자에게 이미 받은 분담금을 돌려주어야 한다.

3. 보험료의 부담과 보험금의 청구

가. 보험료의 부담

보험료의 부과율은 보험기간 1년에 대한 가입 선원의 1년 임금에 대한 비율로서,

가입 선박의 총톤수와 선령에 따라 정해진 기본 부과율을 적용한다. 이 분담금은 1년 4회로 나누어 35퍼센트, 25퍼센트, 20퍼센트, 20퍼센트씩 납부한다.

나. 보험금의 청구

보험금은 가입 선원이 직무상 사망, 부상 또는 장해를 입었거나 또는 3개월 이상 행방불명이 되었을 때에는 약정보험금을 지급한다.

또 선원이 직무 외의 원인으로 재해를 입었을 때에는 조합은 3개월의 범위 안에서 요양보상에 한하여 실제 비용을 보험금에서 지급한다. 가입 선원이 3개월 동안 행방불명이 되었을 때에는 사망한 것으로 추정한다.

만약 보험가입자가 선원보험사업에서 정한 요양보상 및 상병수당의 보상한도액을 초과하는 보상을 희망할 경우에는 임의 보험에 가입할 수 있다. 이때에는 한국손해보험요율산정회에서 정하는 선원재해보상책임의 요율을 추가로 분담하여야 한다.

4. 보험금의 지급과 조합의 면책 사항

가. 보험금의 지급

가입 선원이 사망 또는 행방불명이 된 때에는 지급 예정인 보험금의 100분의 50의 범위 안에서 미리 지급할 수 있다. 그러나 사망 또는 행방불명의 사유가 조합의 보상책임을 면하게 하는 사유일 경우에는 위로금으로서 보험금의 100분의 30을 지급할 수 있다.

나. 조합의 면책 사항

조합은 다음의 사유가 일어난 경우에는 보험금을 지급하지 아니한다.

① 선원 자신의 고의 또는 중대한 과실, 선원의 싸움
② 전쟁, 내란, 폭동, 나포 또는 억류로 일어난 사고
③ 약물중독, 마취, 술에 취한 결과로 일어난 손해
④ 보험금청구 원인인 사고가 일어난 날로부터 6개월이 지나도 보험금을 청구하지 아니할 때
⑤ 보험가입시에 중요사항을 조합에 알리지 아니한 때
⑥ 선박의 자연소모 또는 흠으로 인한 사고
⑦ 보험가입자가 아닌 사람 또는 법인에 고용되어 있는 동안 생긴 사고
⑧ 경기, 사냥, 폴로, 등산 또는 겨울철의 운동으로 일어난 사고

5. 회원의 통지의무

보험에 가입한 회원사는 다음과 같은 사항이 일어나면 조합에 즉시 통지 하여야 한다.

① 해난사고의 발생
② 항로 또는 운항조건의 변경
③ 선박소유권의 양도 또는 운항권의 이전
④ 선원과 임금의 변경
⑤ 선원의 승선공인 사항의 변경

Ⅳ. 선박보험사업

1. 의의

선박보험사업은 「한국해운조합법」 제6조에 의거하여 조합 회원사의 선박 손상과 멸실에 대한 보상제도이다. 이 사업은 선박보험사업과 선박건조보험사업으로 나누어진다. 그리고 선박보험사업은 전손 보험사업과 분손 보험사업으로 다시 나누어진다.

2. 보험가입과 보험의 보상 기간

선박보험사업에 가입할 수 있는 사람은 선박운항자로서 조합원인 개인과 법인이다. 그리고 조합원이 아니라도 특수 선박의 운영자, 관리자 또는 선박 건조자도 특히 필요하다고 조합이 인정할 때에는 가입할 수 있다.

보험의 보상기간은 1년을 원칙으로 하며, 보험의 보상효력은 보험료를 납부한 다음 날 12시부터 발생하고 분담금 만료일의 12시에 종료한다.

가입 선박은 조합원이 소유 또는 용선하여 운항하는 선박, 부선, 준설선 및 건조중인 선박을 대상으로 한다.

3. 보험료와 보상한도액(보험가입액)

가입 선박의 전손 보험료는 보험가입액에 분담금 부과율을 곱하여 산정한다. 기본부과율은 총톤수와 선급가입 여부에 따라서 달라진다. 그리고 보험료는 전액을 한꺼번에 납부하는 것을 원칙으로 하나, 4회 균등 분할납부하는 것도 가능하다.

조합이 담보할 수 있는 보험의 보상한도액은 여객선이 1억 5천만 원, 화물선이 8천만 원이다. 가입자가 위의 한도액을 초과하여 가입할 때에는 조합은 그 초과액을 시중 보험회사와 공동으로 인수할 수 있다.

또 가입 회원사는 보험가입 선박이 전손 또는 분손된 경우에 그 사실을 안 날로부터 2개월 이내에 조합지부에 보험금을 청구하여야 한다.

4. 보험금 지급과 조합의 면책 사항

가. 보험금 지급

보험금은 전손 또는 분손 및 구조비를 구분하여 지급하며, 구조비는 선가와 보험가입액의 비율에 따라서 지급한다. 그리고 조합은 가입 회원사의 지급청구가 있으면, 예상 지급액의 100분의 50의 범위 안에서 미리 지급할 수 있다. 다만 보험가입자가 전손 사고로 보험금을 청구할 때에는 그 선박을 조합에 위부하여야 한다. 여기서 전손에는 선박의 수리 불가능과 구조 불가능인 추정 전손의 경우를 포함하는 것이다.

해난사고가 일어날 때 마다 매회의 사고에 대하여 각각 조합의 손해보상책임이 생긴다.

나. 조합의 면책사항

다음의 사항이 발생한 경우에는 조합은 보험금을 지급하지 아니한다.

① 보험가입자, 선주와 그 사용인, 선장 또는 해원의 고의 또는 중대한 과실로 일어난 해난
② 외국에서 억류 또는 그 억류를 피하기 위한 조난
③ 전쟁, 내란, 폭동 또는 나포
④ 선박의 자연 소모 또는 하자
⑤ 통지의무사항을 고의로 지키지 아니한 때
⑥ 보험가입자의 책임 있는 사유로서 위험이 현저하게 증가한 때
⑦ 법정 해기사를 승선시키지 아니한 때
⑧ 발항 당시 감항능력을 갖추지 못한 경우
⑨ 「선박안전법」에 의한 검사를 받지 않은 경우
⑩ 항행 구역을 벗어났거나, 용도 밖의 목적에 사용한 경우
⑪ 밀수, 금수, 검역 등 법령을 위반할 목적에 사용하는 경우
⑫ 보험가입자가 다른 보험회사에 선박보험을 들어서 보험금액의 합계가 보험가입증서상에 명시된 선박 가액을 초과하게 된 경우

5. 조합원의 통지의무

가입 회원사는 보험가입 선박에 다음의 사유가 일어난 때에는 곧 조합에 통지하여야 한다.

① 해난사고의 발생
② 선박의 양도, 질권 설정 또는 변경, 임대 및 위임 관리
③ 다른 보험에의 가입
④ 톤수 변경, 용도 변경 또는 대수리
⑤ 주기관, 레이더 또는 주요 설비의 설치, 변경 또는 철거
⑥ 선명 또는 항해구역의 변경
⑦ 계선 또는 폐선

6. 대위

보험가입 선박의 사고가 제3자의 행위로 인하여 일어난 것이 분명한 경우에는 조합은 보험금을 지급한 후에 사고를 일으킨 제3자에 대하여 보험가입자를 대신하여 손해배상청구권을 행사할 수 있다.

제6장

선박담보제도와 선박집행

제 1 절
선박담보와 금융제도

제1관 의의

선박을 수단으로 하고 해양을 무대로 영리를 추구하는 경제단위인 해상기업은 선박의 건조, 의장, 수선 혹은 항해의 계속을 위해, 외부로부터 자금이나 근로를 제공받을 필요가 있다. 또 해상기업은 조선비용(造船費用)·운항 자금이 방대하고 불의의 위험에 직면할 가능성이 항상 존재하기 때문에 제3자로부터 자금의 공급을 받을 필요성은 더욱 절실하다. 이러한 필요에 대하여 전통적으로 선박금융의 법률 형태로 가장 많이 이용된 것은 이른바 모험대차(冒險貸借 :bottomry, respondentia)[1)]이었다. 모험대차는 선박 또는 적하를 담보로 하는 금전소비대차로서 안전한 항해의 종료를 변제의 조건으로 하는 대신 해상위험이 크므로 이율이 매우 높았다.[2)] 이 제도는 19세기까지 많이 이용되었으나, 그 후 해상보험의 발달·금융기관의 정립·해외대리점의 보급 등에 의하여 소멸하게 되고, 19세기 후반 이후 이에 갈음하여 선박우선특권과 선박저당권이 나타나게 되었다.

현대의 해상기업금융을 위한 담보제도로서 대표적인 형태로는 법정담보물권인 선박우선특권과 약정담보물권인 선박저당권이 있고, 특별한 규정은 없지만 법정담보물권으로 선박유치권을 들 수 있다. 이 중 선박우선특권은 선박 채권에 관하여 그 채권자에게 선박·속구·부속물로부터 다른 채권자보다 우선변제를 받을 특권을 인정함으로써 그 채권자를 보호하기 위한 것이나, 결국은 해상기업금융의 원활화를 도모하는 것이므로 운송인의 반사적 이익에도 기여하게 된다.

한편 선박채권자의 우선변제권을 인정하는 범위와 그 공시방법 등에 관하여 각국

1) 海産을 담보로 한 金錢消費貸借로서, 선박의 안전한 항해의 終了를 辨濟의 條件으로 하되 이율이 높다. 이중 bottomry는 선장이 자신의 선박을 담보로 하여 돈을 빌리는 것을 말하고(最新 海運·物流用語 大辭典, 코리아쉬핑가제트, 1996, 103쪽 참조), respondentia는 선장이 화물을 담보로 돈을 빌리는 것을 말한다(最新 海運·物流用語 大辭典, 코리아쉬핑가제트, 1996, 390쪽 참조).

2) 鄭燦亨, 商法講義(下), 제10판, 博英社, 2008, 950쪽.

의 입법이 서로 달라 섭외적 관계에서 불편이 적지 않았다. 그리하여 1885년 이래 통일법 제정을 위한 여러 차례의 국제회의의 결과, 1926년의 브뤼셀 외교회의에서 통일협약이 성립되었다. 이것이 「1926년 선박우선특권 및 저당권에 관한 특정 규정의 통일에 관한 국제협약」(International Convention for the Unification of Certain Rules of Law relating to Maritime Liens and Mortgages, Brussels, Apr. 10, 1926, 1931년 발효)이고, 우리나라 상법도 이 협약의 영향을 받았다. 이 협약은 1967년 브뤼셀 해사법외교회의에서 「1967년 선박우선특권 및 저당권에 관한 특정 규정의 통일에 관한 국제협약」(International Convention for the Unification of Certain Rules relating to Maritime Liens and Mortgages, 1967)으로 개정되었고, 1993년 5월 6일 다시 개정되어, 「1993년 선박우선특권 및 저당권에 관한 국제협약」(International Convention on Maritime Liens and Mortgages, 1993)이 성립하였다.

우리 상법은 대체로 「1926년 선박우선특권 및 저당권에 관한 특정 규정의 통일에 관한 국제협약」에 따라 입법되었는데, 1991년 12월 31일 개정에서 선박저당권의 보호를 위하여 선박우선특권의 피담보채권의 범위를 제한함으로써 「1967년 선박우선특권 및 저당권에 관한 특정 규정의 통일에 관한 국제협약」의 취지를 반영하였다. 이로써 우리나라는 상법에 「1926년 선박우선특권 및 저당권에 관한 특정 규정의 통일에 관한 국제협약」과 「1967년 선박우선특권 및 저당권에 관한 특정 규정의 통일에 관한 국제협약」을 반영하였으나, 아직 어느 협약에도 가입하고 있지는 않다.

제 2 관 선박담보제도의 연혁

Ⅰ. 선박담보제도의 기원

선박우선특권에 해당되는 영미법상의 용어로는 'Maritime lien'이 있는 바 영미법상의 'Lien'이라는 말은 우리 상법상의 우선특권이라는 말보다는 광범위하고 다양한 의미로 사용되고 있다. Maritime lien이라는 용어는 미국에서 스토리 판사가 1831년 The Nester 사건[3]에서 처음으로 언급하였고, 영국에서는 1852년 The Bold Buccleugh 사건[4]에서 비로소 처음 사용되었다고 한다.

3) 18 Fed. Cas. 9. Case No 10, 126(C.C.D. Me. 1831)
4) The Bold Buccleugh (1851) 7 Moo.P.C. 267; 13 E.R. 884; 19 L.T. 235, P.C..

역사적으로 고찰하면, 고대 그리스법에서 해상법과 선박우선특권제도에 관하여 약간의 규정을 두고 있었다. 선장은 외국 항구에서 그의 소유가 아닌 선박과 적하에 대하여 담보를 설정할 수 있었다고 한다. 로마법에는 유스티니아누스황제의 학설휘찬(學說彙纂) 가운데 4종류의 우선특권을 인정하고 있다. 선박을 담보로 하여 선박이 침몰하면 채무도 소멸하게되는 모험대차, 우선특권에 의하여 담보되는 선박의 건조, 매수, 의장을 위한 대차, 선박을 수선하거나 선원에게 물건을 공급한데에 대한 우선특권, 선박소유자 또는 운임지급을 위하여 대차해준 자의 적하에 대한 우선특권 등이 그것이다.

근대 해상법의 효시로 평가되고 있는 오레롱 해법은 선장, 선원, 선박소유자와 상인들의 의무와 책임을 규정하고 있다. 오레롱 해법은 제1조에 선박저당권의 매우 초기적인 형태인 모험대차를 규정하고 있다. 또한, 필요경비의 조달을 위하여 선박설비에 저당권을 설정할 수 있는 권한을 선장에게 부여하고 있다. 제3조에는 적하모험대차를 규정하고 있으며, 제4조에는 공동해손으로 인한 적하에 대한 우선특권을 규정하고 있다. 오레롱 해법은 오늘날에도 매우 중요한 의미를 가지고 있다.[5)]

II. 선박담보제도의 국제적 통일을 위한 노력

선박우선특권은 공시방법이 없으면서도 저당권에 우선하는 효력을 가지며 선박을 경매할 수 있는 강력한 권한이 부여되므로 그 범위를 제한하여 저당권자를 보호할 필요가 있다. 그러나 이러한 제한은 선박우선특권에 대한 중대한 위협이 되고 해상기업금융을 저해할 우려가 있으므로 선박우선특권에 관한 법제의 국제적 통일의 필요성[6)]이 절실히 요청되는 것이다.

이러한 국제적 통일의 필요성으로 인하여 국제적으로 통일화 작업이 진행되어 왔으며 「선박우선특권 및 저당권에 관한 국제협약」이 성립하게 되었다. 국제협약으로는 「1926년 선박우선특권 및 저당권에 관한 특정 규정의 통일에 관한 국제협약」, 「1967년 선박우선특권 및 저당권에 관한 특정 규정의 통일에 관한 국제협약」 및 「1993년 선박우선특권 및 저당권에 관한 국제협약」의 3개 협약이 있다.

5) 오레론 해법은 프랑스의 선박우선특권에 관한 입법에 큰 영향을 주었다.
6) 해상기업의 본질 및 선박의 특성으로 인하여 선박에 대한 담보제도는 국제간의 법률관계를 필연적으로 발생시키고, 여기에 대한 法制는 영미법계, 프랑스법계 및 독일법계 등이 서로 큰 차이를 보이기 때문에 통일의 필요성이 대두되는 것이다.

1. 1926년 선박우선특권 및 저당권에 관한 특정 규정의 통일에 관한 국제협약 (Interational Convention on Maritime Liens and Mortgage, 1926)[7][8]

이 협약은 그 적용범위를 선박의 국적을 기준으로 체약국 선박에 적용하도록 하고(1926년 선박우선특권 및 저당권에 관한 특정 규정의 통일에 관한 국제협약 제14조 제1항), 선박우선특권의 목적물은 선박, 그 채권이 발생한 항해의 운임, 그 항해를 발항한 후에 취득한 선박과 운임의 부속물로 규정하고 있다(1926년 선박우선특권 및 저당권에 관한 특정 규정의 통일에 관한 국제협약 제2조).

우리 상법이 1991년 12월 31일 개정되어 제861조 제1항 제5호의 채권을 우선특권의 피담보채권으로부터 제외한 것 이외에는 선박우선특권이 발생하는 채권도 우리 상법과 대체로 동일하며(1926년 선박우선특권 및 저당권에 관한 특정 규정의 통일에 관한 국제협약 제2조 제1호 내지 제5호), 우선순위(1926년 선박우선특권 및 저당권에 관한 특정 규정의 통일에 관한 국제협약 제2조 제5호, 제6호), 단기시효기간(1926년 선박우선특권 및 저당권에 관한 특정 규정의 통일에 관한 국제협약 제9조)[9] 등도 우리 상법규정과 대체로 동일하다.

다만 이 협약이 「1920년 미국 선박저당권법」의 영향을 받아 제3조 제2항에서 선박저당권에는 열후하나 기타의 채권에는 우선하는 열후적 선박우선특권을 각 국내법이 인정할 수 있도록 한 점이 우리 상법과 다르다.

이 협약의 근본 취지는 선박저당권에 우선하는 선박우선특권의 범위를 합리적으로 제한함으로써 선박저당권자의 지위를 강화하고자 하는데 있었으며 선박저당권이 체약국의 법에 의하여 정당하게 설정되고 등기된 것이면 다른 체약국에서 유효한 것으로 인정해야 한다는 것(1926년 선박우선특권 및 저당권에 관한 특정 규정의 통일에 관한 국제협약 제1조)과 그러한 저당권이라고 하여도 선박우선특권에는 열후한 효력을 가진다는 것(1926년 선박우선특권 및 저당권에 관한 특정 규정의 통일에 관한 국제협약 제3조 제1항)도 규정하고 있다.[10]

---

7) 우리 상법 제8장 선박채권편은 이 협약의 실체 규정을 거의 그대로 수용하고 있다. 그러나 1991년 상법 개정을 통하여 대부분의 공급 채권 등에 관하여 부여되고 있었던 우선특권(구 상법 제861조 제1항 제5호, 제6호)을 폐지하고 있는 점이 다르다.

8) 1026년 4월 10일 채택되어 1931년 6월 2일 발효한 이 협약은 2008년 10월 15일 현재 28개국이 가입하였다. 우리나라는 가입하지 않았다(CMI, Yearbook 2005-2006, pp. 420-421).

9) 공급업자의 우선특권에는 6개월의 기간을 부여한 이외에 나머지 채권에 대하여는 1年으로 규정하고 있다.

10) 그러나 프랑스, 스페인 등 31개 국가가 이를 비준하거나 가입하였으나, 국, 미국 등 유력 해운국들이 국내법과의 상위를 이유로 비준하지 않게 되어 실효성을 기대할 수는 없었다.

2. 1967년 선박우선특권 및 저당권에 관한 특정 규정의 통일에 관한 국제협약 (Interational Convention on Maritime Liens and Mortgage, 1967)[11)]

이 협약은 「1926년 선박우선특권 및 저당권에 관한 특정 규정의 통일에 관한 국제협약」과 달리 그 적용범위를 체약국 선박 뿐만 아니라 비체약국 선박까지 확대한 점에 가장 큰 특색이 있다.

이 협약규정은 체약국에서 뿐만 아니라 비체약국에 등기된 모든 항해선(all sea-going vessels)에 적용된다(1967년 선박우선특권 및 저당권에 관한 특정 규정의 통일에 관한 국제협약 제12조 제1항). 「1926년 선박우선특권 및 저당권에 관한 특정 규정의 통일에 관한 국제협약」에서는 적용대상으로서 항해선이 명시되어 있지 않았고 비체약국의 항해선이 체약국의 항구에서 압류된 경우, 협약과 자국법을 선택적으로 적용할 수 있었지만, 이 협약은 적용대상선박을 항해선으로 규정하고 비체약국 선박에 대하여도 협약의 규정이 우선적으로 적용됨을 분명히 하였다. 다만 국가가 소유, 운항 또는 용선하는 공적(公的)·비상업적 업무에 종사하는 선박에는 이 협약의 규정이 적용되지 아니하고(1967년 선박우선특권 및 저당권에 관한 특정 규정의 통일에 관한 국제협약 제12조 제2항), 인적 적용범위에 관하여 선박우선특권은 담보되는 채권이 선박소유자에 대한 것인가, 선박임차인 또는 기타 용선자, 선박관리인 또는 선박운항자에 대한 것인가를 묻지 않고 발생한다고 규정하고 있다(동 협약 제7조 제1항).

「1967년 선박우선특권 및 저당권에 관한 특정 규정의 통일에 관한 국제협약」은 3가지 종류의 선박우선특권을 규정하고 있다. 즉 우리나라의 선박우선특권에 해당하는 모든 일반채권 및 저당권에 우선하는 우선적 우선특권(1967년 선박우선특권 및 저당권에 관한 특정 규정의 통일에 관한 국제협약 제4조 제1항), 선박저당권에는 열후하지만 다른 채권에는 우선하는 체약국가에 의하여 개별적으로 부여되는 열후적 우선특권[12)](1967년 선박우선특권 및 저당권에 관한 특정 규정의 통일에 관한 국제협약 제6조 제1항) 및 우선적 우선특권에는 열후하지만 선박의 점유를 조건으로 하여 선박저당권에 우선하는 점유우선특권[13)](1967년 선박우선특권 및 저당권에 관한 특정

11) 이 협약은 1967년 5월 27일 채택되었으나 아직 발효하지 않았다. 2008년 10월 15일 현재 5개국이 가입하였고 우리나라는 가입하지 않았다(CMI, Yearbook 2005-2006, p. 446).

12) 열후적 우선특권에 관하여는 체약국가가 그 피담보채권의 범위를 자유로이 정할 수 있도록 하고 있다. 이것은 각국의 법을 통일함에 있어서 가능한 한 많은 국가를 협약에 참여하도록 하기 위한 입법기술상의 규정이라고 할 수 있다.

13) 점유우선특권의 피담보채권으로는 조선업자 또는 선박수선업자의 조선계약 또는 선박수선계약상의 채권을 규정하고 있다. 이는 조선업자 또는 선박수선업자에게 점유를 조건으로 하여 인정하는 우선특권이다. 본 협약의 특징이라 할 수 있는 점유우선특권은 협약의 입안 과정에 조선국들의 힘이 작용하였기 때문이 아닌가 추측된다.

규정의 통일에 관한 국제협약 제6조 제2항)의 3종류의 우선특권을 인정하고 있다.

이 가운데 우선적 우선특권은 다음의 5종류의 피담보채권을 인정하고 있다.

① 선장, 해원 기타 선박승무원의 임금채권, ② 항, 운하 및 기타 수로 요금 및 도선료, ③ 육상과 수상을 불문하고 선박의 운항에 직접 관련하여 발생한 사람의 사망 또는 상해에 대한 배상청구권, ④ 위의 경우 재산의 손해에 기인한 불법행위로 인한 손해배상청구권(계약에 의한 것 제외), ⑤ 구조, 난파물 제거, 공동해손의 부담에 관한 채권. 단, 이 가운데 ③과 ④의 청구권이라 하더라도 원자력 손해로 인한 청구권에는 선박우선특권이 발생하지 아니한다(1967년 선박우선특권 및 저당권에 관한 특정 규정의 통일에 관한 국제협약 제4조 제1항, 제2항).

그러나 「1967년 선박우선특권 및 저당권에 관한 특정 규정의 통일에 관한 국제협약」은 선박우선특권의 목적을 등기된 선박에 한하여 인정하고 있으므로 「1926년 선박우선특권 및 저당권에 관한 특정 규정의 통일에 관한 국제협약」상 인정되고 있었던 채권이 발생한 항해의 운임 및 부수채권(「1926년 선박우선특권 및 저당권에 관한 특정 규정의 통일에 관한 국제협약」 제2조 전문)은 선박우선특권의 목적물이 되지 않는다(1967년 선박우선특권 및 저당권에 관한 특정 규정의 통일에 관한 국제협약 제4조 제1항 전문).

그리고 선박우선특권들 사이에는 ① 우선적 우선특권, ② 점유우선특권, ③ 등기된 선박저당권, ④ 열후적 우선특권의 순서로 그 우선적 효력이 정해지며 우선적 우선특권 상호 간의 우선순위에 대하여도 상세히 규정하였다(1967년 선박우선특권 및 저당권에 관한 특정 규정의 통일에 관한 국제협약 제5조).

이 협약은 선박우선특권의 효력에 관하여 추급효(追及效)를 인정하고 있으며, 그 외에는 체약국의 국내법에 맡기고 있다(1967년 선박우선특권 및 저당권에 관한 특정 규정의 통일에 관한 국제협약 제7조 제2항). 한편, 선박우선특권은 담보권의 일반소멸사유에 의하여 소멸하는 외에 시효기간경과로 인한 소멸이 규정되어 있다(1967년 선박우선특권 및 저당권에 관한 특정 규정의 통일에 관한 국제협약 제8조, 제11조).

「1967년 선박우선특권 및 저당권에 관한 특정 규정의 통일에 관한 국제협약」은 선박우선특권의 경우와 함께 저당권의 실행을 위한 강제매각에 관하여 이해관계인에 대한 관할관청의 통지의무와 매각에 의하여 선박상의 부담이 소멸하였다는 증명서의 발행 등에 관한 규정(1967년 선박우선특권 및 저당권에 관한 특정 규정의 통일에 관한 국제협약 제11조)과 이와 관련하여 체약국의 관할관청 상호간에 서로 직접 연락할 수 있도록 하고 있다(1967년 선박우선특권 및 저당권에 관한 특정 규정의 통일에 관한 국제협약 제13조).

3. 1993년 선박우선특권 및 저당권에 관한 특정 규정의 통일에 관한 국제협약 (Internatinal Convention on Maritime Liens and Mortgages, 1993)[14]

「1967년 선박우선특권 및 저당권에 관한 특정 규정의 통일에 관한 국제협약」은 실효성 있는 협약의 기능을 다하지 못하고 있었으므로[15] 국제해법회(CMI)는 선박우선특권문제에 관하여 1982년 7월 8일 및 1983년 10월 8일 두차례에 걸쳐서 설문서를 각국의 해법회에 보내어 그 회답을 토대로 하여 협약의 개정을 추진하게 되었다. 그 후 국제해법회는 1985년 5월 리스본회의에서 「1967년 선박우선특권 및 저당권에 관한 특정 규정의 통일에 관한 국제협약」의 개정 초안을 채택하였고 이어서 국제연합무역개발회의(United Nations Conference on Trade and Development: UNCTAD)와 국제해사기구(Interational Maritime Organization: IMO)는 1993년 5월 6일 제네바에서 「1993년 선박우선특권·저당권 협약」을 채택하였다.[16][17]

「1993년 선박우선특권 및 저당권에 관한 국제협약」은 「1967년 선박우선특권 및 저당권에 관한 특정 규정의 통일에 관한 국제협약」을 근본적으로 개정한 것은 아니며 해운환경의 변화에 따라 선박저당권을 보호함으로써 선박금융을 원활히 하도록 하기 위하여 저당권에 우선하는 선박우선특권의 피담보채권의 수를 합리적으로 축소·조정하였다. 그리고 불명확한 표현을 보다 명백하게 하고, 선박의 강제경매에 대하여 상세한 규정을 두어 선박유치권자는 경매시에 선박우선특권자의 채권이 변제된 후에 비로소 경락대금에서 채권을 회수할 수 있도록 하였다. 또 개별국가의 다른 선박우선특권을 허용하는 한편, 선박임대차와 관련하여 기국(旗國)의 임시적 선적변경에 관한 규정을 신설한 것 등에서 그 특색을 찾을 수 있다.[18]

「1967년 선박우선특권 및 저당권에 관한 특정 규정의 통일에 관한 국제협약」과 마찬가지로 3종의 우선특권에 대하여 규정하고 있다. 이 협약 제4조 제1항은 우선적 우

14) 1993년 5월 6일 채택되어 2004년 9월 5일 발효한 이 협약은 2008년 10월 15일 현재 11개국이 가입하였다. 우리나라는 가입하지 않았다(CMI, Yearbook 2005-2006, pp. 520).

15) 「1967년 선박우선특권 및 저당권에 관한 특정 규정의 통일에 관한 국제협약」는 각국에 고유한 선박우선특권과 쉽게 융화되고 있지 않았으며 强制執行制度와도 쉽게 어울릴 수 없어서 많은 국가들이 동 協約을 수용하지 아니하고 있었다(宋相現·金炫, 海商法原論, 博英社, 1993, 488쪽).

16) 동 협약의 자세한 내용에 대해서는, [鄭完溶, "1993년 船舶優先特權·抵當權協約의 成立과 우리 商法上의 船舶擔保制度", 韓國海法會誌 第15券 1號, 1993. 12] 참조.

17) 「1967년 선박우선특권 및 저당권에 관한 특정 규정의 통일에 관한 국제협약」는 「1967년 선박우선특권 및 저당권에 관한 특정 규정의 통일에 관한 국제협약」와 비교하여 선박우선특권의 기본원칙이나 내용에 관한 중대한 변경은 없고 다만 몇 가지 사항에 대하여만 수정이 이루어 졌다고 평가된다. 李均成, 改正海商法의 問題點에 관한 硏究, 韓國海法會誌, 1993.12.

18) 鄭完溶, "1993년 船舶優先特權·抵當權協約의 成立과 우리 商法上의 船舶擔保制度", 韓國海法會誌 第15券 1號, 1993. 12. 129-130쪽.

선특권에 관하여 그 종류를 제한하여 선박소유자, 선박관리인 또는 선박운항자에 대한 다음의 채권은 선박에 대한 우선특권으로 담보된다고 규정하고 있다.

① 선장, 선원 및 기타 선박승무원에게 선박에서의 고용과 관련하여 지급하여야 할 임금 및 기타의 금액과 송환비용 및 그들을 대신하여 지급하여야 할 사회보험료 분담금.
② 선박의 운항과 직접 관련하여 육상 또는 해상에서 발생한 신체사상채권.
③ 선박의 해난구조료채권.
④ 항세, 운하세 및 기타 수로요금채권과 도선료채권.
⑤ 선박으로 운송 중인 적하, 컨테이너, 여객수화물의 멸실 또는 훼손으로 인하여 발생한 불법행위청구권.19)

한편, 각 체약국들은 위에 기재된 채권 이외의 다른 채권을 담보하기 위하여 우선특권을 부여할 수 있도록 유보조항(留保條項)을 두고 있다(1993년 선박우선특권 및 저당권에 관한 특정 규정의 통일에 관한 국제협약 제6조). 다만 제6조에 의하여 우선특권이 부여되는 채권은 제4조에 기재되어 있는 우선특권이나 등록된 저당권, 일반저당권 또는 다른 담보보다 후순위가 되는 소위 열후적 우선특권이다(1993년 선박우선특권 및 저당권에 관한 특정 규정의 통일에 관한 국제협약 제6조 제c호).

선박우선특권은 등록된 저당권, 일반저당권 기타 담보권에 우선하는 효력을 가진다(1993년 선박우선특권 및 저당권에 관한 특정 규정의 통일에 관한 국제협약 제5조 제1항). 선박우선특권 상호 간의 순위는 위 기재된 순위에 의하되 다만 해난구조료채권은 작업이 행하여지기 전에 선박에 발생한 모든 다른 우선특권보다 우선하는 효력을 가진다(1993년 선박우선특권 및 저당권에 관한 특정 규정의 통일에 관한 국제협약 제5조 제2항). 선박구조료채권을 제외한 나머지 우선특권상호 간에는 같은 순위를 가지고 있으며(1993년 선박우선특권 및 저당권에 관한 특정 규정의 통일에 관한 국제협약 제5조 제3항), 선박구조료채권의 경우에는 그 채권이 발생한 시기의 역순에 의하여 우선권이 주어지며 구조료 채권은 구조작업이 종료한 때에 발생한 것으로 간주된다(1993년 선박우선특권 및 저당권에 관한 특정 규정의 통일에 관한 국제협약 제5조 제4항).

이 협약은 선박건조채권 또는 수리채권의 확보를 위하여 조선업자나 선박수리업자

19) 海上에서의 油類運送 또는 기타 危險하거나 有害한 物質의 運送에 관련된 損害에는 우선특권이 인정되지 아니한다(同 協約 第4條 第2項 a號).

가 선박을 점유하고 있는 동안에 발생된 선박건조비용이나 선박수리비에 관하여 국내법으로 유치권을 인정할 수 있도록 하고, 동 유치권은 선박이 압류 또는 억류 이외의 사유로 인하여 점유를 상실한 때 소멸되도록 규정하고 있다(1993년 선박우선특권 및 저당권에 관한 특정 규정의 통일에 관한 국제협약 제7조 제1항 및 제2항).

또한, 선박이 경매 등에 의하여 새로운 소유자에게 소유권이 이전될 때에는 조선업자 또는 수리업자는 선박경락인에게 선박의 점유를 이전하여야 한다(1993년 선박우선특권 및 저당권에 관한 특정 규정의 통일에 관한 국제협약 제12조 제4항).

다만 이 협약은 조선업자나 수리업자의 유치권 있는 채권자에 대하여 우선적인 변제를 인정하지 아니하고 제4조에 기재된 선박우선특권자들의 채권이 만족된 이후에 선박의 경락대금에서 채권의 만족을 얻도록 규정하고 채권이 변제될 때까지 목적물을 유치하고 인도를 거부할 수 있으므로 유치권이 사실상 선박우선특권보다 우선하는 우리나라의 입장과 상이하다.[20)]

그리고 「1993년 선박우선특권 및 저당권에 관한 국제협약」은 선박공매(船舶公賣 : forced sale)의 본질과 효력에 대한 구체적인 규정을 마련하고 공매를 위한 선박유치권(retention)을 인정하며 보험금손해에 대하여 저당권자를 보호하고 있다(1993년 선박우선특권 및 저당권에 관한 특정 규정의 통일에 관한 국제협약 제7조, 제8조, 제11조, 제12조). 또한, 위 협약은 그것의 규정이 책임제한에 관한 국제협약이나 국내법의 적용에 영향을 미치지 아니하는 것으로 하고 있다(1993년 선박우선특권 및 저당권에 관한 특정 규정의 통일에 관한 국제협약 제15조).

4. 협약의 국제적 역할과 각국법의 통일방안

「1926년 선박우선특권 및 저당권에 관한 특정 규정의 통일에 관한 국제협약」은 28개 국가가 비준하거나 가입하여 어느 정도 통일협약으로서의 역할을 하였으나, 「1967년 선박우선특권 및 저당권에 관한 특정 규정의 통일에 관한 국제협약」은 5개국만 가입하여 발효하지 못하였고[21)], 「1993년 선박우선특권 및 저당권에 관한 국제협약」도 11개국만이 가입하여 국제적 통일협약으로서의 역할을 수행하지 못하였다.

선박우선특권은 저당권자의 보호를 위하여 그 국제적 통일이 시급한 과제이나, 위에 살펴본 바와 같이 그 동안 성립한 국제협약들도 국제적 통일규범으로 정립되지 못하고 있다. 선박우선특권이 국제적으로 통일되지 아니하는 가장 큰 이유는 각국마다

20) 崔棟鉉・崔載先, '1993년 船舶優先特權・抵當權 協約 受容方案', 海運産業硏究員, 132-133쪽.
21) 協約加入國에 관하여 자세한 것은, [William Tetley, "Maritime Liens and Claims" Business Law Communication LTD, 1985, p. 633] 참조.

인정범위가 상이하고 이는 각국의 집행법과 직결되는 문제이기 때문인 것 같다.

「1993년 선박우선특권 및 저당권에 관한 국제협약」을 우리나라 법으로 수용하기 위하여 지적되는 문제점으로는 선박우선특권의 인정범위를 협약에 따라 축소하여 우선순위를 조정하는 문제와 우리법과 다른 선박유치권의 효력문제를 들 수 있다.[22)] 특히, 「1993년 선박우선특권 및 저당권에 관한 국제협약」은 선박우선특권이 선박유치권에 우선하여 유치권이 사실상 우선하는 우리나라의 입장과는 정면으로 배치되므로 우리나라와 같이 조선업이나 선박수리업이 발달한 나라에서는 선박유치권자와 선박채권자간의 이해조정이 이루어지지 않는 한 위 협약의 비준은 어려울 것이다.

22) 「1993년 선박우선특권 및 저당권에 관한 국제협약」와 國內法의 比較에 대하여는, 鄭完溶, "1993년 船舶優先特權·抵當權協約의 成立과 우리 商法上의 船舶擔保制度", 韓國海法會誌 第15券 1號, 1993. 12. 참조.

제 2 절 법정담보물권

제1관 선박우선특권

Ⅰ. 의의

선박우선특권(船舶優先特權 : maritime lien)[23]이라 함은 선박에 관한 일정한 법정채권(法定債權)에 대하여 그 채권자가 선박과 그 부속물로부터 다른 채권자보다 우선변제를 받을 수 있는 해상법에 고유한 법정담보물권(法定擔保物權)이다(상법 제777조).[24]

선박우선특권을 인정하는 이유는 학자에 따라 다르지만 대체로 다음과 같은 몇 가지가 주장되고 있다.

첫째, 해상기업에 수반되는 위험성으로 인하여 채권자에게 확실한 담보를 제공할 필요가 있고, 선박소유자에게 책임제한(상법 제769조 이하)을 인정하는 대신 채권자를 두텁게 보호해야한다는 형평상의 이유를 든다.[25]

---

23) 영국과 미국에서는 선박우선특권과 관련하여 선박의 擬人化理論(personification of the ship)이 발달하였다. 미국에서는 선박을 선박소유자로부터 분리하고 이를 의인화하여 선박소유자 자신에게 인적 책임을 추궁하는 것과는 별도로 선박을 피고로 한 對物訴訟(action in rem)이 발달하여 선박우선특권을 실행하는 방법으로 이용되고 있다. 선박소유자와 별도로 선박이 위법행위를 한 물건(offending thing)으로 취급되어 독자적으로 被訴될 수 있으며 선박소유자에 대한 對人訴訟(action in personam)과 선박에 대한 대물소송 간에는 重複提訴나 旣判力에 관한 상충의 문제는 발생하지 않는다.

이와 달리 영국에서는 우선특권에 관한 이론은 오로지 절차법적인 측면만이 강조되어 선박 자체를 상대로 한 대물절차는 한 법원의 관할구역 내에 있는 선박소유자의 재산을 그 법원의 구속력에 복종하도록 하여 선박소유자의 출두 내지 응소를 강제하기 위한 채권압류의 성질을 띠는 것이다(鄭熙喆, 商法學(하), 博英社, 1990, 596-597쪽).

24) 같은 의견, 鄭燦亨, 商法講義(下), 博英社, 2008, 951쪽.

25) 해사채권자는 선박소유자 등의 책임제한제도에 의한 선박톤수를 기준으로 한 일정한 금액에 한하여 청구가 가능한데 비하여, 육상채권자는 선박소유자의 모든 재산에 대하여 청구할 수 있어서 불공평하므로 해사채권자에게 선박우선특권을 부여하여 보호할 필요가 있다고 한다(宋相現·金炫, 海商法原論, 제3판, 博英社, 2005, 424쪽; 鄭燦亨, 商法講義(下), 제10판, 博英社, 2008, 951쪽).

독일은 1972년의 해상법 개정까지 선박소유자의 물적유한책임제도에 의하여 책임제한의 대항을 받는 채권에는 모두 선박우선특권을 인정하는 상관이념(Korrelatsgedank)의 원칙을 고수하였으나, 1972년의 해상법 둘째, 공익적 또는 사회정책적 이유를 들 수 있다. 예를 들어 항해에 관하여 선박에 과한 제세금, 선원 기타 선박사용인의 고용계약으로 인한 채권 등에 선박우선특권을 인정한 것을 들 수 있다(상법 제777조 제1항 제1호, 제2호 참조).[26]

셋째, 피담보채권이 선박소유자와 채권자의 공동이익을 위하여 생겼다는 이유를 들 수 있다. 예를 들면 채권자의 공동이익을 위한 소송비용이 여기에 해당한다(상법 제777조 제1항 제1호). 생각건대 해사채권이 책임제한을 받는다는 이유만으로 당연히 선박우선특권이 인정되어야 한다고 보기는 어렵고, 피담보채권의 종류에 따라 각각의 채권에 대하여 우선변제권을 부여하는 이유(공동의 이익 또는 사회정책적 이유 등)를 개별적으로 구하는 것이 타당하다고 본다.[27]

II. 특성

선박우선특권에 대하여는 그 성질에 반하지 않는 한 민법의 저당권에 관한 규정이 준용된다(상법 제777조 제2항 제2문). 선박우선특권은 특수한 채권자에게 법률상 당연히 부여되는 법정담보물권인 점에서 당사자 간의 저당권설정계약에 의해 성립하는 저당권과 다르지만, 목적물에 대하여 우선변제권을 가지는 타물권이며, 부종성·불가분성을 갖는 점 등에서 양자의 성질이 같다.

1. 법정담보물권성

선박우선특권은 계약이나 불법행위 등으로부터 생기는 일정한 해사채권의 담보를 위하여 법률상 당연히 발생하는 법정담보물권이다.[28] 우선특권자가 그 목적물에 대하여 직접적인 지배권을 가지지만, 사용권은 없고 우선변제권만 인정되는 담보물권이다.[29] 당사자 사이의 약정으로 선박우선특권을 창설할 수 없다는 점에서 질권·저당권 등의 약정담보물권과 다르다. 또한 피담보채권이 없으면 선박우선특권이 성립할 수 없고, 채권이 소멸하면 선박우선특권도 소멸한다는 점에서 저당권과 마찬가지로 부종성이 있으나 장래의 채권을 담보하기 위하여 성립할 수는 없다는 점에서 저당권과 다르다(민법 제357조 참조).

개정에서 이러한 태도를 버렸다(홍광식, '선박채권의 담보와 실행,' 보험·해상법에 관한 제문제(상), 법원행정처, 976, 568-569쪽).

26) 鄭暎錫, 海商法講義要論, 海印出版社, 2003, 255쪽.

27) 같은 견해, 田中誠二, 海商法詳論, 東京, 勁草書房, 1976, 568-569쪽.

28) 宋相現, 海商法二題, 변호사, 제8집, 서울제일변호사회, 1977, 221쪽.

29) 선박우선특권은 일정한 채권자가 그 채무자의 재산으로부터 우선적 변제를 받는 것을 본질로 하는 권리라는 점에서, 구 민법상의 先取特權(구 민법 제302조 이하)과 유사하다(鄭熙喆, 商法學(하), 博英社, 1990, 598쪽).

2. 공시방법의 결여

선박우선특권의 성립에는 유치권이나 저당권과 같은 점유나 등기 등의 공시방법이 필요하지 않으며, 우선특권 있는 채권을 발생시키는 사정이 생긴 그 시점에 선박우선특권이 성립한다.[30]

3. 효력에 있어서의 특성

선박우선특권은 선박관련채권자를 특별히 보호하기 위하여 인정된 법정담보물권이므로 일정한 공시방법이 없이도 약정담보권인 질권이나 저당권 보다 우선적 효력이 인정된다(상법 제788조). 또 선박우선특권은 선박소유권의 이전으로 영향을 받지 않는 추급력이 인정된다(상법 제785조). 즉 선박우선특권은 선박의 점유를 효력요건으로 하거나 공시 또는 공고를 필요로 하지 않을 뿐만 아니라 선의의 선박양수인에게도 대항할 수 있는 추급력(追及力)이 인정된다. 그러므로 선박소유권이 선의의 제3자에게 이전된 경우에도 선박우선특권자는 그 선박에 대하여 경매권을 행사하고 우선변제를 받을 권리가 있다.

4. 우선순위 상의 특성

민법상의 담보물권 상호간의 우선순위는 그 설정의 선후에 의하여 정해진다(민법 제333조, 제370조). 반면 선박우선특권의 우선순위는 대체로 「1926년 선박우선특권 및 저당권에 관한 특정 규정의 통일에 관한 국제협약」에 따라 나중에 발생한 우선특권일수록 선순위이고, 선원 등의 고용계약으로 인한 채권과 해난구조로 인한 구조료채권 등이 다른 채권보다 우선한다(상법 제777조, 제778조, 제784조).

5. 소멸원인 상의 특성

선박우선특권은 저당권과 동일한 소멸원인인 목적물의 멸실·피담보채권의 소멸·경매·포기·혼동 등에 의하여 소멸하는 외에 1년의 제척기간의 경과로 인하여 소멸한다(상법 제786조). 특별한 공시방법 없이 저당권이나 질권 보다 강력한 효력이 인정되는 선박우선특권의 특성상 선박채권자나 일반채권자의 이익을 보호하기 위하여 단기간의 제척기간을 인정하고 있다.

30) The Father Thames, [1979] 2 Lloyd's Rep. 346.

Ⅲ. 피담보채권의 종류

1. 상법규정의 의의

선박우선특권은 그 공시방법이 없음에도 불구하고 선박저당권에 우선하므로(상법 제788조), 상법은 선박저당권자를 보호하기 위하여 선박우선특권을 발생하게 하는 채권의 범위를 제한적으로 열거하고 있다. 따라서 이하의 피담보채권은 제한적으로 해석하여야 할 것이다. 그것은 선박우선특권이 법률의 규정에 의하여 비로소 인정되는 법정담보물권이고 또한 다른 선박담보채권자인 선박저당권자에게 현저한 불이익을 줄 우려가 있기 때문이다.[31]

피담보채권은 ① 채권자의 공동이익을 위한 소송비용, 항해에 관하여 선박에 과한 제세금, 도선료와 예선료, 최후입항 후의 선박과 그 속구의 보존비와 검사비(상법 제777조 제1항 제1호), ② 선원 기타의 선박사용인의 고용계약으로 인한 채권(상법 제777조 제1항 제2호), ③ 선박에 대한 해난구조로 인한 구조료채권과 공동해손의 분담에 대한 채권(상법 제777조 제1항 제3호), ④ 선박의 충돌 그 밖의 항해사고로 인한 손해, 항해시설·항만시설 및 항로에 대한 손해와 선원이나 여객의 생명·신체에 대한 손해의 배상채권(상법 제777조 제1항 제4호)이 있다.

1960년 상법 제정 당시에는 「1926년 선박우선특권 및 저당권에 관한 특정 규정의 통일에 관한 국제협약」의 내용을 바탕으로 하여 규정되어 있었는데, 동 협약은 「1967년 선박우선특권 및 저당권에 관한 특정 규정의 통일에 관한 국제협약」에 비하여 선박저당권자의 이익보호에 소홀하다는 비판을 받았다. 따라서 1991년 상법 개정에서 「1967년 선박우선특권 및 저당권에 관한 특정 규정의 통일에 관한 국제협약」의 입장을 수용하여 피담보채권의 범위를 축소조정하였다.[32] 즉, 종래의 피담보채권 중에서 제1호 후단의 '최후입항 후의 선박과 그 속구의 보존비와 검사비'와 제5호와 제6호의 '선박의 보존 또는 항해계속의 필요로 인하여 선장이 선적항 외에서 그 권한에 의하여 체결한 계약 또는 그 이행으로 인한 채권'은 발생시기에 있어서 약간의 차이가 있을 뿐 그 내용이 거의 비슷하기 때문에 제1호와 제5호, 제6호를 따로 둘 실익이 없다는 비판에 따라 제5호와 제6호를 삭제하였다. 현행 상법은 제777조 제1항 제1호에서 선박과 속구의 경매에 관한 비용을 추가로 제외한 것을 제외하면 문구만 수정을 하였다.

31) 鄭暎錫, 海商法講義要論, 海印出版社, 2003, 257쪽 주 286).
32) 鄭暎錫, 海商法講義要論, 海印出版社, 2003, 258쪽 참조.

한편 선박우선특권의 피담보채권의 범위에 관한 현행 상법과 「1993년 선박우선특권 및 저당권에 관한 국제협약」을 비교하면 다음과 같다.[33)]

「1993년 선박우선특권 및 저당권에 관한 국제협약」은 종래 「1926년 선박우선특권 및 저당권에 관한 특정 규정의 통일에 관한 국제협약」이나 「1967년 선박우선특권 및 저당권에 관한 특정 규정의 통일에 관한 국제협약」에 비하여 피담보채권의 수를 축소하여, 상법상 선박우선특권으로 인정되는 ① 채권자의 공동이익을 위한 소송비용, ② 예선료, 최후입항후의 선박과 그 속구의 보존비와 검사비(상법 제777조 제1항 제1호), ③ 공동해손의 분담에 대한 채권(상법 제777조 제1항 제3호)에 대하여 선박우선특권을 인정하지 않는다.[34)]

이 협약에는 우리 상법에는 없는 선박사용인을 대신하여 지급하여야 할 사회보험료 분담금(「1993년 선박우선특권 및 저당권에 관한 국제협약」 제4조 제1항 (a)호 후단)을 선박우선특권으로 인정한다. 우리나라의 경우에도 과연 이러한 사회보험료 채권에 선박우선특권을 부여하여야 할 것인가는 검토되어야 할 과제이다.[35)]

「1967년 선박우선특권 및 저당권에 관한 특정 규정의 통일에 관한 국제협약」이나 「1993년 선박우선특권 및 저당권에 관한 국제협약」은 모두 「1926년 선박우선특권 및 저당권에 관한 특정 규정의 통일에 관한 국제협약」보다 선박우선특권의 피담보채권의 종류를 줄임으로써 저당권자의 지위를 강화하고 해사금융의 원활화를 도모하고자 하였던 것이나, 「1993년 선박우선특권 및 저당권에 관한 국제협약」은 「1967년 선박우선특권 및 저당권에 관한 특정 규정의 통일에 관한 국제협약」과 비교하여 볼 때 난파물제거비용[36)] 및 공동해손 분담금채권을 제외하고 선원 등의 임금채권 외에 송환비용을 추가하고 있는 점 등이 다르다.[37)]

한편 「1993년 선박우선특권 및 저당권에 관한 국제협약」은 선박의 경매로 인하여 발생하는 제비용은 선박우선특권의 피담보채권으로 인정하지 않고 경매의 효과로써 경락대금으로부터 우선 변제하도록 규정하고 있음에 유의할 필요가 있다(1993년 선박우선특권 및 저당권에 관한 국제협약 제12조 제2항).

---

33) 자세한 것은 鄭完溶, "1993년 船舶優先特權 · 抵當權協約의 成立과 우리 商法上의 船舶擔保制度", 韓國海法會誌 第15券 1號, 1993. 12., 148쪽.

34) 鄭完溶, "1993년 船舶優先特權 · 抵當權協約의 成立과 우리 商法上의 船舶擔保制度", 韓國海法會誌 第15券 1號, 1993. 12., 151쪽.

35) 裵炳泰 · 林東喆, '海商法改正에 관한 硏究', 韓國海事問題硏究所, 1986, 172쪽.

36) 「1993년 선박우선특권 및 저당권에 관한 국제협약」는 각 國內法으로 難破物除去費用을 선박의 競賣代金에서 모든 다른 채권자보다 優先辨濟 받을 수 있음을 정할 수 있도록 하고 있다(同協約 第12條 第3項).

37) 鄭完溶, "1993년 船舶優先特權 · 抵當權協約의 成立과 우리 商法上의 船舶擔保制度", 韓國海法會誌 第15券 1號, 1993. 12., 152쪽.

2. 피담보채권의 내용

가. 유익비 채권(제777조 제1항 제1호)

유익비 채권이라고도 하는데, ① 채권자의 공동이익을 위한 소송비용, ② 항해에 관하여 선박에 과한 제세금, ③ 도선료와 예선료, ④ 최후입항후의 선박과 그 속구의 보존비와 검사비가 이에 해당한다.

현행 상법은 1991년 상법 제861조 제1항 제1호 중 선박과 속구의 경매에 관한 비용을 삭제하였다. 이는 민사집행법 제53조에서 경매절차상 경락대금에서 우선변제를 인정하는 채권이기 때문에 선박우선특권의 피담보채권으로 인정할 필요가 없다고 하여 삭제하게 되었다.[38]

첫째, 선박우선특권의 실행을 위한 소송비용은 재판비용으로, 이에 대하여 제1순위의 우선특권을 인정하는 것은 이 채권이 발생한 원인이 없었다면 다른 채권자도 변제를 받을 수 없기 때문이다.[39] 소송비용은 당사자가 특정한 소송을 수행하기 위하여 소송계속 전이나 계속 중에 지출한 비용을 말하며, 재판상 비용으로서 민사소송법이 규정하는 서류·도면작성료·번역료·집행관수수료 등이 포함된다.[40] 소송비용은 오직 채권자의 공동이익을 위하여 지출된 것에 한정된다.

여기서 문제되는 것은 소송비용에 변호사비용이 포함되는가하는 점이다. 미국은 변호사비용을 선박우선특권으로 인정하지 않는 경향인데 반하여 영국은 이에 대하여 다른 우선특권보다 우선변제 받을 수 있도록 하고 있다.[41] 우리나라의 경우는 「소송촉진 등에 관한 특례법」에서 「대법원규칙」이 정하는 범위 내에서 변호사비용을 소송비용 또는 경매비용으로 인정할 수 있도록 하고 있다.[42]

둘째, 항해에 관하여 선박에 과한 제세금은 공적시설이용의 대상으로서 공익상 우선특권을 인정한 것이다.[43] 제세금은 톤세, 등대세, 항비, 운하세 등을 말한다. 이는 세금적 성격이 아니더라도 국가공공기관에서 그 선박의 항해에 관하여 부과한 공과금이면 모두 포함된다.[44] 각국은 정도의 차이가 있으나 국세채권의 우선적 지위를 확보하는 국내법을 가지고 있으므로 이 같은 세금에 우선특권을 부여할 필요가 없다

---

38) 鄭燦亨, 商法講義(下), 제10판, 博英社, 2008, 952쪽 주 4).
39) 裵炳泰, 註釋海商法, 韓國司法行政學會, 1987, 392쪽.
40) 宋相現, 民事訴訟法, 신정2판, 博英社, 1999, 455쪽.
41) William Tetley, Maritime Liens and Claims, London, Business Law Communications, 1985, pp. 83-92.
42) 鄭完溶, "1993년 船舶優先特權·抵當權協約의 成立과 우리 商法上의 船舶擔保制度", 韓國海法會誌 第15券 1號, 1993. 12., 214쪽; 丁海德, 船舶執行에 관한 硏究, 경희대학교 법과대학원 박사학위논문, 2000, 143쪽.
43) 朴贊雨, '船舶優先特權,' 韓國海事法學會誌, 제12권 제1호, 2000. 8., 214-215쪽.
44) 蔡利植, 商法講義(下), 博英社, 1992, 841쪽.

는 주장이 있으나,[45] 이는 일반 국세와는 다르고 문제가 된 항해에 관하여 부과된 세금만을 의미한다.[46] 이와 관련하여 이러한 제세금이 국세에도 우선하는가의 문제가 있으나, 저당권에 우선하는 선박우선특권의 특성이나 관련 조문의 입법 취지에 비추어 볼 때 위 제세금은 국세보다 우선한다고 본다.[47]

셋째, 선박은 도선 및 예선에 의하여 안전하게 항해를 할 수 있기 때문에 도선료와 예선료를 선박우선특권의 피담보채권으로 인정하고 있다. 도선료에 대하여 「1993년 선박우선특권 및 저당권에 관한 국제협약」 등에서도 선박우선특권을 인정하고 있고, 예선료에 대하여는 미국 「연방선박우선특권법」(Federal Maritime Act-Sects 971-976 of 46 US Code로 편집되어 있음)에서는 선박우선특권으로 인정하고 있으나 영국 「상선법」(Merchant Shipping Act), 독일 상법, 「1926년 선박우선특권 및 저당권에 관한 특정 규정의 통일에 관한 국제협약」, 「1967년 선박우선특권 및 저당권에 관한 특정 규정의 통일에 관한 국제협약」, 「1993년 선박우선특권 및 저당권에 관한 국제협약」에서는 모두 인정하지 않고 있다. 이는 예선료를 우선특권의 대상으로 하기에는 공동이익이나 공익상의 이유가 뚜렷하지 않기 때문으로 보인다.[48]

넷째, 최후입항 후의 선박과 그 속구의 보존비와 검사비는 선박이 최후항에 입항한 후 선박과 그 속구의 상태를 유지·보존하기 위하여 지출하는 제반 비용을 말한다. 이러한 채권이 없으면 다른 채권자들도 선박경매대금으로부터 변제를 받기가 불가능하게 될 것이라는 점에서 이러한 비용을 경매에 관한 비용에 준하는 것으로 보고 선박우선특권을 인정한다.[49] 여기서는 특히 최후입항 후의 개념이 문제가 되는데, 목적하는 항해가 종료되어 돌아온 항해뿐만 아니라 선박이 항해 도중에 경매 또는 양도처분으로 항해가 중지되는 경우의 선박보존비용도 포함된다. 따라서 항해를 폐지한 시기에 있어서 선박이 존재하는 항도 포함하는 것으로 해석한다.[50] 따라서 최후항의

45) 谷川久, '船舶先取特權お生ずべき債權の範圍', 成蹊法學, 제12호(1978), 140쪽.

46) 宋相象·金炫, 海商法原論, 博英社, 1993, 406쪽 참조.

47) 鄭完溶, "1993년 船舶優先特權·抵當權協約의 成立과 우리 商法上의 船舶擔保制度", 韓國海法會誌 第15券 1號, 1993. 12., 216쪽; 丁海德, 船舶執行에 관한 硏究, 경희대학교 법과대학원 박사학위논문, 2000, 143쪽.

48) 朴贊雨, '船舶優先特權,' 韓國海事法學會誌, 제12권 제1호, 2000. 8., 219쪽 참조.

49) 朴贊雨, "船舶優先特權," 韓國海事法學會誌, 제12권 제1호, 2000. 8., 212쪽; 鄭燦亨, 商法講義(下), 제10판, 博英社, 2008, 952쪽.

50) ① 大判 1996.5.14. 96 다 3609 : 상법 제861조 제1항 제1호가 최후 입항 후의 선박보존비 등에 대하여 선박우선특권을 부여하는 것은, 이러한 채권이 없으면 다른 채권자들도 선박 경매대금으로부터 변제를 받기가 불가능하게 될 것이라는 점에서 이러한 비용은 경매에 관한 비용에 준하는 성질을 가지기 때문이고, 따라서 최후 입항 후라는 의미는 목적하는 항해가 종료되어 돌아온 항뿐만 아니라 선박이 항해 도중에 경매 또는 양도처분으로 항해가 중지되어 경매되는 경우의 선박보존비용도 달리 보아야 할 필요가 없으므로, 항해를 폐지한 시기에 있어서 선박이 존재하는 항도 포함하는 것으로 해석함이 상당하다.

② 大決 1998.2.9. 97 마 2525·2526 : 상법 제861조 제1항 제1호가 최후 입항 후의 선박보존비 등에 대하여

개념도 항해를 종료한 항, 예컨대 경매를 시행하는 때 및 선박을 타인에게 양도한 때에 선박이 존재하는 항이라고 해석하는 것이 보통이다.[51] 우리 대법원도 최후항은 목적하는 항해가 종료되어 돌아온 항구 뿐만 아니라, 선박의 경매 또는 양도처분으로 인하여 항해를 폐지한 시점에 선박이 존재하는 항구를 포함한다고 해석하고 있다.[52] 종래의 우리 대법원 판례는 '연해구역에서 근해구역으로 항행구역의 변경에 따라 수리공사비용과 검사비가 항해를 위한 선박과 속구의 상태 및 기능을 유지, 보존하기 위한 것으로 본호 소정의 최후입항 후의 선박과 그 속구의 보존비 및 검사비에 해당한다'고 하여 최후입항후의 범위를 넓게 인정한 바 있으나,[53] 최근의 판결에서 '연근해를 운행하는 유류운송선이 출항 준비 중에 발생한 화재로 인한 수리를 마친 후 항해를 계속한 경우, 그 수리비는 선박의 상태 및 가치를 유지・보존하기 위한 비용일지라도 최후의 입항 후에 발생한 것이 아니므로 그 수리비 채권을 두고 상법 제777조 제1항 제1호(당시 상법 제861조 제1항 제1호) 소정의 선박보존비 등에 해당한다고 볼 수 없다'라고 판시하여 선박우선특권이 인정되는 범위를 좁게 인정하였다.[54]

또한 최후 입항 후의 선박과 그 속구의 보존비용과 검사비에는 항해를 위한 선박의 속구의 상태 및 기능을 유지하기 위한 선박의 수선공사비 및 검사비 등이 있다.

나. 임금채권(제777조 제1항 제2호)

선원 기타의 선박사용인의 고용계약으로 인한 채권을 말한다. 이러한 채권은 선원 등을 보호하기 위한 사회정책적인 이유에서 선박우선특권의 피담보채권이 되었다.[55] 또한 같은 목적에서 이러한 채권은 선박소유자 등의 책임제한에서도 배제되고 있다

선박우선특권을 부여하는 것은 이러한 비용의 지출이 없으면 다른 채권자들도 선박 경매대금으로부터 변제를 받기가 불가능하게 될 것이라는 점에서 이러한 비용은 경매에 관한 비용에 준하는 성질을 가지기 때문이며, 따라서 '최후 입항 후'라는 의미는 목적하는 항해가 종료되어 돌아온 항뿐만 아니라 선박이 항해 도중 경매 또는 양도처분으로 항해가 중지되어 경매되는 경우의 선박보존비용도 이에 포함된다.

51) 田中誠二, 海商法詳論, 東京, 勁草書房, 1976, 569-579쪽.

52) 大判 1996.5.14, 96 다 3609 : 상법 제861조 제1항 제1호가 최후 입항 후의 선박보존비 등에 대하여 선박우선특권을 부여하는 것은, 이러한 채권이 없으면 다른 채권자들도 선박 경매대금으로부터 변제를 받기가 불가능하게 될 것이라는 점에서 이러한 비용은 경매에 관한 비용에 준하는 성질을 가지기 때문이고, 따라서 최후 입항 후라는 의미는 목적하는 항해가 종료되어 돌아온 항뿐만 아니라 선박이 항해 도중에 경매 또는 양도처분으로 항해가 중지되어 경매되는 경우의 선박보존비용도 달리 보아야 할 필요가 없으므로, 항해를 폐지한 시기에 있어서 선박이 존재하는 항도 포함하는 것으로 해석함이 상당하다.

53) 大判 1980.3.25, 79 다 2032.

54) 大決 1998.2.9. 97 마 2525,2526: 상법 제861조 제1항 제1호가 최후 입항 후의 선박보존비 등에 대하여 선박우선특권을 부여하는 것은 이러한 비용의 지출이 없으면 다른 채권자들도 선박 경매대금으로부터 변제를 받기가 불가능하게 될 것이라는 점에서 이러한 비용은 경매에 관한 비용에 준하는 성질을 가지기 때문이며, 따라서 '최후 입항 후'라는 의미는 목적하는 항해가 종료되어 돌아온 항뿐만 아니라 선박이 항해 도중 경매 또는 양도처분으로 항해가 중지되어 경매되는 경우의 선박보존비용도 이에 포함된다.

55) 鄭燦亨, 商法講義(下), 제10판, 博英社, 2008, 953쪽.

(상법 제773조 제1호). 여기서 선원이란 선박소유자[56]와의 고용계약[57]에 의해 배 안에서 노무를 제공하는 자를 말하며, 선장, 해원과 예비원[58]을 말한다. 기타 선박사용인이란 선원에 해당하는 자를 제외하고 선박에 노무를 제공하는 경비원, 선박관리인 등을 말한다.[59] 한편, 위 채권에는 선원의 임금은 물론 실업수당, 송환수당, 퇴직금, 유급휴가수당, 부상 또는 질병에 대한 요양보상금 등 선원법상의 각종수당이 모두 포함된다고 해석한다.[60] 그리고 상법은 선원의 임금채권에 대하여 아무런 제한을 두지 아니하므로 고용계약의 해지 등 특별한 사정이 없는 한 압류기간 중의 임금채권은 소위 신성한 우선특권(seacred liens)으로 우선 보호하고자 하였던 것이나[61] 그 범위에 대하여는 견해가 반드시 일치하지는 아니하며, 영국의 경우에도 최근에서야 선원의 성과급 등에 대하여 우선특권을 넓게 인정하게 되었다.[62][63] 그러나 선박대리점이 선박소유자를 위하여 지급한 비용에 관한 선박소유자에 대한 구상권은 선박우선특권의 피담보채권이 되지 않는다.[64]

한편 최근에는 선원의 임금채권을 보호하기 위하여 「근로기준법」 제38조에서 임금채권우선변제제도, 「근로자퇴직급여보장법」에서 퇴직금우선변제제도, 선원법 제51조의2에서 임금채권보장보험 등의 강제가입 등의 제도를 도입하여 선박우선특권과 함

---

56) 船員을 고용하고 그 船員에 대하여 임금을 지급하는 船舶借用人, 선박관리인, 용선자 등이 모두 포함된다(선원법 제2조 제3항).

57) 고용계약은 선원법상의 船員勤勞契約으로서 船員이 乘船하여 선박소유자에게 勤勞를 제공하고 선박소유자는 이에 대하여 賃金을 지급함을 목적으로 체결된 계약이다(선원법 제3조 제6호).

58) 乘務 중이 아닌 자를 말한다(선원법 제3조 제1호).

59) 金炫, "개정상법상의 선박우선특권에 관한 연구(상)", 司法行政, 제383호, 54쪽.

60) 丁海德, 船舶執行에 관한 硏究, 경희대학교 법과대학원 박사학위논문, 2000, 144쪽.

반면 이러한 노동채권의 확보라는 사회 정책적 이유 외에 선박의 보존·유지가 선장 기타 선원의 노무에 맡겨져 있으므로 선박우선특권의 대상채권이 된다는 견해가 있다(阿部士郎,峰降南, '船舶先取特權をめぐる問題點', 金融擔保法講座Ⅳ, 筮摩書店, 1986, 213쪽 참조). 이러한 견해에 따르면 선박우선특권의 목적인 선박의 보전에 기여한 역무의 대가라는 성격을 가지는 채권에 한정되게 된다. 그 결과 각종 수당이나 퇴직금 등에 대하여는 입사재직기간 중의 당해 선박에의 승선기간에 대응하는 한도에 한정되며, 또 유급휴가 중의 선원 등도 포함되지 않게 된다(日本福岡高等裁判所 1977.7.7, 판결, 下級裁判所民事判例集 第28卷 5-8號, 775쪽).

61) 古代의 海法(sea codes)들은 船員에게 고용주에 대한 권리를 인정하였고 수세기에 걸쳐 선원에게 유리한 船舶優先特權이 발달되어 왔다(William Tetley, Maritime Liens and Claims, London, Business Law Communications, 1985, p. 100).

62) 英國은 船員의 contribution債權에 대하여 1962년 判決에서 優先特權을 인정하지 아니하였으나, 1968년 및 1976년 判決에서 이를 認定하였다(丁海德, 船舶執行에 관한 硏究, 경희대학교 법과대학원 박사학위논문, 2000, 144쪽).

63) 부산지판 1984.5.25, 83 가합 3923: 상법 제861조 제1항 제2호(현행 상법 제777조 제1항 제2호)에 정해진 채권은 법령이나 당사자 사이의 계약에 의하여 선원에게 지급하도록 되어 있는 모든 채권을 포함하는 것이므로, 선장이나 선원들에게 어획실적을 기준으로 보합금 및 조업독려비를 지급하도록 어로계약이 되어 있다면 보합금 및 조업독려채권도 위 채권에 포함된다.

64) 대판 1978.5.23, 77다 1679.

께 선원의 임금채권을 우선보장하기 위한 제도를 추가로 도입하였다.65)

다. 응급채권(제777조 제1항 제3호)

선박에 대한 해난구조로 인한 구조료 채권과 공동해손의 분담에 대한 채권이 이에 해당한다. 선박의 구조료 채권과 공동해손 분담채권을 선박우선특권의 피담보채권으로 인정하는 이유는 해난구조나 공동해손처분으로 인하여 선박의 가치를 보존한데 대하여 주어진 특혜라고 할 수 있고, 이들 채권이 선박소유자와 채권자의 공동이익을 위한 것이기 때문이다. 또 해난구조를 장려한다는 뜻도 있다.66) 해난구조 채권과 관련하여 우리 상법은 구조된 적하에 대하여도 우선특권을 인정하고 있음에 유의하여야 하며(상법 제893조), 이는 우리 상법상 유일하게 인정되는 적하에 대한 우선특권이라 할 수 있다.67) 다만, 채무자가 구조된 적하를 제3취득자에게 인도한 후에는 그 적하에 대하여 이 권리를 행사하지 못하는 점(상법 제893조 제1항 단서)에 그 특색이 있으며, 이 우선특권에는 상법 제777조 이하의 선박우선특권에 관한 규정을 준용한다(상법 제893조 제2항). 한편 해난구조료 채권은 넓은 의미의 해난구조료를 의미하므로 임의구조 뿐만 아니라 계약구조로 인한 구조료도 포함한다고 본다.68) 같은 취지에서 이러한 채권은 선박소유자 등의 책임제한에서도 배제된다(상법 제773조 제2호).

한편 공동해손은 대부분 해상보험손해사정사(general average adjuster)와 해사검정인(surveyor)에 의하여 정산되기 때문에 해상법의 다른 분야에 비하여 소송상 적게 다루어지는 분야이며, 선박보험・적하보험・선주상호보험과 같은 해상보험의 발달로 공동해손은 선박우선특권으로 인정할 필요성이 그만큼 감소되었다고도 할 수 있다. 분담금 확정을 위한 정산은 보통 장기간을 요하므로69) 공동해손 분담금을 이유로 우선특권을 실행하거나 적하를 유치하는 것은 선박의 항해와 상거래의 요청상 바람직하지 않을 것이며, 대부분의 경우 적하와 선박을 위하여 공동해손 채무보증서(general average bond)가 발행되므로 공동해손 분담금채권에 대한 담보수단으로서의 선박우선특권은 실제적인 필요성이 거의 없을 것이다. 공동해손 분담금과 관련하여, 적하에 대하여도 우선특권이 인정될 수 있는가에 대하여 영미에서는 이를 인정하나,70) 우리나라는 구조료 채권과는 달리 이에 관한 특별규정을 두고 있지 아니하므

65) 자세한 내용은 [김동인, 선원법, 제2판, 법률문화사, 424-456쪽] 참조.
66) 鄭暎錫, 海商法講義要論, 海印出版社, 2003, 264쪽.
67) 丁海德, 船舶執行에 관한 硏究, 경희대학교 법과대학원 박사학위논문, 2000, 144쪽.
68) 鄭燦亨, 商法講義(下), 제10판, 博英社, 953쪽.
69) 精算을 다 끝마치는데 1년 정도가 걸리는 경우가 많다.
70) Gilmore & Black, The Law of Admiralty, 2d ed., New York, New York, The Foundation Press, 1975, p. 630.

로 이를 인정하지 아니하는 것으로 해석한다.[71]

라. 사고로 인한 채권(제777조 제1항 제4호)

선박의 충돌 그 밖의 항해사고로 인한 손해, 항해시설·항만시설 및 항로에 대한 손해와 선원이나 여객의 생명·신체에 대한 손해의 배상채권이 이에 해당한다.

선박충돌로 인한 채권은 그 종류 여하를 불문하고 우선특권이 인정된다. 또 선원이나 여객의 생명·신체에 대한 배상채권도 그 발생원인 여하를 불문하고, 즉 불법행위로 인한 것이든 채무불이행으로 인한 것이든 선박우선특권이 인정된다. 그 밖의 항해사고로 인한 항해시설·항만시설 및 항로에 대한 손해도 선박우선특권이 인정된다.[72] 그러나 영국법의 해석상으로는 선원이나 여객의 생명·신체에 대한 채권도 그 것이 선박에 의하여 야기된 것으로 해석되는 경우에 한하여 선박우선특권이 인정된다.[73]

이러한 채권은 채무자를 보호하기 위하여 선박소유자 등의 책임제한이 인정되기 때문에(상법 제769조 이하 참조), 형평의 원칙상 다시 채권자를 보호하기 위하여 우선특권을 인정한 것이다.[74] 선박충돌로 인한 과실선박에 대한 손해배상채권(상법 제878조), 부두의 손상·외항 방파제나 부표를 파손시켜 발생한 손해배상채권, 선박침몰로 인하여 선원이 사망하여 발생한 손해배상채권 등이 이에 해당한다. 한편, 선박충돌로 인한 화물의 손상으로 발생하는 손해배상채권은 선박우선특권에는 해당하지만 충돌의 원인은 대부분 해기과실이 원인이 된다고 볼 수 있으므로 해기과실면책(상법 제795조 제2항)으로 인하여 선박우선특권이 실제로 발생할 여지는 없다고 본다.

또 유류오염손해가 생긴 경우 당해 유류오염손해에 관한 유류가 적재되어 있던 선박의 소유자는 그 책임을 일정한 한도로 제한할 수 있다(유류오염손해배상보장법 제6조 제1항, 제7조). 이에 대하여 선박소유자에 대하여 책임제한의 대항을 받는 제한채권자는 선박우선특권을 취득한다(유류오염손해배상보장법 제43조). 그러나 「유류오염손해배상보장법」은 선박소유자의 책임한도액까지의 배상능력을 위하여 책임보험 기타 배상책임의 이행을 담보하기 위한 보장계약의 체결을 강제하고 있는데(유류오염손해배상보장법 제14조·제15조), 이에 대하여 선박우선특권을 주는 것이 얼마만큼 실질적인 의미가 있는가는 의문이다.[75]

---

71) 鄭完溶, "1993년 船舶優先特權·抵當權協約의 成立과 우리 商法上의 船舶擔保制度", 韓國海法會誌 第15劵 1號, 1993. 12., 226-227쪽.
72) 丁海德, 船舶執行에 관한 硏究, 경희대학교 법과대학원 박사학위논문, 2000, 145쪽.
73) William Tetley, Maritime Liens and Claims, London, Business Law Communications, 1985, p. 170.
74) 鄭燦亨, 商法講義(下), 제10판, 博英社, 954쪽.
75) 「유류오염손해배상보장법」에 대하여는 [정영석, 유류오염손해민사책임법, 해인출판사, 2008] 참조.

Ⅳ. 선박우선특권의 목적물

선박우선특권의 목적물에 대하여는 상법 제777조 내지 제778조에서 선박과 그 속구, 운임, 부수채권으로 구분하여 다음과 같이 규정하고 있다.

1. 선박과 그 속구

그 선박의 이용에 관하여 상법 제777조 제1항에 열거한 채권이 발생한 바로 그 선박 자체와 그 선박의 속구를 말한다(상법 제777조 제1항 본문). 여기서 선박이란 건조 중의 선박도 포함하고(상법 제790조), 난파된 경우에는 그 난파물도 우선특권의 목적물이 된다. 이 때 선박은 등기·등록의 여부에 관계없고, 상법 제740조에 정해진 상행위 기타 영리를 목적으로 항해에 사용되는 선박뿐만 아니라,[76] 「선박법」 제29조에 의하여 국유 또는 공유의 선박을 제외한 모든 항행선이 포함된다.

속구는 속구목록에 기재된 것은 물론 속구목록에 기재되지 않았더라도 선박소유자의 소유에 속하는 것은 모두 포함된다.[77]

2. 운임

운임에 대한 우선특권의 행사는 그 우선특권이 생긴 항해의 운임, 즉 지급을 받지 아니한 운임(미수운임, 즉 운임청구권), 지급 받을 운임이라도 선박소유자나 그 대리인이 소지하고 있는 금액에 한한다(상법 제777조 제1항 본문, 제779조). 그러나 선원 기타의 선박사용인의 고용계약으로 인한 채권(상법 제777조 제1항 제2호)은 사회정책적 견지에서 고용계약 존속 중의 모든 항해로 인한 운임의 전부에 대하여 우선특권을 행사하도록 규정하였다(상법 제781조).

3. 부수채권

그 선박과 운임에 부수한 채권을 말하는 것으로(상법 제777조 제1항 본문), 다음과 같은 것이 있다(상법 제778조).

첫째, 선박 또는 운임이 손실로 인하여 선박소유자에게 지급할 손해배상(상법 제778조 제1항). 이 때 선박의 손실이라 함은 선박 또는 속구의 멸실·훼손으로 인하여 발생한 손실을 말한다. 또 선박소유자에게 지급할 손해배상은 선박 또는 운임의 손실로 인하여 선박소유자가 제3자에 대하여 가지는 손해배상청구권을 말하는데, 선박충

76) 부산지방법원 1984.5.25. 83가합 3923: 원양어선은 상행위선은 아닐지라도 상행위 이외의 기타 영리선에 포함된다.

77) 鄭暎錫, 海商法講義要論, 海印出版社 1993, 266쪽.

돌로 인한 손해배상청구권 등(상법 제878조, 제879조)을 들 수 있다.

둘째, 공동해손으로 인한 선박 또는 운임의 손실에 대하여 선박소유자에게 지급할 상금(상법 제778조 제2호). 공동해손 분담금이 이에 해당한다(상법 제865조 이하).

셋째, 해난구조로 인하여 선박소유자에게 지급할 구조료(상법 제778조 제3호). 이 때 구조료는 구조의 보수뿐만 아니라 특별보상액을 포함하는 것이다.

다만, 보험계약에 의하여 선박소유자에게 지급할 보험금과 그 밖의 장려금이나 보조금에 대하여서는 상법 제778조의 규정에 의한 부수채권에 포함하지 아니한다(상법 제780조).

V. 선박우선특권의 순위

1. 학설

선박우선특권의 우선순위문제는 선박우선특권자, 저당권자, 기타의 일반채권자들 사이에 선박의 경락대금으로 채권을 변제하기에 부족할 때 누구에게 우선적으로 지급할 것인가 하는 문제이다. 선박우선특권의 순위는 '유익한 급부주의'(beneficial service rule)와 '재산적 이익주의'(proprietary interest rule)라는 두 가지 해사법의 법리가 기준이 되고 있다.[78] 유익한 급부주의는 선박의 보존 및 항해계속을 위하여 어떤 급부가 다른 급부보다 더 크게 기여하였으므로 보다 우선적인 지위를 가지게 된다는 것을 말한다. 즉 선박보존 및 항해계속의 기여도에 따라 선박우선특권자의 순위가 결정된다. 재산적 이익주의는 선박우선특권자가 그 선박의 부분소유자(part-owner)가 되기 때문에 그에 따른 손실이나 위험도 함께 부담해야 한다는 것이다. 선박을 압류하여 우선특권 있는 채권의 만족을 받을 수 있는 권리를 가진 선박우선특권자가 만약 그 권리를 실행하여 자기 채권의 충분한 만족을 얻지 못하게 되면 그러한 기회를 가지지 못한 나중의 선박우선특권자에게 우선권을 주장하지 못하게 된다. 그리하여 선박우선특권 사이의 순위는 뒤에 생긴 것이 앞에 생긴 것보다 우선한다는 후발우선주의(inverse order rule)가 여기에서 나온다.

우리 상법은 항해를 단위로 수회의 항해에 관한 채권의 우선특권이 경합하는 때에는 후의 항해에 관한 채권이 전의 항해에 관한 채권에 우선한다(상법 제783조 제1항)라고 규정하여 항해주의(voyage rule)와 후발우선주의를 적용하고 있다. 그리고 선박우선특권의 효력 가운데 경매청구권과 우선변제권은 선박집행에 관련된 문제이므

78) George L. Varian, "Rank and Priority of Maritime Liens", Tulane Law Review, Vol. 47, 1973, p. 751.

로 민사집행법과 관련하여 논하여야 하며, 선박우선특권의 추급효로 인하여 선박양도시 선박양수인의 보호 또한 문제된다.

2. 선박우선특권 상호간의 순위

가. 동일 항해로 인한 채권의 우선순위

동일 항해로 인한 채권의 우선특권이 경합하는 때에는 상법 제777조 제1항 각호의 순서에 따라서 그 순위를 결정한다(상법 제782조 제1항).

그러나 상법 제777조 제1항 제3호(구조료청구권과 공동해손 분담청구권)의 채권이 경합하는 때에는 후에 생긴 채권이 전에 생긴 채권에 우선한다(상법 제782조 제2항 제1문). 이 때 동일한 사고로 인한 채권은 동시에 생긴 것으로 본다(상법 제782조 제2항 제2문).

나. 수회의 항해로 인한 채권의 우선순위

수회의 항해에 관한 채권의 우선특권이 경합하는 때에는 후의 항해에 관한 채권이 전의 항해에 관한 채권에 우선한다(상법 제783조 제1항)(후발우선주의). 그러나 상법 제781조의 규정에 따른 우선특권(선박사용인의 고용계약으로 인한 채권)은 최후의 항해에 관한 다른 채권과 동일한 순위로 한다(상법 제783조 제2항).

다. 동일순위의 우선특권

상법 제781조 내지 제783조의 규정에 따른 동일 순위의 우선특권이 경합하는 때에는 각 채권액의 비율에 따라 변제한다(상법 제784조).

3. 선박우선특권과 다른 담보물권의 순위

선박우선특권은 다른 일반채권에 우선함은 물론 선박에 관한 質權과 抵當權에도 우선한다(상법 제788조). 선박우선특권을 저당권이나 질권과 같은 약정담보물권 보다 우선시키는 것은 첫째, 저당권이나 질권의 목적인 선박도 우선특권을 가진 채권에 의하여 그 가치를 보존할 수 있었다는 점과, 둘째, 저당권이나 질권은 선박우선특권과는 달리 당사자가 임의로 설정할 수 있는 約定擔保物權이므로 저당권이나 질권을 우선시켜서는 법정담보물권으로서 선박우선특권을 특별히 인정한 의미가 없어지기 때문이다.[79] 그리고 선박우선특권은 저당권이나 질권 중 어느 것이 먼저 성립되었는가의 여부에 관계없이 항상 이들보다 우선한다.

---

79) 徐燉珏・鄭完溶, 商法講義(下), 제4전정, 博英社, 1996, 676쪽; 鄭燦亨, 商法講義(下), 제10판, 博英社, 2008, 955-956쪽; 鄭熙喆, 商法學(하), 博英社, 1990, 600-601쪽; 崔基元, 海商法, 博英社, 1993, 252쪽.

유치권에 대하여도 당연히 우선하지만, 유치권자는 자기의 채권의 변제를 받을 때까지 목적물의 점유를 계속하고 그 반환을 거부할 수 있다. 따라서 선박우선특권자 또는 선박의 경락인은 유치권자에게 변제하여야만 유치권을 소멸시킬 수 있으므로 유치권은 사실상 선박우선특권에 우선하는 것이 된다.[80)]

그러나 선박우선특권은 「근로기준법」상의 임금채권우선변제권에는 우선하지 못한다.[81)] 같은 취지에서 「근로자퇴직급여보장법」 제11조에 의한 퇴직급여우선변제권도 마찬가지로 해석한다.

Ⅵ. 선박우선특권의 효력

1. 경매권

선박우선특권은 그 채권의 실현을 보장하기 위하여 그 목적물에 대한 경매청구권(민사집행법 제274조, 제269조)[82)]과 우선변제권(상법 제777조 제2항 제1문)을 가진

80) 徐燉珏・鄭完溶, 商法講義(下), 제4전정, 博英社, 1996, 677쪽; 鄭熙喆, 商法學(하), 博英社, 1990, 600쪽:, 崔基元, 海商法, 博英社, 1993, 252쪽; 鄭燦亨, 商法講義(下), 제10판, 博英社, 2008, 956쪽.

81) 大判 2005.10.13, 2004 다 26799(公報 2005, 1783) : 선박우선특권 제도는 원래 해상기업에 수반되는 위험성으로 인하여 해사채권자에게 확실한 담보를 제공할 필요성과 선박소유자에게 책임제한을 인정하는 대신 해사채권자를 두텁게 보호해야 한다는 형평상의 요구에 의하여 생긴 제도임에 비하여, 임금우선특권 제도는 근로자의 생활안정, 특히 사용자가 파산하거나 사용자의 재산이 다른 채권자에 의해 압류되었을 경우에 사회・경제적 약자인 근로자의 최저생활보장을 확보하기 위한 사회정책적 고려에서 일반 담보물권자 등의 희생 아래 인정되어진 제도로서 그 공익적 성격이 매우 강하므로, 양 우선특권제도의 입법 취지를 비교하면 임금우선특권을 더 강하게 보호할 수밖에 없고, 나아가 상법 제861조 제2항에 의하면, 선박우선특권 있는 채권을 가진 자는 다른 채권자보다 우선변제를 받을 권리가 있되 이 경우에 그 성질에 반하지 아니하는 한 민법상의 저당권에 관한 규정을 준용하도록 되어 있는 점, 조세채권우선 원칙의 예외사유를 규정한 국세기본법 제35조 제1항 단서나 지방세법 제31조 제2항에서 임금우선특권은 그 예외사유로 규정되어 당해세보다도 우선하는 반면에 선박우선특권은 예외사유에서 빠져 있는 점, 구 「근로기준법」(2005. 1. 27. 법률 제7379호로 개정되기 이전의 것) 제37조 제2항은 임금우선특권 있는 채권은 조세・공과금 채권에도 우선한다는 취지로 규정하고 있음에 반하여 상법에는 선박우선특권 있는 채권과 조세채권 상호간의 순위에 관하여 아무런 규정이 없을 뿐만 아니라, 오히려 상법 제861조 제1항은 '항해에 관하여 선박에 과한 제세금'을 제1호소정의 채권에 포함시켜 선박우선특권 내부에서 가장 앞선 순위로 규정하고 있는 점 등을 감안하면, 임금우선특권을 선박우선특권보다 우선시키는 것이 합리적인 해석이라고 할 것이다.

82) ① 大決 1976.6.24, 76 마 195(公報 541, 9295) : 선박소유자의 변동에 관계없이 본건 선박에 대한 경매 청구권을 행사하여 그 경매대금에서 위 채권의 우선변제를 받을 수 있을 것이므로 특단의 사정이 없는 한 구태여 본건 선박을 가압류하여 둘 필요성이 없다고 판단하고 있는 바 위와 같은 원심판단 취지는 정당하고 거기에 소론과 같이 선박우선특권의 추급권 및 우선변제권과 경매청구권의 법리를 오해한 위법이 있다 할 수 없고 또 본건 가압류신청을 불허하므로서 소론과 같이 단기제척기간 경과로 인한 우선특권의 소멸을 초래하게 되는 경우가 있다고 하더라도 우선 특권있는 선박채권자는 앞에서 본 바와 같이 상법 제861조 2항 및 동법 제869조에 의하여 저당권에 관한 규정을 준용하여 본건 선박을 물적 담보로 하여 특별한 사정이 없는한 언제든지 경매청구를 할 수있다 할 것이고 그 경매청구를 함에 있어서 강제경매에 있어서와 같이 집행력있는 채무명의를 요하지 아니함은 법리상 당연하다 할 것이므로 그 경매청구를 방해하는 특별한 사정에 관한 소명이 없는 이상 본건 가압류의 필요는 없다고 할 것이므로 논지는 이유 없다.

② 大判 1982.7.13, 80 다 2318(공보 688, 742): 선박운송물의 멸실로 인한 손해배상채권이 선박에 대하여

다. 선박우선특권에 관하여는 그 성질에 반하지 아니하는 한 민법의 저당권에 관한 규정이 준용된다(상법 제777조 제2항 제2문) 이 규정에 따라 선박우선특권자는 저당권자와 같이 변제를 받기 위하여 선박우선특권의 목적물에 대하여 경매를 청구할 수 있다(민법 제363조 제1항). 그리고 저당권의 효력에 관한 민법 제358조 이하의 규정이 선박우선특권에도 준용된다.

한편 선박우선특권에 대한 경매절차는 민사집행법의 규정에 따른다(민사집행법 제172조 이하). 선박우선특권자는 경매청구에서 집행력 있는 채무명의 없이도 당해 선박을 압류하여 환가할 수 있고, 채권보전절차로서 선박을 압류·가압류할 필요도 없다.[83]

실무상 선박수선업자가 과다한 비용을 선박우선특권 있는 채권으로 신고하여 경매신청을 하고 일단 선박을 정박하게 하여 운항을 하지 못하게 함으로써 선박소유자 등을 불리한 지위로 떨어뜨리는 경우가 많다. 이 경우 선박소유자 등은 항행허가보다는 보증의 제공에 의한 경매절차의 취소제도를 이용하는 것이 좋을 것이다(민사집행법 제181조).

2. 우선변제권

선박우선특권자는 상법 기타 법률의 규정에 따라 목적물의 경락대금으로부터 다른 채권자에 앞서 자기채권의 우선변제를 받을 권리가 있다(상법 제777조 제2항, 민법 제363조). 경락대금의 분배에서 채권자 사이에 선박소유자 등의 책임제한에 관한 규정(상법 제769조 이하)의 제한을 받느냐에 관한 문제가 있다. 상법에는 명문의 규정이 없지만 목적물의 대금분배에 관하여 책임제한에 의한 공제를 받지 않고 채권 전액에 관하여 가입할 수 있다고 본다. 다만 선박우선특권자가 배당받은 금액은 책임제한 규정에 의하여 지급할 금액을 초과할 수는 없다고 본다.[84]

3. 추급권

선박우선특권자는 선박소유권의 이전으로 영향을 받지 않고 권리를 행사할 수 있

우선특권이 있다 하더라도 그 채권자는 상법 제861조 제2항에 의하여 선박에 대하여 채무명의 없이도 경매청구권을 행사하여 그 경매대금에서 위 채권의 우선변제를 받을 수 있으므로 특단의 사정이 없는 한 위 채권을 보전하기 위하여 선박에 대하여 가압류집행을 할 수 없다.

③ 大判 1988.11.22, 87 다카 1671(公報 1989, 17) : 선박우선특권 있는 채권자는 선박소유자의 변동에 관계없이 그 선박에 대하여 채무명의 없이도 경매청구권을 행사할 수 있으므로 채권자는 채권을 보전하기 위하여 그 선박에 대한 가압류를 하여둘 필요가 없다.

83) 大判 1988.11.22, 87 다카 1671; 大判 1982. 7. 13, 80 다 2318.

84) 같은 의견, 정해덕, 국제해상소송·중재, 코리아쉬핑가제트, 2007, 534쪽.

는데(상법 제785조), 이를 선박우선특권의 추급권이라 한다. 따라서 선박의 양수인은 선의·무과실인 경우에도 선박우선특권자에게 대항할 수 없음은 물론, 파산이나 회사정리에 의하여도 영향을 받지 않는다.85)

추급권이 인정되는 범위는 선박 및 그 종물인 속구이다. 운송청구권, 선박의 종물이 아닌 속구 기타의 채권에 대하여는 양도 후에는 추급력이 인정되지 아니하므로 민법상 물상대위에 관한 규정(민법 제342조)을 유추적용하여야 할 것이다.86)

선박우선특권의 추급력과 관련하여 선박우선특권자는 선박양수인에게 직접 채무의 이행을 청구할 수는 없다.87) 이 경우 선박양수인은 저당권에 있어서 타인의 채무를 위하여 자기의 재산을 물적 담보로 제공하는 물상보증인과 같은 지위에 있다고 할 수 있다. 따라서 선박양수인은 이해관계 있는 제3자로서 스스로 선박채권자에게 채무를 변제하거나 선박우선특권의 실행으로 선박에 대한 소유권을 잃게 되면 본래의 채무자인 양도인에게 구상권을 행사할 수 있다.88)

한편 이러한 추급권으로 인하여 선박양수인의 이익을 해칠 우려가 있는데 선박양수인의 이익보호에 관하여 아무런 규정도 두지 않은 것은 입법상의 잘못이라고 하면서, 선박양수인이 공시최고절차 등을 이용하여 선박우선특권을 소멸시킬 수 있는 방법을 두어야 할 것이라는 비판도 있다.89)

4. 배당에 있어서의 특수한 문제

가. 선박우선특권자의 배당요구문제

선박우선특권자가 경매를 신청하지 않고 다른 채권자가 신청한 선박경매절차에서 배당요구를 할 수 있는가 하는 문제가 있다. 민사집행법 제88조는 민법·상법 기타 법률에 의하여 우선변제청구권이 있는 채권자는 매득금의 배당을 요구할 수 있다고 규정하고, 위 조항은 선박에 대한 강제집행이나 선박에 대한 담보권 실행을 위한 경매에 준용된다고 할 것이므로 선박우선특권자는 직접 경매를 청구하지 않고 배당요구의 방식에 의하여도 권리실행이 가능한 것으로 보아야 할 것이다. 실무상으로도 선

---

85) 鄭熙喆, 商法學(하), 博英社, 1990, 601쪽; 鄭燦亨, 商法講義(下), 제10판, 博英社, 2008, 957쪽.

86) 田中誠二, 海商法詳論, 東京, 勁草書房, 1985, 577쪽.

87) 대법원 1974.12.10, 74 다 176 : 상법 제861조(현행 상법 제777조) 소정의 선박우선특권을 가진 선박채권자는 선박을 양수한 사람에게 채무의 변제를 청구할 수 없고 다만 선박우선특권의 추급성에 의하여 선박이 우선특권의 목적물이 될 뿐이다.

88) 정해덕, 국제해상소송·중재, 코리아쉬핑가제트, 2007, 536쪽.

89) 徐燉珏·鄭完溶, 商法講義(下), 제4전정, 博英社, 1996, 677-678쪽. 「1926년 선박우선특권 및 저당권에 관한 특정 규정의 통일에 관한 국제협약」은 선박양수인의 보호를 위한 공시최고절차를 규정하고 있다(동 협약 제9조 제4항).

박우선특권자의 배당요구를 인정하고 있다.[90)]

나. 배당에 이의 있는 담보권자의 구제문제

선박우선특권자는 선박우선특권에 관하여 그 존재를 증명할 공적인 문서가 존재하지 않음에도 그에 기하여 경매가 개시되고 배당요구를 할 수 있다. 따라서 선박저당권자 등 다른 이해관계인이 선박우선특권의 존부·효력·배당에 대하여 다투려고 하는 경우 그 방법이나 절차가 문제된다. 종래에는 선박담보권의 실행은 경매법에 의한 임의경매절차에 따르도록 되어 있어 배당이의절차가 없었으므로 이의있는 이해관계인으로서는 교부금수령금지가처분을 신청하고 우선특권부존재확인소송을 제기하게 되어 있었다. 그러나 현행 민사집행법은 담보권 실행을 위한 경매에 관하여도 강제경매에 관한 규정이 적용되므로 선박우선특권의 존부나 효력, 배당에 대하여 다투고자 하는 경우에 배당이의소송을 제기하면 된다.[91)]

Ⅶ. 선박우선특권의 양도와 대위

1. 의의

법정담보물권인 선박우선특권의 양도와 대위가 허용되는가 하는 문제가 있다. 먼저 선박우선특권의 양도가 가능하다면 선박우선특권만을 양도할 수 있는가 아니면 그 피담보채권의 양도에 부수되는 것일 뿐인가가 문제된다. 또한 제3자가 선박우선특권자에게 변제한 경우 그 변제에 의하여 선박우선특권의 대위가 인정될 수 있는가가 문제된다. 이는 특히 선박대리점의 체당금과 관련하여 논의될 수 있다. 이러한 선박우선특권의 양도나 대위가 인정되는 경우 그에 관하여 채무자에 대한 통지 등 어떠한 절차가 필요한가도 문제가 된다. 우리 상법은 이에 대하여 아무런 규정도 두고 있지 아니하나, 1967년 협약 제29조와 「1993년 선박우선특권 및 저당권에 관한 국제협약」은 선박우선특권의 양도와 대위를 명문으로 허용하고 있다(동 협약 제10조).

2. 선박우선특권의 양도

선박우선특권에는 그 성질에 반하지 않는 한 민법의 저당권에 관한 규정이 준용되므로(상법 제777조 제2항 제2문), 선박우선특권은 담보물권으로서의 특성을 지닌다. 즉 피담보채권의 존재를 전제로 하여야만 담보물권이 존속할 수 있다는 부종성, 담보

---

90) 정해덕, 국제해상소송·중재, 코리아쉬핑가제트, 2007, 541쪽.
91) 정해덕, 국제해상소송·중재, 코리아쉬핑가제트, 2007, 541쪽.

물권이 피담보채권의 이전에 따라 이전하고 담보물권 위에 부담이 설정되면 그 부담에 따르게 되는 수반성, 그리고 담보물권이 목적물에 갈음하는 것에 관하여 존속하는 물상대위성 등을 가진다. 그러므로 상법의 해석상 피담보채권이 양도되면 선박우선특권도 함께 이전된다고 하겠다.[92] 그런데 선박우선특권의 실행과 관련된 채권[93]은 양도가능성이 없다고 볼 수 있다.

민법상 지명채권의 양도에는 채무자에 대한 대항요건으로서 채무자에 대한 통지 또는 채무자의 승낙이 필요하며, 이러한 통지 또는 승낙이 확정일자 있는 증서에 의하여야 채무자 이외의 제3자에게 대항할 수 있다(민법 제450조). 그러므로 선박우선특권 있는 채권의 양도에도 이러한 대항요건을 갖추어야 할 것이다. 그리고 선원 기타 선박사용인의 고용계약으로 인한 채권(상법 제777조 제1항 제2호)에 포함되는 선원의 실업수당・퇴직금・송환비용 등은 양도나 압류가 금지된다(선원법 제124조).[94]

한편 저당권은 그 담보한 채권과 분리하여 타인에게 양도하거나 다른 채권의 담보로 하지 못한다(민법 제361조). 선박우선특권도 담보물권으로서 부종성의 원칙이 적용되므로 피담보채권과 분리하여 선박우선특권만의 양도는 허용되지 않는다고 본다.[95]

3. 선박우선특권의 대위

선박우선특권의 피담보채권에 관하여 민법상의 대위변제로서의 요건을 갖춘 경우에 선박우선특권의 대위를 인정하여야 할 것이다. 대위는 피담보채권의 변제자가 변제할 정당한 이익이 있는 자인 법정대위와 그렇지 않은 자의 임의대위로 나누어진다. 예를 들어 선박우선특권이 붙은 선박의 양수인은 그 담보채권을 변제하지 않으면 선박우선특권자가 선박에 대한 집행을 할 것이므로 변제할 정당한 이익이 있는 자에 해당하는데, 이러한 선박양수인의 변제로 당연히 선박우선특권의 대위가 인정된다고 할 것이다.

특히 선박대리점이 선박소유자나 용선자 등의 요청에 의하여 상법 제777조의 비용을 체당하여 지급한 경우에 선박대리점이 선박소유자 등에 대하여 가지는 상환청구권은 선박우선특권의 피담보채권이 되는가하는 것이 문제가 되는데, 우리 대법원의

92) 정해덕, 국제해상소송・중재, 코리아쉬핑가제트, 2007, 537쪽.

93) 상법 제777조 제1항 제1호의 채권 가운데 채권자의 공동이익을 위한 소송비용, 최후입항 후의 선박과 그 속구의 보존비와 검사비 등을 말한다.

94) 선원법 제124조 (양도 또는 압류의 금지) 실업수당・퇴직금・송환비용・송환수당・상병보상 또는 재해보상을 받을 권리는 이를 양도하거나 압류할 수 없다.

95) 朴贊雨, '船舶優先特權,' 海事法硏究, 제12권 제1호, 韓國海事法學會, 2000. 8., 231쪽.

판결은 상반되어 있다.[96] 상법 제777조 제1항의 채권을 선박소유자에 대하여 가지는 자에 한하지 않고, 선박우선특권은 그 피담보채권의 양도나 대위변제에 의하여 이전할 수 있다고 보아야 할 것이므로 선박대리점의 체당금 채권에 선박우선특권을 인정하는 것이 타당하다고 볼 것이다.[97]

Ⅷ. 선박우선특권의 소멸

1. 제척기간

선박우선특권은 그 채권이 생긴 날로부터 1년 이내에 실행하지 아니하면 소멸한다(상법 제786조). 이 1년은 제척기간으로서, 중단이나 정지가 없다. 이는 공시방법도 없이 선박저당권이나 질권에 우선하는 선박우선특권을 오랫동안 존속시키면 선박소유자나 다른 채권자에게 지나치게 불리할 뿐 아니라, 선박의 담보력을 떨어뜨리게 되기 때문이다. 또 선박의 경우 항해를 할 때마다 다수의 우선특권이 생기므로 그것이 누적된다면 선박의 매매나 저당권의 설정 등에 지장을 주게 되고, 선박우선특권자로서도 항해시마다 뒤의 선박우선특권자가 우선하므로(상법 제783조) 이것을 오랫동안 존속시키더라도 실질적인 이익이 적기 때문이다.[98]

이 제척기간은 정기용선계약상의 채권(상법 제846조)·운송인의 채권·채무(상법

96) ① 대위를 부정한 판결, 大判 1978.5.23, 77 다 1679: 상법 제861조(현행 상법 제777조)에서 말하는 선박우선특권있는 채권이라 함은 선주 또는 선박운항자가 선박에 관하여 같은 조 제1항 각 호에 정한 노력, 물품 또는 비용을 제공받고 그로 인한 채무를 이행하지 아니하는 경우에 그 선박을 담보로 하여 그로부터 다른 채권보다 우선하여 변제받을 수 있도록 하기 위하여 생기는 것이지 선주 또는 선박운항자가 같은 조 제1항 각 호에 정한 노력 등에 대하여 자기의 대리인으로 하여금 그 노력 등의 제공자에게 대가를 지불하고 그 노력 등의 제공을 받는 경우에는 선박우선특권이 있는 채권이 발생할 여지가 없다.

② 대위를 인정한 판결, 大判 1979.6.26, 79 다 407 : 상법 제861조 제1항 제5호의 우선특권 있는 채권은 선장이 선적항 외에서 항해계속과 선박의 보존을 위하여 체결한 계약으로 인한 채권에 한하고 이 사건에서와 같이 문제의 선박소유자인 소외 동성선박주식회사와 원고 간에 체결된 대리상계약의 이행으로 생긴 채권은 이에 해당하지 않는데 원심이 이를 그대로 인정하였음은 같은 상법에 관한 법리를 오해한 것이라고 하나 선박대리상이 선박소유자와의 대리상 계약에 따라 같은 법조 1항 5호 소정의 비용을 입체하여 지급하고 그 구상채권을 행사하는 경우라 하더라도 그 비용을 바로 청구하는 경우와 간에 굳이 차별을 지을 합리적 근거가 없고 또 이 사건 문제의 선박소유자인 소외 회사는 선적항 외의 선박항해로 인한 각종 채권을 현지에서 청산 지급하기 위한 지점도 없으므로 그 현지 지점을 갖고 있는 원고에게 위탁하여 이를 신속하게 입체지급한다는 것은 매우 편리한 방법이라 할 것인데 그러한 경우 그 입체지급한 구상채권에 대하여 선박우선특권을 인정하지 않는다면 결국은 위와 같은 편리한 방법을 금하는 결과가 되어 부당하므로 이 사건에서 소외 회사 소속 선박의 선장이 선적항 외에서 선박의 보존과 항해계속을 위하여 필요한 각종 물건들을 구입한 대금채권을 원고가 현지에서 입체지급한 것에 기하여 이 사건 청구를 하는 경우에도 같은 법조 1항 5호의 경우와 다른 바 없어 그 우선 변제의 특권을 인정함이 상당하다.

97) 같은 의견, 최기원, 海商法, 博英社, 1993, 249쪽; 日本요코하마 地方裁判所, 1974.5.10. 判決, シコリスト, 第640號, 156-158쪽.

98) 徐燉珏·鄭完溶, 商法講義(下), 제4전정, 博英社, 1996, 839쪽.

제814조)・공동해손채권(상법 제875조)・선박충돌채권(상법 제881조)・해난구조료채권(상법 제895조)의 경우와는 달리 당사자 사이의 합의에 의하여 이 기간을 연장할 수 없다.[99]

제척기간의 경과로 인하여 선박우선특권이 소멸하면 우선특권자는 일반채권자의 지위로 변하게 된다.

2. 경매

선박우선특권에 기한 경매가 종료하면 당시까지 그 선박 위에 설정되어 있던 모든 선박우선특권이 소멸하는가에 대하여 우리 상법은 아무런 규정을 두고 있지 않다. 민사집행법상 저당목적물의 경매가 이루어지면 매각 부동산 위의 모든 저당권은 소멸한다(민사집행법 제91조 제2항). 선박우선특권에는 그 성질에 반하지 않는 한 민법의 저당권에 관한 규정이 준용되므로(상법 제777조 제2항 제2문), 선박우선특권에도 저당권에 관한 민사집행법 제91조 제2항을 유추 적용하여 경매가 선박우선특권의 소멸사유에 해당한다고 볼 수 있다.[100]

3. 선박의 멸실

선박우선특권의 목적물인 선박이 완전히 멸실되면 선박우선특권도 소멸한다. 그러나 선박이 아무런 흔적이나 잔존물을 남기지 않고 완전히 파괴되거나 멸실되는 경우는 드물고 난파물 또는 보험금청구권 기타 선박 멸실에 책임이 있는 제3자에 대한 손

---

99) 같은 의견, 徐燉珏・鄭完溶, 商法講義(下), 제4전정, 博英社, 1996, 678쪽; 鄭熙喆, 商法學(하), 博英社, 1990, 600-601쪽; 鄭燦亨, 商法講義(下), 제10판, 博英社, 2008, 957쪽.
이에 대하여 孫珠瓚, 商法(下), 제11정증보판, 博英社, 2005, 914쪽은 '이것은 상법 제812조의6(현행 상법 제846조)・제842조(현행 상법 제875조)・제848조(현행 상법 제881조)의 경우와 균형이 맞지 않는 것이다'라고 한다. 그러나 선박우선특권은 앞에서 언급한 바와 같이, 공시방법도 없이 선박저당권이나 질권에 우선하기 때문에 오랫동안 존속시킬 경우 선박소유자나 다른 채권자에게 지나치게 불리하고, 선박의 담보력을 떨어뜨리게 되므로 빠른 시간 내에 권리 관계를 종결시킬 필요가 있기 때문에 제척기간의 연장을 허용하지 않는 것으로 보인다.

100) 부산지판 1988.2.8, 87 다 253 : 우선특권 있는 선박채권자는 상법 제869조에 의하여 추급권을 가지므로 원칙적으로 선박소유권의 변동에 관계없이 경매청구권을 행사할 수 있고 따라서 소유권 변동이 경매를 통하여 이루어진 경우에도 경락인에 대하여 그 우선특권을 주장할 수 있으나, 일단 우선특권 있는 선박채권자가 경매청구권을 행사하여 그 경매절차가 종료된 경우에는 그 소유권 이전시기인 경락대금 완납 시까지 그 선박 위에 존재하였던 모든 우선특권은 소멸한다. 그 이유는 첫째, 저당권의 경우 경매에 의하면 그 당시까지 존재하는 모든 저당권이 소멸하는 것으로 규정한 경매법 제3조 제2항(이 법은 폐지되어 민사소송법에 통합되었음)이 위 우선특권의 경우에도 유추 적용될 수 있고, 둘째, 만약 위와 같이 보지 아니한 경우 우선특권에 기한 무한정의 경매가 가능하게 되어 거래의 안전은 물론 법원의 경매절차에 대한 신뢰도를 크게 해칠 뿐만 아니라, 선박의 가격이 당시 선박에 붙어 있는 수개의 우선특권 있는 선박채권을 전부 만족시키기에 부족한 경우 각 우선특권자는 차례로 각 별개의 경매절차를 진행시킴으로써 각 채권의 전부의 만족을 얻을 수 있는 결과가 되어 상법상 우선특권의 순위에 관한 규정이 무의미하게 될 것이기 때문이다.

해배상청구권 등이 남는 경우가 대부분이다. 선박이 전부 멸실되지 않고 난파물 등의 잔존물이 있는 경우에는 그 잔존물 위에 선박우선특권이 존재한다. 그리고 선박이 침몰하였다가 다시 부양된 경우와 같은 일시적 멸실의 경우에는 선박우선특권은 소멸하지 않는다. 그러나 선박이 멸실한 후 그에 대하여 발생하는 보험금청구권은 선박우선특권의 대상으로 되지 않는다(상법 제780조). 그리고 제3자의 과실로 선박이 침몰하거나 멸실된 경우 선박소유자가 과실 있는 제3자에 대하여 가지는 손해배상청구권은 선박의 부수채권에 포함되므로 그 위에 선박우선특권이 존속하게 된다.

4. 피담보채권의 소멸

담보물권의 소멸에 관한 부종성에 따라 피담보채권이 시효・변제 기타의 사유로 소멸하면 그 위의 선박우선특권도 소멸한다. 피담보채권의 소멸로 선박우선특권이 소멸하는 경우에는 다음과 같은 문제를 고려하여야 한다. 첫째, 제3자가 채무를 변제한 경우, 변제를 받은 당해 선박우선특권이 있는 채권자는 그 선박우선특권을 잃게 되나, 제3자와 채무자 사이에는 선박우선특권의 양도 및 대위에 의하여 선박우선특권은 소멸하지 않는 경우가 있다. 둘째, 채무자에 의한 변제의 경우, 즉 선박우선특권 있는 채권의 채무자가 자기의 채무를 변제한 경우에 선박우선특권은 절대적으로 소멸하는가가 문제이다. 이는 민법상의 혼동의 경우와 비슷한데 자기 소유 선박에 대한 선박우선특권의 문제와 관련된다. 즉 동일한 선박소유자의 선박 서로 간에 해난구조가 이루어져 해난구조료 채권이 발생한 경우에도 이를 구조된 선박에 대하여 청구할 수 있으므로(상법 제891조), 선박소유자는 자기 선박 위에 상법 제777조 제1항 제3호에 정한 선박우선특권 있는 해난구조료 채권을 취득하게 된다. 따라서 피구조선박에 대한 해난구조료 채권이 혼동에 의하여 소멸하더라도 선박우선특권은 피구조선박에 대한 다른 채권자(예를 들어 후순위 우선특권자, 저당권자) 등과의 관계에서는 소멸되지 않는다고 본다.[101]

5. 선박우선특권의 포기

선박우선특권은 법정담보물권이므로 선박우선특권만의 포기는 인정되지 않고 그 피담보채권의 면제 또는 포기에 의해서만 소멸될 수 있다.[102]

101) 홍광식, '선박채권의 담보와 실행', 보험・해상법에 관한 제문제(상), 법원행정처, 1991, 703쪽.
102) 朴贊雨, '船舶優先特權,' 韓國海事法學會誌, 제12권 제1호, 2000. 8., 237쪽.

6. 건조 중의 선박의 선박우선특권

건조 중의 선박은 완성된 선박이 아니고, 따라서 해상법상의 선박으로 취급할 수 없다. 그러나 선박금융의 필요에 의하여 예외적으로 선박우선특권에 관한 규정을 준용하도록 하고 있다(상법 제790조). 즉, 건조 중의 선박은 법률상 선박이라고 할 수 없음에도 불구하고 등기를 인정하고 있고, 선박우선특권의 목적물도 될 수 있다. 이와 같이 경제적 가치도 보유하고 있지 아니하고 건조물로서의 물리적 구성도 갖추지 못한 장래물에 불과한 건조 중의 선박에 선박담보권을 인정하는 이유는 선박건조에는 많은 자금과 오랜 시일이 필요하므로 선박건조 중 금융의 원활을 기하여 조선을 장려하려는 취지이다.103)

그러나 건조 중의 선박에 선박채권에 관한 규정을 준용한다고 하더라도 상법 제777조 제1항에 제한적으로 열거되어 있는 선박우선특권이 인정되는 피담보채권의 대부분이 완성된 선박의 운항을 전제로 한 규정이므로 건조 중인 선박에 대하여는 실질적으로 선원 기타의 선박사용인의 고용계약으로 인한 채권(상법 제777조 제1항 제2호)에 관하여만 의미가 있을 뿐 다른 채권은 발생할 여지가 없다. 그러므로 상법 제790조의 규정은 선박저당권에 관하여 중요한 의미를 지닌 규정으로 볼 수는 있으나 선박우선특권과 관련하여서는 그다지 실익이 없는 규정이다.104)

제 2 관 선박유치권

Ⅰ. 의의

선박유치권(船舶留置權)이라 함은 타인의 선박을 점유한 자가 그 선박으로부터 생긴 채권을 가지는 경우에 그 채권의 변제를 받을 때까지 그 선박을 유치할 수 있는 권리이다(민법 제320조 제1항 참조). 상법에 명문의 규정은 없으나 민법 제320조 제1항의 규정에 의하여 당연히 인정되는 법정담보물권이다. 예를 들어 선박을 수선한 선박수선업자는 선박수선대금을 지급받을 때까지 그 선박의 인도를 거절할 수 있는 것이다. 이와 같이 선박의 수선을 의뢰한 자는 수선비를 지급하지 않고는 선박을 인도받지 못하므로 선박수선을 의뢰한 자로 하여금 수선대금의 지급채무의 이행을 간접적으로 강제하는데 그 의의가 있다.

103) 鄭暎錫, 海商法講義要論, 海印出版社, 2003, 277-278쪽.
104) 宋相現·金炫, 海商法原論, 博英社, 1993, 466쪽; 裵炳泰, 註釋海商法, 韓國司法行政學會, 1980, 416쪽.

민법이 유치권을 법정담보물권으로 규정한 이유는 타인의 선박의 점유자가 그 선박으로부터 생긴 채권을 가지는 경우에 그 채권의 변제를 받기 전이라도 먼저 그 선박의 점유를 상대방에게 이전해야 한다면 채권의 추심이 어렵게 되어 당사자 간의 공평의 원칙에 반하기 때문이다.[105] 특히 선박유치권은 채무의 이행이 이루어질 때까지는 선박의 점유권을 가진다는 점에서 사실상 선박우선특권에 우선하는 효력을 가진다는 점에 그 특징이 있다.[106]

II. 특징

첫째, 선박유치권은 당사자의 의사와는 관계없이 일정한 요건이 있기만 하면 법률상 당연히 생기는 법정담보물권이다.[107]

둘째, 선박유치권은 선박의 소유권이 누구에게 귀속하든지 이에 불문하고 채권의 변제를 받을 때까지 선박을 유치할 수 있다. 따라서 채무자나 선박의 양수인, 경락인에게 조차도 유치권을 주장할 수 있다.[108] 이는 법적으로 우선변제권이 없는 선박유치권이 실질적으로 선박우선특권에도 우선하는 우선변제권을 인정받는 결과가 된다.

셋째, 유치권은 부동산 뿐만 아니라 동산에 대해서도 성립하므로 선박유치권의 경우에는 선박등기나 등록은 그 성립요건이 아니다.[109] 선박의 점유가 공시의 기능을 하기 때문이다.

넷째, 선박유치권에는 부종성이 있다.[110] 따라서 채권이 발생하지 않거나 소멸하는 때에는 선박유치권도 소멸한다.

다섯째, 선박유치권에는 불가분성이 있다. 따라서 선박유치권자는 채권 전부의 변제를 받을 때까지 유치물 전부에 대하여 그 권리를 행사할 수 있다(민법 제321조).

여섯째, 선박유치권은 수반성이 있다. 즉, 선박유치권은 특정의 채권을 담보하는 것이므로, 그 채권의 이전이 있으면 유치권도 당연히 이전한다. 다만, 이전되는 채권과 함께 선박의 점유도 아울러 이전하여야 한다.[111]

일곱째, 선박유치권자가 선박의 점유를 잃게 되면 선박유치권은 소멸한다.

105) 郭潤直, 物權法, 再全訂版, 博英社, 1985, 465-466쪽 참조.
106) 鄭暎錫, 海商法講義要論, 海印出版社, 2003, 278-279쪽.
107) 郭潤直, 物權法, 再全訂版, 博英社, 1985, 465쪽.
108) 郭潤直, 物權法, 再全訂版, 博英社, 1985, 468-469쪽.
109) 郭潤直, 物權法, 再全訂版, 博英社, 1985, 469쪽 참조.
110) 郭潤直, 物權法, 再全訂版, 博英社, 1985, 469쪽 참조.
111) 郭潤直, 物權法, 再全訂版, 博英社, 1985, 469쪽.

여덟째, 선박유치권은 선박우선특권과는 달리 추급력이 없다.

아홉째, 선박유치권은 담보물권이지만, 물상대위성은 없다. 유치권은 목적물을 유치할 수 있는 것은 본체로 하고, 목적물의 교환가치를 목적으로 하는 것이 아니기 때문이다. 따라서 경매권은 있어도 우선변제권은 없다.[112]

Ⅲ. 선박유치권의 성립요건

첫째, 선박유치권의 목적물은 선박 및 그 속구이다.

둘째, 채권이 유치권의 목적물에 관하여 생긴 것이어야 한다(민법 제320조 제1항). 즉 채권과 목적물과의 견련관계가 있어야 한다. 목적물에 관하여 생긴 채권이 무엇을 의미하느냐에 관하여 논란이 있으나,[113] 적어도 채권의 목적물 자체로부터 생긴 경우에는 견련성을 인정하고 있다. 구체적으로는 선박에 지출한 선박수선비용 상환청구권, 선박건조비용 청구권 등을 들 수 있겠다.

셋째, 채권이 변제기에 있어야 한다(민법 제320조 제1항).

넷째, 유치권자는 선박을 점유하고 있어야 한다(민법 제320조 제1항).

다섯째, 선박의 점유가 불법행위에 의하여 시작된 것이 아니어야 한다(민법 제320조 제2항). 예를 들어 타인의 선박을 절취하거나 횡령한 자가 그 선박을 수선하더라도 그 때의 수선비채권에 대하여는 선박유치권이 성립하지 않는다.

여섯째, 당사자 사이에 유치권의 발생을 배제하는 특약이 없어야 한다. 즉, 당사자가 미리 유치권의 발생을 막는 계약을 하면 그 계약은 유효하다(異說 없음).[114]

Ⅳ. 선박유치권의 효력

1. 선박유치권자의 권리

첫째, 선박유치권자는 자신의 채권의 변제를 받을 때까지 목적물을 유치할 수 있다. 부동산에 대한 강제집행과 관련하여 민사집행법 제91조 제5항은 '매수인은 유치권자에게 그 유치권으로 담보하는 채권을 변제할 책임이 있다'고 규정하고 있다. 따라서 등기 또는 등록된 선박의 경우에는 경락인이 유치물인 선박에 관한 채권을 변제하지 않으면 선박을 인도 받지 못한다. 유치권의 이러한 효력으로 인하여 실질적으로

112) 郭潤直, 物權法, 再全訂版, 博英社, 1985, 470쪽.
113) 郭潤直, 物權法, 再全訂版, 博英社, 1985, 510쪽.
114) 郭潤直, 物權法, 再全訂版, 博英社, 1985, 474쪽.

는 선박우선특권이나 저당권보다 우선변제를 받을 수 있는 효력이 생긴다.

둘째, 선박유치권자에게는 우선변제권을 인정하지 않는다. 그러나 선박유치권자는 목적물을 경매할 수 있고(민법 제322조 제1항 참조), 때로는 목적물인 선박으로써 직접 변제에 충당할 수도 있다(민법 제322조 제2항 참조). 그리고 선박이 다른 채권자나 담보물권자에 의하여 경매 또는 강제 집행되어도 유치권자는 그 경락인에 대하여도 변제를 받을 때까지는 그 목적물의 인도를 거절할 수 있기 때문에 사실상으로는 우선변제를 받게 된다(민사집행법 제91조 제5항 참조).[115]

셋째, 유치권자는 보존에 필요한 범위 내에서 유치선박을 사용할 수 있다(민법 제324조 제2항 단서). 채무자의 승낙 없이 이러한 사용을 할 수 있게 하더라도 채무자의 이익을 해하는 일이 없기 때문이다. 경우에 따라서는 이러한 사용을 하지 않으면 선량한 관리자의 주의(민법 제324조 제1항)를 게을리 한 것이 될 것이다.[116] 유치하고 있는 선박의 안전을 위하여 관리선원을 두는 경우, 태풍이나 풍랑 등이 있을 경우에 안전한 수역으로 피항하는 행위 등이 유치된 선박의 사용에 해당한다.

넷째, 선박유치권자가 유치된 선박에 대하여 필요비를 지출한 때에는 소유자에게 그 상환을 청구할 수 있다(민법 제325조 제1항). 태풍이나 풍랑을 피하기 위하여 운항경비를 쓰게 된 경우에 그러한 경비는 필요비로 볼 수 있을 것이다. 또 유치된 선박을 위하여 선박보험[117]을 든 경우에 보험료 등도 필요비로 본다.

2. 선박유치권자의 의무

첫째, 선박유치권자는 선량한 관리자의 주의로 유치된 선박을 점유하여야 한다(민법 제324조 제1항). 유치권자는 채권의 담보를 위하여 선박을 점유하고, 채무자의 변제가 있으면 반환하여야 할 의무를 부담하므로, 법률은 특히 선관주의의무를 인정한 것이다.[118]

둘째, 유치권자는 채무자의 승낙없이 유치된 선박의 사용・대여 또는 담보제공을 하지 못한다(민법 제324조 제2항 본문). 민법은 채무자의 승낙이라고 규정하고 있으나, 이것은 선박의 소유자가 채무자인 보통의 경우만을 생각한 것이라고 할 것이다. 소유자와 채무자가 동일인이 아닌 경우에는 승낙을 할 수 있는 것은 소유자뿐이라고 좁게 해석해야 한다. 따라서 선박소유자의 동의가 없으면 선체용선자의 허락을 받아도 선박을 사용・대여 또는 담보제공할 수 없다.

---

115) 郭潤直, 物權法, 再全訂版, 博英社, 1985, 478쪽.
116) 郭潤直, 物權法, 再全訂版, 博英社, 1985, 479-480쪽.
117) 유치된 선박과 같이 안전한 수역에 주로 정박하여 운항하지 않는 선박은 繫船保險에 부보한다.
118) 郭潤直, 物權法, 再全訂版, 博英社, 1985, 480쪽.

셋째, 선박유치권자가 선량한 관리자의 주의의무를 위반하거나 유치된 선박을 임의로 사용·대여·담보제공한 경우에는 채무자는 선박유치권의 소멸을 청구할 수 있다(민법 제324조 제3항).

V. 선박유치권의 소멸

1. 일반적 소멸사유

선박유치권도 물권이므로 물권의 일반적 소멸사유에 의하여 소멸한다. 즉, 선박의 멸실·행방불명·수용·혼동 등으로 소멸한다.[119]

선박유치권은 담보물권이므로 담보물권에 공통하는 소멸사유인 피담보채권이 소멸하면 선박유치권도 소멸한다.

2. 선박유치권에 특수한 소멸사유

가. 채무자의 소멸청구

선박유치권자가 그의 의무에 위반한 경우(선량한 관리자의 주의의무, 승낙 없이 유치물의 사용·대여 또는 담보 제공한 경우)에는 채무자가 유치권의 소멸을 청구할 수 있으며, 채무자의 일방적 의사표시에 의한 이 청구가 있으면 유치권은 소멸한다(민법 제324조 참조). 따라서 유치권 소멸청구권은 형성권이다.

나. 다른 담보의 제공

채무자는 상당한 담보를 제공하여 선박유치권의 소멸을 청구할 수 있다(민법 제327조 참조). 민법은 채무자라고만 규정하고 있으나, 선박유치권자의 채권의 만족이 최종적인 목적이기 때문에 담보를 제공하고 선박유치권의 소멸을 청구할 수 있는 것은 소유자도 포함된다고 보아야 한다. 이때 유치권의 소멸청구 자체는 채무자의 일방적 의사표시로서 충분하지만, 담보의 제공 자체에는 유치권자의 승낙을 요하므로 결국 유치권자의 승낙 또는 이에 갈음할 판결이 있어야만 유치권은 소멸하게 된다. 이때 담보는 물적 담보이든 인적 담보이든 이를 묻지 않는다. 따라서 보증인을 세우거나 다른 부동산에 저당권을 설정하거나 동산에 질권을 설정하는 것이 모두 가능하다. 또 은행·보험회사·선주상호보험조합 등의 금융기관의 보증장(guaranty)을 제출하고 유치권의 소멸을 청구할 수도 있다고 본다.

---

119) 郭潤直, 物權法, 再全訂版, 博英社, 1985, 481쪽.

다. 점유의 상실

선박유치권은 점유를 성립요건으로 하므로 점유를 상실하면 유치권도 자연히 소멸한다(민법 제328조 참조). 점유를 빼앗긴 경우에도 유치권이 상실되지만, 점유물반환청구권에 의하여 점유를 회복한 때에는 점유는 상실하지 않았던 것이 되며(민법 제192조 제2항 단서), 따라서 유치권도 소멸하지 않았던 것이 된다.[120] 그리고 점유는 선박유치권자가 스스로 하여야 하는 것은 아니며, 제3자로 하여금 점유하게 하여도 상관없다. 즉, 선박유치권자의 점유는 직접점유이든 간접점유이든 어느 것이나 상관없다. 특히 유치권자가 소유자의 승낙 없이 선박을 임대 또는 담보제공하여도 채무자의 소멸청구가 없으면 선박유치권자의 점유는 계속되는 것이기 때문에 그것만으로 자동적으로 선박유치권이 소멸하지는 않는다(민법 제324조 참조).[121]

120) 郭潤直, 物權法, 再全訂版, 博英社, 1985, 482쪽.
121) 郭潤直, 物權法, 再全訂版, 博英社, 1985, 482쪽.

제 3 절
약정담보물권

제1관 선박저당권

Ⅰ. 의의

선박저당권(船舶抵當權 : ship's mortgage)이란 채무자 또는 제3자(物上保證人)가 채무의 담보로 제공한 일정한 선박을 다만 관념상으로만 지배하여, 채무의 변제가 없는 경우에 그 선박으로부터 우선변제를 받는 약정담보물권이다(상법 제787조 제1항). 선박은 동산이지만, 채권자가 점유하는 질권은 선박의 가동을 저해하는 결과를 초래하기 때문에, 등기선 또는 등록소형선 등[122]에 대해서는 선박저당권을 설정하는 한편, 질권의 설정을 금지하고 있다(상법 제789조, 소형선박저당법 제8조).

선박저당권은 동산인 선박을 대상으로 한다는 점에서 민법상의 저당권과는 차이가 있으나, 등기선 또는 소형선[123]의 부동산 유사성으로 인하여 인정된 담보물권이므로, 민법의 부동산저당권의 규정이 준용된다(상법 제787조 제3항). 따라서 선박저당권은 당사자 간의 저당권설정합의와 등기에 의해서 효력이 발생한다는 점에서 선박에 대한 소유권 이전등기가 제3자에 대한 대항요건인 것과 구별된다.[124]

선박우선특권은 공시 방법이 없고, 법률에 규정되어 있는 채권에 대하여서만 인정되는 것인데 대하여(상법 제777조 내지 제781조), 선박저당권은 등기 또는 등록할 수

122) 「소형선박저당법」 제2조에 따르면 다음과 같은 선박을 저당권의 목적물로 규정하고 있다. 이하 이 절에서는 이러한 선박을 소형선박이라고 한다.
1. 선박법 제1조의2 제2항의 소형선박 중 같은 법 제26조 각호를 제외한 선박
2. 어선법 제2조 제1호 각목의 어선 중 총톤수 20톤 미만의 어선
3. 「수상레저안전법」 제2조 제4호의 동력수상레저기구 중 모터보트

123) 2007년 8월 3일 개정된 선박법 제8조의2는 '소형선박에 대하여 소유권의 득실변경은 등록을 하여야 그 효력이 생긴다'라고 규정하고, 다시 「소형선박저당법」을 제정하여 이러한 소형선박에 저당권을 설정하고 질권의 설정을 금지하고 있다(자세한 내용은 [정영석, 해양경찰시험대비 해사법규(Ⅰ), 개정판, 범한서적주식회사, 2008, 131-136쪽] 참조).

124) 김인유, "선박담보물권에 관한 연구", 海事法硏究, 제12권 제1호, 407쪽.

있고 또 당사자의 계약에 의하여 임의로 설정할 수 있는 것이므로, 선박금융의 법률형태로서 가장 적합한 것이며, 그 경제성에 있어서 선박우선특권 보다 우수한 것이다. 그러나 선박저당권이 선박우선특권과 경합하는 경우에 우선특권보다 후순위에 서게 된다는 것(상법 제788조)이 단점이다.

해상기업의 경영에는 많은 자금이 소요되므로 이러한 자금조달에 필요한 중요한 담보물은 선박이다. 그러나 선박은 동산이므로 선박에 담보권을 설정하는 방법은 법률상 점유를 이전하는 질권 밖에 없으나, 선박의 점유를 이전하면 해상기업활동을 할 수 없게 된다. 이러한 문제점을 해결하기 위하여 선박을 등기 또는 등록하도록 하고 선박의 점유를 이전하지 않고 담보권을 설정할 수 있는 선박저당권제도를 인정하게 되었다.[125)]

그런데 선박저당권은 담보물이 운항용구인 선박이기 때문에 다음과 같은 문제점이 있다.

첫째, 담보물인 선박 자체가 멸실의 위험이 크고, 항해마다 선체의 손상이 생기기 쉽기 때문에 담보가치가 훼손되기 쉽다.[126)]

둘째, 선박을 목적물로 하는 담보물권 중 가장 우수한 제도이기는 하나 항상 선박우선특권 보다 후순위인 점에서 담보가치가 감소하기 쉽다.[127)]

II. 선박저당권의 목적물

1. 선박

선박저당권의 목적물이 되는 선박은 ① 선박등기법에 의한 등기선(상법 제787조 제1항)과 ② 선박법 제8조의2에 의하여 소유권이 등록된 소형선박 중 일부(이하 '소형선박'이라 부른다)(소형선박저당법 제2조)이다. 첫째, 등기선이라 함은 총톤수 20톤 이상의 기선과 범선 및 총톤수 100톤 이상의 부선을 말한다(선박등기법 제2조). 둘째, 「소형선박저당법」에 의한 저당권의 목적으로 할 수 있는 소형선박이라 함은 ① 선박법 제1조의2 제2항의 소형선박 중 같은 법 제26조를 제외한 선박, ② 어선법 제2조 제1호 각 목의 어선 중 총톤수 20톤 미만의 어선, ③ 「수상레저안전법」 제2조 제4호의 동력수상레저기구 중 모터보트를 말한다(소형선박저당법 제2조). ①의 선박법 제1조의2 제2항에서 말하는 소형선박은 총톤수 20톤 미만의 기선 및 범선과 총톤수

125) 徐燉珏·鄭完溶, 商法講義(下), 제4전정, 博英社, 1996, 679쪽.
126) 鄭燦亨, 商法講義(下), 제10판, 博英社, 2008, 959쪽.
127) 鄭熙喆, 商法學(하), 博英社, 1990, 602쪽 참조; 鄭燦亨, 商法講義(下), 제10판, 博英社, 2008, 959쪽.

100톤 미만의 부선을 말하는데(선박법 제1조의2 제2항), 이 중 ㉮ 군함·경찰용 선박, ㉯ 총톤수 5톤 미만의 범선 중 기관을 설치하지 아니한 범선, ㉰ 총톤수 20톤 미만의 부선, ㉱ 총톤수 20톤 이상의 부선 중 선박계류용·저장용 등으로 사용하기 위하여 수상에 고정하여 설치하는 부선, ㉲ 노와 상앗대만으로 운전하는 선박, ㉳「건설기계관리법」 제3조에 따라 건설기계로 등록된 준설선, ㉴「수상레저안전법」 제2조 제4호에 따른 동력수상레저기구 중 같은 법 제30조에 따라 수상레저기구로 등록된 수상오토바이·고무보트 및 스쿠터는 저당권의 목적에서 제외한다(소형선박저당법 제2조 제1호, 선박법 제26조 제1호 내지 제8호).[128)]

또 어선법 제2조 제1호 각목의 어선이라 함은 ㉮ 어업, 어획물운반업 또는 수산물가공업(이하 "수산업"이라 한다)에 종사하는 선박, ㉯ 수산업에 관한 시험·조사·지도·단속 또는 교습에 종사하는 선박, ㉰ 어선법 제8조 제1항에 따른 건조허가를 받아 건조 중이거나 건조한 선박, ㉱ 어선법 제13조 제1항에 따라 어선의 등록을 한 선박을 말한다(어선법 제2조 제1호).

위에서 언급한 등기선이나 소형선박은 질권 설정의 목적물로 하지 못한다(상법 제789조, 소형선박저당법 제8조).

반면, 선박은 등기 또는 등록에 의하여 부동산 유사성을 가지지만, 본질적으로 동산에 해당하므로 선박저당권 설정을 할 수 없는 선박은 당연히 질권 설정의 목적물이 된다.

이와 같이 등기선 또는 소유권을 등록한 소형선박 중 일부만을 선박저당권의 목적으로 한정한 것은 등기 또는 등록한 선박은 동일성의 인식이 용이하고, 동산이기는 하지만 공시 방법을 구비하고 있으므로 거래의 안전을 해하지 않기 때문이다.[129)]

민법의 물상대위규정이 선박저당권에도 준용되므로 선박저당권자는 선박의 경매 또는 공매대금 및 선박의 멸실·훼손으로 인해 발생한 채권에 대해 물상대위가 인정된다. 선박저당권의 물상대위의 범위는 선박이 입은 물적 손해에 의하여 선박소유자가 보유하는 손해배상청구권, 공동해손 분담금 중 선박소유자가 받을 금액, 해난구조료 중 선박소유자가 받을 보상금, 선박보험의 보험금 청구권에 미친다. 그러나 선박저당권은 선박저당권 설정자의 사용권·수익권을 박탈하는 것은 아니기 때문에 선박

128) 「소형선박저당법」상 저당권 설정의 목적물이 되지 못하는 선박을 규정한 선박법 제26조 각호의 규정 중 제6호(「어선법」 제2조 제1호 각 목의 어선)는 20톤 이상의 어선의 경우에는 선박등기법에 의한 저당권 설정의 목적물이 되고, 20톤 미만의 어선은 「소형선박저당법」 제2조 제2호의 규정에 의하여 저당권 설정의 목적물이 된다. 또한 「수상레저안전법」 제2조 제4호의 동력수상레저기구에 모터보트가 포함되지만, 「소형선박저당법」 제2조 제3호에 의하여 저당권 설정의 목적물이 된다.

129) 鄭暎錫, 海商法講義要論, 海印出版社, 2003, 281쪽.

을 사용·수익하여 얻은 운임, 용선료, 체선료 등에 대해서는 선박저당권의 효력이 미치지 않는다.[130)]

2. 속구

선박저당권은 그 속구에도 효력이 미친다(상법 제787조 제2항). 소형선박의 경우에도 속구에 저당권의 영향이 미친다고 본다(상법 제787조 제2항 유추적용). 이때 속구는 저당권의 목적물인 선박에 속한 종물에 한한다고 본다. 이에 대하여는 선박의 속구목록에 기재된 물건은 선박의 종물로 추정되고(상법 제742조), 민법상 종물에는 당연히 저당권의 효력이 미치므로(민법 제358조 본문), 선박의 종물 아닌 속구(속구목록에 기재되지 않은 속구)에 상법 제787조 제2항이 법률적 의미를 가진다고 하여 종물인지의 여부를 불문한다고 해석하는 견해도 있다.[131)] 그러나 속구를 저당의 목적물로 규정한 것은 선박의 종물로서 선박의 처분과 종물의 처분을 동일한 처분으로 보기 때문이다. 다만, 타인 소유의 구명정을 임대하여 사용하는 경우와 같이 선박과 그 소유관계를 달리 하는 경우에는 선박소유자가 이러한 속구에 대한 처분권을 가지고 있지 않기 때문에 처분권의 제한을 목적으로 하는 제한물권인 저당권의 대상이 될 수 없음은 당연하다. 또 사전상의 개념으로도 선박과 독립된 성격의 속구는 생각할 수 없다.[132)]

저당권 설정 당시의 속구는 물론 그 후에 추가된 물건이라도 저당권 실행 당시 선박소유자의 소유에 속하는 속구에 대하여는 저당권의 효력이 미친다.[133)] 따라서 속구의 범위를 결정하는 시기는 실제상의 편의를 위하여 저당권 실행시로 본다.[134)]

3. 공유지분

선박공유자의 지분은 선박관리인의 지분이 아닌 한 각각 저당권의 목적으로 할 수 있다(상법 제759조 유추적용). 이 때에는 지분의 비율에 따른 그 선박과 속구가 선박저당권의 목적물이 되는 것이다.[135)]

---

130) 戸田修三, 海商法, 東京 , 文眞堂, 1990, 82-83쪽.

131) 孫珠瓚, 商法(下), 제11정증보판, 博英社, 2005, 916쪽; 鄭燦亨, 商法講義(下), 제10판, 博英社, 2008, 959쪽.

132) 사전 상 속구(apparel)라 함은 선박을 구성하는 닻(anchor), 쇠사슬(chain), 구명보트(lifeboat), 선박의장품(equipment of vessel)을 총칭하는 것을 말한다(J. Bes, Chartering and Shipping Terms, 10th ed., London, Barker & Howard Ltd., 1979, p. 146).

133) 洪光植, '船舶債權의 擔保와 實行', 裁判資料 第52輯., 706쪽.

134) 같은 의견, 梁承圭·朴吉俊, 商法要論, 제3판, 三英社, 1993, 640쪽; 鄭燦亨, 商法講義(下), 제10판, 博英社, 2008, 959쪽.

135) 鄭燦亨, 商法講義(下), 제10판, 博英社, 2008, 960쪽.

Ⅲ. 선박저당권의 순위

1. 선박저당권 상호간의 순위

선박저당권 상호간의 순위는 등기의 전후에 의하여 결정한다(상법 제787조 제3항, 민법 제370조 · 제333조). 「소형선박저당법」에 의한 소형선박저당권 상호간에도 등록의 전후에 의하여 결정한다고 본다(소형선박저당법 제11조).

2. 선박저당권과 선박우선특권간의 순위

선박저당권과 선박우선특권 간의 순위는 언제나 선박우선특권이 선박저당권에 우선한다(상법 제788조).

3. 선박저당권과 유치권간의 순위

선박저당권과 유치권 간의 순위는 법률상 선박저당권이 유치권에 우선하나, 사실상은 유치권이 우선한다(상법 제787조 제3항, 소형선박저당법 제11조).[136)]

4. 선박저당권과 선박임차권간의 순위

선박저당권과 선체용선(상법 제849조) 간의 순위는 등기의 전후에 의하여 결정한다(상법 제787조 제3항, 소형선박저당법 제11조).

5. 일반채권과의 관계

선박저당권이 다른 일반채권과의 관계에서는 언제나 우선함은 담보물권일반의 경우와 같다(상법 제787조 제3항, 소형선박저당법 제11조).[137)]

Ⅳ. 선박저당권의 효력

선박저당권은 민법의 규정이 준용되므로, 부동산의 저당권과 같이 선박과 속구에 대한 경매권(민법 제363조)과 우선변제권(민법 제353조)이 인정된다(상법 제787조 제3항). 즉 선박저당권자는 저당권에 의해 확보되는 채권의 변제기가 도래하였음에도 불구하고 그 채무자가 변제하지 않는 경우에 저당목적물인 선박과 그 속구에 대하여 일정한 절차를 밟아서 경매를 청구할 수 있다. 그리고 경매에 의한 경락대금으로

136) 徐燉珏 · 鄭完溶, 商法講義(下), 제4전정, 博英社, 1996, 680쪽 ;孫珠瓚, 商法(下), 제11정증보판, 博英社, 2005, 916쪽; 鄭燦亨, 商法講義(下), 제10판, 博英社, 2008, 960쪽.

137) 鄭燦亨, 商法講義(下), 제10판, 博英社, 2008, 960쪽.

부터 선박우선특권자를 제외한 다른 채권자보다 우선하여 자기 채권의 변제를 받을 수 있는 우선변제권이 있다.[138]

「소형선박저당법」에 의한 저당권 설정 등록을 한 소형선박에 대하여도 저당권자는 다른 채권자보다 자기 채권의 우선변제를 받을 권리가 있다(소형선박저당법 제3조). 또 소형선박의 저당권은 선박법 제8조 제2항에 의한 선박원부, 어선법 제13조 제1항에 따른 어선원부 또는 「수상레저안전법」 제31조에 따른 등록원부에 등록 또는 기재하여야 그 효력이 생긴다(소형선박저당법 제4조 제1항). 소형선박저당은 등록이 성립요건으로 규정되어 있다. 또 소형선박을 목적물로 하는 저당권의 실행을 위한 경매절차에서 법원은 상당하다고 인정하는 때에는 저당권자의 신청에 따라 경매 또는 입찰에 의하지 아니하고 그 저당권자에게 압류된 소형선박의 매각을 허용하는 양도명령의 방법으로 환가할 수 있다(소형선박저당법 제7조 제1항).

V. 건조 중의 선박의 저당권

건조 중에 있는 선박에 대하여도 선박저당권의 규정이 준용된다(상법 제790조).[139] 다만, 이때에는 선박이 미완성 상태이므로 특별등기부에 소유권등기 없이 저당권등기만 하였다가, 선박이 완성된 후 선박저당권 등기의무자가 소유권보존등기와 함께 선박등기부로 옮겨야 한다(선박등기규칙 제40조).

이와 같이 건조 중인 선박에 저당권을 인정한 것은 선박 건조에 많은 자금과 오랜 시간이 요구되므로 선박소유자에게 선박금융의 기회를 제공하여 선박건조를 장려하기 위한 것이다. 또 다른 한편으로는 해운기업에 자금을 원활하게 확보하여 국민경제에 이바지하기 위함이다.

소형선박은 건조에 거대 자금이 소요되는 것은 아니므로 건조 중에 저당권을 등록할 수 있는 제도를 두고 있지 않다.[140]

---

138) 鄭暎錫, 海商法講義要論, 海印出版社, 2003, 283쪽.

139) 건조 중인 선박에서의 권리에 관한 등기의 규정을 통일하기 위하여는 「1967년 건조중인 선박에서의 권리의 등기에 관한 국제협약」(International Convention relating to the Registration of Rights in respect of Vessels under Construction, Brussel, 27th May 1967)이 제정되어 있다. 이 협약은 2008년 10월 21일 현재 발효되지 않은 상태이고, 크로아티아, 그리스, 노르웨이, 스웨덴, 시리아의 5개국이 가입하고 있다(CMI, Yearbook 2005-2006, pp. 445-446).

140) 「소형선박저당법」에 대한 자세한 내용은 [정영석, 해양경찰시험대비 해사법규(Ⅰ), 개정판, 범한서적주식회사, 2008, 132-136쪽] 참조.

제 2 관 선박질권

Ⅰ. 의의

민법상 질권은 채권자가 그의 채권의 담보로서 채무자 또는 제3자로부터 받은 동산 또는 재산권을 채무의 변제가 있을 때까지 유치함으로써 채무의 변제를 간접적으로 강제하는 동시에 변제가 없을 때에는 그 목적물로부터 우선적으로 변제를 받을 수 있는 권리이다(민법 제329조, 제345조).[141]

상법에는 질권에 대한 별도의 규정은 없으나 「선박등기법」상 등기나 「소형선박저당법」상의 저당권설정의 대상에 모두 속하지 않는 선박에 한하여 질권의 목적으로 할 수 있다고 본다(상법 제787조 제3항, 제789조, 소형선박저당법 제8조 참조). 이때 선박질권은 동산질권에 관한 민법의 규정(민법 제329조 이하)에 따른다.[142]

선박저당권은 목적물의 교환가치 파악에 중점을 두므로 외부에서 그 존재를 인식할 수 있는 등기·등록이라는 공시방법이 요구된다. 따라서 등기·등록이 불가능한 선박은 질권이나 양도담보로서 신용을 얻을 수밖에 없다. 그런데 질권은 점유개정(占有改定)을 금지하기 때문에[143] 생산용구인 선박은 담보제도 중 질권의 대상이 되기에는 일정한 한계가 있다.

선박질권은 목적물인 선박을 유치하는 작용과 목적물로부터 우선변제를 받는 작용을 겸하고 있는 반면 선박저당권은 우선변제권만을 갖는다. 따라서 선박저당권자는 선박의 점유나 이용을 설정자에게 맡겨두는 반면에 선박질권은 선박의 점유 및 이용을 설정자로부터 빼앗는 점에서 양자는 근본적인 차이가 있다.[144]

Ⅱ. 선박질권의 법적 성질[145]

첫째, 선박질권은 선박이 가지는 교환가치를 직접 그리고 배타적으로 지배하는 물권이다.

둘째, 선박질권은 채권의 담보로서 채무자 또는 제3자로부터 받은 선박을 점유하는 권리이다.

141) 郭潤直, 物權法, 再全訂版, 博英社, 1985., 524쪽.
142) 鄭暎錫, 海商法講義要論, 海印出版社, 2003, 284쪽.
143) 민법 제332조는 질권자는 설정자로 하여금 질물의 점유를 하게 하지 못한다고 규정하여 설정자에 의한 대리점유를 금지하고 있다.
144) 김인유, "선박담보물권에 관한 연구", 海事法硏究, 제12권 제1호, 409쪽.
145) 郭潤直, 物權法, 再全訂版, 博英社, 1985, 490-492쪽 참조.

셋째, 질권은 목적물의 교환가치로부터 우선변제를 받는 권능을 가지고 있다.

넷째, 선박질권은 당사자 사이의 계약에 의하여 성립하므로 약정담보물권이다.

다섯째, 선박질권은 담보물권의 일종으로 타인에게 귀속하는 권리 위의 제한적 권리인 타물권이다.

여섯째, 선박질권은 피담보채권이 계약의 무효・취소 또는 해제 등으로 처음부터 효력을 발생하지 않거나 또는 후에 이르러 소멸하는 경우에는 이를 담보하는 선박질권도 또한 그의 존재이유를 잃고, 마찬가지로 효력이 생기지 않거나 또는 소멸하는 부종성이 있다.

일곱째, 피담보채권이 상속・회사의 합병・채권양도 등으로 그 동일성을 잃지 않고서 승계되는 때에는 선박질권도 이에 따라 승계되는 수반성을 가진다.

여덟째, 선박질권자는 피담보채권의 전부의 변제를 받을 때까지 선박의 전부에 관하여 질권을 행사할 수 있는 불가분성을 가진다(민법 제321조).

아홉째, 질권설정된 선박의 멸실・훼손 등으로 그 선박에 갈음하는 금전 기타의 물건이 선박소유자에게 귀속하게 된 경우에, 질권이 그 금전 기타의 물건에 갈음하게 되는 물상대위성을 가진다(민법 제342조).

Ⅲ. 선박질권의 목적물

1. 선박

선박저당권의 경우 등기・등록과 같은 공시방법이 요구됨으로 인하여 공시방법이 구비되어 있는 것에 한하여 그 목적물이 될 수 있으나, 선박질권의 경우에는 등기・등록이라는 공시방법이 구비되지 않은 선박이 그 목적물이 된다. 따라서 선박등기법 제2조와 「소형선박저당법」 제2조의 규정에 의한 등기와 등록의 대상이 아닌 선박이 질권설정의 목적물이 될 수 있다.

즉, 선박질권의 목적물이 될 수 있는 선박은 ① 총톤수 5톤 미만의 범선 중 기관을 설치하지 아니한 범선, ② 총톤수 20톤 미만의 부선, ③ 총톤수 20톤 이상의 부선 중 선박계류용・저장용 등으로 사용하기 위하여 수상에 고정하여 설치하는 부선, ④ 노와 상앗대만으로 운전하는 선박, ⑤ 「건설기계관리법」 제3조에 따라 건설기계로 등록된 준설선, ⑥ 「수상레저안전법」 제2조 제4호에 따른 동력수상레저기구 중 같은 법 제30조에 따라 수상레저기구로 등록된 모터보트를 제외한 수상레저기구 및 동력수상레저기구를 들 수 있다. 선박등기법 제2조와 「소형선박저당법」 제2조의 해석상으로는 군함 및 경찰용 선박도 질권설정의 대상이 될 수 있다고 해석되지만, 군함 및

경찰용 선박은 사적 거래의 대상이 아니라고 생각되므로 선박질권의 목적물이 되지 않는 것으로 보는 것이 합리적이라고 생각한다.

[표 6-1] 선박담보물권의 종류와 목적물

선박등기의 목적물 (선박등기법 제2조)	소형선박저당의 목적물(소형선박저당법 제2조)	선박질권의 목적물
1. 총톤수 20톤 이상의 기선 2. 총톤수 20톤 이상의 범선 3. 총톤수 100톤 이상의 부선(선박계류용·저장용 등으로 사용하기 위하여 수상에 고정하여 설치하는 부선)	1. 총톤수 20톤 미만의 기선 2. 총톤수 20톤 미만의 범선 3. 총톤수 20톤 이상 100톤 미만의 부선(선박계류용·저장용 등으로 사용하기 위하여 수상에 고정하여 설치하는 부선) 4. 어선법 제2조 제1호 각목의 어선 중 총톤수 20톤 미만의 어선 5. 「수상레저안전법」 제2조 제4호에 따른 동력수상레저기구 중 같은 법 제30조에 따라 수상레저기구로 등록된 모터보트	1. 군함·경찰용 선박 2. 총톤수 5톤 미만의 범선 중 기관을 설치하지 아니한 범선 3. 총톤수 20톤 미만의 부선 4. 총톤수 20톤 이상의 부선 중 선박계류용·저장용 등으로 사용하기 위하여 수상에 고정하여 설치하는 부선 5. 노와 상앗대만으로 운전하는 선박 6. 「건설기계관리법」 제3조에 따라 건설기계로 등록된 준설선 7. 「수상레저안전법」 제2조 제4호에 따른 동력수상레저기구 중 같은 법 제30조에 따라 수상레저기구로 등록된 모터보트를 제외한 수상레저기구 및 동력수상레저기구

2. 속구

선박질권설정계약에서 다른 약정을 하고 있지 않고, 또는 속구가 인도된 경우에 한하여 선박질권의 효력은 속구에 미친다(상법 제742조, 민법 제100조 제2항 참조).[146] 이때 속구는 선박의 종물인 경우에 한한다. 또 임대차계약이나 리스계약에 의하여 일시적으로 선박의 종물로 사용되는 타인 소유의 종물에는 질권의 효력이 미치지 않는다고 본다.

Ⅳ. 선박질권의 성립요건

동산물권의 변동은 그 동산을 인도하여야 효력이 생기므로 선박질권에 있어서도 당사자 간에 물권적 합의와 인도(민법 제188조 제1항 참조)가 있어야 함은 당연하다.[147] 동산물권변동에 있어서 간이인도, 점유개정 등의 관념적인 공시방법을 인정

146) 郭潤直, 物權法, 再全訂版, 博英社, 1985, 501쪽 참조.

하고 있으나, 질권에서는 점유개정을 인정하지 않고 있다(민법 제332조). 이와 같이 질권설정에 점유개정을 인정하지 않는 이유는 질권의 특질인 목적물을 설정자로부터 빼앗아서 설정자의 사용·수익을 금하는 유치적 효력을 확보하는데 있다.[148)]

V. 선박질권의 효력

1. 질권자의 권리

가. 유치적 효력

질권자는 채권의 변제를 받을 때까지 선박과 그 속구를 유치할 수 있다. 다만 자기보다 우선권이 있는 채권자에게는 대항하지 못한다(민법 제335조). 따라서 선순위의 우선권을 가지는 채권자의 청구로 선박이 경매에 붙여진 경우에는 질권자는 배당에 가입하여 그의 순위에 따른 금액을 받을 수 있을 뿐이고, 집달관에 대하여 선박의 인도를 거절하지는 못한다.

나. 우선변제권

선박질권자는 채권의 담보로 제공한 선박을 점유하고, 그 선박에 대하여 다른 채권자보다 자기 채권의 우선변제를 받을 권리가 있다고 규정(민법 제329조 참조)하여 우선변제권을 인정하고 있다. 그러나 질권자의 우선변제권은 그 질권보다 우선권이 있는 선순위의 질권자, 우선특권을 갖는 선박채권자 등이 있는 때에는 우선변제권이 제한된다(민법 제335조 단서).

2. 질권자의 의무

가. 보관의무

질권자는 목적물의 보관의무를 부담한다(민법 제343조). 따라서 질권자는 선량한 관리자의 주의를 가지고 선박을 점유하여야 하고(민법 제343조, 제324조 제1항), 설정자의 승낙없이 선박을 사용·임대하거나 또는 담보에 제공하지 못한다(민법 제343조, 제324조 제2항). 질권자가 이와 같은 의무에 위반하면 질권설정자는 질권의 소멸을 청구할 수 있다(민법 제343조, 제324조 제3항).

---

147) 郭潤直, 物權法, 再全訂版, 博英社, 1985, 494쪽 참조.
148) 郭潤直, 物權法, 再全訂版, 博英社, 1985, 495쪽 참조.

나. 질권설정 선박반환의무

선박질권자는 질권이 소멸한 때에는 질권설정선박을 질권설정자에게 반환하여야 한다.[149)]

Ⅵ. 선박질권의 소멸

선박질권은 물권 일반의 소멸원인과 담보물권에 공통한 소멸원인으로 소멸한다. 즉, 선박의 멸실·공용징수·포기·혼동·몰수·행방불명 등으로 소멸한다.

또 질권은 피담보채권으로부터 독립해서 소멸시효에 걸리는 일은 없지만, 질권자가 질물을 유치하고 있다고 하더라도 소멸시효의 진행을 중단시키지 않는다. 즉, 질물의 유치를 채권의 행사로는 보지 않기 때문이다.[150)]

선박질권이 소멸하면 질권자는 선박을 설정자에게 반환하여야 한다.

149) 郭潤直, 物權法, 再全訂版, 博英社, 1985, 514쪽 참조.
150) 郭潤直, 物權法, 再全訂版, 博英社, 1985, 515쪽 참조.

제 4 절
선박집행

제1관 의의

채권자가 채무자에게 가진 금전채권의 만족을 위하여 채무자 소유의 선박을 강제집행하는 것을 선박집행이라고 하는데(민사집행법 제172조), 선박집행은 선박압류 또는 가압류와 경매를 들 수 있다.

선박은 동산이지만, 통상 가격이 높고, 등기라고 하는 공시 방법이 이용 가능하다는 점에서는 부동산에 가깝다. 반면, 장소적 이동이 가능하다는 점에서는 부동산과 결정적으로 달라, 압류한 장소로부터 이동하지 아니하도록 하는 배려가 필요하다.[151] 따라서 선박집행은 그 목적물인 선박의 특성을 반영하여 규정하고 있다.

이하에서는 선박압류・가압류, 선박경매에 대하여 살펴보기로 한다.

제2관 선박압류・가압류

Ⅰ. 의의

선박압류・가압류(arrest of vessel)라 함은 채권자의 강제집행신청에 따라 경매개시결정을 하고, 집행관에게 선박국적증서 등 선박운행에 필요한 문서를 수취하여 법원에 내도록 명령함(민사집행법 제174조, 제175조)과 아울러 등기촉탁(민사집행법 제94조) 후 채무자에게 송달(민사집행법 제83조 제4항 참조)하여 선박을 압류・가압류하는 것을 말한다.[152] 이는 선박인도청구권의 강제집행(민사집행법 제258조)이나 채무자가 제3 채무자에게 가진 선박의 인도 또는 권리이전을 목적으로 하는 청구권에 대한 강제집행(민사집행법 제244조)과는 구별된다.

151) 鄭暎錫, 海商法講義要論, 海印出版社, 2003, 285-286쪽.
152) 신현기, 민사집행법 각론 상- 부동산집행, 법률서원, 2003, 685-686쪽 참조.

II. 선박압류 · 가압류의 대상 선박

1. 압류 · 가압류 대상 선박

이때 선박이라 함은 수상 또는 수중에서 항행용으로 사용하거나 사용될 수 있는 기선, 범선, 부선을 말한다(선박법 제1조의2). 이 중 등기 · 등록되어 있거나 등기 · 등록 능력있는 선박이 선박집행의 대상이 된다(민사집행법 제172조, 제186조, 선박법 제8조의3).

여기서 등기능력있는 선박은 총톤수 20톤 이상의 기선과 범선, 총톤수 100톤 이상의 부선이다. 부선의 경우에는 소위 예인 부선만이 해당되고 선박 계류용 또는 저장용 등으로 사용하기 위하여 수상에 고정하여 설치하는 소위 압항부선은 제외된다(선박등기법 제2조).

또 등기능력은 있으나 아직 미등기인 대한민국의 선박에 대하여 즉시 채무자 명의로 등기할 수 있는 다음과 같은 서류를 덧붙여 선박 강제집행 신청을 하면 집행법원은 경매개시결정하고 법원 사무관 등의 등기촉탁에 따라 등기관은 직권으로 선박소유권의 보존등기를 한 후 경매개시결정의 기입등기를 하게 된다(민사집행법 제172조, 제81조 제2항, 제94조).

① 선박(또는 어선) 총톤수측정증명서(선박등기규칙 제18조 제1항).
② 채무자가 대한민국 국민임과 그 주소를 증명하는 서면(선박등기규칙 제20조)
③ 채무자가 법인이면 그 본점(또는 주사무소) 소재지 및 대표자(공동대표인 경우에는 전원)의 이름과 주소를 증명하는 서면(선박등기규칙 제21조 전단).
④ 법인 소유의 선박이 선박법 제2조 제3호 및 제4호의 한국 선박의 요건을 갖추었음으로 증명하는 서면(선박등기규칙 제21조 후단).
⑤ 선박이 채무자 소유임을 증명하는 문서(선박등기규칙 제17조 제1항).

또 등록능력 있는 선박은 선박법 제1조의2 제2항에서 말하는 소형선박, 즉 ① 총톤수 20톤 미만의 기선 및 범선 또는 ② 총톤수 100톤 미만의 부선을 말한다(선박법 제1조의2 제2항).

2. 등기 · 등록능력 없는 선박

등기 · 등록능력 없는 선박은 유체동산 집행방법으로 집행해야 하므로 등기 · 등록 능력 없는 부선을 국세징수법에 따라 압류하려면 동산의 압류절차에 따라야 한다.[153] 등기 · 등록능력 없는 부선은 유체동산으로서 인도해야 물권변동의 효력이 생기는 것이므로(민법 제188조 제1항), 그 부선에 대한 변경 등록이 있었다 하여도 그로써 동산물권 변동의 요건인 인도에 갈음할 수 있는 것으로 볼 수는 없다.[154)]

그리고 등기·등록된 선박에 대한 임의경매 절차 진행 도중에 선박등기·등록이 적법하게 말소된 경우, 새로 유체동산의 경매 절차를 밟아야 할 것이고 등기·등록 선박으로서 경매 절차를 속행할 수는 없다.[155)]

3. 건조 중인 선박

건조 중인 선박은 선박이라고 할 수 없지만, ① 건조 중인 선박도 선박저당권의 목적이 될 수 있다는 점(상법 제790조)과 ② 선박소유권의 등기 없이도 저당권 등기만 할 수 있다는 점(선박등기규칙 제36조)에 비추어 담보권실행경매는 할 수 있다.[156)]

---

153) 大判 1987.11.24. 87 누 593 : 국세징수법 제45조의 규정은 선박등기법의 적용대상이 되어 등기할 수 있는 선박에 관한 압류절차를 정한 것으로 해석되고, 부선에 대하여는 관할해운관청에 해운항만청 훈령인 부선등록사무처리요령에 의하여 부선등록원부가 작성비치되어 있으나 이는 부선소유자의 의뢰를 받아 그 부선에 관한 소유권을 등록받아 놓은 것에 불과하고 부선등록원부에의 등록만으로는 권리의 설정, 보존, 이전, 변경, 처분의 제한 또는 소멸 등 어떠한 효력도 발생하는 것이 아니어서 부선등록원부에의 등록과 선박에 관한 등기를 동일하게 볼 수 없으므로 등기할 선박이 아닌 선박에 대하여는 국세징수법 제38조 규정에 의한 동산의 압류절차에 의하여 압류를 하여야 하고 국세징수법 제45조에 의하여 소관등기소에 압류촉탁을 하여 압류하거나 부선등록원부를 비치하고 있는 관할항만청에 압류촉탁을 하여 압류할 수는 없다.

154) 大判 1999.6.22. 99 다 7602 : 항진추진기가 없어서 선박등기의 대상이 되지 아니하는 부선에 대하여 관할 해운관청에 해운항만청 훈령인 부선등록사무처리요령에 의하여 작성·비치되어 있는 부선등록원부는 부선 소유자의 의뢰를 받아 그 부선에 관한 소유권을 등록받아 놓은 것에 불과하고 부선등록원부에의 등록만으로는 권리의 설정·보존·이전·변경·처분의 제한 또는 소멸 등 어떠한 효력도 발생하는 것이 아니어서 부선등록원부에의 등록을 선박에 관한 등기와 동일하게 볼 수 없는 것이고, 선박등기의 대상이 되지 아니하는 부선에 대하여는 민법 제188조 제1항이 정하는 바에 따라 유체동산인 그 부선을 인도하여야 물권 양도의 효력이 생기는 것이므로, 부선에 대한 변경등록이 있었다 하여 그로써 동산 물권변동의 요건인 인도에 갈음할 수 있는 것으로 볼 수는 없다.

155) 大決 1978.2.1. 77 마 378 : 원 결정이유에 의하면 경매법원이 채권자 박완홍의 본건 경매목적물인 선박에 대한 임의경매신청에 의하여 1975.3.7 경매개시결정을 하고 경매절차를 진행중 위 선박의 관할관청인 목포지방항만관리청이 1976.3.20 직권으로 위 선박에 관한 말소등록을 하고 그 사실을 관할등기소에 통지한 결과 등기공무원이 1976.4.20 위 선박에 관한 말소등기를 하고 그 등기용지를 폐쇄하였음에도 불구하고 경매법원이 그대로 경매절차를 진행하여 1976.8.3 본건 선박에 대한 경락허가결정을 하였음은 부당하다는 취지의 항고 이유에 대하여, 원심은 위 선박에 관한 위와 같은 말소등록과 말소등기 및 등기용지의 폐쇄는 그 선박의 선박국적증서의 검인미필로 인한 것임을 인정할 수 있으니 그러한 사유만으로는 경매목적인 위 선박이 소멸되었다고 볼 수 없다 할 것이므로 위 항고는 이유 없다고 하여 이를 기각하고 있다.

그러나 경매법 제38조에 의한 선박의 경매는 등기한 선박에 한한다 할 것인바 원심이 설시한 바와 같이 본건 경매진행 도중에 그 등기가 적법히 말소되었다면 위 선박은 그로써 경매법 제38조에서 말하는 등기한 선박이 아니고 같은 법 제4조 소정의 등기하지 아니한 선박으로 변하였다고 할 것이니 이러한 경우에는 상법 제871조 제3항(선박법 제39조), 민법 제370조, 제342조의 규정취지에 비추어 경매법 제4조의 규정에 따라 새로히 경매절차를 밟아야 할 것이고 이를 등기가 존속되어 있는 선박의 경우와 같이 취급하여 경매를 속행할 수는 없는 것이라고 할 것임에도 불구하고 본건 경매절차를 그대로 속행한 경매법원의 조치가 적법하다는 취의아래 위와 같이 항고를 기각한 원결정은 위법하다고 할 것이므로 이점 논지는 이유있다 할 것이다.

156) 신현기, 민사집행법, 각론 상, 법률서원, 2003, 689쪽 참조.

4. 외국 선박

외국선박이라 함은 대한민국 국적을 가지지 않은 선박으로서 외국 국적의 선박과 무국적의 선박을 포함한다.[157] 이러한 외국 선박이라도 우리나라의 영내 또는 항구에 있으면 우리나라의 집행권이 미치므로 법정지법인 우리나라 절차법이 적용된다.[158]

Ⅲ. 압류·가압류의 제한

항해 준비를 완료한 선박과 그 속구는 압류 또는 가압류하지 못한다. 그러나 항해을 준비하기 위하여 생긴 채무는 그러하지 아니하다(상법 제744조 제1항). 항해 준비완료된 선박을 압류하면 선박소유자·여객·적하의 소유자 등에게 발항지연 등에 의하여 불측의 손해를 입힐 수 있기 때문이다.[159]

압류·가압류가 금지되는 것은 항해의 준비를 완료한 선박과 그 속구이다. 항해준비를 완료하였다는 것은 일반적으로 선박의 즉시 출발을 가능하게 하는 사실상, 법률상의 전제조건을 충족한 때를 말한다. 구체적으로는 선원이 모두 승선하고 선박의장 및 운송물의 선적을 마친 다음 발항에 필요한 서류를 구비한 때를 말한다.[160]

압류·가압류의 제한이 계속되는 기간은 항해의 종료, 즉 운송계약의 종료시까지이다. 다만, 정기선이라도 중간항에서 운송물의 전부를 양륙한 때에는 압류할 수 있다. 다른 항구로부터 선적항에 회항하여 운송에 종사하여야 하는 선박에 대하여는 그 선적항에서 발항의 준비를 마칠 때까지는 압류할 수 있다고 본다.

압류·가압류 금지규정은 그 항해를 준비하기 위하여 생긴 채무에 관하여는 그 적용이 없다(상법 제744조 제1항 단서). 항해를 준비하기 위하여 생긴 채무란 예컨대 항해를 위하여 준비된 선박의 장비, 식량과 연료 등에 관한 채무를 말한다. 이러한 채무에는 출발항에서 생긴 채무 뿐만 아니라 중간항에서 발생한 채무도 포함된다.[161] 이러한 채무에 대하여 선박을 압류할 수 있도록 허용한 것은 ① 그 채무에 의하여 선박이 비로소 발항할 수 있게 된 점, ② 그러한 채무는 항해 준비의 종료시가 보통 변

157) 신현기, 민사집행법, 각론 상, 법률서원, 2003, 691쪽 참조.

158) 내국 관련성이 전혀 없는 사건에서 외국 선박을 한국에서 가압류한 경우, 본안에 대한 관할권이 생기는가 하는 문제가 논의되고 있는데 굳이 한국에서 선박이 가압류된 사안에 대하여 재판관할권을 부정할 근거가 없다고 보는 것이 통설의 입장이다(서영화, '외국선박에 대한 집행에 있어서의 문제점', 선박집행의 제 문제, 부산지방법원, 1999, 192쪽).

159) 徐燉珏·鄭完溶, 商法講義(下), 제4전정, 博英社, 1996, 682쪽 ;孫珠瓚, 商法(下), 제9판, 博英社, 2001, 881쪽; 鄭燦亨, 商法講義(下), 제10판, 博英社, 2008, 962쪽.

160) 법원행정처, 법원실무제요 민사집행[Ⅲ], 2003, 10쪽.

161) 법원행정처, 법원실무제요 민사집행[Ⅲ], 2003, 10쪽.

제기이므로 그 이전에는 압류할 수 없는 점, ③ 선박소유자에게 항해준비를 위한 금액의 편의를 제공할 필요가 있다는 점 등을 이유로 들고 있다.[162)]

또한 압류·가압류의 제한에 관한 규정은 총톤수 20톤 미만의 선박에 대하여는 적용하지 아니하므로(상법 제744조 제2항), 아무런 제한 없이 압류 또는 가압류할 수 있다.

Ⅳ. 선박압류·가압류 절차

1. 관할권

선박집행은 압류 당시 선박이 있는 곳(정박항)을 관할하는 지방법원을 집행법원으로 한다(민사집행법 제173조). 선박은 이동성 때문에 선적항을 기준으로 하지 않고 선박소재지주의를 택한 것으로 항만 내에 입항한 경우 외에 ① 항만 외에 가정박하거나 좌초된 경우, ② 하천운행 선박이 계류 중인 경우, ③ 수리를 위하여 독크에 있는 경우도 선박이 있는 곳이다.[163)] 압류 당시라 함은 경매개시결정시를 말하는데, 개시결정이 내부적으로 확정되어 발령된 때, 즉 결정서가 법원사무관 등에게 교부된 때를 의미한다.

2. 신청절차

선박집행은 민사집행이므로 서면으로 신청해야 하고(민사집행법 제4조), 신청서에는 다음과 같은 서류를 첨부하여야 한다.

① 선박등기부등본 또는 선박등록등본(어선등록등본)
② 항해 준비를 마치지 않았다는 보고서(상법 제744조 제1항에 의하여 항해 준비를 완료할 선박은 가압류를 하지 못하므로 그에 해당하지 않는다는 소명을 위한 서류).
③ 정박증명서
④ 선가증명서
⑤ 선장 명의 표시

162) 徐燉珏·鄭完溶, 商法講義(下), 제4전정, 博英社, 1996, 683쪽; 鄭燦亨, 商法講義(下), 제10판, 博英社, 2008, 962쪽; 梁承圭·朴吉俊, 商法要論, 제3판, 三英社, 1993, 643쪽.
163) 申鉉基, 民事執行法, 各論 上, 法律書院, 2003, 695-696쪽 참조.

3. 심리 및 재판

선박에 대한 가압류의 집행은 가압류 등기를 하는 방법이나 선박국적증서 등을 선장으로부터 받아 법원에 제출하는 방법으로 한다. 이들 방법은 동시에 사용할 수 있다(민사집행법 제295조). 종전에는 선박가압류의 집행 방법으로 선박에 대한 정박명령을 규정하고 있었으나 가압류로 인하여 선박의 경제적 사용이 사실상 불가능하므로 그 심리에 있어서도 부동산 가압류와 달리 청구금액과 선가를 비교하여 보존의 필요성을 신중하게 판단하였다.[164] 그러나 압류・가압류결정만으로 선박에 대하여 항상 정박명령을 내리게 하는 것보다는 감수보존의 필요가 있는 경우에만 이러한 조치를 취할 수 있도록 하고, 일반적인 집행 방법으로는 압류・가압류 등기 또는 선박국적증서 등의 수취 등의 조치를 취하는 것으로 충분할 것이다. 민사집행법은 이러한 관점에서 선박압류・가압류의 집행은 압류・가압류 등기를 하는 방법이나 선박국적증서 등을 선장으로부터 받아 법원에 제출하는 방법 중 하나를 선택하거나 양자를 병용하는 방법을 취하도록 하고, 정박명령 부분은 삭제하는 대신 필요가 있는 경우에는 선박에 대한 강제집행의 조문을 준용하여 감수보존을 발할 수 있도록 하였다(민사집행법 제295조, 제291조, 제178조).

4. 집행절차

압류・가압류명령을 한 법원이 선박국적증서 등을 받아 제출하도록 명하는 방법에 의한 압류・가압류 집행은 선박이 정박하여 있는 곳을 관할하는 지방법원이 집행법원으로서 관할한다(민사집행법 제295조 제2항). 집행법원은 집행관에게 선박국적증서, 그 밖에 선박운행에 필요한 문서를 선장으로부터 받아 법원에 제출할 것을 명하여야 한다(민사집행법 제295조 제1항). 외국 선박에 대하여는 등기의 방법으로는 집행할 수 없으므로 선박국적증서를 받아 제출하는 방법으로 집행하여야 할 것이다.[165]

압류・가압류 등기를 하는 방법에 의하여 선박압류・가압류를 집행하는 때에는 법원사무관 등은 그 기입등기의 촉탁을 하여야 한다(민사집행법 제295조 제3항, 제293조 제3항).

5. 선박의 지분에 대한 압류・가압류

선박의 지분이 압류・가압류 대상이 될 때에는 선박압류・가압류 방법에 의하지

164) 申鉉基, 民事執行法, 各論 上, 法律書院, 2003, 190쪽.
165) 申鉉基, 民事執行法, 各論 上, 法律書院, 2003, 191쪽.

아니하고 그 밖의 재산권의 압류·가압류 방법에 의한다(민사집행법 제251조, 제185조 제1항). 선박지분에 대하여 압류·가압류 신청을 하기 위해서는 채무자가 선박의 지분을 소유하고 있다는 사실을 증명할 수 있는 선박등기부의 등본이나 그 밖의 증명서를 내야하며(민사집행법 제185조 제2항), 본안의 관할법원 외에 선박등기를 하는 곳을 관할하는 지방법원도 압류·가압류할 물건이 있는 곳을 관할하는 법원으로서 관할권을 갖는다(민사집행규칙 제213조 제1항).

선박지분 압류·가압류의 집행은 발령 법원의 법원사무관 등이 그 압류·가압류 기입등기의 촉탁을 함으로써 한다. 압류·가압류명령 정본은 채무자 외에 선박관리인(상법 제764조 참조)이 있으면 그에게도 송달하여야 하며, 선박관리인에게 송달하면 채무자에게 송달한 것과 같은 효력이 생긴다(민사집행법 제185조 제3항, 제4항).

V. 압류·가압류의 효력

압류·가압류의 효력은 원칙적으로 채무자에게 그 결정이 송달된 때 또는 가압류 등기가 된 때에 생긴다(민사집행법 제291조, 제172조, 제83조 제4항, 제94조). 그 외에 집행관이 선박국적증서 등을 받은 때(민사집행법 제291조, 제174조) 또는 감수·보존처분을 하였을 때에도(민사집행법 제291조, 제178조 제2항) 가압류의 효력이 생긴다.

선박압류·가압류의 집행에 관한 그 밖의 사항에 관하여는 선박에 관한 강제집행의 규정이 준용되나(민사집행법 제291조), 선박집행 신청 전의 선박국적증서 등의 인도명령(민사집행법 제175조), 압류 선박의 정박(민사집행법 제176조), 관할위반으로 인한 절차의 취소(민사집행법 제180조), 보증의 제공에 의한 강제경매절차의 취소(민사집행법 제181조), 사건의 이송(민사집행법 제182조), 선박국적증서 등을 넘겨받지 못한 경우의 경매절차취소(민사집행법 제183조) 등의 규정은 보전처분으로서의 성격상 준용하기 곤란하거나 당사자 일방에 지나치게 유리하므로 그 준용이 배제된다고 보아야 한다.

민사집행법이 선박압류·가압류의 집행방법에서 구법과는 달리 정박명령을 배제하였지만, 특별한 사정이 있어 선박에 대하여 감수보존의 필요가 있는 경우에는 집행법원은 채권자의 신청에 의하여 선박을 감수하고 보존하기 위하여 필요한 처분을 할 수 있다(민사집행법 제291조, 제178조 제1항). 이 처분은 필요에 따라 압류·가압류명령 전에도 할 수 있다(민사집행규칙 제218조, 제102조). 이 신청은 독립한 신청 사건으로 접수하여 압류·가압류 사건 기록에 합철한다(대법원예규 송민 91-1). 채권자는

집행 비용으로 법원이 정하는 금액을 예납하여야 한다.

감수보존의 방법에는 제한이 없으나 실무상으로는 집행관으로 하여금 선박을 보관하게 하는 것이다(민사집행규칙 제103조 참조). 감수인 또는 보존인으로 정하여진 집행관 등은 그 감수 또는 보존에 필요한 조치를 취할 수 있다(민사집행규칙 제103조 제2항, 제3항). 감수처분과 보존처분은 중복하여 할 수 있다(민사집행규칙 제103조 제4항).

제 3 관 선박경매

선박을 목적으로 하는 담보권의 실행을 위한 경매(임의경매) 절차에는 선박강제경매에 관한 규정(민사집행법 제172조 내지 제186조, 민사집행규칙 제95조 제2항 내지 제104조)과 담보권의 실행을 위한 부동산경매에 관한 규정(민사집행법 제264조 내지 제268조, 민사집행규칙 제194조)이 준용된다(민사집행법 제269조, 민사집행규칙 제195조).

우리나라에서도 채권보전조치로서 선박가압류가 중요한 기능을 하지만, 해사채권 중에는 해상법상 선박우선특권이 인정되는 채권이 다수 있다. 특히 선박우선특권이 인정되는 채권에는 선박가압류에 의하지 않고 바로 선박경매를 신청할 수 있는 권능이 부여되기 때문에 선박집행의 절차나 방법이 일반채권과 달라진다. 선박우선특권은 이처럼 공시방법도 없고 채무명의도 없이 바로 경매를 신청할 수 있다는 점에서 독특한 특성을 가지고 있다.[166] 이런 점에서 선박집행에서 경매는 특히 중요하다.

경매의 대상이 되는 선박은 등기할 수 있는 선박(선박등기법 제2조)과 등록하고 저당권을 설정할 수 있는 소형선박이다(선박법 제8조의2, 제8조의3, 소형선박저당법 제2조). 여기서 경매의 대상이 되는 담보권에 해당하는 권리로는 선박저당권(상법 787조)과 선박우선특권(상법 제777조)이 있다.[167]

166) 정해덕, 국제해상소송·중재, 코리아쉬핑가제트, 2007, 400쪽 참조.
167) 법원행정처, 법원실무제요 민사집행[III], 2003, 67쪽.

찾아보기

ㄹ

ㅁ

ㅂ

ㅅ

ㅇ

판례